第四版

变电运行现场技术问答

张全元　编著

中国电力出版社
CHINA ELECTRIC POWER PRESS

内 容 提 要

本书通过问答的形式介绍了变电运行现场常见的技术问题及解决问题的简单方法。全书分为29章，主要内容有：变电运行常见的基础知识；变电站一次设备的原理、性能、操作及运行规定；典型继电保护及自动装置的原理、性能、操作、维护及运行规定等；变电运行人员应该了解的输电线路及直流输电的相关知识；变电站现场设备巡视、设备验收、倒闸操作及事故处理的内容及方法。本书的内容是编者多年现场工作的经验与总结，实用性强。

本书不仅可作为电力系统及用户变电运行人员及技术管理人员的现场培训教材，还可作为电力工作者及电力工程类专业学生了解电力系统相关技术的参考书。

图书在版编目（CIP）数据

变电运行现场技术问答/张全元编著. -- 4版. 北京：中国电力出版社，2025.2. -- ISBN 978-7-5198-9125-1

Ⅰ. TM63-44

中国国家版本馆CIP数据核字第2024Q1U170号

出版发行：中国电力出版社
地　　址：北京市东城区北京站西街19号（邮政编码100005）
网　　址：http://www.cepp.sgcc.com.cn
责任编辑：陈　丽
责任校对：黄　蓓　常燕昆　朱丽芳
装帧设计：赵丽媛
责任印制：石　雷

印　　刷：北京雁林吉兆印刷有限公司
版　　次：2003年7月第一版　2025年2月第四版
印　　次：2025年2月北京第一次印刷
开　　本：787毫米×1092毫米　16开本
印　　张：63.25　插页1
字　　数：1619千字
印　　数：143201—144200册
定　　价：150.00元

编　委　会

编　　著　张全元

副 主 编　王　峰　江　卓　周学智　熊超进　彭　彬

编写人员　李广渊　刘　寅　李　亮　杨忠亮　薛　立　侯世勇

孙德州　郭晨光　刘　飞　安盛东　蒋　剑　诸葛军

卢浩博　熊辰熙　亢歆童　李　强　李冀莲　王建洲

郑轶文

前言（第四版）

《变电运行现场技术问答》自2003年7月出版以来，受到了业内变电运行人员及相关管理人员的欢迎，截至2024年，本书重印了40多次，销售超过14万册（不包括各类电子版、非电力出版社指定书店和网站销售）。21年来，本书经过三次改版，不断将新设备、新技术、新材料、新工艺和新方法介绍给读者。其读者面从开始的电网运维和管理人员逐步推广到全国发电、变电、用户、新能源等。被读者称为“变电运行维护”宝典。随着电力新技术不断发展，编者决定在2024年对第三版进行改版。

第四版作了如下修订：

（1）删除了第一章部分过时的题。

（2）第二章变压器：增加了牵引变压器、蒸发冷却变压器。

（3）删除第五章第四部分（光电式互感器）。

（4）增加了第七章开关技术。

（5）第十一章无功补偿装置：增加了SVG的相关内容。

（6）删除原第十三章阻波器、耦合电容器、结合滤波器。

（7）第十四章站用电交流、直流部分都作了补充。

（8）增加了第二十九章，储能技术与运行维护。

（9）删除了附录六、附录七。

第四版共29章。包括基础知识、变电站一次设备、开关技术、继电保护和自动装置、智能变电站基础知识、设备巡视、设备验收、倒闸操作、事故处理、输电线路、直流输电等内容、储能技术与运行维护。

本书采用了一问一答的形式，将相关知识点写得通俗易懂，简明扼要，由浅入深，容易被现场人员接受，同时将一些好的学习方法融入其中，传授给读者，使读者既能学到知识，又掌握了学习方法。

本书涉及的知识面较广，实用性较强，可作为电力系统、新能源、用户等变电运行值班人员及运行维护管理人员的现场培训教材，还可作为电力工程类的本科和专科院校现场技能学习的参考书。

本书第七章部分内容引用了［荷兰］勒内·斯梅茨、［荷兰］卢范德·斯路易斯、［波黑］米尔萨德·卡佩塔诺维奇、［加拿大］大卫·F·皮洛、［荷兰］安东·扬森著，刘志远、王建华等翻译的《输配电系统电力开关技术》。

参加本书修编的单位有：国网湖北省电力有限公司超高压公司、武汉大学电气与自动化学院、国网湖北省电力有限公司安全督查中心、深圳供电局有限公司、深圳市奥电高压电气有限公司、中国铁路广州局集团有限公司长沙供电段、北京金风慧能技术有限公司。

全书修编由国网湖北省电力有限公司超高压公司退休职工张全元统稿。

在修编本书时，参考相关书籍，在此对原作者表示深深的谢意！

由于经验和理论水平所限，书中难免出现错误和不妥之处，敬请读者批评指正。

作 者

2024年3月

前言（第一版）

变电运行维护工作在确保电网的安全、稳定、可靠地运行中起着举足轻重的作用，而提高现场运行人员的综合素质则是做好该项工作的前提。本书的主编张全元女士参加了我国第一座大型500kV变电站的竣工验收、运行维护及技术管理工作，参与了我国第一个500kV变电站仿真系统的研究与开发工作，主持了本站的运行管理及对内、对外的培训工作，积累了丰富的现场运行、技术管理、技术培训、仿真培训的经验。

编者立足于现场实际，自20世纪90年代初就开始编写了《凤凰山变电站试题库》，并已在系统中使用。本书以《凤凰山变电站试题库》为蓝本，在不断征求专家及同行们意见的基础上，进行了反复的修改和完善，并将变电运行必备基础知识、各类综合自动化系统知识、安全知识、运行管理知识等内容编入本书，使之成为一本全面、系统、技术含量高、实用性强的现场培训教材。

本书共分七章，第一章介绍变电运行常见的基础知识及概念；第二章结合现场的设备配置及运行情况，详细介绍了变电站一次设备的原理、性能、运行规定、运行维护、操作等；第三章针对目前系统已投运的设备，通过选择具有代表性的南瑞继保、国电南自、许继、北京四方、ABB、GE等系列的继电保护及自动装置典型设备，从设备的配置、原理、性能、维护、操作等多方面进行了系统的叙述；第四章以北京四方、南瑞系统控制、南瑞继保、上海惠安四大公司的综合自动化系统为例，介绍了RCS-9000、CSC-2000、BSJ-2200、Power Comm 2000四种系列综合自动化系统的基本组成、基本原理、操作、运行维护等；第五章是现场知识，包含设备巡视、设备验收、倒闸操作、事故处理；第六章介绍变电运行人员必备的安全知识；第七章介绍变电运行综合管理知识。本书各章在通过对专业知识叙述的同时，对变电运行的学习方法也作了归纳总结。

本书采用一问一答的形式，通俗易懂，简明扼要，由浅入深，容易被现场人员接受，并将一些好的学习方法传授给读者，使读者既能学到知识，又能掌握学习方法。

本书涉及的知识面较广，实用性较强，不仅可作为变电运行值班人员以及变电运行技术管理人员的现场培训教材，还可作为电力工程类的大、中专院校现场技能学习的参考书。

本书由湖北省超高压输变电局凤凰山变电站张全元女士主编，其中第四章第三节CSC-2000综合自动化系统由江西南昌变电站芦尚新、徐建仁、邹信勤编写；第四章第四节BSJ-2200综合自动化系统由浙江金华双龙变电站童庆芳、金向阳以及湖南长沙沙平坝变电站钟建平、张治国编写；第四章第五节 Power Comm 2000 由江苏石牌变电站张洁平、黄国栋、姚建民同志编写；其他内容由张全元编写。

本书在编写过程中，得到了兄弟单位和兄弟变电站的大力支持，武汉大学电气工程学院的谈顺涛教授审阅了全书并提出重要的修改意见，在此一并表示衷心的感谢！

在编写本书时，参考了大量的相关书籍，在此对原作者表示深深的谢意！

由于经验和理论水平所限，书中难免出现错误和不妥之处，敬请读者批评指正。

编 者

2003.1.31

前言（第二版）

《变电运行现场技术问答》（第一版）自2003年7月出版以来，受到了变电运行人员及相关管理人员的欢迎，并在2006年10月国家电网公司举行的首届变电运行技能竞赛中被指定为参考书。经过几年的使用，特别是主编在担任国家电网公司举行的首届变电运行技能竞赛裁判长及专业从事变电运行培训工作中，广泛地听取了读者的意见，并深入设备制造厂家及生产一线学习和实践，从而不断地完善了该书。在对《变电运行现场技术问答》（第一版）的修订过程中，为了更完整地体现原作风貌并适应综合自动化专业技术人员的学习要求，还配套编写了《变电站综合自动化现场技术问答》一书。

《变电运行现场技术问答（第二版）》共分为七章，主要介绍了：变电运行常见的基础知识；变电站一次设备的原理、性能、操作及运行规定；典型继电保护及自动装置的原理、性能、操作、维护及运行规定等；变电运行人员应该了解的输电线路及直流输电的相关知识；变电站现场设备巡视、设备验收、倒闸操作及事故处理的内容及方法；变电运行所需的安全知识。此次修订删除了第一版中的综合管理部分的内容。

本书通过一问一答的形式，将相关知识点写得通俗易懂，简明扼要，由浅入深，容易被现场人员所接受，同时将一些好的学习方法融入其中，传授给读者，使读者既能学到知识，又掌握了学习方法。

本书涉及的知识面较广，实用性较强，不仅可作为变电运行值班人员以及变电运行技术管理人员的现场培训教材，还可作为电力工程类的大、中专院校现场技能学习的参考书。

本书由湖北超高压输变电公司张全元女士主编，在编写过程中，得到了部分设备制造厂家、兄弟单位和兄弟变电站的大力支持，武汉大学电气工程学院的谈顺涛教授审阅了全书并提出重要的修改意见。另外，本书第五章直流输电部分引用了赵畹君女士编写的《高压直流输电工程技术》一书中的相关概念，在此一并表示衷心的感谢！

在编写本书时，参考了大量的相关书籍，在此对原作者表示深深的感谢！

由于经验和理论水平所限，书中难免出现错误和不妥之处，敬请读者批评指正。

编　者

2009.6

前言（第三版）

2012年10月《变电运行现场技术问答》销售逾10万册。自2003年7月出版以来，《变电运行现场技术问答》受到了电力系统及用户变电运行人员及相关管理人员的欢迎，并在2006年10月国家电网公司举行的首届变电运行技能竞赛中指定为参考书。本书曾在2009年改版，在修编完第二版后，一个偶然的机会，作者有幸走向社会，为电力行业及其广大用户进行授课。在教学期间，作者虚心听取学员对本书的意见，不断收集学员在工作中所遇到的问题，深入到设备制造厂家、大型厂矿、码头、偏远的水电站等企业，了解设备的制造工艺过程，新设备、新技术的发展动向，设备在现场的运行情况。《变电运行现场技术问答》的第三次改版，在结构上更合理，在知识的层面上更完善，在运用上更广泛，充分地体现了新技术、新材料、新设备、新工艺和新方法。在修编第三版时，作者始终立足于为广大的读者奉献一本“变电运行字典”、一本“变电运行工具书”，一本“指导现场运行人员工作的作业指导书”。

本书改版后作了如下修订：

(1) 结构调整。第二版全书共七章，其一次设备、二次设备和现场知识各为一章。修编后全书共28章，将第二版的一次设备、二次设备和现场按照设备类型进行分章，将原第六章现场知识分成四章，即设备巡视、设备验收、倒闸操作和事故处理。这样更方便读者进行查阅。

(2) 保留了第二版的第一章基础知识、第四章输电线路、第五章直流输电，删除了第七章安全知识。

(3) 增加了串联电容器补偿装置、消弧线圈、站用电和智能变电站合并单元、智能接口和测控装置、输配电系统电力开关技术5章。

(4) 采纳了读者提出的第二版中各类典型保护的介绍类型过多的意见，本次修编对每个元件（或线路）的保护精简到两个类型。

(5) 本次修编所用到的一次设备标准都是以最新标准为准。在元件（线路）继电保护章节开始按照GB/T 14285—2006《继电保护和安全自动装置技术规程》增加了保护的配置原则。

(6) 在一次设备各章中，作者将在制造厂家所收集和学习到的有关新设备和技术写进了本书。并将一次设备的各种制造工艺写进了本书，为读者了解设备的制造过程，特别是在订货和监造的过程中提供帮助。

(7) 第二版在编写的过程中主要考虑了电力系统读者对象，本次修编既考虑了电力系统的读者使用，也考虑了用户的读者使用。

(8) 第一章基础知识中做了进一步的完善。

(9) 删除了已经淘汰和趋于淘汰的设备。

(10) 为了方便读者快捷、准确进行查找，修编后设总目录和分目录。

本书共28章，包括基础知识、变电站一次设备、继电保护和自动装置、设备巡视、设备验收、倒闸操作、事故处理、输电线路、直流输电等内容。2022年12月将原第十三章“阻波器、耦合电容器、结合滤波器”更换成“输配电系统电力开关技术”，删除了附录六、附录七。

参与本次重印修改编写的人员有：安盛东、孙德洲、熊超进、郭晨光、刘飞、王建洲、童琰、亢歆童。

2023年12月在第二章变压器部分增加了牵引变压器和蒸发冷却变压器，参加编写人员有：李亮、杨忠亮、薛忠、侯世勇。

本书采用“一问一答”的形式，通俗易懂，简明扼要，由浅入深，容易被现场人员接受，并将一些好的学习方法传授给读者，使读者既能学到知识，又掌握了学习方法。

本书涉及的知识面较广，实用性较强，可作为电力系统、新能源、用户等变电运行值班人员及运行维护管理人员的现场培训教材，还可作为电力工程类的本科和专科院校现场技能学习的参考书。

本书第六章直流输电引用了赵畹君《高压直流输电工程技术》的相关概念，第十三章部分内容引用了刘志远、王建华等翻译的《输配电系统电力开关技术》的相关内容。

本书在修编的过程中，得到了西安西电集团总公司、特变电工衡阳变压器有限公司、特变电工新疆变压器有限公司、南瑞继保电气有限公司、许继电气股份有限公司的大力支持；在长期的教材编写和教学实践中得到了继电保护专家景敏慧先生的指点和帮助，在此一并表示衷心的感谢！

在编写本书时，参考了大量的相关书籍，在此对原作者表示深深的谢意！

由于经验和理论水平所限，书中难免出现错误和不妥之处，敬请读者批评指正。

编 者

2012年12月8日

调整时间：2022年12月8日

2023年12月18日

武汉

目　录

第二章　变压器

第三章　并联电抗器

第四章　串联电容器补偿装置　172

第五章　互感器　184

第七章　开关技术

第九章　隔离开关

第十章　母线

第十一章　无功补偿装置

第十三章 绝缘子

第十四章　站用电

第十五章 继电保护基础知识 489

第十六章 线路保护

第十九章　并联电抗器保护 628

第二十章　智能变电站合并单元、智能接口和测控装置 634

第二十一章　断路器保护 650

第二十二章　自动装置　668

第二十三章　设备巡视　682

第二十四章　设备验收 711

第二十五章　倒闸操作 738

第二十六章　设备异常运行与事故处理 781

第二十八章　直流输电

第二十九章　储能技术与运行维护

第一章 chapter 1

基础知识

1. 什么叫电路？

答：电路就是电流流通的路径。它是由电源、负荷（用电设备）、连接导线以及控制电器等组成。

电源：是产生电能的设备，其作用是将其他形式的能量（如化学能、热能、机械能、原子能等）转变成电能，并向用电设备供给能量。

负荷：是各种用电设备的总称，其作用是将电能转变为其他形式的能量。

连接导线：它把电源和负荷连成一个闭合通路，起着传输和分配电能的作用。

控制电器：其作用是执行控制任务和保护电器设备。

2. 什么叫线性电路？

答：线性电路是指由线性元件所组成的电路。例如，在电阻电路中，由于电阻是固定的，电路中电流与外加电压呈线性关系。

3. 什么叫非线性电路？

答：当流过元件的电流与元件的外加电压不是按比例变化，则这样的元件就称为非线性元件。含有非线性元件的电路称为非线性电路。

4. 输电线路的参数有哪些？

答：输电线路的参数有 4 个（同时也表示了输电线路的特征），包括导体电阻率引起的串联电阻，相与地间漏电流引起的并联电导，导体周围磁场引起的串联电感和导体之间电场引起的并联电容。

（1）串联电阻。考虑了绞合和集肤效应的线路电阻，根据制造厂家提供的表来确定。

（2）并联电导。并联电导表示由沿绝缘子串的漏电流和电晕引起的损耗。在电力线路中，它的影响小，通常予以忽略。

（3）串联电感。线路电感取决于导体横截面内的部分磁链和外部磁链。对于架空线，三相的电感彼此不等，除非导体有等边的间距，而这样的几何布置在实际上通常是不采用的。非等边间距三相线路电感应当进行合理换位可以使之相等。

（4）并联电容。输电线路的导体间的电位差使导体充电；每单位电位差的电荷为导体间的电容。当交流电压施加于导体时，由于这些电容的交替充电和放电就引起一个充电电流。

5. 什么叫电流？什么叫电流强度？

答：通常把电荷的有规律的运动称为电流。

电流强度是表示电流大小的一个物理量，指每单位时间穿过导体截面积的电荷，以字母 I 表示，单位为安培（A），简称安。习惯上把电流强度简称为电流。

6. 什么叫电位？什么叫电压？

答：电场中某点的电位，在数值上等于单位正电荷沿任意路径从该点移至无限远处的过程中电场力所做的功，其单位为伏特（V），简称伏。

静电场或电路中两点间的电位差称为电压。其数值等于单位正电荷在电场力的作用下，从一点移动到另一点所做的功，以字母 U 表示，单位为伏特（V），简称伏。

7. 什么是对地电压？

答：对地电压就是带电体与电位为零的大地之间的电位差。

8. 什么叫电阻和电阻率？

答：电荷在导体内定向运动所受到的阻碍作用称为导体的电阻，以字母 R 或 r 表示，单位为欧姆（Ω），简称欧。

电阻率又称电阻系数或比电阻，是衡量物质导电性能好坏的一个物理量，以字母 ρ 表示，单位为 $\Omega \cdot mm^2/m$。电阻率在数值上等于用该物质所做的长 1m，截面积为 $1mm^2$ 的导线，在温度为 20℃时的电阻值。电阻率越大，则物质的电阻越大，导电性能越低。

9. 什么叫电导和电导率？

答：物体传导电流的能力称为电导。在直流电路里，电导的大小用电阻值的倒数衡量，以字母 G 表示，单位为西门子（S）。

电导率又称电导系数，也是衡量物质导电性能好坏的一个物理量。其大小用电阻率的倒数衡量，以字母 γ 表示，单位为（S/m）。

10. 什么叫电动势？

答：电路中因其他形式的能量转换为电能所引起的电位差，称为电动势，其数值等于单位正电荷从电源负极经电源内部移至正极时所做的功，以字母 E 表示，单位为伏特（V）。

11. 什么叫恒压源？它有何特点？

答：在定电势源中，如果内阻 R_0 很小（与负荷电阻比较），则电源端电压 U_s 将不随负荷而变，称为恒压源。

恒压源的特点为：

（1）恒压源的端电压在电源允许的范围内不随负荷电流而变化，其外特性 $U=f(I)$ 是一条平行于横坐标（I）的直线。

（2）恒压源电流的大小是由外电路的负荷电阻 R_L 决定的，即 $I=U_s/R_L$。恒压源不允许短路，否则会因输出电流趋向无限大而把电源烧坏。

恒压源是理想的电源，实际上是不存在的。只有当电压源的内阻 R_0 远小于负荷电阻 R_L 时，可看作是恒压源。

12. 什么叫恒流源？它有何特点？

答：在定激流源中，如果内电导很小（即与负荷比较，电源内阻很大），则电源输出的电流将不随负荷而变化，称为恒流源。

恒流源的特点为：

（1）恒流源在电路中提供恒定的电流 I_s，其值与负荷电阻 R_L 大小无关。

（2）恒流源两端电压因外电路决定。

恒流源是理想元件，实际不存在。只有当电流源内阻 R_0 远大于负荷电阻 R_L 时，可近似看作是恒流源。

13. 什么叫自感和互感？

答：由线圈自身的电流变化而产生的感应电动势称为自感电动势。自感电动势的大小与电流的变化速度、线圈本身的结构及其周围的介质的导磁率有关。为了计算方便，将线圈本身的匝数、几何形状、周围介质的导磁率等因素综合起来，称为自感系数，简称自感或电感。其数值等于单位时间内，电流变化一个单位时由于自感而引起的电动势，以字母 L 表示，单位为亨利（H），简称亨。

有两只线圈互相靠近但没有电气联系，在第一只线圈中的电流所产生的磁通有一部分会与第二只线圈相环链。当第一只线圈中电流发生变化时，与第二只线圈环链的磁通也发生变化，在第二只线圈中产生感应电动势和感应电流，此感应电流反过来也会在第一只线圈中产生感应电势，这种现象称为互感现象。两只线圈的交链磁通与产生交链磁通的电流之比称为两只线圈的互感系数，简称互感，以字母 M 表示，单位为亨利（H），简称亨。

14. 什么叫电感？什么叫电容？

答：电感是自感与互感的统称。

电容表示被介质分隔的两个任何形状的导体，在单位电压作用下，储存电场能量（电荷）能力的一个参数，以字母 C 表示，单位为法拉（F）。电容在数值上等于导体所具有的电量 Q 与两导体电位差（电压）U 之比值，即 $C=Q/U$。

15. 什么是感抗？什么是容抗？什么是阻抗？

答：当交流电流流过具有电感的电路时，电感有阻碍交流电流流过的作用，这种作用称为感抗，以符号 X_L 表示，单位为欧姆（Ω）。感抗的大小可以表示为 $X_L=2\pi fL=\omega L$。可见 X_L 与频率 f 或角频率 ω 成正比。

当交流电流流过具有电容的电路时，电容有阻碍交流电流流过的作用，这种作用称为容抗，以符号 X_C 表示，单位为欧姆（Ω）。容抗的大小可以表示为 $X_C=1/2\pi fC=1/\omega C$。可见 X_C 与频率 f 或角频率 ω 成反比。

当交流电流流过具有电阻、电感、电容的电路时，它们有阻碍交流电流流过的作用，这种作用称为阻抗，以字母 Z 表示，单位为欧姆（Ω）。阻抗的大小可以表示为

$$Z=\sqrt{R^2+\left(2\pi fL-\frac{1}{2\pi fC}\right)^2}=\sqrt{R^2+\left(\omega L-\frac{1}{\omega C}\right)^2}$$

16. 什么叫直流电流？什么叫交流电流？

答：大小和方向不随时间变化的电流称为直流电流，又称稳恒电流（简称直流电或直流）。大小和方向随时间作周期性变化的电流称为交流电流，又称交变电流（简称交流电或交流）。

17. 什么是正弦电流？什么是非正弦电流？

答：正弦电流是指按正弦规律随时间变化的交流电流。

非正弦电流是指不按正弦规律随时间变化的交流电流。

18. 什么是三相电路？

答：由三个幅值大小相等、频率相同，按照正弦规律变化，相互相差 120°相位角的电源与三个大小相同的阻抗负载（包括连接线）而构成的电路称为三相对称电路。如果三相电源不对称或负载不相同，即构成了三相不对称电路。

19. 什么叫频率？什么叫周期？

答：每秒钟内电流方向改变的次数称为交流电流的频率，以字母 f 表示，单位为赫兹（Hz 或 s^{-1}），简称赫。

交流电流每变化一周所需要的时间称为周期，以字母 T 表示，单位为秒（s）。

20. 正弦量的三要素是什么？各指什么含义？

答：正弦量的三要素是指正弦量的幅值、频率和初相位。

幅值指的是正弦量的最大瞬时值，用正弦量的大写字母加下角标“m”表示。

频率 f 是正弦量在单位时间内重复的次数，在表达式中，一般用角频率 ω 来表示（$\omega=2\pi f$）。角频率表示单位时间所变化的弧度，单位为弧度/秒（rad/s）。

初相位指计时起点（$t=0$ 时刻）正弦量的相位角。初相位在这三要素中非常重要，初相位不同，所体现的波形位置就不同。

21. 什么叫相位差？

答：相位差是反映两个同频率正弦量之间相位关系的一个量，等于两者的初相位之差。

22. 什么叫平均值？什么叫有效值？

答：交流电流的平均值是指在某段时间内流过电路的总电荷与该段时间的比值。正弦量的平均值通常指正半周内的平均值。它与最大值的关系是：平均值≈0.637 最大值。

在两个相同的电阻器中，分别通以直流电和交流电，如果在一个周期内，它们产生的热量相等，那么就把此直流电的大小定为交流电的有效值。正弦电流的有效值等于其最大值的 $\sqrt{2}/2$ 倍。在工程上，一般所说的正弦电压、电流的大小都是指有效值。

23. 什么叫功率、有功功率、无功功率、视在功率和电能？

答：单位时间内所做的功称为功率。单位时间内的电能称为电功率，电功率可分为视在功率、有功功率和无功功率三种。

有功功率：指交流电瞬时功率在一个周期内的平均值，故又称平均功率，以字母 P 表示，单位为瓦（W）。它在电路中指电阻部分所消耗的功率，对电动机来说是指它的出力。

无功功率：在具有电感（或电容）的电路里，电感（或电容）在半周期的时间里把电源的能量变成磁场（或电场）的能量储存起来，在另外半周期的时间里又把储存的磁场（或电场）能量送还给电源。它们只是与电源进行能量交换，并没有真正消耗能量。把与电源交换能量的速率的振幅值称为无功功率，以字母 Q 表示，单位为乏（var）。

电动机、变压器等带有电感线圈的设备运行时，在进行“电”“磁”转换或“电磁能”和“机械能”转换的过程中，在一个周波内吸收的功率和释放的功率相等，实际不消耗能量，这种功率称为感性无功功率。

电容器等设备在交流电网中运行时，在一个周波内（不考虑有功损耗），上半周波的充电功率和下半周波的放电功率相等，实际没有消耗能量，这种充、放电功率称为容性无功功率。

感性无功功率的电流相量滞后于电压相量 90°容性无功功率的电流相量超前电压相量 90°。故常用容性无功功率补偿感性无功功率以减少电网无功负荷。这就是所谓电动机、变压器“吸收”无功电流而电容器“发”无功电流的道理。

视在功率：在具有电阻、电感和电容的电路内，电压有效值与电流有效值的乘积称为视在功率，以字母 S 或符号 P_S 表示，单位为伏安（VA）。

视在功率、有功功率、无功功率间满足 $S^2=P^2+Q^2$。

电能：指在一段时间内，电源力（电场力）所做的功，电能用符号 W 表示，其单位为焦耳（J），通常电能也以电量的形式即千瓦时（kWh）表示。

24. 什么叫功率因数？

答：有功功率 P 与视在功率 S 之比，称为功率因数，以 $\cos\varphi$ 表示。

25. 什么是自然功率因数？

答：客户在没有安装专门的无功补偿装置时，实际的用电功率因数。当采用感性电动机或其他感性用电设备时，将消耗大量的无功功率。若用电设备配套不合适或使用不当，造成设备长期轻载或空载运行，变电设备的负载率和利用小时数将降低，也将增大无功功率因数的消耗，使自然功率因数低劣。

改善自然功率因数的主要办法有：

（1）合理选配机电设备，使之匹配得当，防止“大马拉小车”。

（2）减少或限制设备的轻载或空载运行时间，降低无功消耗。

（3）对较大的恒定负荷尽可能选用同步电机拖动。

（4）现有的同步电机必要时作进相运行，以较少客户无功功率消耗。

26. 什么叫相电压、相电流、线电压、线电流？

答：三相输电线（火线）与中性线间的电压称为相电压。三相输电线的每相负荷中流过的电流称为相电流。三相输电线各线（火线）间的电压称为线电压。三相输电线各线中流过的电流称为线电流。正常情况下，线电压（电流）的大小为相电压（电流）的$\sqrt{3}$倍。

27. 什么叫向量？

答：向量是既有大小又有方向的量。它可用一个有一定长度和方向的有向线段来表示。线段的长度（又称向量的模）表示向量的大小（其长度比例可任意选定），其箭头所指的方向表示向量的方向。不带箭头的那端称为向量的始端，带箭头的那端称为向量的终端。向量 $\boldsymbol{A}$、$\boldsymbol{B}$ 可表示为$\overrightarrow{A}$、$\overrightarrow{B}$，其模则表示为 $|\overrightarrow{A}|$、$|\overrightarrow{B}|$。

28. 什么是相量？什么是相量图？

答：在复平面上用 $A\mathrm{e}^{\mathrm{j}\omega t}$ 表示旋转向量，把对应于某一正弦时间函数的复振幅 A 称为相量；同时在相量的复数上加以圆点，记为“$\dot{A}$”，以与普通复数有所区别。

相量在复平面上的几何表示，称为相量图。

29. 什么是对称分量法？

答：由线性数学计算可知：三个不对称的向量，可以唯一地分解为三组对称的向量（分量）。因此，在线性电路中，系统发生不对称短路时，可将网络中出现的三相不对称的电压和电流，分解为正序、负序、零序三组对称分量，分别按对称三相电路去解，然后将其结果叠加起来。这种分析不对称三相电路的方法称为对称分量法。

30. 什么是正序分量、负序分量、零序分量？

答：任意一组不对称的三相正弦电压或电流相量都可以分解成三相对称的分量：第一组为正序分量，用下角标“1”表示，相序与原不对称正弦量的相序一致，即 A-B-C 的次序，各相位互差 120°；第二组为负序分量，用下角标“2”表示，相序与原正弦量相反，即 A-C-B，相位间也互差 120°；第三组为零序分量，用下角标“0”表示，三相的相位相同。提出这三种分量的目的是为了分析问题的方便。

31. 什么叫磁路？

答：在电工技术中，为了获得强磁场，常将线圈绕在铁芯上。由于铁磁物质的磁导率比周围空气的磁导率大很多，所以磁力线分布可看成集中在铁磁物质内。通常，工程上把这种主要由铁磁物质所组成的，能使磁力线集中通过的整体称为磁路。

32. 什么叫磁场、磁感应强度？

答：在磁铁或载流导体周围空间的其他磁性物质或载流导体将会受到力的作用，即称在磁铁或载流导体周围的空间中存在着磁场。

磁感应强度是表示磁场强弱与方向的物理量，它包括由电流产生的磁场和磁介质因磁化而产生的磁场，在充满均匀磁介质情况下，由它决定磁场作用于磁性物质（或载流导体）上的作用力。以字母 B 表示，单位为斯特拉（T）或高斯（Gs），$1Gs=10^{-4}T$。

33. 什么叫磁力线？

答：为了直观地描绘磁场，人们常在磁场中画出一种几何曲线，这种曲线称为磁力线。画磁力线时要求磁力线上每点的切线方向和这一点的磁感应强度方向一致，并使通过垂直于磁场单位面积（m^2）的线数等于（或正比于）该点磁感应强度的数值。所以磁力线不仅可以表示磁场的方向，而且还可以反映出磁场的强弱。磁力线的性质有：

（1）磁力线总是环绕电流闭合的，是无头无尾的曲线，它不同于发自正电荷、终止于负电荷的有头有尾的电力线。

（2）磁力线总是互不相交的，因为磁场中某点的磁场方向只有一个。

34. 什么叫磁通？什么叫磁通密度？

答：磁感应强度与垂直于磁场方向的面积的乘积称为磁通，以字母 Φ 表示，单位为韦伯（Wb）或麦克斯韦（Mx），$1Mx=10^{-8}Wb$。

单位面积上所通过的磁通的大小称为磁通密度，以字母 B 表示，单位为斯特拉（T）或高斯（Gs），$1T=1Wb/m^2$。磁通密度和磁感应强度在数值上是相等的。

35. 什么叫磁场强度？

答：磁场强度也是表示磁场强弱与方向的一个物理量，但它不包括磁介质因磁化产生的磁场，以字母 H 表示，单位为安/米（A/m）或奥斯特（Oe），1Oe=79.577 5A/m。磁场强度的大小在数值上等于磁感应强度与导磁率之比。

36. 什么叫磁通势？

答：在电路中产生电流的源称为电动势，同样在磁路中产生磁通的源称为磁通势，又称磁动势，以字母 F 表示，单位为安匝。磁通势的大小等于绕在磁路上的线圈匝数乘以流过线圈的电流。

37. 什么叫磁阻？

答：与电阻的意义相仿，磁阻是表示磁路对磁通所起的阻碍作用，以符号 R_m 表示，单位为每亨（H^{-1}）。

38. 什么叫导磁率？

答：导磁率又称导磁系数，是衡量物质导磁性能的一个系数，以字母 μ 表示，单位为亨/米（H/m）。

39. 什么叫电磁力？

答：载流导体在外磁场中将受到力的作用，这种力称为电磁力。

40. 什么叫涡流？

答：放在变化磁场中的导电物质内部将产生感应电流，以反抗磁通的变化，这种感应电流称为涡流。

41. 什么叫剩磁？

答：剩磁是铁磁体的一种性质。将铁磁体放在磁场中，当磁场移去后，铁磁体仍保持一定的磁性（磁感应）称为剩磁。永久磁铁就是利用铁磁体的这种剩磁性质制成的。

42. 什么叫磁畴?

答: 在铁磁物质内部，存在着很多自发磁化的小区域，称为磁畴。

43. 磁畴有哪些特点?

答: 在没有外磁场作用时，磁畴在物质中杂乱排列，对外不显磁性。在外磁场的作用下，磁畴在不同的条件下将表现出不同的特性，主要有:

(1) 可以发生体积变化，即其磁矩与外加磁场方向接近相同的磁畴体积增大，其磁矩与外磁场方向接近相反的磁畴体积缩小。

(2) 可以发生翻转，即那些磁矩与外磁场方向不接近的磁畴转动到与外磁场方向接近的方向。

(3) 可以旋转，即磁畴逐渐转到使其磁矩与外磁场的方向一致起来，因而显示出很强的磁性。

44. 铁磁物质有哪些特点?

答: 铁磁物质的特点有:

(1) 具有饱和特性。即在外加磁场增加到某一值后，B 随 H 的变化缓慢，并很快不再随 H 变化，称为饱和状态。

(2) 具有不可逆转性。即在不饱和阶段磁化过程是不可逆转的，B 的上升和下降过程不是沿同一条曲线，下降的曲线高于上升的曲线，即 $B—H$ 曲线不是单值的，对应一个 H 有不同的 B 值，究竟是哪个 B 值，与磁化的历史有关。

(3) 在不饱和段，B 随 H 变化很快，即磁导率很高，且 B 随 H 的变化是线性的。

应当指出，铁磁物质的被磁化能力与温度有关，温度增加，磁化能力降低。每种铁磁物质都存在这样一个温度，超过这个温度该物质就失去铁磁性，这个温度称为铁磁物质的居里点，铁的居里点为 750℃。

45. 什么是磁滞回线?

答: 当磁场作周期性的变化时，铁磁体中的磁感应强度与磁场强度的关系是一条闭合曲线，这条闭合曲线称为磁滞回线，如图 1-1 所示。

46. 什么是基本磁化曲线?

答: 铁磁体的磁滞回线的形状与磁感应强度（或磁场强度）的最大值有关。在画磁滞回线时，如果对磁感应强度（或磁场强度）最大值取不同的数值，就得到一系列的磁滞回线，连接这些回线顶点的曲线称为基本磁化曲线，也称为正常磁化曲线或实用磁化曲线，如图 1-2 所示。

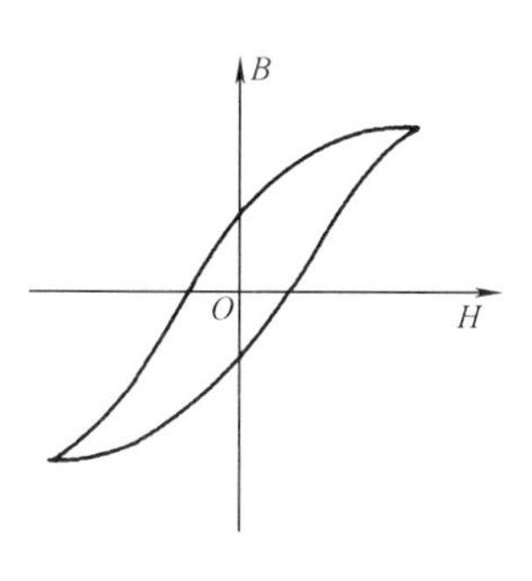

图 1-1　磁滞回线

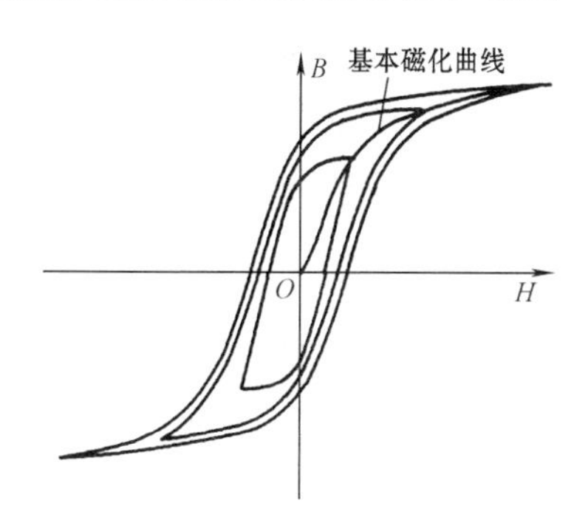

图 1-2　基本磁化曲线

47. 什么叫磁滞损耗?

答：放在交变外磁场中的铁磁体，因磁滞现象产生的功率损耗会使铁磁体发热，这种损耗称为磁滞损耗。

48. 什么叫电场？什么叫电场强度？

答：在带电体周围的空间引入其他带电体时，被引入的带电体将受到力的作用，即称在带电体周围的空间中存在电场。

电场强度是表示电场作用于带电体上的作用力的大小与方向的一个物理量，以字母 E 表示，单位为伏/米（V/m）。

49. 什么叫静电场？

答：自然界存在着正、负两种电荷，电荷的周围存在着电场，这些相对于观察者是静止的，且其电量不随时间而变化的电场称为静电场。

按电场的均匀程度可将静电场分为均匀电场、稍不均匀电场和极不均匀电场三类。

50. 什么是电力线？

答：为了直观而形象地描绘电场，人们在电场中画出一种几何曲线，这种曲线称为电力线。在静电场中，电力线总是从正电荷出发，终止于负电荷，不闭合、不中断、不相交。

51. 高压设备地面的最大场强 E_m 大约在什么范围？

答：220kV 电压等级的 E_m 为 3kV/m，330kV 电压等级的 E_m 为 5～8kV/m，500kV 电压等级的 E_m 为 7～10kV/m，1000kV 电压等级的 E_m 为 9～15kV/m。

52. 电场影响的标准如何？

答：电场影响的标准，大多数国家要求控制在 10kV/m 以下，对于变电站开关场，个别地点也以不超过 15kV/m 为标准。

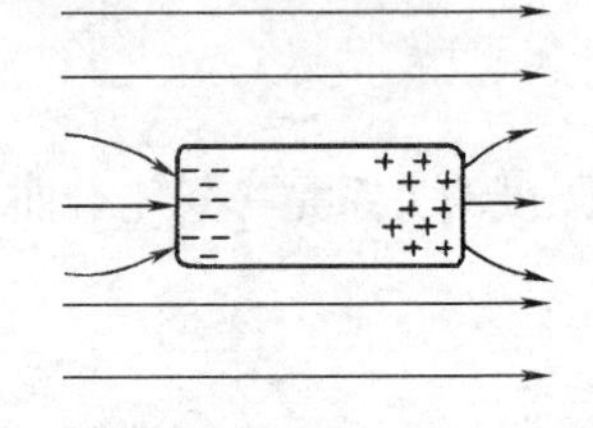

图 1-3　静电感应

53. 什么叫静电感应？

答：导体在附近电荷形成的电场的作用下感应带电，靠近电荷的一端感生与它符号相反的电荷，另一端则感生与它符号相同的电荷，这种导体内的电荷受到外电场作用重新分布的现象称为静电感应，如图 1-3 所示。

54. 静电的危害主要表现在哪些方面？

答：（1）引起爆炸和火灾。静电的电量虽然不大，但电压却很高，容易发生放电，出现静电火花。在有可燃液体的作业场所，静电火花可能引起火灾；在有由易燃物品形成爆炸性混合物的场所，静电火花可能引起爆炸。

（2）静电电击。虽然静电的能量很小，由此引起的电击不致直接使人丧命，但却能导致受击者坠落、摔倒，引起二次事故，电击还能使人精神紧张，妨碍工作。

（3）静电妨碍生产正常进行。静电会对有些电子控制设备产生干扰，影响正常调控运行。

55. 感应电压原理是什么？

答：变电站带电导体是产生静电感应的主要根源，在其下面有一个对地绝缘的导体（被感应物体），如图 1-4 所示。带电导体 1 与被感应物体 2 之间具有极间电容，记作 C_{12}。被感应物体 2 与地之间具有对地电容，记作 C_{20}。假设带电导体的对地电压为 U_1（工频、有效值），由于电容耦合的作用，被感应物体出现了感应电压 U_2，根据电容分压原理，感应电压 U_2 可表示为

$$U_2 \frac{C_{12}}{C_{12}+C_{20}}$$

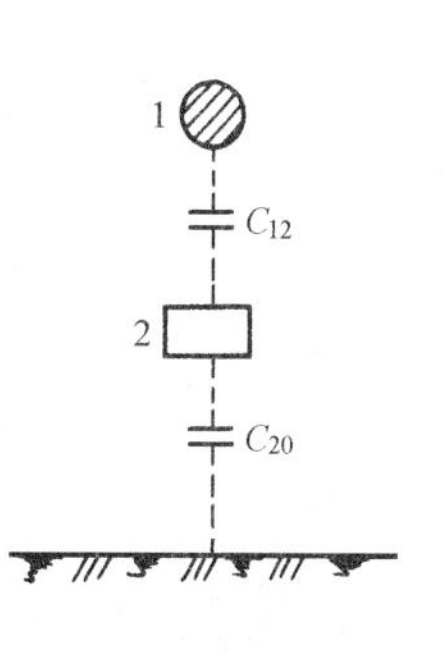

图 1-4　产生感应电压的原理图
1—500kV 带电导体；
2—被感应物体

56. 什么是感应电流?

答: 当人体接触图 1-4 中被感应物体时，由于标准的人体电阻一般为 1000～1500Ω，它与被感应物体 2 与地之间的容抗 X_{20} 相比，小得多，可以忽略不计。此时相当于将被感应物体直接接地，因此带电导体通过容抗 X_{12} 对地流过电流。在人手刚接触被感应物体的瞬间，先有一个暂态电流，它是由于原来积蓄在被感应物体上的电荷（对地电容 C_{20} 的充电电荷）通过人体被释放而形成的瞬间电流。达到稳定后，还有一个工频稳态电流流过人体，它是由于带电导体对地电容形成的电容电流。将在高电场中人体接触被感应物体时流过人体的稳态电流称为感应电流。感应电流的大小标志着稳态电击的严重程度。由于它是人手接触被感应物体时相当于将被感应物体对地短路而产生的电流，故又称为短路电流。

57. 暂态感应电流对人体是否有影响?

答: 暂态感应电流是由于被感应物体本身积蓄的电荷对人体放电的结果，它对于人体的影响可以用能量来表示。研究结果表明，暂态电击造成人体死亡所需要的能量约为 30J。在这样大的能量之下，会引起人体心脏纤维性颤动，使人致死。但是在 500kV 和 750kV 变电站中通常很难有积蓄 30J 能量的被感应物体。例如变电站内特大车辆的对地电容约 3000pF，当其感应电压达到 15kV 时，所积蓄的能量仅有 0.675J，比造成人体死亡的 30J 能量小很多。科研人员采用雨伞进行暂态感应电流试验，当感应电压为 8.6kV，伞对地电容为 47pF 时，感应的能量约为 3.5mJ，这时人接触雨伞有严重刺疼的感觉。因此，暂态感应电流对人体的影响主要是感觉反应。被感应物体积蓄的能量从 0.5mJ 开始，一直到接近 30J 为止，都会使人体有所感觉，产生感觉反应的范围很广。综上所述，由于暂态感应电流作用时间极短，而且被感应物体不可能积蓄那么大的能量，所以它对人身没有危险。但在高电场作用下暂态感应电流对人体的影响却比较大，主要表现在以下两个方面：

（1）在高电场中如果被感应物体的感应电压数值比较高时，虽然人体并没有接触被感应物体，但被感应物体会经小空气间隙对人体放电。

（2）人体站立在高电场中不接触任何带电物体和被感应物体，但是会出现毛发竖立，手臂与衣服之间有刺痛的感觉，人的头发对帽子，脚部对鞋子都会产生放电现象。

58. 稳态感应电流对人体有何影响?

答: 稳态感应电流是被感应物体的电容电流，它是 50Hz 的工频电流。其对人体的影响，归纳起来有以下三点：

（1）工频电流为 1mA 时，人体有感觉，通常称为感觉电流。

（2）工频电流为 5mA 及以下时，人体可以摆脱带电体，通常称为摆脱电流。

（3）工频电流为 25mA 时，人体有剧烈疼痛的感觉，肌肉收缩、呼吸困难，通常称为危险电流。

经过反复试验后发现，在高电场中稳态感应电流对人体的影响和低压电场差不多，电流密度对人体的影响也有关系。例如在人的脚踝部位绕一圈细铜丝，人处在高电场中，此时既使流过人体的稳态感应电流的数值很小，不到 0.2mA，远小于上述低于工频稳态感应电流

1mA，但由于相应的电流密度比较大，超过了 0.3mA/mm²，人体产生了强烈的刺痛感觉。试验结果见表 1-1。

表 1-1 稳态感应电流对人体的影响

流过人体的感应电流(mA)	感应电流密度(mA/mm²)	感觉程度
0.07	0.127	开始感觉
0.10	0.182	明显刺痛
0.14	0.254	刺痛
0.18	0.323	强烈刺痛

在同样的条件下如果人体用手握住位于高电场下机构箱的门把手时，由于接触面积增大，电流密度明显减少，则感应电流达到 0.9mA 时，人体才有明显的刺痛感觉，感应电流的数值比表 1-1 中试验值大了 2 倍多。由此可见，高电场中感应电流密度是影响人体感觉的因素之一。

59. 静电感应的主要影响因素有哪些?

答：（1）导线对地的距离。三相导线对地距离越大，相当于带电体离地面越远，则它在地面附近产生的电场强度就越小。

（2）导线的相间距离。增大相间距离，就相当于把带电体扩大，平均电容增大，在地面附近产生的电场强度也就增大。

（3）导线分裂根数。增加导线的分裂根数，使导线的等效直径加大，导线平均对地电容增大，它产生的电场强度随之增加。

（4）相邻平行回路导线的相序。同相序时平行回路两个相邻相的地面电场强度最小值为 3.5kV/m；反相序时平行回路两个相邻相的地面电场强度最小值为 12.5kV/m，是前者的 3.57 倍。因此，一般要求 500kV 及以上变电站的各回路相序必须相同。

（5）电气设备的影响。电气设备带电部分的头部和均压环尺寸对其周围静电感应影响较大，如均压环大的场强高，均压环小的场强低；如电流互感器附近的空间电场强度比较高；在同一水平面上，设备支架高的电场强度低，设备支架低的电场强度高。另外，设备布置、接地围栏、各种屏蔽都对电场强度有影响。

60. 什么是电磁兼容?

答：电磁兼容是指设备或系统在电磁环境中，能正常工作，并不对环境中的任何事物产生不允许的电磁骚扰的能力。

61. 什么是电磁危险影响?

答：线路单相接地故障时，短路电流对邻近的通信线路产生过高的电磁感应，对人员、设备安全构成的威胁。若以 I_0 为线路的零序电流，以 Z_m 为线路与通信线间的互感电抗，则单相接地短路电流 $I_k=3I_0$，在通信线上感生的电动势 $E_m=3Z_mI_0$，在不利情况下，E_m 可能高达好几百甚至几千伏，此时必须采取通信线增加换位、安装放电管或改为光缆通信，线路改用良导体地线加强屏蔽等防护措施。

62. 什么是电磁污染?

答：电磁污染是指天然的和人为的各种电磁干扰以及对人体有害的电磁辐射。天然的电磁干扰有雷电、磁暴等。人为的电磁干扰主要有：①脉冲放电；②工频交变电磁场；

③射频电磁辐射，例如无线电、微波电视广播和通信、雷达、高频加热设备等。各种电磁干扰都能引起对通信工作程度不同的影响，其中射频电磁辐射则是影响人体的主要因素，它对人机体的生理影响有致热效应和非致热效应，前者使机体受热损伤，后者则能引起记忆力衰退、心律失常、血压不稳、白细胞减少等症状。关于工频交变电磁场对人体的影响，由于超高压输电线路的使用，已引起人们的注意，开始进行研究，但目前尚无定论。为了防止工作人员在强电场作用下可能受到影响，一般采取规定允许最高电场强度和暴露时间等办法。

63. 什么是导体、绝缘体、半导体？

答：带电质点（电子或离子）能够自由移动的物体称为导体。电导率很小的物体称为绝缘体，又叫电介质。导电性能介入导体与绝缘体之间的物体称为半导体。

64. 什么叫电磁感应？

答：当环链着某一导体的磁通发生变化时，导体内就会感应出现电动势，这种现象称为电磁感应。因电磁感应产生的电动势又称为感应电动势。

65. 什么叫热电效应？

答：将两根不同的金属导线的两端分别连接起来，形成一闭合回路。若在其一端加热，另一端冷却，导体中将产生电流；此外，在一段均匀导线上如有很高的温度差存在时，导线两端会有电动势出现，这些现象叫热电效应。

66. 什么叫光电效应？

答：光线被物质吸收，产生电的效应叫作光电效应。

67. 什么是中性点位移？

答：当星形连接的负荷不对称时，如果没有中性线或中性线阻抗较大，在用电设备中性点与地之间就会出现中性点电压，这样的现象称为中性点位移。

68. 接地的基本概念有哪些？

答：（1）“接地”就是接大地。“接地”就是指将地面上的金属物体或电气回路的某一点，通过接地线与地网相连，使物体或节点与大地保持等电位（零电位）。

（2）“接地”就是“接零”。在低压交流电网中，接了地的中性线称为“零线”。“接零”就是通过中性线（或保护线）与大地连接，所以有时把“接零”也称为“接地”。

这种接地与直接接大地不同，由于它要通过中性线才能与大地连接，其接地的良好程度与可靠性主要取决于零线的可靠性与接零回路的阻抗。

（3）“接地”就是接外壳。在电子电路中，“接地”往往是指设备的机壳接地。对电子电路来说，“零电位”不一定非要接大地，只要在局部范围内有一个共同的、相对的“零电位"就可以了。把基准电位的连线称为工作地（又称系统地），以区别于安全目的的接地。它的接地工作方式有直接接地、经电容接地和浮地方式三种。

69. 电气接地的作用有哪些？

答：电气接地的作用主要是防止人身遭受电击、雷击，防止静电损害，防止设备和线路遭受损坏，预防火灾和保障电力系统正常运行。

70. 电气接地的种类有哪些？

答：电气接地通常可分为：①系统接地（工作接地）；②设备的保护接地；③防雷接地；④屏蔽接地；⑤防静电接地；⑥等电位接地；⑦电子设备的信号接地及功率接地。

归纳起来电气接地可分为如下类别：

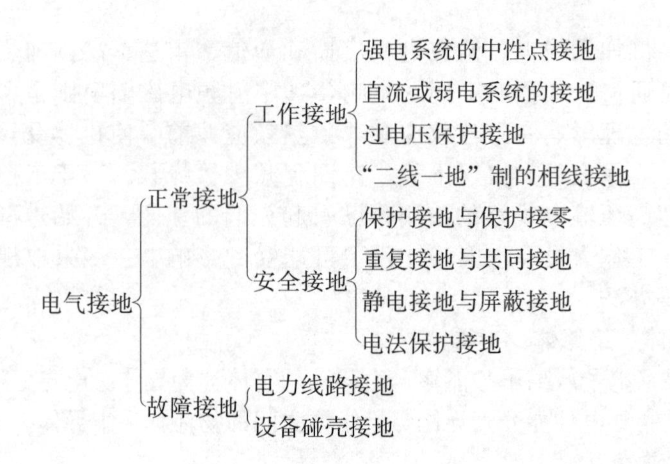

71. 什么是工作接地？

答：为了保证电气设备可靠运行而必须在电力系统中某一点进行接地，称为工作接地，如电源中性点的直接接地或经消弧线圈的接地以及防雷设备的接地等。工作接地要求的电阻值为0.5～10Ω。

72. 电力系统中的工作接地有哪些？

答：根据电力系统工程正常运行方式的需要而接地称为工作接地。例如：

（1）直流输电接地。

（2）三相交流系统的中性点直接接地或间接（如经消弧线圈）接地。

（3）交流低压三相四线系统中的中性点接地。

73. 工作接地作用有哪些？

答：（1）降低人体的接触电压。

（2）迅速切断故障设备。

（3）降低电气设备和输电线路的绝缘水平。

74. 什么是保护接地？

答：为了防止因绝缘损坏而使人员遭受触电的危险，将电气设备在正常情况下不带电的金属外壳或构架同接地体之间作良好的金属连接，称为保护接地。

75. 保护接地的作用是什么？

答：在电力系统中，保护接地主要应用于三相三线制电网。在三相三线制中性点不接地系统中，如电气设备因绝缘损坏而使金属外壳带电时，人体若触及该设备外壳，电流就会通过人体与大地和电网之间的阻抗（对地电容和绝缘电阻并联阻抗）构成回路而造成触电。保护接地，就是将电气设备在正常情况下不带电的金属部分与接地体之间作良好连接，可以保护人身的安全。

76. 什么是保护接零？

答：将与带电部分相绝缘的电气设备的金属外壳或金属构架与中性点直接接地的系统中的零线相连接，称为接零。

77. 电气设备外壳接零有什么作用？

答：电气设备的外壳直接接到系统的零线上，当发生碰壳短路时，短路电流经零线形成闭合回路。所以，电气设备外壳接零的作用，是将碰壳变成单相短路，使保护设备能可靠迅速动作而断开故障设备。

78. 为什么接零系统中电气设备的金属外壳在正常情况下有时也会带电？

答：主要有以下几个方面的原因：

（1）三相负荷不平衡时，在零线阻抗过大（线径过小）或断线的情况下，零线上便可能会产生一个有麻电感觉的接触电压。

（2）保护接零系统中有部分设备采用了保护接地时，若接地设备发生了单相碰壳故障，则接零设备的外壳便会因零线电位的升高而产生接触电压。

（3）当零线断线又同时发生了零线断开点之后的电气设备单相碰壳，零线断开后的所有接零设备便会带有较高的接触电压。

79. 什么是防雷接地？

答：防雷接地是为了将强大的雷电流安全导入地中，以减少雷电流流过时引起的电位升高。防雷接地要求的电阻值为1～30Ω。

80. 什么是重复接地？

答：在采用接零保护的系统中，将零线的一处或多处通过接地装置与大地作再次连接，称为重复接地。重复接地是确保接零保护安全、可靠的重要措施。

81. 重复接地的作用有哪些？

答：（1）降低漏电设备金属外壳的对地电压。

（2）减轻零线发生断线故障时的触电危险。

（3）减轻零线、相线接错时的触电危险。

（4）缩短短路持续时间。

（5）改善防雷性能。

82. 什么叫屏蔽？静电屏蔽的作用是什么？

答：在无线电接地装置中，往往把无线电接收设备装在封闭的金属机壳内，或是将无线电导体封闭在金属壳内，将外壳进行接地，称为屏蔽。

静电屏蔽的作用是把干扰源产生的电场限制在金属屏蔽的内部，而将金属屏蔽表面上所感应的电荷导入大地中，使外界免受金属屏蔽内干扰源的影响。

83. 什么是屏蔽接地？

答：屏蔽接地是将线路的滤波器、变压器的静电屏蔽层、电缆的屏蔽网等进行接地。其作用一方面是为了防止外来电磁波的干扰和侵入所造成电子设备的误动或通信质量的下降，另一方面是为了防止电子设备产生的高频能向外部释放。

高层建筑为了减少竖井内垂直管道受雷电流感应产生的感应电势，将竖井混凝土壁内的钢筋予以接地，也属于屏蔽接地。

84. 什么是防静电接地？

答：静电是由于摩擦等原因而产生的积累电荷，要防止静电产生事故或影响电力设备的工作，就需要有使静电电荷迅速向大地释放的接地，称为防静电接地。

85. 什么是中性点？什么是零点？什么是中性线？什么是零线？

答：发电机、变压器、电动机等电器的绕组中以及串联电源回路中有一点，它与外部各接线端间的电压绝对值均相等，这一点就称为中性点或中点。

当中性点接地时，该点则称为零点。

由中性点引出的导线，称为中性线。

由零点引出的导线，则称为零线。

86. 中性点与零点、零线有何区别？

答：凡三相绕组的首端（或尾端）连接在一起的共同连接点，称电源中性点。当电源的中性点与接地装置有良好的连接时，该中性点便称为零点。而由零点引出的导线，则称为零线。

87. 什么是接地线、接地体和接地装置？

答：接地线是连接于接地体与电气设备之间的金属导线。与土壤直接接触的金属体或金属体组，称为接地体或接地极。接地线和接地体合称为接地装置。

88. 什么是接地电流？什么是接地短路电流？

答：凡从带电体流入地下的电流即称为接地电流。系统一相接地可能导致系统发生短路，这时的接地电流称为接地短路电流。

89. 正常接地分为哪两大类？其接地方式分别有哪些？

答：正常接地分为工作接地和安全接地两大类。

（1）工作接地的方式有：

1）利用大地作回路的接地；

2）维持系统安全运行的接地；

3）为了防止雷击和过电压对设备及人身造成危害而设置的接地。

（2）安全接地的方式有：

1）为防止电力设施或电气设备绝缘损坏危及人身安全而设置的保护接地；

2）为消除生产过程中产生的静电积累，引起触电或爆炸而设的静电接地；

3）为防止电磁作用而对设备的金属外壳、屏蔽罩或屏蔽线外皮所进行的屏蔽接地；

4）为了防止管道受电化腐蚀，采用阴极保护或牺牲阳极的方法保护接地等。

90. 什么是地网？

答：大地可以认为是可吸收无限电荷的等电位零电位体。为防止带电设备绝缘损坏造成人身伤害，带电设备的金属外壳均经接地线接地。大地无端子，需要设置接地极并构成接地电阻很小的地网。

91. 什么是接地电阻？

答：接地电阻是指在低频、电流密度不大的情况下测得的电阻。接地点的电位 U 与此点接地电流 I 的比值定义为接地电阻 R。

92. 什么是尖端放电？

答：电荷在导体表面分布的情况取决于导体表面的形状。曲率半径越小的地方电荷越密集，形成的电场也越强，这样会使空气发生电离，产生大量的电子和离子。在一定的条件下会导致空气击穿而放电，这种现象称为尖端放电。

93. 什么叫电击？

答：在高压输电线路下或高压设备附近，当人接触电场中对地绝缘的物体时，可能会产生有刺痛感的电流，这种现象称为电击。

穿着绝缘鞋的人接触接地体或者触及具有不同感应电位的物体，也会产生这种现象。

94. 什么叫暂态电击？什么叫稳态电击？

答：由静电感应产生的电击可分为暂态电击和稳态电击两类。

暂态电击是指人体接触受到静电感应物体的瞬间，原来积蓄在被感应物体上的电荷通过人体释放，也即由暂态电流造成的电击。暂态电击常伴随有火花放电发生。这是由于被感应物体的电压较高，当人接近被感应物体但尚未完全接触时，其间的小空气间隙击穿而发生火花放电。这和人走过地毯后再接触门把手可能产生的静电放电相类似。

稳态电击是指人接触被感应物体后，由于被感应物体与高压带电体的电容相耦合，产生流过人体的持续工频电流造成的电击。

95. 什么叫谐振?

答：谐振是指振荡回路的固有自振频率与外加电源频率相等或接近时出现一种周期性或准周期性的运行状态，其特征是某一个或几个谐波幅值急剧上升。复杂的电感、电容电路可以有一系列的自振频率，而非正弦电源则含有一系列的谐波，因此，只要某部分电路的自振频率与电源的谐振频率之一相等（或接近）时，这部分电路就会出现谐振。

谐振可分为串联谐振、并联谐振；线性谐振、非线性谐振。

96. 什么叫线性谐振?

答：线性谐振是指在由恒定电感、电容和电阻组成的回路中所产生的谐振，这是电力系统中最简单的谐振形式。

97. 什么叫非线性谐振?

答：非线性（铁磁）谐振是指在电力系统中，由于变压器、电压互感器、消弧线圈等铁芯电感的磁路饱和作用而激发起持续性的较高幅值的铁磁谐振过电压，它具有与线性谐振过电压完全不同的特点和性能。

铁磁谐振可以是基波谐振、高次谐波谐振，也可以是分次谐波谐振。其表现形式可能是单相、两相或三相对地电压升高，或因低频摆动引起绝缘闪络或避雷器爆炸；或产生高值零序电压分量，出现虚幻接地现象和不正确的接地指示；或者在电压互感器中出现过电流，引起熔断器熔断或互感器烧毁；还可能使小容量的异步电动机发生反转等现象。

98. 什么叫串联谐振？串联谐振的特点是什么?

答：（1）在 RLC 串联电路中，当电路的感抗和容抗相等，并且电路总电压与总电流相位差为零，这时电路所发生的谐振称为串联谐振。串联谐振又称为电压谐振。

（2）串联谐振的特点。

1）电路的阻抗最小，电流最大。谐振时，电路的电抗 $X=X_L-X_C=0$，电路的阻抗为

$$Z=\sqrt{R^2-X^2}=R$$

而电路中的电流为

$$I=\frac{U}{Z}=\frac{U}{R}=I_0$$

式中：I_0 为谐振电流。

2）电感和电容上可能产生过电压。谐振时，由于 $X_L=X_C$，所以电感电压与电容电压大小相等，相位相反，两者互相抵消，或互相补偿，对整个电路不起作用。因此，电路的电压等于电阻压降。且在电感和电容上容易产生过电压，当 $X_L=X_C\gg R$ 时，则 U_L 和 U_C 均会大大超过总电压 U，因此，串联谐振又称为电压谐振。

99. 什么叫并联谐振？并联谐振的特点是什么?

答：（1）在 RLC 并联电路中，当电路的感性和容性无功电流相等，并且电路的总电流与端电压同相，整个电路呈现电阻性，这时电路所发生的谐振称为并联谐振。并联谐振又称为电流谐振。

(2) 并联谐振的特点。

1) 电路的总阻抗最大，总电流最小。

2) 各并联支路电流的无功分量可能比总电流大许多倍。谐振时，电感性支路和电容性支路中的电流无功分量彼此大小相等、相位相反，两者相互完全补偿，对总电流不起作用，因此并联谐振也称为电流谐振。

100. 什么是电平?

答: 一种表示电参数（电压、电流或功率等）相对值的参数。通常以某一点的电参数数值作为参考值，以其他任意一点的数值与参考值相比，取比值的对数值即该点的电平值，其单位为分贝（dB）或奈培（N）。如果是两点的功率相比，则分贝数和奈培数分别为：分贝数值$=10\lg\frac{P_2}{P_1}$，奈培数值$=\frac{1}{2}\ln\frac{P_1}{P_2}$，称为功率电平。1N＝8.686dB，1dB＝0.115N。我国过去两种单位均使用，现在电平单位仅使用分贝（dB）。

101. 什么叫电磁干扰? 电磁干扰有何危害?

答: 在实际环境中必然存在由自然因素或人为因素产生的电磁能量，电子设备在该环境中工作，这些电磁能量通过一定的途径进入电子电路，产生电子设备正常工作所不需要的信号；此外电子设备内部也会产生影响正常工作的信号，我们把这些信号称作电噪声（简称噪声）。影响电子电路正常工作的噪声称电磁干扰，简称干扰。

干扰产生于干扰源。在电力系统中，高压断路器和隔离开关拉合闸产生的电弧，空载母线或线路的投入，变压器、并联电容器组、串补电容器和并联电抗器的操作，直流回路的操作，雷击、短路故障、电晕、绝缘子的闪络，控制装置、保护装置动作等都是干扰源。干扰源的电压或电流通过电磁感应、静电感应及传导作用，经由装置的输出、输入和电源回路进入继电保护装置，就构成了对继电保护装置的干扰。

二次回路出现的干扰具有幅值高（电压高达数千伏）、频率高（达 10kHz～3MHz）、干扰持续的时间短（微秒级或毫秒级）等特点，这样的干扰侵入继电保护装置可能会引起继电保护误动或拒动，危及电力系统的正常运行和安全。

102. 什么叫电晕? 它有何危害?

答: 在极不均匀的电场的气隙中，随着外加电压的提高，在曲率半径小的电极附近将出现浅蓝色的晕光，这种现象称为电晕。发生电晕的起始电压称为电晕起始电压。电晕发生时，除了有晕光、芒光以外，还伴有“吱吱”的放电声，并产生臭氧等。电晕放电时，电晕电流是一个断断续续的高频脉冲电流。电晕会引起功率衰耗，并对无线电通信产生严重干扰，所以常用分裂导线、扩径导线或空芯导线等增大半径来减少电晕。

电晕与线路电压有关，60kV 以下电力线路不会产生电晕现象，导线电晕产生的少量臭氧（O_3）和氮的氧化物（NO_x）对周围环境也将形成污染。

103. 电晕有哪几种现象?

答: (1) 电晕可听噪声。当导线周围的空气发生游离，产生电晕现象时，被游离分子的电子在电场作用下高速运动，不断与其他分子发生碰撞，因而伴随着“嘶嘶”的电晕可听噪声。

(2) 电晕腐蚀。当导线表面的气体发生游离放电时，会使周围空气中产生 NO_2 气体，它与导线表面的空气中的水雾接触，形成了腐蚀的酸类——硝酸，硝酸会在导线表面与铝化合，形成硝酸铝等化合物，使铝导线光洁的外表面受到腐蚀，这就是电晕腐蚀现象。

（3）电晕损耗。当导线实际工作电压 U 与电晕起始电压 U_0 的比值为 1.05～1.1 时，导线传输效率将降低 5%左右。只有当导线实际工作电压 U 比导线电晕起始电压 U_0 高很多时，功率损耗才比较严重。由于一般总是把导线电晕起始电压选择得比较高，满足 $U_0>U$，使 $U/U_0<1$。因此，相对输电线路而言，变电站导线的电晕功率损耗是很轻的。

（4）电晕无线电干扰。电晕无线电干扰是选择导线的重要因素之一。对应不同的干扰频率有不同的允许值，干扰频率为 1MHz 的电晕无线电干扰允许值为 42dB，当 $U/U_0 \leqslant 0.9$ 时，其无线电干扰将低于允许标准。对 500kV 电压等级，导线实际可能达到的最高运行相电压为 317.5kV，为满足上述电晕无线电干扰的要求，应使 $U_0>352.8$kV。

（5）电晕发光。变电站电晕发光现象主要在夜间。

在超高压变电站，导线的电晕效应以电晕无线电干扰为主，接下来的排序为电晕损耗、电晕可听噪声、电晕发光，而电晕腐蚀的影响最轻。

104. 怎样避免送电线路上发生电晕？

答：电晕与电极表面状况、气象条件、海拔高度有关。避免电晕的措施是加大导线直径，使用表面光洁的分裂导线。

105. 什么是电晕干扰？

答：架空线路电晕放电脉冲产生的电磁辐射和沿线传播的干扰信号，对无线电通信和线路高频载波通道产生的干扰。线路上状态不良的绝缘子和金具上局部的火花放电，成为产生电晕干扰的主要原因。

106. 什么是电晕损耗？

答：电晕损耗是指导线电场强度超过起晕临界值，使周围的空气薄层产生电晕放电而引起的线路电能损耗，单位 kW/km。电晕损耗的大小与线路电压、导线规格、导线表面状态、导线排列方式、相分裂、分裂间距和杆塔尺寸等有关。而且线路通过地区的气候因素对电晕损耗的影响极大，好天气和坏气候相差可达数倍至数十倍，尤其雨天影响最大，覆线的雾凇影响也很显著。新导线表面经过 6 个月左右就会钝化，电晕损耗明显下降，在大雨天的损耗可减少 25%～30%。钝化导线的无线电干扰和电晕噪声也相应降低。220kV 及以上线路的电晕损失一般不到线路电阻损失的 10%。

107. 什么是电气设备的额定值？

答：电气设备的额定值是制造厂家按照安全、经济、寿命全面考虑，为电气设备规定的正常运行参数。

108. 什么是用电设备的效率？

答：由于能量在转换和传递过程中不可避免地有各种损耗，使输出功率 P_2 总是小于输入功率 P_1。为了衡量能量在转换或传递过程中的损耗程度，把 P_2 与输入的功率 P_1 的比值称为用电设备的效率，即

$$\eta = P_2/P_1 \times 100\%$$

109. 什么叫自然功率？

答：输电线路既能产生无功功率（由于分布电容），又能消耗无功功率（由于串联阻抗）。当线路上的这两种无功功率达到相互平衡时，将沿线路传递的固定有功功率，称为线路的自然功率或波阻抗功率。因为这种情况相当于在线路末端接入了一个波阻抗值的负荷。若传输的有功功率低于自然功率，线路将向系统传送无功功率；高于自然功率时，则将吸收

系统的无功功率。不同电压等级线路的自然功率参考值如表 1-2 所示。

表 1-2　　不同电压等级线路的自然功率参考值

电压(kV)	分裂数	自然功率(MW)	电压(kV)	分裂数	自然功率(MW)
220	1	130	500	3	925
220	2	157	500	4	1000
330	2	350	750	4	2150

110. 什么是线路的充电功率？

答：线路在空载运行时，由线路分布电容产生的无功功率称为线路的充电功率。该充电功率相当于在线路上并联一个补偿电容器，因此，空载运行的线路对电网的功率因数有一定的补偿作用。每百公里线路的充电功率参考值如表 1-3 所示。

表 1-3　　每百公里线路的充电功率参考值

电压(kV)	分裂数	充电功率(MW)	电压(kV)	分裂数	充电功率(MW)
220	1	13	500	3	90
220	2	15.7	500	4	100
330	2	38	750	4	208

111. 什么是输电功率？

答：电力系统之间或一个局部系统（发电厂）向另一局部系统通过输电线输送的综合最大送电功率称为输电功率。它受送变端电压等级、送电距离、电网结构、线路回路导线分裂根数和截面以及电力系统安全稳定水平和容量的制约。

112. 什么是输电容量？

答：输电线路在规定的条件下送端允许通过的有功功率，称为输电容量也称为输电能力。输电线路的输电容量大小主要取决于：线路本身的电压等级、线路结构、导线截面和线路长度等技术条件。

113. 什么叫电力系统？

答：电力系统是指由发电厂（不包括动力部分）、变电站、输配电线路直到用户等在电气上相互联结的整体，它包括了从发电、输电、配电直到用电这样一个全过程。

114. 电力系统的任务是什么？

答：电力系统的根本任务，是在国民经济发展计划的统筹规划下，安排电源和电网建设，合理开发能源，优化电源布局和电网结构，保持电源与电网的协调发展，促进水电、煤电、核电和蓄能电站等电源的合理互补，用最低综合成本，向国民经济各部门和各电力用户提供充足、可靠和质量合格的电能。

115. 电力系统的功能是什么？

答：电力系统的功能是将能量从一种自然存在的形式转换为电的形式，并将它输送到各个用户。

116. 电力系统具有哪些特点？

答：电力系统的特点有：

（1）由运行电压基本恒定的三相交流系统组成。发电和输电设施采用三相装置，工业负荷总是三相；单相家用和商用负荷在各相之间等量分配，以便有效地形成平衡的三相系统。

（2）采用同步发电机发电。原动机将一次能源（化石燃料、核能和水能）转换为机械能，然后由同步发电机将它转换为电能。

（3）将电力远距离输送到广大区域的电力用户。需经由运行于不同电压水平的子系统组成的输电系统。

图 1-5 示出了现代电力系统的基本构成示意图。首先在发电厂发出电力，再通过一个复杂的网络将电力输送给用户。输电网络由输电线路、变压器和开关设备等单个元件组成。

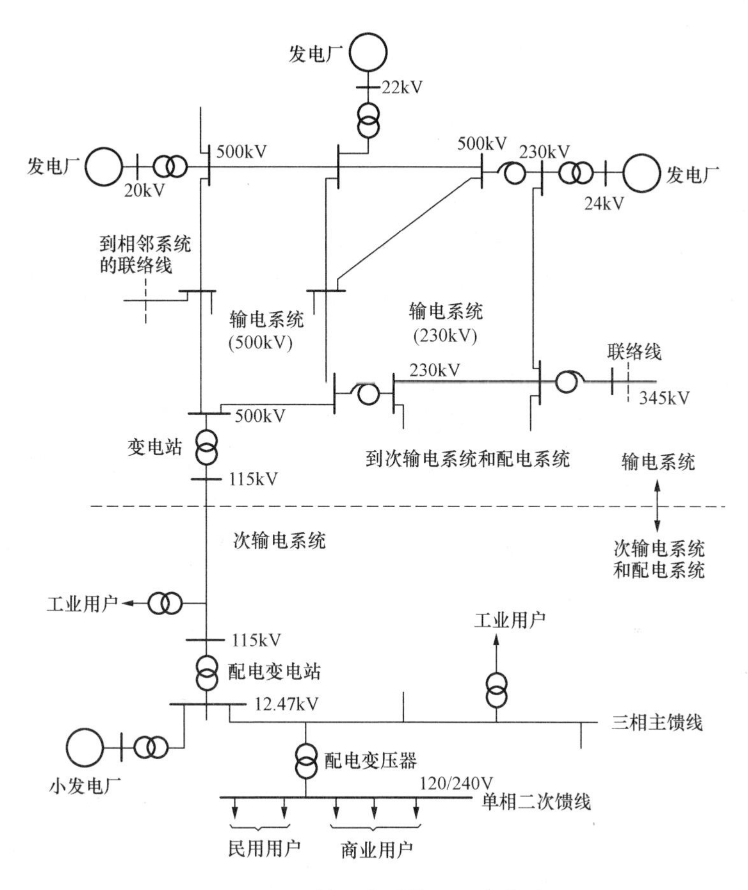

图 1-5　现代电力系统的基本构成

117. 什么叫动力系统？

答： 动力系统是指电力系统加上发电的动力部分、供热以及用热设备。

发电厂的动力部分包括：

（1）火电厂的锅炉、汽轮机、燃气轮机、热网等。

（2）水电厂的水库、水轮机。

（3）原子能电厂的核反应堆锅炉、汽轮机等。

118. 电力工业生产的特点是什么？

答：（1）电力生产同时性。发电、输电、供电是同时完成的，电能不能大量储存，必须用多少、发多少。

（2）电力生产的整体性。发电机、变压器、高压输电线路、配电线路和用电设备在电网中形成一个不可分割的整体，缺少任一环节，电力生产都不可能完成。相反，任何设备脱离电网都将失去意义。

（3）电力生产的快速性。电能输送过程迅速，其传输速度与光速相同，达到 30 万 km/s，即使相距几千千米，发、供、用都是在瞬间实现。

（4）电力生产的连续性。电能的质量需要及时、连续的监视与调整。

（5）电力生产的实时性。电网事故发展迅速，涉及面积大，需要实时安全监视。

（6）电力生产的随机性。由于负荷变化、异常情况及事故发生的随机性，电能质量的变化是随机的。因此，在电力生产过程中，需要实时调度，并需要实时安全监控系统随时跟踪随机事件，以保证电能质量及电网安全运行。

119. 对电力系统运行的基本要求有哪些？

答：（1）保证供电的安全性和可靠性。

（2）要有合乎要求的电能质量。

（3）要有良好的经济性。

要实现这些要求，除了提高电力设备的可靠性水平，配备足够的备用容量，提高运行人员的素质，采用继电保护和自动装置等以外，采用电网调度自动化也是一个极为重要的手段。

120. 什么叫电力网？什么叫区域性电力网？什么叫地方电力网？

答：在电力系统中，联系发电机和用电的属于输送和分配电能的中间环节，简称电网。它主要由连接成网的送电线路、变电站、配电所和配电线路组成。通常，以电压等级来划分。

区域电力网是指把范围较广地区的发电厂联系起来，其输电线路长、电压高、传输功率大，用户类型也较多。

地方电力网是指电压等级一般不超过 110kV，供电距离多在 100km 以内，主要是一般城市、工矿区、农村的配电网络。

121. 输电网分为哪几部分？

答：通常输电网分为以下子系统：

（1）输电系统。输电系统连接系统中主要的发电厂和主要的负荷中心。它形成整个系统的骨干并运行于系统的最高电压水平（通常为 230kV 及以上）。发电机的电压通常在 6～35kV 范围内。经过升压达到输电电压水平后，电力被传输到输电变电站，在此再经过降压达到次输电水平（通常为 35～110kV）。发电和输电子系统经常被称作主电力系统。

（2）次输电系统。次输电系统将较少量的电力从输电变电站输往配电变电站。通常大的工业用户直接由次输电系统供电。在某些系统中，次输电和输电回路之间没有清晰的界限。当系统扩展，更高一级电压水平的输电变得必要时，原来的输电线路则常被降低次输电的功能。

（3）配电系统。配电系统相当于将电力送往用户的传输过程中的前后一级。一次配电电压通常为 0.4～35kV。较小的工业用户通过这一电压等级的主馈线供电。二次配电馈线以 220/380V 电压向民用和商业用户供电。

靠近负荷的小发电厂通常连接到次输电系统或直接连到配电系统。

整个系统由多个发电电源和几层输电网络组成。它们提供的高度结构冗余使系统能够承受非正常的偶然故障而不致影响对用户供电。

122. 目前电网中有哪几种发电形式？

答：有火力发电、水力发电、核能发电、再生能源发电（风力发电、太阳能发电等）。

123. 区域电网互联的意义与作用是什么？

答：（1）可以合理利用能源，加强环境保护，有利于电力工业的可持续发展。

（2）可安装大容量、高效能火电机组、水电机组和核电机组，有利于降低造价、节约能源，加快电力建设速度。

（3）可以利用时差、温差错开用电高峰，利用各地区用电的非同时性进行负荷调整，减少备用容量和装机容量。

（4）可以在各地区之间互供电力、互通有无、互为备用，减少事故备用容量，增强抵御事故能力，提高电网安全水平和供电的可靠性。

（5）能承受较大的冲击负荷，有利于改善电能质量。

（6）可以跨流域调节水电，并在更大范围内进行水电、火电经济调度，取得更大的经济效益。

124. 电网经济运行包括哪些内容？

答：合理分配发电厂的有功功率负荷率，在整个系统发电量一定的条件下，使系统一次能源消耗最少，合理配置无功电源，提高有功功率，改进电网的结构和参数，组织变压器经济运行，以降低电力网的电能损耗。

125. 什么是电网的并列运行？

答：电网在正常运行情况下，与电网相连的所有同步发电机的转子均以相同的角速度运转，且各发电机转子间的相对电角度也在允许的限值范围内，这种运行方式称为发电机的并列运行，并称参加并列运行的各发电机处在同步运行状态；对两个电网而言，则称为电网并列运行。

126. 什么是电网合环运行？电网合环运行有什么好处？

答：电网合环运行也称环路运行，就是把电气性能相同的变电站或变压器互相连接成一个环状的输配电系统，使原来或单回路运行的输电或供电网络经两回或多回输电线路连接成为单环路或多环路运行的环网运行方式。电网合环运行的好处是它们之间可以相互送电和变电，互相支援，互相调剂，互为备用。这样既可以提高电网或供电的可靠性，又保证了重要负荷的用电；同时，如果在一样的导线条件下输送相同的功率，环路运行还可以减少电能损失，提高电压质量。

127. 电网合环运行应具备的条件有哪些？

答：（1）合环点相位一致，相序一致，如首次合环或检修后可能引起相位变化的，必须经测定证明合环点两侧相位一致。

（2）如属于电磁环网，则环网内的变压器接线组别之差为零；特殊情况下，经计算校验继电保护不会误动作及有关环路设备不过负荷时，允许变压器接线差30°时进行合环操作。

（3）合环后不会引起环网内各元件过负荷。

（4）各母线电压不应超过规定值。

（5）继电保护与安全自动装置应适应环网运行方式。

（6）电网稳定，符合规定的要求。

128. 电网的短路电流水平包括哪些因素？如何对其进行分析？

答：电网的短路电流水平包括短路电流的周期和非周期分量数值、恢复电压的上升陡度、单相接地短路电流与三相短路电流之比以及电网元件间统计短路电流值的分布等因素。这些因素影响断路器的开断性能和设备的参数选择，它们与电网的结构、中性点的接地方式和变电站的出线数等都有密切关系。

短路电流水平的高低与电网结构和该级电压网络在电网发展过程中的地位有关。

129. 为什么要进行电网的互联?

答：由于联网可以在大范围内进行调峰、错峰，水、火电调剂，有利于资源优化配置和缓解局部地区电力外送困难或电力供应紧张的局面，获得显著的技术经济效益。现代电网的发展越来越大，地理位置上不仅突破了市界、省界，而且世界上还形成了许多跨区、跨国电网，网内装机容量也越来越大，在输电电压等级上，不仅出现了220、330、500、750kV超高压电网，而且出现了1000kV及更高电压等级的输电网络。

130. 全国联网的作用和优越性有哪些?

答：(1) 可以合理利用一次能源，有利于长江、黄河、珠江和红水河等水利资源的开发和低质煤的利用，从而加强环保，实现水电、火电资源优势互补，变输煤为输电，有利于电力工业的可持续发展。

(2) 可以安装大容量、高效能火电、水电及核电机组，有利于降低造价、节约能源，加快电力建设速度。

(3) 可以利用时间差，错开用电高峰（如西北与华东由于经度效益时差相差1h，南方和北方由于纬度温差使得夏冬季的高峰负荷不同），利用各地区用电的不同时性降低用电高峰负荷，减少备用容量，最终节省全网装机容量。

(4) 可以在各地区之间互供电力，互为备用，减少事故备用容量，提高电网运行的经济性，同时增强电网抵抗事故能力，实现事故情况下的相互支援，最终提高电网安全水平和提高电网供电可靠性。

(5) 能承受较大的冲击负荷（如轧钢、电力机车等冲击负荷），从而有利于改善提高电能质量。

(6) 水电可以跨流域调节，利用不同河流的流域效应，即由于纬度不同而造成的各条季节河流的丰水期不同（如红水河为5月、长江为6月、黄河为7月、东北河流为8月），有效利用天然资源，并在更大范围内进行水火电联合经济调度，提高全国电网运行的经济性。

当然电网互联也带来了新的问题，如故障会波及相邻电网，如果处理不当，严重情况下还会导致大面积停电；电网短路容量可能增加，造成运行中断路器等设备因容量不够而需增加投资；需要进行联络线功率控制等。这些都要求研究和采取相应的技术措施，如加强电网结构，提高电网自动化控制水平等，只有如此才能充分发挥互联电网的作用和优越性。

131. 电网损耗包括哪些?

答：电网损耗包括电网功率损耗与电能损耗。电网运行时，在线路上和在变压器中都有功率损耗：电网的电阻和电导作用导致有功功率损耗；电网的电抗、电纳作用导致无功功率损耗。

132. 什么是电网的可变损耗和固定损耗?

答：可变损耗是指在电力线路电阻上的损耗。输送功率越大，导线上的电流越大，其损耗 $P_0=I^2R$ 同电流的平方成正比，随着输送功率的大小而变化，故称可变损耗，此类损耗约占总损耗的80%。

固定损耗与线路传递功率无关，主要是电晕和电容引起的损失。因线路的电晕（电导）和电容（电纳）是不变的，所以此类损耗称为固定损耗，约占总损耗的20%。

133. 什么是无穷大容量电力系统？

答：所谓无穷大容量电力系统，是指系统外电路元件（变压器、线路等）的等值阻抗比电源内阻抗大很多，因此供电系统母线电压U_m近似认为不变，这种短路回路所接的电源便称无穷大容量电力系统，即功率S为∞，阻抗Z为0，U_m近似不变。实际上，电力系统容量是有限的。在工程上认为，如果系统阻抗（等值电源内阻抗）不超过短路回路总阻抗的10%，可以不考虑系统阻抗而作为无穷大容量系统来处理。

134. 什么是电网的备用容量？备用容量意义何在？

答：电网中电源容量大于发电负荷的部分称为电网备用容量。

电网设置备用容量是为了保证电力系统的调频调峰、发电设备能定期检修及机组发生故障时不至于对用户停电，并满足国民经济发展的需要。电网备用容量分为有功功率备用容量和无功功率备用容量。只有有了备用容量，电网才能在各种情况下对用户可靠地供电，才能及时调整电网频率和供电电压，保证电能质量和电网安全、稳定地运行，也才有可能按最优化准则在各发电机组间进行有功功率的经济分配。

135. 电网备用容量设置目标和标准如何？

答：电网有功备用容量按设置的目的可分为负荷备用、事故备用、检修备用和国民经济发展备用，一般系统规划设计时应使电力系统的装机容量大于最高负荷的15%～20%。各种备用容量宜采用如下标准：

（1）负荷备用容量一般为最大发电负荷的2%～5%，低值适用于大电网，高值适用小电网。

（2）事故备用容量一般为最大发电负荷的10%左右，但不小于电网中一台最大机组的容量。

（3）检修备用容量一般应结合电网负荷特点、水火电比例、设备质量、检修水平等情况确定，一般为最大发电负荷的8%～15%。

电网如果不能按上述要求留足备用容量运行时，应当经电网管理部门同意。

136. 什么是电网调峰？其影响因素有哪些？

答：电网调峰是为了满足电网用电尖峰负荷的需要而对发电机组出力进行的调整。

尖峰负荷一般出现在上午和晚间照明（使用空调）期间。尖峰负荷每日出现几次，在安排电网调峰时，必须充分考虑需求容量和有关的安全约束，同时还应考虑调峰的经济性。安全约束主要包括：

（1）对联络线较薄弱地区应分地区平衡。

（2）调峰速度应符合本电网的实际情况。

（3）满足电压质量要求。

从经济性考虑，调峰会使设备损耗增大，而火电机组调峰会使供电煤耗上升，发电成本增加。由于现行制度中的固定资产折旧率、大修折旧率长期偏低，同时参加调峰的火电机组在煤质和燃油供应上也无特殊政策，因此在当前制度下，从机组安全可靠运行、降低损耗指标、提高各发电企业劳动生产率和职工的效益等各方面考虑，在无特殊政策情况下，一般发电企业均不愿意承担电网调峰。

137. **什么是调度操作术语？**

答：为了防止由于习惯用语不同或语言含义不清因误解而造成误操作事故，电力系统在发布和接受调度操作命时，所必需使用的统一操作术语。如“开机”为将汽（水）轮发电机组启动到额定转速，使机组处于等待并入系统的状态；“短接”为用临时导线将开关、母线或闸刀等设备的导电部分加以短路跨接等。

138. **什么是调度指令？**

答：电力系统调度机构依据调度管辖权限，对其管辖范围内的电力系统设备进行状态变更所发布的命令。调度指令是由调度管辖权派生出来的，拥有强制执行的权利。调度指令的正确性由发布指令的调度运行人员负责，可根据电力系统运行情况和自己的判断，独立于任何其他人员发布命令的权利。调度指令的受令人对调度指令执行的正确性负责。拒绝执行时，除非被证明有保证电力系统安全运行或保证人身和设备安全需要正当理由外，否则将受到相关法规的制裁。

139. **什么是调度许可？**

答：下级调度机构在自己管辖范围内进行某些设备操作或运行方式改变要影响到上级调度机构管辖的电网运行安全时，下级调度需取得上级调度同意后，才能进行操作的一种调度权限。列为调度许可的设备一般由上一级调度机构确定。

140. **什么是强送电？**

答：高压线路或变压器发生故障跳闸后，有时需对故障设备强行全电压充电，以期尽早恢复供电的一种方法。强送电一般在值班调度员的命令下执行。对于强送电的次数及强送电的条件，各级调度应结合系统实际情况订入调度规程，现场也应有相应的规定。

141. **什么是电力系统黑启动？**

答：电力系统发生重大事故，导致系统全停，用户供电中断，依靠部分不需外来电源支持即可启动的机组作为电力系统恢复的动力来源，使电力系统逐步恢复运转，逐步恢复对负荷的供电的一种模式。结合各电网的实际状况，制定详细的实施方案，选择合理的黑启动电源点、恢复路径、并网点等，同时要考虑黑启动起始阶段启动机组自励磁、小系统频率稳定、电压控制等技术问题。黑启动的基本原则是保证电力系统快速、稳定的恢复，因此黑启动机组不仅要具备自启动能力，还要有启动迅速的特点。

142. **什么是火力发电厂？**

答：火力发电厂是燃烧煤、油、气等化石燃料，将所得到的热量转变为机械能带动发电机产生电力的综合动力设施的发电厂。按所使用的原动机不同，火力发电厂可分为蒸汽轮机发电厂、内燃机发电厂、燃气机发电厂等。我国绝大多数火力发电厂均是蒸汽轮机发电厂，燃料以煤为主。

143. **什么是水力发电？**

答：水力发电是将河川、湖泊或海洋水体所蕴藏的水能转变为电能的工程技术。其原理是利用水体中的位能和动能，经水轮机转换为机械能，再通过发电机转换成电能。水力发电有多种形式：利用河川径流水能发电的为常规水电；利用海洋潮汐能发电的为潮汐发电；利用波浪能发电的为波浪发电；利用电力系统低谷负荷的剩余电力抽水蓄能，高峰负荷时防水发电的为抽水蓄能发电。由于水力发电是一种清洁、廉价的可再生能源，它启停迅速、调节灵活，是电力系统中理想的调峰、调频、调相和事故备用电源，对改善电力系统运行状况，提高供电质量具有重要的作用，是电力系统电源构成中不可缺少的组成部分。

144. **什么是水电站?**

答: 将水能转换为电能的发电厂，又称水力发电厂，简称水电站。水电站主要由挡水建筑物、引水系统、发电厂房、变电站和辅助设施等组成。它通常又是具有综合效益的水利水电枢纽和其他设施的综合体。水利发电站按利用能源的种类可分为常规水电站、抽水蓄能水电站、潮汐电站和波浪电站等。其中常规水电站是把河流中的水能转换成电能，是技术最成熟、开发最多的一种水电站。

145. **什么是风电场?**

答: 安装有一批风力发电机或风力发电机群的地域。由一批风力发电机组成的，其电力汇于同一个电力枢纽点的系统构成一个风力发电站，也称为风力发电厂。

146. **什么是核电厂?**

答: 用易裂变核材料作燃料，再将它在可控链式裂变反应中生成的能量转变为电能的工厂。核燃料在反应堆内产生的裂变能，主要以热能的形式出现。它经过一次和二次冷却剂的载带和转换，最终用蒸汽驱动器轮发电机组发电。

147. **核电厂由哪几部分组成?**

答: 核电厂由核岛（主要是核蒸汽供应系统，即反应堆、一次冷却系统、蒸汽发生器及相关部分)、常规岛（主要是汽轮发电机组）核电厂配套设施组成。

148. **什么是核辐射?**

答: 由核裂变、核衰变释放出的带电粒子、中子、γ 射线和 x 射线。

149. **什么是核能?**

答: 原子核裂变反应或聚变反应释放能量，又称原子能。原子弹和氢弹爆炸时释放的能量是非受控的核裂变和核聚变反应的结果。目前人类尚未掌握受控的核聚变。因此，通常所说的核能是指在核反应堆中由受控链式核裂变反应产生的能量。

150. **什么是核燃料?**

答: 含有易裂变核素，放在反应堆内能使自持核裂变链式反应得以实现的材料。按其形式的不同，核燃料可分为纯金属燃料、合金燃料、陶瓷燃料和弥散型燃料等几种。对含铀的核燃料，又可按所含铀丰度的不同分为天然铀、低浓铀和高浓铀等几种。

151. **什么是核事故?**

答: 核电厂反应堆堆芯及放射性屏障发生明显或严重损坏，向厂外环境释放性具有很大风险或已大量释放的任何意外事故的总称。

152. **什么是太阳能?**

答: 从太阳向宇宙空间发射的电磁辐射能。太阳是一团炽热的等离子体球，表面有效温度约为 6000K，太阳中心部分的温度高达 1.5×10^{7}K，压力高达 3.4×10^{14}Pa。在这样的高温下，太阳内部持续不断地进行着核聚变反应。地球截获的太阳辐射能为 8.2×10^{10}MW。

153. **什么是太阳光发电?**

答: 利用光电效应原理把太阳能直接转换成电能的一种转换过程。实现光电转换的基本单元是太阳电池，太阳电池用导体材料制成，吸收光能后会产生电动势，转换效率很高。

154. **什么是太阳热发电?**

答: 利用太阳辐射能产生热量，再转换成机械能的发电方式。发电系统由集热系统、热传输系统、蓄热系统、热交换器及汽轮机系统组成。

155. **什么是自备电厂?**

答：客户为满足生产工艺过程、研究实验用电，或提高供电可靠性，建设以自发自用为主的各种类型的发电厂。

156. 什么是变电站？变电站在电网中的作用是什么？

答：变电站是电力网的重要组成部分，是用于变换电压、接受和分配电能、控制电力的流向和调整电压的电力设施。

变电站是联系发电厂、电网和用户的中间环节，它通过变压器将各级电压的电网联系起来，是电力网的枢纽。其包含的设施主要是起变换电压作用的变压器设备，除此之外，变电站的设施还有开闭电路的开关设备，汇集电流的母线，计量和控制用的互感器、仪表、继电保护及综合自动化装置和防雷保护装置，调度通信装置等，有的变电站还有无功补偿设备。

157. 什么是枢纽变电站？什么是中间变电站？什么是终端变电站？

答：枢纽变电站：指电压等级较高、容量较大，处于联系电力系统各部分的中枢位置，地位重要的变电站。

中间变电站：指处于发电厂和负荷中心之间的变电站，从这里可以转送或抽引一部分负荷。

终端变电站：指只能负责供应一个局部地区的负荷，不承担转送功率的变电站。

158. 什么是配电所？

答：向某特定地区进行中压配电或将中压配电电压降压至低压配电电压的供电点。配电所的接线一般有两回进线，单母线分段接线；中压馈线由接在母线上的断路器或负荷开关馈出；配电变压器的高压侧一般采用熔断器保护简化方案。配电变压器的容量按照供电区域负荷发展而定，随着城市配电网的发展，“小容量、多布点”技术的应用，容量不宜过大，一般选择在800kVA及以下。

159. 什么是配电网？

答：从输电网或地区发电厂接受电能，通过配电设施就地或逐级分配给各类用户的电力网。配电设施包括配电线路、配电所、配电变压器等。配电网按照电网电压等级分为高压配电网、中压配电网和低压配电网；按配电线路类型分类可分为架空配电网和电缆配电网。配电网应适应负荷的需要，具有充分的配电能力与应付事故的能力，满足供电安全、可靠、经济以及与环境协调等要求。

160. 配电网的电压等级如何规定？

答：我国的配电网电压等级分高压配电电压：35、66、110kV；中压配电电压：10（20）kV；低压配电电压：380/220V。在有的特大城市电网中，220kV电压也兼有高压配电功能。

161. 什么是配电系统？

答：由变电站、配电所、配电变压器及变电所母线以下的各级线路、发电厂直配线路，以及进户线和量电设备所组成的在电气上相互连接的不同电压的网络系统，是电力系统的一个组成部分。变电所将来自电力系统的能量，降压至配电所进线电压，在配电所进行中压配电或降至低压配电，对用户供电。

162. 500kV超高压系统有何特点？

答：相对于220kV系统，500kV超高压系统的特点有：

（1）输送容量大，输电线路长。因此，500kV线路采用多分裂导线。

（2）长线路的电容效应（容升现象）产生的充电无功，在线路轻载或空载的情况下产生工频过电压，因此在长线路末端并有并联电抗器（有的安装在母线上）。

（3）线路上装有避雷器。

（4）500kV 线路电压互感器为三相，而母线电压互感器为单相。

（5）500kV 接线方式多采用 3/2 断路器接线方式。

（6）在断路器操作时，易产生操作过电压，因此在长线路的断路器断口上并有合闸电阻。

（7）500kV 主变压器、并联电抗器容量大、结构复杂、尺寸高大、占地面积大。

（8）500kV 主变压器都采用自耦变压器。

（9）为了补偿大容量 500kV 主变压器的无功功率损耗以及满足电力系统调相、调压的需要，必须设置大容量的无功功率补偿装置。

（10）继电保护二次接线复杂。

（11）线路的保护电压量多取自线路电压互感器，电流量采用和电流。

（12）线路配有远方跳闸保护。

（13）由于采用了 3/2 断路器接线方式，500kV 断路器配有独立的断路器保护。

（14）变压器配有过励磁保护。

（15）500kV 线路保护采用复用通道，220kV 线路保护采用专用通道。

（16）500kV 线路高频保护采用允许式，220kV 线路保护采用闭锁式。

（17）无线电干扰大。

（18）静电感应强。

（19）电晕效应强。

（20）500kV 变电站的运行噪声大。

（21）电场强度高。

163. 什么是负荷？什么是负荷曲线？

答：负荷是指用户的用电设备所取用的功率，电力系统的总负荷就是系统中所有用电设备所消耗功率的总和。

负荷曲线是指负荷随时间变化情况的图形表示。

164. 什么是高峰定点负荷率、月平均日负荷率、日负荷率和最小负荷率？

答：高峰定点负荷率，也称为尖峰负荷率，是指平均负荷与指定高峰时间内出现的最大负荷的比率。高峰定点负荷率是为了组织用户少用高峰电，多用低谷电，促使用户在电网高峰负荷时，使用的用电负荷低于平均负荷，以达到削峰填谷的效果。根据电力系统的需要，在用电单位采取了一系列调整负荷的措施后，对某些行业的用电单位来说，高峰定点负荷率可能要大于 1，即平均负荷大于定点的最大负荷。

$$\text{高峰定点负荷率}\ f_{\max}=\frac{P_{\text{av}}}{P_{\max}}\times 100\%$$

月平均日负荷率是指当月每日负荷率的总和除以当月天数，即

$$\text{月平均日负荷率}\ f_{\text{av}}=\frac{\sum \text{日负荷率}}{\text{当月天数}}$$

日负荷率是一日内平均小时负荷与最大负荷之比，即

$$\text{日负荷率}\ f=\frac{P_{\text{av}}}{P_{\max}}\times 100\%$$

式中：最大负荷 P_{max} 为最大电力指示器读数（kW）或小时最大电能数（此时平均负荷则改为平均电量）。平均小时电量＝日用电量/全日小时数，最大负荷应为瞬时时间最大负荷，为计算方便也可取一定时间内的平均最大负荷。在计算负荷时，有最大电力指示器时，则使用最大电力读数（kW），没有最大电力读数指示器时，可使用小时最大电度数。

最小负荷与最大负荷的比率称为最小负荷率，即

$$最小负荷率\ f_{min} = \frac{P_{min}}{P_{max}} \times 100\%$$

165. 什么是用电负荷？

答：用电对象吸取的电功率。对于用电对象是单台用电设备的，用电负荷是指输入的电功率；对于用电对象是一个企业的，用电负荷则是指其受电装置由电网侧输入的电功率。

166. 什么是用电负荷率？

答：用电对象在指定时期的平均用电负荷与期内出现的最大用电负荷的比值，用百分数表示。

$$用电负荷率 = \frac{指定其平均负荷}{指定期最大负荷} \times 100\%$$

计算用电负荷率时，可以以一个车间、一个客户、一条线路或一个地区为用电对象计算。

167. 什么是用电负荷曲线？

答：用电负荷随时间变化的轨迹。用电负荷曲线反映用电负荷随时间变化的规律，曲线包含的面积代表电能使用量。按用电时间分为日、周、月、季、年用电曲线等。

168. 从安全角度来看，工业企业的电力负荷分为几类？

答：从安全角度来看，根据用电设备对供电可靠性的要求，工业企业的电力负荷分为三类：一类负荷、二类负荷和三类负荷。

一类负荷：此类负荷突然停电，将造成人身伤亡，重大设备损坏，重要产品出现大量废品，引起生产混乱，交通枢纽、干线受阻，重要城市供水、通信、广播中断等，造成巨大经济损失或重大政治影响。第一类负荷是最重要的电力用户，必须有两个独立电源供电。

二类负荷：此类负荷突然停电时，会造成大量减产、停工，生产设备局部破坏，局部地区交通阻塞，城市居民的正常生活被打乱等。第二类负荷也是重要负荷，应尽量由两回线路供电，且两回线路应引自不同的变压器或母线段。

三类负荷：所有不属于一、二类负荷的用电负荷均属于三类负荷。此类负荷短时停电造成的损失不大，属于一般电力用户，可以用单回线路供电。

169. 什么是一次设备？什么是二次设备？

答：一次设备指直接生产和输、配电能的高压电气设备，经这些设备，电能从发电厂送到各用户，如发电机、变压器、断路器、隔离开关、电压互感器、电流互感器、电抗器、电容器、输电线路、交流电力电缆等。

二次设备指对一次设备进行监视、测量、控制、调节、保护以及为运行、维护人员提供运行工况或产生指挥信号所需的电气设备。

170. 什么是一次回路？什么是二次回路？

答：对交流一次回路和二次回路，一般可以用互感器作为它们的分界，也就是说，与互感器一次绕组处于同一回路中的电气回路称为一次回路，即属于一次系统；连接在互感器二

次绕组端的电气回路称为二次回路，属于二次系统。因此，电气二次系统就是由互感器二次侧交流供电的全部交流回路和由直流电源的正极到负极的大部分直流回路。

171. 一次设备可分为哪些类型？

答：（1）生产和转换电能的设备，如发电机将机械能转换为电能；电动机将电能转换成机械能；变压器将电压升高或降低，以满足输配电需要。

（2）接通或断开电路的开关电器，如断路器、隔离开关、熔断器、接触器等。它们用于电力系统正常或事故状态时，将电路闭合或断开。

（3）限制故障电流和防御过电压的电器，如限制短路电流的电抗器和防御过电压的避雷器等。

（4）接地装置。它是埋入地中直接与大地接触的金属导体及与电气设备相连的金属线。无论是电力系统中性点的工作接地或保护人身安全的保护接地，均同埋入地中的接地装置相连。

（5）载流导体，如裸导体、电缆等。它们根据设计要求，将有关电气设备连接起来。

（6）交流电气一、二次之间的转换设备。如电压互感器和电流互感器，通过它们将一次侧的电压、电流转变给二次系统。

172. 变电站主设备包括哪些？

答：包括3kV及以上的主变压器、电抗器、电容器、高压母线和配电变压器、断路器、GIS设备、HGIS设备、线路（电力电缆）等，但不包括3kV及以上的厂（所）用其他电气设备。

173. 变电站主要辅助设备是指哪些设备？

答：变电站主要辅助设备，是指一旦发生了故障就会直接影响发供电主要设备安全运行的设备，如站用变压器、站用母线、3kV及以上的隔离开关、互感器、避雷器、蓄电池及冷却水泵等。

174. 配电装置由哪些部分组成？

答：配电装置由开关设备、载流导体、保护电器、测量电器以及其他辅助电器按主接线的要求组合而成。正常运行时用来接受和分配电能，故障时开关电器自动迅速切除故障部分，保证其余部分正常运行。

175. 配电装置有哪些类型？

答：按电气设备装设的地点，配电装置分为屋内式和屋外式；按设备的组装型式又可分为装配式（在现场组装）和成套式（在制造厂组装成柜）以及充SF_6气体的全封闭式。

176. 电力系统的负荷分几类？

答：电力系统的负荷大致分为同步电动机负荷；异步电动机负荷；电炉、电热负荷；整流负荷；照明用电负荷；网络损耗负荷等类型。

177. 电力系统电压与频率特性的区别是什么？

答：电力系统频率特性取决于负荷的频率特性和发电机的频率特性（负荷随频率变化的特性称为负荷的频率特性，发电机组的出力随频率变化而变化的特性称为发电机的频率特性），它是由系统的有功负荷平衡决定的，与网络结构（网络阻抗）关系不大。在非振荡情况下，同一电力系统的稳态频率是相同的。因此，系统频率可以集中调整控制。

电力系统的电压特性与电力系统的频率特性则不相同。电力系统各节点的电压通常情况下是不完全相同的，主要取决于各地区的有功和无功供需平衡情况，也与网络结构（网络阻抗）有较大关系。因此，电压不能全网集中统一调整，只能分区调整控制。

178. 电力系统频率与电压之间的关系如何？

答： 发电机电动势按励磁系统不同，随着频率的平方或三次方成正比变化。当系统频率下降时，发电机的无功出力将减小，用户需要的励磁功率将增加。此时若系统无功电源不足，频率下降将促使电压随之降低。经验表明，频率下降1%时，电压相应下降0.8%～2%。电压下降，又反过来使负荷的有功功率减小，阻滞频率下降。在无功电源充足的情况下，发电机的自动励磁调节系统将提高发电机的无功出力，防止电压的下降。即发电机的无功出力将因系统频率的下降而增大。当系统频率上升时，发电机的无功出力将增加，负荷的无功功率将减少，使系统电压上升，但发电机的自动励磁调节系统将阻止其上升。即发电机的无功出力在频率上升时下降。

179. 何谓发电机电频率及电力系统频率？

答：（1）交流电在1s内正弦参量交变的次数为频率，其单位为赫兹（Hz）。

发电机的电频率与机组转速相对应，其关系式为

$$f=\frac{PN}{60}$$

式中：P 为发电机极对数；N 为机组每分钟转速。

（2）电力系统频率，即交流电的频率，也即该系统内电源发电机的电频率。

1）同一电网内，非振荡情况下，频率相同。

2）同一电网内，所有同步并列运行的发电机电频率相同。

3）电钟为交流单相同步电动机，故电钟快慢反映电力系统频率高低，且同一电网内电钟快慢相同。

180. 什么是电力系统电压监测点与中枢点？电压中枢点一般如何选择？

答： 监测电力系统电压值和考核电压质量的节点，称为电压监测点。电力系统中重要的电压支撑节点称为电压中枢点。因此，电压中枢点一定是电压监测点，而电压监测点却不一定是电压中枢点。电压中枢点的选择原则是：

（1）区域性水电厂、火电厂的高压母线（高压母线有多回出线）。

（2）分区选择母线短路容量较大的750、500、220kV变电站母线。

（3）有大量地方负荷的发电厂母线。

181. 电网电压监测点的设置原则是什么？

答： 电网电压监测点的设置应着眼于电网的经济运行和用户的供电电压，并能较全面地反映电网电压的运行水平。其设置原则如下。

（1）与主网（220kV及以上电压电网）直接相连的发电厂。

（2）各级调度“界面”处的220kV及以上具有有载调压变压器变电站的一次母线和二次母线电压。对没有有载调压变压器的变电站，则只能取一次母线或二次母线电压的其中之一。

（3）所有变电站（含供城市或城镇电网的A类母线）和带地区供电负荷发电厂的10（6）kV母线是中压配电网的电压监测点。

（4）供电公司选定一批具有代表性的用户作为电压质量考核点，其中包括：

1）110kV及以上供电的和35kV专线供电的用户（B类电压监测点）。

2）其他 35（63）kV 用户和 10（6）kV 用户的每一万千瓦负荷至少设一个母线电压监测点，且应包括对电压有较高要求的重要用户和每个变电站 10（6）kV 母线所带有代表性线路的末端用户（C 类电压监测点）。

3）低压（380/220V）用户至少每百台配电变压器设置一个电压监测点，且应考虑有代表性的首末端和重要用户（D 类电压监测点）。

（5）供电公司还应对所辖电网的 10（6）kV 用户和公用配电变压器、小区配电室以及有代表性的低压配电网中线路首末端用户的电压进行巡回检测，检测周期不应少于每年一次，每次连续检测时间不应少于 24h。

182. 影响系统电压的因素是什么？

答：系统电压是由系统的潮流分布决定的，影响系统电压的主要因素是：

（1）由于生产、生活、气象等因素引起的负荷变化。

（2）无功补偿容量的改变。

（3）系统运行方式改变引起的功率分布和网络阻抗的变化。

（4）系统故障。

183. 电力系统的运行电压水平取决于什么因素？

答：电力系统的电压水平取决于无功功率的平衡，系统中的无功出力应能满足系统负荷和网络损耗在额定电压下对无功功率的需求，否则电压就会偏离额定值。

184. 为什么电力系统要规定标准电压等级？

答：从技术和经济角度考虑，对应一定的输送功率和输送距离有一最合理的线路电压。但是，为保证制造电力设备的系列性，又不能任意确定线路电压，所以电力系统要规定标准电压等级。

我国所制订的电力网（用电设备）额定电压等级标准如下（均指线电压的有效值，单位：kV）：0.38，3，6，10，35，66（63）、110，220（330），500，750，1000。

直流输电额定电压等级标准为±500、±660、±800kV。

185. 为什么要采用高压输电低压配电？

答：采用高压输电，可以减小功率损耗、电能损耗和电压降落，从而保证电能质量，提高运行中的经济性。

采用低压配电，既可满足电网的安全经济运行，又能满足用电设备的要求。

186. 为什么要升高电压来进行远距离输电？

答：远距离传输的电能一般是三相正弦交流电，输送的功率可用 $P=\sqrt{3}UI$ 计算。从公式可看出，如果传输的功率不变，则电压越高，电流越小，这样就可以选用截面较小的导线，节省有色金属；在输送功率的过程中，电流通过导线会产生一定的电压降，如果电流减小，电压降则会随着电流的减小而降低。所以，提高输送电压后，选择适当的导线，不仅可以提高输送功率，而且还可以降低线路的电压降，改善电压质量。

187. 电力系统中有哪些无功电源？

答：电力系统中的无功电源有发电机、补偿电抗器、补偿电容器、静止无功补偿装置等。

188. 什么是电力系统的功率平衡？为什么在任何时候都要保持电力系统的功率平衡？

答：电力系统的功率平衡是指电力有功功率和无功功率的平衡。这种功率平衡也就是电力供需平衡，要求电力系统发送的功率与系统的负荷需要随时保持平衡。

电能的一个最重要特点就是不能储存。在任何时刻，电力系统的生产、输送、分配和消耗在功率上必须严格保持平衡，否则电能质量就不能保证。供大于求，会造成频率、电压升高；供小于求，会造成频率、电压下降，更严重的还会导致电力系统的崩溃。因此，保持电力系统的功率平衡是其首要任务。在电力系统运行中，为了适应时刻变化着的负荷要求，一定要不断地进行功率调整，也即频率和电压的调整，才能时刻保持功率平衡，保证电力系统运行的可靠性和电能质量。

189. 电力系统中有哪些调压措施？

答：电力系统的调压措施：调节励磁电流以改变发电机端电压 U_G，适当选择变压器变比，改变线路的参数，在变电站装设无功补偿装置，改变无功功率的分布。

190. 什么是逆调压？什么是顺调压？什么是恒调压？

答：所谓逆调压，是指在负荷高峰期将网络电压向增高方向调整，而增加值不超过额定电压的5%；在负荷低谷期，将网络电压向降低方向调整，通常调整到接近额定电压，使网络在接近经济电压状态下运行。

所谓顺调压，是指在高峰期允许网络中枢点的电压略低，但不得低于额定电压的97.5%；在低谷期，允许网络中枢点的电压略高，但不得高于额定电压的107.5%。

所谓恒调压，是指在任何负荷下都保持网络中枢点的电压基本不变，通常是保持中枢点的电压比额定电压高5%。

191. 什么是电压稳定？

答：电压稳定是电力系统在额定运行条件下和遭受扰动之后系统中所有母线都持续地保持可接受的电压的能力。当扰动、增加负荷或改变系统条件造成渐进的、不可控制的电压降落，则系统进入电压不稳定状态。造成不稳定的主要因素是系统不能满足无功功率的需要。问题的核心是通常在有功功率和无功功率流过输电网络的感性电抗时所产生的电压降。

192. 电压稳定的准则是什么？

答：对系统中每一母线，在给定的运行条件下，当注入母线的无功功率增加时，其母线电压幅值也同时增加。如果系统中至少有一个母线的电压幅值（U）随注入该母线的无功功率（Q）的增加而减少，则该系统是电压不稳定的。换句话说，如果 $U—Q$ 灵敏度对每个母线都是正的，则系统是电压稳定的；而至少一个母线的 $U—Q$ 灵敏度为负，即是电压不稳定。

193. 在电力系统中由电压稳定而造成的系统电压崩溃的因素有哪些？

答：（1）输电线路的强度。

（2）功率传输水平。

（3）负荷特性。

（4）发电机无功功率容量限制。

（5）无功功率补偿装置的特性。

194. 电压稳定分为哪两类？

答：电压稳定分为大扰动电压稳定和小扰动电压稳定。

（1）大扰动电压稳定是指大扰动如系统故障、失去发电机或回路的事故之后系统控制电压的能力。这种能力由系统—负荷特性、连续与离散的控制和保护的相互作用所决定。大扰动稳定性的确定需要在足够长时间内观察系统的非线性动态特性以便获取如带负荷调节抽头变压器和发电机励磁电流限制器等一些装置的相互作用情况。所感兴趣的研究时段可从几秒延长到数十分钟。因此需要通过长期动态仿真进行分析。

大扰动电压稳定的判据，是在给定的扰动及随后的系统控制作用下，所有母线电压都达到可接受的稳态水平。

（2）小扰动电压稳定是指小扰动如系统负荷逐渐增长的变化之下系统控制电压的能力。这种形式的稳定性由负荷特性、连续作用的控制及给定瞬间的离散控制作用所确定。这种概念对确定任一时刻系统电压对小的系统变化如何响应是有用的。小扰动电压稳定的基本过程本质上是属于稳态的性质。因此，静态分析可有效地用于确定稳定裕度，识别影响稳定的因素以及检验广泛的系统条件和大量的故障后方式。

小扰动电压稳定的判据，是在给定的条件下，系统中每条母线的电压的幅值随注入该母线的无功功率的增加而增大。如果系统中至少有一条母线的电压的幅值（U）随注入该母线的无功功率（Q）的增加而减小，则该系统是电压不稳定的。换言之，如果每一条母线的 U—Q 灵敏度都是正的，则系统是电压稳定的；而至少有一条母线的 U—Q 灵敏度为负，则系统是电压不稳定的。

195. 电力系统如何调整频率？

答：负荷的变化会引起频率的相应变化。对于变化幅度较小、变化周期较短的负荷分量引起的频率偏移，可由发电机调速器进行调整；对于变化幅度较大、变化周期较长的负荷分量引起的频率偏移，仅靠调速器的作用往往不能满足要求，这时必须有调频装置参与频率调整。

196. 电力系统低频率运行有些什么危害？

答：（1）汽轮发电机低压级叶片将因振动大而产生裂纹，甚至发生断落事故。

（2）系统低频运行会使用户的交流电动机转速按比例降低，直接影响工农业生产的产量和质量。

（3）低频率运行对无线电广播、电视、电影制片等工作也有影响。

（4）电力系统中频率变化，还将导致汽轮发电机、水轮发电机、锅炉及其他设备的效率降低，使发电厂在不经济的情况下运行。

（5）电力系统中频率变化，还会引起系统中各电源间功率的重新分配，这样就可能改变原来按经济条件所分配的功率，影响了系统的经济运行。

197. 什么叫谐波？

答：谐波是指频率为基波频率整数倍的一种正弦波。

198. 谐波是如何定义的？

答：在电力系统中理想的交流电压与交流电流是呈正弦波形的，当正弦电压施加在线性无源元件电阻、电感和电容上时，仍为同频率的正弦波。但当正弦电压施加在非线性电路上时，电流就变为非正弦波，非正弦电流在电网阻抗上产生压降，会使电压波形也变为非正弦波。

对这些非正弦电量进行傅立叶级数分解，除得到与电网基波频率相同的分量外，还得到一些大于电网基波频率的分量，这部分分量就称为谐波。

199. 谐波的次数是如何定义的？

答：谐波的次数 n 为谐波频率和基波频率的整数比（$n=f_n/f$）。谐波次数 n 必须是大于 1 的整数。n 为非整数时的正弦分量不能称为谐波，而是称为分数次波。

200. 电力系统谐波产生的原因有哪些？

答：高次谐波产生的根本原因是由于电力系统中某些设备和负荷的非线性特性，即所加的电压与产生的电流不呈线性（正比）关系而造成的波形畸变。

当电力系统向非线性设备及负荷供电时，这些设备或负荷在传递（如变压器）、变换（如交直流换流器）、吸收（如电弧炉）系统（发电机）所供给的基波能量的同时，又把部分基波能量转换为谐波能量向系统倒送，使电力系统的正弦波形畸变，电能质量降低。电力系统的谐波源主要有三大类。

（1）铁磁饱和型：各种铁芯设备，如变压器、电抗器等，其铁芯饱和特性呈非线性。

（2）电子开关型：主要为各种交直流换流装置（整流器、逆变器）以及双向晶闸管可控开关设备等，在化工、冶金、矿山、电气铁道等大量工矿企业以及家用电器中广泛使用，并正在蓬勃发展；在系统内部，如直流输电中的整流阀和逆变阀、由可控硅控制和可控硅投切的静止补偿装置等。

（3）电弧型：各种冶炼电弧炉在熔化期间以及交流电弧焊机在焊接时，其电弧的点燃和剧烈变动形成的高度非线性，使电流不规则的波动。其非线性呈现电弧电压与电弧电流之间不规则的、随机变化的伏安特性。

对于电力系统三相供电来说，有三相平衡和三相不平衡的非线性特性，如电气铁道、电弧炉以及由低压供电的单相家用电器等。而电气铁道是当前中压供电系统中典型的三相不平衡谐波源。

201. 电力系统谐波有哪些危害？

答：谐波对电力系统的影响大致可以分为以下几方面：

（1）谐波对旋转设备和变压器的主要危害是引起附加损耗和发热增加，此外谐波还会引起旋转设备和变压器振动并发出噪声，长时间的振动会造成金属疲劳和机械损坏。

（2）谐波使公用电网中的元件产生了附加的谐波损耗，降低发电、输电及用电设备的使用效率。

（3）谐波可引起系统的电感、电容发生谐振，使谐波放大。当谐波引起系统谐振时，谐波电压升高，谐波电流增大，会引起继电保护及自动装置误动，计量误差增大，损坏系统设备（如电力电容器、电缆、电动机等），造成系统事故，威胁电力系统的安全运行。

（4）谐波可干扰通信设备，增加电力系统功率损耗（如线损），使无功补偿设备不能正常运行等，给系统和用户带来危害。

（5）谐波可使晶闸管装置失控。

（6）谐波将使电力设备元件加速绝缘老化，缩短使用寿命。

202. 谐波会对哪些电力设备造成影响？

答：谐波会对电网、电容器组、变压器、旋转电机、断路器、电压互感器、消弧线圈等许多电力设备造成不同程度的影响。

203. 谐波对电网会造成什么样的影响？

答：谐波电流在电网中的流动会在线路上产生有功功率损耗，它是电网线路损耗的一部分。当谐波频率增高后，导线的集肤效应使谐波电阻比基波电阻增加得大，因此谐波引起的附加线路损耗也增大。而且谐波还会使电网波形受到污染，供电质量下降，危及各种用电设备的正常运行。对采用电缆线路的输电系统，除了附加损耗以外，谐波的存在还使电压波形出现尖峰，从而使绝缘加速老化，缩短寿命。从运行角度看，谐波的出现增加了电缆发生故障的概率，使可靠性降低，并相应地需要增加维修费用。

204. 谐波对电容器组会造成什么样的影响？

答：电容器组受高次谐波的影响最为严重，它对谐波电压的反应比较灵敏。由于电容器的容抗（X_{cn}）$=\frac{1}{\omega_{(n)}C}$随着频率的增加显著地降低，所以即使在电压中的谐波分量不大，也会产生较大的谐波电流，使电容器组过负荷。

205. 谐波对变压器和旋转电机会造成什么样的影响？

答：谐波电流流入变压器和电机时，其主要的影响是增加了它的铜损耗和铁损耗。随着谐波频率的增加，集肤效应更加严重，铁损耗也更大。此外，谐波电流还会引起变压器外壳、外层硅钢片和某些紧固件的发热，并有可能引起变压器局部严重过热。谐波引起的机械振动对电机也有很大危害。

206. 谐波对断路器会造成什么样的影响？

答：当流过断路器的电流有较大的高次谐波分量时，断路器的遮断能力将降低。有些断路器的磁吹线圈在谐波电流严重的情况下，将不能正常工作。此外，如果出现局部谐振时，由于发生大的谐振频率的谐波电压，将使断路器在遮断过程中产生重燃现象，结果因不能灭弧而造成事故。

207. 谐波对电压互感器和消弧线圈会造成什么样的影响？

答：电压互感器的电感量在某次谐波频率下，可能与电网中的电容构成并联谐振电路，从而导致过电压而使互感器自身损坏。而当电网谐波分量较大时，故障处电流过零点的时刻发生变化，可能会延迟或阻碍消弧线圈的消弧作用，影响电网运行。

208. 谐波对继电保护会造成什么样的影响？

答：谐波会改变保护继电器的性能，引起误动作或拒绝动作。但谐波对大多数继电器的影响并不太大，只是对部分晶体管型继电器可能会有很大的影响。而对于电磁型继电保护和感应型继电保护，它们对谐波不是很敏感，所以产生误动的可能性比较低。

209. 限制电网谐波的主要措施有哪些？

答：（1）增加换流装置的脉动数。

（2）加装交流滤波器。

（3）使用有源电力滤波器。

（4）加强谐波管理。

210. 什么是滤波器？

答：用以减少或消除谐波对电力系统影响的电气部件。滤波器是由电感、电容和电阻适当组合而成，它对不同频率的各种电流分量呈现不同的阻抗值，使需要的电流分量易于通过并进入接收装置，使不需要的电流分量受到拦阻或被引入大地。根据安装形式不同，有串联滤波器、并联滤波器和混合串联滤波器。

211. 电能经过电网传输为什么会产生损耗？

答：组成电网的各种元件如线路、变压器等都存在电阻。在现代电网中，电能从发电厂发出要经过多级变压器变压以及不同的电压网络才能达到用户供用户使用，而电能以电流的形式通过电阻时，就要产生功率损耗和电能损耗使电阻发热；另外，在不同电压等级网络的电磁能量转换过程中，要使电磁感应这一能量转换形式持续存在，就必须提供给变压器铁芯一个励磁电动势，同时磁场也会在铁芯设备中产生涡流和磁滞损耗，这些都会产生功率损耗和电能损耗，因此电能经过网络传输时必然产生有功电能损耗。电网的电能损耗不只会引起电网中设备的发热，而且还会因耗费的能源不能得到应用而占去一部分发电和供电设备容量。

电网损耗除以上损耗外，在超高压及以上的电网中还存在着电晕损耗。

212. 什么叫线损？什么叫线损率？什么叫统计线损？

答：在输送和分配电能的过程中，电力网中各个元件所产生的一定数量的有功损失和电能损失统称为线路损失，简称线损。

将线损电量占供电量的百分比称为线路损失率，简称线损率。

统计线损指根据电能表的读数计算出来的线路损失，即供电量和售电量两者的差值，它是上级考核计划完成情况的唯一依据。

213. 线损由哪几部分组成？其种类是如何划分的？

答：线损由固定损耗、可变损耗和其他损耗组成。其种类可分为统计线损、理论线损、管理线损和额定线损。

214. 与线损管理和线损指标有关的小指标有哪几种？

答：(1) 母线电量不平衡率。

(2) 月末及月末日24时抄见电量比重。

(3) 电能表调节前合格率、效验率、轮换率、故障差错率、电量差错率。

(4) 变电站站用电指标完成率。

215. 降低线损的具体措施有哪些？

答：(1) 减少变压器的台数。

(2) 合理调整运行变压器台数。

(3) 调整不合理的线路布局。

(4) 提高负荷的功率因素，尽量使无功功率就地平衡。

(5) 实行合理的运行调度，及时掌握有功和无功负荷潮流，从而做到经济运行。

(6) 采取措施减少无功损失。

216. 什么是电能损耗？

答：电能沿送电线路传输和通过变压器绕组时所发生的能量损失。当计算线路和变压器电阻的电能损耗时，应取年最高负荷时的电流 I_{max} 和最大功率损耗小时数 τ，但计算变压器铁损时，应取变压器投入的小时数 t。最大功率损耗小时数等于全年的电能损耗与最大电流时的损耗的比值，此值与年最高负荷利用小时数及输送功率的功率因数有关。

217. 什么是电能质量？

答：电力系统提供给客户电能的频率、电压、波形的优劣程度。电能质量标准包括五个方面：供电电压允许偏差，供电电压允许波动和闪变，供电三相电压允许不平衡度，公用电网谐波以及电力系统频率允许偏差。

218. 什么是电能平衡？

答：在确定的用电体系边界内，对界外供给的电能量在用电体系内的输送、转换、分布以及流向进行考察，测定、分析和研究，并建立供给电能量与有效电能量和损失电能量之间平衡关系的全过程。根据能量守恒定律，用电体系内的电能平衡关系为

$$供给电能量=有效电能量+损失电能量$$

进行企业电能平衡的目的是为了考察用电企业、车间、装置和设备的电能利用状况和有效程度，促进技术进步，实现合理用电。

219. 什么叫电压损耗？什么叫电压降落？什么叫电压偏移？

答：电压损耗：指输电线首端和末端电压的绝对值之差。

电压降落：指电力网任意两点间电压的相量差。

电压偏移：指在电网中某点的实际电压与额定电压的代数差。

220. 何谓电磁环网？其有何特点？

答：电磁环网是指两条或两条以上不同电压等级输电线路，通过变压器电磁回路的连接而构成的环路。

环网也可以看作为并联电路。由于不同电压回路阻抗（包括线路和变压器部分）不一样，并联回路中潮流按导纳比例自然分配，将使潮流分配与回路的输送能力不相适应，易出现一个回路已经过载或重载而另一回路还是轻载的情况，若要求各回路都不过载，总的输送能力就要降低。

电磁环网对电网运行主要有下列弊端：

（1）易造成系统热稳定破坏。如果在主要的负荷中心，用高低压电磁环网供电而又带重负荷时，当高一级电压线路断开后，原来带的全部负荷将通过低一级电压线路（虽然可能不止一回）送出，容易出现超过导线热稳定电流的问题。

（2）易造成系统稳定破坏。正常情况下，两侧系统间的联络阻抗将略小于高压线路的阻抗。而一旦高压线路因故障断开，系统间的联络阻抗将突然显著地增大（突变为两端变压器阻抗与低压线路阻抗之和，而线路阻抗的标幺值又与运行电压的平方成正比），因而极易超过该联络线的暂态稳定极限，可能发生系统振荡。

（3）不利于经济运行。500kV与220kV线路的自然功率值相差极大，同时500kV线路的电阻（多为$4\times400mm^2$导线）也远小于220kV线路（多为$2\times240mm^2$或$1\times400mm^2$导线）。在500/220kV环网运行情况下，许多系统潮流分配难以达到最经济。

（4）需要装设高压线路因故障停运后连锁切机、切负荷等安全自动装置。但实践证明，安全自动装置本身拒动、误动会影响电网的安全运行。

一般情况下，往往在高一级电压线路投入运行初期，由于高一级电压网络尚未形成或网络尚不坚强，需要保证输电能力或重要负荷而不得不采用电磁环网运行。

221. 什么是过渡过程？产生过渡过程的原因是什么？

答：过渡过程是一个暂态过程，是指从一个稳定状态转移到另一个稳定状态所要经过的一段时期。

产生过渡过程的原因是由于储能元件的存在。储能元件（如电感和电容）在电路中的能量不能突变，即电感的电流和电容的电压在变化过程中不能突变。

222. 电力系统有哪些大扰动？

答：电力系统大扰动主要指各种短路故障、各种突然断线故障、断路器无故障跳闸、非同期并网（包括发电机非同期并列）、大型发电机失磁、大容量负荷突然启停等。

223. 什么是电力系统的稳定运行？电力系统稳定共分几类？

答：当电力系统受到扰动后，能自动恢复到原来的运行状态或者凭借控制设备的作用过渡到新的稳定状态运行，即所谓电力系统稳定运行。

从广义角度来讲，电力系统的稳定可分为：

（1）发电机同步运行的稳定性问题（根据电力系统所承受的扰动大小的不同，又可分为静态稳定、暂态稳定、动态稳定三大类）。

（2）电力系统无功不足引起的电压稳定性问题。

（3）电力系统有功功率不足引起的频率稳定性问题。

224. 各类稳定的具体含义是什么?

答: 各类稳定的具体含义是:

(1) 电力系统的静态稳定是指电力系统受到小扰动后不发生非周期性失步，自动恢复到起始运行状态。

(2) 电力系统的暂态稳定是指系统在某种运行方式下突然受到大的扰动后，经过一个机电暂态过程达到新的稳定运行状态或回到原来的稳定状态。

(3) 电力系统的动态稳定是指电力系统受到扰动后不发生因振幅不断增大的振荡而失步。这些振荡主要有:电力系统的低频振荡、机电耦合的次同步振荡、同步电机的自激等。

(4) 电力系统的电压稳定是指电力系统维持负荷电压在某一规定的运行极限之内的能力。它与电力系统的电源配置、网络结构及运行方式、负荷特性等因素有关。当发生电压不稳定时，将导致电压崩溃，造成大面积停电。

(5) 频率稳定是指电力系统维持系统频率在某一规定的运行极限内的能力。当频率低于某一临界频率，电源与负荷的平衡将遭到彻底破坏，一些机组相继退出运行，造成大面积停电，也就是频率崩溃。

225. 保证和提高电力系统静态稳定的措施有哪些?

答: 电力系统的静态稳定性是电力系统正常运行时的稳定性，其基本性质表明，静态储备越大则静态稳定性越高。提高静态稳定性的措施很多，但是根本性措施是缩短电气距离。主要措施有:

(1) 加强网络结构，减少电网中各元件的电抗，如减少变压器电抗和改善励磁调节性能以补偿发电机的电抗、增加网络线路数，采用分裂导线、装设串联电容器等，使电网结构紧密，以减小系统电抗。

(2) 提高系统电压水平。

(3) 改善电力系统的结构。

(4) 采用串联电容器补偿。

(5) 采用自动调节装置。

(6) 采用直流输电。

226. 提高电力系统暂态稳定性的措施有哪些?

答: 提高静态稳定性的措施也可以提高暂态稳定性。此外，提高暂态稳定性的措施可分为三大类:一是缩短电气距离，使系统在电气结构上更加紧密;二是减少机械与电磁、负荷与电源的功率或能量的差额，使之达到新的平衡;三是在稳定破坏时，采取措施(如系统解列)限制事故进一步扩大。提高暂态稳定性的具体措施有:

(1) 继电保护实现快速切除故障。

(2) 线路采用自动重合闸。

(3) 采用快速励磁系统。

(4) 发电机增加强励倍数。

(5) 汽轮机快速关闭汽门。

(6) 发电机电气制动。

(7) 变压器中性点经小电阻接地。

(8) 长线路中间设置开关站。

(9) 线路采用强行串联电容器补偿。

（10）采用发电机—变压器—线路单元接线方式。

（11）实现连锁切机。

（12）采用静止无功补偿。

（13）系统设置解列点。

（14）系统稳定破坏后，当条件许可时，可以让发电机短期异步运行，尽快投入系统备用电源，然后增加励磁，实现机组再同步。

（15）采用高压直流输电。

227. 什么是电气设备的动稳定?

答：动稳定是指电气设备耐受短路电流冲击的能力。短路电流越大，其所产生的电动力就越大（通常电动力与短路电流的平方成正比）。

228. 什么是电气设备的热稳定?

答：热稳定是指电气设备耐受短路电流产生的热效应的能力。在选择电气设备时，要进行热稳定校验，如果其能够经受得起短路电流的热作用，则称其是热稳定的。

229. 电力系统正常及异常运行有哪几种状态?

答：电力系统正常及异常运行有五种状态：正常运行状态、警戒状态、紧急状态、系统崩溃、恢复状态，如图 1-6 所示。

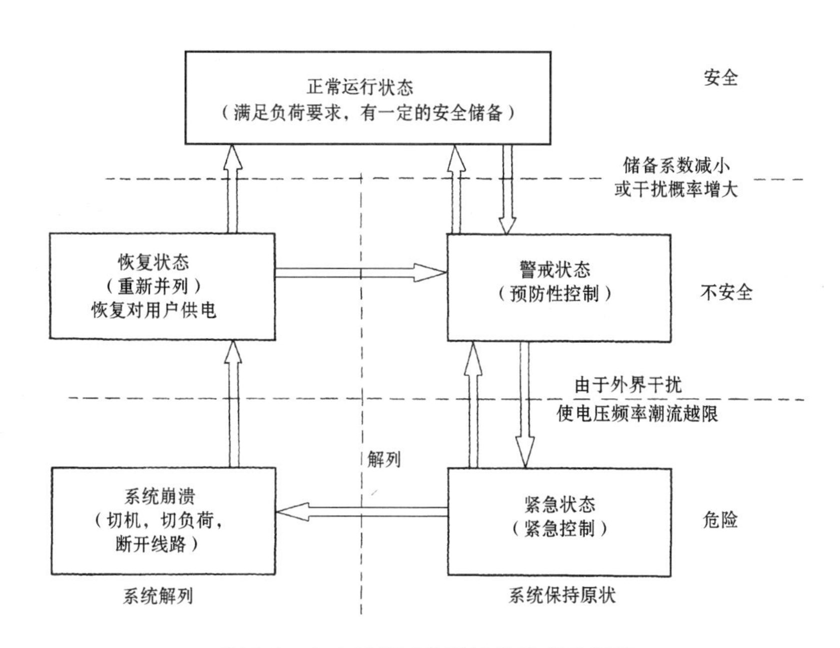

图 1-6　电力系统正常及异常状态示意图

（1）正常运行状态。在正常运行状态下，电力系统中总的有功和无功出力能与负荷总的有功和无功的需求达到平衡；电力系统的频率和各母线电压在正常运行的允许范围内；各电源设备和输变电设备又均在额定范围内运行，系统内的发电和输变电设备均有足够的备用容量。此时，系统不仅能以电压和频率质量均合格的电能满足负荷用电的需求，而且还具有适当安全的储备，能承受正常的扰动（如断开一条线路或停止一台发电机）所不断造成的有害的后果（如设备过载等）。

电网调度中心的任务就是使系统维持在正常运行状态。对电力系统中每时每刻变化的负荷，调节发电机的出力，使之与负荷的需求相适应，以保证电能的频率质量。同时，还应在保证安全的条件下，实现电力系统的经济运行。

（2）警戒状态。电力系统受到灾难性扰动的机会不太多，大量的情况是在正常状态下由于一系列不大的扰动的积累，使电力系统总的安全水平逐渐降低，以致进入警戒状态。

在警戒状态下，虽然电压、频率等都在容许范围内。但系统的安全储备系数大大减少了，对于外界扰动的抵抗能力削弱了。当发生一些不可预测的扰动或负荷增长到一定程度，就可能使电压、频率的偏差超过容许范围，某些设备发生过载，使系统的安全运行受到威胁。

电网调度自动化系统，要随时监测系统的运行情况，并通过静态安全分析、暂态安全分析等应用软件，对系统的安全水平作出评价。当发现系统处于警戒状态时，及时向调度人员作出报告，调度人员应及时采取预防性控制措施，如增加和调整发电机出力、调整负荷、改变运行方式等，使系统尽快恢复到正常状态。

（3）紧急状态。若系统处于警戒状态时，调度人员没有及时采取有效的预防性措施，一旦发生一个足够严重的扰动（例如发生短路故障，或一台大容量机组退出运行等），那么，系统就要从警戒状态进入紧急状态。这时可能造成某些线路的潮流或系统中其他元件的负荷超过极限值，系统的电压或频率超过或低于允许值。

这时电网调度自动化系统就担负着特别重要的任务，它向调度人员发出一系列的告警信号，调度人员根据CRT或模拟屏的显示，掌握系统的全局运行状态，以便及时地采取正确而有效的紧急控制措施，尽可能使系统恢复到警戒状态，或进而恢复到正常状态。

（4）系统崩溃。在紧急状态下，如果不及时采取适当的控制措施，或者措施不够有效，或者因为扰动及其产生的连锁反应十分严重，则系统可能因失去稳定而解列成几个系统。此时，由于出力和负荷的不平衡，不得不大量的切除负荷及发电机，从而导致全系统的崩溃。

系统崩溃后，要尽量利用调度自动化系统提供的手段，了解崩溃后的系统状况，采取各种措施，使已崩溃的电网逐步的恢复起来。

（5）恢复状态。系统崩溃后，整个电力系统可能已解列为几个小系统，并且造成许多用户大面积的停电和许多发电机的紧急停机。此时，要采取各种恢复出力和送电能力的措施，逐步对用户恢复供电。使解列的小系统逐步地并列运行。使电力系统恢复到正常状态或警戒状态。

230. 什么是电力系统的运行方式？

答：电力系统的运行方式，是指电气主接线中电气元件实际所处的工作状态（运行、备用、检修）及其连接方式。

231. 什么是正常运行方式、事故后运行方式和特殊运行方式？

答：（1）正常运行方式指正常检修方式、按负荷曲线运行方式及随季节变化的水电大发、火电大发、最大最小负荷和最大最小开机方式下较长期出现的运行方式。

（2）事故后运行方式指电力系统事故消除后，到恢复正常方式前所出现的短期稳定运行方式。

（3）特殊运行方式指主干线路、大联络变压器等设备检修及其对系统稳定运行影响较为严重的运行方式。

232. 何谓最大运行方式？何谓最小运行方式？

答：这是对每一套保护装置来讲的。通过该保护装置的短路电流为最大的方式，称为系统的最大运行方式；短路电流为最小的方式，称为系统最小运行方式。

233. 电气设备有几种状态？

答：电气设备允许有四种状态：运行状态、热备用状态、冷备用状态、检修状态。

234. 何谓热备用状态、冷备用状态和检修状态？

答：电气设备由于断路器的断开退出运行，但断路器对应的隔离开关仍处于接通状态，这种断路器一经合闸，电气设备即可带电工作的状态称为热备用状态。

设备本身无异常，但所有隔离开关和断路器都在断开位置等待命令合闸，这种状态称为冷备用状态。

设备的所有隔离开关和断路器都已断开，设备与电源分离，并挂牌、设遮栏和挂地线，检修工作人员可在停电设备上工作，这一状态称为检修状态。

235. 什么是明备用？什么是暗备用？

答：系统正常时，备用电源不工作者，称为明备用；系统正常运行时，备用电源也投入运行的，称为暗备用。暗备用实际上是工作电源间互为备用。

236. 什么是大修？什么是小修？什么是临时检修？什么是事故检修？

答：大修：指对设备进行全面的检查、清扫、修理、试验。

小修：指两次大修之间的检修，对大修后的设备在技术性能上起巩固和提高作用，是对大修的补充。

临时检修：指除定期的大小修外，需要设备停运的检修。

事故检修：指电气设备本身发生故障被迫停止运行，对损坏部分经检查、修理或更换才能继续恢复运行的检修。

237. 什么是设备状态检修？

答：设备状态检修是指根据先进的状态检测和诊断技术提供的设备状态信息，来判断设备的异常和预知设备故障，并在故障发生前进行检修的方式。即通过应用现代检修管理技术，用先进的设备状态检测手段和分析诊断技术，实时了解设备的健康状况和运行工况，及时给出设备的寿命评估，然后根据设备的健康状态，合理安排检修项目和检修时机，最大化地降低检修成本乃至发电成本，提高设备的可用性。

238. 电力系统中性点各种接地方式如何？

答：电力系统中性点各种接地方式的使用范围如下：

（1）对于110kV及以上的电力系统，在一般情况下应采用中性点直接接地方式。

（2）对于35kV系统的中性点，接地电流不超过10A的，采用中性点不接地方式；接地电流超过10A的应采用中性点经消弧线圈接地方式。

（3）对于3～10kV电力系统，通常采用中性点不接地方式，只有在接地电流大于30A时才考虑中性点经消弧线圈接地。

（4）对于380/200V低压系统，一般采用中性点直接接地方式。

239. 什么是大电流接地系统？什么是小电流接地系统？它们的划分标准是什么？

答：在我国，电力系统中性点接地方式有三种：

（1）中性点直接接地方式。

（2）中性点经消弧线圈接地方式。

（3）中性点不接地方式。

中性点直接接地系统（包括经小阻抗接地的系统）发生单相接地故障时，接地短路电流很大，这种中性点直接接地的系统称为大电流接地系统。采用中性点不接地或经消弧线圈接地的系统，当某一相发生接地故障时，由于不能构成短路回路，接地故障电流往往比负荷电流小得多，这种中性点不接地或经消弧线圈接地的系统称为小电流接地系统。

大电流接地系统与小电流接地系统的划分标准是依据系统的零序电抗 X_0 与正序电抗 X_1 的比值 X_0/X_1。我国规定：凡是 $X_0/X_1 \leqslant 3$ 的系统属于大接地电流系统，$X_0/X_1 > 3$ 的系统则属于小接地电流系统。

240. 110kV 及以上电压等级电网为什么要采用大电流接地系统？

答：电网中的中性点接地方式选择一般是综合考虑供电可靠性、过电压、电网中设备绝缘水平、继电保护的要求以及对弱电通信线路的干扰等因素。对 110kV 及以上高压和超高压电压等级电网而言，根据运行经验统计，单相接地故障占电网总事故的 60%～70%，甚至更高。当电网中变压器中性点不接地而电网发生单相接地故障时，若不考虑故障时的电压降，此时变压器中性点电位将由原来的零电位上升到故障相的相电压，结果导致非故障相的相电压升高到原来相电压的 $\sqrt{3}$ 倍，使得变电和输电系统的非故障相绕组和设备对地承受的电压大幅度上升，造成设备绝缘制造上的成本增加和因绝缘技术的限制而导致电网不可能向更高的电压等级发展，因此从过电压和电网中设备绝缘水平考虑，110kV 及以上电压等级电网需要采用大电流接地系统。同时由于中性点直接接地，当电网发生单相接地故障时，因为接地短路电流很大，使得为切除电网故障而采用的零序继电保护装置无论从提高灵敏度和缩短动作时间上，还是从简化设备制造和装置接线上均带来了极大的好处，而且由于故障切除时间的缩短，最终提高了电网运行的稳定性。

由于电网中变压器中性点直接接地的多少，直接涉及接地故障时的接地短路电流大小，因此为防止因电网中变压器全部接地而造成在发生接地故障时，接地短路电流过大，使得电网中设备因通流限制而不得不增加设备成本投资的问题出现，对电网中变压器中性点是否直接接地，又进行了限制。为此在电网运行中，有选择地使电网中部分变压器中性点直接接地。

241. 电力系统中性点不接地的特点有哪些？

答：中性点不接地，即系统的中性点与地是绝缘的。其优点是当发生单相接地时，还能照常运行。不接地系统事实上是电容接地，尤其当线路比较长时，由于电容电流较大，就失去了这个优点。而当线路太短时，接地事故电流又不能使继电器选择性动作，容易造成检查和隔离事故线路的困难，对于维护及运行都不方便。同时，当中性点不接地系统发生单相接地时，一般有金属接地、稳定性电弧接地和间歇性电弧接地三种形式。在前两种接地情况下，相对地的电压至少升高到线电压；而在最后一种接地情况下，过电压可能达到相电压的 3 倍。因此，避雷器、变压器等电气设备的绝缘水平都要根据这个情况来考虑。而且当不接地系统发生单相接地时，有时能发展成为两相接地，这时对于系统的稳定性就非常不利。由于不接地工作制的电流小，所以单相接地时，对电信线路几乎没有影响。但在不接地工作制的系统中，接地继电保护很难准确动作，短路接地时间可能维持较长，电容电流在起弧情况下会产生很坏的波形，以致影响良好运行的另外两相。因此从对电信线路感应的观点来看，不接地的系统优点并不大；从投资来说，不接地系统在接地方面不需要任何设备，因此投资较少。

242. 电力系统中性点直接接地的特点有哪些？

答：电力系统中性点直接接地工作制，可以消除接地继电器不能准确动作以及电弧接地造成过电压的危险；同时，由于在这种工作制的系统内相间电压为中性点接地所固定，基本上不会增加，所以有关的电气设备只要按相电压考虑，绝缘要求较低，价格也比较便宜，而且不需要另外的接地设备，总的投资是比较低廉的。在直接接地系统中，由于短路电流很大，在有些情况下，单相短路电流甚至还要超过三相短路电流，因此要选择开断容量较大的开关设备。当单相短路电流过大时，正序电压降低很多，以致使系统不稳定，而且对电信线路也有强烈的干扰。

243. 什么叫电弧？电弧是如何产生的？

答：电弧实际上是一种气体放电过程。当断路器触头切断通有电流的电路时，常常在触头间产生火花或电弧放电。当触头即将分离的时候，由于接触处的电阻急增，触头最后断开的一点将产生高热。待触头刚刚分离，动、静触头之间的电压在这极小的空隙中形成很高的电场，由于高温及高电场的作用，触头金属内部的电子便脱离电极向外发射，发射出来的电子在电场中吸取能量逐渐加速，当高速运动的电子碰到介质中的中性原子后，就能把中性原子撞裂为电子和正离子两个部分，新产生的自由电子马上又加入了这个碰撞行列，碰撞其他的中性原子，使它们游离。这样继续下去，便产生了崩溃似的游离过程。由于介质中充满了大量的自由电子和正离子，形成导电通道，这样就产生了电弧。

244. 交流电弧有何特点？

答：交流电弧有以下特点：

（1）具有以热游离为主的高温弧柱。

（2）电弧的燃烧和熄灭过程始终受到强烈的冷却作用（气流或液流的吹拂作用）。

（3）电弧电流周期性的经过零点。

245. 什么是介质损耗？

答：介质在电压作用下有能量损耗，一种是由于电导引起的损耗，另一种是由于某种极化引起的损耗，电介质的能量损耗简称为介质损耗。

246. 什么叫泄漏电流？

答：任何绝缘介质并非绝对绝缘，在施加电压的情况下，总有一定的微小电流流过，这种微小电流称为绝缘介质的泄漏电流。泄漏电流在介质中分两个途径流动，沿表面流过的称为表面泄漏电流，沿介质内部流过的称为体积泄漏电流，二者之和为介质的总泄漏电流。

247. 什么是直流泄漏电流？

答：在绝缘材料的两端施加直流电压时所产生的电流，可分为体积泄漏电流和表面泄漏电流两部分。该两部分的电流值一般都很小，均以微安（μA）为计算单位。体积泄漏电流的大小，表明了绝缘材料的优劣和老化程度，泄漏电流越小绝缘性能越好。对使用中绝缘体，分析比较泄漏电流的变化趋势，可以判断出绝缘的受潮和老化状况。表面泄漏电流的大小，主要决定于绝缘体的表面情况，如表面受潮、污秽等。

248. 什么是局部放电视在电荷？

答：在规定的试验回路中，在非常短的时间内对试品两端注入使测量仪器上所得的读数与局放脉冲电流本身相同的电荷。视在电荷通常用皮库（pC）表示。目前，IEC或国标中各设备标准规定的允许局放量均以视在电荷量表示。

249. 什么叫绝缘材料？

答：绝缘的作用是将电位不等的导体分隔开，使导体没有电气连接，从而能保持不同的电位，具有这种绝缘作用的材料称为绝缘材料。绝缘材料也称电介质，是导电性很小的材料，按其物理特性可分为气体（如空气、SF_6）、液体（如变压器油）和固体（如电瓷、电缆纸）三类。按其化学特性组成可分为有机和无机两类。

250. 绝缘材料的电气性能主要包括哪三类？

答：绝缘材料的电气性能主要是指绝缘电阻、介质损耗及绝缘强度。

251. 什么叫绝缘电阻？

答：绝缘电阻是施加在试样相接触的电极间的直流电压与电极间所通过稳态电流之比，主要由体积电阻和表面电阻两部分并联构成。体积电阻是对绝缘体内部的电流而言的电阻，表面电阻是对绝缘体表面的电流而言的电阻。

252. 为什么要进行绝缘预防性试验？

答：高压电气设备在制造厂生产出来以后，要进行出厂试验，检查产品是否达到设计的绝缘水平。电气设备运到现场后，要进行交接试验。设备在制造或在安装过程中还可能遗留一些潜伏性的局部缺陷，电气设备投入运行以后由于电、热、机械和化学等作用，也会产生局部缺陷。这些缺陷如不及时发现，发展到一定程度就会造成电气设备的绝缘损坏而引起事故。因此，通过电气设备定期绝缘预防性试验，及时发现并处理缺陷，可使电力系统运行中的电气设备始终保持较高的绝缘水平。

253. 绝缘预防性试验可分为几类？各有什么特点？

答：绝缘预防性试验分为两类：一类是非破坏性试验，是在较低电压下通过一些绝缘特性试验，综合判断其绝缘状态，如绝缘电阻和吸收比试验、泄漏试验、介质损失角试验、局部放电试验、色谱试验等都属非破坏性试验。

另一类是破坏性试验，如交流耐压试验等。破坏性试验是模仿设备实际运行中可能遇到的危险过电压而对设备施加相当高的试验电压。破坏性试验能有效地发现设备缺陷，但这种试验易造成绝缘的损伤。

254. 为什么要测量电气设备的绝缘电阻？

答：通过测量绝缘电阻，可以判断电气设备绝缘有无局部贯穿性缺陷、绝缘老化和受潮现象，如测得绝缘受潮、严重老化或局部有贯穿性缺陷等，能通过测量结果初步了解绝缘的情况。

255. 电力系统通信网的任务和功能是什么？

答：电力系统通信网的任务是为电网生产运行、管理、基本建设等方面服务，主要功能应满足调度电话、行政电话、电网自动化、继电保护、安全自动装置、计算机联网、传真、图像传输等各种业务的需要。

256. 电力系统通信信息有几大类？

答：电力系统通信信息有三大类，即话音信息、继电保护及安全自动装置信息、系统调度监控信息和远动信息。

（1）话音信息。传输电话是通信的基本信息。它包括电力调度电话、燃料调度电话、水利水电调度电话及防汛通信、行政管理电话、厂站之间操作联络、自动交换机间中继电话线等。

（2）继电保护及安全自动装置信息。

1）为迅速地切除电力系统故障，要求传递灵敏度高、动作迅速的继电保护信息。

2）为使系统安全稳定运行的自动切机信息，迅速关水、气门及自动启停机的遥控信息。

3）为保证电能质量而采取的自动调频、调压和有功功率自动调节（分配）装置的遥调信息。

（3）系统调度监控信息和远动信息。电网的扩展，电厂机组容量的增大，发电和用户中心的密切结合及所有电气设备的最优利用，需要电网调度监控信息和远动信息，这些信息有如下几种：

1）各局厂（站）在（离）线电子计算机及以总调调度控制计算机为中心组成的计算机网交换信息。

2）厂站调度向上级分层控制的各级调度传递或转发的远动信息，即上行信息。

3）上级各层调度向各厂站调度下达的多种指令或控制信息，即下行信息。

4）其他信息（如工业电报、工业传真和工业电视等）。

257. 什么是远动？什么是远动监视？

答：远动是指运用通信技术传输信息以监视控制远方的运行设备。

远动监视是指运用通信技术对远方的运行设备状态进行监视。

258. 远动设备包括哪些内容？

答：远动设备包括下列内容：

（1）远动装置主机。

（2）远动专用变送器及其盘框。

（3）远动的调制解调器。

（4）功率总加装置。

（5）遥测接收仪表。

（6）调度盘、台上的远动部件及其连接电缆。

（7）远动装置与计算机之间远动侧接口。

（8）远动装置到通信设备接线架端子的专用连接电缆。

（9）厂、所端远动信息输入输出回路的专用电缆。

（10）远动装置专用的电源设备及其连接电缆。

（11）遥控、遥调执行及其部件。

（12）远动转接盘框及远动装置其他外围设备。

259. 电力系统遥测、遥信、遥控、遥调的含义是什么？

答：遥测：指运用通信技术传输所测变量之值。

遥信：指对状态信息的远程监视。

遥控：指对具有两个确定状态的运行设备所进行的远程操作。

遥调：指对具有不少于两个设定值的运行设备进行远程操作。

260. 什么是遥信信息？什么是遥控信息？

答：遥信信息：指发电厂、变电站中主要的断路器位置状态信号、隔离开关的位置状态信号、重要继电保护与自动装置的动作信号以及一些运行状态信号等。

遥控信息：指通过远程指令遥控发电厂或变电站中的各级电压回路的断路器，投切补偿装置和调节主变压器分头，自动装置的投入和退出，发电机的开停等。

261. 什么是远方终端（RTU）？

答：远方终端（RTU）指在微机远动装置构成的远动系统中，装在变电站内的“远方数据终端（Remote Terminal Unit）”装置。

262. 什么叫事故追忆？

答：事故追忆指系统中某些指定的断路器发生事故跳闸时，事故瞬间及事故前后的时间段内，把遥测量的数据变化情况记录保存下来，用于主调度端分析和处理事故用。

263. 电力系统采用较多的通信方式有哪些？

答：（1）电力线载波通信。

（2）光纤通信。

（3）微波中继通信。

（4）特高频通信。

（5）卫星通信。

（6）电缆和架空明线的音频或载波通信。

264. 什么是波长？

答：波长是指两相邻波峰顶点（或谷底点）的水平距离，等于波速和波周期的乘积。

265. 什么是波导？

答：波导是一种在微波波段传输电磁波的装置，如微波机的短接线和天线馈线等。由于微波频率很高，使用普通低频线传输，集肤（趋表）效应将非常严重，微波能量损失很大，而且导线的长度可与波长相比拟，将显著地辐射能量。这时必须利用同轴线矩形波导、圆波导等，它们是金属（铜等）的空心管子，或内外两导体同轴套合的传输线。用它们来传输微波信号，由于流过电流的截面增大，因而能量损失减少，但电磁波封闭在管子里，不会辐射出去。

266. 什么是光纤？

答：光纤的完整名称为光导纤维（Optic Fiber 或 Optical Fiber），是用纯石英以特别的工艺拉成细丝，光纤的直径比头发丝还要细，但它的作用非常大，可以在很短的时间内传递巨大数量的信息。

267. 光纤是如何分类的？

答：（1）按照制造光纤所用的材料分：石英系光纤、多组分玻璃光纤、塑料包层石英芯光纤、全塑料光纤和氟化物光纤。

（2）按光在光纤中的传输模式分：单模光纤和多模光纤。

（3）按最佳传输频率窗口分：常规型单模光纤和色散位移型单模光纤。

（4）按折射率分布情况分：阶跃型和渐变型光纤。

（5）按光纤的工作波长分：短波长光纤、长波长光纤和超长波长光纤。短波长光纤是指工作波长为 0.8～0.9μm 的光纤；长波长光纤是指工作波长为 1.0～1.7μm 的光纤；而超长波光纤则是指工作波长为 2μm 以上的光纤。

268. 什么是光缆？

答：光缆（光纤线缆）是由一根根的极细的石英玻璃纤维构成，每条光缆中所含的这种玻璃纤维的数量即是缆芯数量。不同规格的光缆缆芯数量也不相同，一般从 2 芯、4 芯、8 芯到上百芯不等。

269. 光缆的结构如何？

答：光缆是由缆芯、加强元件和护层组成。

（1）缆芯。光缆的缆芯是由经处理的光纤芯线组成，可分为单芯和多芯两种。

（2）加强元件。为了使光缆便于承受敷设安装时所加的外力等，要在光缆中心或四周加一根或多根加强元件。加强元件的材料可用金属钢丝或非金属的纤维——增强塑料（FRP）等。

（3）护层。光缆的护层主要是对已成缆的光纤起保护作用，避免外部机械力和环境损坏。因此，要求护层具有耐压力、防潮、湿度特性好、质量轻、耐化学侵蚀、阻燃等特点。

270. 光缆的类型有哪些？

答：（1）按敷设方式分：自承重架空光缆、管道光缆、铠装地埋光缆和海底光缆。

（2）按光缆结构分：束管式光缆、层绞式光缆、紧抱式光缆、带式光缆、非金属光缆和可分支光缆。

（3）按用途分：长途通信用光缆、短途室外光缆、混合光缆和建筑物内用光缆。

271. 电力系统常用的光缆有哪几种？

答：（1）架空地线复合光缆：OPGW（Optical-Fiber Ground Wire）。

（2）全介质自承式光缆：ADSS（All-Dielectric-Self-Supporting）。

（3）缠绕式光缆：WOFC（Winding Optical Fiber Cable）。

272. 什么是光纤复合电缆？

答：将光纤嵌在电力电缆的导体、屏蔽层或护层中组成的复合电缆。它既可以像一般电力电缆传输电能，又可以同时用光纤作通信通道，比单独敷设光缆和电力电缆更经济实用，特别是海底光纤复合电缆，此优点更突出。

273. 什么是光纤复合架空地线（OPGW）？

答：OPGW是英文“Optical-Fiber Ground Wire”的缩写，含有光纤的良导体地线（OPGW），被用作线路附属的光通信通道，又称光缆地线。OPGW是将容有光纤的不锈钢或铝合金细管置于中心或内层，和铝包钢股、铝合金股或兼与两者共同组成的复合绞线。按光纤允许受力的程度可分为松套和紧套两大类。松套类OPGW的光纤，在较宽松的光纤管内盘旋，蓄有0.7%左右冗长，使光纤在OPGW的运行过程中始终处于不受力状态，以保障其传输性能。

274. 何谓光纤通信？

答：光纤通信是使光在一种特殊的光导纤维中传送信息的一种通信方式。就像电通信有有线和无线两种通信方式一样，由大气传送的光通信是无线方式，用光导纤维的光通信则是有线方式。

光纤通信（Optical Fiber Communication）是以激光为光源，以光导纤维为传输介质进行的通信。它具有传输容量大、抗电磁干扰能力强等突出优点，是构成未来信息高速公路骨干网的主要通信方式。

275. 简述光纤通信的工作原理。

答：图1-7所示为光纤通信系统单向通信示意图。图1-7中，话音信号经过普通电子电路组成的电信发送机发送信号，经光导纤维传递。光纤通信系统和一般有线通信系统相似，光纤系统在线路上传送信息的运载工具是激光，有线通信是频率比光波低的电信号。

光在光纤中传输时会产生一定的损耗，所以在长途光纤通信中，每隔一定距离设置有再生放大能力的光中继器，以使得光信号保持足够的强度。光信号由光导纤维送到接收端以后，激光接收机将已调制的光信号变成电信号，再由电信接收机还原为话音信号。

276. 光纤通信有何特点？

答：（1）通信容量大。载波频率越高，可用的频带就越宽，通信容量越大。激光的频率

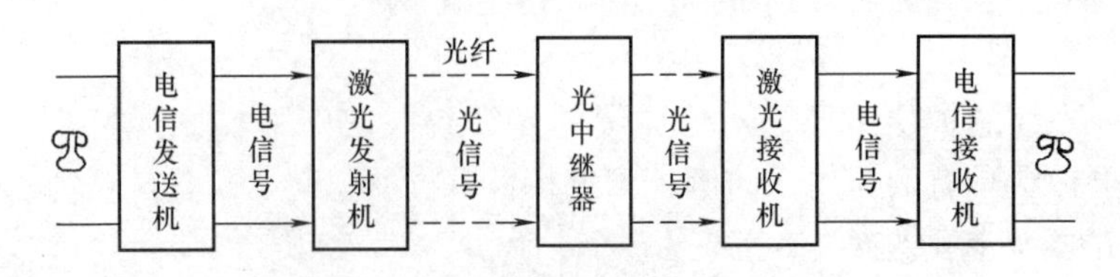

图 1-7 光纤通信系统单向通信示意图

约在 $10^{13}\sim10^{15}$Hz，因此一根光纤可同时传递 150 万路电话或几千路彩色电视。如果把几十根光纤合在一起制成光缆，虽然直径不过 1～2cm，但其通信容量将十分巨大，这是任何其他通信系统无法比拟的。

（2）抗干扰能力强。制造光纤的玻璃材料是绝缘介质，因此抗电磁干扰的能力特别强，强电场、雷电等对光纤通信几乎没有影响，甚至在核辐射的情况下也能正常工作。

（3）原料资源丰富。不论是有线或无线的各种方式的电通信，都需要使用大量的有色金属，但是制造光导纤维的玻璃材料，在地球上可以说是取之不尽、用之不竭。

（4）线路架设方便。光纤质量轻、体积小又能自由弯曲，在外表套上塑料就可以制成柔软、坚韧的光缆，可在各种地形条件下铺设通信线路，架设十分方便。

（5）损耗小。实用的光纤均为 SiO_2（石英）系光纤，要减小光纤损耗，主要是靠提高玻璃纤维的纯度来达到，由于目前制成的 SiO_2 玻璃介质的纯净度极高，所以光纤的损耗极低，在光波长 $\lambda=1.55\mu m$ 附近，衰耗有最低点，可低至 0.2dB/km，已接近理论极限值。

由于光纤的损耗低，因此中继距离可以很长，在通信线路中可减少中继站的数量，从而降低成本，而且又提高了通信质量。

277. 通信设备的接地有哪几种？

答：（1）工作接地。

（2）保护接地。

（3）屏蔽接地。

（4）过电压接地。

278. 通信电源直流蓄电池正极为什么要接地？

答：通信电源直流蓄电池正极接地属于直流工作接地，是为了保证通信系统正常运行而设置的接地。通过直流正极接地可以使通信系统取得一定的基准电位，减少电路间的耦合，降低干扰的影响，减少电气元件的电化腐蚀。当通信线路对地绝缘较低时，一对线路上的通话电流，可能通过土壤而流到另一对线路上返回电话交换设备，从而引起串话，如图 1-8 所示。如果将蓄电池组的正极接地，一部分泄漏的通话电流就可以通过大地流返回蓄电池组的正极，从而降低串话电平，提高了传输质量。根据有关方面的统计数据表明，如果蓄电池组的正极接地电阻低于 20Ω，就有可能使串话电平保持在适当的限值以内。在我国的程控交换机的接地电阻一般建议为：2000 门以下，接地电阻不大于 5Ω；10 000 门以下，接地电阻不大于 3Ω；10 000 门以上，接地电阻不大于 1Ω。

279. 发电厂、变电站的环境保护指的是什么？

答：发电厂、变电站的环境保护，是指高压开关场及进出线档的高电压电场效应及电晕现象对环境的影响及对其采取的防护措施。这里所指的影响如下：无线电干扰及电视干扰，强电场的生态影响，可听噪声，对空气的污染，与周围环境的协调。

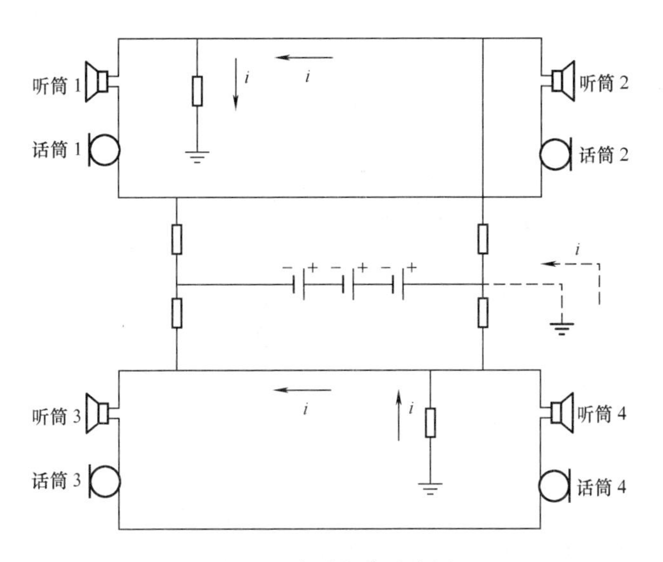

图 1-8　串话电路示意图

280. 什么是电力系统序参数？零序参数有何特点？零序参数与变压器联结组别、中性点接地方式、输电线架空线、相邻平行线路有何关系？

答： 对称的三相电路中，流过不同相序的电流时，所遇到的阻抗是不同的，然而同一相序的电压和电流间，仍符合欧姆定律。任一元件两端的相序电压与流过该元件的相应的相序电流之比，称为该元件的序参数（阻抗）。

负序电抗是由于发电机转子运动反向的旋转磁场所产生的电抗，对于静止元件（变压器、线路、电抗器、电容器等）不论旋转磁场是正向还是反向，其产生的电抗是没有区别的，所以它们的负序电抗等于正序电抗。但对于发电机，其正向与反向旋转磁场引起的电枢反应是不同的，反向旋转磁场是以两倍同步频率轮换切割纵轴与横轴磁路，因此发电机的负序电抗是一介于次暂态 X''_{d} 及 X''_{q} 的电抗值，远远小于正序电抗 X_{d}。

零序参数（阻抗）与电网结构，特别是和变压器的接线方式及中性点接地方式有关。一般情况下，零序参数（阻抗）及零序网络结构与正、负序网络不一样。

对于变压器，零序电抗与其结构（三个单相变压器组还是三柱变压器）、绕组的接线（△或 Y）和接地与否等有关。

当三相变压器的一侧接成三角形或中性点不接地的星形时，该侧变压器的零序电抗总为无穷大的，即不管另一侧的接法如何，这一侧加以零序电压时，总不能把零序电流送入变压器；当变压器的一侧绕组接成星形，并且中性点接地时，从这星形侧来看变压器，零序电抗才是有限的（虽然有时还是很大的）。

对于输电线路，零序电抗与平行线路的回路数、有无架空地线及地线的导电性能等因素有关。零序电流在三相线路中是同相的，互感很大，因而零序电抗要比正序电抗大；零序电流将通过地及架空地线返回，架空地线对三相导线起屏蔽作用，使零序磁链减少，即使零序电抗减小。

平行架设的两回三相架空输电线路中同时通过方向相同的零序电流时，不仅第一回路的任意两相对第三相的互感产生助磁作用，而且第二回路的所有三相对第一回路的第三相的互感也产生助磁作用，反过来也一样，这就使这种线路的零序阻抗进一步增大。

281. 什么是金属性接地故障？

答：金属性接地故障是指系统某一相直接与大地连接的故障，此时系统中性点对地电压通常达到或接近相电压。

282. 什么是阻抗接地故障？

答：阻抗接地故障是指系统某一相经过一定的阻抗与地连接的故障，此时系统中性点对地电压受接地阻抗影响，通常小于相电压。

283. 什么是电弧接地故障？

答：电弧接地故障是指系统某一相经过电弧与地连接的故障。

284. 电路的工作状态有几种？

答：根据电源与负荷之间的连接方式不同，电路有通路、开路和短路三种不同的工作状态。

285. 电力系统故障类型有哪些？

答：电力系统的故障可分为横向故障（或短路故障）和纵向故障两种。

（1）横向故障是指在网络的节点处出现了相与相之间或相与零电位之间不正常接通的情况。发生横向故障时，由故障点同零电位节点组成故障端口。

（2）纵向故障是指网络的两个相邻节点（都不是零电位点）之间出现了不正常断开或三相阻抗不相等的情况。断相会造成线路或设备的非全相运行。

286. 什么叫短路？什么叫对称短路？什么叫不对称短路？

答：短路是指电路中电源向负荷的两根导线不经过负荷而相互直接接通，发生了电源被短路的情况。这时电路中的电流可能增到远远超过导线所允许的电流限度。

电力系统短路是指一相或多相载流导体接地（相与地之间短接）或相与相之间短接。在三相系统中短路的基本类型有：三相短路——$k^{(3)}$；两相短路——$k^{(2)}$；单相接地短路（单相短路）——$k^{(1)}$ 以及两相接地短路——$k^{(1,1)}$。

对称短路：当三相短路时，由于被短路回路的三相阻抗可以认为相等，因此三相短路电流和电压仍是对称。

不对称短路：在发生非三相短路时，不仅每相电路中的电流和电压数值不相等，它们的相角也不相同。

287. 电力系统发生短路的主要原因有哪些？

答：（1）电气设备或载流部分的绝缘破坏。

（2）大气过电压（雷过电压），操作过电压。

（3）绝缘陈旧老化和机械损伤以及设计、安装、运行维护不良。

（4）设备缺陷未发现和未及时消除。

（5）输电线路断线倒杆事故，树枝引起接地等。

（6）运行人员不遵守操作和安全工作规程而造成误操作。

（7）小动物及鸟类造成接地或相间短路等。

（8）自然灾害如风、雪、雾、雨、冰雹等自然现象所造成的短路。

288. 电力系统发生短路有哪些现象？

答：电力系统发生短路时，伴随短路所产生的基本现象有：

（1）电流急剧增加。例如在发电机或线路出线端处三相短路时，电流的最大瞬时值可能高达额定电流的 10～15 倍，从绝对值来讲可达上万安培，甚至十几万安培。

（2）在电流急剧增加的同时，系统中的电压将大幅度下降。例如系统发生金属性三相短路时，短路点的电压将降到零，短路点附近各点的电压也将明显降低。

289. 电力系统发生短路的后果有哪些？

答：（1）短路点的电弧有可能烧坏电气设备，同时很大的短路电流通过设备会使发热增加，当短路持续时间较长时，可能使设备过热而损坏。

（2）很大的短路电流通过导体时，会引起导体间很大的机械应力，如果导体和它们的支架不够坚固，则可能遭到破坏。

（3）短路时，系统电压大幅度下降，对用户工作影响很大。系统中最主要的负荷是异步电动机，它的电磁转矩同它的端电压的平方成正比，电压下降时，电磁转矩将显著降低，使电动机停转，以致造成产品报废及设备损坏等严重后果。

（4）当电力系统中发生短路时，有可能使并列运行的发电厂失去同步，破坏系统稳定，使整个系统的正常运行遭到破坏，引起大片地区的停电。这是短路故障最严重的后果。

（5）不对称接地短路所造成的不平衡电流，将产生零序不平衡磁通，会在邻近的平行线路内（如通信线路，铁道信号系统等）感应出很大的电动势。这将造成对通信的干扰，并危及设备和人身的安全。

290. 中性点直接接地系统和中性点不接地系统的短路各有什么特点？

答：在中性点直接接地的电力系统中，以单相接地的故障最多，约占全部短路故障的70%以上，两相短路和两相接地短路分别约占10%，而三相短路一般只占5%左右。

在中性点不直接接地的电力系统中，短路故障主要是各种相间短路故障，包括不同两相接地短路。在这种中性点不直接接地电力系统中，单相接地不会造成故障，仅有不大的电容性电流流过，对电气设备基本无影响。但中性点发生偏移，对地具有电位差，其相间电压不平衡，而线电压仍保持不变，即三相线电压仍为平衡的，故仍可允许运行一段时间（一般为2h）。

291. 不接地系统发生单相接地的特点有哪些？

答：（1）不接地系统发生单相接地，没有构成短路回路，因此没有短路电流，在接地点流过的是电容电流。

（2）接地点的电容电流等于非接地两相通过导线的对地分布电容所提供的电容电流的相量和。

（3）对纯金属性接地，接地相的电压为零，另外两相电压升高为线电压。

（4）中性点的电压将升高为相电压。

（5）非接地两相电压中含有负序分量和零序分量。

292. 不接地系统发生单相接地有何后果？

答：（1）单相接地电弧发生间歇性的熄灭与重燃，会产生弧光接地过电压，其幅值可达$4U$（U为正常相电压峰值）或者更高，持续时间长，会对电气设备的绝缘造成极大的危害，在绝缘薄弱处形成击穿，造成重大损失。

（2）由于持续电弧造成空气的离解，破坏了周围空气的绝缘，容易发生相间短路。

（3）产生铁磁谐振过电压，容易烧坏电压互感器并引起避雷器的损坏甚至可能使避雷器爆炸。这些后果将严重威胁电网设备的绝缘，危及电网的安全运行。

293. 大电流接地系统单相接地短路的特点有哪些？

答：（1）单相接地短路故障的故障相电流的正序、负序和零序分量大小相等方向相同，故障相中的电流 $\dot{I}_{ka}=3\dot{I}_{ka1}=3\dot{I}_{ka2}=3\dot{I}_{ka0}$， 而两个非故障相中的故障电流为零。

（2）短路处正序电流的大小与在短路点原正序网络上增加一个附加阻抗 $Z_{\Delta}^{(1)}=Z_{2\Sigma}+Z_{0\Sigma}$ 而发生三相短路时的电流相等。

（3）短路点故障相电压等于零。

（4）在假定 $Z_{0\Sigma}$ 和 $Z_{2\Sigma}$ 的阻抗角相等的情况下，两个非故障相电压的幅值总相等，相差角 θ_{u} 的大小决定于 $\dfrac{Z_{0\Sigma}}{Z_{2\Sigma}}$ 的比值，当 $\dfrac{Z_{0\Sigma}}{Z_{2\Sigma}}$ 的比值在 0～∞范围内变化时，θ_{u} 的变化范围为 $60^{\circ}\leqslant\theta_{u}<180^{\circ}$，60°对应 $Z_{0\Sigma}/Z_{2\Sigma}$ 比值为∞的情况，180°对应 $Z_{0\Sigma}/Z_{2\Sigma}$ 比值接近于零的情况。

294. 两相短路的基本特点有哪些?

答： 两相短路的基本特点：

（1）短路电流及电压中不存在零序分量。

（2）两故障相中的短路电流的绝对值相等，而方向相反，数值为正序电流的 $\sqrt{3}$ 倍。

（3）当在远离发电机的地方发生两相短路时，此时故障相电流为同一点发生三相短路时的短路电流的 $\sqrt{3}/2$ 倍，因此可以通过对序网进行三相短路计算来近似求两相短路的电流。

（4）两相短路时正序电流在数值上与在短路点加上一个附加阻抗 $Z_{\Delta}^{(2)}=Z_{2\Sigma}$ 构成一个增广的正序网而发生三相短路时的电流相等。

（5）短路处两故障相电压总是大小相等，数值上为非故障相电压的一半，两故障相电压相位上总是相同，但与非故障相电压方向相反。

295. 两相接地短路的特点有哪些?

答： 两相接地短路的特点：

（1）短路处正序电流与在原正序网络上增接一个附加阻抗 $Z_{\Delta}^{(1.1)}=Z_{2\Sigma}\ /\!/\ Z_{0\Sigma}$ 后而发生三相短路时的短路电流相等。

（2）短路处两故障相电压等于零。

（3）在假定 $Z_{0\Sigma}$ 和 $Z_{2\Sigma}$ 的阻抗角相等的情况下，两故障相电流的幅值总相等，其间的夹角 θ_{1} 随 $Z_{0\Sigma}/Z_{2\Sigma}$ 的不同而不同，当 $Z_{0\Sigma}/Z_{2\Sigma}$ 由 0 变到∞时，θ_{1} 由 60°变到 180°，即 $60^{\circ}<\theta_{1}\leqslant180^{\circ}$。

（4）流入地中的电流 $\dot{I}_{g}$ 等于两故障相电流之和。大小由 $\dot{I}_{g}=-3\dot{I}_{ka0}\dfrac{Z_{2\Sigma}}{Z_{2\Sigma}+Z_{0\Sigma}}$ 决定。

296. 电力系统三相对称性短路的特点有哪些?

答： 三相对称性短路时的特殊条件为：三相短路电流是对称的，越靠近变电站首端，短路时电流幅值越大。三相短路电压也是对称的，短路点电压为零。其特点为：

（1）三相短路为对称性短路，三个故障相短路电流值相等，相位互差 120°。因此当短路稳定后，零序电流和零序电压等于零，没有负荷电流。

（2）短路点电压等于零。

（3）三相短路电流要比两相短路电流大，为后者的 $2/\sqrt{3}$ 倍。

297. 什么情况下单相接地电流大于三相短路电流?

答： 故障点零序综合阻抗 Z_{ko} 小于正序综合阻抗 Z_{k1} 时，单相接地故障电流大于三相短路电流。例如：在大量采用自耦变压器的系统中，由于接地中性点多，系统故障点零序综合阻抗 Z_{ko} 往往小于正序综合阻抗 Z_{k1}，这时单相接地故障电流大于三相短路电流。

298. 电力系统限制短路电流的措施有哪些?

答：（1）在发电厂内采用分裂电抗器与分裂绕组变压器（在短路时可增加回路电抗）。

（2）在电路电流较大的母线引出线上采用限流电抗器。

（3）对大容量的机组采用单元制的发电机—变压器组接线方式。

（4）在发电厂内将并列运行的母线解列。

（5）在电力网中采用开环运行（如以前 220kV 是环网运行，而现在随着 500kV 电网的不断加强，系统的短路容量不断增加，将 220kV 电网开环运行）等方式以及电网间用直流联络线等。

（6）合理选择电气主接线的形式或运行方式。以增大系统阻抗，减小短路电流值。

299. 断相后的特点有哪些？

答：系统发生断相故障（一相或两相）是不对称故障之一，在这种情况下，系统处于非全相运行，除故障点外，其余部分均是平衡的。

断相故障有两种情况，一种是断相后又发生接地（如线路单相断相后接地）这种故障成为复合性故障，接地后相应的保护会动作；另一种是断相后未造成接地，这种故障大多发生在变电站。

断相后的特点有：

（1）一相断相时，非故障相电流在一般情况下较断相前的负荷电流有所增加。

（2）一相断相后，系统出现负序和零序电流，正序电流较断相前要小一些，因此一相断相后，系统输送功率要降低。

（3）两相断相后，必须立即断开两侧断路器。

300. 电网的短路电流水平包括哪些因素？如何对其进行分析？

答：电网的短路电流水平包括：短路电流的周期和非周期分量数值、恢复电压的上升陡度、单相接地短路电流与三相短路电流之比以及电网元件间统计短路电流值的分布等因素。这些因素影响断路器的开断性能和设备的参数选择，它们与电网的结构、中性点的接地方式和变电站的出线数等都有密切关系。

短路电流水平的高低与电网结构和该级电压网络在电网发展过程中的地位有关，分析短路电流水平和电网发展的关系可以分以下几个阶段来进行：

（1）某一级电压的输电线才开始出现，断路器的开断容量及设备的动热稳定一般都大大超过电网的短路电流水平，此时，短路电流水平不成问题。

（2）该级电压网络大规模发展成为电网中的最高电压主电网，同时有一批发电厂直接接入该级电压电网时，短路电流将不断增长至接近已安装的断路器额定短路容量，此时，如果接入的电厂容量继续增加，电网继续密集，在电网中某些部分已装设的断路器即有可能满足不了短路电流水平的需要。

（3）当电网中出现更高一级电压网络但未形成更高一级电压主电网（如我国大部分电网在 220kV 电网基础上开始发展的 500kV 电网）前，原有的电压电网仍保持其主网的作用，并与更高一级电压输电网络形成高低压环网运行。此时，随着新增大容量机组和电厂的不断接入，原有电压电网的短路电流水平将大大增加，已安装断路器断流容量不足，对部分电网，有时甚至是整个变电站的设备和设施，其断流容量和动热稳定都不能满足短路电流水平增大的要求，从而形成了严重的技术经济问题。为此随着高一级电压电网的发展，更大容量的机组和电厂将直接接至更高一级电压电网，耦合变压器的容量也将不断增加，此时，原有电压电网就应逐步转变为配电电网。

（4）当更高一级电压电网形成，原有高压电网已转变为配电网，只连接着地区性电厂和新设大容量电厂的少数单元机组，这时，该级电压电网，已经简化并分割为若干区并尽可能采取辐射状供电方式，此时，不但简化了继电保护和运行操作，而且短路电流水平也将随之下降。

301. 什么叫不对称运行？其产生的原因及影响是什么？

答：任何原因引起电力系统三相对称（正常运行状况）性的破坏，如各相阻抗对称性破坏、负荷对称性的破坏、电压对称性的破坏等情况下的工作状态，均称为不对称运行。非全相运行是不对称运行的特殊情况。

不对称运行产生的负序、零序电流会带来许多不利影响。

电力系统三相阻抗对称性的破坏，将导致电流和电压对称性的破坏，因而会出现负序电流。当变压器的中性点接地时，还会出现零序电流。

当负序电流流过发电机时，将会产生负序旋转磁场，这个磁场将对发电机产生下列影响：①发电机转子发热；②机组振动增大；③定子绕组会因负荷不平衡出现个别相绕组过热。

不对称运行时变压器三相电流不平衡，每相绕组发热不一致，可能个别相绕组已经过热，而其他相负荷不大，因此必须按发热条件来决定变压器的可用容量。

不对称运行将引起系统电压的不对称，使电能质量变坏，对用户产生不良影响。对于异步电动机，一般情况下虽不至于破坏其正常工作，但也会引起出力减少，寿命降低。例如负序电压达 5%时，电动机出力将降低 10%～15%，负序电压达 7%时，则出力降低达 20%～25%。

当高压输电线一相断开时，较大的零序电流可能在沿输电线路平行架设的通信线路中产生危险的对地电压，危及通信设备和人员安全，影响通信质量。当输电线与铁路平行时，也可能影响铁道自动闭锁装置的正常工作。因此，应当计算电力系统不对称运行对通信设备的电磁影响，必要时应采取措施，减少干扰，或在通信设备中采用保护装置。

此外，还必须认真考虑对继电保护的影响。在严重情况下，如输电线非全相运行时，负序电流和零序电流可以在非全相运行的线路中流通，也可以在与之相连的线路中流通，可能影响这些线路的继电保护的工作状态，甚至引起不正确动作。当长时间非全相运行时，系统中还可能同时发生短路（包括非全相运行时的区内和区外短路），导致继电保护误动作。

电力系统在不对称和非全相运行情况下，零序电流长期通过大地，接地装置的电位升高，跨步电压与接触电压也升高，故接地装置应按不对称状态下保证对运行人员的安全来加以检验。

不对称运行时，因各相电流大小不等而使系统损耗增大，同时，系统潮流不能按经济分配，也将影响运行的经济性。

302. 什么是不对称负荷？

答：三相电流值及其相角是互不相等的，由单相用电设备如电气化机车、单相电炉以及多相设备的不对称运行所产生的负荷。不对称负荷造成电力网三相电压不平衡，电压偏移值增大与电压波形畸变。为限制不对称负荷，要求客户采用从单相到三相的转换装置，或将多台的单相负荷设备平衡分布在三相线路上的措施。当用电负荷不平衡电流大于供电设备额定电流 10%时，应采取措施平衡负荷，或采用高一级的电压供电。

303. 什么是非全相运行？

答：单相断线或两相断线后的非正常运行状态。这时三相不对称，可应用对称分量法计算各相的故障电流。

造成非全相运行的原因很多，例如一相或两相的导线断线；断路器在合闸过程中三相触头不同时接通；某一线路单相接地后，故障断路器跳闸；装有串补电容器的线路上电容器一相或两相击穿以及三相参数不平衡等。电力系统发生纵向不对称故障时，虽然不会引起过电压，一般也不会引起大电流（非全相运行伴随振荡情况除外），但是系统中会产生具有不利影响的负序和零序分量。负序电流流过发电机时，会使发电机转子过热和绝缘损坏，影响发电机出力；零序电流的出现对附近通信系统产生干扰。另外，电力系统非全相运行产生的负序分量和零序分量，会对反应负序或零序分量的继电保护装置产生影响，可能会造成保护动作（与故障前的负荷电流大小有关）。

304. 断路器的重击穿性能指的是什么？

答：断路器的重击穿性能是指由规定的型式试验所证实的、容性电流开断过程中预期的重击穿概率。

305. 恢复电压工作原理是什么？

答：在线路发生单相接地时，故障相由线路两端断路器断开后，由于线路相间电容耦合非故障相负荷电流与故障相的电感耦合，使故障处继续通过一定数量的潜供电流，这一电流起到继续维持燃弧的作用，当潜供电流过零，如这一电压上升速度小于故障点绝缘恢复的速度，则电弧熄灭。

一般电感耦合引起的潜供电流比起相间电容耦合引起的潜供电流小。

306. 什么是近区故障？

答：近区故障是指在架空线路上，距断路器端子距离短，在工频时电阻与阻抗的比值。

307. 电力系统失步的条件有哪些？

答：失步的条件为电力系统在断路器两侧的两部分之间失去或缺乏同步的不正常回路条件，断路器操作时刻，代表其两侧所产生的电压的旋转矢量间的相角超过了正常值，并且可能达到180°（反相）。

308. 什么是解列？

答：一个电源（发电厂或电力系统）与另一个电源在正常运行方式下经手动操作使它们分列运行或事故运行方式下经自动（手动）操作使它们分列运行的操作过程。

309. 什么是系统解列？

答：电力系统发生事故跳闸后，将电力系统分成两个或两个以上的部分，称为系统解列。

310. 什么是电缆？

答：由一根或多根导体分别外包绝缘、屏蔽层和保护层支撑，将电力从一处传输到另一处的绝缘导线。

311. 什么是电缆金属套？

答：为防止水分浸入电缆，在电缆缆芯外层所包的一层密封的金属保护层，又称金属保护套。

312. 什么是电缆铠装？

答：为防止电缆绝缘受到机械损伤而在电缆外面加装的钢甲保护层。电缆铠装可按不同要求，做成各种式样。

313. 什么是电缆终端？

答：电缆与其他电气设备相连接时，需要有一个能满足一定绝缘与密封要求的连接装置，该装置称为电缆终端。

314. 什么是电缆头？

答：由于制造、运输和敷设施工等原因，对每盘电缆的长度有一定的限制。但在实际工作中，有时需要将若干条电缆在现场把它们连接起来，构成一条连接的输配电线路，这种电缆的中间连接附件称为电缆头。

315. 电缆线路的接地是怎样的？

答：当电缆在地下敷设时，因为人体接触不到，所以不必沿线路把金属外皮和铠甲接地，只要将电缆两端接地，即将电缆的外皮、铠甲和终端连接到两端的总接地网上。为了保证接地可靠性，在安装中间接线和终端接线盒时，要特别注意接线盒的外壳和电缆的外皮要有可靠的电气连接。

316. 常用的电力电缆有哪几种形式？

答：常用的有油纸绝缘电缆、塑料绝缘电缆、交联聚乙烯绝缘电缆、橡胶绝缘电缆等形式。

317. 什么是熔断器？

答：熔断器是一种过流保护设备，其可熔断部分当通过电流超过额定电流时熔断，从而切断电路。熔断器串联在电力供应线路中，如果安装正确，可以通过额定的电流而不引起中断。熔断器按照所安装的电压不同可分为配电熔断器和电力熔断器。

配电熔断器在配电线路中很常见，它们通常用于35kV及以下的典型的配电电压中，通过横担或者支撑杆安装在架空线路上。电力熔断器也用于变电站或者发电厂的输电或者次输电线路中。两者都有一个可导电的熔断体。在每次电路故障后恢复系统运行时需要重新更换熔断体。熔断体通常由锡、铅、银及其合金组成以达到特定的时限电流特性。

318. 熔断器的类型有哪些？

答：熔断器的类型有：

（1）标准的零电流切断熔断器。该熔断器必须在电流通过零点时才能成功地切断电路。

（2）限流式熔断器。该熔断器的电流在一定范围内时熔断器突然熔断，引发的很高的电弧电压减小电流的幅值和持续时间。这种熔断器和标准的零电流切断熔断器有着根本的不同。它根据的是电流限值或者能量限制的原理，通过给电路引入高阻抗实现切断电路的目的。这在限制电流的同时也提高了功率因数，使得电流和电压之间的相差更小。

（3）特种熔断器。特种熔断器可以满足各种特殊的系统条件，例如有时需要应用电容器组的熔断器保护。在某些应用中，当系统电源侧发生某些变化时应该增加故障电流的整定值，这时需要改变电容器组的熔断器保护设置。在某些情况下，由于空间限制的原因，不能把已经安装好的熔断器更换为昂贵的熔断器。一个解决方案是设计一个有着超大遮断容量的特殊限流熔断器。

319. 备用电源自动投入装置有哪几种典型方式？有何优点和基本要求？

答：（1）备用电源自动投入装置是当工作电源因故障被断开以后，能迅速自动地将备用电源投入工作的装置，简称AAT装置（备自投）。

在变电站中，AAT主要有桥断路器备自投、进线备自投、变压器备自投、分段断路器备自投四种典型方式。

（2）采用AAT装置后，有以下优点：

1）提高了供电的可靠性，节省建设投资。

2）简化继电保护。因为采用了AAT装置后，环形网络可以开环运行，变压器可以分列运行等，这样可以采用简单的继电保护装置。

3）限制短路电流，提高母线残余电压。

由于AAT装置简单，费用低，而且可以大大提高供电的可靠性和连续性，因此广泛应用在变电站中。

（3）对备自投装置的基本要求如下：

1）只有当工作电源断开以后，备用电源才能投入。假如工作电源发生故障，断路器尚未断开时，备用电源投入将扩大事故。

2）工作母线上不论任何原因失去电压时，AAT装置都应动作。因此AAT装置必须具备独立的低电压启动功能。为了防止工作电源电压互感器二次侧熔断器熔断引起AAT误动作，AAT装置还应具有电压互感器断线闭锁功能。

3）备用电源自动投入装置只允许将备用电源投入一次，当工作母线发生持续短路故障或引起出线故障，断路器拒动时，备用电源多次投入会扩大事故。

4）备用电源自动投入装置的动作时间，应使负荷停电的时间尽可能缩短。但停电时间过短，电动机残余电压可能较高，当AAT装置动作时，会产生过大的电流和冲击力矩，导致电动机的损伤。因此，装有高压大容量电动机的厂用电母线，中断电源的时间应在1s以上。对于低压电动机，因转子电流衰减极快，这种问题并不突出。同时，为使AAT装置动作成功，故障点应有一定的电弧熄灭去游离时间。在一般情况下，备用电源的合闸时间大于故障点的去游离时间，因而不考虑故障点的去游离时间。运行经验证明，AAT装置的动作时间以1～1.5s为宜。

5）当备用电源无电压时，AAT装置不应动作。正常工作情况下，备用母线无电压时，AAT装置应退出工作，以避免不必要的动作。当供电电源消失或系统发生故障造成工作母线与备用母线同时失去电压时，AAT装置也不应动作，以便当电源恢复时仍由工作电源供电。为此，备用电源必须具备电压鉴定功能。

6）应校验备用电源的过负荷和电动机自启动情况。如备用电源过负荷超过允许限度或不能保证电动机自启动时，应在AAT装置动作时自动减负荷。

7）如果备用电源投入故障，一般应使其保护加速动作。

320. 什么叫直流系统？直流系统在变电站中起什么作用？

答：由蓄电池和硅整流充电器组成的直流供电系统，称为蓄电池组直流系统。

直流系统在变电站中为控制、信号、继电保护、自动装置及事故照明等提供可靠的直流电源。它还为操作提供可靠的操作电源。直流系统的可靠与否，对变电站的安全运行起着至关重要的作用，是变电站安全运行的保证。

321. 什么是UPS？UPS的作用是什么？

答：UPS是交流不间断电源的简称。

UPS的作用是：在正常、异常和供电中断事故情况下，均能向重要用电设备及系统提供安全、可靠、稳定、不间断、不受倒闸操作影响的交流电源。UPS广泛应用于发电厂及变电站计算机、热工仪表、监控仪表及某些不能中断供电的重要负荷，是不可缺少的供电装置。

322. 为什么要核相？哪些情况下要核相？

答：若相位或相序不同的交流电源并列或合环，将产生很大的电流，巨大的电流会造成发电机或电气设备的损坏，因此需要核相。为了正确的并列，不但要一次相序和相位正确，还要求二次相位和相序正确，否则也会发生非同期并列。

对于新投产的线路或更改后的线路、新投产或大修后的变压器和电压互感器必须进行相位、相序核对，与并列有关的二次回路检修后也必须核对相位、相序。

323. 什么是电气安全距离？

答：防止人体触及或接近带电体，防止车辆或其他物体碰撞或接近带电体造成的危险，确保作业者和设备不发生事故所需的最小安全距离。电力行业的电气安全距离包括线路安全距离、变配电装置安全距离、用电设备安全距离、通道及围栏安全距离、检修作业和操作安全距离等。

324. 什么是供电合同？

答：供电企业（供电人）向客户（用电人）供电，客户（用电人）向供电企业（供电人）支付电费的合同。《中华人民共和国合同法》将供电合同列为十五种基本合同之一。供电企业和客户在接电前根据客户用电需要和电网的供电能力签订供用电合同。供用电合同的签订，明确了供用电双方的权利和义务，有利于维护正常的供用电秩序。保护双方的合法权益。《中华人民共和国合同法》和《电力供应与使用条例》规定了供用电合同应具备以下条款：①供电方式、供电质量和供电时间；②用电容量和用电地址、用电性质；③计量方式和电价、电费结算方式；④供用电设施维护责任的划分；⑤合同的有效期限；⑥违约责任；⑦双方共同认为应当约定的其他条款。供用电合同一般分为高压供用电合同、低压供用电合同、临时供用电合同、委托转供电合同、趸售电合同、居民供用电合同等。

325. 什么是供电点？

答：客户受电装置接入公用电网中的位置。对专线客户接引专线的变电站或发电厂即为该客户的供电点。对一般高压客户，供电的高压线路即为其供电点，对低压客户接引低压线路的配电变压器，即为其供电点。客户要求迁移用电地址，若新址不在原供电点供电的，为满足变更用电需要，供电企业必须调整供电能力或投资新建供电设施。

326. 什么是供电电源？

答：以频率、电压、相数和功率等参数来表示完成供电功能的装置。供电企业向客户提供供电电源的额定频率为交流50Hz，供电电源的额定电压，低压单相为220V，三相为380V，高压三相为10、35（63）、110、220kV。若客户需要的供电电源频率或电压等级不在上述范围的，应自行购买变频或变压等设备予以解决。客户申请用电，供电企业根据申请的用电容量和用电性质以及当地的供电条件，与客户协商确定供电电源的电压等级，电源数量（常用、备用）和供电容量。供电企业向有重要负荷的客户提供的保安备用电源，应符合独立供电电源的要求。

327. 什么是供电方案？

答：供电企业对已确定的供电方式，根据客户申请的用电负荷大小及特性按照供用电有关规章和地区供电网络的特点，结合近期和远期发展规划。经济技术和经济比较后，向客户提供的供电技术条件。其内容包括供电电源频率、供电电压等级、系统短路容量、系统接平方式、客户受电方式、供电容量、受电变压器容量、继电保护方式、对谐波的限制、调整后的功率因数要求、电能计量方式、估计的供电工程费用等。

328. 什么是供电方式？

答：供电企业向申请用电的客户提供的电源特性、类型及其管理关系的统称。供电企业对供电方式的确定应从保证供用电的安全、经济、合理出发，根据国家相关政策和规定，电力网的发展规划，用电的性质、用电设备的容量和特点，当地的供电条件等，与客户协商确定。供电企业可提供的供电方式有：①按供电电压分为高压与低压；②按电源相数分为单相与三相；③接电源数分为单电源、双电源与多电源；④按供电回数分为单回路与多回路；⑤按用电期限分为临时与永久用电；⑥按管理关系分为直接与间接。其中以确定供电电压等级及电源数最为重要。

329. 什么是供电成本？

答：发电厂发出的电力（也包括外购的电力）在输电、变电、配电和销售过程所发生的全部费用。供电成本以一个供电公司为单位核算。供电公司一般只计算供电总成本，不计算单位供电成本。网省（市）电力公司计算全网（局）的供电总成本，除将所属各供电局的总成本相加之外，还包括局本部及所属单位等生产和管理费用。计算全网（公司）供电单位成本时电用供电总成本除以全网（公司）的售电量求得。

330. 什么是供电质量？

答：由电压质量和供电可靠性两部分组成。

电压质量是供电的重要技术指标，关系到电力企业和客户的根本利益。评价供电质量主要按照国家标准GB/T 15945—2008《电能质量　电力系统频率偏差》、GB/T 12325—2008《电能质量　供电电压偏差》、GB/T 14549—1993《电能质量　公用电网谐波》、GB/T 15543—2008《电能质量　三相电压不平衡》、GB 12326—2008《电能质量　电压波动和闪变》和GB/T 18481—2001《电能质量　暂时过电压和瞬态过电压》的规定。影响电网电压质量的主要负荷是非线性负荷、冲击负荷以及不对称负荷等。

供电可靠性指电力系统在规定的条件下和规定的时间内完成供电功能的能力，其定义为供电系统对客户持续供电能力的程度，用停电的次数和停电的持续时间来评价。供电可靠性贯穿于电网规划、设计、设备选型、安装、检修、运行以及企业管理的全过程，是按照DL/T 836—2012《供电系统用户供电可靠性评价规程》对客户供电可靠性进行统计、计算、分析和评价。其中，供电可靠率是反映供电可靠性的综合指标。此外，还有一些主要指标和参考指标。供电可靠性主要指标为：供电可靠率、客户平均停电时间、客户平均停电次数、客户平均故障停电次数、客户平均预安排停电次数、系统停电等效小时数。参考指标为：客户平均预安排停电时间、客户平均故障停电时间、预安排停电平均持续时间、故障停电平均持续时间、平均停电客户数、预安排停电平均客户数、故障停电平均客户数、客户平均停电缺供电量、预安排停电平均缺供电量、故障停电平均缺供电量、设备停运停电率、设备停电平均持续时间、系统故障停电率、架空线路故障停电率、电缆线路故障停电率、变压器故障停电率、断路器（受继电保护控制者）故障停电率和外部影响停电率等。

331. 什么是供电量？

答：电力企业为满足客户用电需求而提供的电量。供电量还包括本供电地区内线路损失电量之和。

332. 什么是供电协议？

答：供电企业与客户之间为了确立供用电业务关系，明确双方的权利、义务和有关责任。促进安全、经济、合理的供用电，在接电前由供用电双方协商签订的业务协议。供用电协议的内容一般包括用电性质、供电方式、批准的用电容量、电气设备产权划分，电能计量方式、电价与电费结算以及有关安全供电的规定等。

333. 什么是红外测试诊断技术？

答：一种利用红外辐射原理进行非接触式温度测量和诊断分析的技术。运行中的电力设备可能由于载流导体连接不良、受潮、漏磁、冷却系统故障等引起异常发热，在设备表面辐射红外线。温度越高，辐射的红外线越强。根据设备表面各部位的红外线辐射量找出局部过热的位置。使用红外技术测量得到特征温度现象，再结合电力设备结构原理可进行异常温升原因分析，也可以结合其他分析手段得出最终的分析建议意见，作为电力设备缺陷消除的主要依据。红外测试仪器有红外点温计、红外热成像仪等。

334. 什么是红外光谱分析？

答：用于有机结构的分析最成熟的分析手段之一，简称为红外分析。红外是指可见光谱长波末端外的红外光区。物质吸收这个波长范围的辐射，就产生吸收光谱。红外光束强度减弱，与参比光路的光束不平衡，就有电信号产生，在记录仪上出现峰形吸收谱图。红外光源连续变换单色光扫描样品，就得到一段波长范围内的红外吸收谱图。根据吸收峰的谱图、形状可以定性推断样品分子含有的基因，根据吸收峰的强度可以定量。这种吸收谱带与分子结构有关联，可以用于油品基团分析、分子结构鉴定、意志及含量测定及老化产物检测。

335. 什么是红外热成像仪？

答：一种利用红外辐射原理进行非接触性温度测量的仪器。运行中的电力设备可能由于故障等引起运行中设备部分异常发热，可使用红外温度测量的方法进行检测。红外热像仪具有测温速度可快、测量视角范围大、灵敏度高、反应速度高等特点，对被测设备无测量干扰，并可对被测物体的表面温度场分布进行精密测量，有助于电力设备故障原因进行分析。

336. 什么是红外测温？

答：利用物体向外辐射红外线的强度与物体的温度相关这一现象，用仪器测量红外线强度来实现非接触的测量物体温度的技术。红外测温仪可分为点温仪和红外成像仪两种。点温仪测量的是被测物某一区域的平均温度，而红外成像仪则可测量被摄画面内的各点的温度，各点温度参数通过处理以辉度、伪色彩、等温线等方式表示。

337. 什么是空气间隙？

答：配电装置和送电线路的带电导体与接地部分或相与相间的空气距离。规程规定，空气间隙距离是以统计法按照运行的最高工作电压、操作过电压和大气过电压三种状态分别计算求得的，以三种状态中的最大值决定某个电压等级的间隙距离。送电线路的空气间隙还须按规定考虑相应风速下导线的风偏及带电作业安全距离的要求，如对最高工作电压下的间隙距离，需考虑出现最大设计风速下时的风偏；对大气过电压下的间隙距离，一般考虑风速为10m/s时的风偏；对操作过电压下的间隙距离，则考虑50％最大设计风速时的风偏。

338. 什么是年漏气率？

答：一种表示密闭容器内气体泄漏状况的指标。年漏气率常用在为监视SF_6气体绝缘全封闭组合电器运行情况而进行的工作中。它表示一年内泄漏掉的气体重量占整个容器内一年开始时气体总重量的百分数。

339. 什么是交流接触器？

答：一种可重复通过和开断交流电路的低压电器。主要由触头、灭弧系统和传动机构组成。它不具备过载脱扣的能力，可手动或电动操作。

340. 什么是晶闸管？

答：只能在导通和阻断两种稳态下工作的一种双极半导体器件。

第二章 chapter 2 变压器

一、基础知识

1. 变压器的学习内容有哪些?

答:(1)学习内容:基本原理、本体结构、辅助设备及其作用、运行规定、巡视检查、大小修的项目、验收、异常运行及处理、事故处理等。

(2)学习内容举例(以冷却器和有载调压装置为例说明):

1)冷却器:①冷却器的组成及作用;②冷却器控制箱各小开关、操作手柄、信号指示灯、主要的继电器、接触器等设备的作用;③冷却器启动方式;④冷却器手动、自动操作;⑤冷却器交、直流电源配置;⑥看懂冷却器控制回路图;⑦冷却器有哪些异常信号,各信号的含义是什么;⑧冷却器的异常运行及处理;⑨冷却器的巡视检查内容;⑩检修冷却器时如何布置安全措施及验收。

2)有载调压装置:①调压装置的组成及作用;②调压装置的基本原理;③就地调压柜内各小开关、操作手柄、信号灯及主要继电器的作用等;④变压器有多少种调压方式,各种方式如何操作;⑤交、直流电源的配置;⑥看懂调压回路控制图;⑦调压装置有哪些异常信号,各信号的含义是什么;⑧调压装置可能出现哪些异常现象,如何处理;⑨调压装置巡视检查内容。

2. 什么是变压器?

答:变压器是一种静止电机,它应用电磁感应原理,可将一种电压的电能转换为另一种电压的电能(一般是交流电),实现能量的传递和电压的变换。

3. 变压器在电力系统中的主要作用是什么?

答:变压器在电力系统中的主要作用是变换电压,以利于功率的传输。电压经升压变压器升压后,可以减少线路损耗,提高送电的经济性,达到远距离送电的目的;而降压变压器则能把高电压变为用户所需要的各级使用电压,满足用户需要。

4. 变压器的基本工作原理是什么?

答:变压器是一种按电磁感应原理工作的电气设备,当一次绕组加上电压、流过交流电流时,在铁芯中就产生交变磁通。这些磁通中的大部分交链着二次绕组,称为主磁通。在主磁通的作用下,两侧的绕组分别产生感应电动势,电动势的大小与匝数成正比。变压器的一次、二次绕组匝数不同,这样就起到了变压作用。通过电磁感应,在两个电路之间实现能量的传递。变压器一次侧为额定电压时,其二次侧电压随着负荷电流的大小和功率因数的高低而变化。

共同的磁路部分一般用硅钢片做成,称为铁芯。

5. 变压器如何分类?

答:(1)按变压器的用途可分为电力变压器、调压器、仪用互感器(TA、TV)和特殊变压器(试验变压器、控制变压器)。

（2）按变压器的绕组可分为双绕组变压器、三绕组变压器、多绕组变压器和自耦变压器。

（3）按电源输出的相数分为单相变压器、三相变压器和多相变压器（如直流输电工程中的换流变压器，整流用六相变压器）。

（4）按变压器的铁芯结构分为芯式变压器和壳式变压器。

（5）按变压器冷却介质分为油浸式变压器、空气冷却式变压器（干式变压器）、充气式变压器（变压器器身放在一密封的铁箱内，箱内充以特种气体）。

（6）按冷却介质分为油浸自冷式变压器、油浸风冷变压器、油浸强迫油循环风冷变压器、油浸强迫油循环水冷却变压器、干式变压器、蒸发冷却变压器。

（7）按调压方式分为无励磁调压变压器、有载调压变压器。

（8）按中性点绝缘水平分为全绝缘变压器、分级绝缘变压器。

（9）按导线材料分为铜导线变压器、铝导线变压器。

（10）按油箱的型式分为箱式、钟罩式和密封式。

6. 变压器主要技术参数的含义是什么？

答：（1）额定容量 S_N：指变压器在铭牌规定条件下，以额定电压、额定电流时连续运行所输送的大单相或三相总视在功率。

（2）容量比：指变压器各侧额定容量之间的比值。

（3）额定电压 U_N：指变压器长时间运行，设计条件所规定的电压值（线电压）。

（4）电压比（变比）：指变压器各侧额定电压之间的比值。

（5）额定电流 I_N：指变压器在额定容量、额定电压下运行时通过的线电流。

（6）相数：单相或三相。

（7）联结组别：指表明变压器两侧线电压的相位关系。

（8）空载损耗（铁损）P_0：指变压器一个绕组加上额定电压，其余绕组开路时，在变压器消耗的功率。变压器的空载电流很小，它所产生的铜损可忽略不计，所以空载损耗可认为是变压器的铁损。铁损包括激磁损耗和涡流损耗。空载损耗一般与温度无关，而与运行电压的高低有关，当变压器接有负载后，变压器的实际铁芯损耗小于此值。

（9）空载电流：$I_0\%$ 指变压器在额定电压下空载运行时，一次侧通过的电流。不是指刚合闸瞬间的激磁涌流峰值，而是指合闸后的稳态电流。空载电流常用其与额定电流比值的百分数表示。

$$I_0\% = \frac{I_0}{I_N} \times 100\%$$

（10）负荷损耗 P_K（短路损耗或铜损）：指变压器当一侧加电压而另一侧短接，使电流为额定电流时（对三绕组变压器，第三个绕组应开路），变压器从电源吸取的有功功率。按规定负荷损耗是折算到参考（75℃）下的数值。因测量时实为短路状态，所以又称为短路损耗。短路状态下，使短路电流达额定值的电压很低，表明铁芯中的磁通量很少，铁损很小，可忽略不计，故可认为短路损耗就是变压器绕组中的损耗。

对三绕组变压器，有三个负荷损耗，其中最大一个值作为该变压器的额定负荷损耗。负荷损耗是考核变压器性能的主要参数之一。实际运行时的变压器负荷损耗并不是上述规定的负荷损耗值，因为负荷损耗不仅决定于负荷电流的大小，而且还与周围环境温度有关。

负荷损耗与一、二次电流的平方成正比。

（11）百分比阻抗（短路电压）：指变压器二次绕组短路，使一次侧电压逐渐升高，当二次绕组的短路电流达到额定值时，一次侧电压与额定电压比值百分数。

变压器的容量与短路电压的关系是：变压器容量越大，其短路电压越大。

（12）额定频率：变压器设计所依据的运行频率，单位为赫兹（Hz），我国规定为50Hz。

（13）额定温升 t_N：指变压器的绕组或上层油面的温度与变压器外围空气的温度之差，称为绕组或上层油面的温升。

根据国家标准的规定，当变压器安装地点的海拔高度不超过1000m时，绕组温升的限值为65K。上层油面温升的限值为55K。

（14）铭牌：

1）变压器名称，型号、产品代号；

2）标准代号；

3）制造厂名（包括国名）；

4）出厂序号；

5）制造年月；

6）相数；

7）额定容量；

8）额定频率；

9）各绕组额定电压；

10）各绕组的额定电流，联结组标号，绕组联结示意图；

11）额定电流下的短路阻抗；

12）冷却方式；

13）使用条件；

14）总重量（t）；

15）绝缘油重量（t），品牌（厂商、型号）；

16）强迫油循环（风冷和水冷）的变压器，还应注出满载时停油泵（水泵）及风扇电动机后允许的工作时限；

17）绝缘的温度等级（油浸式变压器A级可不注出）；

18）温升；

19）联结图（当联结组别标号不能说明内部联结的全部情况时）。如果联结组别的联结方式可以在变压器内部变更，则应指出变压器出厂时的联结；

20）绝缘水平；

21）运输重（t）；

22）器身吊重（t），上节油箱重（t）；

23）空载电流（实测值）；

24）空载损耗及负载损耗（kW，实测值）。多绕组变压器的负载损耗应表示各对绕组工作状态的损耗值；

25）套管型电流互感器的技术数据（也可采用单独的标志）。

7. 变压器型号及其含义是什么？

答：（1）变压器型号的排列。变压器产品型号是用汉语拼音的字母及阿拉伯数字组成，每个拼音和数字均代表一定含义。

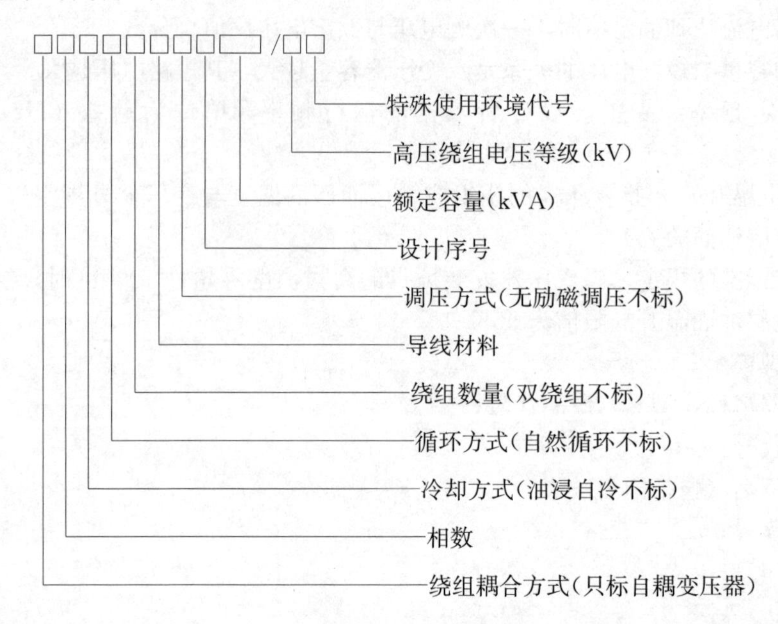

(2)变压器型号中文字符号。在变压器的铭牌上，除规定运行数据外，还有用文字符号表示的变压器型号。变压器的产品型号已有新的国家标准，但目前旧型号的变压器仍在使用，因此必须熟悉新、旧两种型号所代表的意义。新、旧型号及其所代表的意义对照，如表 2-1 所示。

表 2-1　　变压器型号的含义

含义符号	代表符号		含义符号	代表符号	
	新型号	旧型号		新型号	旧型号
单相变压器	D	D	双绕组变压器	不表示	不表示
三相变压器	S	S	三绕组变压器	S	S
油浸式	不表示	J	无励磁调节	不表示	不表示
空气自冷式	不表示	不表示	有载调压	Z	Z
风冷式	F	F	铝线变压器	不表示	L
水冷式	W	S	干式	G	K
油自然循环	不表示	不表示	自耦变压器	O	O①
强迫油循环	P	P	分裂变压器	F	F
强迫油导循环	D	不表示	干式浇注绝缘	C	C

① O 在前面表示降压变压器；O 在后面表示升压变压器。

(3)变压器型号文字符号后面的数字所代表的意义是：斜线的左面表示容量，单位为 kVA；斜线的右面表示高压侧的额定电压，单位为 kV。

8. 什么叫变压器的接线组别？常用的有哪几种？

答：为了表明变压器各侧线电压的相位关系，将三相变压器的接线分为若干组，称为接线组别（又称联结组别）。电力变压器接线组别标号，如表 2-2 所示。

表 2-2　　电力变压器联结组别标号

联结方式＼绕组	高　压	中　压	低　压
星形联结 （有中性点引出）	Y （YN）	y （yn）	y （yn）
三角形联结	D	d	d
自耦变压器	YN	a	y 或 d

电力变压器常见标准的接线组别如下。

双绕组变压器：Yyn0；Yd11；YNd11。

三绕组变压器：YNyn0d11；YNd11d11。

自耦变压器：YNa0d11。

9. 如何计算不同电压等级电力系统的变压器联结组别？

答：在一个电力系统中，总要有好多个电压等级相互配合，它们中间利用升压或降压变压器联系起来。相邻母线间并联运行的变压器应有相同的联结组别。如跨接某一电压等级，即不相邻的母线时，变压器的联结组别就必须改变。图 2-1 为一个供电系统图。在这个系统中，变压器本身的联结组别是不变的，而对于总的联结组却要改变。改变为什么组，可用简单的加法和除法计算出来，即把串联的变压器联结组别的标号加起来，用 12 去除，除不尽的余数（整数）就代表组别。在图 2-1 中，从母线Ⅰ到母线Ⅵ之间接的变压器联结组应为 Yd7 或 Dy7，因$(11+11+11+11+11)/12=4+\frac{7}{12}$，其余数为 7 的缘故。

如以角度计算，母线Ⅵ的线电压超前母线Ⅰ的角度为 $30°\times7=210°$。

任何联结组别的变压器相串联后，都可利用上述简单的方法进行计算。

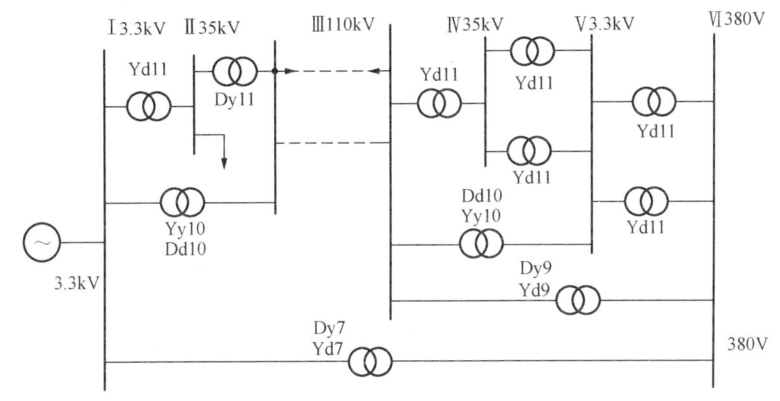

图 2-1　连接各电压级次输电线的变压器的联结组别

10. 对于远距离输电，为什么升压变压器接成 Dy 型，降压变压器接成 Yd 型？

答：输电电压越高则输电效率就越高。升压变压器接成 Dy 型，二次侧绕组出线获得的是线电压，从而在匝数较少的情况下获得了较高电压，提高了升压比。同理，降压变压器接成 Yd 型可以在一次侧绕组匝数不多的情况下取得较大的降压比。另外，当升压变压器二次侧、降压变压器一次侧接成 Y 时，都是中性点接地，使输电线对地电压为相电压，即线电压的 $1/\sqrt{3}$，降低了线路对绝缘的要求，因而降低了成本。

11. 三相变压器绕组为什么通常不作 Yy 连接？

答： 因为三相中各相的三次谐波电流大小相等、相位相同，故当三相变压器组作 Yy 连接而无中线时，绕组中不可能有三次谐波通过，这时励磁电流为正弦波形电流，而磁通则为平顶波形。平顶波的磁通可分为基波磁通和三次谐波磁通，它们可以沿着各单相铁芯路径闭合。三次谐波磁通在变压器一、二次绕组中分别产生三次谐波电动势，其值可达到基波电动势的 45%～60%，与基波叠加将产生过电压。所以三相变压器绕组一般不作 Yy 连接。

12. 为什么大容量三相变压器的一次或二次总有一侧接成三角形？

答： 当变压器接成 Yy 时，各相励磁电流的三次谐波分量在无中线的星形接法中无法通过，此时励磁电流仍保持近似正弦波，而由于变压器铁芯磁路的非线性，主磁通将出现三次谐波分量。由于各相三次谐波磁通大小相等、相位相同，因此不能通过铁芯闭合，只能借助于油、油箱壁、铁轭等形成回路，结果在这些部件中产生涡流，引起局部发热，并且降低变压器的效率。所以容量大和电压较高的三相变压器不宜采用 Yy 接法。

当绕组接成 Dy 时，一次侧励磁电流中的三次谐波分量可以通过，于是主磁通可保持为正弦波而没有三次谐波分量。当绕组接成 Yd 时，一次侧励磁电流中的三次谐波虽然不能通过，在主磁通中产生三次谐波分量，但因二次侧为 d 接法，三次谐波电动势降在 d 中产生三次谐波环流，一次没有相应的三次谐波电流与之平衡，故此环流就为励磁性质的电流。此时变压器的主磁通将由一次侧正弦波的励磁电流和二次侧的环流共同励磁，其效果与 Dy 接法时完全一样。因此，主磁通也为正弦而没有三次谐波分量，这样三相变压器采用 Dy 或 Yd 接法后就不会产生因三次谐波涡流而引起的局部发热现象。

13. 电力系统在哪些情况下会产生涌流？

答： 电力系统中经常因操作引起突发性的涌流，例如空投变压器、空投电抗器、空投电容器、空投长距离输电线，归纳起来涌流实质上是在储能元件（电感或电容）上突然加压引发暂态过程的物理现象，涌流是电力系统运行中经常遇到且危害甚大的强干扰。

14. 什么是变压器的励磁涌流？

答： 把一台空载变压器接到电源上时，可以发现合闸瞬间变压器电流表指针有时一下子撞到止挡（也可从录波图或监控系统中看到），不过很快又回到正常的空载电流值，这个冲击电流称为励磁涌流。

励磁涌流的大小与铁芯中的剩磁和合闸角有关，励磁涌流幅值可达正常空载电流 50～80 倍，可达额定电流的 8～10 倍。

15. 产生励磁涌流的原因是什么？

答： 产生励磁涌流的原因是变压器空载投入或外部故障切除后电压恢复过程中，特别是在电压为零时刻合闸时，由于变压器内部的绕组和铁芯是储存磁场能量的元件，因此变压器在空载合闸的瞬间，电流从零开始到建立起正常空载电流，即变压器磁能从零开始到具有正常的磁能，使能量发生了变化。由于电路的能量不能突变，因此就需要经历一个过渡过程，然后才能到稳定空载运行状态。空载合闸过程主要表现为变压器磁通变化的过渡过程，在过渡中的电流就称为励磁涌流。

16. 试分析励磁涌流的形成过程是怎样的？

答： 因为在稳态工作情况下，铁芯中的磁通滞后于外加电压 90°，如图 2-2 所示。如果空载合闸时，正好在电压瞬时值 $U=0$ 时接通电路，则铁芯中应该具有磁通 $-\phi_m$，但是由于铁芯中磁通不能突变，因此将出现一个非周期分量的磁通，其幅值为 $+\phi_m$。这样在经过半个周波以后，铁芯中的磁通就达到 $2\Phi_m+\Phi_s$ 此时变压器的铁芯严重饱和，励磁涌流将急剧增大，如图 2-3 所示。励磁涌流中包含有大量的非周期分量和高次谐波分量，如图 2-4 所示。

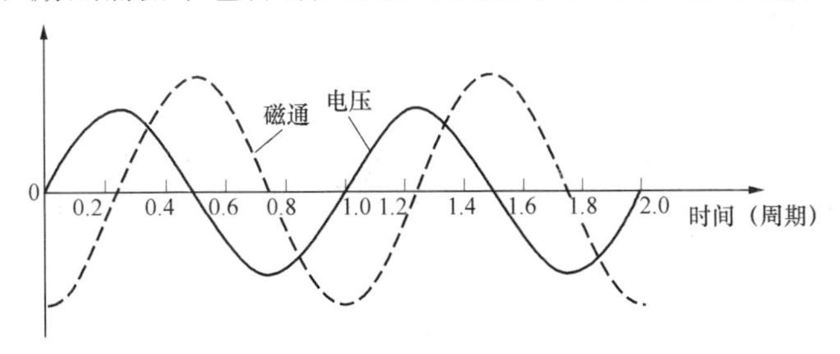

图 2-2　电压和磁通的稳态波形

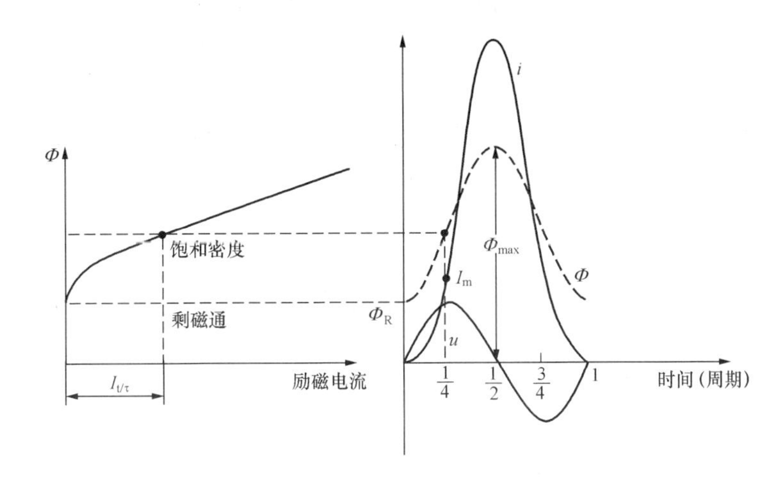

图 2-3　由励磁饱和曲线导出的涌流波形

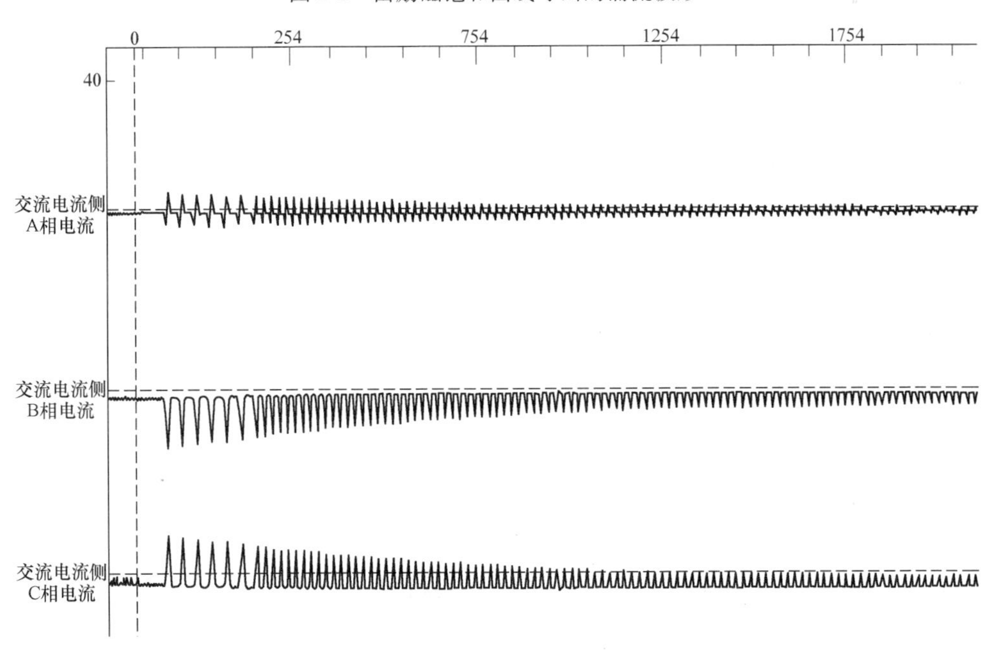

图 2-4　变压器组合闸三相实测励磁涌流的波形

三相变压器合闸时的励磁涌流。在三相变压器中，由于三相电压彼此互差120°，因此合闸时总有一相电压的初相角接近于零，所以总有一相的合闸电流较大。

17. 励磁涌流如何衰减？

答：由于绕组电阻 r_1 的存在，合闸电流将逐渐衰减，衰减的快慢由时间常数 $t=\dfrac{L_1}{r_1}$ 所决定（L_1 为原绕组的全自感，实际上，因有铁芯磁路，L_1 并不是一个常数；r_1 为原绕组的电阻）。时间常数大，则衰减慢，一般是小容量变压器衰减快。对于一般的中小型变压器，励磁涌流经过0.5～1s后其值不超过额定电流的0.25～0.5倍；大型电力变压器励磁涌流的衰减速度较慢，衰减到上述值时需2～3s。这就是说，变压器容量越大衰减越慢。

励磁电流在最初几个周期迅速衰减，但接下来则衰减得非常缓慢，且常需要几秒钟才能到达正常值。因为饱和程度不断改变使得电感也在不断变化。所以影响衰减过程时间常数 L/r 是变化的。于是，该时间常数开始很小，然后随着饱和程度逐渐降低而缓慢增加。另外，时间常数是变压器容量的函数，其变化范围从小型变压器的10s至大型变压器的1min。励磁电流的衰减过程还取决于变压器背后电力系统的电阻。如果变压器靠近发电机，这个电阻很小，励磁电流的衰减将会非常缓慢。还需要说明的是，变压器上电后励磁电流波形在相当长的一段时间内都会失真，该时间可长达30min。

18. 励磁涌流的特点有哪些？

答：（1）包含有很大的非周期分量，往往使涌流偏于时间轴一侧（第一象限或第四象限）。

（2）包含大量的高次谐波分量，而以二次和三次谐波为主。

（3）波形之间出现间断，在一个周期中间断角为 α。

19. 励磁涌流中直流分量和谐波分量的特征如何？

答：励磁涌流中含有各次谐波分量，其中以二次和三次谐波幅值最大。励磁涌流中的直流偏移也很明显，正如在图2-4中的波形显示的那样，它所呈现的是一个完全偏移的波形。励磁涌流中最重要的谐波成分如下：

（1）直流偏移分量。在三相变压器的励磁涌流中总是会出现直流分量，但三相直流偏移量并不相同。在合闸的瞬间，如果铁芯剩磁磁通与某一相所要求的稳态磁通恰好相等，则该相的励磁涌流中不会出现直流分量，但在其他两相将会出现很大的直流偏移量。

（2）二次谐波。在所有三相涌流波形中均会出现二次谐波电流。二次谐波电流所占比例的大小依据饱和程度不同而不同，但只要铁芯磁通中存在直流偏移成分，二次谐波电流就总会存在。已获得的最小的二次谐波电流幅值大约为过励磁电流（即超过励磁电稳态值的部分）的20%。需要重点指出，正常的故障电流也是畸变的，但不会包含二次谐波和其他任何偶次谐波分量。同样地，TA饱和时电流中也只含奇次谐波分量。

（3）三次谐波。励磁涌流还包含大量的三次谐波电流，与二次谐波所占比例大致相等。在三相变压器中，三相中的三次谐波电流完全同相位，因而△接线的绕组侧的线路电流中不存在三次谐波分量。还需要强调一个重要的问题，即TA饱和也会导致产生三次谐波电流。

（4）更高次谐波。励磁涌流中还存在许多更高次谐波，但是它们所占的比例比上面讨论的3种成分要小很多。

关于励磁涌流，其谐波成分中重要的观测量是二次谐波电流。在三相系统中，二次谐波分量在正常情况和故障情况下都不存在。

20. 分析励磁涌流特点的目的是什么？

答：主要是利用励磁涌流的特征波构成变压器差动保护的制动特性。

（1）利用二次谐波制动，制动比为15％～20％。

（2）利用波形对称原理的差动继电器。

（3）鉴别短路电流和励磁涌流波形的区别，要求间断角为60°～65°。

21. 影响励磁涌流大小和持续时间的因素有哪些？

答：（1）变压器容量。

（2）与变压器相连的电力系统规模。

（3）从等值电源到变压器的系统电阻。

（4）变压器铁芯所用铁磁材料的类型。

（5）变压器突然上电前的初始状态和剩磁情况。

（6）变压器突然上电时的工况，包含：

1）初始上电；

2）由于保护动作恢复上电；

3）并列运行变压器的合应励磁涌流。

22. 励磁涌流的危害有哪些？

答：（1）引发变压器的继电保护装置误动，如变压器差动保护、速断过电流保护，使变压器的投运频频失败。

（2）变压器出线短路故障切除时所产生的电压突增，诱发变压器保护误动，使变压器各侧负荷全部停电。

（3）A电站一台变压器空载接入电源产生的励磁涌流，诱发邻近其他B电站、C电站等正在运行的变压器产生“合应励磁涌流”（sympathetic inrush）而误跳闸，造成大面积停电。或两台变压器并列运行，当投其中一台时造成另一台变压器产生“合应励磁涌流”使保护误动。

（4）数值很大的励磁涌流会导致变压器及断路器因电动力过大受损。

（5）诱发操作过电压，损坏电气设备。

（6）励磁涌流中的直流分量导致电流互感器磁路被过度磁化而大幅降低测量精度和继电保护装置的正确动作率。

（7）励磁涌流中的大量谐波对电网电能质量造成严重的污染。

（8）造成电网电压骤升或骤降，影响其他电气设备正常工作。

（9）造成电压波形发生畸变，影响供电质量。

（10）噪声增大。

（11）变压器铜损增加。

（12）变压器铁损增大。

23. 什么是并联运行变压器的合应励磁涌流？

答：当有多台变压器并联运行时出现的一个很特别的现象。有一台变压器已在运行当中（T1），而现在再将第二台并联变压器合闸投入运行（T2）。这时，第一台变压器上将会出现所谓合应励磁涌流。其原因是新合闸的变压器中流动的涌流可以在先前已经上电的变压器中找到一个并联的通路。事实上，电流中的直流分量可能导致原已运行的那台变压器的铁芯饱和，这将在该变压器中引起一个明显的涌流过程。这个明显的涌流不如初始励磁涌流大，其幅值取决于该变压器的容量的大小和电力系统的规模。

24. 剩磁对变压器的影响有哪些？

答： 变压器一旦带电，停电后在铁芯中就会存在剩磁，这是硅钢片的特性所决定的。

剩磁对变压器的影响主要在：

（1）剩磁对变压器的试验将带来影响。

（2）在变压器空载合闸时，如偏磁极性恰好和变压器原来的剩磁极性相同时，就可能因偏磁与剩磁和稳态磁通叠加而导致磁路饱和，从而大幅度降低变压器绕组的励磁电抗，进而诱发数值可观的励磁涌流。

（3）由于剩磁过大，引起的励磁涌流大，将导致变压器保护误动。

（4）由于励磁涌流含有大量的谐波，是电网的谐波源，降低了供电质量。剩磁还可能造成变压器附加损耗增加。

（5）引起变压器波形畸变。

（6）谐波对敏感的电子元件也会产生较强的破坏。

25. 什么是变压器的过励磁？引起变压器过励磁的原因是什么？过励磁对变压器有何危害？

答：（1）过励磁的概念。当变压器在电压升高或频率下降时都将造成工作磁通密度增加，导致变压器的铁芯饱和，这种现象称为变压器过励磁。

$$U=4.44fW\Phi_m$$

$$\Phi_m=\frac{I_L W}{R_m}$$

$$I_L=\frac{UR_m}{4.44fW^2}=K\frac{U}{f}$$

式中：f 为系统频率；U 为变压器高压侧电压；W 为变压器线圈匝数；R_m 为自感磁通所经过磁路的磁阻；I_L 为励磁电流；K 为比例常数。

（2）产生过励磁的原因。电力系统事故解列后，部分系统的甩负荷过电压、铁磁谐振过电压、变压器分接头连接调整不当、长线路末端带空载变压器或其他误操作、发电机频率未到额定值过早增加励磁电流、发电机自励等情况都可能产生较高的电压引起变压器过励磁。

（3）过励磁的危害。当变压器过励磁时，漏磁通的增加使得磁滞损耗以及铁芯不分层部分的涡流损耗严重上升，如果由于这些损耗引起温度过度升高，绝缘可能损坏，同时可能引起闪络。

（4）防止措施。防止变压器运行电压过高，因为现代变压器在满负荷额定运行时磁通密度是很高的，它只能经受相当小的过励磁，所以当过励磁时要保护变压器，防止变压器过热，因而必须把过励磁控制在一定水平之下。

（5）分析过励磁的作用目的。构成过励磁保护，过励磁保护作为延时动作的主保护，其低定值延时动作于信号，高定值延时动作于跳闸。

26. 变压器有哪些损耗？

答： 变压器的损耗有空载损耗（铁损）和负荷损耗（短路损耗或铜损）。

（1）空载损耗 P_0。空载损耗又称为铁损，是指变压器一个绕组加上额定电压，其余绕组开路时，在变压器中消耗的功率。

变压器空载时，输出功率为零，但要从电源中吸取一小部分有功功率，用来补偿变压器内部的功率损耗，这部分功率变为热能散发出去，称为空载损耗，用 P_0 表示。

变压器的空载损耗包括三部分：

1）铁损 P_{Fe}：是由交变磁通在铁芯中造成的磁滞损耗和涡流损耗。①磁滞损耗：由于铁芯在磁化过程中有磁滞现象，并有了损耗，这部分损耗称为磁滞损耗，磁滞损耗占空载损耗的 60%～70%。磁滞损耗的大小取决于硅钢片的质量、铁芯的磁通密度 B_M 的大小、电源的频率 f。②涡流损耗：当铁芯中有交变磁通存在时，绕组将产生感应电压，而铁芯本身又是导体，因此就产生了电流和损耗，涡流损耗为有功损耗。涡流损耗的大小与磁通密度 B_m^2 成正比，与电源的频率 f^2 成正比。减少涡流损耗的方法是用具有绝缘膜的硅钢片。

2）一次绕组的空载铜损 P_{cu}：是由空载电流 I_0 流过一次绕组的铜电阻 r_1 而产生的。

3）附加损耗 P_{fj}：是由铁芯中磁通密度分布不均匀和漏磁通经过某些金属部件而产生。

变压器的空载损耗中，空载铜损占比例很小，可以忽略不计，而正常的变压器空载时铁损也远大于附加损耗，因此变压器的空载损耗可近似等于铁损。

变压器的空载损耗很小，不超过额定容量的 1%。空载损耗一般与温度无关，而与运行电压的高低有关，当变压器带负荷后，变压器的实际铁芯损耗比空载时还要小。

（2）负荷损耗（短路损耗或铜损）。负荷损耗是指当变压器一侧加电压，而另一侧短路，使两侧的电流为额定电流（对三绕组变压器，第三个绕组应开路），变压器从电源吸取的有功功率。按规定，负荷损耗应是折算到参考（75℃）下的数值。

负荷损耗一般分为两部分，导线的基本损耗和附加损耗。①导线的基本损耗由一、二次绕组通电流后产生。②附加损耗（铁损）包括由漏磁场引起的导线本身的涡流损耗和结构部件（如夹件，油箱等）损耗。附加损耗占导线的基本损耗有一定的比例，容量越大，所占比例越大。

短路状态下，使短路电流达到额定值的电压很低，表明铁芯中的磁通量很小，铁损很小，可忽略不计，故可认为短路损耗是变压器绕组的铜损。

对三绕组变压器，负荷损耗有三个，其中最大一个值为该变压器的额定负荷损耗。负荷损耗是考核变压器性能的主要参数之一。实际运行中的变压器负荷损耗不是上述规定的负荷损耗值，因为负荷损耗不仅决定于负荷电流的大小，还与周围环境温度有关。

负荷损耗与一、二次电流的平方成正比。

由以上分析，变压器的铁损近似等于空载损耗，当电源的电压和频率不变时，主磁通不变，铁损也基本上不变，故称铁损为不变损耗。

变压器在运行时，其负荷损耗（铜损）是随负荷电流的大小而变化，故称负荷损耗（铜损）为可变损耗。

研究表明，当变压器的可变损耗（铜损）等于不变损耗（铁损）时，变压器的效率最高。

27. 变压器的阻抗电压在运行中有什么作用?

答：阻抗电压是涉及变压器成本、效率及运行的重要经济技术指标。同容量变压器，阻抗电压小的成本低、效率高、价格便宜，另外运行时的压降及电压变动率也小，电压质量容易得到控制和保证。从变压器运行条件出发，希望阻抗电压小一些好。从限制变压器运行条件出发，希望阻抗电压大一些较好，以免电气设备（如断路器、隔离开关、电缆等）在运行中经受不住短路电流的作用而损坏。所以在制造变压器时，必须根据满足设备运行条件来设计阻抗电压，且应尽量小一些。

28. 变压器短路阻抗 Z_k%的大小对变压器运行性能有什么影响？

答：（1）对短路电流的影响：短路阻抗 Z_k%大的变压器，短路电流小。

（2）对电压变化率的影响：当电流的标幺值相等、负荷阻抗角也相等时，Z_k%越大，电压变化率越大。

（3）对并联运行的影响：并联运行的各台变压器中，若 Z_k%小的满负荷，则 Z_k%大的欠负荷；若 Z_k%大的满负荷，则 Z_k%小的超负荷。

29. 变压器中性点接地方式是依据什么决定的？

答：变压器中性点接地方式，是依据变压器的绝缘水平及电力系统运行的需要来决定的。只有全绝缘的变压器，才可以用在小接地电流系统中；而在大接地电流系统中，并非所有变压器中性点都接地，而是从系统稳定、继电保护及限制短路电流等方面考虑，确定其接地台数和接地点。

从绝缘方面要求，故障点的综合阻抗比值应满足

$$X_{1\Sigma} : X_{0\Sigma} > 1 : 3$$

否则在接地故障时变压器中性点位移电压过高，造成绝缘损坏。

从限制短路电流出发，一般要求单相短路电流不超过三相短路电流的水平，即要求 $X_{0\Sigma} > X_{1\Sigma}$。

从稳定要求来看，$X_{0\Sigma}$越大越好，这样，单相故障时转移阻抗加大将少一些。

从保护的配合来看，要求接地分布合理，且要求各接地点接地电阻变化尽可能小。否则将会使零序电流分布发生很大变化，造成零序保护不能适应。

30. 正常运行时变压器中性点有没有电压？

答：理论上变压器本身三相对称，负荷三相对称，变压器的中性点应无电压，但实际上三相对称很难做到。

在中性点接地系统中，变压器中性点固定为地电位；而在中性点不接地系统中，变压器中性点对地电压的大小和三相对地电容的不对称程度有关。当输电线路采取换位措施，改善对地电容的不对称度后，变压器中性点对地电压一般不超过相电压的15%。

31. 有些变压器的中性点为何要装避雷器？

答：当变压器的中性点接地运行时，是不需要装避雷器的。但是，由于运行方式的需要（为了防止单相接地事故时，短路电流过大），220kV及以下系统中有部分变压器的中性点是断开运行的。在这种情况下，对于中性点绝缘不是按照线电压设计（即分级绝缘）的变压器中性点应装避雷器。原因是，当三相承受雷电波时，由于入射波和反射波的叠加，在中性点上出现的最大电压可达到避雷器放电电压的1.8倍左右，这个电压作用在中性点上会使中性点绝缘损坏，所以必须装设避雷器保护。

32. 两台变压器并列运行的条件是什么？

答：（1）变压比相等，仅允许相差±0.5%。

（2）接线组别相同。

（3）阻抗电压的百分数相等，仅允许相差±10%。

（4）容量比不得超过 3∶1。

33. 变压器若不满足条件而并列运行会出现什么后果？

答：（1）联结组标号（接线组别）不同，则二次电压之间的相位差会很大，在二次回路中产生很大的循环电流，相位差越大，循环电流越大，肯定会烧坏变压器。

（2）一、二次侧额定电压分别不相等，即变比不相等，在二次回路中也会产生循环电流，占据变压器容量，增加损耗。

（3）阻抗电压标幺值（或百分数）不相等，负荷分配不合理，会出现一台满负荷，另一台欠负荷或过负荷的现象。

34. 两台变压器并列运行时，其容量比为什么不得大于 3？

答：两台变压器并列运行时（如三绕组变压器），除其绕组额定电压和短路电压分别相等且接线组别相同外，对应绕组的容量之比不应大于 3。因为容量不同，各变压器的电阻与电抗不同，即使短路电压相同，也会产生不平衡电流。当容量比不大于 3 时，平衡电流不会超过较小变压器额定电流的 5％～6％，而且与负荷电流有很大相角差，变压器分流变化不大；若容量比大于 3，则不平衡电流和负荷电流可能超过允许值。因此，各对应绕组容量比不应大于 3。

二、变压器的结构

35. 变压器由哪几部分组成？

答：变压器主要由铁芯、绕组、绝缘、油及辅助设备组成。

36. 变压器铁芯的作用是什么？

答：铁芯是变压器基本部件，由磁导体和夹紧装置组成。变压器的铁芯是框形闭合结构。其中套线圈的部分成为芯柱，不套线圈只起闭合磁路作用的部分成为铁轭。铁芯的作用如下：

（1）构成主磁通的导磁回路。铁芯的作用就是构成耦合磁通的磁路，把一次电路的电能转换为磁能，又由自己的磁能转变为二次电路的电能，是能量转换的媒介，因为铁芯材料大多都是导磁率高、磁滞损耗和涡流损耗小的硅钢片，所以铁芯磁路可以增强铁磁场，产生足够大的主磁场，从而产生足够大的主磁通，并能有效地降低励磁电流。

（2）构成器身的骨架。它是构成变压器的骨架，在其铁芯柱上套上带有绝缘的绕组，并且牢固地对它们支撑和压紧。铁芯本体是用硅钢片叠积成完整的磁路结构，与其钢夹紧装置（钢夹件）构成框架，它牢固地将铁芯夹件构成一个整体，同时在它的上面几乎安装了变压器内部的所有部件。

铁芯是电力变压器的重要组成部分，典型的铁芯如图 2-5 所示。

37. 变压器铁芯如何分类？

答：变压器铁芯型式有心式和壳式。电力变压器普遍采用心式铁芯结构型式。

变压器铁芯可分为以下几种类型。

（1）单相二铁芯柱：它有两个铁芯柱，用上、下两个铁轭将芯柱连接起来，构成闭合磁路。绕组套在主柱上。

单相三铁芯柱：绕组一般套在铁芯主柱上，如图 2-6（a）所示。

单相四铁芯柱：绕组一般套在两个或三个铁芯主柱上，如图 2-6（b）所示。

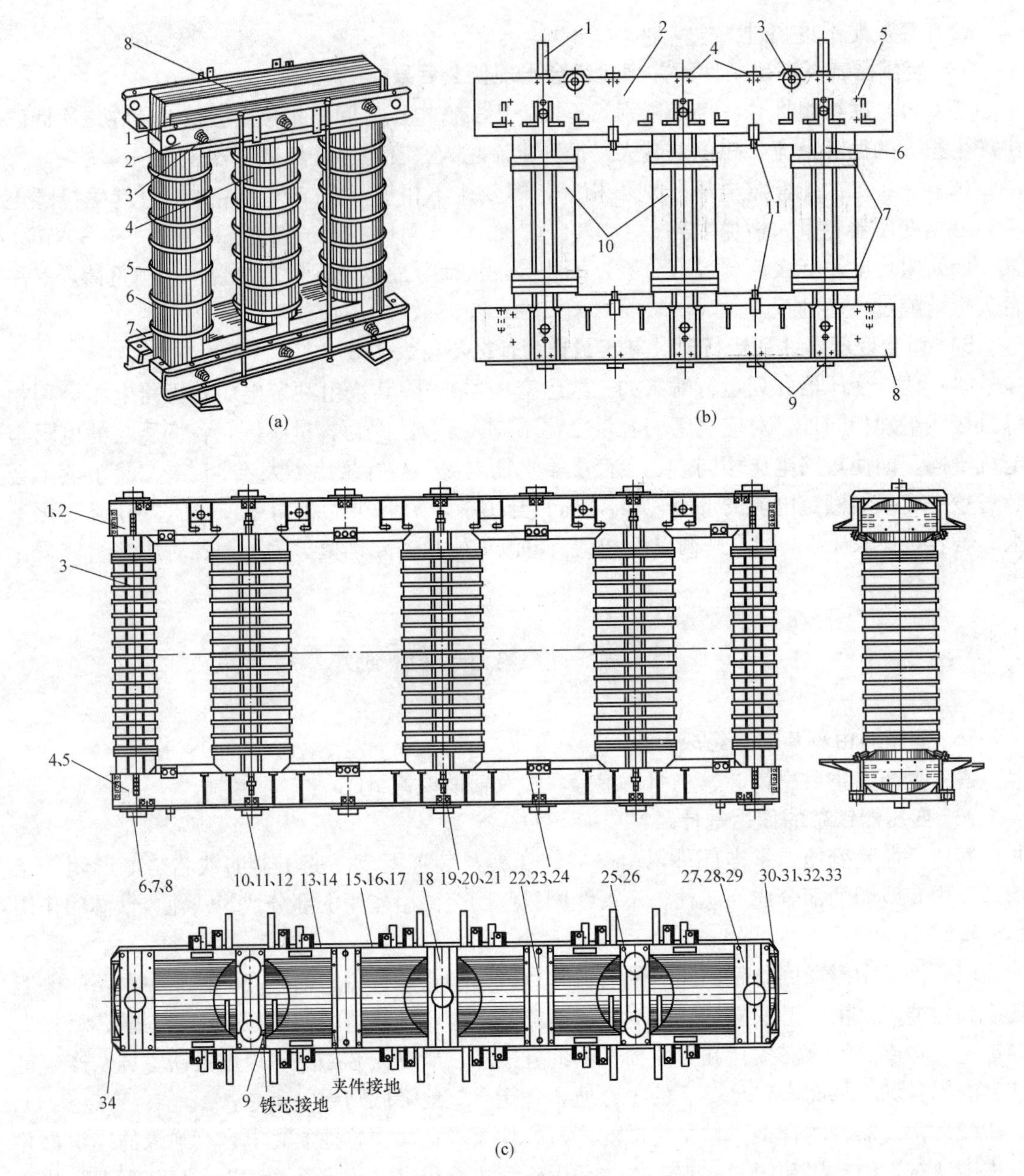

图 2-5　变压器铁芯结构

(a) 三相三柱式变压器铁芯

1—接地片；2—上夹件；3—铁轭螺杆；4—拉螺杆；5—芯柱绑扎；6—铁芯磁导线；7—下夹件；8—上铁轭

(b) 110kV 三相三柱式变压器铁芯结构

1—上夹件定位件；2—上夹件；3—上夹件吊轴；4—撑板；5—夹件螺杆；6—拉板；7—环氧绑扎带；8—下夹件；9—垫角；10—铁芯叠片；11—夹件绑带

(c) 220kV 三相五柱式变压器铁芯结构

1—高压上夹件；2—低压上夹件；3—铁芯叠片；4—高压下夹件；5—低压下夹件；6、10—垫脚；7、11—纸槽；8、12、23、28、33—垫块；9—接地片；13、15—上夹件绝缘；14、16—下夹件绝缘；17—绝缘螺栓；18、25—主上梁；19—紧固件；20、21—拉板销子；22—梁；24—拉带装配；26、29、32—纸板；27—副上梁；30、34—侧梁；31—纸槽单相五铁芯柱：绕组一般套在三个铁芯主柱上，如图 2-6（c）所示。

（2）三相三铁芯柱：它是将三相的三个绕组分别放在三个铁芯柱上，三个铁芯柱也由上、下两个铁轭将芯柱连接起来，构成闭合磁路。绕组的布置方式同单相变压器一样。

（3）三相五铁芯柱：它与三相铁芯相比较，在铁芯柱的左右两侧多了两个分支铁芯柱，成为旁轭。各电压级的绕组分别按相套在中间三个铁芯柱上，而旁轭没有绕组，这样就构成了三相五铁芯柱变压器，如图 2-6（d）所示。另外，还有一种三相五柱四框式铁芯结构，如图 2-6（e）所示。

38. 变压器铁芯主要由哪几个部分组成？

答：（1）铁芯本体。由硅钢片制成的导磁体。

（2）紧固件。梁、夹件、螺杆、玻璃绑扎带、钢绑扎带和垫块等。

（3）绝缘件。夹件绝缘、绝缘管、绝缘垫、纸板等。

（4）接地片、垫脚。

39. 变压器铁芯的硅钢片有哪两种？

答：变压器铁芯的硅钢片有热轧和冷轧两种。热轧硅钢片由于磁性能差，单位损耗大，已不采用了，而由冷轧硅钢片所替代。

40. 从材质上分析冷轧硅钢片有哪些特点？

答：冷轧硅钢片又分为无取向和取向两种。取向冷轧硅钢片有明显的方向性，即沿着轧制方向的磁性能好，饱和磁密高，单位损耗和单位励磁容量小。目前主要使用的硅钢片为损耗更低的高导磁硅钢片和磁畴细化硅钢片。一般硅钢片的厚度在 0.23～0.3mm 之间选取。

（1）冷轧硅钢片。有取向和无取向之分，取向硅钢片的磁性能具有明显的方向性，磁力线在沿着材料的碾压方向通过时，导磁性能最好，单位损耗最小，如磁力线通过的方向与碾压方向垂直时，则导磁性能显著变坏。磁力线于上述两种不同方向通过时，其单位损耗相差很大，后者为前者的 3～4 倍。冷轧无取向硅钢片，其磁性能接近或稍优于热轧硅钢片。热轧硅钢片的方向性不十分明显。

（2）在磁通密度和频率相同的情况下，冷轧取向硅钢片比热轧硅钢片的单位损耗和单位励磁容量都较小。

（3）冷轧取向硅钢片的磁饱和点较高，约 1.7T（17 000Gs），而热轧硅钢片的磁饱和点约 1.45T（14 500Gs）。

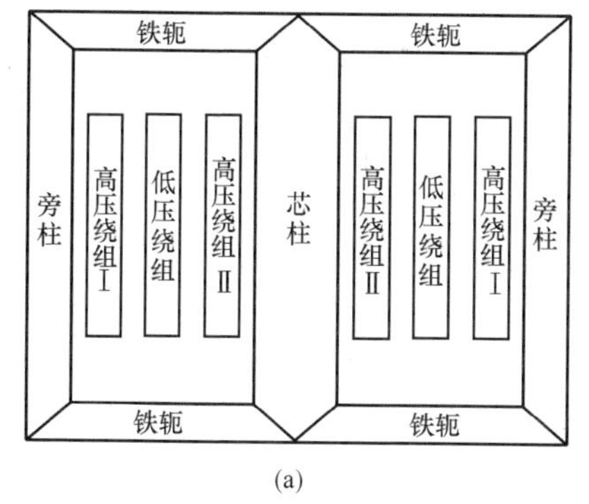

(a)

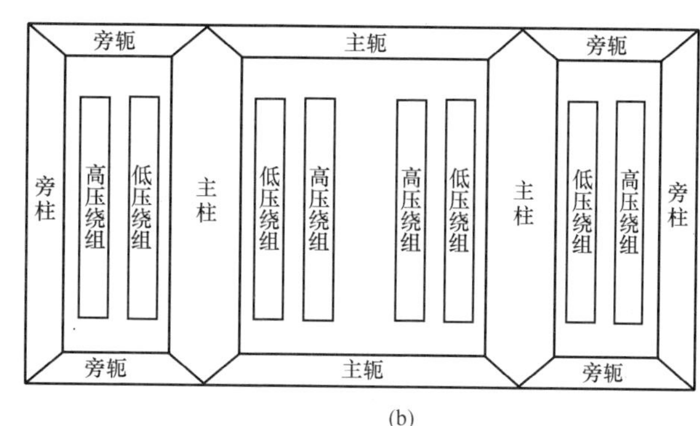

(b)

图 2-6　变压器铁芯（一）

（a）单相三柱双同芯铁芯结构图；（b）单相四柱单同芯铁芯结构图

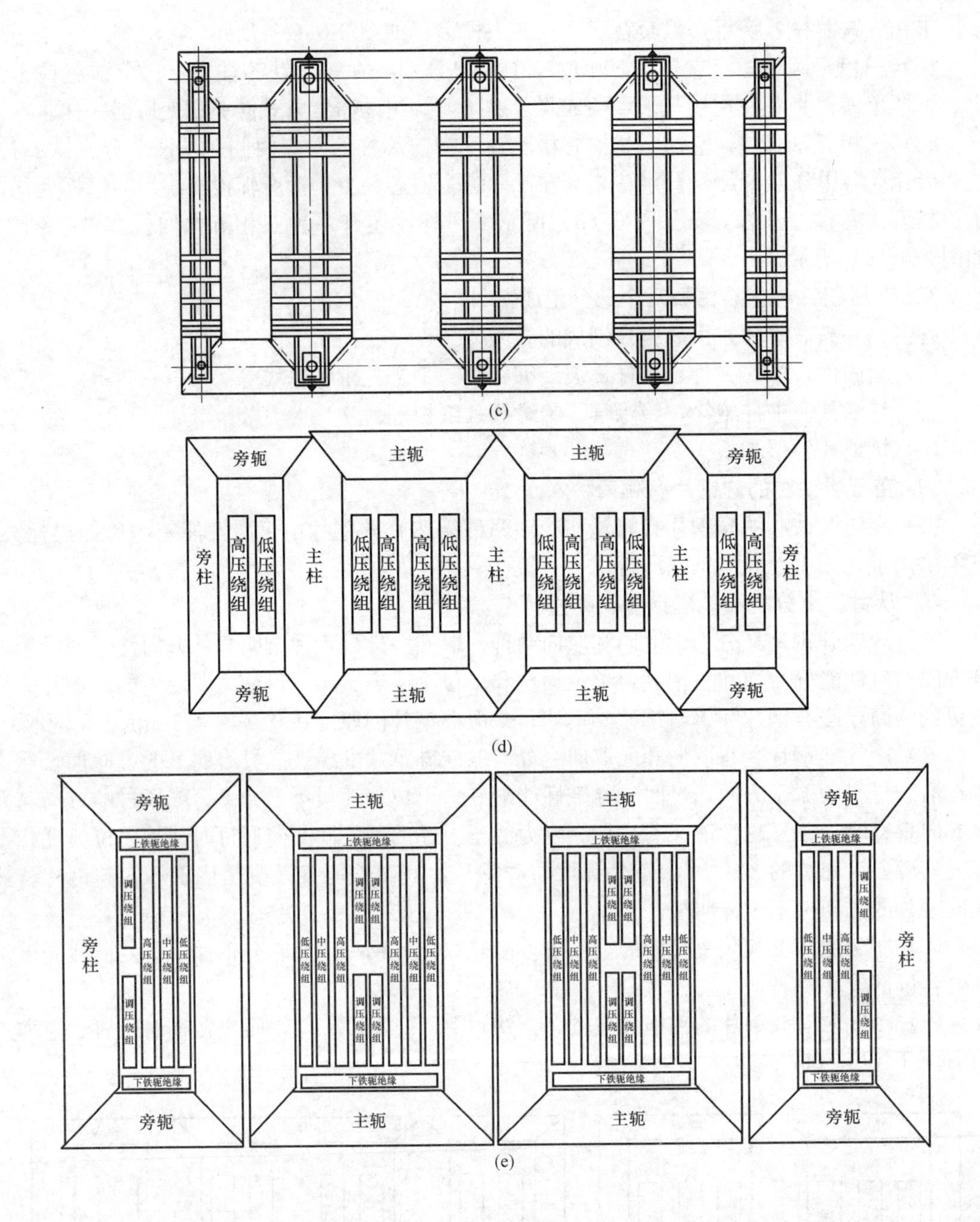

图 2-6　变压器铁芯（二）

（c）单相五柱铁芯结构图；（d）三相五柱式铁芯结构图；（e）三相五柱四框式铁芯结构图

（4）冷轧硅钢片对机械加工敏感，在冲剪、压毛刺、敲打后，对其磁性能影响特别明显，往往需要经过退火处理后，性能才能恢复。热轧硅钢片经机械加工后，对其磁性能影响不大，无需退火处理。

（5）为了降低涡流损耗，需要在硅钢片的表面涂一层绝缘漆。对于冷轧硅钢片，在生产过程中表面已形成一层绝缘层，一般不需要再涂漆，但对热轧硅钢片，使用时需要再涂一层绝缘漆。

41. 什么是硅钢片的磁饱和现象？

答：硅钢片在励磁过程中，当磁通密度较小时，磁通密度的增加与励磁电流成正比；但当磁通密度较大时，励磁电流将增加很多，而磁通密度却增加得很少，这种励磁电流的增加快于磁通密度增加的现象，称为硅钢片的磁饱和现象。

42. 从性能上分析冷轧硅钢片有哪些特点？

答：（1）硅钢片有磁饱和现象。

（2）当通电后有磁滞现象。

（3）带有电压，停电后有剩磁。

（4）硅钢片中的磁通滞后外加电压 90°。

（5）硅钢片中的磁通不能突变。

43. 变压器的铁芯为什么要接地？接地时应注意什么？

答：变压器在运行时或在进行高压试验中，铁芯及其金属部件都处于强电场中的不同位置，由静电感应的电位也各不相同，使得铁芯和各金属部件之间或对接地体产生电位差，在电位不同的金属部件之间形成断续的火花放电。这种放电将使变压器油分解，并损坏固体绝缘。为了避免上述情况，对铁芯及其金属部件（除穿心螺杆外）都必须进行可靠接地。穿心螺杆由于铁芯的屏蔽作用，其电位与铁芯相差不多，可以不必再接地。由于铁芯硅钢片之间的绝缘电阻很小，只需一片接地，即可认为铁芯全部叠片都接地。

接地时应注意以下几点：

（1）铁芯只允许一点接地，需要接地的各部件之间只允许单线连接。铁芯中如有两点或两点以上的接地，则接地点之间可能形成闭合回路，当有较大的磁通穿过此闭合回路时，就会在回路中感应出电动势并引起电流，电流的大小决定于感应电动势的大小和闭合回路的阻抗值。当电流较大时，会引起局部过热故障甚至烧坏铁芯。

（2）接地片应有一定的强度和截面积，一般采用 0.3mm×20mm、0.3mm×30mm 或 0.3mm×40mm 的镀锡紫铜片制成。接地片插入铁芯的深度，配电变压器不小于 30mm，主变压器不小于 70mm，而大型变压器则要求达到 140mm。

（3）接地片应靠近夹件，不得与铁轭的端面相碰，以防止铁轭的硅钢片短路。

（4）器身的其他金属附件均应接地。

（5）铁芯接地点一般应设置在低压侧。

44. 为什么变压器的铁芯与外壳要同时接地？

答：变压器运行时，铁芯及其各种的金属结构都处于绕组所产生的强磁场中。如果铁芯不与箱体（外壳）同时接地，则由于强磁场的作用，便会使铁芯与箱体间存在较高的电位差，很可能由此形成间隙放电，这是不允许的。铁芯和箱体若实行了同时接地，就可以保证它们始终都处于相同电位。

45. 铁芯接地的结构一般有哪几种？

答：（1）小容量变压器接地。通常小容量变压器的上夹件与下夹件之间不是绝缘的，而是由金属拉螺杆或拉板连接。铁芯接地是在上铁轭的 2～3 级处插入一片镀锡铜片，铜片的另一端则用螺栓固定在上夹件上，再由上夹件并通过吊螺杆与接地的箱盖相连接或经地脚螺栓接地。

（2）中型变压器的接地。当上下夹件之间是相互绝缘时，必须在上下铁轭的对称位置上分别插入镀锡铜片，并且上铁轭的接地片与上夹件相连接，下铁轭的接地片与下夹件相连接。这样上夹件经上铁轭接地片接到铁芯，再由铁芯经下铁轭接地片接至下夹件接地。

（3）大型变压器的接地。由于大型变压器每匝电压都很高，当发生两点接地时，接地回路感应的电压也就相当高，形成的电流会很大，将引起较严重的后果。为了对运行中的大容量变压器发生多点接地故障进行监视，检查铁芯是否存在多点接地，接地回路是否有电流通过，须将铁芯的接地先经过绝缘小套管后再进行接地。这样可以断开接地小套管测量铁芯是否还有接地点存在或将表计串入接地回路中。

（4）全斜接缝结构铁芯的接地。在全斜接缝结构的铁芯中，油道不用圆钢隔开，而是由非金属材料隔开（如采用环氧玻璃布板条隔开），以构成纵向散热油道。采用非金属材料隔开可以减小铁芯的损耗，但油道之间的硅钢片是互相绝缘的。对于这种结构的变压器在接地时，首先要用接地片将各相邻的经油道相互绝缘的硅钢片之间连接起来，然后再选一点与上夹件连通，最后将上夹件用导线并通过接地小套管引出到外面接地。

46. 怎样选择电力变压器硅钢片的磁通密度？

答： 选择硅钢片的磁通密度需遵守以下几点：

（1）由于硅钢片有磁饱和现象，如果选用的磁通密度太高，运行电流与空载损耗都会增大，因此，磁通密度要选择在饱和点以下。电力变压器冷轧硅钢片可取 1.65～1.7T。

（2）要考虑电力变压器在过励磁 5%时，可以在额定容量下连续运行，过励磁 10%时应能在空载下运行。

（3）要考虑铁芯的温升，正常运行中，铁芯的磁通密度取得越高，铁芯的温升也就越高。一般在加大油道或气道后，仍不能降低铁芯的温升时，应降低正常工作时的磁通密度值。磁通密度一定要满足这一热特性的要求。

47. 变压器的铁芯为什么必须夹紧？常用的夹紧措施有哪几种？

答： 铁芯的夹紧主要是为了能承受器身起吊时的重力及变压器在发生短路时，绕组作用到铁芯上的电动力，同时也可以防止变压器在运行中，由于硅钢片松动而引起的振动噪声。

常用的夹紧措施有以下几种：

（1）铁芯柱夹紧。

1）用硬纸筒加模柱夹紧。此种方法主要用于小型变压器的芯柱。

2）用穿心螺杆夹紧。此种方法必须先在芯柱的钢片上冲孔，为了防止穿心螺杆、螺母造成片间短路或形成短路环，因此在穿心螺杆上必须套有绝缘纸管，在钢垫圈靠铁芯侧垫有绝缘垫圈。此种结构虽然夹紧较好，但由于硅钢片冲孔，使铁芯截面积减少，冲孔处磁通弯曲，使铁芯损耗和空载电流增大。

3）采用环氧树脂玻璃黏带绑扎夹紧。此种方法是用 0.1mm 厚 50mm 宽的玻璃丝带浸环氧树脂后，在芯柱上每隔一定距离包扎数层，然后在 110～150℃的温度下干燥 8h 以上，使环氧树脂固化而成。

（2）铁轭的夹紧。

1）采用夹件、穿心螺杆和不穿心螺杆（位于夹件两端的）组成的夹紧结构。此种结构主要用于中、小型变压器的铁轭夹紧。

2）夹件、穿心螺杆和方铁组成的夹紧结构。此种夹紧结构多用于早期产品。方铁主要是增加起吊时的机械强度，方铁必须与铁芯绝缘，对于 60kV 及以上电压等级的全星形接线的变压器，为了防止三、五、七次谐波在方铁与夹件构成的回路中形成电流，引起损耗，在方铁的一端必须与夹件绝缘。

3）无穿心螺杆、无方铁全绑扎结构。此种夹紧较复杂，如采用金属绑带时，还必须绝缘良好，并且金属绑带不能闭合成环路。由于无穿心螺杆，铁芯不需要冲孔，因此铁芯损耗小。

48. 变压器铁芯的夹紧为什么要采用绑扎结构？

答：由于穿心螺杆夹紧的铁芯结构存在很多缺点，如硅钢片必须冲孔，在冲孔处铁芯的有效截面减小，局部磁通密度增加。冲孔处总会有些毛刺存在，使局部相碰，引起该处涡流损耗增加。冲孔处磁力线要产生弯曲，尤其是对冷轧取向硅钢片来说，没有充分利用导磁的方向性。穿心螺杆由实心碳钢做成，运行中会引起附加损耗等。

全绑扎结构的铁芯，压力均匀，由于不需要冲孔，不会减小铁芯截面积，限制附加损耗，且空载电流和空载损耗都较小。因此，目前生产的变压器铁芯夹紧结构多采用绑扎结构。

49. 铁芯为什么要绝缘？

答：铁芯的绝缘与变压器其他绝缘一样，占有重要的地位。铁芯绝缘不良，将影响变压器的安全运行。铁芯的绝缘有两种，即铁芯片间的绝缘以及铁芯片与结构件的绝缘。

铁芯片间的绝缘是把心柱和铁轭的截面分成许多细条形的小截面，使磁通垂直通过这些小截面时，感应出的涡流很小，产生的涡流损耗也很小。

铁芯片间无绝缘时，磁通垂直通过的截面很大，感应的涡流大。截面厚度增加 1 倍，涡流损耗将增大至 4 倍。

铁芯片间绝缘过小时，片间电导率增大，穿过片间绝缘的泄漏电流增大，将增加附加的介质损耗。

铁芯片间绝缘过大时，铁芯就不能认为是等电位的，必须把各片均连接起来接地，否则片间将出现放电现象，这是不方便、不可取的。现在铁芯用绝缘纸条做油道时，就需要把油道两侧的铁芯片连接起来，然后由一个接地铜片引出。

因此，铁芯片间要有一定的绝缘，在标准测量方法情况下一般在 $60 \sim 105\Omega/cm^2$。现在采用的冷轧取向电工钢片的表面具有 0.015～0.02mm 的无机磷化膜，可以满足这一要求。

铁芯片与其夹紧结构件的绝缘是防止结构件短接和短路。铁芯片间短接总是不允许的，但是结构件形成短路的回路顺着磁通方向而不交链磁通，或者交链磁通很小，则影响不大。如两个单排的芯柱螺杆短路形成的闭合回路是顺着磁通方向的，不易产生短路电流；拉螺杆与夹件等形成的闭合回路，交链磁通小又不同相；而铁轭夹件和旁螺杆（或侧梁）形成的闭合回路虽铰链部分有磁通，但环流不经过铁芯，且可作为三次谐波电流通路，因此它们之间不需要绝缘。

50. 硅钢片表面为什么要涂绝缘油漆？要求如何？

答：硅钢片涂绝缘漆，其目的是限制涡流回路，使涡流只能在一片中流动，这样涡流回路阻抗较大，限制了涡流的数值。如果片间不绝缘，涡流就会通过相邻的硅钢片、这样涡流回路的阻抗比单片时小，涡流就会增大，使得涡流产生的损耗迅速的增大。一般来说，涡流损耗与硅钢片的厚度的平方成正比，如果硅钢片不绝缘，铁芯就相当于一块整铁，或相当于一块厚钢板，这样涡流损耗就会大大地增加。因此，硅钢片表面要涂漆，以减少涡流损耗。对硅钢片的绝缘漆层要求是：

（1）涂刷均匀，漆膜光滑且不宜过厚（漆膜过厚要降低叠片系数），附着力强，能抗冲击和弯曲。

(2) 要求漆膜具有良好的绝缘性、耐热性、防潮性，并且要求干燥快。

冷轧硅钢片在生产的过程中，表面已形成一层绝缘薄层，一般不需要再涂漆，但对高压大型变压器，为了确保片间的绝缘，在绝缘层外面，再涂一层绝缘漆。

51. 变压器在运行中铁芯局部过热的原因是什么?

答: 运行中铁芯发生局部高温过热，原因可能是绝缘受伤或老化使硅钢片间的绝缘损坏，涡流造成局部过热。另外，铁芯穿心螺杆绝缘损坏也会造成短路，短路电流也会使铁芯局部过热。

铁芯局部过热较严重时，会使油温上升，析出可燃气体，使气体继电器动作，油闪点下降，空载损耗增加，绝缘下降等。

除上述几种局部过热情况外，还有接头发热和因压环螺钉绝缘损坏或压环触碰铁芯造成环流、漏磁使铁件涡流大等，都会使温度升高。运行中判断具体过热部位是很困难的，必须结合色谱分析、运行状况、异常现象等进行综合分析，必要时需吊芯检查。

52. 铁芯的散热形式主要有哪两种?

答: 变压器在正常运行时，铁芯由于存在铁损会产生热量，且铁芯重量和体积越大，产生的热量越多。一般来说，变压器温度在 95℃以上容易老化，所以铁芯表面的温度应尽量控制在此温度下，这就需要铁芯的散热结构能将铁芯产生的热量快速散发出去。散热结构主要是为了增加铁芯的散热面，它主要有以下两种形式：①铁芯油道。②铁芯气道。

53. 三相变压器的磁路系统有什么特点?

答: 三相变压器的磁路系统，可分为各相磁路彼此无关和彼此相关两类。

由三台单相变压器组成的三相变压器组，由于每相的磁通各沿着自己的磁路闭合，磁路之间毫无关系。当一次侧外施对称的三相电压时，三相磁通是对称的，如果三台单相变压器的性能相同，则三相空载电流也是对称的。

三相心式变压器的各相磁路是彼此相关的，在这种结构的磁路系统中，三相磁路长度不相等，中间相最短，两边相较长，所以三相磁路的磁阻是不相同的。当外施三相对称电压时，三相空载电流便不相等，中相电流最小，两边相电流大些，但由于变压器的空载电流很小，它的不对称对变压器带负荷运行影响极小，可以略去不计。

54. 大型三相式变压器为什么要采用三相五铁芯柱结构?

答: 采用带旁铁轭的三相五柱结构的铁芯，可以降低上、下铁轭的高度，从而降低了变压器的运输高度，有利于解决在运输途中需要穿越隧道（或山洞）受到高度限制的问题。另外，旁铁轭的存在可以减少漏磁通，降低漏磁通引起的附加损耗，同时还可以减小励磁电流中的五次和七次谐波。

55. 什么是变压器的主磁通? 主磁通的特点有哪些?

答: 当变压器中的一个绕组与电源接通以后，就会在铁芯中产生磁通 Φ_0，通常把这种由励磁电压在铁芯中产生的磁通 Φ_0 称为主磁通。主磁通通常用峰值表示。主磁通主要有以下特点：

(1) 主磁通在铁芯中闭合，并且与同一个铁芯柱上的所有绕组都相交链。

(2) 主磁通影响变压器的空载励磁特性。

(3) 主磁通呈现出的电抗是非线性的（对电压敏感）。

(4) 主磁电感与电流有关。

(5) 主磁通和漏磁通的等效电路是两个电阻和两个电感。

56. 什么是变压器的漏磁通？漏磁通的特点有哪些？

答： 大型的变压器运行时，绕组的安匝会产生大的漏磁场，所谓漏磁场是指磁通有一部分通过空气，一部分磁路是铁芯，如图 2-7 所示。此时绕组的导线处在漏磁场中，漏磁通会在导线中引起涡流损耗。

（1）漏磁通的数值取决于负载电流的安匝大小和漏磁路径。漏磁通只与产生它的负载电流所流经的绕组本身部分或全部地交链。漏磁通也是矢量，也用峰值表示。

（2）当变压器二次侧带上负载后，二次侧绕组中通过电流，产生一个磁通，同时在一次侧绕组中感应电流，也产生一个磁通，以抵消二次侧绕组产生的磁通，来维持主磁通不变。但负载电流所产生的磁通有一小部分只与本边绕组交链，不是与一次侧、二次侧同时交链，这就是漏磁通。

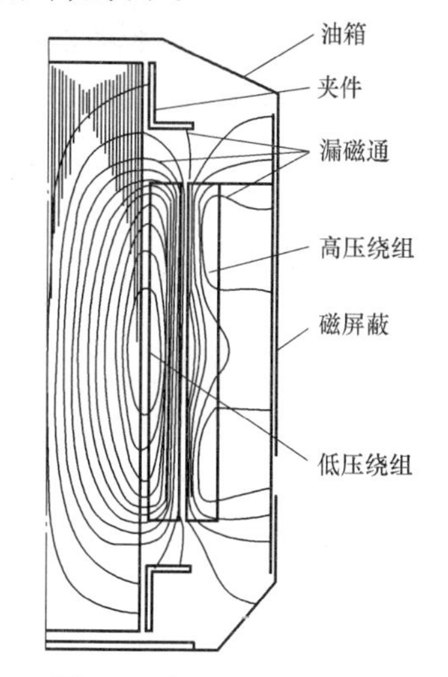

图 2-7　变压器漏磁磁场

（3）漏磁通影响变压器的短路阻抗或阻抗电压百分比。

（4）漏磁通呈现的电抗基本是线性的。

（5）漏磁通的大小与绕组间耦合紧密程度、绕组绕制工艺、磁路的几何形状、磁介质性能等因素有关。通常，设计变压器，希望漏磁越少越好，但是无法彻底消除。漏磁过大，带来的坏处可能是效率降低，温升变高，损坏元器件等。

57. 理想化和实际的双绕组变压器漏磁场分布如何？

答： 图 2-8 即为理想化的双绕组变压器漏磁分布的示意图。由图 2-8 可见，在理想化的情况下，如果忽略相对很小的励磁电流，则高、低压绕组的磁动势（即安匝）大小相等、方向相反，这时载电流所产生的漏磁通为轴向漏磁通，其磁力线在绕组的整个高度范围内，都平行于芯柱的轴线，轴向漏磁通的大小沿绕组辐向呈梯形分布。

漏磁通产生短路阻抗。高短路阻抗百分数的变压器，实质上就是高漏磁变压器。降低变压器的短路阻抗百分数，即减小变压器漏磁，这将导致短路电流的增大。

但是在实际的变压器中，负载电流所产生的漏磁通并不是单纯轴向的，如图 2-9 所示。

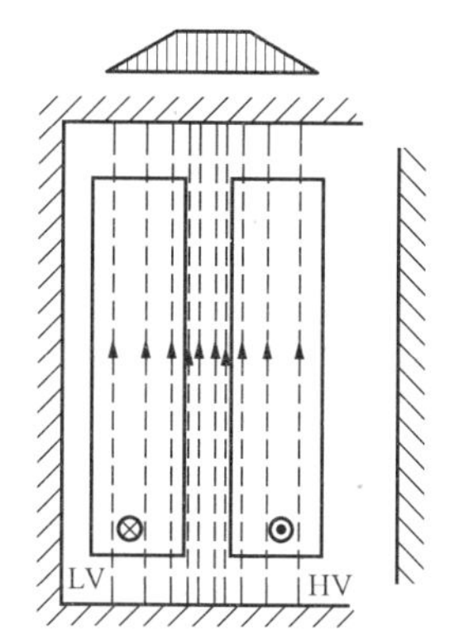

图 2-8　理想化的双绕组变压器漏磁分布示意图

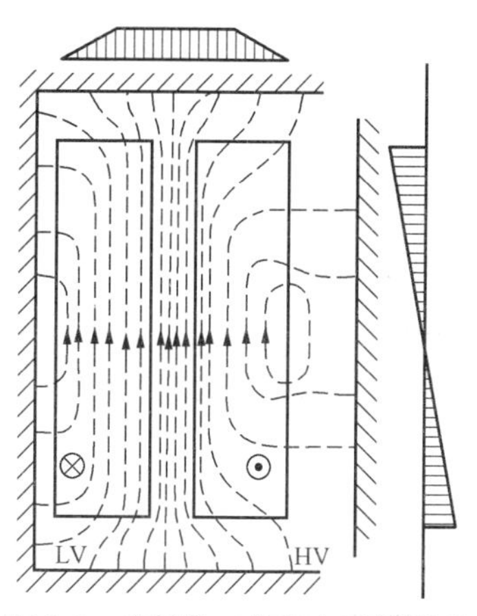

图 2-9　实际的双绕组变压器漏磁分布示意图

由于磁力线在绕组端部发生弯曲，故将有辐向的漏磁分量存在，同时使轴向的漏磁分量减小。由于磁力线在绕组端部弯曲而产生的辐向漏磁分量与轴向漏磁分量相比，其值较小，故通常仍可以认为负载电流产生的轴向漏磁通是主要的。

58. 双绕组变压器漏磁分布的特点有哪些？

答：对于绕组高度相等且沿绕组高度方向磁动势均匀分布的同心式双绕组变压器，漏磁通分布主要具有以下特点：

（1）磁力线在绕组端部弯曲而产生的辐向漏磁分量，沿绕组高度的分布是不均匀的。如图 2-8 右部所示，在绕组的上端部数值最大，在绕组高度的中心处减小到零，然后又逐渐增加，到绕组的下端部又为最大值。

（2）由于铁轭及邻柱绕组的存在（主要是铁轭的存在），使得铁窗里的漏磁通比铁窗外的漏磁通要大。

（3）在对称短路电流的作用下，大型变压器的轴向漏磁通密度通常在 1.7～2.1T 之间，而在非对称短路电流的冲击下，其轴向漏磁通密度可能超过 4T，这将使部分铁芯饱和，漏磁通路径将发生变化。

（4）油箱壁的物理特性和油箱壁的结构（磁屏蔽或电磁屏蔽）等，对铁窗以外那部分幅向漏磁通的分布有一定的影响。

（5）采用双同心式绕组结构能够有效地降低轴向漏磁通。双同心式结构就是将高压绕组或者低压绕组或者高、低压两绕组同时各分成两部分，然后再把这些绕组同心地套在同一个铁芯柱上的结构形式，例如，高—低—高、低—高—低、高—低—低—高、低—高—低—高等。

59. 漏磁通对变压器运行有哪些影响？

答：（1）漏磁通通过绕组时，将使绕组产生涡流，从而引起绕组局部过热，造成绕组的附加损耗。

（2）漏磁通通过变压器内部的金属设备，若没有做好磁屏蔽和电屏蔽措施，也将在金属部件上产生涡流，引起金属结构件和铁芯的附加损耗。

（3）漏磁通通过变压器油箱，也将在油箱上产生涡流。

60. 大型变压器铁芯为什么要增加磁屏蔽？

答：大型变压器漏磁通产生的附加损耗的影响是不能忽略的。效果较好的方法是增加磁屏蔽，使漏磁通易于集中在磁屏蔽内流通，以减少直接通过夹件时引起的损耗增加。

61. 变压器电、磁屏蔽的原理如何？

答：为了有效降低各个结构件上的杂散损耗，在变压器内采用电、磁屏蔽措施特别是在油箱上多采用磁屏蔽和电屏蔽结合的方式。

（1）磁屏蔽的原理是：利用硅钢片的高导磁性能构成具有较低磁阻的磁分路，使变压器漏磁通的绝大部分不再经变压器油箱而闭合，而是通过磁分路进行闭合，可以说是基于“疏”的原理。

（2）电屏蔽的原理是：利用屏蔽材料（一般为铜板或铝板）高电导率所产生的涡流反磁场来阻止变压器磁通进入油箱壁，它的立足点是基于“堵”。

62. 变压器的磁屏蔽措施如何？

答：由于漏磁通不仅会在铁芯、夹件、油箱等金属结构件中产生涡流损耗，同时横向漏磁还会在绕组端部导线中引起较大涡流损耗，造成绕组端部的局部过热。为解决这个问题，采用了由变压器硅钢片制成的磁屏蔽，放置在油箱内壁上，这样一来，能够将绕组中产生的漏磁通直接导入铁芯片中，大大减少进入油箱磁力线的密度，因此这种磁屏蔽措施能有效地改善漏磁场的分布，从而减小绕组导线中的附加损耗，也避免了漏磁通进入夹件及附近的金属结构件。

用硅钢片来制作成磁屏蔽，由电工硅钢片叠积而成，以吸收漏磁通，降低杂散损耗，漏磁通垂直于电工钢带的宽度方向进入。

在设计油箱屏蔽时，首先确定离开绕组进入油箱的幅向漏磁通以及由它在箱壁中产生的损耗大小，如损耗高于允许限值，则需要布置油箱磁屏蔽，并根据需要降低的损耗量确定由磁屏蔽转移而不进入油箱箱壁的磁通比例，油箱屏蔽的设计，主要是选取每条条状磁屏蔽的横截面尺寸，所谓磁屏蔽的设计，实际上就是选定磁屏蔽的厚度。

63. 变压器电屏蔽措施如何?

答: 电力变压器多采用的油箱电屏蔽材料为铜板，即铜屏蔽。油箱内壁设置铜屏蔽，阻止漏磁进入油箱，减小杂散损耗，这些措施解决了结构件发生局部过热的问题。铜屏蔽主要用于大电流引线漏磁场的屏蔽，利用屏蔽材料的高电导率所产生的涡流反磁场来阻止变压器漏磁通进入油箱壁。

64. 变压器油箱的磁屏蔽形式如何?

答: 油箱的磁屏蔽有两种，一种是带状的磁屏蔽，另一种是片状的磁屏蔽。使用磁屏蔽后，可以将油箱损耗降低很多，油箱损耗是油箱壁中损耗和磁屏蔽中损耗之和。

65. 使用磁屏蔽时要注意什么?

答: 在使用磁屏蔽时，要注意磁屏蔽的固定及磁屏蔽良好接地。如果磁屏蔽没有固定好，可能因振动增大变压器的噪声；而接地不良则可能因电位悬浮引起局部放电。

66. 什么是绕组?

答: 绕组是变压器输入和输出电能的电气回路，是变压器的基本部件，它是由铜、铝的圆、扁导线绕制，再配制各种绝缘件组成并套装在变压器的铁芯柱上。因变压器容量和电压的不同，绕组的匝数、导线截面、并联导线换位、绕向、绕组连接方式和型式等结构特点也各不相同。

67. 绕组的作用是什么?

答: (1) 绕组是变压器的电路部分，有一次绕组和二次绕组之分，一次绕组为电源输入用，二次绕组为输出用。当一次绕组通过交变电流时，在铁芯中也相应地产生了交变磁通，根据电磁感应原理，一次绕组输入的能量通过铁芯传递到二次（输出）绕组。在制造中，可以通过改变一、二次绕组的匝数比来改变输出电压值，以满足用电单位的需要；同时也可以升高电压来进行远距离输电，减少能量在传输过程中的损耗。绕组应具有足够的绝缘强度、机械强度和耐热能力。

(2) 用于铁芯励磁和传输电能。

68. 变压器绕组如何分类?

答: 绕组通常分为层式和饼式两种。

绕组的线匝沿其轴向依次排列连续绕制的，称为层式绕组。一般层式绕组每层如筒状，所以由两层组成的绕组称双层圆筒式，由多层组成的称多层圆筒式。

线匝沿其径向连续绕制成一饼（段）状，再由许多饼沿轴向排列组成的绕组称为饼式绕组。它包括连续式、插入电容式和纠结式等。

介于层式和饼式之间的绕组有箔式绕组和螺旋式绕组。箔式绕组形式也如筒状，线匝是在轴向连续绕制的，一般情况下一匝就是一层，故可属于层式绕组。螺旋式绕组一般为每饼一匝，或两饼、四饼一匝，而各匝又沿轴向连续绕制，但形式是由各饼组成，故可属饼式绕组。

层式绕组结构紧凑，生产效率高，抗冲击性能好，但其机械强度差。饼式绕组散热性能好，机械强度高，适用范围大，但其抗冲击性能差。

变压器绕组的形式细分如下：

（1）圆筒式——单层圆筒式、双层圆筒式、多层圆筒式、分段圆筒式。

（2）箔式——一般箔式、分段箔式。

（3）连续式——一般连续式、半连续式、纠结连续式。

（4）纠结式——普通纠结式和插花纠结式。

（5）内屏蔽式——也称内屏蔽连续式。

（6）螺旋式——单螺旋式（单半螺旋式）、双螺旋式（双半螺旋式）和四螺旋式。

（7）交错式——由连续式或螺旋式线段交错排列而成。

国产电力变压器基本上都是心式变压器，所以绕组也都是采用同心绕组，主要有同圆形绕组、螺旋形绕组、换位导线绕成绕组、连续式绕组、纠结式绕组。

69. 什么是绕组的完全换位、标准换位和特殊换位？

答：完全换位：达到使并联的每根导线换位后，在漏磁场中所处的位置相同且长度也相等要求的换位。

标准换位：并联导线的位置完全对称的互换。

特殊换位：两组导线位置互换，组内导线相对位置不变。

70. 对绕组的绝缘材料有何要求？

答：绕组的绝缘结构主要包括导线匝绝缘、线饼（油道）绝缘及线饼的内、外径垫条。

对于小型变压器的绕组，导线匝绝缘可以采用漆包或纸包。对于容量较大一些的油浸式电力变压器的绕组，导线的匝绝缘采用绝缘纸。根据不同的电压等级，可以采用材质不同的匝绝缘纸，其总厚度也随着电压等级的提高而增加。匝绝缘纸主要有电话纸、皱纹纸、电缆纸等。

71. 大电流变压器的绕组为什么要采用多股导线并联绕制？并联绕制时导线为什么进行换位？

答：大电流的变压器绕组如采用大截面单根导线绕制，绕制困难，并且导线在轴向漏磁作用下，引起的涡流损耗，与导线的厚度有关，当厚度增加一倍时，涡流损耗要增加四倍。因此，大电流绕组应采用多股导线并联绕制。多股并联绕制的绕组，由于并联的各根导线在漏磁场中所处的位置不同，感应的电动势也不相同；另外各并联导线的长度也不一样，电阻也不相等，这些都会使并联导线间产生循环电流，从而使导线损耗增加。为减小损耗，多根并联绕制的绕组在绕制时必须进行换位，尽量使每根导线长度一样、电阻相等、交链的漏磁通相等。

72. 变压器在制造过程中哪些因素会引起绕组饼间或匝间击穿？

答：引起绕组饼间或匝间击穿的因素有：

（1）绕组在绕制和装配过程中，绝缘受到机械损伤以及出线根部或过弯处没有加包绝缘。

（2）绕组导线不符合质量要求，有毛刺、裂纹，或焊接不好、包纸质量不好。

（3）垫块有尖锐棱角，绕组压缩时压力过大或绕组沿圆周各点受力不均匀，使绝缘损坏。

（4）撑条不光滑。

（5）变压器在装配过程中落入异物。

（6）线饼过弯处工艺不良引起绝缘损伤。

73. 为什么降压变压器的低压绕组在里边，而高压绕组在外边？

答： 主要从绝缘方面考虑。因为变压器的铁芯是接地的，低压绕组靠近铁芯，容易满足绝缘要求。若将高压绕组靠近铁芯，由于高压绕组的电压很高，要达到绝缘要求就需要很多绝缘材料和较大的绝缘距离，既增加了绕组的体积，也浪费了绝缘材料。另外，把高压绕组安置在外面也便于引出到分接开关。对升压变压器由里向外排列（三绕组）为中压、低压、高压；对降压变压器由里向外排列（三绕组）为低压、中压、高压。

74. 为什么变压器绕组要进行干燥处理？

答： 干燥处理的目的是提高绕组的绝缘水平。在一定压力下干燥，可使绝缘纸板压缩，从而提高绕组的机械强度。

75. 什么是变压器的绝缘水平？

答： 绝缘水平是变压器能够承受运行中各种过电压与长期最高工作电压作用的水平，是与保护用避雷器配合的耐受电压水平，取决于设备的最高电压 U_m。

根据绕组线端与中性点的绝缘水平是否相同，变压器可分为全绝缘和分级绝缘两种绝缘结构。

76. 什么是变压器的全绝缘？

答： 变压器的全绝缘是指各绕组的所有出线端都具有相同的对地工频耐受电压的绕组绝缘水平（绕组线端的绝缘水平与中性点的绝缘水平相同）。

采用中性点不接地方式或经消弧线圈接地方式的电力系统都属于小电流接地系统。小电流接地系统长期工作电压和过电压均较高，特别是存在电弧接地过电压的危险，整个系统需要较高的绝缘水平。当系统发生单相接地故障时，变压器中性点将出现相电压，因而中性点不接地系统安装的变压器必须是全绝缘变压器。

77. 什么是变压器的分级绝缘？

答： 变压器的分级绝缘是指绕组接地端或绕组的中性点绝缘水平较出线端为低的绕组绝缘水平（绕组中性点的绝缘水平低于线端的绝缘水平）。

采用分级绝缘的变压器，由于中性点的绝缘水平相对较低，可以简化绝缘结构，节省材料，从而降低变压器尺寸和制造成本。但分级绝缘的变压器只允许在 110kV 及以上中性点直接接地系统中使用。因为 110kV 及以上系统一般采用中性点直接接地方式，属于大电流接地系统，大电流接地系统内过电压可降低 20%～30%，系统绝缘耐压水平可降低 20%，所以可使用分级绝缘变压器。

78. 变压器的绝缘如何分类？

答： 变压器的导电系统是由绕组、分接开关、引线和套管组成，铁芯构成变压器的磁路系统。油浸式变压器的铁芯、绕组、分接开关、引线和套管的下部装在油箱内，并完全浸在变压器油中。套管的上半部在油箱的外部直接与空气接触。因此，油浸式变压器的绝缘可分为外绝缘和内绝缘。

(1) 外绝缘是变压器油箱外部的套管和空气的绝缘。它包括套管本身的外绝缘和套管间及套管对地部分的空气间隙的绝缘。

(2) 内绝缘是油箱内的各不同电位部件之间的绝缘，内绝缘又可分为主绝缘和纵绝缘两部分。

分级绝缘变压器的内部绝缘结构，如图 2-10 所示。

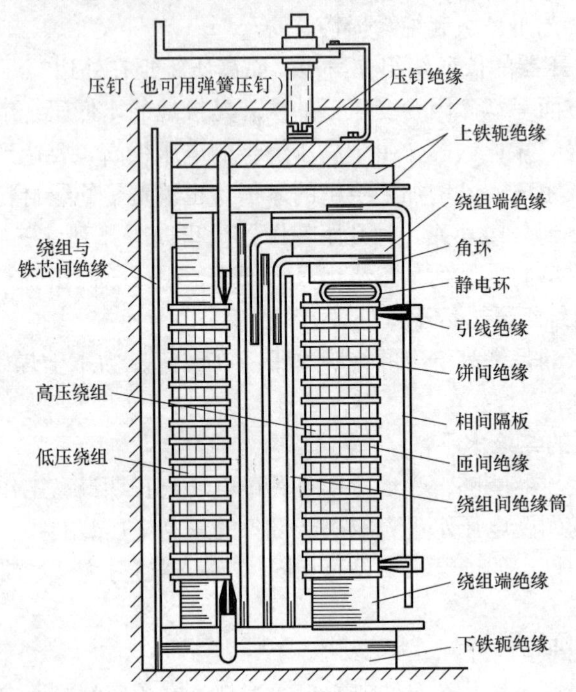

图 2-10　分级绝缘变压器的内部绝缘结构

(3) 变压器的绝缘分类如下。

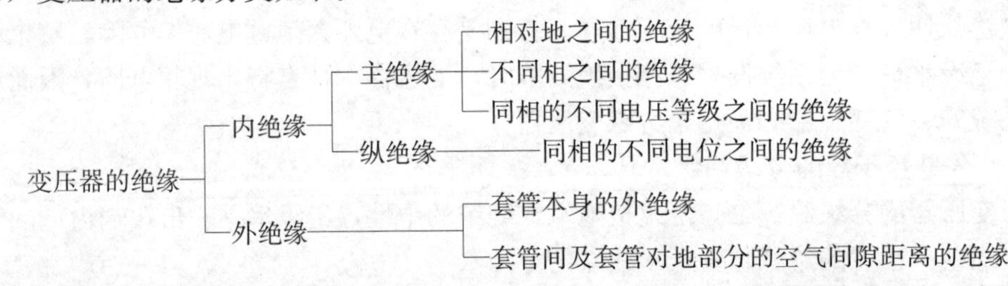

主绝缘是绕组与接地部分之间，以及绕组之间的绝缘。在油浸式变压器中，主绝缘以油纸屏障绝缘结构最为常用。每一种绝缘结构由纯油间隙、屏障和绝缘层三种成分组成。

纵绝缘是同一绕组各部分之间的绝缘，如不同线段间、层间和匝间的绝缘等。通常以冲击电压在绕组上的分布作为绕组纵绝缘设计的依据，但匝间绝缘还应考虑长期工频工作电压的影响。

引线的主绝缘包括引线对地之间绝缘、引线对与其不同相绕组之间绝缘、不同相引线和同相不同电压等级引线之间的绝缘等；而引线的纵绝缘是指同一绕组引出的不同引线之间的绝缘。

79. 变压器内部主要绝缘材料有哪些？

答：(1) 变压器油：绝缘和散热。

（2）绝缘纸板：用作软纸筒、撑条、垫块、相间隔离、铁轭绝缘、垫脚绝缘、支撑绝缘及脚环的心子等。

（3）电缆纸：用作变压器绕组的匝间绝缘、层间绝缘、引线绝缘及端部引线的加强绝缘。

（4）胶纸制品：用作变压器绕组和铁芯、绕组和绕组之间的绝缘及铁轭螺杆和分接开关的绝缘。

（5）木材：用作引线支架、分接支架及制成木螺钉等。

（6）漆布（绸）或漆布（稠）带：用作包扎引线弯曲处或用于绑扎质量要求较高的部位。

（7）电瓷制品：用作套管的外绝缘。

（8）环氧树脂：用作浸渍绑扎铁芯立柱的玻璃丝带，有时也制成板、杆、圈或筒，作为绝缘零部件。

80. 绝缘材料的等级如何分类？

答：绝缘材料按照耐热的不同共分为七个等级，如表 2-3 所示。

表 2-3　绝缘材料等级表示符号

绝缘等级	Y	A	E	B	F	H	C
耐热温度（℃）	90	105	120	130	155	180	180 以上

常用的绝缘纸板和变压器油为 A 级；环氧树脂布板为 B 级。

81. 变压器温度与使用寿命关系如何？

答：变压器的使用寿命与温度有密切关系。绝缘温度经常保持在 95℃时，使用年限为 20 年；温度为 105℃，约为 7 年，温度为 120℃，约为 2 年；温度为 170℃，仅为 10～12 天。

82. 什么叫绝缘老化？什么是绝缘寿命六度法则？

答：变压器中所使用的绝缘材料，长期在温度的作用下，原有的绝缘性能会逐渐降低，这种绝缘在温度作用下逐渐降低的变化，叫做绝缘的老化。

所谓绝缘寿命六度法，是指变压器用的电缆纸在 80～140℃的范围内，温度每升高 6℃，绝缘寿命将要减少一半。

83. 油在变压器中起什么作用？

答：变压器的油箱内充满了变压器油，变压器油的作用是：

（1）绝缘。纯净的变压器油具有良好的绝缘性能，绝缘强度很高，一般可达到 120～200kV/cm，比空气的绝缘水平高 4～7 倍，它和固体绝缘一起使用，还能达到更好的绝缘效果。

（2）散热。变压器油有较大的比热容，决定了它有很好的导热特性。同时，充油设备应具有良好的热循环回路。

（3）灭弧。当分接头开关在切换的时候，变压器油作为灭弧介质，有熄弧的作用。

（4）测量。一般大型变压器都装有测量上层油温的带电触点的测温装置，它装在变压器油箱外，便于运行人员监视变压器油温情况。

（5）保护铁芯和绕组组件，延缓氧对绝缘材料的侵蚀。

84. 变压器油的物理和化学性能有哪些？

答：（1）颜色、透明度及气味。新变压器油为淡黄色、透明，从一定角度上油面呈蓝色。

(2) 密度。密度是指20℃时油的密度，一般为0.8～0.9g/cm^3。规定在20℃时的极限密度最大值为0.895g/cm^3，这样可以确保温度必须降至大约－20℃时的密度才会超过冰的密度。

(3) 黏度。变压器油的黏度是评价其流动性的一个指标。

(4) 凝固点。变压器油随着温度的降低黏度逐渐加大，当油开始凝固并失去流动性时的温度，称为凝固点。

(5) 闪点。变压器油的闪点指的是油加热到某一温度，油蒸气与空气混合物用火一点就闪火的温度。

(6) 酸值及pH值。中和1g油所需要的氢氧化钾（KOH）的量（mg）称为酸值，单位为mg（KOH）/g。新的变压器油其pH值一般不低于5.4，规定运行中的变压器油的pH值不低于4.2。

85. 变压器油的电气化学性能有哪些？

答：(1) 电气强度。

(2) tanδ。

(3) 含水量。

(4) 含气量。

变压器油的试验项目和要求，如表2-4所示。

表2-4　　变压器油的试验项目和要求

序号	项目	要求		说明
		投运前的油	运行中的油	
1	外观	透明、无杂质或悬浮物		将油中注入试管中冷却至5℃在光线充足的地方观察
2	水溶性酸pH值	≥5.4	≥4.2	按GB 7598进行试验
3	酸值[mg(KOH)/g]	≤0.03	≤0.1	按GB 264或GB 7599进行试验
4	闪点(闭口,℃)	≥140(10号、25号油) ≥135(45号油)	1)不应比左栏要求低5℃ 2)不应比上次测定值低5℃	按GB 261进行试验
5	水分(mg/L)	66～110kV≤20 220kV≤15 330～500kV≤10	66～110kV≤35 220kV≤25 330～500kV≤15	运行中设备，测量时应注意温度的影响，尽量在顶层油温高于50℃时采样，按GB 7600或GB 7601进行试验
6	击穿电压(kV)	15kV及以下≥30 15～35kV≥35 66～220kV≥40 330kV≥50 500kV≥60	15kV及以下≥25 15～35kV≥30 66～220kV≥35 330kV≥45 500kV≥50	按GB/T 507和DL/T 429.9方法进行试验
7	界面张力(25℃,mN/m)	≥35	≥19	按GB/T 6541进行试验

续表

序号	项　目	要　求		说　明
		投运前的油	运行中的油	
8	tgδ(90℃,%)	330kV 及以下≤1 500kV≤0.7	330kV 及以下≤4 500kV≤2	按 GB 5654 进行试验
9	体积电阻率(90℃,Ω·m)	$\geq 6\times 10^{10}$	500kV$\geq 1\times 10^{10}$ 330kV 及以下$\geq 3\times 10^{9}$	按 DL/T 421 或 GB 5654 进行试验
10	油中含气量(体积分数,%)	330kV 500kV≤1	一般不大于 3	按 DL/T 423 或 DL/450 进行试验

86. 变压器油为什么要进行过滤?

答: 过滤的目的是除去油中的水分和杂质,提高油的耐压强度,保护油中的纸绝缘,也可以在一定程度上提高油的物理、化学性能。

87. 变压器油是完全封闭还是与大气相通?

答: 储油柜内装胶囊袋的变压器,变压器油是与大气相通的,它通过变压器的吸湿器与大气相通。储油柜是隔膜式的变压器,油是完全封闭的。

88. 变压器油在运行中为何会劣化?有何后果?

答:(1)引起变压器油劣化的因素:

1)运行条件的影响。当设备超负荷运行或出现局部过热而油温增高时,油的老化则相应加速。同时,呼吸器内的干燥剂、净油器内的吸附剂失效后未能及时更换都会促使油的氧化变质。

2)设备条件的影响。变压器的严密性不好,漏水、漏气,加速了油的氧化和老化。

3)油污染的影响:混油不当的污染,金属微粒的污染,有机酸、醇等极性杂质的污染及水分子污染。

(2)变压器油劣化的后果。变压器油劣化会产生能溶解于油的有机酸类,它们对金属起腐蚀作用,对绝缘起老化作用,破坏纤维素,从而使纤维素等机械强度降低,不溶于油的沉淀物——油泥黏结在绕组和金属表面会使其散热条件变坏,局部温度上升,加速纤维材料的热劣化过程,并生成酸类促使油的劣化加速。

89. 防止变压器油老化的措施有哪些?

答:(1)采用真空滤油。

(2)采用密封式储油柜。

(3)避免金属与油直接接触。

(4)防止日光照射。

(5)添加抗氧化剂。

90. 什么是变压器油流带电?有何危害?

答: 变压器油流动会带电。变压器内部绝缘油流动时,由于摩擦,变压器油会带上正电,而固体绝缘会带上负电。要求强制冷却的大容量变压器容易出现这种流动带电问题,油流动速度过高时,会出现绝缘击穿事故。为了防止出现油流带电,可以增加油路截面积,降低油流速度,改善绝缘材料,降低油中水分,采用 OFAF 冷却方式。根据具体情况,还可以采用防带电剂。

91. 变压器的辅助设备有哪些？

答：变压器的辅助设备包括油箱、储油柜、吸湿器、安全气道（防爆管、压力释放装置）、散热器、绝缘套管、分接开关、气体继电器、温度计、净油器等。

92. 变压器油箱的作用是什么？

答：（1）油箱是变压器的外壳，内装铁芯和绕组并充满变压器油，使铁芯和绕组浸在油内。带负荷调压的大型变压器一般有两个油箱，一个为本体油箱，另一个为有载调压油箱，有载调压油箱内装有切换开关。切换开关在操作过程中会产生电弧，若进行频繁操作将会使油的绝缘性能下降，因此设一个单独的油箱将切换开关单独放置。

（2）作为外部组件的支架。

93. 常见的变压器油箱有几种类型？

答：常见的变压器油箱按其容量的大小，有箱式油箱、钟罩式油箱和密封式油箱三种基本型式。

（1）箱式油箱。箱式油箱用于中、小型变压器。这种变压器上部箱盖可以打开，其充油后总重量，与大型变压器相比，不算太重。因此，当变压器的器身需要进行检修时，可以将整个变压器带油搬运至有起重设备的场所，将箱盖打开，吊出器身，进行检修。

（2）钟罩式油箱。一般大型变压器均采用钟罩式油箱。这种变压器的器身自重都在200t以上，总重量均在300t以上，运输起来比较困难。当进行器身检修时，不必吊出笨重的器身，只要吊去较轻的箱壳，即可进行检修工作。

（3）密封式油箱。密封式油箱器身总装全部完成装入油箱后，其上下箱沿之间不是靠螺栓连接，而是直接焊接在一起的，形成一个整体，从而实现油箱的密封。由于这种油箱结构已焊为一体，因此现场若需吊芯检修将非常不便，所以这种变压器运抵现场和运行期间一般不进行吊芯检修，这就要求变压器的质量应有可靠的保证。随着变压器制造水平的提高，密封式结构也逐渐被采用，目前国内外的一些大型变压器也已开始采用这种结构。

另外，在特大型变压器中还有采用桶式结构，箱沿位于油箱顶部，箱盖与油箱之间通过螺栓连接。根据磁场计算结果，油箱壁内侧加屏蔽。

94. 变压器油箱应具备哪些要求？

答：（1）变压器油箱应采用高强度钢板焊接而成。油箱内部应采取防磁屏蔽措施，以减小杂散损耗。磁屏蔽的固定和绝缘良好，避免因接触不良引起过热或放电。各类电屏蔽应导电良好和接地可靠，避免悬浮放电或影响绕组的介质损耗因数值。

（2）油箱顶部应带有斜坡，以便泄水和将气体积聚通向气体继电器。油箱顶部的所有开孔均应有凸起的法兰盘。凡可产生窝气之处都应在其最高点设置放气塞，并连接至公用管道以将气体汇集通向气体继电器。高、中压套管升高座应增设一根集气管连接至油箱与气体继电器间的连管上。通向气体继电器的管道应有1.5%的坡度。气体继电器应有防雨措施，并将采气管引至地面。

（3）变压器油箱底板的外部应设置槽钢结构的底座，以使变压器可沿其长轴和短轴方向拖动，底座应配置必要的拖拉装置。底座还配置可用地脚螺栓将其固定在混凝土基础上的装置，地脚螺栓应足以耐受设备重量的惯性作用力，以及由于地震力产生的位移。制造厂应将螺栓及固定方式提交运行单位认可。

油箱应为两截拼合成，若结合处是焊牢的，则必须采用可重复焊接的法兰和密封垫。

（4）油箱底部两对角处应设有两块供油箱接地的端子（变压器油箱外壳接地主要是为了

保障人身的安全。当变压器的绝缘损坏时，变压器外壳就会带电，如果有了接地措施，变压器的漏电电流将通过外壳接地装置导入大地中，可以避免人身触电事故）。

变压器油箱外壳接地对接地装置有以下要求：

1）接地体与接地线应焊接牢固。

2）接地电阻应不大于0.5。地线与设备连接应可靠。

3）圆钢接地体直径应符合有关规定。

95. 变压器储油柜的工作原理如何?

答：储油柜是变压器油存储、补充及保护的组件，安装在变压器油箱顶部，与变压器油箱相连。当油箱的油随温度升高体积膨胀时，多余的油通过联管到达储油柜，这样储油柜就完成了存储变压器油的作用；反之，当温度下降时，储油柜中的油通过联管到达油箱，补充变压器油的不足。储油柜中的胶囊阻断变压器油与空气的接触，使变压器油免于被氧化，与储油柜相连的吸湿器吸收进入储油柜的空气中的水分，使其免受潮湿。储油柜的油平常几乎不参加油箱内的循环，它的温度要比油箱内的上层油温低得多，而油在低温下氧化过程慢。因此有了储油柜，可防止油的过速氧化。

储油柜按内部结构分为胶囊式储油柜、隔膜式储油柜、波纹管式储油柜三种。隔膜式储油柜已被淘汰，波纹管式属于限制使用范围之内，现在使用最多的是胶囊式储油柜。

96. 胶囊袋的作用是什么？胶囊式储油柜的工作原理如何?

答：油的老化，除了由于油质本身的质量原因外，油和大气相接触是一个非常主要的原因。因为变压器油中溶解了一部分空气，空气中的氧将促使变压器油及浸泡在油中的纤维老化。为了防止和延缓油的老化，必须尽量避免变压器油直接和大气相接触。变压器油面与大气相接触的部位有两处：一是安全气道的油面；二是储油柜中的油面。安全气道改用压力释放阀，储油柜采用胶囊密封，可以减少油与大气接触的面积，用这种方法能防止和减缓油质老化。

胶囊式储油柜是在储油柜的内壁增加了一个胶囊袋（以下简称胶囊）。胶囊内经过呼吸管及吸湿器与大气相接触，胶囊外和变压器油相接触。当变压器油箱中油膨胀或收缩时，储油柜油面将会上升或下降，使胶囊向外排气或自行补充气以平衡袋内外侧压力，起到呼吸作用。当储油柜油面变化时，储油柜油位表浮球位置将随储油柜油面变化，从而引起浮球所带连杆与垂线的夹角发生改变，并通过油位表内部齿轮及磁钢传动，带动油位表指针指示出油面高度。当达到上限或下限位置时，通过接点发出相应信号。

97. 胶囊式储油柜有哪些特点?

答：如图2-11所示，胶囊式储油柜安装有集气排污盒（序号6），管子（序号15）和储油柜本体相通，联管（序号14）通过真空阀和变压器本体相通。当变压器油进入盒内时，再由管子进入储油柜。当盒上部聚有一定量的气体后，可将真空阀门（序号12）打开放气；如盒下部聚有污油时，可将真空阀门序号13打开排放污油。这样起到把变压器油中气体和污油分离的作用。

98. 新变压器胶囊袋是如何张开的?

答：新变压器储油柜在现场安装后有一个抽真空注油的过程。如图2-11所示。作为可抽真空储油柜，它可经过真空阀门（序号10或13）与变压器同时进行连通真空注油。

抽真空前，关闭放气塞（序号2、4）及真空阀门（序号10、12），打开联管（序号14）与变压器之间的真空阀及真空阀门（序号5、13）（使储油柜与胶囊内外压力一致），通过真

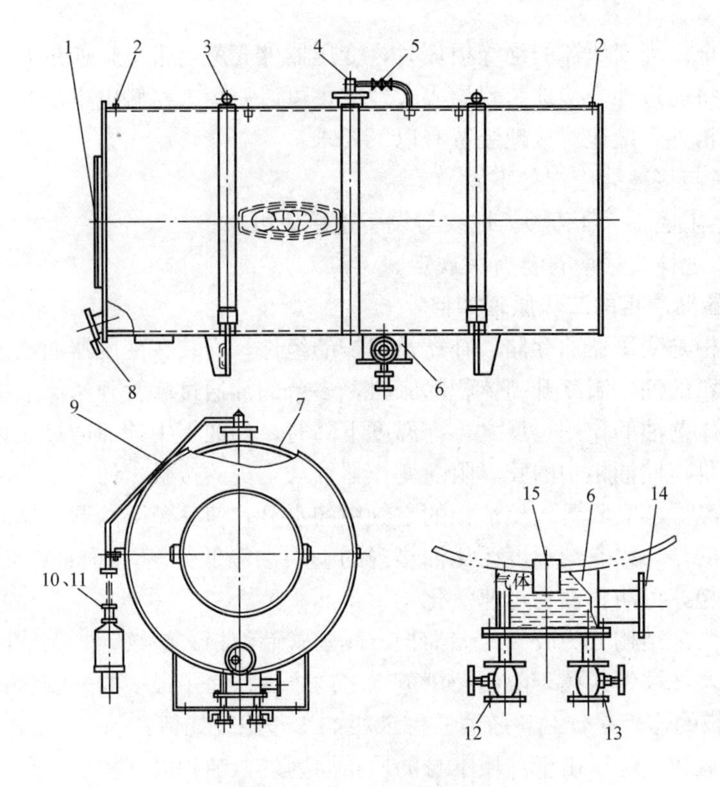

图 2-11　胶囊式储油柜结构

1—人孔；2—放气塞；3—吊拌；4—放气塞；5—真空阀门（抽真空用）；6—集气排污盒；7—胶囊；8—油位表；9—呼吸管；10—真空阀门；11—吸湿器（1～10kg）；12—真空阀门（放气用）；13—真空阀门（放油用）；14—联管（与变压器连接）；15—管子（与储油柜连接）

空阀门（序号 13）连接的真空装置向变压器及储油柜实施抽真空。

抽真空完毕，保持真空度一段时间后，开始注油并继续抽真空，当油注到储油柜标准油位后，停止抽真空，关闭真空阀门（序号 5、13），拆除真空装置，再逐渐地打开真空阀门（序号 10），使胶囊慢慢充气，直至胶囊停止进气。

99. 胶囊式储油柜在安装和运行时的注意事项有哪些？

答：（1）检查胶囊是否渗漏和破裂，胶囊检查漏气压为 2×10Pa。

（2）检查油位计是否完好，用手轻拨油位表的连杆（或浮球），使油位表指针转动到最大和最小位置，转动时注意倾听是否有开关闭合的声音。检查完毕后正确安装在储油柜上，注意密封。

（3）胶囊安装时，应先将主储油柜的柜盖取下，放入胶囊并沿储油柜长轴方向展平，而后将胶囊上的两个吊攀分别挂在储油柜内壁吊钩上，再手工将胶囊颈口从储油柜法兰处穿出（注意胶囊法兰上涂的白漆线放置位置必须与轴线方向一致，否则会造成袋口扭转或严重皱折）确保颈口没有扭转后与之固定。最后再重新盖上柜盖。

（4）定期取油样，检查各密封处安装是否良好。

（5）如发现胶囊已渗漏或破裂，无法修复时，可把胶囊拆除（时间不得超过 24h），暂按一般要求继续运行，但应及时调换新的胶囊，以免油质加速老化。

（6）定期打开真空阀（序号 12、13），清除储油柜柜内气体和柜底污油，清除完毕后，请再拧紧阀门，注意回装好密封垫圈及盖板。

100. 油位计的作用是什么？

答：储油柜的一端一般装有油位计（表）。油位计（表）是用来指示储油柜中的油面用的。

对于胶囊式储油柜，为了使变压器油面与空气完全相隔绝，其油位计间接显示油位。这种油储油柜是通过在储油柜下部的小胶囊袋，使之成为一个单独的油循环系统，当储油柜的油面升高时，压迫小胶囊袋的油柱压力增大，小胶囊袋的体积被缩小了一些，于是在油表反映出来的油位也高起来一些，且其高度与储油柜中的油面成正比；相反，储油柜中的油面降低时，压迫小胶囊袋的油柱压力也将减小，使小胶囊袋体积也相对地要增大一些，反应在油表中的油面就要降低一些，且其高度与储油柜中的油面成正比。换句话说，油位计是通过储油柜油面的高、低变化，导致小胶囊袋压力大小发生变化，从而使油面间接地、成正比例地反映储油柜油面高低的变化。

对于隔膜式储油柜，可安装磁力式油位计。油表连杆机构的滚轮在薄膜上不受任何阻力，能自由、灵活地伸长与缩短。磁力式油位计表上部有接线盒，内部有开关，当储油柜的油面出现最高或最低位置时，开关自动闭合，发出报警信号。

101. 防潮吸湿器、吸湿器内部的硅胶、油封杯各有什么作用？

答：吸湿器的作用是提供变压器在温度变化时内部气体出入的通道，缓解正常运行中因温度变化产生的对油箱的压力。

吸湿器内硅胶的作用是在变压器温度下降时对吸进的气体去潮气。

油封杯的作用是延长硅胶的使用寿命，把硅胶与大气隔离开，只有进入变压器内的空气才通过硅胶。

102. 引起吸湿器硅胶变色的原因主要有哪些？

答：正常干燥时吸湿器硅胶为蓝色（或白色）。当硅胶颜色变为粉红色时，表明硅胶已受潮而且失效。一般已变色硅胶达 2/3 时，值班人员应通知检修人员更换。硅胶变色的原因主要有：

（1）长时期天气阴雨，空气湿度较大，因吸湿量大而变色。

（2）吸湿器容量过小。

（3）硅胶玻璃罩罐有裂纹、破损。

（4）吸湿器下部油封罩内无油或油位太低，起不到良好的油封作用，使湿空气未经油封过滤而直接进入硅胶罐内。

（5）吸湿器安装不当。如胶垫龟裂不合格、螺钉松动、安装不密封而受潮。

103. 变压器安全装置的作用是什么？

答：变压器安全装置主要是指安全气道（防爆管）和压力释放器。变压器发生故障或穿越性的短路未及时切除，电弧或过流产生的热量使变压器油发生分解，产生大量高压气体，使油箱承受巨大的压力，严重时可能使油箱变形甚至破裂，并将可燃性油喷洒满地。安全装置在这种情况下可动作排出故障产生的高压气体和油，以减轻和解除油箱所承受的压力，保证油箱的安全。

（1）防爆管。变压器的防爆管又称喷油嘴，防爆管安装在变压器的油箱盖上，作为变压器内部发生故障时，防止油箱内产生过高压力的释放保护。

（2）压力释放阀。压力释放阀是一种安全保护阀门，在全密封变压器中用于代替安全气道，作为油箱防爆保护装置。压力释放阀与变压器防爆管的区别是，压力释放阀是以弹簧阀反映变压器箱体内的压力，当内压力达到一定值时，则弹簧阀打开阀门，将压力释放，同时发报警或跳闸信号。

104. 压力释放阀的工作原理如何？

答： 当油浸式变压器内部发生故障时，油箱内的油被气化，产生大量气体，使油箱内部压力急剧升高。此压力如不及时释放，将造成油箱变形或爆裂。安装压力释放阀就是当油箱内压力升高到压力释放阀的开启压力时，压力释放阀在 2ms 内迅速开启，使油箱内的压力很快降低。

当压力降到压力释放阀的关闭压力值时，压力释放阀又可靠关闭，使油箱内永远保持正压，有效地防止外部空气、水气及其他杂质进入油箱；在压力释放阀开启同时，有一颜色鲜明的标志杆向上动作且明显伸出顶盖，表示压力释放阀已动作过。在压力释放阀关闭时，标志杆仍滞留在开启后的位置上，然后必须由手动才能复位。

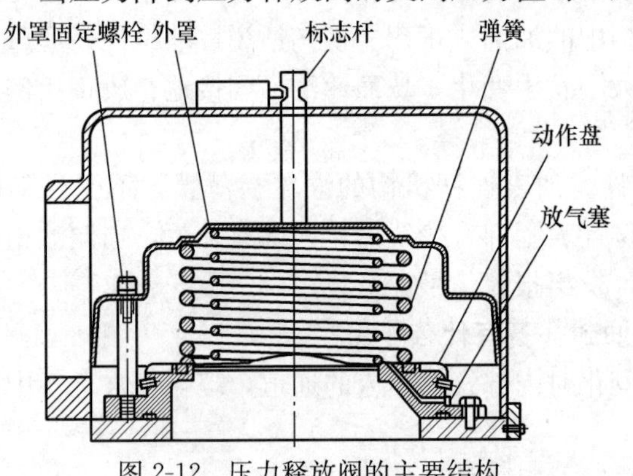

图 2-12　压力释放阀的主要结构

105. 压力释放阀由哪几部分组成？

答： 压力释放阀的主要结构型式是外弹簧式，主要由弹簧、阀座、阀壳体（罩）等零部件组成。如图 2-12 所示。

106. 变压器压力释放装置的基本配置原则如何？

答： 压力释放阀的选用主要考虑两个因素，即有效口径和压力等级。

(1) 压力等级按压力释放阀的关闭压力值选取，计算公式为

$$P_g = P_j + P_q + P_k \tag{2-1}$$

式中：P_g 为压力释放阀的关闭压力，单位为 kPa；P_j 为压力释放阀工作时的静压力，即变压器最高油面到压力释放阀法兰盘的静油压，单位为 kPa，1m 油柱静压力=8.8kPa；P_q 为强油循环冷却的附加压力，取 0.5～1.5kPa；P_k 为安全裕度压力，取 0.5～1.5kPa。

(2) 每台变压器选用压力释放阀的数量计算公式为

$$N = W/40(N\text{ 值小数四舍五入取整}) \tag{2-2}$$

式中：N 为变压器选用压力释放阀的数量；W 为变压器油的总重，单位为 t。

例如：某台 ODFPS－1000000/1000 主变压器，总油量为 129.7t，储油柜最高油面到压力释放阀法兰盘的高度为 3.3m。则选用方法如下：$N = W/40 = 129.7/40 = 3.2425$（台），压力释放阀台数取 3 台；$P_g = P_j + P_q + P_k = 8.8\times3.3+1+1 = 31.04$（kPa），压力释放阀的关闭压力取 31.5kPa。

107. 变压器为什么必须进行冷却？

答： 变压器在运行中由于铜损、铁损的存在而发热，它的温升直接影响到变压器绝缘材料的寿命和机械强度、负荷能力及使用年限，为了降低温升，提高出力，保证变压器安全经济地运行，变压器必须进行冷却。

108. 变压器冷却器的作用是什么？

答： 当变压器上层油温与下部油温产生温差时，通过冷却器形成油的对流，经冷却器冷却后流回油箱，起到降低变压器油温的作用。

109. 变压器的冷却方式有哪几种？

答：（1）油浸式自然空气冷却方式（ONAN）。油浸式变压器容量小于6300kVA时采用。绕组和铁芯中的热油上升，油箱壁上或散热器中冷油下降而形成循环冷却。散热能力为500W/m^{2}左右，维护简单。

（2）油浸风冷式（ONAF）。油浸式变压器容量在8000～31 500kVA时采用。以吹风加强散热器的散热能力。空气流速为1～1.25m/s时可散热800W/m^{2}左右，但风扇功率占变压器总损耗的1.5%左右，且需要维护。

（3）强迫油循环风冷式（OFAF）。220kV及以上的油浸式变压器采用。以强迫风冷却器的油泵使冷油由油箱下部进入绕组间，热油由油箱上部进入冷却器吹风冷却。当空气流速为6m/s、油流量为25～40m^3/h时，可散热1000W/m^{2}左右，但风扇和油泵等辅机损耗约占总损耗的3%，且增加了运行维护工作量。

（4）强迫油循环水冷式（OFWF）。与强迫油循环风冷却方式相比，只是冷却介质是水，强迫油循环水冷却器常另外放置，在水电厂或水源充分时采用。当水流量为12～25m^3/h、油流量为25～40m^3/h时，散热量可达10 000W/m^2。

（5）强迫油循环导向冷却（ODAF和ODWF）。这种冷却方式与强油风冷和强油水冷式不同之处在于，它在变压器绕组内设置了导向油道，将冷油直接导向绕组的线段内，线段的热油可很快带走，使绕组最热点温度下降，提高绕组的温升极限（5K），但变压器绝缘结构复杂，可能产生油流带电现象。

110. 强迫油循环风冷变压器冷却器由哪些主要元件组成？

答：冷却器由热交换器、风扇、电动机、气道、油泵、油流指示器、控制设备等组成。冷却风扇是用于排出热交换器中所发射出来的热空气。油泵装在冷却器的下部，使热交换器的顶部油向下部循环。油流指示器装在冷却器的下部较明显的位置，以利运行人员观察油泵的运行状态。

111. 主变压器冷却器组控制小开关有几个位置？各代表什么意义？

答：主变压器冷却器组控制小开关有四个位置：

（1）工作——主变压器冷却器在运行状态；

（2）停用——主变压器冷却器在停用状态；

（3）辅助——受上层油温（或负荷）控制自动投切；

（4）备用——当运行的主变压器冷却器故障时自动投入。

在正常运行时，应有一组冷却器处于“备用”状态；在工作冷却器发生故障时，备用冷却器能自动投入运行。还应有一组冷却器处于“辅助”状态，当变压器油温及负荷高的情况下，辅助冷却器能自动投入运行。

112. 怎样判断主变压器冷却器工作正常？

答：冷却器正常运行时油泵运转应正常，无异声、无漏油、油流指示正常；冷却器风扇运转方向正常、无异声；冷却器无漏油情况。主变压器投入前先投冷却器，主变压器停用后再停冷却器。

113. 正常运行中一组冷却器故障，备用冷却器怎样自动投入？

答：当一组冷却器因故障停止运行后，其本身的油泵电动机、风扇电动机的接触器停止工作，油流继电器也停止工作，其副触点启动一只时间继电器，经延时后接通备用启动回路，备用启动回路使备用冷却器投入，并发出备用冷却器投入信号。

114. 正常运行中辅助冷却器怎样自动投退？

答：当变压器负荷升高达到预先定值时，电流继电器动作，接通时间继电器，经延时后接通辅助启动回路，辅助启动回路使辅助冷却器投入。

当变压器温度达到第二定值时接通辅助启动回路，辅助启动回路使辅助冷却器投入。当变压器温度下降到第一定值后断开辅助启动回路，辅助冷却器退出。

115. 主变压器冷却器投入组数有什么规定？

答：强油风冷的变压器即使在充电运行时，也要保证一定量的冷却器投入运行，具体组数应满足冷却容量大于主变压器空载时的发热容量，充电运行和正常运行时冷却器投入组数按制造厂铭牌规定。

116. 变压器冷却系统的投切原则是什么？

答：冷却器在变压器运行前应先投入运行，其提前投入时间及变压器运行后空载和不同负荷情况下应投入的台数，可按该变压器产品说明书执行，如产品说明书中无规定的，一般除备用外均全部投入运行。变压器停运时应先停变压器，冷却装置运行一段时间再停，使变压器油和绕组温度能充分降低。

117. 开启强迫油循环水冷却器应注意什么？

答：采用水冷却的变压器在运行中冷却水如果进入油中是非常危险的，所以这种冷却系统具有较高的密封要求，防止水进入油中。为此，运行时要严格遵守油泵和水泵开停次序，在冷却器投入运行前应先启动油泵，待油压上升后才可启动水泵通入冷却水，停用冷却器时，应先停水泵再停用油泵。其目的是在操作过程中始终使油压大于水压。冷却器应在变压器投运前投入，变压器停运后再退出。

118. 强油风冷冷却器动力电源如何工作？

答：强油风冷冷却器有两路动力电源，分别接至站用电Ⅰ段和Ⅱ段，一路为工作电源，一路为备用电源。两路电源通过变压器冷却器控制箱内的Ⅰ/Ⅱ段电源自动切换开关自动进行切换，正常时一路工作，一路备用；当工作电源失压后（如电缆头烧断、线路断线等），冷却器工作电源将自动切换到备用电源。

在运行时要定期切换冷却器的动力电源，检查其自动装置的可靠性。

119. 强迫油循环冷却的变压器在进行冷却电源切换试验时，为什么不宜全部冷却器组在运行状态？

答：由于在做冷却电源切换试验时，油泵有一个全停到全启动的过程，会造成变压器内部油的流速突变，故不宜全部冷却器组在运行状态下进行电源切换试验，防止气体继电器误动。

120. 开启主变压器冷却器的过程如何？

答：开启主变压器冷却器的过程一般是：合上站用电屏上的主变压器风控电源小开关→检查主变压器风控冷却器无异常信号→合上各组冷却器电源小开关→将应投入的冷却器组控制小开关放在工作位置，将备用停用冷却器控制开关设置在相应的功能位置。停用冷却器顺序与此相反。

121. 强迫油循环变压器的冷却器停了油泵为什么不准继续运行？

答：因为强迫油循环变压器的外壳是平滑的，其本身冷却面很小，不能将空载变压器或带负荷的变压器所产生的热量散发出去，很容易烧坏变压器的绕组和铁芯，因此必须用冷却器对变压器油进行冷却。

强迫油循环变压器是用油泵将主变压器上层热油抽入冷却器的冷却管，经风扇吹风冷却后再送入主变压器下部。如果冷却器停了油泵，虽然风扇还在运转，但由于冷却管中的油流速很慢，对主变压器起不到应有的冷却作用，所以冷却器停了油泵不准继续运行。

122. 新投运的变压器对启动冷却器有哪些要求？

答：冷却器应逐台进行试运行，试运行时应检查下述各项：

（1）检查油泵和油流继电器的工作情况应正常。

（2）试运行时发出的各种信号应正确。

（3）冷却器运转应正常，无明显振动和杂音。

（4）冷却装置无渗漏现象。

123. 变压器绝缘套管的作用是什么？对变压器绝缘套管有哪些要求？

答：（1）用于将变压器内部的高、低压引线引到油箱的外部。

（2）固定引线。

（3）作为引线对地绝缘。

变压器套管是变压器载流元件之一，在变压器运行中，长期通过负荷电流，当变压器外部发生短路时通过短路电流。因此，对变压器套管有以下要求：

（1）必须具有规定的电气强度和足够的机械强度。

（2）必须具有良好的热稳定性，并能承受短路时的瞬间过热。

（3）外形小、重量轻、密封性能好、通用性强和便于维修。

124. 变压器套管由哪几部分组成？

答：套管由带电部分和绝缘部分组成，带电部分结构有导电杆式和穿缆式两种；绝缘部分分为外绝缘和内绝缘，外绝缘有套管和硅橡胶两种，内绝缘为变压器油、附加绝缘和电容型绝缘。油纸电容式套管结构如图 2-13 所示。

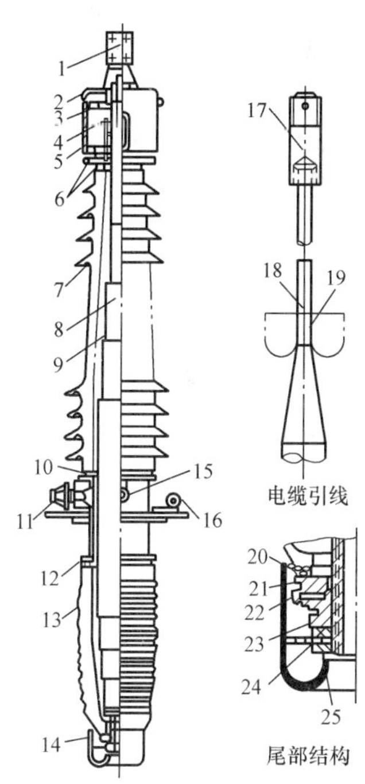

图 2-13　油纸电容式套管结构

1—接线头；2—均压罩；3—压圈；4—螺杆及弹簧；5—储油柜；6、10、12、20—密封垫圈；7—上瓷套；8—电容心子；9—变压器油；11—接地套管；13—下瓷套；14—均压球；15—取油样塞子；16—吊环；17—引线接头；18—半叠一层直纹布带；19—电缆；21—底座；22—放油塞；23—封环；24—垫圈；25—圆螺母

125. 变压器套管如何分类？

答：（1）变压器套管按电压等级可分为两种。

1）40kV 及以下绝缘套管：单体瓷绝缘式套管、有附加绝缘的套管、40kV 及以下的大电流套管。

2）66kV 及以上的电容式套管。电容式套管广泛应用于 66kV 及以上电压等级的电网中，它利用电容分压原理来调整电场，使径向和轴向电场分布趋于均匀，从而提高绝缘的击穿电压。它是在高电位的导电管（杆）与接地的末屏之间，用一个多层紧密配合的绝缘纸和薄铝箔交替卷制而成的电容心子作为套管的内绝缘。根据材质及制造方法的不同，可分为胶纸电容式、油纸电容式和干式套管。目前广泛使用油纸电容式和干式套管。

（2）因主绝缘机构不同可分为：胶粘纸、胶浸纸、油浸纸、浇铸树脂、其他绝缘气体或液体。

（3）因用途不同又分为：油—空气套管、油—油套管、油—SF_6 套管、大电流套管。

（4）按载流方式有：穿缆式、直接载流式。

126. 油纸电容式末屏上引出的小套管有什么用途？运行中为什么要接地？

答：末屏采用小套管引出，主要是便于将末屏与接地的法兰断开。这样可以在小套管与地之间串入阻抗或仪器，以便对大型设备上的电容套管单独进行介损、电容量的测量，并且还可以对运行中的电容套管进行带电监测。对大型设备做高压试验时，还可以利用其本身的电容套管作耦合电容并从小套管提取信号。例如对大型变压器进行交流耐压和局部放电试验时，可以利用小套管提取电压的局部放电信号等。

小套管接地后，能使电容套管承受的电压均匀地分配在各电容层间。如小套管运行不接地，由于小套管与接地法兰断开，末屏与法兰之间的阻抗变得很大（主要由两者之间的电容和绝缘电阻决定），使得末屏对地电压升高，造成末屏或小套管对法兰放电，引起套管故障。

127. 引线的作用是什么？

答：（1）完成要求的连接组别。

（2）电流的引出。

128. 变压器在正常运行时为什么要调压？

答：变压器正常运行时，由于负荷变动，或一次侧电源电压的变化，二次侧电压也是经常在变动的。电网各点的实际电压一般不能恰好与额定电压相等。这种实际电压与额定电压之差称为电压偏移。电压偏移的存在是不可避免的，但要求这种偏移不能太大，否则就不能保证供电质量，就会对用户带来不利的影响。因此，对变压器进行调压（改变变压器的变比），是变压器正常运行中一项必要的工作。

129. 什么叫分接开关？什么叫无励磁调压？什么叫有载调压？

答：连接以及切换变压器分接抽头的装置，称为分接开关。

如果切换分接头必须将变压器从电网中切除，即不带电切换，称为无励磁调压，这种分接开关称为无励磁分接开关。

如果切换分接头不需要将变压器从电网中切除，即可以带着负荷切换，则称为有载调压，这种分接开关称为有载分接开关。

130. 有载调压变压器与无励磁调压变压器有什么不同？各有何优缺点？

答：有载调压变压器与无励磁调压变压器不同点在于：前者装有带负荷调压装置，可以带负荷调压，后者只能在停电的情况下改变分接头位置，调整电压。有载调压变压器用于电压质量要求较严的地方，还可加装自动调压检测控制部分，在电压超出规定范围时自动调整电压，其主要优点是：能在额定容量范围内带负荷调整电压，且调整范围大，可以减少或避免电压大幅度波动，母线电压质量高，但其体积大，结构复杂，造价高，检修维护要求高。无励磁调压变压器改变分接头位置时必须停电，且调整的幅度较小（每改变一个分头，其电压调整 2.5%或 5%），输出电压质量差，但比较便宜，体积较小。

有载调压的基本原理，就是在变压器的绕组中，引出若干分接抽头，通过有载调压分接开关，在保证不切断负荷电流的情况下，由一个分接头切换到另一个分接头，以达到改变绕组的有效匝数，即改变变压器变比的目的。

131. 什么是恒磁通调压？有哪些特点？

答：恒磁通调压一般用于电力变压器与配电变压器的调压。不论分接开关在哪个位置，不带分接的绕组始终为额定空载电压的调压方式为恒磁通调压。有分接的绕组上每匝所施加的电压与无分接绕组的每匝电压相等的情况就是恒磁通调压。

在恒磁通调压中，每个分接位置的输出容量均不大于额定容量，空载损耗值在每个分接位置时都是相等的。每个分接位置的负荷损耗与阻抗电压都是不同的。恒磁通调压时分接开关的选用都按最小分接位置时最大分接电流选取，并要考虑过负荷能力。

对恒磁通调压变压器而言，不是所有运行情况下都是恒磁通下运行，仍有过励磁与欠励磁的可能。

当分接位置固定时，外施电压高于相应的分接电压时，即每匝电压高于额定匝电压，铁芯中即存在过励磁。根据标准规定，恒磁通调压变压器应能在110%额定磁通密度下长期空载运行，或在105%额定磁通密度长期在额定电流下运行。系统中无功容量不足，系统电压偏低，会使变压器在欠励磁下运行。在运行中，如果每匝电压虽保持相同，系统的频率变化时也会引起过励磁与欠励磁。在运行中，如发电机功率不足，系统中频率会下降，变压器中磁通密度即增加，使变压器在过励磁条件下运行。

为保持二次侧始终为恒定电压输出，就可利用高压侧加有载调压分接开关来实现。

所以，恒磁通调压只是理论上存在的一种调压方式，在设计上相当于每匝电压在任何分接位置都相同的一种调压方式，在实际运行中，恒磁通调压变压器铁芯中磁通密度仍是会变动的。

132. 什么是变磁通调压？有什么特点？

答：变磁通调压用的分接匝数设在一次侧，而一次输入电压为恒定值。因此，不同分接位置时会产生不同的匝电压，在铁芯中磁通密度也是变量。

设额定频率为50Hz，U_1为外施相电压，N_1为一次主分接匝数，n为调压匝数。恒定的外施电压加在最少调压匝数的分接位置时，铁芯中具有最高的磁通密度值。

二次侧在此分接位置时输出最高电压。自耦变压器有时采用中性点调压方案，此时可选用较低绝缘等级的有载调压分接开关。在自耦变压器的中性点调压方案中，会产生过励磁与欠励磁。这是由于调压匝数加在公共绕组上的原因，调压匝数产生的电压既影响一次又影响二次电压。当自耦变压器的电压比越接近时，过励磁与欠励磁现象越严重。电压比接近的自耦变压器一般不选用中性点调压方案。

133. 为什么1000kV变压器采用中性点调压方式？

答：常规500kV自耦变压器大都采取中压线端调压，调压引线和开关的电压水平为220kV。而1000kV主变压器的中压线端为500kV，如果采用中压线端调压，调压开关的电压水平将为500kV，这样不仅给产品的设计、制造造成极大困难，更对产品的安全运行不利。因此，1000kV主变压器采用了中压末端，也即中性点调压方式。但自耦变压器的高、中压为公用中性点，采用中性点调压时，各分接位置的匝电动势和铁芯磁通密度将发生变化，也就是变磁通调压。如果不采取措施，其低压输出电压也将随分接位置的变化而变化。所以，国内自耦变压器一般不采用中性点调压的方式。

134. 有载分接开关由哪些主要部件组成？各部件的作用是什么？

答：（1）有载分接开关。它是能在变压器励磁或负荷状态下进行操作的分接头切换开关，是用于调换绕组分接头运行位置的一种装置。通常它由一个带过渡阻抗的切换开关和一个带（或不带）范围开关的分接选择器所组成。整个开关是通过驱动机构来操作的（在有些型式的分接开关中，切换开关和分接选择器的功能被结合成为一个选择开关）。

（2）分接选择器。它是能承载但不能接通或断开电流的一种装置，与切换开关配合使用，以选择分接头的连接位置。

(3) 切换开关。它是与分接选择器配合作用，以承载、接通和断开已选电路中的电流的一种装置。

(4) 选择开关。它把分接选择器和切换开关的作用结合在一起，是能承载接通和断开电流的一种装置。

(5) 范围开关。它具有通电能力，但不能切断电流。它可将分接绕组的一端或另一端接到主绕组上。

(6) 驱动机构。它是驱动分接开关的一种装置。

(7) 过渡阻抗。在切换时用以限制在两个分接头间的过渡电流，以限制其循环电流。

(8) 主触头。它是承载通过电流的触头，是不经过过渡阻抗而与变压器绕组相连接的触头组，但不用于接通和断开任何电流。

(9) 主通断触头。它不经过过渡阻抗而与变压器绕组相连接，是能接通或断开电流的触头组。

(10) 过渡触头。它是经过串联的过渡阻抗而与变压器绕组相连接的，是能接通或断开电流的触头组。

135. 有载调压分接开关的操作方式有哪些？

答：变压器有载调压分接开关的操作有近控和远控两种方式。

近控方式是在现场有载调压控制箱内进行，近控操作分电动和手动，手动操作用于检修人员在检修时对分接头开关进行操作，电动操作是在远方操作失灵的情况下使用。

远方操作用于运行人员在变压器运行时对分接头的操作（有时检修分接头也有在远方操作的情况）。

若低压侧母线电压偏高则高压侧分接头开关朝上一挡（高挡电压）调节，反之则下调。

136. 运行中的变压器如有载调压装置电动失灵，应用什么方法调压？

答：在运行中的变压器需要调压时，如果有载调压装置失灵可以用手动调压。手动调压前应先切断自动控制调压电源，然后用手柄调压，根据现场规程（按制造厂规定）和分接开关指示位置将变压器分接开关调到所需要的位置。

137. 三绕组变压器调节高压侧分接头与调节中压侧分接头的区别是什么？

答：三绕组变压器有时在高压、中压侧都装有分接开关。改变高压侧分接开关的位置能改变中压、低压两侧的电压。若改变中压侧分接开关位置，只能改变中压侧的电压。例如：

(1) 因系统电压变动或因负荷变化需要调整电压时，只改变高压侧分接开关位置即可使中压、低压侧为需要的电压。

(2) 如果只是低压侧需要调整电压，而中压侧仍需维持原来的电压，此时除改变高压侧分接开关位置外，中压侧分接开关位置也需改变。

138. 有载分接开关在操作及运行时的注意事项有哪些？

答：(1) 新装或吊罩后的有载调压变压器，投入电网完成冲击合闸试验后，空载情况下，在控制室进行远方操作一个循环（如空载分接变换有困难，可在电压允许偏差范围内进行几个分接的变换操作），各项指示应正确、极限位置电气闭锁应可靠，其三相切换电压变换范围和规律与产品出厂数据相比较应无明显差别，然后调至所要求的分接位置带负荷运行，并应加强监视。

(2) 有载分接开关及其自动控制装置，应经常保持良好运行状态。如因故障停用，应立即汇报，并及时处理。

（3）电力系统各级变压器运行分接位置应按保证发电厂、变电站及各用户受电端的电压偏差不超过允许值，并在充分发挥无功补偿设备的经济效益和降低线损的原则下，优化确定。

（4）正常情况下，一般使用远方电气控制。当远方电气回路故障和必要时，可使用就地电气控制或手动操作。当分接开关处于极限位置又必须手动操作时，必须确认操作方向无误后方可进行。就地操作按钮应有防误操作措施。

（5）分接变换操作必须在一个分接变换完成后方可进行第二次分接变换。操作时应同时观察电压表和电流表指示，不允许出现回零、突跳、无变化等异常情况，分接位置指示器及计数器的指示等都应有相应变动。

（6）当变动分接开关操作电源后，在未确证相序是否正确前，禁止在极限位置进行电气操作。

（7）由三台单相变压器构成的有载调压变压器组，在进行分接变换操作时，应采用三相同步远方或就地电气操作并必须具备失步保护。在实际操作中，如果出现因一相开关机械故障导致三相位置不同时，应利用就地电气或手动将三相分接位置调齐，并报修，修复以前不允许进行分接变换操作。

（8）原则上运行时不允许分相操作，只有在不带负荷的情况下，方可在分相电动机构箱内操作，同时应注意下列事项：

1）在三相分接开关依次完成一个分接变换后，方可进行第二次分接变换，不得在一相连续进行两次分接变换。

2）分接变换操作时，应与控制室保持联系，密切注意电压表与电流表的变动情况。

3）操作结束，应检查各相开关的分接位置指示是否一致。

（9）两台有载调压变压器并联运行时，允许在85%变压器额定负荷电流及以下的情况下进行分接变换操作，不得在单台变压器上连续进行两个分接变换操作，必须在一台变压器的分接变换完成后再进行另一台变压器的分接变换操作。每进行一次变换后，都要检查电压和电流的变化情况，防止误操作和过负荷。升压操作，应先操作负荷电流相对较少的一台，再操作负荷电流相对较大的一台，防止过大的环流。降压操作时与此相反。操作完毕，应再次检查并联的两台变压器的电流大小与分配情况。

（10）有载调压变压器与无励磁调压变压器并联运行时，应预先将有载调压变压器分接位置调整到无励磁调压变压器相应的分接位置，然后切断操作电源再并联运行。

（11）当有载调压变压器过负荷1.2倍运行时，禁止分接开关变换操作并闭锁。

（12）如有载调压变压器自动调压装置及电容器自动投切装置同时使用，应使按电压调整的自动投切电容器组的上下限整定值略高于有载调压变压器的整定值。

（13）运行中分接开关的油流控制继电器或气体继电器应有校验合格有效的测试报告。若使用气体继电器代替油流控制继电器，运行中多次分接变换后动作发信，应及时放气。若分接变换不频繁而发信频繁，应做好记录，及时汇报并暂停分接变换，查明原因。

（14）当有载调压变压器本体绝缘油的色谱分析数据出现异常或分接开关油位异常升高或降低，直至接近变压器储油柜油面，应及时汇报，暂停分接变换操作，进行追踪分析，查明原因，消除故障。

（15）运行人员在调节时应注意：

1）确定分接头调节方向。

2）查看分接头档数变化是否正常。

3）每调节一挡应查看母线电压指示是否正常，母线电压是否正常变化。

通过母线电压表，以及变压器本身各侧电压表读数，可判断有载调压分接开关动作是否正确。

（16）变压器有载调压次数的规定。有载调压装置的调压操作由运行人员按主管调度部门确定的电压曲线进行，每天调节次数（每调节一个分接头为一次）为：35kV 主变压器一般不超过 20 次，110～220kV 主变压器一般不超过 10 次。

139. 在什么情况下，不宜采用调整变压器分接头的方式来提高母线电压？为什么？

答：在系统无功功率不足的情况下，不宜采用调整变压器分接头的办法来提高电压。因为当某一地区的电压由于变压器分接头的改变而升高后，该地区所需的无功功率也增大了，这就可能扩大系统的无功缺额，从而导致整个系统的电压水平降低。

只有在系统的无功满足要求的前提下，调节变压器的分接头才可以改善局部的电压。

140. 运行中为什么要重点检查有载调压油箱油位和有载调压装置动作记录？

答：运行中应重点监视有载调压油箱的油位。因为有载调压油箱与主油箱不连通，油位受环境温度影响较大，而有载调压开关带有运行电压，操作时又要切断并联分支电流，故要求有载调压油箱的油位常达到标示的位置。油的击穿电压不得小于 25kV。

运行中必须认真检查和记录有载调压装置的动作次数。调压装置每动作 5000 次以后，应对调压开关进行检修，假若触头烧损严重，其厚度不足 7mm 时应更换触头。在操作 1 万次以后，必须进行大修。选择开关不易磨损和出故障，对选择开关的第一次检查可在动作 1 万次以后进行，其后可视情况定期检查或定次检查。

141. 变压器有载调压装置在什么情况下不能调压？

答：（1）变压器有载调压装置耐压不合格。

（2）变压器负荷超过现场运行规程规定或制造厂规定。

（3）调压次数超过规定。

（4）有载调压装置的瓦斯保护频繁发出信号。

（5）调压装置发生异常或有载调压装置油标管中无油。

142. 气体继电器的作用是什么？

答：气体继电器是变压器内部故障的主要保护元件，安装在储油柜的下部储油柜与变压器油箱相连的联管上，允许通往储油柜的一端稍高，但其轴线与水平面的倾斜度不得超过 4%。变压器正常运行时，气体继电器内一般充满变压器油。

气体继电器的作用是，当变压器内部发生绝缘击穿、线匝短路及铁芯烧毁等故障时，使油分解产生气体或造成油流冲动时，使气体继电器的接点动作，以接通指定的控制回路，并及时发出信号或自动切除变压器。

143. 气体继电器的工作原理如何？

答：轻瓦斯保护的气体继电器由开口杯、干簧触点等组成，作用于信号。重瓦斯保护的气体继电器有挡板、弹簧、干簧触点等组成，作用于跳闸。

正常运行时，气体继电器充满油，开口杯浸在油内，处于上浮位置，干簧触点断开。当变压器内部故障时，故障点局部发生高热，引起附近的变压器油膨胀，油内溶解的气体被逐出，形成气泡上升，同时油和其他材料在电弧和放电等的作用下电离而产生气体。当故障轻微时，排出的气体缓慢地上升而进入气体继电器，使油面下降，开口杯产生以支点为轴的逆时针方向转动，使干簧触点接通，发出信号。

若变压器因漏油而使油面下降，也同样发出报警信号（对于进口气体继电器则发出跳闸信号）。

当变压器内部发生严重故障，油箱内压力瞬时升高，则在气体继电器所在的连接管路中产生油的涌浪，冲击气体继电器的挡板，当挡板旋转到某一限定位置时，气体继电器发出跳闸信号，切断与变压器连接的所有电源，从而起到保护变压器的作用。

144. 如何根据气体的颜色来判断故障？

答：可按下面气体的颜色来判断故障：

（1）灰黑色，易燃。通常是绝缘油炭化造成的，也可能是接触不良或局部过热导致。

（2）灰白色，可燃。有异常臭味，可能是变压器内纸质烧毁所致，有可能造成绝缘损坏。

（3）黄色，不易燃。木质制件烧毁所致。

（4）无色，不可燃。无味，多为空气。

145. 压力继电器的工作原理如何？

答：压力继电器是变压器的压力保护装置，安装在变压器油箱的顶部或侧壁，当变压器由于故障引起油箱内压力升高的速率超过规定值时，压力继电器迅速动作发出跳闸信号使变压器停止运行，防止变压器故障进一步发展。

146. 温度计的作用是什么？

答：一般大型变压器都装有测量上层油温的带电触点的测温装置，它装在变压器油箱外，便于运行人员监视变压器油温情况。

用于测量变压器上层油温的测温装置有电触点压力式温度计和遥测温度计。

电触点压力式温度计除了可以测量变压器的实时温度外，还带有电触点，若温度到达或超过上、下限给定值时，其触点会闭合，发出报警信号。

147. 油面温度计（压力式）的工作原理如何？

答：油面温度计是用来测量变压器油箱顶层油温的。它主要由温包、毛细管、表头组成；温度计温包插入油箱箱盖上的温度计座内，温度计表头则安装在油箱侧壁适当高度上，以便于接线和读数。

当变压器内部油温升高时，油面温度计的温包内的感温介质体积随之增大，这个体积增量通过毛细管传递到仪表头内弹性元件上，使之产生一个相对应的位移，这个位移经机构放大后便可驱动指针指示被测油面温度，并驱动微动开关，开关信号用于控制冷却系统和变压器二次保护（报警和跳闸）。

148. 绕组温度计（压力式）的工作原理如何？

答：绕组温度计是用来测量变压器绕组热点温度的。它主要由温包、毛细管、电流匹配器（分内置式和外置式）、表头组成；温度计温包插入油箱箱盖上的温度计座内，内置式电流匹配器安装在绕组温度计内部，外置式电流匹配器安装在油箱上绕组温度计附近，温度计表头安装在油箱侧壁适当高度上，以便于接线和读数。

当变压器内部油温升高时，绕组温度计的温包内的感温介质体积随之增大，这个体积增量通过毛细管传递到仪表内弹性元件上，使之产生一个相对应的位移；同时变压器的负荷电流（与变压器负荷成正比）通过电流互感器二次侧输出给电流匹配器，经过电流匹配器变流后，输出与变压器油温差相对应的电流给电热元件，通过电热元件加热后，弹性元件又增加一个位移量，两个位移经机构放大后便可驱动指针指示被测绕组热点温度，并驱动微动开关，开关信号用于控制冷却系统和变压器二次保护（报警和跳闸）。

149. 电阻温度计（电阻式）的工作原理如何？

答：电阻温度计也是用来测量变压器油箱顶层油温的。它的工作原理是利用电阻的热特性，变压器常用的电阻温度计的电阻是 Pt100 铂电阻。电阻温度计由两个部件组成：一是动圈式温度指示仪表，另一部件为热电阻检测元件。运行时，热电阻是装在变压器的箱盖上的，温度指示仪则装在控制室，两者之间通过控制电缆或光缆连接起来，所以可以实现遥测的方式。

电阻温度计的电阻安装在油箱箱盖上的温度计座内。电阻式温度计不带本地显示，它与温度显示仪表配套使用，主要用于控制室内温度远方显示。电阻温度计与温度显示仪表之间的连接分三线制和四线制两种。

当变压器内部顶层油温升高时，电阻温度计输出的电阻值随之增大，如当温度为 0℃，Pt100 电阻温度计输出的电阻值为 100Ω。

150. 绕组的温度是如何测量的？

答：绕组温度的测量使用间接方法：绕组和油之间的温差决定于绕组电流，而电流互感器二次电流与电抗器绕组电流成正比。将互感器二次电流经匹配器接至温控器的传送器，从而产生比实测油温高一个温度的指示值即为绕组温度。

因变压器电流互感器输出与电流值有很大的差异，所以在互感器输出电流不在 1.5～3A 之间时应选用匹配器，接线时应按实际输出电流值接入相应端子。

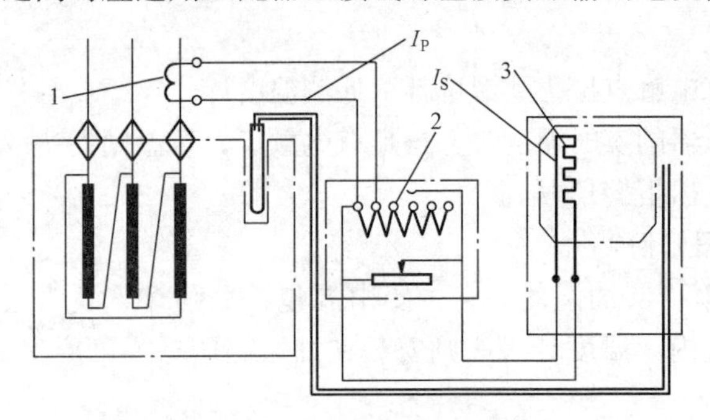

图 2-14　AKM35 系列绕组温度控制器工作原理图
1—主变压器 TA；2—匹配器 AKM44677；3—发热元件；I_P—来自主变压器 TA 二次侧电流；I_S—相应铜油温差 ΔT 所需的电流

151. 举例说明绕组温度计的工作原理。

答：AKM35 系列绕组温度控制器是采用模拟测量方法间接地测量绕组热点温度，如图 2-14 所示。绕组温度 T_1 为变压器顶层油温 T_2 与变压器铜油温差 ΔT 之和，即 $T_1=T_2+\Delta T$。

绕组温度是变压器顶层油温使仪表内弹性波纹管产生对应的角位移量叠加仪表内发热元件产生的角位移量，从而指示变压器绕组温度。发热元件是通过匹配器及变压器 TA 二次侧负载情况变化而补偿不同的铜油温差。

152. 变压器净油器的作用是什么？

答：运行中的变压器因上层油温与下层油温的温差，使油在净油器内循环。净油器是一个充有吸附剂（除酸硅胶或活性氧化铝）的金属容器。变压器油流经吸附剂时，油中水分、游离酸和各种氧化物，都被吸附剂所吸收，使油得到连续的再生，油质能长时间保持在合格状态。如果压力释放阀和全密封储油柜配合使用时，可以不装净油器。

153. 对净油器中吸附剂的性能有哪些要求？

答：（1）吸水率大于 20%。

（2）吸酸量大于5mg（KOH）/g（硅胶）。

（3）含水分小于0.5g。

（4）外状是乳白色。

吸附剂的用量按油的总质量来确定。除酸硅胶的用量为总量的0.75%～1.25%，小容量变压器用较大数值，大容量变压器用较小数值。氧化铝的用量为油总质量的0.5%。

154. 在线监测设备的工作原理如何？

答：变压器在运行中，由于变压器内部的带电部件在高电场的作用下，可能会对非带电部件（如油箱）进行放电；另外在热和电的双重作用下，变压器油和绝缘材料会逐渐老化和分解，产生各种低分子烃类及二氧化碳、一氧化碳等气体，当变压器存在潜伏性过热或放电故障时，就会加快这些气体的产生速度，这些气体大部分溶解在变压器油中；另外由于变压器器身干燥和密封的问题，在变压器绝缘部件和油中可能会有水分存在。利用变压器在线监测设备可在线监测分析变压器内部的局放情况、油中溶解气体的组成和含量、油中溶解水分的含量，就能尽早发现变压器内部存在的潜伏性故障，并可随时掌握故障的发展情况。

目前变压器上采用的在线监测设备分为三类：第一类为套管在线监测设备，主要在线监测变压器套管的电容、介损和泄漏电流；第二类为气体（水）在线监测设备，主要在线监测变压器内部各种气体的组分及含量和水的含量；第三类为局放在线监测设备，主要在线监测变压器内部局放量的大小及相对位置。

三、自耦变压器

155. 什么是自耦变压器？

答：自耦变压器是只有一个绕组的变压器，当它作为降压变压器使用时，从绕组中抽出一部分线匝作为二次绕组；当作为升压变压器使用时，外施电压只加在绕组的一部分线匝上。通常把同时属于一次和二次的那部分绕组称为公共绕组，其余部分称为串联绕组。

156. 自耦变压器的额定容量、标称容量、通过容量、电磁容量、标准容量、传导容量的含义是什么？

答：（1）额定容量：略。

（2）标称容量：指的是铭牌容量，也是额定容量。

（3）通过容量：自耦变压器负荷端的输出容量。自耦变压器铭牌上所标注的额定容量即是通过容量。

（4）电磁容量（设计容量）：自耦变压器利用电磁感应原理将一次绕组（原边）的电功率传递到二次绕组（副边），电磁容量小于额定容量。

（5）标准容量：自耦变压器公共绕组的容量，也就是电磁容量。

（6）传导容量：是通过串联绕组电路直接由电源传递到负荷的容量，传导容量不需要增加二次绕组的容量。

在自耦变压器中：标称容量＝额定容量＝通过容量＝电磁容量（设计容量）＋传导容量。

157. 自耦变压器有哪些优缺点？

答：与同容量的双绕组变压器相比，自耦变压器有以下优点：

（1）节省材料。自耦变压器是将二次绕组容量作为一次绕组的一部分，这就等于省去了一次绕组的一部分。另外，作为二次侧的绕组容量还可以做成为同额定容量的双绕组变压器的容量的（$1-1/K$），这就可以省去制作绕组所需要的部分导线及绝缘材料。由于电磁容量为标称容量的（$1-1/K$），故铁芯尺寸也可缩小，节省了硅钢片。由于省去了一次绕组的一部分，减小了二次绕组导线的截面积以及缩小了铁芯尺寸，使得变压器体积减小，还可以节省部分钢材。由此可以看出，自耦变压器节省材料的优点是非常显著的。

（2）降低损耗。由于自耦变压器省去了一次绕组的一部分，负荷损耗减小为原双绕组变压器（$1-1/K$），且公共绕组的电流只有二次电流的（$1-1/K$），截面积也小至（$1-1/K$），故运行时总的铜损是双绕组变压器铜损的（$1-1/K$）。由于自耦变压器的电磁容量为标称容量的（$1-1/K$），铁芯尺寸比同容量的双绕组变压器小，励磁电流也相应减小，这就降低了自耦变压器的铁损。

（3）便于制造和使用。与同容量的双绕组相比，自耦变压器的体积小、重量轻，便于运输和安装。

（4）自耦变压器的一、二次绕组不仅有磁的联系，还有电的联系。为了改善感应电动势波形，还设有一个单独的第三绕组接成三角形，第三绕组与高、中压绕组间只有磁路上的联系，并无电路上的联系，除补偿三次谐波电流之外，还可以连接发电机、补偿设备以及作为变电站用电。仅用于改善波形的第三绕组，容量不应小于电磁容量的35%，一般第三绕组的容量为额定容量的1/2～1/3。

缺点：

（1）自耦变压器的中性点必须接地或经小电抗接地。当自耦变压器高压侧网络发生单相接地故障时，若中性点不接地，则在其中压绕组上将出现过电压，自耦变压器变比 K 越大，中压绕组的过电压倍数越高。为了防止这种情况发生，其中性点必须接地。中性点接地后，高压侧发生单相接地时，中压绕组的过电压便不会升高到危险的程度。

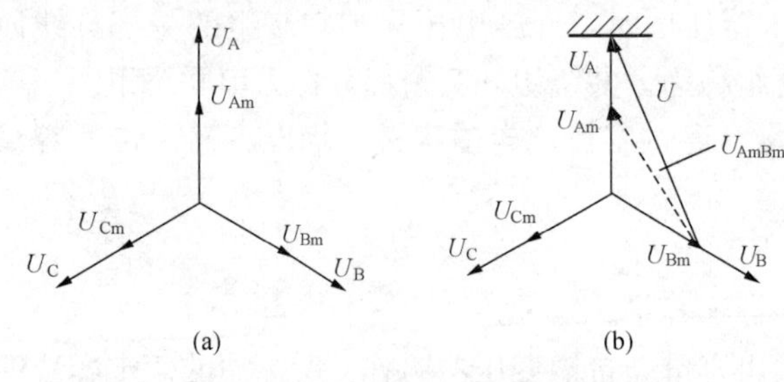

图 2-15　自耦变压器电压相量图

（a）正常运行时；（b）A 相单相接地故障时

由图 2-15（b）可见，在 A 相接地时中性点发生位移，中压 B_m 相对地电压 U 比中压正常线电压 U_{AmBm} 还大。高、中压变比越大，过电压倍数越大，如果变比等于 2，则 $U/U_{Bm}=2.64$。因此自耦变压器的中性点在运行时必须接地，所以只能运行在直接接地系统中。

（2）引起系统短路电流增加。由于自耦变压器有自耦联系，其电抗为同容量双绕组变压器的（$1-1/K$），漏阻抗的标幺值是等效的双绕组变压器的（$1-1/K$）。所以自耦变压器电压变动小而短路电流较同容量双绕组变压器大。这就是自耦变压器使系统短路电流显著增加的原因。

（3）两侧过电压的相互影响。自耦变压器因其绕组有电的连接，当某一侧出现大气过电压或操作过电压时，另一侧的过电压可能超过其绝缘水平。因此，自耦变压器两侧出线端必须装设避雷器。

（4）使继电保护复杂。

（5）由于一、二次绕组有电的联系，造成调压上的一些困难，目前一般采用三台分接开关进行中部调压。

158. **自耦变压器在运行中应注意什么问题？**

答：（1）由于自耦变压器的一、二次绕组间有电的联系，为防止由于高压侧发生单相接地故障而引起低压侧（非三角形侧）的电压升高，用在电网中的自耦变压器中性点必须可靠地直接接地。

（2）由于一、二次绕组间有直接电的联系，高压侧受到过电压时，会引起低压侧的严重过电压，为避免这种危险，须在一、二次侧加装避雷器。

（3）由于自耦变压器的短路阻抗较小，短路时比普通变压器的短路电流大，因此在必要时需采取限制短路电流的措施。

（4）自耦变压器采用中性点接地的星形连接时，因产生三次谐波磁通而使电动势峰值严重升高，对变压器绝缘不利。为此，现代的高压自耦变压器都制成三绕组的，其中高、中压绕组接成星形，而低压绕组接成三角形。第三绕组与高中压绕组是分开的、独立的，只有磁的联系，和普通变压器一样。增加了这个低压绕组后，形成了高、中、低三个电压等级的三绕组自耦变压器。目前电力系统中广泛使用的三绕组自耦变压器一般为 YNa0d11 接线。

159. **自耦变压器的变比如何选择？**

答：自耦变压器的一系列优点都是由于电磁容量小于标称容量所致，即 $S_{DC}=\left(1-\frac{1}{K}\right)S_N \leqslant S_N$，当 $K(K>1)$ 越接近 1 时，系数 $\left(1-\frac{1}{K}\right)$ 越小，自耦变压器的优点就越显著；当 K 较大时，绕组容量也增大，优越性就降低。所以，自耦变压器适用于一、二次电压比不大的场合。一般自耦变压器的变比 K 在 2 左右。

从以上对自耦变压器特点的分析可知，选用自耦变压器是有条件的，在电压比不大的变电站中作降压用的自耦变压器方能充分发挥其优越性，而在其他的地方只能选用双绕组变压器作为电压变换和能量传输设备。

160. **自耦变压器的绕组如何排列？**

答：自耦变压器绕组由里向外的排列为低压绕组、公共绕组、串联绕组，如图 2-16 所示。

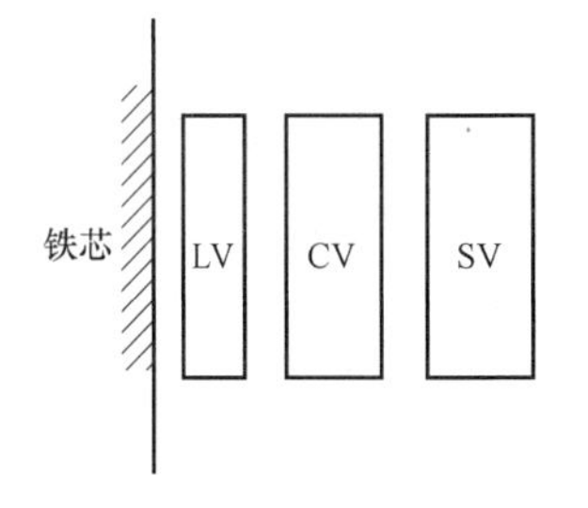

图 2-16 自耦变压器的绕组排列

LV—低压绕组；CV—公共绕组；SV—串联绕组

161. **超高压自耦变压器低压侧的三角形接线有什么作用？**

答：由于 500kV 变压器具有高电压大电流等特点，在铁芯饱和时，正弦波的电流会产生平顶波的磁通，其中影响最大的是三次谐波，而采用低压侧带有三角形接线第三绕组的星形接线的 500kV 自耦变压器，则可起到以下作用：

（1）补偿三次谐波，使三次谐波磁通不能进入自耦变压器的其他绕组，从而改善电压波形。

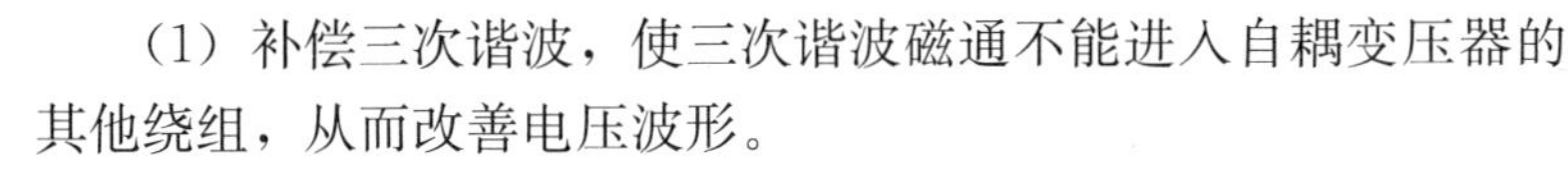

（2）避免可能出现的谐波过电压。

（3）消除三次谐波电压对电信线路的影响。

另外，低压侧的三角形接线还可以带负荷，并可为满足超高压电网巨大的无功功率吸收或补充而连接低压电抗器和电容器。

第三组绕组除了补偿三次谐波外，还可以作为带负荷的绕组，其容量等于自耦变压器的电磁容量。如仅用于改善电动势波形，则其容量等于电磁容量 25%～30%。

162. **自耦变压器在不同的运行方式下，其负荷分配应注意哪些问题？**

答：（1）高压侧向中压侧（或中压侧向高压侧）送电。高压侧向中压侧送电为降压式，中压绕组布置在高、低之间，一般可传输全部额定容量。中压绕组向高压侧送电为升压式，中压绕组靠近铁芯柱布置。因为漏磁通在结构中引起较大的附加损耗，故其最大传输功率往往需要限制在额定容量的70%～80%。

（2）高压侧向低压侧（或低压侧向高压侧）送电。它和普通变压器相同，最大传输功率不得超过低压绕组的额定容量。

（3）中压侧向低压侧（或低压侧向中压侧）送电。其情况与（2）相同。

（4）高压侧同时向中压侧和低压侧（或低压侧和中压侧同时向高压侧）送电。在这种运行方式下，最大允许的传输功率不能超过自耦变压器的高压绕组（即串联绕组）的额定容量，否则高压绕组将过负荷。

（5）中压侧同时向高压侧和低压侧（或高压侧和低压侧同时向中压侧）送电。在这种方式中，中压绕组是一次绕组（即公共绕组是一次绕组），而其他两个绕组是二次绕组。最大传输容量受公共绕组电流的限制，即公共绕组的电流不得超过其额定电流。向两侧传输功率的大小也与负荷的功率因素有关。

四、干式变压器

163. 干式变压器的类型有哪些？

答：目前世界上的干式变压器主要有浸渍式与环氧树脂式（包括浇注式与绕包式）两大类型。

164. 何谓浸渍式干式变压器？

答：浸渍式干式变压器的结构与油浸变压器的结构非常相似，就像一个没有油箱的油浸变压器的器身。可以认为，早期的浸渍式干式变压器结构，就是由油浸式变压器演化而来的。它的低压绕组一般采用箔式绕组或圆筒式（层式）绕组，高压绕组一般为饼式绕组。由于空气的冷却能力要比变压器油差得多，为了保证适当数量的冷却空气吹入绕组，这种变压器要求轴向冷却空道宽度最小为6mm。

浸渍式干式变压器的制造工艺比较简单，通常用导线绕制完成的绕组浸渍以耐高温的绝缘漆，并进行加热干燥处理。根据需要可选用不同耐热等级的绝缘材料，分别制成B级、E级、F级和H级（早期为B、E级），早期这种干式变压器的绝缘材料及其处理工艺都不能满足制造高性能干式变压器的要求，使得这种类型的干式变压器极易受潮，从而大大降低了运行可靠性，同时绝缘水平也较低。另外投运前还需要预先加热干燥，也使运行复杂化。所以，环氧树脂浇注干式变压器正是为了克服这些缺点才应运而生、得以大量发展的。

165. 在我国为什么没有使用所谓浸渍式干式变压器？

答：由于所用绝缘材料价格昂贵，加之防潮性能很差，因而它的绝缘水平较油浸式变压器要低得多，故障率也较高，价格也较贵，从而影响它的广泛使用。

166. 何谓环氧树脂类干式变压器？

答：环氧树脂类干式变压器指主要用环氧树脂作为绝缘材料的干式变压器，它又可分为浇注式与包绕式两类。在现有产品中，绝大多数都是环氧浇注式。

167. 环氧浇注式的干式变压器有哪些特点？

答：（1）绝缘强度高：浇注用环氧树脂具有18～22kV/mm的绝缘击穿场强，且与电压等级相同的油浸式变压器具有大致相同的雷电冲击强度。

（2）抗短路能力强：由于树脂的材料特性，加之绕组是整体浇注，经加热固化成型后成为一个圆柱体，所以机械强度很高，经突发短路试验证明，浇注式变压器因短路而损坏的极少。

（3）防灾性能突出：环氧树脂难燃、阻燃并能自行熄灭，不致引发爆炸等二次灾害。

（4）环境性能优越：环氧树脂是化学上极其稳定的一种材料，防潮、防尘，即使在大气污秽等恶劣环境下也能可靠地运行，甚至可在100%温度下正常运行，停运后无需干燥预热即可再次投运。可以在恶劣的环境条件下运行，是环氧浇注式干式变压器较之浸渍式干式变压器的突出优点之一。

（5）维护工作量很小：由于有了完善的温控、温显系统，目前环氧浇注式干式变压器的日常运行维护工作量很小，从而可以大大减轻运行人员的负担，并降低运行费用。

（6）运行损耗低，运行效率高。

（7）噪声低。

（8）体积小、重量轻，安装调试方便。

（9）不需单独的变压器室，不需吊芯检修，节约占地面积，相应节省土建投资。

168. 浇注式变压器的绕组结构有哪几种？

答：浇注式变压器的绕组结构主要有下列三种类型：

（1）高、低压绕组均采用导线绕制的层式绕组，目前一般采用铜导线，低压一般为多层圆筒式、高压则为分段圆筒式，大容量浇注变压器均采用这种结构。

（2）高压为铜导线绕制的分段圆筒式绕组，低压采用铜箔或铝箔绕式绕组。

（3）高、低压均为箔式。

169. 环氧浇注式变压器的常用铁芯结构如何？

答：环氧浇注式变压器的常用铁芯结构有拉螺杆结构和拉板结构两种形式。图2-17为环氧浇注式变压器铁芯的典型结构。

由图2-17可知，环氧浇注干式变压器铁芯的主要构件为铁轭夹件、拉螺杆或拉板、铁芯绑扎、铁轭夹紧螺杆或铁轭拉带；铁芯的绝缘件为夹件绝缘、螺杆绝缘或拉板绝缘等。

铁轭的夹紧主要由槽钢制成的夹件及夹紧螺杆来实现。上、下夹件通过拉螺杆或拉板压

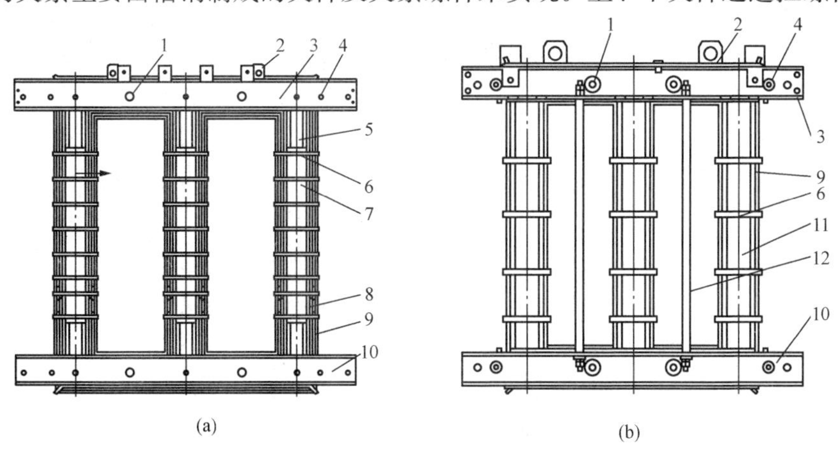

图2-17　环氧浇注式变压器铁芯的典型结构

（a）拉板式；（b）拉螺杆式

1—铁轭夹紧螺杆；2—吊板；3—上夹件；4—旁螺杆；5—拉板；6—绑扎带；7—拉板绝缘；8—硅胶条；9—硅钢片；10—下夹件；11—铁芯封片；12—拉螺杆

紧绕组，铁芯的夹紧结构形成框架结构。

对于大容量环氧浇注干式变压器的铁芯，由于质量比较重（可达 30～40t），体积比较大，一般采用腹板结构。

170. 干式变压器的应用范围如何？

答：干式变压器主要用在中压 10～35kV 系统，同时在众多领域（如地铁牵引整流、发电机励磁、钻井平台、核电厂等）干式变压器得以广泛应用。

（1）配电变压器。

（2）干式电力变压器。

（3）发电机励磁变压器。

（4）牵引整流变压器。

（5）核电厂用干式变压器。

（6）冶金电炉干式变压器。

（7）船用及采油平台用变压器。

（8）H 桥整流变压器。

（9）三相五柱式整流变压器。

（10）电气化铁道站用变压器。

（11）自耦干式变压器。

171. 树脂浇注绝缘干式变压器合理的经济使用寿命为多少？

答：树脂浇注绝缘干式变压器合理的经济使用寿命 20～25 年。

172. 引起干式变压器起火的主要原因有哪些？

答：绝缘老化引起变压器燃烧起火（干式变压器起火故障在现场运行中是比较多的）。树脂浇注绝缘干式变压器合理的经济使用寿命 20～25 年，随着干式变压器使用越来越广泛，以及投入使用年限的增大，再加上干式变压器的设计结构和制造上的缺陷，加速了干式变压器绝缘的老化进程。经统计分析，近几年 10kV 干式配电变压器在电网运行中出现烧毁等问题中，其中 50%烧毁的干式变压器为绝缘老化被击穿所致。运行中的干式中变压器要承受所加电场和空载损耗、负载损耗等产生的热量以及还有环境（如空气中的温度）对绝缘的影响。绝缘材料在电场强度、热及其他因素的影响下而导致绝缘老化，逐渐导致绝缘击穿，即绝缘完全丧失电气性能。

绝缘老化可分为：

（1）初期击穿。初期击穿可能是制造上的差错，绝缘中存在弱点所致。

（2）突发性击穿。突发性击穿是产品本来的性质确定的。

（3）老化击穿。老化击穿是随着运行时间的增长，绝缘老化的结果。

绝缘老化又分为电老化、热老化及局部放电对干式变压器绝缘的老化。

173. 干式变压器局热老化的主要原因是什么？

答：干式变压器运行中产生的损耗转换为热的形式，使绝缘的温度升高，在较高温度下绝缘会产生裂解，因此一般高温下将使电老化加速。如果绝缘材料的质量或选择达不到绝缘等级的要求，就会使绝缘寿命缩短，即绝缘的机械、电气性能逐渐变坏，此过程即为热老化。干式变压器的损坏，一般多由热老化开始，但绝缘中温度分布是不同的，因此绝缘的热老化主要决定于最热点温度。干式变压器运行中的工作温度不应超过绝缘材料允许温度，从而使绝缘具有经济合理的寿命。实际上，干式变压器不是处于恒温下运行的，其工作温度随昼夜、季节等环境温度而变化，则可得出绝缘寿命与其工作温度之间的关系，即6℃法则，温度每增加6℃，干式变压变寿命减少一半，反之亦然。对于绝缘寿命主要由热老化决定的电气设备，其寿命与负载情况密切相关，若允许负载大，则温升高，绝缘老化快，寿命短；反之，如果使寿命长，则须将使用温度限制较低，允许负载小。

174. 干式变压器局部放电老化的主要原因是什么？

答：由于环氧浇注干式变压器已经成为一个钢体，因此在运行中出现相间故障的可能性比较少。而在干式变压器由于绝缘材料存在某些缺陷以及浇注工艺不够完善造成树脂绝缘中总是或多或少、或大或小地存在气隙或气泡，从而导致绝缘中局部放电，这是树脂绝缘干式变压器老化的主要因素。在交流电压下，场强与介电系数成反比，由于树脂绝缘介电系数比空气大得多，故其中的电场强度比树脂中的电场强度高得多，因而其中局部放电就较易发生。局部放电对绝缘结构起很大腐蚀作用，当局部放电发展到严重程度时，最终导致绝缘结构击穿，以致起火。

175. 引起干式变压器在正常运行时噪声的主要原因有哪些？

答：干式变压器因为没有浸在变压器油中，又没有油箱，因此，一般情况下在正常运行时其噪声比同容量油浸式变压器要大，引起干式变压器在正常运行时噪声的主要原因有：

（1）运行电压偏高。电压高，会使变压器过励磁，响声增大且尖锐，直接严重影响变压器的噪声。

（2）风机、外壳、其他零部件的共振。风机、外壳、其他零部件的共振将会产生噪声，一般会误认为是变压器的噪声。

（3）安装中存在缺陷。安装不好会加剧变压器振动，放大变压器的噪声。

（4）安装环境的影响。运行环境影响变压器的噪声，环境不利使变压器噪声增大3～7dB。

（5）由于并排母线有大电流通过，因漏磁场使母线产生振动。母线桥架的振动将严重影响变压器的噪声，使变压器的噪声增大15dB以上，比较难判断，一般用户和安装单位会误认为是变压器的噪声。

（6）变压器铁芯自身共振。硅钢片接缝处和叠片之间存在因漏磁而产生的电磁吸引力。

（7）变压器绕组自身共振。当绕组中有负载电流通过时，负载电流产生的漏磁引起绕组的振动。

（8）负荷性质。使变压器的电压波形发生畸变（如谐振现象），产生噪声。

（9）变压器缺相运行。变压器不能正常励磁，产生噪声。

（10）接触不良。一是由于高压柜内接触不良造成。二是隔离开关没有合到位。

（11）悬浮电位的问题。变压器的夹件槽钢、压钉螺栓、拉板等零部件都喷了蓝色漆，各零部件接触不是很好，在漏磁场的作用下各零部件之间产生悬浮电位放电发出响声。

（12）低压线路发生接地或出现短路现象。当低压线路发生接地或出现短路故障时，变压器就发出轰轰的声音，短路点离变压器越近，声音就越大。

五、牵引变压器

176. 牵引变压器有哪些类型？分别用于哪些地方？

答：牵引变压器分为供电牵引变压器和机车牵引变压器。

(1) 供电牵引变压器。供电牵引变压器就是专门负责给电气化轨道牵引线路供电用的变压器。它是将三相电力系统的电能传输给两个各自带负载的单相牵引线路，也就是一个将三相变两相的变压器，以保证三相电力系统的三相负载平衡。根据供电方式的不同，它有近十种结构方式。

(2) 机车牵引变压器。机车牵引变压器是一种装在机车上专门用于给机车牵引变流器或牵引整流器供电的变压器。由于变流器最早应用于机车牵引上，凡是跟变流器配套使用的变压器都叫做机车牵引变压器。

177. 牵引变压器的作用有哪些?

答: 通常所说的牵引变压器一般认为是电气化轨道交流牵引供电用的牵引变压器。牵引变压器是牵引变电站最主要的设备之一，其主要作用是将电力系统的电能变换成电动车辆所需的电能，并应减少负序电流和高次谐波的产生。具体的说是将电压从高压变为低压，把发电厂输送的高压（330、220、110kV）通过牵引变压器降压，变为适合电力机车运行的27.5kV电压，再通过线路送至接触网，供给电力机车运行。

178. 牵引变压器工作原理是什么?

答: 牵引变压器是一种按电磁感应原理工作的电气设备。一个单相变压器的两个绕组绕在一个铁芯上，二次侧开路原边施加交流电压U_1，则一次侧线圈中流过电流I_1，在铁芯中产生磁通。磁通穿过二次侧线圈在铁芯中闭合，在二次侧感应一个电动势E_2。当变压器二次侧接上负载后，在电动势E_2的作用下将有电流I_2通过，这样负载两端会有一个电压降U_2，$U_2 \approx E_2$，$U_1 \approx E_1$，所以$U_1/U_2 = E_1/E_2 = n_1/n_2 = K$（变比），式中，$U_1$、$U_2$为一、二次侧绕组的端电压；$n_1$、$n_2$为一、二次侧绕组的匝数；$K$为变压器的变比。由式中可以看出，由于变压器一、二次侧绕组匝数不同，因而起到了变换电压的作用。

179. 铁路系统主要牵引变压器的种类有哪些?

答: 铁路系统主要牵引变压器的种类有：①单相接线变压器；②单相（三相）Vv接线变压器；③单相（三相）VX接线变压器；④三相YNd11接线变压器；⑤斯科特接线变压器；⑥接线阻抗平衡牵引变压器。

180. 简述单相接线牵引变压器工作原理及优缺点。

答: (1) 单相接线牵引变压器工作原理。牵引变压器的一次侧跨接于三相电力系统中的两相，二次侧一端与牵引侧母线连接，另一端与轨道及接地网连接，其供电示意图如图2-18所示。

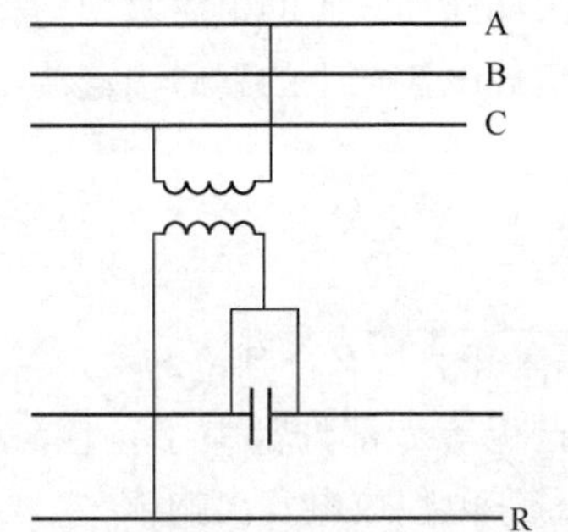

图2-18 单相变压器供电示意图

(2) 优点。容量利用率可达100%，主接线简单，设备少，占地面积小，投资少。

(3) 缺点。不能供应地区和牵引变电站三相负荷用电，在电力系统中，单相牵引负荷产生的负序电流较大，对接触网的供电不能实现双边供电。适用于电力系统容量较大，电力网比较发达，三相负荷用电能够可靠的由地方电网得到供应的场合。

181. 简述单相Vv接线变压器工作原理及优缺点。

答: 将两台单相牵引变压器以V的方式联于三相电力系统，每一个牵引变电站都可以实现由三相系统的两相电压供电。将两变压器二次侧绕组各取一端联至牵引变电站两相母线上。而它们的另一端则以联成公共端的方式接至钢轨引回的回流线。这时，两臂电压相位差

60°接线，电流的不对称度有所减少。这种接线即通常所说的60°接线。

（1）工作原理。类似于将两台容量相等或不相等的单相变压器器身安装于同一油箱内组成。一次侧绕组接成固定的V接线，V的顶点（A2与X1连接点）为C相，A1和X2分别为A相和B相。二次侧绕组四个端子全都引出在油箱外部，根据牵引供电的要求，既可接成正“V”，也可接成反“V”，如图2-19所示。

（2）优点。主接线较简单，设备较少，投资较省。对电力系统的负序影响比单相接线少。对接触网的供电可实现双边供电。

（3）缺点。当一台牵引变压器故障时，另一台必须跨相供电，即兼供左右两边供电臂的牵引网。这就需要一个倒闸过程，即把故障变压器原来承担的供电任务转移到正常运行的变压器。在这一倒闸过程完成前，故障变压器原来供电的供电臂牵引网中断供电，这种情况甚至会影响行车。即使这一倒闸过程完成后，地区三相电力供应也要中断。牵引变电站三相自用电必须改用劈相机或单相—三相自用变压器供电。实质上变成了单相接线牵引变电站，对电力系统的负序影响也随之增大。

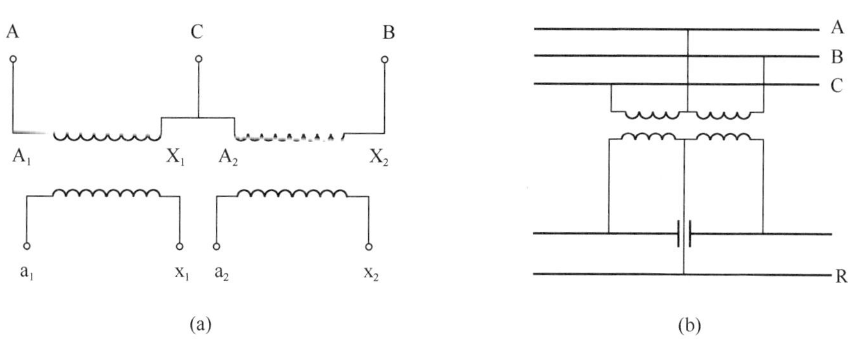

图2-19　VV接线变压器工作原理接线图

（a）绕组接线；（b）供电示意图

182. 简述单相（三相）VX接线牵引变压器工作原理及优缺点。

答：（1）工作原理。VX接线牵引变压器是三绕组变压器，每相有两个二次侧绕组，二次侧绕组匝数是VV接线牵引变压器的2倍。结构上VX接线是将VV接线和AT方式（在供电线路内每隔10～15km并入一台自耦变压器，又称AT变压器，可降低线路阻抗，减少对周边环境的电磁干扰）纯单相接线的技术进行整合，设计和制造比斯科特等接线简单。

（2）优点。容量利用率100%，可提供三相电源，对牵引网可实现双边供电。输出电压高、牵引网阻抗小，供电距离远。对沿线通信干扰小，按60°接线对电力系统的负序影响较小，基本上斯科特接线能接入的电网，VX接线也能接入。二次侧绕组可设置不等容，安装容量小，投资成本低。VX接线是目前AT供电方式电气化铁路最主要的接线方式。

（3）缺点。一台牵引变压器故障时，另一台进行跨相供电，中间需要一个倒闸过程，一定程度上影响行车。适配的供电系统相对复杂，对供电线路维护要求较高。

183. 简述三相YNd11接线牵引变压器工作原理及优缺点。

答：（1）工作原理。三相YNd11接线牵引变压器的高压侧通过引入线按规定次序接到110kV或220kV三相电力系统的高压输电线上；变压器低压侧的一角c与轨道、接地网连接，变压器另两个角a和b分别接到27.5kV的a相和b相母线上。由两相牵引母线分别向两侧对应的供电臂供电，两臂电压的相位差为60°，也是60°接线。因此，在这两个相邻的接触网区段间采用了分相绝缘器进行隔离。

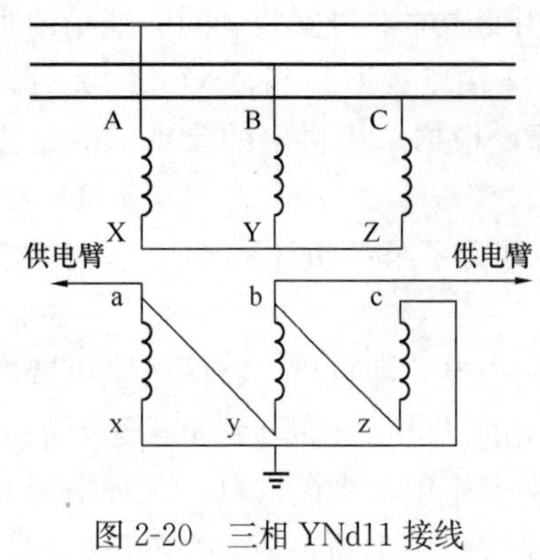

图 2-20　三相 YNd11 接线牵引变压器原理

(2) 优点。牵引变压器低压侧保持三相，有利于供应牵引变电站自用电和地区三相电力。在两台牵引变压器并联运行情况下，当一台停电时，供电不会中断，运行可靠方便。我国采用三相 YNd11 双绕组变压器的时间长，有比较多的经验，制造相对简单，价格便宜。对牵引接触网的供电可实现两边供电。

(3) 缺点。牵引变压器容量不能得到充分利用，只能达到额定容量的 75.6%，引入温度系数也只能达到 84%，与采用单相接线牵引变压器的牵引变电站相比，主接线要复杂一些，用的设备、工程投资也较多，维护检修工作量及相应的费用也有所增加。

三相 YNd11 接线牵引变压器适用于山区单线电气化铁路牵引负载不平衡的场所。三相 YNd11 双绕组变压器原理如图 2-20 所示。

184. 简述斯科特接线变压器工作原理及优缺点。

答：(1) 工作原理。斯科特接线变压器实际上也是由两台单相变压器按规定连接而成的。将一台单相变压器一次侧绕组两端引出，分别接到三相电力系统的两相，称为主用变压器（M 变）；将另一台单相变压器一次侧绕组一端引出，接到三相电力系统的另一相，另一端到主用变压器原边绕组的中点 O，称为 T 接变压器（T 变）。这种接线型式把对称三相电压变换成相位差为 90°的对称两相电压，用两相中的一相供应一边供电臂，另一相供应另一边供电臂。

(2) 优点。当 M 变和 T 变两供电臂负荷电流大小相等，功率因素也相等时，斯科特接线变压器一次侧三相电流对称，变压器容量可全部利用（用逆斯科特接线变压器把对称两相电压变换成对称三相电压）。对接触网的供电可实现两边供电。

(3) 缺点。斯科特接线牵引变压器制造难度较大，造价较高。牵引变电站主接线复杂，设备较多，工程投资也较多。维护检修工作量及相应的费用有所增加。而且斯科特接线牵引变压器一次侧 T 接地（O 点）电位随负载变化而产生漂移。严重时有零序电流流经电力网，可能引起电力系统零序电流继电保护误动作，对邻近的平行通信线可能产生干扰，同时引起牵引变压器各相绕组电压不平衡，而加重绕组的绝缘负担。为此，该接线牵引变压器的绝缘水平要采用全绝缘。

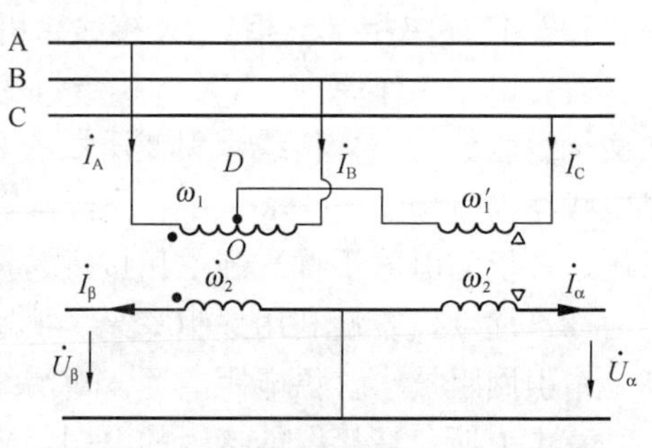

图 2-21　斯科特接线变压器接线原理

斯科特接线变压器接线原理如图 2-21 所示。

185. 简述阻抗平衡牵引变压器工作原理及优缺点。

答：(1) 工作原理。阻抗平衡牵引变压器二次侧绕组三角形接线结构即在非接地相增设两个外移绕组。内三角形接线的一角 c 与轨道、接地网连接。两端分别接到牵引侧两相母线上。由两相牵引母线分别向两侧对应的供电臂牵引网供电。

(2) 优点。负序电流对电力系统的影响小。一次侧三相制的视在功率完全转化为二次侧二相制的视在功率，变压器容量可全部利用。一次侧仍为 YN 接线，中性点引出，与高压中性点接地电力系统匹配方便。二次侧仍有△接线绕组，三次谐波电流可以流通，使主磁通和电势波形有较好的正旋度。对接触网的供电可实现两边供电。

（3）缺点。设计计算及制造工艺复杂，造价较高。两供电臂之间的分相绝缘器两端承受的电压为$\sqrt{2}\times27.5$kV，因此，分相绝缘器的绝缘应注意加强。

阻抗平衡牵引变压器适用于牵引变电站自用电和站区三相电力，其原理接线如图 2-22 所示。

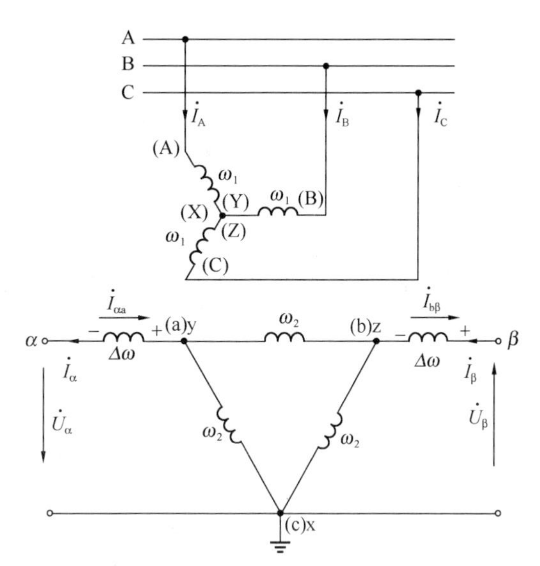

图 2-22　阻抗平衡牵引变压器原理接线

186. 牵引变压器主要参数有哪些？

答：牵引变压器主要参数有额定容量、额定电压、额定电流、变比、阻抗、空载损耗、负载损耗。

（1）额定容量指变压器在厂家铭牌规定的条件下，在额定电压、电流连续运行时所输送的容量。

（2）额定电压指变压器长时间运行时能承受的工作电压。

（3）额定电流指变压器在额定容量下，允许长时间通过的电流。

（4）变比即变压器电压比，指变压器各侧的额定电压比。

（5）阻抗。当变压器二次绕组短路（稳态），一次绕组流通额定电流而施加的电压称阻抗电压U_z。通常U_z以额定电压的百分数表示，即$U_z=(U_z/U_{1n})\times100\%$。当变压器负载出现短路时，阻抗小的变压器短路电流大，电压降小；阻抗大的短路电流小，电压降较大。

（6）空载损耗。当变压器二次绕组开路，对一次绕组施加额定频率正弦波形的额定电压时，所消耗的有功功率称空载损耗。空载损耗主要是变压器铁芯在工作时的磁滞损耗和涡流损耗所造成的，其大小与电压和频率相关，变压器空载还是带负载对于铁损影响不大，通常忽略。

（7）负载损耗。当变压器二次绕组短路（稳态），一次绕组流通额定电流时，所消耗的有功功率称为负载损耗。负载损耗＝最大的一对绕组的电阻损耗＋附加损耗（绕组涡流损耗＋并绕导线的环流损耗＋杂散损耗＋引线损耗），负载损耗和温度有关。

187. 牵引变压器与普通变压器有何区别？

答：牵引变压器负荷具有极度不稳定、短路故障多、谐波含量大等特点，运行环境比一般电力负荷恶劣的多，因此要求牵引变压器过负荷和抗短路冲击的能力要强。

另外一方面，有别于普通变压器，牵引变压器接线形式多种多样。

188. 牵引变压器铁芯结构有何特点？

答：不同接线牵引变压器有不同的铁芯结构。单相接线、单相（三相）VV 接线、单相（三相）VX 接线牵引变压器铁芯结构通常采用单框双柱铁芯、双框三柱铁芯、三柱式铁芯（不常用）。

采用单框双柱铁芯时，两个芯柱上分别绕制高低压绕组，两柱绕组之间连接。

采用双框三柱铁芯时，所有绕组绕制在中间芯柱，左右两柱仅作为磁路流通，不绕制绕组。

采用三柱式铁芯时，中间柱无绕组，仅为做磁路通路，左右两柱分别绕制绕组。

189. 牵引变压器绕组结构有何特点？

答：牵引变压器属于全绝缘变压器，整个绕组具有与线端相同的绝缘水平。

当采用单框双柱铁芯时，两个铁芯柱从内到外分别绕制低压、高压线圈；低压绕组通常为连续式线圈或层式线圈，该线圈通常采用自黏性换位导线绕制，该导线经高温烘燥黏合成一体，具有很高的机械强度。为了改善高压绕组的雷电冲击波形分布，该线圈通常采用内屏连续式或纠结式线圈，调压分接段通常设置在高压线圈中部，根据需求可设置两个分接区以改善安匝分布，提高变压器的抗短路能力。

根据实际需要，两柱线圈可设计并联或者串联。

190. 牵引变压器由哪些主要部件组成？各部件的作用是什么？

答：牵引变压器是油浸式变压器，它主要是由铁芯、绕组、油箱、套管、储油柜、压力释放阀、净油器、散热器、呼吸器、温度计、气体继电器等组成。

（1）铁芯。铁芯是变压器最基本的组成部分之一，它由硅钢片叠装而成，变压器的一、二次绕组都绕在铁芯上。

（2）绕组。用铜线或铝线绕成圆筒形的多层线圈，有一次侧线圈和二次侧线圈，都绕在铁芯上，导线外边用纸或沙包绝缘。

（3）油箱。油箱是变压器的外壳，内部充满变压器油，使铁芯与线圈浸在变压器油内。变压器油的作用是绝缘与散热。

（4）绝缘套管。绕组的引出线从油箱内引到油箱外，为使带电的引线穿过油箱时与接地的油箱绝缘，变压器各侧引线必须使用绝缘套管。绝缘套管作用是绝缘和支持。

（5）储油柜。变压器油因温度的变化会发生热胀冷缩的现象，油面也会由于温度的变化而发生上升和下降。储油柜的作用就是储油和补油，使油箱内保证充满油，同时储油柜缩小了变压器与空气的接触面，减少油的劣化速度。储油柜侧面的油位计还可以监视油的变化。

（6）呼吸器。储油柜内空气随变压器油的体积膨胀或缩小，排除或吸入的空气都经过呼吸器。呼吸器内装有干燥剂（硅胶）来吸收空气中的水分，过滤空气，从而保持油的清洁。

（7）压力释放阀。压力释放阀的主要结构型式是外弹簧式，主要由弹簧、阀座、阀壳体（罩）等零部件组成。当油浸式变压器内部发生故障时，油箱内的油被气化，产生大量气体，使油箱内部压力急剧升高。此压力如不及时释放，将造成油箱变形或爆裂。安装压力释放阀就是当油箱内压力升高到压力释放阀的开启压力时，压力释放阀在 2ms 内迅速开启，使油箱内的压力很快降低。

当压力降到压力释放阀的关闭压力值时，压力释放阀又可靠关闭，使油箱内永远保持正压，有效地防止外部空气、水气及其他杂质进入油箱；在压力释放阀开启同时，有一颜色鲜明的标志杆向上动作且明显伸出顶盖，表示压力释放阀已动作过。在压力释放阀关闭时，标志杆仍滞留在开启后的位置上，然后必须由手动才能复位。

（8）散热器。当变压器上层油温和下层油温产生温差时，通过散热器形成油的对流，经散热器冷却后流回油箱以降低变压器温度。为提高冷却效果可采用风冷、强迫油循环风冷、强迫油循环水冷等措施。

（9）气体继电器。装在油箱与储油柜的连接管上。当变压器内部严重故障时，接通跳闸回路，当变压器内部轻微故障时，接通信号回路。瓦斯保护是变压器内部故障的主保护。

（10）温度计。用来测量油箱内上层油温，监视变压器是否正常运行。

191. 新安装或大修后的主变压器投运前应进行哪些检查？

答：主变压器投运前必须经过全面检查，检查内容大致包括以下几点：

（1）检查变压器保护系统。

1）检查继电保护装置，确保变压器本身及系统发生故障时，能准确迅速并有选择性地切除故障。

2）检查变压器瓦斯保护。

3）检查防雷装置。

（2）检查仪表及监视装置。

（3）检查冷却系统是否正常运行。

（4）外观检查。

1）检查储油柜上的油位计是否完好，油位是否能清晰方便地观察到，是否在当时的环境温度相符的油位线上。

2）检查储油柜与气体继电器之间连通的平面阀门是否已打开，检查储油柜与瓦斯继电器有无渗油漏油现象，呼吸器非干燥剂是否失效油封是否完好，呼吸器及其连接管是否有阻塞的现象。

3）检查防爆管的防爆膜是否完好，有无破损。

4）检查净油器是否正常。

5）检查变压器出线套管及与引出线的电气连接是否良好，检查其相序颜色是否正确。

6）校对变压器铭牌上的电压等级、接线组别、分接头位置及规定的运行方式、冷却条件等是否与实际情况相符合。

7）检查接地部分是否与外壳连接牢固可靠。

变压器投运前，值班人员除应进行上述详细的检查外，还应检查各级电压一次回路中的设备，即从母线开始检查到变压器的出线为止。然后测定变压器绕组的绝缘电阻，合格后方可对其充电投入试运行，试运行需几小时的严密监视，确定各方面皆运行正常方可进入正常运行。

192. 牵引变压器低压短路对变压器有何影响？

答：牵引网短路是指牵引变电所主变压器牵引侧出线端到接触网的任何地点所发生的一切相与相间的不正常连接。常见的牵引网短路有单相（接触网）接地短路，异相牵引母线短路和异相牵引母线短路接地等型式。其中以单相（接触网）接地短路发生几率最高。

牵引网短路时，将由一次侧电网电源及其内阻、牵引变压器、短路点到牵引变压器的牵引网阻抗构成短路回路，牵引变压器将流过很大的短路电流并产生巨大的电动力，将对变压器的动热稳定提出苛刻考验。牵引变压器短路将引起线圈松动甚至变形，线圈温度急剧上升，对内部结构件形成一定的冲击，变压器厂家应当充分考虑牵引变压器的工况，进行针对性的机械强度加强设计，并按严格的制造工艺保证产品质量。

193. 为什么 220kV 变压器在试验后要消磁？

答：绕组直流电阻试验是变压器状态检修例行试验中必不可少的项目，由于铁磁材料的磁滞特性，直流电阻试验将在变压器铁芯中残留剩磁。一般来说，直流电阻试验所加电流越大、加电流时间越长，剩磁量越大。

由于剩磁的存在，当变压器投入运行时，铁芯剩磁使变压器铁芯半周饱和，在励磁电流中产生大量谐波，形成涌流，这不仅增加了变压器的无功消耗，而且可能引起继电保护器误动作，甚至损坏，造成经济损失。与此同时，铁芯的高度饱和使漏磁增加，引起金属结构件和油箱过热。局部过热将使绝缘纸老化并使变压器油分解，影响变压器的寿命。因而变压器铁芯剩磁不仅直接影响到绕组的运行安全，而且影响到电力系统的稳定、安全运行。

因此有必要在试验后进行消磁，常见的方法有直流消磁法和交流消磁法。

194. 牵引变压器送电注意事项有哪些？

答：（1）牵引变压器送电前应进行例行检查和规定的试验，将分接开关调到网络电压相对应的挡位上，做过直流电阻试验的应当进行消磁处理。

（2）变压器投运前应仔细检查，确认运行现场情况正常，与变压器连结的线路或系统处于正常待机状态。

（3）所有阀门的开闭状态和各管路连接均应正确无误。

（4）各组件的安装位置、数量及技术要求应与产品装配图相一致。整个变压器应无渗漏现象。

（5）铁芯接地引线应由接地套管从油箱箱盖引出，并引至油箱下部接地固定板，可靠接地。

（6）储油柜及套管的油面应合适。

（7）气体继电器、压力释放器、各种测温元件、套管式电流互感器等附件的保护、控制及信号回路的接线应正确无误。

（8）变压器油的最后化验结果合格。

（9）气体继电器安装方向正确，充油正常，储气室中无气体。

195. 牵引变电站进线备用电源自动投入与主变压器备用电源自动投入的条件是什么？

答：（1）进线备自投和主变压器备自投一般采用倒直列方式，即本侧进线对应本侧变压器运行。

（2）进线备自投和主变压器备自投功能应能由变压器保护装置发出信号触发，发出进线备自投信号的条件是进线失压保护动作且已可靠断开断路器。发出主变压器备自投信号条件是主变压器差动保护或非电量保护动作且已可靠跳开断路器。

196. 牵引变压器故障跳闸应如何检查和处理？

答：（1）现场设备检查。

1）查阅主变压器保护装置中保护动作类型、动作量情况。

2）调阅馈线保护装置、故障录波装置相关报告。

3）备自投成功后，检查进线、27.5kV母线电压是否正常。

4）检查主变压器本体、避雷器、互感器、断路器、母线等一次设备有无绝缘击穿、闪络或接地现象。

（2）故障处理。对设备检查的情况、初步分析判断其原因并采取相应措施：

1）若是馈线断路器或馈线保护装置拒动引起的越级跳闸，可将拒动断路器退出，投入对应备用馈线断路器回路，恢复供电（故障点排出后方可送电）。

2）若是变压器、断路器、互感器、避雷器等一次设备高压绝缘损坏、击穿或闪络，视具体情况倒换回路或启动应急供电。

3）若是保护装置误动、二次回路故障引起的跳闸，直接倒至备用主变压器回路运行，再查找具体原因。

六、蒸发冷却变压器

197. 什么是物质的相变？

答：自然界的物质普遍存在有三种形态，即固、液、气三态；物质系统中又把物理、化学性质完全相同，与其他部分有明显分界面的均匀部分称之为相，因此物质对应有固相、液相、气相。相变是指物质从一种相转变为另一种相的过程，在这一过程中物质吸收或释放热量。

198. 蒸发冷却技术应用的是物质相变的哪个环节？

答：蒸发冷却技术应用的是物质液相与气相相互转变的相变过程。物质在加热过程中温度升高所需吸收的热量，在冷却过程中温度降低所放出的热量，称为显热。显热不改变物质的形态，而只引起物质的温度变化。传统变压器的对流传热方式是显热。当物质在吸收或放出热量的过程中，其形态发生变化而温度不发生变化，这种热量无法用温度计测量出来，称之为潜热。潜热只使物质形态改变，而无温度变化。蒸发冷却变压器的相变传热方式是潜热。

199. 蒸发冷却技术的原理是什么？

答：蒸发冷却从热学原理上是利用流体的汽化潜热带走热量。这种利用流体汽化潜热的冷却技术就叫做蒸发冷却技术。由于流体的汽化潜热要比流体的比热大很多，所以蒸发冷却的冷却效果更为显著。

200. 蒸发冷却变压器工作原理是什么？

答：蒸发冷却变压器在电气原理方面遵循法拉第电磁感应原理，即空载、负载等不同工作运行工况下电磁方程与传统变压器具有一致性。

蒸发冷却变压器散热包含“相变+对流”双重冷却方式，变压器运行时，铁芯、绕组及其他金属材料发热，部分热量通过冷却介质的流动传递给散热片散发出去，此热交换以对流方式为主，另一部分热量被冷却介质吸收后，发生相变冷却介质汽化，汽态介质上升进入变压器上部的冷凝空间，冷凝成液态介质，重新回到变压器箱体内，重复自循环。

蒸发冷却变压器内部通过冷却介质“相变+对流”方式将热量传递给散热器和箱壁，外部依然是通过空气对流从散热器和箱壁带走热量。因为内部传热效率的提升，减小了温差，温度场更加均匀，无局部过热点，同时也带动了外部传热效率的提升。在同一台变压器中进行温升试验，蒸发冷却的温升比油浸式低 8～10K。因此，可以通过减少散热片的组数和片数来减小蒸发冷却变压器的体积。

201. 蒸发冷却变压器与油浸式变压器在冷却技术上的区别有哪些？

答：油浸式变压器是通过变压器油的对流带走热量，因此内部温差大，存在局部过热点。当变压器负荷增加时，油浸式变压器的运行温度是对应持续提升的，因此超过警戒温度后，需要降低变压器的负荷以保证变压器的安全。一般来说，油浸式变压器的冷却方式主要包括以下几种模式。

（1）油浸自冷模式。主要是通过油的自然对流作用，把热量分散到散热器与油箱壁，通过空气自然对流作用，使热量得以挥发，其主要优势在于不需要风扇散热，噪声较小。

（2）油浸风冷模式。本身是基于油浸自冷的情况下，在散热器或者油箱壁上设置风机，在空气侧产生强制对流的情况。使换热性能得以提升，能够让变压器冷却效果在油浸自冷基础上提升 30%～35%。

（3）强迫油循环风冷、强迫油循环水冷。两种类型均是通过油泵将变压器当中的油循环起来进行冷却以后，再将其回流到油箱当中，相应的冷却介质主要选择循环水或者风机吹风，使得热量消散。

蒸发冷却变压器通过“相变＋对流”方式进行散热，当变压器负荷持续提升，产生的热量持续增加，介质温度上升到介质沸点时，介质的温度不再随热负荷的增大而升高，而是维持恒定。就好比烧开水，当水沸腾后，即使将热源功率提高，水的温度也不再变化，而是维持在 100℃。此时变压器绕组、铁芯的运行温度将同样被钳制住不再继续上升，从而降低变压器因温度过高而产生的绝缘劣化、老化的风险，因此蒸发冷却变压器热故障率更低、过载能力更强、使用寿命更长。目前 220kV 及以下的蒸发冷却变压器均采用自冷方式。

202. 蒸发冷却变压器对介质的技术要求有哪些？

答：（1）消防要求：不燃不爆、无闪点。

（2）环保要求：绿色环保，对环境无影响。

（3）生化要求：对人体无害。

（4）绝缘要求：介质在液相及气液两相状态下的绝缘性能不能低于该电压等级变压器的绝缘要求。

（5）冷却要求：沸点应与变压器 A 级绝缘材料耐热等级相匹配，保证变压器固体绝缘材料的安全。

（6）材料相容性：由于冷却介质浸泡在变压器箱体内，因此要求介质与变压器内部各种绝缘材料和密封材料有良好的相容性，不腐蚀绝缘、不与其他材料发生反应。

203. 蒸发冷却变压器工作时的冷却过程是怎样的？

答：蒸发冷却变压器通电运行后，铁芯、绕组及其他金属材料温度开始上升，介质吸热后产生对流，此时温度还比较低，变压器与介质的换热以对流方式为主。随着温度继续升高，对流速度随之增加，同时与绕组、铁芯表面接触的介质汽化，使箱体内介质由原来单一的液相而变为汽液两相的非均相状态，变压器的散热也从对流转为“对流＋相变”的方式。汽化的介质上升进入冷凝器中，将吸收的热量释放出去，然后转变为液体再流回箱体，继续上述的吸热和散热，完成整个介质相变的自循环过程，无需外部动力。

图 2-23 为蒸发冷却变压器工作时的冷却过程。

图中箱体 1 内的冷却介质受热汽化，汽态冷却介质 2 经管道 3 上升至冷凝器 4，经过冷凝器 4 冷凝成为液态冷却介质 5，经过管道 3 流回箱体 1，在包括散热器 6 的整个系统内周而复始循环。

204. 蒸发冷却变压器冷却效率与传统变压器冷却效率相比较如何？

答：因为冷却原理和冷却介质的不同，与单纯利用介质比热吸热的冷却方式相比，增加了利用介质汽化潜热方式的蒸发冷却变压器，冷却效率高很多。

传统变压器的热量传递以“温度差”为条件，表现为“显热”模式；蒸发冷却变压器不仅通过绝缘冷却介质液态时温度升高（显热）来散热，还能通过绝缘冷却介质液态和气态的转变即潜热来进行散热。潜热模式所传递的热量远远大于显热散热方式所传递的热量，散热效率提高 3～5 倍，从而实现了变压器的高效冷却。

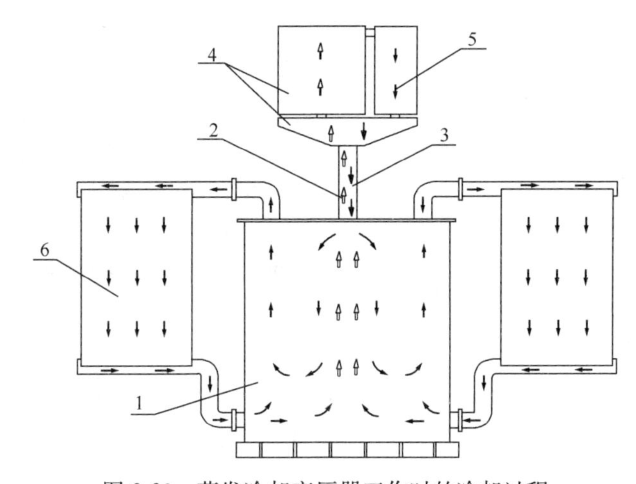

图 2-23　蒸发冷却变压器工作时的冷却过程

1—箱体；2—汽态氟碳液；3—管道；4—冷凝器；5—液态氟碳液；6—散热器

205. 蒸发冷却变压器与传统变压器比较有哪些优点？应用场景如何？

答： 优点：

（1）消防特性优。氟碳绝缘冷却液不燃、不爆，可以灭火。

（2）散热性好。利用氟碳绝缘冷却液本身的相变特性及蒸发冷却技术，大大提高冷却效率，变压器内部无局部热塞点，降低变压器热故障率，散热特性远远优于传统变压器。

（3）损耗低、过载能力强。通过高效冷却降低变压器温升从而降低变压器运行负载损耗；利用绝缘冷却介质的沸点能有效钳制变压器运行温度，与传统变压器相比过载能力具有优势。

（4）节约占地。优良的散热特性使变压器整体尺寸变小，散热器布置方式灵活，可充分利用变压器室上层空间，节省占地面积。

（5）环保水平较高。氟碳绝缘冷却液无毒、无污染，对人身安全、周边环境均无影响。

完善目标：

（1）蒸发冷却变压器作为变压器行业的创新产品，其监测手段不如油浸式变压器充分，需积累相关运行数据及运维经验，进一步完善。

（2）结合上述分析，蒸发冷却变压器适用于对消防、安全、环保要求高的场所。满足与建筑物联合建设的城市变电站、海上风电、轨道交通等消防要求以及“小型化”的设计理念。

206. 为何允许蒸发冷却变压器内部有气泡存在？为何不允许油浸式变压器内部有气泡存在？

答： 一般情况下，物质在固态、液态、气态下的介电常数依次降低，因此在复合绝缘体系中，气态介质所承担场强最大。因此绝缘介质中含有气体，如以气泡形式存在时，则气泡在高场强处易产生局部放电，导致绝缘体系中绝缘介质分解，随之可能引起击穿。

但在蒸发冷却系统中却不存在这个问题，当蒸发冷却变压器运行时，绝缘液体温度升高，开始有液体气化产生气泡上升，同时有受冷却的气体液化为液态回流到箱体内，在这一过程中，绝缘介质在气液两相状态下绝缘强度基本保持不变，这是因为气泡的成分与液态介质的成分相同，气泡成分单一纯净，且随着变压器温度升高，气泡流动速度加快，无法形成放电小桥。试验研究表明，蒸发冷却介质汽态的击穿电压随压力升高而稳定且显著的提升，具有非常优良的绝缘特性，因此两相态绝缘冷却介质的绝缘性能不受影响，也就不影响蒸发冷却变压器的安全运行。

油浸式变压器中的气泡为多组分，如空气、水蒸气、其他故障气体，不存在纯度概念，因此其局部允许放电强度很低，且气泡在变压器中蠕动。其产生的原因是当变压器内部绕组发生短路故障时，故障产生的电弧会将变压器油分解产生气泡，此类气泡的成分多为乙炔、氢气、甲烷以及少量空气等混合气体，产生此类气体说明变压器内部出现故障，因此需装设相应保护发出报警或跳闸使变压器退出运行。

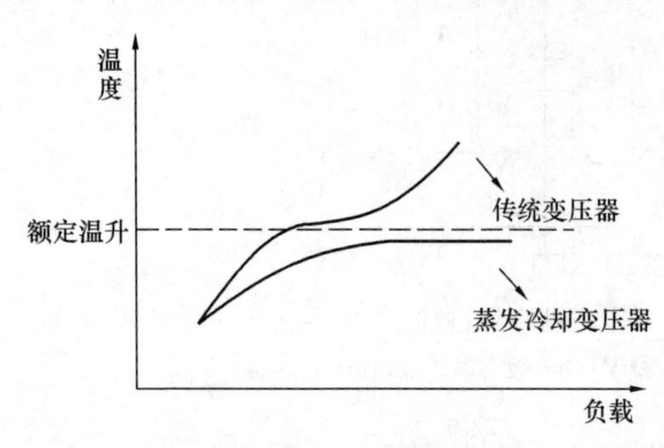

图 2-24　蒸发冷却变压器与油浸式变压器过载能力比较曲线

207. 蒸发冷却变压器的过载能力如何?

答：由气化潜热机理可知，介质的最高运行温度将被钳制在液体的沸点温度上。因此蒸发冷却变压器不仅运行温升低、温度分布均匀，而且其最高运行温度将被冷却介质的沸点所限制，当变压器过载（变压器发热量增大）时也不会出现过热现象，这是蒸发冷却变压器独有的一大特点，所以它具有极强的过载能力，可以提高供电的安全性。蒸发冷却变压器与油浸式变压器过载能力比较曲线如图 2-24 所示。

208. 蒸发冷却变压器结构有哪些特点?

答：蒸发冷却变压器的结构形式经历了以下的发展过程：喷淋式、隔离式、分离式、液浸式。

（1）喷淋式。所谓喷淋式蒸发冷却变压器，是在变压器的箱体内部充满了 SF_6 气体，保证变压器在低温状态下拥有足够的绝缘强度。工作时，通过泵将液态冷却介质吸收至绕组上方，之后通过喷嘴喷射到铁芯和绕组上，使其温度降低。喷淋式蒸发冷却变压器采用低沸点的绝缘冷却介质，冷却速度快，且气液混合物在工作时能够做到很好的绝缘效果。

喷淋式结构示意如图 2-25 所示。

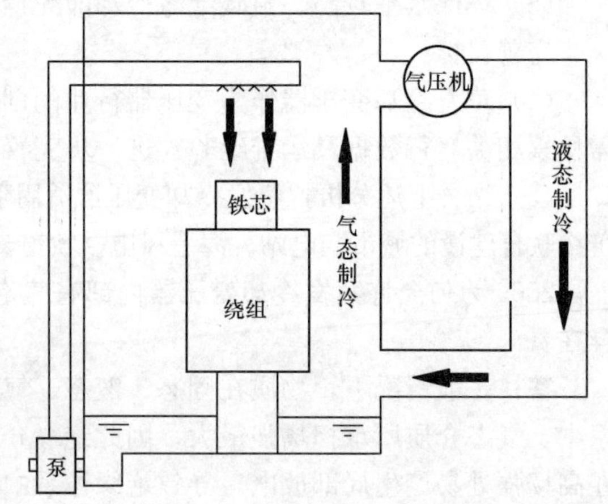

图 2-25　喷淋式结构示意图

这种方式结构复杂，绕组、铁芯内部和下方很难接触液态介质，可靠性难以保证，且采用高温室气体 SF_6 进行绝缘，不利于环保。1958 年美国制造成第一台喷淋式蒸发冷却变压器，电压为 34.5kV，容量 7500kVA。

（2）隔离式。隔离式蒸发冷却变压器是指将冷却与绝缘隔离开的一种变压器，冷却剂采用氟利昂，绝缘采用 SF_6 气体。

隔离式结构示意如图 2-26 所示。

工作原理为：在绕组、铁芯内部放冷却管道，使用氟利昂 R-113 进行冷却循环。如图 2-4 所示，管道内的冷却液吸收绕组铁芯产生的热量并气化，然后由冷却管道进入冷却器冷却。其热量放到大气中，又凝结成液体，再次返回绕组铁芯内。箱体内的压力不受蒸汽压影响，仅取决 SF_6 气体的密封压力。

这种方式虽然对冷却介质的绝缘强度没有要求，但是结构复杂、制造工艺复杂、运维复杂，体积庞大，几乎没有实际应用案例。且采用高温室气体 SF_6 进行绝缘，不利于环保。

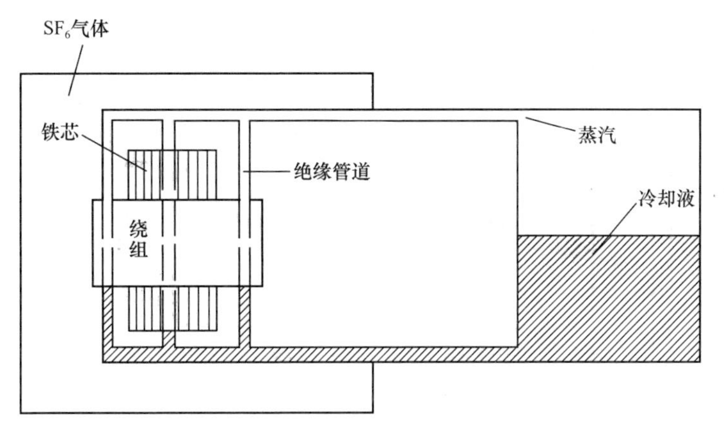

图 2-26　隔离式结构示意图

（3）分离式。分离式蒸发冷却变压器与隔离式结构原理相似，其工作原理是采用变压器油作为绝缘介质，受热后的油，由于温度差形成的密度差从箱体顶部流出进入油-蒸发液换热器，在换热器中变压器油与蒸发液进行热交换，使制冷剂蒸发相变，气化吸热，从而冷却油温。经过冷却的变压器油经由管路重新进入箱体内进行循环。而气化后的制冷剂蒸汽进入二次冷却器冷凝为液体，再回到油-蒸发液换热器，从而完成循环。

分离式结构示意如图 2-27 所示。

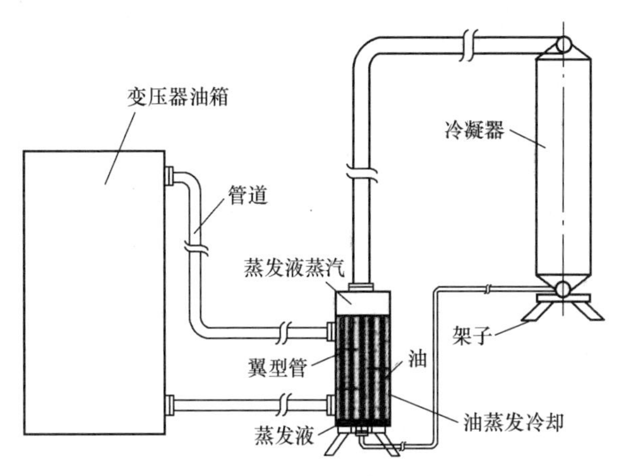

图 2-27　分离式结构示意图

这种方式的变压器其实还是油变压器，利用二次工质与变压器油进行热交换，通过冷却变压器油，从而达到变压器器身散热的目的。其次运维比较复杂，对泵和管道的质量要求高。

（4）液浸式。液浸式是将变压器绕组和铁芯全部浸没在绝缘冷却介质内，通过介质对流和相变带走热量进行冷却，箱体内的绝缘冷却介质受到绕组和铁芯的加热，气化后的蒸汽上升至顶部出口进入冷凝器中，在冷凝器内冷却为液体重新流入箱体内参与循环。液浸式结构示意图如图 2-28 所示。

这类变压器结构简单，能耗小，降温效果显著，绕组和铁芯的温度分布均匀，无局部过热点，可靠性高，运维便捷。目前正在应用的蒸发冷却变压器均采用这种冷却结构。

209. 蒸发冷却变压器的非电量保护及监测装置是如何设置的？

答：蒸发冷却变压器在电气结构上与常规油浸式变压器一致。结合故障类型对电气量保护

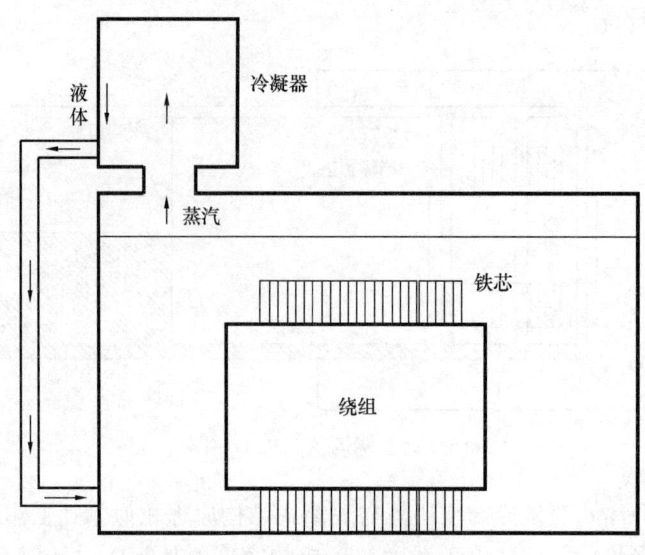

图 2-28　液浸式结构示意图

的原理进行深入分析可知，蒸发冷却变压器需要配置的电气量保护也与常规油浸式变压器一致。

在非电量保护上，针对蒸发冷却变压器，其本体保护和监测装置应能检测变压器内部的所有故障，在最短时间内隔离设备，并发出报警信号。与常规油浸式变压器相比，蒸发冷却变压器取消了本体瓦斯保护；增设了主变压器内部压力、压力突变、液位低非电量保护。

蒸发冷却类变压器因结构存在一定差异，一般应有表 2-5 所列监测保护装置并提供报警和跳闸接点。

表 2-5　　监测保护装置报警和跳闸接点

序号	接点名称	状态量及接点数
1	液位指示	低报警 1 对 高报警 1 对
2	箱体压力释放装置	报警 1 对 跳闸 1 对
3	液温指示器	报警 2 对
4	（若有）绕组温度指示器	报警 2 对
5	（若有）有载分接开关的压力释放阀	报警 1 对 跳闸 1 对
6	突发压力继电器	报警 1 对 跳闸 1 对

210. 蒸发冷却变压器在运行的检查及停电时的维护项目分别有哪些？

答：为了使变压器能够长期安全运行，尽早发现变压器主体及组件存在的问题，对变压器进行检查维护是非常必要的。检查维护周期取决于变压器的重要等级以及安装现场的环境和气候。

下面所提出的维护和检查项目是变压器在正常工作条件下（满足电力部门运行及预试规定），需进行的必要的检查和维护，运行单位可根据具体情况结合多年的运行经验，制定出自己的检查、维护方案和计划。

（1）日常检查项目。日常检查项目如表 2-6 所示。

表 2-6　**日常检查项目**

检查	检查项目	说明/方法	判断/措施
变压器主体	温度	(1) 温度计指示； (2) 温控器内潮汽冷凝	(1) 如果液温和液位之间的关系的偏差超过标准曲线，重点检查以下各项： 1) 变压器箱体渗漏； 2) 液位计有问题； 3) 温控器有问题。 (2) 一旦有潮气冷凝在温控器的刻度盘上，检查重点应找到结露的原因
	液位	(1) 液位计的指示； (2) 查标准曲线，比较液温和液位之间的关系	
	渗漏	检查各密封面密封情况	如果有氟碳绝缘冷却液从密封处渗出，则重新紧固密封件，如果还漏，则更换密封件
	有不正常噪声和振动	检查运行条件是否正常	如果不正常的噪声或振动是由于连接松动造成的，则重新紧固这些连接部位
压力释放阀	渗漏	检查是否有氟碳绝缘冷却液从密封处喷出或漏出	如果有渗漏，要重新更换压力释放阀
分接开关		按说明书进行检查	

(2) 定期维护。除了日常检查外，在变压器停电后做例行维护检修时，定期维护项目如表 2-7 所示。

表 2-7　**定 期 维 护 项 目**

检查	项目	周期	说明/方法	判断/措施
绝缘电阻	绝缘电阻测量	2 年或 3 年	(1) 用 2500V 绝缘电阻表。 (2) 测量绕组对地的绝缘电阻。 (3) 此时实际上测得的是绕组的绝缘电阻，如果测得的值不在正常的范围之内，可在大修或适当时候把绕组同肘形电缆插头脱开，单独测量绕组的绝缘电阻	无论如何测量，结果同最近一次的测定值应无显著差别，如有明显差别，需查明原因
绝缘冷却介质	耐压	2 年		≥40kV/2.5mm 如果低于此值需对氟碳绝缘冷却液进行处理
	含水量	(1) 运行 6 个月后； (2) 以后每年进行测量	建立分析档案	投运前，≤15mg/kg；运行，≤20mg/kg
附件	低压控制回路	2 年或 3 年 当控制元件是控制跳闸电路时，建议每年进行检查	温控器、液位计、压力释放阀等元件的绝缘电阻； 用 500V 绝缘电阻表测量端子对地和端子之间的绝缘电阻 检查接线盒、控制箱等是否有雨水进入，接线端子是否松动和生锈	测得的绝缘电阻值应不小于 2MΩ，但对用于跳闸回路的继电器，即使测得的绝缘电阻大于 2MΩ，也要对其进行仔细检查，如潮气进入等 (1) 如果雨水进入，则重新密封； (2) 如果端子松动和生锈，则重新紧固和清洁

续表

检查	项目	周期	说明/方法	判断/措施
附件	压力释放阀	2年或3年	检查有无喷液、渗漏	如有则更换
	温控器	2年或3年	(1) 检查温控器内有无潮气冷凝; (2) 检查(校准)温度指示	(1) 检查有无潮气冷凝及指示是否正确，必要时用新的进行更换; (2) 比较温控器和水银温度计的指示，差别应在3℃之内
	液位计	2年或3年	检查液位是否符合液位温度曲线，检查触头的动作情况	实际液位对应曲线应无显著差别，如有明显差别，需查明原因

211. 蒸发冷却变压器与传统油浸式变压器相比试验标准有何不同?

答: 对于各种结构形式的蒸发冷却变压器，除按其相类似变压器进行试验项目外，建议应注意表2-8试验项目。

表2-8　　应注意的试验项目

序号	接点名称	要求
1	机械强度	箱体需加强
		冷凝器需加强
2	箱体压力释放装置	例行
3	冷凝器压力释放装置	例行
4	突发压力继电器	例行
5	温升试验后带有局部放电测量的感应电压试验(IVPD)	特殊

注　由于绝缘冷却介质影响，对蒸发冷却变压器进行绕组直流绝缘电阻及绝缘系统电容的介质损耗因数测量时，可不进行温度换算，应提供5～40℃和小于85%RH时的实测值。

212. 蒸发冷却变压器在变电站应急方面有何特点?

答: 由于蒸发冷却变压器采用的冷却介质，具有不燃特性，因此变压器在防火方面，无需配置相应的防火设施；当变压器存在故障或不正常运行状况时，一般按如下原则处置:

(1) 变压器超额定负荷运行时，顶层氟碳液体温度超过100℃、工作压力超过40kPa或冷凝器上的液位计指示达到最高位任一情况出现，应立即降低负荷运行。

(2) 突发压力保护继电器动作跳闸时，在查明原因消除故障前不得将变压器投入运行。

(3) 与油浸式变压器类似，变电站应设置事故储液池，容量应大于最大一台蒸发冷却变压器的容积，在变压器泄放氟碳绝缘冷却液后应注入清水防止氟碳绝缘冷却液的挥发。

213. 蒸发冷却变压器首次投运时，有哪些特别注意事项?

答: 蒸发冷却变压器首次投运时，除常规变压器所需的关注项之外还需增加如下特别注意事项:

(1) 需采用卤素检测仪检测法兰、注液阀、放液阀、放汽阀和采样阀等位置应无泄漏。

(2) 温度计、压力监测装置和冷凝器上的液位计显示工作正常。

(3) 室内安装的蒸发冷却变压器还应关注通风设备及氧含量在线检测仪工作正常。

七、运行维护

214. 变压器运行的基本条件是什么?

答: 变压器在投运前应做全面检查，变压器本体、冷却器、套管、调压装置、油箱及其他附件均应无缺陷、无渗油，变压器本体及引线上无遗留物。

（1）变压器本体、内部铁芯及绕组经过检查应正常，所有电气试验结果应符合要求，油化分析数据应符合标准、油质良好，铭牌、标识、相色应正确、齐全、油漆整洁，铁芯及夹件引下接地装置应有供测量的断开连接点，本体钟罩应有两处不同位置的上下连接片与接地网连通，以防止钟罩接地不良。

（2）冷却器、风扇、潜油泵旋转方向应正确，无杂声，油流继电器动作灵活，指示正常，所有碟阀均在开启位置，安装正确、方向一致，分控制箱整洁干燥、控制正常。

（3）调压装置，无励磁分接头开关位置符合调度规定挡位，且三相一致。运行挡经复测直流电阻合格；有载调压开关装置远方及就地操作可靠，指示位置正确。

（4）套管无破损，油位指示正确，高压套管末屏小套管引出线可靠接地，套管的电气、油化分析试验结果合格。

（5）变压器各放气部位应放尽残留空气。全部紧固件完好、齐全并紧固。全部密封良好。变压器沿气体继电器管道方向升高坡度（1%～1.5%）符合要求，其他同向气体继电器总管的连接管有2%～4%的升高坡度。各侧引线接头紧固，相间及对地距离符合规定。

（6）保护装置与测量仪表全部符合要求，储油柜油位指示正常，吸湿器装置正确，呼吸畅通，硅胶（呈蓝色）正常。净油器处于投入状态，除酸硅胶有效。气体继电器应为防振型挡板式，动作流速经校验合格，轻、重气体继电器触点分别接信号及跳闸，继电保护及电源系统处于正常状态。压力释放阀装置合理，试验合格并有合格证（或安全气道防爆膜符合要求）。装置有压力及热电偶温度表的，均应经校验合格。

（7）新投运或大修后变压器的竣工（大修）资料应齐全。

（8）变压器送电前必须试验合格，各项检查项目合格，各项指标满足要求，保护按整定配置要求投入，并经验收合格，方可投运。

215. 变压器正常运行的条件是什么？

答：（1）变压器完好，主要包括：变压器本体完好，无任何缺陷；各种电气性能符合规定；变压器油的各项指标符合标准，油位正常，声响正常；各辅助设备（如冷却装置、调压装置、套管、气体继电器、压力释放阀等）完好无损，其状态符合变压器的运行要求。

（2）变压器额定参数符合运行要求，主要包括：电压、电流、容量、温度以及辅助设备要求的额定运行参数（如冷却器工作电源，控制回路所需的工作电源等）应满足要求。

（3）运行环境符合要求，主要包括变压器接地良好，各连接接头紧固；各侧避雷器工作正常；各继电保护装置工作正常等。

（4）冷却系统完好。

216. 什么是变压器的空载运行？

答：变压器的空载运行是指变压器的一次绕组接入电源，二次绕组开路的工作状况。此时，一次绕组中的电流称为变压器的空载电流。空载电流产生空载时的磁场。在主磁场（即同时交链一、二次绕组的磁场）的作用下，一、二次绕组中便感应出电动势。变压器空载运行时，虽然二次侧没有功率输出，但一次侧仍要从电网吸取一部分有功功率来补偿由于磁通饱和在铁芯内引起的铁损即磁滞损耗和涡流损耗。

217. 什么是变压器的带负荷运行？

答：变压器的带负荷运行是指一次绕组接上电源，二次绕组接有负载的运行形式。此时二次绕组便有电流i_2流过，产生磁通势$i_2\omega_2$，该磁通势将使铁芯内的磁通趋于改变，使一次电

流 i_1 发生变化，但是由于电源电压 u_1 为常值，故铁芯内的主磁通 ϕm 始终应维持常值，所以，只有当一次绕组新增电流 Δi_1 所产生的磁通势 $\omega_1 \Delta i_1$ 和二次绕组磁通势 $i_2 \omega_2$ 相抵消时，铁芯内主磁通才能维持不变。即 $\omega_1 \Delta i_1 + \omega_2 i_2 = 0$ 称为磁通势平衡关系。变压器正是通过一、二次绕组的磁通势平衡关系；把一次绕组的电功率传递到了二次绕组，实现能量转换。

218. 什么是变压器的分列运行？

答：分列运行是指两台变压器一次母线并列运行，二次母线用联络断路器联络。正常运行时，联络断路器是分断的，这时变压器通过各自的二次母线供给各自的负荷。

这种运行方式的特点是在故障状态下的短路电流小。

219. 什么是变压器的并列运行？变压器并列运行有哪些优点？

答：并列运行是指两台变压器一次母线并列运行，正常运行时两台变压器通过二次母线联合向负荷供电，或者说二次母线的联络断路器总是接通的。

变压器并列运行的优点有：

（1）保证供电的可靠性。当多台变压器并列运行时，如部分变压器出现故障或需停电检修，其余的变压器可以对重要用户继续供电。

（2）提高变压器的总效率。电力负荷是随季节和昼夜发生变化的，在电力负荷最高峰时，并列的变压器全部投入运行，以满足负荷的要求；当负荷低谷时，可将部分变压器退出运行，以减少变压器的损耗。

（3）扩大传输容量。一台变压器的制造容量是有限的，在大电网中，要求变压器输送很大的容量时，只有采用多台变压器并列运行来满足需要。

（4）提高资金的利用率。变压器并列运行的台数可以随负荷的增加而相应增加，以减少初次投资，合理利用资金。

220. 怎样测定配电变压器的变压比？

答：配电变压器变压比的测定，就是在变压器的某一侧（高压或低压）施加一个低电压，其数值为额定电压的1%～25%，然后用仪表或仪器来测量另一侧的电压，通过计算来确定该变压器是否符合技术条件所规定的各绕组的额定电压。使用交流电压表测量时，仪表的准确度为0.5级，使用电压互感器测量，所测电压值应尽量选在互感器额定电压80%～100%之间，互感器的准确等级0.2级。

另外，如用变比电桥测量则更为方便，可直接测出变压比。

221. 造成变压器不对称运行的原因有哪些？

答：造成变压器不对称运行的原因有以下三个方面：

（1）由于三相负荷不对称，造成不对称运行。

（2）由三台单相变压器组成三相变压器组，当一台损坏而用不同参数的变压器来代替时，造成电流和电压的不对称。

（3）由于某种原因使变压器两相运行时，引起不对称运行。

222. 变压器不对称运行的后果是什么？

答：变压器不对称运行时将造成如下后果：

（1）变压器容量降低，即可用容量小于仍在运行的两相变压器的额定容量之和，并且可用容量的大小与电流的不对称程度有关。

（2）变压器发生不对称运行时，不仅对变压器本身有一定的危害，而且因电压、电流的不对称运行使用户的工作受到影响。

（3）对沿线通信线路造成干扰。

（4）对电力系统继电保护将造成影响。

223. 三绕组变压器一侧停止运行，其他侧能否继续运行？应注意什么？

答：三绕组变压器任何一侧停止运行，其他两侧均可继续运行，但应注意的是：

（1）若低压侧为三角形接线，停止运行后应投入避雷器。

（2）高压侧停止运行，中性点接地隔离开关必须投入。

（3）应根据运行方式考虑继电保护的运行方式和整定值。

（4）应注意容量比，运行中监视负荷情况。

224. 什么是变压器的过负荷？

答：变压器的过负荷是指变压器运行时，传输的功率超过变压器的额定容量。

225. 什么是变压器的正常过负荷？变压器正常过负荷运行的依据是什么？

答：所谓正常过负荷是指不影响变压器寿命的过负荷。变压器在运行中，负荷是经常变化的，在高峰负荷期，变压器可能短时过负荷，在低谷期，变压器欠负荷。因此，低谷期损失小，可延长使用寿命；高峰期损失大，而缩短使用寿命。这样低谷可以补偿高峰，从而不影响变压器的使用寿命。

变压器正常过负荷运行的依据是变压器绝缘等值老化原则。即变压器在一段时间内正常过负荷运行，其绝缘寿命损失大，在另一段时间内低负荷运行，其绝缘寿命损失小，两者绝缘寿命损失互补，保持变压器正常使用寿命不变。如在一昼夜内，有高峰负荷时段和低谷负荷时段，高峰负荷期间，变压器过负荷运行，绕组绝缘温度高，绝缘寿命损失大；而低谷负荷期间，变压器低负荷运行，绕组绝缘温度低，绝缘寿命损失小，因此两者之间绝缘寿命损失互相补偿。同理，在夏季，变压器一般为过负荷或大负荷运行，冬季为低负荷运行，两者的绝缘寿命损失互为补偿。因此，上述过负荷运行的变压器总的使用寿命无明显变化，故可以正常过负荷。

226. 什么是变压器的事故过负荷？

答：在电力系统发生事故时，为了保证对重要用户的连续供电，允许变压器在短时间内过负荷运行，称为事故过负荷。变压器在事故状态下过负荷运行，不考虑起始负荷倍数和年等值环境温度，只考虑变压器的冷却方式和当时的环境温度。

在事故过负荷状态下，绝缘将加速老化，减少变压器的寿命；但这种损失要比对用户停电带来的损失小得多，因此，在经济上仍然是合理的。

227. 变压器在正常运行时为什么会发热？

答：变压器在运行时，铁芯、绕组中要产生损耗，这些损耗都要转变为热量向外散发，从而引起变压器发热和温度升高。

（1）变压器的发热过程。变压器运行中的发热，是由铁芯损耗、绕组的电阻损耗和附加损耗引起的，使变压器各部分的温度升高。

变压器的热量主要产生于绕组和铁芯内部，并借传导、对流和辐射的传热方式将热量向外扩散。当单位时间产生的热量和单位时间散出去的热量相等时，变压器就达到了热稳定状态。

（2）正常运行时绕组的最热部分。一般结构的油浸式变压器绕组，经试验证明，最热点在高度方向（轴向）的70%～75%处，而沿轴向则在绕组厚度（自内径算起）的1/3处。

（3）变压器在运行中绕组高温过热问题。运行中变压器绕组发生高温过热，原因可能是相邻几个绕组匝间的绝缘损坏，将造成一个闭合的短路环路，同时使一相的绕组减少匝数，在短路环路内流着交变磁通感应出的短路电流并产生高温。匝间短路在变压器故障中所占比重较大。引起匝间短路的原因很多，如绕组导线有毛刺或制造过程中绝缘机械损伤；绝缘老化或油中杂物堵塞油道产生高温损坏绝缘；穿越性短路故障，线匝轴向、轴向位移磨损绝缘等。

较严重的匝间短路发热会使油温急剧上升，油质变坏，因此极容易被发现。但轻微的匝间短路则较难发现，需通过测量直流电阻或变比试验来判断。

228. 变压器在运行中哪些部位可能发生高温高热？什么原因？如何判断？

答：（1）分接开关过热。分接开关接触不良，接触电阻过大，造成局部过热最为常见。倒换分接头或变压器过负荷运行时，应特别注意分接开关局部过热问题。分接开关接触不良的原因一般有：

1）触点的压力不够；

2）动静触点间有油泥膜；

3）接触面有烧伤；

4）定位指示与开关接触位置不对应；

5）DW 型鼓形分接头开关几个触环与接触柱不同时接触等。

分接开关接触不良最容易在大修或切换分接头后发生，穿越性故障后可能烧伤接触面。

分接开关过热可通过油化验来判断，一般分接开关过热时油的闪点迅速下降。变压器如能停电，还可由三相分接头直流电阻来判断。

（2）绕组过热。相邻几个绕组匝间的绝缘损坏，将造成一个闭合的短路环路，同时使一相的绕组减少匝数，在短路环路内流着交变磁通感应出的短路电流并产生高温。匝间短路在变压器故障中所占比重较大。引起匝间短路的原因很多，如绕组导线有毛刺或制造过程绝缘机械损伤；绝缘老化或油中杂物堵塞油道产生高温损坏绝缘；穿越性短路故障；线匝轴向、轴向位移磨损绝缘等。

因较严重的匝间短路发热严重，使油温急剧上升，油质变坏，因此极容易被发现。但轻微的匝间短路则较难发现，需通过直流电阻或变比试验来判断。

（3）铁芯局部过热。铁芯是由绝缘的硅钢片叠成的，由于外力损坏或绝缘老化使硅钢片间的绝缘损坏，涡流造成局部过热。另外，铁芯穿心螺杆绝缘损坏也会造成短路，短路电流也会使铁芯局部过热。

铁芯局部过热较严重时，会使油温上升，析出可燃气体，使气体继电器动作、油闪点下降、空载损耗增加、绝缘强度下降等。

除上述几种局部过热情况外，接头发热、压环螺钉绝缘损坏或压环接触碰铁芯造成环流、漏磁使铁件涡流大等都会使温度升高。运行中判断具体过热部位是很困难的，必须结合色谱分析、运行状况、异常现象等进行综合分析，必要时需吊芯检查。

229. 什么叫温升？变压器温升额定值是怎样规定的？为什么要限制变压器的温升？

答：运行中设备温度比环境温度高出的数值称为温升。

油额定温升值为 55K，绕组额定温升值为 65K。

因为变压器绕组正常老化温度为 98K，运行中绕组最热点温升约比其平均温升高 13K。在环境温度等于 20℃时，按以上温升标准设计的变压器，其绕组最热点温度恰为 20＋65＋13＝98（℃）。恰与绕组正常老化温度一致。而变压器过负荷时，其各部分温升将超过额定值，使变压器的绝缘老化加速。

230. **变压器绕组温升如何规定?**

答：油浸式变压器的绝缘属于A级绝缘，其绕组长期平均工作温度不超过105℃。

国家标准GB/T 1094.7—2008《油浸式电力变压器负载导则》对绕组平均温升（用电阻法测量）和绕组热点温升分别假定为65K和78K，即绕组热点温升比绕组平均温升高13K。变压器绝缘的寿命是按绕组的热点温度决定的，绕组在此温升条件下，且变压器工作的环境温度符合国家标准GB/T 1094.1—1996《电力变压器　第1部分　总则》的规定，则变压器有规定的工作寿命。

如果环境温度为＋40℃，绕组平均温升为65K，则绕组平均温度为（40＋65)℃＝105℃，这一温度对应A级绝缘的长期工作温度。而此时绕组的热点温度是（40＋65＋13)℃＝118℃，将大于105℃。

变压器允许绕组工作在热点温度为118℃，是从环境温度在一年内和每天内变化的角度考虑，变压器的油浸绝缘的预期寿命和温度的关系是，温度变化6℃，绝缘寿命变化一倍，即温度升高6℃，绝缘寿命降低到原来的1/2；反之，即温度降低6℃，绝缘寿命提高到原来的2倍。考虑到变压器的环境温度是变化的。标准规定最高年平均温度是20℃，对应绕组平均温度为（20＋65)℃＝85℃，绕组热点温度为98℃。当环境温度大于20℃时，绕组热点温度大于98℃，绝缘寿命下降；而在环境温度小于20℃时，绕组热点温度小于98℃，绝缘寿命提高，因此，在环境温度正常变化的条件下，符合国家标准GB/T 1094.1—1996《电力变压器　第1部分　总则》中的温度条件和GB/T 1094.2—1996《电力变压器　第2部分　温升》的变压器，有规定的热寿命。

231. **不同电压等级变压器温升限值如何规定?**

答：对于三绕组变压器，应注意工厂试验及计算时三侧同时满负荷。对于采用不同负荷状况下的多种冷却方式时，变压器绕组（平均和热点）、顶层油、铁芯和油箱等金属部件的温升均应满足要求。

(1) 220～500kV变压器温升规定。

绕组：65K（用电阻法测量的平均温升）。

顶层油面：50K（强迫油循环变压器）、55K（自然油循环变压器）（用温度计测量）；绕组热点温升、金属结构件和铁芯温升：78K（计算值）。

油箱表面及结构件表面：70K（330、500kV）、65K（220kV）（用红外测温装置测量）。

(2) 110（66）kV变压器温升规定，如表2-9所示。

表2-9　　温升限值

变压器的部位	温升限值（K）	测定方法
绕组	65	电阻法
绕组热点	78	计算法
顶层油面	55	温度计法
铁芯表面	80	温度计法
油箱及结构表面	80	温度计法或红外测量法

232. **变压器温度对内部绝缘材料有什么影响?**

答：变压器在运行中各部位的温度差别很大，这对变压器的绝缘老化有很大的影响，最热处绝缘老化速度比其他地方快很多；而影响变压器绝缘老化的最热点温度处于绕组内部，因此不仅要监视绕组的平均温升，还要监视绕组中最热点温度。要找出绕组中最热点是非常困难的，所以一般用上层油温来控制绕组的最热点。

233. 变压器运行温度与带负荷能力有什么关系？

答：变压器在运行中温度是变化的，夏季油温升高，变压器带额定负荷时的绝缘寿命将降低，而冬季油温下降，变压器带额定负荷时的绝缘寿命将延长，因而可以互相补偿。如果在夏季变压器的最高负荷低于额定容量时，则每降低1%，冬季可允许过负荷1%，但以过负荷15%为限。

234. 怎样判断变压器的温度是否正常？

答：变压器在运行时铁芯和绕组中的损耗转化为热量，引起各部位发热，使温度升高。热量向周围以辐射、传导等方式扩散，当发热与散热达到平衡时，各部分的温度便趋于稳定。巡视检查变压器时，应记录环境温度、上层油温、负荷及油面高度，并与以前的数值对照，进行分析、判断变压器是否运行正常。如果发现在同样条件下油温比平时高出10℃以上，或负荷不变但温度不断上升，而冷却器又运行正常、温度表无误差及失灵时，则可以认为变压器内部出现异常现象。

需要说明的是，我国南北温度差异很大，在冬天，北方地区温度很低，最北的可能达到零下30℃及以下，因此，运行人员不仅要注意变压器油温，还要注意温升。

235. 变压器长时间在极限温度下运行有哪些危害？

答：一般变压器的主要绝缘是A级绝缘，在长时间高温情况下运行，对变压器危害最大的是变压器绝缘材料老化、绝缘性能被破坏及绝缘油老化（氧化），油色变深、浑浊，黏度、酸度增加，绝缘性能变坏，出现破坏绝缘和腐蚀金属的低分子酸和沉淀物，影响使用寿命。

236. 为何降低变压器温升可节能并延长变压器寿命？

答：变压器负荷损耗正比于绕组的电阻，而电阻随绕组温度变化。对于铜和铝绕组，温度每增减1℃，其电阻值相应增减0.32%～0.39%。因此，变压器温升下降使绕组电阻也下降，这就可以减少电能损耗。

变压器寿命取决于绝缘材料的温度，根据“6℃法则”，每降低6℃则寿命可延长一倍。

另外，变压器油老化的基本因素是氧化和温度。高温加速油的老化，同时也加速氧化作用，而温度下降可减缓油的老化。因此，加强冷却，降低温升，就可节能和延长变压器的使用寿命。

237. 变压器正常运行时，其运行参数的允许变化范围如何？

答：（1）变压器在运行中绝缘所受的温度越高，绝缘的老化也越快，所以必须规定绝缘的允许温度。一般认为，油浸变压器绕组绝缘最热点温度为98℃时，变压器具有正常使用寿命，为20～30年。

（2）上层油温的规定。上层油温的允许值应遵循制造厂的规定，对自然油循环自冷、风冷的变压器最高不得超过95℃，为防止变压器油劣化过速，上层油温不宜经常超过85℃；对强油导向风冷式变压器最高不得超过80℃；对强迫油循环水冷变压器最高不得超过75℃。

（3）温升的规定。上层油温与冷却空气的温度差（温升），对自然油循环自冷、风冷的变压器规定为55℃，而对强油循环风冷变压器规定为40℃。

（4）绕组温度规定。一般规定绕组最热点温度不得超过105℃，但如在此温度下长期运行，则变压器使用年限将大为缩短，所以此规定仅限于等冷却空气温度达到最大允许值且变压器满负荷时才许可。

（5）电压变化范围。规程规定，变压器电源电压变化范围应在其所接分接头额定电压的±5%范围内，其额定容量也保持不变，即当电压升高5%时，额定电流应降低5%；当电压降低5%时，额定电流许可升高5%。变压器电源电压最高不得超过额定电压的10%。

238. 怎样判断油面是否正常？出现假油面是什么原因？

答：变压器的油面正常变化（排除渗漏油）取决于变压器的油温变化，因为油温的变化直接影响变压器油的体积，使油面上升或下降。影响变压器油温的因素有负荷的变化、环境温度和冷却器装置的运行状况等。如果油温的变化是正常的，而油标管内（油位计）油位不变化或变化异常，则说明油面是假的。

运行中出现假油面的原因可能有：油标管堵塞、油位计指示失灵、吸湿器堵塞、安全装置通气孔堵塞等。处理时，应先将气体继电器跳闸出口解除。

239. 影响变压器油位及油温的因素有哪些？哪些原因使变压器缺油？缺油对变压器运行有什么影响？

答：变压器的油位在正常情况下随着油温的变化而变化，因为油温的变化直接影响变压器油的体积，使油位上升或下降。影响油温变化的因素有负荷的变化、环境温度的变化、内部故障及冷却装置的运行状况等。造成变压器缺油的原因有：变压器长期渗油或大量漏油；在修试变压器时，放油后没有及时补油；储油柜的容量小，不能满足运行要求；气温过低、储油柜的储油量不足等。变压器油位过低会使瓦斯保护报警，而严重缺油时，铁芯暴露在空气中容易受潮，并可能造成导线过热，绝缘击穿，发生事故。

240. 为运行中的变压器补油应注意哪些事项？

答：（1）应补入经试验合格的油，如需补入的油量较多则应做混油试验。

（2）补油应适量，使油位与储油柜的温度线相适应。

（3）补油前应将气体继电器改接信号位置，补油后经两小时，如无异常再将气体继电器由信号改接跳闸位置。

（4）禁止从变压器的底部阀门补油，防止变压器底部的沉淀物冲入绕组内，影响变压器的绝缘和散热。

（5）补油后要检查气体继电器并及时放出气体继电器内的气体。

241. 运行中的变压器取油样时应注意哪些事项？

答：（1）取油样的瓶子应进行干燥处理。

（2）取油样一定要在天气干燥时进行。

（3）取油样时严禁烟火。

（4）应从变压器底部阀门放油，开始时缓慢松动阀门，防止油大量涌出。应先放出一部分污油，用棉纱将阀门擦净后再放少许油冲洗阀门，并用少许油冲洗瓶子数次，才能取油样，瓶塞也应用少许油清洗后才能密封。

242. 主变压器新装或大修后投入运行为什么有时气体继电器会频繁动作？遇到此类问题怎样判断和处理？

答：新装或大修的变压器在加油、滤油时，会将空气带入变压器内部，若没有能够及时排出，则当变压器运行后油温逐渐上升，形成油的对流，将内部储存的空气逐渐排出，使气体继电器动作。气体继电器动作的次数，与变压器内部储存的气体多少有关。遇到上述情况时，应根据变压器的声响、温度、油面以及加油、滤油工作情况作综合分析。

如变压器运行正常，可判断为进入空气所致，否则应取气做点燃试验，判断变压器内部是否有故障。

243. 更换变压器吸湿器内的吸潮剂时应注意什么？

答：（1）应将瓦斯保护改接信号。

（2）取下吸湿器时应将连管堵住，防止回吸空气。

（3）换上干燥的吸潮剂后，应使油封内的油没有呼气嘴并将吸湿器密封。

244. 变压器在运行时为什么会有“嗡嗡”的声音？什么原因会使变压器发出异常声音？

答：变压器合闸后，就有“嗡嗡”的响声，这是由于铁芯中交变的磁通在铁芯硅钢片间产生一种力的振动的结果。一般说来，这种“嗡嗡”声的大小与加在变压器上的电压和电流成正比。正常运行中，变压器铁芯声音应是均匀的，但在下列情况下可能会产生异声：

（1）过电压（如铁磁共振）引起。

（2）过电流（如过负荷、大动力负荷启动、穿越性短路等）引起。

以上两种原因引起的只是声音比原来大，仍是“嗡翁”声，无杂音。但也可能随着负荷的急剧变化，呈现“割割割、割割割”突出的间隙响声，此声音的发生和变压器的指示仪表（电流表、电压表）的指示同时动作，易辨别。

（3）个别零件松动。这种原因能造成非常惊人的“锤击”和“刮大风”之声，如“叮叮当当”和“呼……呼……”之声。但指示仪表均正常，油色、油位、油温也正常。

（4）变压器外壳与其他物体撞击引起的。这时，因为变压器内部铁芯的振动引起其他部件振动，使接触部位相互撞击。如变压器上装控制线的软管与外壳或散热器撞击，呈现“沙沙沙”声，这种声音有连续时间较长、间隙的特点，变压器各种部件不会呈现异常现象。这时可寻找声源，在最响的一侧用手或木棒按住再听声音有何变化，以判别之。

（5）外界气候影响造成的放电声。如大雾天、雪天造成套管处电晕放电或辉光放电，呈现“嘶嘶”“嗤嗤”之声，夜间可见蓝色小火花。

（6）铁芯故障引起。如铁芯接地线断线会产生如放电的霹裂声，“铁芯着火”，造成不正常鸣音。

（7）匝间短路引起。因短路处局部严重发热，使油局部沸腾会发出“咕噜咕噜”像水开了的声音。这种声音需特别注意。

（8）分接开关故障引起。因分接开关接触不良，局部发热也会引起像绕组匝间短路所引起的那种声音。引起异声的原因繁多，而且复杂，需要在实践中不断地积累经验来判断引起异音的原因。

（9）空载合闸。空载合闸时主要是励磁涌流，这时的异常声音只是一瞬间。

245. 变压器的噪声来源于哪几个方面？

答：变压器本体噪声的来源：

（1）硅钢片的磁滞伸缩以及硅钢片和叠片间的漏磁而产生的电磁力，引起铁芯的振动。

（2）电流流过绕组时，在绕组间、线饼间、线匝间产生动态电磁力，引起绕组振动。

（3）漏磁引起油箱壁（包括磁屏蔽）的振动。

冷却装置的噪声：主要是冷却风扇和油泵运行时的振动产生的。

246. 变压器运行电压过高或过低对变压器有何影响？

答：变压器最理想的运行电压是在额定电压下运行，但由于系统电压在运行中随负荷变化波动相当大，故往往造成加于变压器的电压不等于额定电压的现象。如加于变压器的电压低于额定电压，对变压器不会有任何不良后果，只是对用户有影响。

若加于变压器的电压高于额定值，变压器铁芯严重饱和，励磁电流将增大，使铁芯严重发热，将影响变压器的使用寿命，同时，由于铁芯严重饱和，使电压波形畸变，影响了用户的供电质量，其主要危害如下：

（1）引起用户电流波形的畸变，增加电动机和线路上的附加损耗。

（2）可能在系统中造成谐波共振现象，导致过电压使绝缘损坏。

（3）线路中电流的高次谐波会影响电信线路，干扰电信的正常工作。

（4）某些高次谐波会引起某些继电保护装置不正确动作。

247. 为什么升压变压器高压侧额定电压要高出电网额定电压？

答：电网运行时存在电压损耗，因而线路上每点电压不同，一般电源首端电压较高，线路末端电压较低，通常把首端电压与末端电压的算术平均值作为电网的额定值。一般要求线路首端电压高出电网额定电压5%，以便使用电气设备工作电压偏移不会超过允许范围。升压变压器高压侧额定电压比电网额定电压高10%，因为带满负荷时，变压器高压绕组本身损失约5%，这样减去变压器本身压降，实际上线路首端电压就比电网额定电压高5%，符合要求。

目前，降压变压器高压侧额定电压也往往选得比系统电压高，如500kV系统选525kV，220kV系统选230kV。

248. 对空载变压器为什么拉、合闸次数会影响使用寿命？

答：空载变压器拉闸时，由于铁芯中的磁场很快地消失，而磁场的迅速变化，将在绕组中产生很高的电压，这就可能使变压器的绝缘薄弱处击穿；同时变压器合闸时可能产生很大的励磁电流，这个电流会使绕组受到很大的机械应力，造成绕组变形和绝缘损坏，因此空载变压器拉、合闸次数过多会影响使用寿命。

249. 变压器在什么情况下应进行核相？不核相并列可能有什么后果？

答：变压器在以下情况下应进行核相：

（1）新装或大修后投入，或易地安装。

（2）变动过内、外接线或接线组别。

（3）电缆线路或电缆接线变动，或架空线走向发生变化。

变压器与其他变压器或不同电源线路并列运行时，必须先做好核相工作，两者相序相同才能并列，否则会造成相序短路。

250. 过电压对变压器有什么危害？为防止过电压对变压器的危害，应采取哪些措施？

答：变压器过电压有大气过电压和操作过电压两类。操作过电压的数值一般为额定电压的2～4.5倍，而大气过电压则可达到额定电压的8～12倍。变压器设计的绝缘强度一般考虑能承受2.5倍的过电压。因此超过2.5倍的过电压，不论哪一种过电压都有可能使变压器绝缘损坏。变压器内部的电压分布受电压的频率和变压器的电阻、感抗、容抗的影响有很大差异，在工频电压情况下容抗是很大的，由它构成的电路相当于断路；因此，正常情况下变压器内部电压分布只考虑电阻和电感就可以了，其分布基本均匀的。大气过电压或操作过电压基本是冲击波，由于冲击波的频率很高，波前陡度很大，波前时间为1.5μs的冲击波其频率相当于160kHz；因此，在过电压冲击波的作用下，变压器容抗很小，对变压器内部电压的分布影响很大。冲击波作用于变压器绕组时的危害，可分成起始瞬间和振荡过程两个阶段来说明。

（1）起始瞬间。当$t=0$时，绕组的电容起主要作用，电阻和电感的影响可以忽略不计。当冲击波一进入高压绕组，由于有对地电容的存在，绕组每一匝间电容流过的电流不同，起始瞬间的电压分布使绕组首端几匝间出现很大的匝间电压。因此，头几匝的绕组间的绝缘受到严重威胁，最高的匝间电压可达额定电压的50～200倍。

(2) 振荡过程。当$t>0$时，从起始电压分布过渡到最终电压分布的这个阶段，有振荡现象。在此过程中，起作用的不仅有电容，而且还有电感和电阻，在绕组不同的点上将分别在不同时刻出现最大电位（对地电压）。绕组不同点出现的对地电压可升到2倍的冲击波电压值，绕组对地主绝缘有可能损坏。绕组上的电压分布均匀与否和绕组对地电容和匝间电容的比值大小有关，比值越小绕组上的电容分布越均匀。

为了防止过电压损坏变压器，首先应安装避雷器，不使超过绕组绝缘强度的电压幅值作用到绕组上；其次在110kV及以上的变压器上应加装静电屏、静电极，采用纠结式绕组等改善匝间电容，尽量使起始电压和最终电压分布均匀，并在$t=0\sim\infty$期间不产生振荡。

251. 突然短路对变压器有何危害?

答：当变压器的一次加额定电压，二次端头发生突然短路时，短路电流值很大，其最大值可达额定电流幅值的20～30倍（小容量变压器倍数小，大容量变压器倍数大）。短路电流的大小与一次侧的额定电流成正比，而与漏阻抗的标幺值成反比，最大值与短路电流的相位角有关。其危害有：

(1) 使绕组受到强大的电磁力的作用，可能烧毁。

(2) 使绕组严重过热。

由于自耦变压器一、二次绕组有电的联系，与同容量的双绕组变压器相比，其漏阻抗的标幺值是双绕组变压器的$(1-1/K_a)$倍。自耦变压器的漏阻抗小，短路电流大。

252. 为什么新安装或大修后的变压器在投入运行前要做冲击合闸试验?

答：(1) 检查变压器及其回路的绝缘是否存在弱点或缺陷。拉开空载变压器时，有可能产生操作过电压。在电力系统中性点不接地或经消弧线圈接地时，过电压幅值可达4～4.5倍相电压；在中性点直接接地时，过电压幅值可达3倍相电压。为了检验变压器绝缘强度能否承受全电压或操作过电压的作用，在变压器投入运行前，需做空载全电压冲击试验。若变压器及其回路有绝缘弱点，就会被操作过电压击穿而加以暴露。

(2) 检查变压器差动保护是否误动。带电投入空载变压器时，会产生励磁涌流，其值可达6～8倍额定电流。励磁涌流开始衰减较快，一般经0.5～1s即可减到0.25～0.5倍额定电流，但全部衰减完毕时间较长，中小型变压器约几秒，大型变压器可达10～20s；故励磁涌流衰减初期，往往使差动保护误动，造成变压器不能投入。因此，空载冲击合闸时，在励磁涌流作用下，可对差动保护的接线、特性、定值进行实际检查，并作出该保护可否投入的评价和结论。

(3) 考核变压器的机械强度。由于励磁涌流产生很大的电动力，为了考核变压器的机械强度，故需做空载冲击试验。

按照规程规定，全电压空载冲击试验次数，新产品投入，应连续冲击5次；大修后投入，应连续冲击3次。每次冲击间隔时间不少于5min，操作前应派人到现场对变压器进行监视，检查变压器有无异音异状，如有异常应立即停止操作。

253. 变压器总装工艺流程是怎样的?

答：变压器总装工艺流程如图2-29所示。

254. 变压器的试验有哪几种?

答：(1) 型式试验。也称设计试验，它是对变压器的结构、性能进行全面鉴定的试验，

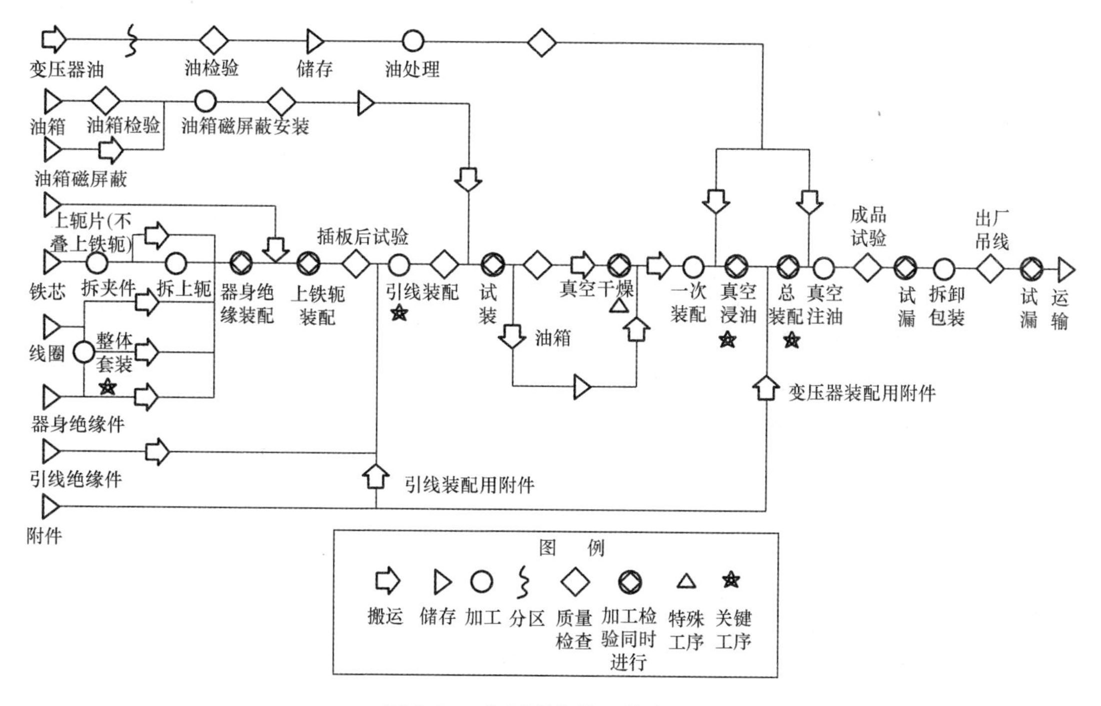

图 2-29　变压器总装工艺流程图

其目的是确认变压器是否达到原设计标准。

（2）出厂试验。它是每台变压器出厂时必须要做的试验，出厂试验的目的是检验该变压器是否符合原定技术条件的要求，而没有制造上的偶然缺陷。

（3）交接试验。根据合同的技术条件和试验要求，在变压器安装后投入运行前进行的试验，其目的是确认变压器在运输、安装过程中未发生损坏或变化，符合投运要求。

（4）预防性试验。在变压器投入运行后，通过测量变压器电气回路和绝缘状况的试验，其目的是确认变压器能否继续运行。

（5）检修后试验。在变压器进行检修后，根据有关标准和检修部位的特点，进行有针对性的试验，其目的是检验检修的质量并确认变压器能否继续运行。

变压器试验虽然不属运行人员工作范围，但由于运行人员在试验工作开工前要做现场的安全措施，试验完工后要进行验收，因此对试验的周期、项目及数据应有一定的了解。

255. 变压器的出厂试验项目有哪些？

答：变压器的出厂试验包括例行试验、型式试验、特殊试验和设计要求的试验。

（1）例行试验。

1）油箱的密封试验。

2）套管 TA 试验。

3）铁芯及夹件绝缘试验。

4）电压比测量和绕组极性检定。

5）绕组直流电阻测量。

6）变压器油试验。

7）绕组绝缘电阻和极化指数测量。

8）绕组和套管的介质损耗因数及电容测量。

9）短路阻抗和负荷损耗测量。

10）空载损耗和空载电流测量。

11）绝缘试验前局部放电试验。

12）高压线端操作冲击试验。

13）雷电冲击全波试验。

14）工频耐压试验及低压工频线路下 ACLD 试验。

15）中压短时感应耐压试验。

16）长时感应耐压试验。

17）12h 1.1 倍额定电压下空载运行试验。

18）绝缘油中溶解气体分析。

19）分接开关试验。

（2）型式试验（一台）。

1）油箱的机械强度试验。

2）绕组线端的雷电冲击截波试验。

3）中性点端子的雷电冲击全波试验。

4）温升试验。

（3）特殊试验。

1）无线电干扰水平测量（一台）。

2）暂态电压传输特性测定（一台）。

3）风扇和油泵电动机的吸取功率测量（一台）。

4）声级测量（一台）。

5）绕组频响特性测量（每台）。

6）绝缘油中颗粒度测量（每台）。

7）低电流短路阻抗测量（每台）。

8）低电压空载电流测量（每台）。

9）变压器发热试验（不进行温升试验的产品）。

（4）设计要求的试验项目。

1）空载电流谐波测量。

2）空载励磁特性测量。

3）油流静电试验和开启全部油泵的局放测量。

256. 变压器交接试验项目有哪些？

答：（1）绕组连同套管的绝缘电阻、吸收比、极化指数。

（2）绕组连同套管的介质损耗因数。

（3）绕组连同套管的直流电阻和泄漏电流。

（4）铁芯、夹件对地绝缘电阻。

（5）变压器电压比、联结组别和极性。

（6）变压器局部放电测量。

（7）外施工频交流耐压试验。

（8）套管主屏绝缘电阻、电容值、介质损耗因数、末屏绝缘电阻及介质损耗因数。

（9）本体绝缘油试验（必要时包括套管绝缘油试验）：①界面张力；②酸值；③水溶性

酸（pH 值）；④机械杂质；⑤闪点；⑥绝缘油电气强度；⑦油介质损耗因数（90℃）；⑧绝缘油中微水含量；⑨绝缘油中含气量（330kV 及以上）；⑩色谱分析。

（10）套管型电流互感器试验：①绝缘电阻；②直流电阻；③电流比及极性；④伏安特性。

（11）有载分接开关试验：①绝缘油电气强度；②绝缘油中微水含量；③动作顺序（或动作圈数）；④切换试验；⑤密封试验。

（12）绕组变形试验。

257. 变压器大修前的试验项目有哪些？

答：（1）测量绕组的绝缘电阻和吸收比或极化指数。

（2）测量绕组连同套管的泄漏电流。

（3）测量绕组连同套管的 $\tan\delta$ 及套管末屏的绝缘电阻。

（4）本体及套管中绝缘油的试验。

（5）测量绕组连同套管的直流电阻及电压比（所有分接头位置）。

（6）套管试验。

（7）测量铁芯及夹件对地绝缘电阻。

（8）测量低电压短路阻抗及低电压空载损耗，以供检修后进行比较。

（9）必要时可增加其他试验项目（如局部放电测量等），以供检修后进行比较。

258. 变压器大修中的试验项目有哪些？

答：检修过程中应配合吊罩（或器身）检查，进行有关的试验项目：

（1）测量变压器铁芯对夹件、穿心螺栓（或拉带），铁芯下夹件对下油箱的绝缘电阻，磁屏蔽对油箱的绝缘电阻。

（2）必要时做套管电流互感器的特性试验。

（3）有载分接开关的测量与试验。

（4）非电量保护装置的校验。

（5）单独对套管及套管绝缘油进行额定电压下的 $\tan\delta$、局部放电和耐压试验（必要时）。

259. 变压器大修后的试验项目有哪些？

答：（1）测量绕组的绝缘电阻、吸收比或极化指数。

（2）测量绕组连同套管的泄漏电流。

（3）测量绕组连同套管的 $\tan\delta$ 及套管末屏的绝缘电阻。

（4）冷却装置的检查和试验。

（5）本体、有载分接开关和套管中的变压器油试验。

（6）测量绕组连同套管的直流电阻（所有分接头位置），对多支路引出的低压绕组应测量各支路的直流电阻。

（7）检查有载调压装置的动作情况及顺序。

（8）测量铁芯（夹件）引线对地绝缘电阻。

（9）总装后对变压器油箱和冷却器做整体密封油压试验。

（10）绕组连同套管的交流耐压试验。一般经更换的重要绝缘部件，进行干燥处理后，绝缘耐受水平按原出厂试验的 80%进行；更换全部绕组及其主绝缘的变压器可按出厂试验的 100%进行。

（11）测量绕组所有分接头的电压比及连接组标号的检定。

（12）变压器的空载特性试验（必要时）。

（13）变压器短路试验（必要时）。

（14）绕组变形试验。

（15）一般经更换的绕组及重要绝缘部件，干燥处理后测量变压器的局部放电量。

（16）当继电保护有要求时，应进行额定电压下的冲击合闸。

（17）空载试运行前后变压器油的色谱分析，以及绝缘油的其他试验。

260. 测量变压器绕组连同套管一起的绝缘电阻和吸收比或极化指数的目的是什么？

答： 测量绕组连同套管一起的绝缘电阻和吸收比或极化指数，对检查变压器整体绝缘状况具有较高的灵敏度，能有效地检查出变压器绝缘整体受潮或老化、部件表面受潮或脏污以及贯穿性的几种缺陷。

261. 测量变压器泄漏电流的作用是什么？

答： 测量变压器泄漏电流的作用与测量绝缘电阻相似，但由于试验电压高，测量仪表灵敏度高，相比之下更灵敏。特别是在发现套管裂纹等缺陷上更是如此。

262. 测量变压器介质损耗的目的是什么？

答： 油纸绝缘是有损耗的，在交流电压作用下有极化损耗和电导损耗，通常用 $\tan\delta$ 来描述介质损耗的大小，且 $\tan\delta$ 与绝缘材料的形状、尺寸无关，只取决于绝缘材料的绝缘性能，所以 $\tan\delta$ 可作为判断绝缘状态是否良好的重要标准之一。绝缘性能良好的变压器的 $\tan\delta$ 值一般较小，若变压器存在着绝缘缺陷，则可将变压器绝缘分为完好和有绝缘缺陷两部分。当有绝缘缺陷部分的体积（电容量）占变压器总体积（电容量）的比例较大时，测量的 $\tan\delta$ 也较大，说明试验反映绝缘缺陷灵敏，反之不灵敏。所以 $\tan\delta$ 试验能较好地反映出分布性绝缘缺陷或部分体积较大的集中性绝缘缺陷（如变压器整体受潮或老化、变压器油质劣化以及较大面积的绝缘受潮或老化等）。由于套管的体积远小于变压器的体积，在进行变压器 $\tan\delta$ 试验时，即使套管存在明显的绝缘缺陷也无法反映出来，所以套管需要单独进行 $\tan\delta$ 试验。

263. 变压器工频耐压试验的目的是什么？

答： 变压器工频耐压试验是在高电压下鉴定绝缘强度的一种试验方法，它能反映出变压器部分主绝缘存在的局部缺陷。如绕组与铁芯夹紧件之间的主绝缘、同相不同电压等级绕组之间的主绝缘存在缺陷，引线对地电位金属件之间、不同电压等级引线之间的距离不够，套管绝缘不良等缺陷。而绕组纵绝缘（匝间、层间、饼间绝缘）缺陷、同电压等级不同相引线之间距离不够等，由于试验时这些部位处于同电位，就无法反映出这些绝缘缺陷。另外，对分级绝缘的绕组，由于中性点的绝缘水平较低，绕组工频耐压试验的试验电压取决于中性点的绝缘水平，这时更多是考核绕组中性点附近对地和中性点出线对地的主绝缘。

264. 测量变压器直流电阻的目的是什么？

答： 直流电阻试验可以检查变压器内部导电回路的焊接或接触是否良好，引线连接是否正确等，如绕组内部导线及引线的焊接质量，引线与各导电部件的连接是否紧固并接触良好，分接开关触头接触是否良好等。在无励磁分接开关切换、有载分接开关检修以及变压器大修后要进行直流电阻试验，变压器经过出口短路或油色谱判断有故障时也要进行直流电阻试验。

265. 变压器局部放电试验的目的是什么？

答： 局部放电试验是检查变压器结构是否合理、工艺水平好坏以及变压器内部是否存在局部放电现象的重要试验手段，是保证变压器安全运行的重要指标。它是一种考核变压器能否在工作电压下长期运行的检验方法。

变压器局部放电试验通常在破坏性试验完成后，对现场220kV及以上变压器查找故障等情况下进行。

266. 温升试验的目的是什么？油浸式变压器的温升限值为多少？

答：温升试验的目的是检验规定状态下变压器绕组、变压器油的温升，变压器有无局部过热，变压器油箱表面的热点温升等。

顶层油温升：油不与大气直接接触的变压器为60℃；油与大气直接接触的变压器为55℃；绕组平均温升为65℃。

变压器油箱温升通常要求不超过80℃。

267. 为什么变压器短路试验所测得的损耗可以认为就是绕组的电阻损耗？

答：由于短路试验所加的电压很低，铁芯中的磁通密度很小，这时铁芯中的损耗相对于绕组中的电阻损耗可以忽略不计，所以变压器短路试验所测得的损耗可以认为就是绕组的电阻损耗。

268. 为什么要做变压器的空载试验和短路试验？

答：在变压器的制造过程中及检修期间更换绕组之后，常要做空载试验和短路试验。变压器的空载试验又称无载试验，实际上就是在变压器的任一侧绕组加额定电压，其他侧绕组开路的情况下，测量变压器的空载电流和空载损耗。变压器的空载电流的大小，取决于变压器的容量、磁路、硅钢片质量和铁芯接缝的大小等因素。一般，中、小型变压器的空载电流占额定电流的4%～16%；2400kVA以上的变压器的空载电流占额定电流的0.9%～2.4%。空载损耗主要包括铁芯里的涡流损耗和磁滞损耗，还有附加损耗。做变压器空载试验的目的如下：

（1）测量空载电流、空载损耗，计算出变压器的励磁阻抗等参数，并可求出变比。

（2）能发现变压器磁路中局部和整体缺陷，如硅钢片间绝缘不良，穿心螺杆或连接片的绝缘损坏等。当有这些缺陷时，由于铁芯或铁件中涡流损耗增加，空载损耗会显著增加。

（3）能发现变压器绕组的一些问题，如绕组匝间短路、绕组并联支路短路等。因为短路匝存在，其中流过环流引起损耗，也会使空载损耗增加。

变压器的短路试验，就是在变压器的任一侧绕组通以额定电流，其他侧绕组短路的情况下，测量变压器此时加电源一侧的电压、电流和短路损耗。为了测量方便，短路试验一般在高压侧供电，所测的损耗主要是绕组中的铜损（包括铁件中的涡流损耗）。做变压器的短路试验的目的如下：

（1）计算变压器的效率。

（2）确定变压器能否与其他变压器并联运行。

（3）确定变压器温升试验时的温升。

（4）测量短路时的电压、电流、损耗，求出变压器的铜损及短路阻抗等参数。

（5）检查绕组结构的正确性。对于短路损耗超出标准或比同规格的绕组大时，从中可发现多股并绕绕组的换位是否正确或是否有换位短路。

269. 短路阻抗的大小对变压器有何影响？

答：当系统发生短路时，短路阻抗影响变压器的短路电流和由此产生的机械力大小；在变压器运行过程中短路阻抗影响变压器的输出电压，影响网络电压的波动。

270. 绝缘特性试验一般包括哪些内容？

答：绝缘特性试验一般包括绝缘电阻测量、吸收比测量、极化指数测量、介质损耗因数测量。

271. 变压器绝缘试验的一般顺序是什么?

答:(1)操作冲击试验。

(2)雷电冲击试验。

(3)外施工频耐压试验。

(4)短时感应试验。

(5)长时感应试验。

272. 在直流电压作用下,流过绝缘介质的电流由哪几部分组成?分别是什么?

答:在直流电压作用下,流过绝缘介质的电流由三部分组成,即位移电流、吸收电流及泄漏电流。

(1)位移电流:是施加电压时对绝缘介质几何电容的充电电流,一般在极短的时间内衰减,当撤去电压时流过和充电时相反的放电电流,同样很快衰减。

(2)吸收电流:是绝缘介质在施加电压后,由于介质的极化,偶极子转动等原因而产生的,它是随着时间缓慢衰减的电流。

(3)泄漏电流:是由于在绝缘介质内部或表面移动的带电粒子产生的传导电流,它一般不随时间的改变而改变。

273. 绝缘电阻、吸收比和极化指数是怎样定义的?绝缘电阻与油温的关系如何?

答:(1)绝缘电阻:外施电压U除以全电流I。由于电流是随着时间变化的量,所以绝缘电阻也是随时间变化的量;当测量时间足够长时,全电流衰减到只有泄漏电流时,绝缘电阻达到稳定值。

(2)吸收比:60s与15s绝缘电阻值的比值。

(3)极化指数:600s与60s绝缘电阻值的比值。

(4)绝缘电阻与油温的关系很大,因变压器绝缘系统复杂,以及不同产品结构上的差别,不是单一的绝缘介质,所以不能用一个公式来表示绝缘电阻和温度的关系,但绝缘电阻一般是随着温度的上升而下降。

274. 介质损耗角正切值$\tan\delta$越大介质损耗越大吗?

答:绝缘介质在交流电压作用下的介质损耗有两种:一是由电导引起的电导损耗,二是由极化引起的极化损耗。介质中如无损耗,则流过的电流是纯无功电容电流,并超前电压相量90°。如介质中有损耗,则电流存在有功分量,其大小可代表介质损耗的大小。这时,总电流与电容电流之间有一δ角,该角正切值$\tan\delta$等于有功电流与无功电流的比;$\tan\delta$越大,有功电流越大,说明介质损耗越大。

275. 变压器绝缘检测中,“吸收比”为何能作为判别绝缘状况的依据?

答:用绝缘电阻表测量变压器绕组绝缘时,最初瞬间绕组内出现三个电流分量,即充电电流、传导电流和吸收电流。充电电流与被测绝缘体的结构有关,衰减很快;传导电流取决于绝缘的受潮和脏污情况,在测量过程中只要外施电压不变,它的数值就不变;吸收电流是因加上直流电压后绝缘内部出现的极化现象而产生的,其衰减时间常数大。当绝缘有局部缺陷、受潮及脏污时,传导电流很大,而吸收电流变化很小,通常用两种测量时间的绝缘电阻值相比作为吸收比。一般认为,温度在10~30℃时,吸收比$K=R''_{60}/R''_{15}>1.3$为合格。

276. 变压器检修的目的是什么?

答:(1)消除变压器缺陷,排除隐患,使设备能安全运行。

（2）保持或恢复变压器的额定传输能力，延长变压器的使用寿命。

（3）提高和保持变压器的使用效率，提高利用率。

277. 变压器检修如何分类？

答：变压器的检修工作通常分为维护性检修和恢复性检修两类。

维护性检修是定期或不定期地对变压器各辅助设备及变压器油进行维护，如冷却装置风扇、潜油泵以及散热片、调压驱动装置等。维护性检修的目的是保持变压器始终处于正常状态，提高变压器的健康水平，保证变压器能安全可靠运行。恢复性检修是在变压器出现故障或缺陷，影响变压器的正常运行甚至迫使变压器退出运行时，对变压器的故障和缺陷进行处理。恢复性检修的目的是消除变压器的故障和缺陷，使变压器能够投入正常运行。

278. 变压器检修周期是如何规定的？

答：大修周期：

（1）一般在投入运行后的5年内和以后每间隔10年大修一次。

（2）箱沿焊接的全密封变压器或制造厂另有规定者，若经过试验与检查并结合运行情况，判定有内部故障或本体严重渗漏油时，才进行大修。

（3）在电力系统中运行的主变压器，当承受出口短路后，经综合诊断分析，可考虑提前大修。

（4）运行中的变压器，当发现异常状况或经试验判明有内部故障时，应提前进行大修；运行正常的变压器经综合诊断分析良好，总工程师批准，可适当延长大修周期。

小修周期：

（1）一般每年一次。

（2）安装在2～3级污秽地区的变压器，其小修周期应在现场规程中予以规定。

附属装置的检修周期：

（1）保护装置和测温装置的校验，应根据有关规程的规定进行。

（2）变压器油泵（简称油泵）的解体检修：2级泵1～2年进行一次，4级泵2～3年进行一次。

（3）变压器风扇（简称风扇）的解体检修，1～2年进行一次。

（4）净油器中吸附剂的更换，应根据油质化验结果而定；吸湿器中的吸附剂视失效程度随时更换。

（5）自动装置及控制回路的检修，一般每年进行一次。

（6）水冷却器的检修，1～2年进行一次。

（7）套管的检修随本体进行，套管的更换应根据试验结果确定。

279. 变压器大修项目有哪些？

答：变压器本体大修项目有：

（1）吊开钟罩检修器身，或吊出器身检修。

（2）绕组、引线及磁（电）屏蔽装置的检修。

（3）铁芯、铁芯紧固件（穿心螺杆、夹件、拉带、绑带等）、压钉、压板及接地片的检修。

（4）油箱及附件的检修，包括套管、吸湿器等。

（5）冷却器、油泵、水泵、风扇、阀门及管道等附属设备的检修。

（6）安全保护装置、安全气道和储油柜等的检修。

（7）油保护装置的检修。

（8）测温装置的校验。

（9）操作控制箱的检修及试验。

（10）无励磁分接开关和有载分接开关的检修。

（11）全部密封胶垫的更换和组件试漏。

（12）必要时对器身绝缘进行干燥处理。

（13）变压器油的处理或换油。

（14）对变压器油保护装置（净油器、充氮保护及胶囊等）的检修。

（15）清扫油箱并进行喷涂油漆，油箱外壳及附件的除锈、涂漆。

（16）对保护装置、测量装置及操作控制的检查试验。

（17）必要时对绝缘进行干燥处理。

（18）大修的试验和试运行。

有载分接开关大修项目有：

（1）分接开关心体吊芯检查、维修、调试。

（2）分接开关油室的清洗、检漏与维修。

（3）驱动机构检查、清扫、加油与维修。

（4）储油柜及其附件的检查与维修。

（5）自动控制装置的检查。

（6）储油柜及油室中绝缘油的处理：压力继电器、油流控制继电器（或气体继电器）、压力释放阀的检查、维修与校验。

（7）电动机构及其他器件的检查、维修与调试。

（8）各部位密封检查，渗漏油处理。

（9）电气控制回路的检查、维修与调试。

（10）分接开关与电动机构的连接校验与调试。

280. 变压器小修项目有哪些？

答：变压器本体小修项目有：

（1）处理已发现的缺陷。

（2）放出储油柜积污器中的污油。

（3）检修油位计，调整油位。

（4）对充油套管及本体补充变压器油。

（5）检修冷却装置：包括油泵、风扇、油流继电器、压差继电器等，必要时吹扫冷却器管束。

（6）检修安全保护装置：包括储油柜、压力释放阀（安全气道）、气体继电器、速动压力继电器等。

（7）检修油保护装置。

（8）检修测温装置：包括压力式温度计、电阻温度计（绕组温度计）、棒形温度计等。

（9）检修调压装置、测量装置及控制箱，并进行调试。

（10）检查接地装置。

（11）检查并拧紧套管引出线的接头。

（12）对各种保护装置、测量装置及操作控制箱的检修、试验。

（13）检查全部阀门和塞子，检查全部密封状态，处理渗漏油。

(14) 清扫油箱和附件，必要时进行补漆。
(15) 清扫外绝缘和检查导电接头（包括套管将军帽）。
(16) 按有关规定进行测量和试验。
分接开关小修项目有：
(1) 机械传动部位与传动齿轮盒的检查与加油。
(2) 电动机构箱的检查与清扫。
(3) 各部位的密封检查。
(4) 油流控制继电器（或气体继电器）、压力继电器、压力释放阀的检查。
(5) 电气控制回路的检查。

281. 变压器出现哪些情况应考虑进行恢复性检修?

答：(1) 试验结果表明变压器本体内部存在局部放电或局部过热严重。
(2) 试验结果表明变压器油质变坏、老化。
(3) 试验结果表明本体存在绝缘降低、受潮故障。
(4) 试验结果表明套管、套管电流互感器、调压装置出现故障。
(5) 本体运行声音异常。
(6) 本体存在严重渗油，用其他方法无法处理。

282. 更换变压器密封橡胶垫应注意什么问题?

答：(1) 密封橡胶垫受压面积应与螺钉的力量相适应。胶垫、胶圈、胶条不可过宽，最好采用圆形断面胶圈和胶垫。密封处的压接面应处理干净，放置胶垫时最好先涂一层黏合胶液，如聚氯乙烯清漆等。

(2) 带油更换油塞的橡胶封环时，应将进出口各处的阀门和通道关闭，在负压保持不致大量出油的情况下，迅速更换。

(3) 密封材料不能使用石棉盘根和软木垫等。

283. 变压器大修时运行人员需要做哪些安全措施?

答：(1) 主变压器大修必须在设备停电检修状态下进行。
(2) 断开主变压器三侧电压互感器小开关。
(3) 断开主变压器三侧隔离开关的动力电源小开关或动力电源保险（可能来电的隔离开关）。
(4) 停用主变压器的全套保护。
(5) 停用主变压器失灵保护。
(6) 停用主变压器启动稳定装置（保护启动和断路器三跳启动）。
(7) 按照《电业安全工作规程》的规定布置好现场的安全措施，并与工作负责人进行交代。
(8) 停用主变压器冷却器。
(9) 停用主变压器冷却器交流动力电源。
(10) 停用主变压器冷却器直流控制电源。
(11) 停用主变压器调压装置交、直流电源。
(12) 停用有载调压在线滤油机交直流电源。
(13) 断开本体非电量直流电源回路。

284. 变电站变压器在哪些情况下需要进行干燥处理?

答：(1) 变压器更新改造。
(2) 大修中造成器身严重受潮或运行中由于变压器密封不良导致受潮等。

285. 变压器干燥过程中需要记录哪些内容？

答：干燥过程中应每 2h 检查与记录下列内容：

（1）测量绕组的绝缘电阻。

（2）测量绕组、铁芯和油箱等各部分温度。

（3）测量真空度。

（4）定期排放凝结水，用量杯测量记录（1 次/4h）。

（5）定期进行热扩散，并记录通热风时间。

（6）记录加温电源的电压与电流。

（7）检查电源线路、加热器具、真空管路及其他设备的运行情况。

286. 变压器干燥的方法有哪些？

答：（1）热油循环干燥。

（2）热油喷淋真空干燥。

（3）油箱涡流真空干燥。

（4）零序电流干燥。

（5）绕组铜损干燥。

（6）真空干燥。

（7）气相干燥。

287. 什么是变压器的热油循环干燥法？

答：变压器的热油循环干燥法是利用热油吸收变压器器身绝缘上的水分，带有水分的变压器油循环到油箱外进行干燥后，再注入油箱内，通过不断的循环，将器身绝缘上的水分置换出来，从而达到干燥的目的。

这种方法适用于轻度受潮的大、中型变压器。

288. 什么是变压器的热油喷淋干燥法？

答：变压器的热油喷淋干燥法是利用热油作为载热体，均匀喷淋在器身上，使器身绝缘各部分均匀受热升温，绝缘中水分受热后蒸发，用抽真空的方法提高干燥的效率，并将水蒸气带出油箱。

这种方法适用于器身受潮程度较重的大、中型变压器。

289. 试述非真空状态下干燥变压器的过程。如何判断干燥结束？

答：将器身置于烘房内，对变压器进行加热，器身温度持续保持在 95～105℃，每 2h 测量各侧的绝缘电阻一次，绝缘电阻由低到高并趋于稳定，连续 6h 绝缘电阻无显著变化，即可认为干燥结束。

290. 为什么采用涡流加热干燥时，要在变压器的不同部位埋设温度计？

答：采用涡流加热干燥时，器身各部位受热不均匀，可能发生局部过热而损坏绝缘；因此，要在不同部位多放几支温度计，以便随时监视和控制温度。

291. 抽真空注油工艺过程是怎样的？

答：油箱密封后立即抽真空，首先关闭胶囊阀门；然后用抽真空机从储油柜顶部真空阀门抽真空，真空度到 30Pa 后开始计时；高真空保持 24h 及以上，开始真空注油，通过滤油机从油箱底注油孔进行注油。观察储油柜油位达到要求时，即停止注油，此时关闭抽真空机并关闭储油柜抽真空阀门，最后打开胶囊阀门。

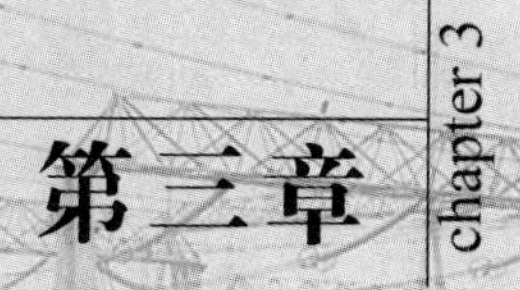

第三章 chapter 3

并联电抗器

1. 什么是空载长线路的"容升"效应?

答: 在超高压电网中，不仅额定电压比高压电网高得多，往往线路很长，可达数百公里，因此线路的"电感—电容"效应显著增大。由于线路采用分裂导线，线路的相间和对地电容均很大，在线路带电的状态下，线路相间和对地电容中产生相当数量的容性无功功率(即充电功率)，且与线路的长度成正比，每100km长的500kV线路容性充电功率为100～120Mvar，为同样长度的220kV线路的6～7倍。对于长线路，其数值可达200～300kvar;而每100km长的1000kV线路容性无功大约是500kV的5～6倍。而且如果线路处于空载状态，所产生的容性电流导致沿线电压分布不均匀，大量容性功率通过系统感性元件（发电机、变压器、输电线路）时，在线路末端电压将要升高，这种由分布电容引起的电压升高在电力工程上称为"电容效应"或"容升"现象，又称为"弗兰梯"效应。在电力系统为小运行方式时，这种现象尤其严重。

严重时，线路末端电压能达到首端电压的1.5倍以上，而且在这个基础上会引起幅值很高的空载线路分、合闸过电压。

每100km电容电流：220kV为34A、330kV为66A，500kV为111A，750kV为193A。

2. "电容效应"是如何引起工频过电压的?

答: 当输电线路不太长时，可以用集中参数的T型或π型等值电路来代替。如图3-1（a）所示为单相线路的T型等值电路，图中R_0、L_0分别为电源的内电阻和内电感，R_T、C_T、L_T分别为T型等值电路中的线路等值电阻、电容和电感，$e(t)$为电源相电势。对于空载线路，可以简化成图3-1（b）所示R、C、L串联电路。空载线路的工频容抗X_C大于X_L，且压降U_L与电容上压降U_C小得多，则在电源电压的作用下，回路中将流过容性电流。由于电感上压降U_L与电容上的压降U_C反相，且$U_C > U_L$，因此电容上的压降大于电源电动势，这就是空载线路的电容效应引起的工频电压升高，如图3-1（c）所示，其关系式为

$$\dot{E} = \dot{U}_R + \dot{U}_L + \dot{U}_C = R\dot{I} + jX_L\dot{I} - jX_C\dot{I}$$

若忽略R的作用，则

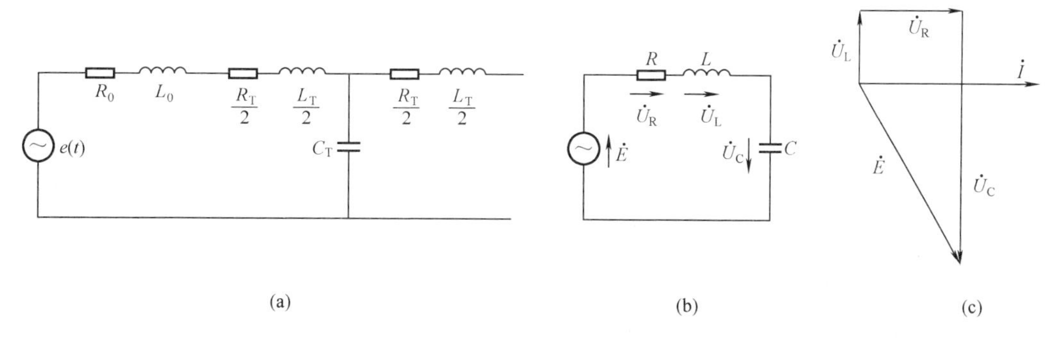

图3-1 单相输电线路的集中参数等值电路

(a) T型等值电路；(b) 简化等值电路；(c) 相量图

$$\dot{E}=\dot{U}_L+\dot{U}_C=j\dot{I}(X_L-X_C) \tag{3-1}$$

随着输电电压的提高和输送距离的增长，在分析空长线的电容效应时，需要采用分布参数等值电路，如图 3-2 所示。由图可以求得空载无损线路上距开路的末端 x 处的电压为

$$\dot{U}_x=\frac{\dot{E}\cos\theta}{\cos(\alpha l+\theta)}\cos\alpha x \tag{3-2}$$

$$\theta=\arctan\frac{X_S}{Z},\ Z=\sqrt{\frac{L_0}{C_0}},\ \alpha=\frac{\omega}{v}$$

式中：$\dot{E}$ 为系统电源电压；Z 为线路波阻抗；X_S 为系统电源等值电抗；ω 为电源角频率；v 为光速。

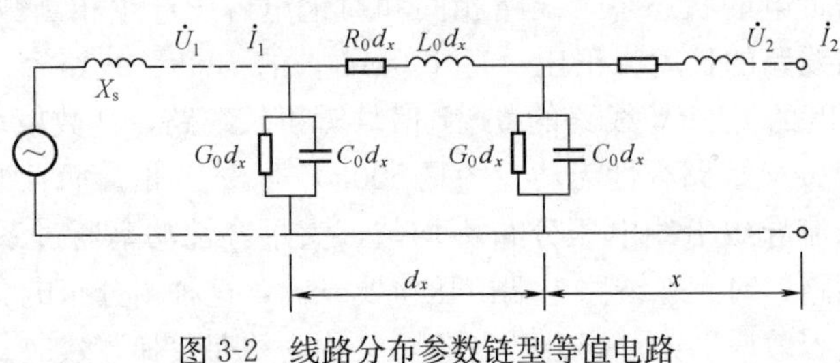

图 3-2　线路分布参数链型等值电路

由式（3-2）可见：

（1）线路上的工频电压自首端起逐渐上升，沿线按余弦曲线分布。如图 3-3 所示，在线路末端电压最高。

线路电压 $\dot{U}_2$ 为

$$\dot{U}_2=\frac{\dot{E}\cos\theta}{\cos(\alpha l+\theta)}\cos\alpha x\ |_{x=0}=\frac{\dot{E}\cos\theta}{\cos(\alpha l+\theta)}$$

将上式代入式（3-2），得

$$\dot{U}_x=\dot{U}_2\cos\alpha x \tag{3-3}$$

这表明 $\dot{U}_x$ 为 αx 的余弦函数，且在 $x=0$（即线路末端）处达到最大。

（2）线路末端电压升高程度与线路长度有关。

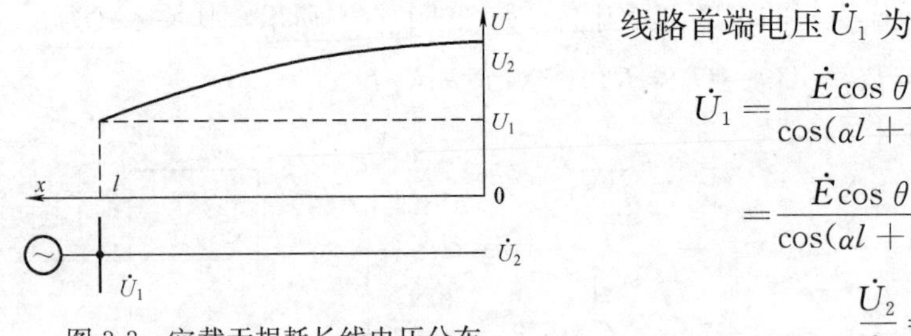

图 3-3　空载无损耗长线电压分布

线路首端电压 $\dot{U}_1$ 为

$$\dot{U}_1=\frac{\dot{E}\cos\theta}{\cos(\alpha l+\theta)}\cos\alpha x\ |_{x=l}$$

$$=\frac{\dot{E}\cos\theta}{\cos(\alpha l+\theta)}\cos\alpha l=\dot{U}_2\cos\alpha l$$

$$\frac{\dot{U}_2}{\dot{U}_1}=\frac{1}{\cos\alpha l} \tag{3-4}$$

这表明线路长度越长，线路末端工频电压较首端升高得越厉害。对架空线路，α 约为 $0.06°/\text{km}$，当 $l=\dfrac{90°}{0.06°/\text{km}}=1500\text{km}$ 时，$\alpha L=90°$，$\dot{U}_2$ 为无穷大。此时，线路处于谐振状态。实际上，由于线路电阻和电晕损耗的限制，在任何情况下，工频电压升高都不会超过 2.9 倍。

（3）工频电压升高受电源容量的影响。

将式（3-2）展开，得

$$\dot{U}_x=\frac{\dot{E}\cos\theta}{\cos(\alpha l+\theta)}\cos\alpha x=\frac{\dot{E}\cos\theta}{\cos\alpha l\cos\theta-\sin\alpha l\sin\theta}\cos\alpha x$$

$$=\frac{\dot{E}}{\cos\alpha l-\tan\theta\sin\alpha l}\cos\alpha x=\frac{\dot{E}}{\cos\alpha l-\dfrac{X_S}{Z}\sin\alpha l}\cos\alpha x \tag{3-5}$$

由上式可知，电源感抗 X_S 的存在使线路首端的电压升高，从而加剧了线路末端工频电压的升高。电源容量越小（X_S 越大），工频电压升高就越严重。当电源容量为无穷大时，工频电压升高为最小。因此，为了估计最严重的工频电压升高，应以系统最小电源容量为依据。在单电源的线路中，应取最小运行方式时的 X_S 为依据。在双端电源的线路中，线路两端的断路器必须遵循一定的操作顺序，以降低工频电压升高；线路合闸时，先合电源容量较大的一侧，后合电源容量较小的一侧；线路切除时，先切容量较小的一侧，后切容量较大的一侧。

【例 3-1】 某 500kV 线路，长 250km，电源电抗 $X_S=263.2\Omega$，线路参数 $L_0=0.9\mu H/m$，$C_0=0.0127nF/m$，求线路末端开路时末端对电源电动势的电压升高。若线路末端接有并联电抗器，$X_L=1837\Omega$，求补偿度、线路末端电压对电源电动势的电压升高及沿线电压分布中的最高电压。

解：

$$Z=\sqrt{\frac{L_0}{C_0}}=\sqrt{\frac{0.9\times10^{-6}}{0.0127\times10^{-9}}}=266.2(\Omega)$$

$$\alpha l=\omega\sqrt{L_0C_0}\cdot l$$

$$=2\times180^\circ\times50\times\sqrt{0.9\times10^{-6}\times0.0127\times10^{-9}}\cdot l$$

$$=0.06^\circ\times250\times10^3=15^\circ$$

线路末端开路时：$\dot{U}_2=\dfrac{\dot{E}}{\cos\alpha l-\dfrac{X_S}{Z}\sin\alpha l}$

$$=\frac{\dot{E}}{\cos15^\circ-\dfrac{263.2}{266.2}\sin15^\circ}=1.41\dot{E}$$

若 $X_S\rightarrow0$，$\dot{U}_2=\dfrac{\dot{E}}{\cos\alpha l}=\dfrac{\dot{E}}{\cos15^\circ}=1.035$

从而可见电源漏抗对工频电压升高的影响很大。

线路末接有 1837Ω 的电抗后，补偿度为

$$\frac{Q_L}{Q_C}=\frac{\dfrac{1}{X_L}}{\omega C_0 l}=\frac{1}{X_L\cdot\omega C_0 l}=\frac{1}{1837\times314\times0.0127\times10^{-9}\times250}\times100\%$$

$$=0.546\times100\%=54.6\%$$

有并联电抗器时，线路末端电压对电源电动势的升高为

$$\frac{U_2}{E}=\frac{1}{\left(1+\dfrac{X_S}{X_L}\right)\cos\alpha l+\left(\dfrac{Z_C}{Z_L}-\dfrac{X_S}{Z_C}\right)\sin\alpha l}$$

$$=\frac{1}{\left(1+\frac{263.2}{1837}\right)\cos 15^{\circ}+\left(\frac{266.2}{1837}-\frac{263.2}{266.2}\right)\sin 15^{\circ}}=1.13$$

可见接入 $X_L=1837\Omega$ 的电抗器使线路末工频电压升高从 1.41 下降到 1.13。

线路末有电抗器后，沿线电压分布中电压最高值为

$$U_m=\frac{U_1}{\cos(\alpha l-\beta)}=\frac{U_2\left(\cos\alpha l+\frac{Z_C}{X_L}\sin\alpha l\right)}{\cos(\alpha l-\beta)}$$

式中：$\beta=\tan^{-1}\frac{Z_C}{X_L}=8.25^{\circ}$；$U_2=1.13E$。

因此 $$\frac{U_m}{E}=\frac{1.13\times\left(\cos 15^{\circ}+\frac{266.2}{1837}\sin 15^{\circ}\right)}{\cos(15^{\circ}-8.25^{\circ})}=1.14$$

由以上分析可知，空载线路工频电压升高根本原因在于线路中电容电流在感抗上的压降使得电容上的电压高于电源电压，因此，通过补偿这种容性电流削弱电容效应，就可以降低这种工频电压。由于并联电抗器的电感能补偿减小流经线路的容性电流，因此，在超高压线路上，常采用并联电抗器来限制工频过电压。末端电压将随着电抗器容量的增大（电感减小）而下降。并联电抗器根据需要可以装设在线路的末端、首端或中部。上例中，在线路末端接入感抗为 1837Ω 的电抗器，则计算得空载线路末端电压仅为电源电动势的 1.13 倍。

3. 什么是潜供电流？

答：当故障相（线路）自两侧切除后，非故障相（线路）与断开相（线路）之间存在的电容耦合和电感耦合，继续向故障相（线路）提供的电流称为潜供电流。

如图 3-4 所示，当 C 相发生单相接地故障时，线路两侧 C 相的断路器跳开，这时故障点 k 处的短路电流被切断，但非故障的其他两相 A、B 仍处在运行状态。由于各元件之间存在电容 C_1，所以 A、B 两相将通过电容 C_1 向故障点 k 供给电容性电流 I_{C1}，同时，由于各相之间存在互感 M，所以带负荷电流 A、B 两相将对故障相感应一电势，如图 3-5 所示。该互感电势通过故障点及对地的电容 C_0 形成回路，因此向故障点供一电感性电流，这两部分电流分量的总和就叫做潜供电流，即 $I_q=I_{C1}+I_{C0}$。

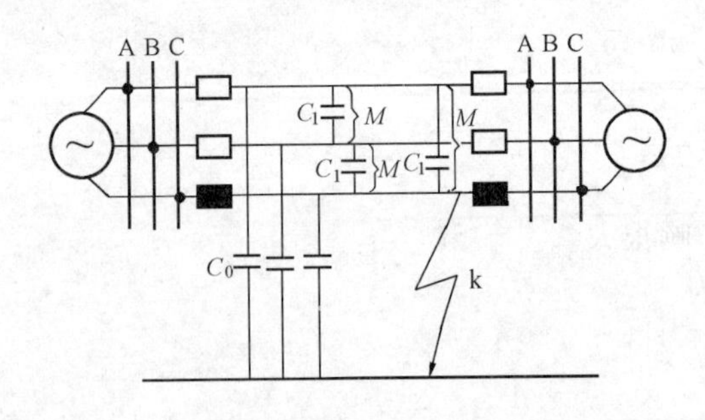

图 3-4 单相接地示意图

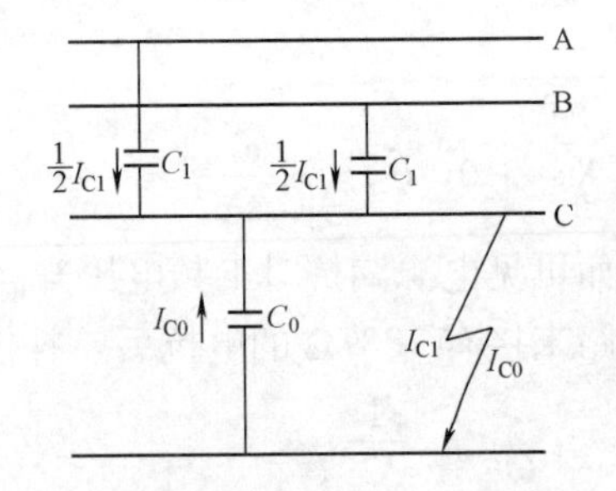

图 3-5 单相接地潜供电流示意图

潜供电流由潜供电流的横分量和潜供电流的纵分量两部分组成。参看图 3-6，由于电源中性点是接地的，当 C 相导线在靠近电源端的 k 点发生电弧接地时，在 C 相线路两端的断路器跳闸后，A 相和 B 相电源将经过该两相导线和 C 相导线间的互部分电容 C_{13} 和 C_{23} 对 C 相接地电弧供电，这叫潜供电流的横分量。同时，A 相和 B 相导线电流 $\dot{I}_A$ 和 $\dot{I}_B$ 会通过该两

相导线与C相导线间的互感M_{13}和M_{23}在C相导线上感应出。

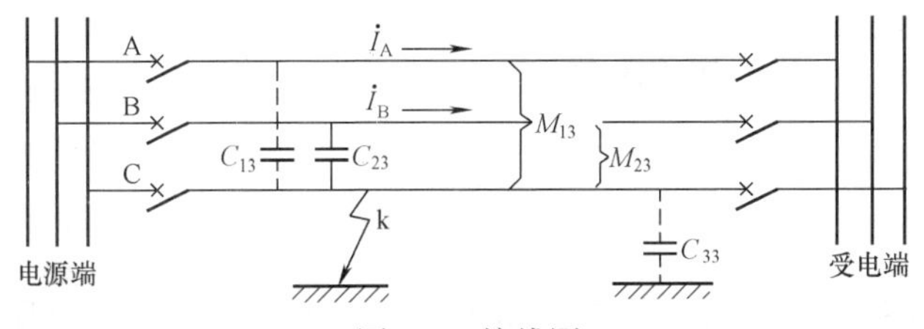

图3-6 接线图

电动势E将通过C相导线右端的C_{33}向k点的接地电弧供电，这叫潜供电流的纵分量。

4. **潜供电流有哪些危害?**

答: 潜供电流对灭弧产生影响，由于此电流的存在，将使短路时弧光通道去游离受到严重阻碍。另一方面，自动重合闸只有在故障点电弧熄灭且绝缘强度恢复以后才有可能成功，若潜供电流值较大，会导致重合闸失败（重合不成功）。

5. **消除潜供电流为什么可以提高重合闸的成功率?**

答: 当线路单相接地后，高压电抗器的中性点电压随故障状况将产生偏移。中性点小电抗器在偏移电压作用下产生的感性电流，经接地点与非故障对故障相线间电容电流作补偿，使电弧不能重燃，从而提高单相重合闸成功率。

在超高压和特高压线路上，为了保证重合闸有较高的重合成功率，除了在中长线路上并联电抗器的中性点加小电抗外，还可采用短时在线路两侧投入快速单相接地开关的措施（但在现场几乎没有使用）。

6. **何谓并联电抗器的补偿度? 其值一般为多少?**

答: 并联电抗器的容量Q_L与空载长线路容性无功功率Q_C的比值Q_L/Q_C称为补偿度。通常补偿度选为60%～80%。

7. **并联电抗器的无功功率取决于什么?**

答: 并联电抗器的无功功率取决于线路电压。当线路的电压为额定电压时，所对应的电抗器无功功率为铭牌标示的额定容量；当线路电压为最高电压时，所对应的无功功率将高于额定容量，并与电压的平方成正比，即$Q=KU^2$(K为比例系数)，当电路电压低于额定电压时，所对应的电抗器无功功率将低于额定容量。

在超高压电网中，如全线电压维持额定线电压U_N，线路容性无功功率为

$$Q_c=U_N^2\omega C_1'l=P_N\lambda \tag{3-6}$$

$$\lambda=\frac{\omega l}{v_P}\approx\frac{100\pi l}{3\times10^5}=\frac{\pi}{3}l\times10^{-3}\text{rad}=0.06^\circ l$$

式中：$P_N=\dfrac{U_N^2}{Z}$为线路自然功率。

这里$\omega=314$，l为线路长度（以千米计），$v_P=\dfrac{1}{\sqrt{L_1'C_1'}}\approx3\times10^5\text{km/s}$，为导线的正序波速，$L_1'$和$C_1'$为每千米导线的正序电感和电容，$Z$为导线的波阻抗。

500kV 610km的平武线的$Z=262\Omega$，$P_N=956\text{MW}$，Q_c达自然功率的64%，即620Mvar，若$l=1000\text{km}$，Q_C甚至大于P_N。

Q_C的增大导致沿线电压不能均匀分布，例如，无载状态下600km线路的中点电压要比

两侧母线电压高出5%，1000km线路则高出15%以上，而从超高压设备绝缘结构的经济运行要求出发，全线的最大容许电压的百分数不能超过5%～10%，这就提出了强迫均压的要求。

8. 并联电抗器的电抗值 X 如何表示？

答： 并联电抗器的电抗值 X 可表示为

$$X=\frac{\omega N^{2}S\mu_{0}\mu_{\mathrm{f}}}{L} \tag{3-7}$$

式中：ω 为电源角频率；N 为绕组匝数；μ_0 为真空磁导率；μ_{f} 为硅钢片及气隙的综合磁导率；S 为铁芯的截面积；L 为磁路的平均长度。

不难看出，要使电抗器的电抗值恒定，必须控制磁通密度不超过一定范围，才能使 μ_{f} 不随电压变化。铁芯上带有气隙后，增大了磁路的磁阻，限制磁饱和，使 μ_{f} 趋于稳定，从而使电抗值 X 在一定范围内稳定。

9. 并联电抗器接入线路的方式有几种？

答：（1）对于长线路，在线路的一端或两端接入并联电抗器，并在中性点串接中性点电抗器。

（2）有的变电站出线较多而线路不长，在母线上接入电抗器。

并联电抗器接入线路的方式有三种：

（1）通过断路器、隔离开关将电抗器接入母线。

（2）通过隔离开关将电抗器接入线路。

（3）1000kV线路并联电抗器直接接入线路（没有隔离开关）。

顺便指出，并联电抗器在投入和退出时会出现过电压，应装设避雷器加以保护。

10. 并联电抗器和普通变压器相比有哪些区别？

答：（1）并联电抗器是具有一定电感值的电气设备，用于补偿线路的电容性充电电流，抑制轻负荷线路末端电压的升高，并抑制操作过电压，从而降低系统的绝缘水平，保证线路的可靠运行，是一种无功设备，单位为kvar或Mvar。

变压器是一种静止的电磁感应设备，在其匝链于一个铁芯上的两个或几个绕组回路之间可以进行电磁能量的交换与传递，传递的有功能量，单位为kVA或MVA。

（2）铁芯结构方面。变压器的铁芯由高导磁硅钢片叠成，而并联电抗器铁芯是由导磁的铁芯和非导磁的间隙交替叠成；并联电抗器的铁芯采用铁芯饼结构，而变压器铁芯为铁芯柱结构。

（3）电路方面。普通变压器有初级和次级两个（或三个）绕组，而电抗器只有初级一个绕组。

（4）工作原理方面。普通变压器工作原理是电磁感应原理，它的作用主要是升高和降低电压，实现能量传递；大型电抗器主要利用在额定电压下线性的特点来吸收系统容性无功。

（5）变压器的过励磁能力比较差，因此在空载合闸时容易产生励磁涌流，而并联电抗器的过励磁能力强，在合闸时不会产生励磁涌流。

（6）并联电抗器的差动保护与大型变压器的差动不同，后者有二次谐波制动特性。

（7）大型变压器设有过励磁保护，并联电抗器没有。

（8）大型电抗器的附件和普通变压器基本相同，它的冷却方式一般采用油浸自冷式，在特高压电抗器采用油浸风冷式，电抗器无需要调压装置。

（9）变压器的负荷在24h内是变化的，并联电抗器运行负荷长期稳定，接近满负荷运行，条件比较恶劣，负载较重。

（10）并联电抗器由于铁芯有间隙，因此漏磁通比较大，损耗也大，噪声大，振动较大容易造成过热或出现故障。

（11）伏安特性。在电抗器伏安特性曲线上，1.5倍额定电压及以下应基本为线性。

11. 330、500kV级油浸式并联电抗器技术参数有哪些？

答：根据GB/T 23753—2009《330kV及500kV油浸式并联电抗器技术参数和要求》，330kV及500kV油浸式并联电抗器的技术参数有：

（1）基本参数：

1）额定容量。330kV的容量有：10、20、30、40、50Mvar；500kV的容量有：30、40、50、60、80Mvar。

2）额定电压。330kV的额定电压有：$345/\sqrt{3}$、$363/\sqrt{3}$kV；500kV的额定电压有$525/\sqrt{3}$、$550/\sqrt{3}$kV。

3）允许长期过励磁倍数。1.1倍。

4）联结方式。三个单相接成Y接，经中性点电抗器接地（接在母线上没有中性点电抗器）。

5）额定电抗。330kV额定电抗有：3967、4392，1984、2193，1322、1464，992、1098，793、878Ω；500kV额定电抗有：3026、3361，2297、2521，1838、2017，1532、1681，1312、1440，1148、1260Ω。

6）额定损耗。330kV额定损耗有：60、70、80、90、110kW；500kV的额定损耗有：80、90、110、135、160、180kW。

（2）允许偏差。在额定电压和额定频率下，电抗器额定电抗的允许偏差为±5%，每相电抗与三相电抗平均值间的允许偏差不应超过±2%。

（3）温升极限。电抗器在1.1倍额定电压下的温升限值应符合下列标准：

1）顶层油温升：55K；

2）绕组平均温升（用电阻法测量）：65K；

3）油箱壁表面温升：80K。

对于铁芯、绕组外部的电气连接线及油箱中的其他结构件，不规定温升限制，但仍要求温升不能过高，通常不超过80K，以免使与其相邻的部件受到热损坏或使油过度老化。

（4）局部放电水平。按GB 1094.3《电力变压器　第3部分：绝缘水平、绝缘试验和外绝缘空气间隙》规定的方法对电抗器进行局部放电测量时，对于长时感应电压试验，在施加电压为$1.5U_m/\sqrt{3}$下，电抗器的视在电荷量的连续水平应不大于300pC。在施加电压为$1.1U_m/\sqrt{3}$下，电抗器的视在电荷量的连续水平应符合GB 1094.3的规定；对于短时感应试验，电抗器在各施加电压下的视在电荷量的连续水平应符合GB 1094.3的规定。

（5）无线电干扰水平及可见电晕。电抗器在$1.1U_m/\sqrt{3}$下的无线电干扰电压应不大于500μV，并在晴天夜晚无可见电晕。

（6）声级水平。在额定电压下，声级水平（声压级）应不超过80dB。

（7）伏安特性。在电抗器伏安特性曲线上，1.5倍额定电压及以下应基本为线性，即1.5倍额定电压下的电抗值不低于1.0倍额定电压时的电抗值的5%。1.4倍额定电压与1.7倍额定电压两点连线的斜率不应低于线性部分斜率的50%，即$\frac{U_{1.7}-U_{1.4}}{I_{1.7}-I_{1.4}}/\frac{U_{1.5}}{I_{1.5}}\geqslant 50\%$。

（8）保证振动水平。电抗器在额定电压、额定电流、额定频率和允许的谐波电流分量下的最大振动水平（振幅）应不超过100μm（峰—峰）。

（9）允许谐波电流分量。当对电抗器施加正弦波形的额定电压时，电抗器允许的三次谐波电流分量峰值不应超过基波电流分量峰值的3%。

（10）绝缘油性能指标（电抗器投入运行前）。电抗器投入运行前，绝缘油应符合下列要求：

1）击穿电压≥60kV；

2）含水量≤10μL/L；

3）含气量≤1.0%；

4）介质损耗因数 tanδ≤0.005（90℃）。

（11）过励磁能力。330kV 及 500kV 级油浸式并联电抗器在额定频率下的过励磁能力如表3-1所示。

表3-1　330kV 及 500kV 级油浸式并联电抗器在额定频率下的过励磁能力

过励磁倍数	允许时间	
	以冷状态投入运行	额定运行状态
1.15	120min	60min
1.2	40min	20min
1.25	20min	10min
1.3	10min	3min
1.4	1min	20s
1.5	20s	8s

注　表中内容不作为试验考核项目。

（12）绝缘水平及外绝缘空气间隙：

1）330kV 级并联电抗器的绝缘水平应符合下列规定：

首端　SI/LI/AC　950/1175/510kV

末端　LI/AC　480/200kV

或 325/140kV

或 200/85kV

2）500kV 级并联电抗器的绝缘水平应符合下列规定：

首端　SI/LI/AC　1175/1550/680kV

末端　LI/AC　480/200kV

或 325/140kV

或 200/85kV

12. 330、500kV 级油浸式并联电抗器配套用中性点接地电抗技术参数有哪些？

答：（1）额定持续电流：10、20、30A。

（2）10s 最大电流：100、200、300A。

（3）额定电抗允许偏差范围：0～+20%。

（4）需要分接时，最多增加两个分接，最大电抗与最小电抗的差值不得超过额定电抗值的20%，其正、负方向由用户确定，允许偏差不做考虑。

（5）当电流为10s 最大电流的2/3及以下时，所有的电抗值均应为线性。

(6) 额定持续电流下的总损耗应不超过容量的3%。

(7) 额定持续电流下，中性点接地电抗器的声级水平（声压级）应不超过70dB（A），测量方法按GB/T 1094.10的规定进行，并换算成声功率级。

(8) 额定持续电流下的最大振动水平（振幅）不超过100μm（峰—峰）。

(9) 绝缘水平：首端 LI/AC 480/200kV

或 325/140kV

或 200/85kV

末端 LI/AC 200/85kV

(10) 外绝缘空气间隙：根据GB 1094.3的规定来进行确定，并按实际海拔进行修正。末端套管的外绝缘空气间隙不修正。

(11) 在GB 1094.1《电力变压器 第1部分：总则》规定的正常使用条件下，各部位的温升限值应符合下列规定：

1) 额定持续电流下的温升限值：顶层油温升为65K，绕组温升为70K（用电阻法测量）；

2) 10s最大电流下的温升限值：顶层油温为70K，绕组温升为90K（用电阻法测量）。

13. 750kV级油浸式并联电抗器技术参数有哪些？

答：(1) 基本参数。根据JB/T 10779—2007《750kV油浸式并联电抗点技术参数和要求》，750kV油浸式并联电抗器性能参数有：

1) 额定容量：60、70、80、90、100、120、140、160、180Mvar。

2) 额定电压：$750/\sqrt{3}$ ～$800/\sqrt{3}$ kV。

3) 允许长期过励磁倍数：1.05倍。

4) 额定电抗：3556、3048、2667、2370、2133、1778、1524、1333、1185Ω。

5) 额定损耗：140、150、170、185、200、230、260、290、320kW。

(2) 允许偏差：

1) 电抗器额定电抗的允许偏差为±5%，每相电抗与三相电抗平均值间的允许偏差不应超过±2%；

2) 损耗值允许偏差：损耗实测值与规定值的允许偏差不应超过+10%。

(3) 温升极限。在GB 1094.1规定的正常使用条件下，电抗器在$1.05\times800/\sqrt{3}$ kV电压下各部位的温升限值应符合下列规定：

1) 顶层油温升：55K；

2) 绕组平均温升（用电阻法测量）：65K；

3) 油箱壁表面温升：70K。

对于铁芯、绕组外部的电气连接线及油箱中的其他结构件，不规定温升限值，但仍要求温升不能过高，通常不超过80K，以免使与其相邻的部件受到热损坏或使油过度老化。

(4) 局部放电水平。按GB 1094.3规定的方法对电抗器进行局部放电测量时，对于长时感应电压试验（ACLD），在施加电压为$1.5U_m/\sqrt{3}$下，电抗器的视在电荷量的连续水平应不大于300pC。在施加电压为$1.1U_m/\sqrt{3}$下，电抗器的视在电荷量的连续水平应符合GB 1094.3的规定；对于短时感应试验（ACSD），电抗器在各施加电压下的视在电荷量的连续水平应符合GB 1094.3的规定。

(5) 无线电干扰水平及可见电晕。电抗器在$1.1U_m/\sqrt{3}$下的无线电干扰电压应不大于

500μV，并在晴天夜晚无可见电晕。

（6）声级水平。在额定电压下，距电抗器基准发射面2m处测得的声级水平（声压级）应不超过80dB（A），并应按GB/T 1094.10《电力变压器 第10部分：声级测定》的规定进行换算，给出声功率级。

（7）磁化特性。电抗器在1.5倍额定电压及以下的磁化曲线应基本为线性，1.4倍额定电压与1.7倍额定电压两点连线的斜率不应低于线性部分斜率的50%。

（8）保证振动水平。电抗器在额定电压、额定电流、额定频率和允许的谐波电流分量下的最大振动水平（振幅）应不超过100μm（峰—峰）。

（9）允许谐波电流分量。当对电抗器施加正弦波形的额定电压时，电抗器允许的三次谐波电流分量峰值不应超过基波电流分量峰值的3%。

（10）绝缘油性能指标（电抗器投入运行前）。

电抗器投入运行前，绝缘油应符合下列要求：

1）击穿电压≥70kV；

2）含水量≤10μL/L；

3）含气量≤1.0%；

4）介质损耗因数 $\tan\delta$≤0.005（90℃）。

（11）过励磁能力。电抗器在额定频率下的过励磁能力如表3-2所示。

表3-2 750kV油浸式并联电抗器过励磁能力

过励磁倍数	允许时间	
	以冷状态投入运行	额定运行状态
1.15	40min	20min
1.2	10min	3min
1.25	5min	1min
1.3	1min	20s
1.4	20s	8s
1.5	2s	1s

注 表中内容不作为试验考核项目。

（12）绝缘水平及外绝缘空气间隙：

750kV油浸式并联电抗器的绝缘水平应符合下列规定：

首端 SI/LI/AC 1550/2100/900kV

末端 LI/AC 480/200kV

325/140kV

14. 750kV并联电抗器配套用中性点接地电抗技术参数有哪些？

答：（1）额定持续电流：30A。

（2）10s最大电流：300A。

（3）额定电抗允许偏差范围：0～+20%。

（4）需要分接时，最多增加两个分接，最大电抗与最小电抗的差值不得超过额定电抗值的20%，其正、负方向由用户确定，允许偏差不做考虑。

（5）在200A以下的所有电抗值均应为线性。

（6）额定持续电流下的总损耗应不超过容量的3%。

（7）额定持续电流下距中性点接地电抗器基准发射面2m处测得的声级水平（声压级）应不超过80dB（A），并应按GB/T 1094.10的规定进行换算，给出声功率级。

（8）额定持续电流下的最大振动水平（振幅）：不超过100μm（峰—峰）。

（9）绝缘水平：首端　LI/AC 750/325kV

480/200kV

325/140kV

末端　LI/AC 200/85kV

（10）外绝缘空气间隙：根据GB 1094.3的规定来进行确定，并按实际海拔进行修正。末端套管的外绝缘空气间隙不修正。

（11）在GB 1094.1规定的正常使用条件下，各部位的温升限值应符合下列规定：

1）额定持续电流下的温升限值：顶层油温升为65K，绕组温升为70K（用电阻法测量）；

2）10s、300A时的温升限值：顶层油温为70K，绕组温升为90K（用电阻法测量）。

15. 并联电抗器技术参数的含义是什么？

答：（1）额定容量S_N：在额定电压下运行时的无功功率$\left(Q=UI=\dfrac{U^2}{X_L}\right)$，单位为Mvar。

（2）额定电压U_N：在三相电抗器的一个绕组的端子之间或在单相电抗器的一个绕组的端子间指定施加的电压，单位为kV。

用单相电抗器联结成三相星形电抗器组时，绕组的额定电压用分数形式表示，其分子表示线对线电压，分母为$\sqrt{3}$。

（3）最高运行电压：电抗器能够连续运行而不超过规定温升的最高电压。

（4）额定电流I_N：由额定容量和额定电压得出的电抗器线电流，单位为A。

（5）额定电抗X_N：额定电压时的电抗（额定频率下的每相欧姆值）。

（6）零序电抗X（三相电抗器）：三相星形绕组各线端并在一起与中性点之间测得的电抗乘以相数所得的值（额定频率下的每相欧姆值）。

（7）互电抗X_M（三相电抗器）：开路相的感应电压和励磁相的电流间的比值（额定频率下的每相欧姆值），互电抗用额定电抗的标幺值表示。

（8）磁化特性：磁化特性可由磁通峰值和电流峰值的关系曲线或者电压平均值和电流峰值的关系曲线给出。具有非线性特性的电抗器的磁化特性如图3-7所示。

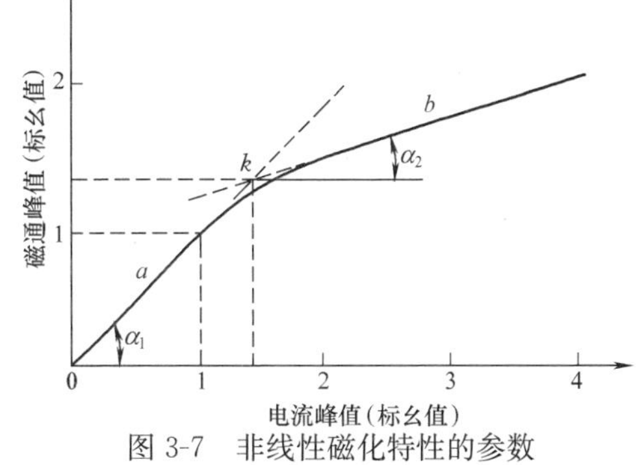

图3-7　非线性磁化特性的参数

α_1—非饱和区域的磁化曲线斜角；α_2—饱和区域的磁化曲线斜角；k—饱和拐点（一般在1.5左右），为直线a和b的交点

（9）损耗：并联电抗器的损耗是表征其质量优劣的一个重要指标。它由绕组损耗、铁芯损耗和杂散损耗三部分组成。绕组损耗包括绕组的电阻损耗、涡流损耗，并联导线中电流分布不均匀产生的损耗；铁芯损耗包括铁芯本体损耗、铁芯附加损耗和磁分路损耗；杂散损耗

包括引线损耗、油箱及金属结构件中的损耗。其中，绕组损耗占60%以上，杂散损耗占25%以上，铁芯损耗约占10%。

（10）振动：高电压大容量并联电抗器气隙中的电磁力大，振动和噪声问题较为突出。同时，因电抗器体积较大，固有振动频率较低，有可能与工作频率接近，发生共振而使振动加剧。

（11）噪声：噪声是一个与振动相关的参数。

（12）电抗器的温升及冷却：我国超高压并联电抗器为油浸自冷式，表示为ONAN。其中O表示矿物油或相当可燃性合成液体；N表示自然循环；A表示空气。一般，运行中的电抗器上层油温不宜超过85℃。但由于我国幅员辽阔，地区间环境温差大，部分地区夏季时电抗器上层油温可能超过85℃，可采用外加风扇强迫冷却，这在实践中收到了明显的效果。

采用A级绝缘材料时，并联电抗器绕组温升不应超过65K，上层油温升不应超过55K，铁芯本体、油箱及结构件表面温升不应超过80K。

16. 中性点电抗器技术参数的含义是什么？

答：（1）额定持续电流 I_N：通过绕组的端子，电抗器能够持续承担的额定频率的电流，除非电抗器规定无额定持续电流。

（2）额定短时电流 I_{KN}：在规定的时间内通过电抗器的短时电流稳态分量的方均根值，在此电流下电抗器不得有异常的发热和机械应力。

（3）额定短时电流的持续时间：电抗器设计的额定持续电流。

（4）额定阻抗 Z_n：在额定频率和额定短时电流下规定的阻抗，用每相欧姆值表示。

17. 并联电抗器型号的含义是什么？

答：以BKD-60000/550-154为例，并联电抗器型号的含义是：

B—并联；

K—电抗器；

D—单相；

60000—容量；

550—首端额定电压（kV）；

154—末端额定电压等级（kV）。

18. 超高压线路按什么原则装设高压并联电抗器？

答：（1）在电网各发展阶段中，正常及检修（送变电单一元件）运行方式下，发生故障或任一处无故障三相跳闸时，必须采取措施限制母线侧及线路侧的工频过电压控制在规定值以下。

（2）经过比较，如认为需要采用高压并联电抗器并带中性点小电抗器作为解决潜供电流的措施时。

（3）发电厂为无功平衡需要，而又无法装设低压电抗器时。

（4）系统运行操作（如同期并列）需要时。

（5）大型枢纽变电站由于出线较多（短线路），容性无功较大，因此可在母线上装设并联电抗器。

19. 并联电抗器的作用是什么？

答：（1）补偿空载长线电容效应的作用，降低工频电压升高（均压作用）。超高压空载

线路的工频容抗 X_C 远大于 X_L，因此在电源电动势 E 的作用下，线路中的电容电流在感抗上的压降 ΔU_L 将使线路末端电压 U_C 高于首端电源电动势，要降低 ΔU_L 必须降低电容电流，利用电感电流与电容电流反相 180°的原理（也可以说电抗器的无功与电容的无功反相 180°），这样在长线路首端或末端（或两端）加装并联电抗器，以补偿线路充电容性无功，降低电容电流，使 ΔU_L 降低，从而达到了限制线路空载合闸线路末端电压升高的目的。

实际上，线路在运行中传输很大的有功负载时，即使不装电抗器，沿线路的电压也会自然地趋向均匀。但是任何一个具体电网都会有机会在轻载、接近空载或空载情况下运行，因此必须考虑到这一点。

对于长线路，当线路两端都装有并联电抗器时，线路在空载或轻载运行时，线路最高电压在中间。

（2）降低操作过电压。

1）利用并联电抗器限制操作过电压。操作过电压产生于断路器的操作，当系统中用断路器接通或切除部分电气元件时，在断路器的断口上会出现操作过电压，它往往是在工频电压升高的基础上出现的，如甩负荷、单相接地等均产生工频电压升高，当断路器切除接地故障，或接地故障切除后重合闸时，又引起系统操作过电压，工频电压升高与操作过电压叠加，使操作过电压更高。所以，工频电压升高的程度直接影响操作过电压的幅值。加装并联电抗器后，限制了工频电压升高，从而降低了操作过电压的幅值。

当开断有并联电抗器的空载线路时，被开断导线上剩余电荷即沿着电抗器以接近 50Hz 的频率作振荡放电，最终泄入大地，使断路器触头间恢复电压由零缓慢上升，从而大大降低了开断后发生重燃的可能性。当电抗器铁芯饱和时上述效应更为显著。

2）具体分析。①对切空载线路过电压来说，L（并联电抗器）的存在大有好处。当没有 L 时，断路器断弧后空线将保持直流电压（严重时其值等于相电压），而电源电压按工频变化，所以在过半个周波后，断路器断口所受电压可达 $2U_P$，可能造成断口重燃，引起过电压。有 L 时，如果补偿度是 100%，则意味着当断路器断弧后，空线电容与并联电抗器 L 的自振频率恰为工频，此时在断口两侧的电压变化都是工频的，所以断口上的恢复电压将为零。这样即使断路器的灭弧能力较差，断路器也不会重燃，因此就会产生切空线过电压了。对补偿度为 80%或 66%的电抗器来说，空载线路自振频率约为工频的 90%或 80%，此时断路器断口所受恢复电压的上升速度比无电抗器时要缓慢得多。分析表明，要经过 0.1s 或 0.5s 以后，断口电压才会达到最大值。在这段时间内，断口中的介质耐压能够得到充分恢复，所以断路器切空线时容易做到不发生重燃。可见有并联电抗器后，切空线过电压已不成问题。②对合空线过电压来说，由于并联电抗器的存在使空线末端工频电压升高很少，所以合空线过电压也就“水落船低”了。此外，超高压电源变压器的绕组导线很长，绕组的电阻较大，对合闸过电压有一定阻尼作用，再加上超高压线路用的是分裂导线，它的波阻 $Z=\sqrt{L/C}$ 较小，因此，在这种电路中所需要的临界阻尼电阻就会比较小，这样大的电阻对合闸振荡的阻尼作用相对来说就会比一般电网大。因此，合空线过电压有可能降低到 $2U_P$。

（3）避免发电机带空载长线出现自励磁过电压。当发电机经变压器带空载长线路启动，空载发电机全电压向空载线路合闸，发电机带线路运行线路末端甩负荷等，都将形成较长时间发电机带空载线路运行，形成了一个 L—C 电路，当空长线电容 C 的容抗值 X_C 合适时，能导致发电机自励磁（即 L—C 回路满足谐振条件产生串联谐振）。

自励磁会引起工频电压升高，其值可达 1.5～2.0 倍的额定电压，甚至更高，它不仅使得并网的合闸操作（包括零起升压）成为不可能，而且，其持续发展也将严重威胁网络中电气设备的安全运行。并联电抗器能大量吸收空载长线路上的容性无功功率，从而破坏了发电机自励磁条件。

（4）降低超高压线路的有功损耗。由于电感和电容的电流方向相反，长线路加装并联电抗器后，使线路的电流降低，从而降低了线路损耗。

20. 并联电抗器的结构有何特点？

答：（1）超高压大容量充油电抗器的绝缘结构和外壳结构与变压器相似，但内部结构不同。变压器的绕组分为一次绕组和二次绕组，铁芯磁路中没有气隙；而电抗器只是一个磁路带有气隙的电感绕组，为了保证并联电抗器在某一电压（例如 $1.5U_e$）以下为线性，又要求很大容量，在磁路中必须有一定长度的空气隙，并联电抗器的容量越大，总的空气隙长度也越大。由于系统运行的需要，要求电抗器的电抗值在一定范围内恒定，即电压与电流的关系是线性的，所以并联电抗器的铁芯磁路中必须带有气隙。

（2）一般电抗器设计成在 1.5 倍额定电压以上时才开始饱和，1.4 倍额定电压与 1.7 倍额定电压两点连线的斜率不应低于线性部分斜率的 50%。

（3）并联电抗器一般为单相，本体采用钟罩式油箱，油箱整体强度为全真空，隔膜袋式全真空储油柜，宽片散热器，铁芯经接地套管引出，电抗器铁芯采用强力定位以及顶紧装置措施，以防止运输途中发生位移，能满足滚杠运输或小车运输，有顶起电抗器的千斤顶位置。电抗器外部装有高压套管、中性点套管、气体继电器、压力释放阀、温度控制器、绕组温度计、油表等保护装置。

21. 并联电抗器如何分类？

答：（1）按铁芯结构分类。按铁芯结构，并联电抗器可分为壳式电抗器和心式电抗器两种。现分别介绍如下。

1）壳式电抗器。壳式电抗器绕组中的主磁通道是空心的，不放置导磁介质，在绕组外部装有用硅钢片叠成的框架以引导主磁通。一般壳式电抗器磁密较低，到 1.5～1.6 倍额定电压才出现饱和，饱和后的动态电感仍为饱和前 60%以上。

壳式电抗器由于没有主铁芯，电磁力小，相应的噪声和振动比较小，而且加工方便，冷却条件好。壳式电抗器的缺点是材料消耗多，体积偏大。

2）心式电抗器。心式电抗器具有带多个气隙的铁芯，外套绕组。气隙一般由不导磁的砚石（大理石）组成。由于其铁芯磁密高，因此材料消耗少，结构紧凑，自振频率高，存在低频共振可能性较少。主要缺点是加工复杂，技术要求高，振动和噪声较大。

目前我国制造的高电压大容量并联电抗器只采用心式结构，正常运行时铁芯必须一点接地。

（2）按相数分类。并联电抗器结构型式还可以分为单相或三相两种，三相比单相所用的原料和成本少，节省材料，附属设备简单，价格便宜。但三相三柱式电抗器的磁路结构有明显的问题。三相电抗器由于磁路互相关联，互相影响，当三相输电线路非全相运行时，有可能因相间耦合带来谐振和过电压等不良后果。另外，采用单相重合闸时，在单相断开后，另外两相的磁通也有一部分通过断开相的铁芯，从而在断开相的绕组中感应一个电压使潜供电流增大，不利于熄弧。对于 500kV 及以上电压等级的并联电抗器，由于相间绝缘问题及容量比较大，所以大多数仍用单相结构。

（3）按外壳分类。按外壳结构，并联电抗器可分为钟罩式和平顶式两种。钟罩式电抗器的外壳与底部用螺栓连接，现场检修时只需松掉底部螺栓，吊起钟罩即可。平顶式外壳多半采用全部焊成整体结构，密封性较好，但现场检修时必须割开焊缝，施工较困难。现挂网的500kV 电抗器两种外壳结构型式均有采用。

并联电抗器的外壳及其散热片均能承受全真空。为了避免绝缘油与大气接触，电抗器油枕中有胶囊隔膜保护，油的膨胀收缩体积由胶囊中的气体平衡，油枕是不耐真空的。

22. 并联电抗器由哪几部分组成?

答: 并联电抗器由铁芯、绕组和辅助设备组成。

(1) 铁芯。铁芯材料采用高等级、低损耗、冷扎晶粒定向硅钢片制成，铁芯主柱和铁轭硅钢片用斜面组合，整个铁芯均匀压紧。铁芯包括铁芯饼和间隙元件。

330kV 和 500kV 铁芯为单柱加两旁轭铁芯结构，整个铁芯为带气隙垫块的心柱及铁轭外框组成，为了更好地控制漏磁，在油箱上根据磁场分布装有磁分路。为防止电抗器铁芯饼之间由交变磁通产生的电磁力引起的振动和噪声，在铁芯采用特制的压紧装置。中间铁芯柱的铁芯饼为辐射形叠片，用特殊浇注工艺浇注成整体，确保其机械强度。铁芯饼的尺寸随容量和电压等级的不同而变化，通常有 ϕ400～ϕ800mm。

750kV 的铁芯饼有两种形式，一种采用大铁芯饼，其直径 ϕ1500mm 左右；另一种是两芯柱带两旁轭结构。

1000kV 并联电抗器铁芯饼有两种，一种是两芯柱带两旁轭结构，另一种是两个单相带旁轭结构。

(2) 绕组。电抗器只有一个绕组，绕组结构型式为多层圆筒式结构，也有少量的采用饼式。绕组与铁芯饼之间放置了接地屏，绕组首末端放置有静电屏，冲击梯度小，电位分布均匀，具有良好的耐冲击能力。套管尾部有均压球，套管均压球外部设有圆形绝缘挡板，与电场等位线相吻合，耐电强度高。

绕组采用铜导线，为了减少涡流和使电流和温度沿绕组均匀分布，导线在一定的间距进行换位。

(3) 辅助设备。并联电抗器的辅助设备有油箱、油枕（储油柜）、呼吸器、压力释放装置、冷却器（自冷式）、绝缘套管、套管型电流互感器、气体继电器、温度计（线温、油温）、油位计、控制箱等。

23. 铁芯气隙的作用及在运行中可能存在的问题有哪些?

答: 并联电抗器是一个产生无功功率的设备，铁芯芯柱结构为铁芯大饼与气隙交错布置，铁芯芯柱气隙使铁芯饼之间产生磁阻，储存磁场能量。在并联电抗器计算中，可通过气隙尺寸的调节来调节电抗器电感，使电感值的计算可以满足产品要求。铁芯气隙材料无磁材料，其作用为铁芯饼之间提供机械支撑。在运行过程中，铁芯式电抗器铁芯饼与饼之间不可避免地会出现因电磁力而产生的振动。需要采取多种措施来降低和减少振动。

并联电抗器的铁芯带间隙的作用有:

(1) 为获得所需要的设计阻抗，使电抗器绕组能通过设计规定的电流获得设计容量。

(2) 在规定的电压范围内，铁芯不会饱和，保持阻抗稳定，获得线性特性。

24. 心式并联电抗器内部结构如何?

答: 心式并联电抗器内部结构示意图如图 3-8 所示。与壳式结构相比，心式结构的并联电抗器具有损耗小、振动小、不易发生局部过热、可靠性好等优点。结构简述如下:

(1)“口”字形铁轭，中间立铁芯饼摞成的铁芯柱，铁芯柱外套芯柱地屏、绝缘、绕组

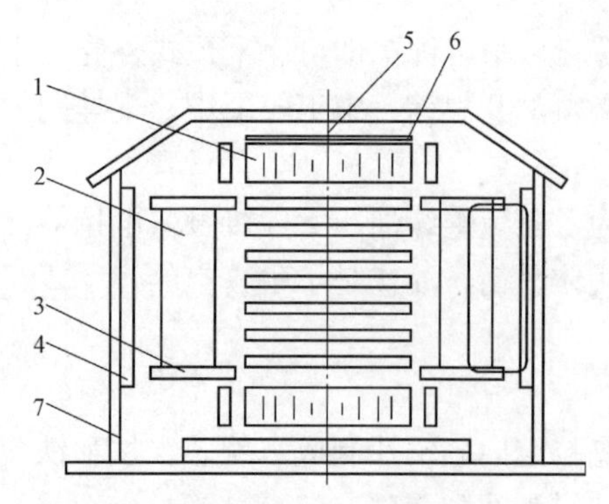

图 3-8　并联电抗器内部结构示意图

1—铁轭；2—绕组、绕组围屏及绝缘；3—器身磁屏蔽及其电屏；4—箱壁磁屏蔽及其围屏；5—铁芯柱及芯柱拉螺杆；6—压梁；7—油箱

和围屏，旁轭外围旁轭地屏和围屏。

（2）在绕组两端设置器身磁屏蔽，在前后侧箱壁上设置箱壁磁屏蔽，从而在器身两侧由器身磁屏蔽和箱壁磁屏蔽构成完整的漏磁回路，屏蔽漏磁。

（3）铁芯结构示意图如图 3-9 所示。

（4）绕组电气原理接线示意图如图 3-10 所示。绕组为上下两路并联的内屏一连续式，每支路首端十数段为插入电屏的绝缘加强度，其余为连续段；与层式绕组相比，这种饼式绕组具有等值半径小、电抗高度大、漏磁通小、冲击分布均匀且无振荡的优点；绕组中设置特殊的导向结构。

（5）绝缘结构。主绝缘分为绕组对芯柱地屏、旁轭围屏、上下铁轭（上下器身磁屏蔽）、油箱壁（箱壁磁屏蔽）及引线对地电位的绝缘，在这些部分利用薄纸筒、瓦楞纸板、皱纹纸等分割为薄纸筒小油道结构，重要之处采用电屏蔽，并且所有低电位电极面向高电位电极的那一侧都加工成圆柱面和圆球面，彻底消除电场中电荷集中现象。

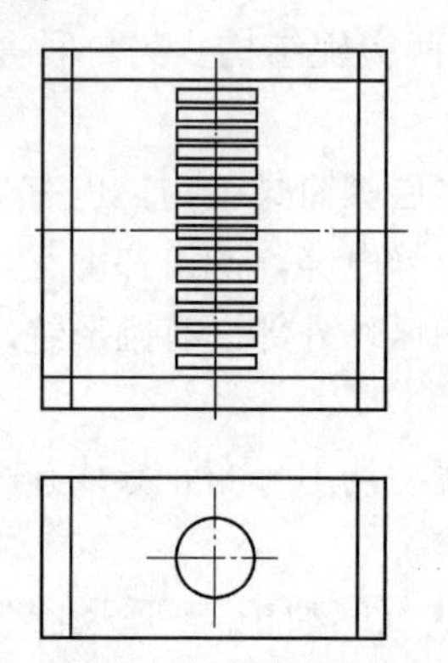

图 3-9　并联电抗器铁芯结构示意图

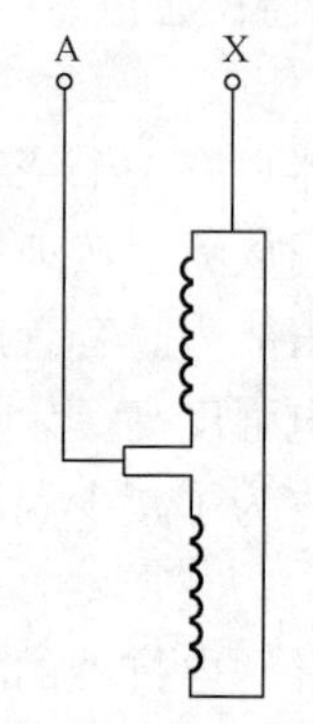

图 3-10　并联电抗器绕组接线原理示意图

（6）磁屏蔽的主体为硅钢片，结构中消除尖棱和尖角。

25. 330kV 及以上电压等级的并联电抗器原理接线图是怎样的？

答：330～750kV 普通并联电抗器原理接线如图 3-11 所示。

750～1000kV 可控并联电抗器原理接线如图 3-12 所示。

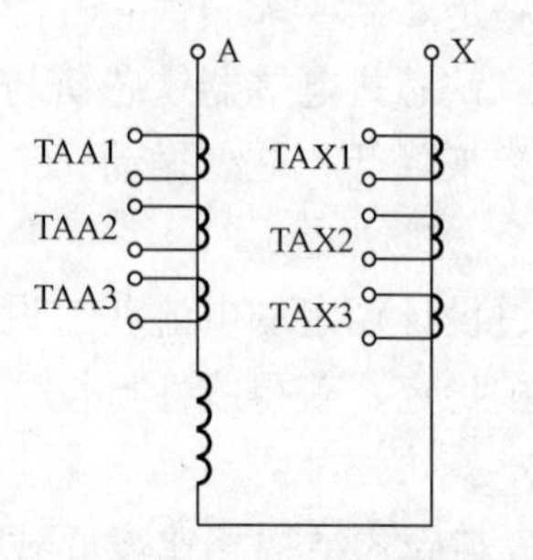

图 3-11　330、500、750kV 普通并联电抗器原理接线图

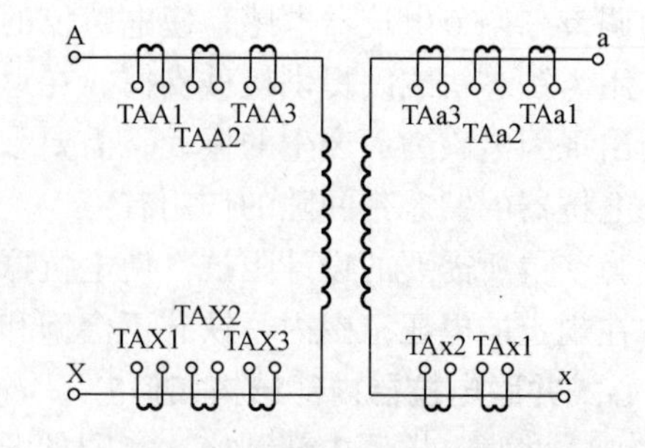

图 3-12　750、1000kV 可控并联电抗器原理接线图

26. 并联电抗器铁芯由哪几部分组成?

答: 并联电抗器铁芯主要由三大部分组成，即磁路部分、机械支撑部分和接地系统。

(1) 磁路部分包括上下铁轭、芯柱、旁柱。

(2) 机械支撑部分由夹件、压板、垫脚等金属结构件组成。

(3) 接地系统包括铁芯片接地、金属结构件的接地和屏蔽接地。

以上部分通过有效的夹紧和压紧装置将铁芯组成一个整体。

27. 并联电抗器铁芯芯柱是怎样构成的? 铁芯大饼的叠片形式是怎样的?

答: 并联电抗器铁芯芯柱是由带气隙垫块的铁芯大饼叠装而成，合理分配主漏磁，有效控制漏磁分布，降低漏磁在金属结构件产生的涡流损耗，防止发生局部过热。铁芯柱的铁芯饼为辐射形叠片，用特殊浇注工艺浇注成整体，确保其机械强度。

28. 并联电抗器如何接地?

答: 电抗器的接地系统分铁芯片接地、金属结构件接地和屏蔽接地三部分。

(1) 铁芯片和金属结构件互相绝缘后并和油箱分别绝缘开以后，单独通过套管引出油箱外，接地线引至油箱下部接地。便于在运行中的维护和检查，检查可以按照使用说明书的要求进行，可以检查铁芯对地和夹件对地的绝缘情况是否良好。

(2) 电抗器的铁芯片结构为一个整体，其接地线只有一根，在铁轭上部，直接通过电缆线引出。金属结构件的接地，所有较大的金属部件都可靠接地，还要避免多点接地，重复接地，否则在运行中会产生环流和发热，在百万伏电抗器上采取的方式是将其他所有的金属件都单独接到夹件上。最后夹件通过一点由电缆线引出油箱。

(3) 屏蔽接地包括旁轭屏蔽和铁芯接地屏，接地线没有单独引出，将屏蔽的接地线接到夹件，通过夹件接地引出。

29. 500kV 并联电抗器铁芯与 1000kV 并联电抗器铁芯结构有什么区别?

答: 500kV 并联电抗器铁芯采用单芯柱带两旁轭的结构，如图 3-13 所示；而 1000kV 并联电抗器采用两芯柱带两旁轭及两个单相带旁轭的结构型式，如图 3-14 和图 3-15 所示。

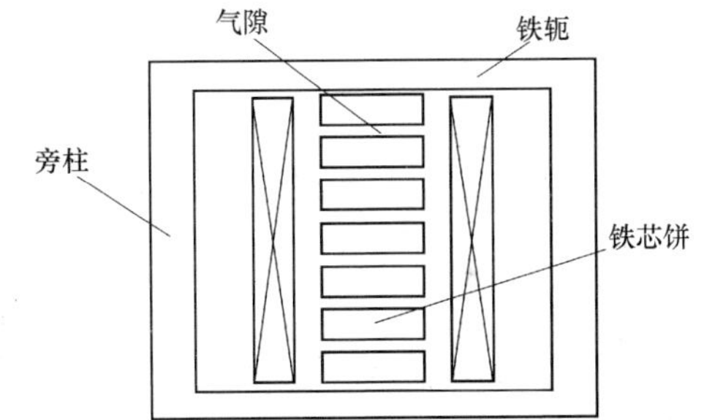

图 3-13 500kV 单相并联电抗器的典型结构

30. 1000kV (西电) 并联电抗器铁芯有哪些特点?

答: 从磁路对称性、安全可靠和经济性出发，西电选择双芯柱带两旁轭磁路结构的方案。如图 3-16 所示。

其中，铁芯芯柱由带气隙垫块的铁芯大饼叠装而成，合理分配主漏磁，有效控制漏磁分布，降低漏磁在金属结构件产生的涡流损耗，防止发生局部过热。

铁芯的结构：铁芯的铁轭外框为矩形，通过高强度拉螺杆将铁轭、芯柱及夹件连成一个整体，整体强度高，有效保证铁芯可靠的压紧力，并有效减小电抗器电磁力引起的振动和噪声。在铁芯上部与箱盖之间、铁芯下部与箱底之间通过强力定位装置固定，以降低铁芯的振动和噪声，铁芯和油箱之间也有四个方向的顶紧装置，可防止运输中产生位移。铁芯柱的铁芯饼为辐射形叠片，用特殊浇注工艺浇注成整体，确保其机械强度。铁芯芯柱、铁轭和油箱箱壁处均采取了可靠的屏蔽措施，改善电场分布。夹件和铁轭分别由接地套管分别引出，并采取有效措施防止铁芯多点接地。

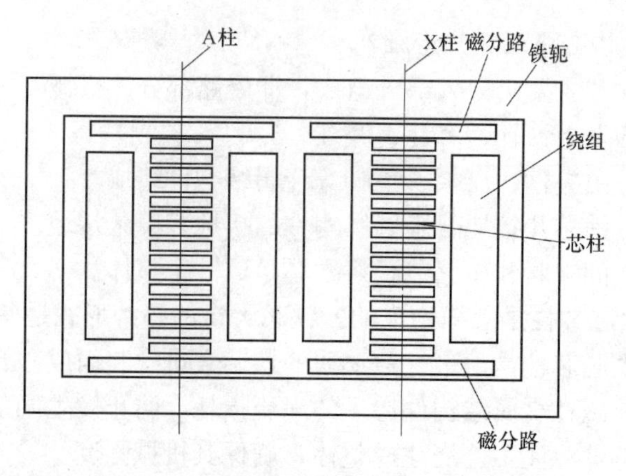

图 3-14　1000kV 并联电抗器两芯柱带两旁轭结构

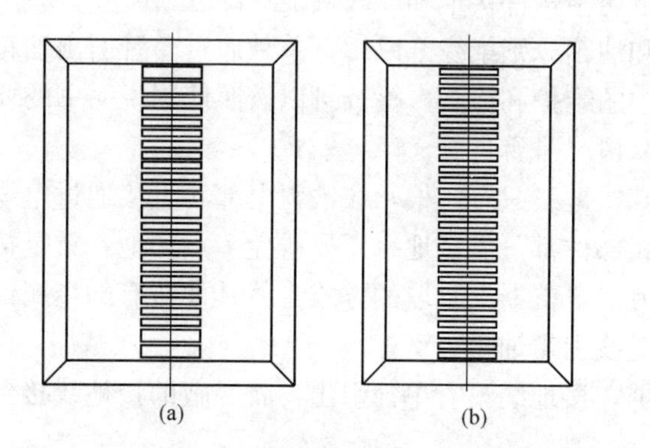

图 3-15　1000kV 并联电抗器两个单相带旁轭结构
(a) 第一个器身铁芯；(b) 第二个器身铁芯

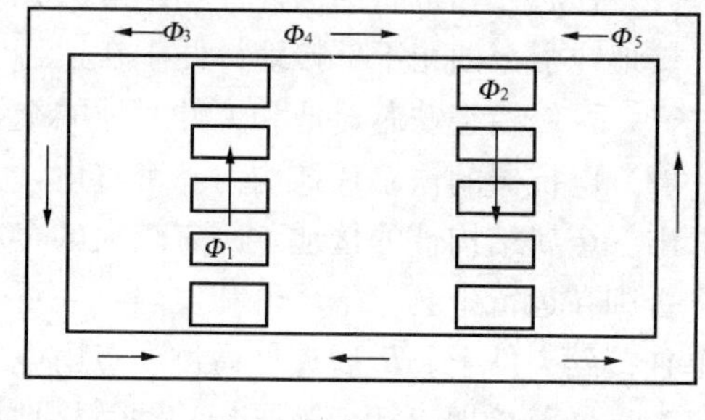

图 3-16　1000kV（西电）并联电抗器铁芯磁路

31. 并联电抗器的绕组形式有哪些？

答：电抗器的绕组有圆筒式和饼式两种。绕组采用铜导线，为了减少涡流和使电流和温度沿绕组均匀分布，导线在一定的间距进行换位。

(1) 圆筒式绕组又分为单层圆筒式和多层圆筒式，多层圆筒式绕组沿幅向每层层数逐渐减少，层与层间的绝缘随着匝与匝之间的电位差的变化呈梯度变化。

(2) 饼式绕组有螺旋式、连续式、纠结式、纠结连续式、插入电屏式等多种型式。饼式绕组的油道为饼与饼之间的幅向油道，垫块起支撑、分隔油隙及绝缘的作用，另外，线饼内径、外径侧有轴向油道，在必要时，增加内、外挡油圈，使绝缘油在绕组内迂回，降低绕组温升。

(3) 全部是纠结式线饼的称纠结式绕组，一部分纠结一部分连续线饼组成的绕组称纠结连续式绕组。纠结式绕组的结构与连续式绕组的不同之处只在于线匝的排列顺序。它的线匝不以自然数序排列，而是在相邻数序线匝间插入不相邻的线匝。这样原连续式绕组段间线匝借助纠结换位，进行交错纠连形成纠结线段，从而形成纠结式绕组。

(4) 绕组电气原理接线示意图如图 3-10 所示。绕组为上下两路并联的内屏一连续式，每支路首端十数段为插入电屏的绝缘加强度，其余为连续段；与层式绕组相比，这种饼式绕组具有等值半径小、电抗高度大、漏磁通小、冲击分布均匀且无震荡的优点；绕组中设置特殊的导向结构。

在绕组两端设置器身磁屏蔽，在前后侧箱壁上设置箱壁磁屏蔽，从而在器身两侧由器身磁屏蔽和箱壁磁屏蔽构成完整的漏磁回路，屏蔽漏磁。

32. 1000kV并联电抗器绕组是怎样接线的?

答：1000kV并联电抗器绕组接线原理示意图如图3-17所示。

1000kV电抗器绕组采用纠结式型式，中部出线，上下半柱并联，上下半柱绕向相反。每台电抗器由两个绕组组成，两柱绕组串联，A柱电压等级较高；X柱电压等级较低，均采用纠结式绕组结构。本电抗器采用了先进的绕组绕制方式，使并联导线间的环流损耗最低。同时该绕制方式更易调节绕组幅向，但绕制工艺相对较复杂。

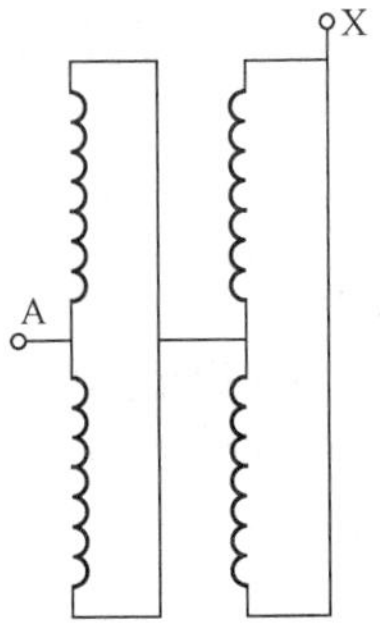

图3-17 1000kV并联电抗器绕组接线原理示意图

33. 并联电抗器绝缘的作用是什么?如何确定电抗器的绝缘水平?

答：为了使不同电位的部件互相隔离。

对于电抗器主、纵绝缘结构和参数的确定主要依据电抗器的绝缘水平，在各种试验电压（包括冲击、工频、操作波、局部放电）的作用下，电抗器绕组对地、绕组间（主绝缘）以及电抗器绕组的线饼间、线匝间的电位分布和电场强度，针对其中最严重的情况，来确定电抗器的绝缘参数和结构。

34. 并联电抗器的主绝缘分为哪几部分?

答：主绝缘分为绕组对芯柱地屏、旁轭围屏、上下铁轭（上下器身磁屏蔽）、油箱壁（箱壁磁屏蔽）及引线对地电位的绝缘，在这些部分利用薄纸筒、瓦楞纸板、皱纹纸等分割为薄纸筒小油道结构，重要之处采用电屏蔽，并且所有低电位电极面向高电位电极的那一侧都加工成圆柱面和圆球面，彻底消除电场中电荷集中现象。

磁屏蔽的主体为硅钢片，结构中消除尖棱和尖角。

35. 电抗器内部主要绝缘材料有哪些?

答：（1）油浸纸绝缘，油浸纸绝缘有着优异的介电性能。

（2）绝缘油。

（3）绕组以及器身的绝缘材料主要有：各种厚度的进口优质绝缘纸板；包扎引线用进口绝缘皱纹纸，波纹纸板，以及进口的绝缘成型件等。

36. 绝缘材料性能等级有哪些?

答：绝缘材料在应用方面的性能，归纳起来是电气性能、机械性能、热性能和其他性能。

（1）电气强度。绕组绝缘不仅能在额定工作电压下长期安全运行，而且还必须能经受住各种过电压作用而无损坏。

（2）耐热强度。电抗器在额定负载下运行，绕组的温升不能超过其绝缘等级所规定的界线。

（3）机械强度。对于变压器而言，绕组应能承受短路电动力的作用而不致损坏，而对于电抗器则没有这方面的要求。

对电气绝缘材料而言，电气性能当然是重要的，但却不一定是决定性的，也要综合考虑其他性能的需要。

37. 并联电抗器的套管形式有哪些?

答：套管为电抗器主要的组件，为并联电抗器的高压和中性点引线的引出提供绝缘和支撑作用。并联电抗器的高低套管通常为油纸电容式套管，也有的电抗器根据现场的需要采用油—SF_6 油纸电容式变压器套管。油—SF_6油纸电容式变压器套管主要用于电抗器与 SF_6 全封闭组合电器（GIS）或 SF_6母线筒之间的过渡连接。

38. 并联电抗器的漏磁通是如何产生的?

答: 并联电抗器中的磁通是由主磁通和漏磁通两部分组成。主磁通通过铁芯闭合，漏磁通通过空气闭合。并联电抗器的铁芯芯柱中串有气隙，气隙的旁路效应产生的漏磁通是漏磁的主要部分，它分布的空间大，在并联电抗器本身及其外壳中产生涡流。

漏磁场是由负载电流产生的，其量值大小与电抗器的容量有直接关系。随着产品的容量增大，漏磁场引起的损耗的绝对值和相对值均增大，散热越来越困难。漏磁场的大小及分布规律决定着并联电抗器绕组的电抗值，附件损耗以及电抗器金属结构件里的损耗，漏磁场引起的损耗降低电抗器效率，引起电抗器个别部件的过热。

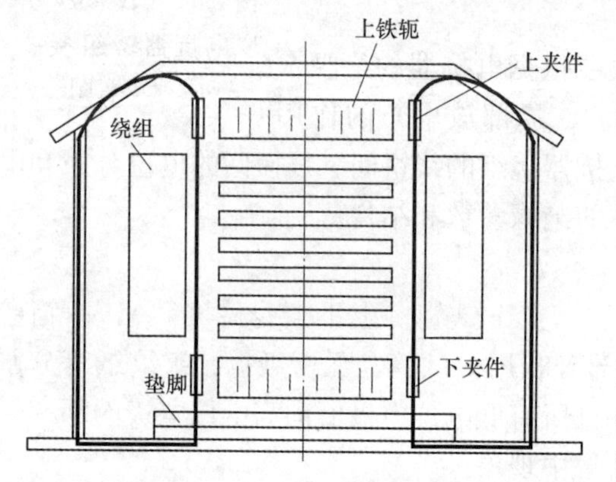

图 3-18　并联电抗器漏磁分布图

漏磁场还决定着正常运行状态以及事故状态下作用在绕组上的电磁力，并在很大程度上决定着绕组及其他部件的温升。

其漏磁通的分布如图 3-18 所示（所画圈内）。

39. 漏磁对并联电抗器运行有哪些影响?

答: 电抗器一经投运就是满负荷运行，因为并联电抗器内漏磁场分布复杂，所以其结构件受到漏磁的影响比变压器产品要严重得多。漏磁对并联电抗器运行的影响归结如下：

（1）造成铁芯结构件和铜导线的局部过热。

（2）涡流损耗增加，即铁损增加。

（3）造成附加损耗的增加，且这种损耗很难准确计算。

（4）漏磁也会造成电抗器的振动和增大噪声。

40. 铁芯电抗器对漏磁和振动采取哪些措施?

答: 铁芯电抗器在实际运行中的主要故障是漏磁通引起的局部过热和振动，因此，在结构上采取以下措施：

（1）采用全方位漏磁屏蔽系统，即为全部漏磁通提供高磁导率低电导率的完整回路，使漏磁通在磁屏蔽中流通而无法进入夹件和油箱钢板等结构件。

（2）器身结构上，采用大电抗高度小辐向结构，使并联电抗器先天就具有小漏磁通的本性。

（3）铁芯结构采用强力压紧措施，除铁芯柱中心有拉紧螺杆之外，在旁轭的两端还各有数根拉螺杆，计算结果证明采用压紧方式后，不仅总压力增大，而且由于铁芯自由度的减少，结构发生了本质变化，铁芯的固有频率下降为 10Hz 左右，从而使其更加远离由交流电所引起的铁芯饼电磁振荡频率 100Hz，因而不易发生共振。

（4）绕组采用机械强度较好的饼式结构，具有绕组幅向小，等效直径小（总漏磁通小）、冲击分布均匀且无振荡的特点；并且在绕组中采用导向结构，有很好的散热能力和过载能力。

（5）器身与油箱不仅通过强力定位措施定位，而且在其连接处采用特殊的减振机构来减小机械振动和机械噪声。

（6）油箱为梯形顶的方油箱，并填充有阻尼物来消音和减振。

（7）加装电屏蔽。

41. 什么是磁屏蔽？什么是电屏蔽？

答：并联电抗器的内部屏蔽，按屏蔽作用的不同，可以分为电屏蔽和磁屏蔽两种。

（1）电屏蔽主要是从电场的概念出发，降低电场强度从而降低局放。电屏蔽是起反磁作用，也就是“堵”，使磁通径不进入设备。电屏蔽的所用材料主要是铜板，也有用铝板的。

（2）磁屏蔽主要是吸收漏磁，以降低和消除漏磁在金属结构件上产生的涡流损耗，消除局部过热。磁屏蔽所用的材料是硅钢片。

42. 并联电抗器磁屏蔽和电屏蔽是如何确定的？

答：在电抗器采用磁屏蔽或电屏蔽是通过设计人员计算确定。

在并联电抗器的内部，通过电场分析计算软件可以计算出空间任意一点的电场强度，通过分析计算将电场高的区域和部位通过采取屏蔽措施来降低其电场强度，使电场强度，尤其是局放电场强度控制在允许值以下，从而降低电抗器的整体局放。如芯柱屏蔽，在铁芯柱外设有接地屏，接地屏外套线圈，屏蔽芯柱对线圈的电场，对于朝向线圈的铁轭、采用了铁轭屏蔽。此外，对引线、金属件都采取了电场屏蔽措施以均匀电，降低局部放电。

电抗器内部除采用上述屏蔽措施降低局部放电外，在油箱上还设置有磁屏蔽，通过计算程序对并联电抗器中的漏磁场和涡流场进行全方位扫描和计算，严格控制进入油箱的漏磁大小和位置，合理计算磁屏蔽的尺寸和安装位置，从而有效吸收漏磁通，降低漏磁在箱壁上产生的涡流损耗，消除漏磁在箱壁上产生的局部过热。

43. 什么是中性点电抗器？

答：中性点电抗器用于三相系统中，并联电抗器的中性点短接后经中性点电抗器接地，也就是连接在系统和大地之间，用于限制系统故障时的接地电流，通常中性点电抗器无持续电流通过或仅有很小的持续电流通过。由于各个工程的实际情况不同，因而对中性点电抗器的要求也各有不同。

44. 中性点电抗器的作用是什么？

答：（1）中性点电抗器与三相并联电抗器相配合，补偿相间电容和相对地电容，限制过电压，消除潜供电流，保证线路单相自动重合闸装置正常工作。

（2）限制电抗器非全相断开时的谐振过电压，因为非全相断开是一个谐振过程，在谐振过程中可能产生很高的谐振电压。

45. 中性点电抗器的结构如何？

答：中性点电抗器为油浸自冷式（ONAN）结构，储油柜通过倾斜的导油管路和油箱相连接，油路上设有瓦斯继电器和金属波纹管相连接，高压套管的升高座上也有管路和主油管相连，保证油箱、升高座内的气体都能收集到瓦斯中。

46. 中性点电抗器与并联电抗器在结构上有何区别？

答：（1）它们都是一个电感绕组，其区别在于并联电抗器的绕组为带间隙的铁芯，而中性点电抗器的绕组没有铁芯。

（2）并联电抗器有散热器，中性点小电抗器没有散热器。

47. 中性点电抗器在什么情况下会有电流通过？

答：中性点电抗器在以下情况会有电流通过：

（1）系统接地。

（2）三相电压不平衡。

（3）并联电抗器三相参数不一致。

（4）电压中含三次谐波。

48. 并联电抗器铁芯多点接地有何危害？如何判断多点接地？

答： 正常时电抗器铁芯仅有一点接地。如果铁芯出现两点及两点以上的接地时，则铁芯与地之间通过两接地点将会产生环流，引起铁芯过热。

判断铁芯是否出现两点或多点接地的方法是：将原接地点解开后测量铁芯是否还有接地现象。

49. 并联电抗器铁芯为什么会存在较大的振动和噪声？

答： 因为大容量的并联电抗器的铁芯柱一般是由多个铁芯饼和间隙交替组成的，运行中会产生振动、噪声。

50. 并联电抗器在结构上采用哪些措施降低振动和噪声？

答： 通过采取如下措施，可降低并联电抗器的振动和噪声：

（1）适当增加压紧力和铁芯大饼的填充系数，减小铁芯饼在脉动磁力作用下的振幅。

（2）采取措施使铁芯柱整体化。

（3）合理设计铁芯尺寸，提高整个铁芯的固有频率。

（4）提高振动系统中各部分的刚度和强度。

（5）在铁芯和油箱之间设有多处减振装置，减小振动和噪声。

（6）降低铁芯的额定工作磁密 B。

（7）采用先进的加工工艺。

（8）采取磁屏蔽和电屏蔽措施，减少漏磁。

51. 晋东南—南阳—荆门的 1000kV 输电线路电抗器如何配置？

答： 晋东南—南阳—荆门的 1000kV 交流特高压试验示范工程电抗器的无功补偿容量为：晋东南站 3×320Mvar，南阳 6×240Mvar，荆门 3×200Mvar。

52. 什么是抽能电抗器？

答： 抽能电抗器是并联电抗器家族中的重要成员。作为超高压、远距离交流输电网络中的重要设备，适合安装在无低压电源的开关站，在应用电抗器补偿电容电流的同时，直接从电抗器中抽出一部分能量供开关站照明和其他生活用电。

53. 为什么要采用抽能电抗器？

答：（1）在山区架设输电线路难度非常大，需要解决很多困难。

（2）专门修建低压送电线路，需要进行勘探、设计和施工等多个环节，工程造价高。

（3）难于维护。由于开关站的选址可能比较偏远，低压送电线路多需要穿过高山、丛林、河流等复杂地貌，有些甚至是无人区，给正常供电带来很大隐患。

（4）人为因素。由于超高压输电线路一般多跨省、跨地区送电，为了降低成本，开关站的占用电源一般遵循就近取用的原则。这样就会带来很多困难。

为了解决以上问题，在偏远的超高压开关站的线路并联电抗器上抽取部分能源，用于供开关站的站用电。

54. 抽能电抗器的抽能原理是什么？

答： 抽能电抗器是在普通的高压并联电抗器的铁轭上增加二次绕组（抽能绕组），抽能电抗器的一次绕组直接接在电网上，为输电线路提供无功补偿，二次绕组与箱式变压器连接，来实现有功功率的输出。其具体原理如图 3-19 所示。

连接方式为：抽能电抗器本体的一次侧 A-X、B-Y、C-Z 联结“Y”接。正常运行时 A、B、C 端与 500kV 线路连接，X、Y、Z 端经中性点电抗器直接接地。

配电变压器的联结组标号为 Yyn0。线端配有载调压装置，调压范围为 5143～7200V，有载调压共 9 级。a、b、c 端进入箱式变压器的“高压室”，x、y、z 端在箱式变压器内直接接地。箱式变压器二次侧输出 400V 电压，供站用电用。

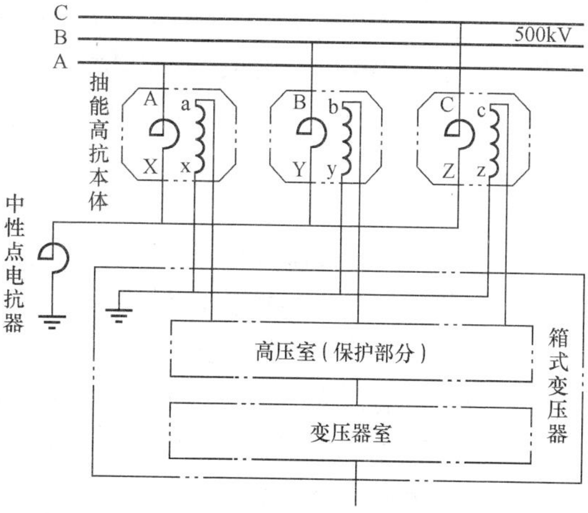

图 3-19　抽能电抗器接线原理图

55. 并联电抗器运行规定有哪些？

答：（1）电抗器在电网运行的相电压不平衡度和承受电网最高工作电压及时间参阅制造厂相关的设计参数。

（2）电抗器可在系统额定电压下进行 3～5 次冲击合闸试验。监视励磁涌流冲击作用下的继电保护装置的动作情况。第一次送电后，持续的时间不应少于 10min。

（3）电抗器投运后的监测与巡视。

（4）电抗器投运后可用数字或钳形电流表对电抗器主体及铁芯和夹件的接地电流进行检测和记录。以便分析系统接地的情况是否正常。

（5）电抗器在投运后的第 1 天（24h）、第 4 天（96h）、第 7 天（168h）、第 15 天和第 30 天在电抗器的同一取油样部位按 GB/T 7597—2007《电力用油　取样方法》进行取样并进行化验分析。如无异常则可每月进行一次取样分析，6 个月后可每三个月取一次样分析。

（6）电抗器在运行初期应进行巡视和预防性检测。维护人员可用红外线温度检测装置对套管接线部位进行检测，以确认连接良好。随着电抗器的运行其油面温度会逐渐升高。维护人员可将现场的温度计指示值与集控室的显示值进行对比，必要时可进行现场校正。

（7）电抗器在运行中巡视人员可对电抗器的噪声和振动情况进行观察，如有异常可用专业检测仪器进行检测。操作方法参考 GB/T 1094.10—2003《电力变压器　第 10 部分　声级测定》及制造厂家的噪声和振动试验报告。

（8）电抗器是电网安全运行的主要设备之一。为确保电抗器的正常运行及早地发现消除隐患，定期规范地对电抗器和附属电器实施标准的检修工作是十分必要的。

56. 并联电抗器大修前的试验项目有哪些？

答：（1）测量绕组的绝缘电阻和吸收比或极化指数。

（2）测量绕组连同套管的泄漏电流。

（3）测量绕组连同套管的 $\tan\delta$ 及套管末屏的绝缘电阻。

（4）本体及套管中绝缘油的试验。

（5）测量绕组连同套管的直流电阻及电压比试验（所有分接头位置）。

（6）套管试验。

（7）测量铁芯及夹件对地绝缘电阻。

（8）测量低电压短路阻抗及低电压空载损耗，以供检修后进行比较。

(9) 必要时可增加其他试验项目（如局部放电测量等）以供检修后进行比较。

57. 并联电抗器大修中的试验项目有哪些?

答：检修过程中应配合吊罩（或器身）检查，进行有关的试验项目：

(1) 测量电抗器铁芯对夹件、穿心螺栓（或拉带），铁芯下夹件对下油箱的绝缘电阻，磁屏蔽对油箱的绝缘电阻。

(2) 必要时做套管电流互感器的特性试验。

(3) 有载分接开关的测量与试验。

(4) 非电量保护装置的校验。

(5) 单独对套管及套管绝缘油进行额定电压下的 $\tan\delta$、局部放电和耐压试验（必要时)。

58. 并联电抗器大修后的试验项目有哪些?

答：(1) 测量绕组的绝缘电阻和吸收比或极化指数。

(2) 测量绕组连同套管的泄漏电流。

(3) 测量绕组连同套管的 $\tan\delta$ 及套管末屏的绝缘电阻。

(4) 冷却装置的检查和试验。

(5) 测量绕组连同套管的直流电阻（所有分接头位置），对多支路引出的低压绕组应测量各支路的直流电阻。

(6) 测量铁芯（夹件）引线对地绝缘电阻。

(7) 总装后对电抗器油箱和冷却器做整体密封油压试验。

(8) 绕组连同套管的交流耐压试验；一般经更换重要绝缘部件，且进行干燥处理后，绝缘耐受水平按原出厂试验的 80%进行。更换全部绕组及其主绝缘的电抗器可按出厂试验的 100%进行。

(9) 电抗器的空载特性试验（必要时)。

(10) 电抗器短路试验（必要时)。

(11) 绕组变形试验。

(12) 一般经更换绕组及重要绝缘部件，干燥处理后应测量电抗器的局部放电量。

(13) 空载试运行前后变压器油的色谱分析，以及绝缘油的其他试验。

(14) 电抗器的振动和噪声测试。

59. 备用电抗器在储存期的维护要注意的事项有哪些?

答：(1) 检查绝缘油的吸水量，如有必要应加以干燥。

(2) 每三个月检查硅胶呼吸器一次，所装的硅胶如有 40%以上颜色由蓝变粉红则需更换。

(3) 应定期检查油枕的油位指示器，以明确油位指示值是否与环境温度相适应。

(4) 风扇应每 6 个月开一次，每次连续开 30min（只对装有冷却装置的电抗器)。

(5) 应定期检查控制箱内设备是否正常。

(6) 电抗器及其附件上的锈斑应去除，并用油漆修饰。

60. 运行中的并联电抗器在什么情况下应退出运行?

答：(1) 电抗器内部有强烈的爆炸和严重的放电声。

(2) 释压装置向外喷油或冒烟。

(3) 电抗器着火。

(4) 在正常情况下，电抗器的温度不正常并不断上升超过 105℃。

（5）电抗器严重漏油使油位下降，并低于油位计的指示限度。

61. **并联电抗器的制造工艺流程如何？**

答：并联电抗器的制造工艺流程图如图 3-20 所示。

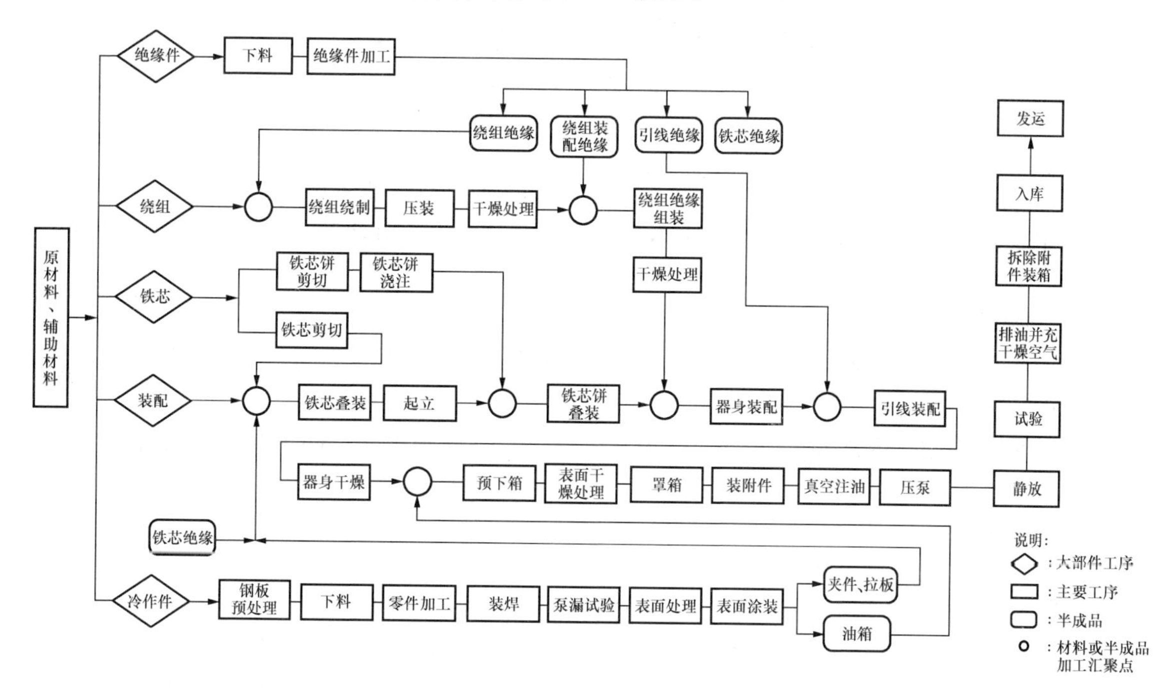

图 3-20　并联电抗器的制造工艺流程图

chapter 4

第四章 串联电容器补偿装置

1. 什么是串联电容补偿?

答：串联电容补偿就是在输电线路上串联电容以补偿线路的电抗，使线路的总电抗减小，从而加强线路两端的电气联系，缩小两端的相角差，使输电线路获得较高的稳定限额，并提高线路的传输功率。

2. 串联电容器补偿装置（串补）分为几类?

答：一般串联电容补偿装置按照保护电容器设备的不同可以分为固定式（FSC）和动态（或称可调、可变）式（TCSC）两种。

（1）固定串联电容器补偿（FSC）。串联的补偿阻抗固定不变。固定式串补又可以分为以下几种：

1）旁路间隙 ＋ 旁路断路器。

2）双旁路间隙 ＋ 旁路断路器。

3）金属氧化物避雷器（MOV）＋旁路断路器。

4）旁路间隙＋金属氧化物避雷器（MOV）＋旁路断路器。

（2）可控串联电容器补偿（TCSC）。可控串联补偿通过改变晶闸管的触发角实现对串联阻抗的控制，使整个输电线的参数可动态调节。动态式串补是一种由晶闸管控制，可大范围平滑调节输电线路补偿阻抗的串联补偿装置，它的显著优点是：由于采用了电子式开关操作，理论上可无限次操作而无磨损；可达到非常快速的控制（毫秒级）；串补程度既可断续调节也可连续调节。按照基本阻抗的调节方式，动态式串补可以分为以下三种：

1）晶闸管阻断方式：TCSC，相当于常规串补。

2）晶闸管切换电抗器方式（旁路方式）：晶闸管恒定导通，电容与电感并联呈小感抗，主要用于绝缘保护和限制故障电流。

3）晶闸管相控方式（微调控制方式）：通过对触发脉冲的控制，可以平滑调节容抗或感抗。

3. 串联电容器补偿装置型号的含义是什么?

答：串联电容器补偿装置型号的含义如图 4-1 所示。

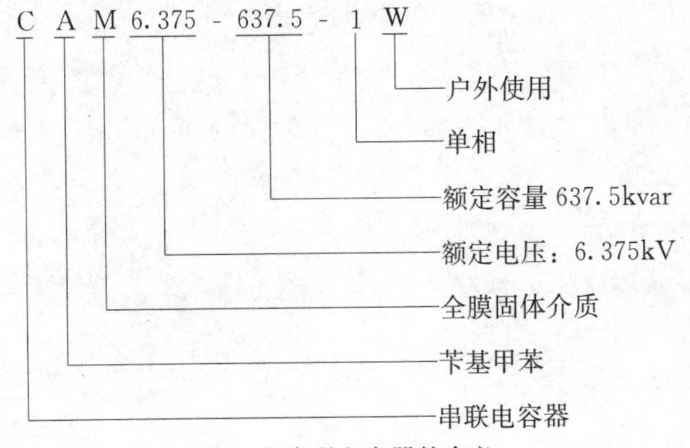

图 4-1　串联电容器的含义

4. 串联电容器补偿的作用有哪些？

答： 在输电线路中应用常规串补和可控串补装置，可以降低线路阻抗和改善无功平衡，从而可灵活调节线路潮流、突破瓶颈限制、增加输送能力，充分利用现有电网资源，并抑制电力系统低频振荡和次同步谐振，提高电力系统稳定性。同时串联电容补偿也是提高输电系统稳定极限以及经济性的有效手段之一。

串联成套装置串联在输电回路中，当线路输送的功率小于自然功率时，线路电纳产生的充电功率大于线路感性无功，线路呈容性，此时线路向系统输送容性无功（如系统轻载末端电压升高）。反之，当线路输送的功率大于自然功率时，充电功率小于线路感性无功功率，线路呈感性，此时末端电压降低。

其分析如下：

（1）改善远距离输电线路的静态稳定输送容量。由于高压输电线路的静态稳定输送功率为

$$P = U_1 U_2 \sin\delta / X_L \tag{4-1}$$

式中：U_1、U_2 为线路两端的电源电压；δ 为线路两端电源电压的相角差；X_L 为线路阻抗。U_1U_2/X_L 为线路的极限输送功率，即静态稳定极限，对于输电线路来说，提高 U_1U_2/X_L 的值，就可以提高输电线路的稳定极限。为此对公式中的分子部分，一般采用诸如快速励磁、强励等许多已在实际运行中被证明行之有效的措施来提高动态过程中的电源电压，相反对分母部分，则可用串联电容的办法使分母减小成为 $X_L - X_C$，从而提高输电线路的极限输送功率。

（2）提高输电系统的稳定极限，增强系统稳定性。提高电力系统静态稳定与暂态稳定的最常用也是最基本的一条就是加强电网间的电气联系，使系统内各元件在电气结构上更加紧密，采用串联电容补偿，以电容的容抗去补偿输电线路的感抗，就能达到等值的缩短电气距离的目的，从而提高了电力系统的运行稳定性。

（3）改善电力系统的运行电压及无功平衡条件。与应用于高压电网时的作用不同，当串联电容用于较低电压等级电网中时，它的主要目的不是提高电网的稳定性，而是为了进行电压调节，这一点在供电电压为 35kV 及以下的线路上，特别是负荷波动大、负荷功率因数又很低的配电线路上尤为突出，串联电容不仅能够提高电压，而且它的调压效果随无功负荷的大小而变化，即无功负荷大时调压效果大，无功负荷小时调压效果小，因此它特别适合于电弧炉、电焊机、电气牵引等负荷波动较大的重负荷线路的调压。

（4）经济实用，性价比高。串联电容补偿技术不仅在技术上具有优势，而且其经济效益也十分明显，同输电线路相比，它的造价要低廉得多，可以有效地节省电力基建工程的总成本，串补提高输电系统的输送功率所带来的效益，一般在几年内便可收回串补装置的投资，且采用串补装置在一定程度上还可减少输电线路对周边环境的电磁污染。

（5）改善潮流分布。

5. 串联电容器补偿技术应用情况如何？

答： 串联电容器补偿主要应用于高压（超高压和特高压）远距离输电线路：

（1）送受端间的电压相角差较大→稳定裕度较小→系统稳定性差。

（2）大量无功功率的产生和消耗→电压偏差较大→系统电压不稳定。

在较长的输电线路上加装串联补偿，其容抗抵消掉部分感抗，通过阻抗补偿减少功率输送引起的电压降和功角差，缩短了线路的等效电气距离。

6. 什么是串联补偿的补偿度？

答：串联电容补偿度是串联电容器容抗 X_C 和线路感抗 X_L 的比值，通常用字母称 K_C 表示，即 $K_C=X_C/X_L$。根据补偿度的大小，共有三种补偿方式，当 $K_C<1$ 时为欠补偿，当 $K_C=1$ 时为完全补偿，当 $K_C>1$ 时为过补偿。

7. 串联电容器的结构形式如何？

答：串联电容器的结构如图 4-2 所示。

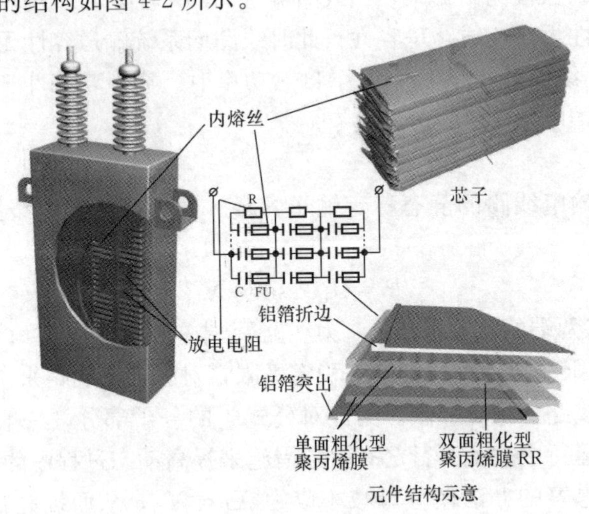

图 4-2　串联电容器的结构图

8. 串联电容器的特点有哪些？

答：(1) 内熔丝保护范围宽。串联电容器内熔丝，要求熔断范围 $0.5\sqrt{2}U_N \sim \sqrt{2}U_N$ 电压作用下元件发生击穿故障时均能可靠熔断（比并联电容器内熔丝动作 $0.9\sqrt{2}U_N \sim 2.2\sqrt{2}U_N$ 范围宽）。且要求在极限电压下（无阻尼）短路放电时，不得熔断。

(2) 密封性能。串联电容器组串联运行在输电系统中，因电容器外壳渗漏，退运检修影响系统的正常运行。检修或更换需登上绝缘平台，工作量远大于并联电容器组。

(3) 单台重量适当，安装结构简化。单台重量不大于 95kg，安装或更换安全。装、拆方便。

(4) 外壳耐爆能力。故障电容器贯穿击穿，完好组储能向故障台释放，导致外壳爆裂。要求电容器组接线要合理，储能电容器注入故障电容器能量小于外壳耐爆能力。

(5) 单元电容量一致性好，容差范围小。单元电容量一致性好，单台互换方便。相间、组间、臂间、串联段间电容偏差小。电容器组初始不平衡保护值小，提高运行可靠性提高。

(6) 噪声、无线电干扰、电晕。1000kV 系统运行的电容器组，要求整体降噪、无线电干扰和电晕不超标。电容器内部采取降噪措施。

(7) 绝缘配合。电容器框架与平台、框架间、电容器套管与框架间绝缘水平，在各种工况（稳态和暂态）下不闪络。在冰雪、强风组合作用下，电容器组及框架机械强度不变形。

(8) 机械、抗震强度高。在地震及其持续波的作用下，保证其正常功能和正常运行。

9. 串联补偿电容器的并、串联的作用是什么？

答：串联电容器内部的电气连接和并联电容器类同，由若干个元件串接熔丝后的并、串联组成，例如，20 并 3 串。通常元件并联数越多，熔丝下限熔断效果越好，继电保护定值范围宽，运行可靠性越高；但工艺性变差，元件厚度变薄，不便于加工。

10. 串联电容器补偿装置附件设备有哪些？

答：串联电容器补偿装置附件有：火花间隙、阻尼回路装置、金属氧化物可变电阻、旁路断路器及绝缘平台。

11. 固定补偿（FSC）由哪些设备组成？

答：（1）串联电容器组。

（2）金属氧化物可变电阻器（MOV）。

（3）火花间隙。

（4）阻尼回路装置。

（5）旁路断路器。

（6）绝缘平台。

（7）继电保护装置。

装置采用分相布置，除旁路断路器和隔离开关设备以外，其他设备均分别安装在三个绝缘平台上。

固定串补典型接线如图 4-3 所示。

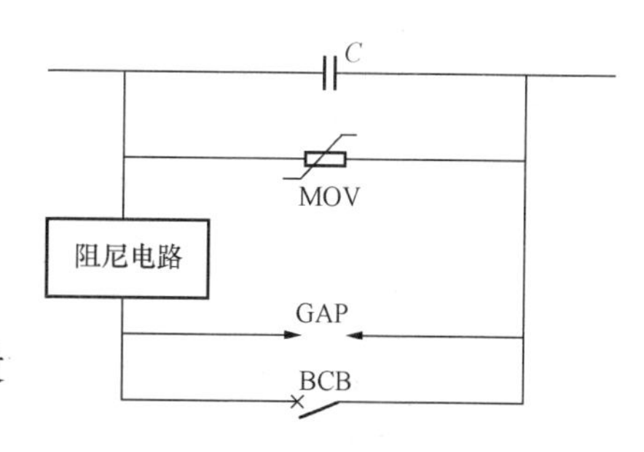

图 4-3　固定串补典型接线图

12. 何谓可控补偿（TCSC）？

答：晶闸管控制的可控串联补偿装置（TCSC）是采用晶闸管控制的电抗器与串联电容器相并联的方式，根据系统的不同要求，在大范围内快速、连续地调节线路的电抗，从而提高系统的阻尼和快速、连续地调节线路传输的功率。

13. 可控补偿的主要功能有哪些？

答：（1）提高系统的输送能力。

（2）提高系统暂态稳定极限。

（3）抑制阻尼功率摇摆和低频振荡。

（4）降低次同步谐振（SSR）的风险。

（5）减小故障电流——容性模式转到感性模式可有效限制短路电流。

（6）可以快速、连续地控制线路的串联补偿度，对线路的潮流分布的灵活调节。

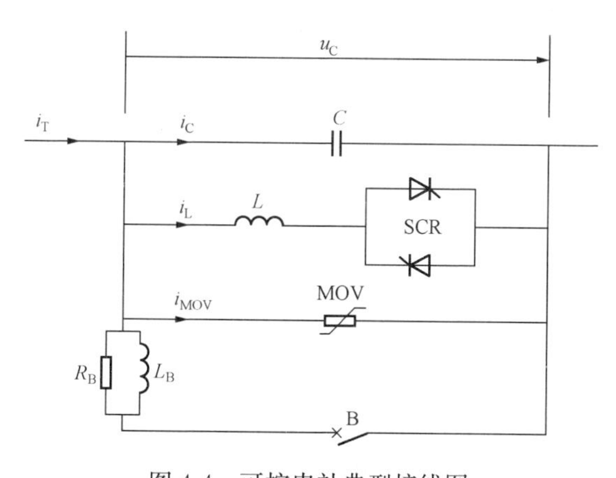

图 4-4　可控串补典型接线图

14. 可控补偿由哪些部分组成？

答：可控补偿由以下几个部分组成：

（1）串联电容器组。

（2）金属氧化物可变避雷器（MOV）。

（3）晶闸管阀及其组件。

（4）阻尼回路装置。

（5）旁路断路器。

（6）绝缘平台。

（7）控制保护装置。

可控串补典型接线如图 4-4 所示。

15. 火花间隙的主要作用是什么？

答：为防止 MOV 在内部故障期间因吸收能量过大而损坏，设置旁路火花间隙。火花间隙快速触发，将串补装置旁路，是 MOV 的主保护和电容器组的后备保护。

16. **串联火花间隙的动作过程如何？**

答：当保护系统检测到流经 MOV 的短路电流、MOV 累积的能量或其能量变化率超过设置的定值时，则主动触发与 MOV 并联的火花间隙击穿燃弧保护 MOV，此时，将串补系统旁路，避免短路电流过大或吸收短路能量过高导致 MOV 损坏。

17. **串联火花间隙有哪些特点？**

答：（1）快速触发动作。"启动间隙保护动作时间＋信号传输时间＋触发回路触发时间＋间隙击穿时间"总计不大于 1.0ms。

（2）火花间隙的去游离时间（介质恢复时间）一般不大于 400～600ms。

（3）火花间隙电压额定值应与电容器组额定电压相匹配。

（4）火花间隙的自放电电压应高于 MOV 的过电压保护水平。

（5）触发最低击穿电压应与线路断路器暂态恢复电压相匹配。

（6）自发电电压之下，火花间隙为强制触发；有指令时快速触发，无指令时不动作。

（7）火花间隙能够被来自地面的外部触发信号可靠触发燃弧。

（8）火花间隙承受持续时间为 100ms 的最大故障电流 10 次，承受持续时间为 500ms 最大故障电流 1 次或额定工况下放电 25 次，均不影响间隙电极的性能，免维修。

（9）火花间隙能承受系统最大动稳定电流＋电容器组放电电流而不发生变形或损坏。

（10）火花间隙触发回路和火花间隙定值不应受环境温度、大气压力和湿度等的影响。

（11）间隙击穿不应存在极性效应。

（12）每个火花间隙应配备两套完全独立的间隙触发回路。

（13）火花间隙的间隙距离应为可调。

（14）火花间隙外壳的设计应方便检修电极和检查间隙触发回路。

18. **金属氧化物可变电阻器 MOV 的主要作用是什么？**

答：MOV 的主要作用是：MOV 与电容器组并联，限制电容器组的过电压，是串补电容器组的主保护。

MOV 实际上就是氧化锌避雷器组，每个氧化锌避雷器内部由若干个阀片串联，当输电回路出现暂态过电流或短路时，电容器组会出现较高的过电压，危及电容器的正常运行，MOV 并联在电容器组的两端，抑制过电压超过电容器的电压在允许耐受电压范围以内。但 MOV 的热容量是有限的，超过允许的热容量会导致损坏或炸裂，已运行的串联电容器组在进行短路试验时，出现 MOV 的热容量超限爆炸故障。

19. **MOV 的动作过程如何？**

答：金属氧化物可变电阻器 MOV 在正常运行工况下呈现高阻值，不导通。当系统发生故障，流过电容器的电流超过正常范围，造成电容器电压过高时，依靠与之并联的 MOV 非线性伏安特性来限制串补电容电压，MOV 导通吸收电流能量，以起到保护串联补偿电容组的目的。

20. **MOV 的性能特点有哪些？**

答：（1）MOV 故障过程中，MOV 的能耗取决于流过 MOV 的电流幅值及其持续时间。

（2）MOV 性能与远景年最大故障电流、故障最长切除时间相适应。

（3）能承受在故障过程中积累的最大能量，满足某些设定的严重内部故障或外部故障条件下故障电流及故障后线路摇摆电流过程中积累的能量。

（4）能限制在正常、故障及摇摆过程中出现在电容器两端的最高电压。

（5）计算区外故障及其后摇摆过程中流过 MOV 的最大电流和 MOV 可能吸收的最大能耗，确定允许火花间隙触发的 MOV 启动能耗和 MOV 启动电流。

（6）根据 MOV 启动能耗和 MOV 启动电流，计算各种故障过程中 MOV 可能吸收的最大能耗，确定 MOV 的容量，并校核串联电容器的最高电压。

（7）根据区内、区外故障计算结果提出 MOV 的允许能耗水平及其他相关参数。

（8）对多支路并联接线的 MOV，应装设 MOV 不平衡保护。

21. 串补阻尼回路装置的主要作用是什么？

答：串补阻尼回路主要由空芯电抗器和并联的阻尼电阻（一般带串联小间隙或 MOV）组成，阻尼回路元件可以限制电容器组放电电流，使其很快衰减；减小放电电流对电容器、旁路断路器和保护间隙的损害；迅速泄放电容器组残余电荷，避免电容器组残余电荷对线路断路器恢复电压及线路潜供电弧等产生不利影响。

22. 串补阻尼回路装置动作过程如何？

答：旁路火花间隙或旁路断路器动作后，串联电容器组将对其放电，放电电流为高频高幅值振荡电流，阻尼回路中的串联小间隙或 MOV 在旁路电容器组瞬间放电时击穿或导通，阻尼回路电阻接入抑制放电电流，限制电容器的最大峰值放电电流。

电容器组放电完毕后，串联小间隙自动熄灭或 MOV 阻断，这样保证阻尼电阻不会长时间流过故障电流和运行电流，减小了阻尼电阻的热容量要求。

23. 串补阻尼回路装置性能特点有哪些？

答：（1）阻尼电抗器为空芯、单相结构，自冷式，户外安装运行。

（2）阻尼电阻为单相、空气绝缘、自冷式，户外安装运行。

（3）阻尼回路装置与火花间隙及旁路断路器串联使用，其额定电流与电容器回路的额定电流一致。

（4）阻尼回路装置应考虑线路故障电流的影响，应能同时承受电容器的放电电流和最大故障电流之和。

（5）阻尼回路装置应将电容器的放电电流阻尼在放电间隙、旁路断路器及其他有关元件可以承受的水平。

（6）限流阻尼装置衰减速率要求：将电容器放电电流第二个周波幅值衰减到第一个周波同极性幅值的 50%以内，将电容器组放电电压在 5ms 内衰减到第一个周波峰值的 10%。

（7）电抗器/电阻的额定电压应满足串补装置的设计要求。其基本绝缘水平（BIL）和额定参数根据串补装置的设计和绝缘要求确定。

（8）阻尼电阻串联的 MOV 能量应满足在保护电压水平下连续两次放电的要求。

（9）电抗器应采用耐气候并具有较强的抗紫外线能力的绝缘材料。

（10）电阻器瓷套中应充干燥氮气并严格密封，为防爆型。

（11）结构设计应有利减少接触电阻和散失热量，确保在工作温度范围内电气和机械的稳定性。

24. 串补旁路断路器的主要作用是什么？

答：旁路断路器与隔离开关配合，可以进行串补的投入和退出的操作。旁路断路器合闸后，可使火花间隙电弧迅速熄灭，防止火花间隙燃弧时间过长。

25. 串补断路器的动作过程如何？

答：当保护系统检测到流经 MOV 的短路电流、MOV 累积的能量或其能量变化率超过定值时，在发令触发与MOV并联的火花间隙的同时发令到旁路断路器，旁路断路器经过自身固有的动作时间后合闸，将串补系统旁路。在故障清除、线路电流返回到允许值后，旁路断路器分闸，重投入串补。

26. 串补断路器的性能特点有哪些？

答：（1）额定电压：对地与断口间电压。

（2）断口间额定电压考虑串补电容器两端作用的最大电压。

（3）合闸时的峰值耐受电压为串补过电压保护水平。

（4）合闸时间要求高，一般要求小于30ms。

（5）额定电流。需考虑串补电容器的短时过电流。

（6）合闸时同时承受串补电容器放电电流与最大工频故障电流，关合电流大。

（7）关合电流以高频电流分量为主。

（8）不开断故障电流，开断能力要求不高。

（9）重投入电流应考虑串补电容器的短时过电流。

（10）安装在对地绝缘的支柱上，对地绝缘水平要求高。

27. 晶闸管阀的主要作用有哪些？

答：晶闸管阀是可控串补装置最重要的设备之一。通过改变晶闸管触发角，改变流过电抗器支路的电流，使晶闸管控制电容器回路呈现的总阻抗在感性或容性区间连续变化达到：

（1）在稳态运行中，可通过调节容抗使系统潮流分布合理，降低网络损耗。

（2）在暂态过程中可提高容抗来增大补偿度，改善系统暂态稳定性。

（3）在动态过程中可控制其容抗来阻尼系统振荡。

28. 晶闸管阀动作过程如何？

答：（1）容性微调模式。在此模式下，晶闸管阀的触发角度运行在$\alpha_{\lim}<\alpha<180°$间，TCSC的容抗值在其最小值（基本容抗值）和最大值（通常是基本容抗值的1.7～3.0倍之间）之间可调，以调节线路容抗使系统潮流分布合理。

（2）晶闸管闭锁模式。在此模式下，晶闸管阀的触发角度运行在α为180°下，TCSC就相当于固定的串联电容器，进行无功补偿，调节线路输送功率。

（3）晶闸管旁通模式。在此模式下，晶闸管被控制成全导通，触发角α为90°，使晶闸管阀上流过连续的正弦电流。此时电容器与电抗器并联电路的电抗呈感性。通常TCSC是在短路故障期间运行于该模式，以降低短路电流和过电压、减少MOV吸收的能量。

（4）感性微调模式。在此模式下，晶闸管阀的触发角度$90°<\alpha<\alpha_{\lim}$，TCSC电抗呈现为感性可调，可用以抑制SSR。

29. 晶闸管阀性能特点有哪些？

答：（1）晶闸管阀组件包括反并联晶闸管、冷却装置、阻尼回路、均压回路、触发回路、电压监测模块（TVM）、晶闸管元件监测回路，晶闸管阀组机械结构。

（2）晶闸管阀组件串联于电抗器支路。

（3）采用卧式结构，安装在户外高电位平台阀室内。

（4）串联在高电压大电流输电线路中，工作的电磁环境恶劣，抗干扰能力要求高。

（5）承受大的故障电流及过电压冲击。

（6）处于高电位平台，冷却、监控绝缘等级高。

（7）取能回路技术复杂。

（8）需考虑可控串补系统要求的多种运行模式。

30. 串补绝缘平台的主要作用是什么？

答：串补绝缘平台对地保证足够绝缘水平、用来支撑串补装置的钢构平台。

31. 串补绝缘平台的性能特点有哪些？

答：（1）串补平台的布置根据串补装置接入方式确定，串补平台基础连成整体。

（2）串补平台上的主要设备分类集中布置。

（3）串补平台结构一般由串补平台基础及短柱、垂直支持绝缘子和斜拉耐张绝缘子、钢平台组成。

（4）平台机械设计标准严格考虑覆冰荷载、风荷载及地震的因素组合。

（5）在事故情况下任一支持绝缘子失效时平台仍能保证强度和稳定。

（6）串补平台上的母线及其金具需承受电容器的放电电流和最大故障电流。

（7）串补平台布置时考虑：带电距离、电磁干扰的要求、设备的运行维护通道和空间。

（8）串补平台下主要设备既要便于与送电线路之间的接线，也要便于与平台之间的连接。

（9）串补平台宜采用低位布置，周围应设置围栏，护栏与带电设备外廓间应保持足够的电气安全净距。

（10）串补平台上的光纤应通过光纤绝缘柱引至平台下。

（11）串补平台钢结构宜采用热镀锌防腐。

（12）平台结构的自振频率应尽量与设备的固有频率错开。

（13）串补平台应设置可活动的检修爬梯，且应有联锁功能。

32. 串联电容器的试验分为哪几种？

答：串联电容器的试验分为厂家试验和现场试验。

厂家试验分为型式试验（设计试验）、例行试验（生产试验）、特殊试验。

现场试验分为两种：

（1）充电前试验（投运前试验）。串补生产厂家通常要进行检验以确认所有已安装的串补设备能正常运行。正如试验名称所意味的那样，这些试验在电力系统对串补装置充电前进行。推荐进行下列检验：

1）检验旁路开关和隔离开关。

2）检查平台。

3）测量电容器单元和电容器单元组的电容。

4）测量容抗和初始不平衡度。

5）如使用火花间隙，做火花间隙的高压试验。

6）如使用限压器，进行限压器检查。

7）检验限流阻尼设备。

8）检验分流器或电流互感器。

9）检验超高压信号联络。

10）光纤系统衰减试验。

11）继电保护、控制设备及平台对地通信设备功能试验。

（2）充电后试验。

充电后试验的基本目的是：

1）验证作为串补设备基础的电力系统模拟研究的有效性。

2）验证电力系统元件，如发动机、线路断路器、线路继电保护、变压器、并联电抗器、电力线载波等，可以正常运行。

3）验证不存在持续谐振现象，如非同步谐振、铁磁谐振等。

4）研究系统对扰动的反应，如线路故障、甩负荷、主要设备切除等。

充电试验的内容有：

1）平台绝缘的耐压试验。

2）低负荷试验。

3）次谐波试验。

4）大负荷试验。

5）热视检查。

6）输电线路分级故障试验。

7）其他试验。

33. 何谓串联电容器的运行？

答：串联电容器的运行在这里主要指串联电容器装置的接入、退出及正常运行，下面以带隔离开关的串联电容器组为例，其单线接线如图 4-5 所示。

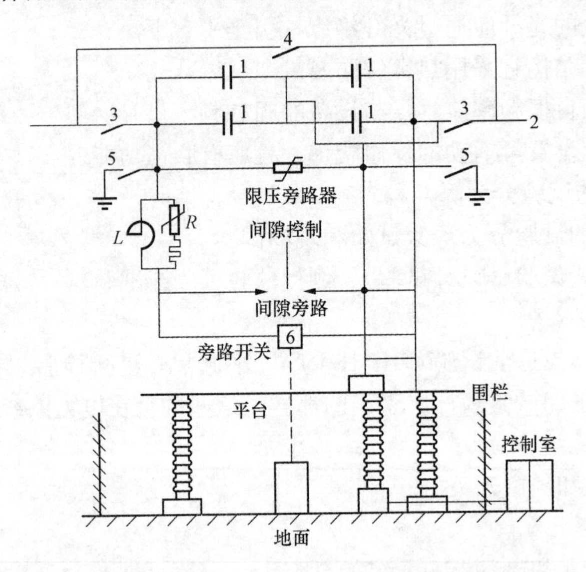

图 4-5　带隔离开关的串联电容器组单线图

34. 串联电容器的接入步骤有哪些？

答：停电后串联电容器在当地恢复运行时，应按下述步骤进行，图 4-5 标出了串联电容器装置各设备的编号。

起始接线方式：

(1) LOCAL/REMOTE（就地/远方）转换开关处于 LOCAL（就地）位置。

(2) 旁路隔离开关（4 号）合。

(3) 串联隔离开关（3 号）分。

(4) 接地开关（5 号）合。

(5) 旁路开关（6 号）合。

接入程序：

（1）拆除连到平台部件所有临时接地。

（2）移开平台的所有梯子。

（3）关闭并锁上隔离栅栏门。

（4）拆除所有超高压设备的临时接地。

（5）打开两侧的接地开关（5 号）。

（6）闭合两侧的串联隔离开关（3 号）。

（7）打开旁路隔离开关（4 号）。

（8）打开旁路开关（6 号）。

（9）将 LOCAL/REMOTE（就地/远方）转换开关切换到 REMOTE（远方）位置。（旁路开关操作可在控制室进行）。

35. 串联电容器的退出步骤有哪些？

答：串联电容器在当地退出运行时，应按下述步骤进行。图 4-5 标出了前述各设备的编号。

起始接线方式：

（1）LOCAL/REMOTE（就地/远方）转换开关处于 REMOTE（远方）位置。

（2）旁路隔离开关（4 号）分。

（3）串联隔离开关（3 号）合。

（4）接地开关（5 号）分。

（5）旁路开关（6 号）分。

退出程序：

（1）将 LOCAL/REMOTE（就地/远方）转换开关切换到 LOCAL（就地）位置（也可在控制室进行）。

（2）合旁路开关（6 号）。

（3）合旁路隔离开关（4 号）。

（4）分两侧的串联隔离开关（3 号）。

（5）合两侧的接地开关（5 号）。

（6）按要求进行所有的临时接地。

（7）将隔离栅栏门开锁并打开。

（8）架起串联电容器平台的梯子。

（9）按要求将平台上所有设备临时接地。

36. 串联电容器的定期维护内容有哪些？

答：定期维护的时间估计每年每个电容器组不超过 40h。

定期维护的时间通常计划在春季或秋季，在天气情况较好，最好是负荷较轻时进行。维护检查维护类型有：

（1）主回路和平台。

1）检查主回路，包括所有的连接点。紧固所有松弛的连接点。所有锈蚀的平台钢件都要补漆或做冷镀处理。

2）在有污秽问题的地区，要检查并清扫所有支柱绝缘子和悬式绝缘子。

3）导线接头和线夹等热点，可用红外光敏测量设备检测。应在串联电容器组通电并带负荷电流时进行红外测量。

（2）电容器。按厂家的维护说明对电容器架和电容器单元进行检查、清扫和维护。要特别注意有故障的电容器、断了的熔丝、脏污绝缘子和松弛的连接点。电容器单元的连接点应使用力矩扳手检查。

应通过测量电容值来检查电容器组各电容器单元的状态。建议每年测量一相的所有电容器，这样每三年就可以全部测量整个电容器组。对于不进行电容器单元测量的相，应进行整相电容值测量。无论电容器是带外部熔丝的还是内部熔丝的，都应这样做。如果电容值用便携式“钳形电容电桥”测量，则测量时应拆除各单元的连接。

要拆掉有故障和泄漏的电容器单元，拆掉的电容器单元要焚烧处理。注意以多氯联苯为液体介质的电容器单元要特殊储存和处理，地方或国家环境保护法对此有规定。

（3）火花间隙回路。按有关的维护要求检查、清扫和维护火花间隙，包括触发回路。

（4）限流阻尼设备。按有关的维护要求检查、清扫和维护放电限流阻尼电抗器和阻尼电阻（如果有的话）。

（5）限压器。按有关的维护要求检查、清扫和维护 ZnO 限压器单元。旁路限压器单元包括几组并联的电阻片元件，它们是精心配合的，以求均匀分担电流。由于电阻片元件会随持续使用而老化，它们的特性也会变化。因此不提倡单独更换元件。因此，一开始就要安装备用单元，而简单地将故障限压器单元退出。

（6）旁路开关。按有关的维护要求检查、清扫和维护旁路开关，包括操动机构。

（7）隔离开关和接地开关。按有关的维护要求检查、清扫和维护旁路隔离开关、串联隔离开关和接地开关，包括操动机构。

（8）信号联络线。信号联络线可能是机械的、气动的、磁的或光学的。按照有关的维护要求检查、清扫和维护信号联络线。

（9）互感器/变换器。按照有关的维护要求检查、清扫和维护宜用互感器或变换器。

（10）继电保护和控制设备。对继电保护和控制设备，包括接线箱和电缆，进行功能试验，从平台的主设备一直做到旁路开关和隔离开关（如果允许的话），以及控制室的报警和指示。如使用了光纤，还应做光纤连续性和衰减试验。检查和紧固所有的端子螺丝。

（11）交流和直流辅助电源设备。按有关的维护要求检查、清扫和维护交直流辅助电源、盘和端子箱（如果有的话）。

37. 串联补偿电容器维护工作的安全要求有哪些？

答：维护工作的安全要求应遵循安全工作规程。串联电容器设备正常情况下处于线电位，即所有三相都具有相对地电压。维护人员接近串联电容器设备之前，必须先做好如下的安全措施：

（1）旁路开关须处于闭合位置。

（2）旁路隔离开关须处于闭合位置。

（3）串联隔离开关须处于分开位置。

（4）接地开关须处于闭合位置。

（5）LOCAL/REMOTE（就地/远方）转换开关须处于 LOCAL（就地）位置。

（6）入口和出口连接点需要时须做临时接地。

如使用梯子到达串联电容器设备，则上述措施未完成之前，梯子不得升至平台。

设备接地和架起梯子之后，电容器单元仍可能残留电荷。因此，在接触任何电容器单元和导线前，绝对必须用接地工具将它们短路。

串联电容器装置做低压测量时，如测量电容值，必须首先按上述说明将装置接地。此后方允许打开旁路开关（如需要的话）。

串联电容器装置做高压测量时，必须首先按上述说明将装置接地。必须遵守适用于现场高压测量的安全规程。测量区域周围要按试验区进行封锁并作出警告标志。如做不到满意的封锁，则应加人员警卫。

应按安全工作规程实行串联电容器装置的准入和钥匙控制。

chapter 5

第五章 互感器

一、基础知识

1. 我国的互感器发展过程如何？

答：（1）20世纪50年代初期，我国只生产油浸式高压互感器，基本上是仿苏联制造的。

（2）1956年和1958年先后试制仿苏型220kV电磁式电压互感器和220kV电流互感器。

（3）20世纪60年代，我国自行设计10kV环氧树脂浇注互感器试制成功，并对35～220kV油浸纸绝缘互感器进行改型，形成国产产品系列。

（4）1972年和1979年，我国试制用于330kV和500kV型电流互感器。

（5）1970年和1980年完成330kV和500kV电容式电压互感器试制工作。

（6）20世纪80年代到90年代我国互感器制造主要体现在：

1）500kV及以下电压等级电压、电流互感器形成完整系列，如形成固体、油浸、SF_6气体多种绝缘产品；

2）设备技术参数不断提高；

3）向无油化、小型化、免维护方向发展；

4）运行可靠性逐步提高；

5）互感器行业已形成一支具有相当规模的制造力量；

6）市场竞争推动互感器行业进步。

（7）干式互感器其电压等级已达到110kV。

（8）光电式互感器已开始使用。

（9）2008年，1000kV互感器在我国第一条1000kV试验示范工程三座变电站开始投入使用（晋东南站、南阳站、荆门站）。

2. 电力系统对互感器的要求有哪些？

答：（1）互感器绝缘安全可靠。

（2）密封切实可靠。

（3）温度设计可靠。

（4）热动稳定可靠。

（5）限制谐振过电压发生。

3. 互感器的作用是什么？

答：电力系统所用互感器是将电网高电压、大电流的信息传递到低电压、小电流二次侧的计量、测量仪表及继电保护、自动装置的一种特殊变压器，是一次系统和二次系统的联络元件，其一次绕组接入电网，二次绕组分别与测量仪表、保护装置等相互连接。

互感器分为电压互感器和电流互感器两大类，其主要作用有：

（1）将一次系统的电压、电流信息准确地传递到二次侧相关设备。

（2）将一次系统的高电压、大电流变换为二次侧的低电压（标准值100V、$100/\sqrt{3}$ V）、小电流（标准值5A、1A），使测量、计量仪表和继电保护等装置标准化、小型化，并降低了对二次设备的绝缘要求。

（3）将二次侧设备以及二次系统与一次系统高压设备在电气方面很好地隔离，从而保证了二次设备和人身的安全。

4. 什么是互感器的合成误差？

答：由于互感器本身存在比差和角差而引起的电能计量的误差，可表示为

$$r_{\mathrm{h}}=\frac{\text{二次功率}\times\text{额定电流比}\times\text{额定电压}-\text{一次功率}}{\text{一次功率}}\times100\%$$

5. 什么是互感器的准确等级？

答：电压互感器二次绕组的准确等级是以在额定电压及该准确等级所规定的二次负荷下的最大允许比值差的百分数来标称的。电流互感器的准确等级是以在额定一次电流及该准确度等级所规定的二次负荷的最大允许比值差的百分数来标称的。测量用互感器准确等级分为0.005、0.01、0.02、0.05、0.1、0.2、0.5级。

6. 传统式互感器有哪些缺点？

答：（1）传统式电磁式互感器带有铁芯，绝缘结构复杂，设备体积大，造价高。对超高压电网，因故障时系统短路电流大，并有直流分量，电磁式电流互感器铁芯有气隙，设备体积更大，而且造价急剧上升。

（2）绝缘油或气体存在易爆、易燃等安全隐患。

（3）电磁感应式互感器存在着固有的磁路饱和、铁磁谐振等原理上的缺陷，其一、二次侧电气信息量的传变误差大，精度差。

（4）因互感器误差大，不能满足电力系统表计及测量的精度要求。

（5）电流互感器二次开路时，将产生高电压，对人身及二次设备带来隐患。

（6）常规的电压互感器二次输出电压为$100/\sqrt{3}$、100V，电流互感器的二次输出为5A或1A，互感器功率消耗大。其输出为模拟量，与日益发展的数字化保护、变电站综合自动化系统信息传输配合不方便。

7. 什么是组合互感器？

答：由电流互感器和电压互感器组合在一体的互感器称为组合互感器。其组合的方式有：

（1）由电流互感器和电磁式电压互感器组合在一体。

（2）由电流互感器和电容式电压互感器组合在一体。

二、电压互感器

8. 什么是电压互感器？它的作用是什么？

答：一次设备的高电压，不容易直接测量。将一次侧交流电压转换成可控制、测量、保护等使用的二次侧标准电压的变压设备称为电压互感器，用TV表示。

电压互感器实际上就是一种降压变压器，它的两个绕组在一个闭合的铁芯上，一次绕组匝数很多，二次绕组匝数很少。一次侧并联地接在电力系统中，一次绕组的额定电压与所接

系统的母线额定电压相同。二次侧并联接仪表、保护及自动装置的电压绕组等负载，由于这些负荷的阻抗很大，通过的电流很小，因此，电压互感器的工作状态相当于变压器的空载情况。

电压互感器的一次绕组的额定电压与所接系统的母线额定电压相同，二次有两个、三个或四个绕组，供保护、测量及自动装置用。基本二次绕组的额定电压采用100V。为了和一相电压设计的一次绕组配合，也有采用$100/\sqrt{3}$V的。如互感器用在中性点直接接地系统，辅助二次绕组的额定电压为100V；如用在中性点不接地系统中，则为100/3V，因此选择绕组匝数的目的就是在系统发生单相接地时，开口三角端出现100V电压。

9. 电压互感器绕组额定电压的定义如何？

答：（1）电压互感器一次额定电压是可以长期加在一次绕组上的电压，并在此基准下确定其各项技术性能。根据接入电路的情况，可以是线电压，也可以是相电压，其额定一次电压应与我国电力系统规定的额定电压系列相一致。

（2）额定二次电压。我国规定接入三相系统中，相与相之间的单相电压互感器的二次电压为100V。对于接三相系统相与地之间的单相电压互感器，其额定二次电压为$100/\sqrt{3}$V。

（3）零序电压绕组的额定二次电压如下：供中性点直接接地系统用的电压互感器，其零序电压绕组的二次额定电压规定为100V；供中性点不直接接地系统用的电压互感器，其零序电压绕组的二次额定电压为$100/\sqrt{3}$V。这样当一次系统发生单相接地时，用于接地保护的开口三角端输出电压为100V，以启动有关继电保护装置。

10. 电压互感器的应用范围如何？

答：（1）商业计算。主要接于发电厂、变电站的线路出口和入口电能计量及负荷装置上，用作电网对用户及网与厂之间、网与网之间电量结算、潮流监控。这种互感器一般要求有0.2级计量准确度级，互感器的输出容量一般不大。

（2）继电保护和自动装置的电压信号源。它要求的准确度级一般为0.5级及3P级，输出容量一般较大。

（3）合闸或重合闸同期、检无压信号。它要求的准确度级一般为1级和3级，输出容量也不大。

现代电力系统中，电压互感器二次绕组一般可做到四绕组式，这样一台电压互感器可集上述三种用途于一身。

11. 电压互感器与普通变压器相比有何特点？

答：电压互感器实质上也是一种变压器。电压互感器和普通变压器在原理上的主要区别是，电压互感器一次侧作用于一个恒压源，它不受互感器二次负荷的影响，不像变压器通过大负荷时会影响电压，这和电压互感器吸取功率很微小有关。此外，由于电压互感器二次侧的负载阻抗很大，使互感器总是处于类似于变压器的空载状态，二次电压基本上等于二次电动势值，且决定于恒定的一次电压值，因此，电压互感器用来辅助测量电压，而不会因二次侧接上几个电压表就使电压降低。但这个结论只适用于一定范围，即在准确度所允许的负载范围内。如果电压互感器的二次负载增大超过该范围，实际上也会影响二次电压，其结果是误差增大，测量失去意义。

它的结构和工作原理与变压器相同，它的两个绕组是绕在一个闭合的铁芯上，一次绕组匝数较多，并联在被测的线路中，二次绕组匝数较少，接在高阻抗的测量仪表或继电器上，它可以做成单相的，也可以做成三相的。

12. 电压互感器有哪些类型？

答：（1）按用途分类。

1）测量用电压互感器（或电压互感器的测量绕组）。在正常电压范围内，向测量、计量装置提供电网电压信息。

2）保护用电压互感器（或电压互感器的保护绕组）。在电网故障状态下，向继电保护等装置提供电网故障电压信息。

（2）按绝缘介质分类。

1）干式电压互感器。由普通绝缘材料浸渍绝缘漆作为绝缘，多用在500V及以下低电压等级。

2）浇注绝缘电压互感器。由环氧树脂或其他树脂混合材料浇注成型，多用在35kV及以下电压等级。

3）油浸式电压互感器。由绝缘纸和绝缘油作为绝缘，是我国最常见的结构型式，常用于220kV及以下电压等级。

4）气体绝缘电压互感器。由SF_6气体作主绝缘，多用在较高电压等级。

（3）按相数分类。

1）单相电压互感器。一般35kV及以上电压等级采用单相式。

2）三相电压互感器。一般35kV及以下电压等级采用。

（4）按电压变换原理分类。

1）电磁式电压互感器。根据电磁感应原理变换电压，我国多在220kV及以下电压等级采用。GIS组合电器中用电磁式电压互感器。

2）电容式电压互感器。通过电容分压变换电压，目前我国在110～1000kV电压等级广泛采用（GIS组合电器除外）。

（5）按使用条件分类。

1）户内型电压互感器。安装在室内配电装置中，一般用在35kV及以下电压等级。

2）户外型电压互感器。安装在户外配电装置中，多用在35kV及以上电压等级。

（6）按一次绕组对地运行状态分类。

1）一次绕组接地的电压互感器。单相电压互感器一次绕组的末端或三相电压互感器一次绕组的中性点直接接地，末端绝缘水平较低。

2）一次绕组不接地的电压互感器。单相电压互感器一次绕组两端子对地都是相同绝缘的；三相电压互感器一次绕组的各部分，包括接线端子对地都是绝缘的，而且绝缘水平与额定绝缘水平一致。

（7）按磁路结构分类。

1）单级式电压互感器。一次绕组和二次绕组（根据需要可设多个二次绕组）同绕在一个铁芯上，铁芯为地电位。我国在35kV及以下电压等级均用单级式。

2）串级式电压互感器。一次绕组分成几个匝数相同的单元串接在相与地之间，每一单元有各自独立的铁芯，具有多个铁芯，且铁芯带有高电压，二次绕组（根据需要可设多个二次绕组）除在最末一个与地连接的单元。目前我国在66～220kV电压等级常用此种结构型式。

（8）组合式互感器。由电压互感器和电流互感器组合并形成一体的互感器称为组合式互感器，也有把与GIS组合电器配套生产的互感器称为组合式互感器。

13. 电压互感器的接线方法有几种？

答：电压互感器的选择与配置，除应满足所接系统的额定电压外，其容量和准确等级尚应满足测量表计、保护装置及自动装置的要求。

电压互感器的接线方法是根据其用途、所接系统的特点而定的。一般接线方式有 Vv、YNynd，Yyn，Dyn 等。

14. 国产电压互感器铭牌数据各代表什么意义？

答：国产电压互感器上常标有下列技术数据。

（1）型号。由3～4个拼音字母及数字组成。字母表示出电压互感器的绕组型式、绝缘种类、铁芯结构及使用场所等；字母后面的数字，表示电压等级（kV）。型号中字母的含义如下：

J—在第一位时，表示电压互感器；在第三位时表示油浸式；在第四位时，表示接地保护；S—在第二位时表示三相；D—在第二位时表示单相；G—在第三位时表示干式；Z—在第三位表示浇注式；W—在第四位时表示五铁芯柱式；B—在第四位时表示有补偿绕组的；C—在第二位时表示串级绝缘，在第三位表示瓷绝缘。

（2）变压比。常以一、二次绕组的额定电压标出。变压比 $K=U_{1e}/U_{2e}$。

（3）容量。包括额定容量和最大容量。所谓额定容量，是指在负荷 $\cos\varphi=0.8$ 时，对应于不同准确度等级的伏安数。而最大容量则指满足绕组发热条件下，所允许的最大负荷（伏安数）。当电压互感器按最大容量使用时，其准确度将超出规定值。

（4）误差等级。即电压互感器变比误差的百分值。通常分为 0.2、0.5、1、3 级，使用时根据负荷需要来选用。

（5）接线组别。表明电压互感器一、二次线电压的相位关系。通常三相电压互感器的接线组别均为 Yyn0～12。

15. 什么是电压互感器的电压比误差和相角误差？影响误差的因素有哪些？

答：所谓电压比误差就是测量二次侧电压折算到一次侧的电压值与一次电压的实际值之间的差（以百分比数表示），它主要是受漏阻抗的影响所致。

相角误差就是一次侧电压相量 $\dot{U}_1$ 与转过 180°的二次侧电压相量 $-\dot{U}_2$ 在相位上不一致，相角误差主要是因铁耗而产生。

电压互感器的比差和角差 δ 不仅与一、二次绕组的阻抗及空载电流有关，而且与二次负载的大小和功率因数都有关系。当二次侧接近于空载运行时，电压互感器的误差最小。因此，为了使测量尽可能准确，应使电压互感器的二次负载降低到最小，即不宜连接过多的仪表和保护，以免电流过大引起较大的漏抗压降，影响互感器的准确度。

16. 什么是电压互感器的准确度等级？它与容量有什么关系？

答：（1）电压互感器的准确级，是指在规定的一次电压和二次负荷变化范围内，负荷功率因数为额定值时，电压误差（含相位误差）的最大值。

电压互感器的准确度等级（也就是铭牌上标的“误差等级”）通常分为 0.2、0.5、1、3 等四个等级。即指电压互感器比差的百分值。0.5 级和 1 级一般用于发配电设备的测量和保护；计量电能表根据用户的不同，采用 0.2 级或 0.5 级；3 级则用于非精密测量。用于保护的准确级有 3P、6P。

我国电压互感器准确级和误差限值标准如表 5-1 所示。

表 5-1　　电压互感器的准确度等级及允许误差

准确级	误差限值		一次电压变化范围	频率、功率因数及二次负荷变化范围
	电压误差	相位误差		
0.1 0.2 0.5 1 3	±0.1% ±0.2% ±0.5% ±1.0% ±3.0%	±5′ ±10′ ±20′ ±40′ 不规定	(0.8～1.2) U_{N1}	(0.25～1) S_{N2} $\cos\varphi_2=0.8$ $f=f_N$
3P 6P	±3.0% ±6.0%	±120′ ±240′	(0.05～1) U_{N1}	

(2) 电压互感器准确等级和容量有着密切的关系。由于电压互感器误差随着二次负荷的变化而变化，所以同一台电压互感器对应于不同的准确级便有不同的容量（实际上是电压互感二次绕组所接测量及继电保护、自动装置的功率）。通常，额定容量是指对应于最高准确级的容量。

铭牌上的“最大容量”是指由热稳定（最高工作电压下长期工作时允许发热条件）确定的极限容量。

17. 什么是电压互感器的极性？

答：与电流互感器一样，电压互感器也有一定的极性。按照规定，电压互感器的一次绕组的首端标为 A，尾端标为 X，二次绕组的首端标为 a，尾端标为 x。在接线中，A 与 a 以及 X 与 x 均称为同极性。

假定一次电流 $\dot{I}_1$ 从首端 A 流入，从尾端 X 流出时，二次电流 $\dot{I}_2$ 是从首端 a 流出，从尾端 x 流入，这样的极性标志称为减极性，如图 5-1 所示，反之，为加极性。工程使用的电压互感器，一般均为减极性标志。

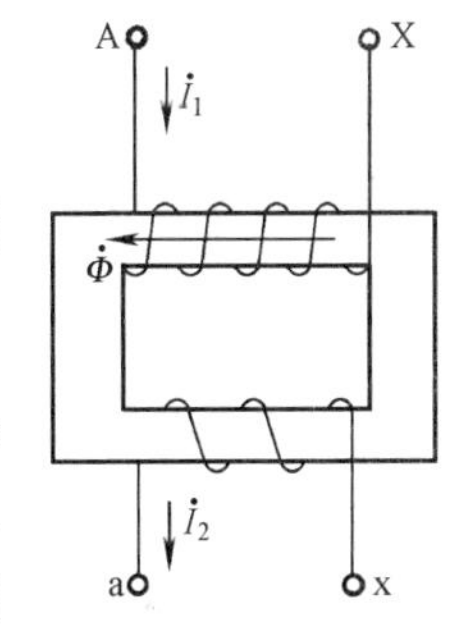

图 5-1　电压互感器的极性标志（减极性）

与电流互感器一样，电压互感器的极性错误，同样会引起继电保护装置的错误动作或者影响电能计量的正确性。因此，电压互感器的极性必须正确。电压互感器极性的判断方法与电流互感器相同。

18. 两台电压互感器并列运行应注意的事项有哪些？

答：在双母线接线方式中，每组母线接一台电压互感器。若由于负荷需要，两台电压互感器在低压侧并列运行（倒母线），此时应先检查母联断路器是否合上，如未合上，则应先合上母联断路器后，再进行低压侧的并列，否则，由于电压互感器从低压侧反充电（如图 5-2 所示），空载励磁电流大（串级互感器二次匝数少，阻抗低，电流实测为 15～20A），加上母线充电电流，容易引起电压互感器二次低压熔断器熔断或自动空气开关跳闸，致使保护装置失去电源。

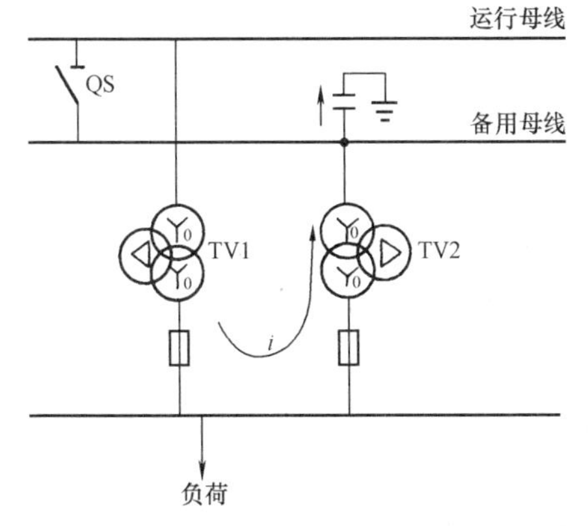

图 5-2　两台电压互感器并列运行

19. 大修或新更换的电压互感器为什么要核相（定相）？

答：大修或新更换的互感器（含二次回路更动）

在投入运行前应核相（定相）。

所谓核相，就是将电压互感器一次侧在同一电源上，测定其二次侧电压相位是否相同。若相位不正确，会造成如下结果：

(1) 破坏同期的正确性。

(2) 倒母线时，两母线的电压互感器会短时并列运行，此时二次侧会产生很大的环流，造成二次侧熔断器熔断，使保护装置误动或拒动。

20. 电压互感器允许什么样的运行方式？

答：电压互感器在额定容量下可长期运行，但在任何情况下，都不允许超过最大容量运行。电压互感器由于二次侧绕组的负载是高阻抗仪表，电流很小，接近于磁化电流，一、二次绕组中的漏抗压降也很小，所以它在运行时接近于空载情况，因此，二次绕组绝不能短路。否则会出现很大的短路电流，使绕组严重发热甚至烧毁。

21. 电压互感器二次小开关的作用是什么？

答：电压互感器小开关实际上是一种过流脱扣保护，当电压互感器二次回路出现短路故障或电压互感器本身二次绕组出现匝间及其他故障时，快速（30ms 以内）自动断开小开关。

22. 电压互感器二次侧在什么情况下不装熔断器而装空气小开关？

答：通常对带有距离保护的电压互感器二次侧熔断器的选择，要求较严。为了防止电压互感器二次熔断时间过长，使距离保护误动，熔断器容量选择应根据下述两个原则：

(1) 熔断器的下限，应为最大负荷电流的 1.5 倍。此时考虑一条母线运行，所有负荷均倒至一台电压互感器上的情况。

(2) 熔断器的上限为二次电压回路短路时，不致使距离保护误动作，即熔断器时间小于保护动作时间。

如果熔断器不能满足上述要求时，应装设空气小开关。因此凡装有距离保护时，电压互感器的二次侧均采用空气小开关，即自动开关。

23. 为什么 110kV 及以上电压互感器一次不装熔断器？

答：110kV 及以上电压互感器采用单相串级绝缘，裕度大；110kV 引线系硬连接，相间距离较大，引起相间故障的可能性较小；110kV 以上系统为中性点直接接地系统，每相电压互感器不可能长期承受线电压运行；另外，满足系统短路容量的高压熔断器制造上还有困难，因此 110kV 以上的电压互感器一次不装设熔断器。

24. 双母线接线方式的电压互感器二次电压是怎样切换的？切换后应注意什么？

答：双母线上的各元件的保护测量回路，是由两组电压互感器供给的，切换有两种方式。

(1) 直接切换。电压互感器二次引出线分别串于所在母线电压互感器隔离开关和线路隔离开关的辅助触点中，在线路倒母线时，根据母线隔离开关的拉合来切换电压互感器电源。

(2) 间接切换。电压互感器二次引出线不通过母线隔离开关的辅助触点直接切换，而是利用母线隔离开关的辅助触点控制切换中间继电器进行切换。通过母线隔离开关的拉、合，启动对应的中间继电器，达到电压互感器电源切换的目的。

切换后应注意下列事项：

(1) 母线隔离开关的位置指示器是否正确（监视辅助触点是否切换）。

(2) 电压互感器断线信号是否出现。

(3) 有关有功、无功功率表是否正常。

（4）切换时中间继电器是否动作。

（5）母差保护上的隔离开关位置指示灯是否正常。

25. 双母线接线方式的电压互感器二次侧为什么要经过该互感器一次侧隔离开关的辅助触点？当电压互感器上有人工作时应注意什么？

答：（1）双母线接线方式的电压互感器隔离开关的辅助触点的断合位置应当与隔离开关的开合位置相对应，即当电压互感器停用，拉开一次隔离开关时，二次回路也相应断开，防止在双母线上的一组电压互感器工作时，另一组电压互感器二次反充电，造成工作电压互感器高压带电。

（2）电压互感器隔离开关检修或二次回路工作时应做好以下措施：

1）防止停用电压互感器电源影响保护及自动装置，双母线倒单母线。

2）断开检修电压互感器二次小开关，防止反充电，造成高压触电。

3）拉开有关隔离开关，检验电挂接地线。

4）电压互感器二次回路工作，而电压互感器不停用时，除考虑保护及自动装置外应防止二次短路。

26. 电压互感器二次为什么不许短路？

答：电压互感器二次约有100V电压，其所通过的电流，由二次回路阻抗的大小来决定。电压互感器本身的阻抗很小，如二次短路时，二次通过的电流增大，造成二次小开关跳闸或保险熔断，影响表计指示及引起保护误动，如保险容量选择不当，极易损坏电压互感器。

27. 电压互感器二次为什么必须接地？

答：电压互感器二次接地属保护接地。为防止一、二次绝缘损坏击穿，高电压串到二次侧来，对人身和设备造成危险，所以二次必须接地。

变电站的电压互感器二次侧一般采用中性点接地，一般电压互感器可以在配电装置端子箱内经端子牌接地。发电厂的电压互感器都采用二次b相接地，也有b相和中性点共存的。

28. 电压互感器如何接地？

答：GB/T 14285—2006《继电保护和安全自动装置技术规程》规定：电压互感器的二次回路只允许有一点接地，接地点宜设在控制室内。独立的、与其他互感器无电的联系的电压互感器也可在开关场实现一点接地。为保证接地可靠，各电压互感器的中性线不得接有可能断开的开关或熔断器等。

GB/T 14285还规定：已在控制室一点接地的电压互感器二次绕组，必要时，可在开关场将二次绕组中性点经放电间隙或氧化锌阀片接地。

应经常维护检查，防止出现两点接地的情况。

为防止故障产生的零序地电流产生地电位升高，将间隙击穿形成两点接地，或B相接地系统中B相熔断器熔断（或小开关跳闸）不论是有效接地系统，还是非有效接地系统，间隙电压的击穿电压峰值应大于$30I_{max}$（kA）V。I_{max}（kA）是本站可能出现的最大地电流。

在现场，关于间隙电压的击穿电压峰值应大于$30I_{max}$（kA）V这一点并没有引起足够的重视，一般均由互感器厂家在出厂时决定，因而引发了多起间隙击穿形成互感器二次两点接地，保护不正确动作或电压互感器故障（如小开关在故障时未及时跳闸）的事故。DL/T 955—2006《继电保护和电网安全自动装置检验规程》规定：对采用金属氧化物避雷器接地的电压互感器二次回路，需检查其接线的正确性及金属氧化物避雷器的工频放电电压。定期检查时可用绝缘电阻表检验金属氧化物避雷器的工作状态是否正常。一般当用1000V绝缘电阻表时，金属氧化物避雷器不应击穿；用2500V绝缘电阻表时，则应可靠击穿。

29. 电压互感器和电流互感器二次回路接地的相同点和不同点有哪些？

答：相同点：电压互感器和电流互感器的二次接地，都属于保护接地。

不同点：电流互感器一次匝数很少，若一次与二次击穿，二次必在就地对地放电击穿；电压互感器一次匝数很多，而且220kV的电磁式电压互感器为多级互感器，一次与二次击穿，而此不一定在就地击穿。因此，电流互感器开关场就地并没有要求装设金属氧化物避雷器；而在控制室接地的电压互感器，为防止互感器高压窜入，则装设金属氧化物避雷器保护。

30. 对电压互感器的配置有哪些要求？

答：电压互感器的配置与系统电压等级、主接线方式及所实现的功能有关。

(1) 电压互感器及其二次绕组数量、准确等级等应满足测量、保护、同步和自动装置的要求。电压互感器的配置应能保证在正常运行方式改变时，保护装置不得失去电压，同步点的两侧都能提取到电压。

(2) 对220kV及以下的双母线接线，宜在主母线三相上装设电压互感器。旁路母线是否装设电压互感器，视具体情况的需要确定。当需要监视和检测线路侧有无电压时，可在出线侧的一相上装设电压互感器。对220kV大型发变电工程的双母线，通过技术经济比较，也可按线路或变压器单元配置三相电压互感器。

(3) 对500kV电压的双母线接线，宜在每回出线和每组母线的三相上装设电压互感器。对3/2断路器接线，应在每回出线（包括主变压器进线回路）的三相上装设电压互感器；对母线，可根据母线保护和测量装置的要求在一相或三相上装设电压互感器。

(4) 发电机出口可装设两组或三组电压互感器，供测量、保护和自动电压调整装置使用。

31. 什么是电容式电压互感器？

答：电容式电压互感器就是利用电容器反比分压的原理，从而降低电磁式电压互感器一次绕组的电压，使电压互感器的体积大大减小，成本降低，占地面积也减少。

32. 电容式电压互感器与常规的电磁式电压互感器相比有哪些特点？

答：电容式电压互感器与传统的电磁式电压互感器相比，具有以下特点：

(1) 在运行维护及可靠性方面，电容式电压互感器结构简单，使用维护方便，又由于其绝缘耐压强度高，故使用可靠性高。特别是电磁式电压互感器在运行中，由于其非线性电感和断路器端口电容之间容易发生铁磁谐振，常常造成互感器损坏甚至爆炸，成为长期以来危及系统安全运行的隐患。而采用电容式电压互感器，使这一问题从根本上得以解决。

(2) 从经济方面看，电磁式电压互感器由于体积随着电压等级的升高而成倍增大，成本大幅度上升。电容式电压互感器不仅体积小，而且其电容分压器能兼作高频载波用的耦合电容器，有效地节省了设备投资和占地面积。电压越高，经济效果越显著。

(3) 从各项技术性能看，电容式电压互感器完全达到了电磁式电压互感器的性能水平。早期的电容式电压互感器存在二次输出容量较小，瞬变响应速度较慢的缺点，经过近几年的技术攻关，目前已能制造出高电压、大容量、高精度的电容式电压互感器，其瞬变响应速度也达到5%以下。

33. 电容式电压互感器有哪些优点?

答:(1) 高精度电容式电压互感器(CVT)的出现,使CVT具有传统电压互感器的全部功能,实现一机多用。分压电容还可作高频载波通信设备的耦合电容。

(2) 高电压主要由电容分压器承担,内部电容元件使得电压分布均匀,膜纸复合介质绝缘可靠性高,大电容还可降低雷电波头陡度,有一定的过电压防护作用。

(3) 电容式电压互感器的电容负载不会产生一次设备间危险的铁磁谐振。

(4) 冲击绝缘强度比电磁式电压互感器高。

(5) 制造比较简单、质量轻、体积小、成本低,且电压越高效果越显著。在110kV以上电压等级,CVT造价较低,电压等级越高优势越明显。

(6) 在高压配电装置中占地少。

34. 我国电容式电压互感器的发展历程如何?

答: 电容式电压互感器在我国的发展历程是:

(1) 1963年:110、220kV电容式电压互感器在西容诞生,投运在杭州变电站。

(2) 1970年:330kV电容式电压互感器在西容诞生,投运在刘—天—关线。

(3) 1980年:500kV电容式电压互感器在西容诞生,投运在锦—辽线。

(4) 1995年:电容式电压互感器供货总数2586台,电压35~500kV,取得国内市场优势。

(5) 2003年:750kV电容式电压互感器在西容、桂容诞生,投运在官亭—兰州东750kV输变电示范工程。

(6) 2008年:1000kV电容式电压互感器在西容、桂容、上海MWB诞生,投运在1000kV晋东南—南阳—荆门特高压交流试验示范工程。

电容式电压互感器的电压等级覆盖范围:35~1000kV(除组合电器外),其准确度等级:0.1,0.2,0.5,1.0;3P。主要用于电能计量、电压测量、继电保护、自动控制、载波通信。

35. 电容式电压互感器型号的含义是什么?

答: 电容式电压互感器型号含义如图5-3所示。

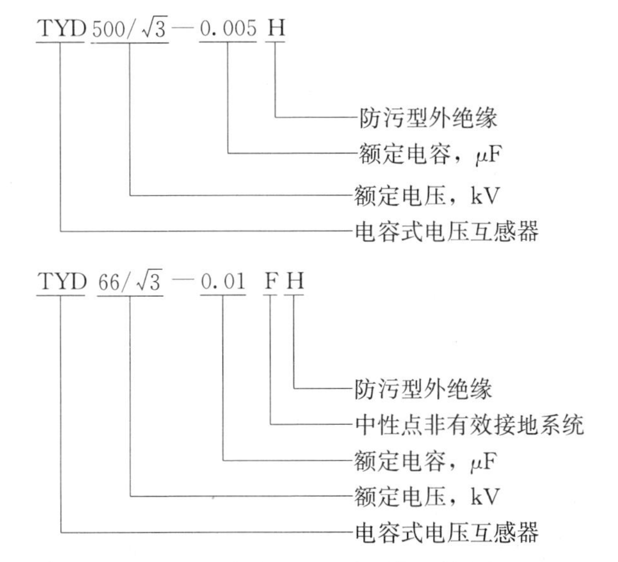

图5-3 电容式电压互感器的型号含义

36. 电容式电压互感器的主要性能参数有哪些？

答：主要性能参数有：

额定电压：35～1000kV

额定电容：35～110kV，10 000/20 000pF；

220～500kV，5000/10 000pF；

750～1000kV，5000pF。

准确等级：计量绕组，$100/\sqrt{3}$V，0.2 级；

测量及保护绕组，$100/\sqrt{3}$V，0.5/3P 级；

剩余电压绕组，100V，3P 级。

额定输出：二次绕组同时总输出

20，30，50，100，200，(250)，(300) VA。

绝缘水平：如表 5-2 所示。

表 5-2　电容式电压互感器绝缘水平

电压等级 (kV)	工频，1min (kV)	雷电冲击 (kV)	操作冲击 (kV)	中压回路 (kV)	二次回路工频 (kV)
66	160	350	—	工频和雷电冲击耐压按电容分压比计算×1.05	3
110	230	550	—		
220	460	1050	—		
330	510	1175	950		
550	740	1675	1175		
750	975	2100	1550		
1000	1300	2400	1800		

局部放电：$1.2U_m/\sqrt{3}$，≤5pC；

$1.2U_m$，≤10pC。

电容分压器电容偏差：－5/＋10（%）。

电容分压器 $\tan\delta$：U_n 下≤0.1%，10kV 下≤0.15%。

无线电干扰电压（RIV）：≤2500μV。

机械强度：顶部垂直于 CVT 施加的机械力。

温升限值：电磁单元内绕组温升限值 60K。

铁磁谐振阻尼要求：在 0.8，1.0，$1.2U_n$ 下试验，二次短路消除后 0.5s 内，二次电压应恢复到与短路前电压相差不超过 10%。

在 1.5 或 $1.9U_n$ 电压下试验，二次短路消除后 2s 内，二次电压应恢复到与短路前电压相差不超过 10%。

暂态响应要求：在规定电压下进行一次端子间短路试验，根据二次绕组剩余电压，分为 3PT1，3PT2，3PT3 级。

传递过电压限值：在规定陡波电压下试验，CVT 二次传递电压限值为 1.6kV。

高频特性要求：对用于 PLC 通信的 CVT，应满足标准规定的要求。

二次短路耐受能力：在额定电压下允许二次短路时间为 1s。

37. 电容式电压互感器由哪几部分组成？各部分的作用是什么？

答： 电容式电压互感器由以下几个部分组成：

（1）电容分压，C1、C2。将线路高压分压到 20kV 以下的中压，承受线路上的高电压。

（2）中间变压器。将分压器的中压变换为二次设备适用的低压 $100/\sqrt{3}$V 或 100V。

（3）补偿电抗器。

（4）铁磁谐振阻尼装置。

38. 电容式电压互感器的结构特点如何？

答： 电容式电压互感器，总体上可分为电容分压器和电磁单元两大部分。电容分压器由高压电容器 C1 及中压电容器 C2 组成，电磁单元则由中间变压器、补偿电抗器及限压装置、阻尼器等组成。电容分压器 C1 和 C2 都装在瓷套内，从外形上看是一个单节或多节带瓷套的耦合电容器。电磁单元目前将中间变压器、补偿电抗及所有附件都装在一个铁壳箱体内，外形有圆形的也有方形的。早期产品常将电阻型阻尼器放在电磁单元油箱之外成为一个单独附件。

根据电容分压器和电磁单元的组装方式，可分为叠装式（一体式）和分装式（分体式）两大类。

（1）叠装式。电容分压器叠装在电磁单元油箱之上，电容分压器的下节底盖上有一个中压出线套管和一个低压端子出线套管，伸入电磁单元内部将电容分压器中压端与电磁单元相连。有的产品还在下节电容器瓷套上开一个小孔，将中压端引出，以供测试电容和介损之用。

（2）分装式。电容分压器中压端与电磁单元的连接是在外部进行，这类产品的分压电容器下节电容必须在瓷套上开孔将中压端引出，电磁单元也对应将高压端用套管引出，以便相互连接。所谓分体并不一定是电容分压器与电磁单元分开安装，如有些制造厂仍然是将电容分压器叠装在电磁单元油箱上面，用绝缘子支撑，且分压器下节底盖不安装中压和低压端子套管。

目前国内常见的大都采用叠装式结构，其典型结构原理如图 5-4 所示。

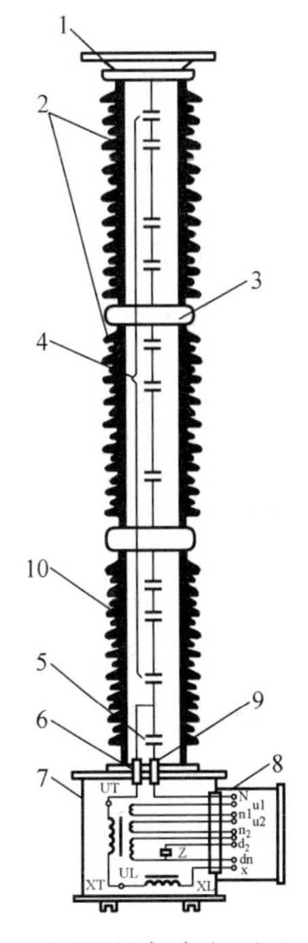

图 5-4　电容式电压互感器结构原理图

1—防晕环；2—耦合电容器；3—屏蔽罩；4—高压电容器 C1；5—中压电容器 C2；6—中压套管；7—电磁单元油箱；8—二次接线端子盒；9—低压套管；10—分压电容器；UT～XT 中间变压器一次绕组；UL～XL—补偿电抗器绕组；Z—阻尼器

39. 电容分压器由哪些元件构成？

答： 电容分压器的由以下元件构成。

（1）耦合电容器。1～5 节叠装。电容器内部由许多电容器元件串联组成心子，若干心子组装成器身，C1 和 C2 串联连接，中压抽头和低压端子通过底部的套管引出；内部充满绝缘油，配装有补偿油量随温度变化的扩张器。

（2）防晕环，均匀电场用。

（3）高压接线端子，板式。

（4）中压及低压出线。

电容分压器所用的材料有：

（1）电容器介质。聚丙烯薄膜与电容器纸复合，浸渍苯基二甲苯基乙烷（PXE），降低电容温度系数。

（2）电容器外壳。高强度瓷套（或硅橡胶复合套管）。

40. 电容分压器的结构特点如何？

答：电容分压器由单节或多节耦合电容器（因下节需从中压电容处引出抽头形成中压端子，也称分压电容器）构成，互感器结构原理图耦合电容器则主要由电容芯体和金属膨胀器。由电容分压器从电网高电压抽取一个中间电压，送入中间变压器。

（1）电容芯体。电容芯体由多个相串联的电容元件组成，如 $110/\sqrt{3}$kV 耦合电容器早期由 104 个电容元件串联，近期已减少到 80～90 多个元件串联。每个电容元件是由铝箔电极和放在其间的数层电容介质卷绕后压扁并经高真空浸渍处理而成。芯体通常是通过 4 根电工绝缘纸板拉杆压紧，近期也有些产品取消绝缘拉杆而直接由瓷套两端法兰压紧。

电容介质早期产品为全纸式并浸渍矿物油，由于存在高强场下易析出气体、局部放电性能差等缺点，20 世纪 80 年代以后产品都采用聚丙稀薄膜与电容器纸复合并浸渍有机合成绝缘介质体系，国内常见的一般为二膜三纸或二膜一纸，浸渍剂主要是十二烧基苯（AB），也用二芳基乙烧（PXE），聚丙稀薄膜的机械强度高，电气性能好，耐电强度高，是油浸纸的 4 倍，介质损耗则降为后者的 1/10，加之合成油的吸气性能好，采用膜纸复合介质后可使 CVT 电气性能大大改善，绝缘强度提高，介损下降，局部放电性能改善，电容量增大，同时由于薄膜与油浸纸的电容温度特性互补，合理的膜纸搭配可使电容器的电容温度系数大幅度降低，一般可达到 $\alpha_c < -5 \times 10^{-5} K^{-1}$，有利于提高 CVT 的准确度，增大额定输出容量和提高运行可靠性。

（2）膨胀器。电容器内部充以绝缘浸渍剂，随着温度的变化浸渍剂体积会发生变化，早期产品是在每节瓷套内部上端充以干燥氮气以作补偿，由于该结构缺点较多，目前产品均已改用金属膨胀器，并保持内部为微正压（约 0.1MPa）。膨胀器由薄钢板焊接而成，分内置式（外油式）及外置式（内油式）两种，结构与电磁式电压互感器所用金属膨胀器类似。

41. 电磁单元由哪些元件构成？

答：电磁单元由以下元件构成。

（1）油箱。钢制或铸铝合金，装有以下部件，并充有变压器油。

（2）中压变压器。将中压变为低压。

（3）补偿电抗器。用以补偿电容分压器的容抗（$X_L + X_T = X_C$），两端加避雷器保护。

（4）阻尼器。速饱和电抗器与电阻串联，用以抑制 CVT 内部的铁磁谐振。

（5）中压接地开关。便于现场对 C1 和 C2 进行电容、介损测量。

电气和绝缘材料有：

（1）中压变压器、补偿电抗器采用优质硅钢片、电磁线和油纸绝缘。

（2）阻尼电抗器采用优质坡莫合金铁芯、电磁线和油纸绝缘。

42. 中间变压器的结构特点有哪些？

答：电容式电压互感器的中间变压器实际上相当于一台 20～35kV 的电磁式电压互感器，将中间电压变为二次电压。但其参数应满足 CVT 的特殊要求，如高压绕组应设调节绕组以增减绕组匝数，铁芯磁密取值应较低，以适应防铁磁谐振要求等。铁芯采用外轭内铁式三柱铁芯，绕组排列顺序为芯柱—辅助绕组—二次绕组—高压绕组。中间变压器外形图如图 5-5 所示。

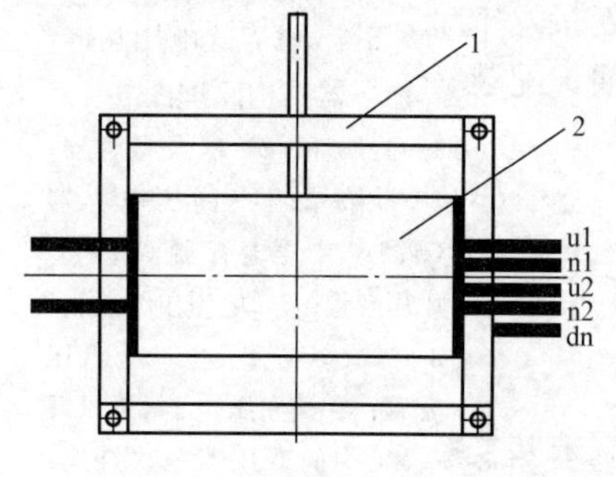

图 5-5　中间变压器外形图

1—铁芯；2—绕组

43. **补偿电抗器结构特点有哪些？**

答：补偿电抗器的作用是补偿容抗压降随二次负荷变化对CVT准确级的影响，补偿电抗器常采用“山”形或“C”形铁芯，铁芯具有可调气隙，在误差调完后再用纸板填满并固定，目前国内制造厂均已采用固定气隙，绕组设调节抽头以作调节电感之用。

补偿电抗器的安装可以在高电位侧（接在中压变压器之前），也可以在低电位侧（接在接地端），两者匝绝缘要求相同，但主绝缘要求不同，前者对地要求达到分压器中压端的绝缘水平，“山”形补偿电抗器外形图如图5-6所示。

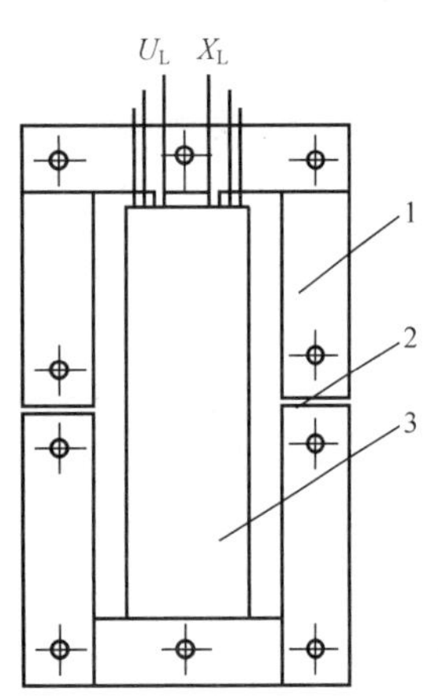

图5-6　补偿电抗器外形图
1—铁芯；2—气隙；3—绕组

44. **补偿电抗器的接线方式有哪两种？各有什么优缺点？**

答：补偿电抗器的接线方式有接入变压器的一次绕组的电源端和中性点端两种，其优缺点如下。

（1）接于中压变压器一次绕组的电源端，如图5-7所示。国外普遍采用，因此早期进口的CVT多用此种接线。

优点：兼有阻波器的作用，可降低CVT的载波衰耗。

缺点：处于高电位，绝缘处理较为复杂。

（2）接于中压变压器一次绕组的中性点端，如图5-8所示。国内普遍采用。

优点：电抗器及其调节绕组的绝缘处理容易，故障率较低。

缺点：起不到阻波器的作用，载波衰耗相对较大。

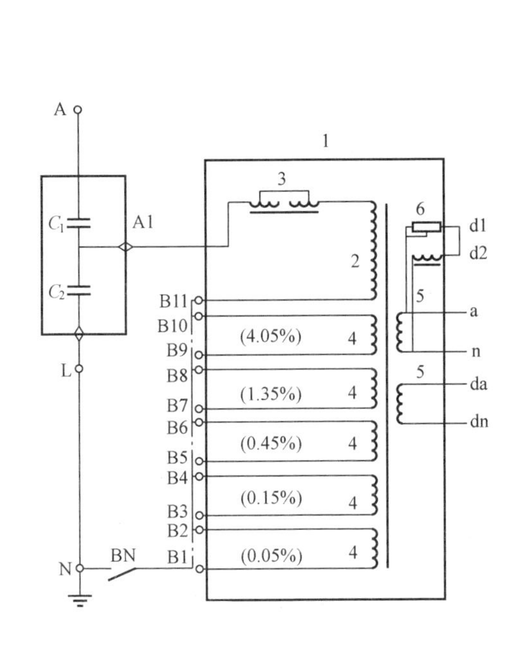

图5-7　补偿电抗器接于中压变压器的一次绕组的电源端

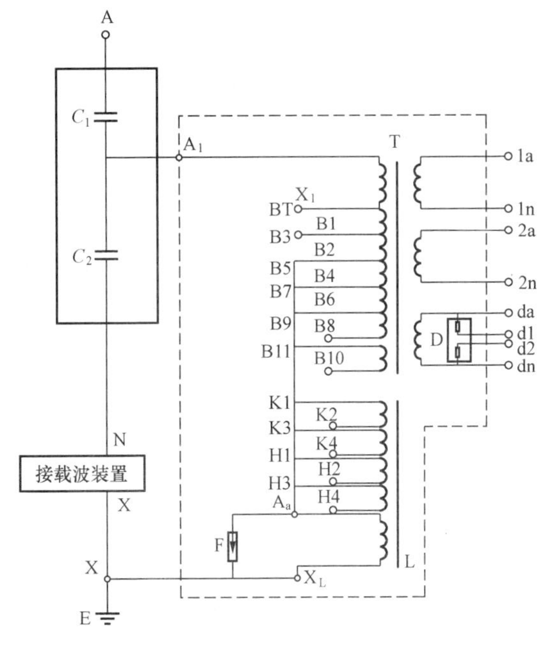

图5-8　补偿电抗器接于中压变压器的一次绕组的中性点端

45. 阻尼器的形式有哪几种？其结构特点如何？

答： CVT 使用的阻尼器基本上常采用电阻型、谐振型和速饱和型三种。

（1）电阻型阻尼器。这是早期产品常用的阻尼器，其结构就是一个简单的电阻，由 RXY 线绕披釉电阻构成，其阻值及功率应达到设计要求，一般以钢板作为外壳安装在离 CTV 不远的地方，安装处所应注意气流畅通，散热良好，并防止雨水浸入。纯电阻型阻尼器目前逐渐被淘汰。

（2）谐振型阻尼器。谐振型阻尼器采用电感 L 与电容 C 并联后再与电阻 R 串联而成，电感 L 用山字形带气隙的硅钢片铁芯中柱套上绕组制成，为使电感 L 在正常运行时与发生分次谐波谐振时电感值接近相等，应使电感 L 在额定运行条件下磁密较低，气隙的选取也应适当。阻尼电阻常用 Cr_2ONi_{80} 电阻丝绕制而成。

（3）速饱和型阻尼器。速饱和阻尼器是由速饱和电抗器与电阻相串联构成，电抗器是采用坡莫合金环形铁芯，绕上绕组构成，坡莫合金是具有良好饱和特性的材料，正常电压下（$1.2U_{1n}$ 以下）运行时，通过电抗器的电流很小，一旦发生分类谐振，铁芯立即饱和，电流猛增而消除谐振。

46. 过电压保护器件的结构特点如何？

答：（1）补偿电抗器两端的限压器。补偿电抗器两端的电压在正常运行时只有几百伏，当 CVT 二次侧发生短路和开断过程中，补偿电抗器两端电压将出现过电压，必须加以限制才能保证安全，限压元件除了降低电抗器两端电压（一般产品按补偿电抗器额定工况下电压 4 倍考虑）外，还能对阻尼铁磁谐振起良好的作用。常见的限压元件有间隙加电阻、氧化锌阀片加电阻或不加电阻、补偿电抗器设二次绕组并接入间隙和电阻等几种，大部分产品均将限压器安装在电磁单元油箱内，间隙常用绝缘管作外壳，内装电极和云母片。也有部分产品将限压器安装在油箱外的二次出线板上。

（2）中压端限压元件。因限压元件经常出现故障，并且电磁单元足以承受过电压的作用，目前要求 CVT 中压端不设限压元件，但也有一些产品在中压端装有限压元件，这类产品不仅仅是限压器来限压，而往往是借助于它达到消除铁磁谐振的要求。常见的中压端限压元件有避雷器和放电间隙两种，一般均装在电磁单元油箱内部。当用于分体式 CVT 时，间隙也可装空气中，接于中压端与地之间，其放电压取中间电压的 4 倍。

47. 电容式电压互感器的工作原理如何？

答： 电容式电压互感器采用电容分压原理，如图 5-9 所示。在图中，U_1 为电网电压；Z_2 表示测量、继电保护及自动装置等绕组负荷。因此

$$U_2 = U_{c2} = \frac{C_1}{C_1 + C_2} U_1 = K_U U_1 \quad (5\text{-}1)$$

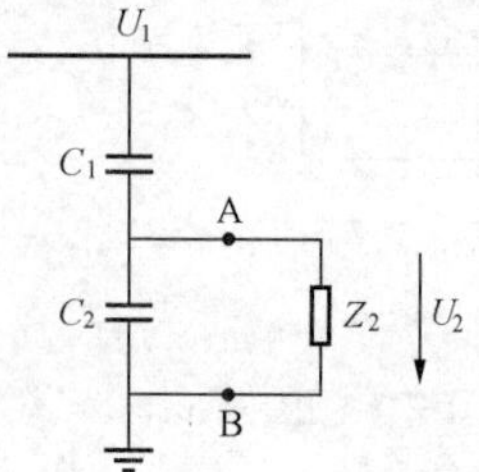

式中：K_U 为分压比，且 $K_U = \dfrac{C_1}{C_1 + C_2}$。

由于 U_2 与一次电压 U_1 成比例变化，故可以测出相对地电压。

为了分析互感器带上负荷 Z_2 后的误差，可利用等效电源原理，将图 5-9 画成图 5-10 所示的等值电路。

图 5-9　电容分压原理图

从图 5-9 可看出，内阻抗 $Z_i = \dfrac{1}{j\omega(C_1 + C_2)}$，当有负荷电流流

过时，在内阻抗上将产生电压降，从而使 U_2 与 $U_1\dfrac{C_1}{C_1+C_2}$ 不仅在数值上而且在相位上有误差，负荷越大，误差就越大。要获得一定的准确级，必须采用大容量的电容，这是很不经济的。合理的解决措施是在电路中串联一个电感，如图 5-11 所示。

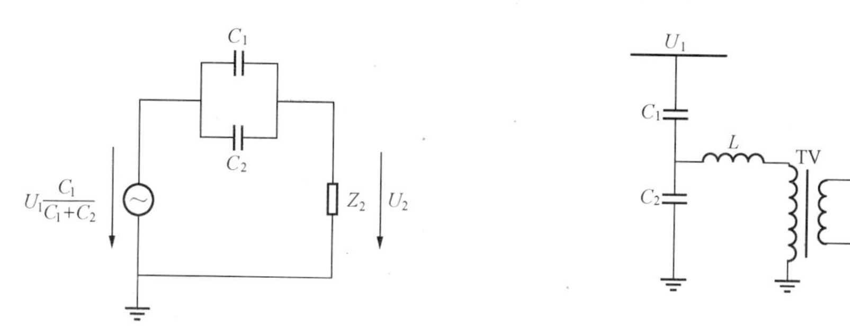

图 5-10 电容式电压互感器等值电路

图 5-11 串联电感电路

为了进一步减少负荷电流误差的影响，将测量仪表经中间电磁式电压互感器（TV）升压后与分压器相连。

48. 电容式电压互感器的原理接线由哪几部分组成？

答： 电容式电压互感器的原理接线分别如图 5-12 和图 5-13 所示。

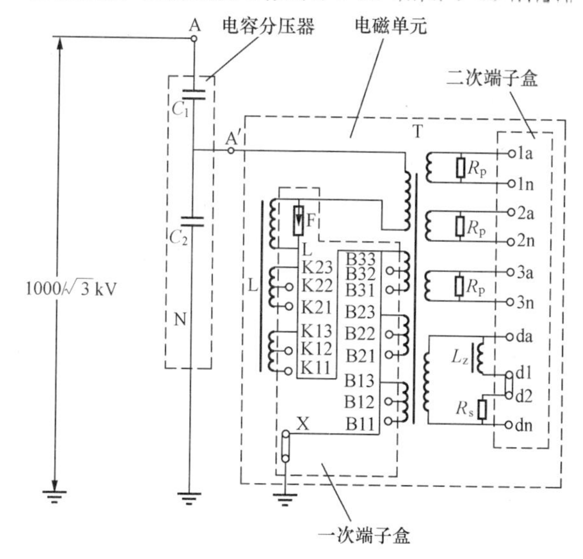

图 5-12 电容式电压互感器的电气原理图

C_1—高压电容；C_2—中压电容；T—中间变压器；L—补偿电抗器；L_z—速饱和电抗器；F—保护用避雷器；R_s、R_p—阻尼电阻；1a、1n—主二次 1 号绕组；2a、2n—主二次 2 号绕组；3a、3n—主二次 3 号绕组；da、dn—剩余电压绕组

49. 电容式电压互感器的制造工艺流程如何？

答： 电容式电压互感器的制造工艺流程如图 5-14 所示。

制造工艺特点：

（1）电容器生产线：在净化条件下进行材料适应、元件自动卷制、自动耐压、心子组

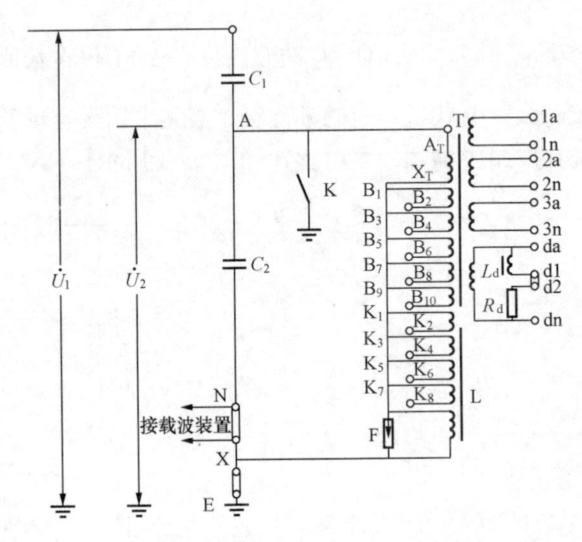

图 5-13　带有接地开关的电容式电压互感器电气原理图

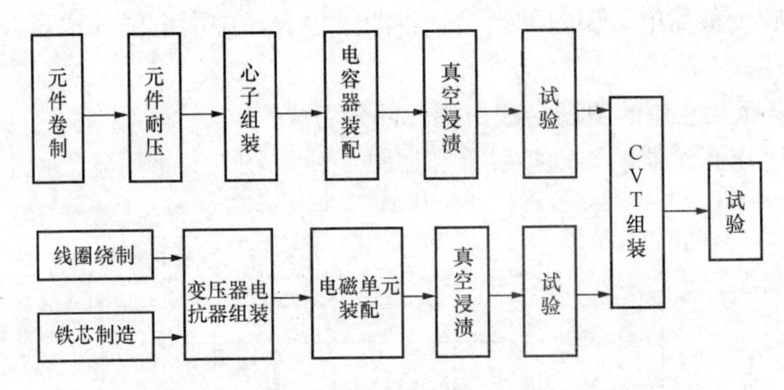

图 5-14　电容式电压互感器的制造工艺流程

装、电容器装配，采用自动设备进行单台真浸处理。

（2）电磁单元生产线：类似小型变压器生产工艺。在净化条件下绕线、铁芯制造、器身组装，电磁单元总装，在自动设备上进行真浸处理。

（3）CVT 组装、试验：耐压试验、准确度调试、铁磁谐振试验等。

50. 电容式电压互感器为什么会产生铁磁谐振?

答：电容式电压互感器产生铁磁谐振的原因是，当中压变压器的二次（及三次）完全开路的情况下，在二次端子短路后突然断开或二次（三次）有直流激发能量时，中压变压器的一次侧将经历一个暂态过程，使铁芯饱和的励磁阻抗通过 L 与并联的两部分分压电容产生分数倍或整数倍工频谐振，在中压变压器各侧端子上产生高电压，同时通过高压侧电源供给能量，能长时间地维持。

这种铁磁谐振局限于电容式电压互感器的中压回路，对变电站的一次回路和其他设备没有影响，这与电磁式电压互感器在变电站内产生一次回路铁磁谐振是不同的。

51. 电容式电压互感器产生铁磁谐振的危害有哪些?

答：在 CVT 的中压回路产生过电压和过电流，有可能对部件造成损害，同时向二次回路传递虚假信息。

52. 电容式电压互感器产生铁磁谐振的特征有哪些?

答：（1）产生可听噪声，类似变压器噪声，比较轻微，只有站在电容式电压互感器旁边才能听到。

（2）开口三角电压升高，正常时小于1V，谐振时可高达20V。

（3）二次输出波形畸变：通常会出现1/3或1/5谐波。

图5-15（a）为谐振电压波形，图5-15（b）为正常电压波形。

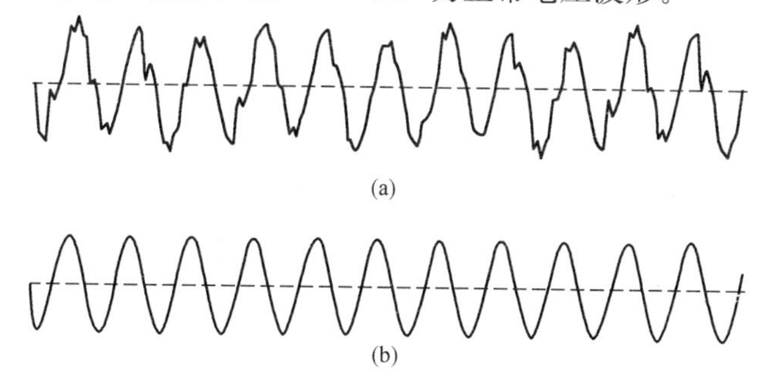

图5-15 电容式电压互感器电压波形
（a）谐振电压波形；（b）正常电压波形

53. 电容式电压互感器如何限制铁磁谐振？

答：在二次绕组中加阻尼器可以限制铁磁谐振。铁磁谐振阻尼不仅考虑阻尼效果，还要考虑对暂态特性和准确度的影响，是CVT的一项核心技术。曾有三种阻尼器接于二次绕组。

（1）电阻阻尼器：现已很少使用。

（2）谐振阻尼器：现已很少使用。

（3）速饱和阻尼器：目前普遍使用。

54. 对运行中的电容式电压互感器监视内容有哪些？

答：（1）对设备的渗漏油进行日常监视，重点是电容器的上下盖密封和电磁单元的上盖、出线盒。注意观察电磁单元的油位计，油面超过上限和低于下限都是需要处理的信号。油位过顶表示有内漏（电容器的油漏进电磁单元），电容器有缺油的可能。

（2）对CVT的分压器和电磁单元进行红外测温，这是早期发现故障的有效方法。

（3）采用电压比对的方法初步判断内部故障。比对的对象是变电站内同一相上各台CVT二次电压，发现异常再到CVT二次端子进行直接测量比对。

（4）判断CVT内部是否发生铁磁谐振：听响声、比电压、看波形。

55. 电容式电压互感器检修时的安全措施有哪些？

答：（1）电容器断电后会存有电荷，接触电容器前一定要根据安全规程将电容器充分放电，同时要将两极用导线连接并接地。

（2）电容器内的油对人眼睛有一定刺激性，应加以防护，万一溅到眼内，应立即用清水冲洗干净。

56. 电容式电压互感器的过渡过程对继电保护有哪些影响？

答：电容式电压互感器的过渡过程性能较一般电磁型电压互感器对保护的影响大。当一次电压突然变化时（特别是当出口故障时），二次电压不能立即随之变化（即二次电压不能立即随之变化到零），而需要经过一个振荡过程才能达到稳定状态。这一振荡过程的情况，决定于分压电容与整个回路中各种电感与电阻等参数的组合。一般这一振荡过程的频率远低于系统频率，同时衰减过程也不是很长。

（1）电容式电压互感器二次回路中的附加振荡分量，可能影响距离保护的动作时间和引起超越误差。特别是在保护末端附近故障而母线残压较低时，更是如此。在保护范围出口发生故障时，输入到距离保护继电器的距离测量电压 U－IZ 中的工频强制分量为零，只残存了电容式电压互感器二次的自由振荡分量，这是引起暂态超越误差的来源。对短线路末端内故障，与出口故障相同，因此距离保护Ⅰ段不能用在超短线路上。

（2）当母线故障时，方向距离继电器因电容式电压互感器二次暂态分量失去方向性。在距离继电器的极化电压选择时，一定要考虑到这一问题。对于不对称故障，选取正序电压作极化电压，对于对称故障，极化电压带记忆作用，或者提高最低动作电压，都是解决这个问题的方法。

57. SF_6 气体绝缘电压互感器的结构有何特点？

答：SF_6 气体绝缘电压互感器在 GIS 中应用较多。SF_6 电压互感器采用单相双柱式铁芯，器身结构与油浸单级式电压互感器相似，层间绝缘采用有纬聚酯粘带和聚酯薄膜，一次绕组截面采用矩形或分级宝塔形，引线绝缘根据互感器是配套式（应用于 GIS 中），还是独立式而不同，配套式互感器的引线绝缘设置静电均压环以均匀电场分布从而减小互感器高度，独立式互感器过去有的采用电容型绝缘（与油浸单级式电压互感器相似）。目前国内制造厂为简化制造工艺，没有采用电容型绝缘结构，单纯依靠高压引线与其他附件的 SF_6 间隙来保证其绝缘强度。对器身内金属尖端处采用屏蔽方法均匀电场，SF_6 电压互感器如图 5-16 所示。

独立式 SF_6 互感器需有充气阀、吸附剂、防爆片、压力表、气体密度继电器等，以保证其安全运行。

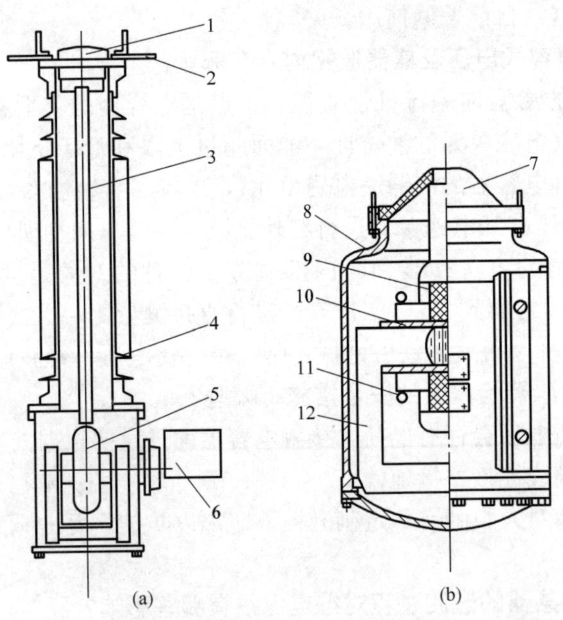

图 5-16　SF_6 电压互感器结构图

（a）独立式电压互感器；（b）GIS 配套式电压互感器

1—防爆片；2—一次出线端子；3—高压引线；4—瓷套；

5—器身；6—二次出线；7—盆式绝缘子；8—外壳；

9—一次绕组；10—二次绕组；11—电屏；12—铁芯

目前我国生产的 SF_6 气体绝缘电压互感器大都呈电容特性，避免了铁磁谐振发生。

58. 什么是消谐电压互感器?

答: 在非有效电流接地系统中，当单相接地时允许继续运行 2h，以查找故障。在带故障点继续运行 2h 内，非故障相的电压上升到线电压，是正常运行时的$\sqrt{3}$倍，特别是发生间隙性接地时，还产生暂态过电压，这时可能使铁芯饱和，引起铁磁谐振，使系统产生谐振过电压。在电压互感器一次中性点接一只电压互感器，当发生接地故障时，各相电压互感器上承受的电压不超过其正常值，同时起到消谐的作用。这种在电压互感器中性点装设的电压互感器也称为消谐电压互感器。图 5-17 为消谐电压互感器的接线图和电压相量图。

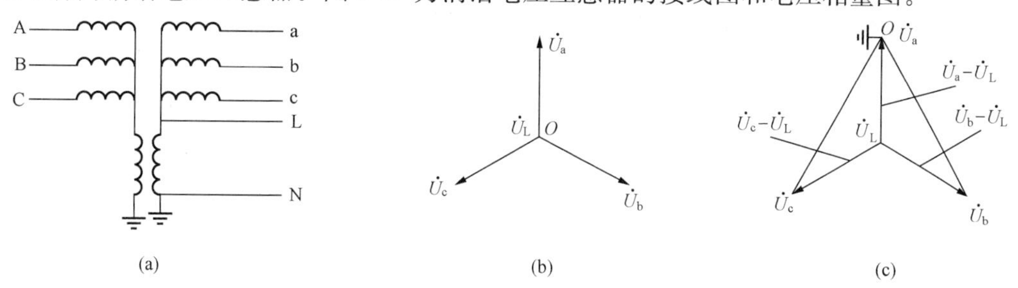

图 5-17　消谐电压互感器的接线图和电压相量图

(a) 接线图；(b) 正常相量图；(c) 单相接地相量图

59. 电力系统发生“铁磁谐振”将会出现什么现象和后果？系统出现铁磁谐振的原因和防止措施是什么?

答: 电力系统出现铁磁谐振时，将出现额定电压几倍至几十倍的过电压和过电流，瓷绝缘放电，绝缘子、套管等的铁件出现电晕，电压互感器一次熔断器熔断，严重时将损坏设备。

电力系统内一般的回路都可简化成电阻 R、感抗 ωL、容抗 $1/\omega C$ 的串联和并联回路。当回路中出现 $\omega L=1/\omega C$ 的情况时，这个回路就会出现谐振，在这个回路的电感元件和电容元件上就会产生过电压和过电流。由于回路的容抗在频率不变的情况下基本上是个不变的常数；而感抗一般是由带铁芯的绕组产生的，铁芯饱和时感抗会变小。因此，常因铁芯饱和出现 $\omega L=1/\omega C$，而产生谐振。这种谐振称为铁磁谐振。在回路运行中产生铁磁谐振的具体原因，可能有以下几个方面：

(1) 中性点不接地系统发生单相接地、单相断线或跳闸，三相负荷严重不对称等。

(2) 铁磁谐振和铁芯饱和有关，一般电压互感器铁芯过早饱和使伏安特性变坏，特别是在中性点不接地系统中使用中性点接地的电压互感器时更容易产生铁磁谐振。

(3) 倒闸操作过程中运行方式恰好构成谐振条件或投三相断路器不同期时，都会引起电压、电流波动，引起铁磁谐振。

(4) 断开断口装有并联电容器的断路器时，如并联电容器的电容和回路电压互感器的电感参数匹配时也会发生铁磁谐振过电压，造成设备损坏。

防止铁磁谐振一般有以下几个方法：

(1) 在电压互感器开口三角绕组两端连接一适当数值的阻尼电阻 R，R 约为几十欧（$R=0.45X_L$，X_L 为回路归算到电压互感器二次侧的工频激磁感抗）。

(2) 使用电容式电压互感器或在母线上接入一定大小的电容器，使 $X_C/X_L<0.01$，就可避免谐振。

（3）改变操作顺序。如为避免变压器中性点过电压，向母线充电前，先合上变压器中性点的接地开关，送电后再拉开，或先合线路断路器再向母线充电等。

60. 电磁式电压互感器为什么会产生铁磁谐振？

答：电磁式电压互感器的励磁特性为非线性特性，与电网的断路器断口电容、分布电容或杂散电容，在一定的条件下可能形成铁磁谐振。通常情况下系统运行时，电压互感器的感性电抗大于容性电抗，但在系统操作或其他暂态过程中，可能引起互感器暂态饱和而感抗降低，就可能出现铁磁谐振。这种铁磁谐振可能发生于不接地系统，也可能发生于直接接地系统。随着电容值的不同，谐振频率可以是工频和较高或较低频率的谐波。铁磁谐振产生的过电流和/或高电压可能造成互感器损坏，特别是低频谐振时，互感器相应的励磁阻抗大为降低而导致铁芯深度饱和，励磁电流急剧增大，高达额定值数十倍甚至数百倍以上，从而严重损坏互感器。

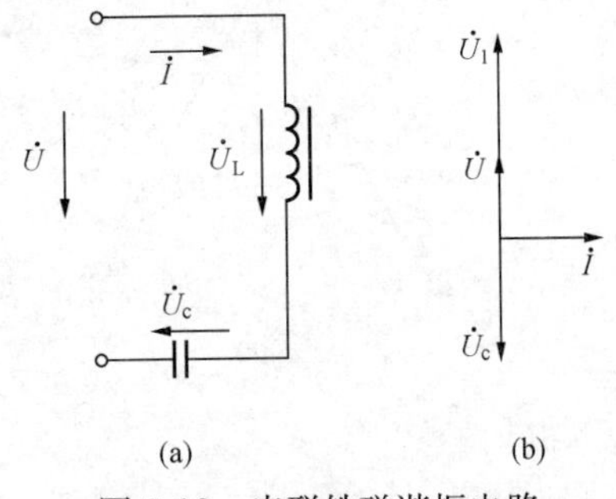

图 5-18　串联铁磁谐振电路

（a）串联铁磁谐振电路图；

（b）串联铁磁谐振相量图

铁磁谐振分串联谐振和并联谐振。

（1）串联谐振是一个线性电容和一个铁芯线圈串联电路，如果忽略线圈电阻和铁芯损耗以及高次谐波分量的影响，则电容上的电压滞后电流 90°，线圈上电压超前电流 90°，电路端电压 $\dot{U}=\dot{U}_L+\dot{U}_c$，其电路图和相量图如图 5-18 所示。

在现场，实际上最容易出现谐振的情况是电压互感器和断路器的断口均压电容构成的串联谐振。

（2）并联谐振是一个线性电容和一个铁芯线圈组成的并联谐振电路，如果忽略线圈电阻和铁芯损耗以及高次谐波分量的影响，则流过电容上的电流超前电压 90°，流过线圈上的电流滞后电压 90°，电路电流 $\dot{I}=\dot{I}_L+\dot{I}_C$(相量)，其电路图和相量图如图 5-19 所示。

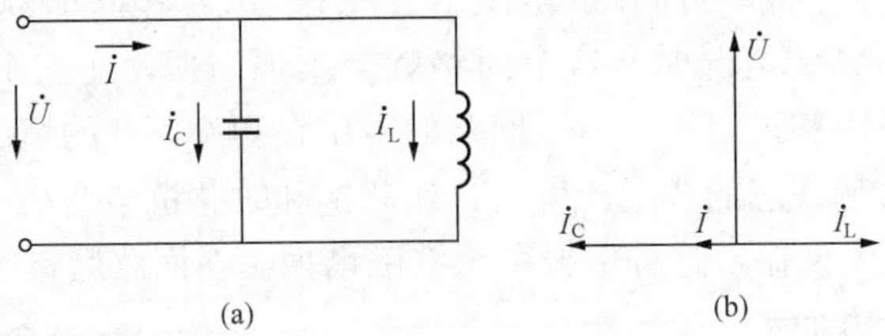

图 5-19　并联铁磁谐振电路

（a）并联铁磁谐振电器图；（b）并联铁磁谐振相量图

（3）实际上，在非线性电感振荡回路中，在一定的条件下，还可能出现持续的其他频率的谐振现象。谐振频率可能是工频的整数倍，称为高频谐振；也可能是工频的分数倍，如 1/2、1/3、1/5、2/5、3/5 倍等，成为分频谐振。

61. 防止谐振的措施有哪些？

答：防止或避免由电磁式电压互感器引起的铁磁谐振主要措施有：

（1）改善互感器的伏安特性，降低铁芯磁密度，采用饱和磁密度高的导磁材料。

（2）调整线路电容，使其难以与互感器的电感产生谐振。

（3）采用阻尼，如在电压互感器的剩余电压绕组接入适当的阻尼电阻。

（4）选用伏安特性呈容性的电压互感器。

（5）在低压系统采用中性点附加高阻抗的三相电压互感器等。

62. 电压互感器发生铁磁谐振有哪些现象和危害？

答：（1）铁磁谐振的现象。电压互感器铁磁谐振可能是基波（工频）的，也可能是分频的，甚至可能是高频的。经常发生的是基波和分频谐振。根据运行经验，当电源向只带电压互感器的空母线突然合闸时易产生基波谐振；当发生单相接地时易产生分频谐振。

1）电压互感器发生基波谐振的现象是：两相对地电压升高，一相降低，或是两相对地电压降低，一相升高。

2）电压互感器发生分频谐振的现象是：三相电压同时或依次升高，电压表指示在同范围内低频（每秒一次左右）摆动。

3）电压互感器发生谐振时其线电压指示不变。

（2）铁磁谐振的危害。电压互感器铁磁谐振将引起电压互感器铁芯饱和，产生饱和过电压。电压互感器发生铁磁谐振的直接危害是：电压互感器出现很大的励磁涌流，致使其一次电流增大十几倍，造成一次熔断器熔断，严重时可能使电压互感器烧坏。电压互感器发生谐振时，还可能引起继电保护及自动装置误动作。

63. 运行中的电压互感器严重缺油有何危害？

答：电压互感器内部严重缺油，若此时同步发生油位指示器堵塞，出现假油位，运行人员未能及时发现，会使互感器铁芯暴露在空气中，当雷击线路时，引起互感器内部绝缘闪络，将互感器烧毁爆炸。

64. 10kV 电压互感器高压熔断器熔断可能是什么原因？

答：（1）当系统在某种运行方式、某种条件下，可能产生铁磁共振，这时会产生过电压，有可能使电压互感器的励磁电流增加十几倍，这会引起高压侧熔断器熔断。

（2）系统发生单相间谐电弧接地时，会出现过电压，可达正常相电压的 3～3.5 倍，可能使电压互感器的铁芯饱和，励磁电流急剧增加，引起高压侧熔断器熔断。

（3）电压互感器本身内部有单相接地或相间短路故障。

（4）二次侧发生短路而二次侧熔断器未熔断时，也可能造成一次侧熔断器熔断。

65. 电压互感器正常运行时应注意的事项有哪些？

答：（1）电压互感器二次禁止短路和接地，禁止用隔离开关拉合异常电压互感器。

（2）电压互感器允许在最高工作电压（比额定电压高 10%）下连续运行。

（3）绝缘电阻的测量。6kV 及以上电压互感器一次侧用 1000～2500V 绝缘电阻表测量，其值不低于 50MΩ，二次侧用 1000V 绝缘电阻表测量，其值不低于 1MΩ。

（4）电压互感器停电时，应注意对继电保护、自动装置的影响，防止误动、拒动。

（5）两组电压互感器二次并列操作时，必须在一次并列情况下进行。

（6）新投入或大修后的可能变动的电压互感器必须核相。

（7）电压互感器的操作应按以下顺序进行。停电操作时，先断开二次回路（断二次小开关或取下熔断器），再拉开一次侧隔离开关；送电操作时，先推一次侧隔离开关，再合二次回路（合二次小开关或装上熔断器）。

66. 10kV 非接地系统中允许单相接地运行几小时？如果超过时间有什么影响？

答：一般来说，10kV 非接地系统允许单相接地运行 1～2h，这是因为，在中性点不直接接地系统中发生单相接地时，由于故障点的电流很小，而且三相之间的线电压仍然保持对称，对负荷的供电没有影响，因此，在一般情况下都允许再运行 1～2h，而不必立即跳闸，但是在单相接地以后，其他两相的对地电压要升高 1.732 倍（纯金属性接地）。如果长期运行，对于某些在额定电压下磁通就饱和的电压互感器会因严重饱和而使电压互感器烧坏。

由上分析可以看出，若 10kV 系统发生预告信号应立即去检查，防止 10kV 系统长期带接地点运行。

67. 电压互感器在送电前应做好哪些准备?

答:（1）应测量其绝缘电阻，二次侧绝缘电阻不得低于 1MΩ，一次侧绝缘电阻不低于 1MΩ/kV。

（2）完成定相工作（即要确定相位的正确性）。如果一次侧相位正确而二次侧接错，则会引起非同期并列。此外，在倒母线时，还会使两台电压互感器短路并列，产生很大的环流，造成二次侧熔断器熔断（或小开关跳开），引起保护装置电源中断，严重时会烧坏电压互感器二次绕组。

（3）电压互感器送电前的检查：

1）检查绝缘子应清洁，完整，无损坏及裂纹。

2）检查油位应正常，油色透明不发黑，无渗漏油现象。

3）检查二次电路的电缆及导线应完好，且无短路现象。

4）检查电压互感器外壳应清洁，无渗漏油现象，二次绕组接地牢固。

准备工作结束后，可进行送电操作；投入一、二次侧熔断器（或小开关），合上其出口隔离开关，使电压互感器投入运行，检查二次电压正常，然后投入电压互感器所带的继电保护及自动装置。

68. 电压互感器停用时，应注意哪些事项?

答: 双母线接线方式中，如一台电压互感器出口隔离开关、电压互感器本体或二次侧电路需要检修时，则需要停用电压互感器。如在其他接线方式中，电压互感器随母线一起停用。在双母线接线方式中，方法有两种：①双母线改单母线，然后停用互感器；②合上两母线隔离开关，使电压互感器并列，再停其中一组。通常采用第一种。电压互感器停用操作顺序如下：

（1）先停用电压互感器所带的保护及自动装置，如装有自动切换或手动切换装置时，其所带的保护及自动装置可不停用。

（2）取下二次侧熔断器或断开二次侧二次小开关，以防止反充电，使一次侧充电。

（3）断开电压互感器出口断路器，取下一次侧熔断器或拉开一次侧隔离开关。

（4）进行验电，用电压等级合适而且合格的验电器，在电压互感器进行各相分别验电。验明无误后，装设好接地线，悬挂标示牌，经过工作许可手续，便可进行检修工作。

69. 更换运行中的电压互感器及其二次线时，应注意哪些问题?

答: 对运行中的电压互感器及其二次线需要更换时，除应执行有关安全工作规程的规定外，还应注意以下几点：

（1）个别电压互感器在运行中损坏需要更换时，应选用电压等级与电网运行电压相符、变比与原来的相同、极性正确、励磁特性相近的电压互感器，并需经试验合格。

（2）更换成组的电压互感器时，除注意上述内容外，对于二次与其他电压互感器并列运行的还应检查其接线组别并核对相位。

（3）电压互感器二次线更换后，应进行必要的核对，防止造成错误接线。

（4）电压互感器及二次线更换后必须测定极性。

70. 电压互感器与电流互感器二次侧为什么不允许连接?

答: 电压互感器的二次回路中，相间电压一般为100V，相对地（零线）也有$100/\sqrt{3}$V的电压，接入该回路的是测量仪表、继电保护或自动装置的电压绕组。而电流互感器的二次回路中，接的是测量仪表、继电保护及自动装置的电流绕组。如果将电压互感器与电流互感器的二次回路连接在一起，则可能将测量仪表、继电保护或自动装置的电流绕组烧毁，严重时，还会造成电压互感器熔丝熔断，甚至烧毁电压互感器。此外，还可能造成电流互感器二次侧开路，出现高电压，威胁人身和设备安全。

由于在电压互感器和电流互感器的二次回路中均已采用一点接地，因此，即使电压互感器和电流互感器的二次回路中有一点连接也会造成上述事故，所以它们的二次回路在任何地方（接地点除外）都不允许连接。

71. 互感器的哪些部位必须有良好的接地?

答:（1）分级绝缘的电磁式电压互感器一次绕组的接地引出端子、电容式电压互感器，应按制造厂的规定执行。

（2）电容式电压互感器的一次绕组末屏引出端子，铁芯引出接地端子。

（3）互感器的外壳。

（4）备用的电流互感器二次绕组端子，应短路后接地。

（5）倒装式电流互感器二次绕组的金属导管。

72. 电磁式电压互感器在运行时温升极限有何规定?

答: 在1.2倍额定电压条件下，各类互感器的温升限值如下:

（1）绕组的平均温升应不超过65K。

（2）储油柜的油顶层温升不应超过55K。

（3）对于110～500kV中性点有效接地系统的互感器，在1.2倍额定电压条件下的温升试验结束后，立即施加1.5倍额定电压，历时30s，各绕组的温升应不超过75K。

（4）对于66kV中性点非有效接地系统的互感器，在1.2倍额定电压条件下的温升试验结束后，立即施加1.9倍额定电压，历时8h，各绕组的温升应不超过75K。

73. 电容式电压互感器在运行时温升极限有何规定?

答: 在1.2倍额定电压因数下，各类互感器的温升限值如下:

（1）绕组的平均温升应不超过65K。

（2）储油柜的油顶层温升不应超过55K。

（3）对于110～500kV中性点有效接地系统的互感器，在1.2倍额定电压条件下的温升试验结束后，立即施加1.5倍额定电压，历时30s，各绕组的温升应不超过75K。

（4）对于66kV中性点非有效接地系统的互感器，在1.2倍额定电压条件下的温升试验结束后，立即施加1.9倍额定电压，历时8h，各绕组的温升应不超过75K。

三、电流互感器

74. 什么是电流互感器?

答: 利用电磁感应原理将交流一次侧电流转换成可供测量、保护等使用的二次侧标准电流（即一次大电流转换成二次小电流）变流设备，简称为变流器，或电流互感器，用TA表示。电流互感器有两个或者多个相互绝缘的绕组，套在一个闭合的铁芯上。一次绕组匝数较少，二次绕组匝数较多。

75. 电流互感器的作用是什么？

答：电流互感器的作用是把大电流按一定比例变为小电流，提供给各种测量、继电保护及自动装置用（或综合自动化系统），并将二次系统与高电压隔离。电流互感器的二次侧电流为1A或5A，这不仅保证了人身和设备的安全，也使仪表和继电器的制造简单化、标准化，降低了成本，提高了经济效益。

76. 电流互感器与普通变压器比较有何特点？

答：（1）电流互感器二次回路所串的负荷是电流表、继电器等器件的电流绕组，阻抗很小，因此，电流互感器的正常运行情况相当于二次短路的变压器的状态。

（2）变压器的一次电流随二次电流的增减而增减，可以说是二次起主导作用，而电流互感器的一次电流由主电路负荷决定而不由二次电流决定，故是一次起主导作用。

（3）变压器的一次电压决定了铁芯中的主磁通又决定了二次电动势，因此，一次电压不变，二次电动势也基本不变。而电流互感器则不然，当二次回路的阻抗变化时，也会影响二次电动势，这是因为电流互感器的二次回路是闭合的，在某一定值的一次电流作用下，感应二次电流的大小决定于二次回路中的阻抗（可想象为一个磁场中短路匝的情况）。当二次阻抗大时，二次电流小，用于平衡二次电流的一次电流就小，用于励磁的电流就多，则二次电动势就高；反之，当二次阻抗小时，感应的二次电流大，一次电流中用于平衡二次电流就大，用于励磁的电流就小，则二次电动势就低。所以，这几个量是互成因果关系的。

（4）电流互感器之所以能用来测量电流（即二次侧即使串上几个电流表，其电流值也不减少），是因为它是一个恒流源，且电流表的电流绕组阻抗小，串进回路对回路电流影响不大。它不像变压器，二次侧一加负荷，对各个电量的影响都很大。但这一点只适应用于电流互感器在额定负载范围内运行，一旦负荷增大超过允许值，也会影响二次电流，且会使误差增加到超过允许的程度。

77. 电流互感器分为哪些类型？

答：（1）按用途分类。

1）测量用电流互感器（或电流互感器的测量绕组）。在正常电压范围内，向测量、计量装置提供电网电流信息。

2）保护用电流互感器（或电流互感器的保护绕组）。在电网故障状态下，向继电保护等装置提供电网故障电流信息。

（2）按绝缘介质分类。

1）干式电流互感器。由普通绝缘材料经浸漆处理作为绝缘。

2）浇注绝缘电流互感器。用环氧树脂或其他树脂混合材料浇注成型的电流互感器。

3）油浸式电流互感器。由绝缘纸和绝缘油作为绝缘，一般为户外型，目前我国在各种电压等级均为常用。

4）气体绝缘电流互感器。主绝缘由 SF_6 气体构成。

（3）按电流变换原理分类。

1）电磁式电流互感器。根据电磁感应原理实现电流变换的电流互感器。

2）光电式电流互感器。通过光电变换原理实现电流变换的电流互感器。

（4）按安装方式分类。

1）贯穿式电流互感器。用来穿过屏板或墙壁的电流互感器。

2）支柱式电流互感器。安装在平面或支柱上，兼做一次电路导体支柱用的电流互感器。

3）套管式电流互感器。没有一次导体和一次绝缘，直接套装在绝缘的套管上的一种电流互感器。

4）母线式电流互感器。没有一次导体但有一次绝缘，直接套装在母线上使用的一种电流互感器。

（5）按一次绕组匝数分类。

1）单匝式电流互感器。大电流互感器常用单匝式。

2）多匝式电流互感器。中、小电流互感器常用多匝式。

（6）按二次绕组安装位置分类。

1）正立式。二次绕组在产品下部，是国内常用结构型式。

2）倒立式。二次绕组在产品头部，是近年来比较新型的结构型式。

（7）按二次绕组所在位置分类。

1）单电流比电流互感器。即一、二次绕组匝数固定，电流比不能改变，只能实现一种电流比变换的互感器。

2）多电流比电流互感器。即一次绕组或二次绕组匝数可改变，电流比可以改变，可实现不同电流比变换。

3）多个铁芯电流互感器。这种互感器有多个各自具有铁芯的二次绕组，以满足不同精度的测量和多种不同的继电保护装置的需要。为了满足某些装置的要求，其中某些二次绕组具有多个抽头。

（8）按保护用电流互感器技术性能分类。

1）稳定特性型电流互感器。保证电流在稳态时的误差，如 P、PR、PX 级等。

2）暂态特性型电流互感器。保证电流在暂态时的误差，如 TPX、TPY、TPZ、TPS 级等。

（9）按使用条件分类。

1）户内型电流互感器。一般用于 35kV 及以下电压等级。

2）户外型电流互感器。一般用于 35kV 及以上电压等级。

（10）按交直流分类。交流电流互感器和直流电流互感器。

78. 电流互感器二次接线有几种方式？

答：电流互感器的使用一般有以下五种接线方式：使用两个电流互感器时有 V 形接线和差形接线；使用三个电流互感器时有星形接线，三角形接线，零序接线。

79. 国产电流互感器铭牌参数各代表什么意义？

答：（1）型号。由 2～4 位拼音字母及数字组成。通常它能表示出电流互感器的绕组/形式、绝缘种类、导体的材料及使用场所等。横线后面的数字表示绝缘结构的电压等级（kV）。

1）第一位字母：L—电流互感器。

2）第二位字母：D—单匝贯穿式；F—复匝贯穿式；Q—绕组型；M—母线式；R—装入式；A—穿墙式；C—瓷箱式（瓷套式）。

3）第三位字母：Z—浇注绝缘；C—瓷绝缘；J—加大容量加强型；W—户外型；G—改进型；D—差动保护用。

4）第四位字母：C 或 D—差动保护用；Q—加强型；J—加大容量型。

（2）变流比。常以分数型式标出，分子表示一次绕组的额定电流（A），分母表示二次绕组的额定电流（A）。例如变流比为 2000/1，则表示电流互感器的一次侧额定电流为 2000A，二次侧为 1A。变流比为 2000 倍。

（3）误差等级。是指一次电流为额定电流时，电流互感器变比的百分值。通常分为 0.2、0.5、1、3、10 五个等级。使用时应根据负荷的要求来选用。例如，电能计量装置一般选用 0.5 级，而继电保护装置则选用 3 级。

（4）容量。电流互感器的容量是指它允许带的负荷功率 S_2（VA）。除了用功率来表示之外，也可以用二次负荷 Z_2（Ω）来表示。由于 $S_2=I_2^2Z_2$，且 I_2 是定值，因此两者之间可以相互换算。

（5）热稳定及动稳定倍数。指电力系统故障时，电流互感器承受由短路电流引起的热作用和电动力作用而不致受到破坏的能力。热稳定的倍数，是指热稳定电流（即 1s 内不致使电流互感器的发热超过允许限度的电流）与电流互感器额定电流之比；动稳定倍数是电流互感器所能承受的最大电流的瞬时值与其额定电流之比。

例 1：LVQB-220W2 电流互感器：

L—电流互感器；V—倒置式；Q—气体绝缘；B—带有保护级；220—系统电压；W2—防污等级。

例 2：LVB-220W2 电流互感器：

L—电流互感器；V—倒置式；B—带保护级；220—系统电压；W2—防污等级。

80. 电流互感器的结构及基本原理是什么？

答：电流互感器工作原理如图 5-20 所示。它由铁芯、一次绕组、二次绕组、接线端子及绝缘支持物组成。它的铁芯是由硅钢片叠加而成的。电流互感器的一次绕组与电力系统的线路相串联，能流过较大的被测量电流 I_1，它在铁芯内产生交变磁通，使二次绕组感应出相应的二次电流。若忽略励磁损耗，一次绕组有相等的安匝数：$I_1N_1=I_2N_2$（N_1 为一次绕组的匝数，N_2 为二次绕组的匝数）。电流互感器的电流比 $k=I_1/I_2=N_2/N_1$。电流互感器的一次绕组直接与电力系统的高压线路相连接，因此电流互感器的一次绕组对地必须采用与线路的高压相应的绝缘支持物，以保证二次回路的设备和人身安全。二次绕组与仪表、接地保护装置的电流绕组串接成二次回路。

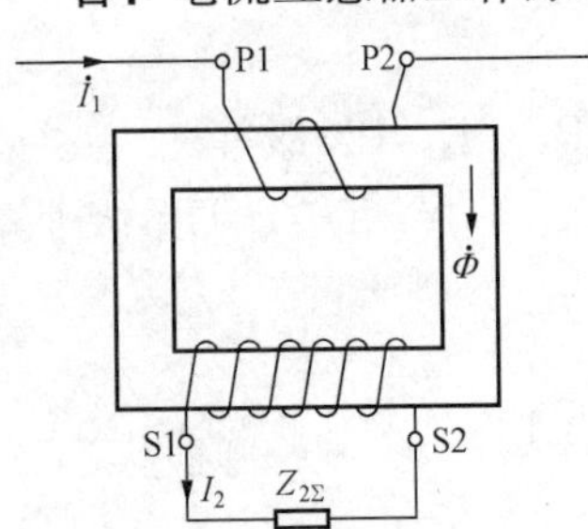

图 5-20　电流互感器工作原理

81. 什么是电流互感器的误差？

答：在理想的电流互感器中，励磁损耗电流为零，由于一次绕组和二次绕组被同一交变磁通所交链，则在数值上一次绕组和二次绕组的安培匝数相等，并且一次电流和二次电流的相位相同。但是，在实际的电流互感器中，由于有励磁电流存在，所以一次绕组与二次绕组的安匝数不相等，并且一次电流与二次电流的相位也不相同。因此实际的电流互感器通常有变比误差（以下简称比差）和相位角误差（以下简称角差）。

（1）比差 $\Delta I\%$。

$$\Delta I\%=\frac{KI_2-I_{1N}}{I_{1N}}\times 100\%$$

式中：K 为电流互感器的电流比，$K=I_{1N}/I_{2N}$；I_2 为二次电流实测值；I_{1N} 为电流互感器的一次额定电流值。

（2）角差δ。是指二次电流相量旋转180°以后，与一次电流相量间的夹角δ。并且规定二次电流相量超前于一次电流相量，角差δ为正，反之为负。δ的单位为分（′）。

82. 影响电流互感器误差的主要因素是什么？

答：（1）电流互感器的角差主要由铁芯的材料和结构来决定，若铁芯损耗小，导磁率高，则角差的绝对值就小；采用带形硅钢片卷成圆环铁芯互感器的角差小。因此，高精度的电流互感器多采用优质硅钢片卷成的圆环形铁芯。

（2）二次回路阻抗Z（即负荷）增大会使误差增大，这是因为在二次电流不变的情况下，Z增大，将使感应电势E_2增大，从而磁通Φ增加，铁芯损耗则会增加，因此使误差增大。负荷功率因数的降低，则会使比差增大，而角差减小。

（3）一次电流的影响。当系统发生短路故障时，一次电流则急剧增加，致使电流互感器工作在磁化曲线的非线性部分（即饱和部分），这样比差和角差都将增加。

由以上可知：

（1）电流互感器的误差与二次回路总阻抗成正比。二次回路总阻抗包括二次负荷阻抗和二次绕组自阻抗。

（2）电流互感器的比误差与一次安匝数成反比。

（3）增加铁芯有效面积，减小铁芯的平均磁路长度都会使误差减少。

（4）铁芯的导磁率越高，误差就越小。

（5）负荷功率因数增大，将使电流比误差减少而相位误差增加；反之则电流误差增加，相位误差减少。

（6）铁芯损耗角减小，电流误差减小，相位误差增大。

83. 什么是电流互感器准确等级？

答：电流互感器准确等级就是互感器变比误差的百分值。互感器一次的额定电流下，二次负荷越大则变比误差和角误差就越大；当一次电流低于电流互感器额定电流时，互感器的变比误差和角误差也就随着增大。在某一准确级工作时的标称负荷，就是互感器二次在这样的负荷之下，互感器变比误差不超过这一准确等级所规定的数值。

根据使用要求，常用电流互感器分为0.2、0.5、1、3、10五个准确等级。

84. 什么是电流互感器的极性？

答：所谓极性，即铁芯在同一磁通作用下，一次绕组和二次绕组将感应出电动势，其中两个同时达到高电位的一端或同时为低电位的那一端都称为同极性端。而对电流互感器而言，一般采用减极性标示法来定同极性端，即先任意选定一次绕组端头作始端，当一次绕组电流i_1瞬时由始端流进时，二次绕组电流i_2流出的那一端就标为二次绕组的始端，这种符合瞬时电流关系的两端称为同极性端。

在连接继电保护（尤其是差动保护）装置时，必须注意电流互感器的极性。

通常，用同一种符号“·”来表示绕组的同极性端，如图5-21所示。

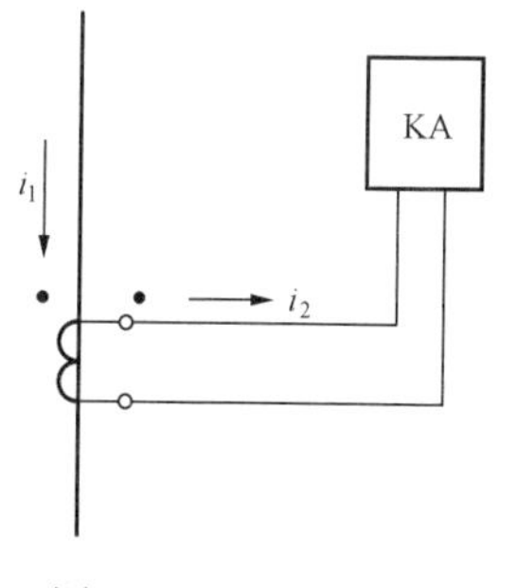

图5-21　电流互感器的极性

85. 电流互感器的10%误差曲线有什么作用？

答：10%误差曲线的作用主要是用于选择继电保护用的电流

互感器，或者根据已给的电流互感器选择二次电缆的截面。电力系统正常运行时，电流互感器的励磁电流成分很小，比差也很小。但当系统发生短路故障时，一次电流很大，铁芯饱和，电流互感器的误差要超过其所标的准确等级所允许的数值，而继电保护装置正是在这个时候需要正确动作。因此，对供保护用的电流互感器提出了一个最大允许误差值的要求，即比差不超过10%（角差不超过7°）。在10%误差曲线以下时，才能保证角差小于7°。

86. 保护用电流互感器是如何分类的？

答：保护用电流互感器是指专门用于继电保护和自动控制装置的电流互感器，根据对暂态饱和问题的不同处理方法，保护用电流互感器可分为P类和TP类。P类电流互感器不特殊考虑暂态饱和问题，仅按通过互感器的最大稳态短路电流选用互感器，而对暂态饱和引起的误差主要由保护装置本身采取措施，防止可能出现的错误动作行为（误动或拒动）。TP（暂态保护）类电流互感器要求在最严重的暂态条件下不饱和，互感器误差在规定范围内，以保证保护装置的正确动作。

P类又分为P、PR、PX类；TP类又分为TPS、TPX、TPY、TPZ类。

（1）TPS级为低漏磁电流互感器，其性能由二次励磁特性和匝数比误差值决定，大多接于高阻抗继电器的差动保护。无剩磁通限值，适用于对复归时间要求严格的断路器失灵保护电流检测元件。

（2）TPX级电流互感器的基本特性与TPS级相似，只是对误差限制的规定不同。在同样的规定条件下，与TPY和TPZ级相比，铁芯暂态面积系数要大得多，无剩磁通限值，只适用于暂态单工作循环，不适合使用重合闸的情况。

（3）TPY级在铁芯中设置一定的非磁性间歇，剩磁通不超过饱和磁通的10%。由于限制剩磁，TPY级适用于双循环和重合闸情况。

（4）TPZ级在铁芯中设置的非磁性间隙尺寸较大，一般相对非磁性间隙长度较长，剩磁实际上可以忽略。由于这类互感器不保证低频分量误差及励磁阻抗低，适用于仅传变交流分量的保护。一般不推荐该类互感器用于主设备保护和断路器失灵保护。

87. 什么是电流互感器的稳定？

答：电流互感器的铭牌上标有热稳定电流和动稳定电流。所谓稳定是指当电力系统发生短路时，电流互感器所能承受的因短路引起的电动力及热力作用而不致受到损坏的能力。电流互感器的稳定，用电动力稳定倍数和热稳定倍数表示。电动力稳定倍数是电力互感器所能承受的最大电流瞬间值与该互感器额定电流之比。热稳定倍数为热稳定电流与互感器额定电流之比。热稳定电流表示在1s之内不致使电流互感器的发热超过允许限度的电流。例如，电流互感器电压为10kV、电流比为200/5时，电动力稳定倍数为165，1s热稳定倍数为15。

88. 为什么电流互感器的容量有的用伏安表示，有的用欧姆表示？它们之间的关系如何？

答：因为电流互感器的误差与二次回路的阻抗有关，阻抗增大误差也相应地增大，其准确等级就会降低。所以互感器二次回路阻抗的大小，将直接影响互感器的准确等级。而互感器的容量实质上是指二次额定电流通过二次额定负荷所消耗的功率。当容量用伏安表示时，其伏安数为$S_2=I_2^2Z_2$。根据公式不难看出，电流互感器的容量与二次回路的阻抗成正比，而二次额定电流均为5（或1）A，二次阻抗确定了，容量也就确定了。故也可用欧姆来表示容量。显然额定容量的伏安值等于额定阻抗和额定电流时电流互感器的输出功率值，它们

之间的关系为

$$S = I_2^2 Z \tag{5-2}$$

式中：I_2 为二次额定电流，A；Z 为二次负载阻抗，Ω；S 为二次容量，VA。

89. 电流互感器允许在什么方式下运行？

答：电流互感器在运行中不得超过额定容量长期运行，如果过负荷运行，会使误差增大，表计指示不正确；会使铁芯饱和，造成互感器误差增大，另外磁通密度增大后，会使铁芯和二次绕组过热，绝缘老化加快，甚至造成损坏等。

电流互感器在运行时，它的二次侧电路应始终是闭合的。当要从运行的互感器上拆除电流表等仪表时，应先将二次绕组短路，然后方能把电流表等仪表的接线拆开，以防开路运行。

在运行时，二次绕组的一边应该和铁芯同时接地运行，以防一、二次绕组间因绝缘损坏而击穿时，二次绕组窜入高电压，危及仪表、继电器及人身安全。

90. 短路电流互感器的二次绕组为什么不许用熔丝（保险丝）？

答：熔丝是易熔的金属，在电流超过一定限度时，温度增高会使熔丝熔断。如果用熔丝短路电流互感器的二次绕组，一旦发生线路故障，故障电流很大，容易造成熔丝熔断，致使电流互感器二次开路。

91. 采用两组电流互感器和电流供保护用，如一台电流互感器上有工作时应注意什么？

答：采用两组电流互感器并连接线方式供双回线路的后备过电流保护时，当其中任一条线路发生短路故障时保护均动作，使两组断路器同时跳闸。如一台互感器上有工作时，可在两组互感器并联点上将运行的电流互感器短路，防止开路，将停用的 TA 引线跳开，防止停用的电流互感器试验通电时，电流窜入另一组引起保护装置误动，同时应将停用的电流互感器所供保护的跳闸连接片停用。

92. 三绕组变压器如中压侧有停电工作，对该变压器差动保护用的电流互感器如何考虑？

答：三绕组变压器中如中压侧或低压侧有停电工作时，如果工作涉及差动保护用的电流互感器时，应将差动保护停用，防止误动作。如工作与差动保护用的电流互感器无关可不考虑停用。

93. 电流互感器二次为什么不许开路？开路后有什么后果？

答：电流互感器一次电流的大小与二次负荷的电流无关。互感器正常工作时，由于阻抗很小，接近于短路状态，一次电流所产生的磁化力大部分被二次电流所补偿，总磁通密度不大，二次绕组电势也不大。当电流互感器开路时，阻抗 Z_2 无限增大，二次绕组电流等于零，二次绕组磁化力等于零，总磁化力等于原绕组的磁化力（$I_0N_0 = I_1N_1$）。也就是一次电流完全变成了励磁电流，使电流互感器的铁芯骤然饱和，此时铁芯中的磁通密度可高达 1.8T 以上。由于铁芯的严重饱和，将产生以下后果：

（1）由于磁通饱和，电流互感器的二次侧产生数千伏的高压，而且磁通的波形变成平顶波，使二次产生的感应电势出现尖顶波，对二次绝缘构成威胁，对于设备运行人员产生危险。

（2）由于铁芯的骤然饱和，铁芯损耗增加，电流互感器严重发热，可能损坏绝缘。

（3）将在铁芯中产生剩磁，使电流互感器的比差和角差增大，影响计量的准确性。

实际上，有时发现电流互感器的二次开路后，并没有发生异常现象。主要是因为一次负荷回路中没有负荷电流或负荷很轻，这时的励磁电流很小，铁芯没有饱和，因此就不会发生异常现象。

94. 电流互感器二次为什么要接地？对二次侧接地有何要求？

答：电流互感器二次接地属于保护接地。防止一次绝缘击穿，二次串入高压威胁人身安全，损坏设备。

对二次侧接地的要求有：

（1）电流互感器的二次侧只允许一点接地，不许多点接地。若发生两点接地，则可能引起分流使电气测量的误差增大或影响继电保护装置的正确动作。

（2）电流互感器二次回路的接地点应在端子K2处，如图5-22和图5-23所示。

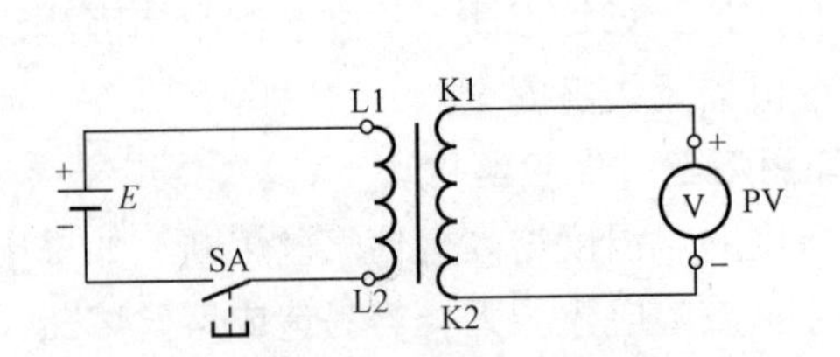

图5-22　直流法测定极性

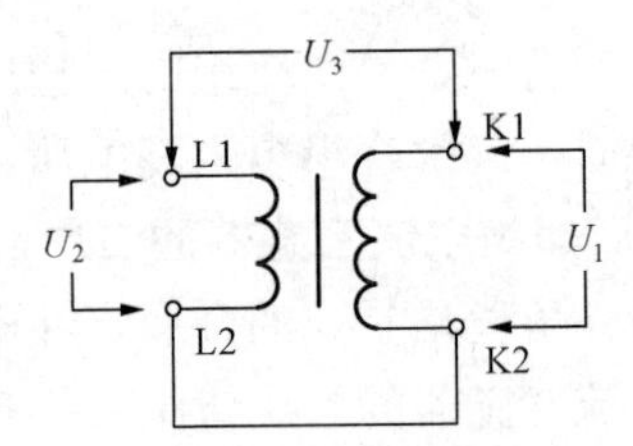

图5-23　交流法测定极性

（3）对于低压电流互感器，由于其绝缘裕度大，发生一、二次绕组击穿的可能性极小，因此其二次绕组不接地。由于二次侧不接地，也使二次系统和计量仪表的绝缘能力提高，大大地减少了由于雷击造成的仪表烧毁事故。

95. 电流互感器二次回路为什么只能有一点接地？

答：变电站的接地网并非是等电位的，特别是有接地故障时。如果回路有两点接地现象，地网上这两点的纵向电位差要向二次回路供电，在二次回路中产生附加的电流，造成继电保护不正确动作。特别是在系统发生故障、大地有电流流过时，更为严重。由于二次绝缘问题形成两点接地造成的事故经常发生，必须引起高度注意。

96. 电流互感器二次回路应在何处接地？

答：电流互感器可在保护屏接地，也可在开关场接地。在保护屏接地，人与保护屏及设备均在同一电位水平，安全性好；在开关场接地，保护设备与接地点可能产生电位差，形成共模干扰问题，但电缆沟设铜排可大大降低电位差干扰问题，并且假若电流互感器一、二次击穿，就地接地可以很好的就地泄流。继电保护专业重点实施要求6.3.2规定：公用电流互感器二次绕组二次回路只允许、且必须在相关保护柜内一点接地。独立的、与其他电压互感器和电流互感器的二次回路没有电气联系的二次回路应在开关场一点接地。

97. 在什么情况下电流互感器的二次绕组采用串联或并联接线？

答：同相套管上的电流互感器，根据需要其二次绕组可采用串联或并联接线。

（1）电流互感器二次绕组串联接线：电流互感器两套相同的二次绕组串联时，其二次回路内的电流不变，但由于感应电势E增大一倍，所以，在运行中如果因继电保护装置或仪表的需要而扩大电流互感器的容量时，可采用二次绕组串联的接线方法。

电流互感器二次绕组串联后，其电流比不变，但容量增加一倍，准确度不降低。试验证明：有些双绕组的电流互感器，虽然两个二次绕组的准确等级和容量不同，但它的二次绕组仍可串联使用，串联后误差符合较高等级的标准，容量为二者之和，电流比与原来相同。

（2）电流互感器二次绕组并联接线：电流互感器二次绕组并联时，由于每个电流互感器的电流比没有变，因而二次回路内的电流将增加一倍。为了使二次回路内的电流维持原来的额定电流（1A 或 5A），则一次电流应较原来的额定电流降低 1/2。所以，在运行中如果电流互感器的电流比过大，而实际电流较小时，为了较准确地测量电流，可采用二次绕组并联接线。

电流互感器二次绕组并联后，其一次额定电流应为原来的 1/2，电流比减为原来的 1/2，而容量不变。

98. 电流互感器在哪些情况下会产生剩磁？剩磁对保护有何影响？

答：（1）电流互感器二次回路开路。电流互感器由于二次回路开路，将使得铁芯骤然饱和，电流互感器将会产生剩磁。

（2）在电力系统故障，电流互感器将在数十毫秒以后出现饱和。短路后电流互感器何时饱和与一次电流的大小及励磁曲线的特性有关。因此短路后电流互感器也将产生剩磁。

剩磁在正常的情况下不易消除，其会在铁芯中一直保留到有机会去磁时才能消除。现场的电流互感器降低铁芯剩磁的可行方法是外部去磁法。这种方法采用工频电压，将一次回路开路，在二次绕组两端接可变电源，增加电压使铁芯进入饱和区，再逐渐降低电压，历时 3s 以上后再降至零。带负荷运行的电流互感器可在二次回路插入可变电阻，增加电阻使铁芯饱和，然后逐渐降低电阻至零。要完全避免剩磁对互感器性能的影响，必须在每次大扰动后将互感器去磁，但这在实际应用中是不可能的，故必须在互感器选型时给予考虑。

99. 控制电流互感器剩磁的方法有哪些？

答：控制电流互感器剩磁的方法通常有改变铁芯材料和加气隙两种。

保护用电流互感器铁芯一般采用冷轧硅钢片，其磁通密度高，但剩磁较大。广泛使用的降低剩磁的方法是在互感器上开气隙。铁芯有气隙可显著降低剩磁，但也增加了励磁电流。为了保证小气隙互感器的线性范围和暂态误差均不超过规定值，设计气隙可达到磁路长度的 1‰。大气隙互感器的气隙长度约为改值的 5 倍。通常大气隙铁芯的剩磁可忽略，其特性基本为线性。

100. 电流互感器二次能否切换？

答：由于电流互感器二次不能开路，所以二次一般不应设置切换回路。但为了满足运行方式的需要，当确实需要切换时，可以设置大电流切换端子，但应确保在切换时电流互感器二次回路不能开路，必须有一点且只能有一点接地。保证运行中回路的方式与一次方式对应且变比、极性正确。在 A、B、C、N 各相连接的切换中，N 线切换连接片不能省略，否则可能造成运行设备与检修设备分界不清、二次回路开路或运行中二次回路发生多点接地等情况。

101. 对电流互感器的配置有哪些要求？

答：（1）电流互感器二次绕组的数量和准确等级应满足继电保护自动装置和仪表的要求。

（2）保护用电流互感器的配置应尽量减少主保护的死区。保护接入电流互感器二次绕组的分配，应注意避免当一套保护停用而线路继续运行时，出现电流互感器内部故障时的保护死区。

（3）对中性点有效接地系统，电流互感器可按三相配置；对中性点非有效接地系统，依具体要求可按两相或三相配置。

(4) 当配电装置采用 3/2 断路器接线时，对独立式电流互感器，每串宜配置三组，每组的二次绕组数量按工程需要确定。

(5) 继电保护测量仪表宜用不同二次绕组供电，若受条件限制需共用一个二次绕组时，其性能应同时满足和保护的要求，且接线方式应注意避免仪表效验时影响继电保护工作。

(6) 在使用微机保护的条件下，各类保护宜共用二次绕组，以减少互感器绕组数量。但一个元件的两套互为备用的主保护应使用不同的二次绕组。

(7) 电流互感器的二次回路不宜进行切换，当需要时，应采用防止开路的措施。

102. 零序电流互感器的原理是什么?

答: 零序电流互感器是一种零序电流过滤器，它的二次侧反映一次系统的零序电流。这种电流互感器将三相的导体（母线或电缆）用一个铁芯包围住，二次绕组绕在同一个封闭的铁芯上。

正常情况下，由于一次侧三相电流对称，其相量和为零，铁芯中不会产生磁通，二次绕组中没有电流。当系统中发生单相接地故障时，三相电流之和不为零（等于 3 倍的零序电流），因此在铁芯中出现零序磁通，该磁通在二次绕组感应出电动势，二次电流流过继电器，使之动作。

实际上由于三相导线排列不对称，它们与二次绕组间的互感彼此不相等，零序电流互感器的二次绕组中会有不平衡电流流过。

零序电流互感器一般有母线型和电缆型两种。

103. 电流互感器铁芯结构有哪些?

答: (1) 叠积式铁芯。

(2) 卷铁芯：圆形、矩形、扁圆形铁芯。

(3) 开口铁芯。

目前主要采用的是圆形和矩形。

104. 配套式 SF_6 电流互感器的基本结构如何?

答: SF_6 配套式电流互感器串接在母线上，与 GIS 的其他部分连接，如图 5-24 所示为

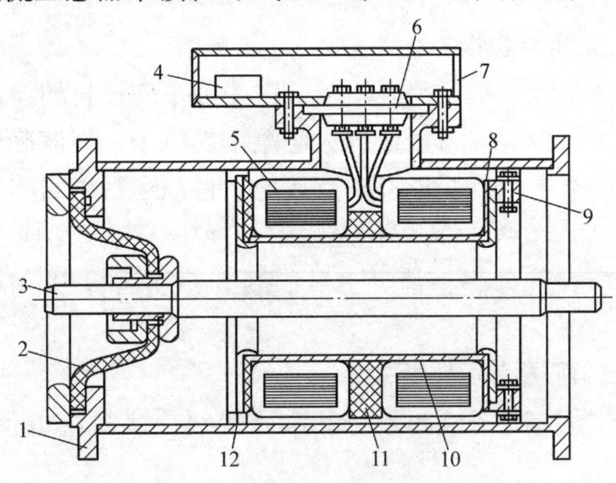

图 5-24　SF_6 配套式电流互感器结构图

1—GIS 外壳；2—盆式绝缘子；3—一次导体；4—二次接线柱；5—二次绕组和铁芯；6—二次小瓷套；7—二次接线盒；8—玻璃胶布垫；9—止推螺钉；10—圆筒；11—玻璃胶布垫；12—黄铜止推垫圈

110kV GIS用电流互感器的整体。

(1) 母线作为一次绕组，主绝缘是外壳内的 SF_6 气体及盆形绝缘子，一次绕组（即母线）只有一匝，所以GIS的电流值较大时，互感器的准确级可以提高，额定二次输出也可以增加。当电流较小时，互感器准确度将降低，额定二次输出也将减小。

(2) 配套式 SF_6 电流互感器结构很简单，铁芯及二次绕组固定在外壳的内壁上，二次绕组内腔置放金属薄圆筒，外壳内腔两端置放有圆角的金属圈，两者组合后成为屏蔽体，与二次绕组及接地件等电位。使高压电场内绝缘介质单一，并起均压作用，以提高其绝缘强度。外壳上有二次出线端子接线板，以供引出二次引线。

(3) 配套式 SF_6 电流互感器，可以将一次绕组母线及外壳两端的一次接线端子的盆形绝缘子等全部装配好，产品内部充以规定压力的 SF_6 气体后进行出厂试验，合格后抽出部分气体使产品内部有一定正压时供货。也可以不装配一次绕组母线及外壳两端的一次接线端子的盆式绝缘子，在外壳两端装上临时盖板，充以规定压力的 SF_6 气体后进行部分出厂试验，合格后抽出 SF_6 气体，充以一定压力的 N_2 气体使产品内部有一定的正压供货，现场安装时再除去临时盖板，装上母线及盆式绝缘子，然后充入规定压力的 SF_6 气体。

105. 独立式 SF_6 气体绝缘电流互感器基本结构如何?

答: 独立式 SF_6 电流互感器常采用倒立式结构，外形与倒立式油浸式互感器相似，由头部（金属外壳）、高压绝缘套管和底座组成，如图5-25所示。

(1) 外壳常由铝铸件或锅炉钢板做成，内装有由一、二次绕组及铁芯构成的器身，一次绕组可为1～2匝，当采用两匝时，一般采用内铜（或铝）杆外铜（或铝）管或双铜（或铝）杆并行的形式，一次导杆为直线型，从二次绕组几何中心穿过，处于高电位的头部外壳置于高压绝缘套管的上部。二次绕组绕在环形铁芯上装入接地的屏蔽外壳中，二次屏蔽外壳由环氧树脂浇注的绝缘柱或盆式绝缘子支撑，二次绕组引出线通过屏蔽金属套管引至互感器底座接线盒的二次端子，二次引线屏蔽管装在高压绝缘套管内。

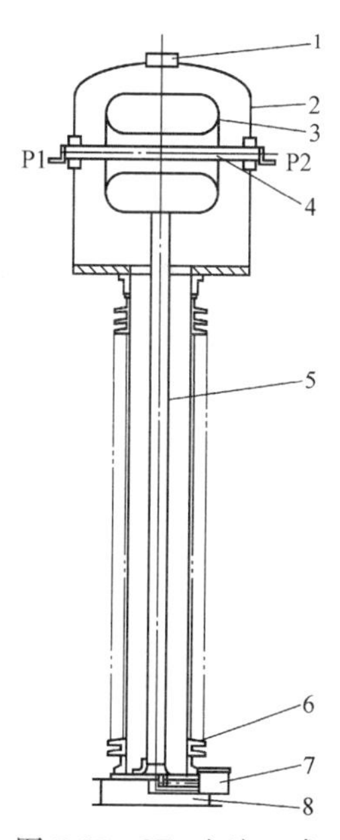

图5-25 SF_6 电流互感器结构图

1—防爆片；2—壳体；3—二次绕组及屏蔽筒；4—一次绕组；5—二次出线管；6—套管；7—二次端子盒；8—底座

(2) 一次绕组与二次绕组之间，二次绕组与高电位头部外壳之间采用了同轴圆柱体形结构，其间充满了 SF_6 气体，电场分布均匀。外壳下法兰及高压套管上法兰连接处与二次绕组出线屏蔽管间电场分布不均匀，为板—棒电极，故在设计时有的厂家采用电容锥结构，有的厂家采用了过渡内屏蔽，使此处电场得以改善，成为较均匀的同轴圆柱形电场。

一次绕组当采用两匝时，可接成串联或并联，得到两个电流比。

二次绕组铁芯可自由组合，常见为5～6个铁芯，根据用户需要而定。

(3) 高压绝缘套管有的用硅橡胶复合绝缘套管，也有的用高强度电瓷套管。套管爬电距离根据环境污秽条件而定。

(4) 为了防爆，在产品头部外壳的顶部装有爆破片，爆破压力一般取0.7～0.8MPa。为了监视 SF_6 气体压力是否符合技术要求，在底座设有阀门和自动温度补偿的（温度变化、压力指示不变）SF_6 气体压力表及 SF_6 密度继电器，当 SF_6 漏气达到一定程度，内部压力达到报警压力时，发出补气信号。

厂家保证 SF_6 气体绝缘互感器在额定气压下的年泄漏率不超过1%，在额定气压下运行，互感器至少10年不需要维修。

厂家认为，如果产品内部气体压力降至与外部大气压相等（即零表压）时，SF_6 气体绝缘互感器也可在额定电压下运行。制造厂家对 SF_6 电流互感器进行过 SF_6 气体零表压试验，在 $1.3U_m/\sqrt{3}$ 电压下时间为5min。但电网公司反事故措施对此要求较严格，当表压低于0.35MPa时应停电补气，含水量若超过300μL/L时应及时退出运行。

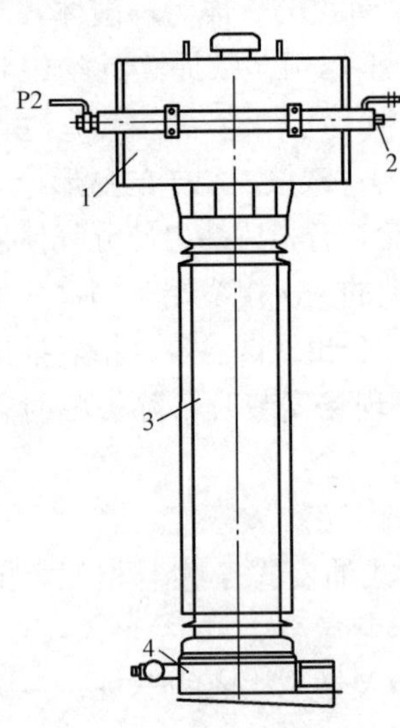

图5-26 SF_6 倒装式电流互感器结构图

1—躯壳；2—一次导电杆；3—瓷套；4—底座

产品可以卧倒运输，但应有缓冲防振措施，在运输或储存过程中，产品内充有0.05MPa左右的 SF_6 气体，现场安装使用时必须充入 SF_6 气体至额定气压为止。充气结束后静置1h，互感器方能做老炼、耐压及局部放电等试验。

106. SF_6 倒装式电流互感器由哪几部分组成？

答：SF_6 倒装式电流互感器由躯壳、瓷套和底座组成。如图5-26所示。

（1）躯壳。躯壳置于电流互感器的顶部，器身的一次和二次绕组装在躯壳内。一次绕组与二次绕组之间用 SF_6 气体绝缘；二次绕组引出线通过底部上的二次接线端子引出，用于连接负载。躯壳上装有压力释放装置。

（2）瓷套。电流互感器的外绝缘。

（3）底座。底座设置有 SF_6 密度继电器、阀门，二次接线盘。当电流互感器充入 SF_6 气体时，密度继电器上会显示一定压力。密度继电器在出厂时已经调校好，当 SF_6 气体压力降至报警值时，密度继电器会发报警信号，此时就需要对互感器进行补气。

107. SF_6 气体绝缘电流互感器有哪些特殊问题？

答：SF_6 气体绝缘互感器是在20世纪70年代开始研制并推广应用的，最初在组合电器（GIS）上配套使用，后来逐步发展为独立式 SF_6 互感器。

SF_6 气体绝缘互感器用 SF_6 气体间隙作主绝缘，为全封闭结构。纯 SF_6 气体是一种无毒性、不可燃的惰性气体，绝缘性能好，化学性能稳定，没有火灾或爆炸危险，设备维护简单，无需检修等。近年来，为适应城网建设无油化变电站的需要，SF_6 气体绝缘互感器得到越来越广泛的应用。

SF_6 气体绝缘互感器一些特殊问题：

（1）SF_6 气体纯度，应符合表5-3的要求。

表5-3 SF_6 气体纯度指标

指标名称	指　标	指标名称	指　标
纯度（SF_6）	≥99.8%（质量分数）	酸度（以HF计）	≤0.3μg/g
空气（N_2+O_2）	≤0.05%（质量分数）	可水解氟化物（以HF计）	≤1.0μg/g
四氟化碳（CF_4）	≤0.05%（质量分数）	矿物油	≤10μg/g
湿度（H_2O）	≤8μg/g	毒　性	生物试验无毒

HF、SF_4、SO_2 等杂质本身或与水分作用后生成物，对绝缘和金属材料都有很大的腐蚀性，水分凝露在绝缘表面会使闪络电压大大降低，因此应对 SF_6 新气的纯度严格要求。

(2) 电场特性。SF_6 互感器绝缘介质就是用 SF_6 气体或气—膜复合介质。由于 SF_6 气体绝缘强度受电场影响很大，在极不均匀电场下的击穿电压比均匀电场下降低很多倍，因此在设计 SF_6 绝缘结构时，常采用带电体和壳体之间为同轴圆柱体的短间隙的稍不均匀电场结构，运行中不允许出现电晕。为了在较不均匀电场中，提高击穿电压和消除电晕，对有尖角或曲率半径小的电极常加以屏蔽，屏蔽罩与电极电气上连接，通常做成薄的导电球形或圆柱形，屏蔽罩的尺寸较大，罩表面附近电场较均匀，从而提高了电晕电压和击穿电压。

(3) 对绝缘材料的要求。SF_6 互感器中用的固体绝缘材料，必须具有耐 SF_6 电弧分解物作用的能力，常用绝缘材料耐 SF_6 分解物的能力如表 5-4 所示。

表 5-4　　绝缘材料耐 SF_6 分解物的能力

无机材料		有机材料					
		单元素体		多元素体		组合体	
瓷	△	聚乙烯	○	环氧玻璃	×	环氧树脂+SiO_2	△
滑石	△	聚酯树脂	○	硅有机玻璃	×	环氧树脂+$CaCO_3$	○
锆石瓷	△	环氧树脂	○	酚醛层压板	△	环氧树脂+Al_2O_3	○
氧化铝	○	聚氯乙烯	○	低基酚醛树脂层压管	△		
		聚四氟乙烯	○				

注　表中符号○、△、×分别表示良、稍差、不良。

由表 5-4 可见，无机材料耐 SF_6 电弧分解物侵蚀的能力因成分不同而异，其中含 SiO_2 的瓷器、玻璃极易受侵蚀；高分子材料大部分耐 SF_6 电弧分解物侵蚀的性能较好，因充填环氧树脂的材料不同，环氧树脂制品的耐 SF_6 电弧分解侵蚀的性能有很大差异。

(4) 压力特性。为提高 SF_6 气体的电气强度，除改善电场分布外，提高 SF_6 气体的工作压力也是一个有效途径，但只有在保证电场相当均匀的条件下，提高气压才能达到有效目的，互感器中 SF_6 常用额定压力为 0.4～0.5MPa。试验表明，在 0.35MPa 压力时，互感器的绝缘性能达到与油浸纸绝缘互感器相同的绝缘性能。根据规定，制造厂对 SF_6 互感器均规定了报警压力（如 0.35MPa），由设计计算确定，耐压试验和局部放电测量等均应在报警压力下进行。

(5) 其他影响因素。电极表面状态影响击穿电压，电极表面越粗糙，则击穿电压越低，因此对用于 SF_6 气体绝缘中的电极表面加工光洁度应有一定要求。

SF_6 气体绝缘必须考虑灰尘及导电微粒的影响，在工频电压下，导电微粒受电场作用而移动，使击穿电压降低，因此在装配和维修时，要特别注意清洁。

(6) 密封要求。为保证 SF_6 气体绝缘互感器正常运行，标准规定年漏气量不得大于 1%。为提高密封效果，要有良好的密封结构，外壳焊接要保证无微孔，无裂纹，密封接触面要提高加工光洁度，应采用限位密封，保证密封件的压缩比，或采用动密封，密封件材料要求抗老化性好、耐热、耐寒性能强，对电弧分解物有耐腐蚀性，渗透率低等特性，现一般选用三元乙丙橡胶制品。

运行中的密封监视装置有密度监视和压力监视两种，当互感器气体密度或压力在规定温度下降到一定程度时，监视装置动作发出补气信号，以保证互感器内 SF_6 气压符合要求。

（7）气体含水量管理。在运行中不可避免会出现由于产品内外温差造成水分压差，使外界潮气进入产品内部，虽有较可靠的密封，但在运行中定期检测 SF_6 气体中的含水量，以保证可靠运行是必要的，按规定新安装的 SF_6 互感器在充入 SF_6 气体后 24h 检测，气体含水量不得大于 150μL/L，定期检测 SF_6 气体中的含水量不应超过 300μL/L。

（8）吸附措施。虽然一般认为非常纯的 SF_6 气体是无毒的稳定化合物，它只是一种窒息性质。但若 SF_6 气体纯度不够，就会含有 SF_4、HF、SO_2 等杂质，而这些杂质都是有毒的，SF_6 气体经过放电后产生的分解物 SOF_2、SO_2F_2、SF_4、SOF_4 等均属剧毒物质，这些化合物的毒性主要表现为吸入中毒，造成肺脏的伤害，这些生成物与水气接触后容易水解，生成 SO_2 及氢氟酸（HF），对金属及绝缘材料都有很大的腐蚀性，为此必须采取措施，控制有害物质的浓度，以免对操作人员健康产生影响。目前在产品内部装有用以吸附 SF_6 分解气体和水分的吸附剂，常用的吸附剂有分子筛和活性氧化铝等，吸附剂放入无纺布袋内。

108. 何谓电流互感器的末屏接地？不接地会有什么影响？

答：在 220kV 及以上的电流互感器或者 60kV 以上的套管式电流互感器中，为了改善其电场分布，使电场分布均匀，在绝缘中布置一定数量的均压极板—电容屏，最外层电容屏（末屏）必须接地。如果末屏不接地，则因在大电流作用下，其绝缘电位是悬浮的，电容屏不能起均压作用，在一次通有大电流后，将会导致电流互感器绝缘电位升高，而烧毁电流互感器。

109. 电流互感器的制造工艺过程如何？

答：（1）铁芯制造工艺：下料→铁芯绕制→铁芯退火→铁芯的后期处理。

（2）绕组制造工艺：

一次绕组绕制工艺（主要针对油互感器）：一次导线成型→绝缘包绕→器身的包绕→器身成型。

二次绕组绕制工艺：铁芯清洁→铁芯绝缘包绕→绕线→包外绝缘→绕组后期处理。

（3）充油式电流互感器的制造工艺：器身干燥处理→变压器油处理→装配→注油→试验。

（4）SF_6 电流互感器的制造工艺：零部件加工→零部件的清理及干燥→装配→抽真空和充气→检漏和测微水→试验。

110. 什么原因会使运行中的电流互感器发生不正常声响？

答：电流互感器过负荷、二次开路以及内部绝缘损坏发生放电等，均会造成异常声响。此外，由于半导体漆涂得不均匀形成的内部电晕以及夹铁螺丝松动等也会使电流互感器产生较大声响。

111. SF_6 户外电流互感器正常运行应注意什么？

答：（1）二次侧禁止开路。

（2）二次侧只允许有一处接地。

（3）SF_6 户外电流互感器运行压力值应在规定范围内。

（4）电流互感器正常应检查以下项目：

1）各电气连接部分无发热、断股及松动；

2）瓷套表面清洁，无破损，无裂纹及放电痕迹；

3）本体无异常声音；

4）SF_6 温度表示应在正常区域。

112. 在运行中的电流互感器二次回路上进行工作或清扫时，应注意什么问题？

答：在运行中的电流互感器二次回路上进行工作或清扫时，除应按照《安全工作规程》的要求填写工作票外，还应注意以下各项：

（1）工作中绝对不准将电流互感器二次回路开路。

（2）根据需要可在适当地点将电流互感器二次侧短路。短路应采取短路片或专用短路线，禁止采用熔丝或用导线缠绕。

（3）禁止在电流互感器与短路点之间的回路上进行任何工作。

（4）工作中必须要有人监护，使用绝缘工具，并站在绝缘垫上。

（5）值班人员在清扫二次线时，应穿长袖工作服，戴线手套，使用干燥的清洁工具，并将手表等金属物品摘下。工作中必须小心谨慎，以免损坏元件或造成二次回路断线。

113. 电流互感器运行中应该注意的事项有哪些？

答：（1）安装时，首先要注意误差要合格，必要时采用退磁方法退磁；另外注意二次绕组引出线和绕组绝缘是否损伤。

（2）底座接地要可靠。

（3）二次绕组不允许开路。

（4）油互感器要监测介质损耗和变压器油。

（5）SF_6 电流互感器要注意气压和微水。

114. 更换电流互感器及其二次线时，应注意哪些问题？

答：对电流互感器及其二次线需要更换时，除应执行有关《安全工作规程》规定外，还应注意以下几点：

（1）个别电流互感器在运行中损坏需要更换时，应选用电压等级不低于电网额定电压、变比与原来的相同、极性正确、伏安特性相近的电流互感器，并需经试验合格。

（2）因容量变化而需要成组地更换电流互感器的，除应注意上述内容外，应重新审核继电保护定值以及计量仪表倍率。

（3）更换二次电缆时，应考虑电缆的截面、芯数等必须满足最大负荷电流和回路总负荷阻抗不超过互感器准确等级允许值的要求，并对新电缆进行绝缘电阻测定，更换后，应进行必要的核对，防止错误接线。

（4）新换上的电流互感器或更动后的二次接线，在运行前必须测定大、小极性。

115. 电流互感器的温升限值如何规定？

答：根据 GB 1208—2006 规定。

（1）绕组温升是受其本身绝缘或周围嵌入介质的最低绝缘等级所限制的。各绝缘等级的最高温升如表 5-5 所示。

（2）当互感器装有储油柜，且油面上的空间充有惰性气体或呈全密封状态时，储油柜或油室的油顶层温升不应超过 55K。

（3）当互感器没有这种配置时，储油柜或油顶层温升不应超过 50K。

（4）绕组出头或接触连接处的温升不应超过 50K（油浸式电流互感器的对应值则不应超过油顶层温升）。

（5）在铁芯或其他金属件表面所测得的温升值，不应超过它们所接触或靠近的绝缘材料按表 5-5 所列的相应温升限值。

表 5-5　　绕组的温升限值

绝缘耐热等级（按 GB/T 11021）	温升限值（K）	绝缘耐热等级（按 GB/T 11021）	温升限值（K）
		不浸油或不充填沥青胶的各等级：	
浸于油中的所有等级	60	Y	45
浸于油中且全密封的所有等级	65	A	60
充填沥青胶的所有等级	50	E	75
		B	85
		F	110
		H	135

注　某些材料（如树脂），制造方应指明其相应的绝缘等级。

116. GB 1208—2006 对电流互感器的端子标示如何规定？

答：电流互感器的端子标示如图 5-27 所示。

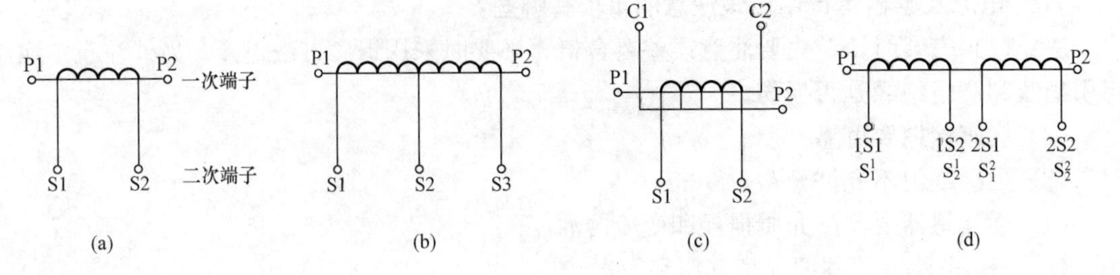

图 5-27　电流互感器绕组端子标示

（a）单电流比互感器；（b）二次绕组有中间抽头的电流互感器；（c）互感器一次绕组分为两段供串联或并联（d）互感器有两个二次绕组，各有自身铁芯（二次端子有两种标示方式）

一次端子：P1、P2。

二次绕组分段端子：C1、C2。

二次端子：S1、S2（单电流比），或 S1、S2（中间抽头）、S3（多电流比），如互感器有两个及以上二次绕组，各有其铁芯，则可表示为 1S1、1S2、2S1、2S2 和 3S1、3S2 等。以上所有标有 P1、S1 和 C1 的接线端子，在同一瞬间具有同一极性。

四、运行维护

117. 油浸式电压互感器的试验项目有哪些？

答：（1）检修前的试验项目：

1）绝缘电阻试验；

2）绕组和支架的 $\tan\delta$；

3）油中溶解气体色谱分析。

（2）检修中的试验项目：铁芯夹紧螺栓绝缘电阻。

（3）检修后的试验项目：

1）绝缘试验；

2）绕组和支架的 $\tan\delta$；

3）油中溶解气体色谱分析；
4）空载电流测量；
5）密封试验；
6）接线组别和极性；
7）电压比；
8）绝缘油击穿电压试验；
9）外施感应耐压试验；
10）局部放电测量（有条件时）。

118. 电容式电压互感器的试验项目有哪些？

答：（1）检修前的试验项目：
1）绝缘电阻试验；
2）绕组 $\tan\delta$；
3）油中溶解气体色谱分析。
（2）检修中的试验项目：铁芯夹紧螺栓绝缘电阻。
（3）检修后的试验项目：
1）绝缘试验；
2）电容分压器和电磁单元的 $\tan\delta$；
3）油中溶解气体色谱分析；
4）空载电流测量；
5）密封试验；
6）接线组别和极性；
7）电压比；
8）绝缘油击穿电压试验；
9）准确度试验；
10）铁磁谐振试验（必要时）。

119. 油浸式电流互感器的试验项目有哪些？

答：（1）检修前的试验项目：
1）绕组及末屏的绝缘电阻试验；
2）一次绕组 L 端或 P 端对储油柜绝缘电阻测量；
3）$\tan\delta$ 及电容量的测量；
4）油中溶解气体色谱分析；
5）本体内绝缘油试验；
6）变比测量。
（2）检修中的试验项目：
1）密封检查：无漏油；
2）金属膨胀器检查：无渗漏、油位正确。
（3）检修后的试验项目：
1）绕组及末屏的绝缘电阻试验；
2）一次绕组 L 端或 P 端对储油柜绝缘电阻测量；
3）$\tan\delta$ 及电容量的测量；

4）油中溶解气体色谱分析；

5）本体内绝缘油试验；

6）变比测量；

7）交流耐压试验；

8）局部放电测量（有条件时）；

9）极性检查。

120. SF_6 电流互感器的试验项目有哪些？

答：（1）含水量测量。

（2）SF_6 气体泄漏试验。

（3）耐压试验。

（4）SF_6 气体密度继电器检验。

（5）SF_6 气体压力表校验。

121. 互感器大修和小修如何规定？

答：（1）大修：一般指对互感器解体，对内、外部件进行的检查和修理。对于 220kV 及以上互感器宜在修试工厂和制造厂进行。

（2）小修：一般指对互感器不解体进行的检查与修理，在现场进行。

122. 互感器检修周期如何规定？

答：（1）小修周期：结合预防性试验和实际运行情况进行，1～3 年一次。

（2）大修周期：根据互感器预防性试验结果、在线监测结果进行综合分析判断，认为必要时。

123. 互感器小修项目有哪些？

答：（1）油浸式互感器：

1）外部检查及清扫；

2）检查维修膨胀器、储油柜、呼吸器；

3）检查紧固一次和二次引线连接件；

4）渗漏油处理；

5）检查紧固电容屏型电流互感器及油箱式电压互感器末屏接地点，电压互感器 N（X）端接地点；

6）必要时进行零部件修理与更新；

7）必要时调整油位；

8）必要时补漆；

9）必要时加装金属膨胀器；

10）必要时进行绝缘油脱气处理。

（2）固体绝缘互感器：

1）外部检查及清扫；

2）检查紧固一次和二次引线连接件；

3）检查铁芯及夹件；

4）必要时补漆。

（3）SF_6 气体绝缘互感器：

1）外部检查及清扫；

2）检查气体压力表、阀门及密度继电器；

3）必要时检漏和补气；

4）必要时对气体进行脱水处理；

5）检查紧固一次与二次引线连接件；

6）必要时补漆。

（4）电容式电压互感器：

1）外部检查及清扫；

2）检查紧固一次和二次引线及电容器连接件；

3）电磁单元渗漏油处理，必要时补油；

4）必要时补漆。

124. 互感器大修项目有哪些？

答：（1）油浸式互感器：

1）外部检查及修前试验；

2）检查金属膨胀器；

3）排放绝缘油；

4）一、二次引线连线柱瓷套分解检修；

5）吊起瓷套或吊起器身，检查瓷套及器身；

6）更换全部密封胶垫；

7）油箱清扫和除锈；

8）压力释放装置检修与试验；

9）绝缘油处理或更换；

10）呼吸器（如有）检修，更换干燥剂；

11）必要时进行器身干燥；

12）总装配；

13）真空注油；

14）密封试验；

15）绝缘油试验及电气试验；

16）喷漆。

（2）SF_6 气体绝缘互感器：

1）外部检查及修前试验；

2）一、二次引线连接紧固件检查；

3）回收并处理 SF_6 气体；

4）必要时更换防爆片及其密封圈；

5）必要时更换二次端子板及其密封圈；

6）更换吸附剂；

7）必要时更换压力表、阀门或密度继电器；

8）补充 SF_6 气体；

9）电气试验；

10）金属表面喷漆。

（3）电容式电压互感器：

1）外部检查及修前试验；
2）检查电容器套管，测量电容值及介质损耗因数；
3）检查电磁单元；
4）必要时电磁单元绝缘干燥；
5）电磁单元绝缘油处理；
6）更换密封胶垫；
7）电磁单元装配；
8）电磁单元注油或充氮；
9）电气试验；
10）喷漆。

第六章 chapter 6 消弧线圈

1. 何谓消弧线圈?

答: 消弧线圈是一种由带有多个分接头的绕组和带气隙的铁芯组成的电抗器，装设在变压器或发电机的中性点。当发生单相接地故障时，可形成一个与接地电容电流大小接近相等而方向相反的电感电流，这个滞后电压90°的电感电流与超前电压90°的电容电流相互补偿，最后使流经接地处的电流变得很小以至等于零，从而消除了接地处的电弧以及由它所产生的危害，避免了弧光过电压的发生。

消弧线圈是1916年由德国W. 彼得逊（W. Petersen）首先提出的，故也称为彼得逊线圈。

2. 消弧线圈的作用是什么?

答: 消弧线圈的作用是当电网发生单相接地故障后，提供一电感电流，补偿接地电容电流，使接地电流减小，也使得故障相接地电弧两端的恢复电压速度降低，达到熄灭电弧的目的。当消弧线圈正确调谐时，不仅可以有效地减少产生弧光接地过电压的几率，还可以有效抑制过电压的幅值，同时也最大限度地减小了故障点热破坏作用及接地网的电压等。

3. 什么是自动跟踪补偿消弧线圈成套装置?

答: 该装置在系统正常运行时实时自动测量系统电容电流；在系统发生单相接地时自动进入补偿状态，在系统中性点与地之间输出与系统单相接地电容电流相对应的感性补偿电流，以限制接地电流及消除接地电弧；接地故障消除后自动退出补偿状态。

4. 什么是残流?

答: 谐振接地系统发生单相接地时，经消弧线圈补偿后流过接地点的全电流。

5. 选择消弧线圈调谐值所需要的主要数据有哪些?

答: (1) 电容电流值。调谐值能否符合实际情况，主要决定于电容电流值的准确程度。此外根据网络现有运行接线，当部分线路切除或投入时，它对网络电容电流值的影响范围应预先掌握。因此，不但要取得网络的总电容电流值，而且要取得网络可能分成若干部分运行时每一部分的电容电流值，如每条线路、每个变电站等。对电容电流值，一般应通过实测取得可靠数据。

(2) 消弧线圈的实际补偿电流值 I_L。此数据对调谐值的具体选择有与电容电流 I_e 值同等重要的意义，因此应高度可靠。如果条件允许，则要求通过试验核实厂家所提供的数据。

(3) 网络正常情况下的不对称度 μ。对于运行中的补偿网络，其中性点的位移电压的大小决定网络的不对称度 μ。所谓正常运行情况，应该包括部分线路切除或投入的倒闸操作时间。因此，应根据网络的实际接线图，测出每个出线开关断开或合上时的网络不对称度 μ 值。

(4) 网络的阻尼率 d。值得注意的是，选择了调谐度后，还应按网络的实际接线图详细地考查因一相或两相对地电容减少导致 m（最大一相电容 C_1 与其他两相电容的比值）值的改变程度，并核算在可能出现的最坏情况下的不对称度 μ 以及由此引起的网络过电压值。

6. 小电流接地系统中，为什么采用中性点经消弧线圈接地？

答：中性点非直接接地系统发生单相接地故障时，接地点将通过接地线路对应电压等级电网的全部对地电容电流。如果此电容电流相当大，就会在接地点产生间隙性电弧，引起过电压，从而使非故障相对地电压极大增加。在电弧接地过电压的作用下，可能导致绝缘损坏，造成两点或多点的接地短路，使故障扩大。为此，我国采取的措施是：当各级电压电网单相接地故障时，如果接地电容电流超过一定数值（35kV电网为10A，3～10kV电网为30A），就在中性点装设消弧线圈，利用消弧线圈的感性电流补偿接地故障时的容性电流，使接地故障电流减少，以致自动熄弧，保证继续供电。

7. 什么是脱谐度？

答：脱谐度用（v）表示：

$$v=(I_{Cjd}-I_{L})/I_{Cjd}\times 100\% \tag{6-1}$$

式中：I_{Cjd} 为系统单相接地电容电流；I_{L} 为消弧线圈输出的补偿电流。

当 $v<0$ 时，为过补偿；$v=0$ 时为全补偿；当 $v>0$ 时，为欠补偿。

8. 对消弧线圈脱谐度如何规定？

答：DL/T 1057—2007中规定，装置应能设定脱谐度（或补偿状态及最大残流），在保证不引起系统串联谐振和满足残流要求的情况下，装置应能实现系统需要的各种补偿运行方式。一般以过补偿为宜。

9. 什么是消弧线圈的欠补偿、全补偿、过补偿？

答：通常补偿有三种不同的运行方式，即欠补偿、全补偿和过补偿。

（1）欠补偿。补偿后电感电流小于电容电流，或者说补偿的感抗 ωL 大于线路容抗 $1/3\omega C_0$，电网以欠补偿的方式运行。

（2）过补偿。补偿后电感电流大于电容电流，或者说补偿的感抗 ωL 小于线路容抗 $1/3\omega C_0$，电网以过补偿的方式运行。

（3）全补偿。补偿后电感电流等于电容电流，或者说补偿的感抗 ωL 等于线路容抗 $1/3\omega C_0$，电网以全补偿的方式运行。

10. 中性点经消弧线圈接地系统为什么普遍采用过补偿运行方式？

答：若中性点经消弧线圈接地系统采用全补偿，则无论不对称电压的大小如何，都将因发生串联谐振而使消弧线圈感受到很高的电压。因此要避免全补偿方式，而采用过补偿或欠补偿方式。但实际上一般都采用过补偿运行方式，其主要原因如下：

（1）欠补偿电网发生故障时，容易出现数值很大的过电压。例如，当电网中因故障或其他原因而切除部分线路后，在欠补偿电网中就可能形成全补偿的运行方式而造成串联谐振，从而引起很高的中性点位移电压与过电压，在欠补偿电网中也会出现很大的中性点位移而危及绝缘。只要采用欠补偿的运行方式，这一缺点是无法避免的。

（2）欠补偿电网在正常运行时，如果三相不对称度较大，还有可能出现数值很大的铁磁谐振过电压。这种过电压是因欠补偿的消弧线圈（它的 $\omega L>1/\omega C_0$）和线路电容 $3C_0$ 发生铁磁谐振而引起。如采用过补偿的运行方式，就不会出现这种铁磁谐振现象。

（3）电力系统往往是不断发展和扩大的，电网的对地电容也将随之增大。如果采用过补偿，原装的消弧线圈仍可以使用一段时期，至多由过补偿转变为欠补偿运行；但如果原来就采用欠补偿的运行方式，则系统一有发展就必须立即增加补偿容量。

（4）由于过补偿时流过接地点的是电感电流，熄弧后故障相电压恢复速度较慢，因而接地电弧不易重燃。

（5）采用过补偿时，系统频率的降低只是使过补偿度暂时增大，这在正常运行时是毫无问题的；反之，如果采用欠补偿，系统频率的降低将使之接近于全补偿，从而引起中性点位移电压的增大。

11. 消弧线圈的运行方式有什么要求？

答：为了使消弧线圈能够运行于最佳状态，以达到良好的补偿效果，一般有如下运行规定：

（1）为了避免因线路跳闸后发生串联谐振，消弧线圈应采用过补偿方式。但是，当补偿设备的容量不足时，可采用欠补偿的运行方式，脱谐度采用10%，一般电流为5～10A。

（2）由于线路的三相对地电容不平衡，在网络中性点与地之间产生了电压。它与额定相电压的比值（即不对称度）在正常情况下应不大于1.5%（中性点位移电压的极限允许值不超过15%），操作过程中1h内运行值为30%。

（3）当消弧线圈的端电压超过相电压的15%时，消弧线圈已经动作，应按接地故障处理，寻找接地点。由于系统某台消弧线圈在操作中引起的中性点电压偏移，以致其他消弧线圈动作的情形除外。

（4）在系统接地故障的情况下，不得停用消弧线圈。由于寻找故障及其他原因，使消弧线圈带负荷运行时，应对消弧线圈上层油温加强监视，使上层油温最高不得超过95℃，并监视消弧线圈在带负荷运行时间不超过铭牌规定的允许时间，否则，切除故障线路。

（5）消弧线圈在运行过程中，如果发现内部有异常声响及放电声、套管严重破损或闪络、气体保护动作等异常现象时，首先将接地的线路停电，然后停用消弧线圈，进行检查试验。

（6）消弧线圈动作或发生异常现象时，应作如下记录：动作时间、中性点电压、电流、三相对地电压等，并及时报告调度员。

12. 消弧线圈装置的技术要求有哪些？

答：（1）系统接地电容电流测量误差不超过±2%。

（2）消弧线圈补偿范围内，接地点最大残流不超过5A。

（3）脱谐度：5%～20%。

（4）消弧线圈安装点中性点位移电压不应高于额定电压的15%。

（5）单相接地故障时，消弧线圈装置应在不超过60ms的时间内输出稳定的补偿电流。

（6）谐波电流分量：当施加正弦波形的额定电压时，消弧线圈装置电流的三次谐波分量的最大允许峰值为基波峰值的3%。

13. 消弧线圈型号的含义是什么？

答：消弧线圈型号的含义如下：

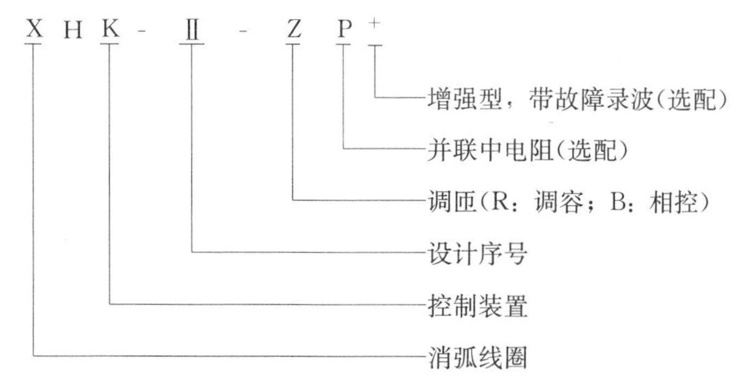

14. 自动跟踪补偿消弧线圈成套装置的技术参数有哪些?

答: (1) 额定电压。在正常运行条件下额定频率时作用于主绕组端部之间的电压。其值应等于系统标称电压除以$\sqrt{3}$。

(2) 额定容量。消弧线圈主绕组视在功率的最大指定值。

(3) 额定电流。在额定频率下施加额定电压，在规定的时间内流经主绕组的电流。其值为额定容量和额定电压之比。

(4) 最高电压。在正常运行条件下额定频率时作用于主绕组端部之间的最高电压。其值应等于系统最高电压除以$\sqrt{3}$。

(5) 额定容量（kVA）的优先值。

1) 6kV 系统：35，100，150，200，250，315，400，500，630，750，900，1100，1350，1600。

2) 10kV 系统：60，100，150，200，250，315，400，500，630，750，900，1100，1350，1600，2000，2400。

3) 35kV 系统：200，250，315，400，500，630，750，900，1100，1350，1600，2000，2400。

4) 66kV 系统：400，500，630，750，900，1100，1350，1600，2000，2400。

(6) 温升。消弧线圈在额定电流下 2h 温升不应超过表 6-1 的规定，绕组温升按其绝缘耐热等级考虑。

表 6-1 消弧线圈温升限值

部　　位	绝缘系统温度（℃）	温升限值（2h，K）
绕组（用电阻法测量的温升）	105（A）	60
	120（E）	75
	130（B）	80
	155（F）	100
	180（H）	125
	200	135
	220（C）	150
铁芯、金属部件和与其相邻的材料		在任何情况下，不会出现使铁芯本身、其他部件或与其相邻的材料受到损害的温度

(7) 绝缘水平。

1) 消弧线圈主绕组的绝缘水平应与谐振接地系统中性点的绝缘水平相同。消弧线圈主绕组直接（或经 TA）接地的可采取分级绝缘方式（接地端可取耕地的绝缘水平），否则应取全绝缘方式。

2) 消弧线圈主绕组全绝缘及分级绝缘高压端的绝缘水平应符合表 6-2 的规定。

表 6-2 消弧线圈主绕组全绝缘及分级绝缘高压端的绝缘水平 kV

系统标称电压（有效值）	设备最高电压（有效值）	额定短时（1min）工频耐受电压（有效值）	额定雷电冲击耐受电压（峰值）
6	$7.2/\sqrt{3}$	25	60
10	$12/\sqrt{3}$	28	75
15	$17.5/\sqrt{3}$	38	105

续表

系统标称电压（有效值）	设备最高电压（有效值）	额定短时（1min）工频耐受电压（有效值）	额定雷电冲击耐受电压（峰值）
20	$24/\sqrt{3}$	50	125
35	$40.5/\sqrt{3}$	70	170
66	$72.5/\sqrt{3}$	95	250

3）消弧线圈主绕组分级绝缘直接接地端的绝缘水平为：额定短时（1min）工频耐受电压（有效值）应不小于5kV。

（8）电压—电流特性。消弧线圈电压—电流特性曲线由零至设备最高电压应为线性。

（9）局部放电水平（干式）。干式消弧线圈局部放电电量不应大于10pC。

15. 消弧线圈接地条件有哪些？

答：消弧线圈的接地应符合DL/T 621《交流电气装置的接地》的相关要求，具体如下：

（1）消弧线圈的接地端子应采用专门敷设的接地线接地。

（2）接地线的截面积应按消弧线圈额定电流进行热稳定校验，敷设在地上的接地线长时间温度不应大于150℃，敷设在地下的接地线长时间温度不应大于100℃。

（3）接地线应便于检查，潮湿的或有腐蚀性蒸汽的房间内，接地线离墙不应小于10mm。

（4）接地线应采取防止发生机械损伤和化学腐蚀的措施。

（5）接地线与接地极的连接，宜用焊接；接地线与消弧线圈接地端子的连接，宜用螺栓连接，并应加设防松垫片。

16. 消弧线圈是怎样灭弧的？

答：在中性点不接地系统中，每相都存在着分布电容。若系统发生单相接地故障，其电容电流 I_C 超过规定值时，接地电流在故障点形成周期性的熄灭和重燃的电弧。因电网内具有电感和电容，故会形成振荡，产生过电压，其值可达2.5～3倍的相电压，这样高的电压值将危害电气设备。

在中性点不接地系统中，变压器高压线圈星形连接的中性点上装一只电感线圈L，如图6-1（a）所示，当系统发生单相接地时，中性点有一个位移电压 U_0 作用在电感L上，因此产生电感电流 I_L 流过接地点，这个电感电流 I_L 与分布电容电流 I_C 的相位相反，如图6-1（b）所示。当L在 U_0 作用下使其流过的电流 I_L 等于 I_C 值时，则起补偿作用。通过适当的补偿，接地点可以避免形成间歇的电弧。因为这个电感线圈L能起消弧的作用，故称之为

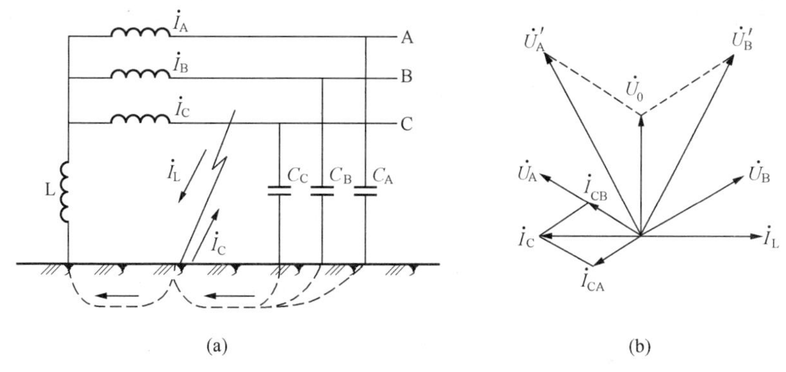

图6-1　中性点经消弧线圈接地的补偿系统和相量图

（a）补偿系统；（b）电流电压相量图

消弧线圈。

17. 如何估算接地点的电流？

答：中性点不接地电网发生单相接地时，通过接地点的电流是非故障相对地电容电流的总和。

对于6～60kV架空线路，每相每公里对地电容为5000～6000pF。每米的接地电流可按表6-3作粗略估计。三芯电缆的接地电容电流约为架空线路的25倍，单芯电缆的接地电容电流约为架空线路的50倍。

表6-3　　单相接地电流的估计值

额定电压（kV）	单相接地电流（mA/m）		额定电压（kV）	单相接地电流（mA/m）	
	无避雷线	有避雷线		无避雷线	有避雷线
6	0.02		35	0.10	0.12
10	0.03		60		0.20
20	0.06				

18. 消弧线圈分为哪些类型？

答：（1）按消弧线圈补偿电流的调节原理分类：调匝式、高短路阻抗变压器式（相控式）、调容式、调气隙式、直流偏磁式、磁阀式等。

（2）按安装投入及退出补偿状态的方式分类：预调式和随动式。

（3）按一次设备绝缘介质分类：油浸式和干式。

（4）其他形式分类：有级调节式和无级调节式，组合式、一体式、分立式等。

19. 油浸式消弧线圈的结构如何？

答：油浸式消弧线圈的外形与单相变压器相似，而其内部实际上是一个具有分段（即带间隙）铁芯的电感线圈。间隙沿着整个铁芯分布，采用带间隙铁芯的主要目的是为了避免磁饱和。这样，补偿电流与电压成比例关系，减少了高次谐波分量，可得到一个比较稳定的电抗值。

在电抗器的铁芯上设有一个主线圈和一个电压测量线圈。主线圈一般采用层式结构，每个芯体上的线圈被分成好几个部分，不同芯体的线圈连接处的电压不应达到危及绝缘的数值。测量线圈的电压为80～100V，额定电流为10A，它和主线圈都有分接头接在切换器上面。为了测量动作时的补偿电流，在主线圈回路中还设有电流互感器。消弧线圈的铁芯与线圈都浸入到绝缘油中，外壳有油枕、温度计，容量大的消弧线圈还有冷却管、呼吸器、气体保护。

20. 选择消弧线圈安装位置时的注意事项有哪些？

答：（1）在任何运行方式下，大部分电网不得失去消弧线圈的补偿。不应当将多台消弧线圈集中安装在一处，并应尽量避免在电网中仅安装一台消弧线圈。

（2）在发电厂中，发电机电压的消弧线圈可装设在发电机中性点上，也可装专厂用变压器的中性点上。当发电机与变压器为单元接线时，消弧线圈应装设在发电机中性点上。

（3）在变电站中，消弧线圈一般装在变压器的中性点上。

（4）安装在YNd连接的双绕组变压器或YNynd连接的三绕组变压器中性点上的消弧线圈的容量，不应超过变压器总容量的50%，并且不得大于三绕组变压器任一绕组的容量。

（5）安装在YNy连接的内铁芯或变压器中性点的消弧线圈的容量，不应超过变压器三相总容量的20%。消弧线圈不应装在三相磁路相互独立、零序阻抗大的YNy连接变压器的中性点上（例如单相变压器组）。

（6）如变压器无中性点或中性点未引出，应装设专用的接地变压器。其容量应与消弧线圈的容量相配合，并采用相同的额定时间（例如2h），而不是连续时间。接地变压器的特性要求是：零序阻抗低、空载阻抗高、损失小。采用曲折形接法的变压器，能够满足这些要求。

21. 消弧线圈抽头的选择原则有哪些？

答：中性点采用经消弧线圈接地时，消弧线圈的抽头选择原则是线路接地时通过故障点的电流尽可能小，不得超过表6-4的允许值。

对于消弧线圈补偿的系统，线路无接地的情况下，中性点的位移电压不得超过相电压的15%（长时间）或30%（在1h内）。

在上述两条件下，在选择消弧线圈抽头时还应同时满足下列条件：

（1）采用过补偿时：

1）脱谐度一般应大于5%～10%；

2）接地残流的无功分量不应超过5～10A。

表6-4　消弧线圈的选择原则

电网电压（kV）	一般情况（A）	极限值（A）	电网电压（kV）	一般情况（A）	极限值（A）
35	5	10	3～6	5	30
10	10	20	发电机直配网络	5	5

（2）采用欠补偿时：

1）中性点的位移电压在任何非全相的不对称情况下不超过70%相电压。

2）其脱谐度及接地点的残流仍按过补偿要求，这样才能允许短时间采用欠补偿运行。

22. 消弧线圈的选择原则是什么？

答：10、20kV系统应选择具有自动跟踪补偿功能的消弧线圈，35、66kV系统根据具体情况也可选用人工调节的消弧线圈装置。对于户外安装使用的消弧线圈装置，应选用油浸式铜绕组接地变压器及消弧线圈；对于户内（包括预装式结构变电站内）安装使用的消弧线圈装置，也可选用干式铜绕组接地变压器及消弧线圈。

23. 如何选择消弧线圈装置？

答：（1）消弧线圈装置接地系统，在正常运行情况下，中性点长时间电压位移不应超过系统额定标相电压的15%。

（2）系统中消弧线圈装置装设地点应符合下列要求：

1）保证系统在任何运行方式下，消弧线圈都能正常工作。

2）不宜将多台消弧线圈装置集中安装在同一段母线（变压器中性点）上。

3）对于35kV消弧线圈装置一般接在YNd或YNynd接线的变压器中性点上，对于10kV消弧线圈装置一般接在ZNyn接线的变压器中性点上。

4）接于YNd接线的双绕组或YNynd接线的三绕组变压器中性点上的消弧线圈装置容量，不应超过变压器三相总容量的50%，并不得大于三绕组变压器的任一绕组的容量。

5）如需将消弧线圈装置接于YNyn接线的变压器中性点，消弧线圈装置的容量不应超过变压器三相总容量的20%，但不应将消弧线圈装置接于零序磁通经铁芯闭路的YNyn接线的变压器，如外铁型变压器或三台单组成的变压器组。

6）如变压器无中性点或中性点未引出，应装设专用接地变压器，其容量应与消弧线圈装置的容量相配合。

24. DL/T 1057《自动跟踪补偿消弧线圈成套装置技术条件》规定消弧线圈补偿电流的下限为多少?

答：在额定电压下输出的补偿电流下限值不应超过系统在各种运行方式下最小的系统电容电流值，一般情况下不宜大于消弧线圈额定电流的30%。

25. 城区变电站10kV配电装置中为什么要加装消弧线圈?

答：在城区变电站加装消弧线圈是为了限制10kV系统的电容电流。城区变电站10kV配电装置往往出线回路较多，特别是电缆出线较多，电容电流往往超出规定范围单相接地时对断路器切断负荷带来很大困难，甚至会酿成事故，为此加装消弧线圈补偿电容电流。

26. 消弧线圈运行维护注意事项有哪些?

答：(1) 装置的运行应由专人负责，其他人员请勿进行设定参数，按动开关的操作。操作人员应熟知控制器操作方法，每次操作应有记录。

(2) 各参数经研究设定后应作记录，记录设定时间、设定值等，以便将来检查。设定了的参数若非需要请勿频繁变动。

(3) 消弧线圈装置计算好系统电容电流后，调节消弧线圈到合适的挡位，接地发生后立刻进行补偿，并且在接地消失前闭锁当前位置。

(4) 当发生单相接地时，显示屏显示接地信息，同时阻尼电阻被退出，直至故障解除。当本站发生单相接地时，控制器自动闭锁消弧线圈调节。

(5) 对整套装置应定期进行检查，内容包括：

1）显示参数检查，对比设定参数记录，看是否有变化。

2）若消弧线圈在最大补偿电流挡位运行仍不能满足补偿要求，说明消弧线圈容量不足。

3）中性点位移电压是否超过15%相电压，挡位输入是否正常。

4）阻尼电阻、消弧线圈、接地变压器有无异常情况。

(6) 动作检查，人为调节一挡分接头，检验有载开关动作是否正常，自动调节是否正常。

(7) 消弧线圈、接地变压器等一次设备应按有关规程进行定期设备检修。

27. 消弧线圈正常运行时注意事项有哪些?

答：(1) 在正常情况下，消弧线圈自动调谐装置应投入运行。

(2) 正常情况下，消弧线圈自动调谐装置应投入自动运行状态。

(3) 消弧线圈和其他电气设备一样，由调度实行统一管理，操作前应有当值调度员的命令才能进行操作。

(4) 消弧线圈自动调谐装置投入、退出运行操作应按规定进行。

(5) 禁止将一台消弧线圈同时接在两台接地变压器（或变压器）的中性点上。

(6) 接地变压器与系统母线之间应装断路器，不能用熔断器代替。

(7) 运行人员应熟知整套设备的功能及操作方法，特别是微机调谐器面板上的键盘操作。

(8) 消弧线圈投入运行前，调度部门应对下列定值进行整定：

1）脱谐度范围整定；

2）稳定延时整定：一般为2～5min；为确保装置正常运行，设定值不得随意改动。如发现设定值与本规程不同时，应及时向有关部门汇报。

（9）控制器在运行中应监视并记录下列内容：

1）脱谐度，显示值应在脱谐度设定范围之内；

2）电容电流，能够准确显示；

3）残流，等于消弧线圈当前挡位下补偿电流与电容电流之差；

4）中性点电流，通常小于5A；

5）中性点电压，小于15%相电压；

6）控制器电源指示灯，正常时红色指示灯亮；

7）打印机在线指示灯，正常时打印机上一个绿色指示灯亮；

8）PK屏电源指示灯，正常时“电源Ⅰ”或“电源Ⅱ”指示灯亮。

（10）接地变压器和消弧线圈在运行中应监视并记录下列内容：

干式：

1）线圈表面污染情况；

2）有无放电、发黑痕迹；

3）运行时有无异常噪声；

4）设备结构件有无位移；

5）设备安装环境是否符合一定的通风条件；

6）设备运行时是否超出铭牌规定的运行情况。

油浸式：

1）运行无杂音；

2）油位应正常，油色透明不发黑；

3）应无渗油和漏油现象；

4）套管应清洁、无破损和裂纹；

5）引线接触牢固，接地装置完好；

6）吸湿剂不应受潮；

7）上层油温应正常；

8）表计指示准确。

（11）运行人员每半年进行一次消弧线圈运行工况分析，分析内容包括系统接地的次数、起止的时间、故障的原因、控制器各参数的记录、成套装置运行是否正常等。分析报告向主管部门和生技处各抄送一份。

28. 系统单相接地时注意事项有哪些？

答：（1）系统发生单相接地时，禁止操作或手动调节该段母线上的消弧线圈。

（2）拉合消弧线圈与中性点之间单相隔离开关时，如有下列情况之一时禁止操作：

1）系统有单相接地现象，已听到消弧线圈的“嗡嗡”声；

2）中性点位移电压大于15%相电压。

（3）发生单相接地必须及时排除，接地时限不超过2h。

（4）发生单相接地时，应监视并记录下列数据：

1）接地变压器和消弧线圈运行情况；

2）阻尼电阻运行情况；

3）控制器显示参数：电容电流、残流、脱谐度、中性点电压和电流、有载开关挡位和有载开关动作次数等；

4）单相接地开始和结束时间；

5）单相接地线路及单相接地原因；

6）天气状况。

29. 什么是接地变压器？

答：配电网当采用Yd接线的降压变压器供电时，为配合电网的中性点加接接地电阻、消弧线圈、接地电抗器而设置的连接变压器。该变压器可以采用Z形变压器（曲折变压器）或（Y_0d）变压器构成，由于Z形变压器具有阻抗适宜性，所以应用较多。接地变压器的零序阻抗值和允许通过接地电流的数值与时间是主要的技术指标，需要计算予以确定。

30. 接地变压器的技术参数有哪些？

答：（1）额定电压。在正常运行条件下额定频率时作用于接地变压器主绕组之间的电压。其值应等于系统标称电压。

（2）最高电压。在正常运行条件下额定频率时作用于接地变压器主绕组之间的最高电压。其值应等于系统最高电压。

（3）额定中性点电流。接地变压器在持续或设定工作时间内所需传送的电流，即在额定频率下，流过主绕组的中性点端子的电流。

（4）有二次绕组的接地变压器的额定持续电流。在额定频率下，当二次绕组具有额定容量时，持续流过主绕组线端的电流。

（5）额定零序阻抗。额定频率下每相的零序阻抗，其值等于三相主绕组各线端连在一起与中性点之间的阻抗值的3倍。

（6）额定容量。由额定电压与额定中性点电流计算所得的中性点电流容量S_1和额定二次容量S_2两部分组成，标识为S_1/S_2。对无二次绕组的接地变压器，$S_2=0$，额定容量可记为S_1。

（7）额定中性点电流及其允许运行时间。额定中性点电流及其允许运行时间不应小于所带消弧线圈的额定电流和额定运行时间。

（8）额定容量及其优先值。

1）S_1不应小于消弧线圈额定容量。

2）带有二次绕组的接地变压器，其额定容量应同时满足容量S_1和额定电流和额定运行时间。

3）对其他特殊要求的接地变压器应按相应要求确定容量。

4）额定容量的优先值为：

S_1（kVA）按消弧线圈容量优先值确定。

S_2（kVA）按配电变压器容量优先值确定：50，100，160，200，250，315，400，500，630…

（9）阻抗电压。当接地变压器带有二次绕组时，其阻抗电压以二次容量为基准。阻抗电压的选取应保证接地变压器二次回路能承受相应的短路电流，同时接地变压器自身能承受相应的动热稳定而无损伤。在满足上述要求的条件下，阻抗电压的选取可比电力变压器低。

（10）温升。接地变压器的温升限值可应用消弧线圈的规定，绕组温升应按其绝缘等级考虑。

（11）绝缘水平。接地变压器主绕组线端的绝缘水平应符合表6-5规定；中性点宜按表6-1选择较低的绝缘水平（分级绝缘）。

表 6-5　　接地变压器主绕组线端绝缘水平　　kV

系统标称电压（有效值）	设备最高电压（有效值）	额定短时（1min）工频耐受电压（有效值）		额定雷电冲击耐受电压（峰值）	
		油浸式	干式	油浸式	干式
6	7.2	25	25	60	60
10	12	35	35	75	75
15	17.5	45	45	105	105
20	24	55	55	125	125
35	40.5	85	70	200	170
66	7205	140	—	325	—

（12）局部放电水平（干式）等其他要求。干式接地变压器局部放电量不应大于 10pC。接地变压器其他要求应符合 GB 10229 的相关规定。

31. 接地变压器的结构有哪几种？

答：根据填充介质，接地变压器可分为油式和干式；根据相数，接地变压器可分为三相接地变压器和单相接地变压器。

（1）三相接地变压器：接地变压器的作用是在系统为△接线或 Y 接线中性点无法引出时，引出中性点用于加接消弧线圈或电阻，此类变压器采用 Z 形接线（或称曲折形接线），与普通变压器的区别是，每相线圈分成两组分别反向绕在该相磁柱上，这样连接零序磁通可沿磁柱流通，而普通变压器的零序磁通是沿着漏磁磁路流通，所以 Z 形接地变压器的零序阻抗很小（10Ω 左右），而普通变压器要大得多。按规程规定，用普通变压器带消弧线圈时，其容量不得超过变压器容量的 20%。Z 形变压器则可带 90% ～100%容量的消弧线圈，接地变压器除可带消弧圈外，也可带二次负载，可代替站用变压器，从而节省投资费用。

（2）单相接地变压器：单相接地变压器主要用于有中性点的发电机、变压器的中性点接地电阻柜，以降低电阻柜的造价和体积。

32. 简述接地变压器的工作原理。

答：为了防止在不接地系统发生单相接地时间隙电弧过电压从而引发相间短路和铁磁谐振过电压，为系统提供足够的零序电流和零序电压，使接地保护可靠动作，需人为建立一个中性点，以便在中性点接入接地电阻。接地变压器就是人为制造了一个中性点接地电阻，它的接地电阻一般很小。另外接地变压器有电磁特性，对正序、负序电流呈高阻抗，绕组中只流过很小的励磁电流。由于每个铁芯柱上两段绕组绕向相反，同心柱上两绕组流过相等的零序电流呈现低阻抗，零序电流在绕组上的压降很小。即当系统发生接地故障时，在绕组中将流过正序、负序和零序电流，该绕组对正序和负序电流呈现高阻抗，而对零序电流来说，由于在同一相的两绕组反极性串联，其感应电动势大小相等，方向相反，正好相互抵消，因此呈低阻抗。由于很多接地变压器只提供中性点接地小电阻，而不需带负载，所以很多接地变压器就是属于无二次的。接地变压器在电网正常运行时，接地变压器相当于空载状态。但是，当电网发生故障时，只在短时间内通过故障电流。中性点经小电阻接地电网发生单相接地故障时，高灵敏度的零序保护判断并短时切除故障线路，接地变压器只在接地故障至故障线路零序保护动作切除故障线路这段时间内起作用，中性点接地电阻和接地变压器才会通过零序电流。

根据上述分析，接地变压器的运行特点是：

（1）长时空载，短时过载。

（2）接地变压器是人为地制造一个中性点，用来连接接地电阻。当系统发生接地故障时，对正序负序电流呈高阻抗，对零序电流呈低阻抗性使接地保护可靠动作。

33. 对接地变压器绕组有什么要求?

答： 接地变压器为三相变压器（或三相电抗器），主绕组用来连接到要求接地系统的三相，并引出中性点端子接到消弧线圈上。接地变压器可以带有一个低电压的二次绕组，该绕组可具有连续供电容量，作为变电站辅助电源。

34. 消弧线圈装置的例行试验项目有哪些?

答：（1）绕组直流电阻测量。

（2）整个调节范围内的线圈阻抗测量。

（3）绝缘试验。

（4）主绕组和辅助绕组、主绕组对二次绕组之间的电压比测量。消弧线圈有辅助绕组和二次绕组时，应进行主绕组和辅助绕组、主绕组对二次绕组之间的电压比测量，且对每个分接头都应进行。

（5）分接开关或铁芯气隙调节机构的操作试验。

35. 接地变压器的例行试验项目有哪些?

答：（1）绕组直流电阻测量。

（2）零序阻抗测量。

（3）空载损耗和空载电流的测量。

（4）绝缘试验。

（5）电压比和接线组别测定。

（6）阻抗电压和负载损耗测量。

36. 阻尼电阻的例行试验项目有哪些?

答：（1）直流电阻测量。

（2）绝缘电阻测量。

（3）阻尼电阻器短接及投入操作试验。当电网发生单相接地故障时，阻尼电阻器应尽快被可靠短接，接地故障解除时短接回路应在20ms内立即打开。

37. 控制器的例行试验项目有哪些?

答：（1）交流电压测量误差试验。

（2）交流电流测量误差试验。

（3）温度变差试验。

（4）绝缘电阻及工频耐压试验。

（5）168h通电老化试验。

38. 消弧线圈和接地变压器现场交接试验项目有哪些?

答：（1）接地变压器、消弧线圈单台交接验收试验：

1）绕组连同套管的直流电阻测量。

2）绕组连同套管的绝缘电阻、吸收比测量。

3）绕组连同套管的介质损耗因素 $\tan\delta$ 测量（35kV及以上油浸式消弧线圈）。

4）绕组连同套管的直流泄漏电流测量（35kV及以上油浸式消弧线圈）。

5）绕组连同套管的交流耐压试验。

6）绝缘油的试验。

7）非纯瓷套管的试验（35kV 及以上油浸式消弧线圈）。

8）接地变压器变比和接线组别测量。

（2）核对阻尼电阻短接控制器的接线正确性和启动电压、电流的测量。

（3）自动调节补偿消弧线圈装置投运整组调试。检查消弧线圈挡位调节部分接线是否正确；测量消弧线圈装置的整体阻抗；测量接地变压器、消弧线圈、阻尼电阻的分布电压和回路接触的完整性。

投入电网后测量系统不对称电压和残流。

chapter 7

第七章

开 关 技 术

一、输配电系统电力开关技术

1. 在工频50Hz稳态情况下，正弦电压和电流的波长是多少？

答：在工频50Hz稳态情况下，正弦电压和电流的波长是6000km（电波传播速度是300000km/s，实际：139792458m/s），计算式为

$$\lambda=\frac{c}{f}=\frac{3\times10^{8}}{50}\text{m}=6\times10^{6}\text{m}=6000\text{km}$$

2. 正常的工频条件下，电力变压器的变比与雷电侵入电压波形或开关快速操作暂态过程变比有何区别？

答：正常的工频条件下，电力变压器的变比由一次绕组和二次绕组的匝数比确定。然而，对于雷电侵入电压波形或开关快速操作暂态过程，变压器变比由绕组的匝散电容以及一次和二次绕组间的匝散电容决定。

3. 电弧在本质上是什么性质？

答：真正的开断必须等到电流过零。电弧在本质上是电阻性的，因此电弧电压和电弧电流同时达到零点。

4. 什么是断路器触头的接触桥？

答：触头即将打开时，只在一个非常小的面积上接触，称为接触桥。接触桥中的电流密度很大，因此接触桥处于触头材料的熔融状态。由于接触桥中的电流密度非常大，造成了熔融状态接触桥的爆炸，这导致了触头周围的介质产生气体放电，如SF_6。

5. 当灭弧室的电弧能量增加时，灭弧介质（如SF_6）将如何变化？

答：当输入的能量增加时，物质从固态变为液态。随着更多能量的输入，温度会进一步上升，物质从液态变为气态。

6. 断路器在灭弧过程中电弧是如何变化的？

答：电弧是我们仅知道的可以在很短时间内从导电状态变为不导电状态的物质。在高压断路器中，电弧在油、空气和SF_6中燃烧，它属于高压电弧。在中压断路器中，电弧存在于真空中，更准确地说是存在于触头释放出金属蒸汽中。

电流的开断是通过冷却电弧等离子体使之在电流零区这个最关键的区域消失来实现的。

7. 在感性电路开断中，电弧电流的大小对电弧有何影响？

答：在感性电路开断中，当全部的电流通过金属桥，使其融化、汽化和电离之后，电弧（电弧放电）就形成了。当电流大小无法维持电弧，使电弧趋于熄灭时，由于电感中仍存在能量，其结果是电压立即出现在触头上，引起重燃击穿，重新形成导电电弧通道。

8. 断路器在电弧过零开断不成功的后果是什么？

答：虽然电流过零点是开关装置开断电流的唯一机会，但并不是每一次电流零点时电流

开断会成功。触头之间的电弧可以消灭，但弧隙仍然很热。比如 SF_6 开关中存在电离气体，真空开关存在金属蒸汽，它们会降低介质强度，从而影响断路器承受暂态恢复电压（TRV）的能力。TRV 是电流过零后立即在触头间隙上的电压，是网络对新出现状态的反应。电弧重燃会引起另一轮工频电流流过，更有甚者，在数次不成功的尝试后，开关将无法断开电流，从而发生爆炸，自身引起短路。

9. 什么是暂态恢复电压（TRV）?

答：暂态恢复电压（transient recovery voltage，TRV）是电流开断后立即加在断路器打开的触头上的电压。

TRV 的频率范围最高可达几十万赫兹，主要的频率范围为 10kHz 到几万赫兹。

10. 暂态恢复电压（TRV）对开断产生的影响有哪些?

答：(1) 恢复电压上升率（rate-of-rise of recovery voltage，RRRV）可能会很高，它由振荡频率决定。这意味着电弧熄灭后很短时间内在触头两端出现一个很高的电压，如果电弧残留物仍保持一定的电离度和温度，由于 TRV 的影响电弧将重新燃烧（复燃）。

(2) TRV 的峰值可能非常高。

11. 故障电流开断和负载电流开断的区别有哪些?

答：(1) 故障电流开断时，被开断的电流主要由电源侧阻抗决定：$X_s \gg X_L$（X_s 为电源侧电抗，X_L 为负载侧电抗），从而 TRV 幅值主要由电源侧电路贡献（$u_{0,s} \gg u_{0,L}$，$u_{0,s}$ 为电源侧 TRV 的幅值，$u_{0,L}$ 为负载侧 TRV 的幅值）。

(2) 负载电流开断时，很显然电流是由负载侧阻抗决定的，有 $X_s \ll X_L$ 和 $u_{0,s} \ll u_{0,L}$，因此 TRV 的波形由负载侧的振荡来主导。

12. 断路器的基本特性及对其要求有哪些?

答：(1) 合闸时是良好的导体。触头系统的电阻必须很小，以减小正常运行时的能量损耗。除此之外，在承载短路电流时（在要求断路器开断之前），不允许有过度发热和造成其他的损坏。

(2) 分闸时是良好的绝缘体。要求断路器能够承受操作过电压或雷电冲击电压。断路器在分闸位置的绝缘功能是不足够安全的，这项功能由隔离开关实现，要求隔离开关在触头分开时能承受较高的过电压。

(3) 从导体向绝缘体的转换（反之亦然）必须足够快。断路器在脱扣后必须动作非常快，以尽可能减小短路造成的损害。必须确保任何电流的开断（从很小的变压器励磁电流到很大的出线端短路电流）。此外，还需要能够关合电流（使线路带电）。在短路条件下关合操作并不简单，它可能损坏触头系统。

(4) 开合操作不应在系统中产生过大的暂态过程。灭弧室触头分开时产生的电弧能够将负载中的能量释放回电源。

(5) 断路器应当能够经常开合而没有太多的磨损。电弧是很强的热源，有可能损坏灭弧室内部部件。它会引起触头的材料损失（电磨损）以及炽热气体导流部件（气体断路器中的喷口）的材料损耗。断路器承受多次燃弧的能力称作电寿命。一般来说，电流越大，电磨损越严重。

(6) 断路器即使长时间动作，以及在各种气候条件下，都必须能够立即动作。

(7) 断路器必须能够执行多次不带电的分闸操作，这一性能被称作为机械寿命。这需要断路器的机械部件具有很高的可靠性。从国际调查得出的结论表明，这一要求十分必要，断路器中大多数重失效和轻失效来自于机械方面，而不是来自电气方面。

13. 从开断电流和额定电压角度来说，技术要求最高的应属高压输电等级断路器，它们必须能够满足哪些规定？

答：(1)（不超过部件的温度限制要求）承载高达 4kA 的额定电流，系统处于高电压等级时额定电流可能会更大。核电站中的发电机断路器额定电流甚至高达 40kA。

(2) 能够承受（长达 3s）的短时大电流 I_k 不超过 100kA，峰值耐受电流 I_P 不超过 250kA。

(3) 为了满足系统稳定性要求，在高达 1200kV 的额定电压情况下，必须在最多几个周波时间开断从几安培到 80～100kA 的短路电流。

14. 真空断路器是何时问世的？

答：真空开关和 SF_6 开关差不多同时在 20 世纪后半叶出现。现在，真空断路器和 SF_6 断路器分别在中压领域和高压领域占据绝对主导地位。

15. 短路电流的非周期分量何时最大？何时最小？什么是直流时间常数 τ？

答：短路电流由短路电流的周期分量与非周期分量（直流分量）构成，如图 7-1 所示。非对称电流峰值系数是直流时间常数$\left(\tau=\dfrac{L}{R}\right)$和频率的函数。

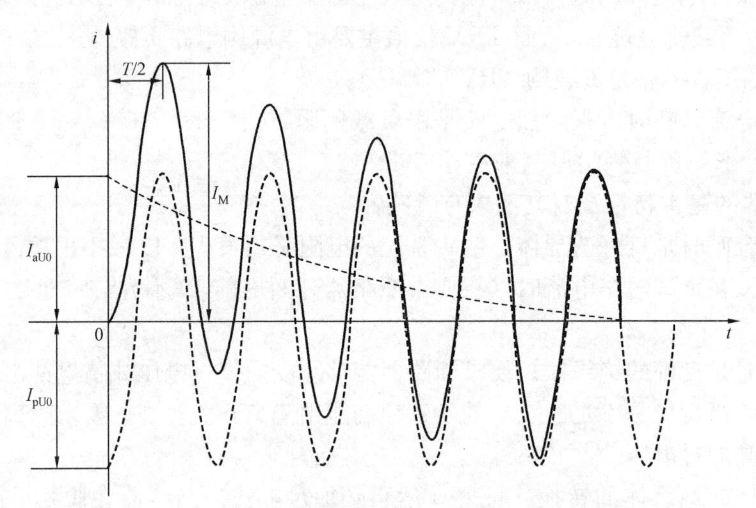

图 7-1　单相故障短路电流波形图

T—周期；I_M—短路电流正的幅值；I_{aU0}—短路电流非周期分量幅值；I_{pU0}—短路电流周期分量幅值

当短路发生于电压为零时刻（$\psi=\pi/2$）时，直流分量为最大值，这时非对称电流峰值很大。高压断路器标准中规定直流时间常数 τ=45ms，在 50Hz 情况下对应于非对称电流峰值 $2.55I_{SC}$（I_{SC} 为短路电流的有效值）。

当短路发生于电压峰值时刻（$\psi\approx 0$）时，直流分量为零，电流立即进入稳态，即所谓的对称电流，电流的完全对称条件是在电压峰值，而是当 $\psi=\pi/2-\phi$ 时刻。上述两种极端情况如图 7-2 所示。

16. 不同电压等级短路故障时直流分量衰减的直流时间常数 τ 是多少？

答：在故障时由于电感中电流不能突变，因此可能出现直流分量，直流分量是衰减的，IEC 标准对直流时间常数 τ 规定为 τ=45ms，但在实际系统中，直流时间常数处于一个很宽

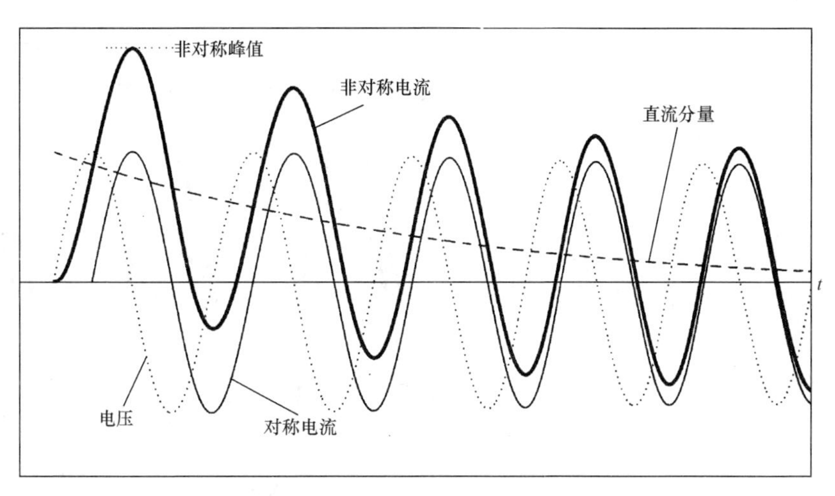

图 7-2　在单相因直流分量导致产生对称电流（短路发生于电压峰值时刻）和非对称电流（短路发生于电压为零时刻）

范围，与元器件种类有关，见表 7-1。

表 7-1　各种系统元器件的直流时间常数指导值

元器件	视在功率 S			
	1MVA	10MVA	100MVA	1000MVA
架空线路额定电压 U_r（kV）	$U_r<72.5$	$72.5<U_r<420$	$420<U_r<525$	$U_r>525$
架空线路直流时间常数（ms）	$\tau<20$	$15<\tau<45$	$35<\tau<53$	$58<\tau<120$
发电机直流时间常数（ms）	$60<\tau<120$	$200<\tau<600$	$200<\tau<600$	$300<\tau<500$
变压器直流时间常数（ms）	$20<\tau<40$	$50<\tau<150$	$80<\tau<300$	$200<\tau<400$

17. 什么情况下会产生电流失零？短路电流失零对断路器有何影响？

答：由于直流分量可能超过交流分量，它能够在一定时间范围内产生电流失零，如图 7-3 所示。短路电流失零，断路器将无法断开电弧。

18. 二次侧（负荷侧）短路对变压器有何影响？

答：变压器的故障电流由变压器的短路阻抗决定，在二次侧有可能产生大电流。无论如何故障电流会对变压器绕组造成严重的影响，这种影响是作用于绕组上的径向和轴向电动力产生的。此外，在短路电流的电动力作用下，也常发生套管断裂以及变压器喷射。

19. 短路电流的幅值中有哪几个重要的参数？

答：短路电流的幅值中有三个参数非常重要：

（1）断路器额定短路开断电流 I_{SC}：断路器在额定电压下能够开断的最大电流，用型式试验予以证实。

（2）断路器预期最大短路电流 I_{tf}：通过短路计算或分析得到的断路器在某特定位置出现故障时所遇到的最坏情况下能达到的最大电流。

（3）实际短路电流 I_{act}：其数值不止一个，它取决于故障的特性和位置，如架空线路的阻抗、变压器的阻抗等。

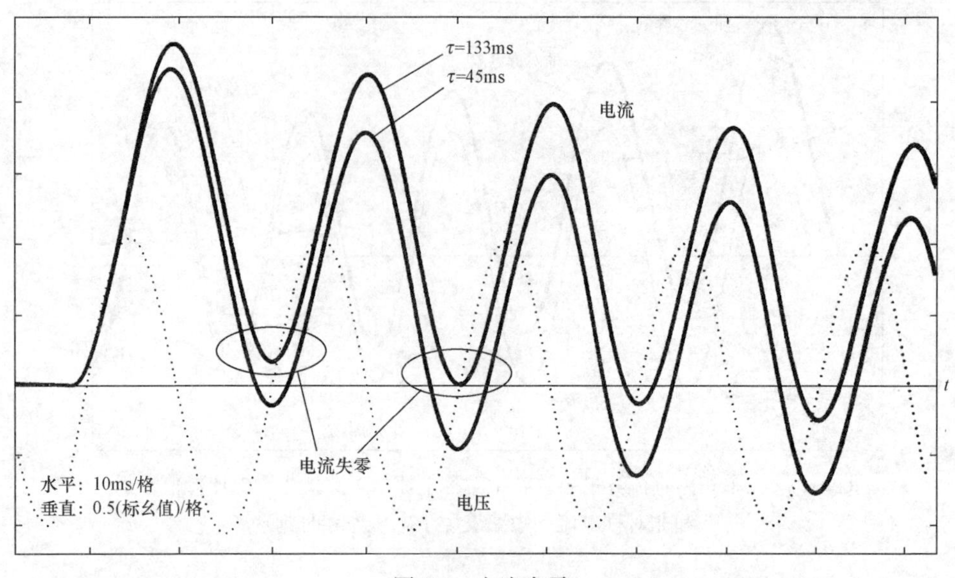

图 7-3　电流失零

在实际情况下，一般有 $I_{act} \leqslant I_{tf} \leqslant I_{sc}$ 。

20. 在电力系统失步的情况下，电流滞后电压多少度 TRV 会达到最大值？

答：在失步故障情况下，电流滞后于电压接近 90°，TRV 会达到最大值，这是因为 TRV 叠加到工频电压的峰值上。

21. 什么是出线端故障？

答：出线端故障是指短路直接发生于断路器出线端的故障。实际上，故障发生在断路器出线端是非常罕见的。故障常发生在与断路器连接的架空线路或电缆线路上，与断路器有一定的距离。

在出线端故障的情况下，断路器和短路点之间几乎没有阻抗，因此断路器将面对最大的短路电流。断路器铭牌上标注的额定短路开断电流应当比出线端故障电流大。

在出线端故障的强大电弧和大电流的作用下，灭弧室受到的热应力和电动力是最大的。因此断路器出线端故障的实验这样来设计：在完全短路条件下采用不同的燃弧时间和故障电流不同的非对称度来确认断路器的开断能力。

22. 什么是断路器的首开极系数？

答：通常用首开极系数 κ_{PP} 来描述接地方式对 TRV 的影响。这是一个无量纲的常数，表示在电流开断时刻首开极两端的工频电压（即恢复电压）与正常情况下的稳态工频电压之比值。因而 κ_{PP} 是首开极在单相情况下恢复电压的一个乘积系数。如首开极的恢复电压标幺值将达到 1.5，则首开系数为 $\kappa_{PP}=1.5$(标幺值)。

(1) 对于中性点非有效接地系统，$\kappa_{PP}=1.5$(标幺值)；

(2) 对于中性点有效接地系统，$\kappa_{PP}=1.3$(标幺值)；

(3) 对于额定电压 1100kV 和 1200kV 的特高压系统，$\kappa_{PP}=1.2$(标幺值)。

假定系统中性点是良好接地（接地阻抗为零），则 $\kappa_{PP}=1.0$(标幺值)。在此情况下，相与相之间不发生相互作用，三相系统可以被看作三个独立的单相系统。

23. IEC 标准如何定义中性点接地系统？

答：IEC 标准用比值 $\kappa=\dfrac{X_0}{X_1}$ 来定义，中性点有效接地系统定义为在所有位置和各种情

况下都满足 $\kappa<3$ 的系统。高压线路 κ 的取值通常为 $2\leqslant\kappa\leqslant2.5$。

电网中不同情况下的比值 κ 并非一个固定值，而是随着地点和场合发生变化。架空线路 k 的典型值为 2～3，电力变压器中性点接地且具有△绕组的 k 典型值为 0.5～0.9。也就是说，短路电流或部分短路电流流经的架空线路和变压器对 κ 产生影响。如果大部分故障电流流经变压器，κ 会相当低，导致单相接地故障电流可能比三相故障电流都要大。

然而，当短路电流由架空线的电抗所决定时，κ 相对较大，此时单相接地故障电流会比三相短路故障电流要小。

24. 变压器限制故障指什么？

答：变压器限制故障是指短路的状况下主要取决于线路中的变压器。在此情况下，变压器的阻尼是决定短路电流幅值的决定因素。变压器的比值 X/R 决定了非对称短路电流的峰值系数，变压器的比值 $\dfrac{X_0}{X_1}$ 决定了单相接地故障电流幅值与多相故障电流幅值的比值。在故障电流开断中，TRV 波形主要由变压器的高频特性决定，变压器的高频特性由杂散电容和泄漏电感来表征。

25. 母线、电缆、支柱式、罐式和 GIS 断路器的初始瞬态恢复电压如何？

答：除架空线以外，所有导体，只要长度和波阻抗超过一定值，都会在电压模式突然发生变化下产生行波作为响应。这对断路器的开断能力产生一定的影响。

（1）母线排。除架空线路之外，另外一种产生三角波式 TRV 的导体母线排。通常母线排用来将断路器的电源侧与变电站的其他元器件连接在一起。母线排的波阻抗为几百欧，这意味着断路器电源侧 TRV 也呈现为三角波。由于母线排长度要比架空线短得多，因此断路器电源侧 TRV 的频率非常高（>1MHz），使得初始 TRV 上升速度很快。这个初始 TRV 在试验中予以考虑，至少当灭弧室和母排直接连接时必须加以考虑。

（2）罐式和 GIS。当灭弧室放置于接地壳体中时，例如安装在落地罐式断路器或者 GIS 断路器中，套管的杂散电容使得初始 TRV 的影响可忽略不计。

（3）瓷柱式。对于瓷柱式断路器，初始 TRV 必须加以考虑。

（4）电缆线路。电缆是另一种产生行波的传输线类型。然而由于其阻抗较小，只有几十欧，相比之下架空线路和母线排的波阻抗为几百欧，因此断路器电缆侧 TRV 的上升率很低，在试验程序中也不需要加以考虑。

26. 近区故障对断路器有何影响？

答：断路器开断近区故障的真正挑战在于开断后立即出现上升速度非常快的 TRV。这意味着正当断路器从零前的强燃弧中恢复的时刻，一个很高的电压立即出现在断口上。

对断路器设计工程师而言，保证断路器近区故障电流开断能力的主要挑战就在于如何应对这样快速的变化。弧隙介质强度需要在极短的时间内恢复。

弧隙中的残余等离子体会在一定程度上阻止介质恢复。因此，应使得 SF_6 气体以适当的方式流动以确保电弧残余物被快速清除。而气体的流动模式由灭弧室中的喷口及其两端的压力决定。

一台 SF_6 断路器的电流零区测量结果示出了 4 种典型的电流零区现象：

（1）成功开断，即燃弧后电流小于几百安。

（2）成功开断，但是可以观察到明显的弧后电流。这意味着断路器已经接近热开断能力的极限。

（3）热重燃，弧后电流太大导致超出断路器的热开断能力。

（4）热重燃，开断电流远小于断路器开断能力极限值情况下出现的热重燃通常是由于SF_6气体流速太慢以致冷却效应不足造成的，比如喷口由于电弧的反复灼烧而变宽，这个过程被称为喷口侵蚀。

27. 近区故障开断的TRV用哪三个参数表征？

答：（1）恢复电压上升率：当发生近区故障的位置越靠近断路器时（线路更短），短路电流就越大。

（2）TRV频率：TRV三角波的频率因线路长度缩短会增加，其原因在于行波在线路上传输的时间变短。

（3）第一个峰值电压：故障发生点越靠近变电站，线路上的初始电压降就越低，这个峰值就越小。

对气体断路器恢复过程的研究表明，综合考虑开断电流、恢复电压上升率、第一个峰值电压等因数对气体中物理过程产生的影响，最困难的开断发生在近区故障情况下。“近”是由标准中规定$\Delta I(\%)$为90%和70%来确定的。特别是在$89\% \leqslant \Delta I(\%) \leqslant 93\%$的范围内，线路长度处于临界值，在此情况下为了开断电流所需要的冷却功率最大。

弧后电流过大是热重燃的主要原因。对SF_6断路器，弧后电流在几十到几百毫安的范围内，而在真空开断中弧后电流可达几安。

28. 在气体断路器中，电弧电压主要取决于哪些因数？

答：在气体断路器中，电弧电压大体在几百伏到几千伏的范围内，电弧电压主要取决于以下因数：

（1）电弧的长度。一般而言，电弧上的电压降与电弧的长度成正比。电弧的长度可以比触头开距（间隙长度）大得多。尤其在小电流时，电弧在气体中自由漂移，弯曲打折。电弧在打折处可以短接，从而在电弧电压测量上表现为突然跌落。

（2）电弧所处的气体。电弧电压取决于周围介质的多个物理量参数。在压缩空气中的电弧电压要比SF_6中的电弧电压高。

（3）弧根处的触头材料。触头材料对电弧电压的影响较小，因为它仅仅影响阳极电压降和阴极电压降。气体电弧的电压降主要在弧柱上，因此触头材料的影响不大。

（4）电弧的冷却。电弧的功率等于电弧电流和电弧电压的乘积。在热损耗较大的情况下，电弧通过提高电弧电压来增加功率。特别是在电流减小接近零点时，电弧很细，电弧表面积与体积之比急剧上升，此时对电弧的冷却使电弧电压迅速增加。

（5）电弧电流。气体中的电弧具有负的伏安特性。这意味着电弧电压随着电流下降而上升，反之亦然。当进行冷却时，为了维持能量平衡，电弧对电流减小的反应是增加电弧电压。

29. 交流电压下，电弧最主要的特点是什么？

答：交流电压下，电弧最主要的特点是它的熄弧尖峰，就是在电流过零前几微秒电流很小时电弧做出的最后反应。电弧电压熄弧尖峰在电流过零前以一个很陡的尖峰形式出现，其峰值电压可达几千伏，远高于大电流电弧稳定燃烧期间的电弧电压。从电弧—电路相互作用角度讲，电弧电压熄弧尖峰非常重要，因为它会对并联在断路器上的电容进行充电。这个电容是个寄生元件，它可以是落地罐式断路器或GIS断路器套管的电容，也可以是附近互感器的电容等。这个电容还可以是有意安装在灭弧室进行出线端与地之间或者直接跨接在灭弧室上的电容。跨接在灭弧室上的电容称为均压电容，其目的是为了使各灭弧室上的电压均匀分配。

在断路器上有意采用并联电容器使电弧—电路发生相互作用，从而增加断路器的热开断能力。

此外，并联电容器还可以降低电流过零后的 TRV 上升率。

30. 在断路器上直接并联电容的缺点是什么？

答：在断路器上直接并联电容的缺点是断路器的断开并不彻底，因为在开断后，电容器上仍然流过一个很小的工频电流，必须通过隔离开关开断。为了避免这种情况发生，电容可以一端连接在线路上，另一端接地，这样就不会有残留电流，但这种方法对增加断路器的热开断能力效果有限。

31. 真空断路器中的电弧—电路相互作用与 SF_6 有何区别？

答：真空电弧的电弧电压仅有几千伏。当接近零点时，电流很小，真空电弧的电弧电压基本为阴极电压降，弧柱上的电压降可忽略不计。真空电弧在电流接近零点时仅仅有几个阴极斑点，其阴极斑点射流相互平行，因此电弧电压与电流无关，电流过零前也不存在明显的弧隙尖峰。

因此，真空电弧在电流过零前不存在像高气压电弧那样的电弧—电路相互作用。其结果是真空电弧开断的 $\frac{di}{dt}$ 不受靠近灭弧室周围的电路元器件影响。

然而，真空电弧在电流过零后，其弧后电流的幅值要比 SF_6 电弧大得多，它会与电路相互作用。弧后等离子体相对较高的导电率对 TRV 的初始阶段可产生阻尼作用。这一点对于提高成功开断的概念具有正面影响，尽管高幅值的弧后电流自身并没有什么作用。

总的来说，可以得到如下结论：

（1）电弧和电路的相互作用对提高成功开断的概率具有正面影响。

（2）在 SF_6 断路器中，这一相互作用发生在电流过零前，通过将部分电弧电流分流到并联电容来实现。

（3）在真空断路器中，这一相互作用主要发生在电流过零后，通过弧后电导率影响阻尼 TRV，从而帮助其承受上升很陡的 TRV。

32. 什么是长线路故障？长线路故障与近区故障有哪些区别？

答：当故障发生位置距离断路器很远时，称为长线路故障。

长线路故障的很多现象与近区故障相近似。故障点和断路器之间的行波在很大程度上决定了 TRV 的波形。TRV 的线路侧分量是三角波，由线路的初始电压分布开始，在故障端被负反射，在断路器端被正反射。与近区故障类似，长线路故障在三相接地故障开断时，最后一极也要面临最大的等效波阻抗。近区故障试验方式关注的就是最后开断及现象或单相接地故障断开，开断电流固定在额定短路开断电流的 90％或 75％。

长线路故障和近区故障的差别在于，长线路故障的电流大小主要由架空线路的电抗决定，架空线的 X_0/X_1 比值为 1.5～3.0，因此三相短路电流会显著大于单相接地故障电流。

从而，当三相短路故障发生的位置距断路器远到一定程度时，首开极的恢复电压上升率要比最后开断极高。首开极的 TRV 峰值也要比最后开断极高。假定每相故障发生的位置刚好使得最后开断极的故障电流与首开极电流幅值相同，这意味着首开极的故障点位置要远得多，行波传输时间也更长，这样就使得首开极的 TRV 峰值要高于最后开断极。

33. 双回平行线路开断有何特点?

答: 当一个电路平行于故障电路时，它对故障电路产生影响，例如双回架空线或者多路平行的单回架空线路的情况。当开断长线路故障时，TRV 的母线侧分量向系统注入一个操作过电压。这个操作过电压将通过平行线电路到达开断故障的断路器另一端的母线。因而，在此情况下断路器上施加的总的 TRV 包含三部分：①故障线路上的三角形行波；②系统在断路器母线侧的响应；③故障开断时线路另一侧一端注入的操作过电压。

34. 失步开合有何特点?

答: 失步开合发生的条件是运行电压相同的两个耦合网络，其等效电源的相角不同，出现部分甚至完全失步（相角差 180°）的情况。电源电压旋转矢量的相角意味着系统的连接会引起失步电流，必须通过某一侧的断路器加以分断。在两个系统的连接处的某个位置上电压矢量几乎为零，这一位置被称作平衡点。

在实际运行中，在下述情况下需要将两个网络隔开或者将网络的一部分隔开：

(1) 平衡点与一组发电机—变压器连接，发电机运行点处于不稳定情况下，例如切除附近故障所花时间超出了保持发电机稳定运行的临界切除时间。

(2) 平衡点位于架空线路上，这可能发生在出现系统稳定性问题的情况下，例如出现了无功功率不平衡、过载、甩负荷或者其他强扰动。

失步电流要比断路器的额定短路电流小得多，但可能比发电机的暂态短路电流甚至次暂态短路电流要大得多。

这一开断方式的特殊之处在于断路器两边都存在电源。假设两个电源之间的电压相位差为 90°，同时假定其短路电抗相同。

这样造成的结果是，失步开断方式将出现一个峰值非常高的 TRV，而其恢复电压上升率和开断电流处于中等水平。由于在所有开断任务中失步开断的 TRV 峰值最高，它经常被作为其他特殊开断工况的参考，例如切长线路或者切串补线路故障。

35. 关合短路电流对断路器有哪些影响?

答: 短路电流在断路器上产生很大的应力，这导致以下的要求和挑战：

(1) 在电流流过触头时，尽管有电动力存在，触头也必须保持闭合。尤其对真空断路器而言，这个要求很有必要。因为真空断路器触头为平板对接结构（触头是平板接触，而不是相互插入式接触的）所以触头在流过大电流时趋于相互排斥，可在很小的触头间隙内产生电弧，导致不可逆转的熔焊。因此，施加足够的触头压力非常必要。另外，真空灭弧室触头的有效接触面积相对比较小，触头分开过程中容易出现熔融的金属桥。

(2) 在短时耐受电路试验中可以观察到，短路电流的非对称性所起作用很小，而电流通过的时间起主要作用。带有触指式触头的断路器，如 SF_6 断路器，通常很少遇到上面所讨论的问题，因为从设计上通过大电流时就使得触头抱得很紧。

(3) 断路器关合故障电路带来了另一种挑战。在关合操作中，随着触头的相互接近，触头间隙耐压强度随时间下降，其速度通常被称作绝缘强度下降率。当电路施加在触头间隙上的电压等于间隙击穿电压时，在这一时刻间隙将被击穿，称为预击穿。预击穿形成的电弧直至触头发生机械接触才熄灭。由于这一预击穿燃弧过程，气体断路器的灭弧室中压力会增加，这会对断路器的合闸及关合位置的闭锁能力带来挑战。在这种情况下，特别是一台机构驱动三极时，触头运动会减慢。在试验中需要验证短路电流关合时触头系统的运动与空载情况下差距不大。

（4）真空断路器中，在高温和高触头压力的共同作用下，触头在开合时可能产生熔焊。

（5）从触头分离到最终电弧熄灭的燃弧阶段（燃弧时间），触头系统始终受到大电流电弧的作用。在电流非对称性更大情况下电弧能量也明显增加，这是由于电流幅值增加和燃弧时间变长的缘故。这些参量都对电弧能量产生贡献，而产生的电弧能量必须在灭弧室中加以吸收。

36. 为什么断路器在预击穿阶段电流为对称电流时是最严重的情况？

答：这是因为：

（1）对称电流的上升率比非对称电流的大，因此在预击穿燃弧阶段的热应力和气体压力更大。

（2）只有在电流最大值时发生预击穿才产生对称电流，因此预击穿燃弧时间也最长。

37. 开合负载电流和关合、开断故障电流的区别是什么？

答：（1）开合负载电流时，其主要特征是开合的电流在开关设备的正常负载电流范围内。对这种工况，使用开合这个术语，指接通或断开负载电路。与之相对应，在接通和断开故障电流时使用的术语是关合和开断。

（2）负载电流开合与故障电流的关合与开断的另一个显著区别是两者的操作频率不同故障电流的关合与开断是非罕见的事情，而负载电流的开合则是日常的常规操作。

（3）若开合的是感性或容性负载，如果电流在电压峰值附近达到零点，开合也会变得异常困难。

38. 开合容性负载的特点有哪些？

答：（1）开合架空线路。在此情况下，线路远端的断路器已经将负载切断，而架空线路因为具有杂散电容，所以会有小的容性电流流过，变电站中的断路器应开断这个小的容性电流。要开断的电容电流的大小取决于线路的电压等级和长度，也可能与变电站中某些元器件有关。架空线路的典型电容值范围从单根导线的每相 9.1nF/km 到四分裂导线的每相 14nF/km。要开断的电流范围从中压等级的几安到高压等级的几百安。开断电流的大小与线路的长度也有关，一般从几千米到上百或几百千米。

（2）开合变电站内部的元器件。变电站的有些元器件也吸收无功功率而产生容性电流。电流互感器的杂散电容典型值为 1～1.5nF，电容式分压器的杂散电容典型值为 4～5nF，母线的杂散电容典型值为 10～15nF/m。这些元器件产生的容性电流都非常小，通常小于 1A，因此这个电流一般由隔离开关分断，隔离开关通常具有分断小电流能力。空气断口隔离开关用来开合长母线，而 GIS 隔离开关用于 GIS 的母线分段（开合母线充电电流）。

（3）开合电缆。与架空线路相比，电缆的电容器相对较大，因此一般来说电缆的长度虽然不长，但是开合电缆的电流相对较大。电缆的电容值与其类型、设计和电压等级关系非常密切，变化范围较大。空载电缆的电流可以达到几百安。

（4）开合电容器组。电容器组是集中参数电容，因此与分布电容不同，电容器组通常会吸收比空载电缆或架空线大得多的容性电流，在实际运行情况中可以达到几百安。从开合电流的角度看，开合电容器组与开合电缆以及架空线在原理上相似。其主要差别在于操作频率；开合架空线路和电缆线路属于偶然事件（每年操作一次到几次），而电容器组的开合操作非常频繁，因此电容器组需要根据系统负载在每天白天、晚上的变化情况提供无功功率。因此断路器开合电容器组的性能必须基于统计数据予以考虑，需要对大量开合操作的数据进行分析。

断路器在关合电容器组时，由于电容器为集中参数，因此会产生涌流电流。涌流电流是电容器组吸收的高频暂态电流。由于电容器组的波阻抗远小于电缆和架空线路的波阻抗，因此电容器组的关合涌流电流幅值要大得多。

39. IEC 标准中如何定义重击穿？

答： 为了区分击穿效应的严重程度，IEC 标准使用术语“复燃”来表征开断后 1/4 工频周期内发生的击穿，在 1/4 工频周期之后发生的击穿称为重击穿。

40. 对于开断单相容性负载，流过触头间隙的高频重击穿电流的高频个数对电容电压有何影响？

答：（1）当流过的重击穿电流半波个数为奇数时，电容器电压将增加，如果不考虑阻尼，电容器上的电压发生的最大偏移将由－1(标幺值) 增加到＋2(标幺值)。

（2）当流过的重击穿电流半波个数为偶数时，电容器电压将降低，在无阻尼情况下，重击穿后负载电压不发生变化。

41. 断路器多次重燃对恢复电压有何影响？

答： 多次击穿尤其危险，当重击穿电流流过奇数个半波时，随着恢复电压的增加，断路器上的电压标幺值有可能达到 4，触头间隙有可能发生第二次重击穿。在经过奇数个数重击穿电流半波后，负载侧电压标幺值在理论上可达到 5，这样断路器上的恢复电压峰值的标幺值可达到 6。由于多次重击穿导致的电压逐级上升过程称作容性负载开断中的电压级升。

42. 断路器多次重燃对断路器有哪些影响？

答： 重击穿有可能造成断路器灭弧室内部部件的损伤，观察到最明显的损伤就是喷口被打出洞孔。有时也能观察到主触头之间发生重击穿的痕迹。要避免这一点的发生，应在主触头和弧触头之间设置合理的绝缘配合。

43. 真空断路器开断产生高频电流的后果如何？

答： 真空断路器能够开断电流过零电流变化率（di/dt）很陡的电流。因此，真空断路器能够在预击穿、复燃、重击穿产生的高频电流过零时将其断开。在系统条件不利的情况下，高频电流的开断可能产生过电压。

44. 三相容性负载中 C_1/C_0 如何变化？

答： 对于电压等级在 52kV 以上的架空线路，C_1/C_0 的典型值约等于 2；对于系统电压低于 52kV 的系统，一般认为 $C_1/C_0=3$；对于电容器组中性点不接地系统，$C_1/C_0>100$；而由定义可知电容器组中性点接地系统时，$C_1/C_0=1$。

在电流开断过程中，一相被开断后，系统平衡被打破，系统中性点对地电压提高的幅值依据 C_1/C_0 的情况而定。在最差的情况下，如电容器组中性点不接地系统 C_1/C_0 值趋于无穷大，因此在首开极开断电流后的 1/4 周期，中性点的电压标幺值会上升到 0.5。恢复电压的峰值在这种情况下达到最大，即：负载电容存储电荷后的电压标幺值（1）＋反向电源电压标幺值（1）＋中性点偏移电压标幺值（0.5）＝2.5(标幺值)。

45. 什么是延时击穿？延时击穿时有哪些可能的情况？

答： 灭弧室偶尔会在电流开断后较长时间发生击穿，发生击穿时间可达 1s。这种现象称作延时击穿，击穿发生后的情况对评价其后果非常重要。

击穿发生后有两种可能的情况：

（1）在击穿后如果触头间隙继续导通，那么这种延迟击穿是重击穿。重击穿对线路及断路器都会产生严重后果。重燃击穿通常是型式试验未通过的判据。

（2）在击穿后如果触头间隙立即恢复绝缘状态，那么这种延迟击穿称作非保持破坏性放电（NSDD）。

46. 延时击穿对真空和 SF_6 的影响有何不同？

答：通常延时击穿与真空断路器联系在一起，它不仅发生在容性电流投切中，而且在断路开断中也同样存在。然而，在 SF_6 断路器中也观察到了延时击穿，虽然为极少数，但是它表明这个现象并非真空开断领域所独有。

在小间隙下，虽然原则上真空间隙的击穿场强高于 SF_6 间隙。但真空间隙击穿电压统计数据的标准差比较大。这意味着在相对较低电压下，如工频恢复电压下就可能发生击穿。

真空间隙中发生延时击穿的根本原因或许与金属微粒有关。这些微粒有可能是燃弧后液滴凝固产生的，它们松散地附着在触头表面，当操动机构分闸时产生振动，微粒就可能脱离触头表面。或者延时击穿发生的根本原因有可能是场致发射电流的突然增加，从而导致击穿。

在正常情况下，真空间隙的绝缘恢复得非常快，典型值为几微秒到几十微秒。恢复很快的原因在于真空间隙能够开断击穿后产生的高频电流。真空间隙在 40kV 电压下击穿后产生了频率非常高的电流（$>$1MHz）。尽管此电流的变化率（di/dt）很高，达到每微秒几千安，但是此例中的真空间隙能够在 8μs 开断这个电流，使得电流导通的时间非常短。这个高频电流是由真空间隙附近的寄生电容对寄生电感放电产生的。

47. 在三相中性点非有效接地电路中，重击穿如何发生？

答：在三相中性点非有效接地电路中重击穿至少需要断路器的两相灭弧室触头间隙同时发生击穿。最有可能的情况下，第二次击穿是由于第一次击穿造成中性点电压漂移引起的，如果高频击穿电流被其中一个间隙开断，就不会产生工频电流或者容性负载的放电电流，这就是两相出现非保持破坏性放电（NSDD）的情形。

48. 在容性电路中，重击穿引起负载电容是如何放电的？

答：在容性电路中，重击穿引起负载电容的放电。单个触头间隙上出现的 NSDD 放电时间很短，只能引起负载电容很小的一点放电，只有中性点对地的杂散电容会发生放电及极性反转。

49. 关合电容器组为什么会产生涌流？关合单一电容器组和背靠背电容器组时所产生的涌流有何区别？

答：（1）在关合容性负载时，容性负载都会产生一定的涌流。将带来电容器组连接到电源上时，电容器上的电压会从零值以很大的电压变化率（du/dt）上升到电压源电压，从而产生涌流。涌流值与负载电路的波阻抗成反比。电容器组的波阻抗很小，比电缆和架空线路小得多。电缆线路波阻抗为几十欧，架空线路的波阻抗为几百欧，这是由电缆和架空线路的分布参数特性决定的。

（2）由于电缆和架空线路的波阻抗相对较高，因而它们在关合时不存在涌流问题，也不会对断路器形成挑战。然而，由于电缆电路的电感值很小，还是有可能在电缆系统中产生上升沿很陡的涌流。

（3）电容器组的波阻抗仅有几欧，因此如果不采取限流措施，可能在关合时产生很大的涌流。

1）在单个电容器组情况下，其关合过程带来的是电能质量问题，主要对系统产生影响，对断路器影响不大。

2）对背靠背电容器组（并联的电容器组）：这种工况是指一组电容器组在关合时，母线上已经连接其他的电容器组。在这种情况下有一个幅值很大的涌流在邻近的电容器组间流过，这个涌流仅受到母线电抗或限流元器件的限制，此时电源电流已不再是主要分量。这种情况的优点是母线电压几乎不受影响，但是断路器要经受幅值非常大的涌流的考验。涌流峰值可达20kA，涌流频率可达几千赫兹。

50. 限制关合电容器组涌流的措施有哪些？

答：(1) 加入串联电抗，以减小涌流电流的幅值和频率。这个限流电抗还可以在切电容器组发生重击穿时降低重击穿电流，以及在电容器组附近发生故障时限制涌流。

(2) 应用选相投切技术。在此情况下，选择在各相电压零点附近合闸，从而消除涌流。这一技术已被广泛应用，但它并不能降低重击穿电流，重击穿电流通常比合闸涌流大。

(3) 在涌流期间接入非线性元件，例如在电路中接入阻尼电阻。

51. 电容器涌流对断路器有哪些影响？

答：(1) 对 SF_6 断路器的影响。在关合一般工频故障电流情况下，其电流上升率为每微秒几十安。与此相比，关合背靠背电容器组情况下，涌流电流的电流上升率为每微秒几百安，这给 SF_6 断路器的触头系统带来了很大的压力。由于电流上升很陡，这导致了触头间隙内气体产生急速加热和膨胀。主触头和弧触头之间的绝缘配合，必须保证在所有的情况下关合时，预击穿都只发生在弧触头之间。由于电容器组放电的暂态电流频率很高，集肤效应将驱使电弧弧根燃烧在静弧触头的周围区域，而不是在触头表面区域均匀燃烧。其结果是在多次关合操作后，静弧触头将会变成圆锥形而不是故障电流关合情况下的半球形。反过来，圆锥形结构增加了主触头之间发生预击穿重击穿的概率，引起断路器故障。

(2) 对真空断路器的影响。真空断路器并没有分开的主触头和弧触头，因此产生预击穿电弧的触头与分闸位置上承受电压的触头是同一触头。背靠背电容器组关合时的电流很大，在预击穿电弧的作用下，触头表面会发生局部熔化，当触头相互接触时，局部熔化的触头可能会发生熔焊。机构必须设计成能够将触头的熔焊断开，但熔焊点断裂后会在触头局部形成不规则的形状，成为场致增强点。如果在触头打开燃弧期间这些微凸起没有被完全清除掉，它们会影响触头间隙的介质强度。因而，在开断时电流较大或者燃弧时间较长都能削弱熔焊断裂产生的负面影响。

52. 开合感性负载时为什么会产生电流截流？断路器发生电流截流时可能产生什么后果？

答：在容性负载电流开断中，存储在电容器组中的电荷由于重击穿而导致能量的释放。在感性负载电流开断中，释放的是感性负载中的电流所存储的磁场能量。

感性负载的开合涉及空载变压器、并联电抗器和电动机。开断电流一般很小，在高压等级从几安到几百安，在中压等级为几千安。

对断路器的要求是，它必须具有开断直到其额定短路开断电流的任何电流的能力。因此其灭弧系统在设计时需要应对上述要求。然而，灭弧室很难区别对待大电流和小电流。其结果是，即使是开断小电流，气体断路器全部的熄弧能力也都用来应对很微弱电流截流，用截流值或者截流水平进行描述。在电弧熄灭瞬间截流电流被局限在负载电感中，这意味着负载电感中存储了一定的磁场能量。电弧熄灭后电流无法再向主电路中流动，只能向负载电感的并联杂散电容充电，因此在有些情况下产生很高的过电压。

53. SF_6 断路器和真空断路器的电流截流有何不同？

答：(1) SF_6 断路器。在 SF_6 断路器中，剧烈喷射的气流和小电流电弧产生强烈的相互作用。SF_6 断路器中的电流截流是喷射的气流与电路间复杂的相互作用所得结果。

由于小电流电弧的不稳定性，气体电弧的负伏安特性会激起负阻尼特性的电流振荡，这会导致电流的不稳定性呈指数规律上升，最终强制电流到零。SF_6 断路器的截流值正比于断口数量和灭弧室的并联电容。

（2）真空断路器。真空断路器也会发生截流，但真空断路器发生截流的物理背景与 SF_6 断路器完全不同。真空电弧，或者更准确的名称是金属蒸气电弧，是由很多电弧射流组成的，电弧射流的弧根位于阴极上，称作阴极斑点。每个阴极斑点承载的电流为 30～50A。由于金属蒸气电弧的阴极斑点数量与电流幅值成正比，因此工频电流按正弦下降时阴极斑点的数量随之减少。在接近电流零点时，电弧仅由一个阴极斑点维持，当电流降低至不能够维持阴极斑点时，电流就会跌至零值。由于电流很小时只有单个阴极斑点，无法向弧隙中提供足够的金属蒸气，因此在空间电荷的作用下会引起电弧电压短时上升。电弧电压的噪声分量与寄生电路元器件发生相互作用，强迫电弧电流在自然过零点前跌至零值。

对于真空断路器来说，因为触头材料提供燃弧介质，即金属蒸气，因此截流电流与触头材料密切相关，典型值为 2～10A。

54. 电流截流有哪些影响？

答：（1）当负载电感很大时，其感性电流很小，因此开断时容易产生截流。感性负载电流比正常负载电流要小得多，因此断路器很容易开断。截流时存在电感的磁场能量与杂散电容的电场能量开始振荡，当负载中的能量全部转换到杂散电容上时，振荡电压达到最大值。

（2）自感性负载开断过程中，TRV 的最大值能够达到很高的数值，到目前为止所研究的全部开断工况中，感性负载开断所能达到的 TRV 是最高的。电压相同时，电流越小，所产生的过电压就越高，这是由于感性电流越小就对应于更大的负载电抗的缘故。同样，寄生电容越小，过电压就越高。

而且，通过在负载上加装并联电容可以降低截流过电压，尽管并联电容会提高截流值。

55. 什么是抑制峰值？什么是恢复峰值？

答：当电流截流到零值时，TRV 立即开始上升，但在这个开断工况中，电压开始上升时的极性与电流过零线的电弧电压的极性相同。在这个极性相同的阶段中，负载侧电压的最大峰值成为抑制峰值。

在没有复燃的情况下，TRV 最大值的绝对值称作恢复峰值。

56. 断路器开合空载变压器时有何特点？

答：（1）开合空载变压器工况中的开断电流是变压器的励磁电流。变压器的励磁电流很小，最多只有几安，通常小于 1A。这意味着即使电流在峰值时也低于截流电流值，也就是说，断路器的触头只要一分开，电流就立即开断了。这样在低的电压水平上就会出现重击穿，甚至是多次击穿。

（2）开断涌流。开断变压器涌流时需要考虑过电压的产生。在这种情况下，涌流有可能达到额定电流的 10～15 倍。为了避免变压器涌流的影响，通常的做法是当涌流与故障电流之比很大时（一般通过测量电流的谐波和波形的特征进行判断），对继电保护进行闭锁。另外，这种情况的过电压也可通过在变压器高压侧的相与相之间或相对地之间加装避雷器进行保护。

57. 断路器开合空载变压器时过电压的倍数如何？

答：（1）空载条件下，断路器开断变压器时，所产生的过电压通常低于标准规定的绝缘水平。对于高压变压器（≥72.5kV），文献报道的最大过电压标幺值通常低于1.5；即便在最严酷的情况下，变压器的功率和励磁涌流都很大时，最高的过电压标幺值也在4以下。

（2）对于中压变压器，最高的过电压标幺值通常为2.5以下，只有在很特殊的情况下，如干式变压器，最高的过电压标幺值在4以下。

58. 断路器开断并联电抗器时有何特点？

答：开断并联电抗器与开断容性电流情形相似，开断电抗器时电流很小，因此燃弧时间可以很短。这就意味着在到达电流零点时断路器的触头间隙还没有达到足够大，无法承受TRV，从而会发生击穿。在这种情况下，击穿被称作复燃，因为它发生在开断后的1/4工频周期内，是由高频TRV引起的。

与容性电路中出现的重燃击穿不同，感性电路中出现的复燃的放电能量相对较小，因为它是杂散电容的放电，瞬间流过的是高频复燃电流，触头间隙的绝缘有可能恢复也可能无法恢复。

在复燃电流流过期间，触头间隙只稍微增加，因此其耐受电压也只有稍微增加，因而在复燃电流被开断后，又加上来的TRV更高，会导致再次复燃。这很容易发生，因为在短暂的导通期内，电抗器中的工频电流仅略微增加，所以第二TRV会更加陡峭，比前一次也更高。这个复燃序列被称作多次复燃或者重复复燃，复燃电压的逐级上升被称作（感性）电压上升。

这个过程的结果是在触头间隙达到足够的耐压强度之前出现了一系列的复燃。这种情况下开断是成功的，但伴随着多次复燃。另一种情况是，尤其是在燃弧时间非常短的情况下，在几次复燃后有一个半波的工频电流流过触头间隙，在工频电流半波过零时触头间隙获得了足够高的介质强度，电流被开断。

对SF_6断路器而言，多次复燃通常产生非常严重的后果，这也是开合并联电抗器有时被称为“断路器的噩梦”的原因，还有一个原因就是它每天都要进行开合操作。

发生多次复燃时，能够产生极高的过电压，其标幺值可达3以上，而且断路器内部部件也经常损坏。

对于真空断路器而言，复燃电流对触头不会造成损坏，但是真空断路器具有开断高频电流的能力，因此复燃电流导通的时间很短，使得真空断路器出现复燃的次数要比SF_6断路器多得多，因为有时也能观察到多次复燃造成的真空断路器的损坏。

59. 开断高压电动机时有何特点？

答：稳态运行中，电动机的功率因数接近于1，因此开断稳态运行中的电动机时，其TRV并不显著。因为电动机的机械时间常数远大于电气时间常数，所以在TRV阶段电动机不至于失速，在转速逐步降低时，负载侧的电动势仍可保持。

在大多数情况下，高压电动机采用真空断路器或者真空接触器来进行开合，这主要是因为其电压等级处于中压范围内。真空开关的一个突出特点是其高频复燃电流的开断能力要显著高于SF_6断路器。有报道指出其电流变化率（di/dt）的开断能力可达每毫秒几百安以上。除此之外，与输电系统相比，配电系统TRV的频率要高得多。因此，真空断路器恢复阶段与导通阶段要比高压SF_6断路器情况短得多。

60. 气体介质中电流开断的原理如何？

答：为了开断电流，断路器必须等待电流自然过零点。在电流下降趋于零时，电弧的截面积会很小。当电流抵达零点时，导电通道缩小为很细的线状电离气体。在电流过零瞬间，没有能量输入电弧。如果电弧能够在这个瞬间消失，电流就能够被成功地开断。然而由于电弧具有热惯性（由电弧时间常数来定量表示），开断是否成功取决于存储在电弧中能量的大小以及电弧能量的耗散速率。这就意味着在电流刚过零时电弧弧柱仍然具有一定的电导率，因此系统会通过暂态恢复电压（TRV）的方式继续向导电通道输入能量。为了使得开断成功，在电流过零时就要使导电通道有效地冷却。这样，弧柱温度可以快速下降，使得触头间的气体介质由导电状态向绝缘状态转变。

61. SF_6 的分解过程如何？其产生的分解物有哪些？

答：（1）在 750K 以上，SF_6 开始分解。在 3000K 以下时，所有的 SF_6 分子将分解为大量的基团（低硫氟化合物：S_2F_2、SF_5、SF_4、SF_3、SF_2、SF、S_4、S_2、F_2），在 4000K 以上所有的分子将会完全分解为单原子——氟和硫。

（2）在开断过程中，电弧的中心温度达到 10000K 级别。在这样高的温度下，原来在 750K 温度以下的惰性气体变为化学上高度活跃的分子和离子的混合物。这种混合物具有一些不利影响。它能够快速与其他物质（如蒸发的触头材料、水蒸气、空气、容器壁、陶瓷或者杂质）发生反应，形成分解物的副产物，其中一些是具有高度毒性和腐蚀性的化合物（如 S_2F_{10}、SO_2F_2、SOF_2、SO_2、CF_4、SF_4 和 HF）。这些副产物进入大气时会对人体的健康带来严重的潜在影响。这些副产物聚集在开关设备内部没有直接影响，特别是吸附剂（如分子筛）会净化气体。

（3）电弧熄灭后，当温度下降到大约 1250K 以下时，大部分粒子会复合并形成 SF_6。其中一小部分粒子因化学反应的不平衡而不能复合为 SF_6，从而增加了分解物含量，降低了 SF_6 的纯净度，所形成的杂质含量与放电能量有关。因此，断路器开断后其 SF_6 分解物的含量要比其他类型 SF_6 设备高。

（4）在放电的过程中或者在很短时间内（亚秒范围），除了形成低硫氟物（即少于 6 个氟原子的化合物）以外，还会有各种金属氟化物。最重要的有 CuF_2、$A1F_3$、WF_6 和 CF_4。这些产物通常被称作一次分解物，以细小的、非导电的、类似灰尘的沉淀物形式存在于断路器壳体的底部和绝缘体的表面。在正常的情况下，它们对绝缘特性没有不利影响。铜氟化物以奶白色粉末形式存在，当暴露于大气中时，产生蓝色物质，这是由于产生脱水盐的化学反应。

部分分解物的化学性质稳定，其他则非常不稳定，特别是在有水存在的情况下。如果上述分解物暴露于潮湿的地方，将会水解形成二次分解产物，如下所示：

$$F+H_2O \longrightarrow HF+OH$$

$$SF_4+H_2O \longrightarrow SOF_2+2HF$$

$$SOF_2+H_2O \longrightarrow SO_2+2HF$$

$$SOF_4+H_2O \longrightarrow SO_2F_2+2HF$$

$$CuF_2+H_2O \longrightarrow CuO+2HF$$

这些反应意味着将形成大量的氟化氢（HF）。HF 是一种极强的酸。因而对断路器灭弧室内部材料及保护涂层的选择十分重要。

62. SF_6 电弧中最主要的有毒产物是什么？

答：SF_6 电弧中最主要的有毒产物是 SOF_2，其在有氧情况下会产生，具体反应为：

$$S+O+2F \longrightarrow SOF_2$$

$$SF_4+O \longrightarrow SOF_2+2F$$

$$SF_3 + O \longrightarrow SOF_2 + F$$

这些反应包含了触头材料在燃弧中释放出来的氧。

在燃弧中也会形成其他各种有毒副产物（如 S_2F_{10}）。然而在燃弧条件下所形成的 S_2F_{10} 含量极低，因为在高温条件下产生的活跃的 SF_5 只有在快速冷却时才能形成 S_2F_{10}，而这种条件在电弧中不太可能存在。

低含氧的硫化物和其他副产物可以通过分子筛、氢氧化钠和氧化钙的 50%混合物或者活性铝有效中和。这些物质非常有效，并且其吸收酸性气态产物的过程是不可逆的。

63. SF_6 一次和二次分解物会产生什么后果?

答：纯 SF_6 是惰性的，因此它不会引起腐蚀。然而在一定湿度下，SF_6 的一次和二次分解物会形成腐蚀性的电解物，它们或许会引起电力装备的损坏和操作故障。

64. SF_6 对环境的影响有哪些?

答：SF_6 对环境的影响有：

（1）人工合成的气体和材料释放产生的大气污染主要有两个方面的效应：①在平流层臭氧层制造空洞；②全球气候变暖，即地球表面平均温度上升，也称作温室效应。

（2）臭氧消耗。臭氧的消耗总量以每 10 年 4%速度缓慢且稳定地下降；在同一时期，臭氧含量在地球的极地平流层下降更为严重且呈现季节性。后一种现象通常被称为臭氧空洞。

（3）温室效应。氧存在三种形式的同素异形体：原子氧（O）、常态氧（O_2）和臭氧（O_3）。SF_6 对平流层臭氧的破坏和消减不构成影响。SF_6 非常不易被化学和光学分解，因而它对全球变暖的影响是持久和累积的。SF_6 的大气寿命非常长，估计 3200 年。SF_6 强烈的红外吸收能力和长寿命是它具有高全球变暖潜势（GWP）的原因，在 100 年时间范围内估计比 CO_2（从体量上讲温室效应的主要贡献者）的 GWP 高 2280 倍。

65. 减少 SF_6 排放以缓解其对全球变暖影响的措施有哪些?

答：减少 SF_6 排放以缓解其对全球变暖影响的措施有短期措施和长期措施。

（1）短期措施：

1）通过改变密封系统和 SF_6 处理程序以防止 SF_6 泄漏到环境中；

2）系统回收使用过的 SF_6 并且销毁污染气体；

3）志愿减排计划；

4）严格控制气体的使用，仅限于在 SF_6 具有明显优势的地方使用（如高压断路器），从而减少使用量；

5）设计设备时就减少 SF_6 气体的使用。

（2）长期措施：采用混合气体代替 SF_6。

66. SF_6 气体对健康的潜在影响有哪些?

答：SF_6 是无毒的，也没有其存在急性或慢性毒害方面的报告。由于它在水中的可溶性很低，对地表面和土壤中的水没有危害，也不存在食物链中的生态积累现象。因此，SF_6 对生态系统是无害的。

SF_6 是非致癌的（不会引起癌症）、肺诱变的（不会对遗传结构产生诱变）、在食物链中没有富集作用。

然而，SF_6 的副产物对皮肤、眼睛和呼吸道有刺激作用，高浓度的 SF_6 副产物，会引起肺部水肿，长期暴露于 SF_6 副产物时，会引起呼吸衰竭。

在一般情况下，SF_6 密闭在装置内部，所产生的副产物被分子筛和中和复合过程所消除。SF_6 可能因泄漏或者气箱失效（例如内部故障电弧将外壳烧穿）而释放到大气中。从评估健康风险角度出发，必须分清 SF_6 的突然释放是泄漏还是内部故障导致的。

在泄漏情况下，必须考虑长期暴露于气体副产物的影响。产生于电弧和低能放电的副产物可能从 SF_6 装置泄漏而释放出来，在工作场所的大气中浓度可忽略。在中压和高压环境下的工作场所中发现的浓度要比限定阈值（TLV）小 4 个数量级。

67. 在因内部故障发生 SF_6 的突然释放有何影响?

答：在因内部故障发生 SF_6 的突然释放的情况下，采取紧急撤离和通风措施，意味着仅有短暂的暴露。在设备室内会有高浓度的副产物。然而，计算出的浓度不会超过短期暴露规定的限定值。在此情况下，要考虑所有可能的有毒物释放源，因此需要详细了解所有的生成物，如金属蒸汽、燃烧的塑料、电缆绝缘物、涂料等产物的作用以及与 SF_6 有关的作用。

68. 从高压绝缘和电流开断角度看，替代 SF_6 的最有可能的气体有哪几种?

答：有三种：

（1）高气压纯氮气用于高绝缘。考虑到这种气体的环境友好性，当 SF_6 不是绝对必须时可以采用，对这种技术应当加以研究和改进。

（2）SF_6/N_2 混合气体：

1）低浓度 SF_6（<10%）与 N_2 混合，用于高压绝缘；

2）比例相当的 SF_6 和 N_2 混合，用于电气绝缘和电流开断。

（3）SF_6/He 混合气体用于电流开断。SF_6 与 He 的混合气体绝缘断路器中显现了良好性能。He 在冷却能力上对 SF_6 有协助作用。SF_6 比例在 75% ～ 25%之间的 SF_6/He 混合物的绝缘性能在 0.6MPa 压力下比纯度 SF_6 要高出约 10%。因此，对该混合气体还要进一步研究。

69. 从灭弧介质的使用情况分析，断路器经历哪几个发展过程?

答：从灭弧介质的使用情况分析断路器经历了：多油、少油、空气（压缩空气）、SF_6 和真空断路器。

70. 多油断路器和少油断路器主要的区别是什么?

答：多油断路器和少油断路器主要的区别在于少油断路器中的油仅作为灭弧介质，而将固体绝缘材料作为绝缘介质，而在多油断路器中油起到灭弧和绝缘的作用。

（1）多油断路器。美国第一台多油断路器于 1901 年设计和安装，用于 40kV 电压下开断 300 ～ 400A 的电流。在 20 世纪 30 年代，油断路器中已经加装了灭弧室，但对油箱本身并没有明显改进。多油断路器在美国得到了广泛的应用。

（2）与目前的断路器技术相比，多油断路器的机械寿命和电气寿命相当短。它们需要频繁的维护，将油中燃弧产生的碳颗粒清除掉。否则，油的绝缘性能会下降，显著增加变电站爆炸和火灾的风险。多油断路器直到 20 世纪 90 年代中期还在制造并且仍在运行，有时需要 8 个断口串联使用。

（3）少油高压断路器属于瓷柱式断路器。它使用固体绝缘支撑将带电部分与地之间进行绝缘，因此使用的油量大大减少。在中压应用中，采用强化玻璃纤维材料作绝缘子，而在高压应用中使用陶瓷作为支撑绝缘子。直到 20 世纪 90 年代，很长一段时间内，少油断路器在断路器技术中占主导地位。瑞典于 1952 年建设了世界上第一个 380kV 电网，为此将模块化概念应用于瓷柱式少油断路器中，开发了双断口的瓷柱式 170kV 少油断路器和每极四断口的420kV断路器。

71. 简述压缩空气断路器灭弧原理及使用情况。

答：（1）压缩空气具有比大气压下的空气更高的绝缘强度和更好的导热性能。压缩空气气吹原理采用压缩空气吹向电弧，一般沿着电弧长度方向（即纵吹）方式。在超高压系统中，这种技术使用了超过50年，直到SF_6断路器出现这种技术才被替代（中国直接在平武工程引进了SF_6断路器）。

（2）压缩空气断路器具有开断能力强、开断时间短的优点，但灭弧室绝缘介质恢复能力相对较低。

（3）压缩空气气吹熄弧原理的研究在20世纪20年代起源于欧洲，在30年代得到进一步发展。压缩空气在20世纪50年代得到广泛应用。压缩空气断路器首先于1960年应用于苏联的525kV系统，后来于1965年应用于加拿大的735kV系统，1969年应用于美国的765kV。

72. 简述SF_6断路器的发展历程。

答：（1）首次将SF_6气体用于电流开断是在1953年，但在此时之前，人们对SF_6气体优异的绝缘特性的了解已经有40多年的时间了，SF_6气体用于电流开断的最早应用是电压为15～161kV的高压负荷开关，开断能力为600A。1956年美国西屋公司开发了第一台高压SF_6断路器。仅仅过了几年时间，1959年西屋公司生产了第一台具有高短路开断电流能力的SF_6断路器。这是一台落地罐式断路器，它能够在138kV电压下开断41.8kA，在230kV电压下开断37.6kA的短路电流。SF_6断路器有双压式、单压式、压气式。从20世纪70～80年代，压气式断路器的额定电压上升到800kV，设计明显简单化，大幅度减少了每极灭弧室的数量及操作功能。1978年平高生产了我国第一台敞开式SF_6断路器。

（2）1980年，第一台单断口245kV、40kA的压气式断路器被成功开发出来并通过了型式试验。20世纪90年代，日本开发了单断口420kV和550kV断路器以及双断口1000kV和1100kV断路器，其后中国研制了1100kV双断口断路器。以上工作确立了SF_6断路器在整个输电电压等级的主导地位（平高1000kV双断口采用东芝技术线路；西电四断口、新东北四断口采用日立线路）。自20世纪80年代以来，产生新的开断原理——自能式技术。

73. SF_6断路器可分哪几种形式？

答：总的来说，SF_6断路器可分为4种类型：①双压式断路器；②压气式断路器，在一个稳定压力下操作；③自能式断路器，也是在一个稳定压力操作；④旋弧式断路器。

74. 简述真空断路器的发展历程。

答：自从1890年提出第一个真空开断技术的专利，并在20世纪20年代首次被应用性试验验证以来，在真空中的电流开断就被认为是一种控制供电网络中潮流的有效办法。早在1926年，研究人员就进行了利用真空开关在16kV电压条件下开断101A电流的实验。真空中电流开断的基本原理基于真空在稳态条件下是一种绝缘介质，无法提供电流传导的路径。而电流开断及开断后介质恢复则是因为电弧残余物的自然扩散。这一点与其他技术不同（如气体断路器），气体断路器的设计及其性能与机械方式产生的气流紧密相关。真空的开断特性完全取决于从触头上由真空电弧释放出来的金属蒸汽。

75. 真空是如何划分的？

答：真空主要采用绝对压力来测量，压力越低表示真空越高。当绝对压力与大气压相差大于两个数量级时，其压力差几乎保持不变。真空可划分为低真空、中真空、高真空、超高真空。

（1）低真空：$10^5 \sim 10^2$Pa。

（2）中真空：$10^2 \sim 10^{-1}$Pa。

（3）高真空：$10^{-1} \sim 10^{-5}$Pa。

（4）超高真空：$<10^{-5}$Pa。

76. 与 SF_6 断路器触头相比，真空灭弧室触头的作用有何不同？会对真空间隙的绝缘产生哪些不利的影响？

答：SF_6 断路器主触头用于绝缘，燃弧触头用于开断。

真空断路器灭弧室的触头必须既承担开断功能还承担绝缘功能，所以真空触头的表面状况无法确定。这会对真空间隙的绝缘产生如下不利的影响：

（1）真空介质的绝缘水平大致随着触头间距离的二次方根而正比例增加。

（2）与高密度介质相比，真空灭弧室的绝缘水平具有一定的随机性并且分散性较大。

（3）在恢复电压比之前所承受的电压值低的情况下也会发生延迟击穿。

（4）机械操作和燃弧会改变触头表面状态并产生微粒。

（5）真空开关设备的绝缘水平不能保持不变，而是会随时间发生变化。

（6）不能认为老练后所获得耐压水平可以永久保持。

77. 老练对真空断路器有什么作用？

答：在对触头进行抛光或者在间隙上施加一定时间的高电压后，高真空中触头间隙的耐受电压会显著提升。如果施加的参数得当，这个老练过程会在很大程度上改善触头的表面状况。但是，在开关装置中，老练只能在开关设备安装之前进行，而不能在运行过程中进行。这是因为开关电弧会不断地改变触头的微观几何形状和结构。

78. 什么是巴申定律？

答：巴申定律是弗里德里希·巴申在 1889 年通过大量实验总结出的关于气体放电的规律，它描述了击穿电压 U_b 与气体压力 p 和间隙距离 d 之间的关系，即 $U_b = f(pd)$。这个定律不仅适用于空气，也适用于其他电负性气体。巴申定律的背景是在汤逊理论出现之前，它揭示了击穿电压不仅仅是间隙距离的函数，而是气体压力和间隙距离乘积的函数。在均匀电场中，巴申定律的曲线表示了气体间隙击穿电压与 $p \times d$ 乘积之间的关系，而不适用于不均匀电场。此外，巴申定律的曲线是 U 形的，存在一个极小值，这意味着击穿电压不是随着 $p \times d$ 乘积的单调函数而变化。

巴申定律的提出，为理解和预测气体放电现象提供了重要的理论基础，尤其在高压与绝缘领域有着广泛的应用。通过这个定律，可以更好地理解和控制气体放电的过程，对于电气设备的设计和优化具有重要意义。

79. 真空断路器的开距与击穿电压之间的关系如何？

答：高真空中的击穿特性不服从巴申定律。高真空中的介质强度在触头间距大到几厘米时都高于目前所使用的其他灭弧介质。很明显在直到 150kV 电压范围真空都占据优势地位。然而，对于更大的开距，真空中击穿电压特性曲线不再保持线性，击穿电压也不再随着触头开距增加而明显增加。因此，真空断路器在输电电压等级应用中遭遇的主要挑战是其电介质特性。

在真空中燃弧后的介质强度恢复时间极短。这是因为等离子残余物和金属蒸气向触头和金属屏蔽罩扩散并吸附的过程既迅速又有效，很快地将开关间隙的载流子及中性粒子清除，其恢复速度要大大超过大气压下的氢、氮和 SF_6。

80. **真空电弧与气体电弧有何不同？真空电弧的合理定义是什么？**

答：在开关技术的术语中，真空意味着（超）高真空，典型值为 $10^{-6}\sim10^{-4}$ Pa，在这种情况下平均自由程要显著大于灭弧室的尺度。由于这个原因，真空电弧与高气压电弧和低气压电弧都不同。因为真空电弧与气体电弧的物理过程的差异很大。

真空电弧合理的定义是：一种仅存在于金属蒸汽中的电弧，金属蒸汽是由于燃弧而从触头中释放出来的。在电弧熄灭后，金属蒸汽的密度快速降为零，使得灭弧室重新回到高真空状态。由于原来燃弧通道的周围是高真空，因此粒子从电极之间区域扩散得非常快，从而有助于每一台开关都具有的快速介质恢复能力。因而在熄弧方面，与气体介质相比（例如空气、汽化的油或者 SF_6），真空开关除了从阴极和阴极表面发射出来的材料外，不包含其他能够维持等离子体的材料。所以，与真空电弧相关的物理过程可以被认为是由金属触头表面决定而不是触头间的绝缘介质所决定。

81. **如何熄灭真空电弧？**

答：在真空中开断，通常第一次电流过零时电弧燃烧就能有效地熄灭，这是由于电弧处于扩散模式，阳极仍保持温度较低。在电流过零极性翻转后，燃弧时的阳极变为阴极，这样就不容易发射维持电弧电流所需的电子和离子这些载流电荷。从而，在第一次电流过零瞬间，电弧就完全熄灭。真空几乎立即重新获得绝缘能力，并能够承受暂态恢复电压。

82. **真空断路器在什么情况下会产生电流截流？**

答：理想情况下，稳态的扩散型真空电弧将在触头间维持，直到电流自然过零点。然而在实际情况下，幅值为 2～10A 的电流还未达到电流零点时就被开断了，具体值与触头材料有关。电弧无法承载电流逐步到零点的现象称作电流截流。这种现象可能导致过电压。幅值大致与截流值成正比，过电压是由仍然存在的电感中的磁场能量引起的，在开断象堵转的或起动中的电动机以及空载变压器等感性负载在时间问题会较为突出。

电流不稳定现象（即截流现象）在很大程度上取决于阴极材料。能够保证小截流值的触头材料熔点较低，蒸汽压较高，通常也不耐受烧蚀。因此，触头材料要求有小的截流值和大的开断能力是相互矛盾的。目前铜铬触头材料多用于真空断路器，银碳化硅触头材料多用于真空接触器。采用这些材料已将截流值降到了可以接受的值，大致与 SF_6 断路器相当。

83. **真空灭弧室的基本特性有哪些？**

答：（1）与其他类型的断路器相比，真空断路器的机械结构最为简单，其基本构成就是装在真空泡中的固定触头和运行触头。当触头分离时，从阴极（负极性触头）释放出来的电离的金属蒸气提供了燃弧介质。这一点与气体或油灭弧室不同，其电离气体由触头间的灭弧介质提供。当电流达到过零点，真空电弧中停止电离和蒸汽凝结的速度非常快，保证了电流有效开断，事实上这个过程与暂态恢复电压（TRV）的上升率无关。

（2）真空中高度清洁的触头表面会在正常接触压力和无负载的情况下产生严重的冷焊。

（3）除了机械方面十分简单外，真空灭弧室没有气体或者液体，不会燃烧，没有喷射的火焰或者灼热气体。由于气体分子之间没有非弹性碰撞，真空电弧开断在电流零点后具有最快的介质强度恢复速度。这意味着不存在类似于气体中的雪崩效应引发的介质击穿。

（4）由于真空中的触头间隙小，电弧长度短，电弧电压低，因此释放的电弧能量大约是 SF_6 电弧的 1/10，甚至比在油中的电弧能量还小。低电弧能量使得触头的烧蚀最轻。操作真空开关所需要的机械能相对比较小，这使得采用简单、可靠、安静的弹簧操动机构成为可能。

84. 简述真空断路器的应用过程。

答：在20世纪50年代末，经过长时间的研发，真空断路器产品开始出现在实际应用中。等离子体物理方面的进步以及触头冶金技术和陶瓷封接技术的发展，提供了制造真空灭弧室所需要的解决方案，使得真空灭弧室成为现实。1962年，通用公司第一个将商业真空断路器引入市场，从此真空断路器成为中压等级电网电流开断的稳定、可靠的选择。

85. 真空断路器的开断能力与哪些因素有关？

答：（1）真空灭弧室的开断能力与触头的表面积有关。较大面积的触头结合纵向磁场具有很好的开断大电流的能力。额定电流也与触头表面积有关。故触头面积应该足够大，以吸收电弧能量而不致变得过热，并且在闭合位置可以提供足够的接触面积及接触点，使得通过额定电流时所产生的能量损耗尽量小。

（2）真空灭弧室的开断能力取决于触头开距、触头表面积以及触头与金属蒸气屏蔽罩之间的空间。

86. 简述真空断路器屏蔽罩的作用。

答：（1）触头由位于灭弧室中部的金属蒸气屏蔽罩所包围，屏蔽罩用来保护陶瓷绝缘外壳的内壁，使其不会因沉积了过多金属蒸气而具有导电性。两个端屏蔽罩防止金属蒸汽从端盖发射到瓷壳上。在大多数设计中，由于需要考虑电场应力的分布，中部屏蔽罩的电位处于悬浮状态。

（2）端屏蔽罩还可以减轻陶瓷和金属交界面的电应力。绝缘、导体和真空的交界点称作三项交界点，此处是沿面放电的起始点。在大多数设计中，由于需要考虑电场应力的分布，中部屏蔽罩的电位处于悬浮状态。

87. 在真空开关中应用的触头材料必须满足哪些要求？

答：在真空开关中应用的触头材料必须满足许多不同的要求，它们有时是相互矛盾的：①与真空的绝缘特性相容性好；②纯度高；③含气量低；④具备一定的机械强度；⑤接地电阻低；⑥导电率高；⑦热导率高；⑧不易熔焊并且熔焊后断裂力小；⑨截流水平低；⑩电弧电压低；⑪合适的热电子发射特性；⑫燃弧期间产生足够的等离子体；⑬电弧熄灭后介质强度恢复速度快；⑭燃弧产生的烧蚀轻并且均匀；⑮有足够的吸气效果。

88. 对真空断路器触头材料有何要求？

答：有一个基本的问题是需求之间相互矛盾，即开断小感性电流需要低截流特性的材料，同时需要耐电弧烧蚀能力强，这实际上限制了真空断路器的开断能力。这个矛盾涉及触头材料的蒸汽压，即好的触头材料的蒸汽压必须是：

（1）足够高，维持电弧尽可能接近交流电流的过零点以减小截流电流。

（2）但是不能太高，以避免电流过零后继续发射而使得电弧复燃。

89. 真空断路器合金材料（CuCr）的性能如何？

答：（1）铜－铬（CuCr）触头在真空断路器中获得了广泛应用。在铜中混入比例大约为25%重量的铬表现出特别的实用性。不可能采用传统的冶炼技术来制造备组分比例为50%的CuCr材料，因为铬和铜不相溶，即使在液态时也如此。

有两种粉末冶金方法适用于CuCr材料：①CuCr粉末混合物的烧结（混粉法）；②将液态铜参入多孔烧结的铬骨架中（熔渗发）。

实验证明采用熔渗法生产的 CuCr 材料触头比混粉法生产的触头开断性能优良。

(2) 在开断过程中，CuCr 合金材料表现出相当好的熔化和固化特性，这也是它们作为触头材料在真空环境中表现优良的原因。在经受电弧烧蚀时，CuCr 触头的表面产生平而且浅的熔化池，随后重新固化为光滑的表面。这个特性带来了许多优点。由于它们的熔化深度浅，熔池的固化速度很快，可以快速地重新建立触头间隙的介质强度。触头表面没有尖刺和粗糙物，保证了 CuCr 材料在很小的触头间隙时就能够稳定地耐受高电场强度。这使得灭弧室的尺寸可以减小。同时，触头材料的尺寸也可以减小，因而当触头间隙小时，大部分燃烧中汽化的材料可以凝聚在触头表面，又可重新使用。

(3) 较高的铬分量也可以降低最大截流电流值大约 5 倍，从铜的大约 16A 降到铜-铬 (Cu-Cr) 的 3A。

90. 真空断路器的电气寿命与什么有关？

答：(1) 真空断路器的电气寿命很长，因为它们的电弧电压低同时触头烧蚀量小。通常来说，电寿命限于触头的烧蚀和金属蒸汽在灭弧室内陶瓷内壁上的沉积。

(2) 触头的电磨损率正比于电弧中所通过的电荷量，因为燃弧会从触头上去掉一些质量。对阴极而言，一般情况下扩散电弧的电磨损率数据大约为每库仑电荷 10μg。横向磁场中的触头狭槽通常会增加烧蚀量，因为金属蒸汽穿过这些狭槽后将不再回到触头表面。这也是横向磁场触头比纵向磁场触头的电寿命短的原因。

(3) 根据测量推断，将厚度 3mm 触头材料烧蚀完毕估计需要在负载电流下进行几十万次操作。通常把 3mm 厚的触头材料烧蚀完作为电寿命结束的判据。

(4) 真空灭弧室的寿命取决于机械寿命而非电寿命。

(5) 按照开断故障电流估计，真空断路器能够至少进行 30 次额定断路电流开断。

91. 真空断路器的机械寿命与什么有关？

答：中压等级真空断路器的触头行程较短（在 10mm 量级），并且运动质量较低（在千克范围），从而具有操作功低的优点。

真空灭弧室的机械寿命取决于波纹管，通过波纹管可以在保持真空密封的前提下使动触头运动。波纹管的寿命是波纹、直径、伸缩量和运动加速度的函数，可设计为满足几万次操作的需要。

92. 真空断路器的开断能力如何？

答：真空开断具有介质恢复迅速的特点。这有利于开断 di/dt 值非常高的电流以及恢复电压上升率非常高的暂态恢复电压（TRV）。

真空断路器的缺点，就是真空断路器能够开断电弧复燃或者重击穿之后的高频电流。由于真空断路器能够开断高频电流，因此每次开断后恢复电压都会很高（多次复燃，多次重击穿）。在有些情况下，会产生很高的过电压，需要采取保护措施。由于这一特点，真空断路器被称作“硬开断设备”。

真空开断的优势在于它无需外部帮助就能开断电流。固定开距的真空断路器即具有很好的开断能力。由于从原理上讲真空间隙总是可以随时进行电流开断，无需机械地建立熄弧压力，因此最短燃弧时间要比 SF_6 断路器短得多，真空断路器约为几毫秒，而 SF_6 断路器则为 10～15ms。

93. 真空断路器的绝缘能力如何？

答：真空灭弧室的绝缘耐受能力受到触头表面情况和灭弧室内的微粒的显著影响。从而燃弧过程对绝缘耐受能力非常重要。这也可通过对真空间隙施加电压进行老练反映出来。作为制造过程中的一个步骤，所有的真空灭弧室都要通过施加高的交流电压进行老练。其目的是通过在可控条件下对真空间隙进行击穿以消除表面微凸起和其他场致电子发射点来提高击穿电压。如果这个过程处理得当，初始击穿电压可以增加 3～4 倍。当老练中放电的能量过大时，将产生新的或更强的场致电子发射点，这就是老练效应。因而，高电压装置在放电瞬间释放的能量大小对绝缘耐受能力十分重要。

94. 真空断路器的传导能力如何？

答：真空断路器采用平板对接式触头。这意味着接触电阻相对较高，特别是在触头表面被大电流电弧烧蚀之后。这会限制灭弧室所能承载的额定电流，为了减少接触电阻以及克服大电流情况下的触头电动斥力，需要在机构合闸操作过程中对触头弹簧施加一个额外的触头压力。

真空灭弧室触头的一个优点是它们对触头氧化或者灭弧室内部产生的污染并不敏感。

真空灭弧室设计上的一个挑战是触头接触而产生的热量无法像 SF_6 灭弧室那样通过对流传导出去。这意味着热量必须通过触头导电杆传导到外部环境中。有时为了增加额定电流，需要在触头导杆上安装散热器。

特别是在高电压等级应用中，真空灭弧室为了满足外部绝缘强度的要求而设计的比较长，这会限制额定电流值。

即使没有电压，真空中的触头在闭合时也容易被焊上，这是清洁金属表面压在一起时自然产生的相互作用。操动机构的设计必须保证能够将熔焊的额触头拉开。

95. 对真空灭弧室的真空度有何要求？

答：对于真空开关灭弧室而言，主要的要求是保证长时间（通常 20～30 年）的 10^{-1}～10^{-5}Pa 的高真空，以保证断路器在全寿命周期中在短间隙下的高击穿场强以及在半个周波能够开断工频电流。

为了满足这一要求，在真空灭弧室中使用的材料需要满足如下条件：

（1）用于灭弧室内部的材料必须极度纯净，没有微孔、裂痕和缺陷。

（2）触头材料必须在真空封接炉中加热以完全除气，除去任何气体杂质。

（3）陶瓷—金属必须具有高度气密性。

（4）真空灭弧室中必须放置吸气材料，以捕捉封装后存在的自由气态粒子。

在中压应用中的经验表明，不大可能发生真空灭弧室漏气。

96. 在线监测灭弧室中的真空度方法有哪些？

答：在真空断路器中，在线监测灭弧室中的真空度可以采用如下方法：

（1）通过实时监测真空灭弧室中的真空度来预测漏气。这种方法根据潘宁原理（通过测量电场和磁场综合影响下的电离电流测量压力）或皮拉尼原理（通过测量低压力环境下发热导线的热损耗来测量压力的方法），需要将真空电离规永久地装在灭弧室上。

（2）检测真空灭弧室的漏气失效。这可以与断路器的设计统一考虑，如同某些真空接触器中所采用的方法，利用作用在波纹管上的大气压力作为接触器闭合时触头压力的一部分，这样如果某一极真空灭弧室漏气失效，这个单元就无法合闸。理论上局部放电探测可以持续监测真空度。

在实际上运行中很少采用任何真空度测量或者在线监测系统来指示真空灭弧室是否漏气，因为一般来说真空度在线监测系统的可靠性比真空灭弧室自身的可靠性低，这意味着增加这类真空度在线监测装置将降低真空断路器的可靠性。

市场上现有的几种真空度监测装置，是通过测量灭弧室触头打开时的电压耐受能力来实现检测的。

97. 为满足输电电压水平需要达到的绝缘要求，高电压等级真空断路器有哪两种提高开关间隙绝缘强度的方法？

答：（1）增加触头的开距。但是，真空间隙的击穿电压并不与间隙长度成正比（在气体中成正比）。

（2）设置两个或多个串联间隙，如果电压能够理想化地均匀分布在各个间隙上，那么耐受电压水平可以在总串联间隙长度小于单断口长度的情况下实现。

98. 从技术角度看，与 SF_6 断路器相比，真空技术具有哪些明显的优势？

答：（1）真空灭弧室不包含温室气体。

（2）真空断路器（不含 SF_6 时）寿命终结后在处理上无特别要求。

（3）发生爆炸时没有污染物。

（4）真空灭弧室在全寿命周期中是密封的（无需气体处理装置，灭弧室不需要维护）。

（5）操作能量低意味着操动机构简单，维护量少。

（6）开断后介质恢复非常快。

（7）燃弧时间短使得设计两周期内完成开断的断路器成为可能。

（8）真空断路器在延迟击穿后还能开断电流。

（9）重击穿和复燃通常不会损坏灭弧室内部部件。

（10）真空灭弧室的电气功能不受低环境温度的影响（不发生液化）。

（11）具有很高的操作次数，包括断路开断。

99. 真空开关设备用于输电电压等级时的缺点有哪些？

答：（1）在相同额定电压等级下成本要高于 SF_6 技术。

（2）高电压等级运行经验有限。

（3）运行寿命还未确定。

（4）因为真空灭弧室的热量向外传出困难，所以额定电流等级很难提高。

（5）在运行中缺乏实用的真空度监测方法。

（6）在 145kV 以上时，甚至在更低电压，每极需要多个断口。

（7）真空灭弧室的绝缘性能与开合历史有关，并且分散性大。

（8）在开合无功功率负载时（并联电抗器、电容器组）可能需要采取特殊的设计或者保护装置。

100. 什么是输电系统中的电流延迟过零？

答：输电系统中的电流延迟过零是指在出现非对称短路电流情况下，当电流的直流分量比交流分量大时，电流与零线没有交点的情形。

对于靠近发电厂的输电等级断路器而言，电流延迟过零发生在特定的发电机操作模式下，如欠励磁模式、过励磁模式、满载或空载模式，或发生在特定故障情况下，通常为三相同时断路情况下或三相非同时短路情况下。对某变电站的 550kV 断路器进行的研究表明，理论上最大的直流分量出现在这样的工况下，在两相间线电压为零时刻发生两相线对线短路故障，然后在第三相对地电压为零时刻发展为三相短路故障。后续的短路试验证实了断路器强迫对地电压过零的能力，强迫电流过零是由断路器吹弧时产生的高电弧电压造成的。

101. 隔离开关在切空载电流时有何特点?

答: 隔离开关在切空载电流时，其特性是由开关缓慢运动的触头之间的燃弧过程决定。在GIS中隔离开关触头的运动可以持续几秒，在空气绝缘变电站中隔离开关触头的运动时间可达几十秒。与开断负载电流和故障电流的燃弧过程不同，隔离开关电弧是一个击穿、燃弧、开断和重击穿等组成的连续的快速过程。这一连续过程的参数，如击穿电压、燃弧事件以及发生燃弧的频率等在很大程度上取决于开断介质和隔离开关附近的电路拓扑结构。

102. 在GIS中的隔离开关开合时有哪些特点?

答: 因为GIS中母线段很短，所以隔离开关需开断的电流很小，大约在毫安量级。实际上在GIS中的空载电流不超过0.5A。开断这个小电流引起的弧触头之间的放电只能持续几毫秒，但这么短的时间已足够平衡负载侧和电源侧之间的电压。这个电荷转移过程会产生一个快速瞬态过电压（VFTO)。VFTO的幅值等于负载侧和电源侧的电压瞬时值之差乘以一个过冲系数或峰值系数。

由于隔离开关操作的速度相对较慢，每次对隔离开关进行关合和开断操作时在隔离开关的触头间都会出现大量的预击穿和重击穿。

隔离开关的开合过程需要至少100ms在隔离开关打开时，VFTO的幅值在增加，在隔离开关关合时，会产生一系列幅值下降的暂态波。

(1) 内部VFTO ：行波产生于内部导体和外壳之间，对内部绝缘产生的应力很大。

(2) 外部VFTO：在GIS外壳的非连接部分，如窗口和套管处，部分电磁波逃逸到外部，从而产生暂态电磁场、行波、暂态外壳电压。

1) 暂态电磁场。它对GIS连接的主要设备，如变压器和测量互感器产生电磁干扰。

2) 行波。行波由GIS传输到架空线上，对连接的设备（变压器、测量互感器）产生影响。

3) 暂态外壳电压（TEV)。它对二次设备产生电磁干扰。

103. 在开放空间中的隔离开关开合有哪些特点?

答: 在开放的空间用隔离开关开断小电流时，在空气中产生一个自由的电弧，在两个缓慢分离的触头之间燃炽，电弧位于隔离开关的顶部。因为没有有效的熄灭方式，所以电弧拉得很长，燃弧时间也很长。一般来说，随着系统电压和开断电流的增加，电弧长度和燃弧时间也增加。电弧拉长后不会保持为触头上弧根之间的一直线，而是会趋近于系统的带电部分。

(1) 开合变压器励磁电流。目前低损耗变压器的励磁电流的典型值为1A或更小。在开合变压器励磁电流的工况下，电弧触及现象不明显。

(2) 开合容性电流。当使用空气绝缘的隔离开关开合容性电流时，用户需求通常超过0.5A，即对GIS隔离开关的要求。要求开合的容性电流范围从变电站的母线排和互感器的小于1A到开断短路距离电缆和传输线的10A。

事实上隔离开关的电流开断是伴随多次重击穿的反复开断—关合过程。每到一个电流零点（每半波一个零点）电流就被开断，紧接着在工频恢复电压峰值发生重击穿。只有在非常接近最终电弧熄灭时才能观察到在一个半波内重燃超过一次。

(3) 母线转换用开合。隔离开关在转换母线电流比开合容性电流或者励磁电流大得多。标准中规定了隔离开关在电流转换后施加在打开断口上的电压，对空气绝缘隔离开关规定为100～330V，对于气体绝缘隔离开关规定为10～40V。规定电压值上的差异是由于空气绝缘变电站的回路长度要比 GIS 大得多造成的。

一旦触动触头打开，电弧就会自由飘动。在刀头的移动、热效应和洛伦兹力的共同作用下，电弧会拉到较长的长度。当电弧拉长时，电弧电压会增加，迫使电流流入并联支路，这个过程一直持续，直到电弧熄灭为止。

然而，电弧的熄灭机制源于输入的电源的功率。如果输入电源功率的变化率是正的，电弧将持续燃烧；如果变化率为零，电弧会继续存在但可能变得不稳定；如果变化率是负的，电弧就会停止燃烧而熄灭。隔离开关的燃弧时间一般为秒级，电弧触及范围由不断出现的电弧部分折叠现象所决定。电弧部分折叠现象使电弧又变得活跃，电压下降，一些电流又从并联支路返回到隔离开关。

转换电流与回路阻抗为反比关系。对于输电回路，在实际应用中电流可达 100A，回路阻抗为几十欧。但变电站的母线转换用开合是一种特殊工况，转换电流高达 1600A，标准中规定的最大值，回路阻抗小于 1Ω。对于额定电压为 1100kV 和 1200kV 的隔离开关，母线转换电流要求到额定电流的 80%。对于这种用途的隔离开关，有时需要配有辅助转换触头或者其他适当方法来实现电流开断。

104. 接地开关开合有哪些特点?

答：接地开关：用于将线路的一部分接地，能够承受一定时间的线路异常情况下的电流，如短路电流，但接地开关不需要承载线路正常情况下的电流，接地开关可具有关合短路电流的能力。接地开关执行下述操作：

(1) 当线路一端的接地连接处于打开工位，线路另一端的接地开关在执行开合操作时要开断或关合一个容性电流。

(2) 当线路一端接地，线路另一端的接地开关在执行开合操作时要开断和关合一个感性电流。

(3) 持续承载上述容性和感性电流。

接地开关开合的感性电流幅值取决于线路间容性和感性耦合系数，电压值、负载情况和平行架空线的长度。

快速接地开关具有将带电部件接地的能力，即关合短路电流的能力。通常它们带有弹簧操动机构，E1 级接地开关具有关合 2 次额定短路电流能力，E2 级接地开关具有关合 5 次额定短路电流的能力，不具有短路电流关合能力的接地开关定义为 E0 级。

105. 高速接地开关开合有哪些特点?

答：高速接地开关是一种特殊类型的快速接地开关，它是一种单极操作的开关装置。在 IEC 标准中，这种开关装置被称为高速接地开关（HSES）。高速接地开关用于单极自动重合闸（SPAR）。当线路保护断路器在线路两端进行单极开断以切除架空线的单相故障后，紧接着进行重合闸操作。在“死区时间”（即故障相导体被断开的短时间）内，由线路的健全相与故障相之间的静电感应和电磁感应产生的电压维持，在已经切除故障电流的电弧通道中可能继续流过潜供电流。当线路电压等级很高以及架空线路很长时，潜供电弧的持续时间会很长，为成功执行单极自动重合闸带来威胁。这是由于在电弧拉长，风冷却效应等外界因素的影响下，不太确定潜供电流是否在一定时间内消失。如果未能成功执行单极自动重合闸，将导致线路两端的断路器进行三相断开，由此带来切掉负载以及系统变得不稳定等风险。

几十安的潜供电流一般在几百毫秒内熄灭，但电流达到 100A 时持续时间可能超过 1s。

降低潜供电流的传统方法是采用并联电抗器中性电接地电抗。当中性点小电抗调到与换位架空线路零序电容相等时，潜供电流变得最小。

对于单回长架空线而言，采用并联电抗器中性点接小电抗和切除并联电抗器方法是完美的解决方案，而对于短架空线路而言（没有安装并联电抗器），这些方案成本太高，并且对于双回路架空线这些方案没有什么效果。

在这种情况下，采用高速接地开关是解决潜供电弧一个有效方法。它将故障相接地，这样原故障点的潜供电流就转移到高速接地开关中。

操作顺序：①线路单相接地；②线路两侧的断路器切除单相故障；③在几百毫秒内线路两侧相应极的高速接地开关关合；④在关合大约 0.5s 之后高速接地开关打开；⑤在 1s“死区时间”以内，线路断路器执行单极自动重合闸的关合操作。

与断路器一样，高速接地开关也装有灭弧室和快速操动机构。从电气角度上说，高速接地开关的任务是开断由健全相通过静电感应和电磁感应产生的电流以及开断平行回路的相电流。最严重的情况是高速接地开关在打开的瞬间，这个先前的健全相流过了一个故障电流。这种情况可能发生雷雨天，闪电直击线路或者打到线路附近时。在雷雨天沿着同一通道发生连续的闪电是很常见的现象，这一点应当在高速接地开关的工况中予以考虑。

106. 断路器与串联电容器组有关的开合有哪些特点？

答：在长线路上安装串联电容器组，也称作串联补偿。串联补偿可以减轻沿线路电压降低，并减小馈线端电压和受电端电压间的相角差，以增加线路的传输能力和系统稳定性。如果在串联电容器组后面发生故障，因为总阻抗小，所以故障电流要比没有串联电容器组时大。另外，在开断故障电流时，电容器被充电，在电流零点时电容器上的充电电压正比于短路电流。因此，串联电容器组时产生的 TRV 峰值会比没有串联电容器时高。一方面是由于故障电流变大，另一方面是由于串联电容器组上又增加了一个直流电压。还有，连接在同一条母线上的其他架空线的串联电容器组也会在母线侧增加相应的直流电压。如果没有限制措施，串联补偿后开断故障电流时的 TRV 可以达到相当高的峰值。

为了保证保护装置的快速投入，要求旁路开关的关合时间短。因此，旁路开关的操动机构的合闸操作一般要比分闸操作快。旁路开关还用于故障清除后将电容器重新投入传输线中或用于调节补偿水平。

（1）绝缘强度：旁路开关的对地绝缘水平取决于输电线路的额定电压，通常大于 300kV。

（2）关合旁路电流：旁路开关关合串联电容器组时会因电容器组放电而产生极大的涌流，旁路开关必须能关合这个涌流。虽然串联的限流电抗器会限制这个放电电流，但是涌流峰值仍有可能超过 100kA。

另外，在涌流的高频及幅值的共同作用下，给预击穿过程（在触头关合中产生的燃弧过程）带来了相当可观的燃弧应力，因为在预击穿期间涌流已经达到峰值。

普通用途断路器所面临的工况远没有这种工况的燃弧应力大。对于普通用途的新断路器而言，其最严重的关合是背靠背电容器组，即旁边的并联电容器已经投入的情况下，再投入一组电容器。

在输电线路发生故障的情况下，串联电容器组的放电电流会叠加在线路故障电流上。在这种情况下，通常在线路断路器还没有来得及开断故障电路时，旁路开关就先合上了。

（3）串联电容器组的重新投入：旁路开关必须能够在满负载条件下断开旁路电路，将串联电容器组（重新）投入到线路中，从而负载电流从旁路转移到串联电容器组中。基本上这属于负荷开关操作，只是其恢复电压有些特别，具有（1—cos）的容性特性，这是由于电容器的存在造成的。不同之处在于其恢复电压的频率是工频电压和具有（较高）频率的暂态电压叠加所决定的，暂态电压来自于线路电抗器和串联电容器的相互作用。其结果是恢复电压达到峰值的时间要比标准容性开断的恢复电压的工频半波时间短。标准规定恢复电压达到峰值的时间为5.6ms，恢复电压的波形具有（1—cos）的形状。因为理论上重击穿电流甚至比旁路关合电流还要大，所以重击穿的风险必须降到最小，以避免重击穿电流。

107. 电路中开合操作为什么会导致铁磁谐振？

答：当一个电容与电感和一个小电阻串联时可能发生串联谐振，其谐振频率由电容和电感决定。当激励的频率达到谐振频率的量级，特别是达到谐振频率点时，电容和电感上将出现很高的电压。如果电感的磁路由铁磁材料构成，那么谐振所导致的高电压将使得磁路饱和并产生很大的励磁电流。磁路饱和的结果使得工频电压和工频电流产生了畸变。另外带有铁磁材料的电路具有非线性特征，可能在一个很宽的频率范围内引起谐振。由铁磁材料引起的谐振现象称作铁磁谐振。

开合操作能够触发铁磁谐振的原因在于开合操作改变了初始条件。当然，系统开合操作能够触发铁磁谐振，如产生故障、电压跃变以及谐波等。

可能引起铁磁谐振的系统条件有：

（1）电压互感器通过一台处于分闸状态断路器的均压电容器与工频电压源相连（例如母线）。在这种情况下，避免铁磁谐振的方法包括打开隔离开关、在电压互感器上并联一个大电容（例如架空线）或者在电压互感器的二次侧接入阻尼电阻。

（2）电压互感器经一定的零序电容接入中性点非有效接地系统。解决的方案是将零序电容增大（加装电缆或者电容器）。

（3）三相断路器在投运或切除变压器或并联电抗器时某极被卡住。避免出现这种情况的方法是检测极间不同期性，然后自动开合被卡住极或者其他断路器。当变压器带负载时会限制发生铁磁谐振的风险。

（4）装有并联电抗器的单极自动重合闸线路或者直接与变压器相连的单极自动重合闸线路。在这种情况下限制铁磁谐振风险的办法是保持并联电抗器的励磁特性曲线的线性达到1.3（标幺值）或者更高，以及变压器带负载。

（5）在中性点电压与二次侧及其电压互感器之间有容性耦合的中性点非有效接地系统中发生单相故障。故障清除后，由于中性点电压还可以维持，因此增加了铁磁谐振的风险。对于可维持的铁磁谐振，在二次侧中性点以及在电压互感器二次侧加装阻尼装置可减小其风险。

108. 开断并联电容器组附近的故障电流时会有什么风险？

答：开断并联电容器组附近的故障电流时，在50Hz情况下的容性电流开断中，达到TRV峰值需要10ms。由于电容器组对恢复电压上升率带来的缓冲效应，燃弧时间可降到很短，这样在TRV作用下就可能因触头开距太小而带来可观的复燃风险。研究表明，开断高频复燃电流会引起严重的过电压。

断路器复燃后，电容器组以涌流的方式对复燃电流做出贡献。这个复燃电流可以被具有高 di/dt 电流开断能力的断路器开断，如真空断路器和某些 SF_6 断路器。开断后由于电容器组的电荷不能释放，因此TRV会抬得很高，要降低TRV值需要增加阻尼。

109. 特高压系统中的开合特性有哪些特点？

答：特高压系统基础设施的尺寸必须尽可能小。必须采取专门措施尽量减小开合暂态冲击和雷击的影响。大容量电力传输线路还应保持最高的可靠性指标标准。通常使用现代的避雷器以及采用精确计算和仿真技术，优化绝缘配合以降低绝缘水平，减少冗余度。

（1）特高压系统的辐射状态拓扑结构导致行波以简单反射的模式传播，因此行波的折射和变形也很小，使得对行波的阻尼较小。因而，决定 TRV 峰值 u_C 的振幅系数 κ_{af} 相对比较高。然而，由于大部分断路电流是通过大容量电力变压器提供的，其比值 X_0/X_1 较小，因此首相开断系数 κ_{pp} 会相对比较小。与此同时，应当考虑在实际工作条件下，金属氧化物避雷器会把 TRV 峰值 u_C 钳制到仅略高于避雷器的操作冲击保护水平的某个数值上。

（2）与较低额定电压的外推值线路设计相比，800kV 及以上特高压线路的紧凑设计会导致每千米线路的电感更小、电容更大，波阻抗更低。在较高频率下，如几千赫兹，即行波的范围，波阻抗比工频情况下还要低。此外，紧凑型集束导线的波阻抗要比非紧凑型普通束导线高得多。然而对于瞬态现象，由于特高压集束导线的刚度很大，并且短路故障切除时间短，因此紧凑型集束导线的影响可以忽略不计。

IEC 标准规定了近区故障最后开断极的等效波阻抗额定值如下：①额定电压 800kV 及以下为 450Ω。②特高压系统为 300Ω。

（3）TRV 的初始阶段与等效波阻抗紧密相关。最陡的 TRV 来自开断近区故障时产生的行波，其 TRV 上升率（RRRV）由线路的波阻抗和短路电流决定。由于线路和断路器之间电容的影响，在经过一个延时之后最陡峭的 TRV 才得以出现，标准中规定试验线路的固有延时为 0.5μs 以代表上述工况。当断路器用在空气绝缘变电站时，由于特高压变电站非常大，行波在变电站内的母线上传播。这一现象就是初始暂态恢复电压（ITRV）产生的原因，1～2μs 延时后，这些行波立即导致 TRV 在前 1.5μs 内陡峭上升。负反射的行波可减缓 TVR 的初始上升陡度。母线波阻抗的典型值为 300Ω（特高压系统）和 325Ω（800kV 系统）。

（4）在气体绝缘变电站和混合绝缘变电站中，母线的波阻抗相当小，典型值为 90Ω。然而，由于母线长度很短并且像套管这类设备的电容很大，因此在这样的变电站中，ITRV 现象没有多大问题，可以忽略不计。

（5）在额定电压 800kV 及以下，断路器应对 ITRV 的能力必须通过近区故障试验来进行验证（波阻抗为 450Ω，电流为额定断路开断电流的 90%），试验中不能有显著的延时（延时小于 0.1μs）。因为在特高压系统中，架空线的波阻抗与母线的波阻抗相近，所以只有用 450Ω 的架空线路波阻抗做过近区故障试验才能认为已经覆盖了 ITRV 现象。这一点通常对双断口的特高压断路器来说不是问题，其每个断口都能够在 550kV 下开断近区故障。

（6）在大型特高压变电站中，例如在空气绝缘变电站中，导线长度达到几百米，因此距断路器一段距离处有出现故障的可能性，这是其独特的地方。在这种情况下，特高压断路器的两侧都将出现显著的 ITRV，这将导致断路器上的 ITRV 加倍。通常特高压变电站采用双断路器或者一个半断路器的设计方案，变电站中的两台断路器需要同时开断故障电流。最终其中的一台会最后开断。相对于近区故障型式试验中采用的 450Ω 波阻抗及 90% 的额定断路开断电流，上述的双侧 ITRV 相对于波阻抗为 2×300Ω，覆盖了 70%的额定断路开断电流。特高压空气绝缘变电站的用户必须仔细研究以决定是否需要考虑双侧的 ITRV，除此之外还要考虑母线的波阻抗以及变电站的最大预期故障电流水平。

（7）因为在特高压系统中采用了沉重的集束导线，由此导致短路电流的直流时间常数比IEC标准中给出的额定电压550kV及以上系统的备选值75ms大。对于特高压系统，100～150ms的直流时间常数已有报道。直流时间常数在120～150ms之间的差异对故障电流峰值和电流过零前非对称电流的大半波造成的影响可以忽略不计。因此，对特高压系统，IEC规定其直流时间常数为120ms。

（8）对特高压系统提出的许多优化技术，都可以考虑用于800kV。有时甚至可以用于更低额定电压等级。特别是大多数与母线长度和间隔连接不相关的特性和参数，对于特高压和800kV是相近的，包括空气绝缘变电站中架空线和母线的波阻抗、首开极系数和振幅系数、对避雷器的影响的优化、长线路故障条件、短路电流的直流分量、容性电流开断TRV以及感性负载电流开断特性等。

110. 高压交流电缆系统的特性有哪些？

答：（1）高压电缆单位长度的电感和电容值与架空线路的电感和电容值不同。电缆的等效电感只有架空线路的1/5，而对地电容值是架空线路的20倍。其结果是电缆的波阻抗只有架空线路的1/10，行波速度是架空线路的1/2。电缆的波阻抗为30～70Ω。这意味着电缆的自然功率是架空线路几倍，自然功率是由波阻抗和施加的电压决定的。因而，当电缆的负载小于自然功率时，电缆特性类似于一个接地的电容，而电缆的负载大于自然功率时，电缆特性类似于一个串联的电抗。当自然功率较大，超过电缆载流容量（即正常载流能力）时，电缆呈容性。当电缆的负载等于其自然功率时，没有净无功功率流动，这样沿着电缆有一个平坦的电压分布。

（2）一个电容可以看作是一个无功功率源，从而一根带电的电缆会向电网注入无功功率。电缆的容性电流幅值取决于电缆上所施加的电压和电容的大小，电缆的电容值等于单位长度的电容乘以电缆长度。当电缆载流容量完全被容性电流消耗时，电缆将无法传输有功功率，此时的电缆长度达到了临界值。由此可以看出容性电流时，电缆应用于远距离传输的主要限制。因此采用热限定下最大运行长度的定义作为电缆稳定运行的设计准则。容性充电电流较大时也会对电缆受命产生影响。这样在使用长的超高压交流电缆时，电缆充电电流造成的劣质化成为一项需要考虑的重要因素。

（3）在任何运行条件下，多余的无功功率都会引起电缆终端和电网中相邻节点处工频电压上升。一般在接通或断开电缆时允许有3%的电压波动幅度。开合电缆时允许的电压波动幅值度在电网调度规程中有规定。为了保持稳态过电压在可接受的水平内，需要对无功功率进行补偿。通常电缆连接的长度超过30km时就需要进行补偿，补偿可以通过使用并联电抗器进行固定补偿或可调补偿。并联电抗器一般安装在电缆两端或者安装在变压器的第三绕组上。

（4）开合并联电抗器可能会引起无功功率在系统电感和电缆电容之间进行振荡交换。这个振荡叠加在系统的正常频率上，可以引起电网中的电压的暂时上升。在并联电抗器补偿的"架空线路—电缆—架空线路"混合线路中的开合操作也会引起过电压。有研究人员仿真了丹麦的一条90km长的400kV电缆系统的切除操作，与切除前的电压相比，出现了132%的过电压。这个过电压是由电缆和并联电抗器之间的谐振造成的。丹麦的另外一个研究表明，一条规划的60kV、18.5km长的电缆在切除后不存在明显的操作过电压。

（5）当断开相与运行相之间有电容耦合时，补偿曾引起线路谐振。当每根单芯绝缘电缆之间不存在容性耦合时，线路发生谐振的风险大大降低，补偿率可以达到100%。补偿的程度对于电缆充电电流和沿电缆的电压分布有影响。对400kV电缆系统的一项研究表明，电缆两侧端的两台并联电抗器将电缆两端的充电电流降低到最大值一半。

对长电缆的系统研究表明，推荐每隔 15～40km 的距离就要安装并联电抗器。

（6）在电力系统暂态分析中，“架空线路—电缆—架空线路”混合系统在遭受雷击情况下的特性十分重要。雷击会引起很高的过电压，影响设备的绝缘，建议采用过电压保护装置。

（7）另一项与电缆并联补偿有关的事宜是失零现象，它通常会出现在给并联补偿的电缆通电的过程中。电流直流分量的衰减取决于电缆和电抗器的电阻。通常都很小。这会导致电流在几个周波内失零，意味着电流开断将会延迟。所以，需要采取措施防止断路器无法开断。实际上已经提出一些方法来抑制失零现象，如采取预插电阻的方法。

（8）长的高压电缆由并联电抗器补偿后会形成一个由电缆电容和并联电抗器电感组成的并联谐振回路。由电缆电容器和变压器漏磁感还组成了一个串联谐振回路。无论是并联谐振还是串联谐振都会导致暂时过电压。

（9）电缆不仅会影响稳态运行，还会影响暂态过程。一般而言，暂态过程会引起慢前沿、快前沿和特快前沿的过电压。例如，在电缆通电、断电操作，线路开合以及故障开断中会出现慢前沿过电压。当雷击感应电流注入架空线路时，会产生快前沿冲击，这可以导致很高的过电压。另外，切并联电抗器时产生的重击穿会引起过电压并有铁磁谐振的危险。

（10）电缆、电缆接头和架空线路的波阻抗都不同，这意味着在“架空线路—电缆—架空线路”的转换处存在阻抗不匹配。电压行波和电流行波将在结合点处发生反射，并可能产生过电压。电缆和架空线的波阻抗与频率有关，这意味着在结合点处的反射系数也与频率有关。在高频情况下，行波的反射可导致在这些结合点处电压加倍。这种现象也可出现在变压器和电缆的结合点处。这对变压器的绝缘压力很大，导致变压器绝缘的加速老化。

电力系统中的暂态过程会引起前沿很陡的电压波。这个陡波的电压波包含高频振荡。

111. 高压直流开断的主要技术有哪两种？

答：（1）主动转移技术。这个概念与一些用于中压直流中的概念相似。在一个串联 LC 电路中，由预充电的电容器组放电产生一个振荡电流，该振荡电流注入燃弧间隙产生电流零点将电流开断。在开断瞬间，电路电流首先转移到 LC 支路，它使得电压以 $\mathrm{d}u/\mathrm{d}t=I/C$ 的上升率上升到一个电压水平，使得电流转移到并联的电压限制元件（通常是避雷器）上，以吸收电路中的能量。与中压系统不同，真空断路器用于高压系统并不容易，而且保持大的电容器（组）持续充电的成本很高。

（2）被动转移技术。在这个概念中，同样用串联的 LC 电路与常规断路器并联，当机械式断路器燃弧开始时，由断路器和 LC 电路组成的回路就形成了一个振荡。

112. 在 IEC 60071-1 标准中，根据电压波形和持续时间，将电压和过电压分为哪两类？

答：在 IEC 60071-1 标准中，根据电压波形和持续时间，将电压和过电压分为。低频电压和低频过电压（其有效值保持不变）和瞬态过电压（几毫秒量级甚至更短，通常呈高阻尼状态）两类。

113. 什么是低频电压和低频过电压？

答：（1）工频 50Hz 或 60Hz 的连续电压，持续时间至少 1h。

（2）暂时过电压（TOV）：指持续时间相对较长的工频过电压和谐振过电压，为 20ms～1h。该过电压通常没有受到阻尼或阻尼很弱。在实际情况中该过电压的频率范围为 10～500Hz。标准化的试验电压波形采用的频率范围为 48～52Hz，持续时间为 60s。

最常见的暂时过电压发生在相对地故障情况下系统的正常相上。其他常见的暂时过电压的情况包括：甩负荷引起的工频过电压、空载长线路点燃效应引起的工频过电压、谐振过电压和铁磁谐振引起的过电压等。暂时过电压可能导致避雷器承受力过大以及变压器和并联电抗器出现磁饱和。暂时过电压远低于瞬态过电压。

114. 限制暂时过电压的措施有哪些？

答：(1) 中性点接地方式采用直接接地。

(2) 采用并联电容器组或者并联电抗器进行补偿。

(3) 切除电缆和架空线路以减少无功功率的产生。

(4) 调解或关闭发动机和变压器的电压调整功能。

(5) 采用可开断的、不重复使用的避雷器。

(6) 在较长的交流电路上采用串联电容器组进行串联补偿。

115. 瞬态过电压有哪几种？

答：瞬态过电压（几毫秒量级甚至更短，通常呈高阻尼状态）有：

(1) 操作过电压或者慢前沿过电压（slow-front overvoltage SFO），由开关操作或者系统出现故障引起。断路器本身并不导致产生慢前沿过电压，它是改变了电路的拓扑结构从而引起了过电压的产生。如果断路器出现复燃、重击穿、涌流、截流、多次复燃以及非保持破坏性放电等现象，也会导致慢前沿过电压的产生。

(2) 雷电过电压或者快前沿过电压，出现在变电站中，由雷电直接击中变电站或者击中与变电站相连的传输线引起。此外，在距变电站较短距离发生闪络、复燃或者重击穿也可能引起快前沿过电压。典型的快前沿过电压达到的峰值时间为 100ns ～20μs，波尾时间为 300μs。

(3) 特快速瞬态过电压，是频率范围最高的过电压，为 30Hz～100MHz，到达峰值时间为 3～100ns，持续时间小于 3ms。

116. 火花间隙的作用是什么？

答：通过设置一个间隙发生放电，可以防止过电压在电网中传播。然而，火花间隙并不是一个非常有效的过电压保护装置。它的主要缺点是击穿电压会随着极性和环境条件而发生变化，并且一旦产生电弧，即使过电压消失后仍然持续，引起相对地故障。另外，火花间隙击穿也会产生前沿很陡的操作过电压。

117. 限制操作过电压为何至关重要？

答：有以下几个方面的原因：

(1) 除了绝缘故障或者闪络可在电力系统中产生操作过电压之外，开合负载电流或者故障电流也会产生操作过电压，而这是不可避免的。此外，电网还会受到雷电过电压的影响。虽然电力系统的设备选择考虑了预期的内部和外部过电压，但是仍然不排除过电压超出设备绝缘水平的可能性。因此，必须对变电站进行保护，使之免受危险的过电压的影响，防止过电压侵入变电站的某个部位造成严重损害。设计标准通常以过电压水平覆盖运行中预期过电压的 98%为标准。

(2) 变电站中每个设备具有不同的绝缘水平，需要实现合理的绝缘配合。为了保护电力变压器，绝缘配合应构造几道防线以保护变压器。同样的考虑也适用于 GIS，原则是过电压引起的任何破坏性放电都要引向变电站中价值较低或易于更换的设备。

(3) 操作过电压是决定特高压和超高压系统间隙尺寸的主要因素。原因在于雷电冲击耐受电压与间隙距离呈线性增长，而操作冲击耐受电压随间隙距离增长趋于饱和。因此，抑制操作过电压水平非常有意义。

118. 限制操作过电压的措施有哪些？

答：自20世纪60年代以来，人们提出并应用了多种限制操作过电压的措施：①采用合闸电阻；②采用分闸电阻；③线路终端采用避雷器；④在传输线上安装避雷器（TLA），例如安装在架空线的中段位置；⑤快速投入并联电抗器；⑥将电压互感器直接连接在架空线上，在重合之前吸取线路上的残余电荷；⑦选相合闸。如果过电压超绝缘水平，需要采用下述的过电压保护装置对重要设备进行保护：①火花间隙；②避雷器；③阻容型（R-C）过电压保护装置。

119. 采用合闸电阻限制操作过电压的方法是什么？对合闸电阻的阻值和投入时间有何要求？

答：（1）采用合闸电阻限制操作过电压的方法是在合闸过程中，在一个预定时刻通过与断路器灭弧室并联的一台辅助开关将一个电阻（R）与输电线路的波阻抗Z串联在一起。经过一个很短的时间（预插入时间），断路器主触头闭合，电阻被旁路。其工作原理如图7-4所示。

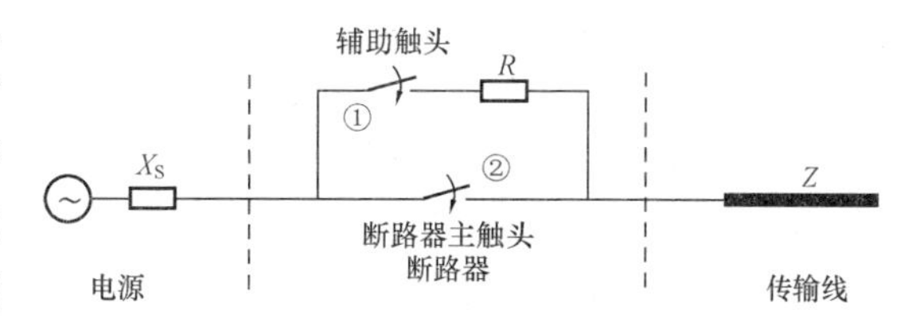

图7-4　配单步合闸电阻的断路器原理图

（2）应规定合闸电阻R的上限值。R的取值通常通过计算机仿真进行优化，典型值取250～600Ω（利用合闸电阻限制操作过电压的倍数与合闸电阻的关系是U形曲线），取值取决于具体情况。

一般来说，合闸电阻的目的是为了限制受电端的电压标幺值在2以内。然而合闸电阻对于线路上的电压分布几乎没有影响，在入射波和发射波叠加位置有超出2（标幺值）的过电压。

（3）除了合闸电阻的电阻值以外，合闸电阻的投入时间是第二重要的参数。合闸电阻的投入时间由下面两个相互矛盾的需求决定：①投入时间足够长以削弱暂态过程；②投入时间足够短以免超过电阻的热容量值。

如果投入时间小于断路器各极间的分散性加上两倍的传输线行波的传输时间，将会导致过电压幅值增加。为了确保合闸电阻有效限制操作过电压，投入时间应大于8ms。

由于关合空载长线产生的操作过电压与关合的时刻密切相关，因此选相技术也称为同步技术或相控技术，这一技术正在逐渐取代合闸电阻。另外，由于合闸电阻技术机械上比较复杂，需要辅助开关并存在相应的可靠性和维护等问题，因而其他解决方案，如选相技术，成为合闸电阻技术的替代选择。

120. 避雷器的作用是什么？

答：避雷器用来把过电压限制到一个设定的保护值，原则上这个设定值低于设备的耐压值。

理想避雷器在达到设定的电压值时开始导通，设定电压值比额定电压值高出一定的裕量，设定电压值不受过电压持续时间变化的影响，当避雷器上的电压降到低于设定电压值时，避雷器立即停止导通。也就是说，理想避雷器只吸收与过电压有关的能量。

121. 金属氧化物避雷器主要由哪些材料加工制成？电阻阀片的等效电路图由哪几部分组成？

答：现代（无间隙型）避雷器基于金属氧化物电阻，它不仅具有极强的电压—电流非线性特性，而且吸收能量的能力还很强，被称作金属氧化物避雷器。金属氧化物的材料主要由ZnO与少量添加物混合制成的陶瓷材料，添加物有Bi_2O_3、CoO、$C_{r2}O_3$、MnO、Sb_2O_3等。加工过程中，将混合物制成晶粒并加以干燥，然后压制成饼状，最后烧结成阀片。ZnO晶粒的直径约为10μm，具有较低的电阻率，约为$10^{-2}\Omega\cdot m$，但是ZnO晶粒被一层0.1μm厚的氧化层包裹，这个氧化层称为晶界层，其电阻率是非线性的，可以从低电场强度下的$10^8\Omega\cdot m$降低到高电场强度下的小于$10^{-2}\Omega\cdot m$。

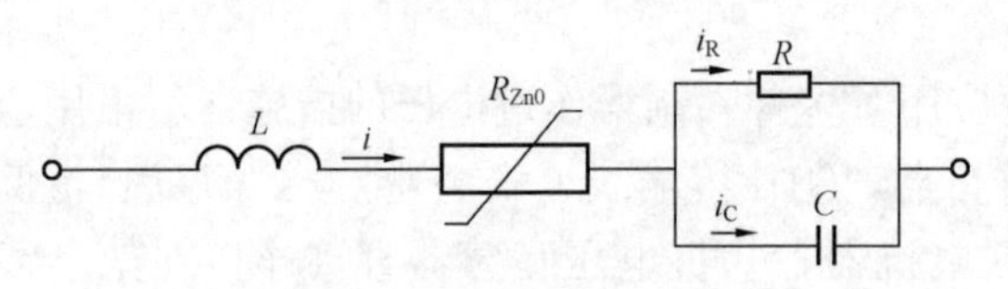

图 7-5　金属氧化物避雷器电阻片的等效电路

金属氧化物电阻片等效电路如图7-5所示，图中，R_{Zn0}为氧化晶粒的电阻；L为金属氧化物电阻片的电感，由电流路径的几何形状确定；R为晶界层的非线性电阻。晶界层的相对介电常数是一定值，为500～1200Ω，与制造工艺有关。电阻片的电容中用C表示。

122. 金属氧化性电阻阀片的电压—电流特性分为哪三个区？

答：金属氧化性电阻阀片的电压—电流特性如图7-6所示。

基于电阻片材料微观结构的导通机制金属氧化性电阻阀片的电压—电流特性分为三个区：

(1) 低电场区（1区）。这个区段的导通机制是通过晶界层的势垒实现的。这个势垒阻止电子从一个晶粒向另一个晶粒的运动。如果有电场存在就会降低这个势垒，这被称作肖基特效应，可以让一定数量的电子以热运动方式通过这个势垒。这种方式产生的电流很小，在毫安范围内。当阀片温度较高时，电子的能量增加，就更容易通过这个势垒。

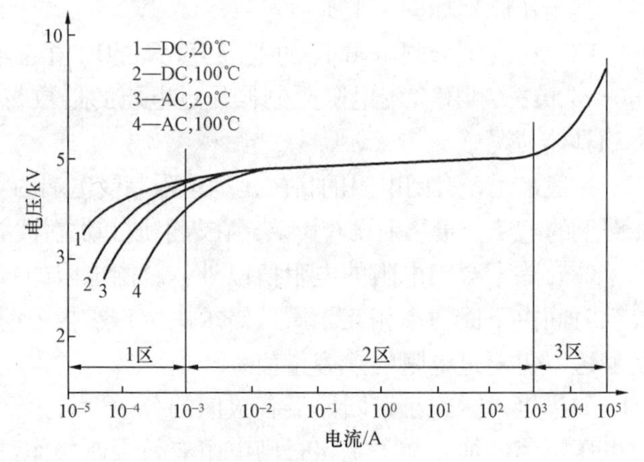

图 7-6　金属氧化物电阻片的电压－电流特性
（阀片直径为80mm，厚度20mm）

消基特效应：电子从物质内部（被原子核束缚的状态）逃离到表面所需要的能量称为脱出功。两种物质的脱出功不同，那么电子就不能从脱出功大的物质自由地跑到脱出功小的物资。所需外加能量为两个脱出功之差，也称为肖基特势垒。

(2) 中电场区（2区）。当晶界层上的电场达到一定值，大约为100kV/mm时，电子可由量子力学的隧道效应通过势垒。在这个区段，电流在很大范围内变化时电压只发生非常缓慢的变化。

(3) 高电场区（3区）。在这个区段，由于隧道效应势垒上的电压降很小，因此氧化锌晶粒电阻上的电压降起主要作用。电流与电压之间逐渐呈现为线性关系。

从本质上说，金属氧化物避雷器就是由数亿个金属氧化物晶粒构成的微开关结的集合，这些微开关结可以在微秒时间尺度内导通和关断，形成一个由避雷器的上接线端到地段之间的电流通路。因此，金属氧化物避雷器可以看作是一个动作非常迅速的电子开关，在额定电压下关断保持开路，在遇到倒闸操作过电压和雷击过电压时导通。

避雷器的一个重要参数是操作脉冲保护水平（SIPL），它定义为指定条件下在避雷器端子上施加操作冲击电流时的最大允许峰值电压。

为了使金属氧化物避雷器在系统运行电压下所消耗的功耗低，避雷器的持续运行电压应选择在1区。在这个区段，其电阻电流分量的峰值通常远小于1mA，容性电流分量起主要作用。这意味着在运行电压下避雷器的电压分布是容性的，受到杂散电容的影响。

金属氧化物避雷器的保护特性是由电压—电流特性的2区和3区决定的。在这两个区段，温度和杂散电容的影响可以忽略不计，避雷器电压分布特性偏离线性分布的程度均由电阻性的电压—电流特性的分散性决定。由于该分散性很小，因此电压分布实际上是线性的。

金属氧化物材料的电压—电流特性的非线性必须同时满足一组相互矛盾的要求，一方面要求在过电压情况下提供充分的保护，另一方面要求在系统运行电压电流小、功耗低。

金属氧化物避雷器可以在所有电压条件下对操作过电压实行保护。

123. 简述选相开合技术的提出及应用情况。

答：在任意时刻开合所引起的暂态现象，可以通过在电压和电流波形的特定相位的开合操作，即所谓的选相开合技术来消除。这种技术也称作相控开合技术、同步开合技术或者智能开合技术。智能化的选相开合技术具有这样一种潜力，即可以消除几乎所有的暂态现象，而不是仅仅减轻暂态的影响。

早在1966年，断路器选相关合的概念就被提出来限制操作过电压，但直到1969年才被看作是一个切实可行的方法。1970年，选相关合技术被提出，选相关合于合闸电阻作为一个组合方案被提出，1976年这种方法在电力系统中进行了实际测试。直到20世纪90年代，选相开合技术才在实际中得以应用。

选相技术应用在：①投切并联电容器；②投切并联电抗器；③简单投运变压器或者在选相分闸情况下投运变压器；④线路投运和自动重合闸（线路无功补偿或者采用并联电抗器补偿）；⑤三极独立操作的、机械上错相位的断路器，既采用选相分闸又采用选相合闸。

124. 什么是选相开合？什么是选相分闸？

答：术语“选相开合”既适用于选相分闸也是用于选相合闸。

术语“选相分闸”指的就是控制装置每一极的触头相对于电流相角分开的术语。

125. 简述并联电容器组选相开合策略。

答：选相开合技术最常见的应用就是并联电容器组投切。这是由于容性负载有非常明确的暂态特性。

（1）在投入单个电容器组时引起的涌流会引起电容器组母线上电压暂降。这个电压暂降对断路器不是问题，但是对电能质量影响很大。对于没有残余电荷的单相电容器来说，最佳的关合时刻是系统电压的过零时刻，这样涌流会最小。由于中性点接地电容器组可以被看作三个单相电容器组，因此理想的关合时刻是各相电压的过零时刻。可在120°电角度内完成全部三相的关合（有三个过零点）。

（2）中性点非有效接地电容器组选相关合策略有所不同。其策略是在两相的相电压过零时刻将两相同时投入。在90°电角度后第三相对地电压过零时刻将第三相投入。

（3）在开断容性负载时，通过选相分闸可以避免短燃弧开断，这样可以极大地减少发生复燃和重击穿的风险。

126. 简述空载架空线路选相开合策略。

答：架空线路开合操作过电压这一物理现象本质上是行波沿线路的传播。行波的传播由断路器的关合操作引起。操作过电压水平与预击穿时刻的瞬间电压值直接相关。这使得选相开合成为限制由空载线路开合和高速重合闸所产生的操作过电压的自然和有效的方法。

（1）空载线路选相开合的最佳关合时刻是断路器每极上的电压达到最小的时刻。

（2）选相投入线路的策略会根据线路是否有并联补偿而有所变化，也会根据线路上是否有残余电荷而有所变化，如重合闸。

（3）当空载线路没有残余电荷时，其投入非常简单。在这种情况下，空载线路可以看作是并联电容器组，目标关合时刻是断路器电源侧电压的过零时刻。

在切断空载输电线路时，如果线路没有得到补偿，那么线路的残余电压将是一个直流电压，如果线路得到补偿，那么线路的残余电压与线路侧电压将是一个振荡电压，振荡频率取决于补偿度。选相开合应在断路器电源侧工频电压与线路侧电压之差达到最小值时关合。对于没有补偿的线路，在每个周期内，当电源侧电压的极性和线路侧电压的极性相同时，将出现一次电压差的最小值。对于有补偿的线路，电压差最小值的出现与频率相关。

这种限制操作过电压的方法，与在线路两侧和线路中段安装额定电压为372kV的避雷器的方法相结合，已于1995年开始成功运行于一个500kV的系统。其目标是线路上任何一点的操作过电压标幺值都将被限制在1.7。

127. 简述并联电抗器选相开合策略。

答：在投入并联电抗器时，如果关合的时刻不当，那么就有可能产生长时间的非对称涌流。涌流可能对保护电路有不利的影响，如果并联电抗器连接在母线上，那么涌流对变压器也会产生不利的影响。

在切除并联电抗器时，可能由于多次复燃导致产生过电压。当燃弧时间小于一个最小值时，所有的断路器都有高的复燃概率。复燃将产生高频暂态现象，电抗器的电压和电流频率典型值达几十万赫兹，这会对断路器的部件产生影响：喷口穿孔、在弧触头外产生电弧、甚至沿瓷柱式断路器灭弧室的外绝缘发生闪络。复燃产生的暂态电压非常陡，使得电抗器绕组上的电压分布非常不均匀，在端部的几匝上电场应力最高。这样就存在一定的风险，电场应力将导致绕组绝缘的击穿。对于如此陡峭的电压，甚至避雷器也无法为绕组提供保护。因此，最好能够避免出现复燃。虽然燃弧时间较长意味着截流过电压较高，但是复燃过电压通常比截流过电压严重得多，因此采用选相开关技术增加燃弧时间以避免发生复燃是非常可取的措施。

使电抗器涌流最小的选相关合目标是在工频电压峰值时关合。对于理想的单极操作断路器，最佳关合时刻为：

（1）R和S极在这两相的相电压峰值时刻关合。

（2）T极90°电角度后关合。

该操作顺序使得全部三相中的通电电流比较对称，最大涌流为（标幺值）。

在这种操作下，相应的操作过电压通常较低，但这一策略会将关合时刻触头间隙击穿引起陡峭电压波头施加到电抗器的绝缘上。因此，要同时降低涌流和电抗器承受的暂态应力是不可能的，通常要采取折中的解决方案。在实际使用中，需要用户决定怎样选择最符合其要求。

128. 简述变压器选相开合策略。

答：变压器每年操作次数少，空载变压器的严酷程度低于开合并联电抗器。因为变压器绕组的固有振荡更不显著而且衰减更快，所以切除空载变压器时产生的过电压很低，通常认为不产生什么影响。因此，不需要通过选相分闸来限制切除空载变压器过程中的过电压。

对于电力变压器选相开合，优先考虑的是选相合闸。目标是使涌流暂态最小，以达到如下目的：

（1）减轻绕组上的电动力。

（2）防止出现暂时的电压谐波，它会引起电能质量下降。

（3）避免大的零序电流对二次回路的干扰，并且避免继电保护误动作。

投运空载电力变压器在很多方面与投运并联电抗器的操作策略相似，但也存在一些差别。在断电后变压器铁芯中可能仍存在剩余磁通或残余磁通，剩余磁通将影响随后的关合条件。

因为电抗器不是空心就是铁芯带有气隙，所以与电抗器相比，剩余磁通对空载变压器的选相合闸来说更加关键的因数。由于气隙的存在，电抗器铁芯不可能严重饱和。而出于经济的原因，设计变压器时通常让工作磁通尽可能接近饱和点，这样铁芯材料可以得到优化利用。

变压器铁芯中的磁通量和绕组上电压的积分成正比，所产生的稳态励磁电流（即变压器空载电流）由变压器的非线性磁化特性决定。因此，即使在稳态条件下，励磁电流也具有明显的非正弦波形状。

由于饱和效应和磁滞效应的影响，即使变压器中没有剩余磁通，在不利的时刻关合仍会产生较大的磁通非对称性。在没有剩余磁通的情况下，最不利的时刻是电压过零时刻。在这种情况下，虽然起始的磁通为零，但是所产生的最大磁通将是正常工作磁通的两倍。由于工作磁通已经接近饱和点，而磁通增加到两倍，因此会产生严重的铁芯饱和。由此电感下降，励磁电流快速增加到很大的数值。

如果磁通需要转变极性达到与先前的分闸操作产生的剩余磁通相同的极性，涌流甚至会更大，因为这种情况会引起磁路更严重的饱和。因此，最佳关合时刻非常依赖于剩余磁通的幅值水平和极性，最佳关合目标时刻是预期磁通与剩磁通相等的时刻。这种方法可使磁通具有对称性并立即进入稳态。

在选相合闸操作之前，通过对分断前和分断后稳态过程中变压器每相端子上的电压进行测量并积分，可以确定先前分闸操作产生的剩余磁通。与直接测量剩余磁通相比，变压器每相端子电压信号更容易获得。根据计算所得的剩余磁通，随后的合闸操作的控制方式是优化相对于电源电压的关合时刻，使得涌流最小。

在选相合闸时如果未考虑变压器铁芯中的剩余磁通，则意味着选相合闸并未实现真正的优化。通常在合闸前一定会有剩余磁通。

因为在电流自然过零点开断的剩余磁通最小，所以为了下一次选相合闸操作，可能会采取选相分闸以控制剩余磁通水平，包括其幅值和极性。因此，在有剩余磁通的情况下，采用选相分闸作为选相合闸的支撑手段，涌流可以被限制得更低。

选相开合的优化控制目标还取决于铁芯和绕组结构。根据铁芯和绕组结构不同，各相在开合操作过程中可能相互影响或互不影响。在某些情况下，第一相的关合会导致在其他铁芯截面或铁芯柱中产生暂态磁通，这在选相开合时必须加以考虑。该暂态磁通定义为动态铁芯磁通，上述暂态磁通的影响主要出现在以下变压器结构中：

（1）在开合变压器的一侧，变压器中性点不接地。

（2）三柱式变压器铁芯。

（3）具有三个独立铁芯，二次侧为三角联结，或者有第一绕组的变压器。

在下列情况下则没有暂态磁通的相互影响：

（1）中性点直接接地的变压器；

（2）五柱式变压器铁芯。

129. 简述故障电流选相开断策略。

答： 近年来，选相开合技术开始应用于故障电流开断。该技术的目的是尽可能减小燃弧时间，从而减轻灭弧室的劣化和对触头系统的烧蚀。当触头随机打开时，燃弧时间总会比最短燃弧时间长。如果能够选相控制触头的分离时刻，确保燃弧总是处于最短燃弧时间（或者时间稍长一点），那么电弧对于断路器灭弧室的烧蚀影响就会降低到最小，然而从原则上讲，每种类型的故障（事实上是每次开合操作）都有各自的最短燃弧时间。

故障电流选相开断的优势在于，它不仅可减少灭弧室的电磨损，而且可为未来断路器的优化设计打下基础，如减少操作功等。

对于故障电流选相开断这种应用而言，最大的挑战在于预测电流过零。电流零点的预测基于保护系统测量得到的故障电流波形。由于故障电流的幅值和非对称度的变化范围很大，因此需要非常快的算法和极短的实时运算时间，基于几毫秒的故障电流波形进行外推来准确预测电流零点。

130. 各种操作过电压限制措施有何不同?

答：（1）对于一条换位长度的 330km 、电压为 500kV 的输电线路的开路端，所考虑的避雷器额定电压为 372kV。极间错相位关合技术的改善效果有限，不适合作为一种限制过电压措施的独立选相。有效的过电压限制措施包括采用合闸电阻、在线路终端加装避雷器（即线路两端安装避雷器）、在线路中段位置加装避雷器、选相合闸与线路终端加装避雷器配合等方法。

（2）采用合闸电阻和选相合闸技术，并于线路端加装避雷器的措施相配合，是限制沿线过电压分布效果最显著的两种措施。在 800kV 及以下，目前很少使用合闸电阻，通常采用避雷器和选相技术。

应用于 1000kV 和 1200kV 等级的断路器装有分闸电阻，其目的是满足故障开断时的瞬态恢复电压（TRV）要求。此电阻的阻值虽然在分闸时期是合适的，但是作为合闸电阻，其阻值却大出了一倍。合闸电阻值越低，过电压限制效果越好。用户需要做出决定是选择合闸电阻还是选择选相合闸。

表 7-2 对合闸电阻和选相合闸进行了比较。

表 7-2　　合闸电阻和选相合闸比较

属性	合闸电阻	选相合闸
保护技术	自 20 世纪 60 年代开始使用	自 20 世纪 90 年代早期开始使用
复杂程度	高：多个机械运动部件	低：无运动部件，只需要电路板和相关软件
安装	与线路电压等电位	在控制室中处于地电位
免维护	低：需要断路器停运	高：不需要断路器停运
备件供应	能提供：只需提供部件而不是整个模块	能提供：提供整个模块或电路板
未来改进潜力	潜力非常有限	有潜力：部件和软件更新

上述讨论以及对于一条带换位的500kV电压等级输电线路的研究结果显示，配合采用如下措施对于限制操作过电压很有效果，包括在线路两端加装避雷器、安装合闸电阻或选相合闸等。上述结果当然可以说明技术措施的性能，但是要决定设计参数具体值时用户需要在实际应用的细节上进行考虑和研究。对线路要求实现有效的设计满足其可靠性要求，准确地表达避雷器和控制器特性、电阻插入过程及线路配置是至关重要的。

131. 金属氧化物避雷器对断路器瞬态恢复电压的影响有哪些?

答：（1）标准化的TRV是试验回路能达到的固有值，它既不受断路器与试验回路之间可能的相互作用的影响，又与电网元器件的影响无关。这样的电网元器件之一就是金属氧化物避雷器。当交流系统的电压等级从高压提升到超高压乃至特高压1100kV或1200kV的时，其绝缘水平与系统电压之比在逐渐减小，与此类似，避雷器的保护水平也随着电压等级的升高趋于降低，从而限制了TRV。

（2）采用金属氧化物避雷器限制TRV并不是一个新概念。在一条带有串联补偿的超高压线路中，由于采用的金属氧化物电阻片保护的串联电容器组增加了断路器开断时的TRV峰值，所以在线路终端安装了金属氧化物避雷器，其目的就是为了限制线路保护用断路器所能看见的TRV。必须认识到TRV由断路器两侧的TRV网络的暂态分量组成，所以仅在断路器的一侧安装金属氧化物避雷器不会自动降低TRV值。

（3）对于一般用途断路器来说，金属氧化物避雷器（以及其他电网元件）对断路器可以起到帮助作用，但不是根本作用。

（4）金属氧化物避雷器对限制TRV的重要性，在特高压系统中尤为显著，其重要性归纳如下：

1）金属氧化物避雷器对限制断路器TRV峰值的影响具有潜在价值。

2）虽然上述潜在价值具有显著的优势，但是很难将其广泛应用。这是因为金属氧化物避雷器的额定值决定了其保护水平，随系统而改变，避雷器的额定值由预期的暂态过电压（TOV）的幅值和持续时间来决定。

3）用户认识到限制TRV峰值所带来的技术优势以及相应的经济价值，即减少了断路器串联灭弧室单元的数量。

4）如果采用金属氧化物避雷器来限制TRV，建议用户确认断路器的型式试验报告覆盖了实际出现的TRV。

132. 对真空断路器的要求有哪些?

答：真空断路器工作过程中要经受电、热、机械、大气以及时间等因素的影响。因此，在设计真空断路器时，都必须考虑这些因素的影响，并尽量满足下列要求：

（1）绝缘符合要求。真空断路器的绝缘能力，应考虑额定工作电压的长期作用，也考虑短时过电压的作用。过电压有内部过电压和外部过电压：①内部过电压，即由电力系统的参数突然变化过渡过程所产生的过电压；②外部过电压，即雷电过电压。

这两种过电压的性质是不同的。在这些电压的作用下，要求真空断路器的绝缘不致损坏而造成系统的短路，其绝缘性能在过电压作用下能够即时恢复。

（2）满足在正常负载电流下长期工作。主要考虑真空断路器的发热因素，包括额定电流下的接触电阻发热和开断短路电流的热效应等。真空断路器应该具备良好的散热条件和足够的热容量，避免因温升过高而受到损坏。

（3）具有一定的过载能力。

(4) 有足够的机械强度。真空断路器在工作时受到正常的分、合闸作用力、开断短路电流的电动力、操动机构的各种内应力、地震力及其他外力等作用。

要求真空断路器在寿命期间内能够承受这些力的作用，不致因机械磨损而导致损坏。

(5) 能限制截流值和重燃率。目的是避免真空断路器本身和其他高压设备因过电压受到损坏。

(6) 有足够的寿命，包括真空寿命、机械寿命和电寿命。

(7) 结构简单，成本低廉，工作性能可靠，使用维护方便。

133. 真空中电流是如何开断的?

答: 真空断路器不需要灭弧和绝缘的介质。实际上，灭弧室中不存在可被电离的物质。在任何情况下，当触头分离时，触头间的电弧通道仅仅由触头材料的金属蒸气构成。

电弧只能由外部能量维持，当主回路电流在自然过零点时刻消失，电弧即不能维持。此刻，急速下降的载流密度和快速凝聚的真空金属蒸汽，使触头之间迅速恢复了绝缘。真空灭弧室因此恢复了绝缘能力以及耐受系统瞬态恢复电压的能力，最终将电弧熄灭。

即使在很小的开距下，真空也有很高的绝缘强度，因此只要在电流过零点的数毫秒之前将真空灭弧室的触头分开，即能保证成功开断。

特殊设计的触头几何形状和触头材质，以及很短的燃弧时间和极低的电弧电压，使触头烧蚀程度非常低，保证了灭弧室的长寿命。此外，真空还可以防止触头被氧化和污染。

134. 对断路器的功能要求有哪些?

答: (1) 机械特性。

1) 对选相开合而言，理想断路器的动作时间应保持不变。而实际断路器的动作时间总会有一定的分散性，包括分闸时间和合闸时间。合闸时间分散性的绝对值通常大于分闸时间，因为分闸时间通常比合闸时间一半还小。如果动作时间分散性变化显著，则应采用各种方法进行校正。

2) 必须区分动作时间可预测的分散性和随机的分散性，任何可以由控制器以足够精度进行预测的动作时间分散性，都可以有效地补偿一定操作次数之后由老化和磨损造成的动作时间偏移。

3) 自适应控制是指用以前的动作时间测量结果来检测动作特性发生的变化，从而预测下次操作的动作时间。自适应控制可以有效地补偿一定操作次数之后由老化和磨损造成的动作时间偏移。

4) 所有可以在现场用合适的传感器和互感器进行测量，以及导致动作时间发生确定性变化的操作参数，例如控制电压、操动机构存储的能量以及环境温度的影响等，其分散性都可以进行补偿。

5) 即便在完全相同的动作参数和环境条件下，动作时间仍会出现某些固有的分散性，对选相开合应用而言这成为一个固有的限制。动作时间的分散性可以由其统计分布函数的标准差 σ 很好地进行描述。可以通过与现场完全相同的条件下的操作对该分散性进行评估。分散性的最大值约为 3σ 。

6) 就选相开合而言，单极操作断路器与三极同时操作断路器之间存在重要差别。因为三相电力系统的三相电流之间及三相电压之间都相差 120°电角度，所以只有控制和操作才能实现这个目的。在“同轴联动”断路器中，使用一台操动机构即可在极间实现一个固定的机械不同期性。然而对于同轴联动断路器，其极间的相位差是由机械方式实现的，因此断路器特性的变化无法得到补偿，由此这类选相开合很少采用。

（2）电气特性。对于选相合闸而言，理想断路器应当满足如下电气特性：

1）当断路器合闸时，在触头未接触前，触头开距的介质强度为无穷大，因此不存在预击穿和预击穿燃烧时间。触头关合瞬间即为导通瞬间。

2）当断路器分闸时，在电流最初被开断之后，发生复燃或者重击穿的概率为零。电流在第一次过零时刻被开断。

当断路器分闸时，对于一个给定的触头开距，存在特定的电压水平，在该电压水平下将发生击穿并且有电流通过。在不考虑燃弧的情况下，随着触头分离后触头开距的增加，击穿电压会近似地随之线性增加。如果知道断路器的触头行程特性，那么触头行程特性与时间的关系就决定了绝缘强度上升率，对选相分闸而言这是非常重要的电气特性。

在开断容性电流时，对特定断路器存在一定的重击穿概率，重击穿取决于电流过零时的触头开距和绝缘强度上升率。如果恢复电压施加在较大的触头开距上，那么电场应力就会降低。容性开断选相分闸的要旨在于避开短燃弧，使电流开断发生在触头开距相对较大时。通过这种方法，电场应力和复燃概率可被显著降低。从这个角度上讲，选相分闸更常见于滤波器组，而不是电容器组。

在开断电感电流时，同样会存在一定的复燃概率，其原因在于电流过零时触头间隙可能不足以承受TRV而发生多次复燃，这个多次复燃过程由断路器和负载特性决定。燃弧时间以及由燃弧时间决定的电流过零时刻的触头开距应足够大，以保证开断时不发生复燃，应用选相分闸技术是实现这一目标的合适方法。

选相合闸时重要的电气特性是绝缘强度下降。在合闸过程中，触头之间距离越来越近直至物理接触，触头间隙耐受电压平均值的降低与时间的关系近似为线性函数。函数的斜率正比于平均合闸速度和气体断路器的气体压力。

135. 实际应用中架空线路的操作过电压数据如何？

答：（1）在开合架空线路引起的操作过电压及针对该过电压所采取的大多数限制措施方面，已有大量的文献报道和现场经验。许多电网公司设计额定电压为420kV的架空线路时，将操作冲击耐压（SLWL）标幺值设定为3。这意味着承受标幺值为3的操作过电压的概率很高，因为在高斯分布中该电压附近的三个标准差达到99.86%的概率。在这种过电压下，对于电压420kV的架空线路来说，仅需要采取过电压限制措施就是规定断路器在关合过程中各极间的不同期性小于5ms即可。

（2）对于额定电压为550kV及其以上的架空线路来说，通常其操作冲击耐压受电压的标幺值设计得较低，从而需要采取措施来限制操作过电压。需要注意操作过电压出现在断路器的线路侧。各种限制架空线路操作过电压措施的效果总结如下：

1）采用预插入（合闸）电阻的方式来降低操作过电压。每个灭弧室并联一个合闸电阻，可以将操作过电压标幺值减小到2.0～2.2，每个灭弧室并联两个合闸电阻，分步合闸可以将操作过电压标幺值减小到1.5～1.6。

2）采用选相开合技术在母线电压零点关合，可以将操作过电压标幺值减小到2.0。

3）金属氧化物避雷器可以将操作过电压标幺值限制在1.7～2.2，取决于避雷器操作脉冲保护水平与能量吸收能力的匹配。

4）断路器的极间错相位关合可以将暂态过电压标幺值限制到2.4以下。

（3）当采用并联电抗器时，通常是在投运前预先将其连接到线路上（优先选择连接在受电端)；并联电抗器可对暂时过电压以及投运和断电时的暂态过电压起到限制作用。

(4) 单极自动重合闸 (SPAR) 引起的过电压标幺值通常小于 2.4，对于特殊的线路和网架结构，单极自动重合闸引起的过电压标幺值可达 2.7 甚至 3.0。在任何情况下，采用上述限制措施所产生的过电压都不会超过空载通电情况下的过电压。在不采取限制措施的情况下，断路器三极自动重合闸 (TPAR) 可能引起标幺值高达 3.8～4.0 的过电压，这是由于健全相导体上带有残余电荷造成的。三极自动重合闸可采取以下方法限制过电压：

1) 在断路器切除故障至重合闸的死区时间 (重合闸整定时间) 内，架空线将通过连接到线路上的并联电抗器放电。这样实际上三极自动重合闸时的过电压可以降到投运线路空载情况下的操作过电压水平。

2) 在断路器切除故障至重合闸的死区时间内，架空线路通过直线连接在线路端的电感式电压互感器放电。因此，实际上三极自动重合闸时的过电压可降到线路空载通电情况下的操作过电压水平。

3) 在线路终端安装金属氧化物避雷器可以把过电压限制到操作脉冲保护水平。

4) 在断路器关合时采用选相操作，优先选择每极上的电压接近零点时关合触头，可以将过电压标幺值降低到 2.0 以下。在采取这种方案时，需要用专门的装置对残余电荷产生的直流电压进行测量，而变电站中通常没有这种装置。因此，实际中的解决方法如下：

a. 如果线路连接了并联电抗器，在每一相线路侧的放电振荡电压达到最小值时关合这一极。

b. 如果线路中没有连接并联电抗器或电感式电压互感器，那么母线电压与残余电荷极性相同时，在母线电压的峰值时刻 (或峰值的 50%时刻)，将健全相在母线电压为零时重合闸。假设断路器在合闸时每极的分散性为±1.5ms，那么三极自动重合闸的操作过电压标幺值可以限制到 3.0 以下。

5) 采用单步合闸电阻方式可以将操作过电压标幺值减小到 2.5 以下。

136. 实际并联电容器组和并联电抗器的操作过电压数据如何?

答：(1) 投运并联电容器组时线路电压会产生一个显著跌落，紧接着会有一个电压过冲，其频率为线路的短路电抗和电容器组电容构成的 LC 电路所决定的固有频率 (典型频率为 300～900Hz)，这样产生的操作过电压标幺值可达 1.6，但是其他情况导致的过电压也许会更高 (例如关合远端的电容器组、终端开路的线路、辐射状配电的变压器或者变压器绕组间有容性耦合的情况等)。在这种情况下，如果投运电容器组不加控制，则会有发生闪络的风险，这是不可接受的。因此必须采取措施，如采用合闸电阻、串联电抗器或者选相开合技术等。通过采用避雷器保护来限制过电压的方法比较复杂。

(2) 用于并联电容器组投切的断路器是特殊设计的，在开断容性电流时具有极低的重击穿概率。如果发生重击穿，电流重新开始流通，并联电容器组会被反向充电。重击穿电流过一个半波时产生的过电压是重击穿电流过一个周期产生过电压的两倍。如果出现多次重击穿，过电压幅值还会更高。因此，对于并联电容器组投切，强烈推荐采用具有极低重击穿概率的断路器，即 IEC 62271-100 标准中的 C2 级断路器。在任何情况下都推荐采用选相开合技术。

(3) 变压器和并联电抗器的涌流电流值常用相对于额定电流峰值的标幺值来表示。投运大型电力变压器时会导致很大的涌流 (对外绕组通电时涌流的典型值的标幺值可到 4～4.5)。涌流中包含有大量的谐波分量，虽然不至于产生瞬态过电压，但是可导致出现暂态过电压，峰值的标幺值达 2.0～2.5。在变压器励磁电流开断中，虽然在特殊情况下有产生高过电压的可能，但是一般来说没有什么问题。

（4）并联电抗器的设计要求涌流的标幺值不得超过 2.8～3.0。在切除并联电抗器时，可能发生多次复燃现象，会出现幅值较高、前沿很陡的过电压。投切并联电抗器是一种频繁的操作工况，因为复燃对于断路器和并联电抗器都具有危险性，所以必须予以关注。对于断路器未经过试验检验或者未加以保护，以及未对切除并联电抗器工况加以控制的情况，曾经发生过断路器灭弧室的爆炸事故，对附近的高压设备产生了严重的威胁并造成损毁。

137. 在断路器投切并联电抗器中，将过电压限制到可接受水平的方法有哪些？

答：（1）采用金属氧化物避雷器。如果截流过电压引起金属氧化物避雷器动作，并联电抗器侧的相对地过电压将被限制在金属氧化物避雷器的操作脉冲保护水平；然而，复燃概率虽然有一定程度的降低，但是不会被消除。在任何情况下，金属氧化物避雷器都可以用于限制并联电抗器上的操作过电压和雷电过电压。限制的幅度通常不小于 25%。

（2）采用分闸电阻。采用电阻值与并联电抗器波阻抗相同量级的电阻（例如 4000Ω）作为分闸电阻，可以限制由电流截流引起的过电压。采用分闸电阻还可以降低复燃的可能性及其造成危害的严重性。分闸电阻曾用于压缩空气断路器技术中，但是在单压式 SF_6 断路器技术中已不再使用分闸电阻，因为它们使结构变得更复杂，增加了发生故障的风险。

（3）采用断路器主触头上并联金属氧化物电阻片的方法。金属氧化物电阻片可限制断路器上的 TRV 和复燃过电压，从而也降低了施加在并联电抗器上的电压应力。

（4）采用同步控制操作断路器各极进行选相分闸。选相分闸可以消除复燃的风险，因为它使得断路器各极触头在电流波形的合适相位分开，以保证足够长的燃弧时间，使得断口在电流的第一个过零时触头开距足够大，保证成功开断。断路器同步控制的传感器信号由电感式电压互感器或电容式电压互感器的二次绕组提供，电感式电压互感器或电容式互感器与并联电抗器安装在同一条母线或线路终端上。

二、断路器的开断

138. 真空断路器在操作过程中会产生哪些过电压？

答：真空断路器在操作过程会产生的过电压有截流过电压、多次重燃过电压、操作感性负载过电压、开断容性负载过电压、接通过电压。

139. 影响真空断路器截流水平的主要原因有哪些？

答：（1）触头材料的饱和蒸汽压力。饱和蒸汽压力越高，截流水平越低；压力越低，截流水平越高。但是，触头材料的饱和蒸汽压力不能过高，过高将降低触头间隙的介质强度恢复速度，降低绝缘强度。

（2）触头材料的沸点与导热系数的乘积。乘积越大，截流值越高；反之，截流值越小。

（3）开断电流大小和电流过零前的 di/dt。随着开断的工频电流的增大，平均截流水平降低。

（4）触头的运动速度。触头在分闸时的运动速度过高，截流值有可能增大。因此，真空断路器的分闸速度不能取得过高，要限制在一定的范围内。当然分闸速度也不能太低，太低有可能导致真空断路器断后的重燃。

（5）开断次数。真空断路器使用初期，截流水平偏大一些。随着开断次数的增加，截流值将有一定程度的降低。真空断路器使用一定时间后，截流值趋向于一个稳定值。

(6) 真空断路器电极分离的初始相位对截流值有一定的影响。当触头分离的瞬间，距离电流过零点较远时，截流值有上升的趋势。

(7) 真空度。真空断路器的真空压力在 10^{-1}Pa 以下时，电弧的不稳定电流和截流值基本不变。而当真空压力高于某一数值时，截流值会减小。在真空断路器实际应用的高真空范围内，可以认为真空度对截流值没有影响。

(8) 线路条件。真空断路器的截流在电感负载上会产生较高的过电压，过电压峰值和线路的波阻抗（$Z_0=\sqrt{L/C}$）与截流值的乘积有关。随着波阻抗的增大，截流值有减小的趋势。

140. 什么是多次重燃过电压？

答：真空断路器在投切电容器组或断开较大的感性电流（如电动机起动电流等）时，即使截流过电压不成问题，也常会发生过电压危害，而击穿电容器组或电机匝间绝缘。这是由于真空断路器多次重燃产生过电压引起的，称之为多次重燃过电压。

141. 真空断路器多次重燃的后果是什么？

答：真空断路器“熄弧—重燃—熄弧”的过程可以多次重复进行，且每一次重燃时，负载上得到的电压都比上一次重燃时要高，电感中电流也可能比上一次要大。也就是说，随着重燃次数的增多，负载中储存的能量也越来越大。如果在第 n 次重燃后电弧最终熄灭，且随重燃次数增多电感中的电流为单调递升，则 I_{ln}（电感中电流）增大，使产生的过电压增高。

多次重燃过程并不会无限地重复，所产生的过电压也必然有一定的限制。这是由于触头间距在多次重燃过程中是不断增加的，它的介质恢复强度也不断升高，当介质恢复强度超过 U_M 时，负载侧电压就会穿过零线。

142. 多次重燃时产生的过电压可看成哪两部分过电压的叠加？

答：(1) 等效截流所引起的过电压，其频率为 f_0（通常为几千赫），取决于负载的参数，电压的上升速率随着重燃次数增加逐渐变陡，电压值也升高。过电压的值可以达到较高，但由于重燃，过电压特性取决于真空断路器间隙的介质恢复特性。

(2) 重燃引起的过电压，称为重燃过电压。它的频率 f_h 取决于重燃高频电路的参数(通常可以达数兆赫)。这一重燃过电压上升陡度很高，对电机或变压器绕组间的绝缘危害极大，过电压能使匝间绝缘损坏。这正是多次重燃过电压对系统和其他电器危害的主要原因。

143. 多次重燃与工频截流值有关吗？

答：多次重燃过电压基本与工频截流值无关，截流只是使真空断路器开断过程中发生多次重燃的概率增加。

144. 什么情况下会发生三相截流现象？

答：在三相交流电路中，当首开相的触头将此相电流开断后，其余两相一般要延时 1/4 周期才被开断。如果首开相发生重燃时，间隙中流过的高频电流也叠加到其他两相的工频电流上。随着首开相的电压级升，流进二、三相的高频电流也加大，使二、三相的电流强制过零，电路的三相均发生等效截流，并过渡为多次重燃过程，从而出现很高的过电压。

145. 现场多次燃弧的概率大吗？

答：多次重燃过电压理论上讲是存在的，但是要发生多次重燃过电压必须具备许多条件，在实际电路中，这些条件要同时具备是很难的。因此实际发生多次重燃过电压的概率是很小的。从大量的现场试验中，很难捕捉到一次多次重燃过电压。不过，如果发生多次重燃过电压，它的危害却不可低估。因此，要采取必要的防范措施。

146. 什么是真空断路器的截流效应？

答：真空断路器开断感性负载是常见的操作，在这类负载操作中，操作过电压的情况又随所开断的感性电流大小有区别。空载变压器、小容量电抗器、小容量电动机以及感应式电压互感器等设备的励磁电流小，通常在几安的范围。这种小电流电弧由于其具有截流效应这一特性，所以在自然过零前被强制遮断。

147. 截流效应对真空断路器和 SF_6 断路器的后果是什么？

答：真空断路器的截流效应引起的过电压并不只是存在于真空断路器中，SF_6 断路器中同样也会出现截流过电压。与 SF_6 断路器相比，真空断路器由于其强烈的截流效应和良好的熄灭高频电弧的能力，出现截流过电压的概率较大，而且幅值较高，所以尤其受到了重视。

148. 真空断路器开断容性负载过电压如何？

答：利用真空断路器操作电容器组、空载电缆、架空线路等一类负载的共同特点为，断路器断口受到的威胁不是恢复电压的陡度而是其绝缘。电容电流在过零时被开断，此后系统电压自其峰值起继续按正弦规律变化。1/2 周波后达到反向峰值，这时由于负载电容的充电作用，断口受到的恢复电压为 $2U_M$ 。如果断路器断口的绝缘强度在开断过程中低于恢复电压，则发生重燃，引起电容器组的再次充电，在此过程中高频电流的熄灭与再次导通又引起了电容器组的多次重复充、放电，致使电容器极板上出现幅值极高的过电压。

149. 真空断路器在切除电容器组时出现重燃的根本原因有哪些？

答：真空断路器在切除电容器组时出现重燃的根本原因是：

（1）灭弧室的绝缘强度明显降低，以至于无法承受电源电压和电容器上残存电荷对应的电位形成的恢复电压。

（2）绝缘强度与触头材料的成分、触头表面光洁度、出厂前的老练效果以及灭弧室内真空度大小等因素有关。运行经验及许多分析研究指出，真空灭弧室内残存的金属蒸汽扩散的不彻底或者没有完全有效地被屏蔽罩所吸收，是使灭弧室断口绝缘强度降低的主要原因。

（3）与真空断路器操动机构的质量有关。

150. 使用质量不良的真空断路器会有什么后果？

答：使用质量不良的真空断路器时，有可能出现两相或三相截流现象，这时首相开断负载后，它的截流在电路中产生高频振荡。通过电磁耦合，在其他两相中感应的高频电流如果与工频电流叠加恰好为零，就相当于发生两相或三相截流。由于相位关系，这两项的工频电流较首相的大，即它们的截流产生的能量也大，从而引起高频幅值的过电压，危害很大。许多现场实测都发现质量不好的真空断路器两相截流现象，但发生三相截流的概率则非常低。

151. 同一母线上有多组电容器组的操作会有什么后果？

答：与单个电容器组操作不同，对于在母线上已经有多组电容器的情况下，当将另一组电容器组合闸接在该母线上时，可在这组电容器上突然出现高频、高幅值的合闸涌流。这种操作方式称为电容器组背靠背操作。产生这一高频幅值涌流的原因是由于已经接在母线上的多组并联电容器在操作的几毫秒内，起了减少电源内阻抗的作用。已接在母线电容器的容量越大，涌流幅值越高，持续时间越长。

电容器组背靠背操作方式中出现的过电压不超过系统最大相—地过电压的 40%，所以电气设备在这种操作中不会出现问题。但值得注意的是，由于电流互感器铁芯磁路不饱和，过大的合闸涌流将在二次侧绕组中感应出很大的电流，由此会损坏电流互感器和继电保护，建议在二次回路中应采用过电压保护措施。

152. 什么是接通过电压？有何危害？

答：真空断路器在接通电路时，触头间距逐渐变小，在触头机械地接触之前，要产生预击穿，触头间流过高频电流。接着在高频电流过零点进行开断，类似开断时的情况，也会出现过电压。但是在接通时，触头间距离随时间在变小，触头间耐压水平也逐渐降低，过电压的峰值因而也受到抑制，不会产生过高的过电压，也不会带来严重的危害。

153. 什么是电弧？开关在开断电路时为什么会产生电弧？

答：电弧是一种气体放电现象，也是一种等离子体。等离子体是与固体、液体、气体并列的物质第四态。以50000K为界，等离子体可分为高温等离子体和低温等离子体两大类，电弧属于后者。

开关电弧是电弧等离子体的一种。

当开关开断电路时，只要电流达到几百毫安，电源电压有几十伏，在开关的触头间就会出现电弧。由于电弧是导电体，只有将电弧熄灭才能实现电路的开断。因此电弧现象，也即电弧燃烧和熄灭过程，它是开关电器最重要的内容。

154. 断路器电弧的主要外部特征有哪些？

答：（1）电弧是强功率的放电现象。在开断几十千安短路电流时，以焦耳热形式发出的功率可达10000kW。与此有关，电弧可具有上万摄氏度或更高极强辐射，在电弧区的任何固体、液体或气体，在电弧作用下都会产生强烈的物理及化学变化。在有的开断路器中，电弧燃烧时间比正常情况只多一二十毫秒，断路器就会出现严重烧损甚至爆炸。在用灭弧能力和弱的隔离开关开断负载电路时（即误操作），电弧能使操作者大面积烧伤。

（2）电弧是一种自持放电现象。不用很高的电压就能维持相当长的电弧稳定燃烧而不熄灭，如在大气中，每厘米电弧的维持电压只有15V左右。在大气中，在100kV电压下开断仅5A的电流时，电弧长度可达7m。电流更大时，可达30m。因此，单纯采用拉长电弧来拉长电弧来熄灭电弧的方法是不可取的。

（3）电弧是等离子体，质量极轻，极容易改变形状。电弧区内气体的流动，包括自然对流以及外界甚至电弧电流本身产生的磁场都会使电弧受力，改变形状，有的时候运动速度可达每秒几百米。设计人员可以利用这一特点来快速熄灭并预防电弧的不利影响及破坏作用。

155. 电弧的特点有哪些？

答：（1）电流瞬时值高时，电弧温度高，电弧直径大。电流瞬时值低时，电弧温度低，电弧直径小。电流按正弦曲线变化时，电弧温度和直径呈脉动形变化。

（2）电弧温度变化略滞后于电流的变化。温度最大值落后电流最大值20°（电角度）。温度最低值落后于电流零值27°。这可解释为电弧有一定热惯性，也即有一定热时间常数所致。

（3）加强电弧冷却，电弧直径变细，电弧温度的变化加大。

（4）电弧电压的波形为马鞍形。这与电弧的静伏安特性相符，即大电流时电弧电压低且基本保持为常数，小电流时电弧电压高。此外，对每个半波而言，前半波电弧电压略高于后半波，这是由于前半波电弧温度略低于后半波的温度所致。

（5）加强冷却使电弧在电流小时电压更高，即在每个电流波中有更高的燃弧尖峰和熄弧尖峰，这是由于在加强冷却时，温度及直径在半波内起伏更大所致。

156. 交流电弧熄灭过程主要有几种?

答: 交流电弧熄灭过程主要有以下三种:

(1) 强迫熄弧。在这种情况下,电弧电压很高,电源电压不能维持,电弧电流很快被减小到零而熄灭。

(2) 截流开断。在此情况下,电弧因不稳定而熄灭。

(3) 过零熄弧。在大多数高压断路器开断过程中,电弧电压远低于电源电压,也即电源电压足以维持电弧燃烧而不致发生强迫熄弧。在电流较大的情况下也不会出现截流。在这种情况下,电弧是在电流零点时熄灭的。这种熄弧过程称为过零熄弧。

157. 为什么投切并联电容器会产生高频涌流? 高频涌流的危害有哪些?

答: 无功补偿需要投切并联电容器,电容器(组)在合闸投入时,不仅电网(电源)对电容器充电,而且和它相并联已通电的电容器,也都会向它充电;电容器(组)从电源上切断的过程中,如果断路器发生多相重燃,即电源和其他相并联且已通电的电容器,都将对它再充电。这两种情况都将造成电容器上的电流突然变得很大,通常称这种数十倍于额定电流幅值和频率的合闸电流为合闸涌流,或简称为涌流。

158. 单组电容器运行合闸涌流如何?

答: 单独一组电容器第一次合闸通电运行的瞬间,与短路状态相似,将产生很大的合闸涌流,可设想涌流的最大值刚好发生在系统瞬时电压处于幅值时;若未放电,再次合闸,且又处于系统电压与电容器充电电压大小相等、方向相反时,则这时合闸涌流将为第一次的两倍。

159. 如何限制单组电容器合闸涌流?

答: 从理论分析可知,这个数十倍以上的高频涌流,对电容器和断路器的运行将造成很大危害。限制这个涌流一般采用串联电抗器加以限制。为限制谐波,安装 $6\% X_C$(X_C 为并联电容器的容抗)的电抗器,以限制涌流倍数。如果安装电抗器仅为限制涌流时,电抗器容量还可选取小一些,一般可按($0.1\%\sim1\%$)X_C 设计。

例如,若电抗器容量为 $0.1\% X_C$,当不考虑电源和连接线的电感,其涌流倍数 K_n 最大值可表示为

$$K_n=\sqrt{X_C/(0.1\% X_C)}\approx 33(\text{倍}) \tag{7-1}$$

由于电源线和电容器与电源之间连接线都存在电感,则实际倍数也接近 30 倍,因此能够满足电容器的运行要求。

160. 如何分析与计算多组电容器并联运行合闸涌流?

答: (1) 涌流的计算。由于多组电容器并联运行,已并联运行的电容器与再投入的电容器组之间距离很近,它们之间的电感也很小,几乎等于零,再投入的电容器,也与短路情况一样,且运行的电容器组都向它大量充电,系统及已运行电容器组的全部合闸涌流都流入投入的电容器组,这时合闸涌流将达到很危险的程度。经验证明:多组电容器并联运行时,再投入的电容器组的合闸涌流可达电容器组额定电流的 20~250 倍,其振荡频率可达 15000Hz;但产生追加合闸过电压较单组运行电容器合闸过电压低,约为相电压。此时合闸涌流最大值可看成是已运行电容器的放电电流,计算公式为

$$I_{cs\cdot max}=-U_m/\sqrt{L_{b\cdot LX}/C}\cdot[(n-1)/n] \tag{7-2}$$

式中　$I_{cs\cdot max}$——多组电容器并联运行合闸涌流最大值，kA；

U_m——电容器运行电压最大值，V；

$L_{b\cdot LX}$——并联已运行电容器组与再投入电容器组之间连线的电感，H；

C——运行电容器组单相电容量，F；

n——已运行电容器的组数。

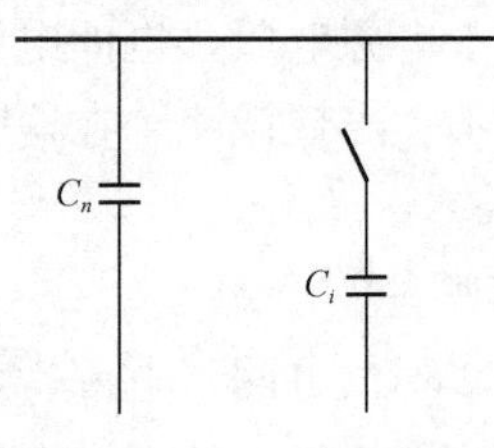

图 7-7　多组电容器再投入等效电路

此时合闸涌流振荡频率为

$$f_0=1/(2\pi f\sqrt{L_{b\cdot LX}/C})\tag{7-3}$$

合闸涌流持续时间很短，约在几毫秒之内就降低到无害程度。

图 7-7 所示为多组电容器并联运行再投入等效电路图，C_n 为已运行的 n 组电容器，C_i 为再投入的电容器。为了简化所讨论问题，在再投入的瞬间，简单看成 C_n 对 C_i 作短路放电，设 C_n 上的电压为

$$u_c=U_m\sin(\omega t+\pi)\tag{7-4}$$

则此时短路放电电流为

$$i_{c\cdot fd}=U_m/(\omega_0L_{b\cdot LX})\sin(\omega_0t+\pi)=-U_m/(\omega_0L_{b\cdot LX})\sin(\omega_0t)$$

$$=-U_m\sin(\omega_0t)/\sqrt{X_{Lb\cdot LX}\cdot X_C}\tag{7-5}$$

$$\omega_0=1/\sqrt{L_{b\cdot LX}C}$$

式中　$L_{b\cdot LX}$——并联电容器组与再投入电容器间连线电感，H；

ω_0——放电回路固有频率；

$X_{Lb\cdot LX}$——并联电容器组与再投入电容器间连线的感抗，Ω；

X_C——再投入电容器的容抗，Ω。

可见放电电流最大值为

$$I_{cfd\cdot max}=U_m/\sqrt{X_{Lb\cdot LX}X_C}=\sqrt{Q_C/X_{Lb\cdot LX}}\tag{7-6}$$

由式（7-6）可见，放电电流只和电容器容量 Q_C 及它们之间连线的电感有关。因为电容器之间相距很近，即 $L_{b\cdot LX}$ 很小，所以放电电流的最大值 $I_{cfd\cdot max}$ 将是很大的。

（2）涌流限制。设每组电容器每相串接 0.1% X_C 的电抗器，暂且不考虑电容器连接线的电感，依据式（7-6）可得放电电流最大值为

$$I_{cfd\cdot max}=\sqrt{1/(0.1\%X_CX_CN)}U_m=\sqrt{1000/N}U_m/X_C=\sqrt{1000/N}I_m\tag{7-7}$$

式中　N——再次投入电容器组依次的序数。

可见随着投入电容器依次组数变多，放电电流最大值将随之变小。当 N 为第二组时，则有 $I_{cfd\cdot max}\approx22I_m$。由于连线间存在电感，故放电电流还将减小，即放电电流倍数将小于 20 倍。

161. 多组并联电容器组投入时的涌流如何变化？

答：在变电站中，为了运行时调节无功功率的方便，有时将电容器分成几组（如风电场），每组由一台断路器控制，各组间并联连接，称为并联电容器组，又称背靠背电容器组。

图 7-8 中共有四组电容器，容量相等，经断路器 CB_1～CB_4 联到母线 B 上。当要求四组电容器全部投入运行时，则顺序投入。投入第一组时的涌流与上面单组电容器投入时的情况相同。投入第二组时，已带电的第一组电容器将向第二组电容器充电，也会出现涌流。由于

两组电容器的安装位置相距很近，其间电感很小（几十微亨或更小），所以投入第二组电容器时，由第一组电容器向第二组电容器充电会产生很大的涌流，比第一组电容器投入时严重得多。同理，投入第三组、第四组时的涌流将更大。

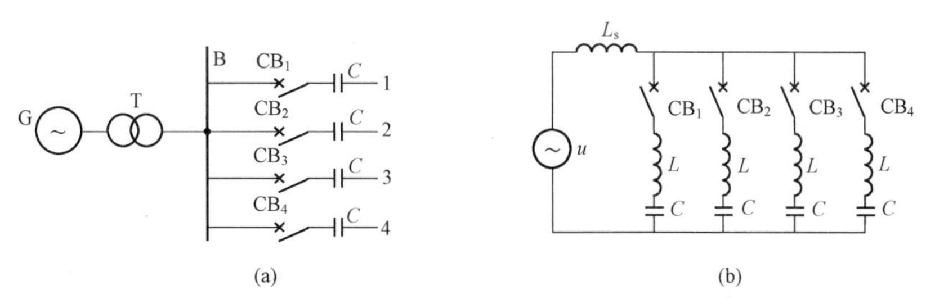

图 7-8　并联电容器组的接线

（a）接线图；（b）等值电路图

现有 n 组电容器（图 7-8 中，$n=4$），计算最后一组即第 n 组投入时的涌流。考虑到在电源电压为峰值时投入，涌流最大，因此计算时取 $u=U_m$ 并进行简化：①暂不考虑电源提供的涌流；②各组电容器的接线电感为 L 。

电路的简化过程见图 7-9，最后得到图 7-9（b）供计算涌流用的电路图（计算略）。

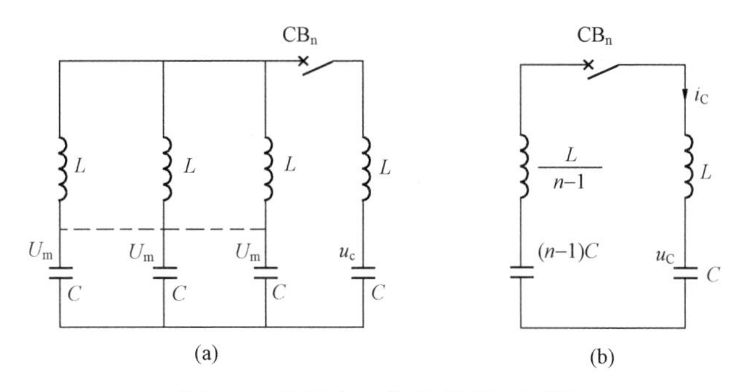

图 7-9　并联电容器组的涌流计算

（a）等值电路；（b）简化后的电路

涌流峰值为

$$I_{Cm}=\frac{U_m}{\sqrt{L/C}}\cdot\frac{n-1}{n} \tag{7-8}$$

涌流振荡频率为

$$f_0=\frac{\omega_0}{2\pi\sqrt{LC}} \tag{7-9}$$

例：有四组 10kV 电容器，容量各为 10000kvar，每组连接导线的长度为 10m，计算最后一组电容器投入时的涌流。

计算过程略。

涌流峰值为：$I_{Cm}=34600\text{A}$

162. 限制涌流的措施有哪些？

答：涌流太大会给断路器、电容器等电器设备造成危害，应设法加以限制。

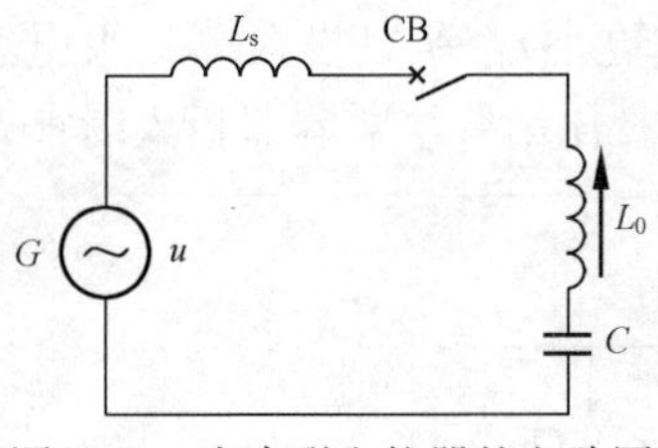

图 7-10　有串联电抗器的电路图

在电容器组上接入串联电抗器可以限制涌流，限流电抗器有空心的，也有带间隙的铁芯的电抗器，电抗器实质上是一个电感线圈 L_0。电容器组接入串联电抗器后的等值电路如图 7-10 所示。

对于单组电容器，串联电抗器限制涌流的作用可由式（7-10）得出，即

$$I_{Cm}=I_m\sqrt{\frac{X_C}{X_s}}=I_m\sqrt{\frac{X_C}{\omega L}} \tag{7-10}$$

接入串联电抗器后，L 由原来的 L_s 增加为 L_s+L_0，通常 $L_0 \gg L_s$，则 $X_S \approx \omega L_0$。若 $\omega L_0 = 6\% X_C$，则

$$I_{Cm}=I_m\sqrt{\frac{X_C}{X_s}}=I_m\sqrt{\frac{100}{6}}\approx 4I_m$$

串联电抗器限制涌流的效果明显，但接入后，正常工作时的电容器电压将升高，因此电感值也不能太大。

对于并联电容器组，串联电抗器限制涌流的效果更为显著，计算式为

$$I_{Cm}=\frac{U_m}{\sqrt{L/C}}\cdot\frac{n-1}{n} \tag{7-11}$$

可见，L 很小涌流很大，现在接入串联电抗器后，L 增大到 L_s+L_0，涌流也能得到很大的限制。

163. 高频电弧熄灭过程对过电压有哪些影响？

答： 电容电流开断过程中如果发生重击穿，触头中将流过频率很高、幅值很大的电流，这个电流可能比电容器组关合时的涌流还大。如果每次发生重击穿后，高频电流总是在它第一次过零时灭弧，而且每次重击穿又都出现在恢复电压达到最大值时，这样的过程多次重复，理论上的过电压将按 3、5、7 倍增长。如果电弧是在高频电流第二次过零时熄灭，则电容电压 u_C 将振荡到电源电压 u 的相反方向，加上电弧电阻的衰减作用，使得电容上的电压减小很多，以后即使再出现重击穿，过电压也不会像原先那样 5 倍、7 倍地增长。

164. 开断三相电容器组有何特点？对断路器有何要求？

答： 大多数情况下，开断三相电容电路时的恢复也应比单相时高、开断三相电容电路时出现重击穿的可能性比单相时大，而且击穿的现象也比较复杂，有时出现单相重击穿，有时又会出现两相重击穿，重击穿后的过电压问题也会更严重些。

在 6.3kV 电压等级以下，特别是在 10kV 电力系统中，广泛采用电容器组作为电力系统的无功功率补偿。根据负荷的变动情况实现对电容器组进行自动或手动的投入或切除。实际运行情况表明，断路器操作次数多，每天投切电容器组的次数少则一次，多则两次或更多。因此对于担负电容器组投切工作的断路器要求具有高的机械寿命，另外还要求断路器在开断电容器组时不应产生高的过电压以及由过电压产生的巨大涌流，以避免对电容器组造成损害。表征断路器开合电容器组性能的技术参数有：①额定单个电容器组开断电流；②额定背对背电容器组开断电流；③额定电容器组关合涌流；④额定背对背

电容器组关合涌流。

真空断路器与六氟化硫路器的机械寿命和电气寿命长，开断性能好，又能做到少维护或免维护，是比较理想的用于开合电容器组的断路器。

165. 电容器回路串联电抗器实际作用是什么？如何选比值？

答：（1）串联电抗器的实际作用分析。电容器的回路串联电抗器有两个作用：①抑制合闸涌流；②减少电网电压波形畸变。前者只有应用于多组电容器（中大容量）并联时才有必要，对于单组电容器，由于合闸涌流并不大，其必要性不大，或者是不必要，因此可以说串联电抗器的主要作用是减少电网电压波形畸变率。

电容器回路串联电抗器有三种不同性质的工作情况，即该回路将具有谐波放大、完全滤波或者是不完全滤波。设 n_R 为电容器回路的串联电抗器时谐振谐波次数，有分析证明，当 $n < n_R$ 时为谐波放大情况，当 $n = n_R$ 时为完全滤波情况，当 $n > n_R$ 时为不完全滤波情况。因为电力系统中存在各次谐波，因此在串联电抗器时，必须注意到它一方面可以减少较高次数谐波电压，同时另一方面又可放大较低谐波次数谐波电压。也就是说在电力系统中不可以一个模式配置串联电抗器，即对串联电抗器的比值选择上要统筹兼顾，防止顾此失彼。

（2）自然谐波及其含量。无电容器的电力系统的谐波称之为自然谐波，自然谐波含量以奇次谐波较多，其中 5 次最多，7 次次之，11、13 次较少，15 次以上更少；对于单相谐波源或者三相不对称的电力系统，其自然的 3 次谐波含量也可能较多，与 7 次谐波相当。因此在电力系统并联电容器未串联电抗器时，其 5、7、11、13 次谐波将被显著放大。谐波放大的程度与系统短路容量和配置电容器容量有关，一般 Q_C/S_d 值为 3%左右时较多，因此 5、7 次谐波电压过高，如能使 Q_C/S_d 不超过 1%，则对 5、7 次谐波放大倍率较少，可以不必串联电抗器。

（3）串联电抗器及电抗器比值的选择。并联电容器回路串联电抗器可以有效地减少电网电压波形畸变率，它是在谐波源设备处应装滤波器的基础上减少电网谐波放大的一项主要措施。同时也能改善并联电容器的谐波工作情况，但是所有并联电容器并不需要一律配置电抗器，也不必要普遍地配置 6% X_C 的电抗器。而应根据位置、电压波形畸变的严重程度、有无谐波源及谐波源电流的大小、电容器容量和电力系统短路容量等情况，合理地选择电抗器的电抗比值。

166. 投切并联电容器时为什么会产生过电压？

答：由于操作（如断路器的合闸和分闸）、故障或其他原因，系统参数突然变化，电力系统由一种稳定状态转换为另一种稳定状态，在此过渡过程中，系统本身的电磁能振荡而产生的过电压。实际出现的操作过电压幅值与系统的最高运行相电压幅值之比，称为操作过电压倍数。

操作过电压的持续时间为 250～2500μs，特点是具有随机性，但最不利情况下过电压倍数较高。

变电站或用户投切电容器组的操作是频繁的，在投切电容器组时会出现两个问题：

（1）投入时有很大的涌流。

（2）切除时因断路器重燃产生过电压。由于电路中存在电感、电容储能元件，在断路器操作瞬间放出能量，电路中将产生电磁振荡而出现操作过电压。投切电容器组时，可能引起电感—电容回路的振荡，从而产生操作过电压。特别是在切断过程中，如果断路器发生电弧重燃，将引起强烈的电磁振荡，出现更高的过电压值，这一过电压值与被切电容和母线侧电容的大小有关。

167. 并联电容器组在运行投切时产生的操作过电压有哪些?

答: 并联电容器组在运行投切时产生的操作过电压包括:

(1) 合闸过电压。主要为非同期合闸过电压、合闸时触头弹跳过电压。

(2) 分闸过电压。分闸时电源侧有单相接地故障或无单相接地故障的单相重击穿过电压和分闸时两相重击穿过电压。

(3) 断路器操作一次产生的多次重击穿过电压和其他与操作电容器组有关的过电压。通常分闸操作的过电压主要出现在单相重击穿时，但两相重击穿和一次操作时发生多次重击穿的几率均很小。

168. 电容器合闸过电压是如何产生的?

答: 如果高压断路器三相触头的关合是同期的，电容器组每相的电容也是相同的，则三相电路可按图 7-11 所示的单相电路来分析（分析略）。

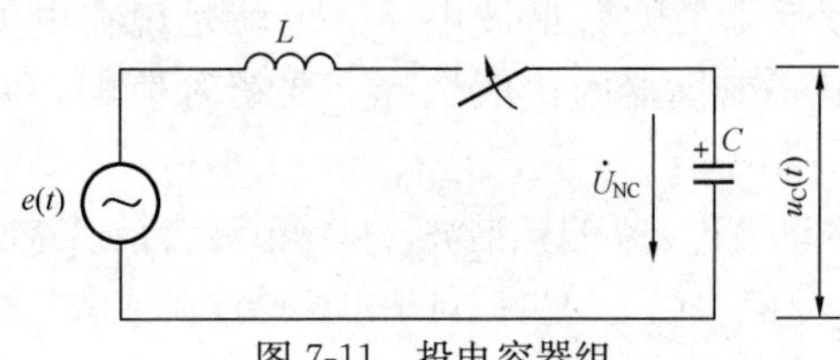

图 7-11　投电容器组

$e(t)$—电源电动势；L—电源漏抗；C—电容器；

$\dot{U}_{NC}$—补偿电容器 C 的残留电压

一般认为并联电容器合闸过电压不超过额定电压的两倍，在一些现场试验结果也得到证明。但需指出的是，真空断路器触头是对接式的，若触头的合闸缓冲性能不良，就可能发生弹跳，在电气上是接通—断开—接通，相当于电容器有较高残留电压时合闸，合闸过电压降超过两倍，最高时可达 3 倍，这对设备的绝缘来讲是危险的，应尽量避免。

169. 电容器分闸过电压包括哪些?

答: 分闸过电压包括截流过电压和分闸重燃过电压。真空断路器的截流电流很小，截流过电压可不考虑，主要是分闸重燃过电压。按运行状况，开断电容器组重燃过电压有：无故障单相重燃过电压、带故障单相重燃过电压、两相重燃过电压。

170. 无故障单相重燃过电压特点有哪些?

答: 理论上断路器在开断电容器组时出现重燃击穿，每次击穿时，电容器上将出现 3、5、7 倍过电压，使电容器以及电网中其他设备的绝缘受到严重的威胁。但实际电网中，影响过电压的因素很多，情况也比较复杂，实测过电压的数值有很大的分散性。

开断中性点绝缘的三相电容器组单相重燃时，单相重燃过电压发展过程有以下几个特点：

(1) 电容器极间的电压基本维持不变，无过高的过电压。

(2) 最高过电压在非重燃相，重燃相过电压并不是最高的，往往是通过中性点传递至不重燃的两相中的一相，成为过电压最高相，即使是单相复燃（在小于 1/4 周期内重燃），在非复燃相中的一相也会出现过电压。

(3) 过电压主要加在电容器组中性点与地之间，它是由重燃相经过中性点对地电容传递到非重燃相的。

171. 两相重燃的过电压有哪些特点?

答: 两相重燃过电压主要出现在极间绝缘上，电容器对地电压不一定很高。虽然电容器两相重击穿发生的概率相对要低，但后果严重得多。由于真空断路器的灭孤能力很强，当发生两相击穿时，往往在高频暂态电流过零时便被强行熄灭，使电容器间电压维持在高幅值处，然后缓慢地衰减泄放。其幅值可达5（标幺值）左右，这对绝缘水平较弱的电容器极间绝缘来讲是十分危险的。同时，两相重击穿还伴随有高幅值的高频振荡电流冲击，对设备亦具破坏力。从试验可知：在产生的两相重击穿中，由两相的单相重击穿偶然重叠造成两相重击穿的可能性极小，多数是由单相重击穿诱发的两相重击穿。试验表明，35kV真空断路器分闸时其两相重击穿率约为0.5%～1%，因此，必须予以重视。

172. 防止产生电容器操作过电压的保护措施有哪些？

答：（1）采用无重燃的断路器。

（2）外接氧化锌避雷器。

（3）阻容保护。

（4）断路器加并联电阻。

（5）接在电容器组中性点和地之间的电阻型电压互感器或电阻分压器，由于能够快速释放中性点对地杂散电容上的电荷，能起到降低断路器恢复电压和重燃过电压的作用。

（6）其他措施。变压器和电容器不能一起投切。另外，单相接地时不要切电容器。

chapter 8 第八章

断 路 器

一、基 础 知 识

1. 断路器的学习内容有哪些?

答:(1)断路器的本体结构(开关的组成)。

(2)断路器的动力机构及辅助设备的作用。

(3)灭弧介质(SF_6)辅助系统的构成及作用。

(4)断路器现场控制柜内各小开关、把手、表计及主要继电器等的作用。

(5)断路器控制回路。

(6)断路器的运行规定。

(7)断路器大小修的项目。

(8)断路器的巡视。

(9)断路器的验收。

(10)断路器常见的信号或异常运行及处理。

2. 什么是高压开关设备?

答:高压开关是指额定电压1kV及以上,主要用于开断和关合导电回路的电气设备。高压开关设备是高压开关与其相应的控制、测量、保护、调节装置以及辅件、外壳和支持等部件及其电气和机械的联结组成的总称。是电力系统一次设备中唯一的控制和保护设备,是接通和断开回路、切除和隔离故障的重要控制设备。

3. 高压开关设备主要有哪些类型?

答:高压开关设备主要包括高压断路器、负荷开关、隔离开关、接地开关、熔断器、重合器、分段器、交流金属封闭开关设备(开关柜)、预装式变电站、气体绝缘全封闭组合电器设备(GIS)、复合式GIS(Hybrid GIS,HGIS)、混合技术气体绝缘开关设备、信息技术(智能)开关设备、插入式智能开关(PASS)组合电器等。

4. 什么是断路器?

答:断路器是指能开断、关合和承载运行线路(设备)的正常电流,并能在规定时间内承载、关合和开断规定的异常电流(如短路电流)的电气设备。按照IEC标准的定义,断路器是指:所设计的分、合装置应能关合、导通和开断正常状态电流,并能在规定的短路等异常状态下,在一定时间内进行关合、导通和开断。其附注中又规定,通常使用的断路器分合频率应不大,但某种特殊形式的断路器也可用于频繁分合。

5. 断路器是如何分类的?

答:(1)按灭弧介质的不同,我国使用的断路器主要有以下两种:

1)SF_6断路器:以SF_6气体作为灭弧介质或兼作绝缘介质的断路器。

2)真空断路器:指触头在真空中开断,利用真空作为绝缘介质和灭弧介质的断路器,真空断路器需求的真空度在 10^{-4} Pa 以上。

（2）按装设地点的不同，可以分为：

1）户外式；

2）户内式。

（3）按断路器的总体结构和其对地的绝缘方式不同，可分为：

1）接地金属箱型（又称落地罐式、罐式）；

2）绝缘子支持型（又称绝缘子支柱式、支柱式）。

（4）按断路器在电力系统中工作位置的不同，可分为：

1）发电机断路器；

2）输电断路器；

3）配电断路器。

（5）按 SF_6 高压断路器的灭弧室结构特点，单压式 SF_6 断路器又分为：

1）定开距型；

2）变开距型。

（6）按照断路器所用操作能源能量形式的不同，可分为：

1）手动机构断路器：指用人力合闸、分闸的机构操动的断路器；

2）直流电磁机构断路器：指靠直流螺管电磁铁合闸的机构操动的断路器；

3）弹簧机构断路器：指用事先由人力或电动机储能的弹簧合闸的机构操动的断路器；

4）液压机构断路器：指以高压油推动活塞实现合闸与分闸的机构操动的断路器；

5）气动机构断路器：指以压缩空气推动活塞实现分、合闸的机构操动的断路器；

6）电动操动机构断路器：指用电子器件控制的电动机去直接操作断路器操作杆的断路器。

（7）按照 SF_6 高压断路器的灭弧特点，SF_6 断路器可以分为：

1）自能式；

2）压气式；

3）混合式。

6. 什么是负荷开关？

答：负荷开关是指能在正常的导电回路条件或规定的过载条件下关合、承载、开断电流，也能在异常的导电回路条件（如短路）下在规定时间承载电流的开关设备。按照需要，也可具有关合短路电流的能力。

7. 什么是重合器？

答：重合器是指能够按照规定的顺序，在导电回路中进行开断和重合操作，并在其后自动复位、分闸闭锁或合闸闭锁的自具（不需要外加能源）控制保护功能的开关设备。可以自动按照设定的动作循环进行关合操作的且自具功能的断路器，操作顺序由本身自带的控制器完成，自备电源。一般动作顺序由电流—时间曲线确定。

8. 什么是分段器？

答：分段器是指一种能够自动判断线路故障和记忆线路故障电流开断的次数，并在达到整定的次数后在无电压或无电流下自动分闸的开关设备。分段器自动进行故障隔离，一般没有灭弧功能。某些分段器可具有关合短路电流（自动重关合功能）及开断、关合负荷电流的能力，但无开断短路电流的能力。

9. 什么是金属封闭开关设备?

答: 金属封闭开关设备（开关柜，metal-enclosed switchgear）：除进出线外，其余完全被接地金属外壳封闭的开关设备。它包括铠装式金属封闭开关设备、间隔式金属封闭开关设备和箱式金属封闭开关设备。铠装式金属封闭开关设备是指主要组成部件（如每一台断路器、互感器、母线等）分别装在接地的用金属隔板隔开的隔室中的金属封闭开关设备。间隔式金属封闭开关设备与铠装式金属封闭开关设备一样，其某些元件也分装在单独的隔室内，但具有一个或多个符合一定防护等级的非金属隔板。箱式金属封闭开关设备是指除铠装式、间隔式金属封闭开关设备以外的金属封闭开关设备。

10. 什么是气体绝缘全封闭组合电器?

答: 气体绝缘全封闭组合电器（gas insulated switchgear，GIS）是将 SF_6 断路器和其他高压电器元件（主变压器除外），按照所需要的电气主接线安装在充有一定压力（例如0.3～0.4MPa）的 SF_6 气体金属壳体内所组成的一套变电站设备。

11. 什么是 HGIS?

答: 复合电器 HGIS（Hybrid GIS，HGIS）是一种新型的组合电器，它将断路器、一个或多个隔离开关、电流互感器、电压互感器以及它们的控制系统组合在一起，这种组合装置能够方便用于室内或室外安装，它是一个独立完整的进、出线间隔，是由以上多个模块组装到一起且各相均有自己的独立气室。

12. HGIS 与 GIS 的区别与联系是什么?

答: HGIS 是介于 GIS 和敞开式开关设备之间的高压开关设备。HGIS 与 GIS 结构基本相同，但它不包括母线设备。例如汇流母线采用敞开式，而其他电器采用 GIS。是一种混合技术气体绝缘开关设备。

13. 什么是信息技术（智能）开关设备?

答: 信息技术（智能）开关设备（information technology switchgear，ITS）是将断路器、隔离开关、接地开关布置在一个外壳内的复合高压开关设备，应用了相位控制装置、复合传感技术和数字在线监测技术和网络技术的高压开关设备。

14. 什么是真空断路器?

答: 触头在高真空中关合和开断的断路器称为真空断路器。真空断路器具有很多的优点，如开距短，体积小，质量轻，电寿命和机械寿命长，维护少，无火灾和爆炸危险等，因此近年来发展很快，特别在中等电压领域内使用很广泛，是配电开关无油化的最好换代产品。

15. 电网运行对交流高压断路器的要求有哪些?

答:（1）绝缘部分能长期承受最大工作电压，还能承受短时过电压。

（2）长期通过额定电流时，各部分温度不超过允许值。

（3）断路器的跳闸时间要短，灭弧速度要快。

（4）能满足快速重合闸的要求。

（5）断路器的遮断容量要大于电网的短路容量。

（6）在通过短路电流时，有足够的动稳定性和热稳定性，尤其不能出现因电动力作用而不能自行断开。

（7）断路器具备一定的自保护功能和防跳功能，如失灵保护、防止非全相合闸功能、合分时间自卫功能、重合闸功能等。

（8）断路器的监视回路、控制回路应能与保护系统、监控系统可靠接口。

（9）断路器的使用寿命能够满足电力系统要求，包括机械寿命和电气寿命。

（10）高压断路器还要保证在一般的自然环境条件下能够正常运行，且保证一定的使用寿命。

16. 我国高压断路器的型号含义是什么？

答：我国高压断路器的型号由4部分组成。

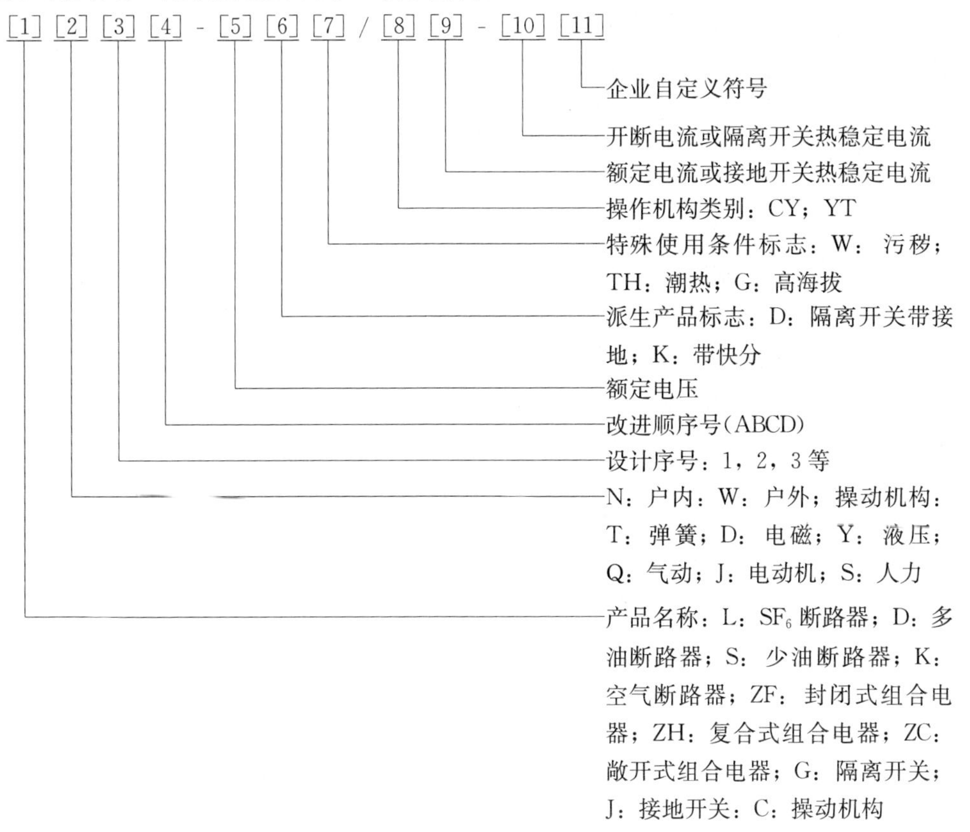

例如：LW10B-550/YT3150-DZ型SF_6高压断路器以及ZF1-220（组合电器，GIS）。

17. 高压断路器主要参数有哪些？

答：（1）额定电压。

（2）额定频率。

（3）额定绝缘水平。

（4）额定电流和温升。

（5）额定短时耐受电流。

（6）额定短路持续时间。

（7）额定峰值耐受电流。

（8）额定短路开断电流。

（9）额定短路电流开断次数的规定。

（10）断路器机械寿命的规定。

（11）额定短路关合电流。

（12）额定瞬态恢复电压（出线端故障）。

（13）额定操作顺序。

（14）额定近区故障特性。

（15）额定失步开断电流。

（16）额定线路充电开断电流。

（17）额定电缆充电开断电流。

（18）额定单个电容器组开断电流。

（19）额定背对背电容器组开断电流。

（20）额定单个电容器组关合涌流。

（21）额定背对背电容器组关合涌流。

（22）额定小感性开断电流。

（23）额定时间参量。

（24）操动机构、控制回路及辅助回路的额定电源电压。

（25）操动机构、控制回路及辅助回路的额定电源频率。

（26）操作和灭弧用压缩气体源的额定压力。

（27）额定异相接地的开合试验。

（28）噪声及无线电干扰水平。

18. 断路器主要电气性能参数的含义是什么？

答：（1）额定电压。指高压断路器所在系统的最高电压。额定电压的标准值如下：

1）范围Ⅰ　额定电压 252kV 及以下：3.6～7.2～12～24～40.5～72.5～126～252kV。

2）范围Ⅱ　额定电压 252kV 及以上：363～550～800kV。

（2）额定频率。额定频率的标准值为 50Hz。

（3）额定电流。断路器设备的额定电流是在规定的使用和性能条件下能持续通过的电流的有效值。

（4）额定短时耐受电流（热稳定电流）。是指在规定的使用条件下，在规定的短时间内，断路器设备在合闸状态下能够承载的电流的有效值。断路器的额定短时耐受电流等于其额定短路开断电流。

（5）额定短时持续时间（t_k）。是指断路器设备在合闸状态下能够承载的额定短时耐受电流的时间间隔：550～800kV 断路器设备的额定短路持续时间为 2s；252～363kV 断路器设备的额定短路持续时间为 3s；126kV 及以下的断路器设备的额定短路持续时间为 4s。

（6）额定峰值耐受电流。是指在规定的使用条件下，断路器设备在合闸状态下能够承载的额定短时耐受电流的第一个大半波的电流峰值。

额定峰值耐受电流等于额定短路关合电流，且应等于 2.5 倍额定短时耐受电流的数值。按照系统的特性，可能需要高于 2.5 倍额定短时耐受电流的数值。

（7）额定短路开断电流。是指在规定的使用和性能条件下，断路器所能开断的最大短路电流。

（8）额定短路关合电流。是指在规定的使用和性能条件下，断路器关合操作时，在电流出现后的瞬态过程中，流过断路器一极的电流的第一个大半波的峰值。断路器的额定短路关合电流是与额定电压和额定频率相对应的。

（9）额定近区故障特性，对设计用于额定电压 72.5kV 及以上，额定短路开断电流大于 12.5kA，直接与架空输电线路连接的三极断路器，要求具有近区故障性能。这些特性与中性点接地系统中单相接地故障的开断有关。

(10) 额定失步关合电流和开断电流。额定失步开断电流是在国标规定的使用和性能条件下，具有规定的恢复电压的回路中，断路器能够开断的最大失步电流。额定失步开断电流应为额定短路开断电流的25%，额定失步关合电流应为额定失步开断电流的峰值。

(11) 额定容性开合电流。容性开合电流可能包含了断路器的部分或全部操作职能，例如空载架空线路或电缆的充电电流，并联电容器的负载电流。

使用时，用于容性电流开合的断路器，其额定值应包括：

1) 额定线路充电开断电流。

2) 额定电缆充电开断电流。

3) 额定单个电容器组开断电流。

4) 额定背对背电容器组开断电流。

5) 额定单个电容器组关合涌流。

6) 额定背对背电容器组关合涌流。

(12) 额定线路充电开断电流。额定线路充电开断电流是指断路器在标准规定的使用和性能条件以及在其额定电压下所能开断的最大线路充电电流。额定线路充电开断电流的要求对于额定电压72.5kV及以上的断路器是强制性的。

(13) 额定电缆充电开断电流。额定电缆充电开断电流是指断路器在标准规定的使用和性能条件以及在其额定电压下所能开断的最大电缆充电电流。额定电缆充电开断电流的要求对于额定电压40.5kV及以下的断路器是强制性的。

(14) 额定单个电容器组开断电流。额定单个电容器组开断电流是指断路器在标准规定的使用和性能条件以及在其额定电压下所能开断的最大电容器组电流。该开断电流是指在断路器的电源侧没有连接并联电容器组时一台并联电容器组的开合。

(15) 额定背对背电容器组开断电流。额定背对背电容器组开断电流是断路器在本标准规定的使用和性能条件以及在其额定电压下所能开断的最大电容器电流。

该开断电流是指断路器的电源侧接有一组或几组并联电容器，且它能提供的关合涌流等于额定背对背电容器组关合涌流时开合并联电容器组的开断电流。

(16) 额定单个电容器组关合涌流。是指断路器在其额定电压以及与使用条件相应的涌流频率下应能关合的电流的峰值。

(17) 额定背对背电容器组关合涌流。是断路器在其额定电压以及使用条件下所能关合的电流的峰值。

19. 断路器主要机械性能参数的含义是什么?

答: (1) 分闸时间。是指从接到分闸指令开始到所有极弧触头都分离瞬间的时间间隔。

(2) 合闸时间。是指从接到合闸命令开始到最后一极弧触头接触瞬间的时间间隔。在以前的有关标准中，合闸时间又称为固合时间。

(3) 合分时间。是指合闸操作中，某一极触头首先接触瞬间和随后的分闸操作中所有极弧触头都分离瞬间之间的时间间隔。合分时间又称金属短接时间。对126kV及以上断路器合分时间应不大于60ms，推荐不大于50ms。

(4) 断路器（三相）分闸时间。是指分闸操作中，从分闸命令开始到最后分闸相的首先分闸断口的分闸时刻时间间隔。

(5) 断路器（相）分闸时间。是指分闸操作中，从分闸命令开始到该相首先分闸断口的分闸时刻时间间隔。

(6) 断路器（断口）分闸时间。是指分闸操作中，从分闸命令开始到分闸断口的刚分时刻的时间间隔。

(7) 合闸时间（断路器）。是指合闸操作中，从合闸命令开始到最后合闸相的最后合闸断口合上的时间。

(8) 合闸时间（相）。是指合闸操作中，从合闸命令开始到最后合闸断口合上的时间。

(9) 合闸时间（断口）。是指合闸操作中，从合闸命令开始到断口刚合上的时间。

(10) 合闸同期（断路器）。是指合闸操作中，最先和最后合闸相合闸时刻之间的时间差值。

(11) 合闸同期（相）。是指合闸操作中，最先和最后合闸断口合闸时刻之间的时间差值。

(12) 分闸同期（断路器）。是指分闸操作中，最先和最后分闸相分闸时刻之间的时间差值。

(13) 分闸同期（相）。是指分闸操作中，最先和最后分闸断口分闸时刻之间的时间差值。

(14) 额定开断时间。是指断路器接到分闸命令开始到断路器开断后三相电弧完全熄灭的时间，包括分闸时间和燃弧时间。

(15) 关合—开断时间。是指合闸操作中第一极触头出现电流时刻到分闸操作时燃弧时间终了时刻的时间间隔。关合—开断时间可能随着预击穿时间的变化而不同。

(16) 额定操作顺序规定。断路器操作顺序有以下两种可选择的额定操作顺序：

1) O$-t-$CO$-t'-$CO：①$t=3$min，对于不用作快速自动重合闸的断路器；②$t=0.3$s，对于用作快速自动重合闸的断路器（无电流时间）；③$t'=3$min。

注：用作快速自动重合闸的断路器时，也可采用 $t'=15$s（用于额定电压小于或等于 40.5kV）或 $t'=1$min。

2) CO$-t''-$CO：$t''=15$s，对于不用作快速自动重合闸的断路器。

其中，O 代表一次分闸操作；CO 代表一次合闸操作后紧跟一次分闸操作；t、t'、t''代表连续操作之间的时间间隔。

20. 为什么断路器近区故障电流比额定短路开断电流要小？

答：在架空线路上离断路器出线端子距离短，但还有一定距离（几千米）处短路故障称为近区故障。分析认为，断路器开断近区故障的主要困难在于瞬态恢复电压起始部分的上升速度很高，电弧难以熄灭。因此在 GB 1984 中规定了“对设计用于额定电压 72.5kV 及以上，额定短路开断电流大于 12.5kA，直接与架空输电线路连接的三极断路器，要求具有近区故障性能。”如断路器中常规定近区开断故障电流（L90/L75），即为额定短路开断电流的 90%和 75%。

21. 为什么断路器额定失步开断电流规定为 25%额定短路开断电流？

答：当电力系统出现失步故障时，系统发生振荡，断路器开断故障使系统解列。失步故障电流虽然较小，但恢复电压很高，断路器开断失步故障也不是很轻松的。

最严重的失步故障是两个电力系统的电压相位正好处于反相，即相位差为 180°电角度的情况。当考虑这种情况及断路器的首开极（相）系数时，在电源中性点不直接接地的系统中，断路器首相开断时，工频恢复电压为相电压的三倍，在电源中性点直接接地系统中为

2.6倍。

考虑两电源完全反相的概率很低，因此国标规定，断路器首相开断时的工频恢复电压：

（1）对中性点直接接地系统，为2倍相电压。

（2）对中性点不直接接地系统，为2.5倍相电压。

22. 高压断路器的额定操作顺序是什么？操作循环和操作顺序有什么不同含义？

答：额定操作顺序分为两种，一为自动重合闸操作顺序，即分—θ—合分—t—合分；另一种为非自动重合闸操作顺序，即分—t—合分—t—合分（或合分—t—合分）。对于第一种顺序，θ为无电流时间，取值0.3s或0.5s，t为强送时间，取180s。对于第二种顺序，通常取t为15s。如有必要，断路器可分别标出不同操作顺序下对应的开断能力。由此可见，操作顺序是指在规定时间间隔内的一连串规定的操作。

操作循环是指从一个位置转换到另一个位置，并再返回到初始位置的连续操作。

操作顺序实际上是指规定的额定操作顺序，如短路电流开断试验就是规定按额定操作顺序进行。操作循环具体就是指合分或分合操作，如机械试验时应包括主回路不加电压和电流情况下所进行的数千次的操作循环，在操作循环总数中，约有10%为“合—分”操作。

23. 重合闸操作中无电流时间的意义是什么？

答：无电流时间是指断路器在自动重合闸过程中，从断路器所有极的电弧最终熄灭到随后新合闸时任何一极首先通过电流时为止的时间间隔。在额定重合闸操作顺序中，无电流时间取为0.3s，但实际上无电流时间可以因预击穿时间和燃弧时间的变化以及系统运行条件的不同而不尽相同。

24. 高压断路器一般由哪几部分组成？

答：高压断路器一般由导电主回路、灭弧室、操动机构、绝缘支撑件及传动部件几部分组成。

（1）导电主回路：通过动触头、静触头的接触与分离实现电路的接通与隔离。

（2）灭弧室：使电路分断过程中产生的电弧在密闭小室的高压力下于数十毫秒内快速熄灭，切断电路。

（3）操动机构：通过若干机械环节使动触头按指定的方式和速度运动，实现电路的开断与关合。

（4）绝缘支撑件及传动部件：通过绝缘支柱实现对地的电气隔离，传动部件实现操作功的传递。

25. 什么叫触头？触头可分为哪几种？

答：两个导体由于操作时相对运动而能分、合或滑动的叫作触头。有时将触头称为可做相对运动的电接触连接。从功能上可将触头分为下列几种：

（1）主触头。断路器主回路中的触头，在合闸位置承载主回路电流。

（2）弧触头。指在其上形成电弧并使之熄灭的触头(有些断路器中，主触头也兼作弧触头)。

（3）控制触头。接在断路器控制回路中，并由该断路器用机械方式操作的触头。

（4）辅助触头。接在断路器辅助回路中，并由该断路器用机械方式操作的触头。

从触头所处位置可将触头分为下列几种：

（1）静触头。在分合闸操作中固定不动的触头。

（2）动触头。在分合闸操作中运动的触头。

（3）中间触头。主要是指分合闸操作过程中与动触杆一直保持接触的滑动触头。

26. SF_6 断路器灭弧室的结构如何？

答：以LB10B-252型断路器为例，灭弧室由以下三个部分组成，如图8-1所示。

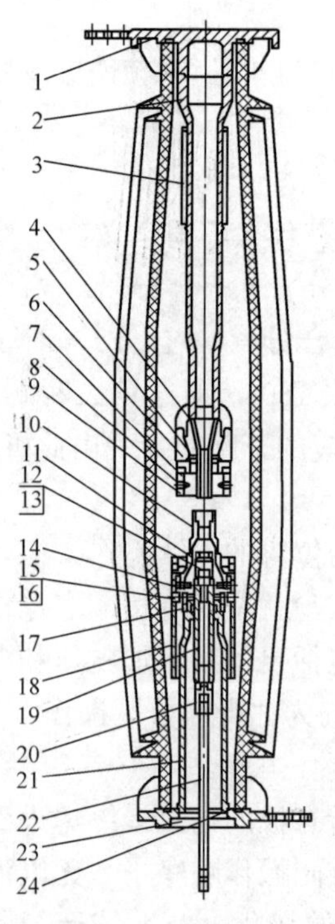

图8-1 灭弧室

1—静触头接线座；2—触头支座；3—分子筛；4—弧触头座；5—静弧触头；6—触座；7—触指；8—触指弹簧；9—均匀罩；10—喷管；11—压环；12—动弧触头；13—护套；14—逆止阀；15—滑动触指；16—触指弹簧；17—触座；18—压气缸；19—动触头；20—接头；21—缸体；22—拉杆；23—导向板；24—瓷套装配

（1）动触头装配。由喷管、压环、动触头、动弧触头、护套、滑动触指、触指弹簧、缸体、触座、逆止阀、压气缸、接头和拉杆组成。

（2）静触头装配。由静触头接线座、触头支座、弧触头座、静弧触头、触指、触指弹簧、触座、均匀罩组成。

（3）鼓形瓷套装配。由鼓形瓷套及铝合金法兰组成。

27. 简述 SF_6 高压断路器灭弧室及灭弧过程。

答：图8-2和图8-3为典型 SF_6 断路器灭弧室结构图。SF_6 断路器的灭弧室要求：

（1）在最有利的距离（电弧熄灭后能保持绝缘的距离）和最有利的时间（电流的第一个，最多第二个过零点）熄灭电弧。

（2）在最有利的开距和第一个零点时，保证吹弧时的压力为音速。以上这两点要求灭弧室的动触头在灭弧时要有足够的速度，操动机构能够提供足够大的操作功。

（3）为了充分发挥 SF_6 气体绝缘和灭弧能力优势，提高断路器的断口电压和短路开断能力，应该尽量提高灭弧室（包括灭弧过程中）的电场的均匀性。如西门子（Siemens）公司的定开距灭弧室就特别注意灭弧室的电场均匀性，但过分强调电场均匀性会提高操作功要求。

（4）灭弧室的电流回路、灭弧触头既要保证正常运行长期通过足够大的负载电流，又要保证能开断足够大的故障电流，一般 SF_6 断路器的通流触头（主触头）和灭弧触头分开设计。

触头结构，对于一般变开距灭弧室，主触头采用独特的整体自力型触头，无触头弹簧，电接触稳定可靠。弧触头采用整体烧结的铜钨触头，铜钨块不会脱落，喷口一般使用聚四氟乙烯材料，抗电弧烧蚀能力强，灭弧室内零部件做到了最少程度，因此工作特性稳定可靠。而对于西门子（Siemens）公司的定开距灭弧室，为了加强触

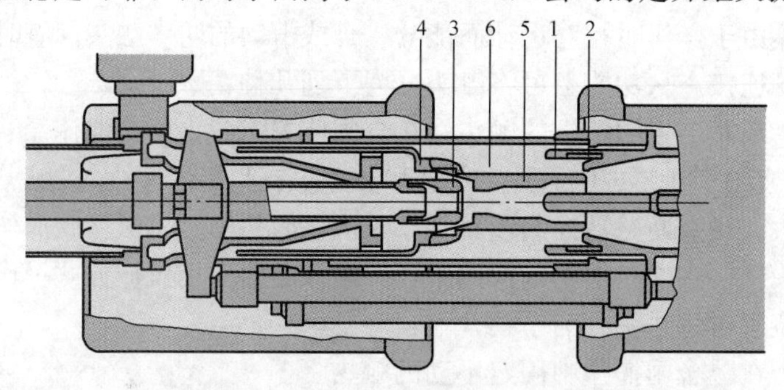

图8-2 GIS用断路器灭弧室结构图（ABB）

1—静主触头；2—静弧触头；3—动弧触头；4—动主触头；5—喷口；6—SF_6 气体

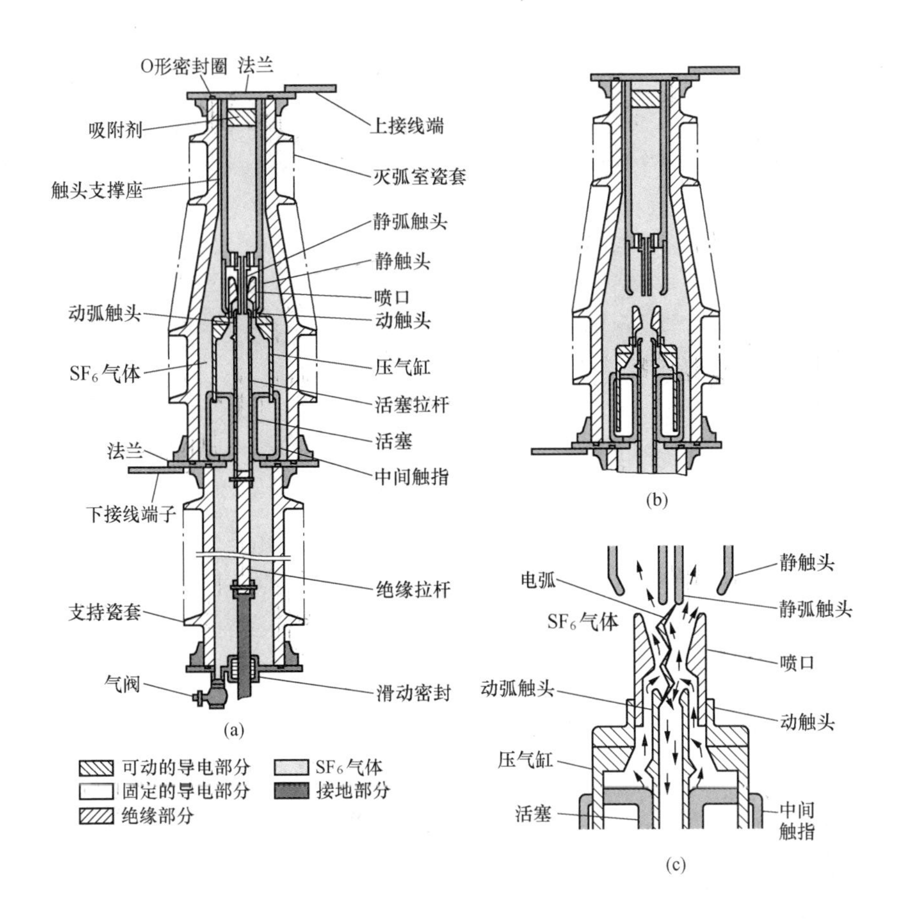

图 8-3 自能式断路器灭弧室结构及灭弧原理图（变开距）

（a）合闸位置；（b）分闸位置；（c）灭弧过程示意图

头的抗烧蚀能力和提高灭弧室内电场的均匀性，触头有部分是石墨。图 8-4 和图 8-5 分别是变开距和定开距灭弧室开断过程示意图。

28. 为什么提高断路器分闸速度，能减少电弧重燃的可能性和提高灭弧能力？

答：提高断路器的分闸速度，即在相同的时间内触头间的距离增加较大，电场强度降低，与相应的灭弧室配合，使之在较短时间内建立强有力的灭弧能力；又能使熄弧后的间隙在较短时间内获得较高的绝缘强度，减少电弧重燃的可能性。

29. 为什么断路器跳闸辅助触点要先投入，后断开？

答：串在跳闸回路中的断路器辅助触点，叫作跳闸辅助触点。

先投入：是指断路器在合闸过程中，动触头与静触头未接通之前跳闸辅助触点就已经接通，做好跳闸准备，一旦断路器合于故障时就能迅速跳开。

后断开：是指断路器在跳闸过程中，动触头离开静触头之后，跳闸辅助触点再断开，以保证断路器可靠的跳闸。

30. 什么叫操动机构的自由脱扣功能？

答：操动机构在断路器合闸到任何位置时，接收到分闸脉冲命令均应立即分闸，这称为操动机构的自由脱扣功能。

操动机构具备自由脱扣功能，可保证断路器合闸短路电流时能尽快地分闸切除故障。通

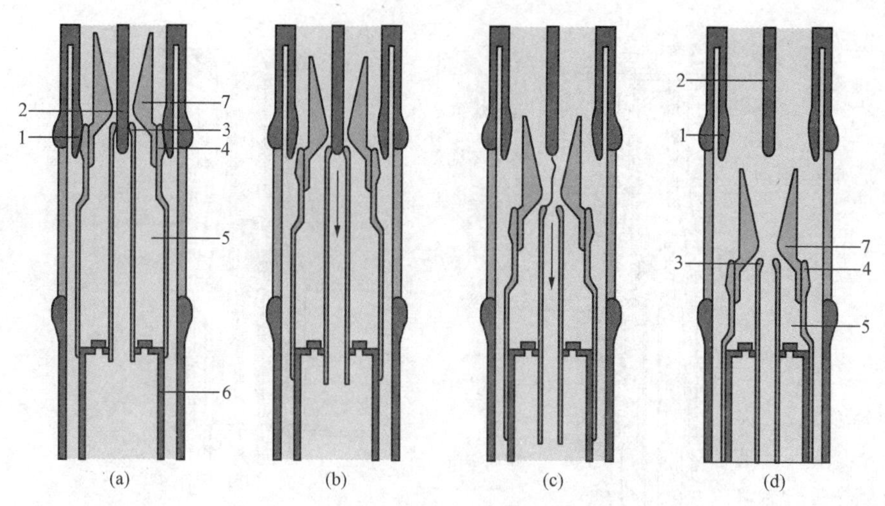

图 8-4　变开距灭弧室开断过程示意图

（a）合闸位置；（b）开始分闸—主触头分离—电流转移到弧触头；

（c）继续分闸—产生电弧—压缩 SF_6 气体对电弧冷却—电弧熄灭；

（d）开断完毕—处于分闸状态

1—静主触头；2—静弧触头；3—动弧触头；4—动主触头；5—压气缸；

6—压气活塞；7—喷口

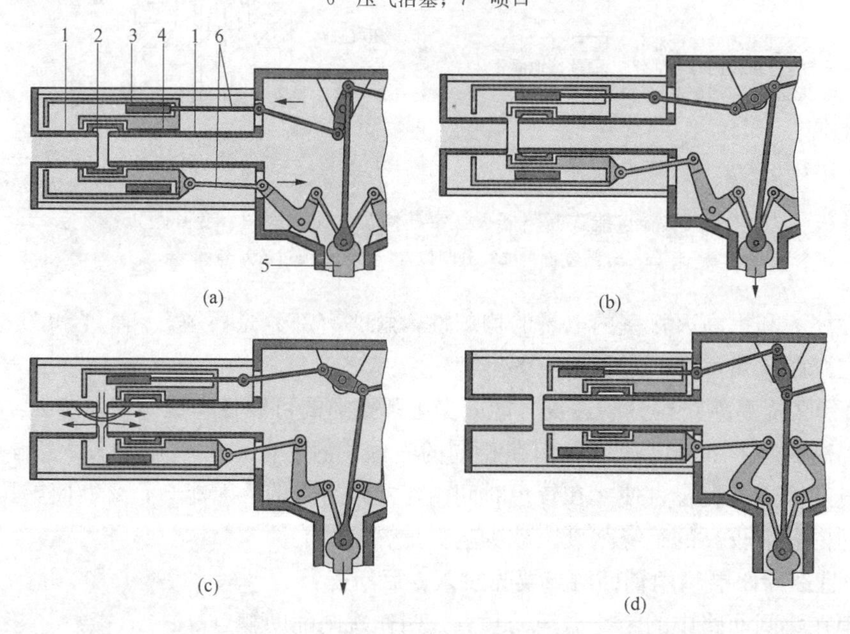

图 8-5　定开距开断过程示意图

（a）合闸位置；（b）开始分闸—压气阶段；（c）继续分闸—灭弧；（d）开断完毕—分闸状态

1—触头；2—滑动触头（动触头）；3—压气活塞；4—压气缸；5—绝缘拉杆；6—连杆

常，可在机构的连杆系统设置临时固定中心（临时固定支点）。只要分闸电磁铁接到分闸信号，在分闸弹簧作用下断路器就能完成分闸操作。

31. 什么叫跳跃？什么叫防跳？目前常采用的有哪两种防跳跃方法？

答：所谓跳跃是指断路器在手动合闸或自动装置动作使其合闸时，如果操作控制开关为复归或控制开关触点、自动装置触点卡住，此时恰巧继电保护动作使断路器跳闸而发生的多次“跳—合”现象。

所谓防跳是指利用操动机构本身的机械闭锁或另在操作接线上采取措施，以防止这种跳跃现象发生。

防跳跃有机械和电气两种方法：

（1）在操动机构的分闸电磁铁可动铁芯上装设防跳跃触点，只要分闸铁芯吸动就将合闸回路自动断开，这种方法叫作机械防跳跃。

（2）在断路器控制回路中装设防跳继电器。例如在分闸时，该防跳继电保护动作将合闸回路断开，并保持一定时间。再如，将防跳跃继电器线圈经断路器辅助触点串联后与合闸线圈相并联，一旦接到合闸命令，在断路器合闸终了，防跳继电器带电动作，其常闭触点切断合闸回路。这样，即使合闸脉冲仍保持，断路器也不可能合闸。上述方法称为电气防跳跃。

32. 超高压断路器为什么有的采用多断口？

答：高压断路器有采用单断口，随着电压等级的升高有的采用两个或两个以上的断口。这是因为：

（1）有多个断口可使加载每个断口上的电压降低，从而使每段弧隙的恢复电压降低。

（2）多个断口把电弧分割成多个小电弧段串联，在相等的触头行程下，多断口比单断口的电弧拉得更长，从而增大了弧隙电阻。

（3）多个断口相等于总的分闸速度加快了，介质强度恢复速度相应增大了。因此多断口断路器有较好的灭弧性能。

33. 什么是断路器恢复电压？

答：开断电流熄弧后，出现于开关一个极两端子间的电压。它可分为连续的两段，起始是瞬态恢复电压，接着是工频恢复电压。瞬态恢复电压具有显著瞬态特性，取决于回路和断路器特性，由工频分量和瞬态分量叠加而成，在三相系统中，指首开相上的电压。它可用四参数法和两参数法表示。瞬态恢复电压现象消失后恢复电压的有效值是工频恢复电压。它是根据各极的电弧最终熄灭后的 $1/2f$ 到 $1/f$ 的时间间隔内，由示波图中恢复电压波形的第二半波波峰至第一和第三半波波峰连接线的垂直距离确定。对于三极断路器，由各极工频恢复电压的算术平均值确定。

34. 为什么有些低压线路中用了自动空气开关后，还要串联交流接触器？

答：这是因为自动空气开关有过载、短路和失压保护功能，但在结构上它着重提高了灭弧性能，不适宜于频繁操作。而交流接触器没有过载、短路的保护功能，只适用于频繁操作。因此，有些需要在正常工作电流下进行频繁操作的场所，常采用自动空气开关串联交流接触器的接线方式。这样既能由交流接触器承担工作电流的频繁接通和断开，又能由自动空气开关承担过载、短路和失压保护。

35. 选用气体作绝缘和灭弧介质比选用液体有哪些优点？

答：（1）电导率极小，实际上没有介质损耗。

（2）在电弧和电晕作用下产生的污秽物很少，不会发生明显的残留变化，自恢复性能好。

在均匀或稍不均匀电场中，气体绝缘的电气强度随气体压力的升高而增加，故可根据需要选用合适的气体压力。

36. 什么是 SF_6 断路器？

答：SF_6 断路器采用 SF_6 气体作灭弧和绝缘介质的断路器。SF_6 断路器开断能力强，开断性能好，电气寿命长，单断口电压高，结构简单，维护少，因此在各个电压等级尤其是在高电压领域得到了越来越广泛的使用。

37. SF_6 气体的基本特性是什么?

答: (1) 物理性质。SF_6 为无色、无味、无毒、不易燃烧的惰性气体，具有优良的绝缘性能，且不会老化变质，密度约为空气的 5.1 倍，在标准大气压下，−62℃时液化。

(2) 化学性质。SF_6 是一种极不活泼的惰性气体，具有很高的化学稳定性。在一般情况下，根本不发生化学变化，与氧气之类的各种气体、水分以及碱性之类的各种化学药品均不发生反应。所以，在常规使用情况下，完全不会使材料劣化。但是在高温和放电的情况下，就有可能发生化学变化，便会产生含有 S 或 F 的有毒物质，即可与各种材料起反应。

(3) 灭弧性能。

1) SF_6 气体是一种理想的灭弧介质，它具有优良的灭弧性能，SF_6 气体的介质绝缘强度恢复快，约比空气快 100 倍，即它的灭弧能力为空气的 100 倍。

2) 弧柱的导电率高，燃弧电压很低，弧柱能量较小。

3) SF_6 气体的绝缘强度较高。

(4) 传热性能。SF_6 气体的热传导性能较差，其导热系数只有空气的 2/3。但 SF_6 气体的比热是氮气的 3.4 倍，因此其对流散热能力比空气大得多。可见，SF_6 气体的实际导热力比空气好，接近于氦、氢等热传导较好的气体，因此 SF_6 断路器的温升问题不会比空气断路器的严重。

(5) SF_6 气体具有优良的绝缘性能，在同一气压和温度下，SF_6 气体的介质强度约为空气的 2.5 倍，而在三个大气压时，就与变压器油的介质强度相近。

(6) SF_6 气体具有负电性，即有捕获自由电子并形成负离子的特性。这是其具有高的击穿强度的主要原因，因此也能够促使弧隙中绝缘强度在电弧熄灭后能快速恢复。

38. SF_6 断路器有哪些特点?

答: (1) 断口电压高，适合应用于高压、超高压和特高压领域，结构更简单，可靠性更高，体积小，无火灾危险。

(2) 开断能力强，开断性能好。目前 SF_6 断路器可以开断 80～100kA 的短路电流，开断时间小。由于 SF_6 气体具有强负电性，离解温度低，离解能大，电弧在 SF_6 气体中可以形成有利于熄弧的“电弧弧柱结构”，熄弧时间小，一般 5～15ms，同时对其他类型断路器反应较为沉重的开断任务，如反相开断、近区故障、空载长线、空载变压器等开断性能也很好。开断小的感性电流时截流电流值小，操作过电压低。

(3) 寿命长，可以开断 20～40 次额定短路电流不用检修，额定负荷电流可以开断 3000～6000 次，机械寿命可达 10000 次以上。现在的产品一般可以做到 20～30 年不用检修。

(4) 品种多，系列性好，有瓷柱式 (GCBP) 和罐式 (GCBT) 两大系列，又以 SF_6 断路器为基础，发展了 GIS、HGIS 等多种产品。

(5) SF_6 断路器没有燃烧危险。SF_6 气体不燃烧，也不支持燃烧，运行更安全；不含碳分子，在电弧反应中没有碳或碳化物生成，绝缘和灭弧性能好，允许开断次数多，检修周期长。

(6) 世界上每年有一半左右的 SF_6 气体是用于高压开关设备，控制和减少使用 SF_6 气体是高压开关设备的一项重要任务。在没有更好的替代物之前，提高 SF_6 高压开关设备的断口电压、降低漏气率、减少废气排放、进行回收利用是降低 SF_6 使用量的重要措施。

39. SF_6 气体的灭弧特性及灭弧原理如何?

答: (1) SF_6 分子中完全没有碳元素，这是作为灭弧介质的优点之一。

（2）SF_6 气体中没有空气，这可以避免触头氧化，大大延长了触头的电寿命。

（3）SF_6 在电弧作用下所形成的全部化学杂质在电弧熄灭后极短的时间内又能重新合成，这样既可消除对人体的危害，又可保证处于封闭中的 SF_6 气体的纯度和灭弧能力。

（4）SF_6 是一种最好的电负性气体，能很快地吸附自由电子而结合成带负电的离子，又容易与正离子复合成中性粒子，去游离能力强。

（5）SF_6 气体的分解温度（2000K）比空气（主要是氮气）的分解温度（7000K 左右）低，而所需要的分解能量高，因此，SF_6 气体分子分解时吸收的能量多，对弧柱的冷却作用强。

（6）SF_6 气体中电弧的熄灭原理及空气电弧及油中电弧是不同的，不是依靠气流等的等熵冷却作用，而主要是利用 SF_6 气体的特异的热化学性和强电负性等特性，因而使 SF_6 气体具有强的灭弧能力。对于灭弧来说，提供大量新鲜的 SF_6 中性分子并使之与电弧接触是有效的方法。

40. 影响 SF_6 气体绝缘强度的因素有哪些？

答：（1）电场均匀性能的影响。绝缘强度对电场的均匀性能特别敏感。在均匀电场下，绝缘强度随触头间距离的增加而线性增加。距离过大，则由于电场呈不均匀而使其绝缘强度增加出现饱和现象。在不均匀电场下，其绝缘强度甚至会接近空气水平。

（2）与压力的关系。在较均匀电场下，绝缘强度随气体压力的增加而增加，但并不成正比。

（3）电极表面状态的影响。通常电极表面越粗糙，击穿电压越低。电极面积越大，则由于偶然因素出现的概率越大，因而使击穿电压降低。

（4）电压极性的影响。电压极性对 SF_6 气体击穿电压的影响和电场的均匀性有关。在均匀电场中，由于电场强度处处相等，所以没有什么极性效应。在稍不均匀电场中，曲率较大的电极为负时，其附近的场强较大，容易产生阴极电子发射，使气隙的击穿电压降低。由于 SF_6 断路器的绝缘结构都是稍不均匀电场形式，所以其绝缘水平往往由负极性电压来决定。

顺便指出，在极不均匀电场中，由于棒电极电晕放电产生的空间电荷的影响，正极性击穿电压反而比负极性的低。

41. SF_6 气体含水量多有什么危害？

答：SF_6 气体含水量较多时，至少有两个方面的害处。SF_6 气体的电弧分解物在水分参与下会产生很多有害物质［如氟化亚硫酸气（SOF_2）、氢化氟（HF）］，从而腐蚀断路器内部结构材料并威胁检修人员安全。另外，含水量过多时，由于水分凝结，湿润绝缘表面，将使其绝缘强度下降，威胁安全运行。因此，要求 SF_6 气体的含水量足够少，至少应符合标准规定。

42. SF_6 断路器 SF_6 气体水分的来源主要有哪几个方面？

答：（1）制造厂装配过程中吸附过量的水分。

（2）密封件的老化和渗透。

（3）各法兰面密封不严。

（4）吸附剂的饱和失效。

（5）在测试 SF_6 气体压力、水分以及补气过程中带入水分。

43. SF_6 气体的临界温度和临界压力是什么含义？

答：由 SF_6 气体的基本物理特性可知，它与空气相比是比较容易液化的气体。SF_6 的状态决定于其压力和温度等参数。

临界温度是表示气体可以被液化的最高温度。临界温度越低，表示该气体不容易被液化。SF_6 气体的临界温度为 45.6℃，表示温度高于 45.6℃后能恒定地保持气态。在该温度以下，只要压力足够高，就可以被液化（如 0℃时大约在 1.2MPa 时开始液化）。但对于氮气，只有在温度低于－147℃时才可能被液化，因此常温下不存在液化问题。

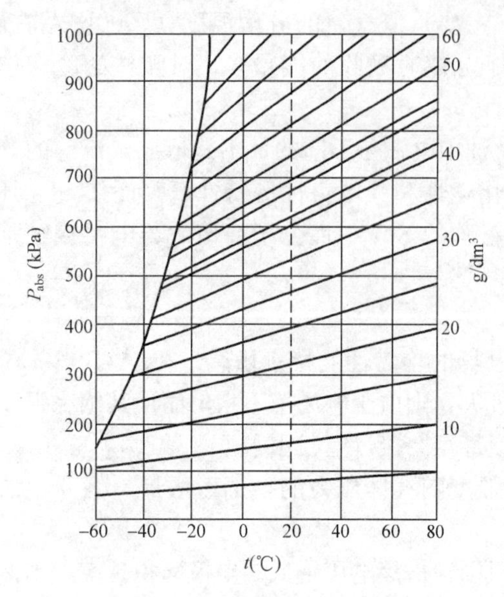

图 8-6　SF_6 气体的温度压力曲线

临界压力表示在临界温度下出现液化所需要的压力（SF_6 临界压力为 3.85MPa，氮气临界压力 3.46MPa），即该温度下的饱和蒸气压力。

在临界温度下，饱和蒸气的密度和液态的密度相同，它们之间的界线消失了，汽化热变为零，物理特性方面没有什么差别。

44. 如何根据 SF_6 气体压力温度曲线，决定不同温度下断路器的充气压力？

答：SF_6 断路器的额定压力一般为 0.4～0.6MPa（表压），通常这时指环境温度为 20℃时的压力值。温度不同时，SF_6 气体的压力也不同。充气或检查时必须查对 SF_6 气体温度压力曲线，如图 8-6 所示。

例如，额定压力为 0.6MPa（表压），绝对压力为 0.7MPa，环境温度为 20℃时，查图 8-6 可知，30℃时压力应为 0.7MPa；10℃时压力为 0.67MPa。因此，温度在一定范围内变化时，对于额定压力为 0.6MPa 的 SF_6 气体，可采用压力温度系数为 0.03×10^5 Pa/℃来估算不同温度下的压力。

45. 如何看待 SF_6 气体的毒性问题？

答：纯 SF_6 气体是一种可与氮气相比拟的十分稳定的气体，没有毒性。其对人体的危害主要表现在以下几方面：

（1）SF_6 是重气体，特别在室内有可能引起窒息的问题。

（2）新气体由于制造中含有各种杂质，可能混有一些有毒物质。校验的有效方法是生物试验。一般出厂气体都必须经过检验合格。

（3）在电弧高温作用下，SF_6 气体分解物与水分和空气等杂质反应可能产生一些有毒物质，所以，检修维护中应结合实际情况，严格执行有关规程。

46. SF_6 断路器在外形结构上有哪几种？各有什么特点？

答：可分为下面四类：

（1）瓷柱式 SF_6 断路器（简称 GCB. P），瓷柱式 SF_6 断路器又称敞开式，是目前生产和使用较多的一种。瓷柱式 SF_6 断路器在结构上和户外少油断路器相似，它有系列性好、单断口电压高、开断电流大、运行可靠性高和检修维护工作量小等优点，但不能内附电流互感器，且抗地震能力相对较差。

（2）落地罐式 SF_6 断路器（简称 GCB. T）。落地罐式 SF_6 断路器是在瓷柱式基础上发展起来的，它具有瓷柱式 SF_6 断路器的所有优点，而且可以内附电流互感器，产品整体高度低，抗震能力相对提高，但造价比较昂贵。

（3）复合电器（HGIS）。

（4）全封闭组合电器（GIS）。

47. SF_6 断路器灭弧室分为哪几种类型？

答：SF_6 断路器灭弧室从灭弧原理上可分为自能式和外能式两类。在具体结构上分为下列几种：

（1）双压式灭弧室。最早的 SF_6 断路器采用了双压式灭弧室，类似压缩空气断路器的设计思路，只是以 SF_6 气体取代了压缩空气，现已被淘汰。

（2）压气式灭弧室，即单压式。压气式断路器内的 SF_6 气体只有一种压力，灭弧室需要压力是在分闸过程中由动触杆带动压气缸（又叫压气罩），将气缸内的 SF_6 气体压缩而建立的。当动触杆运动至喷口打开时，气缸内的高压 SF_6 气体经喷口吹拂电弧，使之熄灭。吹弧能量来源于操动机构。因此，压气式 SF_6 断路器对所配操动机构的分闸功率要求较大。在合闸操作时，灭弧室内的 SF_6 气体将通过回气单向阀迅速补充到汽缸中，为下一次分闸做好准备。

（3）旋转式灭弧室。旋转式灭弧室在静触头附近设置有磁吹线圈。开断电流时，线圈自动地被电弧串接进回路，在动触头之间产生横向或纵向磁场，使被开断的电弧沿触头中心旋转，最终熄灭。这种灭弧室结构简单，触头烧损轻微，在中压系统中使用比较普遍。

（4）气自吹式灭弧室。依靠磁场使电弧旋转或利用电弧阻塞原理，由电弧的能量加热 SF_6 气体，使之压力增高形成气吹，从而使电弧熄灭。这种依靠电弧本身能量来熄弧的灭弧室称为气自吹式灭弧室，曾在 BBC 公司的 HB 型 SF_6 断路器上使用过。很显然，这种灭弧室开断电流小，电弧能量小，气吹效果差，因而必须与压气式结构结合起来使用。

48. SF_6 断路器按触头的开距结构分哪两种？各有什么特点？

答：SF_6 断路器按开断过程中动、静触头开距的变化，分为定开距和变开距两种结构。

定开距在开断电流过程中，断口两侧引弧触头间的距离不随动触头的运动而发生变化。其特点如下：

（1）与变开距相比，电弧长度较短，电弧电压低，能量小，因而对提高开断性能有利。

（2）压气室距电弧较远，绝缘拉杆不易烧坏，弧间隙介质强度恢复较快。

（3）压气室内 SF_6 气体利用率不如变开距高。为保证足够的气吹时间，压气室纵行程要求较大。

（4）断口间距小，绝缘裕度小。

（5）预压缩时间长，全开断时间也长，采用活塞与压气罩相对运动有所改善。

（6）在气流吹拂电弧时，电弧形成死区的可能性大，电弧将得不到充分冷却，从而降低了弧区的热传导能力（特别是在开断小电流时），因此，在恢复电压作用下，断路器产生热击穿的可能性增加。

变开距在切断电流过程中，动、静弧触头之间的开距随动触头的运动而发生变化。其特点如下：

（1）断口（触头间距）大，因此绝缘裕度也大，即使 SF_6 气体失压的情况下也有较高裕度。

（2）压气室内的气体利用率高。在从开始至吹弧后全部行程内，都对电弧吹拂。

（3）喷嘴能与动弧触头分开。可根据气流场的要求来设计喷嘴形状，有助于提高气吹效果。

（4）开距大，电弧长，电弧电压高，电弧能量大。

（5）绝缘喷嘴易受电弧烧损，可能会影响弧隙介质强度。

（6）开距大，而且是运动的，断口间的电场不均匀，影响断口绝缘，不利于耐受恢复电压。

49. SF_6 电器设备内装设吸附剂有何作用？

答：（1）吸附设备内部 SF_6 气体中的水分。

（2）吸附 SF_6 气体在电弧高温作用下产生的有毒分解物。

目前常采用的吸附剂有活性氧化铝、分子筛和活性炭等。

50. SF_6 断路器在运行中监视项目有哪些？

答：（1）检查断路器瓷套、瓷柱有无损伤、裂纹、放电闪络和严重污垢、锈蚀等现象。

（2）检查断路器接点、接头处有无过热及变色发红现象。

（3）断路器实际分、合位置与机械、电气指示位置是否一致。

（4）断路器与机构之间的传动连接是否正常。

（5）机构油箱的油位正常与否。

（6）油泵每天启动次数。

（7）监视压力表读数及当时环境温度。

（8）监视蓄能器的漏氮和进油的异常情况。

（9）液压系统的外泄情况。

（10）加热器投入与切换情况，照明是否完好。

（11）辅助开关触点转换正常与否。

（12）机构箱门关紧与否。

51. 多断口断路器为什么要在断口上并联电容器？

答：断路器在采用多断口结构后，每个断口在开断位置的电压分配和开断过程中的电压分配是不均匀的，决定于断路器断口电容和断路器对地电容的大小，由于每个断口的工作条件不同，加在每个断口上的电压相差很大，甚至相差近一倍。为了充分发挥每个灭弧室的作用，降低灭弧室的成本，应尽量使每个断口上的电压分配基本相等，通常在每个断口上并联上一个适当容量的电容器，用以改善在不同工作条件下每个断口的电压分配。同时为了降低断路器在开断近区故障时灭弧断口的恢复电压上升速度，提高断路器开断近区故障的能力。

52. 并联电容器的作用是什么？

答：（1）在多断口断路器中，改善断路器在开断位置时各个断口的电压分配，使之尽量均匀，并且使开断过程中每个断口的恢复电压尽量均匀分配，以使每个断口的工作条件接近相等。

（2）在断路器的分闸过程时电弧过零后，降低断路器触头间隙的恢复电压的上升速度，提高断路器开断近区故障的能力。

断路器断口上的并联电容，应该能够耐受 2 倍的断路器额定电压 2h，其绝缘水平应该与断路器断口间的耐受电压水平相同。

带有并联电容的断路器如图 8-7 所示。

53. 为什么要在超高压和特高压长线路的断路器断口并联电阻？

答：在超高压和特高压电网中，由于这一等级电网设备的绝缘水平即允许过电压水平为 2.0（标幺值），在正在建设的特高压电网中，为进一步降低设备绝缘方面的造价，节约成本，特高压电网允许的过电压水平进一步降低到 1.7（标幺值）。因此在超高压和特高压电网中需要采取措施抑制断路器操作时产生的过电压。包括在 330～750kV 断路器上装设的合闸电阻，也包括在特高压断路器中装设的分闸电阻和特高压隔离开关上装设的限制重击穿过电压的并联电阻等。

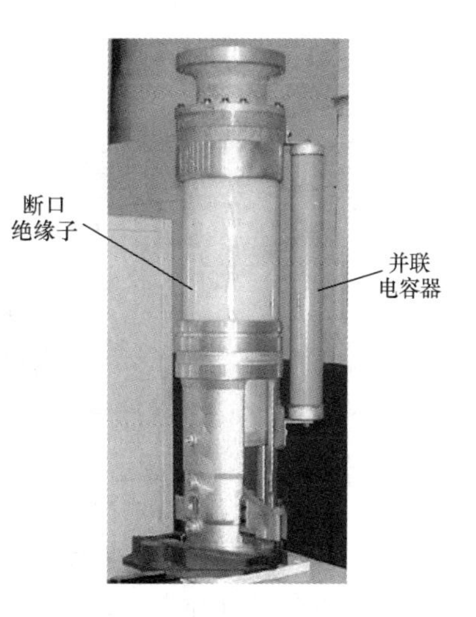

图 8-7 断口间并联电容

在超高压电网合空载长线时，尤其是在电源电压幅值与线路残压反相合闸，由于系统参数突变，电网 L—C 上电磁能量振荡而引起较大的过电压。为了限制这种合闸过电压，利用合闸电阻将电网的部分能量吸收和转化成热能，以达到削弱电磁振荡、限制过电压的目的。

断路器的操作是大部分操作过电压的起因。提高断路器的灭弧能力和动作的同期性、加装合闸电阻是限制操作过电压的有效措施。降低工频稳态电压，加强电网建设、合理装设高抗、合理操作，消除和削弱线路残余电压，采用同步合闸装置，使用性能良好的避雷器等也是限制操作过电压的有效办法。但是断路器装设合闸电阻仍是限制断路器操作过电压最可靠、最有效的方法。

合闸电阻的取值与线路的长度、电场的分布、电源的阻抗和系统的阻抗有关。在超高压电网一般取 400～600Ω，而在直流换流站的超高压线路取 1500Ω。

54. 合闸电阻的结构如何？

答：合闸电阻一般由碳化硅电阻片叠加而成，有的是金属无感电阻，阻值在（400～600Ω）±5%之间，属中值电阻，合闸电阻的提前接入时间为 7～12ms，合闸电阻的热容量要求在 1.3 倍额定相电压下合闸 3～4 次。合闸电阻为瞬时工作，不能长期通过大电流。一般用于接通和断开合闸电阻的断口不具备灭弧功能。合闸电阻结构如图 8-8 所示。实物图如图 8-9 所示。

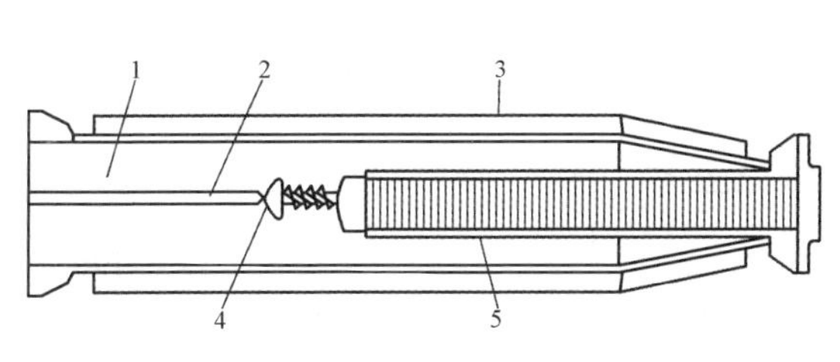

图 8-8 合闸电阻结构示意图（辅助断口与合闸电阻在同一瓷套内，图中为合闸状态）

1—触指；2—电阻动触头；3—合闸电阻瓷套；4—电阻静触头；5—合闸电阻

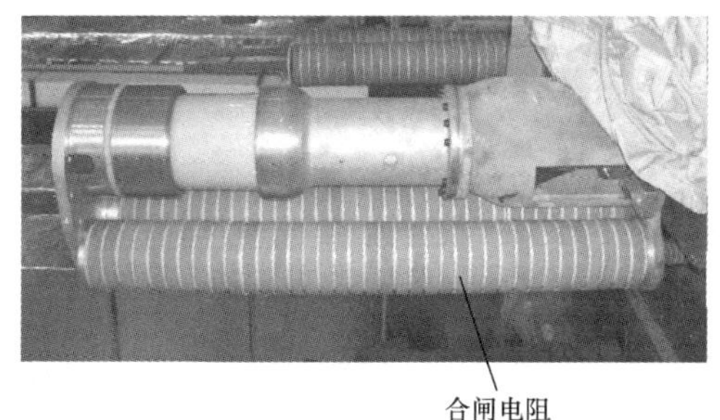

图 8-9 合闸电阻结构外形图

55. 合闸电阻由哪几部分组成？

答：合闸电阻的装配主要由电阻片，绝缘杆，传动连杆，动、静主触头，动、静弧触头及弹簧等组成。电阻与辅助断口并联，与两个主断口串联。如图 8-10 所示。

图 8-10　合闸电阻结构图

56. 合闸电阻按照工作原理可分为几类?

答: 合闸电阻按照工作原理可分为三类:

(1) 先合后分式。合闸电阻相当于串联在灭弧室断口的两侧，辅助断口与灭弧室在同一个瓷套内。开断时，主断口灭弧过程完成后分开合闸电阻，合闸电阻相当于串联，合闸时合闸电阻先接入。

该类型断路器的合闸电阻在断路器合闸后，被导电系统所短接。在分闸后恢复断开状态，并准备下一次合闸。

(2) 瞬时接入式。断路器的合闸电阻在合闸和分闸状态时，其合闸电阻都是断开的，仅在断路器的合闸过程中，合闸电阻辅助断口合上，合闸电阻先接入，合闸过程中，合闸电阻辅助触头的复归弹簧被压缩，然后断路器主断口合上，将合闸电阻短接，此时合闸电阻辅助触头在复归弹簧的作用下迅速分开，回到合闸之前状态，为下一次合闸做准备。断路器合闸运行时，合闸电阻是断开的。对这些类型的断路器，要注意在断路器合分操作时合闸电阻的退出时间与主断口的配合关系，一般因保证合闸电阻应提前主断口 5ms 以上分闸。

(3) 随动式。合闸电阻提前合、提前分，与主断口同时动作。与第二种不同的地方就是在断路器合闸以后合闸电阻辅助断口并不分开，而是等到分闸时电阻断口提前分闸。而此时整个电路被主断口短路，不存在灭弧问题。

57. 合闸电阻与断路器主断口的常用连接方式有几种?

答: 合闸电阻与断路器主断口的常用连接方式，如图 8-11 所示。

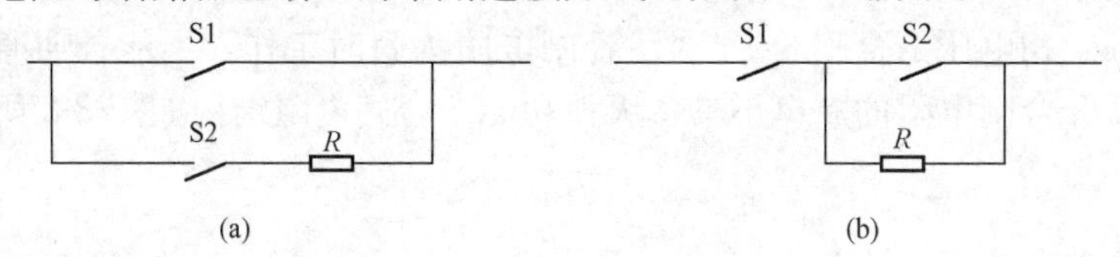

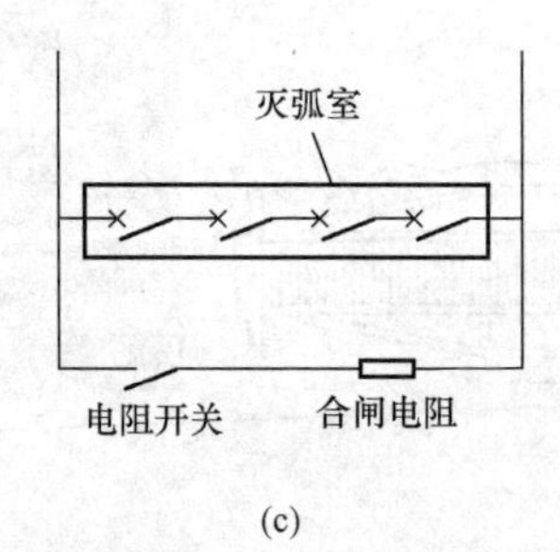

图 8-11　合闸电阻与断路器主断口的常用连接方式

(1) 图 8-11 (a) 的合闸过程: 合闸时先合辅助断口 S2，投入合闸电阻，再合主断口 S1，主断口合闸后将合闸电阻短接。合闸电阻的配置每断口一个。

(2) 图 8-11 (b) 的合闸过程: 合闸时先合主断口 S1，投入合闸电阻，再合辅助断口 S2，辅助断口合闸后将合闸电阻短接。合闸电阻的配置每断口一个。

（3）图 8-11（c）的合闸过程与图 8-11（a）相同，所不同的是将每相的所有主断口与合闸电阻相并联。

58. **合闸、分闸电阻的操作方式如何？**

答：双断口合闸、分闸电阻的电气原理图如图 8-12 所示。断路器每断口配置一个电阻。

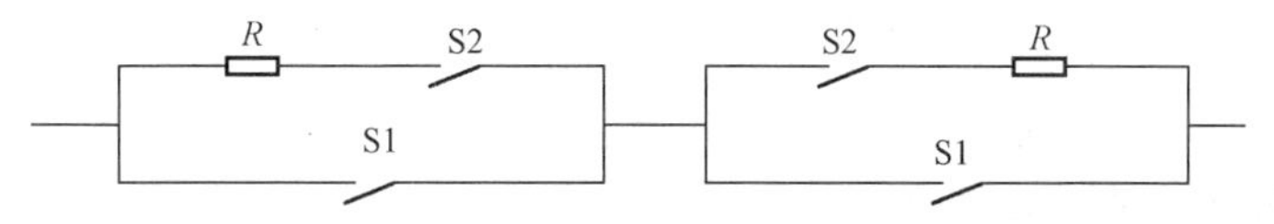

图 8-12　合闸、分闸电阻的电气原理图

（1）合闸时，带有辅助断口的合闸电阻提前约 10ms 投入，即先合 S2，再合 S1。

（2）分闸时，带有辅助断口的合闸电阻滞后 30ms 退出，即先分 S1，再分 S2。

59. **合闸电阻动作原理如何？**

答：断路器合闸电阻动作原理如图 8-13 所示。

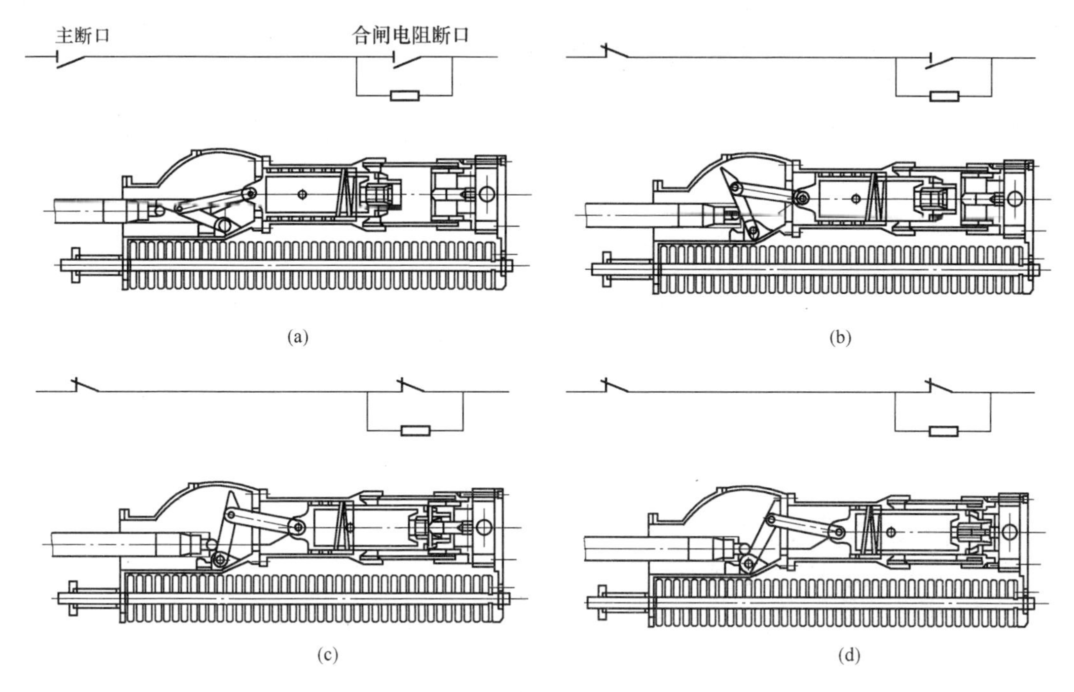

图 8-13　断路器合闸电阻动作原理

（a）分闸状态；（b）主断口合闸；（c）辅助断口合闸；（d）正常运行状态

60. **断路器的合闸电阻的合闸时间如何定义？**

答：合闸电阻的合闸时间是指电阻的辅助断口合拢到主断口触头合拢之间的时间。这里必须就机械的和电气的合闸时间加以区别：

（1）机械合闸时间（无电压），指从辅助断口中触头的电流接触到主断口中触头的电流接触时间。

（2）电气合闸时间（在运行电压下），指从辅助断口中预放电电弧出现的时刻到主断口的接触件之间预放电电弧出现时间。

（3）在机械设置合闸时间时，只取决于断路器的运行状态（液压压力，SF_6 压力），电气合闸时间还将受到辅助断口和主断口的燃弧时间的影响。所以，电气的和机械的合闸时间是不同的。

（4）燃弧时间取决于断口的构造、SF_6 压力、辅助断口的操作速度以及电压的瞬时的高度（根据相位、合闸时刻、合闸情形）。

（5）在架空线（无载的）操作时，缩短设置的合闸时间通常会导致较高的过电压，延长设置的合闸时间会造成电阻的过载。

61. 分闸电阻在分闸时的通电时间如何？

答：图 8-14 是某工程的分闸电阻在分闸时的通电时间。由图 8-14 可知，在分闸时电阻通电最短时间为 15s，最长为 35s，平均为 25s。

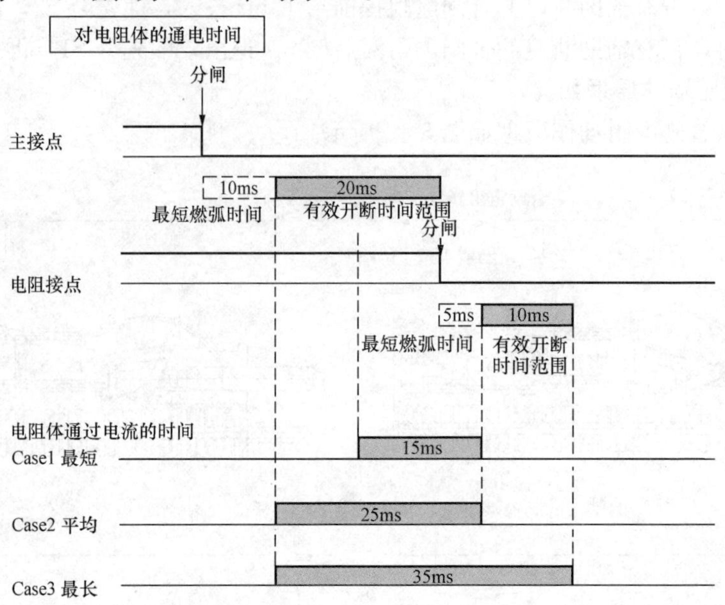

图 8-14　分闸电阻在分闸时的通电时间分析

62. 合闸电阻常见的故障有哪些？

答：合闸电阻是高压断路器容易出现故障的部位，一般常见故障有：

（1）合闸电阻的动作时间特性不满足要求，电阻片老化，阻值增大。

（2）电阻片击穿，阻值减小等。

63. 对 SF_6 断路器的气体监视装置有哪些要求？

答：SF_6 断路器的绝缘和灭弧能力在很大程度上取决于 SF_6 气体的密度和纯度，所以对 SF_6 气体的监测就十分重要。相关技术标准对 SF_6 监视要求有：

（1）每个封闭压力系统（隔室）应设置密度监视装置，制造厂应给出补气报警密度值，对断路器室还应给出闭锁断路器分、合闸的密度值。低气（液）压和高气（液）压闭锁装置应整定在制造厂指明的合适的压力极限上（或内）动作。

（2）密度监视装置可以是密度表，也可以是密度继电器。压力（或密度）监视装置应装在与本体环境温度一致的位置，并设置运行中可更换密度表（密度继电器）的自封接头或阀门。在此部位还应设置抽真空及充气的自封接头或阀门，并带有封盖。当选用密度继电器时，还应设置真空压力表及气体温度压力曲线铭牌，在曲线上应标明气体额定值、补气值曲线。在断路器隔室曲线图上还应标有闭锁值曲线。各曲线应用不同颜色表示。

(3) 密度监视装置可以按 GIS 的间隔集中布置，也可以分散在各隔室附近。当采用集中布置时，管道直径要足够大，以提高抽真空的效率及真空极限。

(4) 密度监视装置、压力表。自封接头或阀门及管道均应有可靠的固定措施。

(5) 应防止内部故障短路电流发生时在气体监视系统上可能产生的分流现象。

(6) 气体监视系统的接头密封工艺结构应与 GIS 的主件密封工艺结构一致。

64. SF_6 断路器装设哪些 SF_6 气体压力报警、闭锁及信号装置?

答: (1) SF_6 气体压力降低信号，也叫补气报警信号。一般它比额定工作气体压力低 5%～10%。

(2) 分、合闸闭锁及信号回路。当压力降到某数值时，它就不允许进行合闸和分闸操作，一般该值比额定工作气压低 8%～15%。

65. SF_6 气体的压力监测装置有哪些类型?

答: SF_6 气体的压力随温度变化，但 SF_6 密度不变。压力表和 SF_6 密度是起监视作用，一般监测装置有压力表、压力继电器、密度表和密度继电器。

66. 密度监视装置如何分类?

答: 密度监视装置按工作原理分为:

(1) 指针和刻度或数字的密度表。

(2) 带电触点或能实现控制功能的密度继电器。

按结构形式分为:

(1) 弹簧管式。

(2) 波纹管式。

(3) 数字式。

按安装方式分为:

(1) 径向安装。

(2) 轴向安装。

(3) 其他安装方式。

67. 什么叫密度继电器? 为什么 SF_6 断路器要采用这种继电器?

答: 密度继电器或密度型压力开关，又叫温度补偿压力继电器。它只反映 SF_6 气体密度的变化。正常情况下，即使 SF_6 气体密度不变（即不存在渗漏），但其压力却会随着环境温度的变化而变化。因此，如果用普通压力表来监视 SF_6 气体的泄漏，就分不清是由于真正存在泄漏还是由于环境温度变化而造成 SF_6 气体压力变化。因此，对于 SF_6 气体断路器必须用只反映密度变化的密度继电器来保护。

密度继电器的测量情况及注意事项与 SF_6 气体密度表相同，控制和报警警号输出原理与压力继电器类似。密度继电器具有控制和保护作用。

68. 使用 SF_6 密度表应注意什么?

答: (1) 密度表只有在 SF_6 断路器退出运行时，且在断路器内外温度达到平衡之后，才能够准确测量出 SF_6 气体的密度（或压力）值。

(2) 密度表中起温度补偿作用的双层金属带只能够补偿由于环境温度变化引起的密度（或压力）读数变化，而不能够补偿由于内部温升引起的密度（或压力）读数变化。

(3) 密度表的主要作用是监视 SF_6 气体漏气，只有在断路器退出运行时，且在断路器内外温度达到平衡之后，才能够根据密度（或压力）的变化，进行判断是否漏气。

（4）SF_6 断路器在运行时，如果断路器的负荷电流较大，由于温升的作用，密度表的读数就会偏大，这是正常现象。如果此时密度表的读数仍是对应于20℃时的额定压力，那么就可能有漏气现象。

（5）根据密度表在断路器上的安装位置不同，其读数也会出现偏差。因为环境温度一般是没有阳光照射下的空气温度，如果密度表安装在断路器的背光侧，密度表的读数就会大一些；反之如果密度表装在断路器向阳一侧，经阳光照射后的温度就高些，读数就会小一些。

（6）断路器运行时，密度表读数的误差大小，取决于断路器的负荷电流和回路电阻所引起的温升大小。运行经验表明，负荷电流越大，误差越大，误差可达0～20%，对这种情况要正确分析和处理。

69. 断路器压力释放等保护装置的作用是什么？

答：当GIS内部母线管或元件内部等出现故障时，如不及时切除故障，电弧能将外壳烧穿。如果电弧能量使 SF_6 气体的压力上升过高，还可能造成外壳爆炸，因此就必须加装释放装置。

对于较大的 SF_6 气室的GIS，由于气体压力升高缓慢，气体压力升高幅度也较小，使用压力释放装置已起不到保护作用，应装设快速接地开关。对于较小的 SF_6 气室的GIS或者支柱式 SF_6 断路器，由于气体压力升高速度较快，气体压力升高幅度较大，压力释放装置对其较为敏感，使用压力释放装置可靠性也较高。

70. 对压力释放装置的要求有哪些？

答：（1）当外壳与气源采用固定连接时，所采用的压力调节装置不能可靠地防止过压力时，应装设压力释放阀，以防止万一压力调节措施失效时外壳内部的压力过高，其压力升高不应超过设计压力的10%。

（2）当外壳与气源不是采用固定连接时，应在充气管道上装设压力释放阀，以防止压力升高超过设计压力的10%，此阀也可以装设在外壳本体上。

（3）一旦压力释放阀动作，在压力降低到设计压力的75%之前，压力释放阀应能够可靠地重新关闭。

（4）当采用防爆膜压力释放装置时，其动作压力与外壳设计压力的管理应配合好，以减少防爆膜不必要的爆破。

（5）防爆膜应能够保证在使用年限内不会老化开裂。制造厂应提供压力释放装置的压力释放曲线。

（6）压力释放装置的布置和保护罩的位置，应能够确保排除压力气体时，不危及巡视通道上运行人员的安全。SF_6 断路器的防爆膜一般装设在灭弧室瓷套顶部的法兰处。

（7）若气室的容积足够大，在内部故障电弧发生的允许时限内，压力升高为外壳所承受能力所允许，且没有爆炸危险，可以不装设压力释放装置。

二、真空断路器

71. 我国真空断路器发展水平如何？

答：（1）根据《高压开关设备国内外产品水平》统计，我国真空断路器品种包容了世界上几个知名公司，如西门子、ABB、日本东芝、日本三菱公司等合作生产系列产品。

（2）主要技术参数接近或达到国际先进水平：

额定电压：12、40.5、63、72.5、126kV。

额定电流：3150、4000、6300A。

额定短路开断电流：50、63、80、120kA。

机械寿命：普通型：10000～30000次；高频繁操作型：60000次、30000次。

72. 真空断路器具有哪些优点？

答：（1）熄弧过程在密封的真空容器中完成，电弧和炽热气体不会向外界喷溅，因此不会污染周围环境。

（2）真空的绝缘强度高，熄弧能力强，所以触头的行程很小，一般均在几毫米以内，因此操动机构的操作功率小，使整个断路器小而轻。

（3）熄弧时间短，且与开距断开电流大小无关，一般只有半个周波，故有半周波断路器之称。电弧电压低，电弧能量小，触头损耗少，因而分断次数多，使用寿命长，适合频繁操作。

（4）断路器操作时，振动轻微，几乎没有噪声，适用于城市区域和要求安静的场所。

（5）灭弧介质为真空，因而与海拔高度有关，同时没有火灾和爆炸的危险。

（6）在真空灭弧室的使用期限内，触头部分不需要维修、检查，即使机构维修检查，也十分简便，所花费的时间也很短。

（7）熄弧后触头间隙介质恢复速度快，对开断近区故障性能较好。

73. 真空断路器的结构类型有哪些？

答：（1）按使用地点分：真空断路器主要以户内和户外两种形式应用于电力电网中，户外真空断路器的结构型式主要有瓷性式（为主）、共箱式；户内真空断路器的结构型式主要有固定式（悬挂式、壁挂式）、手车式（落地式、中悬式、中置式）。

（2）按真空灭弧室外绝缘方式分：空气绝缘断路器、复合绝缘断路器、气体绝缘断路器、固体绝缘断路器。

（3）按控制电弧的方式分：横磁场型断路器，纵磁场型断路器。

（4）按每极所串联的真空灭弧室数分：单断口断路器、双断口断路器、多断口断路器。

74. 真空断路器的技术参数有哪些？

答：以12kV户外高压真空断路器为例，技术参数主要有：

（1）额定电压：12kV。

（2）额定电流：630、1250A。

（3）额定短路开断电流：12.5、16、20kA。

（4）额定短路关合电流（峰值）：31.5、40、50kA。

（5）额定动稳定电流（有效值）：31.5、40、50kA。

（6）4s热稳定电流：12.5、16、20kA。

（7）绝缘水平：工频干耐压：42kV。

雷电冲击耐压：75kV。

工频湿耐压：28kV。

（8）额定操作顺序：O—0.3s—CO—180s—CO。

（9）额定短路电流开断次数：≥20次。

（10）机械寿命：≥10000次。

（11）每相回路直流电阻：符合说明书要求。

（12）辅助开关接点允许持续电流：＞10A。

（13）断路器机械特性参数：

1）触头开距：9，10，11mm。

2）接触行程：2，3，4mm。

3）平均分闸速度：(1.1±0.2)m/s。

4）平均合闸速度：(0.6±0.2)m/s。

5）合闸弹跳时间：≤2ms。

6）三相分闸不同期：≤2ms。

7）合闸时间：≤100ms。

8）分闸时间：≤60ms。

9）分闸反弹：符合说明书要求。

75. 真空断路器的操动机构有哪几种？

答：（1）人力储能弹簧操动机构。

（2）电机储能弹簧操动机构。

（3）永磁机构。

76. 真空断路器由哪些部分构成？

答：真空断路器是由真空灭弧室、保护罩、动触头、静触头、导电杆、分合操动机构、支持绝缘子、支持套管、支架等构成。

77. 真空灭弧室的结构如何？

答：真空断路器由真空灭弧室、传动机构及操动机构组成。外壳由玻璃、陶瓷或微晶玻璃等无机绝缘材料做成，呈圆筒形状，两端用金属盖板封接组成一个密封容器。外壳内部有一对触头，其中静触头固定在静导电杆的端头，动触头固定在动导电杆的端头。动导电杆通过波纹管和金属板的中心孔，伸出灭弧室外。动导电杆在中部与波纹管的一个端口焊接在一起，波纹管的另一个端口与金属盖板焊接。波纹管是一种弹性元件，其侧壁呈波纹状，它可以纹向伸缩。由于在动导电杆和金属盖板之间引入了一个波纹管，真空灭弧室的外壳就被完全密封，动导电杆可以左右移动，但不会破坏外壳的密封性。真空灭弧室内部的气压低于1.33×10^{-2}Pa，一般为1.33×10^{-3}Pa左右，因而动触头和静触头始终是处在高真空状态下。在触头和波纹管周围都设有屏蔽罩，触头周围的屏蔽罩称为全屏蔽罩，由瓷柱支撑，波纹管周围的屏蔽罩称作辅助屏蔽罩或波纹管屏蔽罩。

78. 真空断路器是如何灭弧的？

答：当操动机构使动导电杆向上运动时，动触头和静触头就会闭合，电源、与负载接通，电流就流过负载。如果这时动导电杆向相反方向动作，即向下运动，动触头和静触头就会分离，在刚分离的瞬间，触头之间将会产生真空电弧。真空电弧是依靠触头上蒸发出来的金属蒸汽来维持的，直到工频电流接近零时，真空电弧的等离子体很快向四周扩散，电弧就被熄灭，触头间隙由导电体变为绝缘体，于是电流被分断。

79. 真空灭弧室的结构及各部件的作用是什么？

答：真空灭弧室由真空容器、动触头、静触头、波形管、保护罩、法兰、支持件等构成。其作用分别是：

（1）动触头。在绝缘杆与分合操作机构的控制下完成真空断路器的分、合操作。真空灭弧室触头结构可分为非磁吹和磁吹两大类，主要的实用品种有：圆柱状触头、横向磁吹触头、纵向磁吹触头。

(2) 保护罩。吸收灭弧过程中的金属蒸汽微粒。

(3) 法兰、支持件。连接、支撑。

80. 真空断路器开断不同负载时存在的问题有哪些?

答: (1) 真空断路器以其很强的灭弧能力受到广泛的应用，但正因为灭弧能力太强，带来了截流过电压的产生，尤其对感性小电流更易发生截流。

(2) 真空断路器开断容性负载时，由于开距很小，也时常发生重燃。重燃过电压对电容器组的危害很大。

(3) 在开断与关合电容器组时，主要存在两个问题：①合闸涌流；②分闸过电压。

81. 真空断路器的真空指的是什么?

答: 真空是相对而言的，指的是绝对压力低于一个大气压的气体稀薄空间。绝对真空是指绝对压力等于零的空间，这是理想的真空，在目前世界上还不存在。用真空度来表示真空的程度，也就是稀薄气体空间的绝对压力值，单位为帕（Pa）。绝对压力越低，则真空度越高。根据试验，要满足真空灭弧室的绝缘强度，真空度不能低于 6.6×10^{-2}Pa。工厂制造的新真空灭弧室要达到 7.5×10^{-4}Pa 以下。

82. 何谓真空断路器的老炼?

答: 所谓“老炼”是指施加在真空断路器静、动点间一个电压（或高电压小电流，或低电压大电流）反复试验几十次，使其触头上的毛刺烧光，触头表面更为光滑。

在电力电容器装置回路中应安装满足电力电容器安全运行的专用断路器。用真空断路初次投切电容器时，总要发生在拉开正常电容器时，出现击穿电弧产生过电压，危害电容器。为减少过电压，对所投入运行的真空断路器要进行“老炼”。实践证明，经过“老炼”处理的真空断路器，基本上能满足投电容器的要求。

83. 举例说明真空断路器的基本结构。

答: 以厦门 ABB 开关的 VD4 型真空断路器为例。其操动机构侧视图和极柱侧视图如图 8-15 所示。

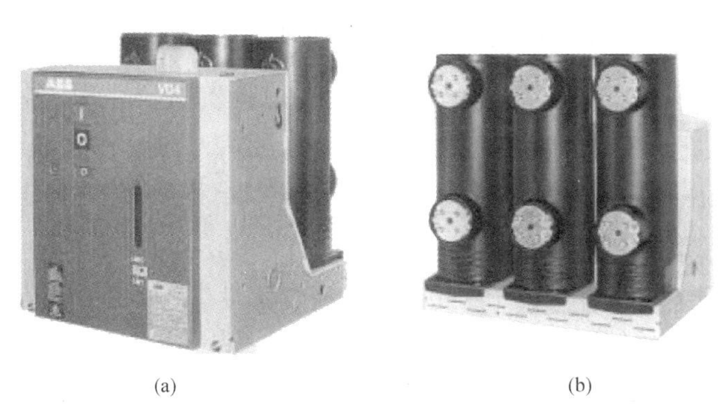

(a)　　(b)

图 8-15　12kV VD4 真空断路器

(a) 真空断路器操动机构侧视图；(b) 真空断路器极柱侧视图

VD4 型真空断路器适用在以空气绝缘的户内式开关系统中。VD4 真空断路器在开关柜内的安装形式既可以是固定式，也可以是安装于手车底盘上的可抽出式，还可以安装于框架上使用。

84. VD4 型真空断路器本体结构如何？

答：VD4 型真空断路器（见图 8-16）本体呈圆柱状，垂直安装在做成托架状的断路器操动机构外壳的后部。断路器本体为组装式，导电部分设置在用绝缘材料制成的极柱套筒内，使得真空灭弧室免受外界影响和机械的伤害。

断路器在合闸位置时主回路的电流路径是：从上出线端经固定在极柱瓷套筒上的灭弧室支撑座，到位于真空灭弧室内部的静触头，而后经过动触头及滚子触头，至下部接线端子。真空灭弧室的开合是依靠绝缘拉杆与触头压力弹簧推动的。

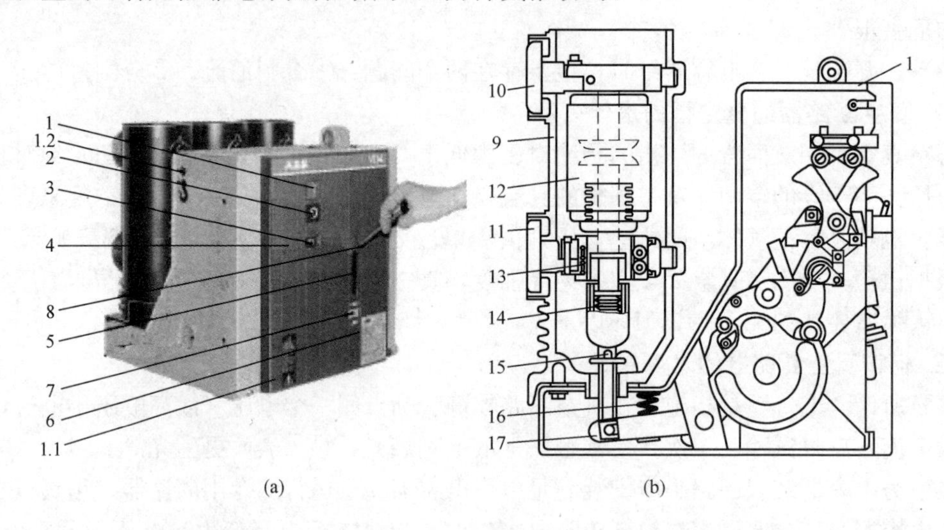

图 8-16　真空断路器

（a）断路器面板上的信号指示与控制设备；（b）断路器剖视图

1—断路器操动机构外壳；1.1—面板；1.2—两侧起吊孔；2—手动合闸按钮；
3—断路器分闸位置指示器；4—断路器动作计数器；5—储能手柄的插孔；6—铭牌；
7—储能状态指示器；8—储能手柄；9—极柱绝缘套筒；10—上部接线端子；
11—下部接线端子；12—真空灭弧室；13—滚动触头；14—触头压力弹簧；
15—绝缘拉杆；16—分闸弹簧；17—拔叉

85. VD4 型真空断路器操动机构的主要结构如何？

答：如图 8-17 所示，操动机构的储能弹簧是平面蜗卷弹簧，一台操动机构操作三相极柱，拧紧平面蜗卷弹簧将储存足够的能量以供断路器动作之需要。

平面蜗卷弹簧式操动机构包括带外罩的平面蜗卷弹 33、储能系统、棘轮、操动机构和传力至各相极柱的连杆，此外，位于断路器外科前方还装有诸如储能电动机、脱扣器、辅助开关、控制设备和仪表等辅助部件。

平面蜗卷弹簧有手动储能和电动储能两种储能方式。基本型式的平面蜗卷弹簧操动机构装有下列辅助设备：

（1）分闸脱扣器。

（2）5 极式辅助开关。

（3）手动合闸按钮。

（4）手动分闸按钮。

（5）断路器分、合位置指示器。

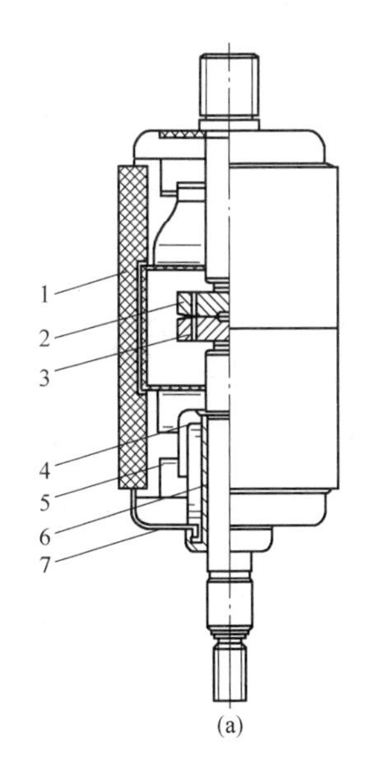

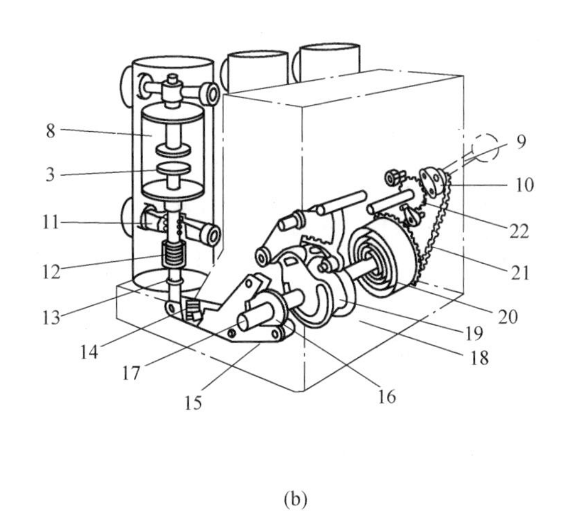

图 8-17　灭弧室、操动机构

(a) 真空灭弧室的剖视图；(b) 操动机构的基本结构

1—陶瓷外壳；2—静触头；3—动触头；4—金属波纹管；5—屏蔽罩；6—导向圆柱套；7—筒盖；8—真空灭弧室；9—储能手柄；10—储能手柄插孔；11—滚子触头；12—触头压力弹簧；13—绝缘拉杆；14—分闸弹簧；15—拔叉；16—凸轮盘；17—主轴；18—脱扣机构；19—止动盘；20—带外罩的平面蜗卷弹簧；21—传动链；22—棘轮

(6) 平面蜗卷弹簧的储能状态指示器。

(7) 断路器动作计数器。

(8) 电动机储能机构。

(9) 用于操作储能电动机的 5 极式辅助开关。

(10) 闭锁电磁铁及辅助开关。

(11) 合闸脱扣器。

86. VD4 型真空断路器灭弧室的灭弧原理如何？

答：由于灭弧室的静态压力极低，$10^{-5}\sim10^{-3}$Pa，所以只需很小的触头间隙就可以达到很高的电介质强度。

分闸过程中的高温产生了金属蒸汽离子和电子组成的电弧等离子体，使电流将持续一段很短的时间，由于触头上开有螺旋槽，电流曲折路径效应形成的磁场使电弧产生旋转运动，由于阳极区的电弧收缩，即使切断很大的电流时，也可避免触头表面的局部过热与不均匀的烧蚀。

电弧在电流第一次自然过零时就熄灭，残留的离子、电子和金属蒸汽只需几分之一毫秒的时间内就可复合或凝聚在触头表面屏蔽罩上，因此，灭弧室断口的局部的电介质强度恢复极快。

三、支柱式断路器

87. LW25-126 型支柱式断路器主要技术参数有哪些？

答：(1) 额定电压：126kV。

(2) 额定频率：50Hz。

(3) 额定电流：3150A。

(4) 额定短路开断电流：40kA。

(5) 额定短路开断电流直流分量百分数：40%。

(6) 额定短时耐受电流（4s）：40kA。

(7) 额定峰值耐受电流：100kA。

(8) 额定短路关合电流（峰值）：100kA。

(9) 近区故障开断的电流：I_n×90%kA，I_n×75%kA。

(10) 额定失步开断电流：I_n×25%kA。

(11) 额定线路充电开断电流：50A。

(12) 额定操作顺序：O—0.3s—CO—180s—CO；

CO—15s—CO。

(13) 首极开断系数：1.5。

(14) 开断时间：≤60ms。

(15) 分闸时间：≤30ms（重合闸二分≤35ms）。

(16) 合闸时间：≤150ms。

(17) 分—合时间：≥300ms。

(18) 合—分时间：46～60ms。

(19) 分闸同期性：≤2ms。

(20) 合闸同期性：≤4ms。

(21) SF_6 气体额定压力（20℃）：0.5MPa。

(22) 额定充气压力：0.5、0.4MPa。

(23) 补气报警压力：0.45/0.35±0.03MPa。

(24) 断路器闭锁压力：0.40/0.30±0.03MPa。

(25) SF_6 气体年漏率：≤0.5%。

(26) 机械寿命：5000 次。

(27) 额定电流开断次数：2000 次。

(28) 额定短路电流开断次数：20 次。

(29) 每极主回路电阻：≤40μΩ。

88. LW25-126 型支柱式断路器由哪些部分组成？

答： LW25-126 型支柱式断路器（见图 8-18）由断口、支柱瓷套和弹簧操动机构三部分组成。

断路器采用自能式灭弧室，每极为单位单断口，呈 1 型布置，每台断路器由三个单极组成，三个单极装在同一个框架上，由一台弹簧操动机构操动，三极间为机械联动。

断路器上部为灭弧单元，中间为支柱瓷套及框架，弹簧机构装在框架的中间部位。SF_6 气体密度控制器和电机储能系统均置于机构箱内，框架的两端由支柱支撑。

图 8-18 LW25-126 型支柱式断路器本体结构

89. LW25-126 型支柱式断路器的灭弧单元由哪几部分组成？

答：LW25-126 型支柱式断路器的灭弧单元结构如图 8-19 所示。

90. LW25-126 型支柱式断路器的灭弧室的灭弧原理如何？

答：LW25-126 型支柱式断路器的灭弧室的灭弧原理如图 8-19 和图 8-20 所示。

（1）合闸位置：合闸时，系统电流通过上接线端子、触头架、静触头、动触头、压气缸、中间触指，下法兰再经下接线端子与系统形成回路。

（2）分闸操作：断路器分闸时，利用压气缸内的高压热膨胀气流熄灭电弧。在操动机构的作用下，操作杆绝缘拉杆、活塞杆、压气缸、动弧触头和喷口一起向下拉，从合闸位置运动一段距离后，当动触头分离时，电流沿着仍接触的弧触头流动，当动弧触头和静弧触头分离时，动静弧触头间产生电弧，动触头系统运动到一定位置时喷口打开，这时气缸内被压缩的 SF_6 气体通过喷口吹向燃弧区域，从而将电弧熄灭。

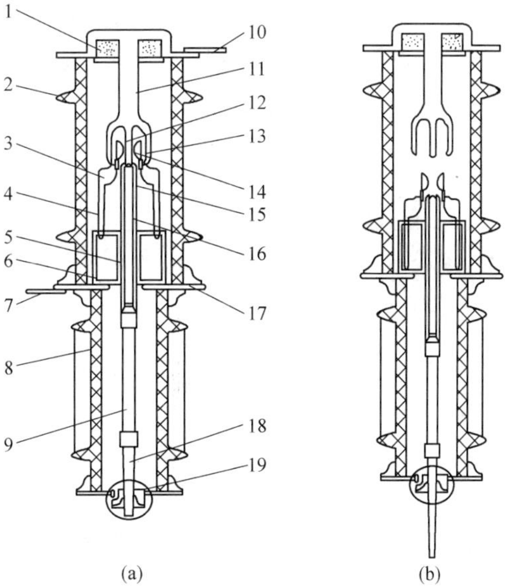

图 8-19 LW25-126 型支柱式断路器的灭弧单元结构

(a) 合闸状态；(b) 分闸状态

1—吸附剂；2—灭弧室瓷套；3—动触头；4—压气缸；5—活塞；6—中间触指；7—下接线端子；8—支柱瓷套；9—绝缘杆；10—上接线端；11—触头架；12—静弧触头；13—静触头；14—喷口；15—动弧触头；16—活塞杆；17—下法兰；18—操作杆；19—直动密封装置

（3）合闸操作：由操作杆将绝缘拉杆向上推，所有的运动部件按分闸操作的反方向运动到合闸状态，同时 SF_6 气体进入压气缸中，为下一次分闸操作做好准备。

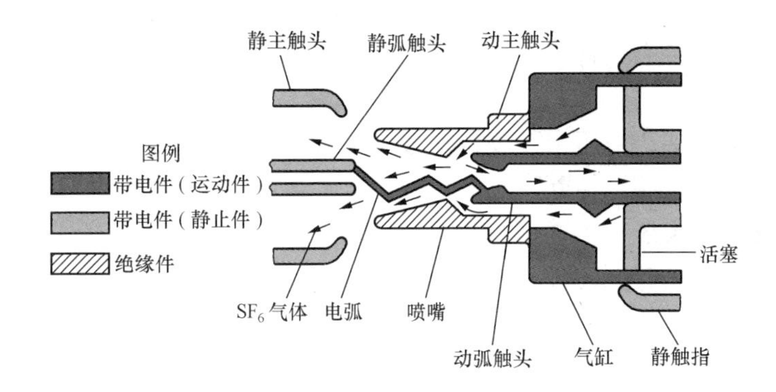

图 8-20 LW25-126 型支柱式断路器的灭弧原理简图

91. 支持瓷套的作用是什么？

答：支持瓷套用于支撑灭弧室瓷套，并承担带电部件对地绝缘，绝缘杆用于连接杆和活塞，并承担内部带电部件对地绝缘。

92. LW25-126 型支柱式断路器吸附剂如何维护？

答：吸附剂装于灭弧室帽盖内，用来保持 SF_6 气体干燥，并吸收由电弧分解所产生劣化气体。在断路器灭弧单元维修时，吸附剂应予以更换。

93. LW25-126 型支柱式断路器 SF_6 气体系统由哪几部分组成？

答：SF_6 气体系统包括压力表、SF_6 气体密度控制器，充气阀 E 和 A 阀、B 阀、C 阀、D 阀及 SF_6 气体管道等组成，如图 8-21 所示。

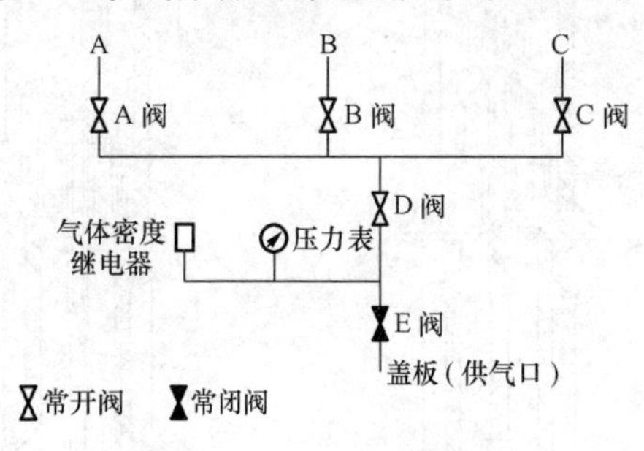

图 8-21 SF_6 气体系统

(1) A 阀、B 阀、C 阀、D 阀在正常情况下，应处于开启位置，以维持三极灭弧室和气体密度继电器中的 SF_6 气体压力一致。

(2) E 阀，在正常情况下，应处于关闭位置，当 SF_6 气体密度降低发出报警时，可由供气口补给 SF_6 气体，即便是在带电运行的条件下也可由供气口补气。

(3) SF_6 气体密度继电器是具有温度补偿的电器元件，SF_6 气体的额定压力(20℃时)为 0.5MPa。

94. LW10B-252 (H) SF_6 断路器有哪些特点？

答：LW10B-252（H）SF_6 断路器有以下特点：

(1) LW10B-252（H）/4000-50 型 SF_6 断路器是 252 kV 电压等级低气压型单断口结构。

(2) 它为单柱单断口型式，灭弧断口不带并联电容器。

(3) 液压操动机构采用了进口控制阀，液压管路全部内置，结构新颖，外观简洁、紧凑，无渗漏。

(4) SF_6 气体作为灭弧和绝缘介质，采用单压式变开距灭弧室结构，用以切断额定电流和故障电流，转换线路，实现对高压输电线路和电气设备的控制和保护，每极均有一套独立的液压系统，可分相操作，实现单相自动重合闸；通过电气联动也可三相联动操作，实现三相自动重合闸。

(5) 断路器的额定短路开断达 26 次，机械寿命为 3000 次，检修间隔期长。

(6) 每极断路器均装有指针式密度控制器，用于监视 SF_6 气体的泄漏，其指示值不受环境温度的影响。

(7) 液压机构操作油压由压力开关自动控制，可恒定保持在额定油压而不受环境温度影响，同时，机构内的安全阀可免除过压的危险。

(8) 液压机构具有失压后重建压力时不慢分的功能。

(9) 液压机构装有两套彼此独立的分闸控制线路，可以应用两套继电保护以提高运行的可靠性。

(10) 断路器可带电补充 SF_6 气体而无需退出运行。

(11) 断路器操作噪声低。

(12) 液压操动机构几乎无外露管路，减少了漏油环节。

95. LW10B-252 型 SF_6 断路器有哪些主要技术参数？

答：(1) 额定电压：252 kV。

(2) 额定电流：4000 A（H 型）；3150A（CYT-X 型）。

(3) 额定短路开断电流：50kA。

(4) 额定失步开断电流：12.5 kA。

(5) 近区故障开断电流：(L90/L75) 45/37.5kA。

(6) 额定线路充电开断电流（有效值）：125A。

(7) 额定短时耐受电流：50kA。

(8) 额定短路持续时间：3s。

(9) 额定峰值耐受电流：125kA。

(10) 额定短路关合电流：125kA。

(11) 额定操作顺序：O—0.3s—CO—180s—CO。

(12) 分闸速度：(10±1) m/s（H 型），(9±1) m/s（CYT-X 型）。

(13) 合闸速度：(4.6±0.5) m/s。

(14) 分闸时间：(20±3) ms。

(15) 开断时间：2 周波。

(16) 合闸时间：(60±5) ms（H 型），(50±10) ms（CYT-X 型）。

(17) 分—合时间：0.3s。

(18) 合—分时间：(55±5) ms（H 型），(50±10) ms（CYT-X 型）。

(19) 分闸同期性：≤3ms。

(20) 合闸同期性：≤5ms。

(21) 储压器预充氮气压力（15℃）：$18_{0}^{+1.0}$MPa（H 型），$17_{0}^{+1.0}$MPa（CYT-X 型）。

(22) 额定油压：33 MPa（H 型），28 MPa（CYT-X 型）。

(23) 额定 SF_6 气压（20℃）：0.4MPa（H 型），0.6MPa（CYT-X 型）。

(24) SF_6 气体年漏气率：≤1%。

96. LW10B-252 (H) SF_6 断路器由哪几部分组成？

答：每台断路器由三个独立的单极组成，断路器单极主要由灭弧室、支柱、液压操动机构及密度继电器组成，如图 8-22 所示。

97. LW10B-252 (H) SF_6 断路器灭弧室由哪几部分组成？

答：整个灭弧室由三部分组成，如图 8-23 所示。

(1) 动触头装配：由喷管、动触头环、动弧触头、压气缸、动触头、缸体组成。

(2) 静触头装配：由静触头座、均压罩、触指、触指弹簧、静弧触头组成。

(3) 瓷套装配：由鼓形瓷套及铝合金法兰组成。

98. LW10B-252 (H) SF_6 断路器支柱由哪几部分组成？

答：如图 8-24 所示。支柱主要由两节支柱瓷套、绝缘拉杆、隔环、导向盘、支柱下法兰、密封座、拉杆及充气接头组成。

支柱装配不仅是断路器对地绝缘的支撑件，同时也起着支撑灭弧室的作用，上、下两节支柱瓷套的尺寸相同但机械强度不同。两瓷套连接处装有隔环及导向盘，隔环上有检漏孔。

99. LW10B-252 (H) SF_6 断路器的合闸过程如何？

答：(1) 图 8-23 所示位置为分闸位置，当断路器合闸时，工作缸活塞杆向上运动，通过拉杆（图 8-24 中 8）、绝缘拉杆 2 带动灭弧室拉杆向上移动，使动触头 10、压气缸 9、动弧触头 8、喷管 6 同时向上移动，运动到一定位置时，静弧触头首先插入动弧触头中，即弧触头首先合闸，紧接着动触头环插入主触指中主导电回路接通。压气缸快速向上移动的同时灭弧室内 SF_6 气体迅速进入压气缸内。

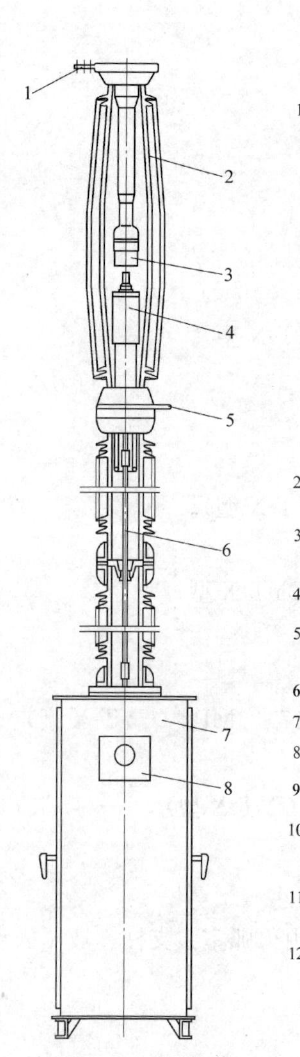

图 8-22 单极剖面图

1—上接线板；2—灭弧室瓷套；3—静触头；4—动触头；5—下接线板；6—绝缘拉杆；7—机构箱；8—密度继电器

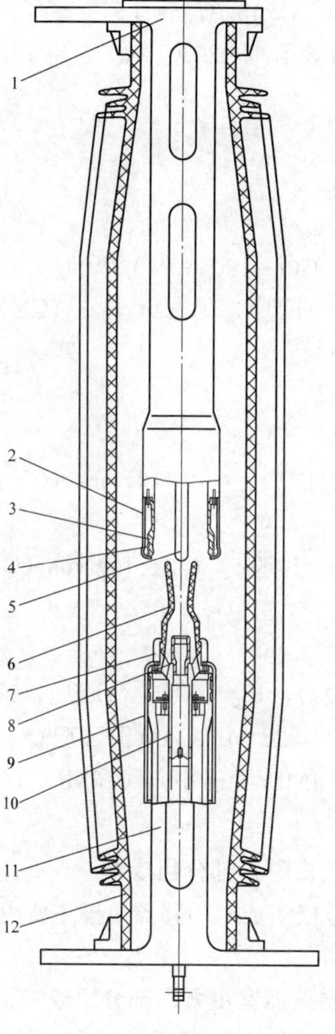

图 8-23 灭弧室

1—静触头座；2—均压罩；3—触指；4—触指弹簧；5—静弧触头；6—喷管；7—动触头环；8—动弧触头；9—压气缸；10—动触头；11—缸体；12—瓷套装配

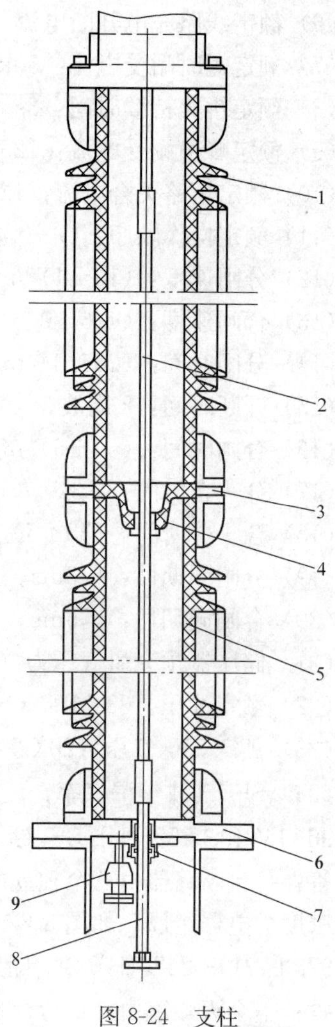

图 8-24 支柱

1—上节支柱瓷套；2—绝缘拉杆；3—隔环；4—导向盘；5—下节支柱瓷套；6—支柱下法兰；7—密封座；8—拉杆；9—充气接头

（2）合闸时电流通路。电流由静触头座 1 的端子进入，经静触头座、触指 3、动触头环 7、压气缸 9（对于 LW10B-252/CYT 为动触头）、缸体 11 及缸体上的下接线端子引出。

100. LW10B-252（H）SF_6 断路器的分闸过程如何？

答：如图 8-23 所示，工作缸活塞杆向下运动，通过绝缘拉杆、带动动触头系统向下移动，首先主触指和动触头环脱离接触，然后弧触头 5 和 8 分离。若断路器带有高电压，此时将在弧触头间出现电弧。在动触头向下运动时，压气缸内的 SF_6 气体被压缩后通过喷管向电弧区域喷吹，使电弧冷却和去游离而熄灭，并使断口间的介质强度迅速恢复，以达到开断额定电流及各种故障电流的目的。

101. LW10B-252（H）SF_6 断路器液压机构由哪些元件组成？

答：液压操动机构采用集成块模式，由连接座、辅助开关、动力元件装配、储压器、密度继电器、压力表组成。其结构布置如图 8-25 所示。

液压元件有：油箱、油泵电机、油压开关、工作缸、辅助开关、油压表、储压器、信号缸、控制阀、分闸电磁铁、合闸电磁铁。液压原理如图 8-26 所示。

(1) 油压开关。油压开关上边装有 5 支微动行程开关，其接点分别控制电机的启动、停止，分闸闭锁信号的发出及解除、合闸闭锁信号的发出及解除、重合闸闭锁信号的发出及解除。

(2) 储压器。每相断路器均配两只相同的储压器。其下部预先充有高纯氮，工作时油泵将油箱中的油压入储压器上部进一步压缩氮气，从而储存了能量供开关分、合闸使用。

(3) 工作缸。工作缸是开关的动力装置，它通过支柱里的绝缘拉杆和灭弧室里的动触头相连，带动断路器做分、合闸运动。

(4) 控制阀。该液压操动机构的控制阀为进口件，其最大特点是动作速度快、稳定、可靠，具有失压防慢分功能。

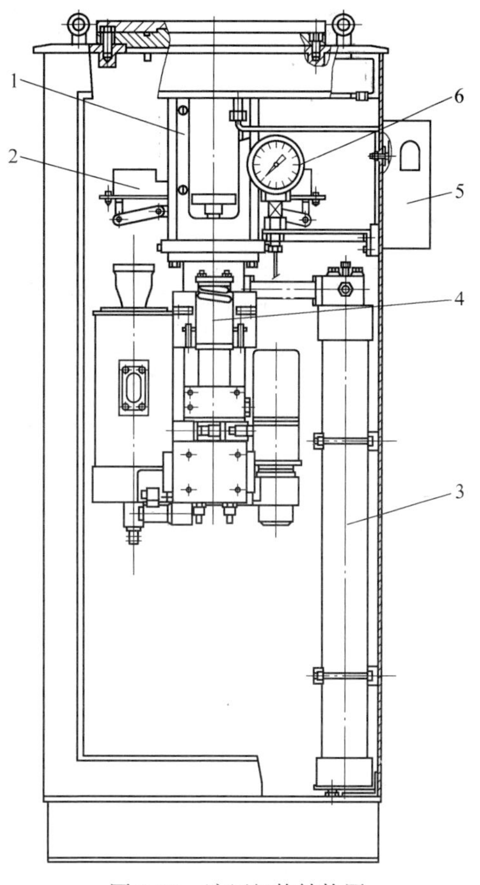

图 8-25　液压机构结构图

1—连接座；2—辅助开关；3—储压器；4—动力元件装配；5—密度继电器；6—压力表

控制阀系统由一级阀、二级阀和分、合闸电磁铁构成。分、合闸电磁铁的结构完全相同，一级阀的结构也相同，因其所在的位置不同而起到了不同的作用。一级阀下部的调节螺钉用于调整电磁铁阀杆的动作行程（该行程在出厂时已设定好，只在特殊情况下才需要重新设定和调整）。

该控制阀可以通过调整“合闸速度调节螺杆”和“分闸速度调节螺杆”来调整断路器的分、合闸速度。

(5) 油泵。高压油泵选用轴向柱塞泵。它的工作原理是借助柱塞在阀座中做往复运动，造成封闭容积的变化，不断地吸油和压油，将油注入储压器中直至工作压力，转轴转一周，两只柱塞各完成一个吸油—排油的工作循环。高压油泵在机构中的作用为：

1) 从预充氮压力储能到工作压力；

2) 断路器分、合闸操作或重合闸操作后，由油泵立即补充耗油量，储能至工作压力；

3) 补充液压系统的微量渗漏，保持系统压力稳定。

(6) 电机。本机构所配电机为交、直流通用型，额定电压为 DC/AC 220V。

一般液压操动机构的油泵电机都是短时工作制，不能长期连续工作。为了防止电机过热，断路器每小时只能进行 20 个合、分操作。

碳刷会随着电机的旋转而磨损。使用约 5 年后应检查电机的碳刷。当其长度小于 10mm 时应予以更换。

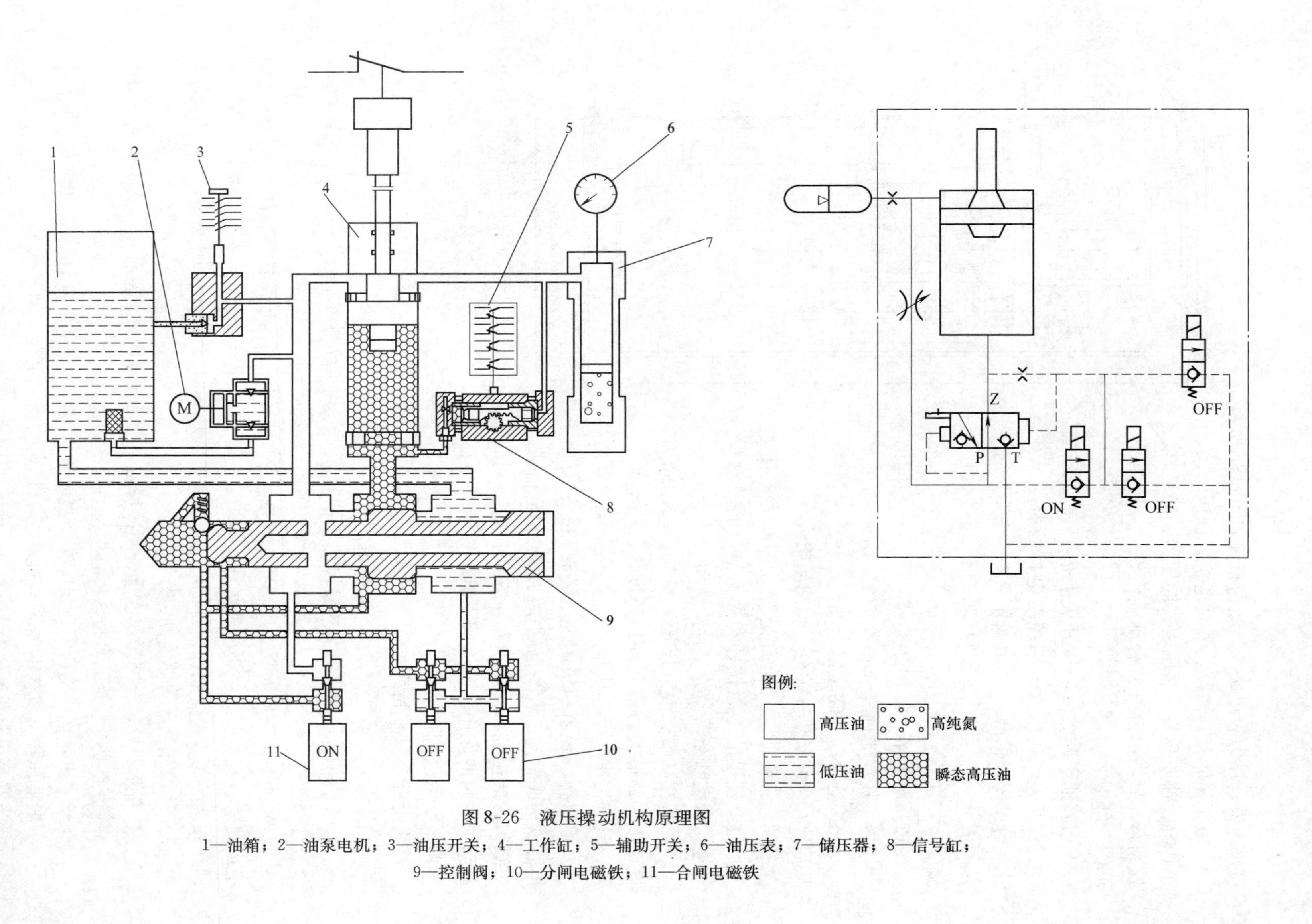

图 8-26　液压操动机构原理图

1—油箱；2—油泵电机；3—油压开关；4—工作缸；5—辅助开关；6—油压表；7—储压器；8—信号缸；9—控制阀；10—分闸电磁铁；11—合闸电磁铁

断路器在正常工作时，除分、合闸操作后油泵需启动补压外，因温差造成安全阀开启卸压和液压系统渗漏也需要油泵启动补压，每天的补压次数为5～7次。

（7）辅助开关。辅助开关采用的是F6系列的辅助开关，它是由多节组合而成的动、静触头全封闭在透明的塑料座内，每节含两对触头，同一节中对角形成一对常开（或常闭）回路。

辅助开关的静触头的接触采用圆周滑动压接方式，触头间的压力由单独设置的压簧产生，使通流性能更好，每节动触头与聚碳酸酯压制成一个整体，使得动作稳定。

辅助开关上的10对常开、10对常闭节点引到面板的接线端子上供用户使用。

（8）信号缸。由于采用信号缸作辅助开关的信号转换驱动元件，使得断路器合—分时间能够可调。

（9）控制面板。控制面板分为固定面板和活动面板两部分，面板上装有各种电气控制元件和接线端子，用以接受命令实现对断路器的控制和保护。为操作方便，供操作用的小型断路器、近远控转换开关、近控操作按钮及提供给用户的接线端子都装在活动面板上。

（10）指针式密度继电器。密度继电器由三通接头、球阀和密闭的指示仪表、电接点、温度补偿装置、定值器和接线盒等部分组成。

密度继电器的工作原理是当SF_6气室处于某压力时，如果因环境温度变化引起了SF_6气体压力的变化，则仪表内的温度补偿元件将对其变化量进行补偿，使仪表指示值不变；只有当气体泄漏而造成压力下降时，仪表的指示才随之发生变化。当压力降至报警值时，一对电接点接通，输出报警信号；当压力继续下降，达到闭锁值时，另一对电接点闭合输出闭锁信号。

与三通接头相连的球阀具有隔离密度继电器与本体的作用，如需检查或更换密度继电器，只需将球阀阀门关闭，然后将密度继电器从三通接头上取下即可。

（11）压力表。压力表主要由油压表、球阀等组成。压力表是液压机构的重要组成部分之一，它主要用于测量、监视液压系统的压力值。压力表下方的球阀具有隔离液压系统与油压表的功能，如果发现液压系统有异常，需检查或更换油压表，只需将球阀阀门关闭，然后将油压表取下即可。

102. LW10B-252（H）SF_6液压系统储压过程如何？

答：接通电源，电机（M）带动油泵转动，油箱中的低压油经油泵，进入储压器上部，压缩下部的氮气，形成高压油。由于储压器的上部与工作缸活塞上部及控制阀、信号缸、油压开关相连通，因此，高压油同时进入图8-26中所示的高压区域，当油压达到额定工作压力值时，油压开关的相应接点断开，切断电机电源，完成储压过程。

在储压过程中或储压完成后，如果由于温度变化或其他意外原因使得油压升高达到油压开关内安全阀的开启压力时，安全阀将自动泄压，把高压油放回到油箱中，当油压降到规定的压力值时，安全阀自动关闭。

103. LW10B-252（H）SF_6液压系统合闸过程如何？

答：如图8-26所示。分闸位置时，工作缸活塞上部处于高油压状态，活塞下部与油箱连通处于零压状态。

（1）合闸电磁铁接受命令后，打开合闸一级阀的阀口，高压油经一级阀进入二级阀阀杆左端空腔，使阀杆左端处于高油压状态，油压力推动阀杆向右运动，封住分闸阀口，打开合闸阀口。这样，工作缸活塞下部与低压隔离，与高压连通。由于工作缸活塞下部的受力面积大于上部，因此对活塞杆产生一个向上的力，推动活塞向上运动实现合闸。

（2）工作缸活塞下部进入高压油的同时，信号缸左端也进入高压油，推动信号缸活塞向右运动并带动辅助开关转换，切断合闸命令，分闸回路接通。同时主控室内的合闸指示信号接通。

（3）合闸电磁铁断电后，合闸一级阀阀杆在复位弹簧的作用下复位，阀口关闭。此时二级阀阀杆左端通过节流孔与高压油连通自保持为高压状态，使阀芯仍然紧密封住分闸阀口，实现了合闸保持。

（4）二级阀具有防慢分功能。如图 8-26 所示，钢球在弹簧力的作用下，顶在阀杆的锥面上，对阀杆产生一个附加力。这样，当系统压力较低甚至为零，液压系统提供的合闸保持力较小时，钢球对阀杆仍然有一个较大的锁紧力，使阀杆在液压系统由零压开始打压时，二级阀仍然保持合闸位置，因此，具有可靠的防慢分功能。

104. LW10B-252（H）SF_6 液压系统分闸过程如何？

答：如图 8-26 所示。合闸位置时，工作缸活塞上、下部均处于高油压状态。

（1）分闸电磁铁接受命令后，打开分闸一级阀的阀口，这样，二级阀阀杆左端的油腔经分闸一级阀与低压油油箱相通，油腔压力降为零。此时作用在阀杆上向右的推力仅为弹簧力，而液压系统对阀杆向左的推力要大得多，因此，阀杆便向左运动，关闭合闸阀口，开启分闸阀口，工作缸下部的液压油与低压油箱连通，压力降为零。这样，工作缸活塞在上部油压作用下向下运动，实现分闸。

（2）工作缸活塞下部压力降为零的同时，信号缸活塞左端压力也降为零，活塞在右端常高压推动下向左运动，带动辅助开关转换，切断分闸命令，合闸回路接通。主控室内的分闸指示信号接通。

（3）分闸电磁铁断电后，分闸一级阀阀口关闭，二级阀的阀杆左端通过节流孔与油箱连通，处于低压状态。

（4）由于辅助开关是由信号缸带动实现转换的，而信号缸转换的快慢可以通过节流孔很方便地实施控制，因此断路器的合—分时间也就可以方便地进行调节，保证满足产品技术条件的规定和用户的要求。

（5）慢分、慢合：断路器必须在退出运行不承受高电压时，才允许进行慢合、慢分操作，此种操作只在调试时进行。

断路器在合闸或分闸位置，启动油泵打压，当油压略高于预充氮压力时断开电机电源。手按分闸或合闸电磁铁，使控制阀阀芯转换，然后继续打压即可实现慢分或慢合。

105. LW10B-252 型断路器控制柜内主要元件的作用是什么？

答：（1）SPT——远、近控选择开关。

（2）SB1～SB3——分、合闸开关。

（3）SB4——主、副分闸选择开关

（4）R1、R2——分闸回路电阻。

（5）KD1——SF_6 报警触点。

（6）KD2、KD3——SF_6 闭锁触点。

（7）PC1——断路器动作计数器。

（8）PC2——电机打压计数器。

（9）QF——小型断路器。

（10）KM——接触器。

（11）KT——电机打压时间继电器。

（12）Q——辅助开关。

（13）K1——主分闸电磁铁线圈。

（14）K2——副分闸电磁铁线圈。

（15）K3——合闸电磁铁线圈。

（16）KP3——低油压合闸闭锁开关。

（17）KP1——低油压分闸闭锁开关 1。

（18）KP2——低油压分闸闭锁开关 2。

（19）KP4——低油压重合闸闭锁开关。

（20）KP5、KP6——油泵电机控制开关。

（21）L1～L3——线圈保护器。

（22）KL1——非全相保护中间继电器。

（23）KL2——非全相保护延时继电器。

（24）S——温、湿度控制器。

（25）HL——照明灯泡灯座。

（26）EHK——保温加热器。

（27）EHD——驱潮加热器。

（28）M——油泵电机。

（29）X——三孔两相插座。

（30）KF——防跳跃中间继电器。

（31）XB——连接片。

（32）KB1～ KB5——闭锁继电器。

106. LW10B-252 型液压机构中各主要元件的作用是什么？

答：（1）信号缸。信号缸带动辅助开关转换，给出分（合）闸位置信号，并且接通合、分闸回路，给下一次合（分）闸操作做好准备。

（2）测压装置。显示液压系统的压力值，阀门关闭后可以在液压系统带压的情况下对压力表校核或更换。

（3）压力控制装置——压力开关。压力控制装置主要由两个部分组成，压力继电器、安全阀，它是液压系统的重要组成部分，维持液压系统处在正常压力范围之内。压力降低时启动油泵补充压力，压力升高到设定值时油泵停止。当某种特殊原因如温度升高致使压力升高或油泵电机回路失灵，造成压力异常升高，达到液压系统的安全保护值时，安全阀动作卸掉液压油以保持液压系统的稳定。当压力低到一定的程度时就闭锁合闸回路或分闸回路，并发出相应的闭锁信号。

（4）储能装置——储压器。储能装置是液压操作系统的主要能源。储能装置内预先充有15MPa 或 18MPa 的压缩氮气（15℃，不同产品额定油压不同，预充氮压力也不同）。储能时，通过油泵将油箱中的油压入储能筒中压缩氮气使压力逐步升高，当油压升高至工作压力时储能过程完毕，以备断路器分合闸使用。

（5）工作缸。工作缸是断路器的驱动装置，它和提升杆连接，带动灭弧室内动触头做分、合闸运动。

（6）控制阀。控制阀是液压机构的核心部分，它的一级阀接受分、合闸命令而动作从而带动二级阀动作，并最终实现工作缸的分、合闸动作。

（7）分、合闸电磁铁。电磁铁是执行命令的动力源，它决定开关分、合闸的准确性。

（8）油泵。油泵在机构中有三个作用：①预先从充氮压力储能至工作压力；②断路器分、合操作或重合闸操作后，由油泵立即补充耗油量，储能至工作压力；③补充液压系统的微量渗漏，保持系统压力稳定。

107. LW10B-252 型液压机构在运行中的注意事项有哪些？

答：（1）在断路器不动作时，油泵每天打压最多不超过 20 次，否则应与厂家联系（确定油泵电机的启动次数时，应扣除分合闸操作引起的油泵启动次数）。

（2）运行中应监视油标中的油位，若油位接近下限，应及时补油。

（3）SF_6 气体正常压力为 0.6MPa（20℃时），0.52MPa 时告警要求补气，0.50MPa 时闭锁分合闸。

（4）出现大量 SF_6 气体泄漏时，一般人员应迅速撤到闻不到刺激性气味的地方（上风侧），工作人员必须使用呼吸防毒面具，并穿戴好保护工作服。

（5）正常运行时断路器的主回路电阻不大于 $100\mu\Omega$，其 SF_6 气体中含水量不大于 $150\mu L/L$。

108. LW10B-252 型断路器常见的故障有哪些？

答：（1）同期不合格。

1）管路中存在气体；

2）电磁铁调整不当；

3）主储压器预充压力低。

（2）拒合与拒分。

1）辅助开关转换不良；

2）电磁铁线圈引线断开或接触不良；

3）一级阀顶杆弯曲或卡死；

4）合阀保持回路大量泄漏；

5）高压保持油路不通，合后又分；

6）电气控制接线是否松动；

7）远控（或近控）信号是否引入。

（3）油泵长时间打不上油压。

1）放油阀或控制阀关闭不严或合闸二级阀处于半分半合状态；

2）油箱中油面过低或油箱内部有渗漏；

3）油泵柱塞内有气体；

4）柱塞配合间隙太大，泄漏过大；

5）吸油阀泄漏；

6）液压油较脏，柱塞粘死；

7）安全阀不严。

（4）油压过低。

1）控制电动机启动触点损坏；

2）储压器漏氮气。

（5）油泵发热伴有响声。
1）油泵柱塞研死；
2）柱塞配合太紧而“胀死”；
3）吸油管内无油或气泡太多。
（6）分合闸时间过长。
1）电磁铁行程偏大；
2）管道内有气体；
3）一级阀顶杆有卡滞现象。
（7）液压机构外部泄漏。
1）常高压接头外密封泄漏；
2）低压接头外密封泄漏；
3）压力组件活塞杆处泄漏；
4）油泵外壳泄漏。
（8）液压系统内部泄漏。
1）锥阀密封线有损伤；
2）阀口线上有杂质；
3）一级阀顶杆有卡滞现象。

109. 3AT3 EI 型 SF_6 断路器有哪些特点？

答：3AT3 EI 型 SF_6 断路器由西门子（杭州）高压有限公司制造，它具有以下特点：

（1）3AT3 EI 型断路器是一种采用 SF_6 气体作为绝缘和灭弧介质的压气式高压断路器，三相设计为户外式。

（2）每相断路器为单柱式双断口，双断口灭弧单元由两个灭弧室、两只均压电容器、两只合闸电阻和一个中间驱动机构组成。

（3）每相都装有液压操动机构，以使断路器适用于单相的和三相的自动重合闸。

（4）在每相断路器的控制箱中，SF_6 气体密度由一密度继电器监控，压力由压力表显示。

（5）安装在断路器基架上的控制箱中，装有用于断路器控制和监测的设备。

（6）与操作机箱相连的辅助开关箱中，有断路器分合闸位置显示。

（7）在额定电流下操作 3000 次或 12 年后进行检查（不需打开气室），在额定电流下操作 6000 次或运行 25 年进行维修（需要打开气室）。

110. 3AT3 EI 型 SF_6 断路器有哪些主要技术参数？

答：（1）额定电压：550kV。
（2）额定电流：3150A。
（3）额定短路开断电流：50kA。
（4）额定短路关合电流：2.5×50kA。
（5）额定热稳定电流（3s）：50kA。
（6）额定短路持续时间：3s。
（7）工频耐受电压：620kV（对地），800kV（断口）。
（8）雷电冲击耐受电压：1550kV。
（9）额定操作顺序：O—0.3s—CO—180s—CO。

(10) 固有分闸时间：17ms。

(11) 开断时间：37ms。

(12) 额定合闸时间：80ms。

(13) 每相合闸电阻值：450Ω。

(14) SF_6 额定值（20℃）：0.7MPa。

(15) 告警值：（20℃）：0.64MPa。

(16) 闭锁断路器（20℃）：0.62MPa。

(17) 液压机构额定油压（20℃）：（32～37.5）MPa。

(18) 油泵启动（20℃）：32±0.3MPa。

(19) 自动重合闸闭锁（20℃）：30.8MPa。

(20) 合闸闭锁（20℃）：27.8±0.3MPa。

(21) 分闸闭锁（20℃）：26.3±0.3MPa。

(22) 液压机构氮气预压力（20℃）：20MPa。

(23) 安全阀动作压力（20℃）：37.5MPa。

(24) 氮气泄漏至发生总闭锁继电器设置时间：（35.5MPa）3h。

111. 3AT3 EI 型断路器由哪些部分组成？

答：3AT3 EI 型断路器总体结构如图 8-27 所示，由以下部分构成：

断路器基架、控制箱、液压储能筒、液压操动机构、传动箱、辅助开关箱、绝缘子、操作杆、驱动箱、灭弧室、接线板、均压环、均压电容、合闸电阻。

112. 3AT3 EI 型断路器的操动机构由哪些部件组成？

答：（1）液压操动机构。

1）液压缸：差动活塞在液压缸内的运动由阀块控制，阀块由主阀和控制阀组成。活塞杆将活塞的运动经传动杆和极柱的操作杆传输到灭弧室。

2）油箱：油箱是双层结构，装有开关操作所需要的液压油，在运行状态下从视孔玻璃可看液压油及油位。投运时在接入控制电压后，或在每次断路器操作之后，液压油将在油泵的打压下从油箱经过一只滤油器自动地打入液压储能筒。

3）阀块：主阀和控制阀、合闸脱扣器以及一只或两只分闸脱扣器组成阀块。此阀块与液压缸无管道连接。主阀和控制阀为中心阀，主阀通过球形锁紧系统，在无压状态下也能牢固保持在所处的最终位置。

（2）液压锁定器。

（3）液压储能筒。

（4）控制单元。

113. 简述 3AT3 EI 型断路器三相不一致的动作过程。

答：三相不一致电气控制回路如图 8-28 所示。

三相的转换开关 S1 中的三个动断触点并联，另外三个动合触点并联，然后两组串联，当三相位置不一致时，三相不一致继电器 K16 动作，延时触点滞后 1s 后动作，启动强迫三相动作继电器 K61、K63，由 K61 的一对触点提供自保持，K63 向主控制室发三相不一致信号。断路器三相不一致时，保护在保护屏的位置继电器上检测到，发出三跳命令。

信号复归需将复位开关 S4 转动至“I”位，然后复位即可。

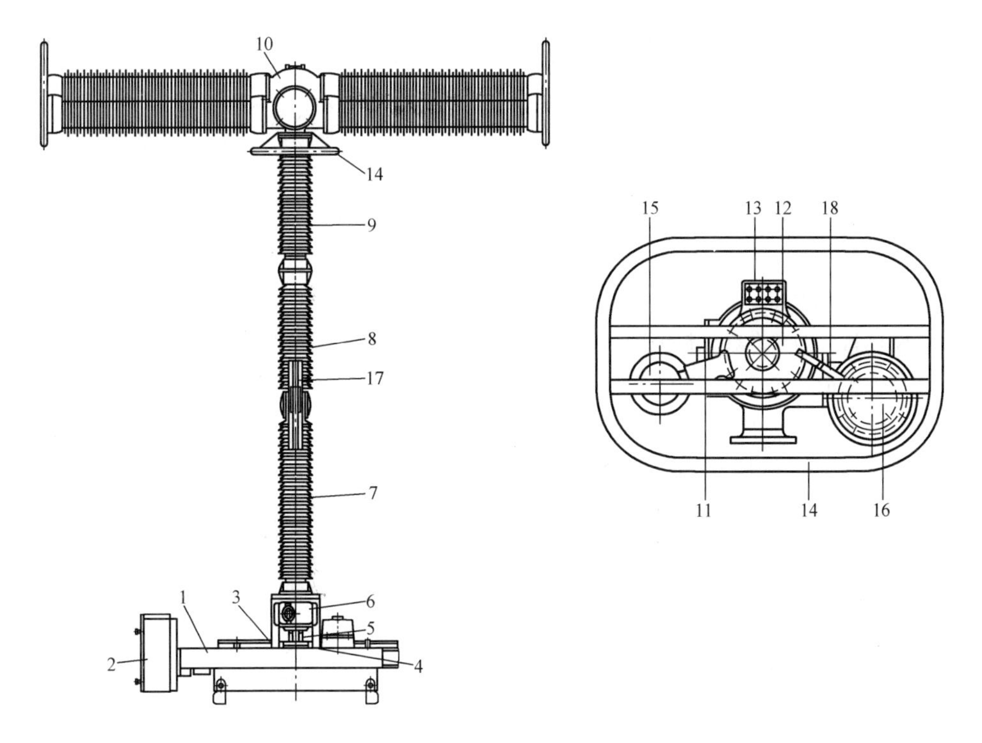

图 8-27 3AT3 EI 断路器总体结构图

1—开关基架；2—控制箱；3—液压储能筒；4—液压操动机构；5—传动箱；6—辅助开关箱；7、8、9—绝缘子；10—驱动箱；11—支架；12—灭弧室；13—接线板；14—均压环；15—均压电容；16—合闸电阻；17—操作杆；18—连杆

114. 3AT3 EI 型断路器控制箱内各小开关、按钮、继电器的作用是什么？

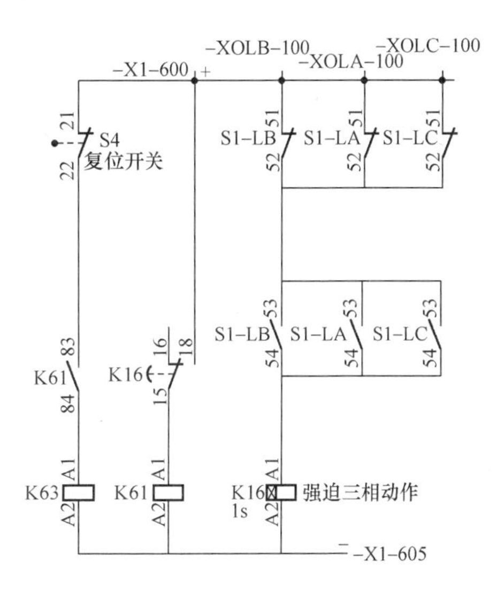

图 8-28 3AT3 EI 断路器三相不一致电气控制回路图

答： (1) S4—复位开关，若需要复位信号将 S4 开关转至“I”位。

(2) S8—“就地-远方”控制开关，在“就地”位置时则断路器可在就地控制箱中操作，在“远方”位置时断路器必须在主控制室操作。

(3) S9—就地合闸按钮。

(4) S3—就地分闸按钮。

(5) S10—门灯开关。

(6) P1LB—断路器操作计数器（B 相）。

(7) P4LB—液泵动作计数器（B 相）。

(8) F1LB—油泵电源开关（B 相）。

(9) F3LB—总电源开关。

(10) B2LB—液压机构压力监控器（压力开关，B 相）。

(11) B1LB—液压机构压力监控器（压力开关，B 相）。

(12) BL4B—SF_6 压力开关。

(13) K81—N_2 泄漏告警继电器。

(14) K2—油压低合闸闭锁继电器。

(15) K5—SF_6 闭锁继电器。

(16) K4—自动重合闸闭锁继电器。

(17) K3—油压低分闸闭锁继电器。

(18) K103—油泵总闭锁 2。

(19) K105—SF_6 总闭锁 2。

(20) K7LB—防跳继电器。

(21) K9LB—油泵控制继电器（B 相）。

(22) K10—分闸总闭锁继电器。

(23) K12—合闸总闭锁继电器。

(24) K61—强迫三相动作继电器。

(25) K63—强迫三相动作继电器。

(26) K77—就地分闸继电器。

(27) K26—分闸总闭锁 2。

(28) K182—N_2 泄漏。

(29) K76—就地合闸继电器。

(30) K78—远方合闸继电器。

(31) K14—N_2 总闭锁继电器。

(32) K15LB—断路器打压控继电器（B 相）。

(33) K16—三相不一致动作继电器。

(34) K82—N_2 总闭锁。

(35) F3—加热器。

(36) S10LB—行程开关。

115. 3AT3 EI 型断路器在运行时有哪些闭锁信号？其整定值是多少？

答：3AT3 EI 型断路器闭锁信号控制原理如图 8-29 所示。其闭锁信号有：

(1) 油压低合闸闭锁。当液压机构压力降至预先设定的压力值时（27.8MPa），压力开关的一对触点接通，油压低合闸闭锁继电器 K2 动作，合闸总闭锁继电器 K12 动作，切断合闸回路，实现闭锁合闸。

(2) 油压低分闸闭锁。当压力机构的压力降至预先设定的压力值时（26.3 MPa），压力开关的一对触点接通，油压低分闸闭锁继电器 K3 动作，分闸总闭锁继电器 K10 动作，切断分闸回路，实现分闸闭锁。

(3) SF_6 压力低分、合闸闭锁。当本体中的 SF_6 压力降至预先设定的压力值时（0.62MPa），密度继电器的一对触点接通，向主控制室发出 SF_6 泄漏告警信号；SF_6 闭锁继电器 K5 动作，分闸总闭锁继电器 K10 动作，切断分闸回路，同时合闸总闭锁继电器 K12 动作，切断合闸回路，实现闭锁分、合闸。

(4) N_2 压力低分、合闸闭锁。当液压机构打压时，压力升至预先设定的压力值时（35.5MPa），压力开关的一对触点接通，N_2 泄漏告警继电器 K81 动作，向主控制室发出 N_2 泄漏告警，由 K81 的一对触点形成自保持，还切断油泵打压控制继电器 K15 及 K9，油泵停止打压；同时合闸总闭锁继电器 K12 动作，切断合闸回路。此时运行人员应到现场检查，因 K81 的动作，使 N_2 总闭锁继电器 K14 动作，由 K81 的一对触点形成自保持，K14 延时启动触点（整定为3h），时间到后，K14的延时触点断开，分闸总闭锁K10动作，切断分闸回路，实现闭锁分、合闸。

（5）自动重合闸闭锁。当液压机构压力降至预先设定的压力值时（30.8MPa），压力开关的一对触点接通，自动重合闸闭锁继电器K4动作，闭锁重合闸，同时向主控制室发出自动重合闸闭锁信号。

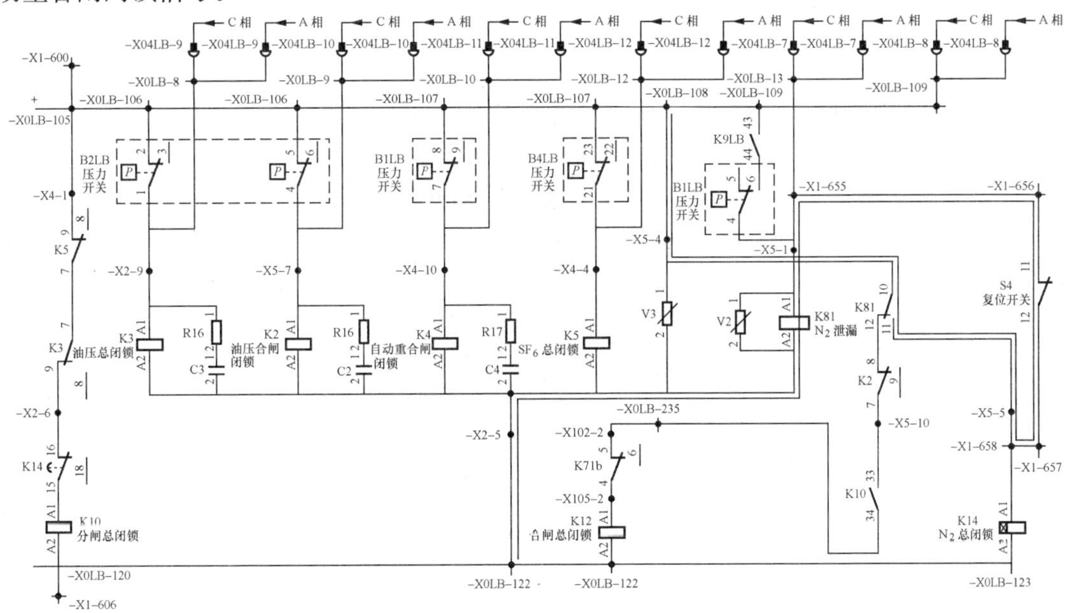

图8-29　3AT3 EI型断路器闭锁信号控制回路图

116. 简述3AT3 EI型断路器液压油泵的打压过程。

答：液压油泵打压的电气原理如图8-30所示。当液压机构的压力降至预先设定的压力值时（32.0bar），压力开关的一对触点接通，油泵控制继电器K15及K9动作，油泵启动，随着压力升高，压力开关中的触点接通，由K15的延时触点使打压回路保持一段时间后，再断开（时间整定为3～5s）。K9上的一对触点接到计数器，记录打压次数。

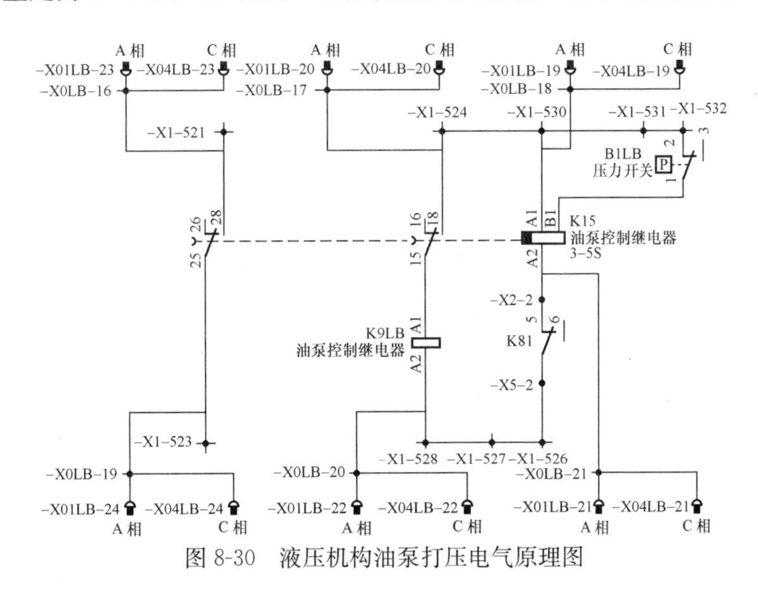

图8-30　液压机构油泵打压电气原理图

117. 3AT3 EI 型断路器液压机构打压时间间隔如何规定？

答：3AT3 EI 型断路器液压机构打压时间间隔不小于 1h，如果时间间隔小于 1h，说明液压机构存在着外部泄漏或不正常的内部泄漏。

118. 运行人员如何检查断路器液压机构外部泄漏和内部泄漏？

答：外部泄漏可以通过目检高压部件来确定泄漏的部位。

内部泄漏处通过液压系统中高压、低压部件间的临界面来确定，这种检查可以通过监听流动声完成。

119. 3AT3 EI 型断路器液压机构可能泄漏的部位有哪些？

答：安全阀、泄压阀、传动活塞、控制阀、液压锁定器、氮气储压筒。

120. 瓷柱式断路器用并联电容器的结构如何？对并联电容器有哪些规定？

答：瓷柱式断路器用并联电容器为用硅橡胶复合套管电容，绝缘电阻≥9000MΩ，局部放电量≥3pC，介损 $\tan\delta<0.2\%$，电容器安装法兰等铝合金件表面应进行硬质阳极氧化处理，绝缘试验随断路器产品进行。使用年限 30 年，随断路器操作次数不小于 10 000 次。在整个使用年限期间只进行相关项目的检查，一般不进行维修。

四、罐式断路器

121. LW24-72.5 型罐式断路器主要技术参数有哪些？

答：（1）额定电压：72.5kV。

（2）额定频率：50Hz。

（3）额定电流：3150A。

（4）额定短路开断电流：交流分量有效值：40kA。

（5）额定短路开断电流直流分量百分数：45%。

（6）额定短路关合电流（峰值）100kA。

（7）额定峰值耐受（动稳定）电流：100kA。

（8）额定 4s 短时耐受（热稳定）电流：40kA。

（9）额定开断时间：60ms。

（10）额定分闸时间：≤30ms。

（11）额定合闸时间：≤100ms。

（12）重合闸无电流时间：300ms（可调）。

（13）合闸不同期：≤2ms。

（14）分闸不同期：≤1ms。

（15）额定操作顺序：O—0.3s—CO—180s—CO。

（16）主回路电阻：≤100μΩ；特殊≤120μΩ。

（17）断路器内 SF_6 气体水分含量：≤150μL/L。

（18）SF_6 气体年漏率：≤0.5%。

（19）SF_6 气体额定压力（20℃）：0.5/0.4MPa。

（20）额定充气压力：0.5、0.4MPa。

（21）断路器闭锁压力：0.40/0.35MPa。

（22）机械寿命：3000 次。

（23）小电流开断（0～900A）：4000 次。

（24）开断额定电流：2000 次。

（25）开断 40kA 电流：12 次操作或等效值累积。

122. LW24-72.5 型罐式断路器由哪些部分组成？

答： LW24-72.5 型罐式断路器由绝缘子、灭弧室组件及金属壳体组成（见图 8-31）。

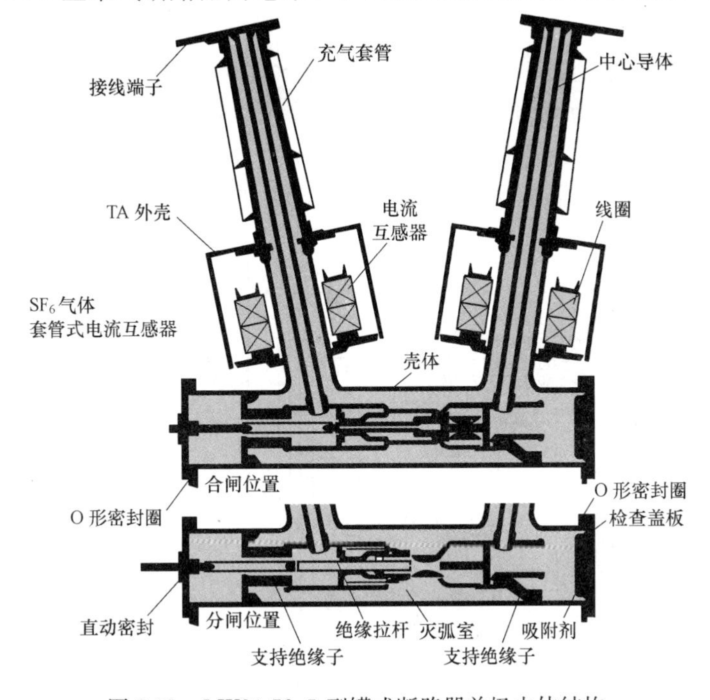

图 8-31　LW24-72.5 型罐式断路器单极本体结构

两支充气套管由壳体上部伸出，套管内的导体与套管的 SF_6 气体是贯通的，检查盖置于壳体端部用以检查和维修灭弧室，吸附剂置于检查盖上用于干燥气体及吸附开断的分解物质。

LW24-72.5 型罐式断路器为三极机械联动操作，利用 SF_6 气体为绝缘介质，采用自能式灭弧室结构三极断路器。套管式电流互感器位于套管与灭弧室的壳体之间。操动机构为弹簧机构，SF_6 气体密度继电器和断路器控制系统置于机构箱内。

123. LW24-72.5 型罐式断路器的灭弧单元由哪几部分组成？

答： LW24-72.5 型罐式断路器单极灭弧室的结构如图 8-32 所示。

灭弧室和静触头部件由壳体内同心的支持绝缘子支撑，灭弧室压气缸和动触头通过绝缘拉杆与三极连杆和弹簧机构相连。

（1）合闸状态。参见图 8-31 和图 8-32，电流从套管中心导体插入式触头流入框架，通过压气缸和动触头，再经过静触头和框架以及插入式触头

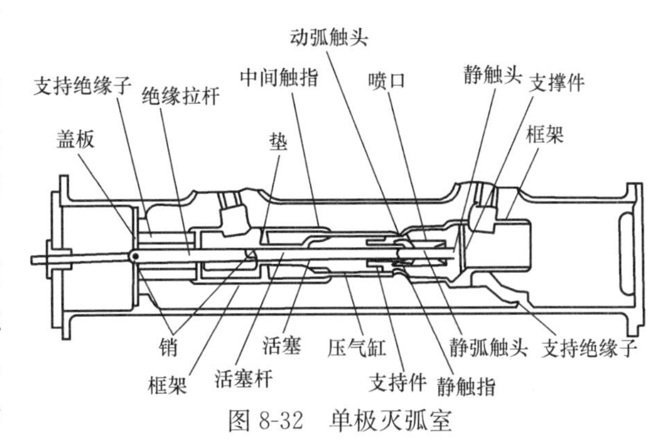

图 8-32　单极灭弧室

流到另一侧套管的中心导体。

(2) 分闸操作。绝缘拉杆带动触头部件到分闸位置，动触头部件由气缸、动触头、动弧触头和喷口组成。从合闸位发运动一段距离后，当动触头和静触头分离时，电流沿着仍然吸合的弧触头流动，当动弧触头和静弧触头分离时，动静弧触头之间会产生电弧。

在动触头部件向分闸位置运动时，压气缸中被压缩的 SF_6 气体通过喷口吹向燃弧区域，从而熄灭电弧。

(3) 合闸操作。与操动机构连接的绝缘拉杆和水平拉杆推动弧触头部件到合闸位置，合闸期间 SF_6 气体流回气缸为下次分闸做好准备。

124. LW24-72.5 型罐式断路器机构箱有哪些元件?

答: LW24-72.5 型罐式断路器机构箱结构及元件如图 8-33 所示。

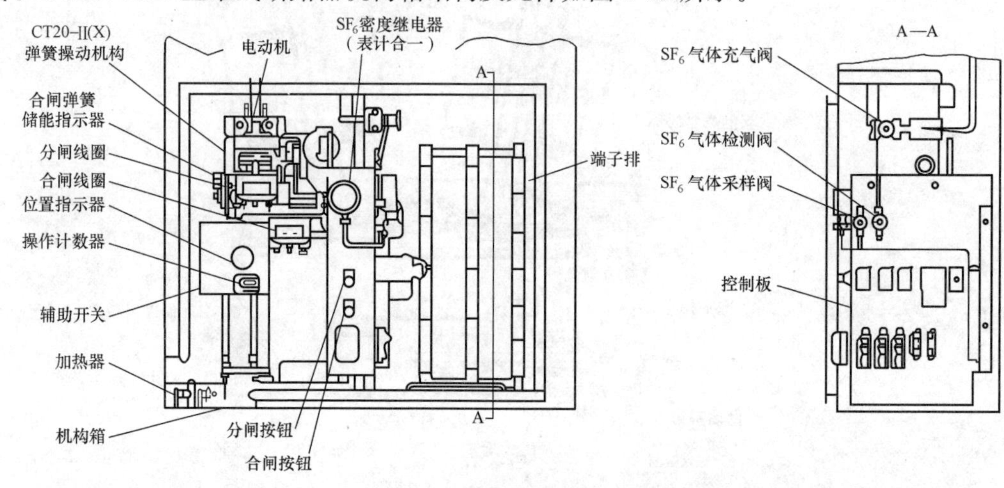

图 8-33　LW24-72.5 型罐式断路器机构箱结构

125. LW24-72.5 型罐式断路器 SF_6 气体系统由哪几部分组成?

答: SF_6 气体系统中每极单元中的壳体和套管是连通的，三极单元通过铜管连在一起形成一个 SF_6 气体系统。通过机构箱内充气管端部的充气阀门对系统进行抽真空和充 SF_6 气体。正常运行条件下气体充气阀由 O 形密封圈和盖板密封，气体系统由密度及电气监控，采样阀和检测阀用于检查压力表和密度继电器触点动作值的设定。

126. LW24-72.5 型罐式断路器吸附剂的配置与更换有什么要求?

答: 吸附剂置于每个 SF_6 气体壳体内，吸附剂的重量约为 SF_6 气体重量的 10%，在断路器使用寿命期间，它足以保持 SF_6 气体干燥。

一旦打开 SF_6 气体壳体，就应更换吸附剂，在完成维修后封闭壳体前应更换新的吸附剂。

127. LW56-550/Y4000-63 型罐式 SF_6 断路器的主要参数有哪些?

答: (1) 额定电压：550kV。

(2) 额定频率：50Hz。

(3) 额定电流：4000A。

(4) 额定短路开断电流：63kA。

(5) 额定短路关合电流（峰值）：171kA。

(6) 额定操作顺序：O—0.3s—CO—180s—CO。

(7) 额定短时耐受电流：63kA。

(8) 额定短路持续时间：3s。

(9) 额定峰值耐受电流：171kA。

(10) 近区故障开断电流：47.3，56.7kA。

(11) 额定失步开断电流：15.75～25kA。

(12) 额定线路充电开断电流：500A。

(13) 开合并联电抗器：150MVA。

(14) 开合空载变压器：840MVA。

(15) 并联开断电流分配比：10/90；30/70；50/50（%）。

(16) 额定短路开断电流下不需检修开断次数：20 次。

(17) 机械寿命：5000 次。

(18) 每极断口数：2。

(19) 每极辅助断口电阻值：(425±21.25) Ω。

(20) 每一断口并联电容量：600×（2×300）pF。

(21) SF_6 气体年漏气率不大于：0.5%/年。

(22) SF_6 气体水分含量：出厂时不大于 150μL/L；运行时不大于 300μL/L。

(23) 允许温升值：导体及触头连接处温升≤65K；壳体可触及部位温升≤30K。

(24) 主回路电阻值：断路器两盆式绝缘子的嵌件间≤75μΩ；断路器两接线端子之间≤150μΩ。

(25) 分闸时间：15～24ms。

(26) 合闸时间：48～60ms。

(27) 开断时间：40ms。

(28) 合闸电阻提前接入时间：8～11ms。

(29) 分一合时间：出厂时不大于 0.3s；运行时不小于 0.3s。

(30) 合一分时间：出厂时不大于 40ms；运行时不小于 40ms。

128. LW56-550/Y4000-63 型罐式 SF_6 断路器的 SF_6 气体压力整定值有哪些？

答：LW56-550/Y4000-63 型罐式 SF_6 断路器的 SF_6 气体压力整定值有（20℃，表压）：

(1) 额定充气压力：(0.6±0.02) MPa。

(2) 压力降低报警压力：(0.52±0.02) MPa。

(3) 压力降低报警解除压力：(0.52±0.02) MPa。

(4) 压力降低闭锁压力：(0.5±0.02) MPa。

(5) 压力降低闭锁解除压力：(0.5±0.02) MPa。

129. AHMA-8 型弹簧液压机构油压各参数值有何作用？

答：AHMA-8 型弹簧液压机构油压各参数值的作用如表 8-1 所示。

表 8-1　AHMA-8 型弹簧液压机构参数值　mm

项　目	对应的碟簧压缩量
安全阀动作压力	66±0.5
额定压力（停泵压力及最高压力）	65±0.5
泵启动压力	63

续表

项　　目	对应的碟簧压缩量
重合闸闭锁压力	61±1
重合闸闭锁报警压力	61.5±1.5
合（合分）闸闭锁压力	32.5±1
合闸闭锁报警压力	33±1.5
分闸闭锁压力	19.5±1
分闸闭锁报警压力	20±1.5

130. LW56-550/Y4000-63 型罐式 SF_6 断路器的总体结构如何？

答： LW56-550 型罐式 SF_6 断路器是断路器和电流互感器构成的复合电器，由三个可以独立操作的单极和一个汇控柜组成，每个断路器单极都配有各自的弹簧液压机构。断路器的总体结构如图 8-34 所示。

（1）单极结构。断路器的单极结构如图 8-35 所示。每个单极有一个罐体，罐内装有三个串联的断口，其中两个为主断口，另一个为合闸电阻断口，合闸电阻与合闸电阻断口并联，合闸时合闸电阻的提前接通时间为 8～11ms，防止产生合闸过电压。主断口两端安装有并联电容器，保证两个主断口的电压分布均匀。在罐的斜上方安装有进出线套管。在罐体和瓷套管的连接处外装环形测量及保护用电流互感器。

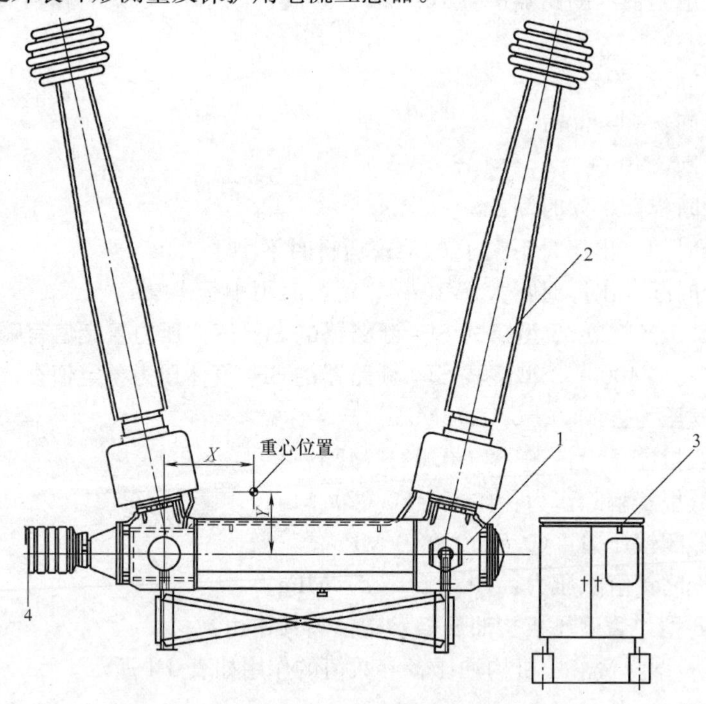

图 8-34　LW56-550 型罐式 SF_6 断路器的总体结构

1—灭弧室；2—套管；3—汇控柜；4—液压弹簧操动机构

断路器使用的操动机构为 AHMA-8 型弹簧液压操动机构。液压弹簧操动机构安装在罐体的一端，通过绝缘拉杆与内部的灭弧室运动系统相连接，直接带动灭弧室中的压气缸及动触头运动，从而实现断路器的分、合闸操作。

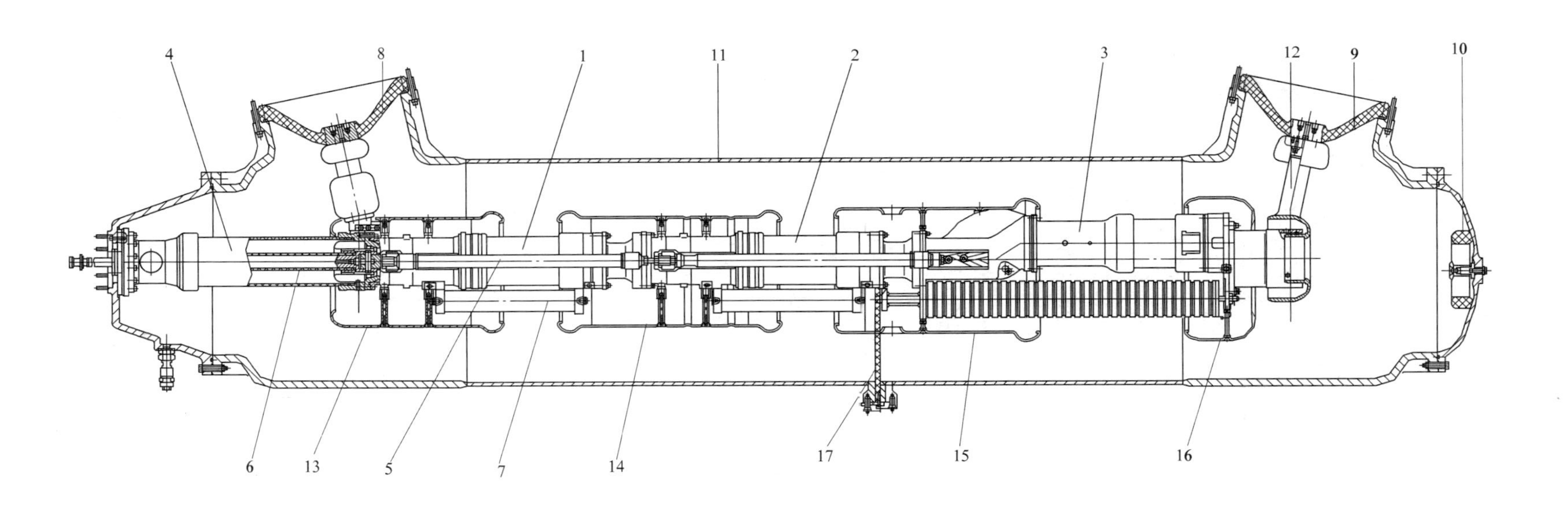

图 8-35　单极断路器结构

1、2—灭弧室；3—合闸电阻装配；4—支撑绝缘筒；5、6—绝缘拉杆；7—并联电容器；8、9—盆式绝缘子；10—吸附剂；11—罐体；12—导体；13～16—屏蔽罩；17—运输绝缘杆

（2）套管主要是由瓷套管、导电杆、均压环、屏蔽罩、接线端子及电流互感器等元件构成，如图 8-36 所示。

（3）电流互感器主要包含有环形电流互感器、橡胶衬垫、固定支架、固定螺栓等零件。

（4）汇控柜里装有继电器、小型断路器、转换开关、计数器、按钮、端子排、接触器、热继电器等二次控制和油泵电机、加热器控制、保护电器元件。

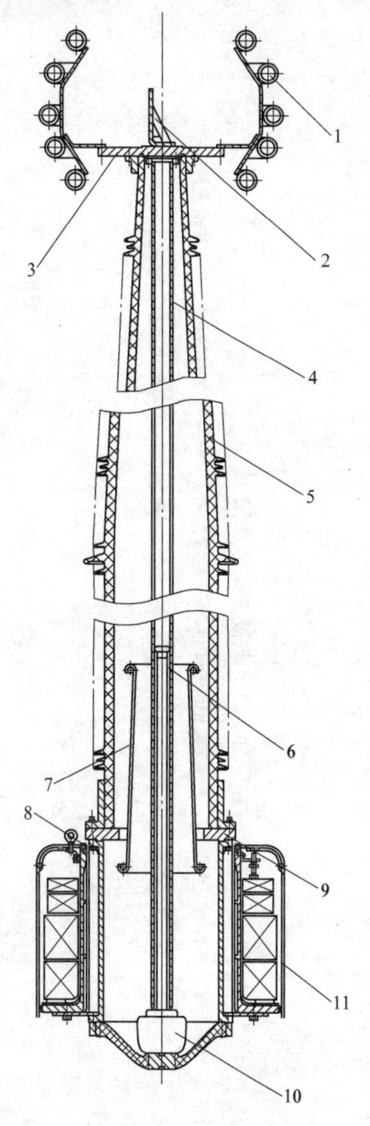

图 8-36　套管结构

1—均压环；2—接线端子；3—上法兰；4—导电杆；5—瓷套管；6—导向杆；7—屏蔽罩；8—罐体；9—过渡法兰；10—触头；11—套管式电流互感器

131. LW56-550/Y4000-63 型罐式 SF_6 断路器灭弧室结构如何？

答：灭弧室的结构如图 8-37 所示。主要由支撑绝缘筒装配、静触座、静主触头、静弧触头、喷口、辅助喷口、动主触头、动弧触头、压气缸、支持筒（压气活塞）和导气管等元件组成。

132. LW56-550/Y4000-63 型罐式 SF_6 断路器灭弧原理如何？

答：断路器灭弧室采用压气式灭弧原理，灭弧室内有一个压气活塞用来产生熄灭触头之间电弧所需的高压六氟化硫气体。

开断操动过程的示意图如图 8-38 所示。

（1）图 8-38（a）表示断路器处于合闸位置。正常的负载电流在主触头 1、4 之间流过。

（2）图 8-38（b）表示随着分闸运动开始，在压气缸 5 中的 SF_6 气体开始被压缩，静主触头 1 与动主触头 4 首先分离，电流转移到灭弧触头 2 与 3 上。

（3）图 8-38（c）表示在分开的灭弧触头 2 与 3 之间逐渐发展成的电弧，电弧在喷口 7 内受到 SF_6 气体的强烈吹动。被电弧游离的气体被轴向的上、下双喷气流迅速带走，在交流电弧电流自然过零熄灭后一个极短的时间内，弧隙迅速地恢复它的介电强度，阻断了电弧的再起，即熄灭了电弧。

（4）图 8-38（d）表示断路器处于分闸位置的状态。

133. LW56-550/Y4000-63 型罐式 SF_6 断路器合闸电阻的结构如何？

答：合闸电阻主要由合闸电阻片，合闸电阻绝缘杆，传动连杆，动、静主触头，动、静弧触头及弹簧等组成。合闸陶瓷电阻片（共 74 片）安装在两根绝缘杆上（每根绝缘杆上 37 片）。每个电阻片上、下都有聚四氟乙烯绝缘板和铜导电片，使得在同一根绝缘杆上的电阻片之间是绝缘的，而两根绝缘杆上对应的电阻片彼此串联。每个电阻片的阻值约为 5.75Ω，74 片电阻片串联后的阻值为（425 ± 21.25）Ω。

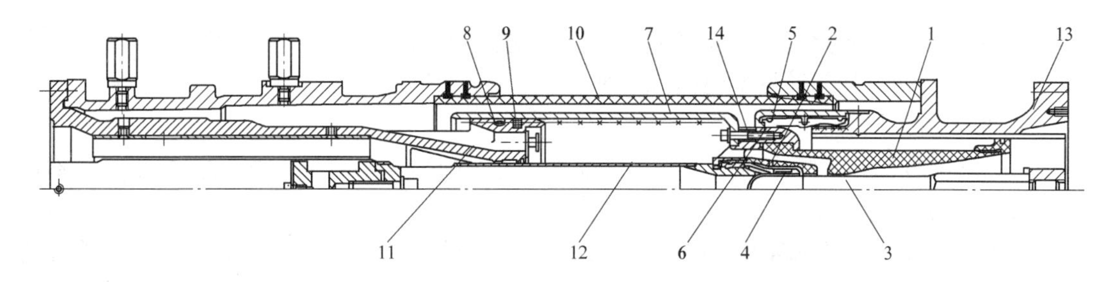

图 8-37　灭弧室的结构

1—喷口；2—辅助喷口；3—静弧触头；4—动弧触头；5—静主触头；6—动主触头；7—压气缸；8—弹簧触指；9—导向环；10—支撑绝缘筒装配；11—支持筒（压气活塞）；12—导气管；13—静触座；14—气缸座

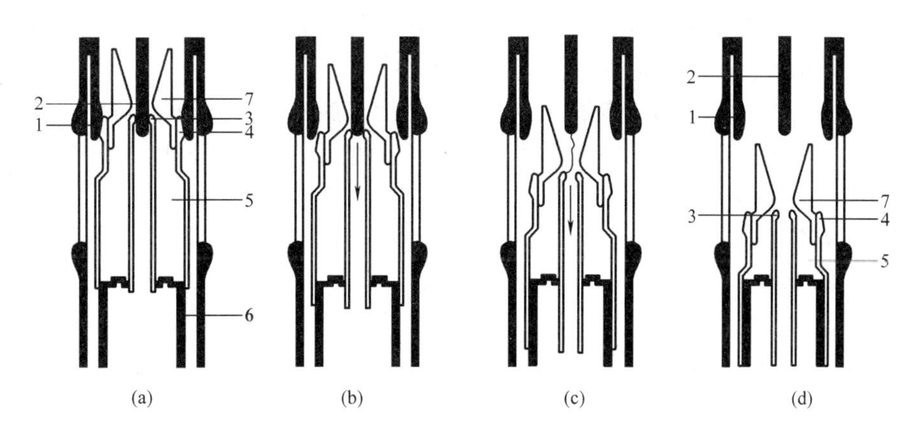

图 8-38　断路器的灭弧室开断操动过程示意图

（a）合闸位置；（b）分闸运动开始；（c）灭弧；（d）分闸状态

1—静主触头；2—静弧触头；3—动弧触头；4—动主触头；5—压气缸；6—压气活塞；7—喷口

134. LW56-550/Y4000-63 型罐式 SF_6 断路器对合闸电阻的运行注意事项有哪些？

答： 根据合闸电阻片的通流能力，该断路器在额定电压下允许连续合闸 4 次，每次间隔 3min。

该断路器允许在不成功自动重合闸操作后，隔 3min 送电一次（包含反相时的送电操作），如果送电不成功，下一次操作必须在 1h 以后进行。

135. LW56-550/Y4000-63 型罐式 SF_6 断路器投运前检查项目有哪些？

答： 断路器投入运行前必须进行下列项目的测量及试验，并应满足相应的技术要求。

（1）六氟化硫气体密度继电器特性检查。六氟化硫气体密度继电器，在关闭断路器气体阀门的情况下做试验。

（2）测主回路电阻。回路电阻在合闸位置测量，不大于 150μΩ（两接线端子间）。

（3）对地绝缘电阻：

1）用 5000V 绝缘电阻表测量断路器在合闸状态时主回路对地之间的绝缘电阻应大于 2000MΩ。

2）用 5000V 绝缘电阻表测量断路器在分闸状态时接线端子之间的绝缘电阻应大于 2000MΩ。

（4）操作试验。断路器在额定的操作电压、碟簧压缩量及六氟化硫气压下，进行分、合和自动重合闸操作，用示波器测量时间、速度。

（5）检查电气线路。

1）防跳试验。断路器分别处于分、合位置，分合闸操作信号同时送入，断路器应不产生跳跃并最终处于分闸位置。

2）非全相试验。当断路器三相分、合闸位置不一致时，应延时（时间大于单相重合闸无电流时间）引起断路器三相分闸并发出信号。

3）检查防慢分、慢合功能。断路器处于合闸或分闸位置，将液压操动机构压力降至零点后，然后重新打压，断路器不得出现慢分、慢合现象。

（6）耐压试验。断路器在现场安装、调试完成后，应进行耐压试验。施加电压值为额定绝缘水平的80％。试验时六氟化硫气体压力为额定压力，电流互感器的端子必须可靠短接。耐压试验应根据国家标准的规定进行。

136. LW56-550/Y4000-63 型罐式 SF_6 断路器在运行时应进行哪些检查？

答：断路器在运行时应经常进行检查，检查内容包括：SF_6 气体压力是否降低，液压弹簧操动机构有无渗漏油，分、合闸位置指示是否正确，断路器是否有不正常的噪声及其他异常现象，瓷套管有无破损和严重污秽，外部零部件是否生锈式损坏。如果发现问题，应及时查明原因，并考虑对运行是否有影响，决定是否退出运行，还是在定期检查时处理。

137. 罐式断路器用并联电容器的结构如何？对并联电容器有哪些规定？

答：罐式断路器用电容器结构是由陶瓷电容器片装配在一起的电容器管，形成电容器组。根据开断额定短路电流的不同，其电容值有所差异。该电容器组安装在断路器罐体内，在产品使用期间一般不进行维修。

值得注意的是，陶瓷电容器产品电容值随温度变化而变化。即20℃为基准，温度每升高2℃，产品电容量将降低1％；温度每降低2℃，产品电容量将增加1.25％，如果测试环境发生变化，应相应增减温度换算。

五、组合电器GIS

138. GIS 有哪些主要特点？

答：与常规电器相比，GIS 在结构性能上有以下特点：

（1）由于采用 SF_6 气体作为绝缘介质，导电体与金属地电位壳体之间的绝缘距离大大缩小，因此 GIS 的占地面积和安装空间只有相同电压等级常规电气设备的百分之几到百分之二十左右。电压等级越高，占地面积比例越小，如对420kV 变电站，GIS 与敞开式设备占地面积之比为1∶8。

（2）全部电器元件都被封闭在接地的金属壳内，带电体不暴露在空气中（除了采用架空引出线的部分），运行中不受自然条件影响，其可靠性和安全性比常规电气设备好得多。

（3）SF_6 气体是不燃不爆的惰性气体，所以 GIS 属防爆设备，适合在城市中心地区和其他防爆场合安装使用。

（4）GIS 主要组装调试工作已在制造厂内完成，现场安装和调试工作量较小，因而可以缩短变电站安装周期。

（5）只要产品的制造和安装调试质量得到保证，在使用过程中除了断路器需要定期维修外，其他元件几乎无需检修，因而维修工作量和年运行费用大为降低。

（6）GIS 设备结构比较复杂，要求设计制造安装调试水平高。

（7）GIS 价格也比较贵，变电站建设一次性投资大。但选用 GIS 后，变电站的土地和年运行费用很低，因而从总体效益讲，选用 GIS 有很大的优越性。

139. GIS 的结构形式有哪两种？各有什么特点？

答：组合电器分为分箱式（一相一壳）及共箱式（三相共筒）两种。

分箱式 GIS 的最大特点是：相间影响小，运行中不会出现相间短路故障，而且带电部分与接地外壳间采用同轴电场结构，电场的均匀性问题较易解决，制造也较方便；但是，钢外壳中感应电流引起的损耗大，外壳数量及密封面较多，增加了制造成本及漏气的几率，其占地面积和体积也较大。

三相共箱式 GIS 的结构紧凑，外形尺寸和外壳损耗都较小；但是，其内部电场为三维电场，电场均匀度问题是个难点，相间影响大，容易出现相间短路。

140. GIS 由哪些部件构成？

答：GIS 由断路器（CB）、过渡元件、隔离开关（DS）、接地开关（ES）、电压互感器（TV）、电流互感器（TA）、避雷器（LA）、母线（BUS）、进出线套管（BSG）、电缆连接头及密度监视装置等部件组成。

它金属筒为外壳，导电杆和绝缘件封闭在内部并充入一定压力的 SF_6 气体。SF_6 气体作为绝缘和灭弧介质。

（1）断路器。断路器是 GIS 的中心元件，由灭弧室及操动机构组成。灭弧室封闭在充有一定压力的 SF_6 气体壳体内。断路器按灭弧原理可分为压气式、热膨胀式和混合式。所配操动机构有液压、气动、弹簧及液压弹簧机构。

（2）隔离开关。隔离开关由绝缘子壳体和不同几何形状的导体构成最佳布置。铜触头用弹簧加载，使隔离开关具有高的电性能和高的机械可靠性。隔离开关必须精心设计和试验，使之能开断小的充电电流，而不会产生太高的过电压，否则会发生对地闪络。隔离开关和接地开关的操动机构对大多数 GIS 为同一设计。其主要特点是电动或手动操作，电气连锁以防误操作，且终端位置可机械连锁。

（3）接地开关（快速接地开关）。通常用的接地开关有两种型式：故障检修用接地开关和快速关合接地开关。故障检修用接地开关用于变电站内作业是保护目的，只有在高压系统不带电情况下方可操作。快速接地开关可在全电压和短路条件下关合。快速关合操作靠弹簧合闸装置来实现。

（4）电压互感器。大多数电压互感器为感应型。

（5）电流互感器。在单相式 GIS 中，电流互感器的铁芯位于壳体外侧，确保壳体和导体之间的电场完全不受干扰。壳体内的返回电流被绝缘层隔断。在三相共筒 GIS 设计中，电流互感器的铁芯一般在壳体内。

（6）避雷器。SF_6 避雷器的主要元件如同普通避雷器，但它结构很紧凑。火化间歇元件密封，与大气隔绝。整个避雷器用干燥压缩气体绝缘，使性能高度稳定。在 SF_6 避雷器中，金属接地部分与带电部分靠得很近，因此，要特别注意补偿电压沿避雷器元件的非线性分布。

（7）套管。架空线或所有空气绝缘件用空气/SF_6 气体套管连至 GIS。这些套管使用电容均压，并被间隔绝缘子分成两个独立的隔室。被瓷绝缘子包围的间隙，充有略高于大气的SF_6气体。如果电瓷受损，这就将风险减至最小。在间隔绝缘子开关设备侧的气隙中，也充同样压力的SF_6气体。充油电容器套管也可用于高压，即将GIS直接连至变压器。

(8) 电缆终端。各种类型的高压电缆，均可通过电缆终端盒连至SF_6开关设备。它包括带连接法兰的电缆终端套管、壳体及带有插接头的间隔绝缘子。气密套管将SF_6气室与电缆绝缘介质分开。连至GIS的一个完整XLPE电缆终端，具有尺寸小且热特性更好的优势。

(9) 母线。各间隔通过各自封闭的母线直接连通，或通过延伸模块连接。有的做成母线模块，包括一个三公位开关，也可以和一个母线侧的接地开关（插入式）的功能组合。

141. 什么是“三工位隔离/接地开关”？

答：“三工位隔离/接地开关”是指隔离/接地开关组合元件的三种工作位置：

(1) 隔离开关合闸—接地开关分闸。

(2) 隔离开关分闸—接地开关分闸。

(3) 隔离开关分闸—接地开关合闸。

142. SF_6全封闭组合电器有哪些类型？

答：SF_6全封闭组合电器可按以下方式分类：

(1) 按结构形式分。根据充气外壳的结构形状，GIS可以分为圆筒形和柜形两大类。第一类依据主回路配置方式还可分为单相一壳型（即分相型）、部分三相一壳型（又称主母线三相共筒型）、全三相一壳型和复合三相一壳型四种；第二大类又称C-GIS，俗称充气柜，依据柜体结构和元件间是否隔离可分为箱型和铠装型两种。

(2) 按绝缘介质分。可以分为全SF_6气体绝缘型（F-GIS）和部分气体绝缘型（H-GIS）两类。前者是全封闭的，而后者则有两种情况：一种是除母线外，其他元件均采用气体绝缘，并构成以断路器为主体的复合电器；另一种则相反，只有母线采用气体绝缘的封闭母线，其他元件均为常规的敞开式电器。

(3) 按主接线方式分。常规的有单母线、双母线、单（双）母线分段、3/2接线、桥型和角型等多种接线方式。

(4) 按安装场所分。有户内型和户外型。

143. GIS壳体的型式有哪几种？

答：GIS壳体型式可以分为三相共筒式和单相式，采用三相共筒式具有以下优点：

(1) 所需要的壳体少，节约材料。

(2) 采用三相共体，对于断路器、隔离开关、接地开关等需要三相联动的设备省去了复杂的连接，提高了可靠性，节约了成本。

(3) 整个筒体体积减小，SF_6使用量减少，密封面和结合面减少，减小了漏气概率。

(4) 三相共筒结构，在罐体上基本无电磁感应电流流过。相应的涡流损耗也几乎没有。目前发展趋势是三相共筒化。

在GIS中要用到很多固体绝缘支撑件。有盆式、锥体等形状。固体绝缘材料在压缩的SF_6气体中会使电场分布畸变。绝缘件影响GIS绝缘短时特性，绝缘件的老化也影响了系统的电压梯度分布。

144. GIS壳体的材料有哪两种？

答：GIS壳体对整个GIS构成整体和接地、屏蔽体，壳体材料有铝合金和钢两种，钢材料优点是强度高，缺点是存在环流和涡流损耗，加工不易成型，现在新的GIS壳体材料都朝铝合金方向发展。

145. GIS导体系统的结构如何？

答：GIS导体一般为铝管，其直径和壁厚取决于电压和额定电流。铜弹簧触指构成触头插座，铜插件构成触头插头。触头表面镀银，并将触头焊到铝导体上。导体系统连同支持绝缘子必须精心设计，使之能耐受正常工作和短路条件下的电、热和机械负荷。

146. GIS出线方式主要有哪几种？

答：(1) 架空线引出方式。在母线筒出线端装设充气（SF_6）套管。

(2) 电缆引出方式。母线筒出线端直接与电缆头组合。

(3) 母线筒出线端直接与主变压器对接。此时连接套管的一侧充有SF_6气体，另一侧则有变压器油。

147. GIS母线筒在结构上有哪几种形式？

答：(1) 全三相共体式结构。不仅三相母线，而且三相断路器和其他电器元件采用共箱筒体。

(2) 不完全三相共体式结构。母线采用三相共箱式，而断路器和其他电器元件采用分箱式。

(3) 全分箱式结构。包括母线在内的所有电器元件都采用分箱式筒体。

三相共箱式结构的体积和占地面积小，消耗钢材少，加工工作量小，但其技术要求高。额定电压越高，制造难度越大。

148. 什么叫气隔？GIS为什么要设计成很多气隔？

答：GIS内部相同压力或不同压力的各电器元件的气室间设置的使气体互不相同的密封间隔称为气隔。

设置气隔有以下好处：

(1) 可以将不同SF_6气体压力的各电器元件分隔开。

(2) 特殊要求的元件（如避雷器等）可以单独设立一个气隔。

(3) 在检修时可以减少停电范围。

(4) 可以减少检修时SF_6气体的回收和充放气工作量。

(5) 有利于安装和扩建工作。

149. 550kV GIS中快速接地开关的作用是什么？

答：550kV GIS中在出线回路靠线路侧配置快速接地开关，它具有线路侧检修接地和开合550kV空载线路感应电流的作用。由于GIS的所有设备都封闭在金属外壳内，无法直接观察线路是否停电，所以快速接地开关有可能误合带电线路，为此它应具有关合2次额定短路电流的能力。

150. 在GIS中隔离开关带电阻的作用是什么？

答：用以降低隔离开关操作时的操作过电压。

151. 对GIS外壳接地有什么特殊要求？

答：GIS系密集型布置结构方式，对其接地问题要求很高，一般要采取下列措施：

(1) 接地网应采用铜质材料，以保证接地装置的可靠和稳定。而且所有接地引出线端都必须采用铜排，以减小总的接地电阻。

(2) 由于GIS各气室外壳之间的对接面均设有盆式绝缘子或者橡胶密封垫，两个筒体之间均需另设跨接铜排，且其截面需按主接地网截面考虑。

（3）在正常运行，特别是电力系统发生短路接地故障时，外壳上会产生较高的感应电动势。为此要求所有金属筒体之间要用铜排连接，并应有多点与主接地网相连，以使感应电动势不危及人身和设备（特别是控制保护回路设备）的安全。

一套 GIS 外壳需要几个点与主接地网连接，要由制造厂根据订货单位所提供的接地网技术参数来确定。

152. GIS 中断路器与其他电气元件为什么必须分为不同的气室？

答：（1）由于断路器气室内 SF_6 气体压力的选定要满足灭弧和绝缘两方面的要求，而其他电气元件内 SF_6 气体压力只需考虑绝缘性能方面的要求，两种气室的 SF_6 气压不同，所以不能连为一体。

（2）断路器气室内的 SF_6 气体在电弧高温作用下可能分解成多种有腐蚀性和毒性的物质，在结构上不连通就不会影响其他气室的电气元件。

（3）断路器的检修概率比较高，气室分开后要检修断路器时就不会影响到其他电气元件的气室，因而可缩小检修范围。

153. GIS 设备中的水分来源于哪几个方面？

答：（1）GIS 设备在制造、运输、安装、检修过程中都可能接触水分，将水分浸入到设备的各个元件里去。

（2）GIS 设备的绝缘件带有 0.1%～0.5% μL/L 的水分，在运行过程中，慢慢地向外释放。

（3）GIS 设备中的吸附剂本身就含有水分。

（4）SF_6 气体中含有水分，但作为新气要进行干燥处理，使其含水量在规程规定的范围内。

154. 水分对 GIS 设备有哪些危害？

答：（1）水分引起对设备的化学腐蚀。

（2）水分在电气设备中除了对绝缘件和金属部件产生腐蚀作用之外，还在它的表面产生凝结水，附在绝缘件的表面，而造成延面闪络。当水分由液态变为固态后，从物理学上知道，对电器绝缘材料的危害性可以大大减少，即水变为冰之后，它对电气设备绝缘危害减少。

155. GIS 中减少水分的措施有哪些？

答：（1）严格控制新的 SF_6 气体的含水量，不能超过规程规定的标准。

（2）改善 GIS 设备密封材料的质量，严格遵守安装密封环的工艺过程。

（3）在 GIS 设备中放置吸附剂，并应具备下列条件：

1）吸附剂放在低温环境中，可以提高其吸水能力；

2）吸附剂应有良好的吸附 SF_6 分解物的能力；

3）吸附剂与 SF_6 气体分解物反应时，不得产生二次有害物质；

4）吸附剂在工作时，不粉化、不潮解。

（4）GIS 设备尽量使用室内式布置，可以控制室内的温度、湿度，减少产生水分的机会，避免灰尘和其他杂质侵入到设备里去。

156. ZF7A-126 GIS 气体绝缘金属封闭开关设备的主要技术参数有哪些？

答：主要技术参数如表 8-2 所示。

表 8-2 主 要 技 术 参 数

序号	项目	单位	技术参数
1	额定电压	kV	126
2	额定电流	A	1250/1600/2000/3150
3	额定频率	Hz	50
4	额定短时耐受电流（有效值）	kA	31.5/40（3s）
5	额定峰值耐受电流（峰值）	kA	80
6	额定工频耐受电压（有效值）	kV	230 1min
7	额定雷电冲击耐受电压（峰值）	kV	550
8	额定 SF_6 充气压力（20 ℃）	MPa	断路器气室 0.5 其他气室 0.4
9	SF_6 泄漏率	%/年	≤1
10	断路器		
	额定短路开断电流	kA	31.5/40
	额定短路关合电流	kA	80/100
	绝缘水平 额定工频耐受电压（有效值）	kV	对地 230 1min，断口 265 1min
	额定雷电冲击耐受电压（峰值）	kV	对地 550，断口 650
	操动机构型式		弹簧
	机械寿命	次	3000
	额定操作循环		O — 0.3s — CO —180s — CO
	全开断时间	ms	≤60
	合闸时间	ms	≤ 150
	分闸时间	ms	≤ 30
11	隔离开关		
	绝缘水平		
	额定工频耐受电压（有效值）	kV	对地 230 1min， 断口 265 1min
	额定雷电冲击耐受电压（峰值）	kV	对地 550， 断口 650
	操动机构型式		电动/弹簧
	机械寿命	次	3000
12	故障关合接地开关		
	额定短路关合电流（峰值）	kA	80/100
	绝缘水平		
	额定工频耐受电压（有效值）	kV	对地 230 1min
	额定雷电冲击耐受电压（峰值）		对地 550
	操动机构型式		弹簧
	机械寿命	次	3000
13	检修用接地开关		
	绝缘水平		
	额定工频耐受电压（有效值）	kV	对地 230 1min
	额定雷电冲击耐受电压（峰值）	kV	对地 550
	操动机构型式		电动/手动
	机械寿命	次	3000

续表

序号	项目	单位	技术参数
14	电流互感器		
	型式		环型铁芯，套管式
	绝缘介质		初级 SF_6 气体、次级、环氧树脂
	额定电流		一次电流根据所需规格，二次电流 1、5A
	容量	VA	15、20、30
	精度等级		测量级 0.2，0.5 保护级 5P20，10P20
15	电压互感器		
	型式		电磁式（分为三相式及单相式）
	额定电压	kV	一次电压 $126/\sqrt{3}$
		V	二次电压 $100/\sqrt{3}$
		V	剩余绕组 100，$100/\sqrt{3}$
	准确级次及额定容量		0.2 级　100 VA
			0.5 级　150 VA
			3 P 级　150 VA
16	避雷器		
	型式		罐式氧化锌（ZnO）
	系统运行电压	kV	73
	标称放电电流	kA	10
	最高雷电冲击残压	kV	260
	直流 1mA 参考电压	kV	145
17	SF_6 充气套管		
	泄漏比距	cm/kV	1.7，2.1，2.5
	可见电晕		在 1.1 倍相电压下无可见电晕
	无线电干扰水平	μV	在 1.1 倍相电压下小于 2500
	绝缘水平		
	额定工频耐受电压（有效值）	kV	230
	额定雷电冲击耐受电压（峰值）	kV	550
18	母线		
	外壳型式		三相共箱式
	外壳材料		钢/铝
	导体材料		铝合金/铜
19	GIS 终端元件与变压器连接方式 SF_6 充气套管，电缆终端，油—气（SF_6）套管		

157. ZF7A-126 GIS 由哪几部分组成？

答：ZF7A-126 GIS 剖面图如图 8-39 所示。

（1）组成元件：CB—断路器 ；DS—隔离开关；ES/FES—检修/故障关合接地开关；BUS—母线；TA—电流互感器；TV—电压互感器；LA—避雷器；LCP —就地控制柜；终端元件—SF_6/air Bsg，SF_6/oil Bsg，CSE 电缆终端。

（2）系统构成：总装，内导，DS/ES 连接机构，接地系统，SF_6 系统，压缩空气系统，电器控制系统，电线管、空气配管，底架支架，平台。

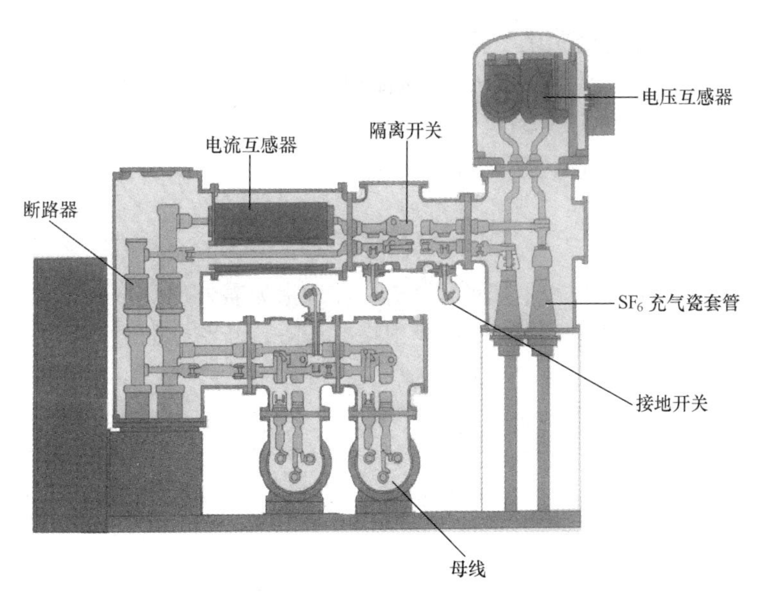

图 8-39 ZF7A-126 GIS 剖面图

158. ZF7A-126 GIS 主要特点有哪些?

答：ZF7A-126 GIS 其结构为三相共箱式。所有开关设备均采用了弹簧/电动操动机构，由一台机构操作，三相联动。断路器采用了气吹压力与开断电流自适应熄弧原理。开断额定短路电流所需的能量大部分取自电弧本身，大幅度减少了对操作能量的需求，操作功约为同等开断容量压气式断路器的 20%～25%。断路器配置了低操作功、无维护或少维护、高可靠性的弹簧操动机构。GIS 采用积木式布置，可满足各种主接线要求，占地面积小，易于运行，维护检修方便。耐地震能力强。在以上特性基础上还拥有以下主要特性。

（1）三相共箱式结构，间隔中心距仅为 1.5m，较之分箱结构尺寸（约为 2.5m）要小，特别适用于城网改造，三相共箱式结构涡流损耗小，它与三相分箱式相比，结构简单，便于安装，故障率降低。

（2）断路器的设计是在电场计算、流场分析、电弧物理研究和机械特性理想配合的基础上，优化设计灭弧室结构，实现了气吹压力与开断电流自适应这一可靠的自能熄弧方式。断路器具有如下优点：

1）由于良好的电场设计及其与运动特性的理想配合，其开断容性电流无重击穿。

2）适宜的气流特性，使其开断感性电流几乎无截流过电压。

3）采用气吹压力与开断电流自适应熄弧原理，使其在开断额定短路电流及其他任何故障电流时，均有可靠的开断性能和充裕的燃弧时差。

4）继承了压气式断路器的结构优点，具有尽可能少的灭弧室零部件，使产品具有更高的电气可靠性。

（3）所有开关装置均采用弹簧/电动操动机构：

断路器：配弹簧机构。

隔离开关：配电动/弹簧机构。

故障关合接地开关：配电动/弹簧机构。

检修用接地开关：配电动机构。

（4）无气化，无油化。所有机构均为弹簧/电动机构，因而取消了压缩空气供给系统，也不需要液压油，真正做到无气化，无油化。

(5) 由于采用弹簧/电动机构，GIS本体体积缩小，又无需压缩空气系统，取消空气管路，因而GIS总占地面积及占有空间大大缩小。

(6) 由于无气源，无空气管路，无需空气排水，因而大大减少了GIS的维护工作量。

(7) 采用弹簧/电动机构后，无空气排放，无空压机工作，无气缸工作，因而GIS操作噪声小。

(8) 断路器导电回路采用“自力型”触指，该触指无需外加弹簧压紧，靠材料自身弹力保证其对导电元件压紧力，无崩簧触指或触指松散危险。断路器的电寿命和机械寿命高。电寿命：开断满容量20次，开断额定工作电流2000次。

(9) GIS的金属壳体（圆筒）采用“冷翻边”工艺，使垂直相交二筒的焊缝不在相贯线上、极大地改善了电场分布、缩小了结构尺寸。所有壳体的焊接采用自动焊，焊缝光滑、连续。焊后经过X光探伤、着色检查、水压试验和SF_6气密性检查、以确保焊接质量。

(10) GIS中盆式绝缘子、绝缘筒、绝缘拉杆、绝缘台等为西开厂自制件，不采用外协件。

(11) SF_6系统采用分散监控方式，取消了SF_6阀门及SF_6管路系统。采用新型的自封接头及SF_6密度计，从而去除了GIS外部的泄漏环节，使GIS具有更低的SF_6泄漏率。密封采用“O”形圈＋密封胶技术，可确保产品的气密性。

(12) GIS内装的电流互感器为环氧浇注型TA，较线浸漆式TA要优越。该互感器对保证该气室含水量为不超标有着重要作用。测量级可做到0.2级。

159. ZF7A-126 GIS用隔离开关的结构如何？

答：ZF7A-126 GIS用隔离开关为三相共箱式结构，隔离开关有GL、GR两种型式，GR型载流回路呈直角形，GL型呈直线形。两种隔离开关的所有带电部件均安装在金属壳体中。两种隔离开关都可组合进一台接地开关或两台接地开关，使GIS布置时更加紧凑、随意、多变。

根据用户主接线的需要，有的隔离开关还具有切合容性、感性小电流，切合母线转移电流的能力。

ZF7A-126 GIS用隔离开关机构为弹簧/电动机构，因而减少了压缩空气供给系统空气管路，向无油化、无气化迈出了一大步。

160. ZF7A-126 GIS母线的结构如何？

答：ZF7A-126 GIS用主母线采用三相共箱式结构。分支母线采用分相式结构、母线导体连接采用表带触指，梅花触头。壳体材料采用钢筒及铸铝壳体低能耗材料。并采用主母线落地布置结构，降低了开关设备高度。在适当位置布置金属波纹管。

161. ZF7A-126 GIS电流互感器的结构如何？

答：ZFTA-126 GIS电流互感器为电感式单相环氧浇注型电流互感器。

导体为一次绕组，二次绕组固定在环型铁芯上。电流互感器绕组处于地电位，属于无故障TA；环氧浇注型对保证气室含水量为不超标有着重要作用；测量精度高可做到0.2级。

162. ZF7A-126 GIS电压互感器的结构如何？

答：ZF7A-126 GIS用电压互感器为JDQX8□110ZHA、JDQX8□110ZHA1型电压互感器（以下简称互感器）。它是引进德国MESSWANDLER-BAUAG互感器公司（简称

MWB）SU126 型电压互感器技术和部分主要设备基础上设计而制造的。

ZF7A-126 GIS 用电压互感器的一次绕组端为全绝缘结构，另一端作为接地端和外壳相连。一次绕组和二次绕组为同轴圆柱结构，一次绕组装有高压电极及中间电极，绕组两侧设有屏蔽板，使场强分布均匀。

163. ZF7A-126 GIS 避雷器的结构如何？

答： 避雷器为罐式氧化锌型封闭式结构，采用 SF_6 气体绝缘，垂直安装。避雷器主要由罐体、盆式绝缘子，安装底座及芯体等部分组成，芯体是由氧化锌阀片作为主要元件，它具有良好的伏安特性和较大的通流容量。

六、复合电器 HGIS

164. HGIS 与 AIS 和 GIS 比较具有哪些优点？

答： HGIS 是一种介于 GIS 和 AIS 之间的高压开关设备。其主要特点是将 GIS 形式的 GCB、DS、ES、CT 等主要元件分相组合在金属壳体内，由出线套管通过软导线与敞开式主母线以及敞开式 VT、LA 连接形成混合型的配电装置。HGIS 继承了 GIS 的优点，同时又兼具 AIS 适应多回架空出线、便于扩建和元件检修的优势；加之将价格昂贵的 GIS 母线改为敞开式母线，其价格适中、投资少；另外，由于其将容易产生故障的操作元件采用 GIS 设备，解决了敞开式设备经常出现的瓷瓶断裂、操作失灵、导电回路过热、锈蚀等问题。

165. HGIS 由哪些设备部件组成？

答： HGIS 由罐式 SF_6 断路器（QF）、隔离开关（QS）、接地开关（QE）和快速接地开关（QES）以及电流互感器（TA）等元件组成，按用户不同的主接线需求将有关元件连成一体并封闭于金属壳体之内，充 SF_6 气体绝缘，与架空母线配合使用。整体布局如图 8-40 所示。

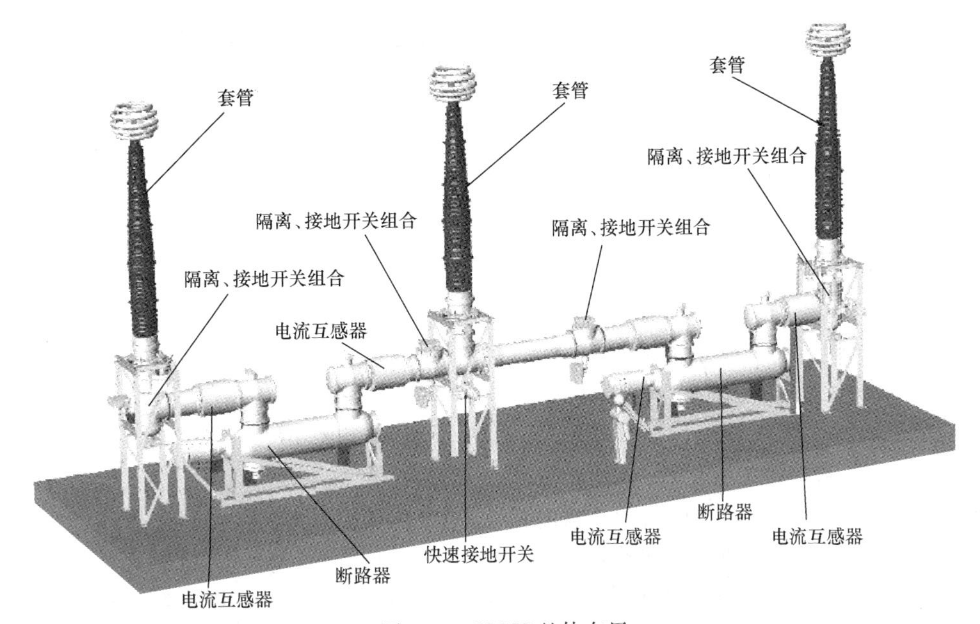

图 8-40　HGIS 整体布局

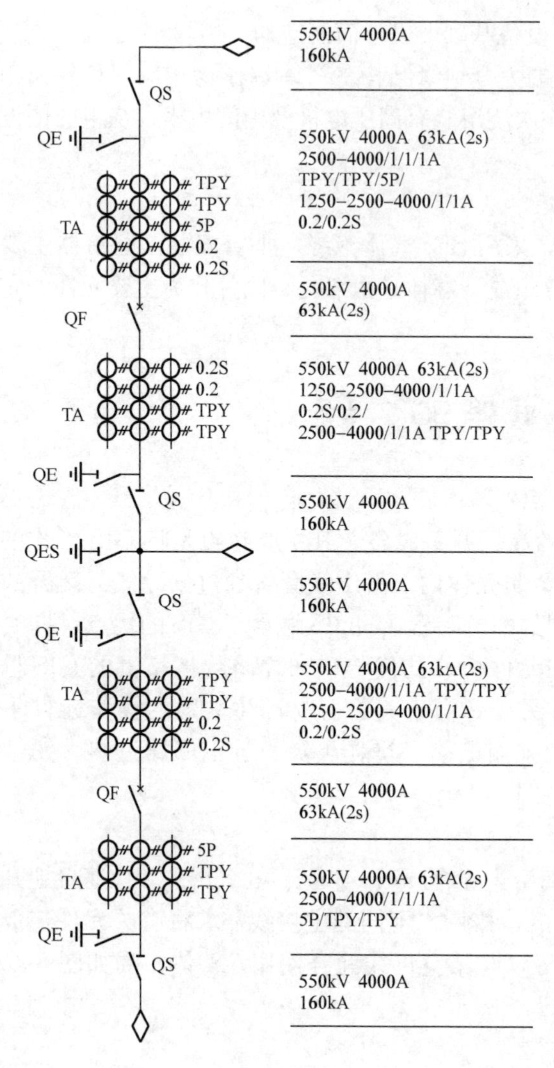

图 8-41 典型 HGIS 3/2 接线图

按用户不同的主接线需求（3/2CB 接线、单母线接线、双母线接线和双母线双断路器接线等）将有关元件连成一体并封闭于金属壳体之内，充 SF_6 气体绝缘，与架空母线配合使用。它的基本一次元件与 GIS 元件是基本公用的。典型 3/2 接线如图 8-41 所示。

166. HGIS 气室如何划分?

答：图 8-42 是典型 3/2 接线方式 HGIS 气室划分，设备中的断路器、电流互感器、隔离开关、母线和套管均采用单独气室。在周围空气温度为 20℃时的气体压力（相对值）值：

（1）断路器隔室：

最高运行压力 0.65MPa；

额定压力 0.6MPa；

最低运行压力 0.5MPa；

气体损失报警压力 0.55MPa；

闭锁（或跳闸）压力 0.5MPa。

（2）其他设备气隔（套管、隔离、母线）：

额定压力 0.5MP；

最低运行压力 0.4MPa；

气体损失报警压力 0.45MPa。

167. ZHW-550 复合电器的主要技术参数有哪些?

答：（1）额定电压：550kV。

（2）额定电流：4000A。

（3）额定频率：50Hz。

（4）额定短路开断电流：63kA。

（5）额定短时耐受电流（3s）：63kA。

（6）额定短路持续时间：3s。

（7）额定峰值耐受电流：160kA。

（8）额定短路关合电流：160kA。

（9）额定短时工频耐受电压（有效值）：对地：740kV；断口：740＋318（kV）。

（10）额定雷电冲击耐受电压：对地/断口 1675/(1675＋450kV)。

（11）额定操作冲击耐受电压：对地/断口 1175/(1175＋450kV)。

（12）SF_6 气体压力（在 20℃时）：

1）断路器：额定压力 0.50MPa；报警压力 0.45MPa；闭锁压力 0.40MPa。

2）其他元件：额定压力 0.40MPa；一级报警压力 0.35MPa，二级报警压力 0.30MPa。

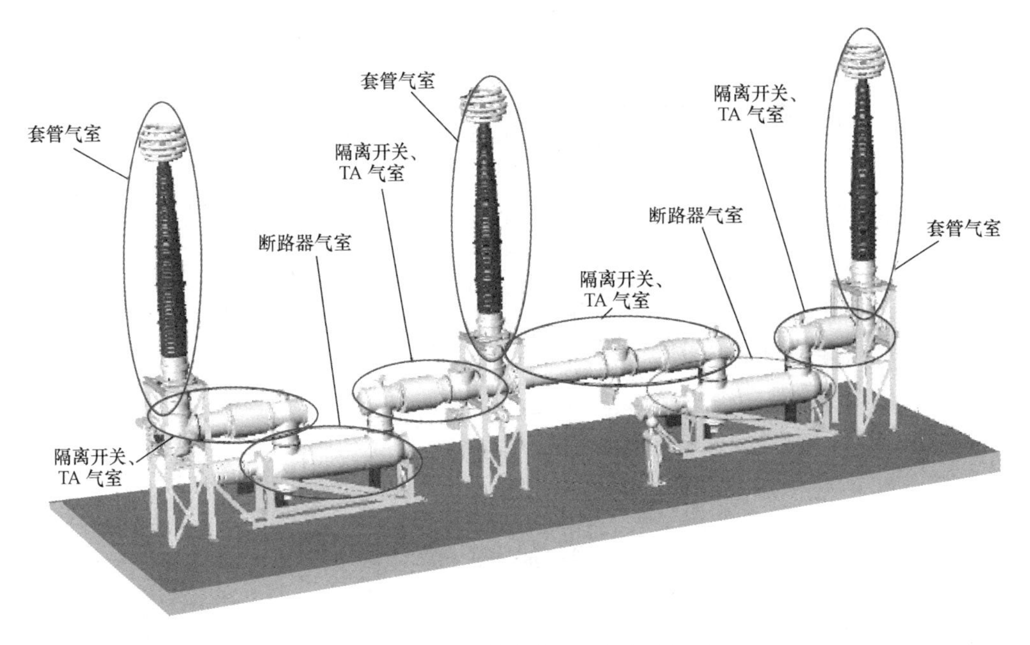

图 8-42　3/2 接线方式 HGIS 气室划分

(13) SF_6 气体年漏率<0.5%。

(14) 额定操作顺序：O—0.3s—CO—180s—CO。

(15) 断路器内 SF_6 气体水分含量：≤150μL/L（交接验收值）。

(16) 开断时间：≤40ms。

(17) 分闸时间：≤30ms。

(18) 合闸时间：≤100ms。

(19) 合分时间：≤50ms。

(20) 连续开断短路电流次数：20 次。

(21) 机械寿命：5000 次。

168. ZHW-550 复合电器整体布局如何？

答：ZHW-550 复合电器整体布局如图 8-43 所示。

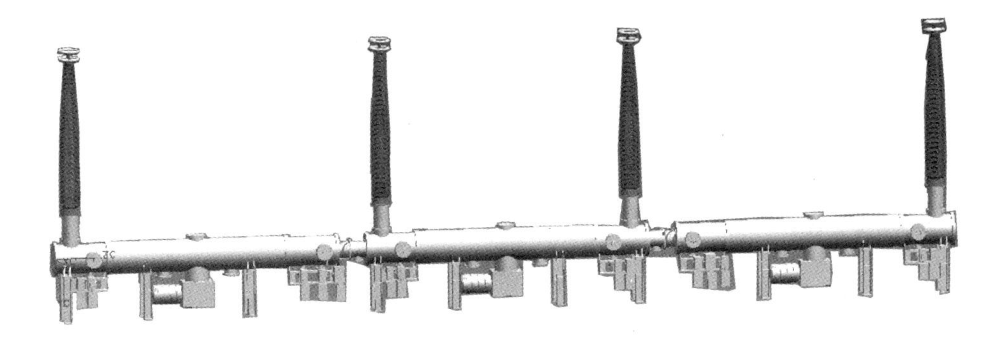

图 8-43　ZHW-550 复合电器整体布局

169. ZHW-550 复合电器的断路器内部结构如何？

答：ZHW-550 复合电器的断路器内部结构如图 8-44 所示。

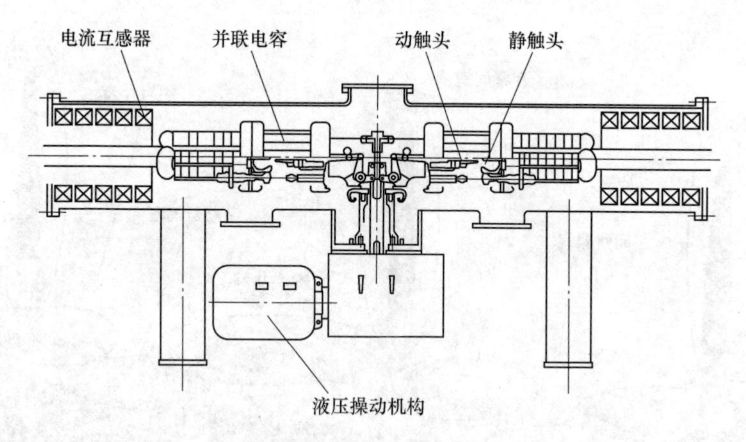

图 8-44 ZHW-550 复合电器的断路器内部结构

七、智能断路器

170. 智能化开关设备由哪几部分组成?

答: 智能化开关设备（smart switchgear equipment）由开关设备本体、传感器（或执行器）、智能组件组成具有测量数字化、控制网络化、状态可视化、功能一体化和信息互动化特征的开关设备。

智能组件（intelligent component）是承担开关设备本体的测量、控制、计量、监测、保护等全部或部分功能的智能电子装置（intelligent electronic device，IED）集合，是高压设备智能化的核心部件。智能组件通过网络连接至系统层，实现与站内其他设备和调度、生产管理系统的信息交互。

智能电子装置（IED）是一种带有处理器、具有以下全部或部分功能的装置：

（1）采集或处理数据，分析与判断设备状态。

（2）接收或发送数据。

（3）接收或发送控制指令。

（4）执行控制指令。如具有智能特征的开关设备控制器、具有自诊断功能的局部放电在线监测仪等。

171. 智能化开关设备有哪些技术特征?

答:（1）测量数字化。对开关设备或其部件的相关参量进行就地数字化测量，测量结果可根据需要发送至站控层网络和过程层网络，用于开关设备或其部件的运行、控制或状态评估。数字化测量参量包括：机械特性、局部放电，开关设备分、合闸位置信息等。

（2）控制网络化。对有控制需求的高压设备或其部件实现基于网络的控制。控制模块是智能组件基本功能的一部分。由一个或多个 IED 组成，如开关设备控制器。由于智能组件中的测量或监测参量更加广泛，使控制策略可依赖信息更加丰富，因而可实现更加理想的控制要求。控制方式包括：

1）高压设备或其部件自有控制器就地控制；

2）智能组件通过就地控制端控制；

3）站控层通过智能组件控制。

（3）状态可视化。状态可视化由智能组件中的监测功能组完成，但其依据的信息不限于监测功能组，还可以包括测量及系统测控装置等模块的信息。基于自监测信息和经由信息互动获得的高压设备其他状态信息，通过智能组件的自诊断（可靠性）、自评估（负载能力）和自描述（运行状态）等功能来实现的，且所有自诊断、自评估和自描述信息必须以智能电网其他相关系统可自动辨识的方式表述，使高压设备状态在电网中可被观测。

（4）功能一体化。功能一体化包括以下 3 个方面：

1）将传感器或/和控制器与高压设备或其部件进行一体化设计，以达到特定的监测或/和控制目的；

2）将互感器与断路器等高压设备进行一体化设计，以减少变电站占地面积；

3）在智能组件中，将相关测量、控制、计量、监测、保护进行一体化融合设计。

（5）信息互动化。

1）智能组件将高压设备的可靠性状态、控制状态、运行状态和负载能力状态等智能化信息通过站控层网络发送至调控系统，支持调控系统对电网的优化控制或支持设备故障预案的制定；

2）智能组件接收调控系统的指令，实现对高压设备运行状态的网络化控制；

3）智能组件从生产管理系统获取高压设备的指纹信息和其他非自监测信息，作为智能组件自我综合诊断或评估依据的一部分；

4）智能组件将高压设备的可靠性状态发送至生产管理系统，支持高压设备的优化检修。

172. 智能化开关设备的结构如何？

答：智能化开关设备由开关设备本体、智能组件和传感器（或执行器）组成，三者之间可类比为“身体”“大脑”和“神经”的关系。智能化开关设备的结构示意图如图 8-45 所示。

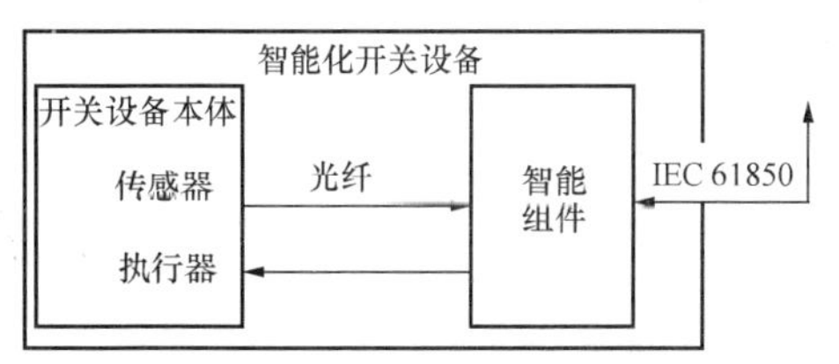

图 8-45　智能化开关设备的结构

173. 智能组件的基本构成如何？

答：智能组件主要由开关设备控制器、测控装置、监测功能组主 IED、局部放电 IED、机构状态 IED、SF_6 气体状态 IED（可包括压力、温度、水分）、选相合闸控制器、合并单元等组成。

智能组件有两种网络结构方式，如图 8-46 所示。方式 1 是智能组件所有 IED 统一组网，是智能化开关设备的主流方向，但其成熟可靠性需要市场的进一步验证。方式 2 是所有监测 IED 单独组网，其他测控 IED 统一组网，彼此之间通信需经物理隔离装置。

智能组件通信包括过程层网络通信和站控层网络通信，遵循 DL/T 860 通信协议。智能组件内所有 IED 都应接入过程层网络，同时需要与站控层设备进行信息交互的 IED，如监测功能组主 IED 等，进入站控层网络。对于同时接入站控层和过程层网络的 IED，两个网络端口必须采用独立的数据控制。

不论方式 1 或方式 2，智能组件内应根据工程实际灵活配置交换机，并采用优先级设置、流量控制、VLAN 划分等技术，优化网络通信，可靠、经济地满足智能组件的网络通信要求。

174. 在线监测系统组成如何？

答：智能化开关设备的在线监测系统的组成如图 8-46 所示，其中各部分监测 IED 对相应的参数进行在测、实时显示监测数值、对监测数据进行预处理，并将预处理后的数据传送

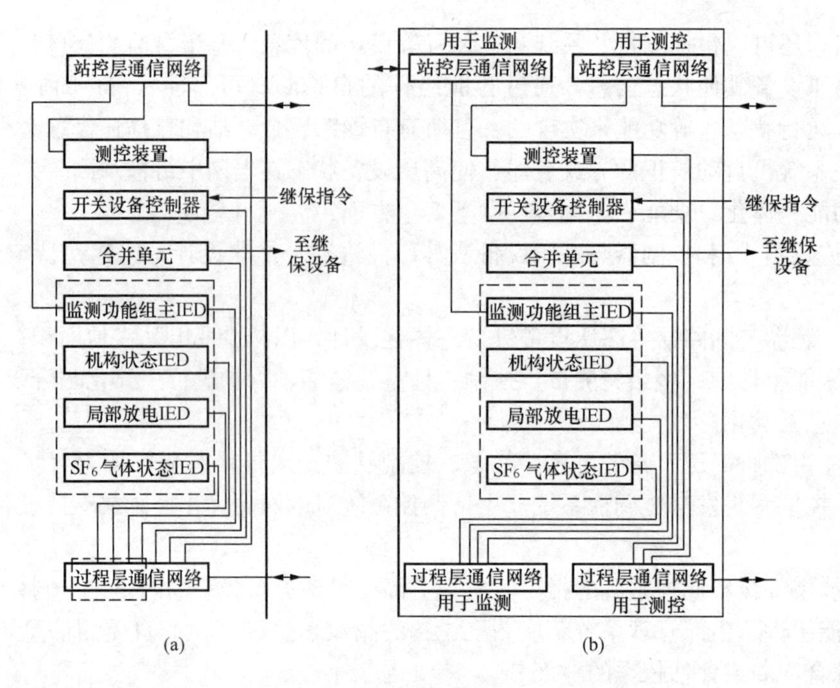

图 8-46 智能化开关设备的在线监测系统的组成示意图

(a) 方式 1，智能组件所有 IED 统一组网；

(b) 方式 2，所有监测 IED 单独组网，其他测控 IED 统一组网

至监测功能组主 IED 进行综合分析。监测功能组主 IED 通过汇总分析各个 IED 的数据，根据专家诊断系统，对开关设备的自诊断结果给出评估及故障预警，并以故障类型、故障部位、故障的影响和故障的发生概率进行表述，上传至站控层网络。

(1) 机械状态监测。实时在线测量和记录动触头行程曲线、分合闸操动线圈电流波形、储能电机电流波形、辅助触点开关状态等参量，并计算出机构分、合闸时间，分（合）闸速度，动触头行程、开距、超程等机械性参数。同时通过专家诊断系统对这些数据进行分析，判断出机构的运行状态。

(2) SF_6 密度测量。通过将密度传感器安装在本体外壳并通过导管和气室相连来获取的，SF_6 密度输出的信号为 4～20mA 的信号，SF_6 气体密度值精度不小于 2.5 级。

(3) SF_6 微水测量。SF_6 微水的测量是通过将 SF_6 微水传感器安装在本体外壳并通过导管和气室相连来获得，SF_6 微水输出的信号是 4～20mA 的信号，SF_6 气体微水精度不大于 $10\mu L/L$。

(4) 局部放电监测。采用特高频传感器，对局部放电信号实时在线监测，并对测量的数据进行分析处理和综合判断，给出绝缘状态综合评估。其中最小可监测的视在放电量应不大于 50pC，最大可测放电量 5000pC，在量程范围内测量值应能反应局部放电量的变化。

各类在线监测系统是在开关设备本体内植入传感器，采集开关设备的状态信息，并对采集到的状态感知信息进行处理分析。如对开关设备的局部放电的在线监测，首先在开关设备的适当位置植入局部放电传感器探头，局部放电传感器探头检测到局部放电的放电量（模拟信号），通过电子接口，将局部放电信号由模拟信号转变成数字信号，再通过光纤传输，送入局部放电 IED。局部放电 IED 根据当前放电信号强度、趋势等信号，根据专家诊断系统对放电缺陷是否存在做出定量评估，并将“气室编号、故障几率、时间”的轻量级结果信息

向主 IED 报送。

175. **智能化开关设备与传统开关设备比较具有哪些特点？**

答：目前主流的智能化开关设备与传统开关设备的不同主要在于智能化开关设备通常自己备有电子式互感器和各种用于在线监测的元件（或系统）及智能终端，并将所有的测量模块、在线监测模块、智能终端模块集成于智能组件中。

智能化开关设备与传统的开关设备相比较，其特点如表 8-3 所示。

表 8-3　智能化开关设备与传统的开关设备相比较

对比项目	常规开关	智能开关
电流互感器	采用电磁式电流互感器，动态范围小，有磁饱和；输出介质为电缆	采用电子式电流互感器，动态范围宽、无磁饱和；输出介质为光缆，体积小，质量轻。其干扰能力还需要在长期的运行中做进一步的验证
电压互感器	采用电磁式电压互感器，易产生铁磁谐振；输出介质为电缆	采用电子式电压互感器，无铁磁谐振；输出介质为光缆，抗干扰能力强，体积小，质量轻
合并单元	无	电子式电流互感器，电子式电压互感器，通过合并单元提供数据给过程层网络及继电保护
SF_6 气体状态	采用密度继电器，仅输出触点信号；采用复杂的继电器回路，实现高、低气压的联闭锁	采用传感器，输出连接的模拟信号，通 A/D 转换为数字信号，实时显示 SF_6 压力密度等值，并能实现远程实时监测，历史数据、事件的查询，历史数据的统计分析、趋势分析
机构状态	无	通过在线监测断路器分合闸线圈电流、行程、刚分刚合速度，储能状态等，判断机构状态的变化及发展趋势，并上报给监测主 IED
局部放电在线监测	无	采用内置式超高频传感器，抗干扰能力强，测量准确。并将自评测结果上报给监测主 IED
综合健康状态评估	无	通过监测主 IED，对开关设备的健康状态进行综合评估，并将综合评估结果报站控层网络
选相控制	选相控制精度不高，不能解决长期静止无操作的问题	基于时间分布特性的选相合闸控制，减少对电网的冲击，实现电网对开关设备的无冲击友好控制，在一定程度上可替换开关设备控制器
控制柜	就地控制柜（汇控柜）	智能组件柜
线路连接	采用电缆连接，线路连接复杂	部分线路采用光纤连接，线路连接简单，抗干扰能力强

八、操动机构

176. **操动机构的作用是什么？它由哪几部分组成？**

答：断路器的操动机构是为断路器提供操作动力，保证断路器能可靠地进行正常的分、合闸操作，在设备故障的情况下能可靠地使断路器跳闸。操动机构是高压断路器的重要组成部分，它由储能单元、控制单元、和力传递单元组成。

177. **高压断路器操动机构的型号代表什么意义？**

答：高压断路器操动机构由 4 部分组成，意义如下：

（1）第一位汉语拼音字母为代表操动机构（即C）。

（2）第二位字母代表机构的类型，如S—手动；D—电磁；J—电动机；T—弹簧；Q—气动；Z—重锤；Y—液压。

（3）用一位数字代表设计序列。

（4）用数字代表最大合闸力矩及其他特征标志。

178. 断路器对操动机构的要求有哪些？

答：（1）动作可靠、动作稳定，制动迅速。

（2）要有足够的操作能量、满足断路器开断、关合要求。

（3）要有防“跳跃”功能。

（4）防慢分功能。

（5）连锁功能。

（6）缓冲功能。

（7）重合闸功能、三相不一致、失灵保护。

（8）与保护及监控系统的接口功能。

（9）足够的使用寿命。一般应保证与断路器本体相同的使用寿命，并且应保证断路器可靠操作3000次以上。

（10）使用环境要求、环保要求、具备防火、防小动物、驱潮功能。

（11）断路器的操动机构还应满足各种使用环境的要求，对于外界温度，特别是液压和气动机构应具备自保护和补偿功能，因为液压机构和气动机构的动作特性受温度影响比较大。

179. 目前断路器在现场使用较多的操动机构有哪几种？

答：断路器有液压、弹簧、液压弹簧、气动、电动等5种操动机构。

根据灭弧室承受的电压等级和开断电流的差异，SF_6 断路器选用弹簧机构、气动机构或液压机构。弹簧机构、气动机构、液压机构各自的特点比较如表8-4所示。

表8-4　　弹簧机构、气动机构、液压机构的比较

机构类型 / 比较项目	弹簧机构	气动—弹簧机构	液压机构
储能与传动介质	螺旋压缩弹簧/机械	压缩空气/弹簧 压缩性流体/机械	氮气/液压油压缩性流体/非压缩性流体
适用的电压等级	40.5～252kV	126～550kV	252～550kV
出力特性	硬特性，反应快，自调整能力小	软特性，反应慢，有一定自调整能力	硬特性，反应快，自调整能力大
对反力，阻力特性	反应敏感，速度特性受影响大	反应较敏感，速度特性在一定程度上受影响	反应不敏感，速度特性基本不受影响
环境适应性	强，操作噪声小	较差，操作噪声大	强，操作噪声小
人工维护量	最小	较小	小
相对优缺点	无漏油、漏气可能；体积小，质量轻	稍有泄漏不影响环境；空气中水分难以滤除，易造成锈蚀	制造过程稍有疏忽容易造成渗漏，尤其是外渗漏；存在漏油可能

180. 什么是液压机构？

答：液压机构利用液体不可压缩原理，以液压油作为传递介质，将高压油送入工作缸两侧来实现断路器的分合闸。液压机构在高压及超高压电网使用还是比较普遍的。

181. 断路器对液压操动机构的要求有哪些？

答：（1）应具有监视压力变化的装置，当液压高于或低于规定值时应发出信号并切换相应控制回路的接点。

（2）应给出各报警或闭锁压力的定值（停泵、启泵、压力异常的告警信号及分、合闸闭锁）及其行程；安全阀动作失灵时应给出信号。

（3）应装设安全阀和液压油过滤装置。

（4）应具有保证传动管路充满传动液体的装置和排气装置；防止断路器在运行中慢分的装置，以及附加的机械防慢分装置。

（5）应具有能根据温度变化自动投切的加热装置，液压机构的电动机和加热器均应有断线指示装置。

（6）液压机构的保压时间应不小于24h。

（7）液压操动机构的机构箱里应装设温度表。

182. 液压机构有哪几种闭锁方式？

答：（1）电气闭锁。当断路器和隔离开关处在合闸位置时，如果操动机构油压非常低，或降至零压时，控制回路自动切断油泵电动机电源，禁止启动打压。

（2）防慢分阀。有三种方法，一是将二级阀活塞锁住或加防慢分装置；二是在三级阀处设置手动阀，油压降至零压时，将手动阀拧紧，使油压系统保持在合闸位置；当油压重新建立后松开此手动阀。三是设置管状差动锥阀，该阀无论开关在分、合闸位置，只要系统一旦建立压力，不管压力有多大，该管状差动锥阀都将产生一个为维持在分、合闸位置的保持力。

（3）机械闭锁。利用机械手段将工作缸活塞杆维持在合闸位置，待机械故障处理完毕后方可拆除机械支撑。

183. 在储压筒活塞上部为什么必须加入一定容积的航空液压油？

答：在储压筒活塞上部加入一定高度的航空液压油，可提高活塞上部和下部液压油之间的密封性能。当活塞上部加入一定高度（一般为2cm）的航空液压油后，形成了油密封层，氮气就不直接作用在橡胶密封圈上而是作用在油层上，气体不易渗漏至活塞下部。另一方面，液压油可改善活塞上氮气侧密封圈与筒壁之间的滑润效果，密封圈在油中滑动而不易损坏。

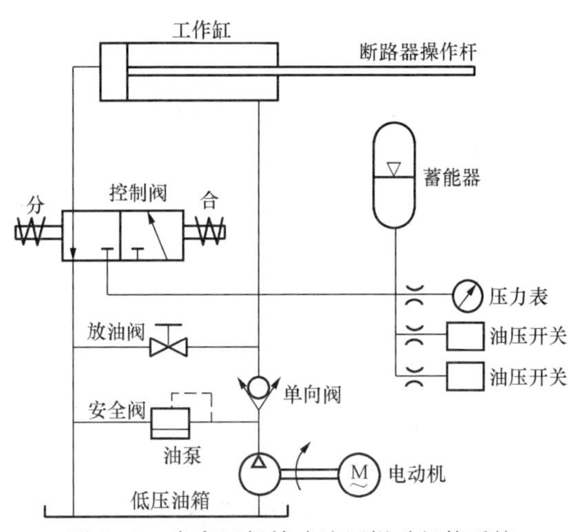

图8-47 常高压保持式液压操动机构系统工作原理示意图

184. 断路器液压机构的工作原理是什么？

答：图8-47所示为常高压保持式液压操动机构系统工作原理示意图。

从图可知，工作缸活塞右侧（分闸腔）

和蓄能器直接连通，因此处于常高压。活塞左侧（合闸腔）则通过阀来控制。主要工作原理是，合闸时蓄能器中的高压油进入合闸腔，由于合闸腔承压面积大于分闸面积，使活塞快速向右运动，实现合闸。分闸时合闸腔中高压油泻至低压油箱，在分闸腔高压油作用下，活塞向左运动，实现快速分闸。

185. 液压操动机构由哪些元件组成？各元件的作用是什么？

答：液压操动机构由储能、控制、操作、辅助和电气5个元件组成。

(1) 储能元件。

1) 蓄能器：由活塞分开，上部一般充氮气。当电动机驱动油泵时，油从油箱抽出送至蓄能器下部，从而压缩氮气而储存能量。当操作时，气体膨胀释放能量，通过液压油传递给工作缸，从而转变机械能。

2) 消振容器：用以消除油泵打压时的压力波动。

3) 滤油容器：保证进入高压油液无杂质。

4) 手力泵：在调整、检测及电动泵发生故障或无电源时升压或补压。

5) 油泵：将油从油箱送至蓄能器，从而储存能量。

(2) 控制单元。是一组阀系统。主要作为储能元件与操作元件的中间连接，给出分、合闸动作的液压脉冲信号，去控制操作元件。

(3) 操作元件。

1) 工作缸。它借助连接件与断路器本体相连，受控制元件控制，最终驱动断路器，实现分、合闸动作。

2) 压力开关。用以控制电动泵启动、停止、分合闸闭锁。

3) 安全阀。用以释放故障情况引起的过压，以免损坏液压零件。

4) 放油阀。在调试和检修时，用以释放油压。

(4) 辅助元件。

1) 信号缸。带动辅助开关切换电气控制线路，有的还带动分合闸指示器及计数器。

2) 油箱。作为储油容器，平时与大气相通，操作时因工作缸排油，将会使它的内部压力瞬时升高。

3) 排气阀。在液压系统压力建立之前，用以排尽工作缸、管道内气体，以免影响动作时间和速度特性。

4) 压力监测器。用来测量液压系统压力值。

5) 辅助储压器。为了充分利用液压能量，减少工作缸分闸排油时的阻力，以提高分闸速度。

(5) 电气元件。

1) 分合闸线圈。分别用以操作电磁阀（一级阀）。

2) 加热器。在外界低温时用以保持机构箱内温度，防止油液冻结和驱散箱内潮气，它有手动和自动两种。

3) 微动开关。作为分合闸闭锁触点和油泵启动、停止用触点，同时给主控室转换信号，以便起到监控作用。

186. 断路器液压机构压力表反映什么？如何根据该表判断机构故障？

答：断路器液压机构压力表反映液压机构高压管道内实际压力。用压力表监视机构状态，应当注意：

（1）观察到的压力指示应按实际温度换算到20℃时的数值，再与标准相比较。

（2）观察压力表指示应与活塞杆位置相比较。

（3）如果活塞杆与微动开关位置正常，而压力表指示过高，可能是液压油渗入活塞上面氮气空间内。

（4）如果活塞杆与微动开关位置异常，而压力表指示过低，可能是氮气渗漏至活塞下面的液压油空间内。

187. 什么原因会使断路器液压机构的油泵打压频繁？

答：（1）储压筒活塞杆漏油。

（2）高压油路漏油。

（3）微动开关的停泵、启泵距离不合作。

（4）放油阀密封不良。

188. 造成液压储能筒中油下降的因素有哪些？

答：（1）操作。

（2）在液压回路中内部泄漏，即使开关长时间不操作，油泵系统也会启动。

（3）环境温度下降。

（4）氮气泄漏。

189. 什么是弹簧操动机构？

答：弹簧操动机构是一种以弹簧作为储能元件的机械式操动机构。弹簧的储能借助电动机通过减速装置来完成，并经过锁扣系统保持在储能状态。开断时，锁扣借助磁力脱扣，弹簧释放能量，经过机械传递单元使触头运动。

弹簧操动机构分合闸操作采用两个螺旋压缩弹簧实现。储能电机给合闸弹簧储能，合闸时合闸弹簧的能量一部分用来合闸，另一部分用来给分闸弹簧储能。合闸弹簧一释放，储能电机立刻给其储能，储能时间不超过15s（储能电机采用交直流两用电机）。运行时分合闸弹簧均处于压缩状态，而分闸弹簧的释放有一独立的系统，与合闸弹簧没有关系。这样设计的弹簧操动机构具有高度的可靠性和稳定性，既可满足O—0.3—CO—180—CO操作循环，又可满足CO—15—CO操作循环，机械稳定性试验达10000次。

190. 弹簧操动机构的结构有哪些特点？

答：弹簧操动机构是采用事先储存在弹簧内的势能作为驱动断路器合闸的能量。主要特点有：

（1）不需要大功率的储能源，紧急情况下也可手动储能，所以其独立性和适应性强，可在各种场合使用。

（2）根据需要可构成不同合闸功能的操动机构，这样可以配用于10～220kV各电压等级的断路器中。

（3）动作时间比电磁机构的快，因此可以缩短断路器的合闸时间。

（4）缺点是结构比较复杂，机械加工工艺要求比较高。其合闸力输出特性为下降曲线，与断路器所需要的呈上升的合闸力特性不易配合好。合闸操作时冲击力较大，要求有较好的缓冲装置。

191. 断路器对弹簧操动机构有哪些要求？

答：（1）应在机构上装设显示弹簧储能状态的指示器。

（2）当弹簧储足能量时，应能满足断路器额定操作循环下操作的要求。

（3）保证在断路器使用寿命期内，弹簧的力矩特性在额定操作循环条件下满足关合和开断断路器额定短路电流所要求的额定机械特性；弹簧应采取有效的防腐措施。

（4）对于利用合闸弹簧对分闸弹簧进行储能的操动机构，结构上应能保证在分闸弹簧储能未足时不能进行分闸操作。

（5）弹簧机构应保证低温条件下的操作性能。

192. 弹簧机构中的合闸储能弹簧有哪几种结构型式？

答：（1）压簧。压簧在缠绕时，各圈之间应预留一定间隙，工作时主要承受压力。弹簧两端的几圈叫支撑圈或叫死圈。

（2）拉簧。拉簧采用密绕而成，各圈之间不留一定间隙，弹簧两端一般采取加工成挂钩或采用螺纹拧入式接头。当采用拧入式接头时，凡是接头拧入的圈数都叫死圈。死圈一般不得少于3圈。

（3）扭簧。要制造储存能量大的扭簧，加工比较困难，所以目前国产弹簧操动机构还未采用过这种形式，但国外产品已大量采用。

193. 弹簧机构的工作原理如何？

答：弹簧机构的工作原理是利用电动机对合闸弹簧储能，并由合闸掣子保持，在断路器合闸时，利用合闸弹簧释放的能量操作断路器合闸，与此同时对分闸弹簧储能，并由分闸掣子保持，断路器分闸时利用分闸弹簧释放能量操作断路器分闸。

194. 简述CT20弹簧操动机构动作原理。

答：CT20型弹簧操动机构（见图8-48、图8-49和图8-50）利用电动机给合闸弹簧储能，断路器在合闸弹簧的作用下合闸，同时使分闸弹簧储能。储存在分闸弹簧的能量使断路器分闸。

（1）分闸动作过程。图8-48所示状态为断路器处于合闸位置，合闸弹簧已储能（同时分闸弹簧也已储能完毕）。此时储能的分闸弹簧使主拐臂受到偏向分闸位置的力，但在分闸触发器和分闸保持掣子的作用下将其锁住，断路器保持在合闸位置。

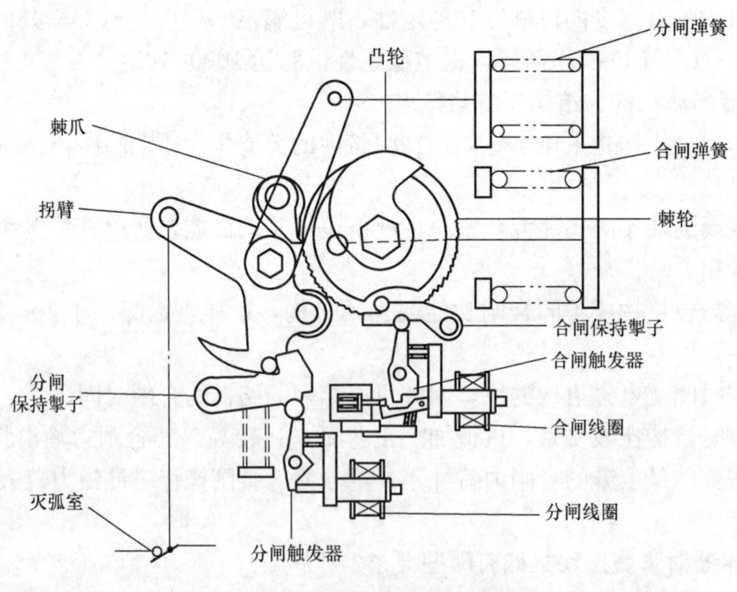

图8-48　合闸位置（合闸弹簧储能）

分闸操作时分闸信号使分闸线圈带电并使分闸撞杆撞击分闸触发器，分闸触发器以顺时针方向旋转并释放分闸保持掣子，分闸保持掣子也以顺时针方向旋转释放主拐臂上的轴销A，分闸弹簧力使主拐臂逆时针旋转，断路器分闸。

（2）合闸操作过程。图 8-49 所示状态为断路器处于分闸位置，此时合闸弹簧为储能（分闸弹簧已释放）状态，凸轮通过凸轮轴与棘轮相连，棘轮受到已储能的合闸弹簧力的作用存在顺时针方向的力矩，但合闸触发器和合闸弹簧储能保持掣子的作用下使其锁住，断路器保持在分闸位置。

合闸操作时合闸信号使合闸线圈带电，并使合闸撞杆撞击合闸触发器。合闸触发器以顺时针方向旋转，并释放合闸弹簧储能保持掣子，合闸弹簧储能保持掣子逆时针方向旋转，释放棘轮上的轴销。合闸弹簧力使棘轮带动凸轮轴以逆时针方向旋转，使主拐臂以顺时针旋转，断路器完成合闸。并同时压缩分闸弹簧，使分闸弹簧储能。当主拐臂转到行程末端时，分闸触发器和合闸保持掣子将轴销锁住，断路器保持在合闸位置。

（3）合闸弹簧储能过程。图 8-50 所示状态为断路器处于合闸位置，合闸弹簧释放（分闸弹簧已储能）。断路器合闸操作后，与棘轮相连的凸轮板使限位开关闭合，磁力开关带电，接通电动机回路，使储能电机启动，通过一对锥齿轮传动至与一对棘爪相连的偏心轮上，偏心轮的转动使这一对棘爪交替蹬踏棘轮，使棘轮逆时针转动，带动合闸弹簧储能，合闸弹簧储能到位后由合闸弹簧储能保持掣子将其锁定。同时凸轮板使限位开关切断电动机回路。合闸弹簧储能过程结束。

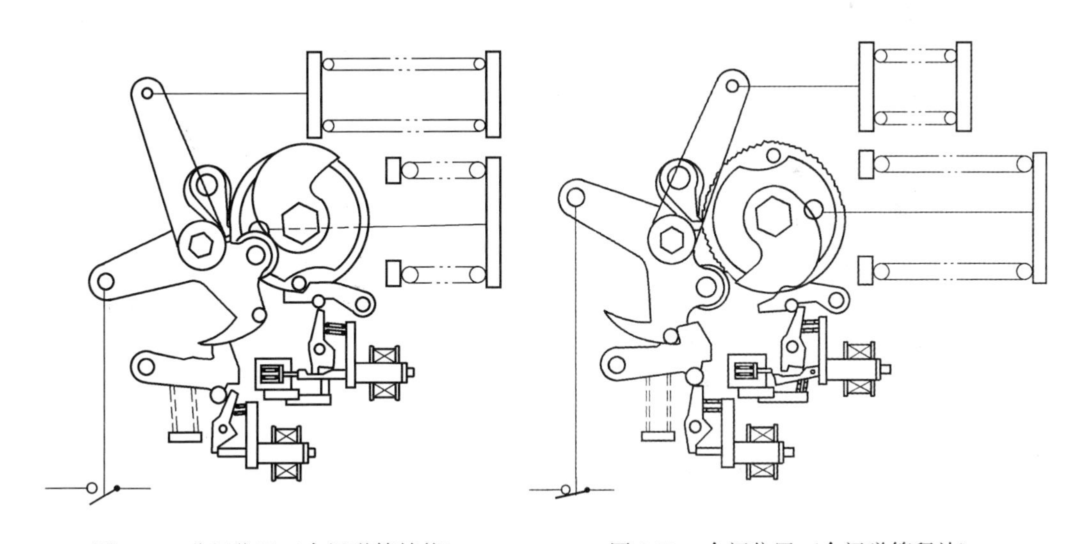

图 8-49　分闸位置（合闸弹簧储能）　　图 8-50　合闸位置（合闸弹簧释放）

195. 弹簧操动机构由哪几部分组成？

答：弹簧操动机构主要由箱体、二次控制部分、机构芯架组成。

（1）箱体。主要是将二次控制部分、机构芯架部分保护在相对封闭的空间，箱体防护等级为 IP54。

（2）二次控制部分。操动机构箱内，带有完善的二次控制和保护回路，如储能电机的过载，超时等保护信号，就地、远方操作选择，自带防跳回路及 SF_6 气体密度监测系统。

（3）机构芯架。主要构成为凸轮轴装配—分闸机构装配—合闸机构装配—合闸弹簧装配—分闸弹簧装配—操动机构总装。

196. 配弹簧机构的断路器在运行中常见的故障有哪些？

答：配弹簧机构的断路器在运行中常见的故障如表 8-5 所示。

表 8-5　　配弹簧机构的断路器在运行中常见的故障

分类	不正常现象	估计主要原因	调查事项及对策
关合动作的异常	不能电气合闸	电源不良	检查控制电压 $U>80\%U_e$
		电气控制系统不良	控制线断线，端子松，合闸线圈故障，辅助开关触点故障
		SF_6 气体压力不足，压力开关动作闭锁	补气到额定压力
		弹簧未储能故障	电机回路电源故障，检查回路电压 $U>85\%U_e$
			电机过流或储能过时报警
			电机或机械系统故障
		其他	手动关合合闸电磁铁，合闸，检查电磁铁间隙
	不能电气分闸	电源不良	检查控制电压 $U>60\%U_e$
		电气控制系统不良	控制线断线，端子松，分闸线圈故障，辅助开关触点故障
		SF_6 气体压力不足，压力开关动作闭锁	补气到额定压力
		其他	手动关合分闸电磁铁，分闸，检查电磁铁间隙
气压控制系统异常	SF_6 气体压力下降，发出补气报警	漏气	补气至额定压力，参考充气作业要领，查找漏气点，消除漏点

197. 弹簧操动机构为什么必须装有“未储能信号”及相应的合闸回路闭锁装置？

答：由于弹簧机构只有当它已处在储能状态后才能合闸操作，因此必须将合闸控制回路经弹簧储能位置开关触点进行连锁。弹簧未储能或正在储能过程中均不能合闸操作，并且要发出相应的信号。另外，在运行中，一旦发出弹簧未储能信号，就说明该断路器不具备一次快速自动重合闸的能力，应及时进行处理。

198. 什么是气动—弹簧操动机构？

答：气动操动机构是一种以压缩空气做动力进行分闸操作，辅以合闸弹簧作为合闸储能元件的操动机构。压缩空气靠断路器操动机构自备的压缩机进行储能，分闸过程中通过气缸活塞给合闸弹簧进行储能，同时经过机械传递单元使触头完成分闸操作，并经过锁扣系统使合闸弹簧保持在储能状态。合闸时，锁扣借助磁力脱扣，弹簧释放能量，经过机械传递单元使触头完成合闸操作。

199. 气动—弹簧操动机构有哪些特点？

答：气动—弹簧操动机构的分闸操作靠压缩空气做动力，控制压缩空气的阀系统为一级阀结构。合闸弹簧为螺旋压缩弹簧。运行时分闸所需的压缩空气通过控制阀封闭在储气罐中，而合闸弹簧处于释放状态。这样分、合闸各有一独立的系统。储气罐的容量能满足这样设计的弹簧操动机构具有高度的可靠性和稳定性，既可满足 O—0.3s—CO—180s—CO 操作循环，机械稳定性试验达10000次。

200. 断路器对气动操动机构的要求有哪些？

答：（1）在压缩机出口应装设气水分离装置和自动排污阀，保证进入储气罐的压缩空气是清洁和干燥的。

（2）应装设气体压力监视装置，当压缩空气的压力达到上限值或下限值前应能发出报警信号，超过规定值时应能实现闭锁。

（3）空压机系统应装设安全阀。

（4）储气罐进气孔应装逆止阀，在规定的压力范围内，储气罐容量应能保证断路器进行O—t—CO—t'—CO操作顺序的要求，其机械特性应符合规定。当三相分别带有一个储气罐时，各储气罐之间的分相管路应设控制阀门进行隔离。

（5）在可能结冰的气候条件下使用时，气动机构及其连接管路应有可自动投切的加热装置，防止凝结水在压缩空气通道中结冰。

（6）储气罐应有防锈措施，导气管、控制阀体等压缩空气回路部件应采用防腐材料。

（7）在结构上应保证气源在分（或合）操作完成后才断开。

（8）压缩空气操动机构的额定气压从下列标准值中选取：0.5、1.0、1.5、2.0、2.5、3、4MPa。

201. 气动—弹簧操动机构的技术参数有哪些？

答：气动—弹簧操动机构的技术参数如表8-6所示。

表8-6　　气动—弹簧操动机构的技术参数

序号	名称		单位	参数值
1	分、合闸操作控制电压		V	DC 220或DC 110
2	分闸线圈电流		A	2.5
3	合闸线圈电流		A	2.3
4	分闸线圈电阻		Ω	19±5%
5	合闸线圈电阻		Ω	33±5%
6	分/合闸回路数		个	2/1
7	压缩机电源电压和电机功率		V/kW	AC 380/2.2（50Hz）或DC 220/1.5
8	加热器	电源电压	V	AC 220
		功率	W	2×250
9	额定操作空气压力		MPa	1.50
10	断路器闭锁操作空气压力		MPa	1.20
11	断路器重合闸闭锁压力		MPa	1.43
12	断路器解除重合闸闭锁空气压力		MPa	1.46
13	压缩机启动压力		MPa	1.45
14	压缩机停止压力		MPa	1.55
15	安全阀动作空气压力		MPa	1.70～1.80
16	安全阀复位空气压力		MPa	1.45～1.55

续表

序号	名称	单位	参数值
17	分闸铁芯行程 ST	mm	2.0～2.4
	脱扣杆间隙 GT	mm	0.5～0.9
	ST-GT	mm	0.7～1.4
18	合闸铁芯行程 SC	mm	4.5～5.5
	脱扣板与闭锁杠杆间隙 GC1	mm	2.0～3.5
	防跳跃间隙 GC2	mm	1.0～2.0
19	活塞行程 B3-B1	mm	$140.0^{+1}_{-3.0}$
	活塞超程 B1-B2	mm	6.0±1.0

202. 什么是液压碟簧机构?

答: 液压碟簧机构用碟簧作为储能介质、液压油作为传动介质，易获得高压力使其结构小巧紧凑。

203. 液压碟簧机构的特点有哪些?

答: (1) 液压系统的压力基本不受环境温度变化的影响。

(2) 排除了氮气泄漏或油氮互渗引起的压力变化的可能性。

(3) 碟簧刚度大、单位体积材料的变形能较大。所以可以将液压系统工作压力定得较高，减少系统损耗、提高效率、减小整体体积。

(4) 具有变刚度特性，选择适当的内截锥高度 h 与钢板厚度 s 的比值，可得到非常适宜液压机构储能用的渐减型特性，当 h/s 接近 1.4 时，力值在一定位移范围内变化最小。

(5) 采用不同的组合方式，可以得到不同的弹簧数值特性。对合增大位移、叠合增大力值、复合则同时增大位移和力值。

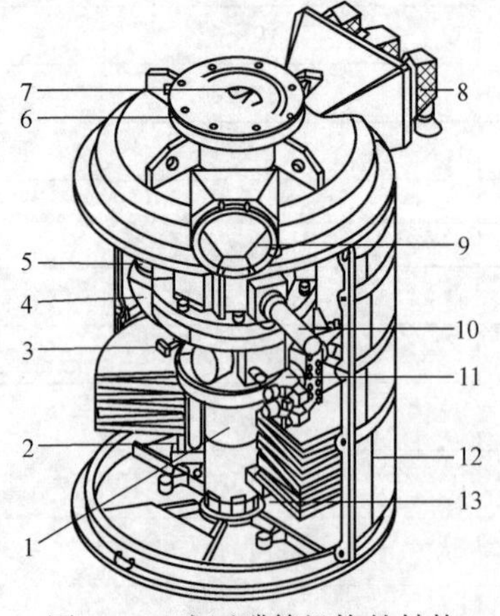

图 8-51　液压碟簧机构的结构

1—高压区；2—螺杆；3—泄压螺钉；4—油泵；5—马达；6—连接法兰；7—连接头；8—插塞式接头；9—断路器位置指示器；10—油压计；11—启动阀；12—外壳；13—叠型弹簧组

(6) 可在支撑面和叠合面间采用圆钢丝支撑并涂润滑油减少摩擦。

(7) 在储能电机到油泵的传动中这对啮合的圆锥齿轮材料分别为钢和工程塑料，优点是传动噪声小，无需润滑。

(8) 防慢分可靠—液压弹簧操动机构采用了钢球斜面阀系统和拐臂连杆两套防慢分装置，在机构一旦出现失压意外，能可靠的防止断路器出现慢分。

204. 液压碟簧机构的结构如何?

答: 液压碟簧机构的结构如图 8-51 所示。

205. 液压碟簧机构由哪些部分组成?

答: 液压碟簧机构由五个相对独立的模块构成，其结构原理如图 8-52 所示。

(1) 储能模块。储压器。

(2) 监测模块。(弹簧行程开关等) 监测并控制碟簧的储能情况。

(3) 控制模块。控制模块 (电磁阀及换向阀等) 控制工作缸的分、合动作。

（4）充能模块。（电机和油泵）将电能转变成机械能再转换成液压能带动储能模块（储压器）压缩碟簧储能。

（5）工作模块。采用常充压差动式结构，高压油恒作用于有杆侧。

206. 液压碟簧机构的原理结构如何？

答：液压碟簧机构的原理结构如图 8-52 所示。

207. 液压碟簧机构如何防慢分？

答：液压弹簧操动机构采用了钢球斜面阀系统和拐臂连杆两套防慢分装置，在机构一旦出现失压意外，能可靠地防止断路器出现慢分。如图 8-53 所示。

阀系统在合闸位置由于某种原因机构失压时，由于换向阀中采用斜面碰珠结构和差压原理，可避免再次启动油泵打压使换向阀趋向分闸位置而引起慢分事故。

断路器在机构失压时由传动件自身重量和 SF_6 气体产生的向分闸方向运动的分力由与碟簧运动相关的连杆拐臂组成的防慢分装置来支撑，使其可靠地维持在原位。

208. 什么是永磁机构？

答：永磁机构是靠永磁材料的剩磁产生保持力，使其保持在闭合和分断状态。永磁铁和分合闸线圈结合，解决了合闸时需要大功率能量的问题，因而磁系统结构尺寸及分合闸控制线圈电流比普通电磁机构小。真空灭弧室通过永磁铁产生的力使其保持在合闸或分闸位置，取代传统锁扣方式，机械结构大为简化。

永磁操动机构结构简单，零部件仅为弹簧操动结构的 35%～40%，并且寿命较弹簧机构寿命长得

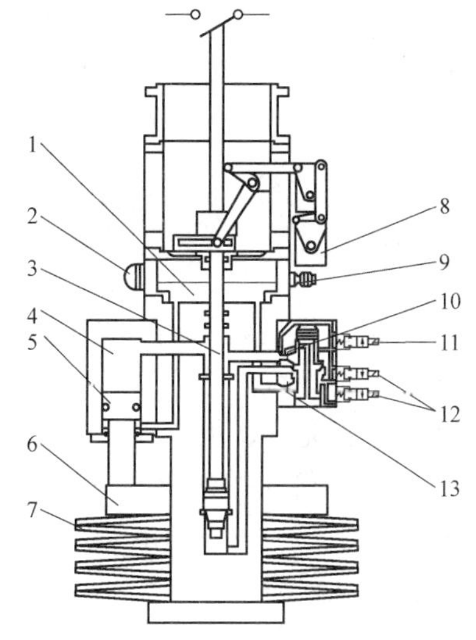

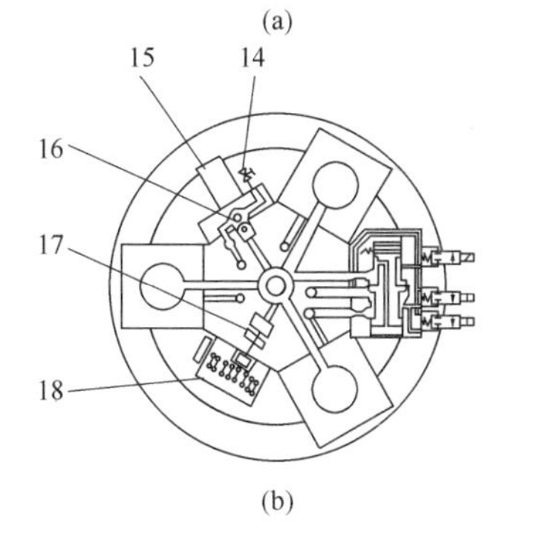

图 8-52 液压碟簧机构原理图

（a）剖面图；（b）俯视图

1—低压油箱；2—油位指示器；3—工作活塞杆；4—高压油腔；5—储能活塞；6—支撑环；7—碟簧；8—辅助开关；9—注油孔；10—合闸节流阀；11—合闸电磁阀；12—分闸电磁阀；13—分闸节流阀；14—排油阀；15—储能电机；16—柱塞油泵；17—泄压阀；18—行程开关

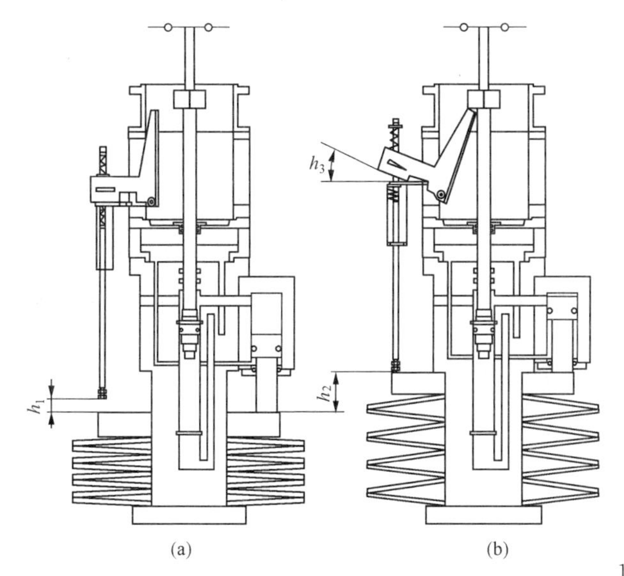

图 8-53 机械防慢分工作原理

（a）正常运行；（b）机构失压

多，非常适合真空断路器。永磁机构分为：

（1）单稳态永磁机构。

（2）双稳态永磁机构。

1）对称式结构（双线圈）；

2）非对称式结构（单线圈）。

209. 电动机操动机构有何特点？由哪些主要元件组成？

答：电动机操动机构是利用先进的数字技术与简单、可靠、成熟的电动机相结合，基本原理是用一台电子器件控制的电动机去直接操动断路器的操作杆，取代传统的能量传输方式，如链条、液态流体、压缩空气、阀门和管道等。

主要包括能量缓存单元、充电单元、变换器单元、控制单元、电动机与解算器单元以及输入输出单元等。电动机由能量缓存单元经变换器供电，能量缓存单元由充电单元（电源单元）来充电，能量缓存器由一组电解电容器组成，电容器的数量根据使用情况而确定，基于微处理器的控制单元控制速度和监视，电动机操动机构的动作通过输入输出单元来实现。结构简单，动作可靠，在罐式、支柱式、PASS等开关设备上都有应用。

九、运行与维护

210. 断路器在检修后（送电前）为什么要进行断、合和重合闸试验？

答：断路器在检修后（送电前），进行断、合和重合闸试验的作用是：检查断路器合、跳闸回路是否完好；检查操动机构（如液压机构）是否正常；检查信号回路是否完好。

211. 高压开关的试验分为哪些类型？

答：高压开关设备的试验分为厂家进行的型式试验和出厂试验，以及用户进行的交接试验和预防性试验4类。

212. 什么是高压开关的型式试验？

答：型式试验是指全面验证高压开关设备及其操动机构和辅助设备是否符合国家标准和产品技术标准（条件）规定，能否鉴定和定型生产的试验。型式试验通常是在新产品开发、转厂试制、产品生产多年（如8～10年）后抽检以及材料和工艺更改（仅相应项目）而进行的试验。除首创新产品开发需要进行全面型式试验外，转厂试制产品等型式试验，按照行业规定可以减少一些不必要的重复试验项目。所有型式试验应在新的、清洁的试品上进行，且可以在不同时间和地点分别试验各种项目。提供试品的数量除真空断路器有规定外一般不作限制，但是提供多个试品时应有同一性，而且都必须符合产品技术条件及产品图样的规定和要求。

213. 高压开关设备的型式试验内容可以分为哪几个大类？

答：（1）绝缘试验。考核试品的绝缘强度和绝缘介质的绝缘性能。

（2）机械试验。考核试品的机械强度和动作可靠性。

（3）短时耐受电流和峰值耐受电流试验。考核试品的热容量和在电动力作用下的机械强度。

（4）短路开断及关合能力试验。考核试品在短路条件下的开断及关合能力。

（5）主回路电阻测量和温升试验。考核试品的长期载流能力。

（6）辅助回路和辅助开关的试验。考核试品二次回路的可靠性。

(7) 密封试验、外壳防护等级和内部电弧试验。考核试品的密封性能和防护能力。

(8) 无线电干扰试验（110kV 及以上产品）。考核试品对周围无线电信号干扰水平。

(9) 环境试验。考核试品在各种环境下的性能。

214. 什么是高压开关设备的交接试验和预防性试验？

答：交接试验是电力部门在高压开关设备安装调试完成后进行的试验，以确定安装调试是否符合要求，能否投运。

预防性试验是按照国家相关规程，定期对设备进行的试验，以发现缺陷，确定该设备能否继续运行或计划检修的必要条件。对新安装的高压开关设备投运前要进行交接试验，对大修、小修和维护后的高压开关设备要进行预防性试验。

215. 高压断路器型式试验项目有哪些？

答：高压断路器型式试验项目如表 8-7 所示。

表 8-7 高压断路器型式试验项目

序号	型式试验项目	包含内容
1	绝缘试验	工频电压试验 雷电冲击电压试验 操作冲击电压试验 作为状态检查的电压试验 人工污秽试验和凝露试验 局部放电试验
2	机械试验	机械特性试验 机械寿命试验
3	回路电阻测量	
4	温升试验	
5	短时耐受电流和峰值耐受电流试验	
6	出线端短路条件下的关合和开断试验	出线端故障的试验方式 1、2、3、4、5 额定短路开断电流下的连续开断能力（电寿命）试验
7	容性电流开合试验	线路充电电流开合试验（U_r≥72.5kV） 电缆充电电流开合试验（U_r≤40.5kV）
8	无线电干扰电压试验	
9	EMC 试验	
10	密封试验	
11	辅助和控制回路的附加试验	
12	近区故障试验	适用于直接与架空线连接的、额定电压 72.5kV 及以上且额定短路开断电流超过 12.5kA 的三极断路器
13	失步关合和开断试验	适用于有额定失步开断能力的断路器
14	单相和异相接地故障试验	适用于中性点对地绝缘系统中的断路器
15	临界电流开合试验	适用于具有临界电流的断路器
16	容性电流开合试验	线路充电电流开合试验（U_r≥72.5kV） 电缆充电电流开合试验（U_r≤40.5kV） 单个电容器组开合试验 背对背电容器组开合试验

续表

序号	型式试验项目	包含内容
17	感性电流的开合试验	并联电抗器开合试验 感应电动机开合试验
18	环境试验	低温试验和高温试验 湿度试验 严重冰冻条件下的操作验证试验 端子静负载试验 淋雨试验
19	防护等级验证	IP代码的检验 机械撞击试验
20	耐受地震试验	
21	噪声水平测试	

216. 高压断路器的出厂试验的项目有哪些？

答：高压断路器的出厂试验项目如表8-8所示。

表8-8 高压断路器的出厂试验项目

序号	试验项目	试验内容
1	主回路的绝缘试验	短时工频电压干试验 有机绝缘部件的局部放电试验或直流泄漏电流试验
2	辅助回路和控制回路的试验	辅助和控制回路的检查及电路图和接线图的一致性验证 功能试验 电击防护的验证 绝缘试验（工频试验）
3	主回路电阻的测量	
4	密封试验	
5	机械特性和机械操作试验	机械操作试验 机械特性试验［包括分闸时间、合闸时间、分—合时间、合－分时间、分闸不同期性、合闸不同期性、合闸弹跳（真空断路器的）、分闸反弹（真空断路器的）、机械行程特性曲线、合闸电阻的提前投入时间和退出时间、辅助开关的切换与主断口动作时间的配合等］
6	设计检查与外观检查	设计与外观检查用以证明产品符合买方的技术要求

217. 高压断路器现场交接试验的试验项目有哪些？

答：高压断路器现场交接试验的试验项目如表8-9所示。

表8-9 高压断路器现场交接试验的试验项目

序号	试验项目	试验内容
1	设计检查与外观检查	设计与外观检查用以证明产品符合买方的技术要求
2	气体试验	SF_6 气体或 SF_6 混合气体中微量水分的测量
3	主回路的绝缘试验	短时交流耐压试验（对定开距柱式、带合闸电阻的柱式和罐式 SF_6 断路器以及真空断路器） 断口并联电容器试验（绝缘电阻、电容量和 $\tan\delta$）

续表

序号	试验项目	试验内容
4	辅助和控制设备的试验	辅助和控制回路的检查及电路图和接线图的一致性验证 功能试验［连锁、防跳跃、非全相保护、防慢分功能、气体密度继电器及压力表校验、机构压力表和压力开关整定值校验、机械安全阀的检查、液压（气动）机构操作压力降检查、油泵（气泵）补压和零起打压运转时间的检查］ 分合闸线圈的直流电阻 绝缘试验（绝缘电阻测试、工频试验）
5	主回路电阻的测量	
6	密封试验	SF_6 断路器气体泄漏率 液压或气动机构的密封
7	机械特性和机械操作试验	机械特性试验［分闸时间、合闸时间、分一合时间、合一分时间、三相分闸不同期性、三相合闸不同期性、合闸弹跳（真空开关的）、分闸反弹（真空开关的）、机械行程特性曲线、合闸电阻的提前投入时间和退出时间、辅助开关的切换与主断口动作时间的配合］ 机械操作试验（包括分合闸电磁铁的低电压动作特性）
8	套管式电流互感器的试验	
9	合闸电阻的阻值检查	

218. SF_6 高压断路器和 GIS 预防性试验项目有哪些？如何规定？

答： SF_6 高压断路器和 GIS 预防性试验项目及规定如表 8-10 所示。

表 8-10　　SF_6 高压断路器和 GIS 的试验项目、周期和要求

序号	项目	周期	要求	说明
1	SF_6 气体泄漏试验	（1）大修后； （2）必要时	年漏气率不大于 1%或按制造厂要求	（1）按 GB 11023 方法进行； （2）对电压等级较高的断路器以及 GIS，因体积大可用局部包扎法检漏，每个密封部位包扎后历时 5h，测得的 SF_6 气体含量（体积分数）不大于 30×10^{-6}
2	辅助回路和控制回路绝缘电阻	（1）1～3 年； （2）必要时	绝缘电阻不低于 2MΩ	采用 500V 或 1000V 绝缘电阻表
3	耐压试验	（1）大修后； （2）必要时	交流耐压或操作冲击耐压的试验电压为出厂试验电压值的 80%	（1）试验在 SF_6 气体额定压力下进行； （2）对 GIS 试验时不包括其中的电磁式电压互感器及避雷器，但在投运前应对它们进行试验电压值为 U_m 的 5min 耐压试验； （3）罐压断路器的耐压试验方式：合闸对地，分水岭闸状态两端轮流加压，另一端接地；建议在交流耐压试验的同时测量局部放电； （4）对瓷柱式定开距型断路器只做断口间耐压试验

续表

序号	项目	周期	要求	说明
4	辅助回路和控制回路交流耐压试验	大修后	试验电压为2kV	耐压试验后的绝缘电阻不应降低
5	断口间并联电容器的绝缘电阻、电容量和tanδ	(1) 1～3年； (2) 大修后； (3) 必要时	(1) 对瓷柱式断路器和断口同时测量，测得的电容值和tanδ与原始值比较，应无明显变化； (2) 罐式断路器（包括GIS中的SF_6断路器）按制造厂规定； (3) 单节电容器按电容器的规定	(1) 大修时，对瓷柱式断路器应测量电容器和断口并联后整体的电容值和tanδ，作为该设备的原始数据； (2) 对罐式断路器（包括GIS中的SF_6断路器）必要时进行试验，试验方法按制造厂规定
6	合闸电阻值和合闸电阻的投入时间	(1) 1～3年（罐式断跨器除外）； (2) 大修后	(1) 除制造厂另有规定外，阻值变化允许范围不得大于±5%； (2) 合闸电阻的有效接入时间按制造厂规定校核	罐式断路器的合闸电阻布置在罐体内部，只有解体大修时才能测定
7	断路器的速度特性	大修后	测量方法和测量结果应符合制造厂规定	制造厂无需求时不测
8	断路器的时间参量	(1) 大修后； (2) 机构大修后	除制造厂另有规定外，断路器的分、合闸同期性应满足下列要求： (1) 相间合闸不同期不大于5ms； (2) 相间分闸不同期不大于3ms； (3) 同相各断口间合闸不同期不大于3ms； (4) 同相各断口间分闸不同期不大于2ms	
9	分、合闸电磁铁的动作电压	(1) 1～3年； (2) 大修后； (3) 机构大修后	(1) 操动机构分、合闸电磁铁或合闸接触器端子上的最低动作电压应在操作电压额定值的30%～65%之间； (2) 在使用电磁机构时，合闸电磁铁线圈通流时的端电压为操作电压额定值的80%（关合电流峰值等于及大于50kA时为85%）时应可靠动作； (3) 进口设备按制造厂规定	

续表

序号	项目	周期	要求	说明
10	导电回路电阻	(1) 1～3年； (2) 大修后	(1) 敞开式断路器的测量值不大于制造厂规定值的120%； (2) 对GIS中的断路器按制造厂规定	用直流压降法测量，电流不小于100A
11	分、合闸线圈直流电阻	(1) 1～3年； (2) 大修后	应符合制造厂规定	
12	SF_6气体密度监视器（包括整定值）检验	(1) 1～3年； (2) 大修后； (3) 必要时	按制造厂规定	
13	压力表校验（或调整），机构操作压力（气压、液压）整定值或校验，机械安全阀校验	(1) 1～3年； (2) 大修后	按制造厂规定	对气动机构应校验各级气压的整定值（减压阀及机械安全阀）
14	操动机构在分闸、合闸、重合闸下的操作压力（气压、液压下降值）	(1) 大修后； (2) 机构大修后	应符合制造厂规定	
15	液（气）压操动机构的泄漏试验	(1) 1～3年； (2) 大修后； (3) 必要时	按制造厂规定	应在分、合闸位置下分别试验
16	油（气）泵补压及零起打压的运转时间	(1) 1～3年； (2) 大修后； (3) 必要时	应符合制造厂规定	
17	液压机构及采用差压原理的气动机构的防失压慢分试验	(1) 1～3年； (2) 大修后	按制造厂规定	
18	闭锁、防跳跃及防止非全相合闸等辅助控制装置的动作性能	(1) 大修后； (2) 必要时	按制造厂规定	

219. GIS型式试验项目有哪些？

答：GIS型式试验项目如表8-11所示。

表 8-11　　　　GIS 型式试验项目

序号	型式试验项目	包含内容
1	绝缘试验	工频电压试验 雷电冲击电压试验 操作冲击电压试验 并联绝缘体人工污秽试验和湿耐压试验 局部放电试验 户内产品的凝露试验
2	操作和机械寿命试验	机械特性试验 机械操作试验 机械寿命试验 接触区试验 端子静态机械负荷试验 隔离开关与接地开关连锁性能试验
3	回路电阻测量	
4	温升试验	
5	短时耐受电流和峰值耐受电流试验	
6	无线电干扰电压试验	
7	EMC 试验	
8	密封试验	
9	辅助和控制回路的附加试验	
10	接地开关短路关合性能试验	
11	严重冰冻条件下的操作试验	
12	极限温度下的操作试验	
13	位置指示装置正确功能试验	
14	隔离开关母线转换电流开合能力试验	
15	接地开关感应电流开合能力试验	
16	金属封闭开关设备的隔离开关的母线充电电流开合能力试验	
17	隔离开关开合小的电容性电流和电感性电流的试验	
18	环境试验	低温试验和高温试验 湿度试验 淋雨试验
19	防护等级验证	IP 代码的检验 机械撞击试验
20	耐受地震试验	
21	噪声水平测试	

220. GIS 出厂试验的项目有哪些?

答: GIS 出厂试验项目如表 8-12 所示。

表 8-12　　GIS出厂试验项目

序号	试验项目	试验内容
1	主回路的绝缘试验	绝缘电阻试验 短时工频电压干试验 363kV及以上操作冲击耐压试验 有机绝缘部件的局部放电试验或直流泄漏电流试验
2	辅助回路和控制回路的试验	辅助和控制回路的检查及电路图和接线图的一致性验证 功能试验 电击防护的验证 绝缘试验（工频试验）
3	主回路电阻测量及触指接触压力测量	
4	密封试验	
5	机械试验	机械操作试验 机械特性试验 隔离开关与接地开关连锁性能试验
6	设计检查与外观检查	设计与外观检查用以证明产品符合买方的技术要求

221. GIS现场交接试验项目有哪些?

答： GIS现场交接试验项目如表8-13所示。

表 8-13　　GIS现场交接试验项目

序号	试验项目	内容
1	设计检查与外观检查	设计与外观检查用以证明产品符合买方的技术要求
2	气体试验	SF_6 气体或 SF_6 混合气体中微量水分的测量
3	主回路的绝缘试验	绝缘电阻试验 短时交流耐压试验
4	辅助和控制设备的试验	辅助和控制回路的检查及电路图和接线图的一致性验证 气体密度继电器及压力表校验、机构压力表和压力开关整定值校验、机械安全阀的检查、液压（气动）机构操作压力降检查、油泵（压缩机）补压和零起打压运转时间的检查 人力操作的操动力矩检查 分合闸线圈的直流电阻 绝缘试验（绝缘电阻测试、短时交流耐压试验） 分、合闸脱扣器的低电压特性
5	主回路电阻的测量	
6	密封试验	SF_6 气体泄漏率
7	机械特性和机械操作试验	机械特性试验（分闸时间、合闸时间、三相分闸不同期性、三相合闸不同期性） 机械操作试验，包括隔离开关与接地开关闭锁及连锁性能试验
8	探伤试验	
9	电磁兼容性的现场测量	根据需要

222. SF_6 断路器的检修项目有哪些？

答：（1）瓷套（柱式断路器）或套管（罐式断路器）的检修。

1）均压环；

2）检查瓷件内外表面；

3）检查主接线板；

4）检查法兰密封面；

5）对柱式断路器并联电容器进行检查。

（2）灭弧室的检修。

1）检查弧触头和喷口零部件的磨损和烧伤情况；

2）检查绝缘拉杆、绝缘件表面情况；

3）检查合闸电阻片外观，测量每极合闸电阻限值；

4）检查合闸电阻动、静触头的情况；

5）检查罐式并联电容器的紧固件是否松动；

6）检查压气缸等部件内表面。

（3）SF_6 气体系统检修。

1）更换 SF_6 充放气逆止阀密封圈，对顶杆和阀芯进行检查；

2）对管路接头进行检查并进行检漏；

3）对 SF_6 密度继电器的整定值进行校验，按检修后现场试验项目标准进行。

223. 真空断路器的检修项目有哪些？

答：（1）测量真空灭弧室的真空度。

（2）测量真空灭弧室的导电回路电阻。

（3）检查真空灭弧室电寿命标志是否到达。

（4）检查触头的开距及超行程。

（5）对真空灭弧室进行分闸状态下耐压试验。

224. 真空断路器的大修项目有哪些？

答：（1）导电回路检修。

（2）绝缘套管、真空灭弧室检修。

（3）电流互感器检修。

（4）密封件更换。

（5）触头压力弹簧检修。

（6）操动机构检修。

（7）测量、调整与试验。

225. 真空断路器的小修项目有哪些？

答：（1）检查并清扫绝缘件外表面，箱体外壳和接线端杂物，紧固全部螺栓。

（2）清擦操动机构及传动部位，并注油润滑，紧固螺栓。

（3）检查辅助开关、行程开关触点烧损情况。

（4）检查电气控制回路端子上的螺钉。

（5）外壳锈蚀部分清洗、补漆，更换锈蚀标准件。

（6）测量、调整与试验。

226. 真空断路器的试验项目有哪些?

答：（1）工频耐压。

（2）主回路电阻测量。

（3）机械特性参数测试。

（4）机械操作试验。

（5）过流脱扣动作试验。

（6）电流互感器试验。

227. 液压操动机构的检修项目有哪些?

答：（1）储压筒：

1）检查储压筒内壁及活塞表面；

2）检查活塞杆；

3）检查逆止阀；

4）检查铜压圈、垫圈；

5）组装及充氮气。

（2）阀系统：

1）检修分、合闸电磁铁；

2）检修分、合闸阀；

3）检修高压放油阀（截流阀）；

4）检查安全阀。

（3）工作缸：

1）检查缸体、活塞及塞杆；

2）检查管接头；

3）组装工作缸。

（4）油泵及电动机：

1）检修油泵；

2）检修电动机。

（5）油箱及管路：

1）清洗油箱及滤油器；

2）清洗、检查及连接管路。

（6）加热和温控装置：

1）检查加热器；

2）检查温控装置。

（7）其他部件：

1）检查机构箱；

2）检查传动连杆及其他外露零件；

3）检查辅助开关；

4）检查压力开关；

5）检查分合闸指示器；

6）检查二次回路；

7）校验油压表；

8）检查操作计数器。

228. 气动操动机构的检修项目有哪些？

答：（1）储压罐：

1）检查、清洗储气罐；

2）清洗密封面，更换所有密封件。

（2）电磁阀系统：

1）分、合闸电磁铁的检修；

2）分闸一、二级阀的检修；

3）主阀体的检修；

4）检查安全阀。

（3）工作缸：

1）检查缸体、活塞及活塞杆；

2）组装工作缸。

（4）缓冲器的检修和传动部分的检查。

（5）合闸弹簧的检查。

（6）压缩机及电动机：

1）压缩机的检修；

2）气水分离器及自动排污阀的检修；

3）电动机的检修。

（7）压缩空气管路的检查及清洗管路。

（8）加热器及温控装置检查。

（9）其他部位：

1）检查机构箱；

2）检查传动连杆及其他外露零件；

3）检查辅助开关；

4）检查压力开关；

5）检查分合闸指示器；

6）检查二次接线；

7）校验气压表（空气）；

8）检查操作计数器。

229. 弹簧操动机构的检修项目有哪些？

答：（1）检查机构箱。

（2）检查清理电磁铁口板、掣子。

（3）检查传动连杆及其他外露零件。

（4）检查辅助开关。

（5）检查分、合闸弹簧。

（6）检查分、合闸缓冲器。

（7）检查分、合闸指示器。

（8）检查二次接线。

（9）检查储能开关。

（10）检查储能电机。

230. 电磁操动机构的检修项目有哪些？

答：（1）检查机构箱。

（2）检查清理电磁铁。

（3）检查传动连杆及其他外露零件。

（4）检查辅助开关。

（5）检查分闸弹簧。

（6）检查分、合闸指示器。

（7）检查二次接线。

（8）检查合闸接触器。

231. 辅助接地网的作用有哪些？

答：（1）有良好的接地安全可靠性（罐体的多点接地）。

（2）罐体外较小的电磁强度（由罐体内的回流所补偿）。

（3）故障状态下的较低冲击危险电压。

（4）断路器操作时较小的高频瞬态电压。

（5）在二次电缆中由感应电流引发的较低的干扰。

chapter 9 第九章

隔离开关

1. 隔离开关的学习内容有哪些？

答：隔离开关的学习内容有：

（1）结构组成。

（2）辅助设备及其作用。

（3）就地控制箱各小开关、把手、主要继电器的作用。

（4）看懂隔离开关二次控制回路图。

（5）隔离开关的闭锁（机械、电气及电磁闭锁）。

（6）隔离开关的操作。

（7）隔离开关的异常运行及故障处理。

（8）隔离开关不到位（主要指辅助接点转换不到位）对二次回路的影响。

（9）隔离开关的巡视。

（10）隔离开关的验收。

2. 什么是隔离开关？

答：隔离开关是一种没有专门灭弧装置的开关设备，在分闸状态有明显可见的断口（支柱式），在合闸状态能可靠地通过正常工作电流，并能在规定的时间内承载故障短路电流和承受相应电动力的冲击。当回路电流“很小”时，或者当隔离开关每极的两接线端之间的电压在关合和开断前后无显著变化时，隔离开关具有关合和开断回路电流的能力。

3. 何谓回路电流“很小”？

答：所谓回路电流“很小”是指流经下列元件的电流：套管、母线、连接线、很短的一段电缆、断路器的并联均压电容等形成的电容性电流以及TV和分压器的电流。当额定电压在363kV及以下时，只要这种电流不超过0.5A可忽略不计；当额定电压在550kV时，可忽略不计的小电流值应征得制造厂的同意。

4. 隔离开关的M0、M1、M2级的含义是什么？

答：根据额定电流大小及机械操作稳定次数等差别，隔离开关分为M0、M1、M2级。

（1）M0级：用于输电系统中额定电压为125kV及以上的隔离开关、接地开关或额定电流2000A及以上的隔离开关及其操动机构，机械操作稳定性试验数为1000次，其性能能满足标准中的一般要求。

（2）M1级：用于配电系统中额定电压为125kV及以下的隔离开关、接地开关或额定电流2000A及以下的隔离开关及其操动机构，机械操作稳定性试验数为2000次，其余与M0级相同。

（3）M2级：机械操作稳定性试验数为10000次，其余与M0及M1级相同。

5. 什么是快分隔离开关？

答：分闸时间等于0.5s的隔离开关称为快速隔离开关。

6. 什么是接地开关？

答：接地开关是释放被检修设备和回路的静电荷以及为保证停电检修时检修人员人身安全的一种机械接地装置。它可以在异常情况下（如短路）耐受一定时间的电流，但在正常情况下不通过负荷电流。它通常是隔离开关的一部分。

7. 接地开关的 E0、E1、E2 级的含义是什么？

答：（1）E0 级接地开关符合输、配电系统一般要求的常用类型。

（2）E1 级接地开关是能关合短路电流的接地开关。

（3）E2 级是用于 40.5kV 及以下配电系统中而维护工作量少的接地开关。

8. 什么是隔离开关的断口距离？

答：隔离开关的主闸刀在正常分闸位置时，同相两极触头之间的距离最短，对多断口隔离开关而言，最短距离是指全部断口最短绝缘距离。

9. 隔离开关有哪些特点？

答：（1）在分闸状态有明显可见的断口（支柱式）。

（2）隔离开关的断口在任何状态下都不能被击穿，因此它的断口耐压一般要比其对地绝缘的耐压高出 10%～15%。

（3）在合闸状态能可靠地通过正常工作电流和故障短路电流。

（4）必要时应在隔离开关上附设接地开关，供检修时接地用。

10. 隔离开关的作用是什么？

答：（1）在设备检修时，用隔离开关来隔离有电和无电部分，造成明显的断开点，使检修的设备与电力系统隔离，以保证工作人员和设备的安全。

（2）隔离开关和断路器相配合，进行倒闸操作，以改变运行方式。

（3）用来开断小电流电路和旁（环）路电流。

1）拉、合电压互感器和避雷器。

2）拉、合母线及直接连在母线上设备的电容电流。

3）开合电压为 35kV、长 10km 以内的空载输电线路；开合电压为 10kV、长 50km 以内的空载输电线路；用户外三相隔离开关可以开合 10kV 及以下、电流在 15A 以下的负荷；开合 35kV、1000kVA 及以下和 110kV、3200kVA 及以下的空载变压器等。

4）对双母线带旁路接线，当某一出线单元断路器因某种原因出现分、合闸闭锁，用旁路母线断路器带其运行时，可用隔离开关并联回路，但操作前必须停用旁路母线断路器的操作电源。

5）对 3/2 开关接线，当某一串断路器出现分、合闸闭锁时，可用隔离开关来解环，但要注意其他串的所有断路器必须在合闸位置。

6）对双母线单分段接线方式，当两个母联断路器和分段断路器中某一断路器出现分、合闸闭锁时，可用隔离开关断开回路。但操作前必须确认三个断路器在合闸位置并断开三个断路器的操作电源。

（4）用隔离开关进行 500kV 小电流电路合旁（环）路电流的操作。须经计算符合隔离开关技术条件和有关调度规程后方可进行。

11. 对隔离开关的基本要求有哪些？

答：按照隔离开关在电网中担负的任务及使用条件，其基本要求有：

（1）隔离开关分开后应有明显的断开点（支柱式），易于鉴别设备是否与电网隔离。

(2) 隔离开关断点间应有足够的绝缘距离，以保证在过电压情况下，不致引起击穿而危及工作人员的安全。

(3) 在短路情况下，隔离开关应具有足够的热稳定性和动稳定性，尤其是不能因电动力的作用而自动分开，否则将引起严重事故。

(4) 具有开断一定的电容电流、电感电流和环流的能力。

(5) 分、合闸时的同期性要好，有最佳的分、合闸的速度，以尽可能降低操作的过电压、燃弧次数和无线电干扰。

(6) 隔离开关的结构应简单，动作要可靠，有一定的机械强度；金属制件应能耐受氧化而不腐蚀；在冰冻的环境里能可靠地分、合闸。

(7) 带有接地开关的隔离开关，必须装设连锁机构，以保证停电时先断开隔离开关，后闭合接地开关，送电时先断开接地开关，后闭合隔离开关的操作顺序。

(8) 通过辅助触点，隔离开关与断路器之间应有电气闭锁，以防带负荷误拉、合隔离开关。

(9) 对于用在气候寒冷地区的户外型隔离开关应具有设计要求的破冰能力，在冰冻的环境里应能可靠地分合闸。

(10) 对于一般户外非 GIS 或 HGIS 用隔离开关，其外绝缘爬电距离应满足安装地点的污秽等级要求，同时应根据设计要求留有一定裕度。

12. 高压隔离开关型号中的字母含义各代表什么？

答：产品全型号代表产品的系列、品种和规格。它由产品名称“内”户内，“外”户外的汉语拼音首位大写字母、设计序号、额定电压、特征标志及规格参数、额定电流和特征参数组成，其组成形式如下：

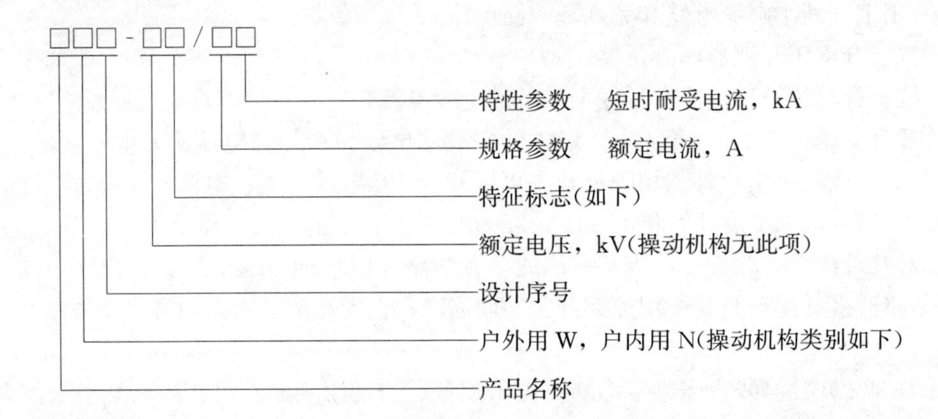

(1) 产品名称：

隔离开关：GN（户内用）、GW（户外用）。

接地开关：JN（户内用）、JW（户外用）。

操动机构：CJ（电动机）、CS（人力操动）。

电磁锁：DSN（户内用）、DSW（户外用）。

(2) 特征标志：

D—代表隔离开关带接地开关。

G—代表改进型。

Ⅰ、Ⅱ、Ⅲ……代表不同特性参数或性能结构的系列产品。

特殊条件用的派生产品用以下代号并列在特征标志之后。

W—污秽地区、G—高海拔地区、TH—湿热带地区、TA—干热带地区、H—高寒地区。

例如：产品型号 GW4-252DW/3150-50，隔离开关 G、户外装置 W、顺序号 4、额定电压 252kV、额定电流 3150kA、额定短时耐受电流 50kA、带接地开关、用于污秽地区。

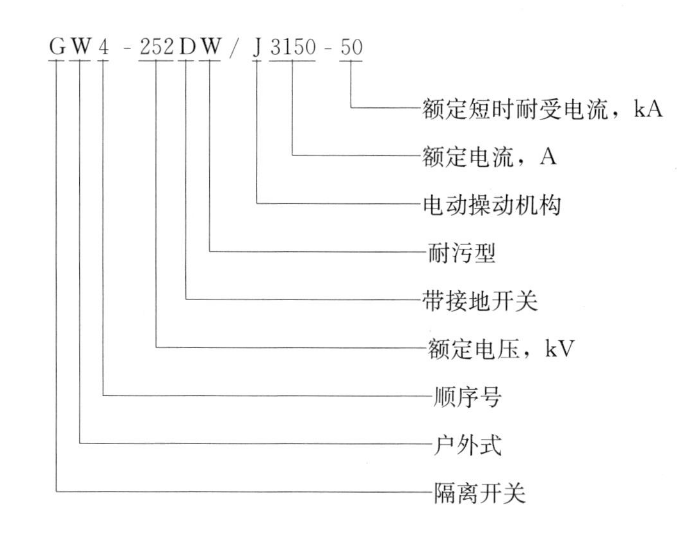

13. 高压隔离开关有哪些典型的类型？

答：（1）按装设地点的不同，分为户内式和户外式两种。

（2）按支柱绝缘子的数目，可分为单柱式、双柱式和三柱式三种。

（3）按隔离开关的运动方式，可分为水平旋转式、垂直旋转式、摆动式和插入式四种。

（4）按有无接地装置及附装接地开关的数量不同，分为不接地（无接地开关）、单接地（有一把接地开关）和双接地开关（有两把接地开关）三类。

（5）按极数，可分为单极和三极两种。

（6）按操作机构的不同分为手动、电动和气动等类型。

（7）按使用性质不同，分为一般用、快分用和变压器中性点接地用三类。

14. 隔离开关主要由哪几部分组成？

答：隔离开关由导电部分、支撑绝缘部分、传动元件、基座和操动机构五部分组成。

15. 隔离开关的导电部分由哪几部分组成？

答：隔离开关的导电部分由触头、隔离开关（或称导电杆）、接线座和接地开关组成。

（1）触头。隔离开关的触头是裸露于空气中的，表面易氧化和脏污，这就要影响触头接触的可靠性。故隔离开关的触头要有足够的压力和自清洁能力。

（2）隔离开关（或称导电杆）由两条或多条平行的铜板或铜管构成，其铜板厚度和条数是由隔离开关的额定电流决定的。

（3）接线座。常见有板型和管型两种，一般根据额定电流的大小而有所区别。

（4）接地开关。接地开关的作用是为了保证人身安全而设立的。当开关分闸后，将回路可能存在的残余电荷或杂散电流通过接地开关可靠接地。带接地开关的隔离开关有每极一侧或每极两侧两种类型。

16. 隔离开关的支持绝缘由哪几部分组成？

答：隔离开关的绝缘主要由对地绝缘和断口绝缘组成。

（1）对地绝缘。对地绝缘一般是指由支柱绝缘子和操作绝缘子构成。它们通常采用实心棒形瓷质绝缘子，有的也采用环氧树脂或环氧玻璃布板等作绝缘材料。

任何一种隔离开关都有支撑绝缘件。随着结构的不同，其数量也不同。它的主要作用是保证导电系统有可靠的对地绝缘，承受各种操作力及自然条件所附加的外力，导线的拉力等。隔离开关一般都采用实心棒形支柱绝缘子。为满足不同产品的需要，支柱的参数往往不同，一般分为普通型和耐污型。根据系统布置的需求，支柱的强度又可分为若干种。对支柱绝缘子要了解的几个主要参数是：抗弯破坏强度、抗扭破坏强度、干弧距离、爬电距离。

（2）断口绝缘。断口绝缘是具有明显可见的间隙断口，绝缘必须稳定可靠，通常以空气为绝缘介质，断口绝缘水平应较对地绝缘高10%～15%，以保证断口处不发生闪络或击穿。

17. 隔离开关的传动元件有几种？

答：隔离开关的传动元件有操动支柱绝缘子和机械传动件。

（1）操动支柱绝缘子。隔离开关的绝缘介质是空气，所以要使导电闸刀可以动作，就必须通过操作支柱做力的传递。如GW4，GW5系列产品，它的支撑绝缘件既是支柱，又是操作柱——传动元件。这种支柱既要承受弯矩，还要承受扭矩以及各种附加外力。对于GW7-252、GW7-363等产品，它两端的支柱是支撑绝缘件，而中间的一个支柱，既起支撑绝缘作用，也是传动元件。对GW10、GW11系列产品固定支柱是支撑绝缘件，主要承受弯矩、母线拉力及各种外力的作用，而操作支柱传递扭矩，用做力的传递，是传动元件。当然，要相当严格的区分它们，需作复杂的力的分析，只要了解简单的功用，并能加以区分即可。

（2）机械传动件。绝缘子是导电系统与地面之间传递力的媒介，是一种传动元件。除此以外，隔离开关用得最多的是四连杆机构，它通常装在基座和导电系统里。四连杆机构的组成是：主动臂、连杆、从动臂及转轴、轴销。

18. 隔离开关底座的作用是什么？

答：底座是整台产品的基础，通常由钢板焊接或螺栓连接而成，用于连接现场基础和支柱绝缘子。此外，现场接地和操动机构传动件也在其上，带有接地开关的隔离开关底座，接地开关也固定在上面。

19. 隔离开关的动作原理是什么？

答：（1）隔离开关由操动机构通过连接钢管将力矩传递给操作绝缘子，操作绝缘子带动导电闸刀实现水平伸展的动作，完成合闸操作；反向操作，完成分闸操作。

（2）接地开关操动机构分、合闸操作时，通过传动轴及水平连杆使接地开关转轴旋转，带动接地开关杆垂直伸缩，完成接地动触头分、合闸的操作。

（3）隔离开关与接地开关间的机械闭锁装置，能确保隔离开关和接地开关按主分一地合，地分一主合的方式动作。隔离开关和接地开关可实现三相机械联动，也可单相电动或手动操作。

20. 隔离开关的操动机构有几种？

答：隔离开关以及接地开关的分合闸动作都是靠操动机构实现的。常用的机构有：手动机构，电动机构，气动机构。手动机构很简单，一般由手柄，闭锁，转换开关组成；电动机构较复杂些，它的动力来自电动机，通过机械减速装置传递力输出主轴，再操动隔离开关，机构内有一些二次控制元件，以在现场实现远方操作。

21. 变电站常规防误闭锁装置有哪些？

答：变电站常规防误闭锁装置有：

（1）机械闭锁。

（2）电磁闭锁。

（3）电气闭锁。

（4）带电显示装置。

22. 什么叫机械闭锁？变电站常见的机械闭锁有哪几种？

答：变电站常用的机械闭锁是靠机械结构制约而达到预定目的的一种闭锁，即当一电气设备操作后另一电气设备就不能操作。变电站常见的机械闭锁一般有以下几种：

（1）线路（变压器）隔离开关与线路（变压器）接地开关之间的闭锁。

（2）线路（变压器）隔离开关和断路器与线路（变压器）侧接地开关之间的闭锁。

（3）母线隔离开关与断路器母线侧接地开关之间的闭锁。

（4）电压互感器隔离开关与电压互感器接地开关之间的闭锁。

（5）电压互感器隔离开关与所属母线接地开关之间的闭锁。

（6）旁路旁母隔离开关与旁母接地开关之间的闭锁。

（7）旁路旁母隔离开关与断路器旁母侧接地开关之间的闭锁。

（8）母联隔离开关与母联断路器侧接地开关之间的闭锁。

（9）线路并联电抗器隔离开关与电抗器接地开关之间的闭锁。

（10）高压开关柜中断路器与隔离开关之间的闭锁。

（11）高压开关柜中隔离开关与接地开关之间的闭锁。

（12）高压开关柜中接地开关与电缆出线柜门之间的连锁。

23. 在什么情况下要采用电气闭锁或微机五防闭锁？

答：机械闭锁只能与本身隔离开关处的接地开关进行闭锁，如果需要和断路器及其他隔离开关或接地开关进行闭锁，机械闭锁就无能为力了，因此，在这种情况下就要采用电气闭锁或微机五防闭锁。

24. 什么叫电气闭锁？变电站常见的电气闭锁有哪几种？

答：电气闭锁是利用断路器、隔离开关辅助触点接通或断开电气操作电源而达到闭锁目的的一种装置，普遍用于电动隔离开关和电动接地开关上。变电站常见的电气闭锁有以下几种：

（1）线路（变压器）隔离开关或母线隔离开关与断路器闭锁。

（2）正、副母线隔离开关之间闭锁。

（3）母线隔离开关与母联（分段）断路器、隔离开关闭锁。

（4）所有旁路隔离开关与旁路断路器闭锁。

（5）母线接地开关与所有母线隔离开关闭锁。

（6）断路器母线侧接地开关与母线隔离开关之间闭锁。

（7）线路（变压器）接地开关与线路（变压器）隔离开关、旁路隔离开关之间闭锁。

25. 什么情况下应装带电显示装置？

答：对使用常规闭锁技术无法满足防止电气误操作要求的设备（如联络线、封闭式电气设备等），宜采取加装带电显示装置等技术措施达到防止电气误操作要求。

对采用间接验电的带电显示装置，在技术条件具备时应与防误装置连接，以实现接地操作时的强制性闭锁功能。

（1）出线侧有TV的线路，出线接地开关操作应接入TV次级无电的闭锁，不需再装设带电显示器；出线侧无TV时，宜装设带电显示器，出线有电时带电显示器应有接点动作闭锁接地开关操作。

（2）对GIS、中置柜等难以验电的设备，在设备改冷备用前检查带电显示器指示有电，设备改冷备用后检查带电显示器指示无电，经其他相关电气量判别无电，即可不经验电直接操作接地开关。

（3）35、10kV等中性点不接地系统的线路带电显示器，安装时要采取措施，防止系统单相接地时过电压造成损害。

26. 什么是微机防误操作闭锁装置?

答：微机防误闭锁装置是通过将大量的二次闭锁回路的数据进行分析，输入到五防闭锁规则库中实现闭锁。

27. 微机防误闭锁由哪几部分组成?

答：微机防误闭锁装置主要由主机（或五防模拟屏）、电脑钥匙、机械编码锁和电气编码锁等功能元件组成。依靠闭锁逻辑和现场锁具实现对断路器、隔离开关、接地开关、地线、遮栏、网门或开关柜门的闭锁，以达到防止误操作的目的。

28. 为什么高压断路器与隔离开关之间要加装闭锁装置?

答：因为隔离开关没有灭弧装置，只能接通和断开空载电路。所以断路器断开的情况下，才能拉、合隔离开关，否则将发生带负荷拉、合隔离开关的错误。

29. 为什么操作500kV电抗器隔离开关之前必须检查线路侧三相无电压?

答：因为并联电抗器是一个电感线圈，加上电压之后，就有电流通过。

500kV线路电抗器一般未装断路器，如在线路带有电压的情况下操作电抗器隔离开关，就会造成带负荷拉合隔离开关的严重事故。因此在操作线路电抗器隔离开关之前，必须检查线路侧三相确无电压。

30. 隔离开关操作失灵的原因有哪些?

答：（1）三相操作电源不正常。

（2）闭锁电源不正常。

（3）热继电器动作未复归。

（4）操作回路断线、端子松动、接线错误等。

（5）接触器或电动机故障。

（6）开关辅助触点转换不良。

（7）接地开关与辅助触点闭锁。

（8）控制开关把手触点切换不良。

（9）隔离开关辅助触点切换不良。

（10）机构失灵。

31. 为什么线路停电时要先拉线路侧隔离开关，线路送电时要先合母线侧隔离开关?

答：为了防止断路器触头实际上没有断开（假分）时，带负荷拉合母线侧隔离开关，造成母线短路而扩大事故。停电时先拉线路侧隔离开关，即使带负荷拉隔离开关造成三相弧光短路，因故障点在线路保护的范围内，线路两侧保护动作，切除故障；若先拉母线侧隔离开关。则故障点在母线保护的范围内，母差保护动作，扩大了停电的范围。送电时先合母线侧隔离开关，分析方法相同。目的是为了避免事故的扩大。

32. 隔离开关操作时应注意什么？

答：（1）应先检查相应回路的断路器、相应的接地开关确已拉开并分闸到位，确认送电范围接地线已拆除。

（2）隔离开关电动操作电压应在额定电压的85％～110％。

（3）手动合隔离开关迅速、果断，但合闸终了时间不可用力过猛。合闸后应检查动、静触头是否合闸到位，接触是否良好。

（4）手动分隔离开关开始时，应慢而谨慎；当动触头刚离开触头时应迅速，拉开后检查动、静触头断开情况。

（5）隔离开关在操作过程中，如有卡滞、动触头不能插入静触头、合闸不到位等现象时，应停止操作，待缺陷消除后再继续进行。

（6）在操作隔离开关过程中，要特别注意绝缘子有断裂等异常时应迅速撤离现象，防止人身受伤。对GW6、GW16型隔离开关，合闸操作完毕后，应仔细检查操动机构上、下拐臂是否均已超过死点位置。

（7）远方操作隔离开关时，应有值班员在现场逐相检查其分、合位置，同期情况，触头接触深度等项目，确保隔离开关动作正常，位置正确。

（8）隔离开关一般应在主控室进行操作，当远控电气操作失灵时，可在现场就地进行电动或手动操作，但必须征得站长和站技术负责人许可，并有现场监督才能进行。

（9）电动操作的隔离开关正常运行时，其操作电源应断开。

（10）操作带有闭锁装置的隔离开关时，应按闭锁装置的使用规定进行，不得随便动用解锁钥匙或破坏闭锁装置。

（11）禁止用隔离开关进行下列操作：

1）带负荷分、合操作；

2）配电线路的停送电操作；

3）雷电时，拉合消弧弧线圈；

4）系统有接地（中性点不接地系统）或电压互感器内部故障时，拉合电压互感器；

5）系统有接地时，拉合消弧弧线圈。

33. 允许用隔离开关直接进行的操作有哪些？

答：（1）在电力网无接地故障时，拉合电压互感器。

（2）在无雷电活动时拉合避雷器。

（3）拉合220kV及以下母线和直接连接在母线上的设备的电容电流，拉合经试验允许500kV空载母线，拉合3/2接线母线环流。

（4）在电网无接地故障时，拉合变压器中性点接地开关。

（5）与断路器并联的旁路隔离开关，当断路器合好时，可以拉合断路器的旁路电流。

（6）拉合励磁电流不超过2A的空载变压器、电抗器合电容器电流不超过5A的空载线路。

（7）对于3/2断路器接线，某一串断路器出现分、合闸闭锁时，可用隔离开关来解环，但要注意其他串的所有断路器必须在合闸位置。

（8）双母线单分段接线方式，当两个母联断路器和分段断路器中某断路器出现分、合闸闭锁时，可用隔离开关断开回路。操作前必须确认三个断路器在合位，并取下其操作电源熔断器。

34. 隔离开关的检修前检查和试验项目有哪些？

答：（1）隔离开关在停电前、带负荷状态下的红外测温。

（2）隔离开关主回路电阻测量。

（3）隔离开关的电气传动及手动操作。

35. 隔离开关的检修项目有哪些？

答：（1）导电部分：

1）主触头的检修；

2）触头弹簧的检修；

3）导电臂的检修；

4）接线座的检修。

（2）机构和传动部分：

1）轴承座的检修；

2）轴套、轴销的检修；

3）传动部件的检修；

4）机构箱检查；

5）辅助开关及二次元件检查；

6）机构输出轴的检查；

7）主开关和接地开关联锁的检修。

（3）绝缘子检查。

36. 隔离开关检修后应进行的调整及试验项目有哪些？

答：（1）隔离开关主刀合入时触头插入深度。

（2）接地开关合入时触头插入深度。

（3）检查隔离开关合入时是否在过死点位置。

（4）手动操作主刀和接地开关合、分各5次。

（5）电动操作主刀和接地开关合、分各5次。

（6）测量主刀和接地开关的接触电阻。

（7）检查机械联锁。

（8）三相同期检查。

第十章 chapter 10

母　线

1. 什么是电气主接线?

答: 电气主接线是根据电能输送和分配的要求，表示主要电气设备相互之间的连接关系和本变电站（或发电厂）与电网的电气连接关系，通常用单线图表示。它对电网运行安全、供电可靠性、运行灵活性、检修方便及经济性等均起着重要的作用；同时也对电气设备的选择、配电装置的布置以及电能质量的好坏等都起着决定性的作用，同样也是运行人员进行各种倒闸操作和事故处理时的重要依据。

2. 母线的作用是什么?

答: 在进出线很多的情况下，为便于电能的汇集和分配，应设置母线，这是由于施工安装时，不可能将很多回进出线安装在一点上，而是将每回进出线分别在母线的不同地点连接引出。一般具有四个分支以上时，就应设置母线。

3. 常用母线有哪几种? 适用于哪些范围?

答: 母线分硬母线和软母线两种。

(1) 硬母线。按其形状不同又可分为矩形母线、槽形母线、菱形母线、管形母线等多种。

1) 矩形母线是最常用的母线，也称母线排。按其材质又有铝母线（铝排）和铜母线（铜排）之分。矩形母线的优点是施工安装方便，在运行中变化小，载流量大，但造价较高。

2) 槽形和菱形母线均使用在大电流的母线桥及对热、动稳定要求较高的配合场合。

3) 管形母线通常和插销刀闸配合使用。目前采用的多为钢管母线，施工方便但载流容量较小。铝管虽然容量大，但施工工艺难度较大，目前尚少采用。

管型母线特点是，由于它扩充了直径，所以电抗小，与相同直径母线相比较其所允许通过的工作电流要大得多。

(2) 软母线多用于室外。室外空间大，导线间距宽，而其散热效果好，施工方便。造价也较低。

不论选择何种母线均应符合下述几个条件:

(1) 所选母线必须满足持续工作电流的要求。

(2) 对于全年平均负荷高、母线较长、输电容量也较大的母线，应按经济电流密度进行选择。

(3) 母线应按电晕电压校验合格。

(4) 按短路热稳定条件校验合格。

(5) 按短路动稳定条件校验合格。

4. 电网对变电站母线的要求有哪些?

答: 当母线满足以下要求时才能投运:

(1) 满足最大负荷工作电流及短路热稳定、动稳定要求，并校验合格。

(2) 母线电晕、电压校验应合格。

(3) 对于母线长、容量大、年平均负荷高的母线应按最佳电流密度进行选择。

(4) 各触点应连接牢固，温度不超过允许值。

5. 母线接线方式有几种？

答： 母线接线方式主要有以下几种：

(1) 单母线。单母线、单母线分段、单母线加旁路和单母线分段加旁路。

(2) 双母线。双母线、双母线分段、双母线加旁路和双母线分段加旁路。

(3) 双母线双断路器接线。

(4) 三母线。三母线、三母线分段、三母线分段加旁路。

(5) 3/2 接线、3/2 接线母线分段。

(6) 4/3 接线。

(7) 母线—变压器—发电机组单元接线。

(8) 桥形接线。内桥形接线、外桥形接线、复式桥形接线。

(9) 角形接线（或称环形）。三角形接线、四角形接线、多角形接线。

(10) 环形接线：单环、多环。

(11) 线路—变压器组。

6. 单母线接线有哪些特点？

答： 单母线接线具有简单清晰、设备少、投资小、运行操作方便且有利于扩建等优点，但可靠性和灵活性较差。当母线或母线隔离开关发生故障或检修时，必须断开母线的全部电源。

7. 什么是双母线接线？有何特点？

答： 双母线接线就是工作线、电源线和出线通过一台断路器和两组隔离开关连接到两组母线上，且两组母线都是工作线，而每一回路都可以通过母联断路器并列运行。

(1) 与单母线相比，双母线接线具有以下优点：

1) 供电可靠、检修方便。任一母线停电检修时，不影响线路的供电。

2) 当一组母线故障时，只要将故障母线上的回路倒换到另一组母线，就可迅速恢复供电。

3) 线路断路器分闸闭锁或操作中拒动，可以用倒母线的方式将正常运行的线路倒至另一母线运行，用母联串断故障断路器，使故障断路器退出运行。

4) 调度灵活、或便于扩建。

(2) 双母线接线也存在一些缺点：

1) 母线的联络需要额外的断路器。

2) 所用设备多（特别是隔离开关）。

3) 断路器检修需要将线路停电。

4) 需要单独复杂的母线保护。

5) 与单母线相比，清除母线故障所需要的时间更长。

6) 母联断路器故障，将会使两条母线全部停电，直至故障隔离。

7) 在运行中隔离开关作为操作电器，容易发生误操作，且对实现自动化不便；尤其当母线系统故障时，须短时切除较多电源和线路，这对重要的大型电厂和变电站是不允许的。

8. 什么是双母线带旁路接线？有何特点？

答： 双母线带旁路接线就是在双母线接线的基础上，增设旁路母线。其特点是具有双母线接线的优点，当线路（主变压器）断路器检修时，仍能继续供电，但旁路的倒换操作比较复杂，增加了误操作机会，也使保护及自动化系统复杂，投资费用较大，一般为了节省断路器及设备间隔，当出线达到5个回路以上时，才增设专用的旁路断路器，出线少于5个回路时则采用母联兼旁路母线的接线方式。

双母线带旁路多用于220kV母线接线方式，而随着电网的建设，在2000年以后投产的变电站中，不再采用带旁路的接线方式。

9. 什么是双母线分段带旁路接线？有何特点？

答：双母线分段带旁路接线就是在双母线带旁路接线的基础上，在母线上增设分段断路器，它具有双母线带旁路的优点，但投资费用较大，占地设备间隔较多，一般采用此种接线的原则为：

（1）当设备连接的进出线总数为12～16回时，在一组母线上设置分段断路器。

（2）当设备连接的进出线总数为17回时及以上时，在两组母线上设置分段断路器。

10. 什么是双母线双断路器接线方式？

答：双母线双断路器接线方式（在国外有用到）就是在每一个支路端都有两个断路器，因此也叫“双断路器”。双母线双断路器有以下优点：

（1）操作灵活。

（2）高可靠性。

（3）所有的开关动作都由断路器来完成。

（4）任何时候任一主母线都可以从电网中隔离出来予以检修。

（5）母线故障不会导致某一个支路的电力供应中断。

（6）每一个接线点都有两个断路器，提高了保持连接状态的可靠性。

其缺点是：

（1）每一个支路配备两个断路器，增加了开关站的投资。

（2）为了隔离发生故障的支路，继电保护装置必须使得两个断路器都跳闸。

（3）切除任一接线点的故障需要断开两个断路器，这样使得成功清除故障的可靠性降低。

双母线双断路器接线，对于每一条支路需要两个断路器。这是迄今为止成本最高的配置方案。

11. 什么是3/2（4/3）断路器接线？有何特点？

答：3/2（4/3）断路器接线就是在每3（4）台断路器中间送出2（3）回出线，在我国3/2接线用于330kV及以上电压等级变电站的母线主接线。它的主要优点是：

（1）运行调度灵活。正常时两条母线和全部断路器运行成多环状供电。

（2）检修时操作方便，当一组母线停运时，回路不需要切换，任一台断路器检修各回路仍按原接线方式运行，不需要切换。

（3）运行可靠，每一回路由两台断路器供电，母线发生故障时，任何回路都不停电。

（4）极端的情况下，在一条母线停电检修，另一条母线故障跳该母线上的所有断路器，也不影响送电（或两组母线同时故障）。

（5）在环网运行的情况下，当任一台断路器出现故障（如分闸闭锁）可解除故障断路器两侧隔离开关的闭锁条件，用隔离开关开环（此方法在现场要慎重使用）。

（6）可靠性高。

其缺点是：

（1）需要的设备较多，特别是断路器和电流互感器，投资大。

（2）需要配置独立的断路器保护。

（3）接入线路的保护采用和电流。

（4）二次接线和继电保护复杂。

（5）若在断路器故障时，不允许采用上述第（5）点的方法，那么在母线侧开关故障时将会有一条线路停电；在中断路器故障时将会有两条线路停电。

12. 什么是桥形接线？有何特点？

答：桥形接线采用4个回路、3台断路器和6个隔离开关，是接线中断路器数量较少、也是投资较省的一种接线方式，根据桥形断路器的位置又可分为内桥和外桥两种接线。由于变压器的可靠性远大于线路，因此电网中应用较多为内桥接线。为了在检修断路器时不影响线路和变压器的正常运行，有时在桥形外附设一组隔离开关，这就成了长期开环运行的四边形接线。

13. 什么是多角形接线？有何特点？

答：多角形接线就是将断路器和隔离开关相互连接，且每一台断路器两侧都有隔离开关，由隔离开关之间送出回路。

（1）优点。多角形接线所用设备少，投资省，运行的灵活性和可靠性较好，正常情况下为双重连接，任何一台断路器检修都不影响送电，由于没有母线，在连接的任意部分故障时，对电网的运行影响都较小。

（2）缺点。回路数受到限制，因为当环形接线中有一台断路器检修时就要开环运行，此时当其他回路发生故障就要造成两个回路停电，扩大了故障停电范围，且开环运行的时间越长这一缺点就越大，而环中的断路器数量越多，开环检修的机会就越大，所以一般只采用四角（边）形接线和五角形接线，同时为了可靠性，线路和变压器采用对角连接原则。四角（边）形的保护接线比较复杂，一、二次回路倒换操作较多。

14. 什么是环形母线接线方式？有何特点？

答：环形母线接线方式是每一个支路只有一个断路器，每个接点周围有两个断路器。

其优点是：

（1）初始成本和最终成本低。

（2）任何时候无需中断负荷或者复杂的开关操作，就可以灵活地进行断路器的检修。

（3）无需复杂的母线保护方案。

（4）每一个接线点只需要一个断路器。

（5）在正常操作情况下，断路器只会导致两个支路电力供应中断。

（6）每一个支路由两个断路器保护。

（7）所有的开关动作都是由断路器执行。

其缺点是：

（1）当一条支路断开时，如果发生其他故障，则环路分隔成两个部分。

（2）自动重合电路相对复杂。

（3）如果只使用一套继电保护，则在检修保护时需要将线路停电。

（4）由于没有准确的电压参考点，因此需要引入电压设备。

15. 母线—变压器—发电机单元接线有哪些特点？

答：它具有接线简单，开关设备少，操作简便，易于扩建等特点，因为不设发电机出口电压母线，发电机和主变压器低压侧短路电流有所减少。

16. 500kV 变电站（GIS 除外）常采用哪几种类型的母线？

答：（1）采用分裂的软导线；

（2）采用铝合金管母线，包括单根大直径圆管母线和多根小直径圆管组成的分裂管型母线两种形式。每一种形式具有支持式和悬吊式两种方式。

17. 试比较矩形截面和圆形截面的母线有何异同？

答：在同样截面积下，矩形母线比圆形母线的周长要大，散热面大，因而冷却条件好。此外，当交流电流通过母线时，由于集肤效应的影响，矩形截面母线的电阻也要比圆形截面小一些。因此在相同截面积和相同的容许发热温度下，矩形截面母线要比圆形截面母线容许的工作电流大。因此 35kV 以下的户内配电装置多采用矩形截面母线。在 35kV 以上的户外配电装置中为防止产生电晕，多采用圆形截面母线。母线表面的曲率半径越小，则电场强度越大，矩形截面的四角易引起电晕现象，圆形截面无电场集中现象。为减小电场强度，增加母线直径，故在 110kV 及以上户外配电装置中采用钢芯铝绞线或管形母线。

18. 矩形母线平装与竖装时额定电流为什么不同？

答：电流通过母线时，就要发热。发热损耗的功率用 P 来表示：即 $P=I^2R$，式中，R 是母线电阻。由公式可知，电阻 R 越大，损耗的功率就越大，而电阻 R 是与导线的横截面积成反比的。在正常运行时，母线一方面发热，一方面把热量散给周围空气。当母线发热等于向周围空气散出的热量时，母线温度不再上升，达到稳定状态。所以，母线温度和散热条件有极大关系。满足一定的温度要求，散热条件不同，额定电流就不同，竖放母线的散热条件较好，平装母线散热条件较差，所以平装母线比竖装母线的额定电流少 5%～8%，但是竖装母线受电动力的机械稳定性差些。

19. 为什么硬母线的支持夹板不应构成闭合回路？怎样才能不构成闭合回路？

答：硬母线的支持夹板，通常都是用钢材制成的，如果构成闭合回路，由母线电流所产生的强大磁通，将引起钢板夹板磁损耗增加，使母线温度升高。

为了防止上述情况发生，常采用黄铜或铝等其他不易磁化的材料支持压件（夹板），从而破坏磁路的闭合。

20. 对母线接头的接触电阻有何要求？

答：母线接头应紧密，不应松动，不应有空隙，以免增加接触电阻。接头的电阻值不应大于相同长度母线电阻值的 1.2 倍。

确定母线接头接触电阻的方法，对于矩形母线，一般先用塞尺检查接触情况，然后测量直流压降或用温升试验进行比较。如果母线接头的电压将不大于同长度母线的电压降，或其发热温度不高于母线温度时，即认为符合要求。

21. 硬母线怎样连接？不同金属的母线连接时为什么会氧化？怎样防止？

答：硬母线一般采用压接或焊接。压接是用螺钉将母线压接起来，便于改装和拆卸。焊接是用电焊或气焊连接，多用于不需拆卸的地方，硬母线不准采用锡焊和绑接。铜铝母线连接时，应将铜母线镀锡或用锌皮做垫片，进行压接。

不同金属材料的母线连接时产生氧化的原因是：

铝是一种较活泼的金属，在外界条件影响下将失去电子，铜、铁等是活泼金属，两种活泼性不同的金属接触后，由于空气中的水及二氧化碳的作用而产生化学反应，铝失去电子而成负极，而铜、铁则不易失去电子而呈正极，形成电池式的电化腐蚀，所以在空气及电化作用下造成接触面电蚀，使接触电阻增加，从而减少了载流能力，甚至发热烧毁。

防止氧化的措施：

(1) 一般可涂少量的中性凡士林。

(2) 使用特制铜铝过渡线夹。

22. 母线接头在运行中允许温度是多少？判断母线发热有哪些方法？

答： 母线接头允许运行温度为70℃（环境温度为+25℃时），如其接触面有锡覆盖层时（如超声波搪锡），允许提高到85℃，闪光焊时允许提高到100℃。

判断母线发热有以下几种方法：

(1) 变色漆。

(2) 试温蜡片。

(3) 半导体点温计（带电阻测量）。

(4) 红外线测量仪。

(5) 紫外线测量仪。

(6) 利用雪天观察接头处雪的融化来判断是否发热。

23. 在6～10kV变电站配电系统中，为什么大都采用矩形母线？

答： 在矩形和圆形母线对比中，同样截面积的母线，矩形母线比圆形母线的周长大，因而矩形母线的散热面积大，即在同一温度下，矩形母线的散热条件好。同时由于交流电集肤效应的影响，同样截面积的矩形母线比圆形母线的交流有电阻要小一些，即在相同截面积和允许发热温度下，矩形截面通过的电流要大些。所以在6～10kV变电站配电系统中，一般都采用矩形母线，而在35kV及以上的配电装置中，为了防止电晕，一般都采用圆形母线。

24. 硬母线为什么要装伸缩头？

答： 物体都有热胀冷缩特性，母线在运行中会因发热而使长度发生变化。为了避免因热胀冷缩的变化使母线和支持绝缘子受到过大的应力并损坏，所以应在硬母线上装设伸缩接头。

25. 矩形母线上为什么涂有油漆？

答： (1) 为了识别相序即黄、绿、红（A、B、C），中性线不接地时涂紫色，中性线接地时涂黑色。直流母线中的正极线涂红色，负极线涂蓝色。

(2) 由于室内散热条件差，涂油漆后可增加热辐射，即改善散热条件。

26. 什么叫集肤效应？有何应用？

答： 集肤效应又叫趋肤效应。当高压电流通过导体时，电流将集中在导体表面流通，这种现象叫集肤效应。

考虑到交流电流的集肤效应，为了有效利用导体材料和便于散热，发电厂和变电站的大电流母线常做成槽型或菱形。另外，在高压输配电线路中，常用钢芯铝绞线代替铝绞线，这样即节省了铝导线，又增加了机械强度。

第十一章 chapter 11

无功补偿装置

1. 什么是无功补偿装置?

答：为了满足电力网和负荷端电压水平及电网安全、经济运行的要求，在电力网内和负荷端设置的无功电源或装置称为无功补偿装置。可用作无功补偿的装置有发电机、电容器、电抗器以及各种快速调节换流器运行所需的无功功率和提高逆变站交流母线电压稳定性的无功装置。

2. 电力系统为什么要采用补偿装置?

答：在电力系统中，由于无功功率不足，会使系统电压及功率因数降低，从而损坏用电设备，严重时会造成电压崩溃，使系统瓦解，造成大面积停电。另外，功率因数和电压的降低，还会使电气设备得不到充分利用，造成电能损耗增加，效率降低，从而限制了线路的送电能力，影响电网的安全运行及用户的正常用电。

在电力系统中除发电机是无功功率的电源外，线路的电容也产生部分无功功率。在上述两种无功电源不能满足电网无功功率的要求时，需要加装无功补偿装置。

3. 无功补偿的原则是什么?

答：电网无功补偿应基本上按分层、分区和就地平衡原则考虑，并应能随负荷或电压进行调整，保证系统各枢纽变电站的电压在正常和事故后均能满足规定的要求，避免经长线路或多级变压器传送无功功率。无功补偿设备的分散配置，可减少无功功率沿线路或变压器的传输，从而降低电能损耗，增加发、送变电设备的有效容量和线路输送能力。

4. 无功补偿装置如何分类?

答：无功补偿装置可分为有源和无源两类。

(1) 无源补偿装置。有并联电抗器、并联电容器和串联电容器。这些装置可以是固定连接式的或开闭式的。无源补偿装置仅用于特性阻抗补偿和线路的阻抗补偿，如并联电抗器用于输电线路分布电容的补偿以防止空载长线路末端电压升高；并联电容器用来产生无功以减小线路的无功输送，减小电压损失；串联电容器可用于长线路补偿（减小阻抗）等。

(2) 有源补偿装置。通常为并联连接式的，用于维持末端电压恒定。能对连接处的微小电压偏移作出反应，准确地发出或吸收无功功率的修正量。如饱和电抗器作为内在固有控制，而同步补偿器和晶闸管控制的补偿器用外部控制的方法实现。

5. 无功补偿装置的作用有哪些?

答：(1) 改善功率因数。要尽量避免发电机降低功率因数运行，同时也防止从远方向负载输送无功引起电压和功率损耗，应在用户处实行低功率因数限制，即采取就地无功补偿措施。

(2) 改善电压调节。负载对无功需求的变化，会引起供电点电压的变化，对这种变化若从电源端（发电厂）进行调节，会引起一些问题，而补偿装置就起着维持供电电压在规定范围内的重要作用。

(3) 调节负载的平衡性。当正常运行中出现三相不对称运行时，会出现负序、零序分量，将产生附加损耗，使整流器波纹系数增加，引起变压器饱和等，经补偿设备就可使不平衡负载变成平衡负载。

6. 电力系统各类型无功补偿的作用如何？

答：电力系统各类型无功补偿的作用如表 11-1 所示。

表 11-1 **电力系统各类型无功补偿的作用**

作用 \ 设备形式		并联电抗器	并联电容器	串联电抗器	串联电容器	同步补偿器	TCR[①]	TSC[②]	SR[③]
稳定性	稳态稳定性	√	√		√	√	√	√	√
	动态稳定性					√	√	√	
	暂态稳定性		√		√	√	√	√	√
电压控制	限制电压迅速降低		√			√	√	√	√
	限制电压缓慢降低		√			√	√	√	√
	限制电压迅速增加	√				√	√	√	√
	限制电压缓慢增加	√				√	√	√	√
	限制快速行波过电压	√				√	√	√	√
其　他	对换流站末端无功支持		√			√	√		√
	增加短路等级				√	√	√	√	
	减少短路等级			√					

① TCR——晶闸管控制电抗器；

② TSC——晶闸管投切电容器；

③ SR——多相饱和电抗器

7. 常用补偿装置各有哪些优缺点？

答：常用补偿装置的优缺点如表 11-2 所示。

表 11-2 **常用补偿装置的优缺点**

补偿装置形式	优　点	缺　点
开闭式并联电抗器	结构和原理简单	补偿为固定值
开闭式并联电容器	结构和原理简单	补偿固定值，开断瞬变现象
串联电容器	原理简单，特性不受地点的影响	要求过电压保护和次谐波滤波器，限制过载能力
同步补偿器	具有有效过载容量，完全可控，低谐波分量	维修要求高，控制响应缓慢，特性对地点敏感，要求坚固基础
多相饱和电抗器	结构结实，有较大的过载能力，低频谐波分量，对事故等级不影响	基本上补偿为固定值，特性对地点敏感、有噪声
TCR	快速响应，完全可控，对事故等级不影响，事故后能迅速恢复	产生谐波，特性对地点敏感
TSC	事故后迅速恢复，无谐波分量	不具有为限制过电压所特有的吸收能力，母线工况和控制复杂，对系统有低频响应，特性对地点敏感

8. 什么是电力电容器？

答：从电力网吸收容性电流，即向电力网送出感性电流，用以改善电力网功率因数和电压品质的电气设备，简称电容器。

9. 电力电容器的作用是什么?

答：电力电容器按接线方式不同可分为电压补偿（串联补偿）和无功补偿（并联补偿），前者从补偿电抗角度改善电网电压，后者从补偿无功因数角度来改善电网电压，由此可达到以下效益：

（1）减少线路能量损耗。

（2）减少线路压降，改善电压质量，提高系统稳定性。

（3）提高供电能力。

（4）提高电网及用户的功率因数。

10. 对电容器接入电网基本要求有哪些?

答：（1）变电站里的电容器安装容量，应根据本地区电网无功规划以及国家现行标准《电力系统电压和无功电力技术导则》和《全国供用电规则》的规定计算后确定。当不具备设计计算条件时，电容器安装容量可按变压器容量的10%～30%确定。

（2）当分组电容器按各种容量组合运行时，不得发生谐振，且变压器各侧母线的任何一次谐波电压含量不应超过现行的国家标准《电能质量—公用电网谐波》的有关规定。

谐振电容器容量的计算式为

$$Q_{CX}=S_d\left(\frac{1}{n^2}-K\right) \tag{11-1}$$

式中：Q_{CX} 为发生 n 次谐波谐振的电容器容量，Mvar；S_d 为并联电容器装置安装处的母线短路容量，MVA；n 为谐波次数，即谐波频率与电网基波频率之比；K 为电抗率。

（3）高压并联电容器装置应装设在变压器的主要负荷侧。当不具备条件时，可装设在三绕组变压器的低压侧。

（4）当配电所中无高压负荷时，不得在高压侧装设并联电容器装置。

11. 对并连电容器的接线方式有何规定?

答：（1）高压并联电容器装置，在同级电压母线上无供电线路和有供电线路时，可采用各分组回路直接接入母线，并经总回路接入变压器的接线方式。当同级电压母线上有供电线路，经技术经济比较合理时，可设置电容器专用母线的接线方式。

（2）高压电容器组的接线方式，应符合下列规定：

1）10kV及以上的电容器组宜采用单星形接线或双星形接线。在中性点非直接接地的电网中，星形接线电容器组的中性点不应接地。

2）电容器组的每相或每个桥臂，由多台电容器串联组合时，应采用先并联后串联的接线方式。

3）低压电容器或电容器组，可采用三角形接线或中性点不接地的星形接线方式。

12. 并联电容器组的接线形式和类型有哪些?

答：设置在变电站和配电所中的并联电容器补偿装置一般都分组安装。在配电所主要用以改善功率因数，在变电站主要用以提高电压和补偿变压器无功损耗。前者电容器组可随负荷变化自动投切，后者可随电压波动自行投切。各分组容量一般为数千乏，各分组容量不一定相等，主要以恰当的调节为原则。

并联电容器的接线一般可分为△型和Y型（包括双Y或双△）。△型接线的优点是不受三相电容器容抗不平衡的影响，可补偿不平衡负荷，可形成 $3n$ 次谐波通道，对消除 $3n$ 次谐波有利；缺点是当电容器等发生短路故障时，短路电流大，可选用的继电保护方式少。故一般只选用可补偿不平衡负荷时的 $3n$ 次交流滤波器和用于 6kV 及以下的小容量并联电容器组。

星形接线优点是设备故障时短路电流较小，继电保护构成也方便，而且设备布置清晰；缺点是对 $3n$ 次谐波没有通路。故广泛用于 6kV 及以上并联电容器组。特别应注意的是：Y 接线的中性点不能接地，以免单相接地时对通信线路构成干扰。

13. 并联电容器的额定电压与电网的额定电压相同时，应采用 D 接还是 Y 接？何时才 Y 接？

答：并联电容器的额定电压与电网的额定电压相同时，应采用 D 接，这样作用在每相电容器上的电压为额定电压，能达到电容器的铭牌容量，无功出力大，补偿效果好。若按 Y 接，作用在每相电容器上的电压只有额定电压的 $1/\sqrt{3}$，无功出力只有 D 接时的 1/3（无功出力 $Q=U^2/X_C$），不能达到电容器的铭牌容量。

只有当并联电容器的额定电压为电力网额定电压的 $1/\sqrt{3}$ 时，才采用 Y 接，此时作用在电容器上的电压为额定电压，无功出力不会降低。如 6kV 电容器接入 10kV 系统只能 Y 接，否则电容器将击穿、无法运行。

当然中性点不接地的星形接线（Y）的各相电容器之间，并联电容器和串联电容器的各串段之间，为防电容器较小的电容器过电压，电容量的差应尽可能小，一般不得超过每相额定容量的 5%。

14. 无功补偿（并联）电容器型号的含义是什么？

答：无功补偿（并联）电容器型号如图 11-1 所示，浸渍剂代号的含义如表 11-3 所示，极间固体介质代号如表 11-4 所示，尾注号字母如表 11-5 所示。

电容器铭牌及各参数的含义为

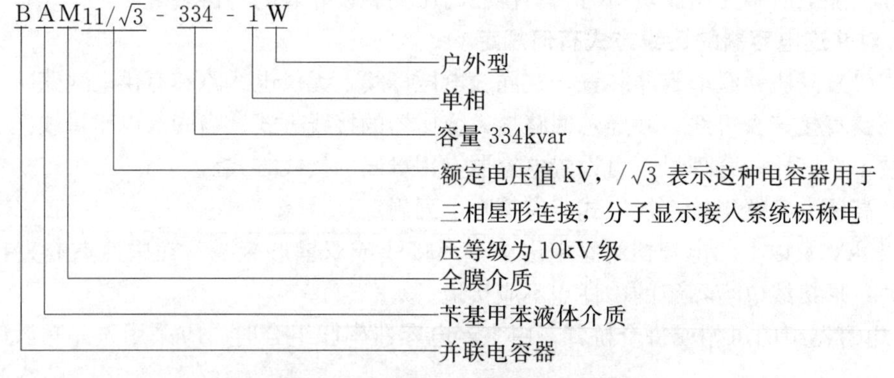

图 11-1　无功补偿（并联）电容器铭牌及参数的含义

表 11-3　浸渍剂代号的含义

浸渍剂代号	A	B	F	L	D
字母含义	苄基甲苯或 SAS 系列	异丙基联苯	二芳基乙烷	六氟化硫	氮气
浸渍剂代号	G	S	W	Z	
字母含义	硅油	石蜡	烷基苯	苯子油	

目前用得比较多的是 A。

表 11-4 极间固体介质代号

极间固体介质代号	F	M	MJ
字母含义	膜纸复合	全膜	金属化膜

表 11-5 尾注号字母

尾注号字母	G	H	TH	W
字母含义	高原地区使用	污秽地区使用	湿热带地区使用	户外使用

15. 电容器由哪几部分组成？

答：电容器主要由箱壳和器身组成，其中充满液体介质作浸渍剂。电容器对外是一个封闭的箱体。电容器有内放电电阻或没有，有内部熔丝或没有，均可从标牌上查出。

（1）电容器元件以膜纸复合或全膜作介质，以铝箔作极板卷绕而成。

（2）器身。器身由一个或多个芯子组成。芯子由若干元件和其他零部件叠压而成。元件可接成不同的电气连接，以适应不同的电压和容量。

（3）箱壳。箱壳由薄钢板或不锈钢板密封焊接而成。箱壳通过变形对其内部液体介质体积随温度的变化进行补偿。正常的油补偿，外壳两侧厚度的增加应不超过电容器厚度 15%。箱盖上有出线套管。箱壳两侧焊有吊攀，供搬运和安装使用。

（4）液体介质。电容器的液体介质可以是二芳基乙烷、苄基甲苯、苯基乙苯基乙烷或其他液体介质。

电容器中的液体介质是无毒的或毒性甚微，对人体无害，但有一定的气味，会对环境造成一定的影响。用户对漏油产品应妥善处理，可与生产厂家联系；损坏、破裂的电容器不要随便丢弃，可采用焚烧等办法处理。

16. 高压并联电容器的配套设备有哪些？

答：高压并联电容器装置的分组回路，可采用高压电容器组与配套设备连接的方式，并装设下列配套设备：

（1）隔离开关、断路器或跌落式熔断器等设备。

（2）串联电抗器。

（3）操作过电压保护用避雷器。

（4）单台电容器保护用熔断器。

（5）放电器和接地开关。

（6）继电保护、控制、信号和电测量用一次设备及二次设备。

17. 并联电容器装置的设备选型应根据哪些条件选择？

答：（1）电网电压、电容器运行工况。

（2）电网谐波水平。

（3）母线短路电流。

（4）电容器对短路电流的助增效应。

（5）补偿容量及扩建规划、接线、保护和电容器组投切方式。

（6）海拔高度、气温、湿度、污秽和地震烈度等环境条件。

（7）布置与安装方式。

（8）产品技术条件和产品标准。

18. 电容器的选型应符合哪些规定?

答：（1）可选用单台电容器、集合式电容器和单台容量在500kvar及以上的电容器组成电容器组。

（2）设置在严寒、高海拔、湿热带等地区和污秽、易燃易爆等环境中的电容器，均应满足特殊要求。

（3）装设于屋内的电容器，宜选用难燃介质的电容器。

（4）装设在同一绝缘框（台）架上串联段数为二段的电容器组，宜选用单套管电容器。

19. 电容器额定电压的选择应符合哪些要求?

答：（1）应计入电容器接入电网处的运行电压。

（2）电容器运行中承受的长期工频过电压，应不大于电容器额定电压的1.1倍。

（3）应计入接入串联电抗器引起的电容器运行电压升高。

（4）应充分利用电容器的容量，并确保安全。

20. 电容器对断路器的要求有哪些?

答：电容器对断路器的要求有：

（1）关合时，触头弹跳时间不应大于2ms，并不应有过长的预击穿。

（2）开断时不应重击穿。断路器在开断容性电流过程中，出现重击穿会引起电容器的严重破坏。

（3）应能承受关合涌流，以及工频短路电流和电容器高频涌流的联合作用。

（4）每天投切超过三次的断路器，应具备频繁操作的性能。

（5）高压并联电容器装置总回路中的断路器，应具有切除所连接的全部电容器组和开断总回路短路电流的能力。条件允许时，分组回路的断路器可采用不承担开断短路电流的开关设备。

（6）满足容性负载投切。投切低压电容器的开关，其接通、分断能力和短路强度，应符合装设点的使用条件。当切除电容器时，不应发生重击穿，并应具备频繁操作的性能。

（7）机械、电气特性检测。

1）日常定期的检测；

2）装置保护动作后的检测。

现场使用断路器主要有SF_6断路器和真空断路器。

（1）SF_6断路器。对投切高压并联补偿装置而言，SF_6断路器优于真空断路器，因为SF_6断路器没有截流过电压问题，特别是SF_6有极优的负电性，在强电场下能吸附自由电子，从而大大阻碍了碰撞电离过程的发展，使其具有优良的开关性能。

（2）真空断路器。

1）开断感性负载可能截流过电压。

2）开断容性负载可能发生重燃过电压。理论与实践证明，真空断路器合闸过电压较低，大多为2倍的额定电压，而分闸过电压则高得多，如果发生重燃击穿，则视其击穿次数，过电压按3、5、7等规律上升。而在现阶段的真空断路器由于在性能上的改善，分闸时出现3倍以上的过电压的可能性已大大减小。

真空断路器应具备：①具有权威部门的型式试验报告；②在出厂前应通过容性负荷30

次连续投切无重击穿老练检验；③现场进行35次电容器组投切试验。

21. 电容器的熔断器如何选择?

答：(1) 电容器保护使用的熔断器，宜采用喷逐式熔断器。

(2) 熔断器的时间一电流特性曲线，应选择在被保护的电容器外壳的10%爆裂概率曲线的左侧。时间一电流特性曲线的偏差，应符合国家现行标准《高压并联电容器单台保护用熔断器订货技术条件》的有关规定。

(3) 熔断器的熔丝额定电流选择，不应小于电容器额定电流的1.43倍，并不宜大于额定电流的1.55倍。

(4) 设计选用的熔断器的额定电压、耐受电压、开断性能、熔断特性、抗涌流能力、机械性能和电气寿命，均应符合国家现行标准《高压并联电容器单台保护用熔断器订货技术条件》的规定。

22. 高压并联电容器装置的操作过电压保护和避雷器接线方式，应符合哪些规定?

答：(1) 高压并联电容器装置的分组回路，宜设置操作过电压保护。

(2) 当断路器仅发生单相重击穿时，可采用中性点避雷器接线方式，或采用相对地避雷器接线方式。

(3) 断路器出现两相重击穿的概率极低时，可不设置两相重击穿故障保护。

23. 当需要限制电容器极间和电源侧对地过电压时，其保护方式应符合哪些规定?

答：(1) 电抗率为12%及以上时，可采用避雷器与电抗器并联连接和中性点避雷器接线的方式。

(2) 电抗率不大于1%，可采用避雷器与电容器组并联连接和中性点避雷器接线的方式。

(3) 电抗率为4.5%～6%时，避雷器接线方式宜经模拟计算研究确定。

24. 什么是内熔丝保护? 什么是外熔丝保护?

答：(1) 内熔丝保护：是指在电容器内部每个元件上串联一根特制的小熔丝，某个元件一旦击穿，与之串联的小熔丝就动作，以隔离故障元件。

(2) 外熔丝保护：是指电容器专用喷逐式熔断器，整台电容器内元件串联段的击穿率达到规定值时熔断器动作，并显示明显的动作信息，它的安一秒特性要与电容器箱壳的爆炸特性相匹配。

电容器内（外）装有熔断器（熔丝），其作用是在电容器内部出现故障时熔断。

25. 内、外熔丝电容器组保护整定原则有哪些?

答：(1) 内熔丝电容器组保护整定原则：按照单台电容的最大负荷电流整定。

(2) 外熔丝电容器组保护整定原则：按照电容器组可能出现的最大不平衡电流整定。或者按照美国断2.5根时出现的故障电流（2根时故障电流+3根时故障电流)/2整定，此时退出电容器组。

一般100kvar以上容量的产品带有内熔丝。

26. 电容器内（外）熔断器（熔丝）的作用是什么?

答：电容器内（外）装有熔断器（熔丝），其作用是在电容器内部出现故障时熔断。

27. 内熔丝电容器有什么特点?

答：(1) 内熔丝以最小的容量为代价实现故障隔离。

(2) 内熔丝放电电流耐受能力较强，对周围影响小。

(3) 内熔丝灭弧机理和介质较理想，可以实现“不重燃”开断。

(4) 内熔丝电容器运行维护费用低。

(5) 内熔丝无安装要求，不受气候影响，分散性小，动作可靠性更高。

(6) 内熔丝“自愈式”保护，延长电容器使用寿命。

28. 内、外熔丝电容器故障后电容变化有何不同?

答：内熔丝电容器内部短路，局部击穿，其电容值减小，阻抗值增大；外熔丝电容器内部短路，局部击穿，其电容值增大，阻抗值减小。

29. 电容器元件故障有哪几类?

答：电容器元件电压在高压电容器单元中为1.5～2.4kV，电气强度较高，通常在50～60MV/m运行，比所有其他电力设备高一个数量级，每个电容器元件的电极面积大约为10～20m^2，电容器单元的电气故障可能有两类：元件和绝缘故障。

元件故障通常由电极间的介质材料击穿引起的，故障起因可能是介质材料的故障和不适当的工艺处理，以及随机（投、切时断路器弹跳或分时产生的过电压）的暂态过电压使加在电介质上有很高的电气强度。

绝缘故障主要是元件之间或导电部分对电容器外壳绝缘以及套管闪络的绝缘故障。

30. 外熔断器结构电容器的特点如何?

答：单台电容器通常内部元件以串、并联方式连接，一个串联段元件击穿使单台电流有比较小的增加但并不足以使外熔断器动作，但在几个串联段元件击穿使流过熔断器的电流进一步加大，使外熔断器动作将该故障电容器退出运行。正因为要相当长时间才可能使足够元件失效，才能使外熔断器熔断，电弧产生的气体在电容器内的累积压力可造成外壳爆裂的危险。

31. 内熔丝结构电容器的特点如何?

答：内熔丝单台电容器优点显著，20世纪50年代瑞典已将内熔丝设计应用于高压电容器中，每个电容器元件串联一个内熔丝，元件击穿后，流经熔丝的电流大大增强至标称电流的15～20倍，内熔丝在几个周期内瞬间动作，先进的熔丝是放置在元件之间，将各个熔丝完全分离，有效防止熔丝动作时可能造成对相邻完好元件熔丝的损伤，即防止了熔丝群爆现象的发生，同时也防止了熔丝动作造成对绝缘油的污染。

32. 无熔丝结构电容器的特点如何?

答：国外在46kV及以上的电容器组中广泛采用先进的无熔丝结构，它比内熔丝、外熔断器都有优越性，额定电压高的场合采用无熔丝设计是合理的。

33. 对放电器有哪些要求?

答：(1) 当采用电压互感器作放电器时，宜采用全绝缘产品，其技术特性应符合放电器的规定。

(2) 放电器的绝缘水平应与接入处电网绝缘水平一致。放电器的额定端电压应与所并联的电容器的额定电压相配合。

(3) 放电器的放电性能应能满足电容器组脱开电源后，在5s内将电容器组上的剩余电压降至50V及以下。

(4) 当放电器带有二次线圈并用于保护和测量时，应满足二次负荷和电压变比误差的要求。

34. 并联电容器需要配置哪些保护?

答：(1) 不平衡保护。采用外熔丝保护的电容器组，其不平衡保护应按单台电容器过电压允许值整定。采用内熔丝保护和无熔丝保护的电容器组，其不平衡保护应按电容器内部元件过电压允许值整定。

(2) 单星形接线的电容器组，可采用开口三角电压保护 $3U_0$。因为不接地系统发生单相接地虽然可以运行 2h，但对电容器存在潜伏性的影响，单相接地分为金属性接地和弧光接地两种。金属性接地无论是对电网、还是对电容器，在短时间内影响不大；弧光接地尤其是对断续性弧光接地，有时会诱发很高的过电压，对并补装置可能带来致命的伤害，如电容器主绝缘击穿、箱壳爆裂乃至着火，外熔断器动作，放电线圈烧毁等。

(3) 串联段数为二段及以上的单星形电容器组，可采用电压差动保护。

(4) 每相能接成四个桥臂的单星形电容器组，可采用桥式差电流保护。

(5) 双星形接线电容器组，可采用中性点不平衡电流保护。

(6) 高压并联电容器装置可装设带有短延时的速断保护和过流保护，保护动作于跳闸。

速断保护的动作电流值，在最小运行方式下，电容器组端部引线发生两相短路时，保护的灵敏系数应符合要求；动作时限应大于电容器组合闸涌流时间。

过电流保护装置的动作电流，应按大于电容器组允许的长期最大过电流整定。

(7) 高压并联电容器装置宜装设过负荷保护，带时限动作于信号或跳闸。

(8) 高压并联电容器装置应装设母线过电压保护，带时限动作于信号或跳闸。

(9) 高压并联电容器装置应装设母线失压保护，带时限动作于跳闸。

(10) 低压并联电容器装置，应有短路保护、过电压保护、失压保护，并宜有过负荷保护或谐波超值保护。

除以上继电保护之外，电容器还应：

(1) 外壳连接。金属外壳的电容器有固定电位的端子。该端子能承受对壳击穿时的故障电流。

(2) 熔断器保护。没有内熔丝的电容器建议单独装设专用熔断器，有内熔丝的电容器建议取消外熔断器。

(3) 其他保护。为限制大气过电压和操作过电压，可采用氧化锌避雷器保护。

35. 采用零序电流平衡保护的电容器组为什么每相容量要相等？

答：零序电流平衡保护，是在两组星形接线的电容器组中性点连线上，安装一组零序电流互感器。正常情况下因为两组电容器每相台数相等，容抗相当，中线上不应有零序电流流过。实际因三相电压不平衡，每相台数虽然相等，但电容不一定完全相等，所以，在正常情况下，中线上仍有一个不平衡电流 I_{bp} 存在。当电容器内部发生故障，例如某一相中有一台电容器部分元件击穿，三相容抗不相等，中性点间出现电压，中线上就有零序电流 I_0 流过。为了保证保护装置在正常的不平衡电流作用下不动作，而在故障情况下又能可靠地启动，并要求有足够的灵敏度，要求采用零序保护的电容器组，每相的个数要相等。

36. 为什么电容器组所用的断路器不准加装重合闸？

答：如果电容器组因故跳闸后，由于跳闸后的电容器组带有剩余电荷，再次合闸，将形成叠加电压，出现 2 倍以上的电压峰值，电容器将产生过电压，同时会出现很大的冲击电流，轻者出现熔丝熔断、断路器跳闸等分不清的故障的现象；重者则会造成介质击穿，电容器损坏。

37. 电容器制造工艺过程如何？

答：油浸箔式全膜并联电容器常用制造工艺主要包括外壳制造、套管与箱焊接、元件及心子制造、器身装箱、浸渍剂净化处理、电容器真空浸渍处理、例行试验等。

（1）元件卷制造是将一定厚度及层数的介质和作为极板的铝箔在卷制机的芯轴上卷绕一定圈数后，取下压扁的工艺过程。

卷制机配上耐压试验机后，元件的压扁、耐压试验、放电、电容测量、不合格元件删除、合格元件码放等工序自动完成。

（2）芯子压装是按产品图样要求，将元件、衬垫、夹板等零部件在压床上叠放好，然后加压，套上紧箍，使芯子达到一定尺寸的工艺过程。有内熔丝电容器在压装前对每个元件应先套绝缘护套和粘贴内熔丝。元件连接方式为钎焊，由于钎焊工具直接在铝箔表面加热，极易烫伤薄膜，所以要选用特制的适用于铝焊接的低温钎料。利用钎焊工具在铝箔上刮擦可以除去铝箔表面的氧化层，钎料便与铝箔结合，形成连接层。在钎焊部位还需焊连接铜带，以使连接牢靠，导电性能良好。钎焊完毕应清除焊料屑及助焊剂残留。

然后再焊接内熔丝、放电电阻。

（3）将经过引线及检查合格的心子进行绝缘包封、装入箱壳，套管的引线与芯子焊接并焊接箱盖，检查密封性。芯子装入外壳后，应使用电容表测量电容，以检查装配过程中有无损坏元件及芯子而造成短路、开路等情况，以便及时返修。

（4）新进厂的浸渍剂应经过净化处理，以除去浸渍剂中的水分、气体、氧化物及其他杂质，使之成为纯净干燥的浸渍剂，才能用于电容器的浸渍。为了防止电容器浸渍剂过早老化，还掺入添加剂。

（5）真空干燥浸渍处理是电容器生产中的关键工艺，目的是排除电容器芯子和箱壳内的水分和空气，然后用经净化处理并检验合格的浸渍剂在真空状态下浸渍，填充芯子和箱壳中的空隙，提高电容器的电气性能。

1）加热。目的是提高真空罐内电容器的温度，并使芯子中水分蒸发出来，加热阶段不抽真空，这样利用空气的对流来传热，以缩短加热时间。

2）低真空阶段。这是排除芯子蒸发出的水分的主要阶段，为了不使水分得到持续的蒸发，必须继续加热保持罐内温度。

3）高真空阶段。这是排出介质内少量剩余水分及气体阶段。

4）降温。在高真空阶段的后期应逐渐降温，为后面的注油阶段做好准备。

5）注油浸渍。注油时，浸渍剂必须缓慢地注入，以免把气体封闭在薄膜与铝箔及薄膜与薄膜之间。

6）出罐后浸渍。目的是使浸渍剂更好地渗透到介质中去，因此这个过程必须有足够的时间，在外面放 12h。

（6）浸渍 12h 后焊封口帽。

（7）对每台电容器进行例行试验。

（8）对例行试验合格的产品外壳进行抛丸处理，使外壳表面变粗糙，增加油漆的附着力。用压缩空气除去外壳的灰尘和丸粒，然后喷底漆，再喷两层面漆。油漆干燥后贴铭牌装箱。

（9）用压缩空气除去外壳的灰尘和丸粒，然后喷底漆，再喷两层面漆。

（10）油漆干燥后贴铭牌装箱。

38. 什么是电力电容器的合闸涌流？

答：在电力电容器组和电源接通后的很短的时间里，流过电容器的电流称为合闸涌流。

这一暂态电流由工频和高频两部分组成，其幅值远高于稳态工频电流，这一电流的幅值与波形均随时间相应地衰减。

39. 并联电容器中串联电抗器的作用是什么？

答：（1）降低电容器组的涌流倍数和频率。当接入电容器组容抗量5%的串联电抗器后，合闸的最大涌流可限制在5倍额定电流以下，振荡持续时间缩短至几个周波。

（2）可与电容结合起来对某些高次谐波进行调谐，滤掉这些谐波，提高供电质量。

（3）与电容器结合起来调谐也可抑制高次谐波，保护电容器。

（4）电容器本身短路时，可限制短路电流，外部短路时也可减少电容对短路电流的助增作用。

（5）减少非故障电容向故障电容的放电电流。

（6）降低操作过电压（即重燃过电压）。

40. 无功补偿电容器中的串联电抗器的型号含义是什么？

答：无功补偿电容器中的串联电抗器的型号及含义如图11-2所示。

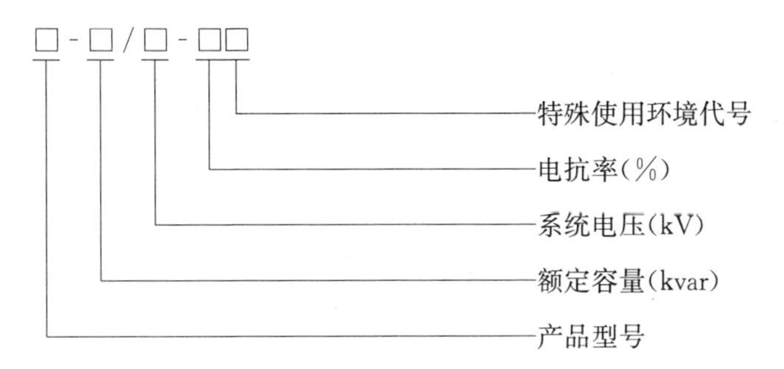

图11-2　无功补偿电容器中的串联电抗器的型号及含义

41. 电抗器各参数的含义是什么？

答：额定频率：50Hz。

相数：单相或三相。

额定电压：电抗器与并联电容器组相串联的回路所接入的电力系统的额定电压。用U_{sn}表示。常用的有6、10、35、66kV。

额定电抗率：4.5%、5%、6%、12%、13%。

额定端电压：电抗器通过工频额定电流时，一相绕组两端的电压方均根值。用U_n表示额定端电压，计算式为

$$U_n = KNU_c \tag{11-2}$$

式中：K为额定电抗率；N为每相电容器串联台数；U_c为配套并联电容器的额定电压，kV。

电抗器的额定端电压及其相关参数应符合表11-6的规定。

额定容量：电抗器在工频额定端电压和额定电流时的视在功率。用S_n表示。

三相电抗器的额定容量计算式为

$$S_n = KQ_c \tag{11-3}$$

式中：S_n为三相电抗器的额定容量，kvar；K为额定电抗率；Q_c为电容器组的三相容量，kvar。

单相电抗器的额定容量为三相电抗器的额定容量的1/3。

表 11-6　　　　　　　　　　**电抗器的额定端电压及其相关参数**

系统额定电压（kV）	配套电容器额定电压（kV）	每相电容器串联台数	电抗器额定端电压（kV）				
			4.5%	5%	6%	12%	13%
6	$6.6/\sqrt{3}$	1	0.171	0.191	0.229		
	$7.2/\sqrt{3}$					0.499	0.540
10	$11/\sqrt{3}$		0.286	0.318	0.381		
	$12/\sqrt{3}$					0.831	0.900
35	11	2	0.990	1.100	1.320		
	12					2.880	3.120
66	20		1.800	2.000	2.400		
	22					5.280	5.720

额定电流：与电抗器相串联的电容器组的额定电流。用 I_n 表示。

单相电抗器的额定电流计算式为

$$I_n = S_n / U_n \tag{11-4}$$

式中：I_n 为额定电流，A；S_n 为单相电抗器的额定容量，kvar；U_n 为电抗器的额定端电压，kV。

三相电抗器的额定电流计算式为

$$n = S_n / (3U_n) \tag{11-5}$$

式中：S_n 为三相电抗器的额定容量，kvar；U_n 为电抗器的额定端电压，kV。

额定电抗：电抗器通过工频额定电流时的电抗值。用 X_n 表示。

电抗器额定电抗计算式为

$$X_n = 1000U_n / I_n \tag{11-6}$$

式中：X_n 为额定电抗，Ω；U_n 为额定端电压，kV；I_n 为额定电流，A。

冷却方式的标志：干式空心电抗器，采用空气自然循环冷却方式时，以字母 AN 表示。

42. 空心线性电抗器有何特点？

答：（1）由于没有铁芯，其磁导率 $\mu_0 = 1$，因此其电抗值是常数，它不随外加电压变化而变化。

（2）电抗器散热条件好。

（3）便于维护和检修。

（4）电抗器采用铝线，线圈内部没有电气连接，全部接头焊接在辐射形钻架上，线圈用环氧树脂浸渍的纤维丝以增加机械强度。

43. 空心电抗器的结构如何？

答：空心电抗器顾名思义就是没有铁芯，以空气作导磁介质，没有限制性磁回路，所以其最大的结构特点就是空心。空心电抗器绕组采用多包封、多层、小截面圆铝线的多并联支路结构，其绕组包封采用环氧树脂玻璃纤维材料增强绕包，端部用高强度铝合金星形架夹持、环氧玻璃纤维带拉紧结构，使电抗器绕组成为刚性整体。以支柱绝缘子和非磁性金属底座支撑绕组完成安装。

44. 空心电抗器结构特点有哪些？

答：（1）绕组采用性能优良的电磁铝线，绕制时同一支路的多根导线并绕，匝数完全一致，股间电压均分、等距离排列，匝间、股间电压小；不同绕制半径的各支路之间并联连接（层间并联）、匝数接近，层间电压极低、相应部位几乎等电位，电场分布非常理想。保证了绕组能具有较高的运行可靠性。

（2）绕组包封采用外加环氧树脂玻璃纤维增强，端部采用高强度铝合金星形架夹持，整体玻璃纤维带拉紧等结构，再通过干燥浸胶工艺固化成型，使电抗器各部分成为一个坚固的复合体。因此，产品具有极高的机械强度。

（3）绕组采用多并联支路设计，每个支路又由多根相同的导线并联绕制；数个支路并联叠绕组成一个包封，数个包封并联组成一个绕组，包封与包封之间安排有散热风道。为了均衡分配电流及合理散热，采取了“等电阻电压法”设计，建立电压方程式计算每层每匝的自感及匝与匝之间的互感，再计算层与层之间的互感，从而总体计算出绕组的电感、绕组的温度分布；再通过调整每个包封参数，重复上述计算过程，不断的迭代，最终设计出一个科学合理的方案。利用现代计算机技术，把上述计算过程设计成计算机软件，大大提高了设计的准确性及效率

45. 干式电抗器的制造工艺过程如何？

答：（1）星形出线臂的制作。绕组上下端部星形出线臂既是电抗器的进出线端子、汇流架、整体夹持件，又是电抗器安装定位的承力底座。采用高强度非磁性的铝合金材料，用氩钨极、融化极氩弧焊机等先进的焊接设备进行焊接，使星形出线臂非常牢固，保证了电抗器的机械强度、稳定性及足够的通流能力。

（2）模具及绕线设备。组合式绕线模具和数控绕线机的应用，提高了绕组绕制和包封缠绕工艺的技术水平，使绕组直径、轴向高度、排线均匀度、导线张力、内外玻璃纤维编织包封质量等工艺参数都得到了较好的控制，大大提高了生产能力及效率，也大大改善了产品质量。

（3）电抗器线圈的绕制。大容量空心电抗器一般均采用“湿绕法”或“半干绕法”。线圈的缠绕使绕线机立放，又称“立绕”，在绕组制造过程中，电磁线及绝缘玻璃纤维等绝缘填充材料已经过未凝胶固化的环氧树脂浸润一起绕制，整个绕组绕制完成，环氧树脂都一直没能完全凝胶固化，要置入高温烘炉，才能反应凝胶固化成形。由于制造成本低，树脂消耗浪费相对较少，大多数制造厂家采用这一方法。但这种方法对环境干燥度要求较高，对作业现场污染大，存在许多不足。大容量空心电抗器制造周期长，传统的湿法缠绕技术下，操作人员易疲劳懈怠，致错因素上升，制造风险也迅速增加。由电脑控制绕线和缠丝，误差达千分之一，克服了人为致错因素。这一绕制方法中，环氧树脂即配即用，一方面可防止绕组中的树脂、布带等绝缘材料吸潮，另一方面又限制了树脂的自然反应。工艺的有序性和绕组的质量得到了良好的保证。

46. 空心电抗器漏磁场对周围环境有哪些影响？

答：空心电抗器是一种具有良好线性度、起始电压分布均匀、维护方便的电气产品，但是，这种电抗器由于结构形式特殊，在运行时（尤其对限流电抗器等大电流产品而言）其周

围将产生比较强的磁场，从而在电抗器内部及周围的金属中产生涡流和形成环流。在周围一定区域内的闭合导体，如常见的围栏、接地网等将因此而发热。电磁场还对通信、信息设备造成干扰。

47. 空心电抗器在安装时应注意的事项有哪些?

答: (1) 空心电抗器漏磁场的影响是不可避免的，而电抗器周围往往有接地网、金属围栏、其他设备等，容易形成闭合回路，其感应环流可达数百安培。这不仅增大损耗，其反向磁场还会与电抗器的部分绕组耦合而使电抗器的电抗值等参数发生变化。因此，安装时，电抗器之间及其与周围金属物体之间要保持足够的磁间距。如果是三相叠装或两叠一平结构产品，因其三相之间有互感且三相电流相位不同，因此，应按要求，依规定的次序进行安装，不能混装。三相水平或两叠一平安装的产品，每相电抗器中心距不少于 $1.7D$（D 为电抗器外径）。电抗器安装后，用户若在其周围加防护金属围栏，请注意空心电抗器磁场对围栏的影响，尽可能减少闭合回路的形成。连接接地环时，不要使接地环在电抗器下方形成闭合回路，当空心电抗器放置于水泥混凝土结构的楼面上时，要特别注意楼面负荷能力及电抗器外磁场对楼面等的影响。空心电抗器的漏磁场还将对计算机等电子产品产生干扰。

(2) 由于电抗器出线排多为铝排，若与铜排连接请注意铜铝过渡问题。由于铜和铝为不同材质，在两者连接时，会在两种金属的连接处发生电化学反应，导致电腐蚀的产生，增加连接面接触电阻，导致逐渐过热而烧毁。因此，在进行母排连接时，应认真考虑铜铝连接问题，可采用铜铝过渡接头。螺栓连接也要牢固，尽可能避免接触电阻的增大，尽量使用与导线相同材料的螺栓紧固。

48. 空心电抗器运行维护注意事项有哪些?

答: (1) 空心电抗器一般情况都是户外运行，除了要承受投运时线圈内部的发热外，还要抵挡日晒雨淋，运行环境比较恶劣。电抗器长期运行后，个别线圈表面会出现开裂、粉化及表面性能下降的现象。此外，空心电抗器存在较多的问题还有线圈表面树枝状放电等。因此对于如何改善空心电抗器的运行效果，除了制造厂家提高环氧树脂的耐漏电起痕水平，选用性能良好的表面耐候材料外，用户还必须对运行中的空心电抗器做定期适当的检查维护，尽可能减少产品表面在受潮情况下的泄漏电流，使其热量不足以形成电弧。

(2) 对于绕组开裂、粉化、表面性能下降等浅表性的劣化现象，应及早处理，避免发展加重，形成不可逆转的劣化。处理方法比较简单，可用砂纸打磨清除开裂、粉化等劣化的表面材料，再用无水溶剂（如无水乙醇等）清洗。并做表面喷涂及涂刷憎水性强的 RTV 材料。

(3) 定期巡检，及时发现、解决问题。

49. 电容器中串联电抗器的优缺点有哪些?

答: 优点：(1) 限制合闸励磁涌流。

(2) 抑制谐波放大和限制谐波对电容器的危害。

(3) 改善电网电压波形。

运行实践表明：如串联电抗器的主要用途是限制合闸励磁涌流，应选择 0.2%～2%容抗值的电抗器；如是为抑制高次谐波，应选择 6%容抗值的电抗器。电抗器若串联在电容器组的电源侧，其抑制谐波效果会更好。

缺点：(1) 电容器投切时产生过电压。在并联电容器组的回路串联的电抗器，特别是线性电抗器，或是品质因数较高电抗器，在断路器投切电容器时都会产生过电压，因断路器在合闸时的弹跳和分闸时的重燃，均会增加过电压产生的几率和倍数。故而投切电容器的断路器宜选择高性能、无涌流、不发生重燃的断路器，以避免操作时产生的过电压。

(2) 电容器端电压升高。当串联电抗器在电容器电源侧时，在运行中将造成电容器端电压高于母线电压，电容器端电压可表示为：

$$U_C = \frac{U_S}{\sqrt{3}S} \times \frac{1}{1-K} \tag{11-7}$$

式中：U_C 为电容器端子运行电压，kV；U_S 为并联电容器装置的母线电压，kV；S 为电容器组每相的串联段数。串联段指在单台或多台电容器连接组合中，相互并联的单台电容器的组合体。

当电抗器 X_L 相对于比电容器 X_C 较大时，则电容器端电压出现升高，若 X_L 相对于比 X_C 更大时，电容器端电压升高也越大。如 $X_L=6\%X_C$ 时，电容器端电压升高 6.4%；若 $X_L=13\%X_C$ 时，电容器端电压升高为 11.5%。

此外，对中性点不接地的 Y 形接线的电容器组，因三相实际电容量不可能完全平衡，导致部分电容器端电压升高明显。这种三相电容量不平衡程度，在串联电抗器后变得更为严重。从而造成电容器端电压升高值大于三相电容器平衡时的升高值。电容器端电压升高必将危及安全运行，影响使用寿命，甚至发生鼓肚、爆炸等事故。为此，在电容器回路串联电抗器还应考虑三相电容器的平衡情况，以免产生更大的端电压升高。

50. 串联电抗器串在电容器电源侧和串在负荷侧时有什么区别？

答：串电源侧时：

(1) 在电容器内部故障及引线故障时可减小短路电流。

(2) 在外部故障时可减少电容器对短路电流的阻增作用。

(3) 由于电抗器的作用使电容器电压比母线电压要高。

串在负荷侧时：

(1) 电容器的运行电压等于母线电压。

(2) 在电容器内部故障及引线故障时不能限制短路电流。

(3) 在外部故障时不能减少电容器对短路电流的阻增作用。

51. 串联电抗器如何选型？

答：串联电抗器的选型，宜采用干式空心电抗器或油浸式铁芯电抗器，并应根据技术经济比较确定。

52. 什么是串联电抗器的电抗率？

答：在并联电容器中，串联电抗器的电抗率是串联电抗与电容器的比值，即

$$K = \frac{X_{Ln}}{X_{Cn}} \tag{11-8}$$

式中：X_{Ln} 为电抗器的额定值；X_{Cn} 为电容器的额定值。

53. 如何选择串联电抗器的电抗率？

答：(1) 仅用于限制涌流时，电抗率宜取 0.1%～1%的阻尼电抗器。

(2) 用于抑制谐波，当并联电容器装置接入电网处的背景谐波为5次及以上时，宜取4.5%～6%。

(3) 当并联电容器装置接入电网处的背景谐波为3次及以上时，宜取12%；也可采用4.5%～6%与12%两种电抗率。

54. 选择串联电抗器应注意哪些问题？

答：(1) 并联电容器装置的合闸涌流限值，宜取电容器组额定电流的20倍；当超过时，应采用装设串联电抗器予以限制。电容器组投入电网时的涌流计算，应符合规程要求。

(2) 串联电抗器的额定电流不应小于所连接的电容器组的额定电流，其允许过电流值不应小于电容器组的最大过电流值。

(3) 变压器回路装设限流电抗器时，应计入其对电容器分组回路的影响和抬高母线电压的作用。

(4) 对于选用干式电抗器最好装在电源侧，否则一旦短路点出现在电抗器和电容器之间，电抗器对电容器的任何保护作用都不复存在，电容器只能单独承受危及自身安全的短路电流。

55. 电容器投入或退出运行有哪些规定？新装电容器投入运行前应做哪些检查？

答：(1) 正常情况下电容器的投入与退出，必须根据系统的无功分布及电压情况来决定，并按当地调度规程执行。600kvar以下可以使用负荷断路器，600kvar以上应使用真空断路器或SF_6断路器。一般根据厂家规定，当母线超过电容器额定电压的1.1倍，电流超过额定电流的1.3倍，应将电容器退出运行。

事故情况下，当发生下列情况之一时，应立即将电容器停下并报告调度。

1) 电容器爆炸；

2) 电容器接头过热或熔化；

3) 套管发生严重放电闪络；

4) 电容器喷油或起火；

5) 环境温度超过40℃。

(2) 新装电容器在投入运行前应做如下检查：

1) 电容器完好，试验合格；

2) 电容器布线正确，安装合格，三相电容之间的差值不超过一相总电容的5%；

3) 各部件连接严密可靠，电容器外壳和架构应有可靠的接地；

4) 电容器的各附件及电缆试验合格；

5) 电容器组的保护与监视回路完整并全部投入；

6) 电容器的断路器状态符合要求。

56. 电容器组电抗器（非油浸式）支持绝缘子接地要求有哪些？

答：(1) 重叠安装时，底层每只绝缘子应单独接地，且不应形成闭合回路，其余绝缘子不接地。

(2) 三相单独安装时，底层每只绝缘子应独立接地。

(3) 支柱绝缘子的接地线不应形成闭合环路。

57. 电压对电容器寿命有哪些影响？

答：(1) 在高电场的作用下，电容器的介质会加速发生电老化。

(2) 电压升高还会加速电容器的热老化。随着电压的升高，电容器的实际容量和发热量与电压的平方迅速增大，从而使电容器内部介质的最热点温度升高。

（3）当电压一旦超过电容器的起始局部放电电压，其内部介质就会受到严重损伤，在几分钟到几小时内电容器就可能失效。

58. 电容器组的操作过电压有哪些？

答：（1）合闸过电压。主要为非同期合闸过电压、合闸时触头弹跳过电压。

（2）分闸时电源侧有单相接地故障或无单相接地故障的单相重击穿过电压。

（3）分闸时两相重击穿过电压。

（4）断路器操作一次产生的多次重击穿过电压。

（5）其他与操作电容器组有关的过电压。

通常分闸操作的过电压是主要的，其中分闸过电压又主要出现在单相重击穿时，两相重击穿和一次操作时发生多次重击穿的概率均很小。

59. 电容器组限制操作过电压的主要措施有哪些？

答：（1）加装避雷器，通常选用电容器组专用的无间隙氧化锌避雷器。

（2）加装过电压阻尼装置。

60. 过电压阻尼装置如何抑制操作过电压？

答：（1）降低操作波陡度。

（2）降低操作波幅度：合闸过电压一般不超过 1.5 倍；重燃过电压一般不超过 2.2 倍。

（3）缩短操作波过程：一般仅维持 10～20ms，且不再重燃。

61. 谐波对电容器寿命有哪些影响？

答：（1）电压波形畸变，峰值升高。高次谐波电压叠加在基波电压上不仅使电容器的运行电压有效值增大，而且使其峰值电压增加更多，致使电容器因过负荷而发热，并可能发生局部因放电而损坏。

（2）实际容量增大，电容器内部介质的温升增高，热老化加剧，实际寿命缩短。

（3）合成电流增大。电容器内部载流导体上（特别是某些接触不良的连接部分或接线端子）产生的铜损随之增大，温升增高，局部过热，影响电容器的寿命。

（4）谐振可能导致电容器直接失效。

（5）电容器对电网高次谐波电流的放大作用十分严重，一般可将 5～7 次谐波放大 2～5 倍，当系统参数接近谐波谐振频率时，高次谐波电流的放大可达 10～20 倍。因此，不仅须考虑谐波对电容器的影响，还需考虑被电容器放大的谐波损坏电网设备，影响电网安全运行。

谐波对电容器的影响分析主要有以下 3 个方面：

（1）电效应。电容器其老化寿命 τ 随工作电压 U 的升高而急剧下降，可用 $\tau=KU^{-n}$ 表示。

K 是常数，n 是指数，在 7～9 范围内；通过计算，工作电压上升 10%，寿命缩短 1/2。

谐波电压很容易使电容器受到的峰值电压的升高，最不利的情况是基波和谐波电压峰值的叠加。峰值电压的上升使电容器介质更容易发生局部放电。由于谐波电压和基波电压叠加时使电压波形增加了起伏曲折，因此倾向增多了每个周期中局部放电的次数，相应增加了每个周期局部放电的功率，而绝缘寿命是和局部放电功率成反比的。

（2）热效应。在谐波作用下，电容器内损耗功率的增加从而引起电容器发热和温升增加。而有机介质电容器的热老化寿命是和 T^{-b} 成比例的，大致按 $b=7.7$ 或温升每上升 8℃，寿命缩短 1/2。

（3）机械效应。在谐波电压作用下，装在构架上的电容器的外壳与接线有可能产生机械力学上的共振，电容器内的极板在交变库仑力和电动力作用下，也要产生弹性振动。若产生超声振动，易促进油膜在电场作用下产生气体。这两种因素都会降低电容器局部放电电压，导致电容器早期损坏。

62. 电容器放电装置的作用是什么？

答：并联电容器组在脱离电网时，应在短时内将电容器上的电荷放掉，以防止再次合闸时产生大电流冲击和过电压。对单只电容器采用并联电阻（或放电线圈）进行自放电，对密集型电容器采用并在电容器两端的放电线圈，放电线圈一般设有二次绕组，供测量和保护用。

63. 如何监视电容器的正常运行？

答：（1）通过无功表（或监控系统）和电流表（或监控系统），观察装置的容量和负荷是否三相平衡并在允许的极限范围内。

（2）通过信号继电器和指示灯观察保护的动作情况，在保护动作跳闸尚未找出原因并正确处理之前，不得重新合闸。

（3）电容器组保护或外熔断器熔断后，应检查所连电容器是否损坏。未经检测核实确无故障，不得再投运，避免电容器带伤投运而引起爆炸起火。

（4）装置严禁设置自动重合闸。

（5）投入变压器或并联电抗器时，应先投变压器或并联电抗器，带上正常负荷后投电容器装置，切除时，则按相反顺序，以避免装置与系统产生电流谐振而损坏。

（6）极对壳绝缘损坏形成的弧光过电压，易引起另两相高倍的过电压并闪落，最终形成三相对地短路。

64. 哪些因素影响电容器正常运行？

答：（1）运行温度影响。电容器运行温度是保证电容器安全运行和达到正常使用寿命的重要条件之一。

电容器的介质依照材料和浸渍的不同，都有规定的最高允许温度。例如，对于用矿物油浸渍的纸绝缘，最高允许温度为 65～70℃，通常可用试温蜡片贴在外壳上进行监视，监视温度为 60℃；对于用氯化联苯浸渍时，则最高温度允许值为 90～95℃，正常监视外壳温度为 80℃。

此外，温度过低也同样对电容器不利，低温下会使电容器介质游离，电压下降，甚至可能凝固（如氯化联苯电容器低于－25℃时），如此时投入运行，会因中心温度升高快，体积膨胀可能引起开裂。

如果在严寒季节退出运行，则可能使内部产生真空。故对 YL 型电容器规定－25～40℃的范围。

（2）运行电压对电容器的影响。电容器的无功功率与电压平方成正比，因此电压变动时对电容器容量会有影响。此外，运行电压升高，会使电容器温度增加，寿命缩短，电压过高会造成电容器损坏。

（3）电压波形畸变和升高对电容器影响。在配电网中由于整流负荷等的影响，常使部分网络中高次谐波电流增加，并使受端母线电压波形畸变。并联电容器将使母线电压高次谐波成分增加，由于容抗才 $X_C=\frac{1}{2\pi fC}$，高次谐波的存在将使容抗下降，产生较大的高次谐波电流，使电容器组严重过流。

谐波的限制通常采用裂相整流的方法或者采用在电容器回路中串联小电抗的办法。

65. 电容器在运行中应注意事项有哪些？

答：（1）电容器允许在额定电压±5%波动范围内长期运行，电容器的过电压倍数及运行持续时间如表 11-7 所示，尽量避免在低于额定电压下运行。

表 11-7　电容器的过电压倍数及运行持续时间

过电压倍数（U_g/U_N）	持续时间	说明
1.05	连续	
1.10	每 24h 中有 8h 连续	指长期工作电压的最高值不超过 1.1 倍
1.15	每 24h 中有 30min 连续	系统电压调整与波动
1.20	5min	轻荷载时电压升高
1.30	1min	

（2）电容器允许在不超过额定电流的 30%运行工况下长期运行。三相不平衡电流不应超过±5%。

（3）运行中电容器室内温度最高不允许超过温度范围的上限，安装于室内的电容器必须有良好的通风，进入电容器室应先开启通风装置；户外电容器组应使电容器小面朝阳光照射时间长的方向。

（4）电介质温度低于下限温度或温度由热到急剧变化时，电容器容易产生局部放电，使介质劣化，此时应注意避免进行投切操作。

（5）发现电容器外壳膨胀、接头严重过热、严重漏油，电容器外壳示温蜡片熔化脱落、套管闪络放电或有火花时，应立即将故障电容器退出运行。

（6）当保护装置动作，不准强送。在出现保护跳闸原因没查明或即使查明没有处理禁止合闸，因环境温度长时间超过允许温度以及电容器大量渗油时禁止合闸；电容器温度低于下限温度时，不应投入操作。

（7）电容器在合闸投入前必须放电完毕，禁止电容器带电荷投入运行。

（8）电容器外壳接地要良好，每月要检查放电回路及放电电阻完好。

（9）电容器正常运行时，应保证每季度进行一次红外线成像测温，运行人员每周进行一次测温，以便于及时发现设备存在的隐患，保证设备安全、可靠运行。

（10）电容器装置在投运前应检查一次及二次接线，确认其正确和完好。

（11）对采用混装电抗器的电容器组应先投电抗值大的，后投电抗值小的，切时与之相反（主要是为了避开谐振点，例如有可能投 2 组或 3 组时发生了谐振）。

66. 对电容器运行有何要求？

答：（1）通过无功表和电流表，观察装置的容量和负荷是否三相平衡并在允许的极限范围内。

（2）通过信号继电器和指示灯观察保护的动作情况，在保护动作跳闸尚未找出原因并正确处理之前，不得重新合闸。

(3) 电容器组保护或外熔断器熔断后，应检查所连电容器是否损坏。未经检测核实确无故障，不得再投运，避免电容器带伤投运而引起爆炸起火。

(4) 装置严禁设置自动重合闸。

(5) 投入变压器或并联电抗器时，应先投变压器或并联电抗器，带上正常负荷后投电容器装置，切除时，则按相反顺序，以避免装置与系统产生电流谐振而损坏。

(6) 极对壳绝缘损坏形成的弧光过电压，易引起另两相高倍的过电压并闪络，最终形成三相对地短路。

67. 电容器定期检查项目有哪些?

答: (1) 观察熔断器的动作，电容器的渗漏、外壳的变色、鼓胞和破裂。

(2) 观察地面油迹。

(3) 观察电气连接过热征候。

(4) 检查断路器分闸和跳闸回路是否良好。

(5) 检查是否有放电痕迹。

(6) 检查闭锁装置是否有效，警告标志是否正确易读。

(7) 检查松动的连接、磨损的导线。

(8) 检查熔断器有无过热或其他损坏的迹象。

(9) 检查电流/电压互感器、控制/保护回路和断路器的整定和动作是否正确。

(10) 检查设备外表是否腐蚀严重。

(11) 测量单台电容器的电容量，并与原先的记录相比较。

(12) 清洁绝缘子、熔断器和套管，防止污闪。

(13) 检查绝缘子和套管是否破裂，是否渗漏。

68. 电容器装置在哪些情况下应立即退出运行?

答: (1) 电容器爆炸。

(2) 套管发生严重闪络。

(3) 电容器喷油。

(4) 电容器起火。

(5) 接头过热熔化。

(6) 电容器外熔丝群爆。

(7) 变电站全站停电或失压。

69. 电力电抗器可分为哪几种? 它们各有什么作用?

答: (1) 水泥电抗器（限流用)。一般装设在发电机和变电站的母线或出线上，主要作用是为了限制短路电流，同时在故障情况下，电抗器能维持母线较高的电压水平，从而保证用户电气设备工作的稳定性。

(2) 空心限流电抗器。

(3) 串联电抗器。用于并联电容回路中，主要是限制系统的短路电流、涌流及抑制谐波等。

(4) 并联电抗器。对于330kV及以上的超高压电网和电缆线路较多的电网中，以吸收电网过剩的容性无功，如500kV电网中的高压电抗器是用来吸收线路充电容性无功；220、110、35、10kV电网中的电抗器用来吸收电缆线路的充电容性无功，并通过调整并联电抗器的数量调整运行电压。

70. 无功补偿装置按照控制方式可分为哪两种?

答:（1）由断路器进行投切的无功补偿装置。

（2）静止无功补偿装置。

71. 断路器投切无功补偿装置有何特点?

答: 利用断路器来实现电容器、电抗器的投切，特别是对于电容器，由于其投切时的暂态过程比较严重，为限制投入产生的涌流，一般在电容器前面串联一个电抗值较小的电抗器，同时此电抗器与电容器组成串联谐振滤波器，以消除系统特征谐波。为防止在切除时断路器重燃，要求断路器有较强的灭弧能力，一般多采用电压等级相对额定电压高的 SF_6 或真空断路器。

72. 什么是静止无功补偿装置?

答: 由静止元件构成的并联可控无功补偿装置，通过改变其容性或（和）感性等效阻抗来调节输出，以维持或控制电力系统的特定参数（典型参数是电压、无功功率）。通常称为 SVC 或 SVS。

73. 静止无功补偿装置（SVC）的主要功能有哪些?

答:（1）输电系统 SVC 的功能特性一般包括：

1）正常工况下调相调压（即无功控制和电压偏差调节）和故障情况下电压支撑。

2）抑制工频过电压及减少电压波动。

3）改善系统稳定性和提高输电功率。

4）降低谐波水平。

5）其他特殊功能（例如：阻尼功率振荡）。

（2）配电系统及工业用户 SVC 的功能特性一般包括：

1）抑制电压波动和闪变。

2）校正三相电压不平衡。

3）降低谐波电流和谐波电压。

4）改善功率因数。

74. 安装静止无功补偿装置系统条件有哪些?

答:（1）装置连接点的额定电压及变化范围。

（2）电网频率及变化范围。

（3）电网谐波阻抗。

（4）过电压保护水平，包括雷电冲击和操作冲击保护水平。

（5）系统是否接地。

（6）供电系统主接线和设备参数以及供电方式、供电设备容量、相关的无功补偿装置及参数。

（7）PCC（公共连接点）或 CP（考核点）的背景电能质量参数，包括电压变化范围（曲线）、谐波电压、谐波电流、电压波动和闪变、三相电压不平衡度等。

（8）PCC 或 CP 的短路水平，包括最大和最小方式下的三相、单相短路电流（或短路容量）。

（9）相关保护定值以及故障清除时间。

75. 安装静止无功补偿装置负荷条件有哪些?

答:（1）用电协议容量。

（2）负荷容量及性质，包括谐波发生量、有功和无功功率变化范围（曲线）、功率因数、最大负序电流等。

（3）接线方式及负荷工况。

76. SVS，SVC，SVG，FC，TCR，TSR，TSC，TCT，SR 等专用术语各代表什么意义？

答：SVS（static var system）——静止无功补偿系统。

SVC（static var controller）——静止无功补偿装置（静止无功补偿的另一种说法）。

SVG（static var generator）——静止无功发生装置（静止补偿的另一种说法）。

FC（filter capacitor）——固定电容器。

TCR（thyristor conteroller reactor）——晶闸管控制电抗器。

TSR（thyristor switch reactor）——晶闸管投切电抗器。

TSC（thyristor switch capacitor）——晶闸管投切电容器。

TCT（thyristor controller transformers）——晶闸管控制变压器。

SR（saturated reactor）——饱和电抗器。

77. 静止无功补偿装置可分成几种型式？其应用如何？

答：（1）根据设备的结构，静止无功补偿装置可分为下列几种型式：

1）饱和电抗器型（SR）。

2）晶闸管控制电抗器型（TCR）。

3）晶闸管控制电抗变压器型（TCT）。

4）晶闸管投切电容器型（TSC）。

5）晶闸管控制电抗器和晶闸管投切电容器组合型（SVS）。

（2）各类静止无功补偿装置的应用情况如下：

1）饱和电抗器型补偿装置。具有几乎不需要维护的优越性，只是运行特性曲线的改善非常不灵活。然而，它具有吸收无功的过载能力，特别适合于控制瞬时过电压。

2）晶闸管控制电抗器型静止无功补偿装置。由六脉冲或十二脉冲晶闸管控制的电抗器和固定式并联电容器组组成。这些电抗器分成单相电抗器组，并且可按消除谐波原理组成三相。其实，在控制低电压和过电压方面，后一种组合型式适应性要强且损耗低。所有晶闸管控制型补偿装置，对运行特性曲线的改善都是很灵活的。

3）应用电抗变压器的晶闸管补偿装置。这种特殊型式有一定的缺点：其固定电容器组必须放在补偿装置的高压侧；与应用固定电容器组的晶闸管控制电抗器相比，这种补偿装置的损耗较大。

4）单独应用晶闸管投切电容器组型补偿装置，可用在只需要电压支撑，而对伏安特性曲线的平滑要求不是主要的地方。这种特殊补偿装置的损耗也较小。

78. 饱和电抗器无功补偿装置如何构成？有何特点？

答：饱和电抗器型补偿装置是静止无功补偿装置发展的第一种型式，也是在电力系统中应用成功的一种型式。它主要由饱和电抗和固定电容器组成，其标准原理接线如图 11-3 所示。

（1）饱和电抗器斜率常采用串联电容器进行校正。为了避免斜率校正电容器产生次同步振荡的危险，必须加装阻尼回路。串联电容器也可用来抵消耦合变压器的电抗。

（2）静止无功补偿装置的标准电压为饱和电抗器饱和时的电压，要求这个电压能在耦合变压器的有载分头调压器的运行范围内变化。

(3) 由于加装阻尼回路，虽然响应速度有少许降低，但是这种静止无功补偿装置的饱和铁芯较多，响应速度仍然是快的。整个响应速度取决于从静止无功补偿看去的系统的参数。

(4) 饱和电抗器有吸收无功的过载能力，因而使静止无功补偿装置成为控制瞬时过电压非常理想的设备，不过过载能力要受斜率校正电容器的限制。斜率校正电容器通常用火花间隙或非线性电阻进行保护。

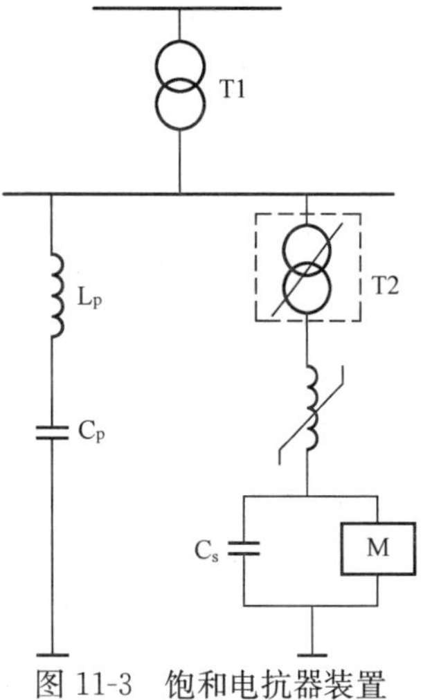

图 11-3　饱和电抗器装置原理接线图

C_s—斜率校正电容器；M—振荡阻尼及过电压保护回路；C_p—并联电容器；L_p—限流或滤波电抗器；T1—主变压器；T2—调整变压器

(5) 饱和电抗器无功补偿装置对改善伏安特性曲线的灵活性是有限的，不适宜于改变系统状态，而晶闸管控制型的静止无功补偿装置在这方面要优越得多，然而就维护而言，这种补偿装置无须特别考虑，其可靠性主要取决于电力变压器、电抗器和电容器。虽然电容器的火花间隙保护和变压器的有载分头调节器是这种装置的薄弱环节，但是电力变压器、电抗器和电容器都是标准定型产品。

(6) 饱和电抗器的损耗要高于晶闸管控制型补偿装置采用的电抗器。

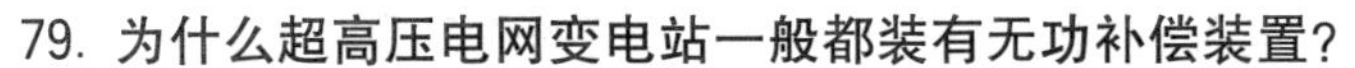

79. 为什么超高压电网变电站一般都装有无功补偿装置?

答: 在超高压电网中，由于电压等级高，输电线路长，其分布电容对无功功率平衡有较大的影响。当传送功率较大时，线路电抗中消耗的无功功率将大于电纳中产生的无功功率，线路为无功负载；而当传输功率较小（小于自然功率）时，电纳中产生的无功功率大于电抗中的损耗，线路为无功电源。但在实际运行中，按线路最小运行方式配置的补偿度约为70%的并联电抗器长期是投运的，这对线路传输功率较大时的无功功率平衡是不利的。另外，无功功率的产生基本上没有损耗，而无功功率沿着电力网的传输却会引起较大的有功功率损耗和电压损耗，故无功功率不宜长距离输送。所以一般在超高压枢纽变电站主变压器低压侧安装无功补偿装置，来满足无功功率的就地平衡，使其平衡在系统额定电压运行水平。无功补偿在平衡超高压电网中无功功率起着非常重要的作用。

80. 电力电容器的试验项目有哪些?

答: (1) 极对壳绝缘电阻。

(2) 电容值。

(3) 并联电阻值测量。

(4) 渗漏油检查。

81. 电力电容器的检修项目有哪些?

答: (1) 连接电容器金具检查。

(2) 固定金具检查。

(3) 电容器本体检修。

(4) 外观检查。

(5) 瓷检查。

(6) 导电杆检查。

(7) 电容器接地检查。

(8) 电容器编号检查。

(9) 电容器铭牌检查。

(10) 连接母线检查。

(11) 熔断器检修。

(12) 放电线圈检修。

(13) 干式电抗器检查。

82. SVG 系统由哪几部分组成?

答: SVG 系统主要由变压器(或电抗器)、启动柜、功率柜、保护柜、控制柜构成。

83. 启动柜由哪些部分构成?

答: 启动柜主要由充电限流电阻和旁路开关组成,启动时先通过限流电阻对 SVG 系统的直流侧电容进行充电,待电容电压达到预定值,闭合旁路开关后,即可进入解锁并网状态。启动柜主要作用是在 SVG 系统解锁并网运行前对直流侧电容充电。

84. 功率柜由哪些部分构成?

答: 功率柜由功率单元组成,功率单元是 SVG 系统的基本组成单元,主要由大功率电力电子器件 IGBT 及其驱动电路、支撑电容、冷却循环管路、控制板卡及相关附属器件等组成。

85. 控制柜由哪些部分构成? 各部分的作用是什么? 控制柜的作用是什么?

答: 控制柜由主控装置、阀组触发控制单元和变压器保护装置构成。

主控装置完成采样数据的接收和计算处理、同步锁相、有功和无功的控制、基本控制或相关逻辑计算、开入开出处理、装置管理、对上位机通信、接收阀组触发控制单元上送的阀组汇总信息并发送控制命令至阀组触发控制单元。

阀组触发控制单元对各功率阀组的状态信息和直流电容电压值进行汇总并通过光纤上送至主控装置,同时通过光纤接收主控装置下发的信号,完成各功率阀组之间有功功率和无功功率的分配,实现各链节电容电压的平衡。

控制柜主要完成信号采集、阀组脉冲的发生,实现不同场合的控制策略,SVG 系统的自检、监视和保护等。

86. SVG 工作原理是什么?

答: SVG 利用可关断大功率电力电子器件(如 IGBT)组成桥式电路,经过电抗器并联在电网上,通过调节桥式电路交流侧输出电压的幅值和相位或者直接控制其交流侧电流,使该电路吸收或者发出满足要求的无功电流,实现动态无功补偿的目的。

87. SVG 运行的模式有哪些?

答: SVG 运行的模式有:恒电压模式、恒无功模式、恒功率因数模式。

88. 什么是 SVG 的恒电压模式?

答: 通过设定安装点电压的波动水平定值,自动调节装置的无功功率,当系统电压低于用户设定的电压参考时,装置输出容性无功以提升系统电压;当系统电压高于该值时,装置输出感性无功以降低系统电压。

89. 什么是 SVG 恒无功模式?

答: 通过设定无功定值,使控制装置输出恒定大小的无功,“+”表示发容性无功,“-”表示吸收容性无功。

90. 什么是 SVG 恒功率因数?

答: 设定进线侧功率因数值大小,系统根据进线处的有功负荷以及功率因数值大小,自动调节装置输出无功大小，稳定进线侧功率因数值，满足电网要求。

91. 什么是SVG有源滤波？

答：装置通过检测负荷侧的电流自动调节电流输出，减小负荷侧电流的谐波，以提高负荷用电的电能质量。

92. 什么是综合电压无功方式？

答：在恒无功模式下，当电网电压越上限时进入恒电压模式，电网电压低于上限值时（4%滞环）重新进入恒无功模式。

93. SVG系统停机有哪几种？

答：SVG系统停机分为正常停机和故障停机。

94. 什么是综合电压无功方式？

答：在恒无功模式下，当电网电压越上限时进入恒电压模式，电网电压低于上限值时（4%滞环）重新进入恒无功模式。

95. SVG设备日常巡检维护项目主要有哪些？

答：（1）检查室内温度、通风情况，注意室内温度不应超过40℃。

（2）保持室内清洁卫生，保持设备表面清洁干燥。

（3）确认各柜柜门锁闭。

（4）检查SVG是否有异常响声、振动及异味。

（5）检查电力电缆、控制电缆有无明显损伤，电力电缆端子是否松动，高压绝缘热缩管是否松动。

（6）检查功率柜滤尘网是否有积灰，散热风机运转是否正常，有无异响。

（7）检查设备构架有无倾斜，检查设备构架各螺栓，应连接可靠，不松动，垫圈齐全。

（8）检查设备接地是否良好且符合规范。

（9）夜间巡视时，注意设备各部接点、绝缘子、套管等设备有无放电闪络等现象。

（10）检查状态指示与监控系统是否显示正常。

（11）定期检查交、直流电源是否异常。

（12）检查电抗器引线无过度松弛或异物搭接，声音、振动有无异常。

96. SVG及高压电缆绝缘测试的注意事项有哪些？

答：对高压电缆等进行绝缘测试，必须将功率单元与被测试器件断开，单独对被测试器件测试，否则将造成SVG的损坏。

对SVG的进行绝缘测试时，必须将所有的端子与直流侧电容两端用导线短接后，对地测试。严禁单个端子对地测试，否则有损坏SVG的危险，对启动柜进行绝缘测试需要取消TV熔丝。

97. SVG停电后的注意事项有哪些？

答：SVG停电后，功率单元直流母线仍然有残余电压，必须在电容器充分放电后方可对功率单元进行维护，在未确定正确直流母线电压之前，严禁触摸单元内部。

98. SVG设备现场调试及检验项目有哪些？

答：SVG设备到达现场进行安装后，所有设备都应完成基本检查，包括设备到达现场后的检查、安装检查、电气与机械结构检查等。检查无问题后进入现场调试环节，包括子系统试验和全系统试验。子系统试验是SVG带电试验前对所有单个设备的现场检查和试验，包括常规设备、功率单元、控制保护屏柜和冷却系统等；全系统试验是在SVG施加正常运行系统电压情况下对其规定性能进行的现场检查和试验。

99. SVG系统运行时，需注意的安全事项有哪些?

答：（1）SVG系统属于高压设备，在进行操作和维护时要注意人身安全。

（2）SVG系统运行时严禁打开柜门。

（3）在通高压电之前一定要把控制回路准备好后方可上电。

（4）SVG系统故障停机后，观察后台保护动作报文，查明原因并排除后方可再次上电。

（5）故障排除后，监控后台主画面显示“启动条件已满足”，即可重新启动。

（6）运行时发现紧急情况，启动紧急停机按钮。

（7）运行时不允许停控制电源。

（8）保持SVG室内卫生。

第十二章 chapter 12 过电压

1. 什么叫过电压？

答：在电力系统正常运行时，电气设备的绝缘处于电网的额定电压下，但由于雷击、操作、故障或参数配合不当等原因，电力系统中某些部分的电压可能升高，有时会大大超过正常状态下的数值，此种电压升高称为过电压。

2. 过电压是如何分类的？

答：

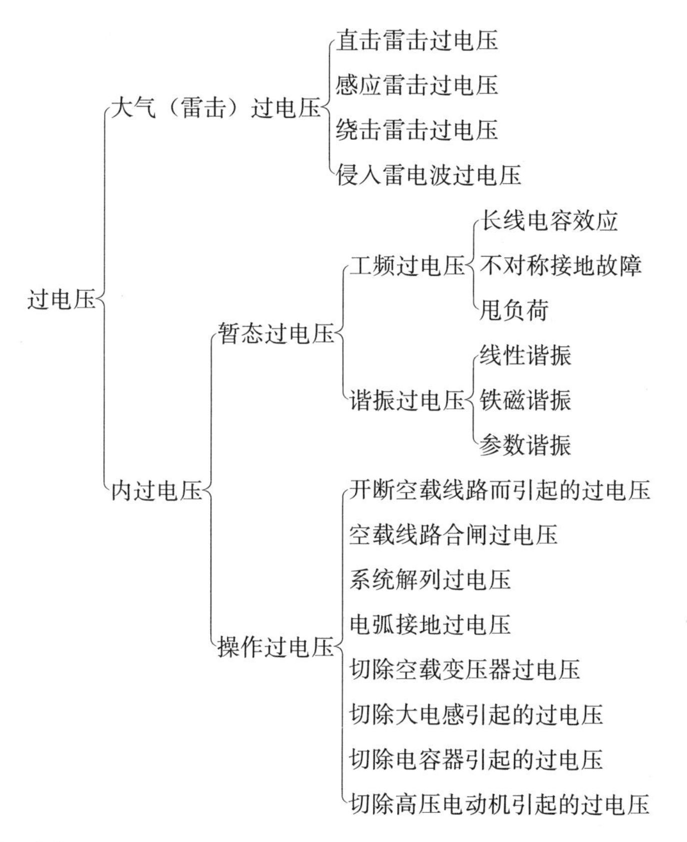

3. 什么叫大气过电压？

答：大气过电压是由于雷雨季节空中出现雷云时，雷云带有的电荷，对大地及地面上的一些导电物体都有静电感应，使地面和附近输电线路都会被感应出异种电荷，并由雷云电荷束缚着被感应的异种电荷。大气过电压可分：直击雷过电压、感应雷过电压和侵入雷电波过电压。

4. 什么叫耐雷水平？

答：雷击线路时，线路绝缘不发生闪络的最大雷电流幅值叫耐雷水平。

5. 什么叫雷击跳闸率？

答：每百千米线路每年由雷击引起的跳闸次数叫线路的雷击跳闸率。

6. 什么叫雷电日和雷电小时？

答：一日内听到的雷声，不论几次，都统计为一个雷电日。同样 1h 内听到雷声就为 1 个雷电小时。用雷电小时衡量雷电活动情况更科学些。

一般 40 个雷电日以上的地区称为多雷区，少于 15 个雷电小时的地区，称为少雷区。

7. 雷电有哪些参数？

答：（1）雷电通道波阻抗。主放电时，雷击闪电通道是一导体，故可看作与普通导体一样，对电流波呈现一定的阻抗。沿闪击通道运动的电压波幅值 U_0 与电流波幅值 I_0 间的比值 U_0/I_0，叫作雷电通道波阻抗（Z_0），在进行防雷计算时，Z_0 可近似选取 300Ω。

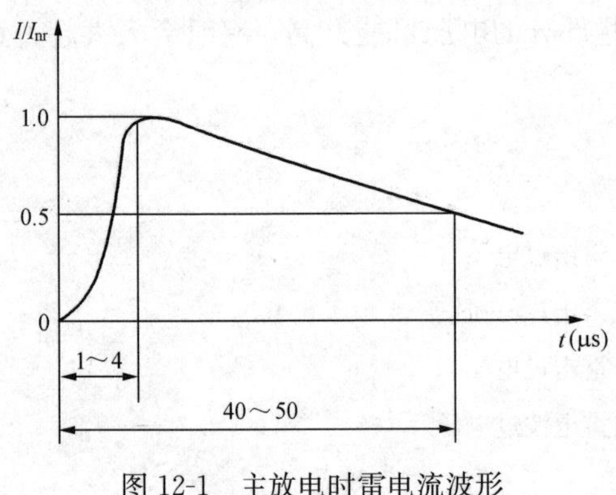

图 12-1　主放电时雷电流波形

（2）雷电流波形。主放电时的雷电流波形如图 12-1 所示，这种波形的电流（或电压）的表示方法是，绘出电流（或电压）的最大值，并以类似分数的形式，写出其波前、波长的数值等。根据实测，雷电流的波长约有半数为 40～50μs；波前长度大多数为 1～4μs。

（3）雷电流的幅值（I_0）。雷电流一般是指雷击点接地电阻为零时通过被击点的电流，其幅值为

$$I_0 = 2U_0/Z_0 \quad (\text{kA})$$

式中：U_0 为雷电压幅值，kV；Z_0 为雷电通道波阻抗，Ω。

当雷直接击中地面时，被击点的电阻很高（约可达 100Ω）。此时的雷电流只有 $R=0$ 时的 50%～70%。由于 $R=0$ 时的雷电流最大值一般不超过 200kA，当雷击地面时的 I_0 一般不超过 100～150kA。

（4）雷电流的极性。当雷云电荷为正时，所发生的雷电流极性为正；反之，为负。根据观察结果，75%～90%的雷电流极性为负，其余为正，个别的雷电流是振荡的。雷电流的极性可用磁钢棒测定。

8. 什么是直击雷过电压？

答：雷电放电时，不是击中地面，而是击中输配电线路、杆塔或其建筑物。大量雷电流通过被击物体，经被击物体的阻抗接地，在阻抗上产生电压降，使被击点出现很高的电位，被击点对地的电压叫直击雷过电压。

9. 如何防止直击雷？

答：为了防止直击雷，往往在建筑物的顶部装设避雷针或避雷带。避雷针或避雷带都是经引下线连接到接地装置，而与大地间有良好连接的。这样，当建筑物上空附近出现有雷云时，地面上感应产生的负电荷，就会沿接地装置、引下线和避雷针或避雷带进入大气中，与雷云的正电荷中和，从而避免发生大规模的强烈放电现象，这就防止了雷击的发生。

10. 什么是感应雷过电压？

答：雷雨季节空中出现雷云时，雷云带有电荷，对大地及地面上的一些导电物体都会有静电感应，地面和附近输电线路都会感应出异种电荷，当雷云对地面或其他物体放电时，雷云的电荷迅速流入地中，输电线上的感应电荷不再受束缚而迅速流动，电荷的迅速流动产生感应雷电波，其电压也很高，这种情况下产生的就是感应过电压。

11. 静电感应雷是如何产生的?

答: 当金属屋顶或其他导体处于雷云和大地间所形成的电场中时，屋顶或导体上都会感应出与雷云异性的大量电荷。雷云放电后，云与大地间的电场消失，导体和屋顶上的电荷来不及立即流散，因而产生了对地很高的静电感应过电压，引起火花放电，使存放有易燃或易爆物品的建筑物发生火灾或爆炸。

12. 如何防止静电感应雷?

答: 为了防止静电感应过电压的危害，应将建筑物的金属屋顶和建筑物内所有大型金属物体，如钢屋架、钢筋混凝土柱子、金属管道及水箱等，全部予以良好的接地，使因感应而产生的静电荷、迅速被导入地中而没有积聚的可能。这样就可以避免静电感应过电压的产生。

13. 电磁感应雷是如何产生的?

答: 由于雷击时能产生幅度和陡度都很大的雷电流，在它的周围空间里，就会形成强大的变化的电磁场。处于这一电磁场中的导体，就会感应出非常高的电动势。若导体恰巧形成间隙不大的闭合环路，那么，在间隙处就会产生火花放电现象。

电磁感应现象还可以使构成闭合回路的金属物体产生感应电流。如果回路间的导体接触不良，就会产生局部发热现象。

14. 如何防止电磁感应雷?

答: 为了防止电磁感应引起的不良后果，应将所有相互靠近的金属物体，如金属设备、管道与金属结构之间，很好地用金属线跨接起来，并最好都与接地装置有良好的连接。

15. 什么是侵入雷电波过电压?

答: 线路的导线上受到雷电直击或产生感应时，电磁波沿着导线以光速向发电厂升压站或变电站传递，从而使发电厂或变电站的设备上出现过电压，这种过电压就称为侵入雷电波过电压。

16. 什么叫内过电压?

答: 内过电压是由于操作（合闸、分闸）、事故（接地、短路、断线等）或其他原因，引起电力系统的状态发生突然变化，出现从一种稳态转变为另一种稳态的过程，在这个过程中可能产生对系统有威胁的过电压。这些过电压是系统内部电磁能的振荡和积聚所引起的，所以叫作内部过电压。内部过电压可分为工频过电压、操作过电压、谐振过电压。

17. 内过电压对设备有什么危害?

答: 内过电压和大气过电压是较高的，它可能引起绝缘弱点的闪络，可能引起电气设备绝缘损坏，甚至烧毁，在超高压和特高压系统中，内部过电压成为反映绝缘水平的主要因素之一，因此限制内部过电压是超高压和特高压系统的重点。

内过电压倍数及其主要限制措施如表 12-1 所示。

表 12-1　内过电压倍数及其主要限制措施

过电压名称	过电压倍数 K_0	限制措施
合闸空载线路	2.2～2.8（中性点直接接地）	采用有中值或低值并联电阻的断路器
	3.5～4.0（中性点非直接接地）	

续表

过电压名称		过电压倍数 K_0	限制措施
切断空载变压器或电抗器		＜3.0 （中性点直接接地）	装设氧化锌避雷器
		＜4.0 （中性点非直接接地）	
突然合空载变压器		＜2.0	—
中性点不接地电力系统间歇性弧光接地		3.0～3.5	中性点装设消弧线圈
铁磁谐振	分频谐振	＜2.5	（1）选用励磁特性较好的电磁式电压互感器或电容式电压互感器。 （2）在电压互感器开口三角形侧加装一个电阻。 （3）10kV及以下母线上装设一组三相对地电容器。 （4）改变运行方式
	基频谐振	＜3.2	
	高频谐振	＜5.1	
参数谐振		＜3.0	避免在只带空载线路的变压器低压侧合闸
断路器非同期动作		2.0～3.0 （出现在变压器中性点上）	变压器中性点加装高阻尼电阻

18. 什么是工频过电压？有何特点？

答：空载长线路电容效应引起的工频过电压，由长线路的电容效应及电网运行方式的突然改变引起，特点是持续时间长，过电压倍数不高，一般对设备绝缘危险性不大，但在超高压、远距离输电确定绝缘水平时起重要作用。不对称短路引起的工频过电压，在单相或两相不对称对地短路时，非故障相的电压一般将会升高，其中单相接地时非故障相的电压可达较高值。突然甩负荷引起的工频电压升高，在输电线路传输重负荷时，线路末端断路器跳闸，突然甩负荷，也将造成线路工频电压升高。

19. 突然甩负荷引起工频电压升高的主要因素有哪些？

答：（1）线路输送大功率时，发电机的电势必然高于母线电压，甩负荷后，发电机的磁链不能突变，将在短暂时间内维持输送大功率时的暂态电势。跳闸前输送功率越大，则暂态电势越高，计算工频电压所用等值电势越大，工频电压升高就越大。

（2）线路末端断路器跳闸后，空载线路仍由电源充电，线路越长，电容效应越显著，工频电压越高。

（3）原动机的调速器和制动设备有惰性，甩负荷后不能立即收到调速效果，使发电机转速增加（飞逸现象），造成电势和频率都上升的结果，于是电网的工频电压升高就更严重。

20. 工频过电压的产生原因及防范措施有哪些？

答：电力系统工频过电压产生的主要原因有：

（1）空载长线路的电容效应。

（2）不对称短路引起的非故障相电压升高。

（3）甩负荷引起的工频电压升高。

工频过电压的限制措施有：

（1）利用并联高压电抗器补偿空载线路的电容效应。

（2）利用无功补偿装置起到补偿空载线路电容效应的作用。

（3）变压器中性点直接接地可能降低由于不对称接地故障引起的工频电压升高。

（4）发电机配置性能良好的励磁调节器或调压装置，使发电机突然甩负荷时能抑制容性电流对发电机的助磁电枢反应，从而防止过电压的产生和发展。

（5）发电机配置反应灵敏的调速系统，使得突然甩负荷时能有效限制发电机转速上升造成的工频过电压。

21. 什么是谐振过电压？电力系统常见的谐振过电压有哪些？

答：电网内各设备的构成元件都有电感、电容，从而组成了极为复杂的振荡回路，正常运行情况下一般不发生振荡现象，受到激发后，如电网发生故障或进行某种特定的操作时，局部网络发生振荡现象，其特征是某一个或几个谐波的幅值急剧上升，在电网某一部分造成过电压。谐振过电压的持续时间与操作过电压相比要长得多。谐振过电压受到有功负荷的阻尼作用能自动消失，但有些谐振现象能稳定存在，直至谐振条件遭到破坏，如电网接线方式改变等。电力系统常见的谐振过电压有：铁磁谐振过电压、凸极点及参数谐振过电压、断线谐振过电压、定相引起的谐振过电压、电压互感器与断路器均压电容或网络对地电容的谐振过电压、配电变压器一点接地引起的谐振过电压等。

22. 谐振过电压有几类？如何防范？

答：谐振过电压的种类有：

（1）线性谐振过电压。谐振回路由不带铁芯的电感元件（如输电线路的电感，变压器的漏感）或励磁特性接近线性的带铁芯的电感元件（如消弧线圈）和系统中电容元件所组成。

（2）铁磁谐振过电压。谐振回路由带铁芯的电感元件（如空载变压器、电压互感器）和系统的电容元件组成，因铁芯电感元件的饱和现象，使回路的电感参数是非线性的，这种含有非线性电感元件的回路在满足一定的谐振条件时，会产生铁磁谐振。

（3）参数谐振过电压。由电感参数作周期性变化的电感元件（如凸极发电机的同步电抗在 $x_d \sim x_q$ 间周期变化）和系统电容元件（如空载线路）组成回路，当参数配合时，通过电感的周期性变化，不断向谐振系统输送能量，造成参数谐振过电压。

限制谐振过电压的主要措施有：

（1）提高断路器动作的同期性。由于许多谐振电压是在非全相运行条件下引起的，因此提高断路器动作的同期性，防止非全相运行，可以有效防止谐振电压的发生。

（2）在并联高压电抗器中性点加装小电抗。用这个措施可以阻断非全相运行工频电压传递及串联谐振。

（3）破坏发电机产生自励磁的条件，防止参数谐振过电压。

23. 什么是分频谐振？什么是基频谐振？什么是高频谐振？从表面现象上有何区别？

答：电力系统发生不同频率的谐振，与电力系统中导线对地分布电容的容抗 X_{c0} 和电压互感器并联运行的综合电感的感抗值 X_m 有关。

（1）当 X_{c0}/X_m 的比值较小，发生的谐振是分频谐振。因为在这种情况下，电容比较大，则电容、电感振荡时的能量交换的时间较长，如果在 1s 之内能量交换次数是电源频率的分数倍，如为 50Hz 的 1/2、1/3、1/4 等，这种频率的谐振称为分频谐振。

其表面现象为：

1）过电压倍数较低，一般不超过2.5倍的相电压；

2）三相电压表的指示数同时升高，而且有周期性的摆动；线电压表的指示数基本不变。

（2）当 X_{c0}/X_{m} 的比值较大，发生的谐振是高频谐振。因为这时对地电容值相对较小，则电容、电感振荡时的能量交换的时间就短，如果在1s之内能量交换次数是电源频率的整倍数，如为50Hz的3、5、7倍等，这种频率的谐振称为高频谐振。

其表面现象为：

1）过电压倍数较高；

2）三相电压表的指示数同时升高，而且要比分频谐振时高得多，线电压的指示数和分频谐振时相同；

3）谐振时过电流较小。

（3）当 X_{c0}/X_{m} 的比值在分频与高频之间，接近50Hz时，则发生的谐振为基频谐振。发生基频谐振时，在1s之间电感、电容的能量交换次数正好和电源频率相等或相近，因此称为基频谐振。

其表面现象为：

1）三相电压表中二相指示数升高，一相降低，线电压基本不变；

2）谐振时，过电流很大，电压互感器有响声；

3）过电压倍数一般不超过3.2倍的相电压；

4）基频谐振和系统单相接地时的现象相似（假接地现象）；

5）往往导致设备绝缘击穿、避雷器损坏、互感器熔丝熔断等。

24. 如何防止中性点不接地电网发生谐振过电压？

答：（1）对中性点绝缘系统，当断线电源侧永久接地时，为使过电压不超过 $\sqrt{3}U_{m}$ ，要求

$$\frac{X_{C1}}{X_{e}} \geqslant 25$$

式中，X_{C1} 为线路每千米正序电容；X_{e} 为接于线路变压器励磁电抗。

（2）对电磁式电压互感器的开口三角形接线绕组中加装 $R \leqslant 0.4X_{T}$ 的电阻，X_{T} 为互感器在线电压下单相换算至辅助绕组的励磁电抗。

（3）选择消弧线圈位置时，尽量避免电网中一部分失去消弧线圈的可能性。

（4）采取临时倒闸操作措施，如投入事先规定的某些线路或设备。

25. 当用母联向空载母线充电时发生谐振如何处理？送电时如何防止谐振发生？

答：当用母联向空载母线充电时发生谐振，应立即拉开母联断路器使母线停电，从而消除谐振。

送电时，防止谐振发生的办法是：采用线路和母线一起充电的方式或者对母线充电前退出电压互感器，充电正常后再投入电压互感器。

26. 如何防止变压器向空载母线充电时的串联谐振过电压？

答：当变压器向接有电压互感器的空载母线合闸充电时，在可能条件下，应将变压器中性点接地或经消弧线圈接地。其目的是防止由于电磁场和电场参数的耦合，即避免在回路中使感抗等于容抗，发生串联谐振，从而使谐振过电压引起电气设备损坏。

27. 变压器为什么会产生谐振过电压？

答：由于变压器各段绕组的等值回路为电感、电容与电阻。这样的回路具有固定的自然

谐振频率，从有关部门对7台多绕组与5台自耦降压变压器、9台升压变压器的测定数据可知，该频率范围很宽，约为数千赫兹至几百千赫兹，且其中60%以上都小于100kHz，回路的Q值最高约为30，衰减系数为0.7～0.9，很小。此时，在受到某一特殊的激发后，如电网由于操作或故障引起过电压，且满足以下情况，就有可能在其局部绕组发生谐振过电压，并造成变压器故障。

（1）电网来的过电压频率与变压器线段的自然谐振频率一致。

（2）过电压与额定电压的幅度相比，接近标幺值。

（3）衰减小，衰减时相临电压峰值系数$\Delta \geqslant 0.8$。

（4）过电压持续时间合适时。

28. 引起变压器谐振过电压的情况有哪些？

答：（1）近区故障。

（2）从短路容量大的母线处向短路线路——变压器组充电。

（3）在断开带电抗器负载的变压器时，断路器发生重燃。

（4）切断变压器励磁涌流。

29. 防止变压器谐振过电压的措施有哪些？

答：（1）在高电压、大容量变压器内采用氧化锌避雷器以限制谐振过电压。

（2）尽量能改善保护变压器的避雷器性能，例如将带间歇的阀型避雷器改为氧化锌避雷器，并在满足选择避雷器的基本条件下，选用额定电压低一些的氧化锌避雷器。

（3）对高电压、大容量变压器尽可能不使用分接头，必要时也仅用调整范围不大的无载调压变压器。

（4）对单一的线路变压器组的变电站，应特别加强变电站进线段的防雷保护。

（5）向线路变压器组送电时，如变压器高压侧有断路器，则先向线路充电，后由该断路器向变压器充电。

（6）应避免操作仅带电抗器负荷的变压器，变压器三次绕组连接的电抗器应能自动投切。

（7）设计选型及整定变压器保护时，应避免因变压器充电励磁涌流而误动作。

30. 超高压电网中产生谐振过电压的原因有哪些？

答：超高压变压器的中性点都是直接接地的，电网中性点电位已被固定，若无补偿设备，超高压电网中的谐振过电压是很少的，主要是电容效应的线性谐振和空载变压器带线路合闸引起的高频谐振。

但在超高压电网中往往有串联、并联补偿装置，这些集中的电容、电感元件使网络增添了谐振的可能性，主要有非全相切合并联电抗器的工频传递谐振；串、并补偿网络的分频谐振及带电抗器空长线的高频谐振等。

31. 超高压系统中，限制内过电压的主要措施有哪些？

答：（1）采用“两道防线”的绝缘配合原则，即以断路器并联电阻作为防护过电压的第一道防线，以氧化锌避雷器作第二道防线的原则。

（2）用断路器的分闸电阻和合闸电阻限制操作过电压。

（3）用氧化锌避雷器限制操作过电压。

（4）用正确选择参数，改进断路器性能等措施避开谐振过电压。

（5）用并联电抗器限制工频过电压。

（6）线路中增设开关站，将线路长度减短。

（7）改变系统运行接线。

32. 什么是操作过电压？

答：由于操作（如断路器的合闸和分闸）、故障或其他原因，系统参数突然变化，电力系统由一种稳定状态转换为另一种稳定状态，在此过渡过程中系统本身的电磁能量振荡而产生的过电压。实际出现的操作过电压幅值与系统的最高运行相电压幅值之比，称为操作过电压倍数。

操作过电压的持续时间约在 250～2500μs 之间。特点是具有随机性，但最不利情况下过电压倍数较高，因此，330kV 及以上超高压系统的绝缘水平往往由防止操作过电压决定。

33. 各种操作过电压产生的原因是什么？

答：（1）切除空载线路时过电压的根源是电弧重燃，重燃的矛盾的两个方面是断路器的灭弧能力和触头间恢复电压。另一个影响过电压的重要因素是线路上的残余电压。

（2）空载线路的合闸过电压是由于在合闸瞬间的暂态过程中，回路发生高频振荡造成的。

（3）在中性点绝缘的电网中发生单相金属接地将引起健全相的电压升高到线路电压。如果单相通过不稳定的电弧接地，即接地的电弧间歇性地熄灭和重燃，则在电网健全相和故障相上都会产生过电压，一般把这种过电压称为电弧接地过电压，它的产生实质上也是一个高频振荡的过程。

（4）切除空载变压器引起的过电压的原因是当变压器空载电流 i_0（电感电流）突变“切断”时，变压器绕组的磁场能量 $\frac{1}{2}Li^2$。就将全部转化为电场能量 $\frac{1}{2}Li^2$，即对变压器等值电容充电，$L_T\frac{di}{dt}$ 可能达到很高的数值，这就是切除空载变压器引起过电压的实质。同样，切除电感负载如电动机、电抗器等时，有可能在初切除的电容器和断路器上出现过电压。

（5）电网解环引起的操作过电压。

34. 限制操作过电压的措施有哪些？

答：（1）保证电网运行中有足够数量的变压器中性点直接接地，对运行中中性点不直接接地的变压器，应在投、停时直接接地，然后在正常运行后断开变压器接地开关。

（2）增大电网容量可降低过电压倍数。

（3）选用灭弧能力强的高压断路器，以防止断路器内电弧重燃。

（4）提高断路器动作的同期性。

（5）断路器断口加装并联电阻。

（6）采用性能好的避雷器，如氧化锌避雷器。

35. 什么是截流过电压？

答：断路器开断感性小电流负载时，可在电流过零之前强制熄灭产生的过电压。特别是灭弧能力强的真空断路器开断空载变压器、空载电动机时可能发生截流现象，此时电流变化率 di/dt 甚大，电感上的压降甚大，形成过电压。

36. 为什么切除空载变压器会引起操作过电压？

答：切除空载变压器是系统中常见的一种操作。变压器在空载运行时，表现为一励磁电感 L_m，因此切除空载变压器，也是切除电感负载。而切除电感负载，就会引起操作过电压。图 12-2（a）为切除空载变压器的等值电路。其中 C 为变压器绕组及其连线的对地杂散电容，L_s 为电源系统电感（$L_s \leqslant L_m$）。由于感抗 ωL_m 与由电容 C 引起的容抗 $\frac{1}{\omega C}$ 相比很小，所以流过断路器 QF 的电流 i，也就是工频励磁电流，它的相位角比电源电动势落后 90°。

假定励磁电流 i_0 在自然过零点之时被切断，那么在这一瞬间，电容和电感两端的电压恰好达到最大值，即等于电源电动势 e 的幅值 E_m，而电感 L_m 中的电荷通过 L_m 放电，并在衰减过程中逐渐消失。显然这样的合闸过程不会引起过电压。但是当断路器具有强烈的熄弧能力时，由于励磁电流很小，所以在电流自然过零点之前（例如 $I_0 = I'_0$ 时）就可以强行切断，如图 12-2（b）所示。在此截流瞬间，电感中的储能 $Li_0^2/2$ 是不会消失的，因此截流的结果将迫使绕组中的储能以振荡的形式转换给杂散电容，其值为 $CU^2/2$。

切除空载变压器所产生的过电压的大小，主要与变压器回路的参数及断路器的性能有关，因 $\frac{Li_0^2}{2} = \frac{CU^2}{2}$，因此截流过电压 $U = i_0\sqrt{\frac{L}{C}}$，即变压器的励磁电流越小，则过电压也越小。

空气断路器的熄弧能力强，截流大而且重燃次数少，故能引起较大的过电压。充油断路器等熄弧能力弱的断路器，其截流小而重燃次数多，多次重燃将使铁芯电感中的储能越来越小，故过电压的幅值也较低。

通常认为在中性点直接接地的电网中，切断 110～330kV 空载变压器的过电压一般不超过 $3.0U_{\phi z}$（变压器的最高运行相电压），个别可达 $6.0U_{\phi z}$。在中性点不接地或经消孤线圈接地的 35～154kV 电网中，切空载变压器所产生的过电压一般不超过 $4.0U_{\phi m}$，个别可达 $7.0U_{\phi m}$。

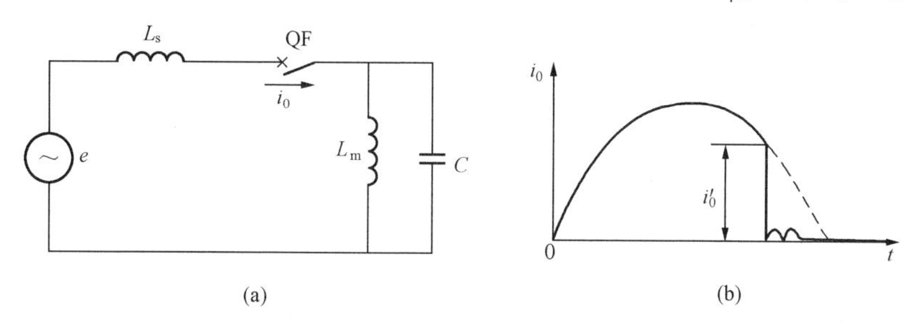

图 12-2　切除空载变压器

（a）切除空载变压器的等值电路；（b）励磁电流被强行切断

对切空载变压器所产生的过电压，可用氧化锌避雷器保护。因为切空载变压器的过电压为持续时间甚短的高频振荡，对绝缘的作用与大气过电压相似，所以可用氧化锌避雷器限制。另外装有并联电阻的断路器，可以将变压器等值电容 C 两端的电荷通过并联电阻泄漏出去，这样也能限制此种过电压。

37. 什么是间隙电弧过电压？

答：在中性点非有效接地系统中，当线路发生单相接地时，非接地的两相将向接地点提供一个电容电流，使得接地点的电弧不能自行熄灭。这是因为接地电流每一次通过零点时，电弧都要有一个暂时性熄灭，当恢复电压超过其介质恢复强度时，又将再一次发生对地击穿。当恢复电压超过其介质恢复强度时，又将再一次发生对地击穿。当接地电流太大时，这一暂时性熄弧的时间微不足道，可认为电弧是稳定的燃烧。

伴随着每次的再度击穿，都会引起电网中电磁能的强烈振荡，使非故障相、系统中性点甚至故障相产生过渡过程过电压。

在实际电网发生间歇性电弧接地时，熄弧和重燃过程是极复杂的。另外，尚应考虑线路相间电容的影响、绝缘子串泄漏电荷的影响以及网络损耗电阻对过渡过程振荡的衰减作用等。如前所述，实际的过电压倍数最大为3.5，绝大部分均小于3.1。

间歇电弧接地过电压幅值并不太高，对于现代中性点不接地电网中的一般设备，因为它们具有较大的绝缘裕度，是能承受这种过电压的。但因这种过电压持续时间长，过电压遍及全网，对电网内装设的绝缘较差的老设备、线路上存在的绝缘弱点，尤其是直配电网中绝缘强度很低的旋转电机等，都将存在较大威胁，在一定程度上影响电网的安全运行。我国曾多次发生间歇电弧过电压造成的停电事故，因此，仍应对电弧接地过电压予以重视。防止电弧接地过电压的危害，要保证电气设备绝缘良好，为此应做好定期预防性试验和检修工作，运行中应注意监视和维修工作（例如清除严重污垢等）。

38. 过电压的波形在导线上传递将有什么后果？

答：进行波沿无损耗均匀线路传播时，电压和电流波形保持不变，它们的比值决定于线路的波阻抗。当行波到达线路的某一点时，若线路参数发生变化，例如从波阻抗较大的架空线到达波阻抗较小的电缆线路，或相反；由于节点前后波阻抗不同，而波在前进过程中必须保证电压波和电流波的比值等于线路的波阻抗，这就意味着在节点处必然要发生折反射。

当线路末端开路（如断路器在热备用状态，或线路遭雷击而两侧断路器跳闸并导线再次遭雷击），线路末端将发生电压波正的全反射和电流波的负的全反射，线路末端的电压上升到入射电压的两倍；随着发射波的逆向传播，所到之处线路电压也加倍，而由于电流波负的全反射，线路的电流下降到零。

过电压波在开路（断路器热备用）末端的加倍升高对绝缘是很危险的，在考虑过电压防护措施时对此应给予充分的考虑。

例1：某供电公司35kV线路遭雷击，进行波传到该站35kV母线上，而此时的母联断路器在热备用，使母联断路器（SF_6）B相单相金属接地，又导致A、B相弧光短路瓷套爆炸，造成7座35kV变电站停电事故。

例2：某220kV线路单相遭雷击，线路两侧断路器单相跳闸，此时线路第二次遭雷击，使线路两侧断路器均爆炸。

进行波在导线上传递的折反射不仅使雷过电压波形对设备绝缘造成危害，同时对内过电压的波形同样会产生严重的后果。

39. 变电站装有哪些防雷设备？

答：为了防止直击雷对变电站设备的侵害，变电站装有避雷针或避雷线，但常用的是避雷针。为了防止进行波的侵害，按照相应的电压等级装设氧化锌避雷器和与此相配合的进线保护段，即架空地线、管型避雷器或火花间隙，在中性点不直接接地系统装设消弧线圈，可减少线路雷击跳闸次数。为了防止感应过电压，旋转电机还装设有保护电容器。为了可靠的防雷，所以以上设备都必须装设可靠的接地装置。

防雷设备的主要功能是引雷、泄流、限幅、均压。

40. 避雷针是如何防雷的？

答：避雷针之所以能防雷，是因为在雷云先导发展的初始阶段，因其离地面较高，其发展方向会受一些偶然因素的影响，而不“固定”。但当它离地面达到一定高度时，地面上高耸的避雷针因静电感应聚集了雷云先导性的大量电荷，使雷电场畸变，因而将雷云放电的通路由原来可能向其他物体发展的方向，吸引到避雷针本身，通过引下线和接地装置将雷电波放入大地，从而使被保护物体免受直接雷击。所以避雷针实质上是引雷针，它把雷电波引入大地，有效地防止了直击雷。

41. 防雷装置由哪几部分组成？起什么作用？

答：防雷装置由接闪器、引下线和接地极三部分组成。

（1）接闪器是防直击雷保护中接受雷电流的金属导体，其形式可分为避雷针、避雷带（线）、避雷网。

1）避雷针由避雷针针头、引流体和接地体三部分组成，可保护设备免受直接雷击。

2）架空避雷线主要作用是：①防止雷直击导线；②对塔顶雷击起分流作用，从而减低塔顶电位；③对导线有耦合作用，从而降低绝缘子串上的电压；④对导线有屏蔽作用，从而降低导线上的感应过电压。

3）避雷网用于较重要的建筑物的防雷保护。

（2）引下线又称引流器，它的作用是将接闪器承受的雷电流引到接地装置。

（3）接地装置主要作用有：

1）将直击雷电流发散到大地中去的防直击雷接地。

2）将引下线引流过程中对周围大型金属物体产生感应电势的防感应雷接地。

3）防止高电位沿架空线侵入的放电间隙或避雷器接地。

42. 避雷针的动作过程如何？

答：避雷针由避雷针针头、引流体和接地体三部分组成。避雷针可保护设备免受直接雷击。

避雷针一般明显高于被保护物，当雷云先放电临近地面时首先击中避雷针，避雷针的引流体将雷电流安全引入地中，从而保护了某一范围内的设备。避雷针的接地装置的作用是减小泄流途径上的电阻值，降低雷电冲击电流在避雷针上的电压降。

43. 避雷针（线、带、网）的接地有哪些要求？

答：（1）避雷针（线、带、网）的接地除应符合接地有关规定外，还应遵守下列规定：

1）避雷针（带）与引下线之间的连接应采用焊接。

2）避雷针（带）的引下线及接地装置使用的紧固件均应使用镀锌制品。当采用没有镀锌的地脚螺栓时应采取防腐措施。

3）建筑物上的防雷设施采用多根引下线时，宜在各引下线距地面的1.5～1.8m处设置断接卡，断接卡应加保护措施。

4）装有避雷针的金属筒体，当其厚度不小于4mm时，可做避雷针的引下线，筒体底部应有两处与接地体对称连接。

5）独立避雷针及其接地装置与道路或建筑物出入口等的距离应大于3m。当小于3m时，应采取均压措施或铺设卵石或沥青地面。

6）独立避雷针（线）应设置独立的集中接地装置。当有困难时，该接地装置可与接地网连接，但避雷针与主接地网的地下连接点至35kV及以下设备与主接地网的地下连接点，沿接地体的长度不得小于15m。

7）独立避雷针的接地装置与接地网的地中距离不应小于3m。

8）配电装置的架构或屋顶上的避雷针应与接地网连接，并应在其附近设集中接地装置。

（2）建筑屋上的避雷针或防雷金属网应和建筑物顶部的其他金属物体连接成一个整体。

（3）装有避雷针和避雷线的构架上的照明灯电源线，必须采用直埋于土壤中的带金属防层的电缆或穿入金属管的导线。电缆的金属护层或金属管必须接地，埋入土壤中的长度应在10m以上，方可与配电装置的接地网相连或与电源线、低压配电装置相连接。

（4）发电厂和变电站的避雷线线档内不应有接头。

（5）避雷针（网、带）及其接地装置，应采取自下而上的施工程序。首先安装集中接地装置，后安装引下线，最后安装接闪器。

44. 什么是避雷器？

答：避雷器（lightning arrester，surge arrester）是一种能释放过电压能量限制过电压幅值的保护设备。使用时将避雷器安装在被保护设备附近，与被保护设备并联。在正常情况下避雷器不导通（最多只流过微安级的泄漏电流）。当作用在避雷器上的电压达到避雷器的动作电压时，避雷器导通，通过大电流，释放过电压能量并将过电压限制在一定水平，以保护设备的绝缘。在释放过电压能量后，避雷器恢复到原状态。

45. 避雷器怎样分类？

答：按发展的先后，即保护间隙、管型避雷器（包括一般管型和新型）、阀型避雷器、磁吹阀式避雷器和氧化锌避雷器。目前主要使用氧化锌避雷器，其中保护间隙、管型避雷器（包括一般管型和新型）和阀型避雷器只能限制雷过电压，而磁吹阀式避雷器和氧化锌避雷器既可限制雷过电压，也可限制内过电压。

（1）保护间隙是最简单的避雷器。

（2）管型避雷器也是一个保护间隙，但它在放电后能自动灭弧。

（3）阀型避雷器。为了进一步改善避雷器的放电特性和保护效果，将原来的单个放电间隙分成许多短的串联间隙，同时增加了非线性电阻（这种非线性电阻阀片是用金刚砂 SiC 和结合剂烧结而成，称为碳化硅片），发展成阀型避雷器。

（4）磁吹阀式避雷器因利用了磁吹式火花间隙，间隙的去游离作用增强，提高了灭弧能力从而改进了它的保护作用。

（5）氧化锌避雷器。氧化锌避雷器是在20世纪70年代出现的一种新型避雷器，它具有无间隙、无续流、残压低等优点。

磁吹阀式避雷器和氧化锌避雷器能在限制雷过电压外，还具有限制电力系统内部过电压的能力。

46. 对避雷器有哪几个基本要求？

答：为了可靠地保护电气设备，使电力系统安全运行，任何避雷器必须满足下列要求：

（1）避雷器的伏秒特性与被保护设备的伏秒特性要正确配合，即避雷器的冲击放电电压任何时刻都要低于被保护设备的冲击电压。

（2）避雷器的伏安特性与被保护的电气设备的伏安特性要正确配合，即避雷器动作后的残压要比被保护设备通过同样电流时所能耐受的电压低。

（3）避雷器的灭弧电压与安装地点的最高工频电压要正确地配合，使在系统发生一相接地的故障情况下，避雷器也能可靠地熄灭工频续流电弧，从而避免避雷器发生爆炸。

（4）当过电压超过一定值时，避雷器产生放电动作，将导线直接或经电阻接地，以限制过电压。

47. 220kV 及以上避雷器上部均压环起什么作用？

答：220kV以上的避雷器一般为多元件组合，每一节对地电容不一样，影响工频电压分布，加装均压环后，使避雷器电压分布均匀，否则在有并联电阻的避雷器中，当其中一个元件的电压分布增大时，其并联电阻中的电流很多，会使电阻烧坏，同时电压分布不均匀，还可能使避雷器不能灭弧。

48. 什么是金属氧化物避雷器？

答： 由金属氧化物电阻片相串联和（或）并联，有或无放电间隙所组成的避雷器。包括无间隙和有串联、并联间隙的金属氧化物避雷器，但大多数无间隙。

金属氧化物避雷器的阀片是以氧化锌为主要原料，掺入多种微量金属氧化物烧结而成，具有优良的非线性特性，其非线性系数 α 可低至 0.01～0.04。

金属氧化物避雷器在正常工作电压下阀片仅通过微安级的小电流，故大多可制成无串联间隙的避雷器。金属氧化物阀片的单位体积吸收能量大，可多柱并联而成倍提高通流能力，可吸收很大的操作过电压能量。具有串联间隙的金属氧化物避雷器，用于要求较高荷电率和较大能量释放能力的中性点非有效接地系统。带有并联间隙的金属氧化物避雷器是在部分阀片上并联放电间隙，以减少避雷器的荷电率，而当残压上升到一定值时并联的间隙放电将这部分阀片短接，维持较低的残压水平。

49. 金属氧化锌避雷器如何分类？

答：（1）按电力系统分：交流，直流。

（2）按结构分：无间隙、带串联间隙、带并联间隙。

（3）按外瓷套分：瓷套式、罐式、复合外套。

（4）按使用场所分：电站用、配电用、并联补偿电容器用、发电机用、发动机用、发电机中性点用、变压器中性点用、线路用。

50. 氧化锌避雷器的型号含义是什么？

答： 氧化锌避雷器的型号含义如下：

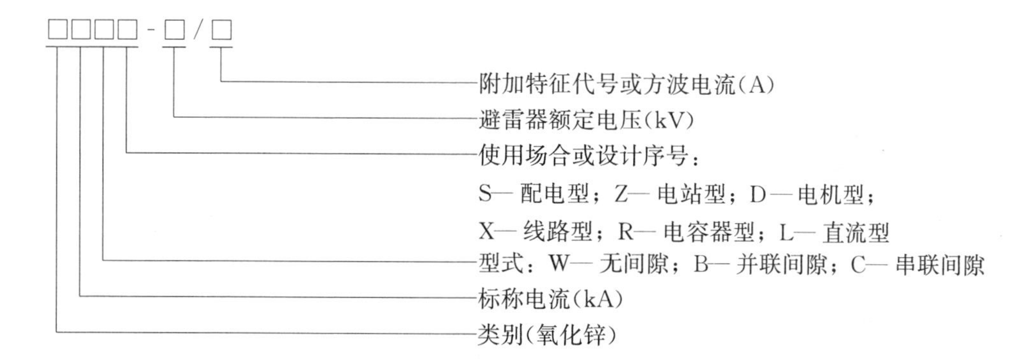

（1）产品型式。Y 表示瓷绝缘外套、罐式金属氧化物避雷器；YH 表示有机复合外套金属氧化物避雷器。

（2）标称放电电流，单位 kA。

（3）结构特征。W 表示无间隙；C 表示有串联间隙；B 表示有并联间隙。

（4）使用场所。S 表示适用于配电；Z 表示适用于发变电站；R 表示适用于保护电容器组；X 表示适用于变电站线路侧；L 表示适用于直流；O 表示适用于油浸式；B 表示适用于阻波器；T 表示适用于电气化铁道；F 表示 GIS 用。

对于低压系统、旋转电机、变压器、电机中性点保护的避雷器，包括中性点直接接地的避雷器，均不采用使用场所代号予以表示。

（5）设计序号。当产品结构特征、使用场所及特征数字均相同，但其外形尺寸内部结构、安装尺寸或其他特性不同，需要在产品型号上区别时，则使用设计序号，并按产品开发时间顺序依次排列以阿拉伯数字表示。

(6) 附加特征代号。J 表示系统中性点有效接地；W 表示用于重污秽地区，耐污型；G 表示用于高原地区，高原型（1000～3000m）；K 表示避雷器具有高抗震能力；T 表示应用于温热带地区。

51. 氧化锌避雷器主要电气参数有哪些?

答：(1) 额定电压。是指施加到避雷器端子间的最大允许工频电压有效值，按照此电压所设计的避雷器能在所规定的动作负载试验中确定的暂时过电压下正确动作。它不等于系统的标称电压。

(2) 持续运行电压。是指允许持久地施加在避雷器端子间的工频电压有效值。一般相当于避雷器额定电压的 75%～80%。

(3) 持续运行电流。是指在持续运行电压下通过避雷器的持续电流不超过规定值，该值由制造厂规定和提供，所提供值应包括全电流和阻性电流基波分量的峰值。

交接试验时，在系统运行电压下测量持续电流即运行电压下的交流泄漏电流应不大于出厂试验值的 30%。

(4) 工频参考电压。是指避雷器在工频参考电流下测出的避雷器的工频电压最大峰值除以 $\sqrt{2}$。工频参考电流由制造厂确定，对于单柱避雷器，参考电流的典型范围为每平方厘米电阻片面积 0.05～1.0mA。工频参考电压不低于避雷器的额定电压值。

(5) 直流参考电压。是指直流参考电流下测出的避雷器的电压。直流参考电流的数值由制造厂规定。通常取 1～5mA，国内一般取 1mA。直流 1mA 参考电压值一般不小于避雷器额定电压的峰值。

交接试验的直流参考电压不应大于出厂值的±5%。

(6) 0.75 倍直流参考电压泄漏电流。是指在 0.75 倍直流 1mA 参考电压下的泄漏电流不应大于 50μA。额定电压大于 216kV 时，漏电流由制造厂和用户协商规定。

(7) 标称放电电流。是用来划分避雷器等级的波形为 8/20μs 的雷电冲击电流峰值。对一定电压等级的电力系统和相应绝缘水平的线路而言，侵入变电站的雷电波作用于避雷器时，一般通过避雷器的放电电流峰值不应超过某一数值，这个数值定为标称放电电流。该放电电流在 66～110kV 为 5kA；220kV 系统为 10kA；330～500kV 系统为 10～20kA；对于 500kV 系统，当变电站装有两组及以上的避雷器时为 10kA，只有一组避雷器时则为 20kA。

(8) 残压。是指放电电流通过避雷器时，其端子间最大电压峰值。它分为三个类型：雷击冲击残压、操作冲击残压和陡波残压。

(9) 工频电压耐受时间特性。是指表明避雷器在运行中吸收了规定的操作过电压能量后，耐受暂时过电压的能力。当暂时过电压的幅值高于或低于避雷器额定电压而作用时间短于或长于 10s 时，可以用工频耐受时间特性曲线校核，该曲线必须由避雷器制造厂提供。

52. 35～500kV 非线性金属氧化物避雷器的结构特点有哪些?

答：金属氧化物避雷器是将相应数量的氧化锌电阻片密封在瓷套或其他绝缘体内而组成。无任何放电间隙。避雷器设有压力释放装置，当其在超负载动作或发生意外损坏时，内部压力剧增，使其压力释放装置动作，排除气体。500kV 避雷器由 3 个元件（220kV 2 个元件）、均压环、底座或绝缘端子组成；220kV 以下避雷器由 1 个元件、底座或绝缘端子组成。

金属氧化物避雷器的结构示意图如图 12-3 所示。

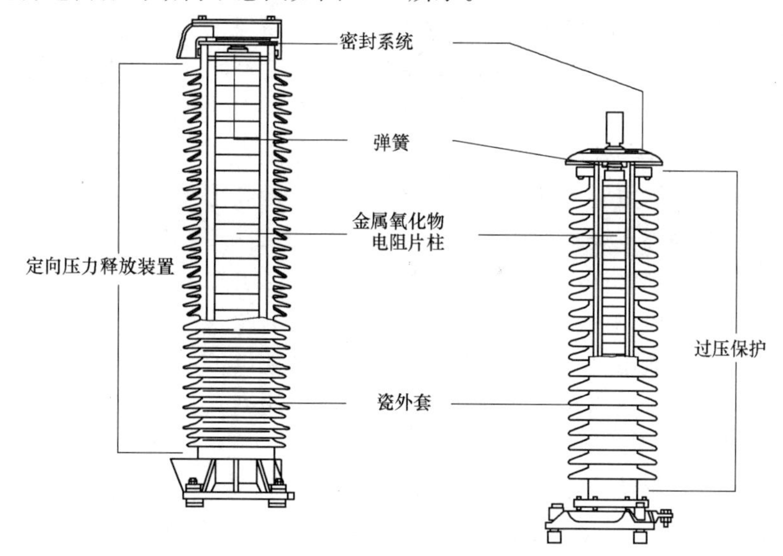

图 12-3　金属氧化物避雷器结构示意图

53. 非线性金属氧化物电阻阀片的特点有哪些？

答：避雷器的主要工作部件。由于其具有非线性伏安特性，在过电压时呈低电阻，从而限制避雷器端子间的电压。在正常运行电压下，避雷器呈高阻绝缘状态；当受到过电压冲击时，避雷器呈低阻抗状态，迅速泄放冲击电流入地，使与其并联的电气设备上的电压限制在规定值内，以保证电气设备的安全运行。

54. ZnO 非线性电阻阀片的基本构成如何？

答：（1）ZnO 非线性电阻阀片以 ZnO 材料为主体（占总摩尔数的 90%以上），添加 Co_2O_3、MnO_2、Bi_2O_3、Sb_2O_3 等金属氧化物，在 1250℃的高温下烧结而成。

（2）不同厂家及研究机构的添加物成分不完全相同，当添加物含量超过 0.001mol 时开始呈现非线性。

ZnO 非线性电阻阀片的基本构图如图 12-4 所示。

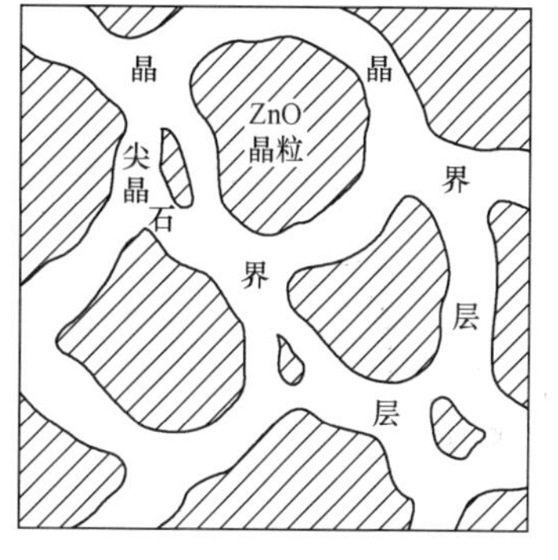

图 12-4　ZnO 非线性电阻阀片的基本构图

ZnO 晶粒：ZnO 晶粒是结构的主体，晶粒中固有微量的 Co、Mn 等元素，晶粒直径由数微米至 100μm，晶粒的电阻率较低，为 0.5～2.7Ω·cm。

晶界层：

1）晶界层包围在 ZnO 晶粒外，将各晶粒隔开，其厚度为 20～2000Å（埃）。

2）由多种添加物组成，主要成分是 Bi_2O_3，也包括有微量的锌和其他金属氧化物。

3）电阻片具有明显的压敏特征，其电阻率在低电场下为 10^{10}～10^{11}Ωcm。当层间电位梯度达 10^4～10^5V/cmA 时，其电阻骤然下降，此时，由晶界层所决定的高阻状态过渡至由晶粒电阻决定的低阻状态。

4）具有电介质的特性，其相对介电常数为 1000～2000，因此氧化锌电阻片具有较大的固有电容。

尖晶石：

1）尖晶石晶粒，零星分散在氧化锌晶粒之间，其粒径约为 3μm，是氧化锌和氧化锑为主组成的复合氧化物（$Zn_7Sb_2O_{12}$）。

2）其作用是在烧结过程中，抑制 ZnO 晶粒的过分长大，以免晶界层减少，非线性特性变差。

55. 氧化锌避雷器的结构如何？

答：氧化锌避雷器的主要元件是氧化锌阀片，它是以氧化锌（ZnO）为主要材料，加入少量金属氧化物，在高温下烧结而成。

氧化锌避雷器的内部元件由中间有孔的环形氧化锌电阻片组成，孔中穿有一根有机绝缘棒，两端用螺栓紧固而成，内部元件装入瓷套内，上、下两端各有一个压紧弹簧压紧。瓷套两端法兰各有一压力释放出来，以防瓷套爆炸和损坏其他设备。避雷器根据电压高低可用若干个元件组成，顶部装有均压环，底部装有绝缘基础，用来安装避雷器的动作计数器和动作电流幅值记录装置。

500kV 及以上电压等级的氧化锌避雷器，由于器身较高，杂散电容大，若不采取措施，避雷器整体电位将分布不均匀。因此，在避雷器顶端装设有均压环，多节避雷器各节并联装设不同数值的电容器，以改善其电位分布。为防止避雷器发生爆炸，避雷器均装设有压力释放装置。

56. 氧化锌避雷器有哪些特点？

答：（1）结构简单，造价低，性能稳定。

（2）串联火花间隙放电需要一定的延时，而氧化锌避雷器没有串联火花间隙，因而有效地改善了避雷器在陡波下的保护性能。

（3）在雷电过电压下动作后，无工频续流，使通过避雷器的能量大为减少，从而延长了工作寿命。

（4）氧化锌阀片通流能力大，提高了避雷器的动作负载能力和电流耐受能力。

（5）无串联火花间隙，可直接将阀片置于 SF_6 组合电器中或充油设备中。

（6）残压低，具有优异的保护性能，保护性能优越。

（7）通流容量大，吸收过电压能量的能力强。

57. 避雷器压力释放装置的作用是什么？

答：用于释放避雷器内部压力的装置，并防止外套由于避雷器的故障电流或内部闪络时间延长而发生爆炸。

58. 画出氧化锌避雷器的电路原理图。

答：氧化锌避雷器的电路原理图如图 12-5 所示。

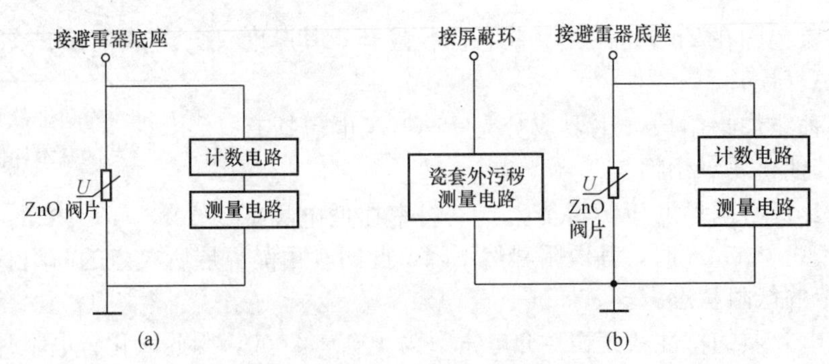

图 12-5 氧化锌避雷器电路原理图

（a）JCQ□-□型；（b）JCQ□-□W 型

59. 画出氧化锌避雷器的典型接线。

答：氧化锌避雷器的典型接线如图 12-6 所示。

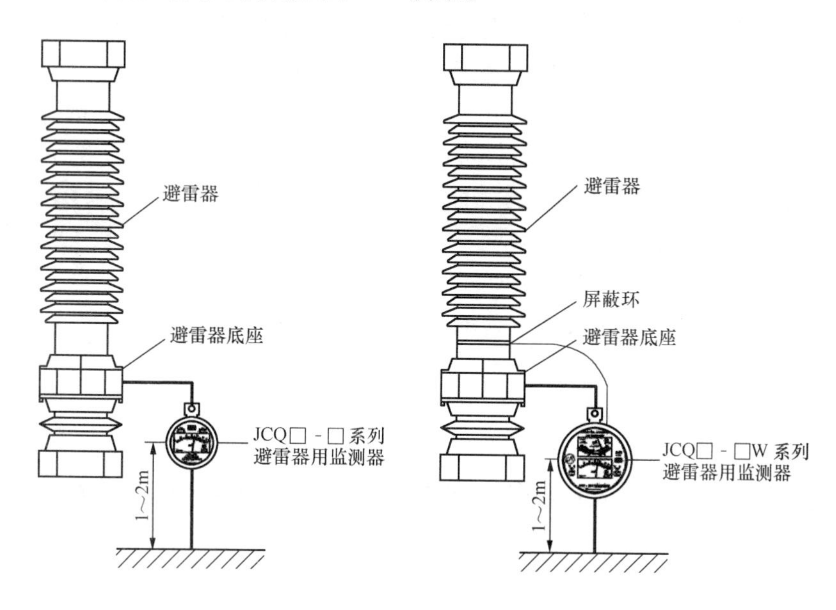

图 12-6　氧化锌避雷器典型接线图

60. 什么是操作冲击残压？

答：在操作冲击放电电流通过避雷器时其端子间的最大电压值。操作冲击残压是表征避雷器保护特性的重要参数之一。操作冲击电流的波形，其视在波前时间大于 30μs 而小于 100μs，波尾半峰值时间近似为视在波前时间的 2 倍。

61. 什么是续流？

答：具有串联间隙的普通阀式和磁吹避雷器动作（间隙放电）将冲击电流释放时及释放后，与此连接的随之通过避雷器流入大地的电力系统的工频电流，也称为工频续流。放电间隙应能在灭弧电压（即带串联间隙避雷器的额定电压）作用下切断工频续流。普通阀式避雷器所能切断的工频续流不超过 100A（幅值）。磁吹避雷器切断工频续流的能力要大得多，旋转电弧型磁吹间隙能切断 300A（幅值），而拉长电弧型磁吹间隙则更可熄灭高达 1000A（幅值）的续流。

62. 如何监视氧化锌避雷器泄漏电流表的值？

答：在正常运行情况下，氧化锌避雷器内部电流主要是容性的，数量级为 1mA 到几毫安。通过避雷器和 TBX 计数器到接地网的电流，但是由于各制造厂家的产品差异，因此在标准和厂家说明书中对此值都没有进行具体的规定，现场运行人员应当如何监视泄漏电流表的值？可从以下几个方面进行：

（1）定期对三相泄漏电流表的值进行监视，并对三相进行比较。

（2）将本次的读数与以往的读数进行比较。

（3）若发现某相值偏大，应加强监视，并跟踪观察。若继续增大应按本站的缺陷管理制度上报缺陷，必要时应停电进行检查。

一般，随着电压等级越高，电阻阀片的内径越大，其允许的泄漏电流表的值就越大，如 500kV 一般不超过 3mA。

63. 氧化锌避雷器常见故障有哪些？

答：（1）避雷器内部受潮。电力系统中避雷器受潮引起泄漏电流增加或内部闪络事件最为常见。避雷器受潮的主要原因是密封不良或组装避雷器过程中带进的水分。在运行电压和温度的作用下，水分蒸发于阀片外侧和瓷套内壁，引起沿面闪络。

（2）避雷器电位分布不均匀，导致电阻片老化。高压或超高压避雷器的整体尺寸较大，避雷器的杂散电容影响较大，电位分布较难控制。通常采取内部加装电容和外部均压环共同控制。但因设计验证不够或运行中瓷套表面污秽严重，易导致电位分布不均而加速电阻片老化。

64. 氧化锌避雷器日常运行维护的项目有哪些？

答：（1）瓷套无裂纹、破损及放电现象，表面有无严重污秽。

（2）法兰、底座瓷套有无裂纹。

（3）均压环有无松动、锈蚀、倾斜、断裂。

（4）避雷器内部有无响声。

（5）与避雷器连接的导线及接地引下线有无烧伤痕迹或烧断、断股现象，接地端子是否牢固。

（6）避雷器动作记录的指示数是否有改变（即判断避雷器是否动作），泄漏电流是否正常（即判断避雷器内部是否正常），动作记录器连接是否牢固，动作记录器内部（罩内）有无积水。如表 12-2 所示。

表 12-2　根据表计对避雷器进行判断

项　目	现　象	原 因 分 析
泄漏电流	读数异常增大	内部受潮（增大较大，已到警戒区域，或出现顶表，应申请停电） 注：应综合气候、环境及历史数据，并结合红外线测温图像分析
	读数降低甚至为零	（1）支持底座瓷套过度脏污或天气潮湿，使表面泄漏电流增大，造成分流加大，使读数降低； （2）引下线松脱或电流表内部损坏； （3）表计指针卡涩（可拍打看能否恢复）
动作次数	动作次数增加	遭受过电压，避雷器动作
监测器外观	积水、脏污	封堵不严、环境恶劣

65. 氧化锌避雷器电阻片制造工艺流程如何？

答：电阻片生产工艺流程如图 12-7 所示。

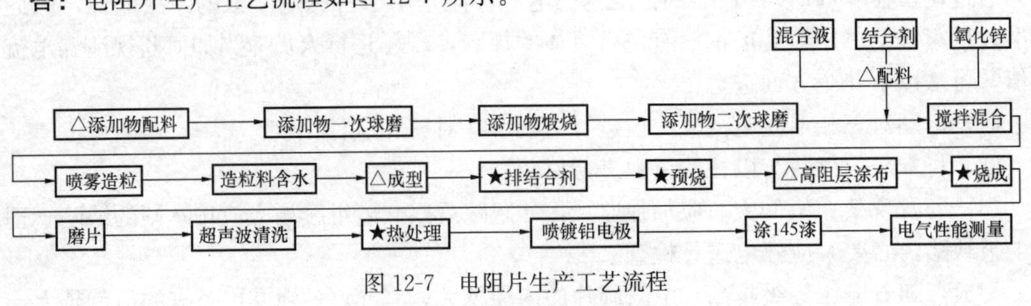

图 12-7　电阻片生产工艺流程
（★为特殊过程；△为关键过程）

66. 瓷套式避雷器生产工艺流程如何？

答：瓷套式避雷器生产工艺流程如图12-8所示。

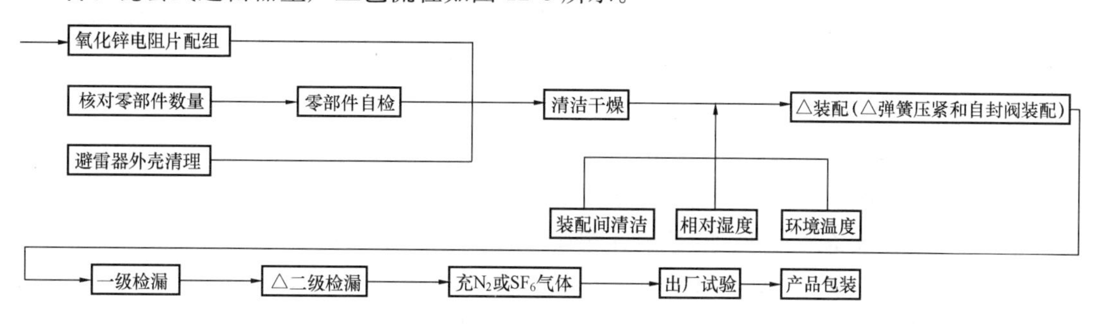

图12-8 瓷套式避雷器生产工艺流程

67. 避雷器、避雷针用什么方法记录放电？

答：避雷器、避雷针用装设磁钢棒和放电记录器两种方法记录放电，放电记录器的基本原理是当雷电流通过避雷器入地时，对记录器内部电容器进行充电。当雷电消失后，电容器对记录器的线圈放电，记录放电次数。磁钢棒记录放电的基本原理是当雷电流通过避雷针入地时，磁钢棒被雷电流感应而磁化，记录雷电流数值。

68. 避雷器和避雷针在运行中应注意哪些事项？

答：避雷器是用来保护变电站电气设备的绝缘免受大气过电压及操作过电压危害的保护设备。对运行中的避雷器应做下列工作：

（1）每年投运的避雷器进行一次特性试验，并对接地网的接地电阻进行一次测量，电阻值应符合接地规程的要求，一般不应超过5Ω。

（2）6～35kV的避雷器应于每年3月底投入运行，10月底退出运行；110kV以上的避雷器应常年投入运行。

（3）应保持避雷器瓷套的清洁。低式布置时，遮栏内应无杂草，以防止避雷器表面的电压分布不均或引起瓷套短接。

（4）在装拆动做记录时，应首先用导线将避雷器直接接地，然后再拆下动作记录器。检修完毕装好后，再拆去临时接地线。

（5）6～10kV系统为中性点不接地系统。当6～10kV的避雷器发生爆炸时，如引线未造成接地，则应将引线解开或加以支持，以防造成相间短路。

（6）对避雷针应注意有否倾斜、锈蚀的情形，以防避雷针倾斜。避雷针的接地引下线应可靠，无断落和锈蚀现象，并定期测量其接地电阻值。

69. 电气上的“地”是什么意义？什么叫作对地电压？

答：当运行中的电气设备发生接地故障时，接地电流将通过接地体，以半球面形状向地中流散，如图12-9所示。在距接地体越近的地方，由于半球面较小，故电阻大，接地电流通过此处的电压降也较大，所以电位就高。反之，在远离接地体的地方，由于半球面大，故电阻就小，所以电位就低。

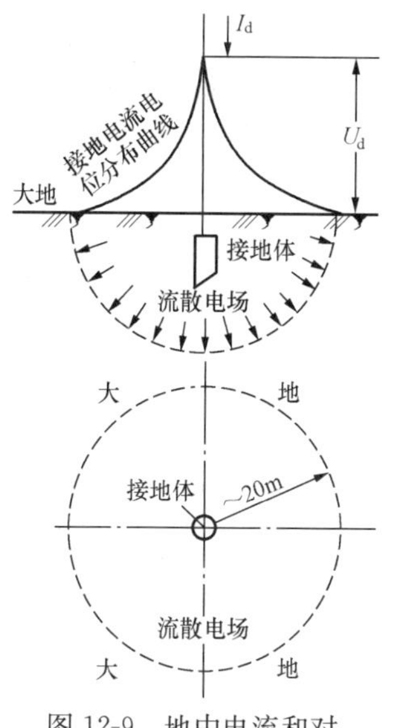

图12-9 地中电流和对地电压分布图

试验证明，在离开单根接地体或接地点 20m 以外的地方，球面就相当大了，实际上已没有什么电阻存在，故该处的电位已近于零。这电位等于零的地方，称为电气上的“地”。所谓对地电压，即电气设备的接地部分，如接地外壳、接地线、接地体等，与零电位之间的电位差，称为电气设备接地时的对地电压。

70. 什么是接地装置？

答：电气设备的接地体和接地线的总称为接地装置。

接地体：埋入地中并直接与大地接触的金属导体。

接地线：电气设备金属外壳与接地体相连接的导体。

71. 接地网布置的一般原则是怎样的？

答：（1）变电站的接地装置应充分利用以下自然接地体：

1）埋设在地下的金属管道（易燃和有爆炸介质的管道除外）；

2）金属井管；

3）与大地有可靠连接的建筑物及构筑物的金属结构和钢筋混凝土基础；

4）水工建筑物及类似建筑物的金属结构和钢筋混凝土基础；

5）穿线的钢管，电缆的金属外皮；

6）非绝缘的架空地线。

（2）在利用了自然接地体后，接地电阻尚不能满足要求时，应装置人工接地体。对于大接地短路电流系统的发电厂和变电站则不论自然接地体的情况如何，仍应装设人工接地体。

（3）对变电站，不论采用何种形式的人工接地体，如井式接地、深钻式接地、引外接地等，都应敷设以水平接地体为主的人工接地网。降低接地电阻靠大面积水平接地体。它既有均压、减小接触电势和跨步电势的作用，又有散流作用。

（4）接地网的边缘经常有人出入的走道处，应铺设砾石、沥青路面或“帽檐式”均压带。但在经常有人出入的地方，结合交通道路的施工，采用高电阻率的路面结构层作为安全措施，要比埋设帽檐形辅助均压带方便，具体采用哪种方式应因地制宜。

72. 变电站对接地网有何要求？

答：（1）接地网的结构是以深埋 0.6～0.8m 的水平接地体为主，有时加些垂直接地极（2.5～3m 长）。其结构主要是由工频对地短路的电流决定的，而连在它上面的防雷装置一般只需再加长 3～5 根集中接地极即可，这样，在一般土壤时，它呈现的冲击接地电阻约为 1～4Ω。

（2）在工频对地短路时，要保证流过接地网的电流 I 在地网上造成的电位升高 IR 不致太大，还应保证人员所受跨步电压和接触电压（取人手摸设备的 1.8m 高处，而人脚离设备的水平距离 0.8m）不超过 $\frac{250}{\sqrt{t}}$（t 为作用时间，单位为 s）。

（3）从保证安全出发，在中性点直接接地的系统中，要求接地电阻应满足

$$R \leqslant \frac{2000}{I}$$

73. 变电站接地网接地电阻应是多少？避雷针的接地电阻应是多少？

答：（1）大电流接地系统的接地电阻，应符合 $R \leqslant \frac{2000}{I}$，当 $I >$4000A 时，可取 $R \leqslant$ 0.5Ω。小电流接地系统，当用于 1000V 以下设备时，接地电阻应符合 $R \leqslant \frac{125}{I}$；当用于

1000V 以上设备时，接地电阻 $R \leqslant \frac{250}{I}$，但任何情况下不应大于 10Ω。上述式中 R 为考虑到季节变化的最大接地电阻（Ω）；I 为计算用的接地短路电流（A）。

（2）独立避雷针的接地电阻一般不大于 25Ω；安装在构架上的避雷针，其集中接地电阻一般不大于 10Ω。

74. 接地网能否与避雷针连接在一起？为什么？

答： 110kV 及以上的屋外配电装置，可将避雷针装在配电装置的构架上，构架除了应与接地网连接以外，还应附近加装接地装置，其接地电阻不得大于 10Ω。构架与接地网连接点至变压器与接地网连接点沿接地网接地体的距离不得小于 15m。构架的接地部分与导电部分之间的空间距离不得小于绝缘子串的长度。在变压器的门形构架上不得安装避雷针。在土壤电阻率大于 1000Ωm 时，用独立避雷针。

对 35kV 变电站，由于绝缘水平很低，构架上避雷针落雷后感应过电压的幅值对绝缘有发生闪络的危险，因此，宜采用独立避雷针。

75. 变电站是如何接地的？

答： 在发电厂及变电站内除了配电装置及电气设备外，尚有金属遮栏、电缆接头盒的金属外壳、避雷器、避雷针、保护用放电间隙和输出、输入线路用的金属或钢筋混凝土的电杆以及架空地线等，在正常运行时不带电，但在事故情况下可能出现对地电压，因此必须接地。

安装在进出输电线路及室外配电装置构架上的绝缘子的金具，因为实际上人体接触不到，一般可不需接地。控制电缆的金属外皮和其相连的电气设备的接地装置已有连接，而且有多点接触，已能符合接地要求，因此也不必接地。

如果露天油箱、油类设备构筑物、煤粉装置构筑物、易燃材料仓库、变压器修理间，以及水塔、烟囱等为金属屋顶或在屋顶上有金属结构时，必须将金属部分接地，否则要装避雷针，并将避雷针接地。

在发电站及变电站范围内的轨道，接地后可能引进比不接地更高的电压，所以也不必接地。

76. 电气设备外露导体部分的哪些部位应该接地？

答：（1）电动机、变压器、电器、手携式或移动式用电器具等的金属底座和外壳。

（2）发电机中性点柜外壳、发电机出线柜外壳。

（3）电气设备传动装置。

（4）互感器的二次绕组。

（5）配电、控制、保护用的屏（柜、箱）及操作台等的金属框架和底座，全封闭组合电器的金属外壳。

（6）户内、外配电装置的金属构架和钢筋混凝土构架以及靠近带电部分的金属遮栏和金属门。

（7）交、直流电缆接线盒、终端盒和膨胀器的金属外壳和电缆的金属护层，可触及穿线的钢管、敷设线缆的金属线槽、电缆桥架。

（8）金属照明灯具的外露导电部分。

（9）在非沥青地面的居民区，不接地、经消弧线圈接地和电阻接地系统中无避免雷线架空电力线路的金属杆塔和钢筋混凝土杆塔，装有避雷线的架空线路的杆塔。

（10）安装在电力线路杆塔上的开关设备、电容器等电气装置的外露导电部分及支架。

（11）铠装控制电缆的金属护层，非铠装或非金属护套电缆闲置的1～2根芯线。

（12）封闭母线金属外壳。

（13）箱式变电站的金属箱体。

77. 接地装置的敷设要求有哪些？

答：（1）为减少相邻接地体的屏蔽作用，垂直接地体的间距不宜小于其长度两倍，水平接地体的间距不宜小于5m。

（2）接地体与建筑物的距离不宜小于1.5m。

（3）围绕屋外配电装置、屋内配电装置、主控制楼、主厂房及其他需要装设接地网的建筑物，敷设环形接地网。这些接地网之间的相互连接不应少于两根干线。对大接地短路电流系统的发电厂和变电站，各主要分接地网之间宜多根连接。

（4）接地线沿建筑物墙壁水平敷设时，离地面宜保持250～300mm的距离。接地线与建筑物墙壁之间应有10～15mm的间隙。

（5）接地线应防止发生机械损伤和化学腐蚀。与公路、铁道或化学管道等交叉的地方，以及其他有可能发生机械损伤的地方，对接地线应采取保护措施。

在接地线引进建筑物的入口处，应设标志。

（6）接地线的连接需要注意以下几点：

1）接地线连接处应焊接。

2）直接接地或经消弧线圈接地的主变压器、发电机的中性点与接地体或接地干线连接，应采用单独的接地线。

3）电力设备每个接地部分应以单独的接地线与接地干线相连接。

（7）接地网中均压带的间距D应考虑设备布置的间隔尺寸，尽量减少埋设接地网的土建工程量及节省钢材。视接地网面积的大小，一般可取5、10m。对330kV及500kV大型接地网，也可采用20m间距。但对经常需巡视操作的地方和全封闭电器则可局部加密（如D取2～3m）。

78. 电力电缆的接地应注意些什么？

答：电力电缆的金属外皮及支承电缆的金属支架、桥架都必须妥善接地。电缆桥架的最小截面积应如表12-3所示。

表12-3　用作保护线的电缆桥架的最小金属截面积

在电缆桥架中任一电缆线路的最大熔断器的安培值、断路器电流脱扣器整定值或断路器接地故障保护继电器的脱扣电流值（A）	最小金属截面积（mm^2）	
	钢电缆桥架	铝电缆桥架
60	150	150
100	300	150
200	450	150
400	600	300
600	1000	300
1000		400
1200		600
1600		1000
2000		1200

在表 12-3 中的金属截面积，对于走线梯或走线型电缆桥架的总面积系指两侧金属体面积之和；对于槽形电缆桥架，则为其槽型部分金属的总面积。

在一般情况下，钢制电缆桥架仅能用作保护装置电流 600A 及以下用电设备的接地线；铝制电缆桥架则只能用到 2000A 及以下。应将电缆桥架的各构件段和配件以及相互连接的线槽使用螺栓连接或进行跨接，保证其电气连接性。当电缆沿电缆沟敷设时，电缆沟边缘的保护角钢是最好的连续导体，适于用作接地线。

79. 接地井是如何设置的？

答：接地井的主要作用是在一部分接地装置与其他部分的接地装置需分开单独测量时的使用。为了便于分别测量接地电阻，有条件时可在下列地点设接地井：

（1）对接地电阻有要求的单独集中接地装置。

（2）屋外配电装置的扩建端。

（3）若干对降低接地电阻起主要作用的自然接地体和总接地网连接处。

此外，为降低发电厂、变电站的接地电阻，其接地装置应尽量与线路的非绝缘架空地线相连，但应有便于分开的连接点，以便测量接地电阻。可在避雷线上加装绝缘件，并在避雷线延长与金属构架之间装设可拆的连接端子，其中属于线路设计范围的部分，应向线路设计部门提出要求。

80. 什么是工频接地电阻？什么是冲击接地电阻？二者有什么关系？

答：所谓工频接地电阻，是指接地装置流过工频电流时所表现的电阻值。

所谓冲击接地电阻，是指接地装置流过雷电冲击电流时所表现的电阻值。

二者之间的关系，可由式（12-1）确定

$$R_{cb} = \alpha R \tag{12-1}$$

式中：R_{cb} 为冲击接地电阻，Ω；R 为工频接地电阻，Ω；α 为冲击系数，一般都小于 1。

从式（12-1）可知，冲击接地电阻要比工频接地电阻小，这是因为雷电冲击电流通过接地装置时，由于电流密度很大，波头陡度很高，会在接地体周围的土壤中产生局部火花放电，其效果相当于增大了接地体的尺寸，从而降低了接地电阻值。

81. 各种防雷接地装置工频接地电阻的最大允许值是多少？

答：各种防雷接地装置工频接地电阻值，一般不大于下列值：

（1）独立避雷针为 10Ω。

（2）电力架空线路的避雷线，根据土壤电阻率的不同，分别为 10～30Ω。

（3）变、配电站母线上的阀形避雷器为 5Ω。

（4）变电站架空进线段上的管形避雷器为 10Ω。

（5）低压进户线的绝缘子铁角接地电阻值为 30Ω。

（6）烟囱或水塔上避雷针的接地电阻值为 10～30Ω。

82. 防止电气接地装置腐蚀的措施有哪些？

答：（1）主接地网的防腐措施有：

1）采用降阻防腐剂；

2）采用导电涂料 BD01 和锌牺牲电极联合保护；

3）采用无腐蚀性或腐蚀性小的回填土；

4）采用圆断面接地体。

（2）接地引下线防腐措施有：

1）涂防锈漆或镀锌；

2）采用特殊防腐措施。

（3）电缆沟的防腐措施有：

1）降低电缆沟的相对湿度，使其相对湿度在65%以下，以消除电化学腐蚀的条件；

2）接地体采用防锈涂料；

3）接地体采用镀锌处理；

4）改变接地体周围的介质。

83. 运行过程中的接地装置应如何进行管理？

答：在运行过程中，接地线由于有时遭受外力破坏或化学腐蚀等影响，往往会有损失或断裂的现象发生。接地体周围的土壤也会由于干旱、冰冻的影响，而使接地电阻发生变化。因此，必须对接地装置进行定期的检查和试验。

接地装置外露部分的检查，必须与设备的小修及大修同时进行。这样，如遇有接地线有损伤或断线现象，可立即予以修复。而对那些不致马上形成事故的缺陷，如清除铁锈、涂漆以及调换截面积不合乎要求的接地线等，可以按预定的检修计划进行修理。

接地装置试验期限的长短，视接地装置的不同作用而定。一般来说，防雷接地装置接地电阻的试验期限较长，工作接地和保护接地的试验期限较短。

84. 接地网的电阻不符合规定有何危害？

答：接地网起着工作接地和保护接地的作用，如果接地电阻过大，则有以下危害：

（1）发生接地故障时，使中性点电压偏移增大，可能使健全相和中性点电压过高，超过绝缘要求的水平而造成设备损坏。

（2）在雷击或雷电波袭击时，由于电流很大，会产生很高的残压，使附近的设备遭受到反击的威胁，并降低接地网本身保护设备（架空输电线路及变电站电气设备）带电导体的耐雷水平，达不到设计的要求而损坏设备。

85. 什么叫接地体的屏蔽效应？

答：当多根接地体相互靠拢时，入地电流的流散相互受到排挤，影响各接地体的电流向大地成半球形状散开，使得接地装置的利用率下降，这种现象叫作接地体的屏蔽效应。因此垂直接地体的间隔距一般不宜小于接地体长度的两倍，水平接地体的间距，一般也不宜小于5m。

86. 对运行中的接地装置应建立哪些技术资料？

答：为了加强技术管理，不断提高安全运行技术水平，对运行中的接地装置应建立下列有关技术资料。

（1）原始设计计算数据和施工图。

（2）隐蔽工程竣工图。

（3）竣工及验收时所作的检查和测量的接地电阻等有关资料。

（4）运行中发现的缺陷内容以及处理缺陷情况记录。

（5）接地装置的变更及检修记录。

（6）对于高土壤电阻率（跨步电压较高）的地区。在有行人经常出入的地段，应绘制电位分布曲线图等技术资料。

87. 如何对运行中的接地装置进行安全检查？

答：检查内容：

（1）检查接地线各连接点的接触是否良好，有无损伤、折断和腐蚀现象。

（2）对含有重酸、碱、盐或金属矿岩等化学成分的土壤地带，定期对接地装置的地下部分挖开地面进行检查，观察接地体腐蚀情况。

（3）检查分析所测量的接地电阻变化情况，是否符合规程要求。

（4）设备每次检查后，应检查其接地是否牢固。

检查周期：

（1）变电站的接地网一般每年检查一次。

（2）根据车间的接地线及零线的运行情况，每年一般应检查1～2次。

（3）各种防雷装置的接地线每年（雨季前）检查一次。

（4）对有腐蚀性土壤的接地装置，安装后应根据运行情况一般每五年左右挖开局部地面检查一次。

（5）手动工具的接地线，在每次使用前应进行检查。

88. 影响土壤电阻系数的主要因素有哪些？

答：（1）土壤性质。

（2）含水量。

（3）温度。

（4）化学成分。

（5）物理性质。

89. 高土壤电阻率地区的接地的要求有哪些？

答：在高土壤电阻率（ρ>500Ωm）地区，接地装置要做到规定的接地电阻可能会在技术经济上极不合理。因此，其接地电阻允许值可相应放宽。

在小接地短路电流系统中，电力设备的接地电阻不超过30Ω。

变电站的接地电阻不超过50Ω。但应满足发生单相接地或同点两相接地时，接触电压和跨步电压的要求。

在大接地短路电流系统中，发电厂、变电站的接地电阻不超过50Ω，但应满足要求。

独立避雷针（线）的独立接地装置的接地电阻做到10Ω有困难时，允许采用较高的接地电阻值，并可与主接地电网连接，但从避雷针与主接地网的地下连接点至35kV及以下设备的接地线与主接地网的地下连接点，沿接地体的长度不得小于15m，且避雷针到被保护设施的空气中和地中距离还应符合防止对被保护设备反击的要求。

90. 如何降低土壤电阻率？

答：在高电阻地区，应尽量降低其接地电阻，有下列措施可供选用。

（1）敷设引外接地体。如电力设备1km以内有电阻率较低的土壤，可敷设引外接地体，以降低厂、站内的接地电阻。经过公路的引外线，埋设深度不应小于0.8m。

对独立避雷针的引外接地，如附近有低电阻率的地层，为了减少冲击接地电阻，可采用引外接地，其引外长度计算式为

$$L_{max}=1.67\rho^{6.4}+25(\mathrm{m}) \tag{12-2}$$

式中，ρ为土壤电阻率，$\rho \geqslant 500\Omega\mathrm{m}$。

（2）深埋式接地体。如地下较深处的土壤电阻率较低，可用井式或深埋式接地体。

在埋设地点选择时，应考虑以下几点：

1）选在地下水较丰富及地下水位较高的地方；

2）接地网附近如有金属矿体，可将接地体插入矿体上，利用矿体来延长或扩大人工接地体的几何尺寸；

3）多年冻土地区，深埋接地体可选在融区处；

4）深埋接地体的间距宜大于 20m，可不计互相屏蔽的影响。

（3）填充电阻率降低的物质（或降阻剂）。

1）填充物要因地制宜，最好利用附近工厂的废渣，做到综合利用；

2）填充方法可采用人工接地坑（或沟）。

（4）敷设水下接地网。

1）首先充分利用水工建筑物（水塔、水井、水池等）以及其他与水接触的金属部分作为自然接地体。此时在水下钢筋混凝土结构物内绑扎成的许多钢筋网中，选择一些纵横交叉点加以电焊，并与接地网连接起来。当水的电阻 ρ 为 10～50Ωm 时，位于水下的钢筋混凝土每 $100m^2$ 表面积散流电阻约为 2～3Ω。

2）当利用水工建筑物作为自然接地体仍不能满足要求或有困难时，应优先在就近的水中（河水、井水、池水）敷设引外接地装置。

（5）充分利用架空线路的地线。把进变电站线路的地线全部连接起来，电流通过地线散流，对降低接地电阻也是有效的。

（6）永冻地区采取降低土壤电阻率的特殊措施。多年来冻土的电阻率极高，可达未冻土电阻率的数十倍。可采取以下降低其土壤电阻率的特殊措施：

1）将接地装置敷设在融化地带或融化地带的水池或水坑中。

2）敷设深钻式接地体，或充分利用井管或其他深埋在地下的金属构件做接地体。

3）在房屋融化范围内敷设接地装置。

4）除深埋式接地体外，还应敷设深度约 0.5m 伸长接地体，以便在夏季地表层化冻时起散流作用。

5）在接地体周围人工处理土壤，以降低冻结温度和土壤电阻率。

91. 降低土壤系数的方法有哪些？

答：（1）对土壤进行处理。

（2）换土。

（3）利用长效降阻剂。

（4）钻孔深埋法。

（5）采用导电性混凝土。

（6）深埋接地体。

（7）污水引下。

（8）利用水和与水接触的钢筋混凝土体作为流散介质。

（9）外引式接地。

92. 什么是接触电势？什么是接触电压？

答：接触电势是指接地电流自接地体散流，在大地表面形成不同电位时，设备外壳、构架或墙壁与水平距离 0.8m 处之间的电位差。

接触电压是指加于人体某两点之间的电压。

93. 什么是跨步电势？什么是跨步电压？

答：跨步电势是指地面上水平距离为 0.8m（人的跨距）的两点之间的电位差。

跨步电压是指人在接地故障点周围行走，人站立在流过电流的大地上，加于人的两脚之间的电压。

94. 什么叫反击？对设备有什么危害？怎样避免？

答：当雷击到避雷针时，雷电流经过接地装置通入大地。若接地装置的接地电阻过大，它通过雷电流时电位将升得很高，则可能导致与该接地装置相连的杆塔、构架或设备的绝缘发生击穿。由此可见，接地导体由于地电位升高可以反过来向带电体放电，这种现象叫作“反击”。为了限制防雷接地装置上的电位升高，防止避雷针通过雷电流产生反击现象，避雷针必须良好接地，并且使避雷针与设备间保持一定的距离。对独立避雷针，避雷针与配电装置的空间距离不得小于5m（在条件许可时，宜适当增大）；避雷针的接地装置与变电站最近接地网之间的地中距离不得小于3m；避雷针与经常通行的通道的距离应大于3m；对连接到接地网的避雷针，避雷针在接地网上的引入点与变压器在接地网上的连接沿线的距离不得小于15m。这是考虑到避雷针落雷时，其引入点电位较高，雷电流经15m地线散流后，到变压器处的地电位一般可保证变压器不发生反击。

95. 绝缘的作用是什么？什么叫绝缘配合？

答：绝缘的作用是将电位不同的导体分隔开来。

绝缘配合就是根据设备所在系统中可能出现的各种电压并考虑保护装置的特性和设备的绝缘性能，来确定设备必要的耐受强度，以便把作用于设备上的各种电压所引起的设备绝缘损坏和影响连续运行的概率，降低到在经济上和运行上能耐受的水平，也就是要在技术上正确处理各种电压、各种限压措施和设备绝缘耐受能力三者之间的配合关系，以及在经济上协调投资费、维护费和事故损失费（即可靠性）三者之间的关系。

96. 不同电压等级下的绝缘配合如何？

答：对220kV及以下的系统，一般以雷电过电压决定系统的绝缘水平。也就是以避雷器的残压为基础确定设备的绝缘水平并保证输电线路有一定的耐雷水平。由于这样决定的绝缘水平在正常情况下能耐受操作过电压的作用，因此220kV及以下系统一般不采用专门限制内过电压的措施。

对于330kV及以上超高压系统，在绝缘配合中，操作过电压将逐渐起主导作用。因此，在超高压电网中一般都采取了专门限制内过电压的措施，如并联电抗器、带有并联电阻的断路器和复合避雷器等。

对于线路绝缘水平的选择，仍以保证一定的耐雷水平为目标。

97. 什么叫电气设备的绝缘水平？

答：电气设备的绝缘水平是指该电气设备能承受的试验电压值。考虑到设备在运行时要承受运行电压、工频过电压及操作过电压的作用，对电气设备绝缘规定了短时工频试验电压，对于外绝缘还规定了干燥状态和湿状态下的工频放电电压；考虑到运行电压和工频过电压作用下内绝缘的老化和外绝缘的污秽性能，规定了一些设备的长时间工频试验电压；考虑到雷过电压对绝缘的作用，规定了雷电冲击试验电压等。

98. 什么叫设备的内绝缘、外绝缘？哪种绝缘的水平高？哪种绝缘受外界影响大？

答：设备绝缘中与空气接触的部分叫外绝缘，而不与空气接触的部分叫内绝缘。在设计绝缘时，都使外绝缘强度低于内绝缘强度。这是因为外绝缘有一定的自然恢复能力，而内绝缘水平不受空气湿度与表面脏污程度的影响，相对比较稳定，但自然恢复能力较差，一旦绝缘水平下降，势必影响安全运行。

99. 绝缘老化是什么原因造成的？能否延缓绝缘老化？

答：在运行中，设备的绝缘要受到电场、磁场及温度和化学物质的作用而使其变硬、变脆、失去弹性，使绝缘强度和性能减弱，这是正常的老化。但不合理的运行会加速绝缘老化，如过负荷、电晕和过电压等都可加速老化。选择合理的运行方式，加强冷却通风，降低设备的温升，以及使绝缘与空气或化学物质隔离，都可以延缓绝缘老化。

100. 避雷器的检修项目有哪些？

答：（1）避雷器整体或元件更换。

（2）避雷器连接部位的检修。

（3）外绝缘的处理。

（4）放电动作计数器及在线监测装置的检修。

（5）绝缘基座的检修。

（6）避雷器引流线及接地装置的检修。

（7）气体介质的补充。

第十三章 chapter 13 绝缘子

1. 变电站绝缘如何分类?

答:(1)按用途分:电气设备的绝缘和架空导线的绝缘。

(2)按工作条件和结构特点分:内绝缘和外绝缘。其中与大气直接接触,工作条件和大气条件(气压、气温、湿度、雾、雨、冰雪等)密切相关的绝缘部件称为外绝缘。不与大气直接接触,工作条件和大气条件无关的绝缘部件则称为内绝缘。

2. 什么是自恢复性绝缘?

答:电气设备的绝缘壳体、支持绝缘子、出线套管、悬挂架空导线的绝缘子串以及空气间隙等,均为外绝缘部件。沿面闪络和气隙击穿是外绝缘丧失绝缘性能的常见形式,但事后其绝缘性能一般能自动恢复,这类绝缘称为自恢复性绝缘。

3. 什么是非自恢复性绝缘?

答:内绝缘一般是指处于壳体内的,由液体、气体和固体材料组成的复合绝缘。这类绝缘在过电压多次作用下,会因累积效应使绝缘性能下降,而且一旦绝缘被击穿,其绝缘特性不能自动恢复,这类绝缘称为非自恢复性绝缘。

4. 什么是绝缘子?

答:绝缘子是一种由电瓷、玻璃、合成橡胶或合成树脂等绝缘材料制成的电气器件。

5. 什么是绝缘子串?

答:绝缘子串是将电线悬挂或张紧在杆塔上,并使电线与杆塔之间保持绝缘的金具绝缘子组合。按绝缘子串的张挂方式,可分为在直线型杆塔上悬挂电线用的悬垂串,在耐塔张塔上张紧电线和悬挂条线的耐张串和跳线串。按其受力大小决定的不同组成方式,可分为单联串和多联串。

6. 绝缘子的作用是什么?

答:绝缘子的作用有两个方面:①牢固地支持和固定载流导体;②将载流导体与地之间形成良好的绝缘。

7. 绝缘子可分为哪些类型?

答:绝缘子的分类方法很多,常用的分类如下。

(1)按制造材料可分为瓷绝缘子、钢化玻璃绝缘子、有机绝缘子、瓷芯复合绝缘子(在瓷芯棒绝缘子表面,采用注射成型工艺成型伞裙和护套的支柱绝缘子)、复合化瓷绝缘子(RTV、PRTV 防污伞涂层)。

(2)按电压等级可分为低压绝缘子(1000V 以下)、高压绝缘子(1~252kV)、超高压绝缘子(330~800kV)、特高压绝缘子(±800、1100kV)。还可细分为 126、145、252、363kV 等。

(3)按用途可分为:

1)线路绝缘子。包括针式、盘形悬式、横担、棒形悬式等,主要用于架空输配电线路上,起绝缘、支持或悬挂导线的作用。

2）变电站电器绝缘子。包括支柱绝缘子、空心绝缘子（电器瓷套）：①支柱绝缘子在户外电站、变电站、配电装置、电器设备中用以绝缘或支持带电导体，为实心体，它主要用于隔离开关、母线、串补平台等电气设备；②电器瓷套主要用于电气设备的绝缘容器或引线的绝缘支撑，从一端到另一端为贯穿的空心体，它使用于断路器、互感器、电容器、避雷器、套管、电缆终端等电气设备。

（4）按照结构，绝缘子可分为A型和B型两种。当穿过固体绝缘材料的最短击穿路径长度不小于通过绝缘子外侧空气最短闪络路径长度的一半时，称为A型绝缘子；小于一半时，称为B型绝缘子。

（5）按击穿类型可分为可击穿型和不可击穿型。横担、棒形悬式、棒形支柱、电器瓷套为不可击穿型。当电压升高时，不可击穿型在空气中首先发生闪络，绝缘体内不会被击穿。

8. 输电线路的绝缘子分为哪几类？

答：输电线路的绝缘子一般可分为瓷质悬式绝缘子、玻璃悬式绝缘子和棒形悬式合成绝缘子三种。

（1）瓷质悬式绝缘子。瓷质悬式绝缘子又可分为普通型和防污型两种。

（2）玻璃悬式绝缘子。玻璃悬式绝缘子是以钢化玻璃为介质的悬式绝缘子。它可分为普通型和防污型两种，其特点是不用测量零值，在劣化时能自爆。

（3）棒形悬式合成绝缘子。称合成绝缘子，适用于污秽地区，能有效防止污闪事故的发生。

9. 绝缘子由哪几部分组成？

答：绝缘子一般由绝缘体、金属附件和胶合剂三部分组成。

（1）绝缘体主要起绝缘作用。绝缘体的材料大多为瓷，其次是钢化玻璃及有机绝缘材料。

高压电瓷是目前应用最广泛的绝缘材料，以石英、长石和土作为原料烧结而成，表面上作涂釉后具有良好的电气、机械性能，以及耐电弧、抗污闪、抗老化性能。

（2）金属附件起机械固定或带电体（如套管内的导体等）作用。根据需要，金属附件一般采用球墨铸铁、铸铝合金、不锈钢、铜等材料制成。

（3）胶合剂的作用是将绝缘体与金属附件胶合起来。胶合剂常用的有水泥（硅酸盐水泥、硫铝酸盐水泥等）胶合剂、铅锑合金胶合剂等。

10. 绝缘子的结构特点有哪些？

答：以支柱瓷绝缘子和电器瓷套为例。

（1）支柱绝缘子。由一个绝缘元件或由通过螺栓连接在一起的几个元件组成。根据需要，配置分水罩、均压环。

（2）电器瓷套。由瓷件与法兰通过胶合剂胶合而成。

支柱瓷绝缘子和电器瓷套由瓷体和法兰组成。

11. 瓷体的结构特点有哪些？

答：瓷体可由单个瓷套元件或永久胶合在一起的几个元件组成，一般3m以上的瓷套无法整体成形，多采用粘接而成，粘接工艺分为有机环氧黏接和无机高温釉接。具体如下：

（1）整体成型。例如，西瓷公司目前可采用等静压干法和湿法工艺生产高度为2.7m及以下整体瓷套和单节瓷件。

（2）无机黏接工艺。2个及2个以上单节瓷件采用釉接经过二次烧成瓷釉熔融而成为整体，此类绝缘子由于全部材料均为无机硅酸盐，具有非常稳定的机械性能和电气性能。

（3）有机黏接工艺。2个及2个以上单节瓷件采用环氧黏结剂经一定工艺黏结而成。此类产品的瓷元件为硅酸盐材料，但黏结剂为有机材料。

瓷件两端胶装面一般为柱形上砂结构（一些小型和户内产品也有滚花结构和内胶装结构、卡装结构）。为防止在砂面最下部产生应力集中，造成端部开裂而发生低值破坏，因此在瓷件两端面进行倒角。

瓷件端面倒角是防止端面开裂措施之一，还可采取增大胶装比（有效胶装高度h/瓷体直径D）、在胶装部位涂一层缓冲层、在发生端面开裂的部位附近缠以缓冲材料层等措施。

伞形有普通伞、大小交替伞和下棱伞三种结构，普通下棱伞、大小交替伞、大小交替下棱伞也称为防污型。绝缘子伞形参数应符合IEC 60815《污秽条件下绝缘子选用导则》的要求。空心绝缘子有带伞裙或不带伞裙的。

根据产品强度的要求瓷体材料通常采用不同强度等级的瓷材料配方，通常称为普通强度瓷、中强度瓷、高强度瓷。

高强度瓷与普通强度瓷、中强度瓷相比，具有以下优势：

（1）机械强度高，便有可能实现产品小型化。

（2）同样弯曲强度下，可减轻产品自重，对产品耐震设计有利。

（3）可生产大强度等级的超、特高压用支柱绝缘子，提高产品可靠性。

瓷体表面上釉，釉色一般为棕色，根据用户要求，也可为白色、灰色等，厚度通常为0.3mm左右。

12. 瓷件上釉的作用有哪些？

答：釉是覆盖在瓷件表面的一层玻璃态硅铝酸盐物质，作用如下：

（1）提高瓷件机械强度、介电强度、热稳定性等性能。

（2）使瓷表面光滑，不易沾污，从而提高产品使用中的抗污能力。

（3）釉层不透水、不透气，可提高抗化学侵蚀和对大气的稳定性。

（4）改善产品外观。

13. 法兰的结构特点有哪些？

答：绝缘子法兰应有足够的刚度，在绝缘子破坏前部应有明显的变形，金具变形易使瓷体端部形成应力集中而产生低值破坏。法兰上的金具材质一般采用球墨铸铁（表面热镀锌，抗锈蚀）、高强度铸铝合金（表面硬质阳极氧化），少量采用不锈钢、铜材质（紫铜、锡青铜等），具体根据产品用途和强度要求等确定。

法兰胶装面为锯齿形或槽形，过渡圆滑。金具深度是影响抗弯强度的重要因素之一，合理的胶装深度与直径之比可使瓷体胶装部位固定充分，可以有效提高产品的机械强度，降低产品低值破坏的发生。

14. 钢化玻璃绝缘子有何特点？

答：（1）机械强度高，比瓷质绝缘子的机械强度高1～2倍。

（2）性能稳定不易老化，其电气性能高于瓷质绝缘子。

（3）生产工序少，生产周期短，便于机械化、自动化生产，生产效率高。

（4）由于钢化玻璃具有透明性，故对伞裙进行外部检查时，容易发现细小的裂纹及各种内部缺陷或损伤。

（5）钢化玻璃绝缘子比瓷质绝缘子轻。

（6）钢化玻璃绝缘子具有“自爆”特性，在线路运行中，不需对其进行预防性测试。在巡视线路时，更易发现损坏的绝缘子。

（7）由于制造设备、工艺的原因，钢化玻璃绝缘子“自爆”率较高，影响钢化玻璃绝缘子的普遍应用。

（8）不宜在居民区使用。

15. 防污型悬式瓷质绝缘子有何特点？

答：防污型悬式瓷质绝缘子的高度和普通瓷质绝缘子的高度相等，但改变了伞盘造型，加大了盘径，因而增加了爬电距离，同时也便于维护、冲洗和清扫。

16. 什么叫合成绝缘子？有何特点？

答：合成绝缘子是棒形悬式有机硅橡胶绝缘子的简称。与传统的绝缘子相比，具有质量轻、体积小、便于运输和安装、机械强度高以及耐污秽性能好等优点，同时在运行中可延长免清扫周期，免预防性测试，可避免污闪事故。特别适合城市电网和中等以上污秽地区使用。

由于合成绝缘子的表面多具有憎水性，其表面泄漏状况与瓷绝缘子完全不同。

17. 合成绝缘子由哪几部分组成？

答：合成绝缘子是由伞盘、芯棒及金属端头等三部分组成。对电压等级为110kV及以上线路使用的合成绝缘子，为改善其电压分布，在其两端（或一端）还装配有均压环。

18. 什么叫爬距？什么叫泄漏比距？

答：爬距和泄漏比距都是外绝缘特有的参数。沿外绝缘伞裙表面放电的最短距离或最短距离之和即为电的泄漏距离，也称爬电距离，简称爬距。泄漏距离乘以有效系数再除以线电压即为泄漏比距，即

$$\lambda = KL/U$$

式中：λ 为泄漏比距；K 为有效系数；L 为泄漏距离；U 为线电压。

19. 什么是干弧距离？

答：干弧距离（电弧距离）指绝缘子在正常带有运行电压的两个金属附件之间外部空气间的最短距离。

20. 什么是沿面放电？

答：电力系统中有很多悬式和针式绝缘子、变压器套管和穿墙套管等，它们很多是处在空气中，当这些设备的电压达到一定值时，这些瓷质设备表面的空气发生放电，称为沿固体介质表面放电，简称沿面放电。当沿面放电贯穿两极间时，形成沿面闪络。沿面放电比空气中的放电电压低。沿面放电电压和电场的均匀程度、固体介质的表面状态及气象条件有关。

21. 什么叫闪络？

答：固体绝缘周围的气体或液体电介质被击穿时，沿固体绝缘表面放电的现象，称为闪络。

22. 引起污闪的原因是什么？

答：（1）雷击闪络放电。直击雷或感应雷过电压引起绝缘子串闪络。

（2）内部过电压闪络放电。断路器跳闸、线路短路接地、空载线路的切除等，只要是电力系统网络参数（电容、电阻和电感）发生变化，都会引起瞬间内部过电压，其数值为系统相电压的3～4倍。

（3）长时间工频电压升高闪络放电。10～35kV中性点不接地系统，当一相金属性接地

时，其他相电压升高 $\sqrt{3}$ 倍，在故障消除前，这种电压升高总是存在。绝缘子串如存在绝缘弱点，就会发生击穿闪络。

（4）正常工作电压下闪络放电。绝缘子脏污使绝缘性能下降，在脏污地区的瓷质绝缘子表面落有很多工业污秽颗粒，这些污秽颗粒遇潮湿会在瓷表面形成导电液膜，使瓷质绝缘的耐压显著下降，闪络电压变得很低，这是瓷质绝缘在污湿条件下极易闪络的原因。污和潮是污闪的必要条件，瓷绝缘只脏不湿不会引起闪络。

23. 如何防止变电站的绝缘子污闪?

答：（1）增加基本绝缘。如增加绝缘子的片数、增大沿面放电的距离，满足污秽分级规定的泄漏比距。

（2）加强清扫。脏污区的瓷绝缘必须定期清扫，保持瓷绝缘的表面清洁，防止污闪。带电水冲洗是行之有效的手段。

（3）采用防尘涂料。在脏污区瓷绝缘的有效泄漏比距不能满足要求，且还需要减少清扫工作量时，常采用涂硅油、地蜡等办法来提高污闪电压，防止污闪事故。

（4）采用半导体釉绝缘子和硅橡胶绝缘子。

24. 为什么瓷绝缘子表面做成波纹形?

答：（1）延长爬弧长度，能在同样有效高度内，增加了电弧爬弧距离，而且每一个波纹又能起到阻断电弧的作用。

（2）遇到雨天，能起到阻断水流的作用，污水不能直接由瓷瓶上部流到下部，避免因形成水柱引起接地短路。

（3）污尘降落到波纹形瓷绝缘子上时，分布不均匀，因此一定程度上保证了瓷绝缘子的耐压强度。

25. 输电线路为什么多用悬式绝缘子?

答：因为悬式绝缘子的机械强度较高，并且按需要可以组合成适合各种电压等级、机械荷载的绝缘子串，因而被广泛使用。

26. 为什么耐张绝缘子串中的绝缘子片数要比直线悬垂绝缘子串中的多一片?

答：直线杆塔上的绝缘子是垂直向下的，而耐张杆塔上的绝缘子是水平方向的，水平方向绝缘子的绝缘性能受灰尘、雨水等破坏的可能性比垂直方向大，所以要求耐张杆塔的绝缘能力比直线杆塔的要高，同时耐张绝缘子受机械电气联合负载损坏的机会比直线绝缘子要大得多，所以耐张绝缘子串要比直线悬垂绝缘子串多加一片绝缘子。

27. 为什么有的线路绝缘子串上安装均压环和屏蔽环?

答：超高压输电线路上的绝缘子串较长，绝缘子之间以及绝缘子与塔身之间的电容分布不同，每片绝缘子所承受的电压不相同，两端附近的绝缘子承受的电压较高，中间的绝缘子承受的电压较低，容易发生闪络。为了改善绝缘子的分布电压，在绝缘子串的两端或一端安装均压环，以使绝缘子的分布电压较为均匀。

另外，由于超高压输电线路的电压较高，导线侧的连接金具在高电压作用下电场分布不均，有的局部电场强度较大，容易发生电晕放电，对附近弱电设施产生所谓电晕干扰影响，为了避免电晕的发生而安装屏蔽环。

28. 选择绝缘串数时需考虑哪几方面影响?

答：绝缘子串数的选择需考虑满足正常运行（工频）电压作用下绝缘子应有足够的机电破坏强度和电气绝缘强度，还应能耐受内部过电压。

29. 什么是不合格的绝缘子？

答：运行中的绝缘子，有下列情况之一者为不合格：

（1）瓷质绝缘子伞裙破损，瓷质有裂纹，瓷釉烧坏。

（2）玻璃绝缘子自爆或表面有闪络痕迹。

（3）合成绝缘子伞裙、护套破损或龟裂，黏结剂老化。

（4）绝缘子钢帽、绝缘件、钢脚不在同一轴线上，钢脚、钢帽、浇装水泥有裂纹、歪斜、变形或严重锈蚀，钢脚与钢帽槽口间隙超标。

（5）盘型绝缘子绝缘电阻小于300MΩ，500kV线路盘型绝缘子电阻小于500MΩ。

（6）盘型绝缘子分布电压为零值或低值。

（7）绝缘子的锁紧不符合锁紧试验的规范要求。

（8）绝缘横担有严重结垢、裂纹、瓷釉烧坏、瓷质损坏、伞裙破损。

（9）直线杆塔的绝缘子串顺线路方向有偏斜角（除设计要求的预偏移大于100mm）。

（10）各电压等级线路最小空气间隙及绝缘子使用最少片数，不符合有关规定。

30. 绝缘子铸件和胶合部位裂纹的后果是什么？

答：铁法兰和胶合层裂纹后，电器密封性能降低，可能引起注油设备进潮、进水和内部绝缘遭到破坏；严重时，可能引起设备爆炸事故。隔离开关或母线支持绝缘子铸铁法兰裂纹，可能使支撑件与绝缘子脱离，设备操作失灵，并可能引起绝缘子倒毁或掉落，造成短路事故。

31. 绝缘子损坏的原因有哪些？

答：（1）厂家制造质量不良、质检工作有漏洞。

（2）运输与安装过程制造成损伤。

（3）运行中受导线质量、结冰、风力、振动等负重因素所受到的机械力影响。

（4）发生短路故障时，由于导体之间的电动力作用，以及操作时所受到的机械冲动力的影响。

（5）温度骤变引起瓷质裂纹。

（6）瓷质老化。

（7）长期受化学侵蚀后，绝缘子瓷质金具、涂料胶合受到损伤，致使绝缘下降。

（8）长期受高电场或过电压的作用、电气性能变化等。

32. 为什么绝缘子在运行中经常出现老化现象？

答：（1）电气作用。绝缘子长期处在交变电场的作用下，加上绝缘子内部有气隙和杂质遭受雷击或操作过电压时，均会使绝缘子绝缘性能下降。

（2）机械作用。绝缘子在内外部应力的长期作用下，介质要发生疲劳损伤。

（3）冷热交替作用。绝缘子的金属、瓷件及水泥三者膨胀系数不同，当温度突然变化时，使瓷件受到额外应力损坏。

（4）水分和污秽气体的影响，绝缘子的金属热镀部分，如处理不好会产生锈蚀，加上瓷件和金属的胶合水泥密封不好，在水分和污秽气体的作用下，水泥加速风化，使绝缘子的机械强度降低。

（5）本身的缺陷，如绝缘子瓷质疏松，烧成不良，有细小的裂缝，也会使绝缘逐渐降低而击穿。所以，绝缘子的老化损坏与其承受的电压和机械荷载有关。在同串绝缘子中，电压分布较高者容易老化，承受拉力大者容易老化，耐张串比直线悬垂串容易老化。

33. 降低绝缘子老化的措施有哪些?

答:(1)定期测试绝缘子的分布电压，及时更换零值或低值绝缘子。

(2)有条件的地方，可每隔两年将绝缘子串中的绝缘子互相调换位置。

(3)按不同类型分批抽测绝缘子的泄漏电流，以防止绝缘子钢帽和钢脚之间的水泥填料受潮使绝缘子击穿。

(4)运行超过20年的绝缘子，应分批轮换做交流耐压试验或抽样做机电联合试验。

34. 什么是低值或零值绝缘子?

答:低值或零值绝缘子是指在运行中绝缘子两端的电位分布接近零或等于零的绝缘子。零值绝缘子的绝缘电阻等于零。

35. 产生零值绝缘子的原因是什么?

答:(1)制造质量不良。

(2)运输安装不当产生裂纹。

(3)年久老化，长期承受较大张力而劣化。

(4)雷击闪络，击穿绝缘子。

36. 绝缘子外观检查应符合哪些要求?

答:(1)瓷件表面的瓷釉应光滑均匀，瓷件不得有裂纹、损伤等缺陷。

(2)瓷件与铁帽、钢脚的结合应牢固，浇结的水泥表面不得有裂纹。

(3)铁帽、钢脚不得有裂纹，镀锌应完好且无脱落现象。

(4)绝缘子的弹簧销子表面应无裂纹且不得失去弹性，以防止在运行中弹簧销子脱落，绝缘子串坠落。

(5)绝缘子的瓷件表面缺陷不应超过规程规定。

37. 绝缘子检修项目有哪些?

答:(1)绝缘子外观检查。

(2)金属附件外观检查。

(3)绝缘件外绝缘检查及探伤。

38. 绝缘子试验项目有哪些?周期如何规定?

答:(1)零值绝缘子检测，检测周期1～5年。

(2)绝缘电阻测量:

1)悬式绝缘子1～5年;

2)针式支柱绝缘子1～5年。

(3)交流耐压试验:

1)单元件支持绝缘子、悬式绝缘子1～5年、针式支柱绝缘子为1～5年;

2)随主设备进行;

3)更换绝缘子时。

(4)绝缘子表面污秽的等值盐密，周期为1年。

39. 绝缘子的生产工艺有哪两种方法?

答:(1)湿法工艺(可塑成型)。其特点是，工序流程长，工艺复杂。

(2)等静压干法工艺(干压成型)。其特点为:

1)生产工序少、周期短，交货速度快，产品研发速度快。

2)瓷质均匀，产品分散性小;瓷质强度高，产品强度裕度大;产品运行可靠性高。但是，设备投资大。

40. 湿法工艺的工艺流程如何？

答：配料→搅拌→榨泥→挤坯→毛坯阴干→修坯→干燥→上釉→焙烧（高温炉）。

41. 等静压干法工艺的工艺流程如何？

答：配料→搅拌→喷雾干燥→毛坯压制→修坯→上釉→焙烧（高温炉）。

第十四章 chapter 14 站用电

一、交流部分

1. 什么是站（所）用电系统？

答： 站（所）用电系统指为变电站（所）内部各用电负荷供电的系统。站（所）用电系统由站用电电源、厂（站）用变压器和配电装置组成。

站用电电源系统的工作电源由本站主变压器低压侧供电，备用电源采用外接电源，主电源和备用电源采用备自投装置（BZT）进行切换。若本站为开关站，则工作电源也应由外接电源供电。在超高压电网中，对于那些偏远的变电站，若线路配有高压并联电抗器，则可采用在普通的高压并联电抗器的铁轭上增加二次绕组（抽能绕组），供本站站用电系统。

厂（站）用变压器的形式有两种，一种是浸油式变压器，另一种是干式变压器。接线组别一般采用 Dyn1，也有用 Yyn12。

站（所）用电系统高压断路器形式有采用 SF_6，也有用真空断路器。

400V 低压交流开关柜一般采用智能型，少数（如用户）采用普通低压开关柜。

对于 330kV 及以上电压等级的变电站，为了保证在全站失压后，包括站用备用电源不能自投的情况下，站用电系统的重要负荷的供电，部分变电站还配置有柴油发电机系统。

2. 备用电源自动投入的条件有哪些？

答：（1）工作电源失压。

（2）工作电源无电流。

（3）备用电源电压正常。

3. 对变电站的站用电安全要求有哪些？

答：（1）为了提高变电站站用电的可靠性，35kV 及其以上变电站，凡是用交流电操作的，宜装两台站用变压器。

（2）当发生事故，正常照明电源被切断时，应急照明应能自动投入，改由蓄电池或其他完好独立的电源供电。

（3）有两路进线的变、配电站，应装有备用电源自动投入装置，以保持全站停电时的站用电源。

变电站的站用电负荷主要指变压器的检修、操作、保安、变压器调压、冷却机械、蓄电池的充电设备或整流操作电源、采暖通风、照明用电等。站用电负荷较小，故站用变压器的容量一般为 315～1000kVA。中小型变电站的站用变压器有 20kVA 即可满足要求。

4. 站用电设备操作规定有哪些？

答：（1）站用变压器停电时，应先检查备用电源是否正常。操作前要检查站用工作变压器和备用变压器低压侧是否满足并列条件。操作过程中，尽量缩短站工作变压器和备用变压器并列运行时间。

（2）站用变压器送电时应先投入保护，合断路器时先合电源侧断路器，后合负荷侧断路器，送电完毕，将备自投装置投入运行，恢复备用变压器的备用状态。

（3）备用电源停电或备用变压器退出备用时，应先将备自投装置停用。

（4）备用电源送电时，应先操作备用变压器高压侧部分，后操作低压侧部分。操作完毕，投入备自投装置。

（5）若操作使任意一台低压断路器停电，应注意低压电源切换，防止低压系统部分负荷长期停电。

5. 什么是不间断电源（UPS）？

答： UPS是当正常交流供电中断时，将直流蓄电池变换成交流持续供电的电源设备。

6. 按工作原理分UPS分为哪些类型？

答：（1）后备式。正常时，外部交流电经稳压器向负载供电，同时经整流器对蓄电池充电；外部交流中断时，电子开关在4～10ms内自动切换到由蓄电池经DC/AC逆变器输出标准的工频交流供电。后备式UPS具有节能和低噪声的特点，适用于供电质量要求不高的负载。

（2）在线式。正常时，外部交流电→晶闸管或高频变换整流器（对蓄电池充电）→DC/AC逆变器向负载供电；一旦外部交流电中断，无需切换，持续由逆变器供电；当逆变器故障或过负荷，静态旁路开关自动切换，由市电直接向负载供电。在线式UPS具有容量大、跟踪市电频率、稳压滤波等高质量供电的优点，但产生一定谐波和噪声，适用于对调度中心、厂站监控系统、信息中心、通信监管中心的计算机群可靠供电。

（3）主备冗余式。由在线主UPS向负载供电，备用UPS处于等待启动逆变器，一旦主UPS故障，通过控制电路切换到备用UPS供电。

（4）并机冗余式。由若干台在线式UPS均匀承担负载，跟踪供电母线电压自动调整输出，一旦某台UPS故障，其余UPS自动均匀负荷。

（5）单相和三相式。即单相输入，单相输出；三相输入，三相输出；三相输入，单相输出。

7. UPS的形式有哪些？

答：（1）UPS可工作在市电状态下由逆变器向负载供电。

（2）UPS具有旁路切换功能，逆变器故障时可切换到市电状态，继续保持供电。

（3）UPS可直接对一定容量的电池组进行充电，并对电池的状况进行监测。

（4）UPS作为一个完整独立的电源系统，包括整流器、充电器、逆变器、静态旁路开关、手路开关、手动维修旁路开关及电池组。

8. UPS的主要功能是什么？

答：（1）自动旁路切换。

（2）自动电池管理。

（3）计算机通信接口。

（4）自动保护。

（5）性能指标。电压稳定度：输入电压暂态波动100%以下，输出电压波动不大于2%，稳态1%以下；输出频率稳定度：50＋/－0.005Hz；输出波形失真度：非线性负载不大于5%，线性负载不大于2%；供电效率不小于90%。

9. 35～110kV 变电站站用电源如何接入?

答：（1）在有两台及以上主变压器变电站中，宜装设两台容量相同可互为备用的站用变压器，每台站用变压器容量应按全站计算负荷选择。两台站用变压器可分别接自主变压器最低电压等级不同段母线。能从变压器外引入一个可靠的低压备用电源时，亦可装设一台站用变压器。

当 35kV 变电站只有一回电源进线及一台主变压器时，可在电源进线断路器前装设一台站用变压器。

（2）按规划需装设消弧线圈补偿装置的变电站，采用接地变压器引出中性点时，接地变压器可作为站用变压器使用，接地变压器的容量应满足消弧线圈和站用电的容量要求。

（3）站用电接线及供电方式宜符合下列要求：

1）站用电低压配套宜采用中性点直接接地的 TN 系统。宜采用动力和照明共用的供电方式，额定电压宜为 380V/220V。

2）站用电低压母线宜采用单母线分段接线，每台站用变压器宜各接一段母线；也可采用单母线接线，两台站用变压器宜经过切换一段母线。

3）站用电重要负荷宜采用双回路供电方式。

（4）变电站宜设置固定的检修电源，并应设置剩余电流保护装置。

10. 220kV 变电站站用电源如何引入?

答：220kV 变电站站用电源宜从不同主变压器低压侧分别引接 2 回容量相同、可互为备用的工作电源。当初期只有一台主变压器时，除从其引接 1 回电源外，还应从站外引接 1 回可靠的电源。

11. 330～750kV 变电站站用电源如何引入?

答：330～750kV 变电站站用电源应从不同主变压器低压侧分别引接 2 回容量相同，可互为备用的工作电源，并从站外引接 1 回可靠站用备用电源。当初期只有 1 台（组）主变压器时，除从其引接 1 回电源外，还应从站外引接 1 回可靠的电源。

12. 1000kV 变电站站用电源应如何引入?

答：1000kV 变电站站用电源应从不同主变压器低压侧分别引接 2 回容量相同，可互为备用的工作电源，并从站外引接 1 回可靠站用备用电源。初期只有 1 台（组）主变压器时，宜再从站外引接 2 回来自两个不同变电站的可靠电源。

13. 开关站站用电源应如何引入?

答：开关站站用电源宜从站外引接 2 回可靠电源。当站内有高压并联电抗器时，其中 1 回可采用高抗抽能电源。串补站站用电源的配置，应按 DL/T 5453《串补站设计技术规程》的有关规定执行。

14. 对引入站用电源有哪些要求?

答：（1）每回站用电源的容量应满足全站计算负荷用电需要。

（2）当没有条件从站外引接可靠电源时，可在站内设置自备应急电源，其容量应满足全站Ⅰ类负荷和部分Ⅱ类负荷（包括 2 台主变压器及全站高压电抗器冷却负荷）用电要求。

（3）站外电源电压可采用 10～66kV 电压等级，当可靠性满足要求时，宜采用低电压等级电源。

（4）站内应急电源可采用快速自启动柴油发电机组，配置要求应按 GB 29328《重要电力用户供电电源及自备应急电源配置技术规范》的有关规定执行。

（5）当站内安装可靠清洁能源电源时，宜予以优先利用。

15. 站用电负荷按停电影响可分为哪几类？

答：站用电负荷按停电影响可分为下列三类：

Ⅰ类负荷：短时停电可能影响人身或设备安全，使生产运行停顿或主变压器减载的负荷；

Ⅱ类负荷：允许短时停电，但停电时间过长，有可能影响正常生产运行的负荷；

Ⅲ类负荷：长时间停电不会直接影响生产运行的负荷。

16. 对站用电的供电方式有哪些要求？

答：（1）站用电负荷宜由站用配电屏直配供电，对重要负荷应采用分别接在两段母线上的双回路供电方式。

（2）当站用变压器容量大于400kVA时，大于50kVA的站用电负荷宜由站用配电屏直接供电；小容量负荷宜集中供电就地分供。

（3）主变压器、高压并联电抗器的强迫冷却装置、有载调压装置及其带电滤油装置，宜按下列方式设置互为备用的双电源，并只在冷却装置控制箱内实现自动相互切换。

1）采用三相设备时，宜按台分别设置双电源。

2）采用成组单相设备时，宜按组分别设置双电源，各相变压器的用电负荷接在经切换后的进线上。

（4）330～1000kV变电站的主控通信楼、综合楼、下放的继电器小室，可根据负荷需要设置专用配电分屏向就地负荷供电，专用配电分屏宜采用单母线接线，当带有Ⅰ类负荷回路时应采用双电源供电。

（5）断路器、隔离开关的操作及加热负荷，可采用按配电装置电压区域划分的，分别接在两段站用电母线的下列双电源供电方式：

1）按功能区域设置环形供电网络，并在环网中间设置刀开关以开环运行。

2）双回路独立供电，在功能区域内设置双电源切换配电箱，向间隔负荷辐射供电。

3）双回路独立供电，设备控制箱内设有双电源切换装置。

（6）站内电源应优先作为工作电源，当检测到任何相电压中断时，应延时将负载从工作电源切换至备用电源。当工作电源恢复正常时，宜延时自动由备用电源返回至工作电源供电。

（7）检修电源网络宜采用按功能区域划分的单回路分支供电方式。

17. 对站用电接线有哪些要求？

答：（1）330～750kV变电站站用电源宜选用一级降压方式，1000kV变电站站用电源应根据主变压器低压侧电压水平，选用两级降压或一级降压方式。当采用两级降压方式时，中间电压等级宜与站外电源的电压等级一致。高压站用电源宜采用独立的线路变压器组接线方式。

（2）站用电低压系统额定电压采用220V/380V。站用电母线采用按工作变压器划分的单母线接线，相邻两段工作母线同时供电分列运行。两段工作母线间不应装设自动投入装置。当任一台工作变压器失电退出时，备用变压器应能自动快速切换至失电的工作母线段继续供电。

（3）有发电车接入需求的变电站，站用电低压母线应设置移动电源引人装置。

18. 对站用电系统中性点的接地方式有哪些要求?

答:(1)站内高压站用电系统宜采用中性点不接地方式。外引高压站用电源系统中性点接地方式由站外系统决定。

(2)屋外变电站站用电低压中央供电系统宜采用三相制中性点直接接地方式(TN-C);全屋内变电站、建筑内及分散的检修供电可采用全部或局部三相五线制中性点直接接地方式(TN-S或TN-C-S)。

(3)三相四线系统(TN-C)中引入建筑的保护接地中性导体(PEN)应重复接地,严禁在PEN线中接入开关或隔离电器。

19. 对交流不停电电源有哪些要求?

答:(1)交流不停电电源宜按功能要求采用成套装置,正常时采用交流输入电源,交流失电时快速切换至站内直流蓄电池供电。

(2)不停电电源装置宜按全部负载集中设置,也可按不同负载分区域分散设置。

(3)不停电电源宜采用具有稳压稳频的装置,额定输出电压为单相220V,额定输出频率为50Hz。成套的不停电电源技术要求,应按DL/T 1074《电力用直流和交流一体化不间断电源设备》、DL/T 5136《火力发电厂、变电站二次接线设计技术规程》的有关规定执行。

(4)不停电电源系统可采用单母线或单母线分段接线。

(5)供计算机使用的不停电电源装置,其容量的选择应留有裕度。

20. 站用电负荷计算原则和方法是什么?

答:站用电负荷计算原则为:①连续运行及经常短时运行的设备应予计算。②不经常短时及断续运行的设备不予计算。③变电站主要按站用电负荷特性选用。

站用电负荷的计算式为

$$S \geqslant K_1 P_1 + P_2 + P_3$$

式中 S——站用变压器容量,kV·A;

K_1——站用动力负荷换算系数,取$K=0.85$;

P_1——站用动力负荷之和,kW;

P_2——站用电热负荷之和,kW;

P_3——站用照明负荷之和,kW。

21. 对站用变压器的选择有哪些要求?

答:(1)站用变压器容量应大于全站用电最大计算容量。

(2)站用变压器应选用低损耗节能型标准系列产品。变压器型式宜采用油浸式,当防火和布置条件有特殊要求时,可采用干式变压器。

(3)站用变压器宜采用Dyn11联结组。站用变压器联结组别的选择,宜使各站用工作变压器及站用备用变压器输出电压的相位一致。站用电低压系统应采取防止变压器并列运行的措施。

(4)站用变压器的阻抗应按低压电器对短路电流的承受能力确定,宜采用标准阻抗系列的变压器。

(5)站用变压器高压侧的额定电压,应按其接入点的实际运行电压确定,宜取接入点主变压器相应的额定电压。

(6)当高压电源电压波动较大,经常使站用电母线电压偏差超过±5%时,应采用有载调压站用变压器。

22. 站用电短路电流如何计算？

答：（1）站用高压侧短路电流可按所接母线三相短路电流水平考虑；接在具有限流功能装置后的保护电器的开断能力应按限流后的短路电流确定。

（2）站用电低压系统的短路电流计算应符合的原则为：①按单台站用变压器电源进行计算；②应计及电阻；③系统阻抗宜按高压侧保护电器的开断容量或高压侧的短路容量确定；④不考虑异步电动机的反馈电流；⑤馈线回路短路时，应计及馈线的阻抗；⑥不考虑短路电流周期分量的衰减；⑦当主保护装置动作时间与断路器固有分闸时间之和大于0.1s时，可不考虑短路电流非周期分量的影响。

23. 站用高压配电装置如何选择？

答：（1）站用变压器高压侧宜采用高压断路器作为保护电器。当站用变压器容量小于400kVA时也可采用熔断器保护。保护电器开断电流不能满足要求时，宜采用装设限流电抗器的限流措施。

（2）站用电高压侧为中性点非有效接地系统时，保护Dyn站用变压器回路的电流互感器应按三相配置。

（3）站用电高压电器和导体的设计，应按DL/T 5222《导体和电器选择设计技术规定》的有关规定执行。

（4）站用高压配电装置的接地及过电压保护设计，应按GB/T 50065《交流电气装置的接地设计规范》及GB 50064《交流气装置的过电压保护和绝缘配合设计规范》有关规定执行。

24. 站用低压电器装置如何选择？

答：（1）低压电器应根据所处环境，按满足工作电压、工作电流、分断能力、动稳定、热稳定要求选择，并应符合GB 50054《低压配电设计规范》、GB 50055《通用用电设备配电设计规范》GB 14048《低压开关设备和控制设备》有关规定。对于配电箱内电器的额定电流选择，还应考虑不利散热的影响。

（2）站用电低压配电宜采用封闭的固定式配电屏，也可采用抽屉式配电屏。当采用抽屉式配电屏时，应设有电气或机械联锁。

（3）在下列情况下，低压电器和导体可不校验动稳定或热稳定：

1）用限流熔断器或熔件额定电流为60A及以下的普通熔断器保护的电器和导体可不校验热稳定。

2）用限流断路器保护的电器和导体可不校验热稳定。

3）当熔件的额定电流不大于电缆额定载流量的2.5倍，且供电回路末端的单相短路电流大于熔件额定电流的5倍时，可不校验电缆的热稳定。

4）对已满足额定短路分断能力的断路器，可不再校验其动热稳定。但另装继电保护时，应校验断路器的热稳定。

5）对保护式磁力起动器和放在单独动力箱内的接触器，可不校验动、热稳定。

（4）短路保护电器应装设在回路首端。当回路中装有限流作用的保护电器时，该回路的电器和导体可按限流后实际通过的最大短路电流进行校验。

（5）短路保护电器的分断能力应符合下列要求：

1）保护电器的额定分断能力应大于安装点的预期短路电流有效值。

2）当利用断路器本身的瞬时过电流脱扣器作为短路保护时，断路器的极限短路分断能力应大于回路首端预期短路电流有效值。

3）当利用断路器本身的延时过电流脱扣器作为短路保护时，采用断路器相应延时下的运行短路分断能力进行校验。

4）当另装继电保护时，如其动作时间超过断路器延时脱扣器的最长延时，则断路器的分断能力应按制造厂规定值进行校验。

5）当电源为下进线时，应考虑其对分断能力的影响。

6）低压保护断路器的额定功率因数值应低于安装点的短路功率因数值，当不能满足时，电器的额定分断能力宜留有适当裕度。

（6）保护电器的动作电流应与回路导体截面配合，并应躲过回路最大工作电流；保护动作灵敏度应按回路末端最小短路电流校验。

（7）低压配电保护宜采用低压空气断路器。三相供电回路中三极断路器的每极均应配置过电流脱扣器。分励脱扣器和失压脱扣器的参数及辅助触头的数量，应满足控制和保护的要求。

（8）隔离电器应满足短路电流动、热稳定的要求。

（9）交流接触器和磁力起动器的等级和型号应按电动机的容量和工作方式选择，其吸持线圈的参数及辅助触头的数量应满足控制和联锁的要求。

（10）低压电器组合应符合下列要求：

1）供电回路应装设具有短路保护和过负荷保护功能的电器，对于需经常操作的电动机回路，还应装设操作电器；对不经常操作的回路，保护电器可兼作操作电器。

2）当发生短路故障时，各级保护电器应满足选择性动作的要求。站用变压器低压总断路器宜带延时动作，馈线断路器先于总断路器动作。上下级熔件应保持选择性级差。

3）固定安装4回以上的保护电器与母线间应分组设置隔离电器。起吊设备的电源回路，应增设就地安装的隔离电器。

4）用熔断器和接触器组成的三相电动机回路，应装设带断相保护的热继电器或采用带触点的熔断器作为断相保护。

5）接触器在通过短路电流时应与保护电气协调。达到“型”协调配合要求时，允许装在中央配电屏上。

6）用于站内消防的重要回路，宜适当增大导体截面，且应配置短路保护而不需配置过负荷保护。如配置过负荷保护，也不应切断线路，可作用于信号。

7）站用电设计及设备采购应要求：站内自动控制或连锁控制的电动机应有手动控制和解除自动控制或连锁控制的措施；远方控制的电动机应有就地控制和解除远方控制的措施；当突然起动可能危及周围人员安全时，应在机械旁装设起动预告信号和应急断电控制开关或自锁式停止按钮。

（11）低压电动机选型应符合下列要求：

1）电动机应采用高效、节能的交流电动机。

2）电动机的防护型式应与周围环境条件相适应。

（12）站用低压电器的接地及过电压保护设计，应按GB/T 50065《交流电气装置的接地设计规范》、GB/T 16935《低压系统内设备的绝缘配合》及DL/T 5408《发电厂、变电站电子信息系统220/380V电源电涌保护配置、安装及验收规程》的有关规定执行。

25. 站用柴油发电机组如何选型？

答：（1）柴油发电机组应采用快速自启动的应急型，失电后第一次自启动恢复供电的时间可取15～20s；机组应具有时刻准备自启动投入工作并能最多连续自启动三次的性能。柴油机的启动方式宜采用电启动；柴油机的冷却方式应采用闭式循环水冷却。发电机宜采用快速反应的励磁系统；发电机的接线采用星形连接，中性点应能引出。

（2）柴油发电机技术要求应按GB/T 2820《往复式内燃机驱动的交流发电机组》的有关规定执行。

26. 对柴油发电机组的布置有哪些要求？

答：（1）柴油发电机宜布置在通风良好的独立房间中。

（2）柴油发电机房宜靠近站用电室布置。

（3）柴油发电机组至墙壁距离应满足运输、运行、检修需求，机房内相关尺寸应符合相关规定的要求。

27. 柴油发电机储油设施的设置应满足什么要求？

答：柴油发电机储油设施的设置应满足下列要求：

（1）在燃油来源及运输不便时，宜在主体建筑物外设置40～64h耗油量的储油设施。

（2）机房内应设置储油间，其总存储量不应超过8h燃油耗量，并应采取相应的防火措施。

28. 如何配置站用电检修电源？

答：（1）主变压器、高压并联电抗器、串联无功补偿装置附近、屋内及屋外配电装置内，应设置固定的检修电源。检修电源的供电半径不宜大于50m。

（2）专用检修电源箱应符合下列要求：

1）配电装置内的电源箱至少设置三相馈线两路，单相馈线两路。回路容量宜满足电焊等工作的需要。

2）主变压器、高压并联电抗器附近电源箱的回路及容量应满足滤注油的需要。

3）安装在屋外的检修电源箱应有防潮和防止小动物侵入的措施。落地安装时，底部应高出地坪0.2m以上。

29. 站用电电气装置的电击防护措施有哪些？

答：（1）高压站用配电装置的电击防护，应按DL/T 5352《高压配电装置设计技术规程》的有关规定执行；低压电气装置的电击防护应按GB 50054《低压配电设计规范》的有关规定执行。

（2）变电站检修电源、移动用电设备应安装剩余电流动作保护电器。剩余电流动作保护电器的额定剩余不动作电流，应大于在负荷正常运行时预期出现的对地泄漏电流。

（3）变电站安装剩余电流动作保护单相回路和设备，应选用二极保护电器；保护三相三线回路和设备，可选用三极保护电器；保护三相四线制回路时，应选用三极保护电器，严禁将保护接地中性导体接入开关电器；三相五线系统回路中，应选用四极保护电器断开所有相线和中性带电导体。

（4）变电站安装剩余电流动作保护的回路零线应接入保护，经过漏电保护器的零线不得作为保护地线，不能再重复接地或接设备的外壳，回路必须配置保护接地导体。

（5）配电室内可同时触及的可导电部分之间应做等电位联结。

30. 对站用电继电保护有哪些要求？

答：（1）站用变压器及电动机的保护应符合GB/T 14285《继电保护和安全自动装置技

术规程》和GB/T 50062《电力装置的继电保护和自动装置设计技术规程》的规定。

（2）当站用变压器采用两级降压方式且两级变压器之间无断路器时，两级降压变压器可作为一个整体配置主保护及后备保护。

（3）柴油发电机保护应符合下列规定：

1）对定子绕组及引出线相间短路故障宜配置过电流保护，过电流保护应具有速断（主保护）及定时限（后备保护）两种功能，当电流速断保护灵敏度不符合要求时可装设纵联差动保护。

2）对单相接地短路故障宜配置单相接地保护，单相接地保护动作于跳闸。

3）车载柴油发电机组应具有防雷、防静电保护措施。

（4）高抗抽能站用变压器保护应符合下列规定：

1）抽能站用变压器保护范围应包含变压器绕组、套管及抽能线圈引出线。保护配置宜符合GB/T 14285《继电保护和安全自动装置技术规程》的规定；

2）对高压侧电流互感器与高速熔断器之间故障，宜单独配置高压侧复合电压启动的过电流保护，保护也作为二者之间发生故障熔断器不能熔断时的后备保护，保护动作经延时跳开与高抗相连的高压断路器（含远跳线路对侧的断路器）。

二、直 流 部 分

31. 变电站直流系统的作用是什么？

答：变电站内的直流系统是独立的操作电源。直流系统为变电站内的控制系统、继电保护、信号装置、自动装置提供电源；同时作为独立的电源，直流电源还可作为应急的备电源，即使在全站停电的情况下，仍能保证继电保护装置、自动装置、控制及信号装置等的可靠工作，同时也能供给事故照明用电。由于直流系统的负荷极为重要，所以直流电源系统应具有高度的可靠性和稳定性。确保直流系统的正常运行是保证变电站安全运行的决定条件之一。

32. 什么是蓄电池？

答：蓄电池是电池的一种，它能把有限的电能储存起来，在合适的地方使用。它的工作原理就是把化学能转化为电能。

它用填满海绵状铅的铅板作负极，填满二氧化铅的铅板作正极，并用22%～28%的稀硫酸作电解质。在充电时，电能转化为化学能，放电时化学能又转化为电能。蓄电池在放电时，金属铅是负极，发生氧化反应，被氧化为硫酸铅；二氧化铅是正极，发生还原反应，被还原为硫酸铅。电池在用直流电充电时，两极分别生成铅和二氧化铅。移去电源后，它又恢复到放电前的状态，组成化学电池。铅蓄电池是能反复充电、放电的电池，叫作二次电池。它的电压是2V，通常把多个铅蓄电池串联起来使用，铅蓄电池在使用一段时间后要补充蒸馏水，使电解质保持含有22%～28%的稀硫酸。

33. 什么是蓄电池组？

答：蓄电池组是指用导体连接两个或多个单体蓄电池用作能源的设备。

蓄电池组正常处于浮充电状态，能不间断供给直流用电，又不受交流侧事故停电的影响，是变电站可靠的保安电源。

34. 常用的蓄电池有哪些形式？

答：（1）防酸式铅酸蓄电池。蓄电池槽与蓄电池盖之间密封，使蓄电池内产生的气体只能从防酸栓排出，电极主要由铅制成，电解液是硫酸液的一种蓄电池。防酸式铅酸蓄电池可分为防酸隔爆式铅酸蓄电池和防酸式消氢铅酸蓄电池。

（2）阀控式密封铅酸蓄电池。蓄电池正常使用时保持气密和液密状态，当内部气压超过预定值时，安全阀自动开启，释放气体，当内部气压降低后安全阀自动闭合，同时防止外部空气进入蓄电池内部，使其密封。蓄电池在使用寿命期限内，正常使用情况下无需加电解液。

（3）镉镍蓄电池。正极活性物质主要由镍制成，负极活性物质主要由镉制成的一种蓄电池。

35. 什么是初充电？

答：新的蓄电池在交付使用前，为完全达到荷电状态所进行的第一次充电。初充电的工作程序应参照制造厂家说明书进行。

36. 什么是恒流充电？

答：充电电流在充电电压范围内，并维持在恒定值的充电。

37. 什么是均衡充电？

答：为补偿蓄电池在使用过程中产生的电压不均衡现象，使其恢复到规定的范围内而进行的充电，以及大容量放电后的补充充电，统称为均衡充电。

38. 什么是恒流限压充电？

答：恒流限压充电指先以恒流方式进行充电，当蓄电池组电压上升到限压值时，充电装置自动转换为限压充电，直到充电完毕。

39. 什么是浮充电？

答：在充电装置的直流输出端始终并接着蓄电池和负载，以恒压充电方式工作。正常运行时，充电装置在承担经常性负荷的同时向蓄电池补充充电，以补偿蓄电池的自放电，使蓄电池组以满容量的状态处于备用。

40. 什么是补充充电？

答：蓄电池在存放中，由于自放电，容量逐渐减少，甚至有可能损坏。按厂家说明书，蓄电池需定期进行充电，这就叫补充充电。

41. 什么是恒流放电？

答：指蓄电池在放电过程中，放电电流值始终保持恒定不变，直放到规定的终止电压为止。

42. 什么是核对放电？

答：为了检验在正常运行中蓄电池组的实际容量，以规定的放电电流进行恒流放电，只要电池达到了规定的放电终止电压，即停止放电，然后根据放电电流和放电时间内要求蓄电池组的实际容量，称为核对放电。

43. 什么是蓄电池试验容量？

答：新安装的蓄电池组，按规定的恒定电流进行充电，将蓄电池充满容量后，按规定的恒定电流进行放电，当其中一个蓄电池放至终止电压时为止，其容量的计算式为：

$$C = I_{f}t(\text{Ah}) \tag{14-1}$$

式中：C 为蓄电池组容量，Ah；I_{f} 为恒定放电电流，A；t 为放电时间，h。

44. 相关规程对蓄电池的基本要求有哪些？

答：（1）防酸蓄电池和大容量的阀控蓄电池应安装在专用蓄电池室内，容量较小的镉镍蓄电池（40Ah 及以下）和阀控蓄电池（300Ah 及以下）可安装在柜内，直流电源柜可布置在控制室内，也可布置在专用电源室内。

（2）防酸蓄电池室的门应向外开，套间内有自来水、下水道和水池。

（3）防酸蓄电池室附近应有存放硫酸、配件及调制电解液的专用工具的专用房间。若入口处套间较大，也可利用此房间。

（4）防酸蓄电池室的墙壁、天花板、门、窗框、通风罩、通风管道内外侧、金属结构、支架及其他部分应涂上防酸漆；蓄电池室的地面应铺上耐酸砖。

（5）防酸蓄电池室的窗户，应安装遮光玻璃或涂有带色油漆的玻璃，以免阳光直射在蓄电池上。

（6）防酸蓄电池室的照明，应使用防爆灯，至少有一个接在事故照明母线上，开关、插座、熔断器应安装在蓄电池室外。室内照明线应采用耐酸绝缘导线。

（7）防酸蓄电池室应安装抽风机，抽风量的大小与充电电流和电池个数成正比。除了设置抽风系统外，蓄电池室还应设置自然通风气道。通风气道应是独立管道，不可将通风气道引入烟道或建筑物的总通风系统中。

（8）防酸蓄电池室若安装暖风设备，应设在蓄电池室外、经风道向室外送风。在室内只允许安装无接缝的或焊接无汽水门的暖气设备。取暖设备与蓄电池的距离应大于0.75m。蓄电池室应有下水道，地面要有0.5%的排水坡度，并应有泄水孔，污水应进行中和或稀释后排放。

（9）蓄电池室的温度应经常保持在5～35℃，并保持良好的通风和照明。

（10）抗震设防烈度大于或等于7度的地区，蓄电池组应有抗震加固措施。

（11）不同类型的蓄电池，不宜放在一个蓄电池室内。

（12）防酸蓄电池的维护，宜备有下列仪表、用具、备品和资料：

1）仪表：①测量电解液密度用的密度计；②测量电解液温度用的温度计；③测量蓄电池电压用的41/2数字万用表，室外用温度计；④测量直流电源中的自动装置，控制板等用的示波器，录波器，真空毫伏表等。

2）用具：充注电解液用的玻璃缸、漏斗、量杯、搪瓷盆、塑料桶、注射器、手电筒、耐酸手套、耐酸围裙、胶皮靴子等。

3）备品：①化验合格的蒸馏水；②密度为1.40g/cm^{3}稀硫酸；③中和硫酸用的碳酸氢钠；④防酸隔爆帽；⑤适当数量的备用蓄电池。

4）资料：①蓄电池直流电源装置运行日志；②该蓄电池组制造厂家的技术资料，型式试验报告；③充电浮电装置的说明书和电气原理图；④自动装置，微机监控装置的使用说明书；⑤投运前三次充放电循环，蓄电池组端电压，单体电池电压的记录；运行中定期均衡充电，定期核对性放电的记录。

（13）镉镍蓄电池维护检修时年需要的仪表、用具、备品和资料与铅酸蓄电池维护检修基本相同，只是备品中备用的是3%～5%硼酸溶液。碱性电解液的密度为（1.20±0.01）g/cm^3。

（14）蓄电池组的绝缘电阻应满足以下要求：

1）电压为220V的蓄电池组不小于200kΩ。

2）电压为110V的蓄电池组不小于100kΩ。

3）电压为48V的蓄电池组不小于50kΩ。

（15）新安装的直流电源装置在投运前，应进行交接验收试验。

45. 相关规程规定蓄电池的技术指标有哪些？

答：（1）直流母线绝缘电阻应不小于10MΩ；绝缘强度应受工频2kV，耐压1min。

（2）蓄电池组浮充电压稳定范围：稳定范围电压值为90%～130%（2V阀控式蓄电池为125%）直流标称电压。

(3) 蓄电池组充电电压调整范围：电压调整范围为90%～125%（2V铅酸式蓄电池）；90%～130%（6V、12V阀控式蓄电池）；90%～145%（镉镍蓄电池）直流标称电压。

(4) 恒流充电时，充电电流调整范围为（20%～100%）I_n。

(5) 恒压运行时，负荷电流调整范围为（0～100%）I_n。

(6) 恒流充电稳流精度范围为：

1) 磁放大型充电装置，稳流精度范围为±（2%～5%）；

2) 相控型充电装置，稳流精度范围为±（1%～2%）；

3) 高频开关模块型充电装置，稳流精度范围为±（0.5%～1%）。

(7) 恒压充电稳压精度范围为：

1) 磁放大型充电装置，稳压精度范围为±（1%～2%）；

2) 相控型充电装置，稳压精度范围为±（0.5%～1%）；

3) 高频开关模块型充电装置，稳压精度范围为±（0.1%～0.5%）。

(8) 直流母线纹波系数范围为：

1) 磁放大型充电装置，纹波系数应不大于2%；

2) 相控型充电装置，纹波系数应不大于（1%～2%）；

3) 高频开关模块充电装置，纹波系数应不大于（0.2%～0.5%）。

(9) 噪声要求不大于55dB，若装设有通风机时应不大于60dB。

(10) 直流电源装置中的自动化装置应具有电磁兼容的能力。

(11) 充电装置返回交流电源侧的各次电流谐波，应符合DL/T 459—2000《电力系统直流电源柜订货技术条件》的要求。

46. 蓄电池的运行监视项目有哪些?

答：(1) 绝缘状态监视。运行中的直流母线对地绝缘电阻值应不小于10MΩ。值班员每天应检查正母线和负母线的对地绝缘电阻值。若有接地现象，应立即寻找和处理。

(2) 电压及电流监视。值班员对运行中的直流电源装置，主要监视交流输入电压值、充电装置输出的电压值和电流值，以及蓄电池组电压值、直流母线电压值、浮充电流值和绝缘电压值等是否正常。

(3) 信号报警监视。值班员每天应对直流电源装置上的各种信号灯、声响报警装置进行检查。

(4) 自动装置监视：

1) 检查自动调压装置是否工作正常，若不正常，启动手动调压装置，退出自动调压装置，通知检修人员调试修复。

2) 检查微机监控器工作状态是否正常，若不正常应退出运行，通知检修人员调试修复。微机监控器退出运行后，直流电源装置仍能正常工作，运行参数由值班员进行调整。

47. 防酸蓄电池组的运行方式有哪些?

答：(1) 防酸蓄电池组在正常运行中均以浮充方式运行，浮充电压值一般控制为（2.15～2.17）V×N（N为电池个数）。防酸蓄电池组浮充电压值可控制到2.23V×N。

(2) 防酸蓄电池组在正常运行中主要监视端电压值、每只单体蓄电池的电压值、蓄电池液面的高度、电解液的比重、蓄电池内部的温度、蓄电池室的温度、浮充电流值的大小。

48. 防酸蓄电池组的充电方式有哪些?

答：(1) 初充电。按制造厂家的使用说明书进行初充电。

（2）浮充电。防酸蓄电池组完成初充电后，以浮充电的方式投入正常运行，浮充电流的大小，根据具体使用说明书的数据整定，使蓄电池组保持额定容量。

（3）均衡充电。防酸蓄电池组在长期浮充电运行中，个别蓄电池落后，电解液密度下降，电压偏低，采用均衡充电方法，可使蓄电池消除硫化恢复到良好的运行状态。

49. 防酸蓄电池核对性放电的作用是什么？

答：长期浮充电方式运行的防酸蓄电池，极板表面将逐渐生产硫酸铅结晶体（一般称之为“硫化”），会堵住极板的微孔，阻碍电解液的渗透，从而增大了蓄电池的内电阻，降低了极板中活性物质的作用，蓄电池容量大为下降。核对性放电，可使蓄电池得到活化，容量得到恢复，使用寿命延长。

50. 防酸蓄电池运行维护的项目有哪些？

答：（1）对于防酸蓄电池组，值班员每天应进行巡视，主要检查每只蓄电池的液面高度，看有无漏液，若液面低于下限，应补充蒸馏水，调整电解液的比重在合格范围内。

（2）对于防酸蓄电池单体电压和电解液的比例的测量，发电厂两周测量一次，变电站每月测量一次，按记录表填好测量记录，并记下环境温度。

（3）个别落后的防酸蓄电池，应通过均衡充电方法进行处理，不允许长时间保留在蓄电池组中运行，若处理无效，应更换。

51. 防酸蓄电池可能出现哪些故障？

答：（1）防酸蓄电池内部极板短路或断路。

（2）长期浮充电运行中的防酸蓄电池，极板表面逐渐产生白色的硫酸铅结晶体，通常称之为“硫化”。

（3）防酸蓄电池底部沉淀物过多，用吸管除沉淀物，并补充配制的标准电解液。

（4）防酸蓄电池极板弯曲，龟裂或肿胀，若容量达不到80%以上，此蓄电池应更换。在运行中防止电解液的温度超过35℃。

（5）防酸蓄电池绝缘降低，当绝缘电阻值低于现场规定值时，将会发出接地信号，正对地或负对地均测到泄漏电压。

（6）防酸蓄电池容量下降，更换电解液，用反复充电法，可使蓄电池的容量得到恢复。若进行了三次电放电，其容量均达不到额定容量的80%以上，此组蓄电池应更换。

（7）防酸蓄电池在日常维护还应做到以下各点：蓄电池必须保持经常清洁，定期擦除蓄电池外部上的酸痕迹和灰尘，注意电解液面高度、不能让极板和隔板露出液面，导线的连接必须安全可靠，长期备用搁置的蓄电池，应每月进行一次补充充电。

52. 镉镍蓄电池组的运行方式有哪些？

答：（1）镉镍蓄电池主要分为两大类：①高倍率镉镍蓄电池，瞬间放电电流是蓄电池额定容量的3～6倍；②中倍率镉镍蓄电池，瞬间放电电流是蓄电池额定容量的1～3倍。

（2）镉镍蓄电池组在正常运行中以浮充方式运行，高倍率镉镍蓄电池浮充电压值宜取（1.36～1.39）V×N，均衡充电压宜取（1.47～1.48）V×N；中倍率镉镍蓄电池浮充电压值宜取（1.42～1.45）V×N，均衡充电压宜取（1.52～1.55）V×N，浮充电流值宜取（2～5）mA×Ah。

53. 镉镍蓄电池组在运行中主要监视的项目有哪些？

答：镉镍蓄电池组在运行中，主要监视端电压值，浮充电流值，每只单体蓄电池的电压值、蓄池液面高度、是否爬碱、电解液的比重，蓄电池内电解液的温度、运行环境温度等。

54. 镉镍蓄电池组的充电方式有哪些？

答：（1）正常充电。

（2）快速充电。

（3）浮充充电。

不管采用何种充电方式，电解液的温度不得超过35℃。

55. 镉镍蓄电池组的放电方式有哪些？

答：（1）正常放电。用 I_5 恒流连续放电，当蓄电池组的端电压下降至 1V×N 时（其中一只镉镍蓄电池电压下降到0.9V时），停止放电，放电时间若大于5h，说明该蓄电池组具有额定容量。

（2）事故放电。交流电源中断，二次负荷及事故照明负荷全由镉镍蓄电池组供电。若供电时间较长，蓄电池组端电压下降到 1.1V×N 时，应自动或手动切断镉镍蓄电池组的供电，以免因过放使蓄电池组容量亏损过大，对恢复送电造成困难。

56. 镉镍蓄电池组的运行维护项目有哪些？

答：（1）镉镍蓄电池液面低。每一个镉镍蓄电池，在侧面都有电解液高度的上下刻线、在浮充电运行中、液面高度应保持在中线，液面偏低的，应注入纯蒸馏水，使电整组电池液面保持一致。每三年更换一次电解液。

（2）镉镍蓄电池"爬碱"。维护办法是将蓄电池组外壳上的正负极柱头的"爬碱"擦干净，或者更换为不会产生爬碱的新型大本镉镍蓄电池。

（3）镉镍蓄电池组容量下降，放电电压低。维护办法是更换电解液，更换无法修复的电池组，用 I_5 电流进行5h恒流充电后，将充电电流减到 $0.5I_5$，继续过充电3～4h，停止充电1～2h后，用 I_5 恒流放电至终止电压，再进行上述方法充电和放电，反复3～5次，电池组容量将得到恢复。

57. 阀控蓄电池分为哪两类？

答：目前主要分吸液式和胶体式两类。

58. 阀控蓄电池运行方式及监视要求如何？

答：阀控蓄电池组在正常运行中以浮充电方式运行，浮充电压值宜控制为（2.23～2.28）V×N，在运行中主要监视蓄电池组的端电压值，浮充电流值，每只蓄电池的电压值、蓄电池组及直流母线的对地电阻值和绝缘状态。

59. 阀控蓄电池的充放电方式有哪些？

答：（1）恒流限压充电。

（2）恒压充电。

（3）补充充电。

60. 阀控蓄电池的运行维护项目有哪些？

答：（1）阀控蓄电池在运行中电压偏差值及放电终止电压值应符合表14-1的规定。

表14-1　阀控蓄电池在运行中电压偏差值及放电终止电压值的规定

阀控式密封铅酸蓄电池	标称电压（V）		
	2	6	12
运行中的电压偏差值	±0.05	±0.15	±0.13
开路电压最小电压差值	0.03	0.04	0.06
放电终止电压值	1.08	5.40（1.80×3）	10.80（1.80×6）

（2）在巡视中应检查蓄电池的单体电压值，连接片有无松动和腐蚀现象，壳体有无渗漏和变形，极板与安全阀周围是否有酸雾溢出，绝缘电阻是否下降，蓄电池温度是否过高等。

（3）备用搁置的阀控蓄电池，每三个月进行一次补充充电。

（4）阀控蓄电池的温度补偿系数受环境温度影响，基准温度为25℃时，每下降1℃，单体2V阀控蓄电池浮充电压值应提高3～5mV。

（5）根据现场实际情况，应定期对阀控蓄电池组做外壳清洁工作。

61. 变电站的充电设备的运行方式如何？

答：蓄电池组的充电和浮充电设备较普遍使用的是硅整流装置。单蓄电池组单母分段接线方式的直流系统配置有两台硅整流。一台作浮充，一台作主充；双蓄电池组单母分段接线方式的直流系统配置有三台硅整流，两台作浮充，一台作主充。

62. 对主充电和浮充电装置的一般要求有哪些？

答：（1）整流装置的输出电压、输出电流的调节范围应满足蓄电池组在充电、浮充电、均衡充电等运行状态下的要求。

（2）整流器应具有定电流恒电压性能，能以自动浮充电、自动均衡充电、手动充电三种方式运行。

（3）整流器输出直流的纹波系数不大于2%。

（4）整流器内应设必要的短路保护、缺相保护、过电压保护和故障信号。

主充电硅整流的性能除了满足蓄电池的初充电、事故放电后的充电、核对性放电之后的充电，还应满足浮充电及均衡充电的要求。主充电硅整流器的电压调节范围应满足蓄电池在充电时所需的最高和最低电压的要求。

浮充电硅整流器的输出直流应能承担直流母线的最大负荷电流和蓄电池的自放电电流。浮充电整流器的电压调节范围一般和主充电硅整流器的电压调节范围取得一致。

63. 直流母线接线的方式如何？

答：直流母线的接线方式和蓄电池的组数、直流负荷的供电方式以及充电浮充电、浮充电设备的配置情况等因素有关。直流母线通常采用单母分段接线方式，其优点如下：

（1）接线简单、清晰。

（2）容易分割成两个互不联系的直流系统，有利于提高直流系统的可靠性。

（3）查找直流系统接地方便。

（4）两段母线之间有隔离开关联络，当一组蓄电池因故退出运行时，合上分段联络隔离开关由另一组蓄电池供两段母线负荷。

在220kV及以下变电站中，直流系统一般只装设一组蓄电池，直流母线多采用两段母线接线，对直流负荷采用环形供电的形式，如图14-1所示。

64. 500kV（包括220kV枢纽变电站）变电站的直流系统与220kV及以下变电站的直流系统相比，有何特点？

答：500kV（包括220kV枢纽变电站）变电站的直流系统与220kV及以下变电站的直流系统相比，最突出的特点是：500kV变电站的直流系统，考虑了双重化的问题。在500kV变电站中，为了谋求高度的可靠性，500kV线路和变压器保护都采用了双重化的配置方式，从保护配置、直流操作电源，直到断路器的跳闸线圈都按双重化原则配置，这就要求直流电源也必须是双重化的。所以，在500kV变电站中每个直流电压等级都装设两组蓄电池，并且直流母线的接线方式以及直流馈电网络的结构等也相应按双重化的原则考虑，采

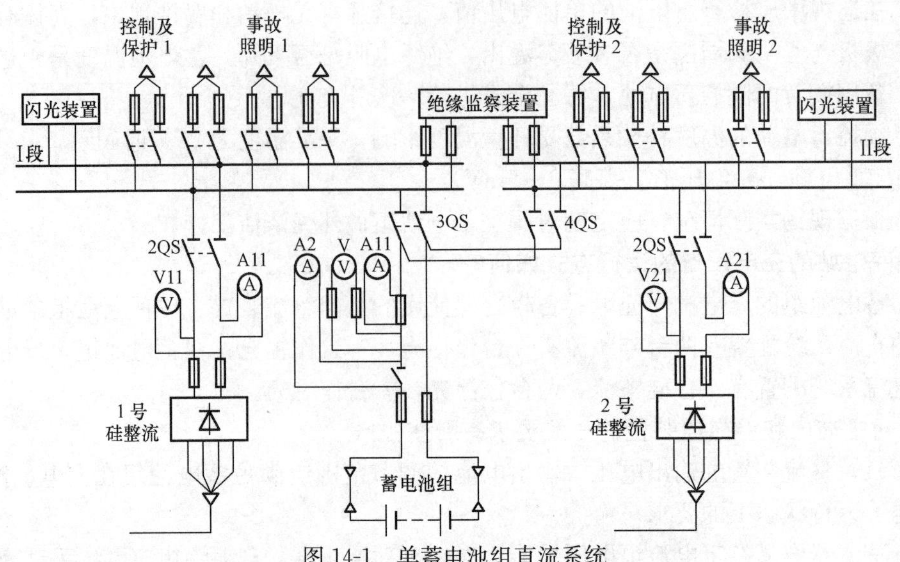

图 14-1　单蓄电池组直流系统

用直流分屏，直流负荷采用辐射状供电方式。

如图 14-2 所示，直流馈线、蓄电池组及充电、浮充电设备可以任意接到其中一段母线上。在正常运行情况下，两段母线间的联络隔离开关打开，整个直流系统分成两个没有电气联系的部分，在每段母线上接一组蓄电池和一台浮充电整流器，两组蓄电池共用一台主充电整流器，主充电整流器经两把隔离开关分别接到两组蓄电池的出口，可分别对其进行充放电。每段母线设有单独的电压监视和绝缘监察装置。对配有双重化保护的重要负荷，可分别从每段母线上取得直流电源；对于没有双重化要求的负荷，可任意接在某一段母线上，但应注意使正常情况下两段母线的直流负荷接近，当其中一组蓄电池因检修或充放电需要脱离母线时，分段隔离开关合上，两段母线的直流负荷由另一组蓄电池供电。

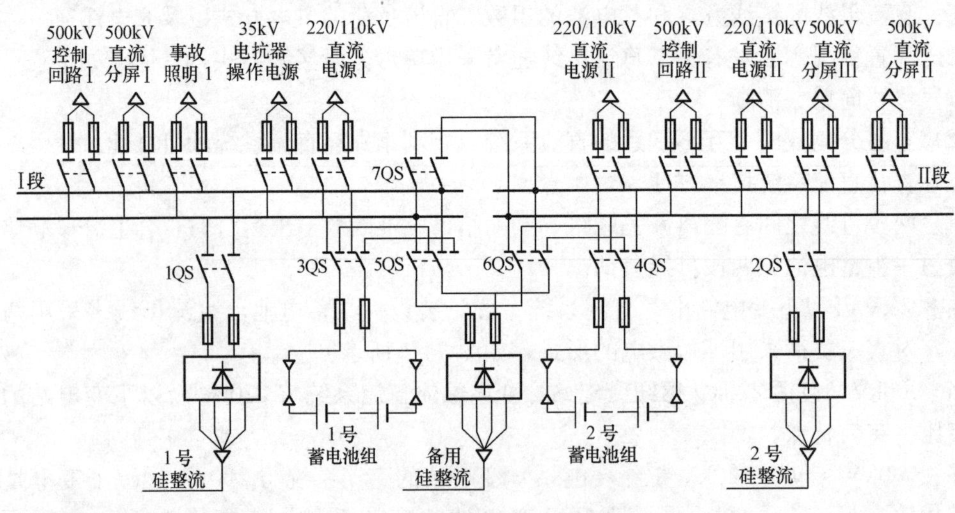

图 14-2　双蓄电池组直流系统

65. 什么是终止电压？

答：在蓄电池容量选择计算中，终止电压是指直流系统的用电负荷在指定放电时间内要求蓄电池必须保持的最低放电电压。对蓄电池本身而言，终止电压是指蓄电池在不同放电时间内及不同放电率条件下，允许的最低放电电压。一般情况下，前者的要求比后者高。

66. 相关规程对蓄电池组的直流电压有何规定?

答:（1）直流系统标称电压：

1）专供控制负荷的直流系统宜采用110V；

2）控制负荷和动力负荷合并供电的直流系统采用220V或110V。

（2）在正常运行情况下，直流母线电压应为直流系统标称电压的105%。

（3）专供控制负荷的直流系统或控制负荷和动力合并供电的直流系统标称电压，应不高于系统标称电压的110%。

（4）事故放电情况下蓄电池组出口端电压要求：

1）专供控制负荷的直流系统，应不低于直流系统标称电压的85%。

2）对控制负荷和动力负荷合并供电的直流系统，宜不低于直流系统标称电压的87.5%。

67. 什么是蓄电池的容量?

答: 蓄电池的容量是蓄电池能力的重要标志，一般用“安·时”（Ah）来表示。容量数就是蓄电池恒流放电到某一最小允许电压的过程中，放电电流的安培数和放电时间的乘积，放电电流恒定时，其值为

$$Q = It \tag{14-2}$$

式中：Q 为蓄电池容量，Ah；I 为放电电流，A；t 为放电时间，h。

蓄电池的容量与极板的表面积、放电电流值、放电电压、充电程度、环境温度等许多因素有关。

68. 什么是蓄电池的放电率和放电时率?

答: 蓄电池放电至终止电压的快慢叫放电率。放电率可用放电电流大小和放电达到终了电压的时间长短来表示，后者就称为蓄电池的放电时率。

69. 蓄电池组直流系统的运行方式有哪些?

答:（1）充放电运行方式。

（2）浮充电运行方式。

70. 何谓充放电运行方式?

答: 充放电运行方式就是将充好电的蓄电池组接在直流母线上，对直流负荷供电，同时断开充电装置。为保证直流供电系统的可靠性，当蓄电池放电到其容量的75%～80%时即停止放电，准备充电，改用已充好的另一组蓄电池供电。

71. 何谓浮充电运行方式?

答: 浮充电运行方式就是除充电用硅整流装置之外，再装设一台容量较小的硅整流器，称为浮充机。浮充机的输出与蓄电池组并连接于直流母线，除供给经常性直流负荷外，同时以很小的电流向蓄电池组浮充电，补偿蓄电池组的自放电，使蓄电池组经常处于满充电状态。

在这种运行方式下，蓄电池组的作用主要是担负短时间的冲击负荷。如果交流系统发生故障，导致浮充硅整流器断开时，蓄电池组将自动转入放电状态，承担全部直流负荷。交流电源恢复后，使用充电装置给蓄电池充电，然后再转入浮充电运行方式。在事故情况下也可采用蓄电池组供电，如事故照明等。

72. 蓄电池组浮充电压在什么范围?

答: 蓄电池组的浮充电压应根据厂家推荐选取，当无产品资料时可按：

(1) 防酸式铅酸蓄电池的单体浮充电压值宜取 2.15～2.17V（GFD 型蓄电池宜取 2.17～2.23V）。

(2) 阀控式密封铅酸蓄电池的单体浮充电压值宜取 2.23～2.27V。

(3) 中倍率镉镍碱性蓄电池的单体浮充电压值宜取 1.42～1.45V。

(4) 高倍率镉镍碱性蓄电池的单体浮充电压值宜取 1.36～1.39V。

73. 对 35～110kV 变电站站用直流系统接线有何要求?

答: (1) 变电站直流母线宜采用单母分段的接线。采用单母分段时，蓄电池应能切换至任一母线。

(2) 操作电源采用一组 110V 或 220V 蓄电池，不应设端电池。重要的 110kV 变电站，也可装设 2 组蓄电池。

蓄电池宜采用性能可靠、维护量少的蓄电池，冲击负荷较大时，亦可采用高倍率蓄电池。

(3) 充电装置宜采用高频开关充电装置。采用高频开关充电装置时，宜配置一套具有热备用部件的充电装置，也可配置两套充电装置。

(4) 蓄电池的容量应符合下列要求:

1) 有人值班变电站中蓄电池的容量应为全站事故停电 1h 的放电容量;

2) 无人值班变电站中蓄电池的容量应为全站事故停电 2h 的放电容量;

3) 应满足事故放电末期最大冲击负荷的要求。

(5) 通信设备的直流电源可独立设置一组专用蓄电池直供或利用站用蓄电池直流变换方式。

74. 事故停电时应符合哪些规定?

答: (1) 与电力系统连接的发电厂，厂用交流电源事故停电时间应按 1h 计算。

(2) 不与电力系统连接的孤立发电厂，厂用交流电源事故停电时间应按 2h 计算。

(3) 有人值班变电站，全站交流电源事故停电时间应按 2h 计算。

(4) 无人值班变电站，全站交流电源事故停电时间应按 2h 计算。

(5) 1100kV 变电站、串补站和直流换流站，全站交流电源事故停电时间应按 2h 计算。

75. 蓄电池型式选择应符合哪些要求?

答: (1) 直流电源宜采用阀控式密封铅酸蓄电池，也可采用固定型排气式铅酸蓄电池。

(2) 小型发电厂、110kV 及以下变电站可采用镉镍碱性蓄电池。

(3) 核电厂常规岛宜采用固定型排气式铅酸蓄电池。

76. 蓄电池单体电压如何选择?

答: 铅酸蓄电池应采用单体为 2V 的蓄电池，直流电源成套装置柜安装的铅酸蓄电池宜采用单体为 2V 的蓄电池，也可采用 6V 或 12V 组合电池。

77. 蓄电池组数配置应符合哪些要求?

答: (1) 单机容量为 125MW 级以下机组的火力发电厂，当机组台数为 2 台及以上时，全厂宜装设 2 组控制负荷和动力负荷合并供电的蓄电池。对机炉不匹配的发电厂，可根据机炉数量和电气系统情况，为每套独立的电气系统设置单独的蓄电池组。其他情况下可装设 1 组蓄电池。

(2) 单机容量为 200MW 级及以下机组的火力发电厂，当控制系统按单元机组设置时，每台机组宜装设 2 组控制负荷和动力负荷合并供电的蓄电池。

（3）单机容量为300MW级机组的火力发电厂，每台机组宜装设3组蓄电池，其中2组对控制负荷供电，1组对动力负荷供电，也可装设2组控制负荷和动力负荷合并供电的蓄电池。

（4）单机容量为600MW级机组的火力发电厂，每台机组应装设3组蓄电池，其中2组对控制负荷供电，1组对动力负荷供电。

（5）对于燃气—蒸汽联合循环发电厂，可根据燃机形式、接线方式、机组容量和直流负荷大小，按套或按机组装设蓄电池组，蓄电池组数应符合（1）（2）（3）条的规定。

（6）发电厂升压站设有电力网络计算机监控系统时，220kV及以上的配电装置应独立设置2组控制负荷和动力负荷合并供电的蓄电池组。当高压配电装置设有多个网络继电器室时，也可按继电器室分散装设蓄电池组。110kV配电装置根据规模可设置2组或1组蓄电池。

（7）110kV及以下变电站宜装设1组蓄电池，对于重要的110kV变电站，也可装设2组蓄电池。

（8）220～750kV变电站应装设2组蓄电池。

（9）1000kV变电站宜按直流负荷相对集中配置2套直流电源系统，每套直流电源系统装设2组蓄电池。

（10）当串补站毗邻相关变电站布置且技术经济合理时，宜与毗邻变电站共用蓄电池组。当串补站独立设置时，可装设2组蓄电池。

（11）直流换流站宜按阀组和公用设备分别设置直流电源系统，每套直流电源系统应装设2组蓄电池。站公用设备用蓄电池组可分散或集中设置。背靠背换流站宜按背靠背换流单元和公用设备分别设置电源系统，每套直流电源系统应装设2组蓄电池。

78. 对蓄电池接线方式有哪些规定？

答：（1）1组蓄电池的直流电源系统接线方式应符合下列要求：

1）1组蓄电池配置1套充电机装置时，宜采用单母线接线方式。

2）1组蓄电池配置2套充电机装置时，宜采用单母线分段接线，2套充电机应接入不同母线段，蓄电池组应跨接在两段母线上。

3）1组蓄电池直流电源系统，宜经直流断路器与另一组相同电压等级的直流系统相连。正常运行时，该断路器应处于断开状态。

（2）2组蓄电池的直流电源系统接线方式应符合下列要求：

1）直流电源系统应采用两段单母线接线，两段直流母线之间应设联络电器。正常运行时，两段直流母线应分别独立运行。

2）2组蓄电池配置2套充电机装置时，每组蓄电池及其充电装置应分别接入相应母线段。

3）2组蓄电池配置3套充电机装置时，每组蓄电池及其充电装置应分别接入相应母线段。第3套充电装置应经切换电器对第2组蓄电池进行充电。

4）2组蓄电池的直流系统应满足在正常运行中两段母线切换时不中断供电的要求。在切换过程中，2组蓄电池应满足标称电压相同，电压差小于额定值，且直流电源系统均处于正常运行状态，允许短时并联运行。

（3）蓄电池组和充电装置应经隔离和保护电器接入直流电源系统。

（4）铅酸蓄电池组不宜设降压装置，由端电池的镉镍碱性蓄电池组应设有降压装置。

(5) 每组蓄电池应有专用的试验放电回路，试验放电设备宜经隔离和保护电器直接与蓄电池组出口并联。放电装置宜采用移动式设备。

(6) 220V 和 110V 直流电源系统应采用不接地方式。

79. 站用交直流一体化电源系统由哪几部分组成?

答: 站用交直流一体化电源系统由站用交流电源、直流电源、交流不间断电源（UPS)、逆变电源（INV，根据工程需要选用)、直流变换电源（DC/DC）等装置组成，并统一监视控制，共享直流电源的蓄电池组。

80. 站用交直流一体化电源系统有哪些功能要求?

答: (1) 应符合 Q/GDW 383—2009《智能变电站技术导则》中 8.4 条、Q/GDW 393—2009《110（66）kV～220kV 智能变电站设计规范》中 6.3.4 条、Q/GDW 394—2009《330kV～750kV 智能变电站设计规范》中 6.3.4 条的规定，各电源应进行一体化设计、一体化配置、一体化监控，其运行工况和信息数据能够上传至远方控制中心，能够实现就地和远方控制功能，能够实现站用电源设备的系统联动。

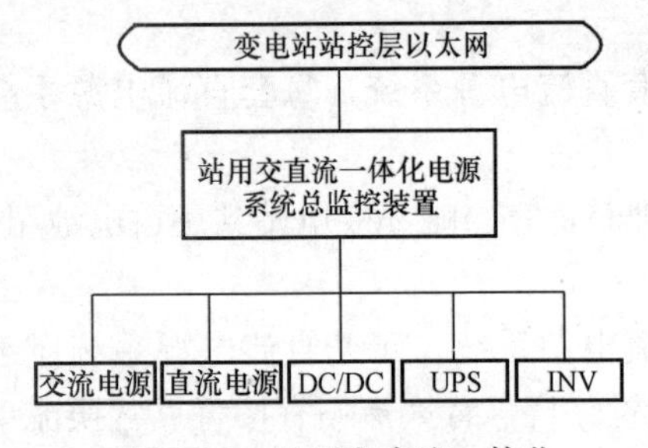

图 14-3　站用交直流一体化电源系统结构

(2) 各电源通信规约应相互兼容，能够实现数据、信息共享。

(3) 总监控装置应通过以太网通信接口采用 IEC 61850 规约与变电站后台设备连接，实现对一体化电源系统的远程监控维护管理。站用交直流一体化电源系统结构如图 14-3 所示。

(4) 应具有监视交流电源进线开关、交流电源母线分段开关、直流电源交流进线开关、充电装置输出开关、蓄电池组输出保护电器、直流母线分段开关、交流不间断电源（逆变电源）输入开关、直流变换电源输入开关等的状态的功能，上述开关宜选择智能型断路器，具备远方控制及通信功能。

(5) 应具有监视站用交流电源、直流电源、蓄电池组、交流不间断电源（UPS)、逆变电源（INV)、直流变换电源（DCD/DC）等设备的运行参数的功能。

(6) 应具有控制交流电源切换、充电装置充电方式转换及（4）中所列开关投切等的功能。

81. 站用交直流一体化电源系统交流电源技术要求有哪些?

答: (1) 交流电源设备应符合国家相关标准的规定。

(2) 交流电源设备应具备自动投切功能，可通过以下方式实现：

1）采用备自投装置实现自动投切功能，母线分段，设有母线分段开关；

2）采用自动转换开关电器实现自动投切功能，母线分段，不设母线分段开关。

(3) 交流电源应具备遥控投切功能，能自主改变主供电源和备供电源。

(4) 自动恢复功能。交流电源在主备用供电方式下应具备自恢复功能，主供电源失电后又恢复正常，应能自动恢复到由主供电源供电方式。

(5) 电量采集功能。应具备电量采集功能，能实时测量三相电压、频率、功率因数及三相电流、有功功率、无功功率等。

(6) 开关状态采集功能。应具有进线开关、馈线开关、母线分段开关等的状态采集功能。

(7) 保护功能。当交流电源过载或短路时，应自动切除故障，待故障排除后，应能手动恢复工作。

（8）外部闭锁功能。自动转换开关电器应通过监测进线开关故障跳闸或其他辅助保护动作判断母线故障，并闭锁自动转换开关电器转换进线电源，避免事故扩大。

82. 站用交直流一体化电源系统的直流电源应具备哪些能力？

答：（1）事故放电能力。必要时蓄电池组按规定的事故放电电流放电 1h 后，叠加 $8I_{10}$ 的冲击电流，进行 10 次冲击放电。冲击放电时间为 500ms，两次之间间隔时间为 2s，在 10 次冲击放电的时间内，直流（动力）母线上的电压不得低于直流标称电压的 90%。

（2）直流母线连续供电。设备在正常运行时，当发生交流电源中断或充电装置故障的情况下，直流（控制）母线应连续供电，且其电压的瞬间波动不得低于直流标称电压的 90%。

（3）直流母线负荷能力。设备在正常浮充电状态下运行，当提供冲击负荷时，要求其直流母线上电压不得低于直流标称电压的 90%。

83. 站用交直流一体化电源系统充电装置的技术要求有哪些？

答：（1）采用高频开关电源型充电装置。

（2）设备应有充电（恒流、限流恒压充电），浮充电及自动转换的功能，并具有软启动特性，软启动时间 3～8s，防止开机电压冲击。

（3）高频开关电源模块应具有带电插拔更换功能。

（4）每台充电装置有两路交流输入，互为备用，当运行的交流输入失去时能自动切换到备用交流输入供电。

（5）高频开关电源型充电装置主要技术参数应达到以下规定：

稳压精度不大于±0.5%。

稳流精度不大于±1%。

波纹精度不大于 0.5%。

（6）高频开关电源模块采用并联运行方式，模块总数宜不小于 3 块。

（7）高频开关电源模块并机均流要求：多台高频开关电源模块并机工作时，在额定负载电流的 50%～100%，其均流不平衡度应不大于±5%。

（8）限压及限流特性。充电装置以稳流充电方式运行，当充电电压达到限压整定值时，设备应能自动限制电压，自动转换为恒压充电运行。充电装置以稳压充电方式运行，若输出电流超过限流的整定值，设备应能自动限制电流，并自动降低输出电压，输出电流将会立即降至整定值以下。

（9）恒流充电时，充电电流的调整范围为（20%～100%）I_N。

（10）充电装置的充电电压调整范围。电压调整范围为（90%～125%）U_N（2V 铅酸式蓄电池）。

（11）高频开关电源型充电装置的功率因数应不小于 0.9。

84. 站用交直流一体化电源系统的保护功能有哪些？

答：（1）应具有报警和运行指示灯，异常信号应上送到监控单元。

（2）当交流输入过压时，充电装置应具有输入过压关机保护功能或输入自动切换功能，同时发出告警信号，输入恢复正常后应能自动恢复原工作状态。

（3）当交流输入欠压时，充电装置应具有输入欠压保护功能或输入自动切换功能，同时发出告警信号，输入恢复正常后应能自动恢复原工作状态。

（4）当直流输出过压时，充电装置应具有输出过压关机保护功能，同时发出告警信号，故障排除后应能人工恢复工作。

(5) 当直流输出欠压时，充电装置应发出击警信号，但不进行关机保护，故障排除后应能自动恢复正常工作。

(6) 具有限流及短路保护、模块过热保护及模块故障报警功能。

85. 站用交直流一体化电源系统交流不间断电源的技术要求有哪些？

答：(1) 直流输入隔离。交流不间断电源（逆变电源）的直流输入应与交流输入和输出侧完全电气隔离。

(2) 稳压精度。当输入电压和负载电流（线性负载）在允许的变化范围内，稳压精度应不大于±3%。

(3) 动态电压瞬变范围。动态电压瞬变范围应不超过标称电压的±10%。

(4) 瞬变响应恢复时间。瞬变响应恢复时间应不大于 20ms。

(5) 同步精度。同步精度应不超过±2%。

(6) 输出频率。当输入电压和负载电流（线性负载）为额定值时，断开旁路输入，输出频率应不超过（50±0.2)Hz。

(7) 电压不平衡度。对于三相输出的交流不间断电源，电压不平衡度应不大于 5%。

(8) 电压相位偏差。对于三相输出的交流不间断电源，电压相位偏差应不超过 3°。

(9) 电压波形失真度。当输入电压和负载电流（线性负载）在允许的变化范围内，交流不间断电源（逆变电源）装置逆变输出波形的失真度应不超过 3%。

(10) 输出电流峰值系数。在输入电压与负载容量（非线性负载）为额定值，交流不间断电源（逆变电源）装置逆变输出电流峰值系数应不小于 3∶1。

(11) 直流反灌纹波电压。在负载容量（线性负载）为额定值时，交流不间断电源（直流供电）和逆变电源装置边交输出状态下对直流母线反灌纹波电压的有效值应不超过直流母线电压标称值的 0.5%。

(12) 总切换时间：

1) 冷备用模式。旁路输出切换到逆变输出的切换时间应不大于 10ms。逆变输出切换到旁路输出的切换时间应不大于 4ms。

2) 双变换模式。交流供电与直流供电相互切换的切换时间应为 0ms。旁路输出与逆变输出相互切换的切换时间应不大于 4ms。

(13) 交流旁路输入隔离变压器（可选）：

1) 绝缘电阻。绝缘电阻应不小于 10MΩ。

2) 工频耐压。应能承受历时 1min 的 3kV 工频电压的耐压试验。

3) 冲击耐压。应能承受 5kV 标准雷电波的短时冲击电压试验。

(14) 交流旁路输入稳压器（可选）：

1) 调压范围。调压范围应不超过± 10%。

2) 稳压精度。稳压精度应不大于±3%。

(15) 交流旁路输入过载能力。30min 内允许过载能力 150%。

86. 站用交直流一体化电源系统交流不间断电源保护功能有哪些？

答：(1) 当交流输入过压时，交流不间断电源装置应具有自动切换为直流供电功能，同时发出告警信号，输入恢复正常后应能自动恢复原工作状态。

(2) 当交流输入欠压时，交流不间断电源装置应具有自动切换为直流供电功能，同时发出告警信号，输入恢复正常后应能自动恢复原工作状态。

（3）当直流输入欠压时，交流不间断电源和逆变电源装置应首先发出告警信号，再低欠压后交流不间断电源输出应能自动切换为旁路供电，故障排除后应能自动恢复正常工作。

（4）当交流输出过压时，交流不间断电源和逆变电源装置应具有输出自动切换功能，同时发出告警信号，故障排除后应能自动恢复原工作状态。

（5）当交流输出欠压时，交流不间断电源和逆变电源装置应具有输出自动切换功能，同时发出告警信号，故障排除后应能自动恢复原工作状态。

（6）当交流输出功率为额定值的105％～125％时，运行时间大于或等于10min后应自动切换为旁路供电，故障排除后应能自动恢复正常工作。

（7）当交流输出功率为额定值的125％～150％时，运行时间大于或等于1min后应自动切换为旁路供电，故障排除后应能自动恢复正常工作。

（8）当交流输出功率超过额定值的150％或短路时，应无延时自动切换为旁路供电。旁路开关应有足够的过载能力使馈电开关脱扣，故障排除后应能自动恢复正常工作。原则上馈电开关的脱扣电流应不大于装置额定输出电流的50％。

（9）交流输出馈电开关应与旁路开关进行选择性配合。

（10）交流不间断电源装置应设置维护旁路回路，并具有防止误操作的闭锁措施。

87. 站用交直流一体化电源系统直流变换电源装置的保护功能有哪些？

答：（1）当直流输入过压时，直流变换电源装置应具有输入过压关机保护功能，同时发出告警信号，输入恢复正常后应能自动恢复原工作状态。

（2）当直流输入欠压时，直流变换电源装置应具有欠压保护功能并发出告警信号。

（3）当直流输出过压时，直流变换电源装置应具有输出过压关机保护功能，同时发出告警信号，故障排除后应能人工恢复工作。

（4）当直流输出欠电压时，直流变换电源装置应发出告警信号，但不进行关机保护，故障排除后应能自动恢复正常工作。

（5）当输出过载或短路时，应自动进入输出限流保护状态，故障排除后应能自动恢复正常工作。

（6）馈线故障时应能可靠隔离，不应影响直流变换电源模块的正常工作，馈线断路器应具有较好的电流—时间带特性曲线，并满足可靠性、选择性、灵敏性和瞬动性要求。

88. 站用交直流一体化电源系统总监控装置的结构如何？

答：总监控装置作为一体化电源系统的集中监控管理单元，应同时监控站用交流电源、直流电源、交流不间断电源（UPS）、逆变电源（INV）和直流变换电源（DC/DC）等设备。对上通过以太网通信接口采用IEC 61850标准与变电站后台设备连接，实现对一体化电源系统的远程监控维护管理。双充双蓄和三充双蓄电池变电站站用交直流一体化电源系统监控范围示意图分别如图14-4和图14-5所示。

89. 站用交直流一体化电源系统总监控装置的运行监视功能有哪些？

答：（1）交流电源输入参数（电压、电流、频率、有功功率、无功功率、电能）。

（2）蓄电池组充放电状态（浮充、均充、放电）及充放电电流。

（3）蓄电池组环境温度。

（4）蓄电池组输出电压、电流。

（5）单只电池端电压、内阻。

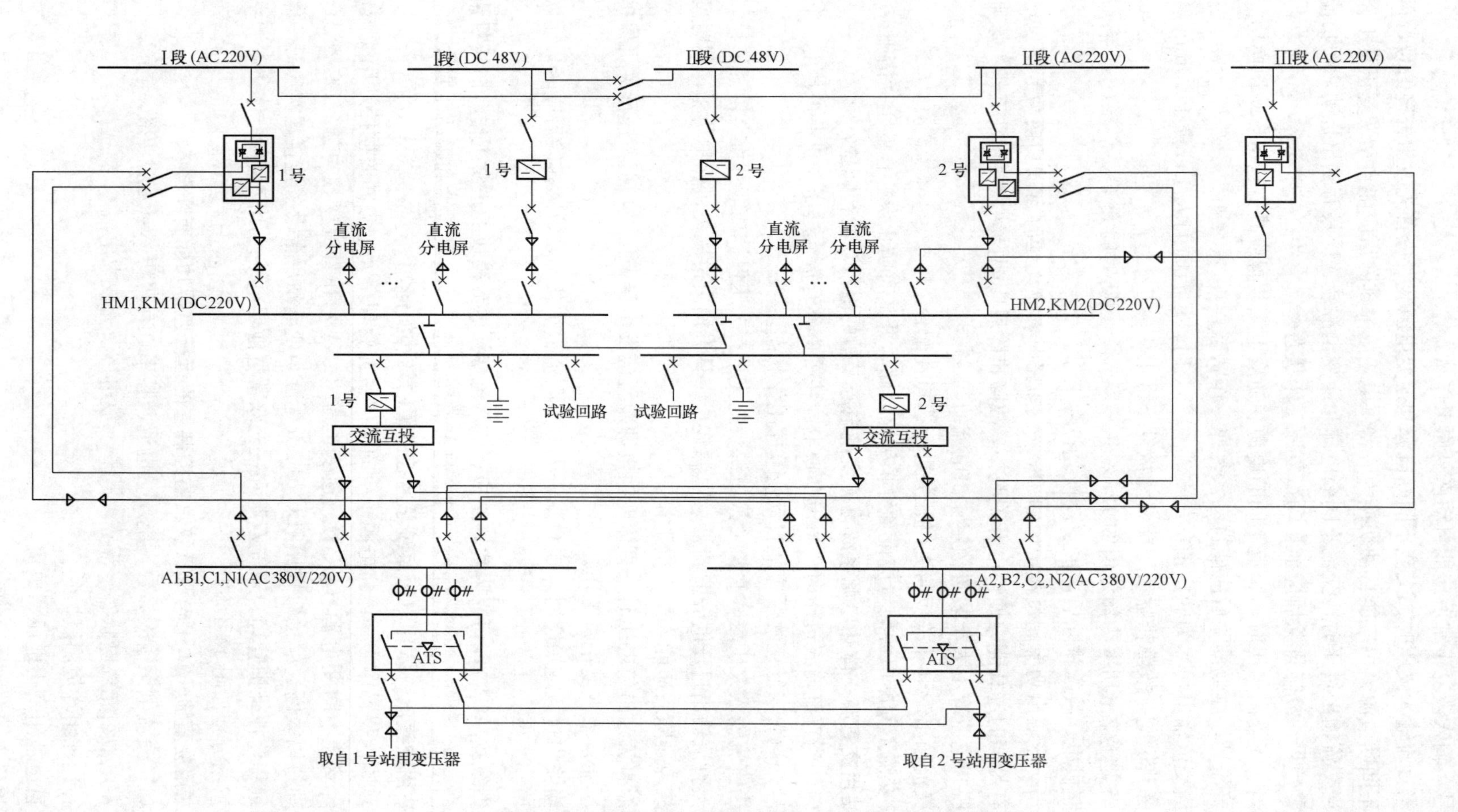

图 14-4　双充双蓄电池变电站站用交直流一体化电源系统监控范围示意图

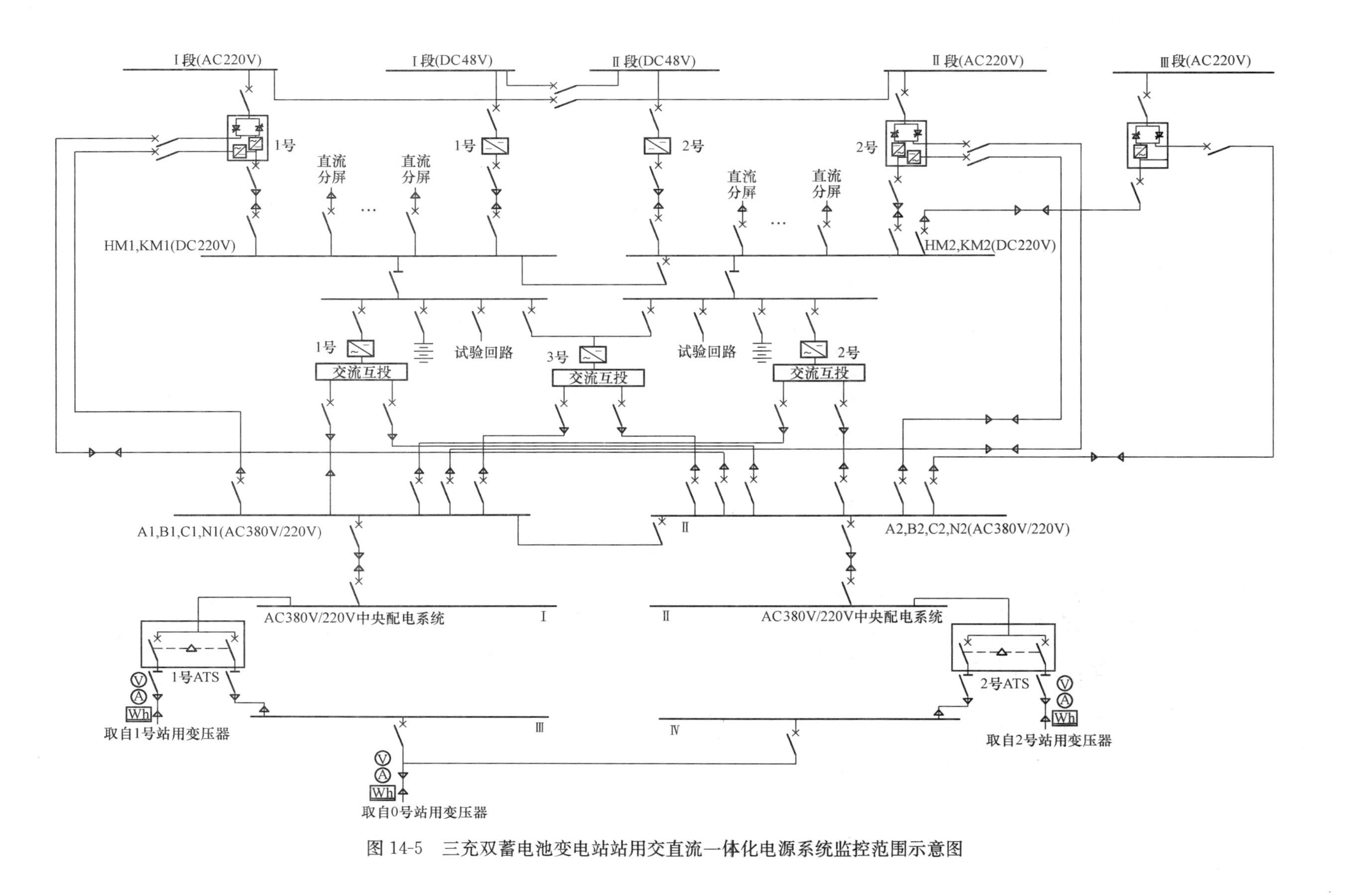

图 14-5　三充双蓄电池变电站站用交直流一体化电源系统监控范围示意图

(6) 充电装置输入电压。
(7) 充电装置输出电压、电流。
(8) 直流母线电压、电流。
(9) 直流系统对地电阻、对地电压。
(10) 交流不间断电源装置输入电压。
(11) 交流不间断电源装置输出电压、电流、频率。
(12) 逆变电源装置输入电压。
(13) 逆变电源装置输出电压、电流、频率。
(14) 直流变换电源装置输入电压。
(15) 直流变换电源装置输出电压、电流。
(16) 交流电源供电状态。
(17) 交流不间断电源装置供电方式(逆变供电、旁路供电)。
(18) 逆变电源装置供电方式(旁路供电、逆变供电)。
(19) 馈电屏断路器位置等工作状态。

90. 站用交直流一体化电源系统总监控装置的报警功能有哪些?

答: (1) 交流电源报警信号:
1) 交流进线电源异常;
2) 交流母线电压异常;
3) 交流馈线断路器脱扣总告警。
(2) 直流电源报警信号:
1) 交流输入电源异常(过压、欠压、缺相、零线故障);
2) 高频整流模块异常(输入输出保护告警或故障);
3) 直流母线电压异常(过压、欠压);
4) 直流母线绝缘异常(绝缘电阻降低或接地);
5) 蓄电池组电压异常(充电过压、欠压或放电欠压);
6) 交流电源断路器脱扣;
7) 充电装置输出断路器脱扣;
8) 蓄电池组输出断路器脱扣;
9) 直流馈线断路器脱扣总告警;
10) 支路绝缘异常;
11) 单只蓄电池电压异常;
12) 绝缘装置异常。
(3) 交流不间断电源报警信号:
1) 交流不间断电源装置异常(输入输出保护告警或故障);
2) 交流馈线断路器脱扣总告警。
(4) 逆变电源报警信号:
1) 逆变电源装置异常(输入输出保护告警或故障);
2) 交流馈线断路器脱扣总告警。
(5) 直流变换电源报警信号:
1) 直流变换电源模块异常(输入输出保护告警或故障);

2）馈线断路器脱扣总告警。

（6）其他报警信号：

1）设备通信异常（现场智能设备与总监控装置通信故障）；

2）监控装置故障；

3）避雷器故障。

91. 站用交直流一体化电源系统维护管理功能有哪些？

答：（1）智能电池管理。具有充电、长期运行、交流中断的控制程序，能按预设的条件自动完成对电池的限流充电调节、均充浮充转换控制和温度补偿调节。

（2）参数设置控制。监控装置应能对蓄电池、充电装置和交流电源等的运行方式进行设定。根据设定完成对相应设备的调节、控制和运行方式变更管理，并可实现自动与手动控制选择。

（3）对充电装置的输出电压控制精度应不超过整定值的±0.5%、输出电流控制精度应不超过±0.3A（总电流小于30A）或整定值的±0.5%（总电流大于或等于30A）。

（4）异常处理控制。根据电源设备的工作状态和参数变化趋势，及时准确判别异常或故障类型，并自动实施异常工况限制。

92. 站用交直流一体化电源系统与变电站自动化系统应有哪些信息交换？

答：（1）应能远方控制站用交流电源运行方式、直流充电装置运行方式（浮充、均充）等。

（2）应能远方调整电池运行维护参数（浮充电压、均充电压等）。

（3）应能远方监测下列参数：

1）交流电源输入参数（电压、电流、频率、有功、无功、电能）；

2）蓄电池组充放电状态（浮充、均充、放电）及充放电电流；

3）蓄电池组环境温度；

4）蓄电池组输出电压、电流；

5）单只电池端电压、内阻；

6）充电装置输入电压；

7）充电装置输出电压、电流；

8）直流母线电压、电流；

9）直流系统对地电阻、对地电压；

10）交流不间断电源装置输入电压；

11）交流不间断电源装置输出电压；

12）逆变电源装置输入电压；

13）逆变电源装置输出电压、电流；

14）直流变换电源装置输入电压；

15）直流变换电源装置输出电压、电流；

16）交流电源供电状态；

17）交流不间断电源装置供电方式（逆变供电、旁路供电）；

18）逆变电源装置供电方式（旁路供电、逆变供电）；

19）馈电屏断路器位置等工作状态。

（4）应能远方传送下列报警信息：

1）交流电源报警信号。①交流进线电源异常；②交流母线电压异常；③交流馈线断路器脱扣总告警。

2）直流电源报警信号。①交流输入电源异常（过压、欠压、缺相、零线故障）；②高频整流模块异常（输入输出保护告警或故障）；③直流母线电压异常（过压、欠压）；④直流母线绝缘异常、（绝缘电阻降低或接地）；⑤蓄电池组电压异常（充电过压、欠压或放电欠压）；⑥交流电源断路器脱扣；⑦充电装置输出断路器脱扣；⑧蓄电池组输出断路器脱扣；⑨直流馈线断路器脱扣总告警；⑩支路绝缘异常；⑪单只蓄电池电压异常；⑫绝缘装置异常。

3）交流不间断电源报警信号。①交流不间断电源装置异常（输入、输出保护告警或故障）；②交流馈线断路器脱扣总告警。

4）逆变电源报警信号。①逆变电源装置异常（输入、输出保护告警或故障）；②交流馈线断路器脱扣总告警。

5）直流变换电源报警信号。①直流变换电源模块异常（输入、输出保护告警或故障）；②馈线断路器脱扣总告警。

6）其他报警信号。①设备通信异常（现场智能设备与总监控装置通信故障）；②监控装置故障；③避雷器故障。

第十五章 chapter 15

继电保护基础知识

1. 什么是继电保护和安全自动装置?

答: 当电力系统中的电力元件(如发电机、线路等)或电力系统本身发生了故障或危及其安全运行的事件时,需要一种向运行值班人员及时发出警告信号或者直接向所控制的断路器发出跳闸命令,以终止这些事件发展的一种自动化措施和设备。实现这种自动化措施的成套硬件设备中,用于保护电力元件的,一般称为继电保护装置;用于保护电力系统的,则通称为电力系统安全自动装置。继电保护装置是保证电力元件安全运行的基本装备,任何电力元件不得在无继电保护的状态下运行;电力系统安全自动装置则用以快速恢复电力系统的完整性,防止发生和中止已开始发生的足以引起电力系统长期大面积停电的重大系统事故,如失去电力系统稳定、频率崩溃或电压崩溃等。

2. 继电保护在电力系统中的任务是什么?对继电保护有哪些要求?

答: 继电保护的基本任务是:

(1)当电力系统元件发生故障时,该元件的继电保护装置迅速准确地给距离故障元件最近的断路器发出跳闸命令,使故障元件及时从电力系统中断开,最大限度地减少对电力元件本身的损坏,降低对电力系统安全供电的影响,并满足电力系统的某些特定要求(如保持电力系统的暂态稳定性等)。

(2)反应电气设备的不正常工作情况,并根据不正常工作情况和设备运行维护条件的不同(例如有无经常值班人员)发出信号,以便值班人员进行处理,或由装置自动地进行调整,或将继续运行而会引起事故的电气设备予以切除。反应不正常工作情况的继电保护装置容许带一定的延时动作。

对继电保护的基本要求是:选择性;快速性;灵敏性;可靠性。

3. 为什么要求继电保护装置具有快速性?

答: 当电力系统发生短路故障时,巨大的短路电能释放在故障电流流过的部位和电弧中所产生的高温能使金属熔化、绝缘烧毁。因此,在发生故障时,要求保护装置能迅速动作切除故障(在满足选择性的前提下)。

故障切除的总时间等于保护装置和断路器动作时间之和。一般的快速保护的动作时间可以达到0.02~0.03s,最快的可达0.01~0.03s,最快速的断路器跳闸时间为0.02~0.06s。所以,最快速切除故障的时间可以达到0.03~0.08s。

4. 什么是继电保护装置的灵敏性?对继电保护装置的灵敏性有何要求?

答: 继电保护装置的灵敏性(又称灵敏度)是指对于其保护范围内发生故障或不正常运行状态的反应能力。以相间短路的保护装置为例,评价其灵敏性不但要求它在最大运行方式下发生三相金属性短路(短路电流最大)时能够灵敏动作,而且在最小运行方式下发生两相短路或两相接地短路(短路电流最小)时,也能够有足够的灵敏度。

5. 什么是继电保护装置动作的选择性?如何实现选择性?

答: 继电保护装置动作的选择性是指保护装置动作时仅将故障元件从电力系统中切除,

使停电范围尽量缩小，以保证系统中的无故障部分仍能继续安全运行。

要使继电保护装置动作具有选择性，首先要正确地选择继电保护装置的动作原理和接线方式，并选择正确的整定值，使得继电保护装置既有足够的灵敏度，又能在动作时间上相互配合。

6. 为保证电网保护的选择性，上、下级电网保护之间逐级配合应满足什么要求？

答： 上、下级（包括同级和上一级及下一级电网）继电保护之间的整定，应遵循逐级配合的原则，满足选择性的要求，即当下一级线路或元件故障时，故障线路或元件的继电保护整定值必须在灵敏度和时间上均与上一级线路或元件的继电保护整定值相互配合，以保证电网发生故障时有选择性地切除故障。

7. 什么是继电保护装置的可靠性？如何提高其可靠性？

答： 继电保护装置的可靠性是指在规定的保护范围内发生应该动作的故障时，保护装置应能可靠地动作，而在任何不应动作的情况下，保护装置不应误动。

提高继电保护装置可靠性的措施有：

（1）选用结构简单、原理先进、性能良好、动作可靠的继电保护装置。

（2）保护二次回路的设计应尽可能简单、合理，使用最少数量的继电器触点，并选用质量可靠的二次回路元器件，严格检验安装质量。

（3）正确地进行整定计算，选取合适的整定值。

（4）新型继电保护投入运行前，应按照继电保护装置检验规程的规定进行严格的检验，投入运行后要加强维护，定期进行校验。

8. 继电保护的发展如何？

答： 继电保护的发展经历了电磁型、整流型、晶体管型、集成电路和微机型五个阶段。其使用的保护通道经历了模拟式和数字式两个发展阶段，模拟式又分为由电缆导引线构成的高频通道和高频载波通道两个类型；数字式目前使用的主要是光纤通道。

9. 什么是主保护、后备保护、辅助保护和异常运行保护？

答：（1）主保护是为满足系统稳定和设备安全要求，能以最快速度有选择性地切除被保护设备和线路故障的保护。

（2）后备保护是主保护或断路器拒动时，用来切除故障的保护。后备保护可分为远后备保护和近后备保护两种。远后备保护是当主保护或断路器拒动时，由相邻电力设备或线路的保护来实现的后备保护。近后备保护是当主保护拒动时，由本电力设备或线路的另一套保护来实现的后备保护。

（3）辅助保护是为补充主保护和后备保护的性能或当主保护和后备保护退出运行时而起保护作用。

（4）异常运行保护是反应被保护电力设备或线路异常运行的保护。

10. 什么是过电流保护？什么是定时限过电流保护？

答： 过电流保护是反应故障时电流值增加的保护装置。

为了实现过流保护的选择性，将线路各段的保护动作时限按阶梯原则整定，即离电源越近的时限越长，继电保护的动作时限与短路电流的大小无关，采用这种动作时限方式的过流保护称为定时限过流保护。

11. 什么是速断过流保护？

答： 通过提高过流保护的整定值来限制保护的动作范围，从而使靠近电源侧的保护可以不加时限瞬时动作，这种保护称为速断过流保护。

12. 什么是反时限过流保护？有何特点？

答：同一线路不同地点短路时，由于短路电流不同，保护具有不同的动作时限，在线路靠近电源端短路电流较大，动作时间较短，这种保护称为反时限过流保护。

反时限过流保护的优点是在线路靠近电源处短路时反时限过流保护动作时限较短；缺点是时限配合较复杂，虽然每条线路靠近电源端短路时动作时限比末端短路时动作时限短，但当线路级数较多时，总的动作时限仍然很长。

13. 过电流保护为什么要加装低电压闭锁？什么样的过电流保护加装低电压闭锁？

答：过电流保护的动作电流是按躲过最大负荷电流整定的，在有些情况下不能满足灵敏度的要求。因此为了提高过电流保护在发生短路故障的灵敏度和改善躲过最大负荷电流的条件，在过电流保护中加装低电压闭锁。不能满足灵敏度的要求过电流保护应加装低电压闭锁。

14. 什么是距离保护？距离保护有何特点？

答：距离保护是利用阻抗元件来反映短路故障点距离的保护装置。阻抗元件反映接入该元件的电压与电流之比，即反映短路故障点至保护安装处的阻抗值，因线路阻抗与距离成正比，所以叫作距离保护或阻抗保护。

当测量到保护安装处至故障点的阻抗值等于或小于继电器的整定值时距离保护动作，与运行方式变化时短路电流的大小无关。

距离保护一般由三段组成，第Ⅰ段整定阻抗较小，动作时限是阻抗元件的固定时限，即瞬时动作；第Ⅱ、Ⅲ段整定阻抗值逐渐增大，动作时限也逐渐增加，分别由时间继电器来调整时限。

15. 距离保护Ⅰ、Ⅱ、Ⅲ段的保护范围是怎样划分的？

答：在一般情况下，距离保护的第Ⅰ段只能保护本线路全长的80%～85%，其动作时间t_{I}为保护装置的固有动作时间。第Ⅱ段的保护范围为本线路全长并延伸至下一段线路的一部分，它是第Ⅰ段保护的后备段，一般为被保护线路的全长及下一线路全长的30%～40%，其动作时限t_{II}要与下一线路距离保护第Ⅰ段的动作时限相配合，一般为0.5s左右。第Ⅲ段为Ⅰ、Ⅱ段保护的后备段，它能保护本线路和下一段线路的全长并延伸至再下一段线路的一部分，其动作时限t_{III}按阶梯原则整定。距离保护的时限特性如图15-1所示，图15-1中Z为保护装置。

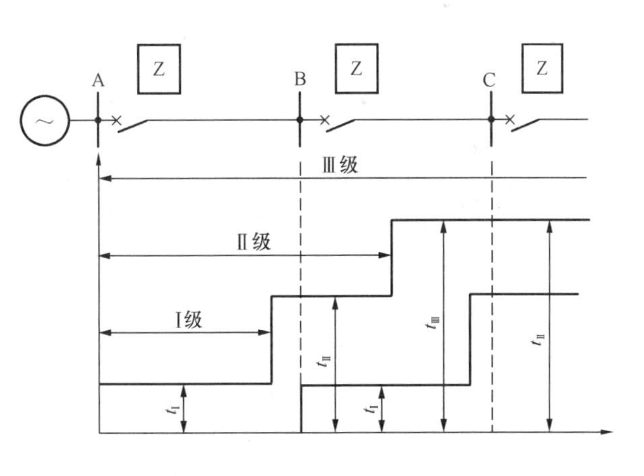

图15-1　距离保护的时限特性

16. 为什么距离保护的Ⅰ段保护范围通常选择为被保护线路全长的80%～85%？

答：距离保护第Ⅰ段的动作时限为保护装置本身的固有动作时间，为了和相邻的下一线路的距离保护第Ⅰ段有选择性地配合，两者的保护范围不能有重叠的部分。否则，本线路第Ⅰ段的保护范围会延伸到下一线路，造成无选择性动作。再者，保护定值计算用的线路参数有误差，电压互感器和电流互感器的测量也有误差，考虑最不利的情况，这些误差为正值相加，如果第Ⅰ段的保护范围为被保护线路的全长，就不可避免地要延伸到下一线路，此时，若下一线路出口故障，则相邻的两条线路的第Ⅰ段会同时动作，造成无选择性地切断故障。为避免上述弊端，第Ⅰ段保护范围通常取被保护线路全长的80%～85%。

17. 相间距离保护Ⅲ段按什么原则整定？

答：（1）相间距离保护Ⅲ段定值按可靠躲过本线路的最大事故过负荷电流对应的最小阻抗整定，并与相邻线路相间距离保护Ⅱ段配合。当相邻线路相间距离保护Ⅰ、Ⅱ段采用短时开放原理时，本线路相间距离保护Ⅲ段可能失去选择性。若配合有困难，可与相邻线路相间距离保护Ⅲ段配合。

（2）相间距离保护Ⅲ段动作时间应按配合关系整定，并应大于系统振荡周期。在环网中，本线路相间距离保护Ⅲ段与相邻线路相间距离保护Ⅲ段之间整定配合时可适当选取解列点。

18. 距离保护装置一般由哪几部分组成？

答：为使距离保护装置动作可靠，距离保护应由五部分组成。

（1）测量部分。用于对短路点的距离测量和判别短路故障的方向。

（2）启动部分。用来判别系统是否处在故障状态。当短路故障发生时，瞬时启动保护装置。有的距离保护装置的启动部分还兼起后备保护的作用。

（3）振荡闭锁部分。用来防止系统振荡时距离保护误动作。

（4）二次电压回路断线失压闭锁部分。当电压互感器二次回路断线失压时，它可防止由于阻抗继电器动作而引起的保护误动作。

（5）逻辑部分。可用它来实现保护装置应具有的性能和建立保护各段的时限。

19. 对阻抗继电器的基本要求是什么？

答：（1）在被保护线路上发生直接短路时，继电器的测量阻抗应正比于母线与短路点间的距离。

（2）在正方向区外短路时不应超越动作。超越有暂态超越和稳态超越两种。暂态超越是由短路的暂态分量引起的，继电器仅短时动作，一旦暂态分量衰减继电器就返回。稳态超越是由短路处的过渡电阻引起的。

（3）应有明确的方向性。正方向出口短路时无死区，反方向短路时不应误动作。

（4）在区内经大过渡电阻短路时应仍能动作（又称动作特性能覆盖大过渡电阻），但这主要是阻抗继电器要考虑的问题。

（5）在最小负荷阻抗下不动作。

（6）能防止系统振荡时的误动。

20. 阻抗继电器一般可分为哪几类？

答：（1）单相阻抗继电器（Ⅰ类阻抗继电器）。这类继电器输入单一电压和单一电流，可以用1个变量——继电器的测量阻抗进行分析，其特性可以在阻抗平面上表示出来。它的基本原理是测量故障环路的阻抗，看它是否落在动作特性的区域之内。

（2）多相阻抗继电器（Ⅱ类阻抗继电器）。这类继电器的动作原理是按照短路的电压边界条件建立其动作判据，当故障发生在保护范围末端时，动作判据处于临界状态。

（3）测距式阻抗继电器（Ⅲ类阻抗继电器）。微机保护有很强大的运算能力，不仅可以计算出测量阻抗的值，还可计算故障点的距离。测距式继电器就是根据测距结果动作。

（4）工频变化量阻抗继电器。当工作电压的变化量大于故障前工作电压的记忆量时而动作，具有方向性好、动作速度快、不反应系统振荡、躲过渡电阻能力强、无超越等特点。常用于保护的第Ⅰ段及纵联保护中的方向比较元件。

21. 什么是方向阻抗继电器？

答：所谓方向阻抗继电器，是指它不但能测量阻抗的大小，而且能判断故障方向。换句话说，这种阻抗继电器不但能反应输入到继电器的工作电流（测量电流）和工作电压（测量电压）的大小，而且能反应它们之间的相角关系。由于在多电源的复杂电网中，要求测量元件能反应短路故障点的方向，所以方向阻抗继电器就成为距离保护装置中的一种最常用的测量元件。

从原理上讲，不管继电器在阻抗复平面上是何种动作特性，只要能判断出短路阻抗的大小和短路方向，都可称之为方向阻抗继电器。一般而言，方向阻抗继电器习惯上是指在阻抗复平面上过坐标原点并具有圆形特性的阻抗继电器。

22. 电力系统振荡为什么会使距离保护误动作？

答：电力系统振荡时，各点的电流、电压都发生大幅度摆动，因而距离保护的测量阻抗也在变化，当测量阻抗落入动作特性以内时，距离保护将发生误动作。

23. 距离保护装置对振荡闭锁装置有什么要求？

答：（1）不论是系统的静态稳定破坏（由于线路的送电负荷超过稳定极限或由于大型发电机失去励磁等引起的），还是系统的暂态稳定破坏（由于系统故障或系统操作等引起的），必须可靠地将距离保护装置中可能在系统振荡中误动作跳闸的保护段退出工作（实现闭锁）。

（2）当在被保护线路的区段内发生短路故障时，必须使距离保护装置的Ⅰ、Ⅱ段投入工作（开放闭锁）。

24. 距离保护突然失去电压时为什么会误动？

答：当测量到阻抗值 Z（$Z=U/I$）等于或小于整定值时距离保护就动作，即加在继电器中的电压降低而电流增大，相当于阻抗 Z 减小，继电器就动作。在继电器中电压制动电流为动作量，当电压突然失去时，制动量失去而电流回路有负荷电流使阻抗继电器动作，如果闭锁回路动作失灵，距离保护就会误动作。

25. 距离保护采用什么措施来防止失压误动？

答：采用电流启动、电压断线闭锁两项措施防止失压误动。

26. 大短路电流接地系统中，输电线路接地保护方式主要有哪几种？

答：纵联保护（光纤差动、方向高频等）、零序电流保护和接地距离保护等。

27. 在大短路电流接地系统中零序电流的幅值和分布与变压器中性点接地情况是否有关？

答：在接地点处零序电压的数值最大，在零序电压作用下，零序电流沿线路、变压器中性点、大地、接地点所形成的零序回路流通，因此零序电流的数值和分布与变压器中性点是否接地有很大关系，而与电源的数目无关（因为电源无零序电压）。

28. 什么叫零序电流？零序电流有何特点？

答：在电力系统中任一点发生单相或两相以上的接地短路故障时，系统中就会产生零序电流。这是由于在接地故障点出现了一个零序电压 U_0，在这个电压 U_0 的作用下产生了零序电流 I_0。零序电流由故障点流经大地至电气设备中性接地点后返回故障点，它是一种反映接地故障的电流。零序电流有以下特点：

（1）故障点的零序电压最高，系统中各处距离故障点越远时，该处的零序电压越低。

（2）零序电流超前零序电压。

(3) 零序电流的分布与变压器中性点接地数目有关。

(4) 零序功率的方向由线路流向母线。

(5) 零序阻抗和零序网络不受系统运行方式的影响。

29. 零序电流保护有什么优点?

答: 带方向性和不带方向性的零序电流保护是简单而有效的接地保护方式，其优点是:

(1) 结构与工作原理简单。零序电流保护以单一的电流量作为动作量，而且只需用一个继电器便可以对三相中任一相接地故障作出反应，因而使用继电器数量少、回路简单、试验维护简便、容易保证整定试验质量和保持装置经常处于良好状态，所以其正确动作率高于其他复杂保护。

(2) 整套保护中间环节少，特别是对于近处故障，可以实现快速动作，有利于减少发展性故障。

(3) 在电网零序网络基本保持稳定的条件下，保护范围比较稳定。由于线路接地故障零序电流变化曲线陡度大，其瞬时段保护范围较大，对一般长线路和中长线路可以达到全线的70%~80%，性能与距离保护相近。而且在装有三相重合闸的线路上，多数情况，其瞬时保护段尚有纵续动作的特性，即使在瞬时段保护范围以外的本线路故障，仍能靠对侧断路器三相跳闸后，本侧零序电流突然增大而促使瞬时段启动切除故障。这是一般距离保护所不及的、零序电流保护所独有的优点。

(4) 保护反应于零序电流的绝对值，受故障过渡电阻的影响较小。例如，当220kV线路发生对树放电故障，故障点过渡电阻可能高达100Ω以上，此时，其他保护大多无法启动，而零序电流保护，即使$3I_0$定值高达数百安（一般100A左右）也能可靠动作，或者靠两侧纵续动作，最终切除故障。

(5) 保护定值不受负荷电流的影响，也基本不受其他中性点不接地电网短路故障的影响，所以保护延时段灵敏段运行整定较高。另外，零序电流保护之间的配合只决定于零序网络的阻抗分布情况，不受负荷潮流和发电机开停机的影响，只需使零序网络阻抗保持基本稳定，便可以获得较良好的保护效果。

30. 零序保护Ⅰ、Ⅱ、Ⅲ段的保护范围是怎样划分的?

答: 零序保护第Ⅰ段是按躲过本线路末端单相短路时流经保护装置的最大零序电流来整定的，它不能保护本线路的全长；零序保护第Ⅱ段是与保护安装处的相邻下一线路零序保护的第Ⅰ段相配合，一般它能保护本线路的全长并延伸到相邻线路中去；零序保护第Ⅲ段是与相邻线路零序保护的第Ⅱ段相配合的，它是第Ⅰ、Ⅱ段的后备保护。

31. 零序电流保护为什么设置灵敏段和不灵敏段?

答: 采用三相重合闸或综合重合闸的线路，为防止在三相合闸过程中三相触头不同期或单相重合过程的非全相运行状态中产生振荡时零序电流保护误动作，常采用两个第一段组成的四段式保护。

灵敏Ⅰ段是按躲过保护线路末端单相或两相接地短路时出现的最大零序电流整定的。其动作电流小，保护范围大，但在单相故障切除后的非全相运行状态下被闭锁。这时，如其他相再发生故障，则必须等重合闸以后靠重合闸后加速跳闸，使跳闸时间长，可能引起系统相邻线路由于保护不配而越级跳闸，故增设一套不灵敏Ⅰ段保护。不灵敏Ⅰ段是按躲过非全相运行又产生振荡时出现的最大零序电流整定。其动作电流大，能躲开上述非全相情况下的零序电流，两相都是瞬时动作的。

32. 在大电流接地系统中，为什么有时要加装方向继电器组成零序方向电流保护？

答：在大电流接地系统中，如线路两端的变压器中性点都接地，当线路上发生接地短路时，在故障点与各变压器中性点之间都有零序电流流过，其情况和两侧电源供电的辐射形电网中的相间故障电流保护一样。为了保证各零序电流保护有选择性动作，就必须加装方向继电器，使其动作带有方向性，使得零序方向电流保护在母线向线路输送功率时投入，线路向母线输送功率时退出。

33. 零序电流方向保护在接地保护中的作用与地位有哪些？

答：零序电流方向保护是反应线路发生接地故障时零序电流分量大小和方向的多段式电流方向保护装置。在我国大电流接地系统不同电压等级电力网的线路上，根据相关规程规定，都装设了这种接地保护装置作为基本保护。

电力系统事故统计材料表明，大电流接地系统电力网中线路接地故障占线路全部故障的80%～90%，零序电流方向接地保护的正确动作率约97%，是高压线路保护中正确动作率最高的一种。零序电流方向接地保护具有原理简单、动作可靠、设备投资小、运行维护方便、正确动作率高等一系列优点。

随着电力系统的不断发展，电力网日趋复杂，短线路和自耦变压器日渐增多，零序电流方向保护也暴露出其固有的局限性。为此，现行规程中在规定装设多段式零序电流方向保护的同时，还补充规定："对某些线路，如方向性接地距离可以明显改善整个电力网接地保护性能时，可装设接地距离保护，并辅以阶段式零序电流保护"。

34. 220kV双回线由双回改为单回运行或由单回还原成双回运行时，为什么零序保护的定值需要更改？

答：当双回线路由双回改为单回运行时，不停电线路的零序保护定值应由双回改为单回运行；当线路由单回改为双运行时，先前未停电的零序保护定值应由单回还原为双回运行，其原因是当线路由双回改为单回运行或由单回还原为双回运行时，其零序阻抗会相应改变，零序电流也会相应改变。

35. 零序电流保护在运行中需注意哪些问题？

答：（1）当电流回路断线时，可能造成保护误动作。这是一般较灵敏的保护的共同弱点，需要在运行中注意防止。就断线概率而言，零序电流保护比距离保护电压回路断线的几率要小得多。如果必要，可以利用相邻电流互感器零序电流闭锁的方法防止这种误动作。

（2）当电力系统不对称运行时，会出现零序电流，例如变压器三相参数不同所引起的不对称运行、单相重合闸过程中的两相运行、三相重合闸和手动合闸时的三相断路器不同期、母线倒闸操作时断路器与隔离开关并联过程或断路器正常环并运行情况下，由于隔离开关或断路器接触电阻三相不一致而出现零序环流（图15-2），以及空投变压器时产生的不平衡励

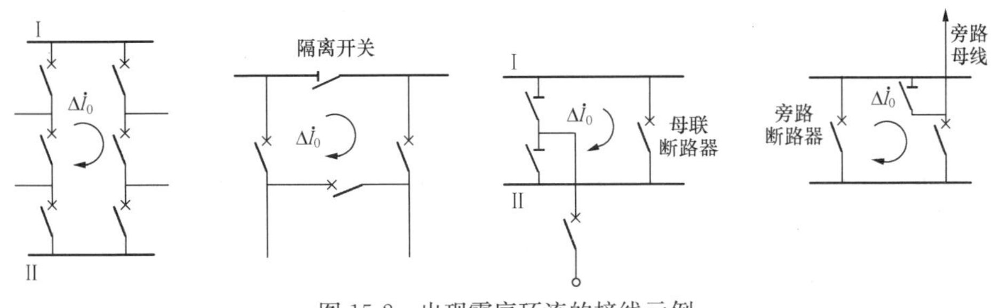

图15-2　出现零序环流的接线示例

磁涌流，特别是在空投变压器所在母线有中性点接地变压器在运行中的情况下，可能出现较长时间的不平衡励磁涌流和直流分量等，这些都可能会引起零序电流保护启动。

（3）地理位置靠近的平行线路，当其中一条线路故障时，可能引起另一条线路出现感应零序电流，造成反方向侧零序方向继电器误动作。如确有此可能时，可以改用负序方向继电器，来防止上述方向继电器误判断。

（4）由于零序方向继电器交流回路平时没有零序电流和零序电压，回路断线不易被发现，当继电器零序电压取自电压互感器开口三角侧时，也不易用较直观的模拟方法检查其方向的正确性，因此较容易因交流回路有问题而使得在电网故障时造成保护拒绝动作和误动作。

36. 大电流接地系统发生接地故障时，哪一点的零序功率最大？零序功率的分布有何特点？

答：故障点的零序功率最大。在故障线路上，零序功率由线路流向母线，越靠近变压器中性点接地处，零序功率越小。

37. 大电流接地系统配电网的零序电流保护的时限特性和相间短路电流保护的时限特性有何异同？

答：接地故障和相间故障电流保护的时限特性都按阶梯原则整定。不同之处在于接地故障零序电流保护的动作时限不需要从离电源最远处的保护逐级增大，而相同故障的电流保护的动作时限必须从离电源最远处的保护开始逐级增大。

38. 什么是自动重合闸？电力系统中为什么要采用自动重合闸？

答：自动重合闸装置是将因故跳开后的断路器按需要自动投入的一种自动装置。

电力系统运行经验表明，架空线路绝大多数的故障都是瞬时性的，永久性故障一般不到10%，因此，在继电保护动作切除短路故障之后，电弧将自动熄灭，绝大多数情况下短路处的绝缘可以自动恢复。所以，自动将断路器重合，不仅提高了供电的安全性，减少了停电损失，而且还提高了电力系统的暂态稳定水平，增大了高压线路的送电容量。所以，架空线路要采用自动重合闸装置。

39. 对自动重合闸装置有哪些基本要求？

答：（1）在下列情况下，重合闸不应动作：

1）由值班员手动跳闸或通过遥控装置跳闸时。

2）手动合闸，由于线路上有故障，而随即被保护跳闸时。

（2）除上述两种情况外，当断路器由继电保护动作或其他原因跳闸后，重合闸均应动作，使断路器重新合上。

（3）自动重合闸装置的动作次数应符合预先的规定，如一次重合闸就只应实现重合一次，不允许第二次重合。

（4）自动重合闸在动作以后，一般应能自动复归，准备好下一次故障跳闸的再重合。

（5）应能和继电保护配合实现前加速或后加速故障的切除。

（6）在双侧电源的线路上实现重合闸时，应考虑合闸时两侧电源同期问题，即能实现无压检定和同期检定。

（7）当断路器处于不正常状态（如气压或液压过低等）而不允许实现重合闸时，应自动地将自动重合闸闭锁。

（8）自动重合闸宜采用控制开关位置与断路器位置不对应的原则来启动重合闸。

（9）需要设置故障判别元件和故障选相元件。

（10）应考虑非全相运行对继电保护的影响。

（11）应考虑潜供电流对自动重合闸的影响。

40. 自动重合闸的启动方式有哪几种？各有什么特点？

答：自动重合闸有两种启动方式：断路器控制开关位置与断路器位置不对应启动方式，保护启动方式。

不对应启动方式的优点是简单可靠，还可以纠正断路器误碰或偷跳，可提高供电可靠性和系统运行的稳定性，在各级电网中具有良好的运行效果，是所有重合闸的基本启动方式。其缺点是，当断路器辅助触点接触不良时，不对应启动方式将失效。

保护启动方式是不对应启动方式的补充。同时，在单相重合闸过程中需要进行一些保护的闭锁，逻辑回路中需要对故障相实现选相固定等，也需要一个由保护启动的重合闸启动元件。其缺点是不能纠正断路器误动。

41. 综合重合闸装置的作用是什么？采用综合重合闸后对系统有何影响？

答：综合重合闸的作用是：当线路发生单相接地故障或相间短路时，进行单相或三相跳闸，然后进行单相或三相一次重合闸。当发生单相故障时，可以有选择性地将故障相两侧断路器跳开，然后进行单相重合，没有故障的两相继续供电；当发生相间故障时，可跳开三相断路器然后进行三相重合。

采用综合重合闸后对系统有以下影响：

（1）大大提高了供电的可靠性，减少了线路停电的次数，特别是对单侧电源的单回线路尤为显著。

（2）在高压输电线路上采用重合闸，还可以提高电力系统并列运行的稳定性。

（3）在电网的设计与建设过程中，在很多情况下由于考虑重合闸的作用，可以暂缓架设双回线路，从而节约资金。

（4）对由于断路器本身机构不良或继电保护误动引起的误跳闸，也能起纠正作用。

（5）可能使电力系统又一次受到故障的冲击。

（6）使断路器的工作条件变得更加恶劣，因为断路器要保证能在很短的时间内连续切断两次短路电流。

42. 综合重合闸一般有几种工作方式？

答：综合重合闸（以下可简称综重）有下列工作方式，即综合重合闸方式、单相重合闸方式、三相重合闸方式、停用重合闸方式。

（1）综合重合闸方式。单相故障，跳单相重合单相，重合于永久性故障跳三相；相间故障跳三相，重合三相（检定同期或无压），重合于永久性故障跳三相。

（2）三相重合闸方式。任何类型故障跳三相，重合三相（检定同期或无压），永久故障再跳三相。

（3）单相重合闸方式。单相故障，跳单相重合单相，重合于永久故障跳三相；相间故障三相跳开后不重合。

（4）停用重合闸方式。任何故障跳三相，不重合。

43. 为什么在综合重合闸中需要设置故障判别元件和故障选相元件？

答：综合重合闸的功能之一，是在发生单相接地故障时只跳开故障相进行单相重合。这就需要判别发生故障的性质，是接地短路还是不接地短路，利用发生故障时的零序分量可以区别这两种故障的性质。这样，在发生单相接地短路时，故障判别元件动作，解除相间故障跳三相回路，由选相元件选出故障相别跳单相；当发生两相接地短路时，故障判别元件同样动作，由选相元件选出故障的两相，再由“三取二”回路跳开三相；相间故障时没有零序分量，故障判别元件不动作，立即沟通三相跳闸回路。目前我国220kV系统中广泛采用零序电流继电器或零序电压继电器作为故障判别元件。对故障判别元件的基本要求是：

(1) 在被保护线路范围内发生接地（单相接地或两相接地）故障时，故障相选相元件必须可靠动作，并应有足够的灵敏度。

(2) 在被保护范围内发生单相接地故障以及在切除故障后的非全相运行状态中（单相重合闸的全过程中），非故障相的选相元件不应动作。如经过验算证明有可能误动作，则应采取相应的防止误切非故障相的措施，否则将造成误跳三相。

(3) 选相元件的灵敏度及动作时间，都不应影响线路主保护的动作性能。

(4) 个别选相元件因故拒动时，应能保证正确切除三相断路器。不允许因选相元件拒动，造成保护拒绝动作，从而扩大事故。

44. 综合重合闸装置的动作时间为什么应以最后一次断路器跳闸算起？

答：采用综合重合闸后，线路必然要出现非全相运行状态。实践证明，在非全相运行期间，健全相发生故障的情况还是有的（虽然不多）。这种情况一旦发生，就有可能出现因健全相故障其断路器跳闸后，没有适当的间隔就立即合闸的现象，最严重的是断路器一跳闸就立即合闸。这时，由于故障点电弧去游离不充分，会使断路器的遮断容量减小。对某些断路器来说，在跳闸的过程中又接到合闸命令，将有引起爆炸的危险。为了防止这种情况的发生，综合重合闸装置的动作时间应以断路器最后一次跳闸算起。

45. 在综合重合闸装置中，什么情况下投“短延时”？什么情况下投“长延时”？

答：当高频保护（全线速动）投入时，重合闸时间投“短延时”；当高频保护（全线速动）退出运行时，重合闸时间投“长延时”。这是为了使三相重合和单相重合的重合时间可以分别进行整定。因为由于潜供电流的影响，一般单相重合的时间要比三相重合的时间长。另外可以在高频保护投入或退出运行时，采用不同的重合闸时间。

46. 为什么在220kV及以上线路大多数采用单相重合闸方式？

答：运行经验表明，在220kV及以上的线路上，由于线间距离大，其中绝大部分的故障都是单相接地短路。在这种情况下，如果把发生故障的一相断开，然后再进行单相重合，而未发生故障的两相仍然继续运行，就能够大大提高供电的可靠性和系统并列运行的稳定性。这种方式的重合闸就是单相重合闸，如果线路发生的是瞬时性故障，则单相重合闸将重合成功，即三相恢复正常运行；如果是永久性故障，单相重合将不成功，则需根据系统的具体情况进行处理，如不允许长期非全相运行时，应立即切除三相而不再进行重合闸。

47. 采用单相重合闸为什么可以提高暂态稳定性？

答：当输电线路采用单相重合闸后，由于故障时线路切除的是故障相而不是三相，在切除故障相后至重合闸前的一段时间里，送电端和受电端没有完全失去联系（电气距离与切除三相相比，要小得多），这样可以减少加速面积，增加减速面积，从而提高电力系统运行的暂态稳定性。

48. 哪些保护必须闭锁重合闸？怎样闭锁？

答：一般母线和失灵等保护要闭锁重合闸。闭锁方法是将母线保护或失灵保护等的动作接点使重合闸放电，从而闭锁重合闸。

49. 对3/2接线方式重合闸，当线路发生单相故障时，先重合的断路器重合不成功，另一断路器是否还重合？为什么？

答：不再重合，后合断路器有先重闭锁，同时保护也可发永跳令闭锁重合。

50. 线路重合成功率和重合闸装置重合成功率有什么区别？哪种成功率高？

答：线路重合成功率是指线路两侧都重合成功恢复线路送电的成功率；重合闸装置重合成功率是指重合闸装置本身的重合成功率。重合闸装置重合成功率高。

51. 什么叫重合闸前加速？什么叫重合闸后加速？

答：重合闸前加速是指重合闸与继电保护之间的一种配合方式。重合闸前加速，是指在重合闸动作前，保护将无选择性地瞬时切除故障；在重合闸重合后，保护将有选择性地延时切除故障。可见保护在重合闸动作前得到了加速。

重合闸后加速，是指当线路发生故障后，保护将有选择性地跳开断路器，然后进行重合闸，若是瞬时性故障，在线路断路器跳开后故障随即消失，重合闸成功，线路将恢复供电；若是永久性故障，重合闸后，保护装置的时间元件将被退出，保护将无选择性地瞬时跳开断路器切除故障。

52. 在重合闸装置中有哪些闭锁重合闸的措施？

答：（1）停用重合闸方式时，直接闭锁重合闸。

（2）手动跳闸时，直接闭锁重合闸。

（3）不经重合闸的保护跳闸时（断路器失灵、母差、远方跳闸、电抗器保护、距离Ⅱ段、Ⅲ段），闭锁重合闸。

（4）在使用单相重合闸方式时，断路器三跳，用位置继电器触点闭锁重合闸；保护经综重三跳时，闭锁重合闸。

（5）断路器气压或液压降低到不允许重合闸时，闭锁重合闸。

（6）线路保护后加速动作：当优先合闸的母线断路器重合于永久性故障线路上时，通过后加速保护动作脉冲，一方面对本断路器重合闸闭锁，同时对相应的中间断路器发出闭锁重合闸脉冲。

53. 零序电流保护与重合闸方式的配合应考虑哪些问题？

答：（1）采用单相重合闸方式，并实现后备保护延时段动作后三相跳闸不重合，则零序电流保护与单相重合闸配合按下列原则整定：

1）能躲过非全相运行最大零序电流的零序电流保护Ⅰ段，经重合闸N端子跳闸，非全相运行中不退出工作；而躲不开非全相运行最大零序电流的零序电流保护Ⅰ段，应接重合闸M端子跳闸，在重合闸启动后退出工作。

2）零序电流保护Ⅱ段的整定值应躲过非全相运行最大零序电流，在单相重合闸过程中不动作，经重合闸R端子跳闸。

3）零序电流保护Ⅲ、Ⅳ段均经重合闸R端子跳闸，三相跳闸不重合。

（2）采用单相重合闸方式，且后备保护延时段启动单相重合闸，则零序电流保护与单相重合闸按如下原则进行配合整定：

1）能躲过非全相运行最大零序电流的零序电流保护Ⅰ段，经重合闸N端子跳闸，非全相运行中不退出工作；而不能躲过非全相运行最大零序电流的零序电流保护Ⅰ段，经重合闸M端子跳闸，重合闸启动后退出工作。

2）能躲过非全相运行最大零序电流的零序电流保护Ⅱ段，经重合闸N端子跳闸，非全相运行中不退出工作；不能躲过非全相运行最大零序电流的零序电流保护Ⅱ段，经重合闸M或P端子跳闸，也可将零序电流保护Ⅱ段的动作时间延长至1.5s及以上，或躲过非全相运行周期，经重合闸N端子跳闸。

3）不能躲过非全相运行最大零序电流的零序电流保护Ⅲ段，经重合闸M或P端子跳闸，也可依靠较长的动作时间躲过非全相运行周期，经重合闸N或R端子跳闸。

4）零序电流保护Ⅳ段经重合闸R端子跳闸。

(3) 三相重合闸后加速和单相重合闸的分相后加速，应加速对线路末端故障有足够灵敏度的保护段。如果躲不开在一侧断路器合闸时三相不同步产生的零序电流，则两侧的后加速保护在整个重合闸周期中均应带0.1s延时。

54. 对于采用单相重合闸的220kV及以上线路为什么相间故障保护Ⅱ段动作时间不考虑与失灵保护的配合？

答： 对于分相操作的断路器，只要求考虑单相断路器失灵。对于相间短路，最严重的断路器失灵情况也仅是转换为单相故障，此时，相间故障保护返回，接地故障保护动作，因此，相间故障保护不需要与失灵保护配合。

55. 什么是输电线路的纵联差动保护？

答： 输电线路的纵联差动保护是指用某种通信通道（简称通道）将输电线两端的保护装置纵向联结起来，将各端的电气量（电流、功率的方向等）传送到对端，将两端的电气量比较，以判断故障在本线路范围内还是在范围之外，从而决定是否切断被保护线路。纵联差动保护是最简单的一种用辅助导线或称导引线作为通道的纵联保护。

56. 纵联保护在电网中的重要作用什么？

答： 由于纵联保护可以实现全线速动，因此它可以保证电力系统并列运行的稳定性和提高输送功率、减小故障造成的损坏程度、改善与后备保护的配合性能。

57. 纵联保护按通道类型可分为几种？

答： (1) 电力线载波纵联保护。

(2) 微波纵联保护。

(3) 光纤纵联保护。

(4) 导引线纵联保护。

58. 什么是超范围式与欠范围式纵联保护？

答： 按各端参与比较的故障判别元件保护范围的不同而区分为两种方向比较式纵联保护。

(1) 超范围式纵联保护。当本线路内部故障时，各端的超范围方向元件均判定为正方向故障，各端保护同时动作；外部故障时，靠近故障点一端的超范围方向元件判定为反方向故障，各端保护均不能动作。超范围式纵联保护的动作判据为各端保护均指示为正方向故障，为“与”输出方式，如图15-3 (a) 所示，超范围式纵联保护只在本线路两端的超范围方向元件同时动作时方能发出断路器跳闸指令。对于超范围式纵联保护，当本线路内部故障时各端超范围方向元件动作快速并具有良好的保护电阻性故障的能力，动作可靠性高，但是也增加了外部故障时不必要动作的概率，故安全性较差。

(2) 欠范围式纵联保护。各端方向判别元件的动作区均不及对端母线，故本线路外部故障时各端欠范围方向元件均不动作；当任一端的欠范围方向元件动作时即可判定为内部故障，令各端保护同时动作，如图15-3 (b) 所示。欠范围式纵联保护的各端除有欠范围方向元件外，还增设了灵敏的故障判别元件，监控对端欠范围方向元件发来的动作命令，以提高纵联保护工作的安全性。在欠范围式纵联保护中，各端增设的故障判别元件不要求判定故障的方向或区间，而要求本线路任一端保护带方向的欠范围元件动作为判据的“或”输出方式。欠范围式纵联保护在本线路外部故障时，各端的欠范围方向元件不动作，并且与增设的故障判别元件无需协调工作，故装置结构简单、安全性较高；但当线路末端附近故障时，必须在收到确证为对侧送来的内部故障信息后才能发出断路器跳闸命令，因而延迟了切除故障的动作时间；对内部故障，判别元件保护范围的稳定性要求高，因其保护范围小，故相应的保护电阻性故障的能力也较差。欠范围式纵联保护各端的判定本线路故障元件的保护范围，必须大于线路全长的50%而小于100%。

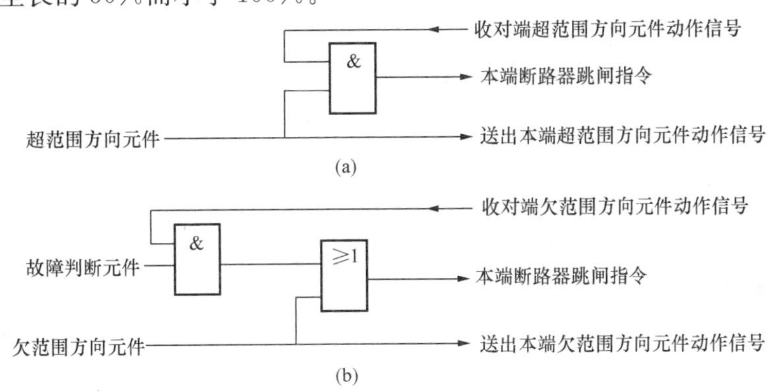

图 15-3　超范围式与欠范围式纵联保护原理图

（a）超范围式；（b）欠范围式

59. 什么是高频保护？对高频保护的基本要求是什么？

答：高频保护是指根据纵联差动保护的原理，利用电信技术中常用的高频载波电流，把输电线路作为传送高频电流的通道以代替专用的辅助导线。高频保护是在纵联差动保护基础上发展起来的专门用来保护高压或超高压长距离输电线路的差动保护。对高频保护的基本要求是：

（1）动作的快速性。其动作时间为1～2个周波（20～40ms）。

（2）高度的可靠性。即在正常运行状态和被保护线路外部发生故障时不误动，而在被保护线路内部发生故障时可靠动作。

（3）灵敏性应符合要求。

60. 高频保护是如何分类的？

答：（1）按动作原理可分为两大类：

1）反应工频电气量。如方向高频保护（包括距离高频保护）比较线路两端的故障功率方向；电流相位差动高频保护比较线路两端电流的相位；分相电流差动是依赖通信通道把一端的带有时标的电流信息数据包转送到另一端，在一端实现对两端的电流进行差值和相位计算，以此判断是否存在故障。

2）反应非工频电气量。如高频电流保护反应故障时高频电流的变化；反应暂态分量的高频保护反应故障时出现的暂态分量或行波的；故障反射原理的高频保护利用外加高频脉冲在故障点处的反射进行测距的。

（2）按高频信号性质分类。高频保护所用的高频信号按其性质可分为闭锁信号、允许信号和跳闸信号三种。高频通道按其工作方式可分为故障启动发信方式（正常无高频电流流通）、长期发信方式（正常有高频电流通道）和移频方式三种。

（3）按比较线路两侧高频信号的方式分类，可分直接比较式和间接比较式两类。

1）直接比较是将两侧的交流电量转换后直接传输到对侧去，装在线路两侧的保护装置直接比较两侧交流电量。电流相位差动高频保护（简称相差高频保护）即属该类保护方式。

2）间接比较是两侧的保护装置各自只反应本侧的交流电量，高频信号只是将各侧保护对故障判别的结果传送到对侧去，每一侧保护根据本侧和对侧保护装置对故障判别的结果进行间接比较，最后做出是否应该跳闸的决定。高频闭锁方向保护、高频闭锁距离保护、高频远方跳闸都属于该类保护方式。

61. 方向高频保护的原理是什么？有哪些特点？

答：方向高频保护是按比较线路各端故障方向的原理构成的，若约定由母线送至线路的方向为正，则在外部故障时，两侧功率方向相反，保护不动作；内部故障时，两侧功率近似同相，保护应动作，因此只要得知线路两侧功率同时为正，就发出跳闸脉冲。其特点有：

1）要求正向判别启动元件对于线路末端故障有足够的灵敏度。

2）必须采用双频制收发信机。

62. 何谓高频闭锁距离保护？有哪些特点？

答：利用距离保护的启动元件和距离方向元件控制收发信机发出高频闭锁信号，闭锁两侧保护的原理构成的高频保护为高频闭锁距离保护。它能使保护无延时地切除被保护线路任一点的故障。其特点有：

（1）能够灵敏和快速地反应各种对称和不对称故障。

（2）仍能保持远后备保护的作用（当有灵敏时）。

（3）串补电容可使高频闭锁距离保护误动或拒动。

（4）不受线路分布电容的影响。

（5）电压二次回路断线时将误动。应采取断线闭锁措施，使保护退出运行。

63. 高频闭锁负序方向保护原理是什么？有哪些特点？

答：在全相运行条件下能正确反应各种不对称短路。在三相短路时，只要不对称时间大于5～7ms，保护可以动作。其特点有：

（1）不反应系统振荡，但也不反应稳定的三相短路。

（2）当负序电压和电流为启动值的三倍时，保护动作时间为10～15ms。

（3）负序方向元件一般有较满意的灵敏度。

（4）在两相运行条件下（包括单相重合闸过程中）发生故障，保护可能拒动。

（5）线路分布电容的存在，使线路在空载合闸时，由于三相不同时合闸，保护可能误动。当分布电容足够大时，外部短路也将误动，应采取补偿措施。

（6）在串补线路上，只要串补电容无不对称击穿，则全相运行条件下的短路保护能正确动作。当串补电容在保护区内时，发生系统振荡或外部三相短路、且电容器保护间隙不对称击穿，保护将误动。当串补电容位于保护区外，区内短路且有电容器的不对称击穿，也可能发生保护拒动。

（7）电压二次回路断线时，保护应退出运行。

（8）对高频收发信机要求较低。

64. 分相电流差动保护的原理是什么？其特点有哪些？

答：分相电流差动保护的基本原理是，依赖通信通道把一端的带有时标的电流信息数据包转送到另一端，在一端实现对两端的电流进行差值和相位计算，以此判断是否存在故障。

分相电流的差动保护中只要引入电流量就能实现故障判别，而无需引入电压量。由于在超高压电网中电压二次回路暂态过程最为复杂，因此不引入电压量的保护技术在原理上得到了很大的简化。分相电流差动保护的特点有：

（1）分相电流的差动保护中只对电流值进行测量计算，不对故障距离阻抗进行计算，因此在超高压系统中较大的弧光电阻对保护的影响就不存在。

（2）分相电流差动保护中只要对两端电流差值和相位进行测量计算就能明确选出故障相，即正确的故障选相变得非常容易，而这在其他保护方法中是难点。

（3）分相电流差动保护不受系统振荡影响。因为在系统振荡时两端电流方向与正常时相同，相位的摆动完全一致，即使在系统振荡时发生故障，保护装置也能根据两端电流相位变化正确动作。

（4）分相电流差动保护不受串补系统中电压反相与电流反相的影响。因为这种保护方式只与两端电流的数值和相位有关，并不涉及电压与电流间的相位关系。

分相电流差动保护中的新技术有：

（1）跟踪和相位锁定方法控制时钟同步。

（2）综合技术中的小矢量法及抑制衰减偏移量。

65. 方向高频保护中的方向判别元件按什么原则进行整定？

答：采用电流元件作为方向判别元件，按被保护线路末端发生金属性故障时灵敏度系数大于 3 整定。

采用方向阻抗元件作为方向判别元件，按被保护线路末端发生金属性故障时灵敏系数大于 2 整定。

66. 允许式和闭锁式、长期发信和短期发信、相—地加工制和相—相加工制概念的含义是什么？

答：（1）允许式和闭锁式。允许式与闭锁式均为纵联保护通道的应用形式，其中允许式指线路一侧的纵联保护判别故障为正方向时向对侧发出允许信号，当本侧纵联保护判别为正方向故障且收到对侧保护的允许信号时动作于跳闸；闭锁式指线路一侧的纵联保护故障启动元件动作之后立即启动发信机向对侧发出闭锁信号，当判别为正方向故障时停止发信，当本侧纵联保护判别为正方向故障且收不到对侧保护的闭锁信号时动作于跳闸。

（2）长期发信、短期发信通常有两种解释：

1）长期发信、短期发信是指纵联保护通信工作方式，其中，长期发信指正常运行时载波机长期发用于监视通道的导频（或监频）信号，故障时切换到特定频率信号方式，多用于允许式纵联保护；短期发信指纵联保护所用收发信机正常时不发信，故障时由保护装置控制发信状态的方式，多用于闭锁式纵联保护。

2）用于描述闭锁式纵联保护收发信机的工作状态，闭锁式纵联保护在启动元件动作之后立即启动收发信机发信，判别为正方向故障后立即停止发信，此时称为短期发信；如果启动发信后收发信机未收到停止发信的命令，则收发信机将发信 10s，此时称为长期发信。

（3）相—地加工制指利用输电线路的某一相和大地作为高频通道的加工相，相—相加工制利用输电线路的两相导线作为高频通道的加工相。

67. 高频保护中母差跳闸和跳闸位置停信的作用是什么？

答： 当母线故障发生在电流互感器与断路器之间时，母线保护虽然正确动作，但故障点依然存在，依靠母线出口动作停止该线路高频保护发信，让对侧断路器跳闸切除故障。

跳闸位置继电器停信，考虑当故障发生在本侧出口时，由接地或距离保护快速动作跳闸，而高频保护还未来得及动作，故障已被切除，并发出连续高频信号，闭锁了对侧高频保护，只能由Ⅱ段带延时跳闸，为了克服此缺点，由跳闸位置继电器停信，对侧就自发自收，实现无延时跳闸。

68. 高频保护投停应注意什么？为什么？

答： 高频保护投入跳闸前，必须交换线路两侧高频信号，确认正确后，方可将线路高频保护两侧同时投入跳闸。对环网运行中的线路高频保护两侧必须同时投入跳闸或停用。不允许单侧投入跳闸，否则，区外故障将造成单侧投入跳闸的高频保护动作跳闸。因为停用侧的高频保护不能向对侧发闭锁信号，而导致单侧投入跳闸的高频保护误动。

69. 什么是信号？高频保护的高频电流信号有哪几种？

答： 需要传送的信息就是信号。继电保护装置信号的作用就是信号与保护之间的逻辑关系。例如：在故障启动发信方式中，高频电流的出现成为信号；在长期发信方式中，高频电流的消失成为信号。

高频保护的信号有以下三种：

（1）闭锁信号。它是阻止保护动作于跳闸的信号。换言之，无闭锁信号是保护作用于跳闸的必要条件。只有同时满足本端保护元件动作和无闭锁信号两个条件时，保护才作用于跳闸，其逻辑框图如图 15-4（a）所示。

（2）允许信号。它是允许保护动作于跳闸的信号。换言之，有允许信号是保护动作于跳闸的必要条件。只有同时满足本端保护元件动作和有允许信号两个条件时，保护才动作于跳闸，其逻辑框图如图 15-4（b）所示。

（3）跳闸信号。它是直接引起跳闸的信号。此时与保护元件是否动作无关，只要收到跳闸信号，保护就作用于跳闸，如图 15-4（c）所示。远方跳闸式高频保护就是利用跳闸信号。

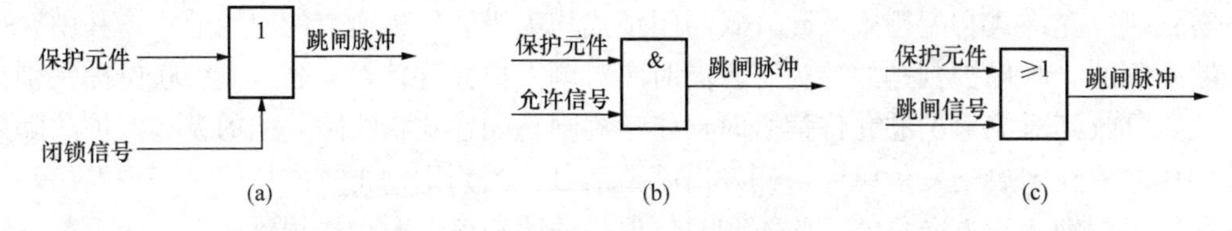

图 15-4　高频保护信号逻辑图

（a）闭锁信号；（b）允许信号；（c）跳闸信号

70. 什么是闭锁式保护？有何特点？

答： 闭锁式保护就是在系统故障时，收到对侧信号（区外故障时）保护将被闭锁，收不到对侧信号（区内故障时）保护将动作跳闸。闭锁式保护如图 15-5 所示，其特点有：

（1）在线路两端装设了跳闸元件（MT）和闭锁元件（MB）。

（2）闭锁元件动作，启动闭锁信号，闭锁信号闭锁两端跳闸。

（3）跳闸元件动作且无闭锁信号时，保护将带一固定时间启动跳闸出口，并与远端跳闸元件是否动作无关，即一端 MT 不动，保护仍能跳闸。

（4）保护动作的时间：$t=t_{L}+t_{c}$。

式中，t_L 为本端MT的动作时间；t_c 为配合时间，它等于通道响应时间加上信号传播时间。

（5）配置有快速的调幅通道（ON—OFF）。

（6）外部故障才发闭锁信号，信号不能通过故障点，可采用相—地耦合通道。

（7）通道平时不能监视，不安全。通道有问题，外部故障将引起误动。

（8）弱电源相继动作。

（9）内部故障时能可靠动作。

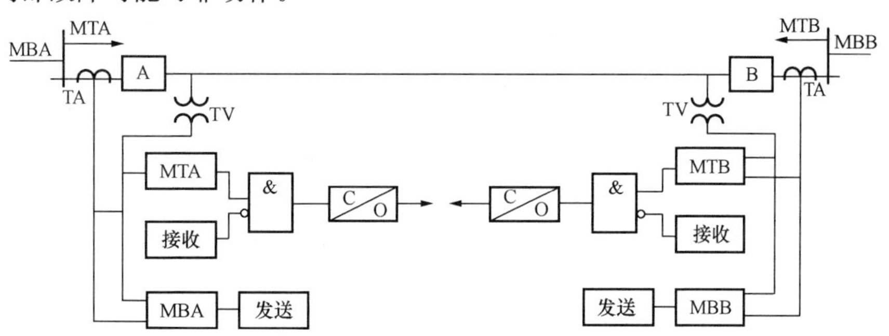

图15-5　闭锁式保护简化逻辑图

71. 什么是允许式（跳闸式）保护？有何特点？

答：允许式保护就是在系统故障时，收到对侧信号（区内故障时）保护将动作跳闸，收不到对侧的信号（区外故障时）保护将被闭锁。其特点是：

（1）线路每端仅装设跳闸元件。

（2）跳闸元件动作，控制发送器将监视频率改为跳闸频率，发送至对端。

（3）跳闸元件动作，同时收到对端跳闸信号，就启动跳闸出口。任何一端跳闸出口，必须两端跳闸元件都动作，即任一端MT拒动，两端皆拒动。

（4）保护动作时间。取 $t_1=t_L$，或 $t_2=t_R+t_{CH}$ 之间的较慢者。

其中，t_L 为本端跳闸元件动作时间；t_R 为远端跳闸元件动作时间；t_{CH} 为通道时间。

（5）配中速的移频式通道（FSK）。

（6）内部故障，跳闸信号可能通过故障点，要求采用相—相耦合通道。

（7）通道平时可以得到监视，作为整个保护逻辑的一部分，较为安全。通道有问题，外部故障时不会误动，内部故障时将引起拒动。

允许式保护简化逻辑图如图15-6所示。

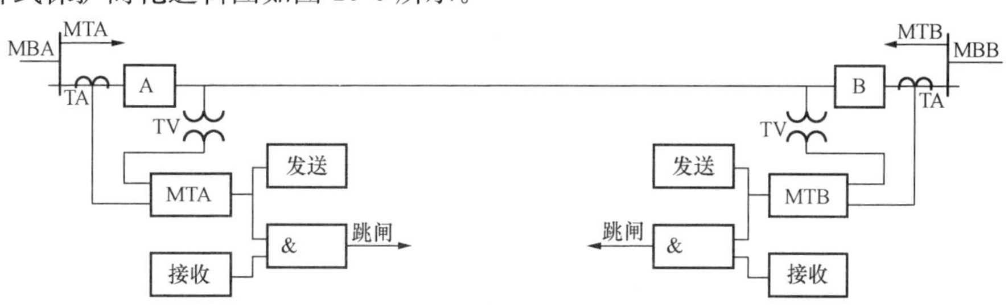

图15-6　允许式保护简化逻辑图

72. 高频闭锁式和允许式保护在发信控制方面有哪些区别（以正、反方向故障情况为例说明）？

答：（1）发生正方向故障时，闭锁式保护发信后，由于正方向元件动作而立即停发闭锁信号。

（2）发生正方向故障时，允许式保护由于正方向元件动作而向对侧发出允许跳闸信号。

（3）发生反方向故障时，闭锁式保护长期发信闭锁对侧高频保护。

（4）发生反方向故障时，允许式保护不发允许跳闸信号。

73. 什么是功率倒向？功率倒向时高频保护为什么有可能误动？目前保护采取什么主要措施？

答：某线路发生故障，当近故障侧断路器先于远故障侧断路器跳闸时，将会引起与故障线路并行的（双回线）线路上电流方向反转的情况，该现象称为功率倒向。

非故障线路发生功率倒向后，反向转正向侧纵联方向（或超范围距离）保护如不能及时收到对侧闭锁信号（或对侧的允许信号不能及时撤出）则有可能发生误动。

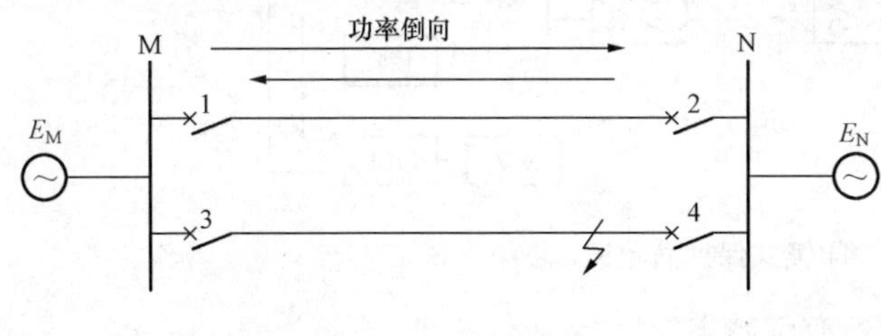

图 15-7　功率倒向

目前采取的主要措施有：反方向元件的动作范围大于对侧正方向元件动作范围；反方向元件动作速度快于正方向元件；反方向元件返回带一定的延时；反方向元件闭锁正方向元件；保护装置感受到故障方向由反方向转为正方向时，延时跳闸等。

如图 15-7 所示，故障线路两侧保护 1、3、4 判为正方向，2 判为反方向，M 侧停信（对闭锁式保护），N 侧发信，断路器 4 跳开时，故障功率倒向可能使 1 为反方向，2 为正方向，这种现象就称为功率倒向。

如果 N 侧停信的速度快于 M 侧发信，则 N 侧可能瞬间出现正方向元件动作同时无收信信号，断路器 2 可能跳闸。

74. 非全相运行对哪些纵联保护有影响？如何解决非全相运行期间健全相再故障时快速切除故障的问题？

答：非全相运行对采用零序、负序等方向元件作为发停信控制的纵联保护有影响，对判断两侧电流幅值、相位关系的差动等纵联保护无影响。因此，非全相期间应自动将采用零序、负序等方向元件作为停信控制的纵联保护退出运行，非全相运行期间健全相再故障时，应尽量使用不失去选择性的纵联保护。

75. 非全相运行对高频闭锁负序功率方向保护有什么影响？

答：当被保护线路某一相断线时，将在断线处产生一个纵向的负序电压，并由此产生负序电流。根据负序等效网络，可定性分析出断相处及线路两端的负序功率方向，即线路两端的负序功率方向同时为负，和内部故障时情况一样。因此，在一侧断开的非全相运行情况下，高频负序功率方向保护将误动作。但如果保护使用线路电压互感器，则两侧负序功率方向为一正一反，和外部故障时一样，此时保护将处于启动状态，但由于受到高频信号的闭锁而不会误动作。

76. 在线路故障的情况下，正序功率方向是由母线指向线路，为什么零序功率方向是由线路指向母线？

答：在故障线路上，正序电流的流向是由母线流向故障点，而零序电压在故障点最高，零序电流是由故障点流向母线，所以零序功率的方向与正序功率相反，是由线路指向母线。

77. 何谓远方发信？为什么要采用远方发信？

答：远方发信是指每一侧的发信机，不但可以由本侧的发信元件将它投入工作，而且还可以由对侧的发信元件借助于高频通道将它投入工作，以保证“发信”的可靠性。实践证明当发生故障时，如果只采用本侧“发信”元件将发信机投入工作，再由“停信”元件的动作状态来决定它是否应该发信，这种“发信”方式是不可靠的。例如，当区外故障时，由于某种原因，靠近反方向侧“发信”元件拒动，这时该侧的发信机就不能发信，导致正方向侧收信机收不到高频闭锁信号，从而使正方向侧高频保护误动作。为了消除上述缺陷，就采用了远方发信的办法。

78. 高频闭锁式纵联保护的收发信机为什么要采用远方启动发信？

答：（1）采用远方启动发信，可使值班运行人员检查高频通道时单独进行，而不必与对侧保护的运行人员同时联合检查通道。

（2）还有最主要的原因是为了保证在区外故障时，近故障侧（反方向侧）能确保启动发信，从而使二侧保护均收到高频闭锁信号而将保护闭锁起来。防止了高频闭锁式纵联保护在区外近故障侧因某种原因拒绝启动发信，远故障侧在测量到正方向故障停信后，因收不到闭锁信号而误动。

79. 电力载波高频通道有哪几种构成方式？各有什么特点？

答：目前广泛采用输电线路构成的高频通道。它有两种构成方式：

（1）相—相制通道。相—相制通道利用输电线路的两相导线作为高频通道。虽然采用这种构成方式高频电流衰耗小，但由于需要两套构成高频通道的设备，因而投资大。

（2）相—地制通道。相—地制通道在输电线路的同一相两端装设高频耦合和分离设备，将高频收发信机接在该相导线和大地之间，利用输电线路的一相（该相称加工相）和大地作为高频通道。这种接线方式的缺点是高频电流的衰减和受到的干扰都比较大，但由于只需装设一套构成高频通道的设备，比较经济。

80. 载波高频通道由哪些部件组成？各部分的作用有哪些？

答：“相—地”制电力载波高频通道的构成如图 15-8 所示。它由下列几部分组成。

（1）输电线路。三相线路都用，以传送高频信号。

（2）高频阻波器。高频阻波器是由电感线圈和可调电容组成的并联谐振回路。当其谐振频率为选用的载波频率时，对载波电流呈现很大的阻抗（在 1000Ω 以上），从而使高频电流限制在被保护的输电线路以内（即两侧高频阻波器之内），而不致流到相邻的线路上去。对 50Hz 工频电流而言，高频阻波器的阻抗仅是电感线圈的阻抗，其值约为 0.04Ω，因而工频电流可畅通无阻。

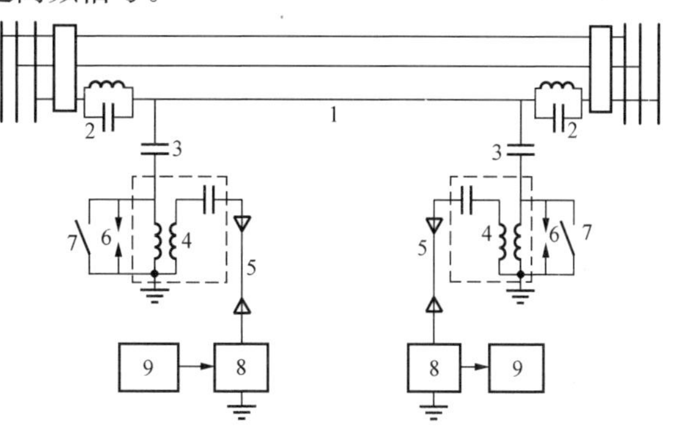

图 15-8 “相—地”制电力载波高频通道的原理接线图

1—输电线路；2—高频阻波器；3—耦合电容器；4—连接滤波器；5—高频电缆；6—保护间隙；7—接地开关；8—高频收发信机；9—保护

（3）耦合电容器。耦合电容器的电容量很小，对工频电流具有很大的阻抗，可防止工频高压侵入高频收发信机。对高频电流则阻抗很小，高频电流可顺利通过。耦合电容器与连接滤波器共同组成带通滤波器，只允许此通道频率内的高频电流通过。

（4）连接滤波器。连接滤波器与耦合电容器共同组成带通滤波器。由于电力架空线路的波阻抗约为400Ω，电力电缆的波阻抗约为100Ω或75Ω，因此利用连接滤波器和它们起阻抗匹配作用，以减小高频信号的衰耗，使高频收信机收到高频功率最大。同时还利用连接滤波器进一步使高频收发信机与高压线路隔离，以保证高频收发信机与人身的安全。

（5）高频电缆。高频电缆的作用是将户内的高频收发信机和户外的连接滤波器连接起来。

（6）保护间隙。保护间隙是高频通道的辅助设备，用以保护高频收发信机和高频电缆免受过电压的袭击。

（7）接地开关。接地开关也是高频通道的辅助设备。在调整或检修高频收发信机和连接滤波器时，将它接地，以保证人身安全。

（8）高频收发信机。高频收发信机用来发出和接收高频信号。

81. 何谓电力线路载波保护专用收发信机？按其原理可分为几种工作方式？

答：电力线路载波保护专用收发信机是指连接纵联保护装置与电力线路载波通道，专用于发送与接收线路纵联保护指令信号的通信设备。

依据收信机的工作原理可分为直收式与外差接受式两种。

82. 高频收发信机可分为哪几个主要部分？

答：（1）发信部分。

（2）收信部分。

（3）接口和逻辑回路。

（4）电源部分。

83. 什么叫超外差接收方式？它有什么优点？

答：收发信机收信回路采用的超外差接收方式，是把不同工作频率的高频信号经过频率变换变成固定频率信号再进行放大。其优点是：

（1）容易获得稳定的高增益。

（2）有利于提高收信回路的阻带防卫度。

（3）电平整定方便。

（4）有利于减小滤波器产生的相位传输失真。

84. 为什么高频通道的衰耗与天气条件有关？

答：当输电线路被冰层、霜雪所覆盖时，高频通道的衰耗就会增加，这是因为高频信号是一种电磁波，其电磁能量是在导线之间的空间内传播的。在靠近导线表面的地方，电磁能量密度最大，因此，当导线表面被冰雪覆盖时，电磁波将在不均匀的介质中传播，而消耗掉一部分能量。由于冰层所形成的覆盖物最密，故有冰层时损耗最大。冰层里的损耗是由覆盖物中的介质损耗引起的，而介质损耗则和冰的介质损失角的正切、覆盖物的厚度以及信号频率成反比。冰的介质损失角在频率为15kHz时达最大值。超过此频率后，其介质损失角和频率成正比。因此，信号频率越高，因冰层引起的衰耗越小。

85. 影响传输衰耗大小的因素有哪些？

答：线路的长度、工作频率、线路的终端衰耗、阻波器分流衰耗、结合滤波器的介入衰耗（包括耦合电容器）、高频电缆介入衰耗、高频通道匹配情况、输电线路的换位情况等。

86. 闭锁式高频保护运行时，为什么运行人员每天要交换信号以检查高频通道？

答：我国常采用电力系统正常时高频通道无高频电流的工作方式。由于高频通道涉及两个厂站的设备，其中输电线路跨越几千米至几百千米的地区，经受着自然界气候的变化和风、霜、雨、雪、雷电的考验，高频通道上各加工设备和收发信机元件的老化和故障都会引起衰耗。高频通道上任何一个环节出问题，都会影响高频保护的正常运行。系统正常运行时，高频通道无高频电流，高频通道上的设备有问题也不易发现，因此每日由运行人员用启动按钮启动高频发信机向对侧发送高频信号，通过检测相应的电流、电压和收发信机上相应的指示灯来检查高频通道，以确保故障时保护装置的高频部分能可靠工作。

87. 为什么专用收发信机需要每天进行对试？而利用通信载波机构成的复用通道则不需要？

答：专用收发信机正常运行时通道上没有信号传递，因此无法检查通道正常与否，更无法保证故障时高频信号能可靠地在两侧收发信机间传输。因此必须人为地利用保护（或收发信机）的通道对试逻辑对高频通道进行测试。而利用通信载波机构成的复用通道，因为通道中一直有导频信号监视通道，一旦出现异常会自动报警，因此不需要进行每天的通道对试。

88. 高频保护运行及操作中应注意什么？

答：运行中的注意事项：

（1）运行中高频保护不得单方面断开直流电源。

（2）每日按规定时间进行交换信号一次，并做好记录。

（3）发现测试数据不正常时应报调度，双方核对试验数据，必要时根据调度员的命令，双方将保护退出运行。

（4）保护运行中交直流电源应可靠，信号发出不论跳闸与否，均应记录时间及信号，并报告调度。

（5）有呼唤信号而对侧不回信号时，应检查本线路的负荷并报告调度，协助找出没有获得对侧信号的原因。

操作中的注意事项：

（1）保护投入与停用应根据调度员命令进行。

（2）保护投入与停用只操作连接片，不断装置直流电源。

（3）在保护投入前两侧应进行一次测试，试验数据合格后报告调度，然后根据命令方可投入跳闸。

89. 为提高纵联保护通道的抗干扰能力，应采取哪些措施？

答：（1）高频同轴电缆在两端分别接地，并紧靠高频同轴电缆敷设截面积不小于 $100mm^2$ 的接地铜排。

（2）在结合电容器接抗干扰电容。

90. 为什么高频同轴电缆的屏蔽层要两端接地，且需辅以 $100mm^2$ 并连接地的铜导线？

答：（1）提高抗干扰能力。

（2）只一端接地，当隔离开关投切空母线时使收发信机入口产生高电压，可能中断信号，可能损坏部件，所以两端接地。

（3）为降低两端地电位差，从而降低高频电缆屏蔽层中流过的电流，所以要辅以 $100mm^2$ 铜导线。

91. 为什么架空地线对地放电会引起两侧收发信机频繁启动发信？

答：（1）由于放电时频谱很宽，其中包含了收发信机工作频率。

（2）新型收发信机都有远方启信回路。

（3）架空地线也是高频通道传输的通路。

92. 什么是电流继电器、电压继电器和中间继电器？中间继电器的作用是什么？

答：反应电流变化量而动作的保护装置叫电流继电器；反应电压变化量而动作的保护装置叫电压继电器；起辅助作用的继电器叫中间继电器。

当主继电器的触点容量不足需要较大容量的触点时，或为了同时接通或断开几个回路需要多对触点时、当一个装置有几个保护要用共同的出口继电器时，都要用到中间继电器。

93. 什么叫微机保护？微机保护有哪些优点和缺点？

答：由微型计算机或单片机构成的保护称为微机保护。

微机保护的优点有：

（1）程序可以自适应性，可按系统运行状态而自动改变整定值和特性。

（2）有可存取的存储器。

（3）在现场可灵活地改变继电器的特性。

（4）可以使保护性能得到更大的改进。

（5）有自检能力。

（6）有利于事故后分析。

（7）可与计算机交换信息。

（8）可增加硬件的功能。

（9）可在低功率传变机构内工作。

微机保护的缺点有：

（1）与传统的保护有根本性的差异。

（2）使用者较难维护。

（3）要求硬件和软件有高度可靠性。

（4）硬件很容易过时。

（5）在操作和维护过程中，使用人员较难掌握。

94. 微机保护与传统的继电保护的主要区别是什么？

答：微机保护与传统的继电保护的主要区别就在于微机保护不仅有实现继电保护功能的硬件电路，而且还必须具有保护和管理功能的软件程序，而常规继电保护只有硬件电路。

95. 微机保护装置对运行环境的要求有哪些？

答：（1）微机继电保护装置室内最大湿度不应超过75%。

（2）应防止灰尘和不良气体侵入。

（3）微机继电保护装置室内环境温度应为5～30℃。

（4）若超过此范围应装设空调。

96. 微机保护硬件系统通常包括哪几个部分？

答：（1）数据处理单元，即微机主系统。

（2）数据采集单元，即模拟量输入系统。

（3）数字量输入/输出接口，即开关量输入输出系统。

（4）通信（人机）接口。

97. 微机保护装置的人机接口部分由哪些元件组成？主要作用是什么？

答：人机接口部分由键盘、液晶（数码管）显示器、打印机组成。工作人员通过键入命令和数值，完成对各保护插件定值的输入、控制方式字的输入及对系统各部分的检查，计算机将系统自检结果及各部分运行状况数据通过液晶（数码管）显示器或打印机输出，完成人机对话。人机接口部分的任务还包括对各CPU保护插件的集中管理、巡检等。

98. 微机重合闸如何实现“充”“放”电过程？

答：常规的重合闸为了防止两次重合，都是用一个电容器构成一次合闸脉冲元件。电容器有一个15s左右的充电时间，对于微机型的重合闸装置并没有设置这样的充电电容器，而是用软件计数器模拟这种一次合闸脉冲元件。

99. 微机继电保护装置的使用年限为多少？

答：微机继电保护装置的使用年限为10～12年。

100. 微机继电保护投运时应具备哪些技术文件？

答：（1）竣工原理图、安装图、技术说明书、电缆清册等设计资料。

（2）制造厂提供的装置说明书、保护屏（柜）电原理图、装置电原理图、分板电原理图、故障检测手册、合格证明和出厂试验报告等技术文件。

（3）新安装检验报告和验收报告。

（4）微机继电保护装置定值和程序通知单。

（5）制造厂提供的软件框图和有效软件版本说明。

（6）继电保护装置的专用检验规程。

101. 新安装的微机继电保护装置出现不正确动作后，划分其责任归属的原则是什么？

答：新安装的微机继电保护装置在投入一年内，在运行单位未对装置进行检修和变动二次回路前，经分析确认是因为调试和安装质量不良引起的保护装置不正确动作或造成事故时，责任属基建单位。运行单位应在投入运行后一年内进行第一次全部检验，检验后或投入运行满一年以后，保护装置因安装调试质量不良引起的不正确动作或造成事故时，责任属运行单位。

102. 电力系统振荡对哪些保护装置有影响？哪些保护装置不受影响？

答：电力系统振荡时，受影响的继电保护装置有电流继电器及阻抗继电器。

（1）对电流继电器的影响。电力系统振荡时，流入继电器的振荡电流随时间变化，当振荡电流达到继电器的动作电流时，继电器动作；当振荡电流降低到继电器的返回电流时，继电器返回。一般情况下振荡周期较短，当保护装置的时限大于1.5～2s时，就可能躲过振荡误动作。

（2）对阻抗继电器的影响。周期性振荡时，电网中任一点的电压和流经线路的电流将随两侧电源电动势间相位角的变化而变化。振荡电流越大，电压就越低，阻抗继电器可能动作；振荡电流越小，电压就越高，阻抗继电器返回。如果阻抗继电器触点闭合的持续时间长，有可能造成保护装置误动作。

不受振荡影响的保护从原理上来讲有相差动保护和电流差动纵联保护等。

103. 电力系统在倒闸操作的过程中对继电保护有何影响？

答：电力设备由一种运行方式转为另一种运行方式的操作过程中，被操作的有关设备均应在保护范围内，部分保护装置可短时失去选择性。

104. 更改二次回路接线时应注意哪些事项？

答：（1）首先修改二次回路接线图，修改后的二次回路接线图必须经过审核，更改拆动前要与原图核对，接线更改后要与新图核对，并及时修改底图，修改运行人员及有关各级继电保护人员用的图纸。

(2) 修改后的图纸应及时报送直接管辖调度的继电保护部门。

(3) 保护装置二次线变动或更改时，严防寄生回路存在，没有用的线应拆除。

(4) 在变动直流回路后，应进行相应的传动试验，必要时还应模拟各种故障进行整组试验。

(5) 变动电压、电流二次回路后，要用负荷电压、电流检查变动后回路的正确性。

105. 清扫运行中的设备和二次回路时应遵守哪些规定?

答：清扫运行中的设备和二次回路时，应认真仔细，并使用绝缘工具（毛刷、吹风设备等），特别注意防止振动，防止误碰。

106. 继电保护装置的检验一般可分为哪几种?

答：继电保护装置的检验分为三种。

(1) 新安装装置的验收检验。

(2) 运行中装置的定期检验（简称定期检验）。定期检验又分为三种：

1) 全部检验。

2) 部分检验。

3) 用装置进行断路器跳合闸试验。

(3) 运行中装置的补充检验（简称补充检验）。补充检验又分为四种：

1) 装置改造后的检验。

2) 检修或更换一次设备后的检验。

3) 运行中发现异常情况后的检验。

4) 事故后检验。

107. 新投入或经更改的电流、电压回路应利用工作电压和负荷电流进行哪些检验?

答：(1) 电压互感器在接入系统电压以后，应进行下列检验工作：

1) 测量每一个二次绕组的电压。

2) 测量相间电压。

3) 测量零序电压，对小电流接地系统的电压互感器，在带电测量前，应于零序电压回路接入一合适的电阻负载，避免出现铁磁谐振现象，造成错误测量。

4) 检验相序。

5) 定相。

(2) 被保护线路有负荷电流之后（一般宜超过20%的额定电流），应进行下列检验工作：

1) 测量每相零序回路的电流值。

2) 测量各相电流的极性及相序是否正确。

3) 定相。

4) 对接有差动保护或电流相序滤过器的回路，测量有关不平衡值。

108. 继电器的电压回路连续承受电压的倍数是多少?

答：交流电压回路为 $1.2U_N$；直流电压回路为 1.1（或 1.15）U_N。保护装置的直流电源电压波动范围是额定电压的 80%～110%（115%）。

109. 交流回路断线主要影响哪些保护?

答：凡是接入交流回路的保护均受影响，主要有距离保护，方向高频保护，高频闭锁保护，母差保护，变压器低阻抗保护，失磁保护，失灵保护，零序保护，电流速断，过流保护，发电机、变压器纵差保护，零序横差保护等。

110. 变电站二次接线图有哪五种？

答：原理图、展开图、端子排、平面布置图、安装图。

111. 电气设备的原理接线图有何特点？

答：电气设备的原理接线图的特点是一、二次回路画在一起，对所有设备具有一个完整的概念。

112. 什么叫作负序电压滤过器？

答：将负序电压从电力系统三相电压里分离出来的装置叫负序电压滤过器。负序电压滤过器的输入是三相系统的电压，输出则是三相系统电压中存在的负序电压。

电力系统短路时，总会出现负序电压，有些保护装置就利用负序电压作为测量量。由于正常运行时没有（忽略负荷电流造成的不平衡电压）负序电压，故启动元件的动作电压可以整定得较小，保护装置的灵敏度可以提高。

113. 什么叫作负序电流滤过器？

答：电力系统短路时，短路电流中总含有负序分量。某些继电保护装置常利用短路电流的负序分量作为测量量，因此有必要将短路电流中的负序分量分离出来，完成这个任务的装置就叫负序电流滤过器。

114. 什么叫作复合电流滤过器？

答：电力系统正常运行时，三相电流、电压是对称的，只含有正序分量。而在不对称短路时，则可能出现负序和零序分量，有的继电保护装置就利用短路时出现正序、负序和零序分量，以区别短路和正常运行，如高频保护的操作滤过器，就是反映短路时出现的正序和负序分量。这种在输入端加入三相系统的电流，而在输出端同时输出某两个电流序分量的组合滤过器，就叫作复合电流滤过器。

115. 突变量方向元件有什么特点？

答：（1）不受系统振荡的影响。

（2）不受过渡电阻的影响。

（3）不受串联补偿电容器的影响。

（4）动作速度快。

116. 突变量纵联方向保护的优点有哪些？

答：（1）不受过渡电阻的影响。

（2）不受系统振荡的影响。

（3）不受非全相的影响。

（4）不受负荷电流的影响。

（5）灵敏度高且无电压死区。

117. 继电保护为什么要双重配置？

答：保护双重化配置是提高继电保护装置冗余，防止因保护装置拒动而导致系统事故的有效措施，同时双重化配置又可大大减少由于保护装置异常、检修等原因造成的一次设备停运现象。

118. 继电保护的“三误”是什么？

答：误碰、误接线、误整定。

119. 继电保护的误接线有哪些？

答：没有按拟定的方式接线（如没有按图纸接线、拆线后没有恢复或图纸有明显的错误）；电流、电压回路相别、极性错误；忘记恢复断开的电流、电压、直流回路的连线或连接片；直流回路接线错误等。

120. 操作箱一般由哪些继电器组成？

答：（1）监视断路器合闸回路的跳闸位置继电器及监视断路器跳闸回路的合闸位置继电器。

（2）防止断路器跳跃继电器。

（3）手动合闸继电器。

（4）压力检查或闭锁继电器。

（5）手动跳闸继电器及保护三相跳闸继电器。

（6）重合闸继电器。

（7）辅助中间继电器。

（8）跳闸信号继电器及备用信号继电器。

121. 断路器操作箱中防跳继电器的作用是什么？

答：防止在触点粘连的情况下，跳、合闸命令同时施加到断路器得跳、合闸线圈上，造成断路器反复跳闸、合闸，损坏断路器。

122. 电流互感器10%误差曲线不满足要求时，可采取哪些措施？

答：（1）增加二次电缆截面。

（2）串接备用电流互感器使允许负载增加1倍。

（3）改用伏安特性较高的二次绕组。

（4）提高电流互感器变比。

123. 为什么有些保护用的电流互感器的铁芯，在磁回路中留有小气隙？

答：为了使在重合闸过程中，铁芯中的剩磁很快消失，以免重合于永久性故障时，有可能造成铁芯磁路饱和。

124. 电压互感器二次回路断线，哪些继电器和保护装置可能误动作？

答：一相、两相或三相回路断线；低压继电器、距离保护阻抗元件将会误动作，功率方向继电器将因潜动而误动。一相、两相断线，负序电压继电器将误动。

125. 电压互感器开口三角侧断线和短路，将有什么危害？

答：断线和短路，将会使这些接入开口三角电压的保护在接地故障中拒动，用于绝缘监视的继电器不能正确反应一次接地问题，开口三角短路，还会使绕组在接地故障中过流而烧坏电压互感器。

126. 对断路器控制回路有哪些基本要求？

答：（1）应有对控制电源的监视回路。断路器的控制电源最为重要，一旦失去电源断路器无法操作。因此，无论何种原因，当断路器控制电源消失时，应发出声、光信号，提示运行人员及时处理。对于遥控变电站，断路器控制电源的消失，应发出遥信。

（2）应经常监视断路器跳闸、合闸回路的完好性。当跳闸或合闸回路故障时，应发出断路器控制回路断线信号。

（3）应有防止断路器“跳跃”的电气闭锁装置，发生“跳跃”对断路器是非常危险的，容易引起机构损伤，甚至引起断路器的爆炸，故必须采取闭锁措施。断路器的“跳跃”现象一般是在跳闸合闸回路同时接通时才发生。“防跳”回路的设计应使得断路器出现“跳跃”时，将断路器闭锁到跳闸位置。

（4）跳闸、合闸命令应保持足够长的时间，并且当跳闸或合闸完成后，命令脉冲应能自动解除。因断路器的机构动作需要有一定的时间，跳合闸时主触头到达规定位置也要有一定的行程，这些加起来就是断路器的固有动作时间，以及灭弧时间。命令保持足够长的时间就是保障断路器能可靠跳闸、合闸。为了加快断路器的动作，增加跳、合闸线圈中电流的增长速度，要尽可能减小跳、合闸线圈的电感量。为此，跳、合闸线圈都是按短时带电设计的。因此，跳合闸操作完成后，必须自动断开跳合闸回路，否则，跳闸或合闸线圈会烧坏。通常由断路器的辅助触点自动断开跳合闸回路。

（5）对于断路器的合闸、跳闸状态，应有明显的位置信号。故障自动跳闸、自动合闸时，应有明显的位置信号。

（6）断路器的操作动力消失或不足时，例如弹簧机构的弹簧未拉紧，液压或气压机构的压力降低等，应闭锁断路器的动作，并发出信号。

SF_6 气体绝缘的断路器，当 SF_6 气体压力降低而断路器不能可靠运行时，也应闭锁断路器的动作并发出信号。

（7）在满足上述要求的条件下，力求控制回路接线简单，采用的设备和使用的电缆最少。

127. 为什么交直流回路不可以共用一条电缆？

答：（1）交直流回路都是独立系统。直流回路是绝缘系统，而交流回路是接地系统。若共用一条电缆，两者之间一旦发生短路就造成直流接地，同时影响了交、直流两个系统。

（2）交流回路与直流回路平时也容易互相干扰，还有可能降低对直流回路的绝缘电阻。

128. 在控制室一点接地的电压互感器二次绕组，在开关场电压互感器二次绕组中性点处安装了击穿电压峰值为 800V 的放电间隙接地，已知该变电站可能的最大接地电流为 30kA（有效值），那么放电间隙是否满足要求？

答：放电间隙的放电电压峰值应大于 900V（30×30），因此不能满足要求（要求为 30 倍的最大接地电流）。

129. 保护装置的现场对直流拉、合有哪些要求？

答：应对保护装置做拉合直流电源试验（包括失压后短时及断续接通），以及使直流电压缓慢的、大幅度的变化（升或降）试验，保护在此过程中不得出现误动作或信号误表示的情况。

130. 保护室内等电位地网应如何接地？

答：保护室内等电位地网只能在电缆沟入口处与主地网一点相连；为保证可靠接地，等电位地网使用 4 根以上、截面积不小于 $50mm^2$ 的铜排（缆）与接地点共点相连。

131. 若保护室内有两个以上电缆沟入口，保护室内的等电位地网如何与主地网相连？

答：若保护室有多个电缆沟入口，则应选择将各电缆沟的接地铜排（缆）共点接地，然后在该点用 4 根以上、截面积不小于 $50mm^2$ 的铜排（缆）与保护室内的等电位地网一点相连。

132. 涉及直接跳闸的二次回路，对中间继电器有何要求？

答：所有涉及直接跳闸的重要回路，应采用动作电压在额定直流电源电压的 55%～70%范围内的中间继电器，并要求其动作功率不低于 5W。

133. 在《静态继电保护及安全自动装置通用技术条件》标准中，提到保护装置应具有哪些抗干扰措施？

答：（1）交流输入回路与电子回路的隔离应采用带有屏蔽层的输入变压器（或变流器、电抗互感器等变换器），屏蔽层要直接接地。

（2）跳闸、信号等外引电路要经过触点过渡或光电耦合器隔离。

（3）发电厂、变电站的直流电源不宜直接与电子回路相连（例如经过逆变换器）。

（4）消除电子回路内部干扰源，例如在小型辅助继电器的线圈两端并联二极管或电阻、电容，以消除线圈断电时所产生的反电动势。

（5）保护装置强、弱电平回路的配线要隔离。

（6）装置与外部设备相连，应具有一定的屏蔽措施。

134. 为什么继电保护交流电流和电压回路要有接地点，并且只能一点接地？

答：电流及电压互感器二次回路必须有一点接地，其原因是为了人身和二次设备的安全。如果二次回路没有接地点，接在互感器一次侧的高压电压，将通过互感器一、二次绕组间的分布电容和二次回路的对地电容形成分压，将高压电压引入二次回路，其值决定于二次回路对地电容的大小。如果互感器二次回路有了接地点，则二次回路对地电容将为零，从而达到了保证安全的目的。

在有电联系的几台（包括一台）电流互感器或电压互感器的二次回路上，必须只能通过一点接于接地网。因为一个变电站的接地网并非实际的等电位面，因而在不同点间会出现电位差。当大的接地电流注入地网时，各点间可能有较大的电位差值。如果一个电联通的回路在变电站的不同点间接地，地网上的电位差将窜入这个联通的回路，有时还造成不应有的分流。在有的情况下，可能将这个在一次系统并不存在的电压引入继电保护的检测回路中，使测量电压数值不正确，波形畸变，导致阻抗元件及方向元件的不正确动作。

在电流二次回路中，如果正好在继电器电流线圈的两侧都有接地点，一方面两接地点和地所构成的并联回路，会短路电流线圈，使通过电流线圈的电流大为减少。此外，在发生接地故障时，两接地点间的工频地电位差将在电流线圈中产生极大的额外电流。这两种原因的综合效果，将使通过继电器线圈的电流与电流互感器二次通入的故障电流有极大差异，当然会使继电器的反应不正常。

（1）电流互感器的二次回路应有一个接地点，并在配电装置附近经端子排接地。但对于有几组电流互感器连接在一起的保护装置，则应在保护屏上经端子排接地。

（2）在同一变电站中，常常有几台同一电压等级的电压互感器。常用的一种二次回路接线设计，是把它们所有由中性点引来的中性线引入控制室，并接到同一零相电压小母线上，然后分别向各控制、保护屏配出二次电压中性线。对于这种设计方案，在整个二次回路上，只能选择在控制室将零相电压小母线的一点接到地网。

135. 双母线接线方式变电站的电压互感器二次回路为什么不能在变电站开关场就地接地？

答：当一次系统发生接地故障时，故障电流中的零序分量是由故障点经地网流入变压器中性点的，此电流必然会在接于地网的两个电压互感器中性点 $0-0'$之间产生电位差，如果电压互感器二次的中性线接于开关场就地，两组电压互感器二次的中性线以及控制室内的 N600 小母线必然跨过此电压，并流过由此电压而产生的电流。

当变电站的母线发生金属性单相接地故障时，不容置疑的是故障相一次电压肯定为零，而且故障相电压互感器二次线圈两端的电压也必然为零。但由于地网中零序电流的影响，两组电压互感器中性线接地点 0－0′之间存在一个电压 $\Delta U = U_{0-0'}$ 。保护装置交流输入端中性线 N 的电位介于 0－0′两点电位之间，显而易见，控制室保护安装处的故障相电压不会为零，此时其中一组电压互感器的故障相测量电压 $U = U_{0-N}$ ，而另外一组电压互感器的故障相测量电压 $U = U_{N-0'}$ 。

上面的分析虽然是针对变电站的母线发生金属性单相接地故障，但对系统发生接地故障时同样适用。如果 0 点电位高于 0′点，控制室保护安装处的一组电压互感器的测量电压将比实际电压高，而另一组电压互感器的测量电压将比实际电压低。即实际接到保护装置的电压互感器中性点产生“漂移”，因此不仅故障的电压会受到影响，非故障相的测量电压同样会因此而产生畸变。

由上面的分析可以看出：对电压互感器测量电压产生影响的附加电压 U_{0-N} 和 $U_{N-0'}$ 不仅幅值有可能不一样（取决于两个中性线的分压），而且相位相反。因此，电压互感器二次回路中性点在开关场接地，将会对保护装置带来较大的影响，特别是采用自产 $3U_0$。

chapter 16

第十六章 线路保护

1. 3～10kV 线路相间故障保护的配置原则有哪些?

答: GB/T 14285—2006《继电保护和安全自动装置技术规程》中规定:3kV～10kV 中性点非有效接地电力网的线路,对相间短路按下列原则配置:

(1) 保护装置如由电流继电器构成,应接于两相电流互感器上,并在同一网络的所有线路上,均接于两相的电流互感器。

(2) 保护应采用远后备方式。

(3) 如线路短路使发电厂厂用母线或重要用户母线电压低于额定电压的 60%以上及线路导线截面过小,不允许带时限切除短路时,应快速切除故障。

(4) 过电流保护的时限不大于 0.5～0.7s,且没有第 (3) 条所列情况,或没有配合上要求时,可不装设瞬动的电流速断保护。

2. 3～10kV 线路相间短路应装设哪些保护?

答: 对相间短路,应按下列规定装设保护:

(1) 单侧电源线路。

1) 可装设两段过电流保护,第一段为不带时限的电流速断保护;第二段为带时限的过电流保护,保护可采用定时限或反时限特性。

2) 带电抗器的线路,如其断路器不能切断电抗器前的短路,则不应装设电流速断保护。此时,应由母线保护或其他保护切除电抗器前的故障。

3) 自发电厂母线引出的不带电抗器的线路,应装设无时限电流速断保护,其保护范围应保证切除所有使该母线残余电压低于额定电压 60%的短路。为满足这一要求,必要时,保护可无选择性动作,并以自动重合闸或备用电源自动投入来补救。

保护装置仅装在线路的电源侧。

线路不应多级串联,以一级为宜,不应超过二级。

必要时,可配置光纤电流差动保护作为主保护,带时限的过电流保护为后备保护。

(2) 双侧电源线路。

1) 可装设带方向或不带方向的电流速断保护和过电流保护。

2) 短线路、电缆线路、并联连接的电缆线路宜采用光纤电流差动保护作为主保护,带方向或不带方向的电流保护作为后备保护。

3) 并列运行的平行线路。尽可能不并列运行,当必须并列运行时,应配以光纤电流差动保护,带方向或不带方向的电流保护作后备保护。

(3) 环形网络的线路。3～10kV 不宜出现环形网络的运行方式,应开环运行。当必须以环形方式运行时,为简化保护,可采用故障时将环网自动解列而后恢复的方法,对于不宜解列的线路,可参照第 (2) 条的规定。

(4) 发电厂厂用电源线。发电厂厂用电源线(包括带电抗器的电源线)宜装设纵联差动保护和过电流保护。

3. 3～10kV 线路单相接地短路应装设哪些保护？

答：对单相接地短路，应按下列规定装设保护：

（1）在发电厂和变电站母线上，应装设单相接地监视装置。监视装置反应零序电压，动作于信号。

（2）有条件安装零序电流互感器的线路，如电缆线路或经电缆引出的架空线路，当单相接地电流能满足保护的选择性和灵敏性要求时，应装设动作于信号的单相接地保护。如不能安装零序电流互感器，而单相接地保护能够躲过电流回路中的不平衡电流的影响，例如单相接地电流较大，或保护反应接地电流的暂态值等，也可将保护装置接于三相电流互感器构成的零序回路中。

（3）在出线回路数不多，或难以装设选择性单相接地保护时，可用依次断开线路的方法，寻找故障线路。

（4）根据人身和设备安全的要求，必要时，应装设动作于跳闸的单相接地保护。

4. 3～10kV 经低电阻接地单侧电源单回线路保护如何配置？

答：3～10kV 经低电阻接地单侧电源单回线路，除配置相间故障保护外，还应配置零序电流保护。

（1）零序电流构成方式。可用三相电流互感器组成零序电流滤过器，也可加装独立的零序电流互感器，视接地电阻阻值、接地电流和整定值大小而定。

（2）应装设两段零序电流保护，第一段为零序电流速断保护，时限宜与相间速断保护相同，第二段为零序过电流保护，时限宜与相间过电流保护相同。若零序时限速断保护不能保证选择性需要时，也可以配置两套零序过电流保护。

5. 35～66kV 线路相间故障保护的配置原则有哪些？

答：35～66kV 中性点非有效接地电力网的线路，对相间短路按下列原则配置：

（1）保护应采用远后备方式。

（2）下列情况应快速切除故障：

1）如线路短路，使发电厂厂用母线电压低于额定电压的 60%时；

2）如切除线路故障时间长，可能导致线路失去热稳定时；

3）城市配电网络的直馈线路，为保证供电质量需要时；

4）与高压电网邻近的线路，如切除故障时间长，可能导致高压电网产生稳定问题时。

6. 35～66kV 线路相间短路应装设哪些保护？

答：对相间短路，应按下列规定装设保护装置：

（1）单侧电源线路。可装设一段或两段式电流速断保护和过电流保护，必要时可增设复合电压闭锁元件。

由几段线路串联的单侧电源线路及分支线路，如上述保护不能满足选择性、灵敏性和速动性的要求时，速断保护可无选择地动作，但应以自动重合闸来补救。此时，速断保护应躲开降压变压器低压母线的短路。

（2）复杂网络的单回线路。

1）可装设一段或两段式电流速断保护和过电流保护，必要时，保护可增设复合电压闭锁元件和方向元件。如不满足选择性、灵敏性和速动性的要求或保护构成过于复杂时，宜采用距离保护。

2）电缆及架空短线路，如采用电流电压保护不能满足选择性、灵敏性和速动性要求时，宜采用光纤电流差动保护作为主保护，以带方向或不带方向的电流电压保护作为后备保护。

3）环形网络宜开环运行，并辅以重合闸和备用电源自动投入装置来增加供电可靠性。如必须环网运行，为了简化保护，可采用故障时先将网络自动解列而后恢复的方法。

（3）平行线路。平行线路宜分列运行，如必须并列运行时，可根据其电压等级、重要程度和具体情况按下列方式之一装设保护，整定有困难时，允许双回线延时段保护之间的整定配合无选择性：

1）装设全线速动保护作为主保护，以阶段式距离保护作为后备保护；

2）装设有相继动作功能的阶段式距离保护作为主保护和后备保护。

7. 中性点经低电阻接地的单侧电源线路应装设哪些保护？

答：中性点经低电阻接地的单侧电源线路装设一段或两段三相式电流保护，作为相间故障的主保护和后备保护；装设一段或两段零序电流保护，作为接地故障的主保护和后备保护。

串联供电的几段线路，在线路故障时，几段线路可以采用前加速的方式同时跳闸，并用顺序重合闸和备用电源自动投入装置来提高供电可靠性。

8. 110～220kV 线路保护的配置原则如何？

答：GB/T 14285—2006《继电保护和安全自动装置技术规程》中规定：110kV～220kV 中性点直接接地电力网的线路，应按规定装设反应相间短路和接地短路的保护。220kV 线路保护应按加强主保护简化后备保护的基本原则配置和整定。

220kV 线路的后备保护宜采用近后备方式。但某些线路，如能实现远后备，则宜采用远后备，或同时采用远、近结合的后备方式。

9. 110kV 线路应装设哪些保护？

答：（1）110kV 双侧电源线路符合下列条件之一时，应装设一套全线速动保护。

1）根据系统稳定要求有必要时；

2）线路发生三相短路，如使发电厂厂用母线电压低于允许值（一般为 60%额定电压），且其他保护不能无时限和有选择地切除短路时；

3）如电力网的某些线路采用全线速动保护后，不仅改善本线路保护性能，而且能够改善整个电网保护的性能。

（2）对多级串联或采用电缆的单侧电源线路，为满足快速性和选择性的要求，可装设全线速动保护作为主保护。

（3）110kV 线路的后备保护宜采用远后备方式。

（4）单侧电源线路，可装设阶段式相电流和零序电流保护，作为相间和接地故障的保护，如不能满足要求，则装设阶段式相间和接地距离保护，并辅之用于切除经电阻接地故障的一段零序电流保护。

（5）双侧电源线路，可装设阶段式相间和接地距离保护，并辅之用于切除经电阻接地故障的一段零序电流保护。

（6）对带分支的 110kV 线路，可按 GB/T 14285—2006 4.6.5 条的规定执行。

10. 220kV 线路主保护和后备保护的功能及作用有哪些？

答：能够快速有选择性地切除线路故障的全线速动保护以及不带时限的线路Ⅰ段保护都是线路的主保护。每一套全线速动保护对全线路内发生的各种类型故障均有完整的保护功能，两套全线速动保护可以互为近后备保护。线路Ⅱ段保护是全线速动保护的近后备保护。

通常情况下，在线路保护Ⅰ段范围外发生故障时，如其中一套全线速动保护拒动，应由另一套全线速动保护切除故障，特殊情况下，当两套全线速动保护均拒动时，如果可能，则由线路Ⅱ段保护切除故障，此时，允许相邻线路保护Ⅱ段失去选择性。线路Ⅲ段保护是本线路的延时近后备保护，同时尽可能作为相邻线路的远后备保护。

11. 220kV线路一般应装设哪些保护？

答：一般情况下，应按下列要求装设两套全线速动保护，在旁路断路器代线路运行时，至少应保留一套全线速动保护运行。

（1）两套全线速动保护的交流电流、电压回路和直流电源彼此独立。对双母线接线，两套保护可合用交流电压回路。

（2）每一套全线速动保护对全线路内发生的各种类型故障，均能快速动作切除故障。

（3）对要求实现单相重合闸的线路，两套全线速动保护应具有选相功能。

（4）两套主保护应分别动作于断路器的一组跳闸线圈。

（5）两套全线速动保护分别使用独立的远方信号传输设备。

（6）具有全线速动保护的线路，其主保护的整组动作时间应为：对近端故障：≤20ms；对远端故障：≤30ms（不包括通道时间）。

12. 220kV线路接地短路应装设哪些后备保护？

答：应按下列规定之一装设后备保护。

对220kV线路，当接地电阻不大于100Ω时，保护应能可靠地切除故障。

（1）宜装设阶段式接地距离保护并辅之用于切除经电阻接地故障的一段定时限和/或反时限零序电流保护。

（2）可装设阶段式接地距离保护，阶段式零序电流保护或反时限零序电流保护，根据具体情况使用。

（3）为快速切除中长线路出口短路故障，在保护配置中宜有专门反应近端接地故障的辅助保护功能。

13. 220kV线路相间短路应装设哪些保护？

答：对相间短路，应按下列规定装设保护装置：

（1）宜装设阶段式相间距离保护。

（2）为快速切除中长线路出口短路故障，在保护配置中宜有专门反应近端相间故障的辅助保护功能。

符合第11题的要求，除装设全线速动保护外，还应装设相间短路后备保护和辅助保护。

14. 220kV电气化铁路供电线路应装设哪些保护？

答：采用三相电源对电铁负荷供电的线路，可装设与一般线路相同的保护。采用两相电源对电铁负荷供电的线路，可装设两段式距离、两段式电流保护。同时还应考虑下述特点，并采取必要的措施。

（1）电气化铁路供电产生的不对称分量和冲击负荷可能会使线路保护装置频繁启动，必要时，可增设保护装置快速复归的回路。

（2）电气化铁路供电在电网中造成的谐波分量可能导致线路保护装置误动，必要时，可增设谐波分量闭锁回路。

15. 对330～500kV线路，应按什么原则实现主保护的双重化？

答：（1）设置两套完整、独立的全线速动主保护。

（2）两套主保护的交流电流、电压回路和直流电源彼此独立。

（3）每一套主保护对全线路内发生的各种类型故障（包括单相接地、相间短路、两相接地、三相短路、非全相运行故障及转移故障等），均能无时限动作切除故障。

（4）每套主保护应有独立选相功能，实现分相跳闸和三相跳闸。

（5）断路器有两组跳闸线圈，每套主保护分别启动一组跳闸线圈。

（6）两套主保护分别使用独立的远方信号传输设备。

（7）自动重合闸方式选择：由于超高压输电线路相间距离较大，因此发生相间故障的可能性较小，即重合闸方式选用单相。

若保护采用专用收发信机，其中至少有一个通道完全独立，另一个可与通信复用。如采用复用载波机，两套保护应分别采用两台不同的载波机。

对近端故障：≤20ms；

对远端故障：≤30ms（不包括通道传输时间）。

16. 330～500kV 线路的后备保护应按什么原则装设？

答：（1）线路保护采用近后备方式。

（2）每条线路都应配置能反应线路各种类型故障的后备保护。当双重化的每套主保护都有完善的后备保护时，可不再另设后备保护。只要其中一套主保护无后备，则应再设一套完整的独立的后备保护。

（3）对相间短路，后备保护宜采用阶段式距离保护。

（4）对接地短路，应装设接地距离保护并辅以阶段式或反时限零序电流保护；对中长线路，若零序电流保护能满足要求时，也可只装设阶段式零序电流保护。接地后备保护应满足以下要求：330kV 线路接地电阻不大于 150Ω，500kV 线路接地电阻不大于 300Ω 时，能可靠地有选择性的切除故障。

（5）正常运行方式下，保护安装处短路，当电流速断保护的灵敏系数在 1.2 以上时，还可装设电流速断保护作为辅助保护。

17. 装有串联补偿电容的 330～500kV 线路和相邻线路保护如何配置？

答：装有串联补偿电容的 330～500kV 线路和相邻线路，应按 15 题和 16 题的规定装设线路主保护和后备保护，并应考虑下述特点对保护的影响，采取必要的措施防止不正确动作：

（1）由于串联电容的影响可能引起故障电流、电压的反相。

（2）故障时串联电容保护间隙的击穿情况。

（3）电压互感器装设位置（在电容器的母线侧或线路侧）对保护装置工作的影响。

18. 在 330～500kV 中性点直接接地电网中，对继电保护的配置和装置的性能上应考虑哪些问题？

答：应考虑下列问题：

（1）线路输送功率大，稳定问题严重，要求保护动作快，可靠性高及选择性好。

（2）线路采用大截面分裂导线、不完全换位及紧凑型线路所带来的影响。

（3）长线路、重负荷，电流互感器变比大，二次电流小对保护装置的影响。

（4）同杆并架双回线路发生跨线故障对两回线跳闸和重合闸的不同要求。

（5）采用大容量发电机、变压器所带来的影响。

（6）线路分布电容电流明显增大所带来的影响。

（7）系统装设串联电容补偿和并联电抗器等设备所带来的影响。

（8）交直流混合电网所带来的影响。

（9）采用带气隙的电流互感器和电容式电压互感器，对电流、电压传变过程所带来的影响。

（10）高频信号在长线路上传输时，衰耗较大及通道干扰电平较高所带来的影响以及采用光缆、微波迂回通道时所带来的影响。

19. 线路保护整组试验中应检查故障发生与切除的逻辑控制回路，一般应做哪些模拟故障检验？

答：（1）各种两相短路、两相接地短路及各种单相接地故障。

（2）同时性的三相短路故障。

（3）上述类型的故障切除，重合闸成功与不成功（瞬时性短路与永久性短路故障）。

（4）由单相短路经规定延时后转化为两相接地或三相短路故障。

（5）纵联保护两侧整组对调所需的模拟外部及内部短路发生及切除的远方控制回路。

20. 微机打印机能否关电运行？

答：微机打印机在运行中可以关电运行，不会造成报告的丢失。

21. 微机高频保护在接成高频允许式和高频闭锁式，在正常运行时，高频通道是否有信号？

答：当与复合载波通道使用时，高频保护接成允许式，正常运行时通道有导频信号；当本侧正方向故障时，导频消失，收到对侧允许信号（跳频）。当与专用通道使用时，高频保护接成闭锁式，正常时通道无信号；当本侧正方向故障时，由高频保护启动元件起信，由停信继电器停信，保护启动后收到高频信号持续时间不小于5～7ms，然后再收不到信号才允许出口。

22. 微机保护在接成高频允许式和闭锁式时是否允许测通道？

答：接成允许式保护时不允许测通道，以防区外故障时保护误动；接成闭锁式保护要测通道。

23. RCS-9611C保护装置配置如何？

答：RCS-9611C用作110kV以下电压等级的非直接接地系统或小电阻接地系统中的线路的保护及测控装置，可组屏安装，也可在开关柜就地安装。其配置情况如下：

（1）三段可经复压和方向闭锁的过流保护。

（2）三段零序过流保护。

（3）过流加速保护和零序加速保护（零序电流可自产也可外接）。

（4）过负荷功能（报警或者跳闸）。

（5）低周减载功能。

（6）三相一次重合闸。

（7）小电流接地选线功能（必须采用外加零序电流）。

（8）独立的操作回路。

24. RCS-9611C保护装置有哪些保护功能？

答：（1）测控功能。

（2）保护信息功能：

1）装置描述的远方查看。

2）系统定值的远方查看。

3）保护定值和区号的远方查看、修改功能。

4）软连接片状态的远方查看、投退、遥控功能。

5）装置保护开入状态的远方查看。

6）装置运行状态（包括保护动作元件的状态、运行告警和装置自检信息）的远方查看。

7）远方对装置信号复归。

8）故障录波上送功能。

25. RCS-9611C保护装置过流保护原理是什么？

答：RCS-9611C保护装置设三段过流保护，各段有独立的电流定值和时间定值以及控制字。各段可独立选择是否经复压（负序电压和低电压）闭锁、是否经方向闭锁。

方向元件的灵敏角为45°，采用90°接线方式。方向元件和电流元件接成按相启动方式。方向元件带有记忆功能，可消除近处三相短路时方向元件的死区。

在母线TV断线时可通过控制字“TV断线退电流保护”选择此时是退出该段电流保护的复压闭锁和方向闭锁以变成纯过流保护，还是将该电流保护直接退出。此处所指的“电流保护”是指那些投了复压闭锁或者方向闭锁的电流保护段。既没有投复压闭锁也没有投方向闭锁的电流保护段不受此控制字影响。

过流Ⅰ段和过流Ⅱ段固定为定时限保护；过流Ⅲ段可以经控制字选择是定时限还是反时限。

26. RCS-9611C保护装置零序保护（接地保护）原理是什么？

答：当用于不接地或小电流接地系统，接地故障时的零序电流很小时，可以用接地试跳的功能来隔离故障。这种情况要求零序电流由外部专用的零序TA引入，不能够用软件自产。

当用于小电阻接地系统，接地零序电流相对较大时，可以用直接跳闸方法来隔离故障。相应的，本装置提供了三段零序过流保护，其中零序Ⅰ段和零序Ⅱ段固定为定时限保护，零序Ⅲ段可经控制字选择是定时限还是反时限，反时限特性的选择同上述过流Ⅲ段。

零序Ⅲ段可经控制字选择是跳闸还是报警。

当零序电流作跳闸和报警用时，既可以由外部专用的零序TA引入，也可用软件自产（系统定值中有“零序电流自产”控制字）。

27. RCS-9611C保护装置过负荷保护原理是什么？

答：装置设一段独立的过负荷保护，过负荷保护可以经控制字选择是报警还是跳闸。过负荷出口跳闸后闭锁重合闸。

28. RCS-9611C保护装置加速保护原理是什么？

答：装置设一段过流加速保护和一段零序加速保护。

重合闸加速可选择是重合闸前加速还是重合闸后加速。若选择前加速则在重合闸动作之前投入；若选择后加速，则在重合闸动作后投入3s。手合加速在手合时固定投入3s。

29. RCS-9611C保护装置低周保护原理是什么？

答：装置设一段经低电压闭锁及频率滑差闭锁的低周保护。通过控制字（“DF/DT闭锁投入”）可选择在频率下降超过滑差闭锁定值时是否闭锁低周保护。低电压闭锁功能固定投入。

装置提供“投低周减载”硬连接片来投退低周保护。

低周保护动作后闭锁重合闸。

30. RCS-9611C 保护装置重合闸原理是什么？

答： 装置提供三相一次重合闸功能，其启动方式有不对应启动和保护启动两种。重合闸方式包括不检、检线路无压、检同期三种。

重合闸在充电完成后投入。线路在正常状态（KKJ＝1，TWJ＝0）且无闭锁信号时运行 15s 后充电。下列信号闭锁重合闸：

（1）手跳或者遥控。

（2）闭锁重合闸开入。

（3）控制回路断线。

（4）低周保护动作。

（5）过负荷跳闸。

（6）弹簧未储能开入。

（7）线路 TV 断线（检线路无压或者检同期投入时）。

31. RCS-9611C 保护在哪些情况下“运行告警”灯亮？

答： 当检测到下列状况时，发运行异常信号（BJJ 继电器动作）：TWJ 异常、线路电压报警、频率异常、TV 断线、控制回路断线、接地报警、过负荷报警、零序Ⅲ段报警、弹簧未储能、TA 断线。

32. RCS-941 系列保护装置配置如何？

答： RCS-941 系列保护用于 110kV 高压输电线路。配三段接地和相间距离保护、四段零序方向过流保护、低周保护、自动重合闸。

33. RCS-943（L、T、TM）系列保护装置配置如何？

答： RCS-943（L、T、TM）为由微机实现的数字式输电线路成套快速保护装置，可用作 110kV 输电线路的主保护及后备保护。

（1）差动和零序电流差动。

（2）四段零序方向。

（3）过负荷告警功能。

（4）三相一次自动重合闸。

（5）跳合闸操作回路以及交流电压切换回路。

34. RCS-943（A、AM、AZ、D、DM）系列保护装置配置如何？

答： RCS-943（A、AM、AZ、D、DM）110kV 输电线路保护。

（1）分相电流差动。

（2）零序电流差动。

（3）三段接地和相间距离保护。

（4）四段零序方向。

（5）过流保护。

（6）自动重合闸。

35. RCS-901 线路保护具有哪些保护功能？

答：（1）高频闭锁方向、高频闭锁零序。

（2）工频变化量阻抗、两段或四段零序。

（3）三段接地和相间距离、重合闸。

36. RCS-902 线路保护具有哪些保护功能？

答：（1）高频闭锁距离、高频闭锁零序。

（2）工频变化量阻抗、两段或四段零序。

（3）三段接地和相间距离、重合闸。

37. RCS-931 线路保护具有哪些保护功能？

答：（1）纵联分相差动保护、高频闭锁零序。

（2）工频变化量阻抗、两段或四段零序。

（3）三段接地和相间距离、重合闸。

38. RCS-941 线路保护具有哪些保护功能？

答：（1）高频闭锁距离、高频闭锁零序（B 型）。

（2）三段接地和相间距离、四段零序。

（3）低周保护、不对称相继速动。

（4）双回线相继速动（B 型无）、重合闸。

39. RCS-943 线路保护具有哪些保护功能？

答：（1）纵联分相差动保护。

（2）三段接地和相间距离。

（3）四段零序。

（4）重合闸不对称相继速动。

（5）双回线相继速动。

40. RCS-951 线路保护具有哪些保护功能？

答：（1）高频闭锁相间距离（B 型）。

（2）三段相间距离、四段过流、重合闸。

（3）低周保护、不对称相继速动。

（4）双回线相继速动（B 型无）。

41. RCS-953 线路保护具有哪些保护功能？

答：（1）纵联分相差动保护。

（2）三段相间距离。

（3）四段过流。

（4）重合闸。

（5）不对称相继速动、双回线相继速动。

42. RCS-900 系列保护面板各指示灯的作用是什么？

答：各保护指示灯如图 16-1 所示，现以 RCS-901A 为例说明如下：

（1）“运行”灯为绿色，装置正常运行时点亮。

（2）“TV 断线”灯为黄色，当发生电压回路断线时点亮。

（3）“充电”灯为黄色，当重合充电完成时点亮。

（4）“通道异常”灯为黄色，当通道故障时点亮。

（5）“投保护”灯为黄色，当连接片或开关辅助接点闭合时亮（RCS-922A）。

（6）“跳 A”“跳 B”“跳 C”“跳闸”“重合闸”灯为红色，当保护动作出口点亮，在“信号复归”后熄灭。

（7）“A 相过流”“B 相过流”“C 相过流”灯为红色，当失灵启动时点亮（仅 RCS-923A）。

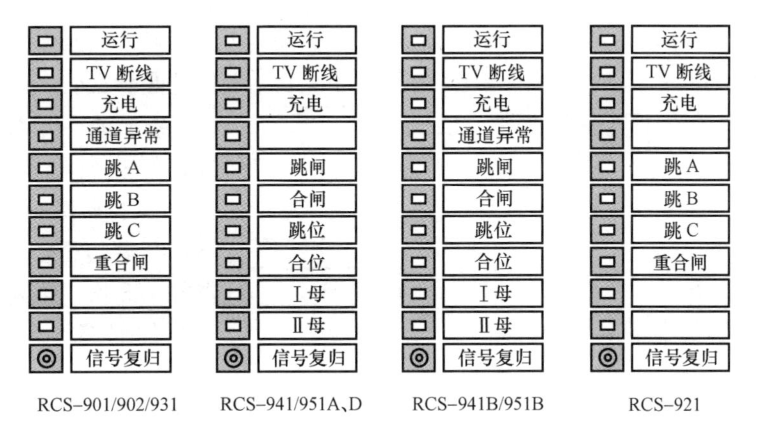

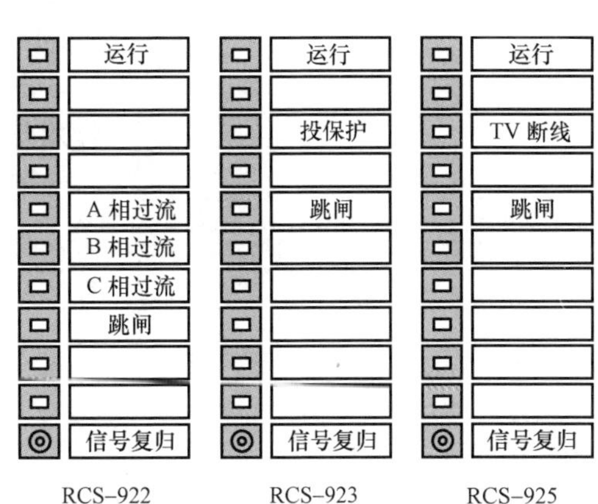

图 16-1　保护面板指示灯

（8）“跳位”灯为红色、“合位”灯为绿色，指示当前开关位置；“Ⅰ母”“Ⅱ母”灯为绿色，指示当前母线位置。

43. RCS-900 系列保护主菜单的结构形式如何？

答：命令菜单采用图 16-2 所示的树形目录结构。

主菜单分为七个部分：

（1）保护状态。

（2）显示报告。

（3）打印报告。

（4）整定定值。

（5）修改时钟。

（6）程序版本。

（7）修改定值区号。

44. “保护状态”的菜单的作用是什么？

答：本菜单的设置主要用来显示保护装置电流电压实时采样值和开入量状态，它全面地反映了该保护运行的环境，只要这些量的显示值与实际运行情况一致，则保护能正常运行，本菜单的设置为现场人员的调试与维护提供了极大的方便。对于开入状态，“1”表示投入或收到触点动作信号，“0”表示未投入或没收到触点动作信号。分相电流差动保护（RCS-931、RCS-943、RCS-953）增加“通道状态”显示。

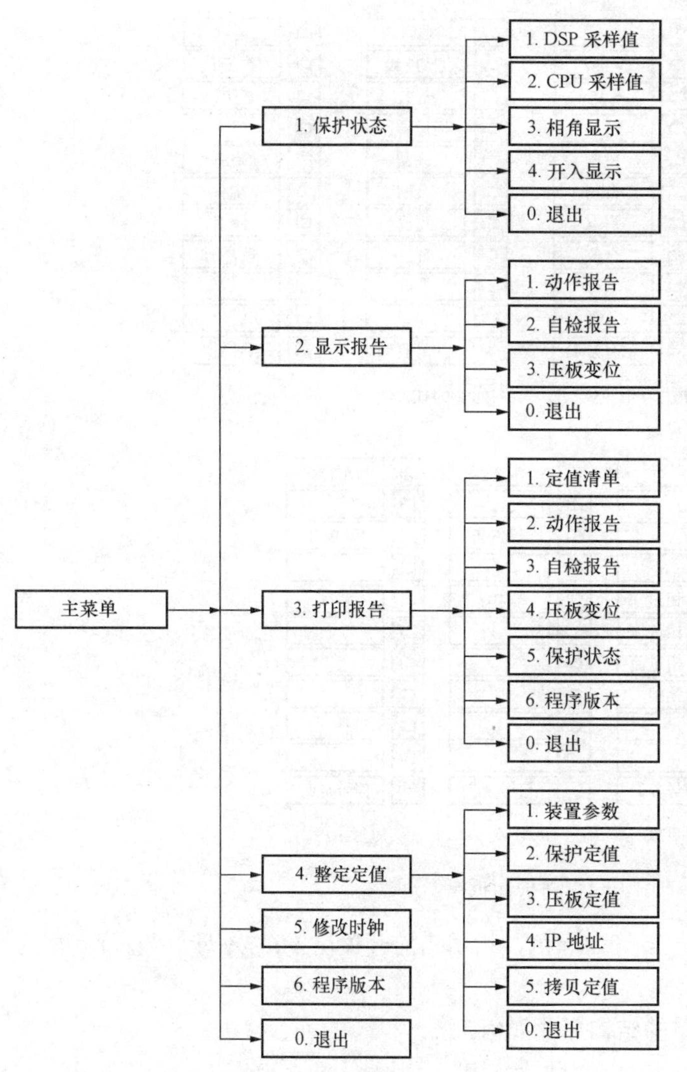

图 16-2　RCS-900 系列保护主菜单的结构形式

45. “显示报告”的菜单的作用是什么？

答：本菜单显示保护动作报告，自检报告及连接片变位报告。由于本保护自带掉电保持，不管断电与否，它能记忆上述报告各 128 次。显示格式为：首先显示的是最新一次报告，按键“▲”显示前一个报告，按键“▼”显示后一个报告，按键“取消”退出至上一级菜单。

46. “打印报告”的菜单的作用是什么？

答：本菜单选择打印定值清单、动作报告、自检报告、连接片变位、保护状态、程序版本。打印动作报告时需选择动作报告序号，动作报告中包括动作元件、动作时间、动作初始状态、断路器变位、动作波形、对应保护定值等，其中动作报告记忆最新 128 次，故障录波只记忆最新 24 次。

47. “整定定值”的菜单的作用是什么？

答：按键“▲”“▼”用来滚动选择要修改的定值，按键“◀”“▶”用来将光标移到要修改的那一位，“＋”和“－”用来修改数据，按键“取消”为不修改返回，按“确认”键完成定值整定后返回。

“整定定值”菜单中的“拷贝定值”子菜单，是将“当前区号”内的“保护定值”拷贝到“拷贝区号”内，“拷贝区号”可通过“＋”和“－”修改。

注意：若整定出错，液晶会显示错误信息，需重新整定。另外，“系统频率”“电流二次额定值”整定后，保护定值必须重新整定，否则装置认为该区定值无效。整定定值的口令为：键盘的“＋”“◀”“▲”“－”，输入口令时，每按一次键盘，液晶显示由“.”变为“*”，当显示四个“*”时，方可按确认。

48. “修改定值区号”的菜单的作用是什么？

答：按键盘的“区号”键，液晶显示“当前区号”和“修改区号”，按“＋”或“－”来修改区号，按键“取消”为不修改返回，按“确认”键完成区号修改后返回。

49. RCS-900 系列线路保护正常运行状态如何？

答：（1）装置正常运行时，“运行”灯应亮，所有告警指示灯（黄灯，RCS-922A 的投保护除外）应不亮。

（2）RCS-941/951/943/953的“合位”灯，“跳位”灯不亮，若采用本装置的电压切换回路，“Ⅰ母”“Ⅱ母”两个指示灯应有一个亮，但不可两个同时亮。

（3）按下“信号复归”按钮，复归所有跳闸、重合闸指示灯，并使液晶显示处于正常显示主画面。

50. RCS-900系列线路保护在安装时的注意事项有哪些？

答：（1）保护柜本身必须可靠接地，柜内设有接地铜排，须将其可靠连接到电站的接地网上。

（2）可能的情况下应采用屏蔽电缆，屏蔽层在开关场与控制室同时接地，各相电流线及其中性线应置于同一电缆内。

（3）电流互感器二次回路仅在保护柜内接地。

51. RCS-900系列线路保护动作报告应包括哪些内容？

答：一次完整的动作报告包括以下内容：

（1）动作事件报告。

（2）装置启动时的开入量。

（3）装置启动过程中自检和开入量的变位。

（4）与COMTRADE兼容的故障录波波形。

（5）保护动作时的定值。

52. RCS-901系列线路保护配置如何？

答：RCS-901A（B、D）包括以纵联变化量方向和零序方向元件为主体的快速主保护，由工频变化量距离元件构成的快速Ⅰ段保护，其中，RCS-901A由三段式相间和接地距离及两个延时段零序方向过流构成全套后备保护；RCS-901B由三段式相间和接地距离及四个延时段零序方向过流构成全套后备保护；RCS-901D以RCS-901A为基础，仅将零序Ⅲ段方向过流保护改为零序反时限方向过流保护。RCS-901A（B、D）保护有分相出口，配有自动重合闸功能，对单或双母线接线的断路器实现单相重合、三相重合和综合重合闸。

53. RCS-901系列线路保护判断交流电压断线的判据有哪些？

答：（1）三相电压相量和大于8V，保护不启动，延时1.25s发TV断线异常信号。

（2）三相电压相量和小于8V，但正序电压小于1/2额定电压时，若采用母线TV则延时1.25s发TV断线异常信号；若采用线路TV，则当任一相有流元件动作或TWJ不动作时，延时1.25s发TV断线异常信号。装置通过整定控制字来确定是采用母线TV还是线路TV。

三相电压正常后，经10s延时TV断线信号复归。

54. RCS-901系列线路保护交流电压断线后对保护有哪些影响？

答：TV断线信号动作的同时，将纵联变化量补偿阻抗和纵联零序退出，保留工频变化量阻抗元件，将其门槛抬高至1.5U_N，退出距离保护，自动投入TV断线相过流和TV断线零序过流保护。RCS-901A将零序过流保护Ⅱ段退出，Ⅲ段不经方向元件控制，RCS-901B将零序过流保护Ⅰ、Ⅱ段退出，Ⅳ段不经方向元件控制，若“零序Ⅲ段经方向”则退出Ⅲ段零序方向过流，否则保留不经方向元件控制的Ⅲ段零序过流，RCS-901D将零序过流保护Ⅱ段退出，零序反时限过流不经方向元件控制。

55. **非全相运行状态下相关保护的投退情况如何？**

答：非全相运行状态下，将纵联零序退出，退出与断开相相关的相、相间变化量方向、变化量距离继电器，RCS-901A 将零序过流保护Ⅱ段退出，Ⅲ段不经方向元件控制，RCS-901B 将零序过流保护Ⅰ、Ⅱ、Ⅲ段退出，Ⅳ段不经方向元件控制，RCS-901D 将零序过流保护Ⅱ段退出，零序反时限过流不经方向元件控制。

56. **RCS-901 系列线路保护如何构成闭锁式和允许式纵联保护？**

答：（1）闭锁式保护逻辑：一般与专用收发信机配合构成闭锁式纵联保护，位置停信、其他保护动作停信、通道交换逻辑等都由保护装置实现，这些信号都应接入保护装置而不接至收发信机，即发信或停信只由保护发信接点控制，发信接点动作即发信，不动作则为停信。

（2）允许式保护逻辑：一般与载波机或光纤数字通道配合构成允许式纵联保护，位置发信、其他保护动作发信等都由保护装置实现，这些信号都应接入保护装置而不接至收发信机。

57. **RCS-901 系列线路保护通道试验、远方启信是如何实现的？**

答：通道试验、远方启信逻辑由本装置实现，这样进行通道试验时就把两侧的保护装置、收发信机和通道一起进行检查。与本装置配合时，收发信机内部的远方启信逻辑部分应取消。如图 16-3 所示。

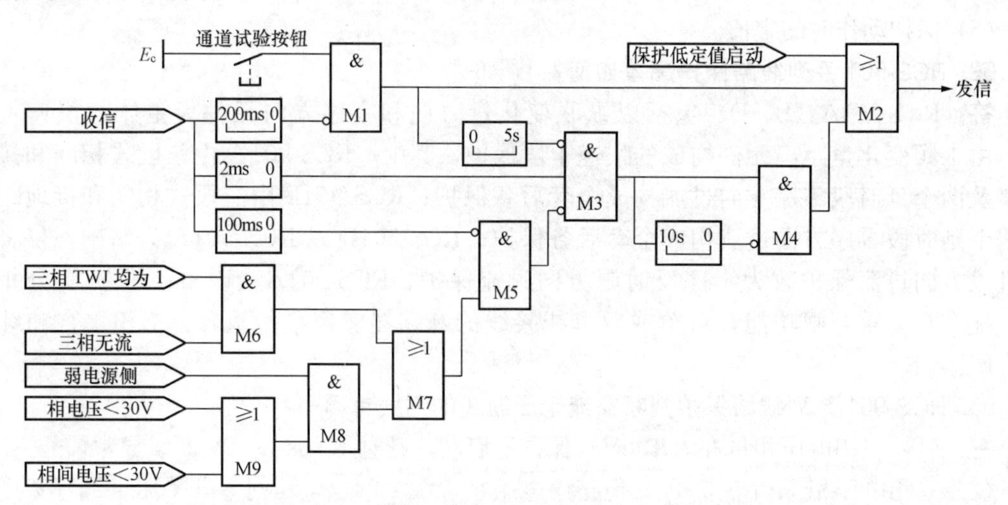

图 16-3　闭锁式纵联保护未启动时的方框图

（1）远方启动发信。当收到对侧信号后，如 TWJ 未动作，则立即发信，如 TWJ 动作，则延时 100ms 发信；当用于弱电侧，判断任一相电压或相间电压低于 30V 时，延时 100ms 发信，这保证在线路轻负荷，启动元件不动作的情况下，由对侧保护快速切除故障。无上述情况时则本侧收信后，立即由远方启信回路发信，10s 后停信。

（2）通道试验。对闭锁式通道，正常运行时需进行通道信号交换，由人工在保护屏上按下通道试验按钮，本侧发信，收信 200ms 后停止发信；收对侧信号达 5s 后本侧再次发信，10s 后停止发信。在通道试验过程中，若保护装置启动，则结束本次通道试验。

58. **RCS-931 系列保护的配置如何？**

答：RCS-931 系列保护包括以分相电流差动和零序电流差动为主体的快速主保护，由工频变化量距离元件构成的快速Ⅰ段保护，由三段式相间和接地距离及多个零序方向过流构成的全套后备保护，RCS-931系列保护有分相出口，配有自动重合闸功能，对单或双母线接线的开关实现单相重合、三相重合和综合重合闸。

59. RCS-931系列保护的启动元件有哪些？

答：（1）电流变化量启动。

（2）零序过流元件启动。当外接和自产零序电流均大于整定值时，零序启动元件动作并展宽7s，去开放出口继电器正电源。

（3）位置不对应启动。当控制字“不对应启动重合”整定为“1”，重合闸充电完成的情况下，如有断路器偷跳，则总启动元件动作并展宽15s，去开放出口继电器正电源。

（4）纵联差动或远跳启动。发生区内三相故障，弱电源侧电流启动元件可能不动作，此时若收到对侧的差动保护允许信号，则判别差动继电器动作相关相、相间电压，若小于65%额定电压，则辅助电压启动元件动作，去开放出口继电器正电源7s。当本侧收到对侧的远跳信号且定值中“远跳受本侧控制”置“0”时，去开放出口继电器正电源500ms。

（5）过流跳闸启动。

60. RCS-931系列保护电流差动继电器由哪几部分组成？

答：电流差动继电器由三部分组成：变化量相差动继电器、稳态相差动继电器和零序差动继电器。

61. RCS-931系列保护电流差动逻辑如何？

答：RCS-931系列保护电流差动逻辑如图16-4所示。

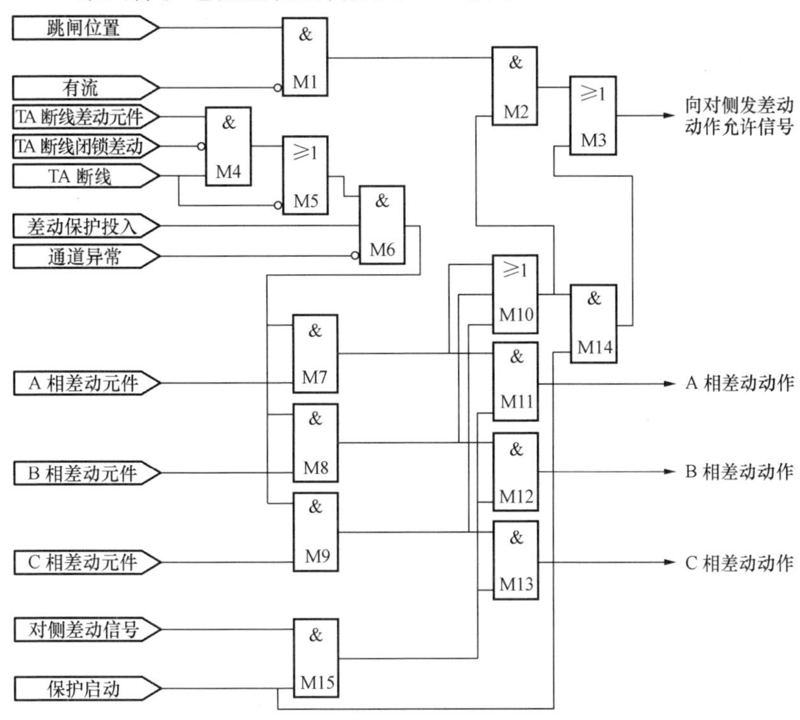

图16-4 RCS-931系列保护电流差动逻辑框图

（1）差动保护投入指屏上“主保护连接片”、连接片定值“投主保护连接片”和定值控制字“投纵联差动保护”同时投入。

(2)“A 相差动元件”“B 相差动元件”“C 相差动元件”包括变化量差动、稳态量差动Ⅰ段或Ⅱ段、零序差动，只是各自的定值有差异。

(3) 三相断路器在跳开位置或经保护启动控制的差动继电器动作，则向对侧发差动动作允许信号。

(4) TA 断线瞬间，断线侧的启动元件和差动继电器可能动作，但对侧的启动元件不动作，不会向本侧发差动保护动作信号，从而保证纵联差动不会误动。TA 断线时发生故障或系统扰动导致启动元件动作，若“TA 断线闭锁差动”整定为“1”，则闭锁电流差动保护；若“TA 断线闭锁差动”整定为“0”，且该相差流大于“TA 断线差流定值”，仍开放电流差动保护。

62. RCS-931 系列保护硬件插件有哪些？

答：RCS-931 系列保护具体硬件模块图如图 16-5 所示。组成装置的插件有：电源插件（DC）、交流插件（AC）、低通滤波器（LPF），CPU 插件（CPU）、通信插件（COM）、24V 光耦插件（OPT1）、高压光耦插件（OPT2，可选）、信号插件（SIG）、跳闸出口插件（OUT1、OUT2）、扩展跳闸出口（OUT，可选）、显示面板（LCD）。

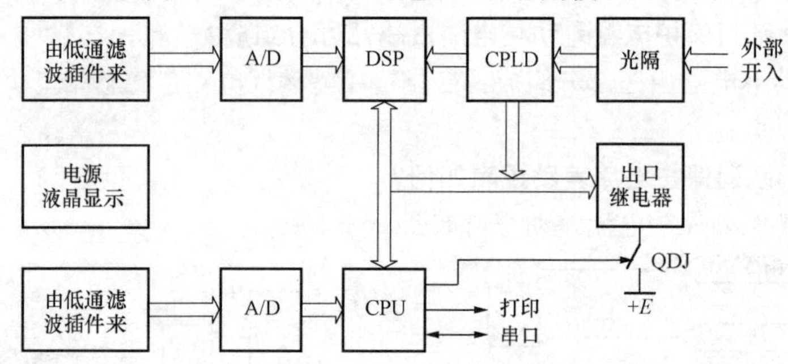

图 16-5　RCS-931 系列保护硬件模块图

63. RCS-931 系列保护采用“专用光纤”通道方式下保护的连接方式如何？

答：采用“专用光纤”通道方式下保护的连接方式如图 16-6 所示。

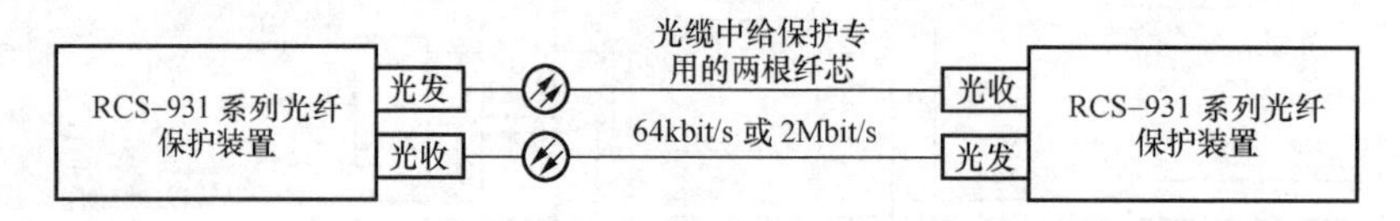

图 16-6　“专用光纤”通道方式下保护的连接方式

64. CSL 101A 线路保护的基本原理是什么？

答：CSL 101A 微机高压输电线路保护装置包括高频距离保护（CPU1）、距离保护（CPU2）、零序保护（CPU3）、故障录波器（CPU6），其插件位置分布如图 16-7 所示。

AC	VFC	CPU1	CPU2	CPU3	CPU6	TRIP1	TRIP2	LOG	SIG	POWER
交流 1	模 / 数 2	高频 3	距离 4	零序 5	录波 6	跳闸 1 7	跳闸 2 8	逻辑 9	信号 10	电源 11

图 16-7　CSL101A 保护插件位置图

高频距离保护作为全线速动的主保护，瞬时切除全线路各种类型的故障，以保证系统安全稳定的运行。距离保护、零序保护为后备保护，而其中的故障录波器对保护的各路模拟量，以及开入、开出量进行监视、录波，以便事故后对事故过程及保护的动作情况进行分析。

CSL 101A 中高频距离保护包括高频相间距离保护和高频接地距离保护，而以高频零序保护作为高频接地距离保护的补充，实现对高阻接地故障的保护功能。CSL100 系列中所有 A 型保护均不带重合闸功能，以便于保护设计时方便地实现“保护随线路配置，重合闸随断路器配置”的原则。

65. CSL 101A 型微机保护的故障录波功能如何？

答：录波器采用模拟量突变启动和开入量变位启动两种启动方式，其中每一路模拟量或开入量均可由控制字选择投入或退出启动录波功能。

录波按 20 点/周（即采样率为 1000Hz）采样，记录时可根据设定按分段或不分段方式记录。如果不分段，则连续记录时间可达 22s；如按分段记录，则每次记录故障前约 2 周半（48 点采样数据）和故障 10 周（200 点采样数据）的 AB 段数据，然后按 C 段（4 点/周）的密度记录。如有再次启动，则记录再次启动约 2 周半和启动 10 周的 AB 段数据，再进入 C 段，如此循环，直至本次记录结束。每次记录的时间、长度设有两种方式可供选择，一种为固定长度记录方式，录波时间等于用户整定的时间。另一种为录波插件启动后，一直监视启动开入（由保护插件来），录波一直录至启动开入返回为止，即一直录波保护启动元件返回为止。

另外，为防止录波启动而保护不启动或保护启动元件长期不返回的情况发生，本插件设定每次最短记录时间为约 250ms（即故障前约 2 周半和故障后 10 周数据），最长不超过 512K 的记录容量，即录满为止。

66. CSL 102A 型高频方向保护在配置上与 CSL 101A 有何异同？

答：CSL 102A 微机线路保护装置包括工频突变量高频方向保护、距离保护、零序方向保护及故障录波器。其硬件结构同 CSL 101A 保护完全相同。CSL 102A 与 CSL 101A 保护不同之处，仅是把 CSL 101A 中的高频距离保护的软件更换成高频方向保护。其他距离保护、零序方向及故障录波器的原理及程序软件部分完全相同。

67. 简述工频方向保护的基本原理。

答：CSL 102A 保护为突变量方向保护，采用三种相间突变量电流 ΔI_{AB}、ΔI_{BC}、ΔI_{CA} 中最大者，与其对应的相间突变量比较方向，这样可以保证任一相故障类型突变量方向元件都具有最高的灵敏度。工频变化量方向保护的基本原理如图 16-8 所示。

如图 16-8 所示，当在 K1 点故障时（区内故障），M 侧和 N 侧工频变化量电流超前工频突变量电压约 90°，而在区外 K2 点故障时，M 侧工频突变量电流 ΔI_M 滞后于其工频变化量电压 ΔU_m 约 90°。对于正、反方向故障时，其相位差约 180°，具有明显的方向性。

CSL 102A 高频方向保护在突变量启动元件后的 50ms 以内，投入工频突变量方向元件，当工频突变量方向元件判为反向，或虽然判为正方向，但 50ms 以内未收到对侧亦判未正方向的信号，程序都转入振荡闭锁模块中，以后的程序同 CSL101A 的高频保护完全相同。

68. CSL 101B、CSL 102B 线路保护的基本配置如何？

答：CSL 101B 和 CSL 102B 微机线路成套保护装置包括高频保护、距离保护、零序保护、重合闸及故障录波器，其插件位置分布图如图 16-9 所示。

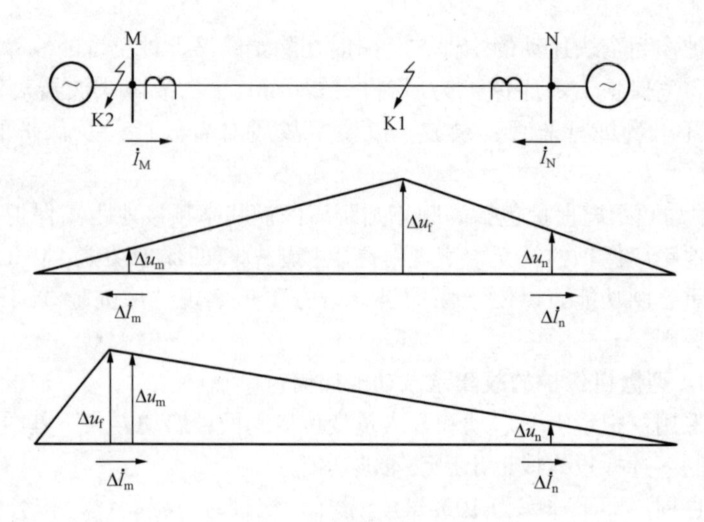

图 16-8　CSL 102A 工频变化量方向保护基本原理

AC	VFC	CPU1	CPU2	CPU3	CPU4	CPU6	TRIP1	TRIP2	LOG	SIG	POWER
交流 1	模/数 2	高频 3	距离 4	零序 5	重合闸 6	录波 7	跳闸 8	逻辑1 9	逻辑2 10	信号 11	电源 12

图 16-9　CSL 101B 和 CSL 102B 型装置插件位置布置图

对比 CSL 101A 和 CSL 102A，可见本装置增加了一个重合闸插件，减少了一个跳闸插件。由于本装置不考虑用 3/2 断路器接线方式，因此只提供两路跳闸出口。

本装置各种保护与 CSL 101A、CSL 102A 完全相同。录波部分中 CSL-101B、CSL-102B 型保护将 CSL101A、CSL102A 型保护录波中的“录波备用开入 2”改录重合闸出口外，其他相同。

69. CSL 100 保护“三取二”闭锁的含义是什么?

答：CSL 100 型微机保护为防止任一元件损坏引起误动，在装置启动回路中采取互相闭锁方式，各保护 CPU 分别驱动各自的 QDJ（启动继电器），除综合重合闸 QDJ 之外的 3 个 QDJ 接成“三取二”方式，只有当 CPU1（高频保护）、CPU2（距离保护）、CPU3（零序保护）中两个及以上同时发出启动命令时，才能开放跳闸回路。

70. CSL 101B 线路保护重合闸的充电条件有哪些?

答：在该装置中，重合闸的充电用计数器来完成，并在如下条件满足时，充电计数器开始“充电”：

（1）断路器在“合闸”位置，接进保护装置的跳闸位置继电器 TWJ 不动作。

（2）重合闸启动回路不动作。

（3）没有低压闭锁重合闸和闭锁重合闸开入。

（4）重合闸不在停用位置。

以上条件均满足时重合闸充电，计数器开始计数，充电时间为 15s。对 CSI 101 型断路器控制装置，充电未满前，装置面板上“重合闸充电”灯将点亮，重合闸充电完成后充电灯自动熄灭。对 CSL 101B 型和 CSL 102B 型保护装置，充电完成后，面板液晶上将显示："CHZ：READY"字样。若充电未满时，面板液晶上只有时间显示。

71. CSL 101B 线路保护重合闸放电的条件有哪些？

答：（1）重合闸方式在停用位置。

（2）重合闸在单重方式时保护动作三跳。

（3）收到外部闭锁重合闸信号（如手跳闭锁重合闸等）。

（4）重合闸出口命令发出的同时"放电"。

（5）重合闸"充电"未满时，跳闸位置继电器 TWJ 动作或有保护启动重合闸信号开入。

72. CSL 101B 线路保护"沟通三跳"的作用是什么？

答：由于重合闸装置的原因不允许保护装置选跳时，由重合闸箱体输出沟通三跳空触点，连至各保护装置相应开入端，实现任何故障跳三相。

在以下情况下，本装置输出沟通三跳触点：

（1）重合闸方式把手在三重位置或停用位置；

（2）装置出现"致命"错误或装置失电；

（3）重合闸未充好电。

73. 当电压互感器二次回路断线时，CSL 100 保护中的哪些保护功能被闭锁？

答：当电压互感器二次回路断线时，CSL 100 型微机保护自动将距离保护和高频保护中的高频距离退出，而零序保护及高频保护中的零序保护并不退出。

74. CSL 100 保护各功能键的作用有哪些？

答：本装置面板上设有一个双行，每行 16 字符的液晶显示器。正常运行时第一行显示装置的实时时钟。按四方键盘中央的"SET"键，显示器立即转为显示装置功能键的"一级菜单"。在任何时刻按左下角的"Q"键可以退出当前状态或回到正常显示。在执行任何菜单命令时，如持续 30s 不按任何键，也将自动返回到正常显示。

一级菜单分以下八项（VFC、SET、RPT、CLK、CRC、PC、CTL、ADR），将四方键的移动光标移至所选的项目后再按"SET"键，即可进入。

（1）VFC。此项功能包括调整及检验 VFC 型模数变换器有关的各项命令，以及系统电压、电流、有功、无功及各保护元件连接片等，进入后 LCD 将显示四个菜单（DC、VI、ZK 和 SAM），并可用左、右键及"SET"键选择。DC 用于调整及检验零漂，进入后 LCD 将显示各模入通道的零漂值。VI 用于调整及检验各电压、电流通道的刻度，以及用于显示系统电压、电流、有功、无功及各保护元件的连接片等，进入后 LCD 将显示各模拟量的有效值及连接片投入情况。

（2）SET。此项功能包括了与定值有关的各种命令，进入后显示三个子菜单（LST、SEL、PNT）。LST 用于逐行显示和修改定值，本装置的定值 E^2PROM（差平方）中可同时固化 8 套定值，可以用装设在屏上的拨轮开关通过 3 线开入量来选择定值区号。PNT 用于利用网络上的打印定值。这时液晶上不显示定值。

（3）RPT。这是用于显示记忆在存储器中本装置历次动作的记录。分两个子菜单：一是调用存放在 MMI 的 E^2PROM 中的事件记录。另一个调用存放在 CPU RAM 区中的记录。上述两种调用方法都可使用，但主要应使用前者，因为它在失电后不会丢失，而且存储量大，可记忆不低于 5 次故障的动作记录。每次故障的第一行总是发生故障的时间，此后是按动作先后排列的各事件。注意本装置仅记录导致跳闸出口的事件，区外故障启动而不跳闸不记录。每次故障后，动作事件可能大于一行，因而两行的LCD将不停地将完整的报告翻滚显示，一直至按“Q”键才恢复正常显示。在报告翻滚显示时，可以按上下键选择本次故障前后的各次故障动作信息。选择调存放在CPU RAM区的报告时，LCD显示“PRT-NO：××”，用上下键可以改变“××”处显示的数字，选择要求的数字后按“SET”键确认即可。“××”显示“01”表示选择最后一次故障动作信息，“××”显示“02”表示选择往前第二次故障动作信息，以此类推。

(4) CLK。用于整定MMI电路板上的硬件时间。

(5) CRC。用于显示软件版本号及CRC检验码，进入后将同时显示MMI及CPU的版本号及检验码，多CPU时还将逐行显示各CPU的信息，可用上、下键移动观察。

(6) PC。用于将人机对话功能由面板上的MMI切换至同面板上RS-232串口连接的PC机。

(7) CTL。进入CTL功能后，将显示二个子菜单，DOT和EN。

DOT（开出传动）：用于检验装置的各路开出是否完好，进入后显示器将询问要检验哪一路开出，可用四方键盘的上、下键选择编号再用“SET”键确认。

EN（连接片投退）：未用。

(8) ADR。这是在本装置接入通信网时，用于设置本装置在网中地址的功能键，用户不用。

75. CSL 100保护在正常状态下显示什么内容？

答：CSL 100型微机保护装置面板上设有一个双行、每行16字符的液晶显示器。在正常运行状态下在第一行显示装置的实时时钟。

76. 如何进入CSL 100保护的主菜单？

答：在正常运行状态下，按四方键盘中央的“SET”键，显示器立即转为显示装置功能键的主菜单。

77. 在主菜单显示状态下，如何退回到CSL 100保护的正常显示状态？

答：在主菜单显示状态下，按左下角的“Q”键可以退出，回到正常显示。或在执行任何菜单命令时，如持续30s不按任何键，也将自动返回到正常显示。

78. CSL 100保护如何在运行状态下打印采样值？

答：装置正常运行时，按面板上的“SET”键，屏幕将显示主菜单：

VFC　SET　RPT　CLK

CRC　PC　CTL　ADR

“VFC”下有一小横线，为光标。可利用面板上的上、下、左右键来移动光标，选择操作项目。

将光标移至VFC下，按“SET”键确认“VFC”功能，屏幕将显示：

DC　VI　ZK　SAM

其中“SAM”功能为打印采样值，用光标确认“SAM”功能后，屏幕将显示：

CPU　NO.　00

利用光标及上、下键来选择各CPU后，按“SET”键，打印机将自动打印当前本CPU的采样值。

79. CSL 100保护在运行状态下如何打印保护定值？

答：在主菜单中选择“SET”命令，按面板上的“SET”键确认后，屏幕将显示：

LST　　SET　　PNT

选择其中的“PNT”命令，按面板上的“SET”键，屏幕将显示：

CPU　　NO.　　00

用上、下键选择该CPU的定值区，然后按面板上的“SET”键，打印机将自动打印该CPU的定值。

80. CSL 100保护在运行状态下如何改变定值区号?

答：当改变定值区号时，把定值选择按钮调到所需区号后，面板上将显示“Setting changed，press reset ok”。此时按复归按钮确认后，面板上显示“SCHG0 XX1-XX2”（XX1为该前区号，XX2为改后区号）。若调整定值区号而不确认，经一定延时后，装置将告警并显示“Setting error，press reset ok”。

81. CSL 100保护如何确认连接片投退?

答：当连接片由退出到投入时，面板上会显示“DI-CHG? P-RST.”此时需现场人员手动按复归按钮，确认连接片由退出转为投入。接着面板上应显示“DIN XX OFF-ON”，即第××号连接片由退出转入投入位置，此XX号均为该连接片接入的装置端子号。此时方表示此连接片已投入。

当连接片由投入到退出时，同样，面板上亦会显示“DI-CHG? P-RST.”，现场人员按复归按钮确认后，面板上应显示“DIN XX ON-OFF”，即第XX号连接片由投入状态变为退出状态。

若改变连接片位置而未确认，经过一定延时后，装置告警，并显示“DIERR XXXX”。

投退连接片和改变定值区号操作后，要求操作人员按信号复归按钮（可以按装置面板上的按钮，也可以按屏上的按钮）确认，是总结11型保护运行进经验提出的改进措施，它可以防止连接片或定值拨轮接点接触不良而导致错误地改变定值或退出保护。

82. 改变CSL 100保护的连接片投退状态后，如何通过装置的液晶显示确认连接片的位置是否正确?

答：当改变CSL 100型微机保护的连接片投退后，按面板上的“SET”键，屏幕将显示主菜单：

VFC　　SET　　RPT　　CLK

CRC　　PC　　CTL　　ADR

可利用面板上的上、下、左、右键来移动光标，选择操作项目。将光标移至VFC下，按面板上的“SET”键，再选择“VI”菜单下的“S”菜单。此菜单显示当前定值区号及连接片状态。建议现场运行人员改变连接片或定值区号后能够打开此菜单以确认连接片状态和定值区号。

以下列出S菜单中连接片的状态表示：

GP　　高频连接片投入

J1　　距离Ⅰ段连接片投入

J23　　距离Ⅱ、Ⅲ段连接片投入

L1　　零序Ⅰ段连接片投入

L234　　零序Ⅱ、Ⅲ、Ⅳ段连接片投入

ZC　　综重方式

DC　　单相重合闸方式

SC	三相重合闸方式
TY	重合闸停用方式
LONG	重合闸延时为长延时

另外，对于CSI 101A和CSI 121A装置的CPU2软件，失灵启动、失灵保护、充电保护、三相不一致保护均为控制字投退，但相应S菜单中也给出了其状态显示。

SL	失灵保护（CSI 121A）、失灵启动（CSI 101A）投入
CD	充电保护投入
BYZ	三相不一致保护投入
SQBH	死区保护投入

83. CSL 100系列线路保护有哪些事故报文信息？

答：事故报文：

GPALJQD	高频过负荷启动
JLALJQD	距离过负荷启动
GPBCZQD	高频阻抗元件启动
JLBCZQD	距离阻抗元件启动
JLI_0QD	距离零序辅助元件启动
LXI_0QD	零序 $3I_0$ 辅助元件启动
G-SCHG0	高频定值区改变
J-SCHG0	距离定值区改变
L-SCHG0	零序定值改变
GPQD	高频启动
GPJLCK	高频距离出口
GPI_0CK	高频零序出口
GPI_2CK	高频负序出口
GPTBCK	高频突变量出口
GPDEVCK	高频发展性故障出口
RKCK	高频弱电源保护出口
GJJSCK	高频保护瞬时距离加速出口
GPSHCK	高频保护手合加速出口
LXSHCK	零序保护手合加速出口
KGTT	断路器偷跳
GPI_0TX	高频零序停信
GPI_2TX	高频负序停信
GPJLTX	高频距离停信
GPTBTX	高频突变量方向停信
QTBHTX	其他保护动作停信
DEVTX	高频发展性故障停信
GPTDZD	高频通道中断
RKTX	高频弱电源保护停信
RDHS	高频弱电源回授

GPI_0QD	高频零序辅助启动
1ZKJCK	距离Ⅰ段出口
2ZKJCK	距离Ⅱ段出口
3ZKJCK	距离Ⅲ段出口
2ZKJSCK	距离Ⅱ段加速出口
3ZKJSCK	距离Ⅲ段加速出口
JLSHCK	距离手合出口
XXJCK	阻抗相近加速出口
GHBRTCK	高频后备永跳出口
JHBRTCK	距离后备永跳出口
LHBRTCK	零序后备永跳出口
1DEVCK	距离Ⅰ段发展性故障出口
2DEVCK	距离Ⅱ段发展性故障出口
GHB3TCK	高频后备三跳出口
JHB3TCK	距离后备三跳出口
LHB3TCK	零序后备三跳出口
$2I_0JSCK$	零序Ⅱ段加速出口
$3I_0JSCK$	零序Ⅲ段加速出口
$4I_0JSCK$	零序Ⅳ段加速出口
ZKQD	阻抗启动
CJZK	测距阻抗
CJ	测距
$1I_0CK$	零序Ⅰ段出口
$2I_0CK$	零序Ⅱ段出口
$3I_0CK$	零序Ⅲ段出口
$4I_0CK$	零序Ⅳ段出口
N1ICK	零序不灵敏Ⅰ段出口
N2ICK	零序不灵敏Ⅱ段出口

84. CSL 100 系列重合闸及断路器控制装置有哪些事故报文信息?

答：

SHCK	手动同期合闸出口
CHCK	重合出口
SETCHG0	定值改变
SHQD	手合同期启动
SHFAIL	手合同期合闸失败
CHFAIL	重合出口失败
ⅠT3QD	Ⅰ侧保护三跳启动重合闸
ⅡT3QD	Ⅱ侧保护三跳启动重合闸
T3QD	保护三跳启动重合闸
ⅠT1QD	Ⅰ侧保护单跳启动重合闸
ⅡT1QD	Ⅱ侧保护单跳启动重合闸

T1QD　　　　　　　保护单跳启动重合闸
BDYT3QD　　　　　三相偷跳启动重合闸
BDYT1QD　　　　　单相偷跳启动重合闸
SLIOQD　　　　　　失灵零序辅助元件启动
CDBHCK　　　　　　充电保护出口跳闸
SQBHCK　　　　　　死区保护出口
BYZCK　　　　　　三相不一致保护出口跳闸
SLBHCK　　　　　　失灵保护出口跳闸

85. CSL 100 保护装置面板上有哪些信号灯？其含义是什么？

答：CSL 100 型微机保护装置面板上有以下信号灯，其含义如下：

(1) 装置动作信号灯含义。

“A 相跳闸”灯——A 相跳闸；

“B 相跳闸”灯——B 相跳闸；

“C 相跳闸”灯——C 相跳闸；

“重合”灯——重合闸动作（对应 B 型微机保护装置）；

“永跳动作”——永跳动作（对应 A 型微机保护装置）。

(2) 装置异常信号含义：“告警”灯——告警Ⅰ、Ⅱ。

86. CSL 100 型微机保护在正常运行状态下，面板各信号灯及液晶显示状态是什么？

答：(1) 保护装置面板上的“运行监视”灯应亮，液晶显示屏幕上显示当前时间和“CHZREDAY”（重合闸充满电）字样（注：当重合闸开关切至“停用”位置时无此显示，而只显示当前时间），面板上“告警”灯应不亮，“A 相跳闸”“B 相跳闸”“C 相跳闸”“重合闸动作”各灯均应不亮。

(2) 屏上定值切换区所显示的定值区号应与继电保护人员交代相同。

87. CSL 100 保护有哪些中央信号，含义是什么？在出现这些信号时应当如何处理？

答：中央信号有 3 个。

(1)“保护动作”——保护出口动作。

(2)“重合闸动作”——重合闸出口动作。

(3)“告警”——装置异常及呼唤。

当三个控制屏光字牌信号任意一个信号表示时，应记下时间，并到微机保护屏前记录下装置面板信号灯表示及液晶显示屏显示情况，做好记录，然后按照下述方法处理。

(1) 保护动作或重合闸动作信号表示。检查面板上“A 相跳闸”“B 相跳闸”“C 相跳闸”“重合闸动作”四个信号动作情况，记录下信号表示及液晶显示屏显示情况，包括跳闸相别、重合闸及相应的动作时间，检查此时线路断路器位置及打印机是否打印出一份完整的故障报告（包括故障时间、故障相别、保护动作情况、测距结果及故障波形图形）。记录复查无问题后，按屏上“微机保护信号复归”按钮复归信号，并向调度汇报记录结果及故障电流数值。

(2) 装置异常信号表示。装置失去直流电源，属于失电告警，此时应检查失电原因并及时处理。

装置面板上“告警”灯亮，这时检查装置液晶显示屏幕显示的故障信息，若为 CPUX-COMM. ERR（X=1，2，3，4，6）时，表示“X”号 CPU 与人机对话（MMI）插件之间的通信异常，此时不必停用保护，但应立即通知继电保护人员处理；若液晶显示屏幕显示的故障信息为“TVDX”时，按屏上的“微机保护信号复归”按钮不能复归，表示装置电压回路断线，此时应立即退出距离保护连接片，通知继电保护人员处理；若液晶显示屏显示的故障信息为“TADX”时，按屏上的“微机保护信号复归”按钮不能复归时，则为电流回路断线，此时应立即断开本装置的跳闸连接片并向调度汇报，然后通知继电保护人员处理；若液晶显示屏幕的故障信息为“DIERR”同时显示当前开入状态并复归不掉时，表示开入回路异常，此时不必停用保护但应通知继电保护人员立即处理。

88. CSL 100 保护的距离及零序保护停用时，该套保护装置能否正常运行？

答：该套保护装置不能正常运行，应断开微机保护屏上的所有跳合闸连接片。

89. CSL 101A 保护投运时应检查哪些项目？

答：CSL-101A 型保护装置面板布置图如图 16-10 所示。

保护投运时应检查：

（1）直流电源开关应在合位，运行指示灯应亮，其余指示灯灭。

（2）核对保护定值无区并调定值进行核对。

（3）检查装置面板 LCD 显示的信号应与实际一致。

（4）正常运行时液晶第一行显示实时时钟，并无通信异常报警。

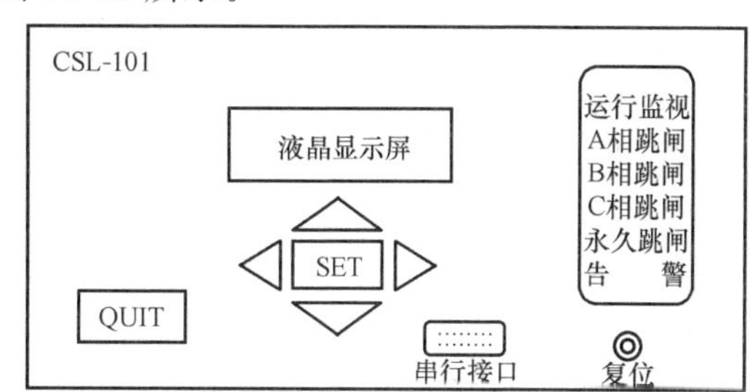

图 16-10　CSL-101A 型保护装置面板布置图

90. CSC-103A/103B 数字式超高压线路保护功能的配置如何？

答：CSC-103A/103B 数字式超高压线路保护装置由以下保护构成：

（1）主保护：纵联电流差动保护。

（2）后备保护为三段式距离保护、四段式零序电流保护、综合重合闸等。

其主要功能配置如表 16-1 所示。

表 16-1　　保护功能配置

装置型号	主保护	后备保护		综合重合闸	备　注
	纵联电流差动	三段式相间和接地距离	四段式零序及零序反时限		
CSC-103A	√	√	√		适用于双母线及 3/2 断路器接线的各种形式
CSC-103B	√	√	√	√	适用于双母线接线形式

91. CSC-103A/103B 保护装置的硬件配置如何？

答：CSC-103A 型装置配置了 9 个插件，包括交流插件、保护 CPU 插件、启动 CPU 插件、管理板，开入插件，开出插件 1，开出插件 2，开出插件 3，电源插件。另外，装置面板上配有人机接口组件。

CSC-103B 型装置配置了 10 个插件，包括交流插件、保护 CPU 插件、启动 CPU 插件、管理板，开入插件 1，开入插件 2，开出插件 1，开出插件 2，开出插件 3，电源插件。另外，装置面板上配有人机接口组件。

92. CSC-103A/103B 保护由哪些基本元件构成?

答:（1）启动元件。启动元件主要用于监视故障、启动保护及开放出口继电器的正电源。启动元件一旦动作后，要在保护整组复归时才返回。

（2）选相元件。选相元件可以判别故障的相别，利用各种选相原理判别不同故障情况以满足保护选相跳闸的要求。

（3）距离元件。距离元件分为距离测量元件和距离方向元件。

（4）零序方向元件。零序方向也设有正、反两个方向的方向元件。正向元件的整定值可以整定，反向元件不需整定，灵敏度自动比正向元件高，电流门槛取为正方向的 0.625 倍。

（5）负序方向元件。

（6）振荡闭锁开放元件。在电流突变量启动后的 150ms 之内，系统不会出现振荡情况，因此本保护装置不考虑振荡闭锁，固定投入所有距离元件；在电流突变量启动后 150ms 之后，或经静稳失稳及零序辅助启动后，距离元件需要经开放元件开放，以防止振荡过程中距离保护元件误动作。

对于不对称故障和三相短路，振荡闭锁开放元件是不同的。

93. CSC-103A/103B 保护启动元件有哪些?

答:（1）电流突变量启动元件在大部分故障情况下均能灵敏地启动，是保护的主要启动元件。

（2）零序辅助启动元件。用于解决大过渡电阻（220kV 考虑 100Ω，500kV 考虑 300Ω）接地短路突变量启动元件灵敏度不够的问题，作为辅助启动元件带 30ms 延时动作。

（3）静稳失稳启动元件。为保证静稳失稳情况下保护的正确动作，保护还设置了静稳失稳启动元件。

（4）弱馈启动元件。当被保护线路的一侧为弱电源或无电源时，其他启动元件不动，为此，装置设有弱馈启动，即由低电压＋差流作为启动元件。

（5）重合闸的启动元件。

94. CSC-103A/103B 保护选相元件有哪些?

答: 选相元件可以判别故障的相别，利用各种选相原理判别不同故障情况以满足保护选相跳闸的要求。

（1）电流突变量选相元件。电流突变量选相元件采用相间电流突变量 ΔI_{AB}、ΔI_{BC} 和 ΔI_{CA}，通过对三个相间电流的大小比较，得到故障相别。

（2）稳态序分量选相元件。稳态序分量选相元件主要根据零序电流和负序电流的角度关系，再加以相间故障排除法进行选相。

（3）低电压选相元件。低电压选相元件主要是为了满足弱电源侧保护选相的要求，在电流突变量选相和零负序稳态序分量选相失败的情况下，且未出现 TV 断线时，投入低电压选相元件。

95. CSC-103A/103B 保护如何判断 TV 断线?

答: CSC-103A/103B 保护设有两种检测 TV 断线的判据，两种判据都带延时，且仅在线路正常运行，启动元件不启动的情况下投入，一旦启动元件启动，TV 断线检测立即停止，等整组复归后才恢复。

（1）三相电压之和不为零：$|\dot{U}_a+\dot{U}_b+\dot{U}_c|>7V$（有效值）该判据可以用于检测一相

或两相断线。

（2）TV在母线时，若$|U_a|$、$|U_b|$及$|U_c|$任一相电压小于8V，判为TV断线。TV在线路时，在任一相电流大于0.04倍额定电流或断路器在合位（检跳闸位置开入）时，若$|U_a|$、$|U_b|$及$|U_c|$任一相电压小于8V，判为TV断线。

TV断线后报“TV断线告警”，在TV断线条件下所有距离元件、负序方向元件、带方向的零序保护也退出工作，纵联电流差动保护不受TV断线的影响，可以继续工作。

96. CSC-103A/103B保护在哪些情况下判整组复归？

答：当满足以下条件在持续5s、并同时满足以下条件后，装置才整组复归：

（1）零序差动元件不动作。

（2）六种阻抗均在阻抗Ⅲ段以外。

（3）零序电流小于零序辅助启动元件。

（4）三相电流均小于静稳失稳电流定值I_{JW}。

满足以上条件，则5s后整组复归。

97. CSC-103A/103B保护纵联电流差动保护主要功能有哪些？

答：（1）电流差动保护配有分相式电流差动保护和零序电流差动保护，用于快速切除各种类型故障。

（2）具有电容电流补偿功能。利用线路两侧电压对电容电流进行精确补偿，以提高差动保护的灵敏度。

（3）具有TA断线闭锁、TA饱和检测及TA变比补偿功能。

（4）经保护的通信通道可传送“远跳”“远传”命令。

（5）有通道监视、误码检测、32位CRC校验。

（6）弱馈启动功能。

（7）远方召唤启动功能（差流+电压突变量启动）。

98. CSC-103A/103B保护电流差动保护系统的构成原理如何？

答：数字电流差动保护系统的构成如图16-11所示。

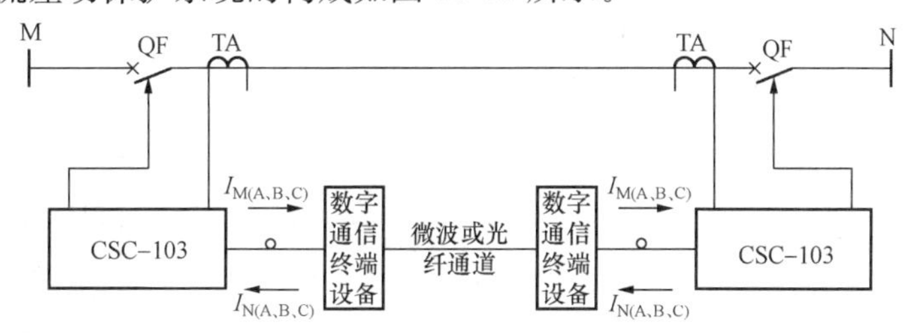

图16-11 数字电流差动保护构成示意图

图16-11中M、N为两端均装设CSC-103高压线路保护装置，保护与通信终端设备间采用光缆连接。保护侧光端机装在保护装置的背板上。通信终端设备侧由本公司配套提供光接口盒CSC-186A/CSC-186B。

线路两侧保护根据本侧和对侧电流计算差动电流和制动电流，并根据计算结果判别区内还是区外故障。

99. CSC-103A/103B保护差动保护的制动特性如何？

答：图16-12和图16-13别是分相电流差动保护和零序差动保护的制动特性。

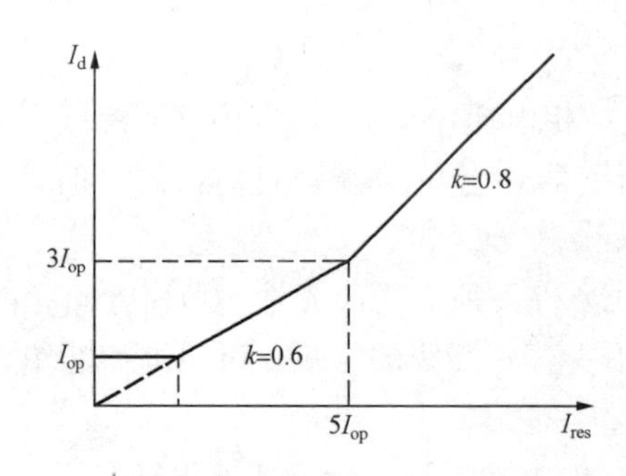

图 16-12 分相电流差动保护制动特性

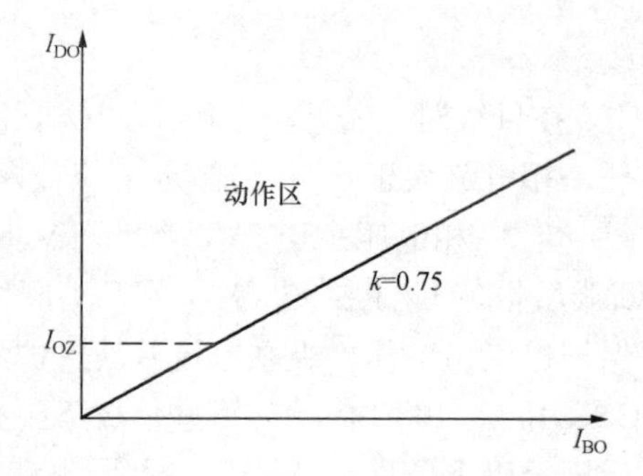

图 16-13 零序差动保护制动特性

100. CSC-103A/103B 保护差动保护的启动元件有哪些？

答：（1）采用相电流差突变量启动元件。

（2）零序电流（$3I_0$）突变量启动元件。

（3）零序辅助启动元件。

当两侧差动保护启动元件均启动时，才允许分相电流差动和零序电流差动保护动作跳闸。

101. CSC-103A/103B 保护电流差动保护与通信系统的连接方式有哪两种？

答：（1）复用方式：连接方式如图 16-14 所示（以 A 通道为例）。

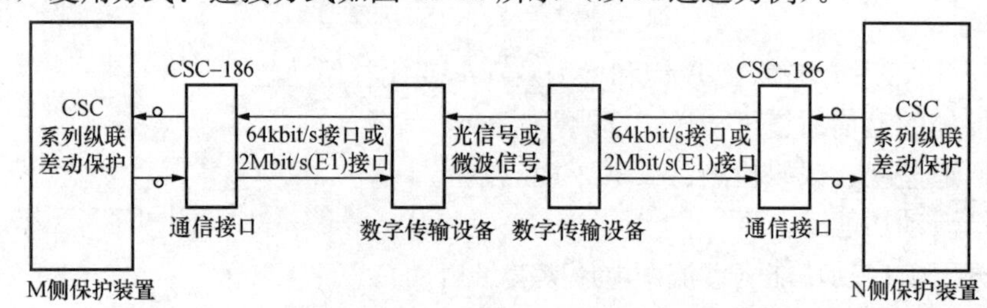

图 16-14 复用连接方式

（2）专用方式：连接方式如图 16-15 所示（以 A 通道为例）。

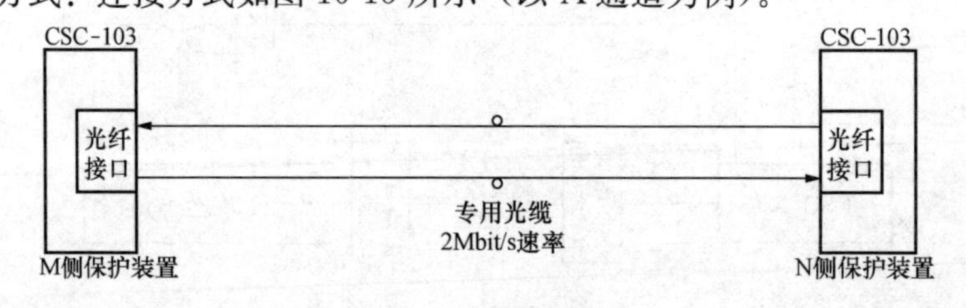

图 16-15 专用连接方式

102. CSC-103A/103B 保护重合闸检定方式有几种？

答：（1）检同期：线路侧电压和母线侧电压均有压，且满足同期条件进行同期重合。

（2）检无压：检线路侧无电压重合，若两侧均有压，则自动转为检同期重合。

（3）非同期：无论线路侧和母线侧电压如何，都重合。

103. CSC-103A/103B 保护重合闸充电条件有哪些？

答：（1）断路器在“合闸”位置，即接入保护装置的跳闸位置继电器 TWJ 不动作。

（2）重合闸不在“重合闸停用”位置。

（3）重合闸启动回路不动作。

（4）没有低气压闭锁重合闸和闭锁重合闸开入。

充电计时元件充满电的时间为15s，重合闸的重合功能必须在充满电后才允许重合，同时点亮面板上的充电灯；未充满电时不允许重合，熄灭面板上的充电灯。

104. CSC-103A/103B保护重合闸放电条件有哪些？

答：（1）重合闸方式在“重合闸停用”位置。

（2）重合闸在“单重”方式时保护动作三跳，或断路器断开三相。

（3）收到外部闭锁重合闸信号（如手跳、永跳、遥控闭锁重合闸等）。

（4）重合闸出口命令发出的同时“放电”；

（5）重合闸“充电”未满时，跳闸位置继电器TWJ动作或有保护启动重合闸信号开入。

（6）重合闸启动前，收到低气压闭锁重合闸信号，经200ms延时后放电。

（7）重合闸启动过程中，跳开相有电流。

105. CSC-103A/103B保护在哪些情况下“沟通三跳”？

答：在重合闸三重方式、停用方式、重合充电时间计数器未满、装置严重告警或失电情况下，沟通三跳触点闭合。需要注意：沟通三跳触点是常闭触点。本装置输出沟通三跳触点的同时，已经内部通知相应保护功能。所以，使用本装置重合闸功能时，本保护不需要接入沟通三跳输入。

106. CSC-103A/103B保护面板上各指示灯的作用是什么？

答：（1）“运行”灯：正常为绿色光，当有保护启动时为闪烁状态。

（2）“跳A”“跳B”“跳C”灯：保护跳闸出口灯，动作后为红色，正常灭。

（3）“重合”灯：B型装置重合闸出口灯，动作后为红色，正常灭。

（4）“充电”灯：B型装置重合闸充满电后为绿灯亮，当重合闸停用、被闭锁或合闸放电后为灭。

（5）“通道告警”灯：正常灭，当通道未接或中断时亮，为红色。

（6）“告警”灯：此灯正常灭，动作后为红色。有告警Ⅰ时（严重告警），装置面板告警灯闪亮，退出所有保护的功能，装置闭锁保护出口电源；有告警Ⅱ时（设备异常告警），装置面板告警灯常亮，仅退出相关保护功能（如TV断线），不闭锁保护出口电源。

107. CSC-103A/103B保护面板上各按键的作用是什么？

答：（1）“SET”：确认键，用于设置或确认。

（2）“QUIT”：循环显示时，按此键，可固定显示当前屏幕的内容（显示屏右上角有一个钥匙标示，即定位当前屏），再按即可取消定位当前屏幕功能；菜单操作中按此键后，装置取消当前操作，回到上一级菜单；按此键，回到正常显示状态时可进行其他按键操作。

（3）上、下、左、右：选择键，用于从液晶显示器上选择菜单功能命令。选定后用左、右移动光标，上、下改动内容。

（4）“信号复归”按钮：用来复归信号灯和使屏幕恢复到循环显示状态。

（5）“F1”键：按一下后提示“是否打印最近一次动作报告？是否选提示录波打印格式？图形数据”可选择图形格式或数据格式打印。

“F1”键的另一作用：在查看定值时，可以按“F1”键，屏幕可向下翻页。

“F2”键：按一下后提示“是否打印当前定值区定值？”

“F2”键的另一作用：在查看定值时，可以按“F1”键，屏幕可向上翻页。

“F3”键：按一下后提示“是否打印采样值?”

“F4”键：按一下后提示“是否打印装置信息和运行工况?”

108. CSC-103A/103B 保护投运前检查项目有哪些?

答：（1）核对保护定值清单无误，投入直流电源，装置面板 LED 的“运行”绿灯亮，“充电”绿灯亮（B型），其他灯灭；液晶屏正常情况下循环显示“ 年 月 日 时：分：秒；模拟量的大小和相位；通道状态；当前定值区号：00；已投连接片；重合闸方式，检同期方式，充电已满（B型）”的运行状态，按“SET”键即显示主菜单。按一次或数次“QUIT”，可一次或逐级退出当前菜单，返回正常显示状态。拉合一次直流电源再核对装置时钟。

（2）接入电流（要求带负荷电流大于 $0.08I_n$）和电压，在正常循环显示状态下按“SET”键进入主菜单，依次进入各菜单，查看各模拟量输入的极性和相序是否正确；核对保护采样值与实际相符。

（3）核对保护定值，打印出各种实际运行方式可能用的各套定值，一方面用来与定值通知单核对，另一方面留做调试记录。

（4）核对各连接片投退情况及核对其他开入量的位置与实际是否相符合，并做好记录，尤其注意液晶屏右上角正常情况应无“小手”显示（说明检修状态连接片已退出）。

（5）若装置已连接打印机，用“F4”快捷键打印装置信息和运行工况。

109. CSC-103A/103B 保护运行注意事项有哪些?

答：（1）投入运行后，任何人不得再对装置的带电部位触摸或拔插设备及插件，不允许随意按动面板上的键盘，不允许操作如下命令：开出传动、修改定值、固化定值、装置设定、改变装置在通信网中地址等。

（2）运行中要停用装置的所有保护，要先断跳闸连接片再停直流电源。运行中要停用装置的一种保护，只停该保护的连接片即可。

（3）运行中系统发生故障时，若保护动作跳闸，则面板上相应的跳闸信号灯亮，MMI 显示保护最新动作报告，若重合闸动作合闸，则“重合”信号灯亮，应自动打印保护动作报告、录波报告，并详细记录信号。

（4）运行中直流电源消失，应首先退出跳闸连接片。

（5）运行中若出现告警Ⅰ，应停用该保护装置，记录告警信息并通知继电保护负责人员，此时禁止按复归按钮。若出现告警Ⅱ，应记录告警信息并通知继电保护负责人员进行分析处理。

110. CSC-103A/103B 保护事件报告有哪些?

答：CSC-103A/103B 保护事件报告如表 16-2 所示。

表 16-2　　CSC-103A/103B 保护事件报告

事件序号	报文名称	事件序号	报文名称
1	保护启动	8	阻抗Ⅱ段加速出口
2	阻抗元件启动	9	阻抗Ⅲ段加速出口
3	零序辅助启动	10	阻抗手合加速出口
4	静稳失稳启动	11	阻抗相近加速出口
5	Ⅰ段阻抗出口	12	三跳失败永跳
6	Ⅱ段阻抗出口	13	单跳失败三跳
7	Ⅲ段阻抗出口	14	阻抗Ⅰ段发展出口

续表

事件序号	报文名称	事件序号	报文名称
15	阻抗Ⅱ段发展出口	42	差动后备三跳出口
16	测距	43	差动手合出口
17	测距阻抗	44	远方跳闸出口
18	零序Ⅰ段出口	45	远传命令1开出
19	零序Ⅱ段出口	46	远传命令2开出
20	零序Ⅲ段出口	47	远传命令1返回
21	零序Ⅳ段出口	48	远传命令2返回
22	不灵敏Ⅰ段出口	49	差动弱馈启动
23	零序Ⅱ段加速出口	50	差动远方召唤启动
24	零序Ⅲ段加速出口	51	采样失步
25	零序Ⅳ段加速出口	52	采样已同步
26	零序手合加速出口	53	通道A（B）通，丢帧
27	重合出口*	54	通道A（B）断，丢帧
28	重合失败*	55	闭锁重合闸*
29	单跳启动重合*	56	数据来源通道A
30	三跳启动重合*	57	数据来源通道B
31	单相偷跳启动重合*	58	三相差动电流
32	三相偷跳启动重合*	59	三相制动电流
33	三跳闭锁重合闸*	60	零序反时限出口
34	同期相别改变A（B、C）相*	61	联跳三跳
35	单跳闭锁重合闸*	62	远方跳闸开入
36	TV断线过流出口	63	远传命令1开入
37	分相差动出口	64	远传命令2开入
38	零序差动出口	65	对侧差动出口
39	差动发展性故障1	66	低气压闭锁重合闸*
40	差动发展性故障2	67	闭锁重合闸开入*
41	差动后备永跳出口		

注 带“*”处只有B型装置有。

111. CSC-103A/103B保护故障录波的功能有哪些？

答：保护CPU可以记录故障录波数据，记录故障前约3周和故障后每一开关量动作开始再加100ms的采样数据，模拟量录波每周采样24点，点与点间0.833ms。储存容量达4M，可保存不少于24次全过程记录故障数据。

保护启动后开始录波时，会在面板上显示“正在处理录波，请等待”，此时可以操作上、下键。

112. 三相过电压保护“三取一”方式、“三取三”方式指的是什么？

答：“三取一”过电压保护方式是单相过电压跳单相，“三取三”方式是三相过电压跳三相。

113. 什么是“二取二”的通道方式？什么是“二取一”的通道方式？

答：“二取二”方式指通道一和通道二都收信，置收信动作标志。“二取一”方式指通道一或通道二其中之一收信，置收信动作标志。当两通道均投入运行，方式控制字“二取一”不投入且两通道无一故障时为“二取二”方式；当方式控制字“二取一”方式投入，或两个通道只有一个通道投入运行，另一个退出时为“二取一”方式。在“二取一”方式下，如有一通道故障，则闭锁该通道收信，并自动转入“二取一”方式。当通道故障消失后，延时 200ms 开放该通道收信。当任一通道持续收信超过 4s，则认为该通道异常，发报警信号的同时闭锁该通道收信，当该通道收信消失后延时 200ms 开放该通道收信。

114. 远方跳闸保护的作用是什么？

答：（1）用来在 500kV 线路故障，线路保护动作，线路断路器失灵（拒动）时，由断路器失灵保护启动它发“远方跳闸”信号跳开对侧的断路器。

（2）当线路并联电抗器故障后，由并联电抗器的保护启动它发“远方跳闸”信号来跳开线路对侧断路器，以清除全部故障电流。

（3）当线路三相过电压后，由三相过电压保护启动它发“远方跳闸”信号来跳开线路对侧断路器，以防止对侧线路过电压。

115. 500kV 线路三相过电压动作后为什么要启动远方跳闸保护？

答：500kV 线路三相过电压保护动作后，若不利用远方跳闸保护来使线路对侧的断路器跳闸，则当本侧的断路器跳开后，线路的电容电流势必沿线路由对侧流向本侧，从而会使本侧线路首端的过电压更严重。尽管此后对侧的过电压保护也会相继动作，但其跳闸时间比远方跳闸保护长（远方跳闸保护约 30ms），因此过电压保护常与远方跳闸保护配套使用，以迅速清除线路的过电压。

116. 远切和远跳有什么特点？

答：（1）远切装置是在系统发生故障时，切除一部分非故障设备来达到有功功率的平衡和系统的稳定。远跳装置的任务是切除故障，使故障设备脱离电源。

（2）远切和远跳都是利用通道传递信号。

117. 什么是短引线保护？短引线保护一般由什么设备的辅助触点控制？

答：在 3/2 接线方式中，当线路配有线路隔离开关时，如果线路隔离开关拉开，而该线路的两台断路器合环运行，为了保护线路隔离开关到断路器 TA 之间的 T 接线短线所设的保护称为短引线保护。

短引线保护一般由线路隔离开关的辅助触点控制，当线路隔离开关拉开时投入，当线路隔离开关合上时退出。

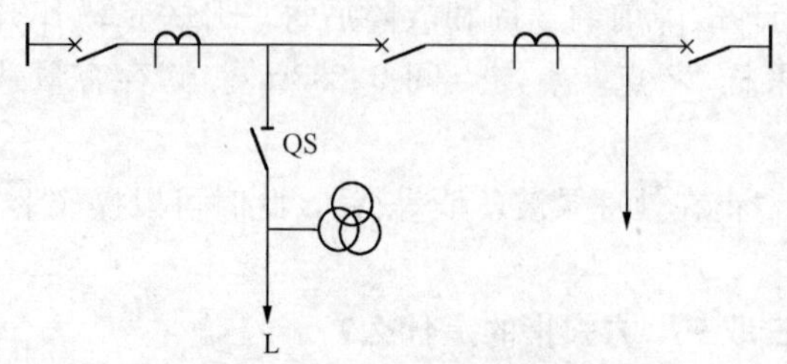

图 16-16 主接线采用 3/2 断路器接线方式的一串断路器

118. 短引线保护作用是什么？

答：主接线采用 3/2 断路器接线方式的一串断路器如图 16-16 所示。当一串断路器中一条线路 L 停用，则该线路侧的隔离开关 QS 将断开，此时保护用电压互感器也停用，线路主保护停用，此时，若该范围短引线故障，将没有快速保护切除故障。为此需设置短引线保护，即短引线纵联差动保护。在上述故障情况下，该保护可快速动作切除故障。

当线路运行，线路侧隔离开关 QS 投入时，如线路侧故障，该短引线保护将无选择地动作，因此必须将该短引线保护停用。一般可由隔离开关 QS 的辅助触点控制，在 QS 合闸时使短引线保护停用。

119. RCS-922A 短引线保护的作用和原理如何？

答：RCS-922A 主要用作 3/2 断路器接线方式下的短引线保护，也可兼用作线路的充电保护。短引线保护采用电流比率差动方式；线路充电保护由两段和电流过流保护构成。保护的出口正电源由线路隔离开关的辅助触点（或屏上连接片）与装置的启动元件共同开放，使保护的安全性得以提高。

装置的电流比率差动保护功能，加上 TA 断线判别闭锁元件，可保证在 TA 断线下保护不误动作。

装置的线路充电保护功能由两段和电流过流保护构成，通过屏上保护投入连接片或线路隔离开关及充电保护投入整定控制字控制。

120. RCS-922A 短引线保护的启动元件有哪些？

答：（1）电流变化量启动：分别分相测量两组 TA 和电流的工频变化量幅值，由最大相电流突变量幅值得到电流突变量启动元件的判距。

（2）零序过流启动元件：测量两组 TA 和电流幅值，每侧零序电流均由 A、B、C 三相电流相加自产得出。当此电流（$|\dot{I}_{01}+\dot{I}_{02}|$）大于零序电流启动定值时，零序电流启动元件动作并展宽 7s，去开放出口继电器正电源。

（3）和电流启动元件（$|\dot{I}_{ph1}+\dot{I}_{ph2}|$）：$\dot{I}_{ph1}$、$\dot{I}_{ph2}$ 为对应两个断路器 TA 的电流，按 A、B、C 三相构成。分别分相测量两组 TA 和电流幅值，当最大相和电流 MAX$\{|\dot{I}_{ph1}+\dot{I}_{ph2}|\}$ 大于充电保护电流定值，且充电保护投入（硬连接片及相应各段软连接片投入），和电流启动元件动作并展宽，去开放出口继电器正电源。

121. CSC-123A 短引线保护的作用是什么？

答：CSC-123A 数字式短引线保护装置适用于 220kV 及以上电压等级 3/2 断路器接线方式。当某元件退出时，保护装置在分叉处发生故障能有选择地切除故障。保护由线路隔离开关辅助触点与控制字共同控制保护投退。保护装置设有低定值比率制动式电流差动保护、高定值比率制动式电流差动保护和简单电流差动保护，并具有很好的防 TA 断线和抗 TA 饱和功能。

122. CSC-123A 短引线保护功能原理如何？

答：CSC-123A 数字式短引线保护功能包括高、低定值比率制动式电流差动保护、简单电流差动保护，主要用于 3/2 断路器接线每串的分叉处，如图 16-17 所示。当某一元件（线路或变压器）退出运行、隔离开关 QS1（QS2、QS3、QS4）断开时，仍要求该串闭环

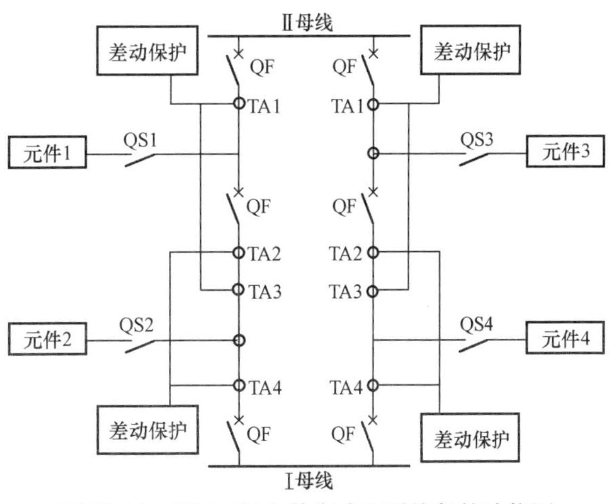

图 16-17　CSC-123A 数字式短引线保护功能图

运行，就应投如图16-18中的短引线差动保护，保证在分叉处发生故障时有选择地切除故障。正常运行时该保护不投入运行，只有元件停运、出口隔离开关断开时，利用其相应的辅助触点将该保护投入运行。

简单差动保护考虑到外部短路时，两组同型号、同变比的TA流经相同的穿越性电流，不会产生很大的不平衡电流，因而选用一般的简单差动（和电流）继电器，并依靠整定的办法躲过区外短路的不平衡电流。

比率差动保护是考虑到两组TA的特性可能有差异而增设的一种具有比率制动特性的电流差动保护。

123. CSC-123A短引线保护包括哪些启动元件？

答：CSC-123A数字式短引线保护逻辑框图如图16-18所示，其启动元件包括：

（1）保护启动元件。

（2）低定值比率制动式电流差动保护元件。

（3）高定值比率制动式电流差动保护元件。

（4）简单电流差动保护Ⅰ段元件。

（5）简单电流差动保护Ⅱ段元件。

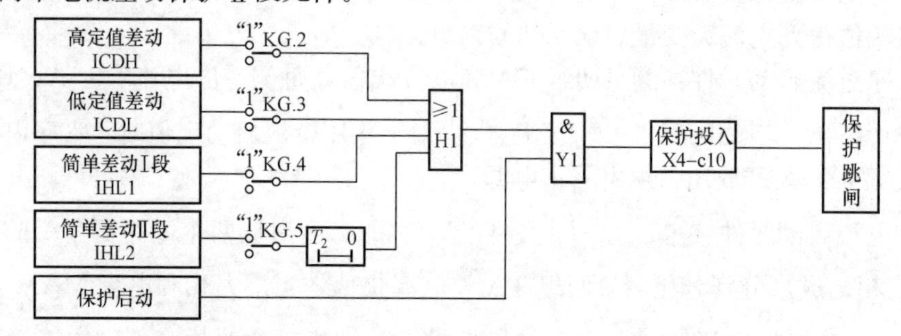

图16-18　CSC-123A数字式短引线保护逻辑框图

124. CSC-123A短引线保护面板上各信号灯的作用是什么？

答：（1）“运行”灯：正常为绿色光，当有保护启动时闪烁。

（2）“跳闸”灯：保护跳闸出口灯，动作后为红色，正常灭。

（3）“保护投入”灯：保护装置为投入状态时为绿色，正常灭。

（4）“告警”灯：此灯正常灭，动作后为红色。有告警Ⅰ时（严重告警），装置面板告警灯闪亮，退出所有保护的功能，此时闭锁保护出口，若装置运行时有告警Ⅰ出现，不要随便按“信号复归”按钮，而应该分析处理；有告警Ⅱ时（设备异常告警），装置面板告警灯常亮，不闭锁保护出口。

125. CSC-123A短引线保护投运前检查项目有哪些？

答：（1）核对保护定值清单无误，投入直流电源，装置面板LED的“运行”绿色灯亮、“保护投入”绿色灯亮，其他灯灭；液晶屏正常情况下循环显示“年　月　日　时：分：秒”；模拟量的大小和相位；当前定值区号：XX；按“SET”键即显示主菜单，按一次或数次“QUIT”，可一次或逐级退出当前菜单，返回正常显示状态。拉合一次直流电源再核对装置时钟。

（2）接入电流，由主菜单—运行工况—测量量查看各模拟量输入的极性和相序是否正确。

（3）核对保护定值，由主菜单—定值设置—保护定值查看其定值和当前定值区号，并打印出。

（4）核对其他开入量的位置与实际相符合，并做好记录，尤其注意液晶屏右上角正常情况应无“小手”显示（说明检修状态已退出）。

126. CSC-123A 短引线保护运行情况下注意事项有哪些?

答：（1）投入运行后，任何人不得再对装置的带电部位触摸或拔插设备及插件，不允许随意按动面板上的键盘，不允许操作如下命令：开出传动、修改定值、固化定值、改变本装置在通信网中地址。

（2）运行中面板上“运行”监视灯亮，液晶屏显示正常时钟。运行中要停用装置的保护，要先断跳闸连接片再停直流电源。

（3）运行中系统发生故障时，若保护动作跳闸，则面板上的“跳闸”信号灯亮，液晶屏显示保护动作报告，应打印保护动作总报告、录波报告，并详细记录。不要轻易停保护装置的直流电源。

（4）运行中直流电源消失，应首先退出跳闸连接片。

（5）运行中若出现告警Ⅰ，装置面板告警灯闪亮，闭锁保护出口，应停用该保护装置，记录告警信息并通知继电保护负责人员，此时禁止按复归按钮。若出现告警Ⅱ，装置面板告警灯常亮，应记录告警信息并通知继电保护负责人员进行分析处理。

127. CSC-123A 短引线保护有哪些事件报告?

答：（1）保护启动。

（2）零序辅助启动。

（3）差流辅助启动。

（4）比率差动保护出口。

（5）简单差动Ⅰ段出口。

（6）简单差动Ⅱ段出口。

128. RCS-925A 过电压保护及故障启动装置的功能有哪些?

答：RCS-925A 根据运行要求可投入补偿过电压、补偿欠电压、电流变化量、零负序电流、低电流、低功率因素、低功率等就地判据，能提高远方跳闸保护的安全性而不降低保护的可靠性。另外，本装置还具有过电压保护和过电压启动发讯的功能。

129. RCS-925A 保护的启动元件有哪些?

答：远方跳闸保护在两个通道任一通道收信时启动，进入远方跳闸收信及就地判据逻辑程序；当“电压三取一方式”控制字为“1”时，任一相过电压时保护启动，否则三相均过电压时保护才启动。

（1）收信启动。远方跳闸保护在两个通道任一通道（该通道投入且无通道故障）收信时启动，收信启动元件动作后展宽 7s，去开放出口继电器正电源。

（2）过电压元件启动。当“电压三取一方式”控制字为“1”时，任一相过电压时保护启动，否则三相均过电压时保护才启动。

启动元件动作后展宽 7s，去开放出口继电器正电源。

130. RCS-925A 保护远方跳闸就地判据有哪些?

答：本装置的远方跳闸就地判据有补偿过电压、补偿欠电压、电流变化量、零负序电流、低电流、低功率因素、低有功功率等，各个判据均可由整定方式字决定其是否投入。

131. RCS-925A 保护远方跳闸的原理如何?

答: 在“二取二”收信方式下，就地判别元件动作标志与两通道收信动作标志都存在，经过整定延时出口跳闸。在“二取一”收信方式下，就地判别元件动作标志与任一收信动作标志都存在，经过延时整定值出口跳闸。

在某些情况下，就地判据元件可能会因灵敏度不够而不能动作，这时作为后备，可将方式控制字“二取二无判据”或“二取一无判据”投入；如果 TV 断线，而就地判据又有功率因素等元件，这时可以投入 TV 断线自动转入“二取二”或“二取一”无就地判据。在这两种情况下，收信标志动作后经过较长的延时整定出口跳闸，该整定值要小于 4s。

当跳闸命令发出 80ms 后，三相均无流时收回跳闸命令。

132. RCS-925A 装置过电压保护的原理是什么?

答: 当线路本端过电压，保护经过电压延时整定跳本端断路器。过电压保护可反应任一相过电压动作（“三取一”方式），也可反应三相均过电压动作（“三取三”方式），由控制字整定。过电压保护电压元件返回系数为 0.98。

过电压跳闸命令发出 80ms 后，若三相均无流时收回跳闸命令。

133. RCS-925A 装置过压启动远跳的原理是什么?

答: 当本端过电压元件动作，并且“过电压启动远跳”控制字为“1”，如果满足以下条件则启动远方跳闸装置（或门条件）：

（A）本端断路器 TWJ 动作且三相无电流；

（B）“远跳经跳位闭锁”控制字为“0”。

当对侧远方跳闸保护收到本侧的远跳信号时，再根据其就地判据判断是否跳开其侧断路器。

将三相 TWJ 触点串联后与装置 TWJ 开入触点连接，如图 16-19（a）所示；对于 3/2 断路器接线将边断路器和中断路器的各三相 TWJ 触点串联后再串联后与装置 TWJ 开入触点连接，接线方式如图 16-19（b）所示。

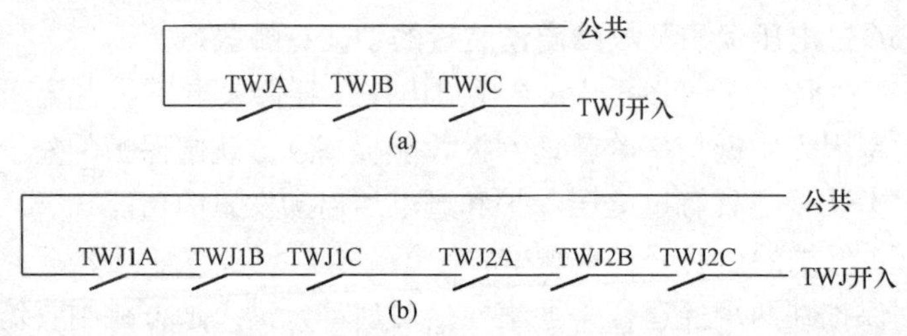

图 16-19　RCS-925A 中 TWJ 开入接线方式

（a）三相 KTP 触点串联；（b）三相 KTP 触点串联后再串联

当过电压返回时，发远跳命令返回。

134. CSC-125A 故障启动装置的功能有哪些?

答: CSC-125A 数字式故障启动装置，适用于输电线路的远方跳闸就地判别和过电压保护。

根据运行要求可投入低电流、低功率、电流变化量、零序电流、低功率因数、零序过电压、补偿过电压、补偿欠电压等就地判据，能够提高远方跳闸保护的安全性，而不降低保护的可靠性。

装置还具有过电压保护和过电压发信启动远跳功能。

135. CSC-125A故障启动装置硬件结构如何？

答：装置共配置7个插件，包括1号交流插件、2号保护CPU插件、3号管理插件、4号开入插件、5号开出插件1、6号开出插件2和7号电源插件。另外，装置面板上配有人机接口组件。

136. CSC-125A故障启动装置有哪些启动元件？

答：CSC-125A装置包括两个功能模块：远方跳闸功能、过电压保护功能，每个功能模块的启动元件各不相同，分别有各自的启动元件：

（1）在远方跳闸保护的两个通道中，任一通道有收信或电流变化量、零序电流元件动作、过电压启动时，进入远方跳闸收信及就地判据逻辑程序。

（2）过电压保护在任一相过电压或三相过电压时启动，采用一相或三相可由方式控制字选择。

任一功能模块的启动元件启动，则开放整个装置的跳合闸出口正电源。启动元件动作后保持5s。

启动元件有：

（1）电流突变量启动元件。

（2）零序辅助启动元件。

（3）过电压启动元件。

137. CSC-125A故障启动装置如何收信跳闸？

答：当线路对端出现线路过电压、电抗器内部短路及断路器失灵等故障时，均可通过远方保护系统发出远跳信号，由本端收信跳闸装置根据收信逻辑和相应的就地判据动作出口，跳开本端断路器。

138. CSC-125A故障启动装置运行中的工作方式如何判别？

答：（1）两通道均投入运行且都无故障时为“二取二”方式；

（2）当方式控制字“二取一”方式投入，或两个通道只有一个通道投入运行，另一个因故障（长期收信或有相应的通道故障开入）退出时为“二取一”方式。

139. CSC-125A故障启动装置通道异常应如何判别和处理？

答：（1）任意一个通道故障开入有信号时，则发告警信号“通道1故障”或“通道2故障”同时闭锁该通道收信。“二取二”方式在此情况下，自动转入“二取一”方式。当通道故障消失后延时200ms开放该通道收信。

（2）当任意一个通道持续收信超过4s，则认为该通道异常，发告警信号“通道1长期收信”或“通道2长期收信”，同时闭锁该通道收信，“二取二”方式在此情况下，自动转入“二取一”方式。当通道收信消失后延时200ms开放该通道收信。

140. CSC-125A故障启动装置就地判据有哪些？

答：装置的远方跳闸就地判据有补偿过电压、补偿欠电压、电流突变量、零序电流、零序过电压、低电流、低功率、低功率因数，各个判据均可通过控制字整定来决定是否投入。

141. CSC-125A故障启动装置过电压保护功能有哪些？

答：（1）过电压跳闸。当线路本端过电压，保护经延时t_4（过电压保护动作延时）跳本端断路器。过电压保护可反应任一相过电压动作（“三取一”方式），也可反应三相均过压动作（“三取三”方式），由控制字整定，过电压跳闸命令发出80ms后，若过电压消失且三

相电流均小于 $0.1I_N$ 时立即收回跳闸命令。

（2）过压启动远跳。启动远跳命令发出 80ms 后，若过电压消失且三相电流均小于 $0.1I_N$ 时立即收回启动远跳命令。

1）KG2.0=1 时（过电压保护远跳需判别本侧跳位）：当本端过电压元件动作，本端断路器又处在跳开位置，则启动远方跳闸装置，由对端收信直跳保护跳开对端断路器，如用断路器 TWJ 的常开触点，则将三相 TWJ 触点（3/2 断路器接线将边断路器和中断路器的六个 TWJ 触点）串联后与装置连接。

2）KG2.0=0 时（过电压保护远跳不判本侧跳位）：当本端过电压元件动作，则直接启动远方跳闸装置，由对端收信直跳保护跳开对端断路器。

TV 断线后报"TV 断线告警"，在 TV 断线时，将补偿低电压元件、低功率因数元件、零序过电压及低功率元件退出，并可根据整定的控制字决定是否自动转入"二取二"不经就地判据。装置将继续监视 TV 电压，一旦电压恢复正常，各元件将自动重新投入运行。

142. CSC-125A 故障启动装置各信号灯的作用有哪些？

答：（1）"运行"灯：正常为绿色光，当有保护启动时闪烁。

（2）"远方跳闸"灯：远跳保护出口跳闸时亮，为红色，正常灭。

（3）"过压跳闸"灯：过压保护出口跳闸时亮，为红色，正常灭。

（4）"过压发信"灯：过电压元件动作启动发信时亮，为红色，正常灭。

（5）"通道故障"灯：当通道 1、2 或两个通道同时有故障开入时亮，为红色，正常灭。

（6）"告警"灯：此灯正常灭，动作后为红色。有告警Ⅰ时（严重告警），装置面板告警灯闪亮，退出所有保护的功能，此时闭锁保护出口，若装置运行时有告警Ⅰ出现，不要随便按"信号复归"按钮，而应该分析处理；有告警Ⅱ时（设备异常告警），装置面板告警灯常亮，不闭锁保出口。

143. CSC-125A 故障启动装置投运前检查项目有哪些？

答：（1）核对保护定值清单无误，投入直流电源，装置面板 LED 的"运行"绿色灯亮，其他灯灭；液晶屏正常情况下循环显示"　年　月　日　时：分：秒"；模拟量的大小和相位；当前定值区号：00；按"SET"键即显示主菜单。按一次或数次"QUIT"，可一次或逐级退出当前菜单，返回正常显示状态。拉合一次直流电源再核对装置时钟。

（2）接入电流和电压，由主菜单—运行工况—测量量查看各模拟量输入的极性和相序是否正确。

（3）核对保护定值，由主菜单—定值设置—保护定值查看其定值和当前定值区号，并打印出。

（4）核对其他开入量的位置与实际相符合，并做好记录，尤其注意液晶屏右上角正常情况应无"小手"显示（说明检修状态连接片已退出）。

（5）若装置已连接打印机，用 F4 快捷键打印装置信息和运行工况。

144. CSC-125A 故障启动装置运行注意事项有哪些？

答：（1）投入运行后，任何人不得再对装置的带电部位触摸或拔插设备及插件，不允许随意按动面板上的键盘，不允许操作如下命令：开出传动、修改定值、固化定值、改变本装置在通信网中地址。

（2）运行中面板上运行"监视"灯亮，液晶屏显示正常时钟。运行中要停用装置的保护，要先断跳闸连接片再停直流电源。

（3）运行中系统发生故障时，若保护动作跳闸，则面板上相应的跳闸信号灯亮，LCD显示保护动作报告，应打印保护动作总报告、录波报告，并详细记录。不要轻易停保护装置的直流电源，否则部分保护动作信息将丢失。

（4）运行中直流电源消失，应即时检查原因。

（5）运行中若出现告警Ⅰ，装置面板告警灯闪亮，闭锁保护出口，应停用该保护装置，记录告警信息并通知继电保护负责人员，此时禁止按复归按钮。若出现告警Ⅱ，装置面板告警灯常亮，应记录告警信息并通知继电保护负责人员进行分析处理。

145. CSI-125A 故障启动装置配置如何？

答：CSI-125A 数字式故障启动装置可以作为远方跳闸的就地判别装置，根据运行要求可投入补偿过电压、补偿欠电压、零序电流、低电流、低功率因数就地判据，能提高远方跳闸保护的安全性而不降低保护的可靠性。另外，本装置还具有过电压保护和过电压发信的功能。

本装置所有保护功能由一个 CPU 完成。

146. CSI-125A 故障启动装置功能原理是什么？

答：（1）启动元件。远方跳闸保护在两个通道任一通道收信时或电流变化量、零序电流元件动作时启动，进入远方跳闸收信及就地判据逻辑程序；过电压保护在任一相过电压或三相过电压时启动，一相或三相可由方式控制字选择。启动元件动作后保持 5s，去开放出口继电器电源。

（2）远方跳闸保护。当线路对端出现线路过电压、电抗器内部短路和断路器失灵等故障均可通过远方保护系统发出远跳信号，由本端远跳保护根据收信逻辑和相应的就地判据出口跳开本端断路器。其包括收信工作逻辑和就地判据两部分。

收信工作逻辑同 LFP-925 故障启动装置。

就地判据：本装置的远方跳闸就地判据有补偿过电压、补偿欠电压、电流突变量、零序电流、低电流、低功率因素，各个判据均可由整定控制字决定其是否投入。

（3）过电压保护。当线路本端过电压，保护经延时跳本端断路器。过电压保护可反应任一相过电压动作（“三取一”方式），也可反应三相均过电压（“三取三”方式），由控制字整定，过电压跳闸命令发出 80ms 后，若过电压消失且三相电流均小于 $0.04I_N$ 时立即收回跳闸命令。

（4）过电压启动远跳。当本端过电压元件动作，过电压保护动作，本端断路器又处在跳开位置，这时如果线路仍然过压，则启动远方跳闸装置，由对端收信直跳保护跳开对端断路器，如用断路器 TWJ 的常开触点，则将三相 TWJ 触点（3/2 断路器接线将边断路器和中断路器的六对 TWJ 触点）串联后与装置连接。当启动远跳命令发出 80ms 后，若过电压消失则立即收回启动远跳命令。

147. CSI-125A 故障启动装置有哪些报文信号？

答：事故报文：

UHQD	过电压保护启动
DIQD	电流变化量元件启动
UHDQD	补偿过电压元件启动
ULDQD	补偿欠电压元件启动
I0QD	零序电流元件启动

ILQD	低电流元件启动
C0SQD	低功率因数元件启动
SXQD	收信启动
UHCK	过电压保护出口
YT22PCK	“二取二”经判别元件出口
YT21PCK	“二取一”经判别元件出口
YT22CK	“二取二”不经判别元件出口

告警报文：

DACERR	采样值出错
ROMERR	ROM 和错
SETERR	定值错
SZONERR	定值区指针错
BADDRV	CPU 板开出坏（光隔击穿）
BADDRV1	CPU 板开出坏（光隔不通）
DOERR XX	第 XX 号开入自检出错
TXZD	CPU 通信中断
STFAIL	保护出口跳闸失败
TADA	TA 断线
TVDX	TV 断线
SX1ERR	通道 1 收信
SX2ERR	通道 2 收信长期存在

148. SF-600 收发信机的高频通道如何测试?

答：高频通道两侧发信过程如图 16-20 所示。

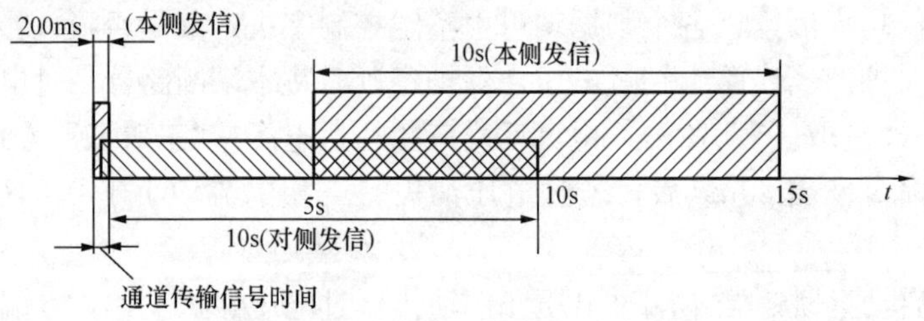

图 16-20　高频通道两侧发信过程图

（1）检查表头指针指示表头“绿色区域”；按下“通道检测”按钮，本侧启动发信，200ms 后停止；此时远方启动对侧发信 10s（10s 后停止发信）。

（2）对侧发信 5s，启动本侧发信 10s（10s 后停止发信）。

（3）对侧发信时，频率显示屏显示其工作频率，表头指针回零，收信灯亮，9 号插件“9-21dB”灯亮。本侧发信时，“发信”灯亮，频率显示屏显示其工作频率（SF-600 无显示屏），表头指针回零，“收信”灯亮，9 号插件“9-18dB”灯亮；检测过程中还需要检查高频电压和高频电流（正常检测值，表头指示为 36.5～41V 与 490～550mA），并做好记录。在通道测试过程中，“裕度报警”“过载指示”“通道异常”均不能点亮，否则通道不正常。

（4）测试完毕，复归收发信机上所有信号。

149. SF-961数字收发信机的作用是什么？

答：SF-961数字收发信机是电力系统继电保护专用收发信机装置，适用在110～500kV电力系统发送和接收继电保护信息调制的载波信号。收发信机以电力线为传输通道，可与高压线路保护装置配合，可构成闭锁保护方式。

150. SF-961数字收发信机的工作原理如何？

答：SF-961收发信机由“电源”“接口”“数字处理”“高频收发”“功率放大”五个插件组成。原理方框图如图16-21所示。

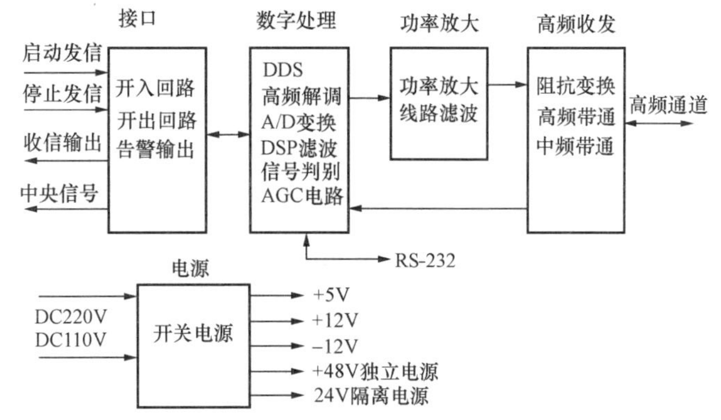

图16-21　SF-961数字发信机原理方框图

以SF-961/A数字收发信机为例，其原理如下：

（1）SF-961/A为ON/OFF方式（即键控调幅方式）高频专用收发信机。

（2）正常运行时，装置不向通道发送高频信号。当系统出现故障时，保护装置启动或停止收发信机发出高频信号。

（3）发信回路：保护装置送来“启动发信”空触点，该信号经“接口”插件进行转换，去控制“发信”回路，输出f_0载频信号，经功率放大，线路滤波后送至高频通道。

（4）收信回路：是按照时分工作方式。发信时，将收信入口的电子开关打开，收信回路检测由数字处理插件输出的发信信号。也就是“自发自收”功能；在停信时，收信入口的电子开关闭合，只接收由通道送来的高频信号，经过高频带通滤波器，中频带通滤波器后，经过A/D变换，数字滤波，数字解调，通过“接口”插件输出收信输出信号，送给保护装置；同时数字处理插件对收信信号进行能量计算，输出收信电平指示信号。

（5）由于系统正常工作时，通道上没有高频信号，所以在SF-961/A方式时，收信回路的AGC自动增益控制电路要退出。

151. SF-961A面板信号有哪些？

答：SF-961A面板信号如图16-22所示，各插件面板信号说明如下：

（1）“电源”插件。将输入的DC220V/DC 110V电压转换成装置工作需要的各种工作电源，当电源消失时，给出告警信号，输出到“异常”端子上。

1）“+5V”“+12V”“−12V”“24V”“+48V”灯：正常时，5个绿色发光二极管应全亮。

2）电源开关：开关打到“ON”位置时装置工作，开关打到“OFF”位置时电源关闭，装置退出工作。

（2）“接口”插件。主要是实现保护信号与收发信控制信号的触点/电位转换，同时具有逻辑功能（通道试验、远方启动等），以及装置异常告警功能。

1）“发信指示”灯：绿色，正常运行时，灯不亮，保护装置启动发信时，灯亮。

2）“收信指示”灯：绿色，收信回路收到本侧或对侧的信号时，灯亮，同时收信输出继电器触点闭合。

3）“动作信号”灯：黄色，正常时灯不亮，当保护装置启信、停信、位置停信、其他保护停信时，此灯亮并保持，同时启动中央信号的“装置动作”信号，此保持信号由“复归”按钮复归。

4）“总告警”灯：红色，正常时此灯不亮，当装置如有下列情况时告警灯亮：功率放大插件输出功率过低、收信裕度告警、通道试验收不到对侧信号，同时通过“装置异常”端子启动中央信号。

5）“手动启信”按钮：按下时发信，用于调试，该按钮不具备“通道试验”功能。

6）“手动停信”按钮：按下时停信，用于调试。

7）“复归”按钮：用于复归保持的信号。

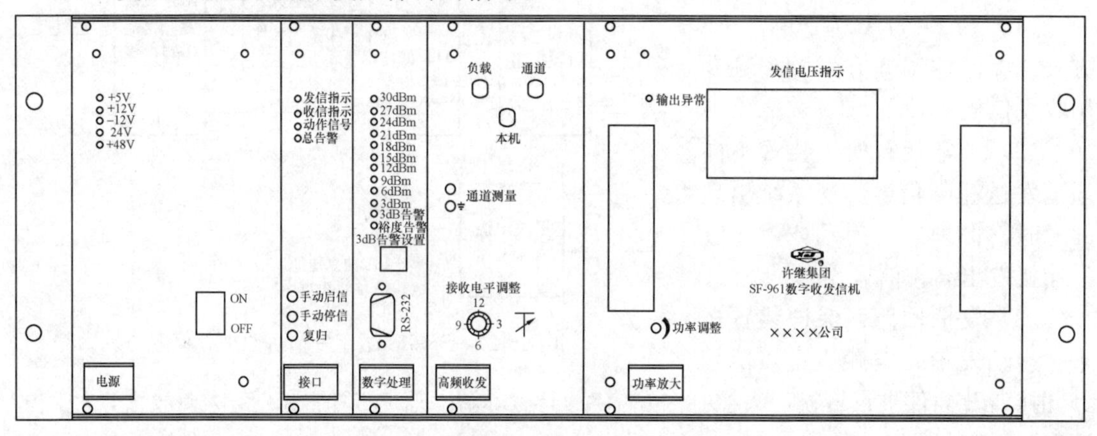

图 16-22　SF-961A 面板布置图

（3）“数字处理”插件。主要完成载频信号的产生，接收信号的解调、A/D 变换，数字滤波等信号处理工作，同时完成装置的维护功能：通过 PC 机设置工作参数，读取事件记录，GPS（全球卫星定位系统）校时功能。

1）“3～30dBm”灯：绿色，指示接收信号的电平。SF-961A 正常工作时应指示在“18～27dBm”之间。SF-961B 正常运行时，应指示在“18dBm”灯亮。

2）“3dB 告警”灯：黄色，用于 SF-961A，正常工作时不亮。当 SF-961A 接收信号低于正常值 3dB（可设置为 3、4、5、6）时灯亮，同时驱动“3dB”告警继电器，输出告警触点到端子。

3）“收信过高”灯：黄色，用于 SF-961B，正常工作时不亮。在短线路应用中，当接收监频信号大于 15dB（即通道衰耗小于 10dB）时灯亮，可调整“高频收发”插件面板的“接收电平调整”开关来投入衰耗，使“收信过高”灯灭。

4）“裕度告警”灯：红色，用于 SF-961A，正常工作时不亮。当接收信号低于 12dBm 时，驱动总告警继电器，输出“异常告警”触点到端子。

5）“收信过低”灯：红色，用于 SF-961B，正常工作时不亮。当接收监视信号低于－15dB（即通道衰耗大于 40dB）时灯亮，驱动告警继电器，端子 N26，N27 闭合，给出告警信号。该信号说明接收信号出现异常，可能是通道覆冰、结合设备故障或对侧收发信机故障等引起，值班人员应通知继电保护人员检测通道和收发信机。

6）“RS-232”接口：连接 PC 机，用于对 SF-961 参数的设置、故障记录的读出。

7）“3dB告警设置”开关：用于SF-961A，该开关为4位DIP开关，通过设置该拨码开关，可设置相应的告警门限。开关位置与告警门限的对应关系如表16-3所示。

表16-3　　开关位置与告警门限的对应表

开关位置	1	2	3	4
告警门限（dBm）	15	18	21	24

（4）“高频收发”插件。“高频收发”插件中含有高频接收滤波器和中频接收滤波器，高频接收带通滤波器用于对接收回路进行滤波，提高接收机的高频选择性。中频接收滤波器用于对DSP插件解调的中频信号进行滤波防止干扰信号进入DSP芯片内部，确保DSP芯片对信号处理的可靠性。

1）“本机—通道”：SF-961正常运行时，接入该位置，与高频通道接通。

2）“本机—负载”：接入该位置时，SF-961输出与内部75Ω负载相连，并与通道断开。

3）“匹配测量”：该测试孔用于测试SF-961/B方式的发信回路和收信回路之间的匹配特性。

4）“匹配调整”：在SF-961/B方式时，该电位器可调节发信回路和收信回路之间的匹配特性；在SF-961/A方式时，不需要调节该电阻。

5）“通道测量”：该测试孔用于测量SF-961的发信电平和接收信号的电平。装置接“本机—负载”时，该测试孔与通道断开。

6）“接收电平调整”：该开关用于对接收信号进行衰减，最大可调范围为0～16.5dB，步进1.5dB，使SF-961收发信机收信工作于最佳状态。

（5）“功率放大”插件。该插件由功率放大和发送线路滤波两部分组成。主要功能是将DSP输出的载波信号放大到所需的电平，经线路滤波器滤波后输出到高频通道。

1）“过载指示”灯：黄色，当功率放大器输出功率高于满功率3dB时，该指示灯亮，同时功率放大器进入限幅状态。

2）“功率调整”：该电位器用于调整功率放大器的输出功率。逆时针调节该电位器增大输出功率，顺时针调节该电位器降低输出功率。在短线路应用时，可通过调节该电位器，使输出功率下降3～6dB。

3）“发信电压指示”该表头指示发信输出的高频电压和对应的功率电平值。该表头分两挡：上面一挡0～80V刻度指示发信输出的高频电压值；下面一挡20～49dBm（75Ω）刻度指示发信输出的功率电平值。发信输出20W时，表头指示：36～42V，43dBm±1dBm。发信输出10W时，表头指示：24～30V，40dBm±1dBm。

152. SF-961A通道联调注意事项有哪些？

答：将装置接入高频通道，应将SF-961“高频收发”插件的插头接在“本机一通道”位置，与线路对侧的变电站/发电厂联系，将两侧的SF-961装置电源打开。

（1）通道试验。按下屏上的“通道试验”按钮，进行通道交换信号试验。在本侧停信时，即前5s，只收对侧的高频信号，观察“数字处理”插件面板上的收信指示灯状态，进行如下步骤的调整。

（2）收信电平调整。

1）收信信号指示灯为：15dBm灯以下灯亮，说明接收线路衰耗比较大，需要对高频通道的设备进行检查。

2）收信信号指示灯为：18、21、24、27dBm 其中任何一个亮，装置都可以正常工作，不需要对收信电平信号进行调整。

3）收信信号指示灯为：30dBm 以上亮，需要对接收信号进行衰减，可以通过调整“高频收发”插件面板上的“接收电平调整”开关，对接收信号进行调节，使接收电平指示灯为27dBm。“接收电平调整”开关每挡 1.5dB，顺时针增加衰耗。

（3）收信 3dB 告警电平的调整。为了设置装置的收信 3dB 告警电平，需要设置“数字信号”处理插件面板上的“3dB 告警设置”开关。其中“3dB 告警设置”开关的 DIP 位置与告警电平的对应关系如表 16-4 所示。

表 16-4　“3dB 告警设置”开关的 DIP 位置与告警电平的对应表

开关位置	1	2	3	4
告警电平（dBm）	15	18	21	24

“1”对应告警电平“15dBm”，“2”对应告警电平“18dBm”，“3”对应告警电平“21dBm”，“4”对应告警电平“24dBm”。这样根据收信电平指示灯，设置“3dB 告警设置”开关即可实现对告警电平的设置。

举例说明：如果收信电平为 27dBm，设置 DIP 开关“4”（告警电平为 24dBm），这样当收信电平低于 24dBm 时，“3dB”告警指示灯亮，相当于 3dB 告警。

如果收信电平为 27dBm，设置 DIP 开关“3”（告警电平为 21dBm），这样当收信电平低于 21dBm 时，“3dB”告警指示灯亮，相当于 6dB 告警。

（4）收信裕度告警电平。当收信电平裕度告警电平时，装置给出裕度告警信号。裕度告警电平为：灵敏度（＋4dBm）高 8dBm，即＋12dBm。当收信信号低于该电平值时，为了保证工作的可靠性，高频收发信机应退出运行。

裕度告警电平在 SF-961 装置内部已经固定为 12dBm，现场不能更改。如果收信电平为27dBm 时，告警裕度为 15dBm（27～12dBm），收信裕度为 23dBm（27～4dBm），相对于其他收信裕度来说，可以减少由于天气变化原因造成的高频保护退出问题。

收信电平与收信裕度的对应表如表 16-5 所示。

表 16-5　收信电平与收信裕度的对应表　（dBm）

收信电平	27	24	21	18	15
告警裕度	15	12	9	6	3
收信裕度	23	20	17	14	12

153. PCS-931 系列保护配置和功能如何？

答：（1）PCS-931 系列为由微机实现的数字式超高压线路成套快速保护装置，可用作220kV 及以上电压等级输电线路的主保护及后备保护。

（2）PCS-931 包括以分相电流差动和零序电流差动为主体的快速主保护，由工频变化量距离元件构成的快速Ⅰ段保护，由三段式相间和接地距离及多个零序方向过流构成的全套后备保护，PCS-931 可分相出口，配有自动重合闸功能，对单或双母线接线的断路器实现单相重合、三相重合和综合重合闸。

（3）PCS-931G 系列是根据 Q/GDW 161—2007《线路保护及辅助装置标准化设计规范》

要求开发的纵联差动保护装置。

PCS-931G 系列支持数字化变电站的保护装置。装置支持电子式互感器和常规互感器，支持新一代变电站通信标准 IEC 61850。同时接线端子与国内广泛采用的 RCS-931G 系列的超高压线路保护基本兼容。

154. PCS-931G 系列保护根据功能后缀的含义是什么？

答： PCS-931G 系列保护根据功能后缀含义如表 16-6 所示。

表 16-6　PCS-931G 系列保护根据功能后缀含义

序号	后缀	功能含义
1	M	光纤通信为 2048kbit/s 数据接口、两个 M 为两个 2048kbit/s 数据接口（如 PCS-931GMM）
2	P	增加开关不一致保护，并且不一致保护独立出口
3	Y	增加过电压及就地判别功能
4	S	适用于串联补偿的输电线路
5	_HD	华东 500kV 线路专用版本
6	_DB	东北 500kV 线路专用版本

155. PCS-931 系列保护具体配置如何？

答： PCS-931 系列保护具体配置如表 16-7 所示。

表 16-7　PCS-931 系列保护具体配置

<table>
<tr><th>型号</th><th colspan="3">配置</th><th>通信速率</th></tr>
<tr><td>PCS-931GM</td><td rowspan="5">分相电流差动
零序电流差动
工频变化量距离</td><td rowspan="5">2 个延时段
零序方向过流</td><td>单通道</td><td rowspan="5">2048kbit/s</td></tr>
<tr><td>PCS-931GMM</td><td>双通道</td></tr>
<tr><td>PCS-931GPM</td><td>单通道，含不一致保护</td></tr>
<tr><td>PCS-931GYM</td><td>单通道，含过电压及就地判别功能</td></tr>
<tr><td>PCS-931GSM</td><td>单通道，含串补</td></tr>
</table>

156. PCS-931 系列保护 HD 和 BD 版本的主要区别有哪些？

答： 带有地区码“HD”的版本［简称 PCS-931GM（M）_HD］为华东 500kV 线路专用版本，与 PCS-931GM（M）相比，主要有以下区别：

（1）增加反时限零序方向过流保护功能。

（2）远跳、远传 1 和远传 2 信号延时 20ms 发送给对侧。

（3）定值区范围为 1～4 区，定值区切换只能通过连接片“区号切换 1（820）”“区号切换 2（821）”实现。

（4）增加距离保护和零序保护的软连接片、连接片。

（5）采用 110/220V 高压光耦插件。

带有地区码“DB”的版本（简称 PCS-931GYM_DB），为东北电网 500kV 线路专用版本，与 PCS-931GYM 标准版本相比，主要有以下区别：

（1）取消零序Ⅲ段保护。

（2）“零序过流Ⅱ段时间”定值范围上限修改为 55s。

(3) 增加反时限零序方向过流保护功能，零序反时限保护累积时间超过 50s 后跳闸。

157. PCS-931 系列保护有哪些启动元件?

答: 启动元件的主体以反应相间工频变化量的过流继电器实现，同时又配以反应全电流的零序过流继电器互相补充。具体有:

(1) 电流变化量启动。

(2) 零序过流元件启动。当外接和自产零序电流均大于整定值时，零序启动元件动作并展宽 7s，去开放出口继电器正电源。

(3) 位置不对应启动。这一部分的启动由用户选择投入。当控制字“单相 TWJ 启动重合闸”或“三相 TWJ 启动重合闸”整定为“1”，重合闸充电完成的情况下，如有开关偷跳，则总启动元件动作并展宽 15s，去开放出口继电器正电源。

(4) 纵联差动或远跳启动。发生区内三相故障，弱电源侧电流启动元件可能不动作，此时若收到对侧的差动保护允许信号，则判别差动继电器动作相关相、相间电压，若小于 65%额定电压，则辅助电压启动元件动作，去开放出口继电器正电源 7s。

当本侧收到对侧的远跳信号且定值中“远跳受本侧启动控制”置“0”时，去开放出口继电器正电源 7s。

158. 工频变化量距离继电器测量什么量?

答: 电力系统发生短路故障时，其短路电流、电压可分解为故障前负荷状态的电流电压分量和故障分量，反应工频变化量的继电器只考虑故障分量，不受负荷状态的影响。

工频变化量距离继电器测量工作电压的工频变化量的幅值。

159. 电流差动继电器由哪几部分组成?

答: 电流差动继电器由四部分组成：变化量相差动继电器、稳态相差动继电器、零序差动继电器和差动联跳继电器。

160. 差动联跳继电器的作用是什么?

答: 为了防止长距离输电线路出口经高过渡电阻接地时，近故障侧保护能立即启动，但由于助增的影响，远故障侧可能故障量不明显而不能启动，差动保护不能快速动作。针对这种情况，PCS-931 设有差动联跳继电器：本侧任何保护动作元件动作（如距离保护、零序保护等）后立即发对应相联跳信号给对侧，对侧收到联跳信号后，启动保护装置，并结合差动允许信号联跳对应相。

161. PCS-931 系列保护面板指示灯的作用是什么?

答: PCS-931 系列保护面板指示灯如图 16-23 所示。

(1)“运行”灯为绿色，装置正常运行时点亮，熄灭表明装置处于闭锁状态。

(2)“报警”灯为黄色，装置有报警信号时点亮。

图 16-23　PCS-931 系列保护面板指示灯

（3）“TV 断线”灯为黄色，当 TV 断线时点亮。

（4）“充电完成”灯为黄色，当重合充电完成时点亮。

（5）“通道 1 异常”“通道 2 异常”灯为黄色。

1）对于 F 或 FF 型装置，当相应光纤通道故障时点亮，通道恢复正常后熄灭。

2）对于使用硬接点与对侧交换方向信息的装置，当采用闭锁式纵联方案时，在通道试验失败时通道异常灯点亮。按屏上复归按钮，或先按住“取消”，再按“确认”，或进入主菜单，选择本地命令→信号复归，可使其熄灭。

（6）“A 相跳闸”“B 相跳闸”“C 相跳闸”“重合闸”灯为红色。当保护动作出口时点亮。按屏上复归按钮，或先按住“取消”，再按“确认”，或进入主菜单，选择本地命令→信号复归，可使跳闸信号灯熄灭。

162. 举例说明线路保护各连接片的作用。

答：以 RCS-931 线路保护为例，各连接片的作用如表 16-8 所示。

表 16-8　　220kV 仿甲二回第一套保护连接片（端子）表

保护名称		连接片（端子）号和功能		正常状态	实际状态
第一套保护	RCS-931A（31P/+RB041）	1LP1	跳仿 25 断路器 A 相第一线圈	接通	接通
		1LP2	跳仿 25 断路器 B 相第一线圈	接通	接通
		1LP3	跳仿 25 断路器 C 相第一线圈	接通	接通
		1LP4	重合闸出口	接通	接通
		1LP9	仿 25 断路器 A 相失灵启动	接通	接通
		1LP10	仿 25 断路器 B 相失灵启动	接通	接通
		1LP11	仿 25 断路器 C 相失灵启动	接通	接通
		1LP15	三跳启动稳控	接通	接通
		1LP17	投零序保护	接通	接通
		1LP18	投主保护	接通	接通
		1LP19	投距离保护	接通	接通
		1LP20	置检修状态	断开	断开
		1LP21	闭锁重合沟通三跳	断开	重合闸停用时加用
		1QK	重合闸方式开关	单重	单重
		1FA	复归信号		
		1YA	打印		
	RCS-923A（31P/+RB041）	8LP1	过流充电及三相不一致跳闸出口Ⅰ	断开	断开
		8LP2	过流充电及三相不一致跳闸出口Ⅱ	断开	断开
		8LP3	三相失灵启动	接通	接通
		8LP4	投充电保护	断开	断开
		8LP5	投三相不一致保护	断开	断开
		8LP6	投过流保护	断开	断开
		8LP7	置检修状态	断开	断开
		8FA	复归		
		5YA	打印		

chapter 17

第十七章

母 线 保 护

1. 母线保护的配置原则有哪些?

答:(1)对220~500kV母线,应装设快速有选择地切除故障的母线保护:

1)对一个半断路器接线,每组母线应装设两套母线保护;

2)对双母线、双母线分段等接线,为防止母线保护因检修退出失去保护,母线发生故障会危及系统稳定和使事故扩大时,宜装设两套母线保护。

(2)对发电厂和变电站的35~110kV电压的母线,在下列情况下应装设专用的母线保护:

1)110kV双母线;

2)110kV单母线、重要发电厂或110kV以上重要变电站的35~66kV母线,需要快速切除母线上的故障时;

3)35~66kV电力网中,主要变电站的35~66kV双母线或分段单母线需快速而有选择地切除一段或一组母线上的故障,以保证系统安全稳定运行和可靠供电。

(3)对发电厂和主要变电站的3~10kV分段母线及并列运行的双母线,一般可由发电机和变压器的后备保护实现对母线的保护。在下列情况下,应装设专用母线保护:

1)需快速而有选择地切除一段或一组母线上的故障,以保证发电厂及电力网安全运行和重要负荷的可靠供电时;

2)当线路断路器不允许切除线路电抗器前的短路时。

(4)对3~10kV分段母线宜采用不完全电流差动保护,保护装置仅接入有电源支路的电流。保护装置由两段组成,第一段采用无时限或带时限的电流速断保护,当灵敏系数不符合要求时,可采用电压闭锁电流速断保护;第二段采用过电流保护,当灵敏系数不符合要求时,可将一部分负荷较大的配电线路接入差动回路,以降低保护的启动电流。

(5)专用母线保护应满足题2的要求。

(6)在旁路断路器和兼作旁路的母联断路器或分段断路器上,应装设可代替线路保护的保护装置。

在旁路断路器代替线路断路器期间,如必须保持线路纵联保护运行,可将该线路的一套纵联保护切换到旁路断路器上,或者采取其他措施,使旁路断路器仍有纵联保护在运行。

(7)在母联或分段断路器上,宜配置相电流或零序电流保护,保护应具备可瞬时和延时跳闸的回路,作为母线充电保护,并兼作新线路投运时(母联或分段断路器与线路断路器串接)的辅助保护。

(8)对各类双断路器接线方式,当双断路器所连接的线路或元件退出运行而双断路器之间仍连接运行时,应装设短引线保护以保护双断路器之间的连接线故障。

按照近后备方式,短引线保护应为互相独立的双重化配置。

2. 专用母线保护应满足哪些要求?

答:(1)保护应能正确反应母线保护区内的各种类型故障,并动作于跳闸。

(2)对各种类型区外故障,母线保护不应由于短路电流中的非周期分量引起电流互感器的暂态饱和而误动作。

（3）对构成环路的各类母线（如一个半断路器接线、双母线分段接线等），保护不应因母线故障时流出母线的短路电流影响而拒动。

（4）母线保护应能适应被保护母线的各种运行方式：

1）应能在双母线分组或分段运行时，有选择性地切除故障母线。

2）应能自动适应双母线连接元件运行位置的切换，切换过程中保护不应误动作，不应造成电流互感器的开路；切换过程中，母线发生故障，保护应能正确动作切除故障；切换过程中，区外发生故障，保护不应误动作。

3）母线充电合闸于有故障的母线时，母线保护应能正确动作切除故障母线。

（5）双母线接线的母线保护，应设有电压闭锁元件。

1）对数字式母线保护装置，可在启动出口继电器的逻辑中设置电压闭锁回路，而不在跳闸出口接点回路上串接电压闭锁触点。

2）对非数字式母线保护装置电压闭锁接点应分别与跳闸出口触点串接。母联或分段断路器的跳闸回路可不经电压闭锁触点控制。

（6）双母线的母线保护，应保证：

1）母联与分段断路器的跳闸出口时间不应大于线路及变压器断路器的跳闸出口时间。

2）能可靠切除母联或分段断路器与电流互感器之间的故障。

（7）母线保护仅实现三相跳闸出口；且应允许接于本母线的断路器失灵保护共用其跳闸出口回路。

（8）母线保护动作后，除一个半断路器接线外，对不带分支且有纵联保护的线路，应采取措施，使对侧断路器能速动跳闸。

（9）母线保护应允许使用不同变比的电流互感器。

（10）当交流电流回路不正常或断线时应闭锁母线差动保护，并发出告警信号，对一个半断路器接线可以只发告警信号不闭锁母线差动保护。

（11）闭锁元件启动、直流消失、装置异常、保护动作跳闸应发出信号。此外，应具有启动遥信及事件记录触点。

3. 母差保护的作用有哪些？

答：发电厂和变电站的母线保护是电力系统中的一个重要组成元件。当母线上发生故障时，将使连接在故障母线上的所有元件在修复故障母线期间或转换到另一组无故障的母线上运行以前遭到停电。同时在电力系统中，枢纽变电站的母线上发生故障还可能引起系统稳定的破坏，甚至造成电网的瓦解。

与输电线路相比，母线发生故障的次数较少，但母线发生故障的可能性还是有的。母线总长度不过几十米至上百米，母线连接的设备多、电气接线复杂，设备损坏老化、绝缘老化、污秽以及雷击等会引起的短路故障；同时由于操作频繁，值班人员的误操作也会引起人为三相故障（如带地线合闸，带负荷拉隔离开关）。因此，母线的短路故障在电力系统故障中仍占有一定的比例，并且造成的后果十分严重。

母线上发生的短路故障中，单相接地所占比例最高，大部分故障是由绝缘子对地放电引起，母线故障开始阶段多数表现为单相接地故障，而随着电弧的移动，故障往往发展为两相或三相接地短路。因此，母线故障的性质一般比较严重，对电力系统的安全危害较大，装设快速切除故障的母线保护是十分重要的。

为了满足速动性和选择性的要求，母线上的保护都是按差动原理构成的。在正常时流入母差保护的电流为不平衡电流，在故障时流入母差保护的电流是故障电流，这样继电器只要躲过不平衡电流就能正确动作。

4. 母差保护的范围有哪些？

答：母差保护的保护范围是：母线各段所有出线断路器母线电流互感器之间的电气部分，即全部母线和连接在母线上的所有电气设备。这就要注意母差用的电流互感器的二次绕组交叉接线，允许有重复保护区，不允许有死区存在。

5. 在双母线系统中电压切换的作用是什么？

答：对于双母线系统上所连接的电气元件，在两组母线分开运行时（例如母线联络断路器断开），为了保证其一次系统和二次系统在电压上保持对应，以免发生保护或自动装置误动、拒动，要求保护及自动装置的二次电压回路随同主接线一起进行切换。用隔离开关辅助触点并联后去启动电压切换中间继电器，利用其触点实现电压回路的自动切换。

6. 电压切换回路在安全方面应注意哪些问题？手动和自动切换方式各有什么优缺点？

答：在设计手动和自动电压切换回路时，都应有效地防止在切换过程中对一次侧停电的电压互感器进行反充电。否则，可能会造成严重的人身和设备事故。为此，切换回路应采用先断开后接通的接线。在断开电压回路的同时，有关保护的正电源也应同时断开。电压回路切换采用手动方式和自动方式，各有其优缺点。手动切换，切换开关装在户内，运行条件好，切换回路的可靠性较高。但手动切换增加了运行人员的操作工作量，容易发生误切换或忘记切换，造成事故。为提高手动切换的可靠性，应制定专用的运行规程，对操作程序作出明确规定，由运行人员执行。自动切换可以减轻运行人员的操作工作量，也不容易发生误切换和忘记切换的事故。但隔离开关的辅助触点，因运行环境差，可靠性不高，经常出现故障，影响了切换回路的可靠性。为了提高自动切换的可靠性，应选用质量好的隔离开关辅助触点，并加强经常性的维护。

7. 在双母线接线形式的变电站中，为什么母差保护和失灵保护要采用电压闭锁元件？闭锁回路应接在什么部位？如何实现？

答：在双母线接线形式的变电站中，因为母差保护和断路器失灵保护动作后跳元件较多，一旦动作将会导致较大范围的停电、限电。为防止该两种影响面较大的保护装置误动作，除发电机变压器组的断路器非全相保护外，均应设有足够灵敏度的电压闭锁元件。

设置复合电压闭锁元件的主要目的有以下两点：

（1）防止由于人员误碰造成母差或失灵保护误动，出口，跳开多个元件。

（2）防止母差或失灵保护由于元件损坏或受到外部干扰时误动，出口。

电压闭锁元件利用接在每条母线上的电压互感器反应各种相间短路故障，零序过电压继电器反应各种接地故障。

母线差动保护低电压或负序及零序电压闭锁元件的整定，按躲过最低运行电压整定，在故障切除后能可靠返回，并保证对母线故障有足够的灵敏度，一般可整定为母线正常运行电压的60％～70％。负序、零序电压闭锁元件按躲过正常运行最大不平衡电压整定。

8. 母线差动保护因故停用，一般应如何处理？

答：（1）对3/2接线方式，当任一母线上的母线差动保护全部退出运行时，可将被保护母线也退出运行。

（2）对正常设置母线差动保护的双母线主接线方式，如果因检修或其他原因，引起差动保护被迫停用且危及电网稳定运行时，应采取下列措施：

1）尽量缩短母线差动保护的停用时间。

2）不安排母线连接设备的检修，避免在母线上进行操作，减少母线故障发生的概率。

3）改变母线接线及运行方式，选择轻负荷情况，并考虑当发生母线单相接地故障，由母线对侧的线路后备保护延时段动作跳闸时，电网不会失去稳定。尽量避免临时更改继电保护定值。

4）根据当时的运行方式要求，临时将带短时限的母联断路器或分段断路器的过电流保护投入运行，以加快地隔离母线故障。

5）如果仍无法满足母线故障的稳定运行要求，在本母线配出线路全线速动保护投运的前提下，在允许的母线差动保护停运期限内，临时将本母线配出线路对侧对本母线故障有足够灵敏度的相间和接地故障后备保护灵敏段的动作时间缩短。无法整定配合时，允许无选择性跳闸。

9. 在投入母线电流差动保护前，怎样检查其交流电流回路接线的正确性？

答：因母线电流差动保护中接入的电流互感器很多，往往会出现用错电流互感器变比、电流互感器极性和接线错误等问题。这些问题都可在差动保护投入前用带负荷检查的方法检查出来。其检查方法是根据连接在母线上的每个元件控制屏上的电流表读数（无电流表时，可根据有功功率和无功功率的读数计算出电流值），将其换算成二次值，与从该元件电流互感器流入差动继电器的实测电流值相比较，就可判断出所用的电流互感器的变比是否正确；对每组电流互感器的二次电流测绘电流相量图（惯称六角图），就可判明其极性和接线是否正确。如果按照上述方法测出的各元件电流的大小及其相位均符合图纸要求，则认为其交流回路接线是正确的。

10. 为什么设置母线充电保护？

答：母线差动保护应保证在一组母线或某一段母线合闸充电时，快速而有选择地断开有故障的母线。

为了更可靠地切除被充电母线上的故障，在母联断路器或母线分段断路器上设置相电流或零序电流保护，作为母线充电保护。

母线充电保护接线简单，在定值上可保证高的灵敏度。在有条件的地方，该保护可以作为专用母线单独带新建线路充电的临时保护。

母线充电保护只在母线充电时投入，当充电良好后，应及时停用。

11. 某变电站 220kV 主接线为双母线形式，配有母联电流相位比较式母差保护和母线充电保护。当一条母线检修后恢复运行时，这两种保护应如何处理？为什么？

答：投入母线充电保护，母联电流相位比较式母差保护可退出或投“选择”方式。因为此时被充电母线发生故障，如果母差保护投“非选择”方式，将会使全站停电。

12. 母线充电保护如何投退？

答：用母联对母线充电时，投入母线充电保护跳闸连接片；充电正常后退出充电保护跳闸连接片。

13. 双母线完全电流差动保护在母线倒闸操作过程中应怎样操作？

答：在母线配出元件倒闸操作的过程中，配出元件的两组隔离开关双跨两组母线，配出元件和母联断路器的一部分电流将通过新合上的隔离开关流入（或流出）该隔离开关所在母线，破坏了母线差动保护选择元件差流回路的平衡，而流过新合上的隔离开关的这一部分电流，正是它们共同的差电流。此时，如果发生区外故障，两组选择元件都将失去选择性，全靠总差流启动元件来防止整套母线保护的误动作。

在母线倒闸操作过程，为了保证在发生母线故障时，母线差动保护能可靠发挥作用时，需将保护切换成由启动元件直接切除双母线的方式。但对隔离开关为就地操作的变电站，为了确保人身安全，此时，一般需将母联断路器的跳闸回路断开。

14. 某双母线接线形式的变电站中，装设有母差保护和失灵保护，当一组母线电压互感器出现异常需要退出运行时，是否允许母线维持正常方式且仅将电压互感器二次并列运行？为什么？

答：不允许，此时应将母线倒为单母线或将母联断路器闭锁，而不能仅简单将电压互感器二次并列运行。因为如果一次母线为双母线方式时，且母联断路器能够正常跳开，使用单组电压互感器且电压互感器二次并列运行时，当无电压互感器母线上的线路故障且断路器失灵时，失灵保护将断开母联断路器，此时，非故障母线的电压恢复，尽管故障元件依然还在母线上，但由于复合电压闭锁的作用，将可能使得失灵保护无法动作出口。

15. RCS-915AB 母线保护的作用及配置如何？

答：RCS-915AB 母线保护用于各种电压等级的单母线、单母分段、双母线等各种主接线方式，母线上允许所接的线路与元件数最多为 21 个（包括母联），并可满足有母联兼旁路运行方式主接线系统的要求。

RCS-915AB 母线保护装置设有母线差动保护、母联充电保护、母联死区保护、母联失灵保护、母联过流保护、母联非全相保护以及断路器失灵保护等功能。

16. RCS-915AB 母线差动保护的原理如何？

答：母线差动保护由分相式比率差动元件构成。

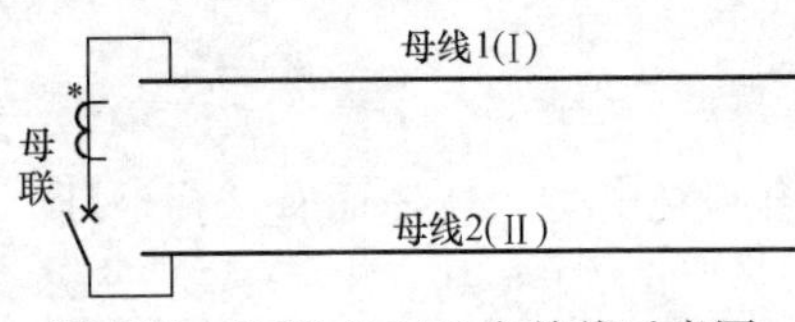

图 17-1 RCS-915AB 主接线示意图

主接线示意图如图 17-1 所示，TA 极性要求支路 TA 同名端在母线侧，母联 TA 同名端在母线 1（即Ⅰ母）侧（装置内部只认母线的物理位置，与编号无关，如果母线编号的定义与本示意图不符，母联同名端的朝向以物理位置为准，单母分段主接线分段 TA 的极性也以此为原则）。

差动回路包括母线大差回路和各段母线小差回路。母线大差是指除母联断路器和分段断路器外所有支路电流所构成的差动回路。某段母线的小差是指该段母线上所连接的所有支路（包括母联和分段断路器）电流所构成的差动回路。母线大差比率差动用于判别母线区内和区外故障，小差比率差动用于故障母线的选择。

17. RCS-915AB 母线差动保护由哪些元件构成？

答：（1）启动元件。

1）电压工频变化量元件。当两段母线任一相电压工频变化量大于门槛（由浮动门槛和固定门槛构成）时电压工频变化量元件动作。

2）差流元件，当任一相差动电流大于差流起动值时差流元件动作。

母线差动保护电压工频变化量元件或差流元件启动后展宽 500ms。

（2）比率差动元件。

1）常规比率差动元件。为防止在母联断路器断开的情况下，弱电源侧母线发生故障时大差比率差动元件的灵敏度不够，大差比例差动元件的比率制动系数有高低两个定值。母联断路器处于合闸位置以及投单母或隔离开关双跨时，大差比率差动元件采用比率制动系数高值；而当母线分列运行时，自动转用比率制动系数低值。

小差比例差动元件则固定取比率制动系数高值。

2）工频变化量比例差动元件。为提高保护抗过渡电阻能力，减少保护性能受故障前系统功角关系的影响，本保护除采用由差流构成的常规比率差动元件外，还采用工频变化量电流构成了工频变化量比率差动元件，与制动系数固定为0.2的常规比率差动元件配合构成快速差动保护。

3）故障母线选择元件。差动保护根据母线上所有连接元件电流采样值计算出大差电流，构成大差比例差动元件，作为差动保护的区内故障判别元件。

对于分段母线或双母线接线方式，根据各连接元件的隔离开关位置开入计算出两条母线的小差电流，构成小差比率差动元件，作为故障母线选择元件。

当大差抗饱和母差动作，且任一小差比率差动元件动作，母差动作跳母联；当小差比率差动元件和小差谐波制动元件同时开放时，母差动作跳开相应母线。

当双母线按单母方式运行不需进行故障母线的选择时可投入单母方式连接片。当元件在倒闸过程中两条母线经隔离开关双跨，则装置自动识别为单母运行方式。这两种情况都不进行故障母线的选择，当母线发生故障时将所有母线同时切除。

母差保护另设一后备段，当抗饱和母差动作，且无母线跳闸，则经过250ms切除母线上所有的元件。

另外，装置在比率差动连续动作500ms后将退出所有的抗饱和措施，仅保留比率差动元件，若其动作仍不返回则跳相应母线。这是为了防止在某些复杂故障情况下保护误闭锁导致拒动，在这种情况下母线保护动作跳开相应母线对于保护系统稳定和防止事故扩大都是有好处的（而事实上真正发生区外故障时，TA的暂态饱和过程也不可能持续超过500ms）。

4）TA饱和检测元件。为防止母线保护在母线近端发生区外故障时TA严重饱和的情况下发生误动，本装置根据TA饱和波形特点设置了两个TA饱和检测元件，用以判别差动电流是否由区外故障TA饱和引起，如果是则闭锁差动保护出口，否则开放保护出口。

5）电压闭锁元件。

18. RCS-915AB母联充电保护的原理如何？

答：母联充电保护的逻辑如图17-2所示。

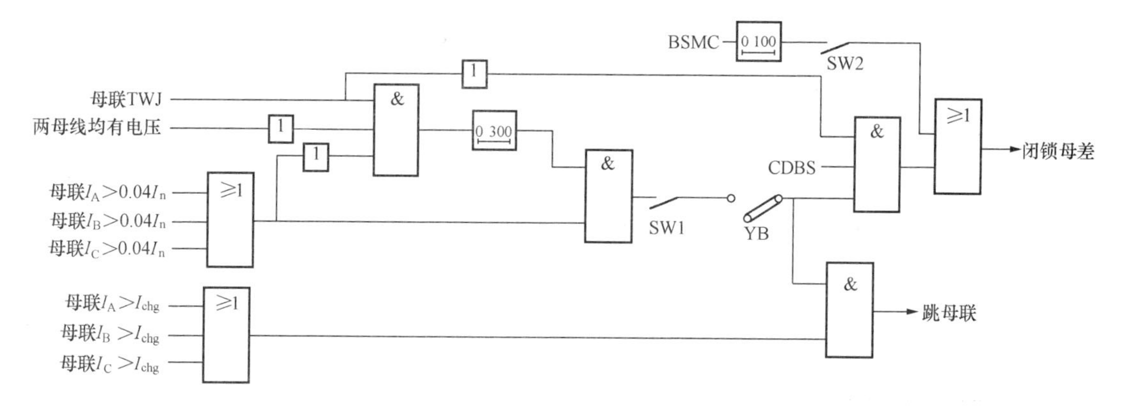

图17-2　母联充电保护的逻辑框图

I_{chg}—母联充电保护定值；CDBS—母联充电保护闭锁母差保护控制字投入；SW1—母联充电保护投运控制字；SW2—投外部闭锁母差保护控制字；YB—母联充电保护投入连接片；BSMC—外部闭锁母差保护开入

当任一组母线检修后再投入之前，利用母联断路器对该母线进行充电试验时可投入母联充电保护，当被试验母线存在故障时，利用充电保护切除故障。

母联充电保护有专门的启动元件。在母联充电保护投入时，当母联电流任一相大于母联充电保护整定值时，母联充电保护启动元件动作去控制母联充电保护部分。

当母联断路器跳位继电器由“1”变为“0”或母联 TWJ＝1 且由无电流变为有电流（大于 $0.04I_n$），或两母线变为均有电压状态，则开放充电保护 300ms，同时根据控制字决定在此期间是否闭锁母差保护。在充电保护开放期间，若母联电流大于充电保护整定电流，则将母联开关切除。母联充电保护不经复合电压闭锁。

另外，如果希望通过外部接点闭锁本装置母差保护，将“投外部闭锁母差保护”控制字置 1。装置检测到“闭锁母差保护”开入后，闭锁母差保护。该开入若保持 1s 不返回，装置报“闭锁母差开入异常”，同时解除对母差保护的闭锁。

19. RCS-915AB 母联过流保护的作用是什么？

答：当利用母联断路器作为线路的临时保护时可投入母联过流保护。

20. RCS-915AB 母联失灵保护的原理如何？

答：母联失灵逻辑如图 17-3 所示。当保护向母联发跳令后，经整定延时母联电流仍然大于母联失灵电流定值时，母联失灵保护经两母线电压闭锁后切除两母线上所有连接元件。通常情况下，只有母差保护和母联充电保护才启动母联失灵保护。当投入“投母联过流启动母联失灵”控制字时，母联过流保护也可以启动母联失灵保护。

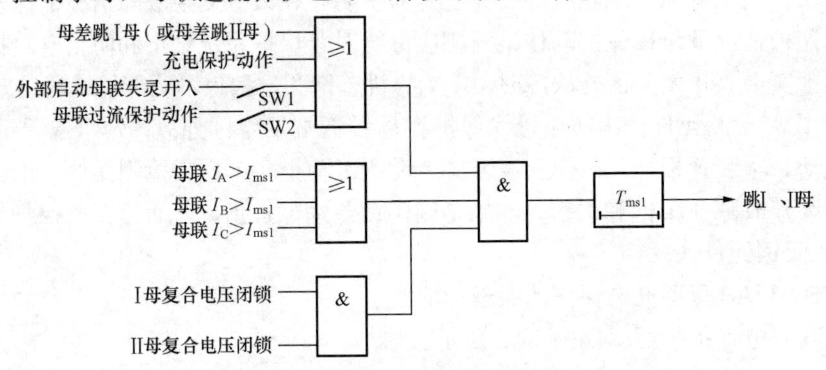

图 17-3 母联失灵保护逻辑框图

SW1—投外部启动母联失灵控制字；SW2—投母联过流启动母联失灵控制字

如果通过外部保护启动本装置的母联失灵保护，应将系统参数中的“投外部启动母联失灵”控制字置 1。装置检测到“外部启动母联失灵”开入后，经整定延时母联电流仍然大于母联失灵电流定值时，母联失灵保护经两母线电压闭锁后切除两母线上所有连接元件。该开入若保持 10s 不返回，装置报“外部启动母联失灵长期启动”，同时退出该启动功能。

21. RCS-915AB 母联死区保护的原理如何？

答：母联失灵逻辑框图如图 17-4 所示。若母联断路器和母联 TA 之间发生故障，断路器侧母线跳开后故障仍然存在，正好处于 TA 侧母线小差的死区，为提高保护动作速度，专设了母联死区保护。本装置的母联死区保护在差动保护发母线跳令后，母联断路器已跳开而母联 TA 仍有电流，且大差比率差动元件及断路器侧小差比率差动元件不返回的情况下，经死区动作延时 T_{sq} 跳开另一条母线。为防止母联在跳位时发生死区故障将母线全切除，当两母线都有电压且母联在跳位时母联电流不计入小差。母联 TWJ 为三相常开接点（母联断路器处跳闸位置时接点闭合）串联。

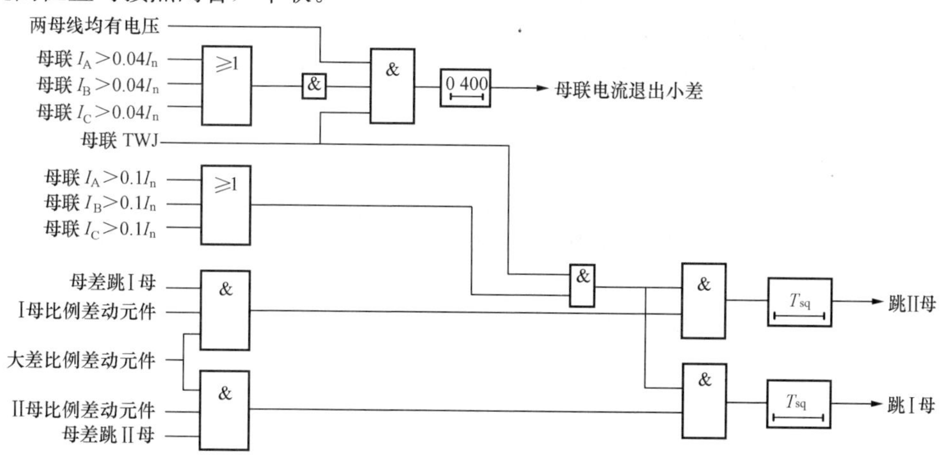

图 17-4　母联失灵逻辑框图

22. RCS-915AB 断路器失灵保护的原理如何？

答：断路器失灵保护逻辑如图 17-5 所示。断路器失灵保护由各连接元件保护装置提供的保护跳闸接点启动，输入本装置的跳闸接点有两种：

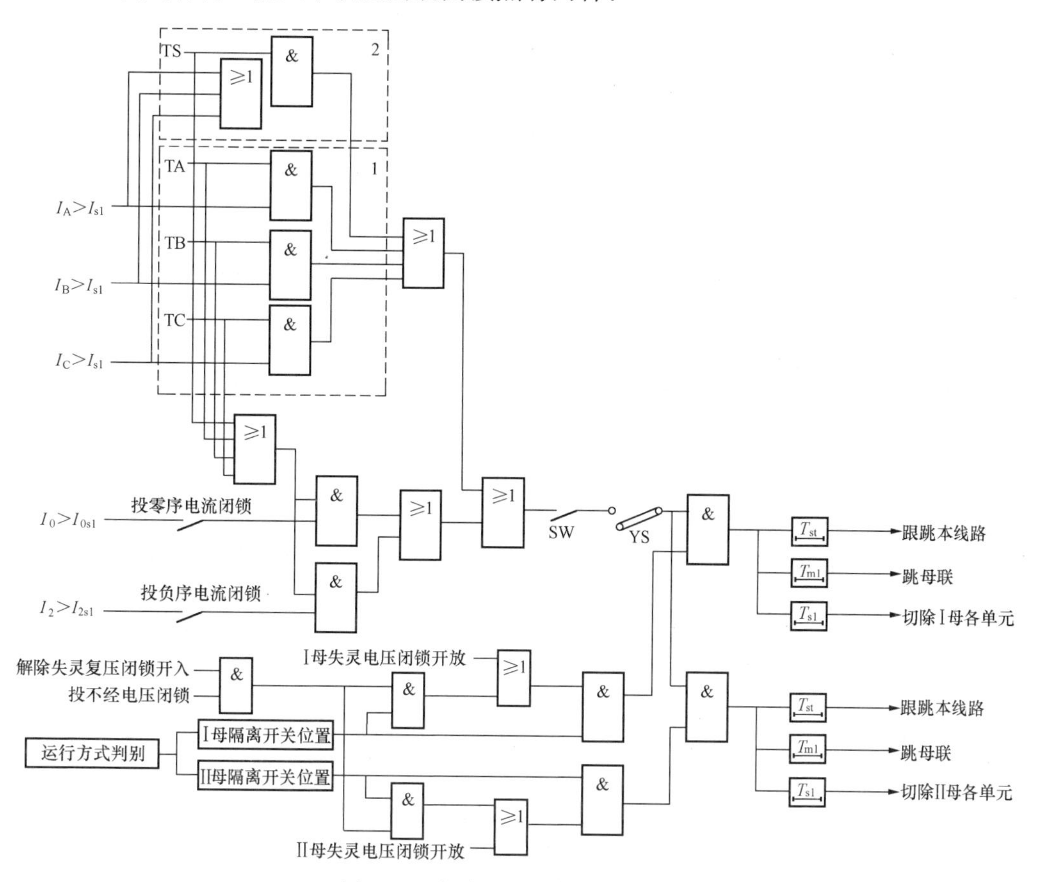

图 17-5　断路器失灵保护逻辑框图

SW—断路器失灵保护保护投退控制字；YB—断路器失灵保护保护投入连接片

注：元件 2、3、4、5、7、8、9、10、12、13、14、15、17、18、19、20 既有虚框 1 所示分相跳闸开入接点，也有虚框 2 所示三跳开入接点：元件 1、6、11、16 则仅有虚框 2 所示三跳开入接点。

(1) 分相跳闸接点（虚框 1 所示），分别对应元件 2、3、4、5、7、8、9、10、12、13、14、15、17、18、19、20 的跳 A、跳 B、跳 C，当失灵保护保护检测到此接点动作时，若该元件的对应相电流大于失灵相电流定值（或零序电流大于零序电流定值、或负序电流大于负序电流定值，零序、负序判据可整定投退），则经过失灵保护电压闭锁启动失灵保护。

(2) 每个元件都有三跳接点 TS（虚框 2 所示），当失灵保护检测到此接点动作时，若该元件的任一相电流大于失灵相电流定值（或零序电流大于零序电流定值、或负序电流大于负序电流定值，零序、负序判据可整定投退），则经过失灵保护电压闭锁启动失灵保护。失灵保护启动后经跟跳延时再次动作于该线路断路器，经跳母联延时动作于母联，经失灵延时切除该元件所在母线的各个连接元件。

当直接和保护动作接点配合完成失灵保护的功能时，由于线路保护有跳 A、跳 B、跳 C 和三跳开出，而装置在支路 1、6、11、16 只有三跳的开入，所以线路不能接在支路 1、6、11、16；由于主变压器支路只有三跳，主变压器可以接在任意支路，但建议主变压器接在这 1、6、11、16 这几个支路上，这样可以留出更多的间隔接线路。

任一失灵开入保持 10s 不返回，装置报“保护板/管理板 DSP2 长期启动”，同时将失灵保护闭锁。

失灵保护电压闭锁判据为

$$U_{ph} \leqslant U_{sl}$$
$$3U_0 \geqslant U_{0sl}$$
$$U_2 \geqslant U_{2sl}$$

其中 U_{ph} 为相电压，$3U_0$ 为三倍零序、U_2 为负序相电压，U_{sl} 为相电压闭锁定值，U_{0sl} 和 U_{2sl} 分别为零序、负序电压闭锁定值。以上三个判据任一动作时，电压闭锁元件开放。

当用于中性点不接地系统时，将“投中性点不接地系统”控制字投入，此时电压闭锁元件的判据为 $U_1 \leqslant U_{sl}$；$U_2 \geqslant U_{2sl}$（其中 U_1 为线电压，U_{sl} 为线电压闭锁值）。

考虑到主变压器低压侧故障高压侧断路器失灵时，高压侧母线的电压闭锁灵敏度有可能不够，因此可通过控制字选择主变压器支路跳闸时失灵保护不经电压闭锁，这种情况下应同时将另一付跳闸接点接至解除失灵复压闭锁开入，该接点动作时才允许解除电压闭锁。该开入若保持 10s 不返回，装置报“保护板/管理板 DSP2 长期启动”，同时解除电压闭锁功能暂时退出。

23. RCS-915AB 母线如何识别运行方式?

答：针对不同的主接线方式，应整定不同的系统主接线方式控制字。若主接线方式为单母线，则应将“投单母线主接线”控制字整定为 1；若主接线方式为单母分段，则应将“投单母线分段主接线”控制字整定为 1；若该两控制字均为 0，则装置认为当前的主接线方式为双母线。

对于单母分段等固定连接的主接线方式，无须外引隔离开关位置，装置提供隔离开关位置控制字可供整定。

双母线上各连接元件在系统运行中需要经常在两条母线上切换，因此正确识别母线运行方式直接影响到母线保护动作的正确性。本装置引入隔离隔离开关辅助触点判别母线运行方式，同时对隔离开关辅助触点进行自检。在以下几种情况下装置会发出隔离开关位置报警信号：

(1) 当有隔离开关位置变位时，需要运行人员检查无误后按隔离开关位置确认按钮复归。

（2）隔离开关位置出现双跨时，此时不响应隔离开关位置确认按钮。

（3）当某条支路有电流而无隔离开关位置时，装置能够记忆原来的隔离开关位置，并根据当前系统的电流分布情况校验该支路隔离开关位置的正确性，此时不响应隔离开关位置确认按钮，经处理的隔离开关位置保证了隔离开关位置异常时保护动作行为的正确性。

（4）由于隔离开关位置错误造成大差电流小于TA断线定值，而小差电流大于TA断线定值时延时10s发隔离开关位置报警信号。

另外，为防止无隔离开关位置的支路拒动，当无论哪条母线发生故障时，将切除TA调整系数不为0且无隔离开关位置（且无调整或记忆隔离开关）的支路。还提供与母差保护装置配套的模拟盘以减小隔离开关辅助触点的不可靠性对保护的影响。当隔离开关位置发生异常时保护发出报警信号，通知运行人员检修。在运行人员检修期间，可以通过模拟盘用强制开关指定相应的隔离开关位置状态，保证母差保护在此期间的正常运行。

当装置发出隔离开关位置报警信号时，运行人员应在保证隔离开关位置无误的情况下，再按屏上隔离开关位置确认按钮复归报警信号。

24. RCS-915AB母线保护判断交流电压断线的条件有哪些？

答：（1）母线负序电压$3U_2$大于12V，延时1.25s报该母线TV断线。

（2）母线三相电压幅值之和（$|U_a|+|U_b|+|U_c|$）$<U_n$，且母联或任一出线的任一相有电流（大于$0.04I_n$）或母线任一相电压大于$0.3U_n$，延时1.25s延时报该母线TV断线。

（3）当用于中性点不接地系统时，将“投中性点不接地系统”控制字整定为1，此时TV断线判据改为$3U_2>12$V或任一线电压低于70V。

（4）三相电压恢复正常后，经10s延时后全部恢复正常运行。

（5）当检测到系统有扰动或任一支路的零序电流大于$0.1I_n$时不进行TV断线的检测，以防止区外故障时误判。

（6）若任一母线电压闭锁条件开放，延时3s报该母线电压闭锁开放。

25. RCS-915AB母线保护判断交流电流断线的条件有哪些？

答：（1）大差电流大于TA断线整定值（IDX），延时5s发TA断线报警信号。

（2）大差电流小于TA断线整定值（IDX），两个小差电流均大于IDX时，延时5s报母联TA断线，当母联代路时不进行该判据的判别。

（3）如果仅母联TA断线不闭锁母差保护，但此时自动切到单母方式，发生区内故障时不再进行故障母线的选择。由大差电流判出的TA断线闭锁母差保护（其他保护功能不闭锁）。需按屏上复归按钮复归TA断线报警信号，母差保护才能恢复正常运行。

（4）当母线电压异常（母差电压闭锁开放）时不进行TA断线的检测。

（5）任一支路$3I_0>0.25I_{\phi max}+0.04I_n$时延时5s发该支路TA异常报警信号，对于母联支路发母联不平衡异常报警信号，该判据可由控制字选择退出。

（6）大差电流大于TA异常报警整定值IDXBJ时，延时5s报TA异常报警。

（7）大差电流小于TA异常报警整定值IDXBJ，两个小差电流均大于IDXBJ时，延时5s报母联TA异常报警。

（8）TA异常报警不闭锁母差保护，根据母差保护中“投TA异常自动恢复”控制字可以选择电流回路恢复正常后TA异常报警信号是否自动复归。

26. RCS-915AB 母线保护母线电压如何切换？

答：当有一组 TV 检修或故障时，可利用屏上的电压切换开关进行切换。开关位置有双母，Ⅰ母、Ⅱ母三个位置，所对应的开入接点 TV1、TV2 如表 17-1 所示。

表 17-1 母线电压切换

引入装置电压	双母	Ⅰ母	Ⅱ母
Ⅰ母 TV	0	1	0
Ⅱ母 TV	0	0	1

当置在双母位置，引入装置的电压分别为Ⅰ母、Ⅱ母 TV 来的电压；当置在Ⅰ母位置，引入装置的电压都为Ⅰ母电压，即 $U_{A2}=U_{A1}$，$U_{B2}=U_{B1}$，$U_{C2}=U_{C1}$；当置在Ⅱ母位置，引入装置的电压都为Ⅱ母电压，即 $U_{A1}=U_{A2}$，$U_{B1}=U_{B2}$，$U_{C1}=U_{C2}$。

注意：当就地操作时由电压切换开关进行切换，请将整定控制字中的投Ⅰ母方式、投Ⅱ母方式置为 0；当远方操作时由整定控制字进行 TV 切换，请将电压切换开关打在双母位置。

当母联代路运行或两母线分列运行时 TV 切换不再起作用，各母线取各自 TV 的电压，而双母方式或单母方式运行（包括投单母方式、双跨）时，TV 切换一直起作用，所以此时如果有 TV 检修则必须将 TV 切换至未检修侧 TV，不应打在双母位置。如为单母主接线方式，则程序中固定投Ⅰ母 TV。

27. RCS-915AB 母线保护面板各元件的作用是什么？

答：RCS-915AB 母线保护面板上设有 10 个信号灯。

（1）“运行”灯：为绿色，装置正常运行时点亮。

（2）“断线报警”灯：为黄色，当发生交流回路异常时点亮。

（3）“位置报警”灯：为黄色，当发生隔离开关位置变位、双跨或自检异常时点亮。

（4）“报警”灯：为黄色，当发生装置其他异常情况时点亮。

（5）“跳Ⅰ母”“跳Ⅱ母”灯：为红色，母差保护动作跳母线时点亮。

（6）“母联保护”灯：为红色，母差跳母联、母联充电、母联非全相、母联过流保护动作或失灵保护跳母联时点亮。

（7）“Ⅰ母失灵”“Ⅱ母失灵”灯：为红色，断路器失灵保护动作时点亮。

（8）“线路跟跳”灯：为红色，断路器失灵保护动作时点亮。

（9）机柜正面左上部为电压切换开关，TV 检修或故障时使用，开关位置有双母，Ⅰ母、Ⅱ母三个位置。当置在双母位置，引入装置的电压分别为Ⅰ母、Ⅱ母Ⅳ来的电压；当置在Ⅰ母位置，引入装置的电压都为Ⅰ母电压，即 $U_{A2}=U_{A1}$，$U_{B2}=U_{B1}$，$U_{C2}=U_{C1}$；当置在Ⅱ母位置，引入装置的电压都为Ⅱ母电压，即 $U_{A1}=U_{A2}$，$U_{B1}=U_{B2}$，$U_{C1}=U_{C2}$。

（10）机柜正面右上部有三个按钮，分别为信号“复归”按钮、“隔离开关位置确认”按钮和“打印”按钮。

1）“复归”按钮：用于复归保护动作信号。

2）“隔离开关位置确认”按钮：供运行人员在隔离开关位置检修完毕后复归位置报警信号。

3）“打印”按钮：供运行人员打印当次故障报告。

（11）机柜正面下部为连接片，主要包括保护投入连接片和各连接元件出口连接片。

（12）机柜背面顶部有三个空气开关，分别为直流开关和 TV 回路开关。

28. RCS-915AB 母线保护有哪些远动及事件信号？

答：（1）装置闭锁。

（2）交流断线报警。

（3）隔离开关位置报警。

（4）其他报警。

（5）母差跳Ⅰ母。

（6）母差跳Ⅱ母。

（7）母联保护。

（8）失灵跳Ⅰ母。

（9）失灵跳Ⅱ母。

（10）线路跟跳。

29. RCS-915AB 母线保护有哪些中央信号？

答：（1）装置闭锁。

（2）装置报警。

（3）差动动作。

（4）失灵跳Ⅰ母。

（5）母联保护。

（6）线路跟跳。

30. SG B750 母线保护有哪些保护功能？

答：（1）母线差动保护。

（2）母联充电保护。

（3）母联过流保护。

（4）母联断路器失灵和盲区保护。

（5）断路器失灵保护。

（6）母联断路器非全相保护。

（7）复合电压闭锁功能。

（8）运行方式识别功能。

31. SG B750 母线保护原理特点有哪些？

答：（1）采用比率制动差动保护原理，分设大差及各段母线小差功能，将整个双母线作为被保护组件的大差功能用于判别母线区内故障，仅将每段母线作为被保护组件的小差功能用于选择故障段母线。

（2）设置两套差动保护，常规的全电流差动保护和新型的电流变化量差动保护。

（3）采用瞬时值差电流算法，保护动作速度快，整组动作时间小于 15ms。

（4）采用“差电流变化量启动”和“差电流启动”双启动原理，对系统发生的金属性或非金属故障、短路容量的差异所产生的不同故障特征，均能快速启动，并进入下一级保护判别。本装置的双启动原理的启动灵敏度高，自适应能力强，有效地解决了不同容量的系统在不同负荷条件下发生故障时，多数母线保护启动灵敏度不能完全适应的问题。

（5）采用新型抗 TA 饱和的“差电流动态追忆法”和“轨迹扫描法”措施，确保母线外部故障 TA 饱和时不误动，而区内故障或故障由区外转为区内时可靠动作。

（6）不同电压等级的电力系统具有不同的特点，线路的感抗、容抗、阻抗角不同，非周期分量和谐波分量的时间常数也不同。

（7）对于可能导致母线保护装置误动的小概率因素。

（8）能自动适应母线的各种运行方式。

（9）内含补偿措施，允许母线上各连接单元TA的变比不一致，并由用户设定。

（10）设置独立于差动保护软件的复合电压闭锁功能，可靠防止差动保护的误动。

（11）设有TA断线报警功能：低值报警，高值闭锁差动保护，可靠防止TA断线引起差动保护的误动。

32. SG B750 母线保护电流量输入如何连接？

答： SG B750保护为电流型保护，输入的电流量由母线各连接单元的电流互感器提供。为保证差动保护接线的正确和分析的方便，各连接单元电流互感器按如下统一规定安装：母联（或分段）单元电流互感器一次绕组的极性标记端安装在Ⅰ母线侧，其余连接单元电流互感器一次绕组的极性标记端均安装在母线侧。本装置与电流互感器二次绕组的连接有两种方式，如图17-6所示。图17-6（a）中，从各电流互感器二次绕组非极性标记端引出连接线送

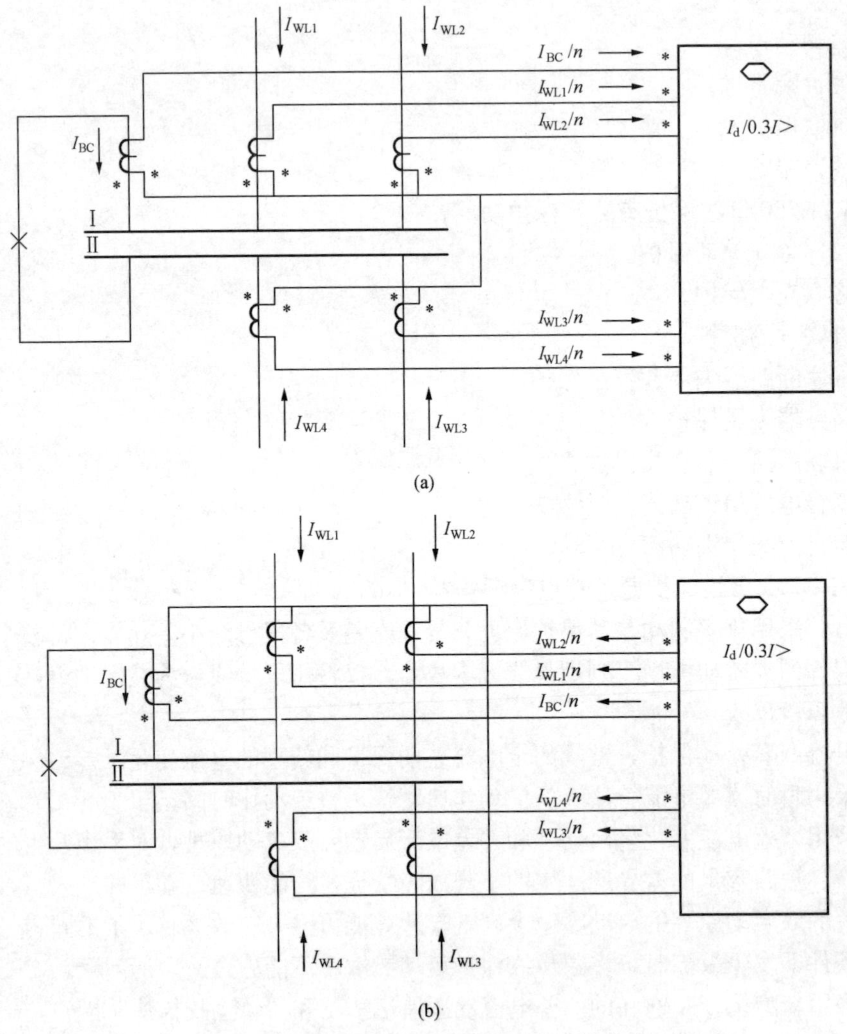

图17-6 与电流互感器二次绕组的连接方式

（a）同极性端连接；（b）不同极性端连接

至本装置交流电流输入端，二次绕组的极性标记端则连接在同一点；而在图 17-6（b）中正好相反，从各电流互感器二次绕组极性标记端引出连接线送至本装置交流电流输入端，二次绕组的非极性标记端连接在同一点。

图 17-6 中，二次电流相量 I_{BC}/n、I_{WL1}/n、I_{WL2}/n、I_{WL3}/n、I_{WL4}/n 分别与一次电流相量 I_{BC}、I_{WL1}、I_{WL2}、I_{WL3}、I_{WL4} 同相。

33. SG B750 母线保护的原理如何？

答：（1）母线差动保护。母线差动保护采用分相式电流变化量差动保护和分相式全电流差动保护两种原理，两种差动保护分别经抗 TA 饱和的差流动态追忆法、轨迹扫描法的控制。由于这两种抗 TA 饱和的判据采用多重判别方法，能准确地判别区内区外故障，所以，比率制动差动判据作为判据之一，采用较低的制动系数 0.3，不需用户整定。

（2）保护启动判据。装置针对不同容量的电力系统和不同故障类型的特征，设置了两种启动功能：差电流变化量快速启动；差电流积分慢速启动。

34. SG B750 母线差动保护的子功能有哪些？

答：SG B750 母线差动保护的子功能有：

（1）Ⅰ段母线比率小差动保护功能。用于采集Ⅰ段母线上所有连接单元（包括引出线、母联、旁路、分段）的电流量。

（2）Ⅱ段母线比率小差动保护功能。用于采集Ⅱ段母线上所有连接单元（包括引出线、母联、旁路、分段）的电流量。

（3）双母线比率大差动保护功能。本功能采集除了母联外的所有连接单元的电流量，通过软件计算出差电流和制动电流。

（4）比率差动保护的最小动作电流。即无论是大差、还是小差，除了具有比率差动保护功能外，还要求差流大于一整定值（最小动作电流），才允许出口跳闸。

（5）差流动态追忆法的抗 TA 饱和功能。本功能所采集的电流量与比率差动相同。

（6）轨迹扫描法的抗 TA 饱和功能和 TA 断线闭锁报警功能。

此外，与断路器失灵保护共享复合电压闭锁功能。

35. 什么是差电流变化量动态追忆法？

答：差电流变化量动态追忆法以差电流变化量产生时刻的短路电流为基准，追忆、分析差电流变化量的形成和发展过程，快速正确判别是区内故障，还是区外故障 TA 饱和。

36. 差电流变化量动态追忆法判据有哪些？

答：主要由下列三个判据组成：

（1）差电流变化量形成判据。

（2）TA 饱和拐点判据。

（3）区内故障特征连续性判据。

37. 什么是“轨迹扫描法”抗 TA 饱和功能？

答：“轨迹扫描法”是基于差电流如下特征的一种新型判别方法：

（1）母线发生区外故障而 TA 不饱和时，只有很小的不平衡差电流，不平衡差电流不会大于差电流动作门槛，与制动电流之比也不会超过比率制动系数内部设定值，常规电流比率差动保护不会动作。

（2）母线发生区内故障，不论是否有个别连接单元的 TA 饱和，差电流连续而无间断点。同时差电流大于动作门槛，与制动电流之比会超过比率制动系数内部设定值，常规电流比率差动保护动作。

(3) 母线发生区外故障而导致TA严重饱和时，差电流会大于动作门槛，同时与制动电流之比也会超过比率制动系数整定值，常规电流比率差动保护会误动。但由于饱和TA存在2ms及以上正确传变的时间，所以差电流波形是不连续而有间断，由“轨迹扫描法”检测到的“差电流间断”可以用于防止差动保护误动。

“轨迹扫描法”对差电流的变化轨迹不间断地扫描监测，采用数字方法逐点整形处理，寻找“差电流间断”，判断是否区内故障。

38. TA断线报警闭锁功能有哪些?

答：差动保护配有TA断线报警闭锁功能，其作用是在正常运行时对大差的各相差电流和每个连接单元的相电流和零序电流采样计算，以实时检测出TA断线，闭锁差动保护，避免区外故障时差动保护的误动，并提示断线的连接单元和相别。

(1) 在大差单相有差流情况下，如果仅一路连接单元的该相二次无电流、其他两相二次电流接近，且该路连接单元二次监测到零序电流，则判定该相断线，闭锁该相差动保护。

(2) 在大差单相有差流情况下，如果仅一路连接单元的该相二次电流较低、其他两相二次电流接近，且该路连接单元二次监测到零序电流，也可能是高阻接地。故延时0.5s，确认不是高阻接地后，判定该相断线，闭锁该相差动保护。

(3) 单相断线情况下，继续监测断线连接单元和其他有零序电流的连接单元。如果断线连接单元异常，另外两相电流相差较大；或其余有零序电流的连接单元异常，有一相电流为零，则为防止误动，直接闭锁三相差动。

(4) 单相断线情况下，如果大差任一相有差流，且不是已经判定的单相断线，为不明原因产生的差电流异常，为防止误动，延时5s，闭锁三相差动。

39. SG B750母联充电保护的作用及原理如何?

答：母联充电保护的作用是，当利用母联断路器对任一组母线充电而该母线存在故障时，快速切除故障。

图17-7为母联充电保护的逻辑功能图，母联充电保护平时不投入，当母线充电时，连接“充电保护”投退连接片Y，并设置充电保护控制字于“投入”，才将其投入。母联充电保护的基本原理是，当母联断路器的跳闸位置继电器KT（旧标准为TWJ）的动合触点由闭合变为断开时，通过追溯一个周波（20ms）前的两段母线电压、母联TA电流，判定是否进入充电状态。当检测到至少有一条母线无电压、母联TA无电流（$I_{BC}=0$）、“充电保护”投退连接片Y连接时，表示母联断路器对空母线充电，则开放充电保护300ms。在此开放期间，若母联电流大于充电Ⅰ段电流定值I_1，则充电保护快速跳闸；若母联电流大于充电Ⅱ段电流定值I_2，则充电保护带Ⅱ段延时t_2跳闸。充电Ⅰ段电流定值按对空母线充电有灵敏度整定，该电流定值可能躲不过对变压器充电时的励磁涌流。如果确需对带变压器的母线充电，充电Ⅰ段电流定值应按躲过变压器的励磁涌流整定，此情况下，如充电保护Ⅰ段对母线故障的灵敏度不够，可由充电保护Ⅱ段在保证对母线故障有灵敏度的前提下，用延时躲过变压器励磁涌流。充电保护投入期间短时闭锁差动保护。

充电时母联断路器和TA之间故障可能有两种情况：

(1) TA装在电源母线侧，隔离开关合闸立即发生故障，此时充电保护尚未启动，且跳开母联断路器也无法切除故障，只能靠差动保护跳开电源母线的所有连接单元断路器（母联断路器未合，差流不计及母联电流，该故障被差动保护判断为区内）。

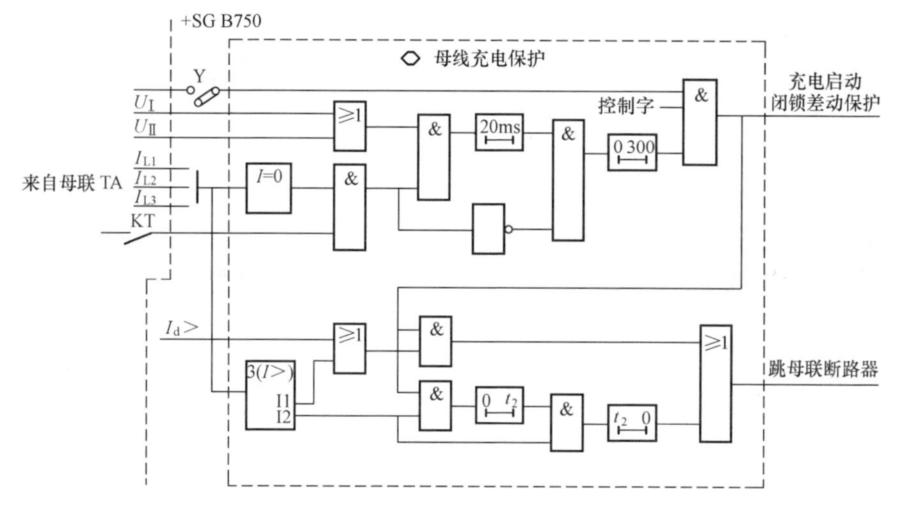

图 17-7 母联充电保护的逻辑功能图

（2）TA 装在被充电母线侧，充电时，母联断路器合闸立即发生故障，TA 无电流，跳开母联断路器可切除故障，但由于电源母线段的差动保护符合动作条件，会误跳电源母线段上的所有连接单元。

为防止这种误动，充电时应闭锁母线差动保护 300ms，并在差流 I_d 过量时作为充电Ⅰ段的动作条件（考虑差流误差，提高为 1.1 倍充电一段电流定值 I_1），不带延时先跳母联断路器。

40. SG B750 母联断路器失灵保护功能有哪些?

答： 在双母线或单母线分段接线中，母联断路器失灵保护的作用是，当某一段母线发生故障或充电于故障情况下，保护动作而母联断路器拒动时，作为后备保护向两段母线上的所有断路器发送跳闸命令，切除故障。

母联断路器失灵保护逻辑功能如图 17-8 所示，当某段（例如Ⅰ段）母线故障而母差保护动作，或充电于某段（例如Ⅰ段）故障母线而充电保护动作，向母联断路器发出跳闸命令并经整定延时 t（确保母联断路器可靠跳闸）之后，若母联单元中故障电流仍然存在且两段

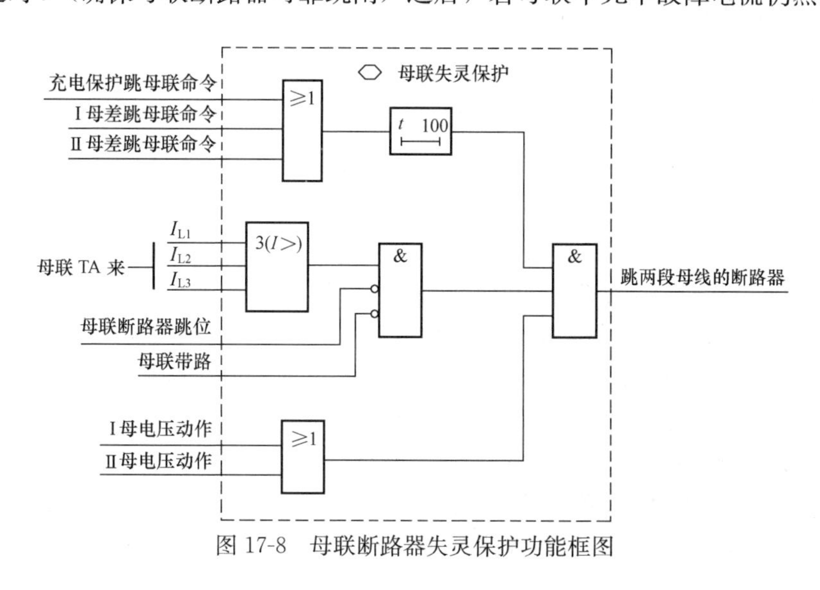

图 17-8 母联断路器失灵保护功能框图

母线电压均动作（或一段 TV 断线时，另一段 TV 电压动作），则本保护功能响应，向两段母线上所有连接单元的断路器发出跳闸命令。母联单元的电流监测，采用相电流“$I>$”判据。

在母联断路器分闸情况下，母联断路器失灵保护应退出运行。否则，在发生盲区故障且故障母线段上的线路断路器又失灵时，将误跳无故障母线段上的所有断路器。

41. SG B750 母联盲区保护功能有哪些？

答：对于双母线或单母线分段，在母联单元上只安装一组 TA 情况下，母联 TA 与母联断路器之间的故障，差动保护存在盲区。如图 17-9 所示的 F 点故障，属Ⅰ母小差动保护的区内，不属Ⅱ母小差动保护范围，Ⅰ母保护动作并跳开该段母线上所有连接单元（包括母联单元）的断路器，而Ⅱ母保护不动作。母联断路器跳闸后，F 点故障继续由Ⅱ母各连接单元提供短路电流而无法切除，形成母差和充电保护的盲区。

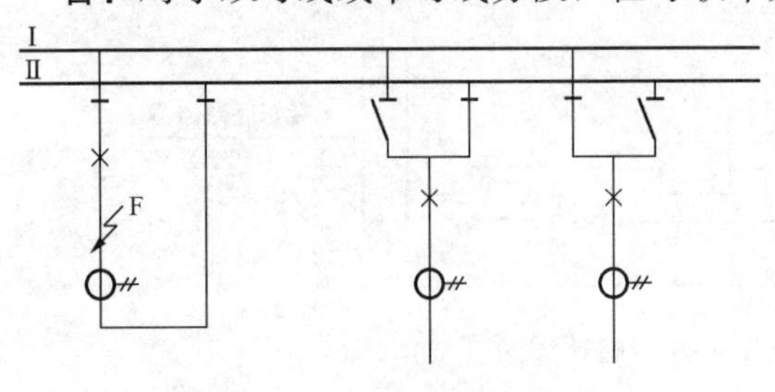

图 17-9　母联盲区故障示意

母联盲区保护功能逻辑如图 17-10 所示。

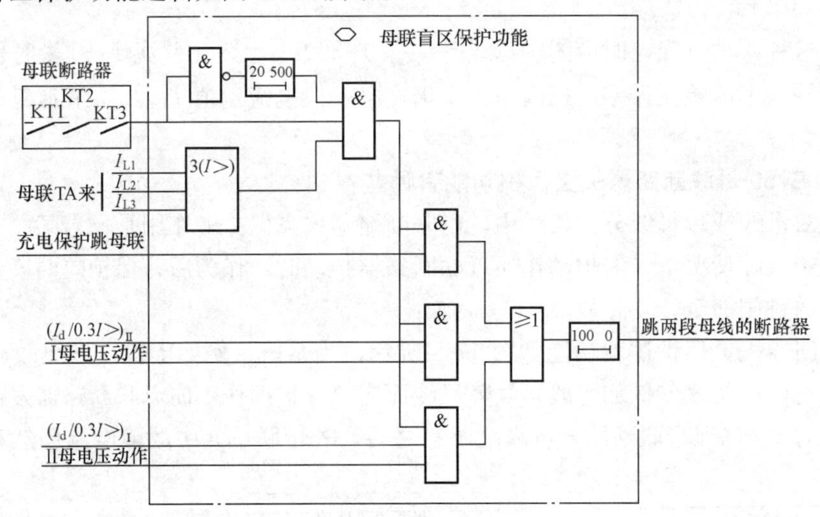

图 17-10　母联盲区保护功能框图

在母差或充电保护跳母联断路器的情况下，母联断路器跳闸位置继电器的动合触点 KT1、KT2、KT3 由断开变闭合，表示母联断路器已经分闸；母联 TA 一次侧仍有电流，子功能“$I>$”响应，表示故障未消除；非跳闸母线电压动作，本保护功能响应并输出命令，延时 100ms 跳开另一段母线上的所有断路器，切除盲区故障。

42. SG B750 断路器失灵保护的作用是什么？

答：断路器失灵保护的作用是：当母线所连接的线路单元或变压器单元上发生故障，保护动作而该连接单元断路器拒动时，作为近后备保护向母联（或分段）断路器及同一母线上的所有断路器发送跳闸命令，切除故障。

断路器失灵保护的逻辑功能如图 17-11 所示，由连接单元的保护装置提供的保护动作触点 KT 与过电流判别组件触点 KA 串联作为失灵启动接线。保护动作触点 KT 闭合表示该连接单元保护已动作，过电流判别组件触点 KA 闭合表示断路器尚未跳闸。若经本装置中设置的整定延时后故障相电流仍不消失，保护动作触点不返回，如复合电压闭锁功能也判别发生故障且开放出口回路，则判定该连接单元断路器失灵拒动。当某连接单元失灵启动时，本功能根据保护装置内部提供的“运行方式字”确定该故障单元所在的母线段及接在此母线上的所有断路器，失灵保护的出口回路向这些断路器发出跳闸命令，有选择地切除故障。

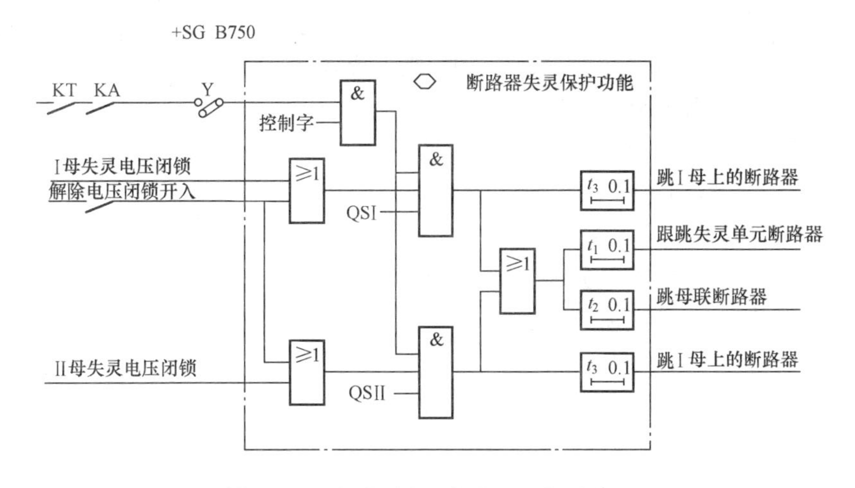

图 17-11　断路器失灵保护的逻辑功能图

对于双母线或单母线分段接线，断路器失灵保护设三段延时：以最短的时限 t_1 向失灵单元断路器再发三相跳闸命令（简称为“跟跳”），以防止该断路器能跳闸而未跳闸，导致失灵保护误启动；以较短时限 t_2 跳母联断路器；以较长时限 t_3 跳失灵单元所接母线上的其他断路器。

43. SG B750 母线保护如何识别双母线运行方式?

答：双母线运行方式识别功能根据各连接单元隔离开关和母联断路器的分、合闸状态，给出母线的运行方式字，供保护装置各软件功能识别双母线一次接线运行方式的变化。为此，应将运行于双母线的所有连接单元隔离开关的辅助动合（常开）触点接入保护装置，同时接入母联（分段）断路器跳闸位置继电器 TWJ 的动合触点。图 17-12 为双母线接线的一种运行方式。

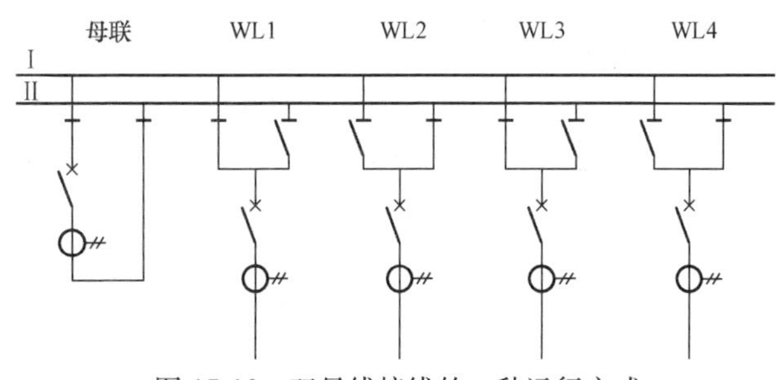

图 17-12　双母线接线的一种运行方式

方式字如表 17-2 和表 17-3 所示。

表 17-2　支路运行方式字

项目	WL4	WL3	WL2	WL1
Ⅰ母运行方式字	0	1	0	1
Ⅱ母运行方式字	1	0	1	0

表 17-3　母联运行方式字（G3，G4，G5 用于特殊接线方式）

项目	G5	G4	G3	TWJ	G2	G1
母联	0	1	0	1	0	1

运行方式字反映双母线所有连接单元当前的运行状态，字中的每一位分别对应于每一路连接单元，如果某路连接单元接至母线，则该位为1，否则该位为0。保护功能根据某位运行方式字可识别对应连接单元的运行方式：

（1）若Ⅰ、Ⅱ母运行方式字分别为1、0，则接于Ⅰ母。

（2）若Ⅰ、Ⅱ母运行方式字分别为0、1，则接于Ⅱ母。

（3）若Ⅰ、Ⅱ母运行方式字分别为1、1，则同时接于Ⅰ、Ⅱ母（如倒闸操作过程中）。

（4）若Ⅰ、Ⅱ母运行方式字分别为0、0，则退出运行。

44. SG B750 母线保护如何校核运行方式字？

答：一次接线正常运行时，忽略TA传变误差和计算误差，大差电流为零，若运行方式字正确，则按运行方式字计算的两小差电流也均为零（缺省差流为 $0.04I_n$ 以下）。据此，运行方式字校核的判据为：

（1）正常运行时，大差电流为零，两小差电流也为零，则运行方式字正确。

（2）正常运行时，大差电流为零，两小差电流中有一个不为零，则运行方式字不正确，装置发“告警”信号，并实行运行纠错。

（3）运行过程中，若由于隔离开关辅助触点出错等原因造成小差电流不为零，保护装置发“告警”信号，提示运行人员检查隔离开关辅助触点和相关回路，并在故障时实现纠错。

（4）对于无隔离开关合闸信号（Ⅰ母、Ⅱ母运行方式字均为0）、有电流（缺省电流为 $0.01I_n$ 以上）的连接单元，在正常运行时纠错，故障时按纠错结果计入相应的小差。

（5）对于无隔离开关合闸信号、又无电流的连接单元，在正常运行时不纠错。故障时也不计入任一个小差，故障母线跳闸后，如大差的差电流仍超过定值，而无隔离开关合闸信号的连接单元有电流（大于纠错的电流门槛），则带0.15s延时跳闸。

（6）对于无隔离开关合闸信号、有电流的连接单元有两个及以上时，在正常运行时不纠错。故障时也不计入任一个小差，故障母线跳闸后，如大差的差电流仍超过定值，而无隔离开关合闸信号的连接单元有电流（大于纠错的电流门槛），则带0.15s延时跳闸。

45. 什么是母线的互联状态？在互联状态母线保护如何运行？

答：在双母线倒闸操作过程中，当同一连接单元的Ⅰ母及Ⅱ母隔离开关主触点均闭合时，双母线处于“并母”方式。此时，Ⅰ母、Ⅱ母运行方式字对应位均为1，母线保护随之自动进入互联状态。

在互联状态下，Ⅰ、Ⅱ两段母线被视为一段母线，单母线运行方式，母线保护仅有大差功能，两小差功能不起作用。此情况下，无论Ⅰ母或Ⅱ母上发生故障，大差将动作于切除两段母线上所有连接单元。

互联状态除自动进入外，还可以通过保护屏上“互联投切”连接片或控制字手动进入。无论“自动互联”或“手动互联”启动，装置均发“互联”信号，提示运行人员。

倒闸操作完毕后，一次系统恢复正常双母线运行。母线保护中的Ⅰ、Ⅱ母运行方式字跟踪适应系统新的状态。采用“手动互联”情况下，当倒闸操作后应及时退出“互联投切”连接片，并确认“互联”信号灯熄灭。

在母线保护处于非互联状态下，如果大差无差流，而小差有差流，可能存在某些异常情况。为防止误动或拒动，此时母线保护功能自动进入互联状态，同时发出差流告警信号。如果差流消失，母线保护功能自动返回正常状态。

46. SG B750 母联非全相保护的原理如何？

答：在母联断路器某相断开，母联非全相运行时，可由母联非全相保护经延时跳开三相。

在母联非全相触点闭合时，母联零序电流大于整定的零序定值或母联负序电流大于整定的负序定值，经整定的延时跳开母联断路器。母联非全相保护功能如图 17-13 所示。

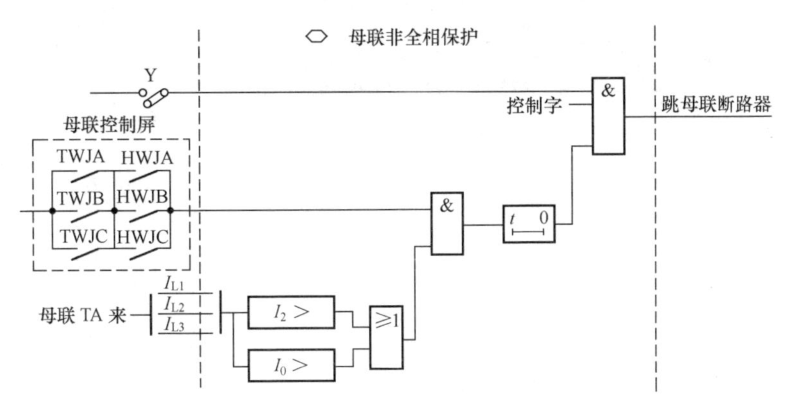

图 17-13　母联非全相保护功能图

47. SG B750 母线保护的下列各连接片的作用是什么？

答：（1）软、硬连接片切换把手：进行软硬连接片的功能切换。只有当该连接片处于硬连接片时以下连接片操作才起作用。

（2）差动保护连接片：正常运行时连接片应置于“投入”位置，差动保护正常投入运行；连接片置于“退出”时差动保护功能退出运行。

（3）失灵保护连接片：正常运行时连接片应置于“投入”位置，失灵保护正常投入运行；连接片置于“退出”时失灵保护功能退出运行。

（4）充电保护连接片：正常运行时连接片应置于“退出”位置，充电保护功能退出；需要投入充电保护时，连接片置于“投入”充电保护Ⅰ，Ⅱ段同时投入。

（5）母联过流保护连接片：非标准配置，若工程需要时配置。正常运行时连接片应置于“退出”位置，母联过流保护功能退出；需要投入母联过流保护时，连接片置于“投入”位置，保护投入。

（6）母联非全相保护连接片：非标准配置，若工程需要时配置。正常运行时连接片应置于“退出”位置，母联非全相保护功能退出；需要投入母联非全相保护时，连接片置于“投入”位置，保护投入。

（7）强制互联连接片：正常时连接片置于“退出”位置，为非互联状态；倒闸操作时，建议连接片置于“投入”位置，此时保护柜发“互联状态”信号。倒闸结束后，连接片置于“退出”位置。保护柜“互联状态”信号消失。

（8）特殊方式连接片：为非标准配置，若现场接线为诸如“母联兼旁路，母线兼旁路，旁路兼母联”等特殊方式时配置（母联兼旁路接线：当一次倒闸为带路方式后，经确认投入此连接片装置可靠认为带路方式。当退出带路方式时先退此连接片，然后在倒隔离开关，否则装置判为带路方式；旁路兼母联：当为母联方式时，确认后投入此连接片可靠认为母联方式。当退出母联方式时先退此连接片，然后在倒隔离开关，否则装置判为是母联方式）。

（9）远方就地连接片：当连接片置于“就地”时，可进行就地的定值整定、连接片投退等操作，当连接片置于“远方”时，就地操作将不被允许，可通过远方进行整定、连接片投退等操作。

48. SG B750 母线保护各信号灯的作用有哪些？

答：SG B750 母线保护各信号灯的作用如表 17-4 所示。

表 17-4　　SG B750 母线保护各信号灯的作用

信号名称	信号类型	可能原因	导致后果	处理方法
保护启动	1. 屏正面信号灯 2. 接点输出 3. 事件报文	差流启动	发出启动信号	（1）查看事件报文确认是哪种保护启动。 （2）确认是否有硬件开出测试。 （3）确认是否实际系统有保护启动事件发生。若无则需查明原因
		先灵开入		
		充电保护启动		
母差动作	1. 屏正面信号灯 2. 接点输出 3. 事件报文	母线差动动作（Ⅰ、Ⅱ母等，装置有电压闭锁时，若差动与电压同时动作，此灯亮）	差动保护动作	（1）确认实际系统是否有故障发生。若有故障发生，打印事故报告，分析故障原因。 （2）若无故障发生，退出保护，待厂家查明原因
		大差动作跟跳无方式单元		
失灵动作	1. 屏正面信号灯 2. 接点输出 3. 事件报文	断路器失灵动作（Ⅰ、Ⅱ母等，装置有电压闭锁时，若失灵与电压同时动作，此灯亮）	失灵保护动作	（1）确认是否有失灵开入，若实际有失灵开入，根据报文检查开入单元是否与实际一致，查明原因。 （2）若无故障发生，退出保护，待厂家查原因
母联保护	1. 屏正面信号灯 2. 接点输出 3. 事件报文	充电保护Ⅰ段动作	发告警信号	（1）根据事件确认是哪种保护动作。 （2）是否实际有故障发生，若有故障发生，根据报告分析故障原因。 （3）若无故障发生，退出保护，待厂家查明原因
		充电保护Ⅱ段动作		
		母联（或分段）失灵动作		
		母联（或分段）死区动作		
		失灵跳母联（或分段）动作		
		母联（或分段）过流保护动作		
		母联（或分段）非全相保护动作		
隔离开关变位	1. 屏正面信号灯 2. 接点输出 3. 事件报文	支路隔离开关变位	小差及出口回路改变	（1）检查隔离开关位置是否与一次系统变位一致，若一致按确认按钮即可消失。 （2）若不一致尽快检修
		母联（兼母联）隔离开关变位		
互联状态	1. 屏正面信号灯 2. 接点输出 3. 事件报文	隔离开关位置错误即母线大差平衡，两小差均不平衡，强制互联	小差退出装置自动进入单母方式	检查装置的运行方式应与一次相符，否则使用面板上小纽子开关强制恢复装置正确的运行方式，另检查隔离开关辅助触点
		手动互联把手投入		倒闸结束后尽快恢复
		一次系统处于互联状态		正常，无须干预

续表

信号名称	信号类型	可能原因	导致后果	处理方法
告警	1. 屏正面信号灯 2. 接点输出 3. 事件报文	母联（兼母联）隔离开关位置告警	母联隔离开关可能不能正常处理	(1) 根据事件报文，确认告警问题和原因。 (2) 若Ⅰ0通道长期闭合，包括两个长期启动，检查启动接点是否粘死。 (3) 若为支路及母联隔离开关位置告警，检查是否有电流而无隔离开关，尽快处理有电流而无隔离开关支路或者母联。若只有一路，无须退出母差，若有多路需退出母差
		支路隔离开关位置告警	支路隔离开关可能不能正常处理	
		差流告警	告警信号	
		失灵长期开入	失灵保护不再启动	
		母联非全相长期开入	非全相保护不再启动	
TA 断线	1. 屏正面信号灯 2. 接点输出 3. 事件报文	TA 单相断线动作	根据控制字决定是否闭锁母差保护	(1) 根据事件报文，确认断线支路以及断线相。 (2) 检查该支路的回路情况，确认是否有断线发生。 (3) 进一步确认变比以及极性
		TA 多相断线动作		
		变比或 TA 极性错误		
TV 断线	1. 屏正面信号灯 2. 接点输出 3. 事件报文	母线 TV 断线（Ⅰ、Ⅱ母等）	发告警信号	(1) 尽快安排检修。 (2) 检查 TV 二次回路幅值及相位
		差动电压动作（Ⅰ、Ⅱ母等）	差动电压开放	
		失灵电压动作（Ⅰ、Ⅱ母等）	失灵电压开放	
稳压电源消失	接点信号	稳压电源消失	闭锁装置	退出保护装置，尽快安排检修，并检查装置直流电源工作情况
运行指示	屏面板点灯	CPU 正常时常亮，异常时常灭	灯常灭时闭锁装置	(1) 根据事件查明原因。 (2) 若严重错误，退出保护，待厂家查明原因

49. 举例说明母线保护各连接片的作用。

答：以 RCS-915CD 目线保护为例，各连接片的作用如表 17-5 所示。

表 17-5　　220kV 母线第二套保护压板（端子）

名称	出口连接片及分类		正常状态	实际状态
RCS-915CD（18P/＋RG2）	MLP3：	母差启动母联失灵	接通	接通
	MLP4：	跳母联仿 23 断路器第二线圈	接通	接通
	MLP8：	4 母启动稳控	接通	接通
	MLP9：	Ⅲ母启动稳控	接通	接通
	TLP9：	母差启动主变压器中压侧失灵	接通	接通
	BLP9：	跳主变压器中压侧仿 26 第二线圈	接通	接通
	BLP10：	跳仿东Ⅱ线仿 25 第二线圈	接通	接通
	BLP11：	跳仿东Ⅰ线仿 24 第二线圈	接通	接通
	BLP12：	跳仿Ⅰ线仿 22 第二线圈	接通	接通
	BLP13：	跳仿Ⅱ线仿 21 第二线圈	接通	接通
	1LP1：	投母差	接通	接通

续表

名称	出口连接片及分类		正常状态	实际状态
RCS-915CD (18P/+RG2)	1LP4：	投母联充电保护	断开	断开
	1LP7：	投母联过流保护	断开	断开
	1LP10：	投母联非全相保护	接通	接通
	1LP13：	3号、4号母互联	断开	断开（倒母线时加用，同时切换互联2控制字）
	1LP15：	母线保护置检修状态	断开	断开
	1QA：	隔离开关位置确认按钮		隔离开关位置正确后才能确认
	1FA：	复归		
	1YA：	打印		
	8LP2：	投4母运行	接通	接通
	8LP3：	投3母运行	接通	接通
	8LP4：	复压装置置检修状态	断开	断开
	8FA：	复归		

第十八章 chapter 18

变压器保护

1. 变压器故障和异常运行的类型有哪些?

答：变压器故障分为内部故障和外部故障。变压器的内部故障可分为油箱内和油箱外故障两种。油箱内的故障包括绕组的相间短路、接地短路、匝间短路以及铁芯的烧损等。对变压器来讲，这些故障都是十分危险的。因为油箱内部故障时产生的电弧将引起绝缘物质的剧烈气化，从而可能引起爆炸，因此这些故障应该尽快切除。油箱外的故障，主要是套管和引出线上发生的短路。此外，还有由于变压器外部相间短路引起的过流，以及由于变压器外部接地短路引起的过电流及中性点过电压，变压器突然甩负荷或空载长线路时变压器的过励磁等。变压器的不正常运行状态主要有过负荷和油面降低以及油位过高等。

2. 变压器一般应装设哪些保护?

答：为了防止变压器在发生各种类型故障和不正常运行时造成不应有的损失，保证电力系统安全连续运行，变压器一般应设以下继电保护装置：

(1) 防止变压器油箱内部各种短路故障和油面降低的瓦斯保护。

(2) 防止变压器绕组和引出线多相短路、大接地电流系统侧绕组和引出线的单相接地短路及绕组匝间短路的（纵联）差动保护或电流速断保护。

(3) 防止变压器外部相间短路并作为瓦斯保护和差动保护（或电流速断保护）后备的过流保护（或复合电压启动的过流保护、或负序过流保护）。

(4) 防止大接地电流系统中变压器外部接地短路的零序电流保护。

(5) 防止变压器对称过负荷的过负荷保护。

(6) 防止变压器过励磁的过励磁保护。

(7) 防止变压器中性点非有效接地侧的单相接地故障。

(8) 防止变压器油温、绕组温度过高及油箱压力过高和冷却系统故障。

在超高压网络中，由于大型变压器价格昂贵以及它在系统中的重要作用，其保护应按双重化配置，以确保变压器安全可靠地供电。

3. 对变压器保护的基本要求有哪些?

答：(1) 在变压器发生故障时能将其与所有电源断开。

(2) 在母线或其他与变压器相连的元件发生故障而故障元件本身断路器未能断开的情况下，能使变压器与故障部分分开。

(3) 当变压器过负荷、油面降低、油温过高时，能发出报警信号。

4. 变压器主保护配置的原则有哪些?

答：对变压器的内部、套管及引出线的短路故障，按其容量及重要性的不同，应装设下列保护作为主保护，并瞬时动作于断开变压器的各侧断路器：

(1) 电压在 10kV 及以下、容量在 10MVA 及以下的变压器，采用电流速断保护。

(2) 电压在 10kV 以上、容量在 10MVA 及以上的变压器，采用纵差保护。对于电压为 10kV 的重要变压器，当电流速断保护灵敏度不符合要求时也可采用纵差保护。

（3）电压为220kV及以上的变压器装设数字式保护时，除非电量保护外，应采用双重化保护配置。当断路器具有两组跳闸线圈时，两套保护宜分别动作于断路器的一组跳闸线圈。

5. 对外部相间短路引起的变压器过电流，其后备保护如何配置？

答： 对外部相间短路引起的变压器过电流，变压器应装设相间短路后备保护。保护带延时跳开相应的断路器。相间短路后备保护宜选用过电流保护、复合电压（负序电压和线间电压）启动的过电流保护或复合电流保护（负序电流和单相式电压启动的过电流保护）。

（1）35～66kV及以下中小容量的降压变压器，宜采用过电流保护。保护的整定值要考虑变压器可能出现的过负荷。

（2）110～500kV降压变压器、升压变压器和系统联络变压器，相间短路后备保护用过电流保护不能满足灵敏性要求时，宜采用复合电压启动的过电流保护或复合电流保护。

6. 110kV及以上中性点直接接地电网连接的变压器对外部单相接地引起的过电流，其后备保护如何配置？

答： 与110kV及以上中性点直接接地电网连接的降压变压器、升压变压器和系统联络变压器，对外部单相接地短路引起的过电流，应装设接地短路后备保护，该保护宜考虑能反映电流互感器与断路器之间的接地故障。

（1）在中性点直接接地的电网中，如变压器中性点直接接地运行，对单相接地引起的变压器过电流，应装设零序过电流保护，保护可由两段组成，其动作电流与相关线路零序过电流保护相配合。每段保护可设两个时限，并以较短时限动作于缩小故障影响范围，或动作于本侧断路器，以较长时限动作于断开变压器各侧断路器。

（2）对330、500kV变压器，为降低零序过电流保护的动作时间和简化保护，高压侧零序一段只带一个时限，动作于断开变压器高压侧断路器；零序二段也只带一个时限，动作于断开变压器各侧断路器。

（3）对自耦变压器和高、中压侧均直接接地的三绕组变压器，为满足选择性要求，可增设零序方向元件，方向宜指向各侧母线。

（4）普通变压器的零序过电流保护，宜接到变压器中性点引出线回路的电流互感器；零序方向过电流保护宜接到高、中压侧三相电流互感器的零序回路；自耦变压器的零序过电流保护应接到高、中压侧三相电流互感器的零序回路。

（5）对自耦变压器，为增加切除单相接地短路的可靠性，可在变压器中性点回路增设零序过电流保护。

（6）为提高切除自耦变压器内部单相接地短路故障的可靠性，可增设只接入高、中压侧和公共绕组回路电流互感器的星形接线电流分相差动保护或零序差动保护。

7. 变压器相间短路的后备保护如何配置？

答： 对降压变压器，升压变压器和系统联络变压器，根据各侧接线、连接的系统和电源情况的不同，应配置不同的相间短路后备保护，该保护宜考虑能反映电流互感器与断路器之间的故障。

（1）单侧电源双绕组变压器和三绕组变压器，相间短路后备保护宜装于各侧。非电源侧保护带两段或三段时限，用第一时限断开本侧母联或分段断路器，缩小故障影响范围；用第二时限断开本侧断路器；用第三时限断开变压器各侧断路器。电源侧保护带一段时限，断开变压器各侧断路器。

（2）两侧或三侧有电源的双绕组变压器和三绕组变压器，各侧相间短路后备保护可带两段或三段时限。为满足选择性的要求或为降低后备保护的动作时间，相间短路后备保护可带方向，方向宜指向各侧母线，但断开变压器各侧断路器的后备保护不带方向。

(3) 低压侧有分支，并接至分开运行母线段的降压变压器，除在电源侧装设保护外，还应在每个分支装设相间短路后备保护。

(4) 如变压器低压侧无专用母线保护，变压器高压侧相间短路后备保护，对低压侧母线相间短路灵敏度不够时，为提高切除低压侧母线故障的可靠性，可在变压器低压侧配置两套相间短路后备保护。该两套后备保护接至不同的电流互感器。

(5) 发电机变压器组，在变压器低压侧不另设相间短路后备保护，而利用装于发电机中性点侧的相间短路后备保护，作为高压侧外部、变压器和分支线相间短路后备保护。

(6) 相间后备保护对母线故障灵敏度应符合要求。为简化保护，当保护作为相邻线路的远后备时，可适当降低对保护灵敏度的要求。

8. 大接地电流系统中的变压器中性点有的接地，有的不接地，取决于什么因素?

答：变压器中性点是否接地一般考虑如下因素：

(1) 保证零序保护有足够的灵敏度和较好的选择性，保证接地短路电流的稳定性。

(2) 为防止过电压损坏设备，应保证在各种操作和自动跳闸使系统解列时，不致造成部分系统变为中性点不接地系统。

(3) 变压器绝缘水平及结构决定的接地点（如自耦变压器一般为直接接地)。

9. 在110、220kV中性点直接接地的电力网中，当低压侧有电源的变压器中性点可能接地运行或不接地运行时，对外部单相接地短路引起的过电流，以及对因失去接地中性点引起的变压器中性点电压升高应如何装设后备保护?

答：在110、220kV中性点直接接地的电力网中，当低压侧有电源的变压器中性点可能接地运行或不接地运行时，对外部单相接地短路引起的过电流，以及对因失去接地中性点引起的变压器中性点电压升高，应按下列规定装设后备保护：

(1) 全绝缘变压器。应按规程条规定装设零序过电流保护，满足变压器中性点直接接地运行的要求。此外，应增设零序过电压保护，当变压器所连接的电力网失去接地中性点时，零序过电压保护经0.3～0.5s时限动作断开变压器各侧断路器。

(2) 分级绝缘变压器。为限制此类变压器中性点不接地运行时可能出现的中性点过电压，在变压器中性点应装设放电间隙。此时应装设用于中性点直接接地和经放电间隙接地的两套零序过电流保护。此外，还应增设零序过电压保护。用于中性点直接接地运行的变压器按规程规定装设保护。用于经间隙接地的变压器，装设反应间隙放电的零序电流保护和零序过电压保护。当变压器所接的电力网失去接地中性点，又发生单相接地故障时，此电流电压保护动作，经0.3～0.5s时限动作断开变压器各侧断路器。

10. 大接地电流系统中对变压器接地后备保护的基本要求是什么?

答：(1) 两者不同时工作。

(2) 当变压器中性点接地运行时零序过流保护起作用，间隙过流退出。

(3) 当变压器中性点不接地时，放电间隙过流起作用，零序过电流应退出。

11. Y0d11接线的变压器Y侧发生单相接地故障，其△侧的零序电流如何分布? 若在△侧发生单相接地故障时，Y侧的零序电流保护可能误动吗?

答：在变压器△侧绕组形成零序环流，但△侧的出线上无零序电流。

若在△侧发生单相接地故障时，Y侧基本没有零序电流，所以不会误动。

12. 变压器差动与瓦斯保护的作用有何区别？变压器内部故障时两种保护是否都能反应？

答：变压器差动保护是按循环电流原理设计制造的，而瓦斯保护是根据变压器内部故障时会产生或分解出气体这一特点设计制造的。

差动保护的保护范围为主变压器各侧差动电流互感器之间的一次电气部分：

（1）变压器引出线及变压器绕组发生多相短路。

（2）单相严重的匝间短路。

（3）在大电流接地系统中保护线圈及引出线上的接地故障。

瓦斯保护的保护范围是：

（1）变压器的内部多相短路。

（2）匝间短路，匝间与铁芯或外部短路。

（3）铁芯故障。

（4）油面下降或漏油。

（5）分接头接触不良或导线焊接不良。

差动保护的优点：能够迅速有选择地切除保护范围内的故障，接线正确，调试得当，不发生误动。缺点：对变压器内部较轻微的匝间短路反应不够灵敏。

瓦斯保护的优点：不仅能反应变压器油箱内部的各种故障，而且还能反映出差动保护反映不出来的轻微匝间短路和铁芯故障，内部进入空气等。因此它是灵敏度高、结构简单并且动作迅速的保护。缺点：它不能反映变压器的外部故障，因此瓦斯保护不能作为变压器各种故障的唯一保护；瓦斯保护抵抗外界干扰的性能较差；如果在装设气体继电器电缆时不能很好地处理防油或气体继电器不能很好地处理防水，有可能因漏油腐蚀电缆绝缘或漏水造成误动。

运行经验证明，在变压器内部故障时（除不严重的匝间短路），两种保护都能反应。因为变压器内部故障时，油的流速和反映于一次电流的增加，有可能使两种保护都启动，至于哪个保护先动作则由故障性质来决定。

13. 变压器纵联差动保护应满足哪些要求？

答：纵联差动保护应满足下列要求：

（1）应能躲过励磁涌流和外部短路产生的不平衡电流。

（2）在变压器过励磁时不应误动作。

（3）在电流回路断线时应发出断线信号，电流回路断线允许差动保护动作跳闸。

（4）在正常情况下，纵联差动保护的保护范围应包括变压器套管和引出线，如不能包括引出线时，应采取快速切除故障的辅助措施。在设备检修等特殊情况下，允许差动保护短时利用变压器套管电流互感器，此时套管和引线故障由后备保护动作切除；如电网安全稳定运行有要求时，应将纵联差动保护切至旁路断路器的电流互感器。

14. 对220～500kV变压器纵差保护的技术要求是什么？

答：（1）在变压器空载投入或外部短路切除后产生励磁涌流时，纵差保护不应误动作。

（2）在变压器过励磁时，纵差保护不应误动作。

（3）为提高保护的灵敏度，纵差保护应具有比率制动或标积制动特性。在短路电流小于起始制动电流时，保护装置处于无制动状态，其动作电流很小（小于额定电流）保护具有较高的灵敏度。当外部短路电流增大时，保护的动作电流又自动提高，使其可靠不动作。

（4）在差动保护区内发生严重短路故障时，为防止因电流互感器饱和而使差动保护延迟动作纵差保护应设差电流速断辅助保护，以快速切除上述故障。

15. 变压器差动保护的基本原理是什么？

答：变压器的差动保护是利用比较变压器各侧电流的差值构成的一种保护，其单线图如图 18-1 所示。

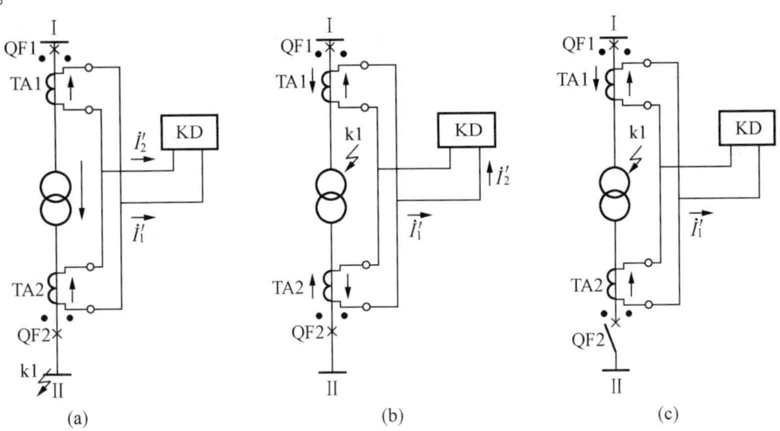

图 18-1　变压器差动保护原理图

(a) 正常运行及外部故障；(b) 内部故障（双侧电源）；(c) 内部故障（单侧电源）

变压器装设有电流互感器 TA1 和 TA2，其二次绕组按环流原则串联，差动继电器 KD 并接在差回路中。

变压器在正常运行或外部故障时，电流由电源侧Ⅰ流向负荷侧Ⅱ，在图 18-1（a）所示的接线中，TA1、TA2 的二次电流 i'_1、i'_2 会以反方向流过继电器 KD 的线圈，KD 中的电流等于二次电流 i'_1 和 i'_2 之差，故该回路称为差回路，整个保护装置称为差动保护。若电流互感器 TA1 和 TA2 变比选得理想且在忽略励磁电流的情况下，则 $i'_1=i'_2$ 继电器 KD 中电流 $i=0$，亦即在正常运行或外部短路时，两侧的二次电流大小相等、方向相反，在继电器中电流等于零，因此差动保护不动作。

如果故障发生在 TA1 和 TA2 之间的任一部分（如 k1 点），且母线Ⅰ和Ⅱ均接有电源，则流过 TA1 和 TA2 一、二次侧电流方向如图 18-1（b）所示，于是 i'_1 和 i'_2 按同一方向流过继电器 KD 线圈（即 $i=i'_1+i'_2$），使 KD 动作，瞬时跳开 QF1 和 QF2。如果只有母线Ⅰ有电源，当保护范围内部有故障（如 k1 点）时，$i'_2=0$，故 $i'=i'_1$ 如图 18-1（c）所示，此时继电器 KD 仍能可靠动作。

16. 变压器差动保护正常情况下有无电流流过继电器？

答：正常时变压器差动保护流过的是不平衡电流，由以下几个部分组成：

（1）变压器的励磁涌流所产生的不平衡电流（采用二次谐波制动）。

（2）变压器三侧的电流相位不一致所产生的不平衡电流（改变 TA 的接线方式）。

（3）计算变比与实际变比不同所产生的不平衡电流。

（4）变压器三侧 TA 型号不同所产生的不平衡电流。

（5）调节分接头时所产生的不平衡电流。

17. 变压器差动保护的不平衡电流是怎样产生的（包括稳态和暂态情况下的不平衡电流）？

答：（1）稳态情况下的不平衡电流：

1）由于变压器各侧电流互感器型号不同，即各侧电流互感器的饱和特性和励磁电流不同而引起的不平衡电流。它必须满足电流互感器的10%误差曲线的要求。

2）由于实际的电流互感器变比和计算变比不同引起的不平衡电流。

3）由于改变变压器调压分接头引起的不平衡电流。

（2）暂态情况下的不平衡电流：

1）由于短路电流的非周期分量主要为电流互感器的励磁电流，该电流使其铁芯饱和，误差增大而引起不平衡电流。

2）变压器空载合闸的励磁涌流，仅在变压器一侧有电流。

18. 变压器差动保护在外部短路暂态过程中产生不平衡电流（两侧二次电流的幅值和相位已完全补偿）的主要原因有哪些（要求答出5种原因）？

答：在两侧二次电流的幅值和相位已完全补偿好的前提下，外部短路暂态过程中产生不平衡电流的主要原因有：

（1）如外部短路电流倍数太大，两侧电流互感器饱和程度不一致。

（2）外部短路非周期分量电流造成两侧电流互感器饱和程度不同。

（3）二次电缆截面选择不当，使两侧差动回路不对称。

（4）电流互感器设计类型不当，应用TP型于500kV，但中低压侧用5P。

（5）各侧均用TP型电流互感器，但电流互感器的短路电流最大倍数和容量不够大。

（6）各侧电流互感器二次回路的时间常数相差太大。

19. 如何减少差动保护的不平衡电流？

答：（1）差动保护各侧电流互感器同型（短路电流倍数相近，不准P级与TP级混用）。

（2）各侧电流互感器的二次负荷与相应侧电流互感器的容量成正比（大容量接大的二次负载）。

（3）各电流互感器的饱和特性相近。

（4）二次回路时间常数尽量接近。

（5）在短路电流倍数、电流互感器容量、二次负荷的设计选型上留有足够余量。

（6）必要时采用同变比的两个电流互感器串联应用，或两根二次电缆并联使用。

20. 对新安装的差动保护在投入运行前应做哪些试验？

答：（1）必须进行带负荷测相位和差电压（或差电流），以检查电流回路接线的正确性。

1）在变压器充电时，将差动保护投入。

2）带负荷前将差动保护停用，测量各侧各相电流的有效值和相位。

3）测各相差电压（或差电流）。

（2）变压器充电合闸5次，以检查差动保护躲励磁涌流的性能。

21. 谐波制动的变压器纵差保护装置中设置差动速断元件的主要原因是什么？

答：是为了防止在区内故障较高的短路水平时，由于电流互感器的饱和产生谐波量增加，导致谐波制动的比率差动元件拒动。

22. 变压器差动保护通常采用哪几种方法躲励磁涌流？

答：（1）采用具有速饱和铁芯的差动继电器。

（2）鉴别间断角。

（3）二次谐波制动。

（4）波形不对称制动。

（5）励磁阻抗判别。

23. 谐波制动的变压器保护为什么要设置差动速断元件？

答：设置差动速断元件的主要原因是：为防止在较高的短路水平时，由于电流互感器饱和产生高次谐波量增加，产生极大的制动量而使差动保护拒动，因此设置差动速断元件，当短路电流达到4～10倍额定电流时，速断元件不经谐波闭锁快速动作出口。

24. 差动保护用电流互感器在最大穿越性电流时其误差超过10%，可以采取什么措施防止误动作？

答：（1）适当增大电流互感器变比。

（2）将两组同型号电流互感器二次串联使用。

（3）减少电流互感器二次回路负载。

（4）在满足灵敏度的前提下，适当提高动作电流。

（5）对新型差动继电器可提高比率制定系数等。

25. 运行中的主变压器在什么情况下停用差动保护？

答：变压器在运行中有以下情况之一时应停用差动保护：

（1）差动保护二次回路及电流互感器回路有变动或进行校验时。

（2）继电保护人员测定差动回路电流向量及差压。

（3）差动保护互感器一相断线或回路开路。

（4）差动回路出现明显的异常现象。

（5）差动保护误动跳闸后。

26. 试述变压器瓦斯保护的基本原理。为什么差动保护不能代替瓦斯保护？

答：瓦斯保护是变压器的主要保护，能有效地反应变压器内部故障。

变压器的绕组装在油箱里，并利用变压器油作为绝缘和冷却介质。当变压器内部故障时，故障电流产生的电弧会使绝缘物和变压器油分解，从而产生大量的气体，由于油箱盖沿气体继电器的方向有1%～1.5%的升高坡度，连接气体继电器的管道也有2%～4%的升高坡度，故强烈的油流和气体将通过连接管冲向变压器油枕的上部。因此，可以利用内部故障时的这一特点构成反应气体增加和油流速度的瓦斯保护。

用于告警的气体继电器由开口杯、干簧触点等组成。用于跳闸的气体继电器由挡板、弹簧、干簧触点等组成。正常运行时，气体继电器充满油，开口杯浸在油内，处于上浮位置，干簧触点断开。当变压器内部故障时，故障点局部发生过热，引起附近的变压器油膨胀，油内溶解的空气被逐出，形成气泡上升，同时油和其他材料在电弧和放电等作用下电离而产生气体。当故障轻微时，排出的气体缓慢地上升而进入气体继电器，使油面下降，开口杯产生的支点为轴逆时针方向的转动，使干簧触点接通，发出信号。

当变压器内部故障严重时，产生强烈的气体，使变压器内部压力突增，产生很大的油流向油枕方向冲击，因油流冲击挡板，挡板克服弹簧的阻力，带动磁铁向干簧触点方向移动，使干簧触点接通，作用于跳闸。气体继电器保护能反应变压器油箱内部的任何故障，包括铁芯过热烧伤、油面降低等，但差动保护对此无反应。又如变压器绕组产生少数线圈匝的匝间短路，虽然短路匝内短路电流很大，会造成局部绕组严重过热，产生强烈的油流，向油枕方向冲击，但表现在相电流上并不大，因此，差动保护没有反应，但瓦斯保护对此却能灵敏地加以反应，这就是差动保护不能代瓦斯保护的原因。

27. 什么情况下变压器应装设瓦斯保护？瓦斯保护能反映哪些故障？

答：0.4MVA及以上车间内油浸式变压器和0.8MVA及以上油浸式变压器，均应装设瓦斯保护。当壳内故障产生轻微瓦斯或油面下降时，应瞬时动作于信号；当壳内故障产生大量瓦斯时，应瞬时动作于断开变压器各侧断路器。

带负荷调压变压器充油调压开关，亦应装设瓦斯保护。

瓦斯保护应采取措施，防止因瓦斯继电器的引线故障、振动等引起瓦斯保护误动作。

瓦斯保护能反映以下各类故障：

（1）变压器内部多相短路（三相式的变压器）。

（2）变压器内部匝间短路，匝间与铁芯或外壳短路。

（3）铁芯故障（发热烧损）。

（4）油面下降。

（5）有载调压开关接触不良（有载调压气体反映）。

28. 变压器纵差动保护主要反映何种故障？瓦斯保护主要反映何种故障和异常？

答：纵差保护主要反映变压器绕组、引线的相间短路，及大接地电流系统侧的绕组、引出线的接地故障。

瓦斯保护主要反映变压器绕组匝间短路及油面降低、铁芯过热等本题内的任何故障。

29. 运行中的变压器瓦斯保护，当现场进行什么工作时重瓦斯保护应由“跳闸”位置改为“信号”位置运行？

答：（1）进行注油和滤油时。

（2）进行呼吸器畅通工作或更换硅胶时。

（3）除采油和气体继电器上部放气外，在其他所有地方打开放气、放油和进油阀门时。

（4）开、闭气体继电器连接管上的阀门时。

（5）在瓦斯保护及其二次回路上进行工作时。

（6）对于充氮变压器，当油枕抽真空或补气时，变压器注油、滤油、充氮（抽真空）、更换硅胶及处理呼吸器时，在上述工作完毕后，经 1h 试运行后，方可将重瓦斯保护投入跳闸。

30. 变压器充电时瓦斯保护与差动保护是否要投入？为什么？

答：瓦斯保护是保护主变压器本体的，当主变压器本体内部发生故障即动作跳开主变压器各侧断路器，而差动保护是保护主变压器各侧差动电流互感器之间的范围，当发生区内故障时动作跳开主变压器各侧断路器。瓦斯保护和差动保护都是主变压器的主保护，保护的范围和侧重点并不相同，所以主变压器充电时，瓦斯保护与差动保护都要投入。

31. 变压器大修后，进行冲击合闸试验时，差动及瓦斯保护是否要投入？为什么？

答：需要投入。因为进行变压器冲击试验时，其目的之一就是考验变压器差动保护能否躲过励磁涌流，并且考验变压器内部是否存在有故障。所以差动及瓦斯保护应在冲击试验时投入。

32. 什么情况下应装设变压器过励磁保护？

答：对于高压侧为 330kV 及以上的变压器，为防止由于频率降低和/或电压升高引起变压器磁密过高而损坏变压器，应装设过励磁保护。保护应具有定时限或反时限特性并与被保护变压器的过励磁特性相配合。定时限保护由两段组成，低定值动作于信号，高定值动作于跳闸。

33. 变压器过励磁后对差动保护有哪些影响？如何克服？

答：变压器过励磁后，励磁电流急剧增加，使差电流相应增大，差动保护可能误动，可采取5次谐波制动方案，也可提高差动保护定值，躲过励磁产生的不平衡电流。

34. 变压器过励磁保护的原理是什么？

答：变压器过励磁保护是通过测量 U/f 之间的关系来监视过励磁的大小，当 U/f 的数值达到预定值时就延时给出信号，并使变压器跳闸。

过励磁保护的电压、频率与励磁电流的关系为

$$\left.\begin{aligned} U &= 4.44 f W \Phi_{m} \\ \Phi_{m} &= \frac{I_{L} W}{R_{m}} \\ I_{L} &= \frac{U R_{m}}{4.44 f W^{2}} = K \frac{U}{f} \end{aligned}\right\} \qquad (18\text{-}1)$$

式中：f 为系统频率；U 为变压器高压侧电压；W 为变压器线圈匝数；R_{m} 为变压器铁芯磁阻；I_{L} 为励磁电流；K 为比例常数。

过励磁保护作为延时动作的主保护，其低定值延时段动作于信号，高定值延时段动作于跳闸。

35. 变压器过电流保护的作用是什么？它有哪几种接线方式？

答：为防止变压器纵差保护区的外部故障引起的过电流和作为变压器主保护的后备保护，变压器应装设过电流保护。过电流保护应安装在变压器的电源侧，这样当变压器发生内部故障时，就可作为变压器的后备保护将变压器各侧的断路器跳开（当主保护拒动时）。

变压器过电流保护通常有四种接线方式：

（1）不带低电压启动的过电流保护。

（2）带低电压启动的过电流保护。

（3）复合电压启动的过电流保护。

（4）负序电流和单相式低电压启动的过电流保护。

36. 变压器过负荷保护装设的一般原则是什么？

答：变压器过负荷保护的装设原则是考虑让其尽量能反应多侧的过负荷情况。

（1）对升压变压器：

1）在双绕组升压变压器上，过负荷保护通常装设在变压器的低压侧，即主电源侧。

2）对于一侧无电源的三绕组变压器，过负荷保护应装在发电机电压侧和无电源的一侧。

3）对于三侧均有电源的升压变压器，各侧均应装设过负荷保护。

（2）对降压变压器：

1）在双绕组降压变压器上，过负荷保护装于高压侧。

2）单侧电源的三绕组降压变压器，当三侧绕组容量相同时，过负荷保护仅装在电源侧，当三绕组容量不相同时，则在电源侧和容量较小的绕组侧装设过负荷保护。

3）两侧电源的三绕组降压变压器或联络变压器，在三侧均装设过负荷保护。

37. 什么是变压器零序方向保护？有何作用？

答：变压器零序方向过流保护是在大电流接地系统中，防止变压器相邻元件（母线）接地时的零序电流保护，其方向是指向本侧母线。

它的作用是作为母线接地故障的后备，保护设有两级时限，以较短的时限跳开母线或分段断路器，以较长的时限跳开变压器本侧断路器。

对大型变压器的零序电流保护可采用谐波制动来防止变压器因励磁涌流而产生的误动作。

38. 调整变压器220kV中性点接地方式后，220kV零序电流保护为何要调整时间定值？

答：两台及以上变压器并列运行时，为了限制短路电流，通常只有一台变压器的中性点接地，在此情况下，中性点直接接地与间隙接地变压器在接地故障时须设置跳闸的时间顺序，所以调整变压器220kV中心接地方式时，220kV零序电流保护要调整定值。

39. 自耦变压器的零序电流保护为什么不能接在中性点电流互感器上？

答：分析表明，当系统接地短路时，该中性点的电流既不等于高压侧$3I_0$（相量），也不等于中压侧$3I_0$（相量），所以各侧零序保护只能接至其出口电流互感器构成的零序电流回路，而不能接在中性点电流互感器上。

40. 如何配置自耦变压器的接地保护？

答：自耦变压器高、中压侧间有电的联系，有共同的接地中性点，并直接接地。当系统发生单相接地短路时，零序电流可在高、中压电网间流动，而流经接地中性点的零序电流数值及相位随系统的运行方式不同会有较大变化。故自耦变压器的零序过电流保护应分别在高压及中压侧配置，电流应采用自产$3I_0$。自耦变压器中性点回路装设的一段式零序电流保护，只在高压或中压侧断开、内部发生单相接地短路、未断开侧零序过电流保护的灵敏度不够时才用。

由于在高压或中压电网发生接地故障时，零序电流可在自耦变压器的高、中侧间流动，为满足选择性的要求，高压和中压侧的零序过电流保护应装设方向元件，方向元件的电流应采用自产$3I_0$，其方向指向本侧母线。作为变压器的接地后备保护还应装设不带方向的零序过电流保护。

41. 自耦变压器过负荷保护有什么特点？

答：由于三绕组自耦变压器各侧绕组的容量关系不一样，即为$S_1:S_2:S_3=1:1:\left(1-\frac{1}{n_{12}}\right)$，这就和功率传送的方向有关系了，否则可能出现一侧、两侧不过负荷，而另一侧就过负荷了。因此不能以一侧不过负荷来决定其他侧也不过负荷，一般各侧都应设过负荷保护，至少要在送电侧和低压侧装设过负荷保护。

42. 与非自耦变压器相比，自耦变压器过负荷保护更要注意什么？

答：自耦变压器高、中、低三个绕组的电流分布，过载情况与三侧之间传输功率的方向有关，因而自耦变压器的最大允许负载（最大通过容量）和过载情况与各绕组的容量有关外，还与其运行方式直接相关。特别是高、低压侧同时向中压侧传输功率时，会在三侧均未过载的情况下，其公共绕组却已过载，因此，应装设公共绕组过负荷保护。

43. RCS-9671C变压器差动保护的配置如何？

答：RCS-9671C为由多微机实现的变压器差动保护，适用于110kV及以下电压等级的双绕组、三绕组变压器，满足四侧差动的要求。其保护配置如下：

（1）差动速断保护。

（2）比率差动保护（经二次谐波制动）。

（3）中、低侧过流保护。

（4）TA断线判别。

44. RCS-9671C 变压器差动保护的动作逻辑如何？

答：RCS-9671C 变压器差动保护的动作逻辑如图 18-2 所示。

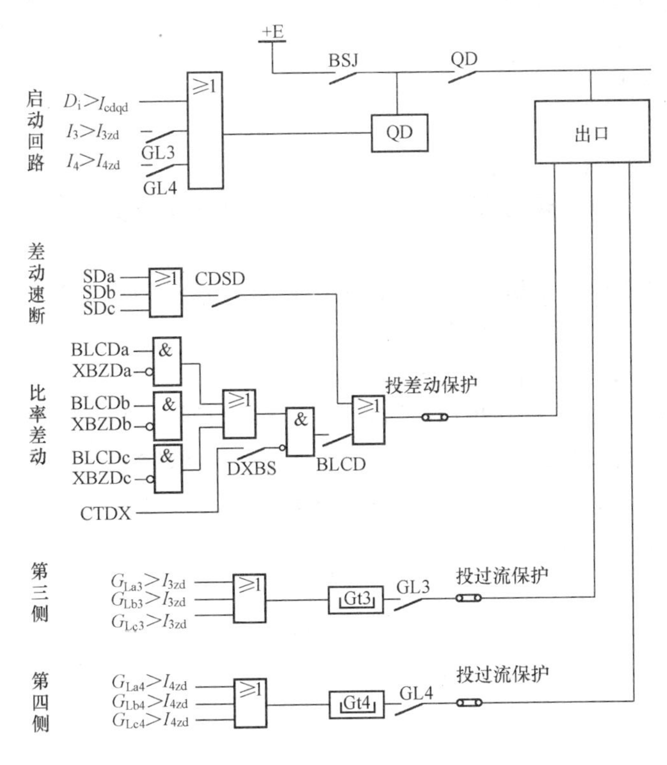

图 18-2　变压器差动保护的动作逻辑

（1）启动回路。当三相差流的最大值大于差动电流启动定值时，或者中、低压侧三相电流的最大值（I_3、I_4）大于相应的过流定值时，启动元件动作并展宽 500ms，开放出口继电器正电源。

差流电流启动元件，整定范围为（0.3～1.5）I_e，级差 0.01I_e（I_e 为被保护变压器的额定电流）。

（2）差动速断保护（SD)。当任一相差动电流大于差动速断整定值时瞬时动作于出口继电器。

差动速断保护整定范围为（4～14）I_e。

整组动作时间：

1）速断<25ms（1.5 倍整定值）。

2）比率差动<35ms（2 倍整定值，无涌流制动情况下）。

（3）比率差动元件（BLCD)，采用三折线比率差动原理。比率差动保护利用三相差动电流中的二次谐波（XBZD）作为励磁涌流闭锁判据。取三相差动电流中二次谐波最大值，作为按相制动的判据。

（4）过流保护（GL)。变压器中、低压侧各设一段过流保护，每段均为一个时限，分别设置整定控制字控制各保护的投退。一般不投入该保护。

（5）瞬时 TA 断线报警功能。瞬时 TA 断线报警在故障测量程序中进行，满足下述任一条件不进行 TA 断线判别：

1）启动前某侧最大相电流小于 0.2I_e，则不进行该侧 TA 断线判别。

2）启动后最大相电流大于 $1.2I_e$。

3）启动后任一侧任一相电流比启动前增加。

只有在比率差动元件动作后，才进入瞬时TA断线判别程序，这也防止了瞬时TA断线的误闭锁。

某侧电流同时满足下列条件认为是TA断线：

1）只有一相电流小于差动启动定值；

2）其他二相电流与启动前电流相等。

通过整定控制字选择，瞬时TA断线判别动作后可只发报警信号或闭锁比率差动保护出口。

45. RCS-9671C变压器差动保护面板各指示灯的作用是什么？

答：（1）“运行”灯为绿色，装置正常运行时点亮。

（2）“报警”灯为黄色，当发生报警时点亮。

（3）“跳闸”灯为红色，当保护动作出口点亮，在“信号复归”后熄灭。

46. RCS-9671C变压器差动保护在什么情况下发装置闭锁和装置告警信号？

答：当检测到装置本身硬件故障时，发出装置闭锁及失电信号（BSJ继电器返回），闭锁整套保护。硬件故障包括：RAM、EPROM、出口回路故障、CPLD故障、定值出错和电源故障。当检测到下列故障：启动CPU电源故障、启动CPU定值错、启动CPU通信错时，发出运行异常报警信号。当发生以上情况时请及时与厂家进行联系技术支持。

平衡系数错和接线方式错也将闭锁整套保护。

当检测到下列故障时，发出运行异常报警，需立即处理：

（1）TA告警。

（2）TA断线。

（3）启动CPU长期启动。

47. RCS-978变压器保护有哪些功能？其基本配置如何？

答：（1）稳态比率差动。

（2）差动速断。

（3）工频变化量比率差动。

（4）零序比率差动/分侧比率差动。

（5）复合电压闭锁方向过流。

（6）零序方向过流。

（7）过激磁。

（8）相间阻抗与接地阻抗。

后备保护可以根据需要灵活配置于各侧。另外还包括以下异常告警功能：

（1）过负荷报警。

（2）启动冷却器。

（3）过负荷闭锁有载调压。

（4）零序电压报警。

（5）差流异常报警。

（6）零序/分侧差流异常报警。

（7）差动回路TA断线。

（8）TA 异常报警和 TV 异常报警。

（9）过激磁报警。

RCS-978 有多种型号，可适用于各种接线方式及保护配置，详述如下。

RCS-978A 适用于 500kV 电压等级的三绕组变压器，差动回路可接入五个支路电流。

RCS-978B 适用于 500kV 电压等级的自耦变压器，高压侧为 3/2 断路器接线，低压侧为双分支，差动回路可接入五个支路电流。

RCS-978C 适用于 500kV 电压及以上等级的自耦变压器，高、中压侧均 3/2 断路器接线，低压侧为单分支，差动回路可接入五个支路电流。

RCS-978D 适用于 330kV 电压等级的自耦变压器，差动回路可接入五个支路电流。

RCS-978E 适用于 220kV 电压等级的各种变压器，差动回路可接入四个支路电流。

RCS-978F 适用于 220kV 电压等级的三绕组变压器，差动回路可接入五个支路电流。

RCS-978G5 适用于 500kV 及以上电压等级的自耦变压器，500kV 侧 3/2 断路器接线或双母线带旁路接线，220kV 侧 3/2 接线或双母线带旁路接线，35kV 侧单分支接线。

RCS-978HB 适用于 500kV 及以上电压等级的自耦变压器，500kV 侧 3/2 断路器接线或双母线带旁路接线，220kV 侧为 3/2 断路器接线或双母线带旁路接线，35kV 侧双分支，后备保护可用单独 TA。

48. RCS-978 微机变压器成套保护有哪些主要特点？

答：（1）并行时实计算。装置采样率为每个周波 24 点，主要继电器采用全周傅里叶算法。装置在较高采样率的前提下，保证了在故障全过程对所有保护继电器（主保护与后备保护）的并行实时计算，使得装置具有很高的固有可靠及安全性。

（2）独立的启动元件。管理板中设置了独立的总启动元件，动作后开放保护装置的跳闸出口继电器正电源；同时针对不同的保护采用不同的启动元件。CPU 板各保护元件只有在其相对应的启动元件动作后同时管理板对应的启动元件后才能跳闸出口。正常情况下保护装置的元件损坏不会引起装置误出口，装置的可靠性很高。

（3）变压器差动各侧电流相位差和平衡补偿。变压器各侧 TA 二次电流相位由软件自调整，各侧电流平衡系数调整范围可达 16 倍。装置采用△→Y 变化调整差流平衡，可明确区分涌流和故障的特征，大大加快差动保护在空投变压器于内部故障时的动作速度。

（4）稳态比率差动保护性能。稳态比率差动的动作特性采用三折线（见图 18-3），励磁涌流闭锁判据采用差电流二次、三次谐波闭锁或波形判别闭锁。采用差电流五次谐波进行过励磁闭锁。为防止在变压器区外故障并伴随 TA 饱和时稳态比率差动保护的误动，装置采用适用于变压器的谐波识别抗 TA 饱和的方法，能有效地解决变压器区外故障因 TA 饱和而误动的问题。

为避免区内故障时 TA 饱和误闭锁稳态比率差动，装置除了设有差动速断保护外，还有一高比例、高启动定值的比率差动保护，它只经过差电流二次谐波涌流判据或波形判别闭锁，利用其比率制动特性采用两折线如图 18-4 所示，图中阴影部分为稳态高值比率差动保护动作区。

（5）差动速断保护。差动速断保护实质为反应差动电流的过电流继电器，用以保证在变压器内部发生严重故障时差动保护快速动作跳闸，典型出口动作时间小于 15ms。

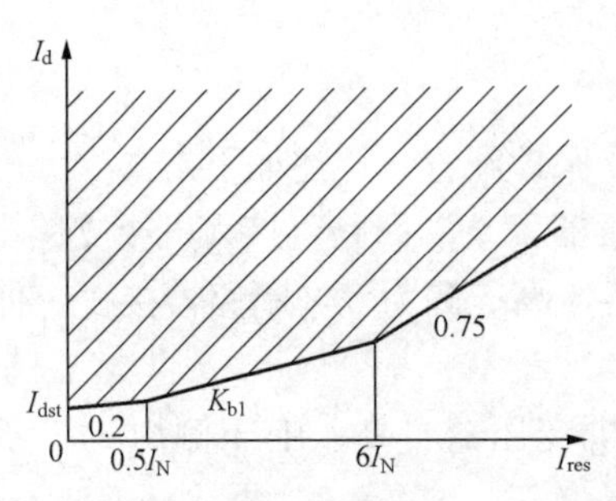

图 18-3 稳态比率差动保护的动作特性

I_d—差动电流；I_{res}—制动电流；I_{dst}—差动电流启动定值；K_{b1}—比率差动制动系数整定值；I_N—变压器额定电流

（图中阴影部分为稳态比率差动保护动作区）

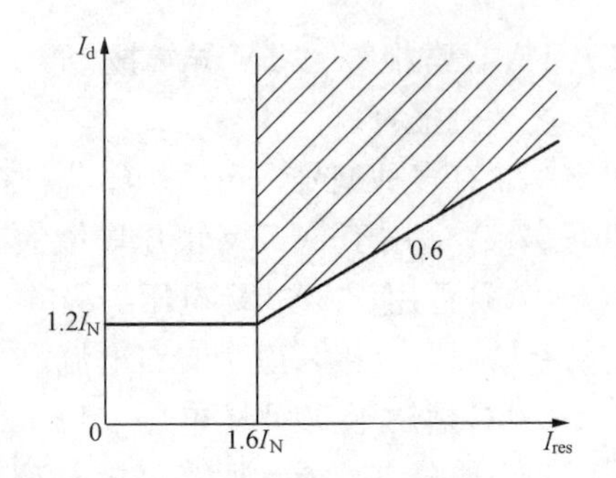

图 18-4 稳态高值比率差动保护的动作特性

（6）高灵敏工频变化量比率差动性能。工频变化量比率差动保护完全反映差动电流及制动电流的变化量，不受变压器正常运行时负荷电流的影响，有很高的检测变压器内部小电流故障（如中性点附近的单相接地及相间短路，单相小匝间短路）的能力。同时工频变化量比率差动的制动系数和制动电流取的较高，其耐受 TA 饱和的能力较强。工频变化量比率差动经过差电流二次谐波涌流判据或波形判别涌流判据闭锁。采用差电流五次谐波进行过励磁闭锁。动作特性如图 18-5 所示。

（7）零序比率差动与分侧差动性能。针对自耦变压器，装置设有零序比率差动保护或分侧差动保护；零差保护各侧零序电流均由装置自产得到，各侧 TA 二次零序电流由软件自调整平衡。同时采用了正序电流制动与 TA 饱和判据相结合的措施来避免区外故障时零序差保护的误动。零差保护的动作特征如图 18-6 所示。

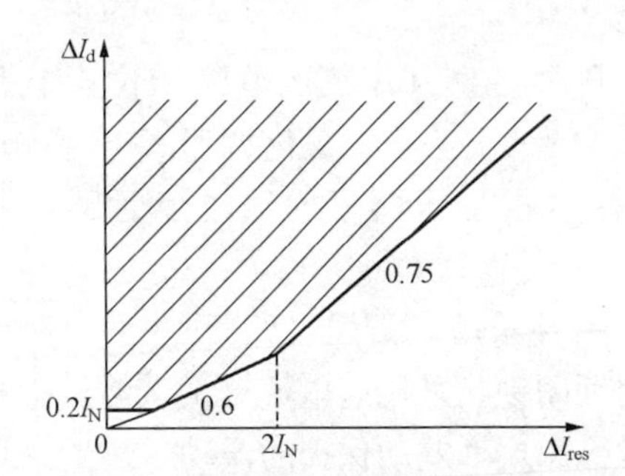

图 18-5 工频变化量差动保护的动作特性

ΔI_d—差动电流的工频变化量；ΔI_{res}—制动电流的工频变化量

（图中阴影部分为工频变化量比率差动保护动作区）

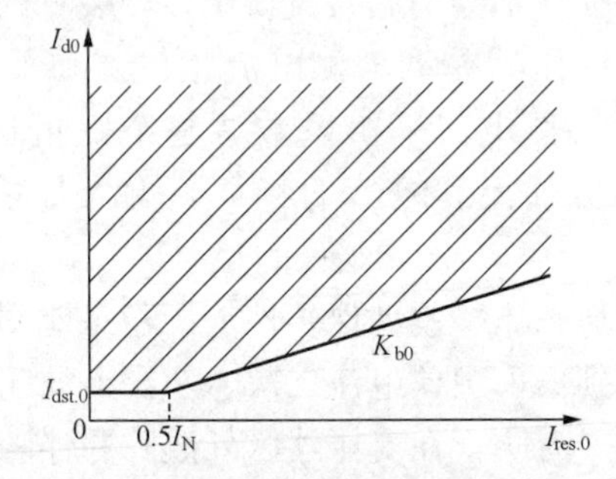

图 18-6 零序比率差动保护的动作特性

I_{d0}—零序差动电流；$I_{res.0}$—零序制动电流；$I_{dst.0}$—零序电流启动定值；K_{b0}—零序比率差动制动系数整定值；I_N—TA 二次额定电流

（图中阴影部分为零序比率差动保护动作区）

分侧差动保护的各侧 TA 二次电流由软件自调整平衡，其动作特性如图 18-7 所示。

（8）差动保护 TA 二次回路断线、短路闭锁与报警。装置采用电压量与电流量相结合的方法，使得差动保护 TA 二次回路断线和短路判别更可靠、更准确。

（9）过励磁保护。装置设有定时限过励磁和反时限过励磁保护。其中定时限过励磁有两段跳闸定值和一段报警定值。反时限过励磁则通过对给定的反时限特性曲线线性化处理，在计算得到过励磁倍数后，采用分段线形插值求出对应的动作时间，实现反时限。给定的反时限动作特性曲线由输入的十组定值得到。反时限过励磁保护的动作特性能针对不同的变压器过励磁倍数曲线进行配合，过励磁倍数测量更能反映变压器的实际运行工况。

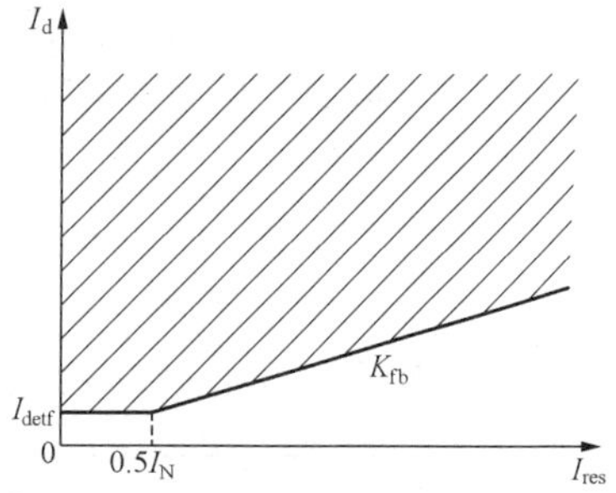

（10）后备保护。各侧后备保护考虑最大配置要求，其动作元件跳闸出口采用跳闸矩阵整定，适用于各种跳闸方式。阻抗保护具有振荡闭锁功能，TV 断线时阻抗保护退出，通过整定控制字可投入一段过流保护作为后备跳变压器各侧断路器。为防止变压器和应涌流对零序过流保护的影响，装置设有谐波闭锁功能。

图 18-7　分侧差动保护的动作特性

（11）人机对话。正常时，液晶显示时间，变压器的主接线，各侧电流，电压大小，功率方向和差电流的大小。键盘操作简单，采用菜单工作方式，仅有+、—、←、↑、→、↓、RST、ESC、ENT 九个按键，易于学习掌握。人机对话中所有的菜单均为简体汉字，打印的报告也为简体汉字，以方便使用。

49. RCS-978 变压器典型配置如何？

答：以 RCS-978C 变压器配置为例说明，如图 18-8 所示。

RCS-978C 适用于 500kV 及以上系统自耦变压器，500kV 侧 3/2 断路器接线或双母线带

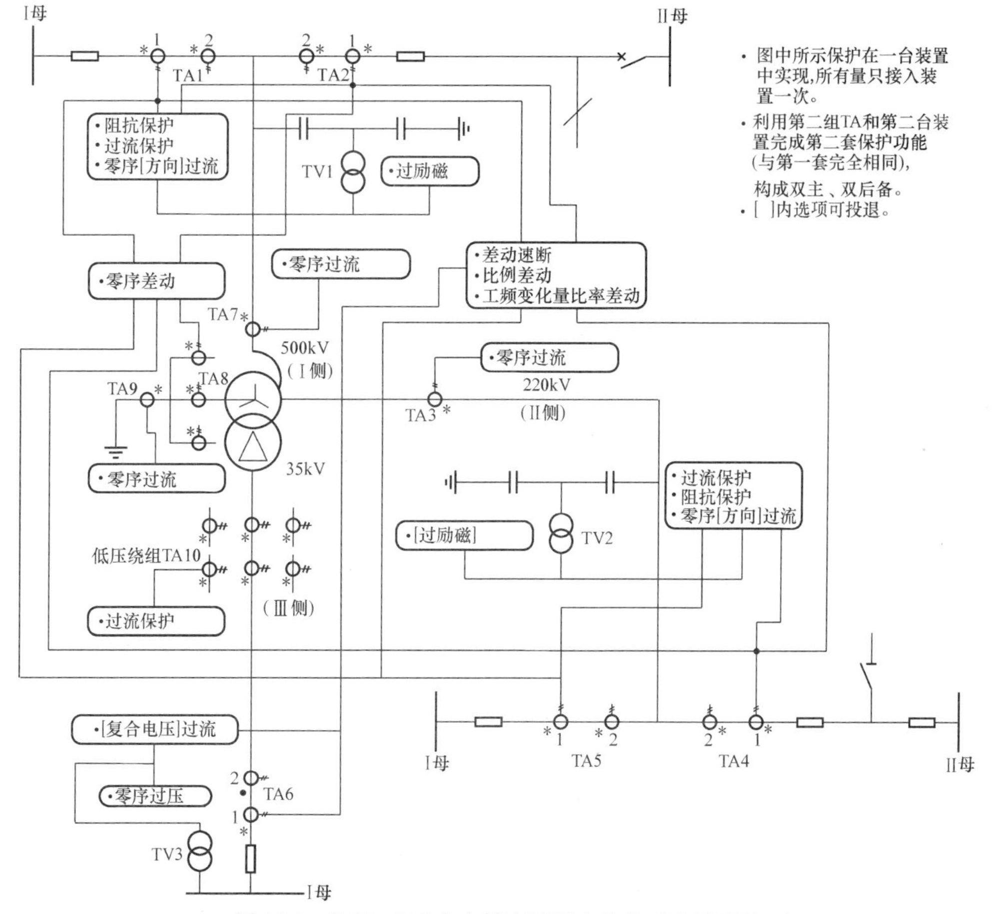

图 18-8　RCS-978C 在自耦变压器中的典型应用配置

旁路接线，220kV 侧 3/2 断路器接线或双母线带旁路接线，35kV 侧单分支接线。

图中表示的是此型保护所能够适应的最大的接线方式，但其接线方式并不一定符合实际应用。

50. RCS-978 变压器稳态比率差动保护的原理如何？

答：稳态比率差动启动。当三相差动电流最大值大于差动电流启动整定值时，启动元件动作。稳态比率差动的逻辑图如图 18-9 所示。

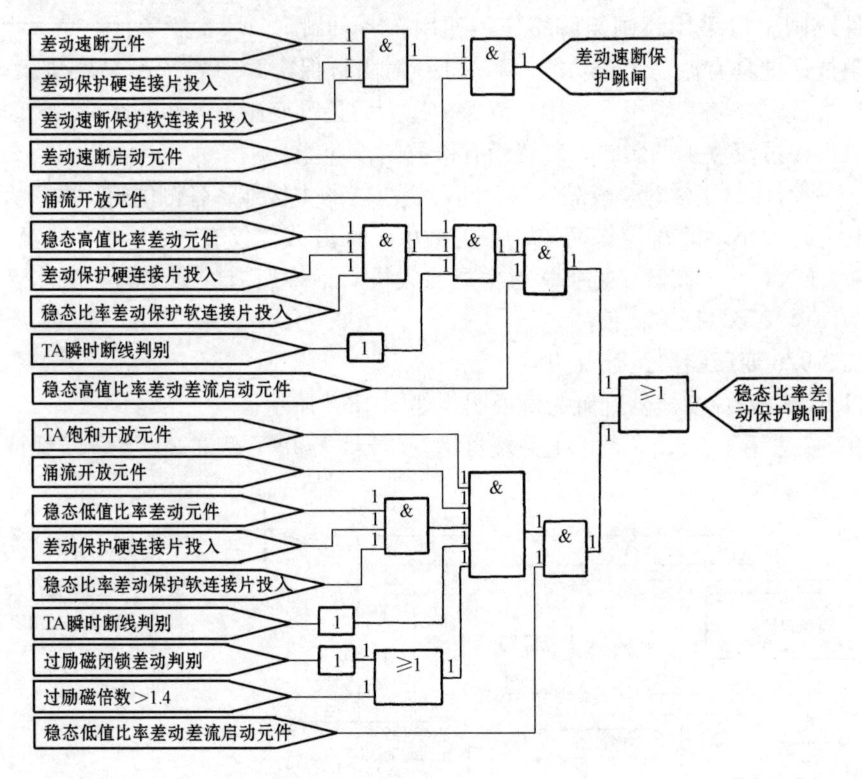

图 18-9　RCS-978 变压器保护稳态比率差动的逻辑框图

51. RCS-978 变压器工频变化量比率差动保护的基本原理如何？

答：工频变化量比率差动启动。装置具有反应差动电流的工频变化量幅值的启动元件，与工频变化量比率差动继电器配合，其动作判据为

$$\left.\begin{aligned}&\Delta I_{\mathrm{d}}=|\Delta\dot{I}_{1}+\Delta\dot{I}_{2}+\cdots+\Delta\dot{I}_{\mathrm{m}}|\\&\Delta I_{\mathrm{d}}>1.25\Delta I_{\mathrm{dt}}+I_{\mathrm{dt}}\\&\Delta I_{\mathrm{d}}>0.6\Delta I\mathrm{r}\quad(\Delta I_{\mathrm{r}}<2I_{\mathrm{N}})\\&\Delta I_{\mathrm{d}}>0.75\Delta I_{\mathrm{r}}-0.3I_{\mathrm{N}}\quad(\Delta I_{\mathrm{r}}>2I_{\mathrm{N}})\end{aligned}\right\}\tag{18-2}$$

其中，ΔI_{dt} 为浮动门槛，随着变化量输出大而逐步自动提高，取 1.25 倍可保证门槛电压始终略高于不平衡输出，保证在系统振荡和频率偏移情况下，保护不误动。

ΔI_1、ΔI_2、…、ΔI_{m} 分别为变压器各侧电流的工频变化量。ΔI_{d} 为差动电流的工频变化量。I_{dt} 为固定门槛；ΔI_{r} 为制动电流的工频变化量，它取最大制动量。

装置中依次按每相判别。当满足条件时，工频变化量比率差动动作。工频变化量比率差动保护经过二次谐波涌流闭锁判据或波形判别涌流闭锁判据闭锁，同时经过五次谐波过励磁

闭锁判据闭锁。

由于工频变化量比率制动系数可取较高的数值，因而可利用其本身的比率制动特性抗区外故障时 TA 的暂态和稳态饱和。工频变化量比率差动元件的引入提高了装置在变压器正常运行时内部发生轻微匝间故障的灵敏度。工频变化量比率差动保护的动作特性如图 18-10（a）所示，逻辑框图如图 18-10（b）所示。

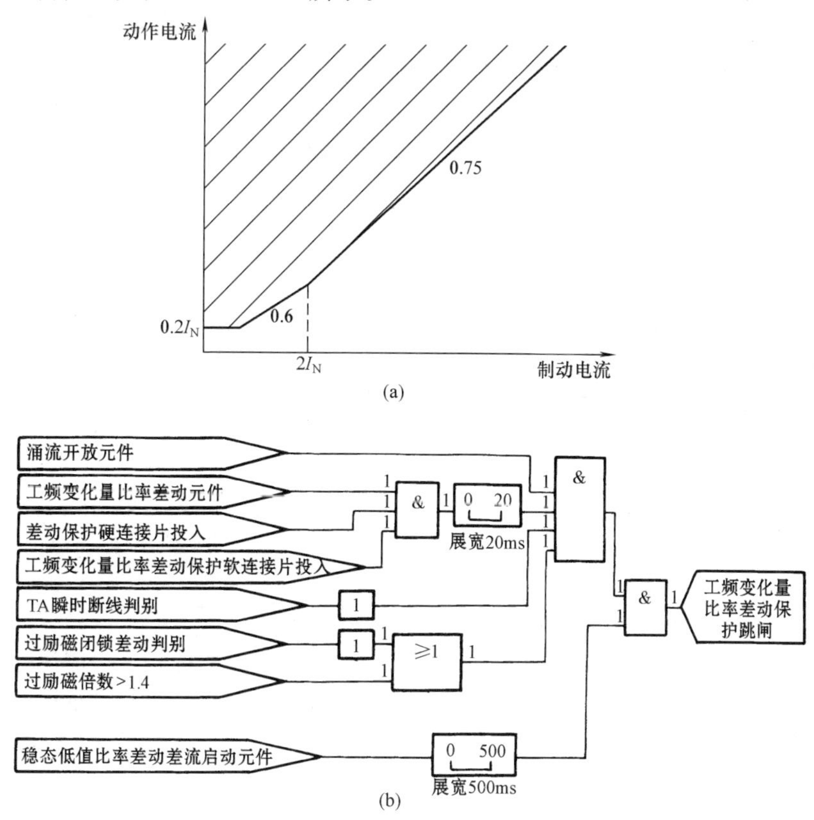

图 18-10　RCS-978 变压器保护工频变化量比率差动的逻辑框图

（a）动作特性；（b）逻辑框图

52. RCS-978 变压器保护零序比率差动的基本原理是什么？

答：（1）零序比率差动用于自耦变压器，其差动范围为高压侧、中压侧和公共绕组侧，当零序差动电流大于零差电流启动值时，保护的启动元件动作。其逻辑方框图如图 18-11 所示。

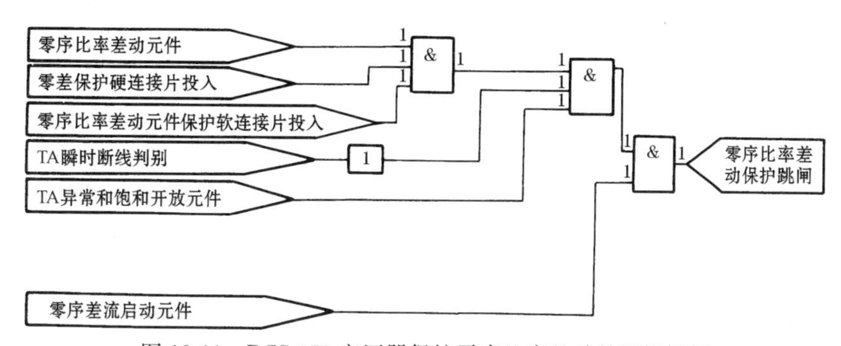

图 18-11　RCS-978 变压器保护零序比率差动的逻辑框图

零序差动各侧零序电流通过装置自产得到。

（2）为避免在区外最大三相短路故障以及励磁涌流等因素所导致的由于TA暂态特性差异和TA饱和等所产生的“错误的差动回路零序电流”对零序比率差动的影响，装置采用正序电流制动的闭锁判据和TA饱和判据相结合的方法，即对于零差各侧的电流，当所有侧的零序电流大于正序电流的β_0倍时，开放零序比率差动。其表达式为$I_0>\beta_0 I_1$，其中I_0为某侧的零序电流，I_1为对应侧的正序电流，β_0是某一比例常数。同时利用零序差动各侧相电流的二次和三次谐波作为TA饱和的判据来闭锁零序比率差动。

53. RCS-978变压器分侧差动保护的原理是什么？

答：分侧差动保护用于自耦变压器，其二次侧分别接变压器高压侧、中压侧和公共绕组侧，当分侧差动三相差流的最大值大于分侧差动电流整定值时，启动元件动作。分侧差动的逻辑框图如图18-12所示。

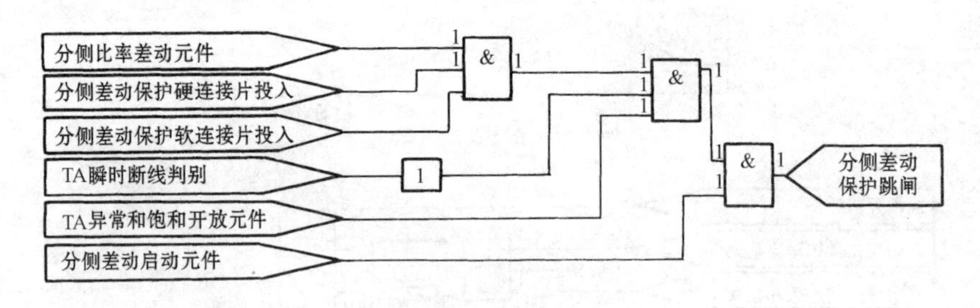

图18-12　RCS-978变压器保护分侧差动的逻辑框图

54. RCS-978变压器过励磁保护的基本原理是什么？

答：RCS-978变压器过励磁保护设有定时限和反时限过励磁保护。定时限过励磁有两段跳闸定值和一段报警定值，反时限过励磁则通过对给定的反时限动作特性曲线进行线性化处理，在计算得到过励磁倍数后，采用分段线性差值求出对应的动作时间，实现反时限。给定的反时限动作特性曲线由输入的十组定值得到，如图18-13所示。

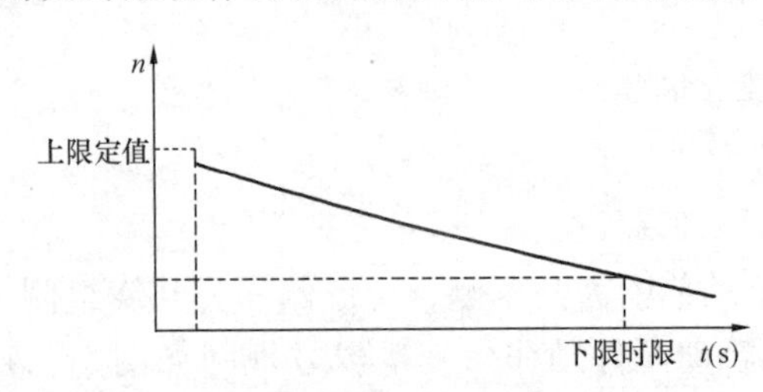

图18-13　RCS-978变压器保护反时限过激磁定值示意图

图18-13中，对反时限动作特性曲线的十组输入定值有一定的限制，即反时限过励磁上限倍数整定值要大于反时限过励磁倍数Ⅰ整定值，而反时限过励磁上限倍数时限整定值小于反时限过励磁倍数Ⅰ时限整定值，依此类推到发反时限过励磁倍数下限整定值。同时反时限过励磁倍数下限整定值要大于反时限过励磁报警倍数整定值。时间延时考虑最大到6000s（即100min），过励磁倍数整定值一般为1.1～1.5。

55. RCS-978变压器阻抗保护的基本原理是什么？

答：RCS-978变压器阻抗保护作为变压器相间后备保护，可通过整定值选择采用方向阻抗圆、偏移阻抗圆或全阻抗圆。当某段阻抗反向定值整定为零时，选择方向阻抗圆；当某段阻抗正向定值大于反向定值时，选择偏移阻抗圆；当某段阻抗正向定值与反向定值整定为相等时，选择全阻抗圆。阻抗保护的方向和跳闸逻辑和整定，TV断线时自动退出阻抗保护。阻抗保护的逻辑框图如图18-14所示。

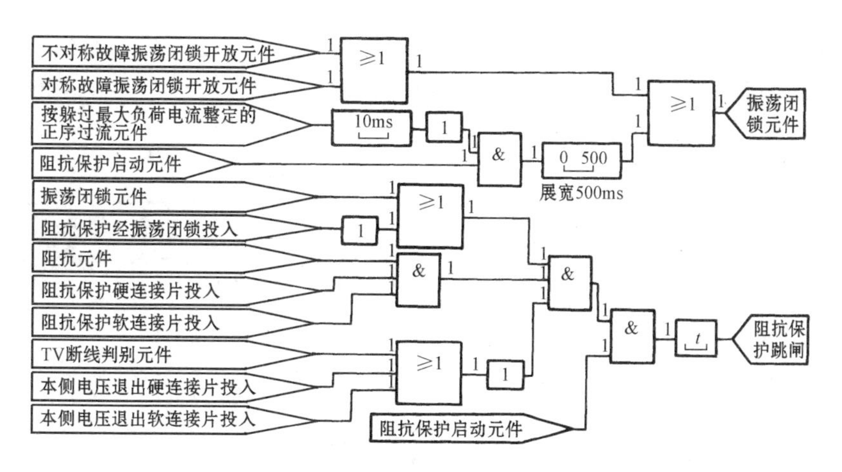

图 18-14 RCS-978 变压器保护阻抗保护逻辑框图

56. RCS-978 变压器复合电压闭锁方向过流保护的基本原理是什么?

答:(1)复合电压闭锁方向过流保护，作为变压器相间后备保护。通过整定控制字可选择过流各段经复合电压闭锁；通过整定控制字可选择过流各段经方向闭锁。

(2)方向元件采用正序电压极化，可消除近处三相短路时方向元件的死区。方向元件和电流元件接成按相启动方式。

(3)复合电压元件由相间低电压和负序电压或门构成，对于变压器某侧复合电压元件可通过整定控制字选择来引入其他侧的电压作为闭锁电压。

复合电压闭锁方向过流保护逻辑如图 18-15 所示。

57. RCS-978 变压器保护在运行时有哪些异常信号?

答:(1)差流异常报警。当任一相差流大于 TA 报警差流定值时间超过 10s 时发出差流异常报警信号，但不闭锁差动保护。

(2)瞬时 TA 断线和短路报警。瞬时 TA 断线和短路报警在差动保护启动后并满足以下任一条件开放差动保护：

1)任一侧任一相间工频变化量电压元件启动。

2)任一侧负序相电压大于 6V。

3)启动后任一侧任一相电流比启动前增加。

4)启动后最大相电流大于 $1.1I_e$。

通过“TA 断线闭锁差动控制字”整定选择，瞬时 TA 断线和短路判别动作后可只发报警信号。闭锁部分差动保护或闭锁全部差动保护。

在 TA 二次回路断线和短路时闭锁零序差动(或分侧差动)保护。

(3)零序差流(或分侧差流)异常报警。当零序差流(或分侧差流)大于 TA 报警零序差流(或分侧差流)定值的时间过 10s 时发出零序差流(或分侧差流)异常报警信号，但不闭锁零序差动保护(或分侧差动)。

(4)TA 异常报警。当零序电流大于 $0.06I_n$ 后延时 10s 报该侧 TA 异常，同时发出报警信号，待电流恢复正常后保护也自动恢复正常(延时 10s 返回)。

(5)装置各侧后备保护设有零序过压报警，过负荷报警。

(6)装置闭锁与报警。

1)当 CPU 检测到装置本身硬件故障时，发出装置闭锁信号(BSJ 继电器返回)，闭锁

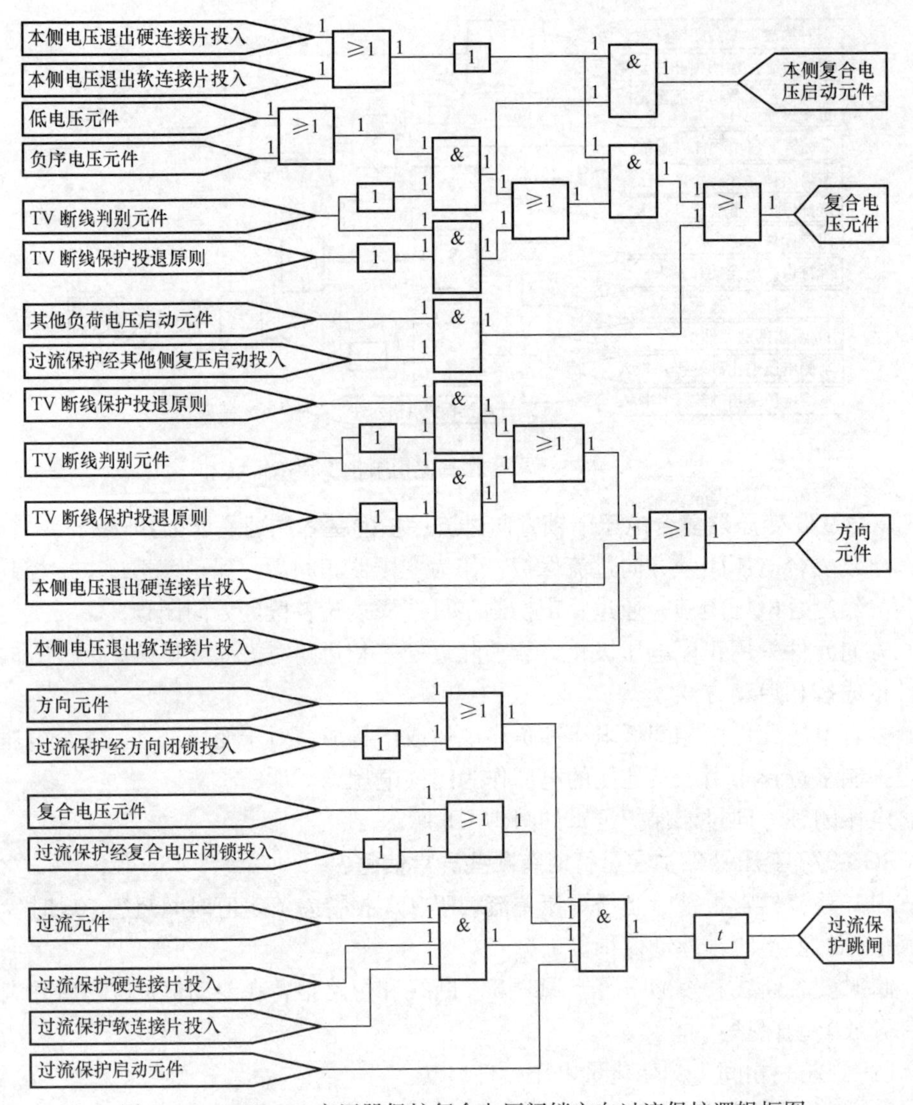

图 18-15　RCS-978 变压器保护复合电压闭锁方向过流保护逻辑框图

整套保护。硬件故障包括 RAM 异常、程序存储器出错、E^2PROM 出错、该区定值无效、光电隔离失电报警、DSP 出错和跳闸出口报警等。

2）当 CPU 检测到下列故障时（装置存储长期启动、不对应启动、装置内部通信出错、TA 断线或异常、TV 断线或异常），发出装置报警信号（BSJ 继电器动作）。

58. RCS-978 变压器保护有哪些跳闸信号？

答：（1）RCS-978A 跳闸信号。该装置可有 10 个跳闸信号，其中 4 个为备用。每个跳闸信号输出 1 副磁保持触点和 2 副不保持触点，分别用于中央信号、远方信号、事件信号。10 个跳闸信号分别为：

1）差动保护跳闸信号。

2）过励磁保护跳闸信号。

3）Ⅰ侧后备保护跳闸信号。

4）Ⅱ侧后备保护跳闸信号。

5）Ⅲ侧后备保护跳闸信号。

6）Ⅳ侧后备保护跳闸信号。

7）其他均为备用。

（2）RCS-978B 跳闸信号。装置有 10 个跳闸信号，其中 3 个为备用（其他同上）。10 个跳闸信号分别为：

1）差动保护跳闸信号。

2）过励磁保护跳闸信号。

3）Ⅰ侧后备保护跳闸信号。

4）Ⅱ侧后备保护跳闸信号。

5）Ⅲ侧后备保护跳闸信号。

6）Ⅳ侧后备保护跳闸信号。

7）公共绕组后备跳闸信号。

8）其他为备用。

（3）RCS-978C 跳闸信号。装置有 10 个跳闸信号，其中 4 个为备用（其他同上）。10 个跳闸信号分别为：

1）差动保护跳闸信号。

2）过励磁保护跳闸信号。

3）Ⅰ侧后备保护跳闸信号。

4）Ⅱ侧后备保护跳闸信号。

5）Ⅲ侧后备保护跳闸信号。

6）公共绕组后备跳闸信号。

7）其他为备用。

（4）RCS-978E 跳闸信号。装置有 10 个跳闸信号，其中 4 个为备用（其他同上）。10 个跳闸信号分别为：

1）差动保护跳闸信号。

2）Ⅰ侧后备保护跳闸信号。

3）Ⅱ侧后备保护跳闸信号。

4）Ⅲ侧后备保护跳闸信号。

5）Ⅳ侧后备保护跳闸信号。

6）公共绕组后备跳闸信号。

7）其他为备用。

59. RCS-978 变压器保护有哪些报警信号？

答：（1）RCS-978A 报警信号。装置有 12 个报警信号，每个信号输出 3 副不保持触点（分别去中央信号、远方信号、事件记录，以下相同）。12 个报警信号分别为：

1）装置闭锁信号。

2）装置报警信号，内部通信出错，长期启动；TA 断线或异常，TV 断线或异常等。

3）TA 断线报警信号，各侧 TA 断线或异常信号。

4）TV 断线报警信号，各侧 TV 断线或异常信号。

5）过负荷报警信号，各侧过负荷报警信号。

6）过励磁报警信号。

7）Ⅲ侧零序过压报警信号。

8）Ⅳ侧零序过压报警信号。

以下信号表示报警侧别：

9）Ⅰ侧报警信号，该侧过负荷信号、TA断线或异常信号和TV断线或异常信号等。

10）Ⅱ侧报警信号，该侧过负荷信号、TA断线或异常信号和TV断线或异常信号等。

11）Ⅲ侧报警信号，该侧过负荷信号、TA断线或异常信号和TV断线或异常信号等。

12）Ⅳ侧报警信号，该侧过负荷信号、TA断线或异常信号和V断线或异常信号等。

（2）RCS-978B变压器报警信号。装置有13个报警信号，每个信号输出3副不保持触点。13个报警信号分别为：

1）装置闭锁信号。

2）装置报警信号，内部通信出错，长期启动。TA断线或异常，TV断线或异常等。

3）TA断线报警信号，各侧TA断线或异常信号。

4）TV断线报警信号，各侧TV断线或异常信号。

5）过负荷报警信号，各侧过负荷报警信号。

6）过励磁报警信号。

7）Ⅲ侧零序过压报警信号。

8）Ⅳ侧零序过压报警信号。

以下信号表示报警侧别：

9）Ⅰ侧报警信号，该侧过负荷信号、TA断线或异常信号和TV断线或异常信号等。

10）Ⅱ侧报警信号，该侧过负荷信号、TA断线或异常信号和TV断线或异常信号等。

11）Ⅲ侧报警信号，该侧过负荷信号、TA断线或异常信号和TV断线或异常信号等。

12）Ⅳ侧报警信号，该侧过负荷信号、TA断线或异常信号和TV断线或异常信号等。

13）公共绕组报警信号，该侧过负荷信号和TA断线或异常信号等。

（3）RCS-978C变压器报警信号。装置有12个报警信号，每个信号输出3副不保持触点。12个报警信号分别为：

1）装置闭锁信号。

2）装置报警信号，内部通信出错，长期启动。TA断线或异常，TV断线或异常等。

3）TA断线报警信号，各侧TA断线或异常信号。

4）TV断线报警信号，各侧TV断线或异常信号。

5）过负荷报警信号，各侧过负荷报警信号。

6）Ⅲ侧零序过压报警信号。

7）过励磁报警信号。

以下信号表示报警侧别：

8）Ⅰ侧报警信号，该侧过负荷信号、TA断线或异常信号和TV断线或异常信号等。

9）Ⅱ侧报警信号，该侧过负荷信号、TA断线或异常信号和TV断线或异常信号等。

10）Ⅲ侧报警信号，该侧过负荷信号、TA断线或异常信号和TV断线或异常信号等。

11）公共绕组报警信号，该侧过负荷信号、TA断线或异常信号和零序报警信号等。

12）备用报警信号。

（4）RCS-978E变压器报警信号。装置有12个报警信号，每个信号输出3副不保持触点。12个报警信号分别为：

1）装置闭锁信号。

2）装置报警信号，内部通信出错，长期启动。TA断线或异常，TV断线或异常等。

3）TV断线报警信号，各侧TV断线或异常信号。

4）TA断线报警信号，各侧TA断线或异常信号。

5）过负荷报警信号，各侧过负荷报警信号。

6）Ⅲ侧零序过压报警信号。

7）Ⅳ侧零序过压报警信号。

以下信号表示报警侧别：

8）Ⅰ侧报警信号：该侧过负荷信号、TA断线或异常信号和TV断线或异常信号等。

9）Ⅱ侧报警信号：该侧过负荷信号、TA断线或异常信号和TV断线或异常信号等。

10）Ⅲ侧报警信号：该侧过负荷信号、TA断线或异常信号和TV断线或异常信号等。

11）Ⅳ侧报警信号：该侧过负荷信号、TA断线或异常信号和TV断线或异常信号等。

12）公共绕组报警信号：该侧过负荷信号、TA断线或异常信号和零序报警信号等。

60. RCS-978变压器保护面板各信号灯的作用是什么？

答：运行监视灯：监视保护的运行情况，正常时亮。

报警灯：当保护装置出现报警信号时该灯亮。

跳闸灯：当保护装置出现跳闸信号时该灯亮。

61. RCS-978变压器保护如何显示报告？

答：本菜单显示保护动作报告，异常事件报告及开入变位报告。由于本保护自带掉电保持，不管断电与否，它能记忆保护动作报告，异常记录报告及开入变位报告各32次。

按键“↑”和“↓”用来上下滚动，选择要显示的报告，按键“ENT”显示选择的报告。首先显示最新的一条报告；按键“－”显示前一个报告；“＋”显示后一个报告。若一条报告一屏显示不下，则通过键“↑”和“↓”上下滚动。按键“ESC”退出至上一级菜单。

62. RCS-978变压器保护如何打印报告？

答：本菜单选择打印定值，正常波形，故障波形（保护动作报告），异常事件报告及开入变位报告。

正常波形记录保护当前5个周波的各侧电流、电压波形，差动和零序调整后的各侧电流、各相差电流和零序电流，用于校核装置接入的电流、电压极性和相位。

装置能记忆8次波形报告，其中差流波形报告中包括三相差流、差动调整后各侧电流以及各开关跳闸时序图，各侧电流、电压打印功能中可以选择、打印各侧故障前后的电流、电压波形。可用于故障后的事故分析。

打印定值包括一套当前整定定值，差动计算定值以及各侧后备保护跳闸矩阵。以便校核存档。

按键“↑”和“↓”用来上下滚动，选择要打印的报告，按键“ENT”确认打印选择的报告。

63. RCS-978变压器保护录波功能和事件报告功能有哪些？

答：（1）保护故障录波和故障事件报告功能。保护CPU启动后将记录下启动前2个周波、启动后6个周波的电流、电压波形，跳闸前2个周波、跳闸后6个周期的电流、电压波形。保护装置可循环记录32组故障事件报告、8组录波的波形数据。故障事件报告包括动作元件、动作相别和动作时间。录波内容包括三相差流、差动各侧调整后电流、各侧三相电流和零序电流、各侧三相电压和零序电压以及负序差流、过励磁倍数测量值、零差电流、零差各侧调整后零序电流和跳闸脉冲等。

（2）异常报警和装置自检报告。保护 CPU 还记录异常报警和装置自检报告，可循环记录 32 组异常时间报告。异常事件报告包括各种装置自检出错报警、装置长期启动和不对应启动报警、差动电流异常报警、零差电流异常报警、各侧 TA 异常报警、各侧 TV 异常报警、各侧 TA 断线报警、各侧过负荷报警、零序电压报警、启动风冷、过载闭锁调压和过励磁报警等。

（3）开关量变位报告。保护 CPU 也记录开关量变位报告，可循环记录 32 组开关量变位报告。开关量变位报告包括各种连接片变位和管理板各启动元件变位等。

（4）正常波形。保护 CPU 可记录包括三相差流、差动各侧调整后电流、各侧三相电流和零序电流、各侧三相电压和零序电压以及负序电压、零差电流和零差各侧调整后零序电流等在内 5 个周波的正常波形。

64. WBH-801A/P 变压器保护装置保护性能特点有哪些？

答：（1）自适应变特性的综合差动保护。主保护根据不同的故障类型配置了不同原理的差动保护，除配置有传统的稳态比率差动保护外，还配置灵敏的增量差动，形成了不同原理差动保护间的冗余性和互补性。各个原理的差动保护均采用自适应变特性技术，既有反映严重故障的快速动作区、典型故障的一般动作区，又有反映接地轻微匝间故障的灵敏动作区（见图 18-16）。装置自动根据不同的故障类型，自适应选择不同动作特性和不同滤波算法，达到继电保护“四性”的辩证统一。

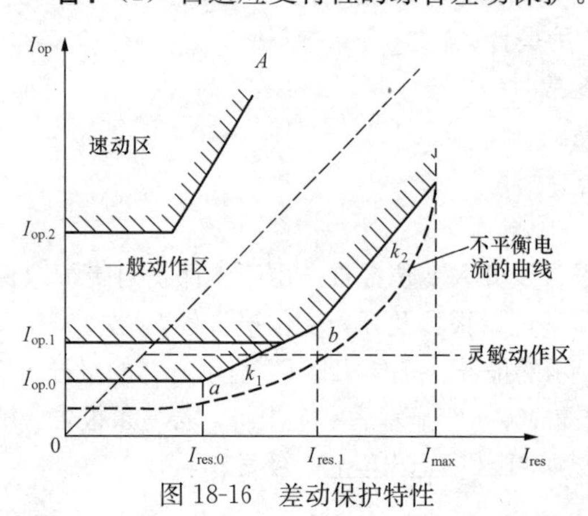

图 18-16 差动保护特性

（2）虚拟正弦波技术识别空投故障变压器。空投匝间故障变压器的动作时间是衡量变压器差动保护的一个重要指标。正确识别励磁涌流与故障是解决空投匝间故障差动保护动作时间长的唯一途径。传统做法是利用电流过零点的信息，通过间断角或二次谐波判别涌流，从而来闭锁差动保护，本装置是通过电流过零点附近信息是否具备故障特征来决定是否快速开放差动保护，应用该原理后，差动保护在保证正常变压器不误动的前提下，大大提高了空投匝间故障时差动保护的动作速度。

（3）虚拟制动量的识别 TA 饱和专利技术。由于变压器各侧的电压等级不同导致各侧的 TA 的型号和特性也不一致，TA 饱和问题是 P 级电流互感器能够应用于差动的关键问题。采用该专利技术后，发生外部故障，电流波形正常时间不小于 2.5ms 时，差动保护可靠不误动。

65. WBH-801A/P 变压器保护配置如何？

答：WBH-801A/P 装置中可提供一台变压器所需要的全部电量保护，主保护和后备保护可共用同一 TA。这些保护包括：

（1）比率制动差动保护。

（2）增量差动保护。

（3）差流速断保护。

（4）相间后备保护。

（5）接地零序保护。

（6）不接地零序保护。

(7) 非全相保护。

(8) 失灵启动保护。

(9) 母线充电保护。

(10) 过励磁保护。

66. WBH-801A/P 变压器保护有哪些异常告警功能?

答:(1) 过负荷告警。

(2) 有载调压闭锁。

(3) 通风启动。

(4) 零序过压告警。

(5) TA 异常告警。

(6) TV 异常告警。

67. WBH-801A/P 变压器保护的典型配置如何?

答:WBH-801A/P 微机变压器保护可以适应变压器多种接线的要求,图 18-17 为 WBH-801A/P 在 220kV 变压器典型的接线(三绕组变压器,高、中压侧为双母带旁路,低压侧带分支)的应用配置方案。

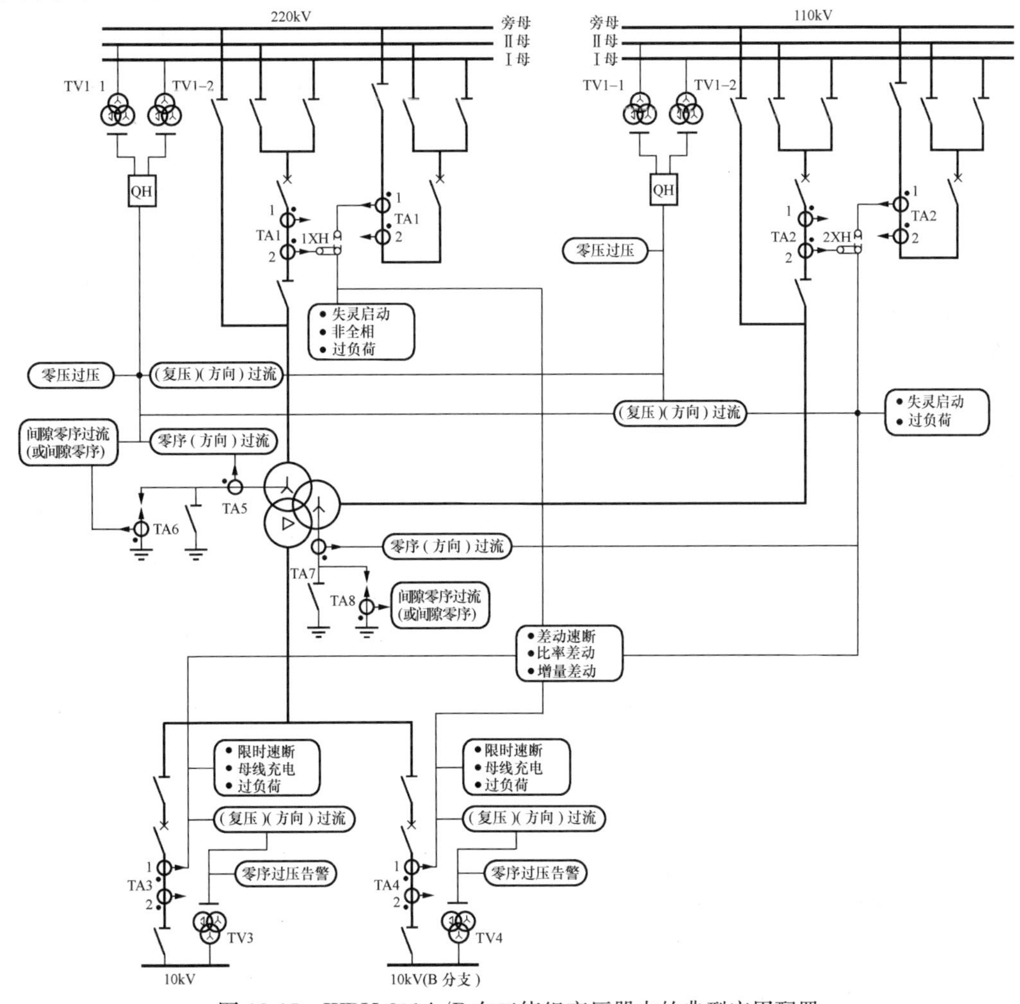

图 18-17 WBH-801A/P 在三绕组变压器中的典型应用配置

图 18-17 中：

（1）所示的保护在一台装置中实现，所有的交流量只接入装置一次。

（2）利用第二组 TA 和第二台装置完成第二套保护功能，实现双主双后。

（3）其中“()”内为可以选择。

（4）复合电压可选本侧复合电压，或各侧复合电压的“或”。

68. WBH-801A/P 变压器差动保护的原理如何？

答：比率制动式差动保护是变压器的主保护，能反映变压器内部相间短路故障、高压侧单相接地短路及匝间层间短路故障。为了满足电力系统对继电保护的上述要求，变压器主保护由比率差动、增量差动、差流速断、差流越限告警组成。

（1）比率差动保护。比率差动保护能反映变压器内部相间短路故障、高（中）压侧单相接地短路及匝间层间短路故障，既要考虑励磁涌流和过励磁运行工况，同时也要考虑 TA 异常、TA 饱和、TA 暂态特性不一致的情况。比率差动动作特性如图 18-18 所示。比率差动保护逻辑如图 18-19 所示。

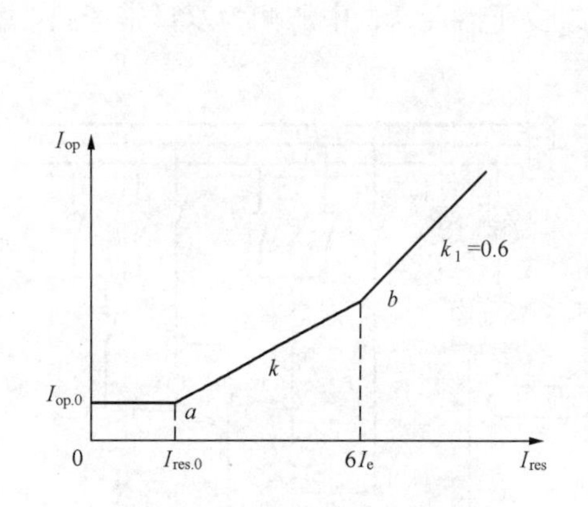

图 18-18　比率差动动作特性

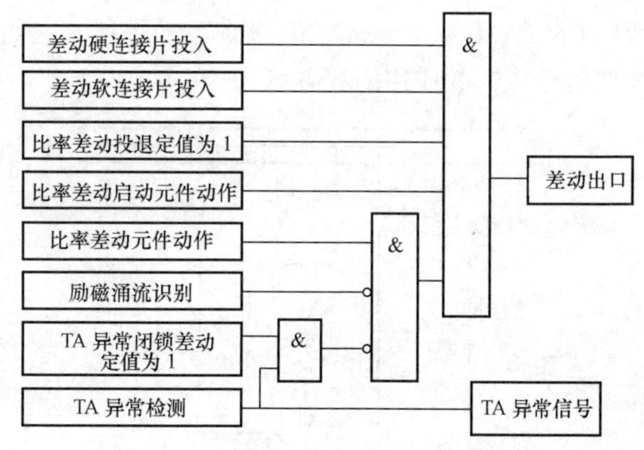

图 18-19　比率差动保护逻辑图

（2）励磁涌流判据。装置提供两种励磁涌流识别方式，当“识别励磁涌流方式”整定为 0 时，采用二次谐波原理闭锁，整定为 1 时，采用波形比较原理闭锁。

（3）TA 饱和判据。为防止在变压器区外发生故障等状态下的 TA 饱和所引起的比率制动式差动保护误动作，保护设有 TA 饱和判据。由铁磁元件的“$B-H$”曲线可知，区外故障起始时和一次电流过零点附近 TA 存在一个线性传变区，因此，区外故障 TA 饱和时，差动电流波形不完整，存在间断。采用时差法判断出为变压器区外故障后，如果判断出差动电流不完整，存在间断，则闭锁差动保护。并采用虚拟制动量的 TA 饱和识别专利技术，既能有效防止区外故障保护误动作，又能保证在区内故障及区外故障发展成为区内故障时保护的快速动作。

（4）TA 异常判据。TA 异常判据分为两种情况，一种为未引起差动保护启动的 TA 异常判别，另一种为引起差动保护启动的 TA 异常判别。

引起差动保护启动的 TA 异常判别：当三相电流都大于 0.2 倍的额定电流时，启动 TA 异常判别程序，满足下列条件认为 TA 异常：

1）本侧三相电流中至少一相电流不变。

2）任意一相电流为零。

未引起差动保护启动差动保护的TA异常判别：满足下列条件认为TA异常，延时10s发TA异常信号：

1）零序电流大于0.1倍的额定电流。

2）任意一相电流为零。

通过定值“TA异常闭锁差动”控制TA异常判别出后是否闭锁差动保护。当“TA异常闭锁差动”整定为“0”时，判别出TA异常后不闭锁差动保护，整定为“1”时，判别出TA异常后闭锁差动保护。

69. WBH-801A/P 变压器增量差动保护的原理是什么？

答： 增量差动不受正常运行的负荷电流的影响，具有比比率差动更高的灵敏度，由于比率差动保护的制动电流的选取包括正常的负荷电流，变压器发生弱故障时，比率差动保护由于制动电流大，可能延时动作或者不动作。增量差动主要解决变压器轻微的匝间故障，高阻接地故障。

（1）动作特性（见图18-20）。

（2）保护逻辑（见图18-21）。

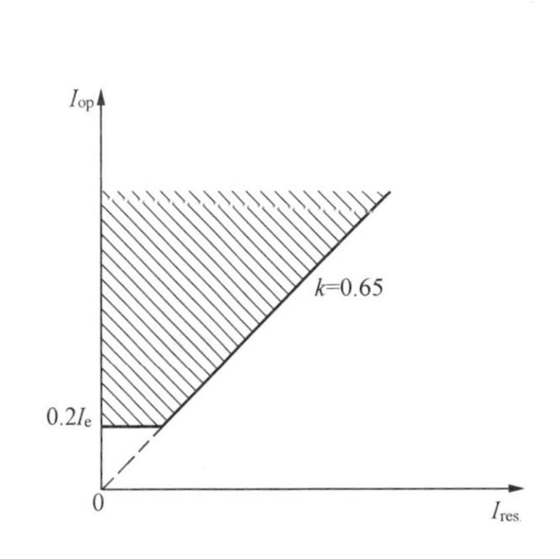

图18-20　增量差动保护动作特性图

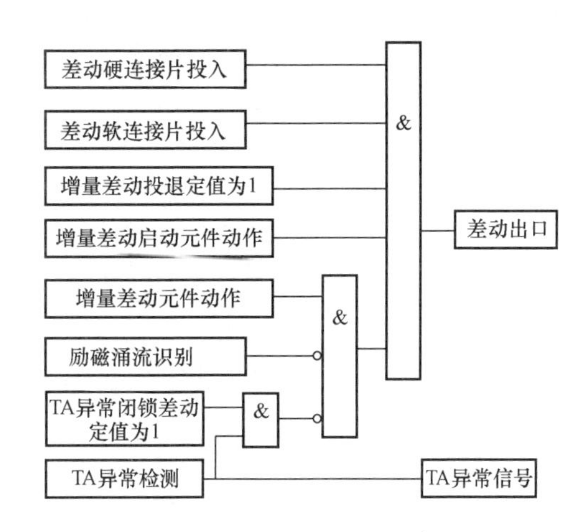

图18-21　增量差动保护逻辑图

70. WBH-801A/P 变压器差流速断保护原理是什么？

答： 由于比率差动保护需要识别变压器的励磁涌流和过励磁运行状态，当变压器内部发生严重故障时，不能够快速切除故障，对电力系统的稳定带来严重危害，所以配置差流速断保护，用来快速切除变压器严重的内部故障。

当任一相差流电流大于差动速断整定值时差流速断保护瞬时动作，跳开各侧断路器。

差流速断保护逻辑如图18-22所示。

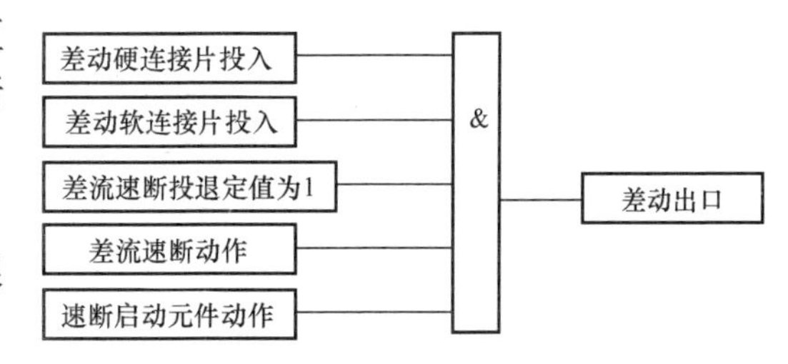

图18-22　差流速断保护逻辑图

71. WBH-801A/P 微机变压器差流越限保护的原理是什么？

答： 当任一相差流电流大于0.5倍比率差动最小动作电流整定值时，延时5s报差流越限信号。

差流越限保护逻辑图如图18-23所示。

72. WBH-801A/P 变压器过励磁保护的原理是什么？

答： 过励磁保护分为定时限告警信号和反时限两部分，反时限特性采用点对点式整定。

保护动作特性曲线如图 18-24 所示。

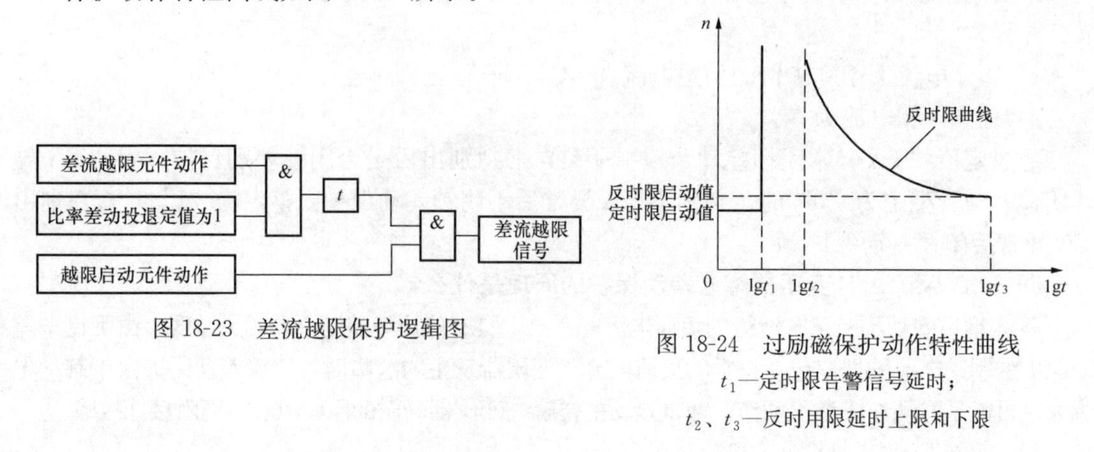

图 18-23 差流越限保护逻辑图

图 18-24 过励磁保护动作特性曲线

t_1—定时限告警信号延时；

t_2、t_3—反时用限延时上限和下限

图中：t_1 为定时限告警信号延时，t_2 和 t_3 分别为反时限延时上限和下限。

过励磁保护逻辑框图如图 18-25 所示。

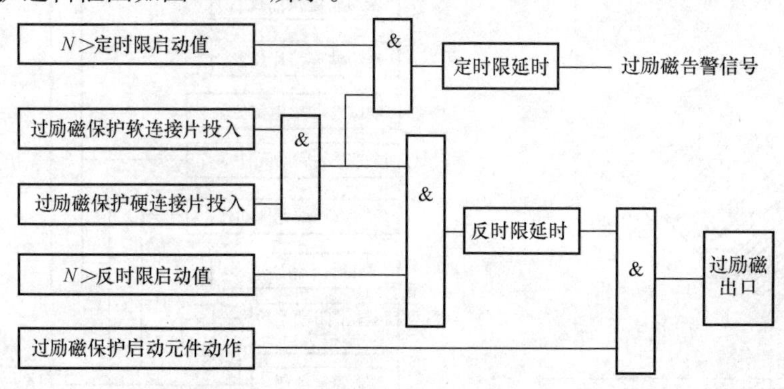

图 18-25 过励磁保护逻辑框图

73. WBH-801A/P 变压器相间阻抗保护的原理如何？

答： 相间阻抗保护通常用于 220～500kV 大型联络变压器、升压及降压变压器，作为变压器引线、母线及相邻线路相间故障的后备保护。当电流、电压保护不能满足灵敏度要求或根据网络保护间配合的要求，变压器的相间故障后备保护可采用相间阻抗保护。

相间阻抗保护可实现偏移阻抗、全阻抗或方向阻抗特性。对相间阻抗保护各时限可以通过相应保护软压板进行投退。

（1）启动元件。当 A、B、C 三相电流中任一相电流大于 1.2 倍本侧二次额定电流或负序电流大于 0.2 倍本侧二次额定电流时，开放相间阻抗保护。

（2）阻抗元件。相间阻抗保护采用同名线电压、线电流构成三相阻抗保护。

（3）TV 检修时对阻抗元件判别的影响。当某侧 TV 检修或旁路代路未切换 TV 时，为保证该侧后备保护的正确动作，需投入该侧“TV 检修连接片”。

某侧 TV 检修连接片投入时，该侧相间阻抗元件判别自动退出，相间阻抗保护不动作。例如当高压侧 TV 检修连接片投入时，高压侧相间阻抗保护的阻抗元件判别自动退出，高压侧相间阻抗保护不动作。

（4）TV 异常对阻抗元件判别的影响。为防止 TV 异常时阻抗元件误动作，当判别阻抗元件所用的电压出现 TV 异常时，阻抗元件判别自动退出，相间阻抗保护不动作。例如当高压侧 TV 异常时，高压侧相间阻抗保护的阻抗元件判别自动退出，高压侧相间阻抗保护不动作。

(5) 相间阻抗保护逻辑框图如图 18-26 所示。

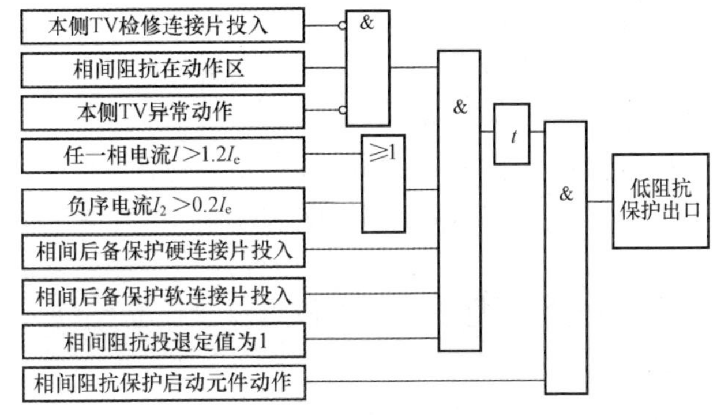

图 18-26 相间阻抗保护逻辑框图

74. WBH-801A/P 变压器接地阻抗保护原理是什么？

答： 接地阻抗保护作为绕组、引线的接地故障的后备保护或相邻元件接地故障的后备保护。在中性点直接接地的电网中，当零序电流保护的灵敏度不能满足要求时，可采用接地阻抗保护，它的主要任务是正确反映电网的接地短路。

接地阻抗保护可实现偏移阻抗、全阻抗或方向阻抗特性。对接地阻抗保护的各时限可以通过相应保护投退控制字进行投退。

(1) 启动元件。启动电流元件采用电流互感器二次三相自产零序电流，当自产零序电流大于 0.2 倍本侧二次额定电流时，开放接地阻抗保护。

(2) 阻抗元件。接地阻抗保护采用同名相电压、相电流（带零序补偿）构成三相阻抗保护。

(3) TV 检修时对阻抗元件判别的影响。当某侧 TV 检修或旁路代路未切换 TV 时，为保证该侧后备保护的正确动作，需投入该侧“TV 检修连接片”。

某侧 TV 检修压板投入时，该侧接地阻抗元件判别自动退出，接地阻抗保护不动作。

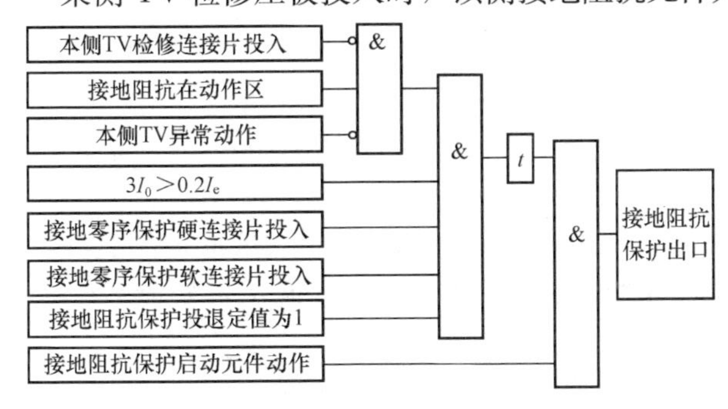

图 18-27 接地阻抗保护逻辑框图

(4) TV 异常对阻抗元件判别的影响。为防止 TV 异常时阻抗元件误动作，当判别阻抗元件所用的电压出现 TV 异常时，阻抗元件判别自动退出，接地阻抗保护不动作。例如当高压侧 TV 异常时，高压侧接地阻抗保护的阻抗元件判别自动退出，高压侧接地阻抗保护不动作。

接地阻抗保护逻辑框图如图 18-27 所示。

75. WBH-801A/P 变压器复合电压判别的作用是什么？

答： 复合电压判别由负序电压和低电压两部分组成。负序电压反映系统的不对称故障，低电压反映系统对称故障。

76. WBH-801A/P 变压器复合电压（方向）过流保护的原理是什么？

答： 过流保护作为变压器或相邻元件的后备保护。可通过整定相关定值控制字选择各段过流是否投入，是否经复合电压闭锁，是否经方向闭锁。

复合电压（方向）过流保护由以下元件组成：

(1) 过流元件。过流元件接于电流互感器二次三相回路中，当任一相电流满足下列条件时，过流元件动作。

(2) 复合电压元件。对某侧过流保护可通过整定相关定值控制字选择是否经复合电压启动或仅由本侧复合电压启动还是可由多侧复合电压启动。

（3）相间功率方向元件。对各段过流保护可通过整定相关定值控制字选择是否带方向性或方向指向变压器还是方向指向母线。

方向元件的方向电压取本侧电压，并带有记忆，近处三相短路时方向元件无死区。

77. WBH-801A/P 变压器零序（方向）过流保护的原理是什么？

答：零序过流保护，主要作为变压器中性点接地运行时接地故障的后备保护，可通过整定相关定值控制字选择各段零序过流是否投入、是否经零序电压闭锁、是否经方向闭锁。

对各侧零序方向过流保护的各时限可以通过相应保护投退控制定值进行投退。

零序过流保护由以下元件组成：

（1）零序过流元件。对第一段和第二段带方向性的零序过流保护，其零序过流元件用的电流可用三相 TA 组成的自产零序电流，也可以用变压器中性点专用零序 TA 的电流。

不带方向的零序过流保护第三段的零序过流元件固定用变压器中性点专用零序 TA 的电流。

（2）零序功率方向元件。零序过流保护的方向元件判别方向用的电流固定用自产零序电流，判别方向用的电压固定用自产零序电压。

（3）零序电压闭锁元件。对各段零序过流保护可通过整定相关定值选择是否经零序电压闭锁。

（4）零序谐波制动闭锁元件。为防止变压器励磁涌流对零序过流保护的影响，如无特殊说明的情况下，装置设有二次谐波制动闭锁措施，当零序二次谐波和零序基波的比值大时，闭锁零序过流保护。

（5）TV 检修或 TV 异常对零序（方向）过流保护的影响。

当某侧 TV 检修或旁路代路未切换 TV 时，为保证该侧后备保护的正确动作，需投入该侧“TV 检修连接片”。

当投入本侧“TV 检修连接片”或本侧发生 TV 异常时，如无特殊说明的情况下，装置自动退出零压闭锁和方向闭锁条件，经零压闭锁的零序（方向）过流保护变成零序过流保护。

78. WBH-801A/P 变压器零序电压闭锁零序电流保护的原理是什么？

答：零序电压闭锁零序电流保护作为高、中压侧接地故障的后备保护，不带方向。零序电流固定取自产，零压闭锁可选，零序电压固定取自产零序电压。“零压闭锁选择”控制字整定为“1”时，投入零序电压闭锁；整定为“0”时，退出零序电压闭锁。

79. WBH-801A/P 变压器反时限零序过流保护的作用是什么？

答：为了和 220～500kV 的输电线路反时限零序过流保护配合，变压器保护可相应配置反时限零序过流保护，作为变压器中性点接地运行时发生接地故障时的后备保护。

80. WBH-801A/P 变压器间隙零序保护的作用原理是什么？

答：间隙零序保护包含间隙零序过流元件和间隙零序过压元件，间隙零序过流元件的零序电流取自放电间隙处电流互感器，间隙零序过压元件的零序电压取自母线 TV 二次开口三角侧。保护装置有以下两种逻辑供选择：

（1）间隙零序过压过流保护，即间隙零序过流元件、零序过压元件相互独立。

（2）间隙零序保护，即间隙零序过流元件、零序过压元件或门输出。

81. WBH-801A/P 变压器零序联跳保护的作用是什么？

答：适用于变压器中性点接地运行系统中，变电站有两台或两台以上并联运行的中性点未装放电间隙的分级绝缘变压器。零序联跳保护为中性点不接地运行变压器的保护，由零序电流闭锁元件、零序电压元件和开入量组成，该开入量为并联的中性点接地运行的变压器的零序过流保护的动作触点。

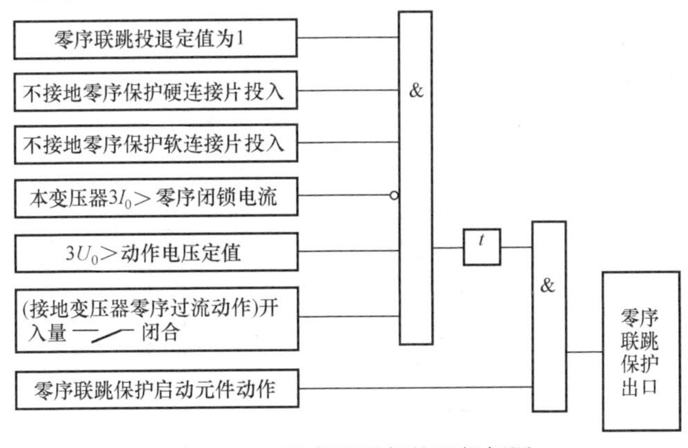

图 18-28　零序联跳保护逻辑框图

零序电压取自母线 TV 二次开口三角侧，零序电流取变压器中性点专用零序电流互感器。

零序联跳保护逻辑框图如图 18-28 所示。

82. WBH-801A/P 变压器保护零序过压告警的作用是什么？

答：220kV 等级变压器低压侧常为不接地系统，对低压侧各配置一段零序过电压保护，用于接地故障时发告警信号。零序电压取自母线 TV 二次开口三角。可以通过相应保护投退定值进行投退。

零序过压告警逻辑框图如图 18-29 所示。

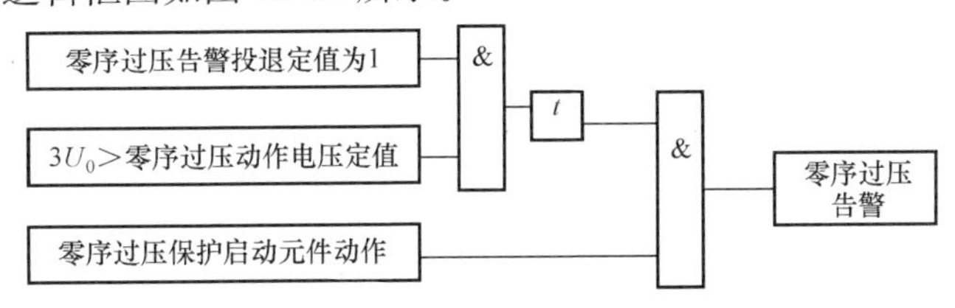

图 18-29　零序过压告警逻辑框图

83. WBH-801A/P 变压器非全相保护的原理如何？

答：非全相保护为对于 220kV 以上的分相操作断路器发生的三相不能同时合闸或跳闸的情况而采取的措施。采用负序过流或零序过流和断路器三相不一致位置触点来判别非全相。

非全相保护逻辑图如图 18-30 所示。

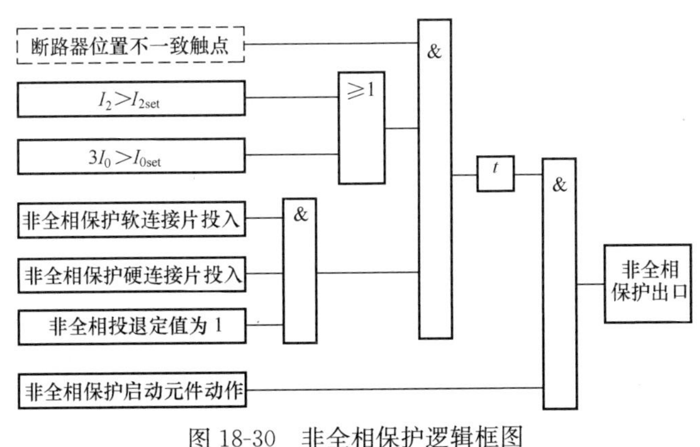

图 18-30　非全相保护逻辑框图

84. WBH-801A/P 变压器失灵启动保护的原理是什么？

答：失灵启动保护分两段时限，第一时限采用负序过流元件或零序过流元件，配合断路器合闸位置触点，及有跳该断路器的保护动作，去解除断路器失灵保护的复合电压闭锁。第二时限采用负序过流元件或零序过流元件或相电流过流元件，配合断路器合闸位置触点，及有跳该断路器的保护动作，去启动断路器失灵保护。

变压器各侧复合电压判别动作后也可输出触点，去解决断路器失灵保护的复合电压闭锁，此功能实现由工程设计来实现。

失灵启动保护逻辑框图如图 18-31 所示。

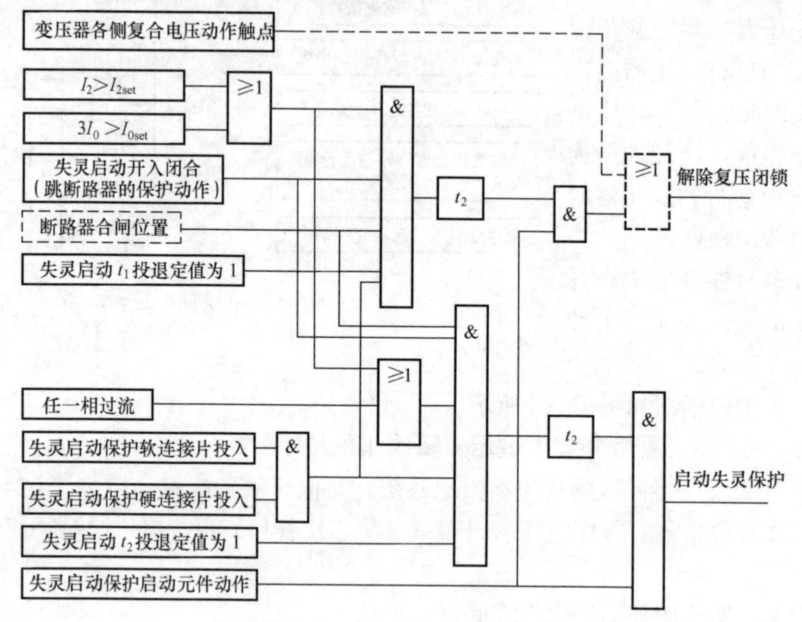

图 18-31 失灵启动保护判别逻辑框图

85. WBH-801A/P 变压器限时速断保护的原理是什么？

答：变压器的低压侧配置限时速断保护，在线路近端故障断路器拒动或母线故障时，以较短时限跳开本侧断路器，避免了因复压闭锁过流保护时限过长而烧坏变压器。

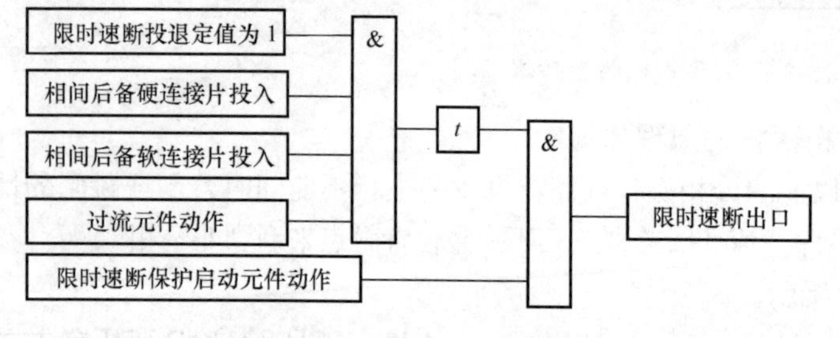

图 18-32 限时速断保护逻辑图

对各时限可以通过相应保护投退控制定值进行投退。

限时速断保护的逻辑框图如图 18-32 所示。

86. WBH-801A/P 变压器母线充电保护的原理是什么？

答：母线充电保护是一种限时电流速断保护，仅在对没有母线保护的母线充电时短时投入。在检测到该侧断路器辅助触点（断路器 HWJ）从断开变至闭合时，短时投入母线充电保护，20s 后自动退出母线充电保护。

母线充电保护逻辑图如图 18-33 所示。

87. WBH-802A 变压器非电量保护原理是什么？

答：WBH-802A 装置完成一台变压器所有的非电量保护。非电量触点经保护装置重启动后给出三组信号触点，同时保护装置的 CPU 记录非电量动作情况。直接跳闸的非电量保护，直接驱动保护装置中的跳闸出口继电器。对需延时跳闸的非电量保护，由 CPU 计时后按出口矩阵启动延时出口触点，再驱动装置中的跳闸出口继电器。本装置有 6 路非电量保护可以通过 CPU 延时跳闸，延时可以投退。根据非电量保护不同的动作行为，非电量保护的

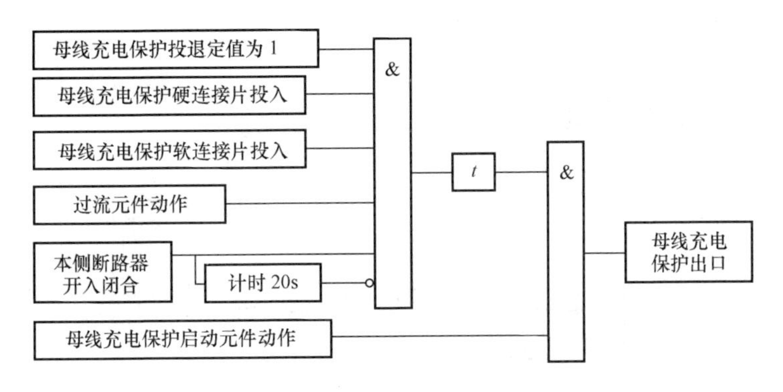

图 18-33　母线充电保护逻辑图

原理示意图分别如图 18-34～图 18-36 所示。

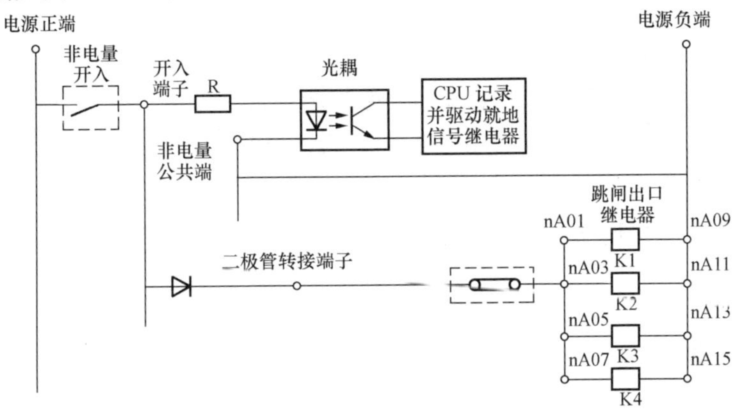

图 18-34　直接瞬时跳闸的非电量保护原理示意图

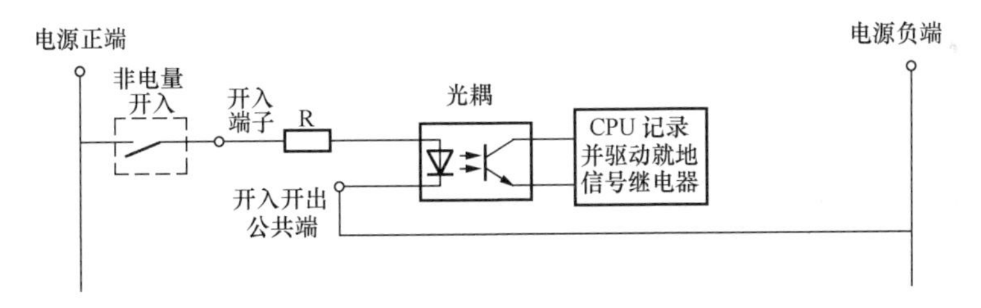

图 18-35　不跳闸的非电量保护原理示意图

88. SGT756 变压器保护的功能有哪些?

答:（1）差动保护:

1）差动速断;

2）二次谐波制动稳态比率差动;

3）波形分析制动稳态比率差动;

4）故障分量差动。

（2）零序差动保护:

1）零序差动速断;

2）零序差动。

（3）后备保护:

1）相间阻抗保护;

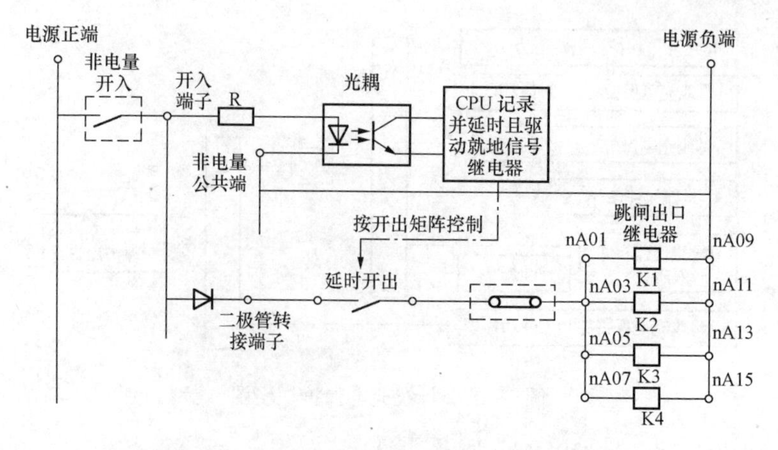

图 18-36　延时跳闸的非电量保护原理示意图

2）接地阻抗保护；

3）复压闭锁方向过流保护可选择是否经复压闭锁带方向；

4）零序方向过流保护可选择零序电流电压 TA、TV 取自产或专用通道；是否经零序电压闭锁带方向；

5）间隙保护零序过流零序过压；

6）非全相保护；

7）过激磁保护；

8）过负荷告警；

9）TA、TV 断线告警；

10）闭锁调压功能；

11）启动通风功能。

89. SGT756 变压器保护采用了哪几种差动原理判别变压器是否发生区内故障？

答：（1）故障分量差动：不受负荷电流大小的影响，滤取故障特征量进行差动判断。

（2）二次谐波稳态比率差动：正常的比率差动，保证区内故障快速动作，区外故障不误动。

（3）波形分析稳态比率差动：实现分相制动，保证变压器在空投到故障情况下，保护快速动作。

90. SGT756 变压器保护型号及使用范围如何？

答：SGT756 变压器保护型号及使用范围如表 18-1 所示。

表 18-1　保护型号及使用范围

型号	电压等级	变压器类型	允许最大电流输入	允许电压输入
A	330kV 及以上	自耦变压器	五侧	四侧
B	220kV	自耦变压器	五侧	四侧
C	220kV	三绕组变压器	四侧	四侧
D	330kV 及以上	三绕组变压器	五侧	四侧

91. SGT756 变压器保护 TA、TV 接线及典型保护配置如何？

答：以 A 型保护配置为例，如图 18-37 所示。

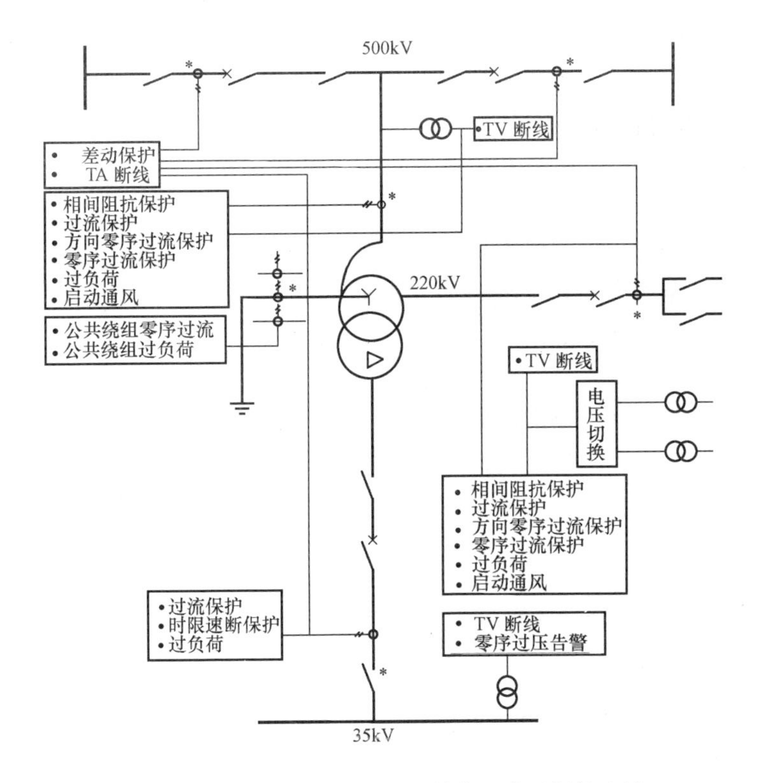

图 18-37　A 型保护 TA、TV 接线及典型保护配置

（高压侧 3/2，中压侧双母线，低压侧单母线接线的自耦变压器）

92. SGT756 变压器保护启动元件有哪些？

答：保护程序采用检测扰动的方式决定是进入故障处理还是进行正常的运行，自检等工作。启动元件同时还用来开放跳闸出口继电器的正电源，只有在启动状态下保护动作元件动作后才能出口，否则无法跳闸。

（1）差流瞬时值启动。包括差流启动元件、差流突变量启动元件、任一启动元件动作则保护启动。

（2）间隙零序电流、零序电压启动。当接地系统中变压器中性点不接地运行时，此元件用来开放相应的间隙过电流、过电压保护。

启动量：接地系统中间隙电流量和开口三角零序电压量。

启动条件：间隙零序电流大于间隙零序电流启动整定值或开口三角形零序电压大于间隙零序电压启动整定值。

适用保护：间隙保护。

（3）相电流突变增量启动。利用系统扰动时，相电流会发生突变的变化特征使保护进入故障处理程序。

启动量：所有电流量。

启动条件：相应侧的突变增量。

适用保护：相间阻抗保护、接地阻抗保护、复压方向过流保护、零序方向过流保护、间隙保护、公共绕组零序过流、非全相保护。

（4）自产零序电流启动。

启动量：接地系统三相电流量。

启动条件：零序电流大于相应侧的零序电流启动值。

适用保护：相间阻抗保护、接地阻抗保护、复压方向过流保护、零序方向过流保护、间隙保护、公共绕组零序过流、非全相保护。

（5）专用零序 TA 电流启动。

启动量：接地系统专用零序电流量。

启动条件：零序电流大于相应侧的零序电流启动值。

适用保护：零序（方向）过流保护、间隙保护、公共绕组零序过流。

（6）过激磁启动。

启动量：大型变压器高压侧电压通道。

启动条件：三相相电压最大值大于过激磁启动值。

适用保护：过激磁保护。

（7）开关量启动。

启动量：指定的开关量。

启动条件：指定的开关量的开关量被置“1”。

适用保护：非全相保护、失灵（接受母线保护失灵触点跳主变压器三侧），及联切等。

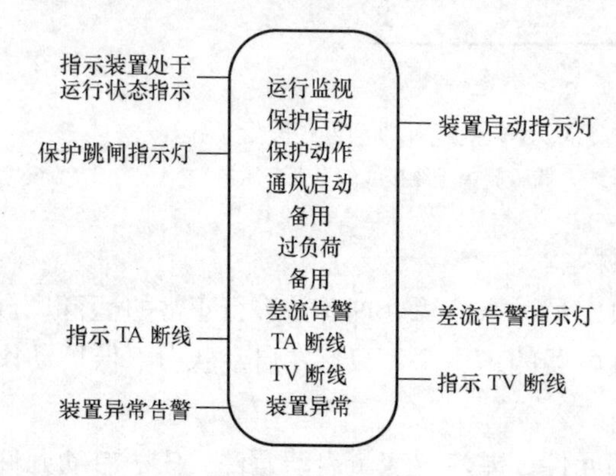

图 18-38 SGT756 保护装置面板信号灯分布图

93. SGT756 变压器保护面板信号灯的作用有哪些？

答： 面板信号灯布置如图 18-38 所示。

94. PCS-978 系列数字式变压器保护的应用范围如何？

答： PCS-978 系列数字式变压器保护适用于 35kV 及其以上电压等级，需要提供双套主保护、双套后备保护的各种接线方式的变压器。

PCS-978 装置可支持电子式互感器和常规互感器，支持电力行业通信标准 DL/T 667—1999（IEC 60870-5-103）和新一代变电站通信标准 IEC 61850，支持 GOOSE 输入和输出功能，并支持分布式保护配置模式。

PCS-978 包括 4U 机箱和 8U 机箱两种机箱结构，采用传统互感器时 4U 机箱装置最大可以输入 36 路模拟量，可以满足绝大部分变压器保护装置的要求，8U 机箱最大可以输入 84 路模拟量，可用来满足一些特殊变压器保护的要求。

PCS-978GA 装置主要应用 110kV 电压等级采用“主后一体化”保护配置的变压器保护。

95. PCS-978 变压器保护有哪些保护功能？

答： PCS-978 保护提供一台变压器所需要的全部电量保护，主保护和后备保护可共用同一 TA。这些保护包括：

（1）纵差稳态比率差动。

（2）纵差差动速断。

（3）纵差工频变化量比率差动。

（4）复合电压闭锁方向过流。
（5）零序方向过流。
（6）零序过压。
（7）间隙零序过流。
另外还包括以下异常告警功能：
（1）过负荷报警。
（2）启动冷却器。
（3）过载闭锁有载调压。
（4）差流异常报警。
（5）差动回路TA断线。
（6）TA异常报警和TV异常报警。
PCS-978变压器保护接线如图18-39所示。图中表示的是此型保护所能够适应的最大的接线方式，但其接线方式并不一定符合实际应用。

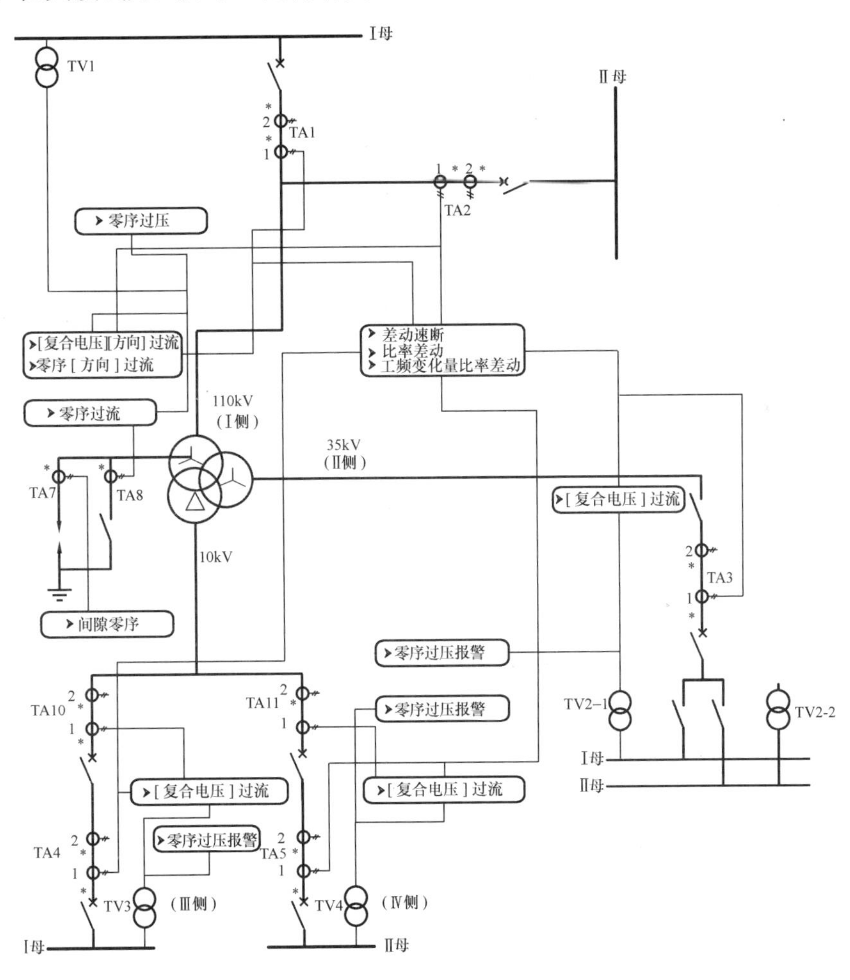

图18-39　PCS-978变压器保护接线典型应用配置

96. PCS-978GA保护配置如何？

答：PCS-978GA保护配置情况如表18-2所示。

表 18-2　　　　PCS-978GA 保护配置

对象	保护类型	段数	每段时限数	备注
主保护	纵差差动速断	—	—	
	纵差差动保护	—	—	
	工频变化量比例差动	—	—	
高压侧	过流	2	2/Ⅰ，1/Ⅱ	Ⅰ-Ⅱ段可经复合电压闭锁，Ⅰ段可经方向闭锁
	零序过流	2	2/Ⅰ，1/Ⅱ	Ⅰ段可经方向闭锁
	零序过电压	1	1	
	间隙零序过流	1	1	
	*过负荷	1	1	
	*启动风冷	1	1	
	*闭锁调压	1	1	
中压侧	过流	2	3/Ⅰ，3/Ⅱ	可经复合电压闭锁
	*过负荷	1	1	
低压侧 1 分支	过流	2	3/Ⅰ，3/Ⅱ	可经复合电压闭锁
	*过负荷	1	1	采用低压侧和电流
低压侧 2 分支	过流	2	3/Ⅰ，3/Ⅱ	可经复合电压闭锁

*　表示异常报警功能。

97. PCS-978GA 保护故障录波和事件记录功能如何？

答： PCS-978GA 保护故障录波和事件记录功能如表 18-3 所示。

表 18-3　　　　PCS-978GA 保护故障录波和事件记录功能

故障录波和故障事件报告	保护启动记录启动前 3 个周波、启动后 7 个周波的所有电流电压波形
	保护跳闸记录启动前 3 个周波、启动后 7 个周波，跳闸前 3 个周波、跳闸后 7 个周波，以及中间有扰动的 100 个周波的所有电流电压波形
	可循环记录 64 次保护动作报告、64 次故障录波
正常波形	可记录 5 个周波所有电流电压波形，以供记录或校验极性
异常报警	可循环记录 1024 次异常报警和装置自检报告
开关量变位	可以循环记录 1024 次开关量变位。开关量变位包括各种开入变位和管理板各启动元件变位等

98. PCS-978 保护硬件工作原理如何？

答： 装置基于南瑞继保 UAPC 平台研制，UAPC 平台的主要特点是：硬件软件模块化，通用灵活，具有很强的扩展能力，高性能、高可靠性、高抗干扰能力，支持数字化、网络化的接口。装置硬件原理如图 18-40 所示。

99. PCS-978 保护启动元件有哪些？

答：（1）稳态差流启动。

（2）工频变化量差流启动。

（3）分侧差动/零序差动保护启动。

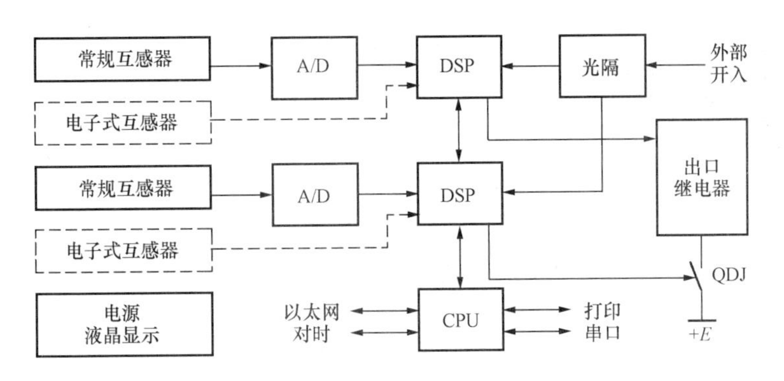

图 18-40 装置硬件原理示意图

（4）相电流启动。

（5）零序电流启动。

（6）零序电压启动。

（7）间隙零序电流启动。

（8）工频变化量相间电流启动。

（9）负序电流启动。

100. PCS-978 保护稳态比率差动保护的动作特性是什么？

答： PCS-978 保护稳态比率差动保护的动作特性如图 18-41 所示。从图中可知 PCS-978 保护的动作特性分为差动速断区、高值比率差动动作区、低值比率差动动作区。

101. PCS-978 保护如何识别励磁涌流？

答：（1）利用谐波识别励磁涌流。PCS-978 系列变压器成套保护装置采用三相差动电流中二次谐波、三次谐波的含量来识别励磁涌流。

（2）利用波形畸变识别励磁涌流。故障时，差流基本上是工频正弦波。而励磁涌流时，有大量的谐波分量存在，波形发生畸变、间断、不对称。利用算法识别出这种畸变，即可识别出励磁涌流。

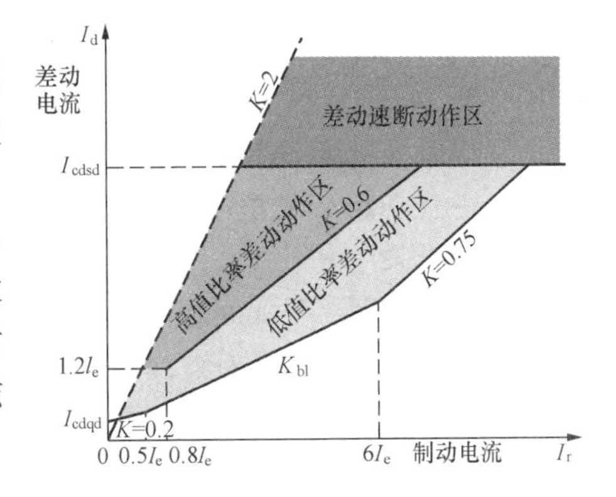

图 18-41 稳态比率差动保护的动作特性

102. PCS-978 保护如何识别 TA 饱和？

答： 为防止在变压器区外故障等状态下 TA 的暂态与稳态饱和所引起的稳态比率差动保护误动作，装置利用二次电流中的二次和三次谐波含量来判别 TA 是否饱和。

103. PCS-978 保护如何判别差回路的异常？

答： 装置将差回路的异常情况分为两种：未引起差动保护启动和引起差动保护启动。

（1）未引起差动保护启动的差回路异常报警。当任一相差流大于差流报警定值的时间超过 10s 时发出差流异常报警信号，不闭锁差动保护。差流报警定值应避开有载调压变压器分接头不在中间时产生的最大差流，或其他原因运行时可能产生的最大差流。

差流报警定值整定时应比差动启动定值小，一般介于有载调压变压器分接头不在中间时产生的最大差流和最小差动启动定值之间；其值越小越灵敏。

当检测到差电流异常后，如果同时检测到参与本差动的电流三相不平衡，延时 10s 后报该分支 TA 断线。

（2）引起差动保护启动的差回路异常报警。差动保护启动后满足以下任一条件认为是故障情况，开放差动保护，否则认为是差回路 TA 异常造成的差动保护启动。

1）任一侧任一相间工频变化量电压元件启动。

2）任一侧负序相电压大于 6V。

3）启动后任一侧任一相电流比启动前增加。

4）启动后最大相电流大于 $1.1I_e$。

通过“TA 断线闭锁差动控制字”，引起差动启动的差回路异常可只发报警信号，或额定负荷下闭锁差动保护，或任何情况下闭锁差动保护。当“TA 断线闭锁差动保护”整定为“0”时，比率差动差动不经过 TA 断线和短路闭锁。当“TA 断线闭锁差动保护”整定为“1”时，低值比率差动差动经过 TA 断线和短路闭锁。当“TA 断线闭锁差动保护”整定为“2”时，比率差动经过 TA 断线和短路闭锁（目前该功能装置内部保留，没有开放）。工频变化量比率差动保护始终经过 TA 断线和短路闭锁。

由于上述判据采用了电压量与电流量相结合的方法，使得差回路 TA 二次回路断线与短路判别更准确、更可靠。

注意：

（1）不论是异常报警是否引起差动保护启动，均说明差动回路存在问题，或定值存在问题，应该受到同等重视。例如：当差回路断线时，在轻负荷情况下不会引起差动启动，但会引起差流报警，如果此时及时处理，就可以避免负荷增加后或者区外故障引起的差动保护动作（在不闭锁情况下）。

（2）装置报 TA 断线后，需要彻查 TA 回路，确定故障并恢复，差动保护启动返回且差电流异常报警恢复后，按装置信号复归按钮才可以使 TA 断线报警返回。

104. PCS-978 保护电子式互感器同步采样原理如何？

答：由于采用电子式互感器后各个采样单元中不再有电气上的连接，从而带来了各个单元的采样同步问题。采样同步性能的好坏，直接影响到差动保护的可靠性。

本装置支持组网和点对点两种 SV 数据传输方式。

当采用组网方式时，各个合并单元应经过统一的时钟源进行同步，装置接收各个合并单元相同采样计数器的 SV 数据帧进行插值得到的保护输入的模拟量数据，然后进行保护计算处理。

当采用点对点方式时，本装置不依赖 GPS 等时钟源，但要求电子式互感器合并单元采样时刻与采样数据发送时刻之间的时间差是固定的，不同电子式互感器时间差可不一致，装置会根据相关延时参数自动进行补偿。

装置插值同步精度为 5μs（0.09°）以内，完全可以满足变压器保护的需求。

105. PCS-978 保护对装置的接地有哪些要求？

答：（1）装置接地端子。PCS-978 保护装置在后面板的电源模块（PWR）上有一个接地端子，可以通过扁平铜绞线接地。接地时，要使得接地用扁平铜绞线尽可能短。装置只能一点接地，从装置到装置的接地端子连接成环路是不允许的。

当电源模块（PWR）可靠紧密地插入装置机箱时，该接地端子和装置机箱金属外壳相连接。装置的其他一些接线端子排上也有接地标示，所有这些有接地标示的端子在装置内部已经和装置机箱连接。因此，整个装置只需要通过电源模块（PWR）上的接地端子来接地。

（2）装置通信接地。使用以太网通信时，如果采用 RJ-45 接口，通信线必须使用带屏蔽的标准五类线，压接水晶头时网线顺序必须按照标准；如果采用光纤接口，当连接或断开光纤时，应插拔连接器，不能拉扯、扭曲或弯曲光缆。不可察觉的损害可能会增加光纤的衰减从而导致通信异常。

当装置与通信设备之间使用 RS-485 接口进行通信，要仔细确认电缆连接完好，推荐使用带屏蔽双绞线。通信接线要求：屏蔽层单端接地，一对双绞线差分对时，另一对双绞线接信号地。

106. PCS-978 保护的硬件配置如何？

答：PCS-978 硬件结构示意如图 18-42 所示。

来自传统 TA/TV 的电流电压被转换为小电压信号，滤波后被送到保护计算 DSP 插件，经 AD 采样后分别送到保护 DSP 和启动 DSP 用于保护计算和故障检测（来自 ECVT 的电流电压信号不需要经小信号转换和 AD 采样）。

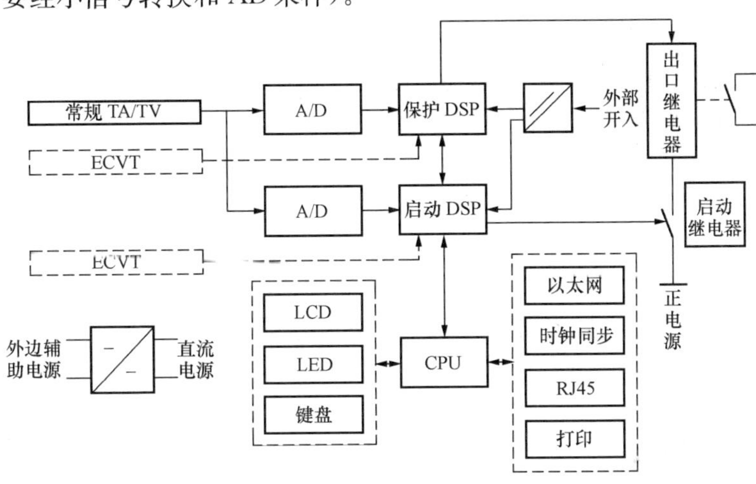

图 18-42 PCS-978 硬件结构图

启动 DSP 负责故障检测，当检测到故障时开放出口继电器正电源。保护 DSP 负责保护逻辑计算，当达到动作条件时，驱动出口继电器动作。CPU 插件负责顺序事件记录（SOE）、录波、打印、对时、人机接口及与监控系统通讯。装置配置取决于采样方式（传统 TA/TV 或 ECT/EVT），出口方式（传统开出或 GOOSE 开出）。PCS-900 系列保护装置硬件配置分为标配插件和选配插件。

107. PCS-978 保护面板指示灯的作用有哪些？

答：（1）“运行”灯为绿色，装置正常运行时点亮，熄灭表明装置不处于工作状态；

（2）“报警”灯为黄色，装置有报警信号时点亮；

（3）“跳闸”灯为红色，当保护动作并出口时点亮；

（4）其他指示灯备用。

当“报警”由于 TA 断线造成点亮，必须待外部恢复正常，复归装置后才会熄灭，由于其他异常情况点亮时，待异常情况消失后会自动熄灭。

“跳闸”信号灯只在按下“信号复归”或远方信号复归后才熄灭。

chapter 19

第十九章

并联电抗器保护

1. 并联电抗器保护的配置原则有哪些?

答: GB/T 14285—2006《继电保护及安全自动装置技术规程》中规定:

(1) 对油浸式并联电抗器的下列故障及异常运行方式,应装设相应的保护。

1) 线圈的单相接地和匝间短路及其引出线的相间短路和单相接地短路。

2) 油面降低。

3) 油温度升高和冷却系统故障。

4) 过负荷。

(2) 当并联电抗器油箱内部产生大量瓦斯时,瓦斯保护应动作于跳闸,当产生轻微瓦斯或油面下降时,瓦斯保护应动作于信号。

(3) 对油浸式并联电抗器内部及其引出线的相间和单相接地短路,应按下列规定装设相应的保护。

1) 66kV 及以下并联电抗器,应装设电流速断保护,瞬时动作于跳闸。

2) 220～500kV 并联电抗器,除非电量保护,保护应双重化配置。

3) 纵联差动保护应瞬时动作于跳闸。

4) 作为速断保护和差动保护的后备,应装设过电流保护,保护整定值按躲过最大负荷电流整定,保护带时限动作于跳闸。

5) 220～500kV 并联电抗器,应装设匝间短路保护,保护宜不带时限动作于跳闸。

(4) 对 220～500kV 并联电抗器,当电源电压升高并引起并联电抗器过负荷时,应装设过负荷保护,保护带时限动作于信号。

(5) 对于并联电抗器油温度升高和冷却系统故障,应装设动作于信号或带时限动作于跳闸的保护装置。

(6) 接于并联电抗器中性点的接地电抗器,应装设瓦斯保护。当产生大量瓦斯时,保护应动作于跳闸,当产生轻微瓦斯或油面下降时,保护应动作于信号。

(7) 对三相不对称等原因引起的接地电抗器过负荷,宜装设过负荷保护,保护带时限动作于信号。

(8) 330～500kV 线路并联电抗器的保护在无专用断路器时,其动作除断开线路的本侧断路器外还应启动远方跳闸装置,断开线路对侧断路器。

(9) 66kV 及以下干式并联电抗器应装设电流速断保护,作为电抗器绕组及引线相间短路的主保护;过电流保护作为相间短路的后备保护;零序过电压保护作为单相接地保护,动作于信号。

2. 500kV 并联电抗器应装设哪些保护及其作用?

答: (1) 高阻抗差动保护。保护电抗器绕组和套管的相间和接地故障。

(2) 匝间保护。保护电抗器的匝间短路故障。

(3) 气体保护和温度保护。保护电抗器内部各种故障、油面降低和温度升高。

（4）过流保护。电抗器和引线的相间或接地故障引起的过电流。

（5）过负荷保护。保护电抗器绕组过负荷。

（6）中性点过流保护。保护电抗器外部接地故障引起中性点小电抗器过流。

（7）中性点小电抗器气体保护和温度保护。保护小电抗器内部各种故障、油面降低和温度升高。

3. 举例说明高压电抗器（500kV 线路并联电抗器）保护配置和构成。

答：现以 ABB 公司保护为例说明。高压并联电抗器保护的配置和逻辑框图，如图 19-1 所示。

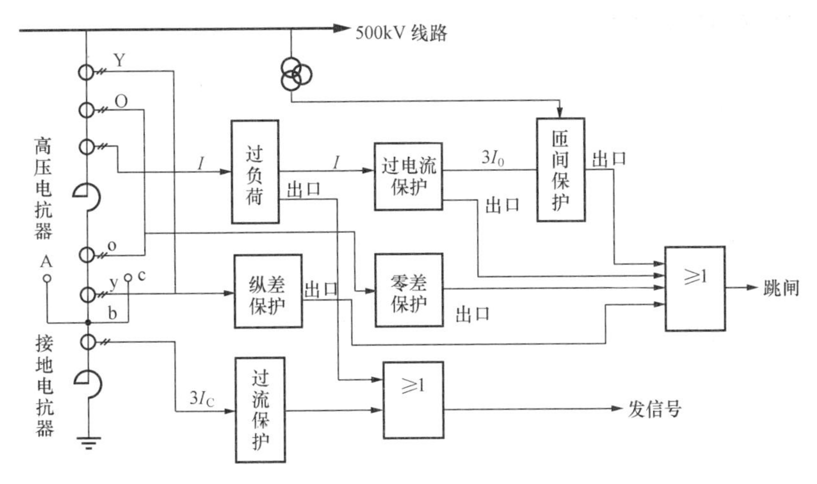

图 19-1　高压并联电抗器保护配置和逻辑框

（1）纵差保护。由于高压电抗器是单绕组设备，阻抗值很大，差动保护将不需要反应励磁涌流。由于电抗器的结构及在系统中的特殊位置，电抗器发生单相接地短路产生的短路电流最大值不会使电流互感器饱和。所以高压电抗器正常运行或区外发生故障时，差动回路的不平衡电流很小，高压电抗器差动保护可以是没有任何制动特性的差动保护。

（2）零序纵差保护。作为高压电抗器内部单相接地短路的主保护。同时加装零差保护的目的在于加强主保护。与纵差动保护相同，零差保护也不反应励磁涌流，由单相差动继电器构成，其灵敏度与差动保护相同。

（3）匝间方向过流保护。本保护采用方向零序过电流方式构成。当发生匝间故障时，纵差动保护和零序保护流过的电流值相等，方向相同。差动保护和零序保护的继电器中没有电流通过，即它们均不反应高压电抗器的匝间故障。并考虑到保护除作为匝间故障的保护外，还作为主保护的后备保护。

（4）过电流保护。作为内部故障的后备保护。

（5）过负荷保护。作为高压电抗器由于过电压而引起的过负荷保护。

（6）中性点电抗器保护。在高压电抗器故障的情况下，中性点电抗器通过的电流很大，由于中性点电抗器是空心线圈，允许较大电流通过，此时由该保护发一报警信号，作为监视中性点电抗器的作用。

（7）本体保护。高压电抗器本体配置有瓦斯保护、温度保护、压力释放保护、高/低油位报警、本体保护。

4. WKB-801A 并联电抗器保护的保护性能有哪些？

答：WKB-801A 并联电抗器保护装置适用于 500kV 及其以上各种电压等级的并联电抗

器。WKB-801A 型装置集成了一台并联电抗器的全部电气量保护。可满足各种电压等级并联电抗器的双主双后配置及非电量类保护完全独立的配置要求。

（1）高灵敏度的匝间保护。本装置采用以比幅式零序方向原理为主，以自适应的零序功率方向原理为辅的匝间保护，能很好地反映电抗器的匝间短路及单相接地故障。

（2）可靠的分相差动保护。采用多段、多折线的方法，能够快速切除区内严重故障，同时也保证轻微故障、复杂故障的灵敏度。采用长短数据窗结合的多重算法，大大提高软件的抗干扰能力。

5. WKB-801A 并联电抗器保护配置情况如何？

答：WKB-801A 装置中可提供一台并联电抗器所需要的全部电量保护，主保护和后备保护可共用同一 TA。这些保护包括：

（1）分相差动保护。

（2）零序差动保护。

（3）匝间保护。

（4）主电抗过流保护。

（5）主电抗零序过流保护。

（6）中性点小电抗过流保护。

图 19-2 为 WKB-801A 在 500kV 并联电抗器典型的接线（主保护和后备保护共用 TA）的应用配置图。

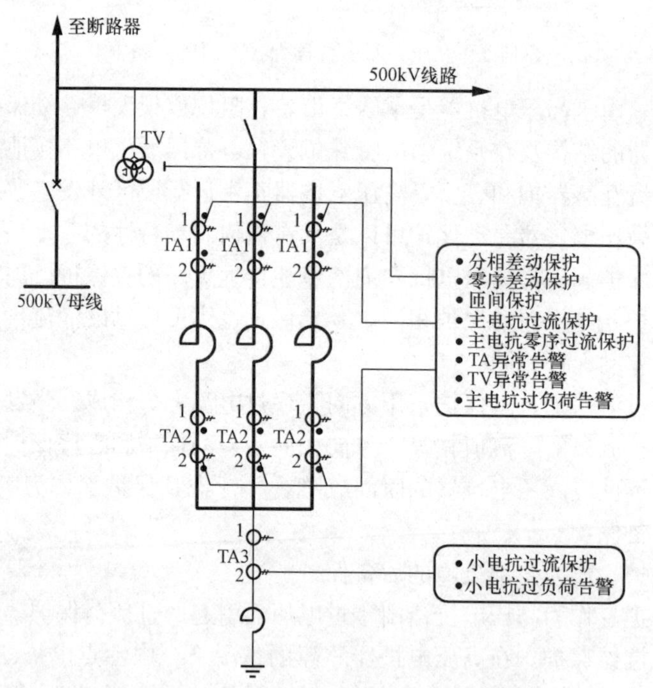

图 19-2　WKB-801A 的典型应用配置

图 19-2 中：

（1）所示的保护在一台装置中实现，所有的交流量只接入装置一次。

（2）当中性点小电抗无专用 TA（即无 TA3）时，小电抗过流（负荷）保护的电流可用电抗器尾端三相电流合成。

（3）利用第二组 TA 和第二台装置完成第二套保护功能，实现“双主双后”。

6. WKB-801A 并联电抗器保护有哪些异常告警功能？

答：（1）主电抗器过负荷告警。

（2）中性点小电抗过负荷告警。

（3）TA 异常告警。

（4）TV 异常告警。

7. WKB-801A 并联电抗器分相电流差动保护原理如何？

答：分相电流差动保护是电抗器内部故障的主保护，能反映电抗器内部相间短路故障和单相接地故障。分相电流差动保护采用电抗器首端和尾端相电流形成的差流作为判据。

（1）动作特性如图 19-3 所示。图 19-3 中 I_{op} 为差动电流，$I_{op.0}$ 为差动动作电流定值，I_{res} 为制动电流，S 为比率制动系数定值。

（2）保护逻辑图如图 19-4 所示。

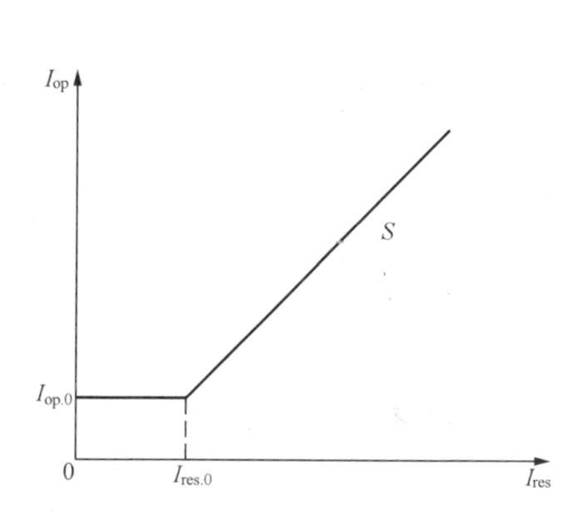

图 19-3　分相电流差动保护动作特性图

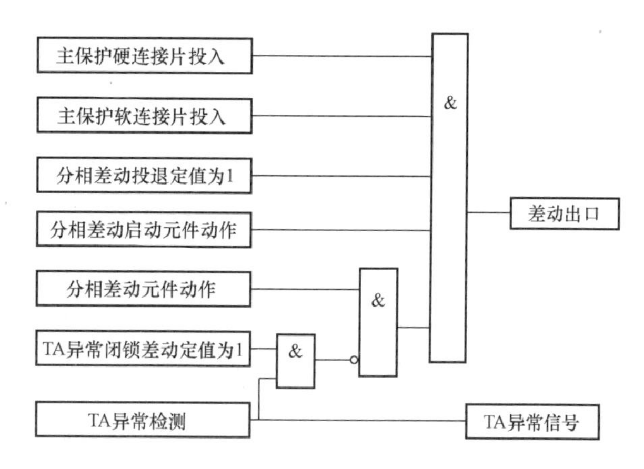

图 19-4　分相电流差动保护逻辑图

8. WKB-801A 并联电抗器 TA 异常判据有哪些？

答：当差动电流大于 0.15 倍的额定电流时，启动 TA 异常判别程序，满足下列条件认为 TA 异常：

（1）本侧有一相电流为零。

（2）本侧有零序电流，另一侧无零序电流。

（3）最大相电流小于 1.2 倍额定电流。

通过定值“TA 异常闭锁差动”控制 TA 异常判别出后是否闭锁差动保护。当“TA 异常闭锁差动”整定为“0”时，判别出 TA 异常后不闭锁差动保护，整定为“1”时，判别出 TA 异常后闭锁差动保护。

9. WKB-801A 并联电抗器差流速断原理如何？

答：当任一相差动电流大于差流速断定值，瞬时动作于跳闸。差流速断保护逻辑，如图 19-5 所示：

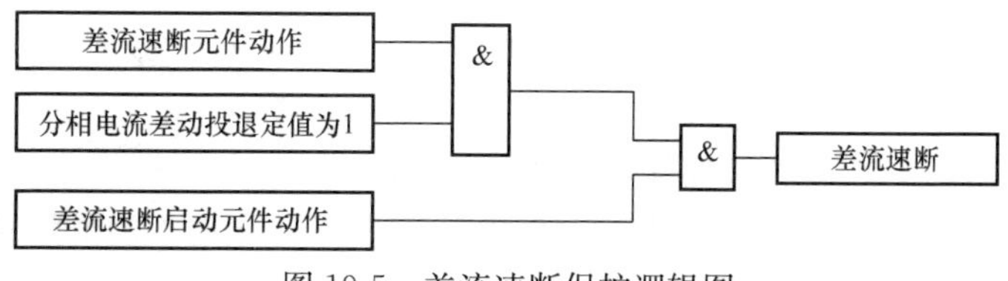

图 19-5　差流速断保护逻辑图

10. WKB-801A 并联电抗器差流越限告警的原理如何？

答：当任一相差动电流大于 0.5 倍分相电流差动最小动作电流定值，延时 5s 报差流越限信号。差流越限保护逻辑，如图 19-6 所示。

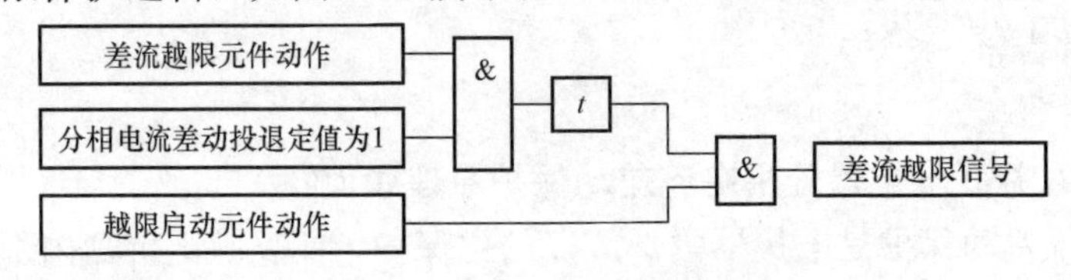

图 19-6　差流越限保护逻辑图

11. WKB-801A 并联电抗器零序电流差动保护的原理如何？

答：零序电流差动保护能反映电抗器内部单相接地短路故障。零序电流差动保护采用电抗器首端和尾端自产零序电流形成的差流作为判据。零序电流差动保护逻辑，如图 19-7 所示。

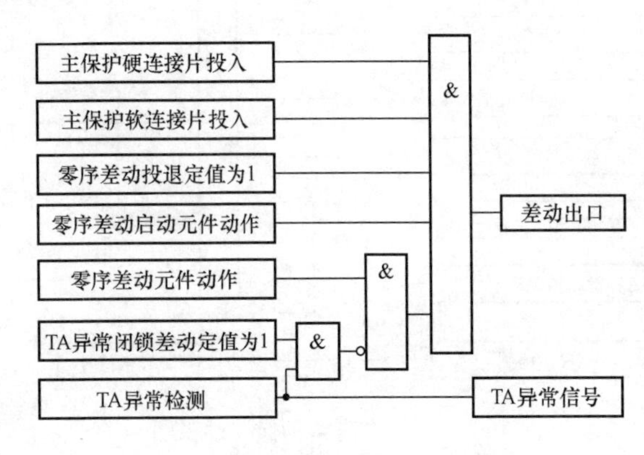

图 19-7　零序电流差动保护逻辑图

12. WKB-801A 并联电抗器匝间保护的原理如何？

答：高压并联电抗器大多采用分相式结构，电抗器的主要故障形式为匝间短路或单相接地。但是，当短路匝数很少时，一相匝间短路引起的三相电流不平衡有可能很小，很难被保护装置检测出；由于差动保护从原理上不反应匝间短路故障，本装置采用新原理的匝间保护，能灵敏地反映电抗器的匝间短路及单相接地故障。正确区分电抗器的内、外部故障，对于电抗器内部匝间短路故障具有很高的灵敏度，而对于外部故障等非正常运行工况，保护可靠不动作。

另外，匝间保护还设有电抗器空充处理元件，以消除零序不平衡电压、电流中的低次谐波的影响，保证正常空充、非全相空充以及空充外部故障时，保护可靠不误动，而在空充内部故障时，保护灵敏快速动作。

电抗器匝间保护逻辑，如图 19-8 所示。

13. WKB-801A 并联电抗器过流保护动作原理如何？

答：主电抗器过流保护作为电抗器内部故障的后备保护。电流输入量取电抗器首端 TA 三相电流。当电抗器首端任一相电流大于动作电流整定值时，带时限动作于跳闸。过流保护逻辑图，如图 19-9 所示。

14. WKB-801A 并联电抗器反时限过流保护的作用是什么？

答：主电抗器反时限过流保护作为电抗器内部故障的后备保护。电流输入量取电抗器首端 TA 三相电流。保护带时限动作于跳闸。

15. 零序过流保护的作用及动作原理是什么？

答：零序过流保护作为并联电抗器内部匝间短路及单相接地故障的后备保护。电流输入量取电抗器首端 TA 三相电流，零序电流由保护装置自产。

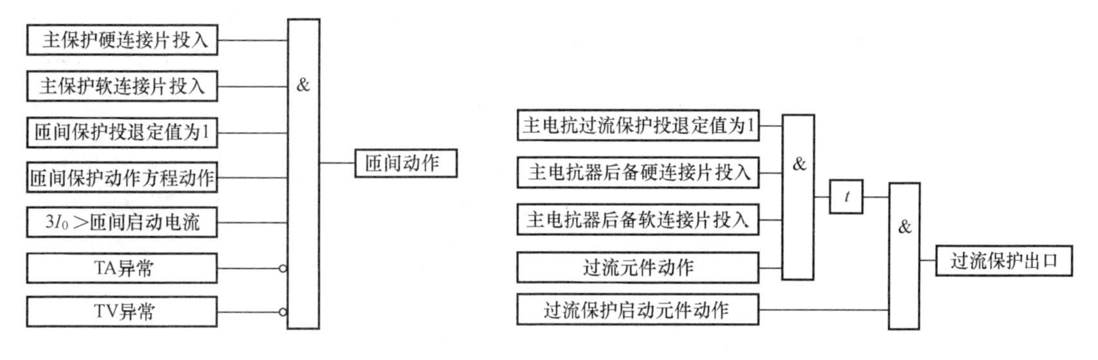

图 19-8　电抗器匝间保护逻辑图　　　　图 19-9　过流保护逻辑图

当电抗器自产零序电流 $3I_0$ 大于动作电流整定值时，带时限动作于跳闸。零序过流保护逻辑框图如图 19-10 所示。

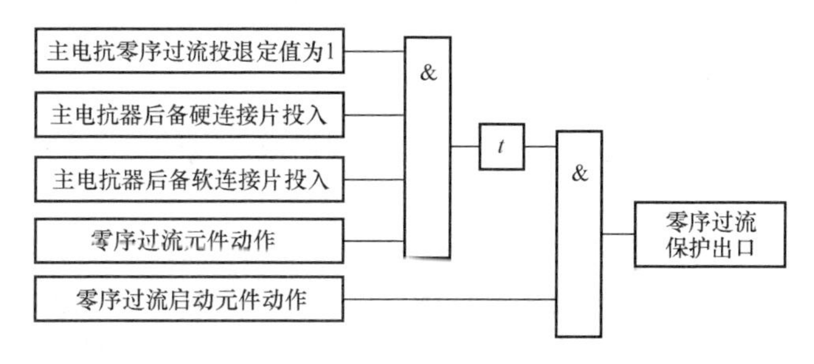

图 19-10　零序过流保护逻辑框图

16. WKB-801A 并联电抗器过负荷保护的作用及动作原理是什么？

答：并联电抗器所接系统如果电压异常升高，可造成电抗器过负荷，应装设过负荷保护。电流输入量取电抗器首端 TA 三相电流。

当电抗器首端任一相电流大于动作电流整定值时，动作于告警。

过负荷保护逻辑，如图 19-11 所示。

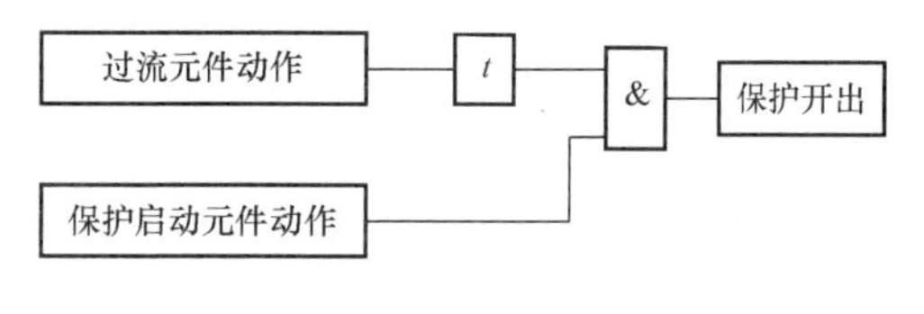

图 19-11　过负荷保护逻辑图

17. 小电抗器过流和过负荷保护作用及动作原理如何？

答：为限制单相重合闸时的潜供电流，提高单相重合闸的成功率，三相并联电抗器的中性点经一小电抗器接地。小电抗器过流和过负荷保护作为此电抗器的过流和过负荷保护。电流输入量取电抗器中性点侧零序 TA 电流，当电抗器中性点侧无零序 TA 时，则取电抗器尾端自产零序电流。

当小电抗器零序电流大于过流保护的动作电流时，带时限动作于跳闸。

当小电抗器零序电流大于过负荷保护的动作电流时，带时限动作于告警。

18. WKB-801A 并联电抗器小电抗器反时限过流保护的作用是什么？

答：小电抗器反时限过流保护作为小电抗器的后备保护。电流输入量取电抗器中性点侧零序 TA 电流，当电抗器中性点侧无零序 TA 时，则取电抗器尾端自产零序电流。保护带时限动作于跳闸。

chapter 20

第二十章

智能变电站合并单元、智能接口和测控装置

1. 什么是智能变电站?

答: 智能变电站是采用先进的智能设备,以全站信息数字化、通信平台网络化、信息共享标准化为基本要求,自动完成信息采集、测量、控制、保护、计量和监测等基本功能,并可根据需要支持电网实时自动控制、智能调节、在线分析决策、协同互动等高级功能的变电站。

2. 什么是智能终端?

答: 智能终端是一种智能组件。与一次设备采用电缆连接,与保护、测控等二次设备采用光纤连接,实现对一次设备的测量、控制等功能。

3. 什么是合并单元?

答: 用以对来自二次转换器的电流和/或电压数据进行时间相关组合的物理单元。合并单元可以是互感器的一个组件,也可以是一个分立单元。

4. 什么是智能电子设备?

答: 智能电子设备是包含一个或多个处理器,可接收来自外部源的数据,或向外部发送数据,或进行控制的装置,如电子多功能仪表、数字保护、控制器等。为具有一个或多个特定环境中特定逻辑接点行为且受制于其接口的装置。

5. MMS 的含义是什么?

答: MMS 即制造报文规范,是 ISO/IEC 9506 标准所定义的一套用于工业控制系统的通信协议。MMS 规范了工业领域具有通信能力的智能传感器、智能电子设备(IED)、智能控制设备的通信行为,使出自不同制造商的设备之间具有互操作性。

6. GOOSE 的含义是什么?

答: GOOSE 是一种通用面向对象变电站事件。主要用于实现在多 IED 之间的信息传递,包括传输合闸信号,具有高传输成功概率。

7. SV 的含义是什么?

答: 采样值。基于发布/订阅机制,交换采样数据集中的采样值的相关模型对象和服务,以及这些模型对象和服务到 ISO/IEC 8802-3 帧之间的映射。

8. 智能变电站由哪几部分组成?

答: 智能化变电站由智能化一次设备(电子式互感器、智能化开关)和网络化二次设备分层(过程层、间隔层、变电站站控层)构建;通信规范建立在 DL/T860(IEC 61850)《变电站通信网络和系统》基础上,能够实现变电站内智能电气设备之间信息共享和互操作。

9. 与常规变电站相比智能变电站有哪些优点?

答:(1)智能变电站信号传输用光纤取代电缆,二次接线简单,电缆兼容性能优越。用光纤取代电缆,避免使用对地电容大的长距离电缆,在直流接地暂态过程中,可避免引起断路器偷跳。

(2)电子式互感器没有绝缘问题,体积小。电流互感器不会饱和,若二次开路不会产生尖峰电压,且测量精度高。电压互感器不会引起一次系统谐振。

（3）智能变电站通信应用 IEC 61850 通信标准，各种功能共用统一的信息平台，加强了设备的互操作性，可避免设备重复投入。

（4）智能变电站信息传输通道可自检，可靠性高，便于实现管理自动化。

从结构上看，智能变电站与常规变电站相比，主要是对过程层和间隔层设备进行了升级，将一次系统给出的模拟量和开关量就地数字化，用光纤代替了电缆，实现过程层设备与间隔层设备之间的通信。间隔层保护装置无须接受 TA、TV 输出的交流模拟信号，只需接收 SV（或 GOOSE）网络输出的数字信号。保护装置对外的联系也可以用数字信号，由 GOOSE 网将信息送达目的地或直接送达目的地。常规变电站和智能变电站结构比较如图 20-1、图 20-2 所示。图 20-1 智能变电站通过 GOOSE 网传送信息，图 20-2 智能变电站直接传送信息。

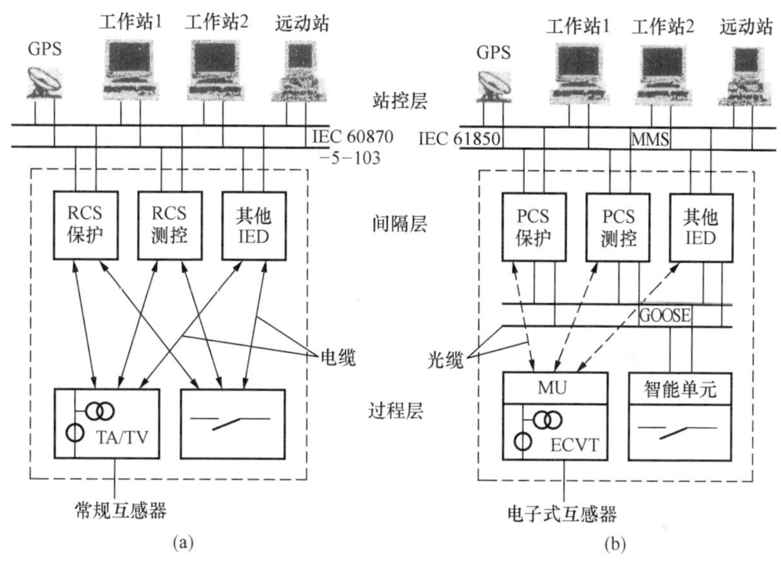

图 20-1　常规变电站和智能变电站结构比较（一）

（a）常规变电站结构图；（b）AIS 智能变电站结构图

10. 智能变电站的特点有哪些？

答：智能变电站基于成熟的软、硬件平台，信息模型和信息交换模型完全遵循 IEC 61850 的规范，支持互操作，其突出的特点如下：

（1）数据采集数字化，采用非常规互感器提高了动态量测水平和测量精度，降低了绝缘要求，在高压系统采用节约成本效用明显。

（2）一次设备智能化，IEC 61850 把变电站分为站控层、间隔层和过程层，过程层的智能接口可以看作是一次设备的延伸和在二次系统中的映射，便于实施精确跳合闸控制和开展设备的状态检修。

（3）二次设备网络化，大量的控制电缆被数字通信网络取代，装置冗余被信息冗余取代，降低了工程造价，提高了可靠性。

（4）系统建模标准化，统一的信息模型和信息交换模型解决了互操作问题，实现了信息共享，简化了系统维护、工程配置和工程实施。

11. 什么是合并单元（MU）？

答：合并单元（MU）用以对来自二次转换器的电流和/或电压数据进行时间相关组合

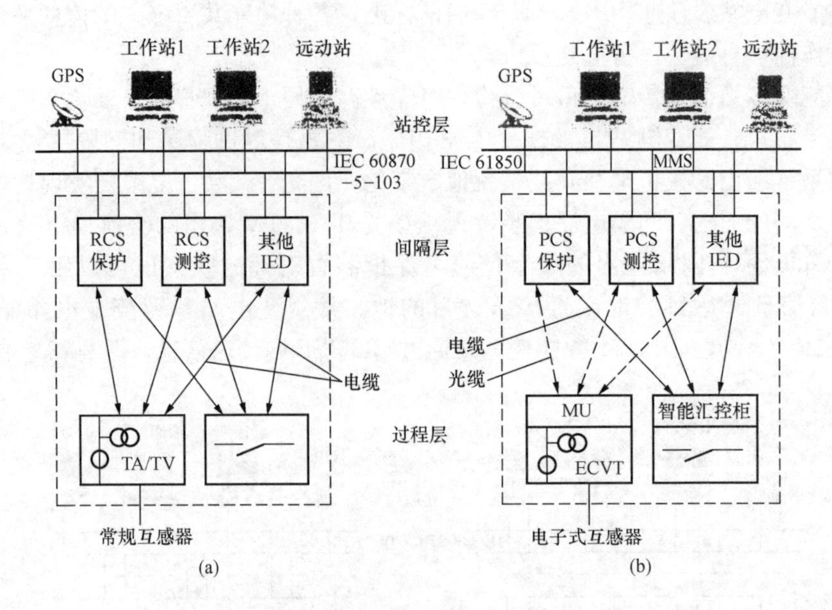

图 20-2　常规变电站和智能变电站结构比较（二）

（a）常规变电站结构图；（b）GIS 智能变电站结构图

的物理单元。合并单元可以是互感器的一个组成件，也可以是一个分立单元。

12. 对合并单元的要求有哪些？

答：（1）每个 MU 应能满足最多 12 个输入通道和至少 8 个输出端口的要求。

（2）MU 应能同时支持 GB/T 20840（IEC 60044-8）《互感器》、IEC 61850-9-2 等规约，在工程应用时应能灵活配置。当 MU 采用 IEC 60044-8 规约时，应支持数据帧通道可配置功能，MU 到 IED 设备之间采取高速单向数据连接。

（3）MU 输出应能支持多种采样频率，用于保护、测控的输出接口采样频率宜为 4000Hz。

（4）MU 应输出电子式互感器整体的采样响应延时。

（5）MU 采样值发送间隔离散应小于 10μs。

（6）MU 输出接口类型有点对点接口、组网接口两种。

（7）若电子式互感器由 MU 提供电源，MU 应具备对激光器的监视以及取能回路的监视能力。

（8）MU 输出采样数据的品质标志应实时反映自检状态，不应附加任何延时或展宽。

13. 智能变电站的网络信息流如何？

答：IEC 61850 把智能变电站自动化系统分为站控层、间隔层、过程层三层结构，网络化的信息流如图 20-3 所示。包括：过程层与间隔层的信息交换，间隔层设备内部的信息交换，间隔层之间的通信，间隔层与变电站层的通信，变电站层不同设备之间的通信。

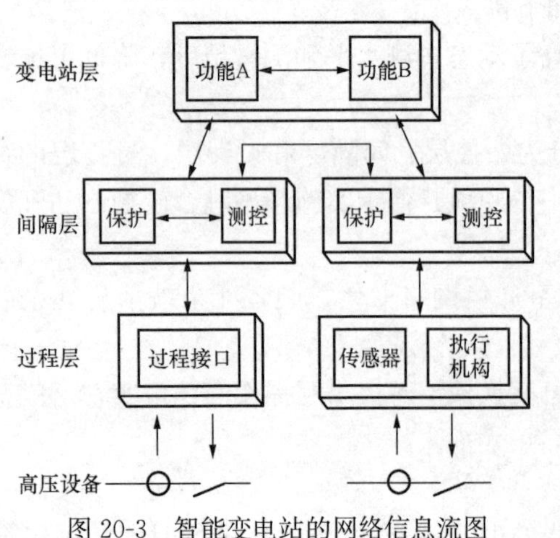

图 20-3　智能变电站的网络信息流图

14. 与传统变电站相比智能变电站技术给间隔层设备带来哪些影响？

答：（1）间隔层设备的功能模块按照 IEC 61850 标准进行建模，常规的功能装置变成了逻辑的功能模块，不再出现功能重复的 I/O 接口。

（2）间隔层设备具备符合 IEC 61850 的过程层接口和站控层接口，通过高速以太网进行信息交互，实现信息共享。

（3）统一的信息模型和信息交换模型使得设备间满足互操作性。

（4）在支持互操作性的基础上，自动化功能可以在间隔层设备自由分布，比如取消传统的备自投和低频减载装置，相应功能都分布到若干台间隔层设备中靠互相通信和互操作来完成。

（5）原来间隔层的部分功能下放到过程层，比如模拟量的 A/D 转换、开关量输入和开关量输出等，相应的信息经过程层网络。

IEC 61850 标准的实施、新型光电互感器的应用以及智能断路器技术的成熟将逐步推进智能变电站的建设，变电站自动化技术将进入全面数字化的新时代。

典型智能变电站结构图如图 20-4 所示。

15. DMU-830/P 系列合并单元的应用范围如何？

答：DMU-830/P 系列合并单元适用于采用常规互感器、电子式互感器或常规互感器与电子式互感器混用的系统。对常规互感器输出的模拟信号采样后，再与电子式互感器采集单元输出的数字量进行合并和处理，并按 IEC 61850-9-2 标准转换成以太网数据或“支持通道可配置的扩展 IEC 60044-8”的 FT3 数据，再通过光纤输出到过程层网络或相关的智能电子设备。其结构如图 20-5 所示。

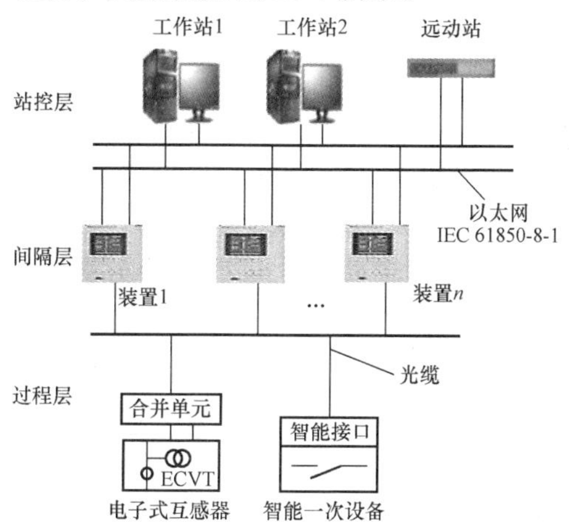

图 20-4　典型智能变电站结构图

DMU-830/P 系列合并单元目前包括 DMU-833/P 以及 DMU-834/P。它们均采用相同的软、硬件平台结构。只是相关的硬件资源及功能有所区别。

DMU-833/P 装置可实现母线间隔的常规互感器同步功能，支持双母线和单母双分段接线型

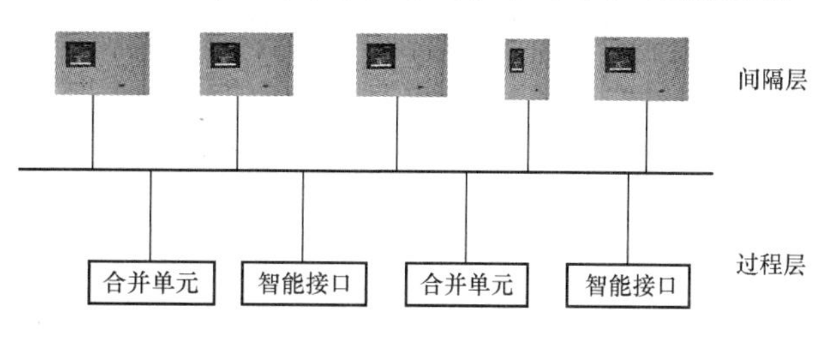

图 20-5　结构图

式。通过硬开入或者 GOOSE 信号接入母联以及 TV 隔离开关的位置，同时接入并列控制的把手位置，可实现母线电压并列功能。

DMU-834/P 装置可实现母线间隔的电子互感器同步功能，支持双母单分段、双母线、单母双分段以及单母三分段母线接线型式。通过硬开入或者 GOOSE 信号接入母联以及 TV 隔离开关的位置，同时接入并列控制的把手位置，可实现母线电压并列功能。

16. DMU-833/P 装置面板各信号灯的作用有哪些？

答：（1）“运行”灯为绿灯，装置正常运行时点亮。

(2)“检修状态”灯为红灯，装置处于检修状态时点亮。

(3)“告警”灯为红灯，装置自检异常时点亮。

(4)“网络异常”灯为红灯，从网络接收信息异常时点亮。

(5)“对时异常”为红灯，外部同步基准丢失时点亮。

(6)“采集异常”灯为红灯，接收任一采集器数据异常时点亮。

(7)“采集器 1～12”灯为绿灯，采集器数据通信正常时点亮。

(8)“母联 1 合”灯为红灯，母线电压并列由合并单元实现，母联 1 与母联 1 隔离开关位置投入时点亮。

(9)“2 强制 1”灯为红灯，母线电压并列由合并单元实现，Ⅱ母强制Ⅰ母投入时点亮。

(10)“1 强制 2”灯为红灯，母线电压并列由合并单元实现，Ⅰ母强制Ⅱ母投入时点亮。

(11)“并列状态”灯为红灯，母线电压并列由合并单元实现，母线 TV 为并列状态时点亮。

(12)“Ⅰ母 TV 合”“Ⅱ母 TV 合”灯为红灯，Ⅰ母 TV、Ⅱ母 TV 合位时点亮。

(13)“Ⅰ母 TV 合”“Ⅱ母 TV 合”灯为红灯，Ⅰ母 TV、Ⅱ母 TV 合位时点亮。

(14)“隔离开关 2 合”“隔离开关 3 合”灯为红灯，Ⅰ母 TV 接地开关、Ⅱ母 TV 接地开关合位时点亮。

(15)“隔离开关 5 合”“隔离开关 6 合”灯为红灯，Ⅰ母 TV 接地开关、Ⅱ母 TV 接地开关合位时点亮。

(16)“隔离开关 2 分”“隔离开关 3 分”灯为红灯，Ⅰ母 TV 接地开关、Ⅱ母 TV 接地开关分位时点亮。

(17)“隔离开关 5 分”“隔离开关 6 分”灯为红灯，Ⅰ母 TV 接地开关、Ⅱ母 TV 接地开关分位时点亮。

17. DMU-833/P 合并单元母线电压并列切换原理如何?

答：常规互感器母线电压切换并列功能是通过隔离开关、断路器位置接点驱动继电器实现的。智能变电站中，位置接点可直采，也可由智能装置采集并以 GOOSE 形式传输至过程层网络，过程层装置或间隔层装置可根据相关位置信息实现电压切换或并列功能。

18. DMU-833/P 合并单元如何实现母线电压并列?

答：DMU-833/P 合并单元用于常规互感器母线间隔，支持两段母线电压并列；DMU-834/P 合并单元用于电子互感器母线间隔，支持三段母线电压并列。

(1) 两段母线并列。如图 20-6 所示。

开入量接线配置如图 20-7 所示。

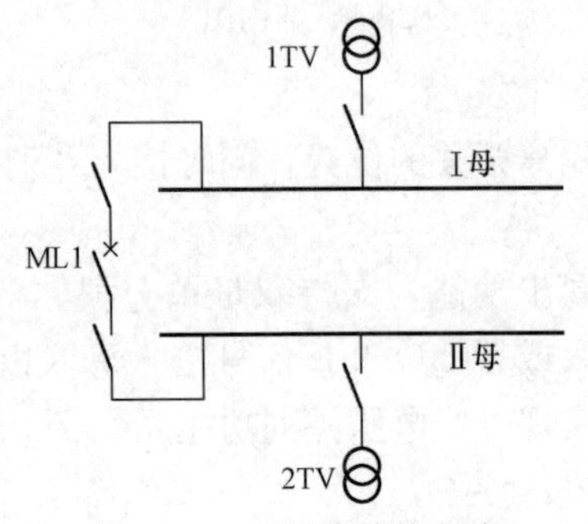

图 20-6 双母线接线型式

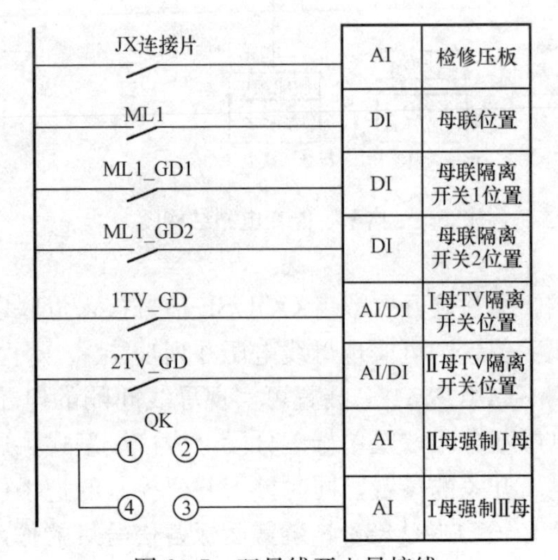

图 20-7 双母线开入量接线

JX连接片、QK的位置接点为硬开入；母联位置接点采用GOOSE接入。TV隔离开关位置硬开入或GOOSE接入，可配置。

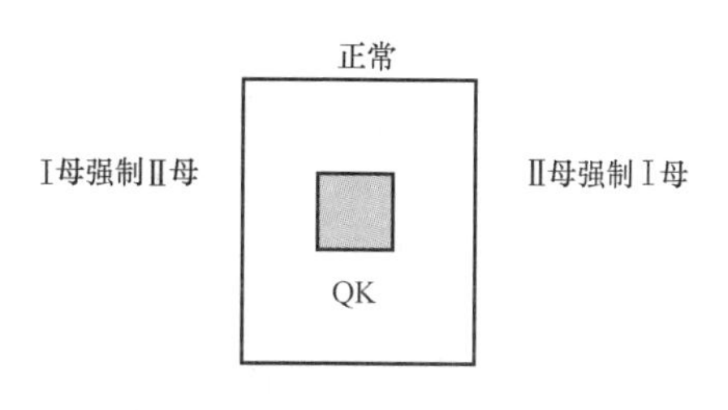

图20-8　两段母线并列控制开关

母线柜中配置一个把手，用于控制母线并列。把手有三个位置，QK1、QK2正常位置位于中间，其左右位置对应如图20-8所示。

1）1母强制Ⅱ母。①Ⅰ母强制Ⅱ母充分条件："ML1及其隔离开关均投入"与"Ⅰ母强制Ⅱ母投入"与"Ⅰ母TV隔离开关投入"，其中TV隔离开关是否判别可配置；②Ⅰ母强制Ⅱ母退出条件："ML1或其隔离开关任一退出"或"Ⅰ母强制Ⅱ母退出"或"Ⅰ母TV隔离开关退出"，其中TV隔离开关是否判别可配置。

2）Ⅱ母强制Ⅰ母。①Ⅱ母强制Ⅰ母充分条件："ML1及其隔离开关均投入"与"Ⅱ母强制Ⅰ母投入"与"Ⅰ母TV隔离开关投入"，其中TV隔离开关是否判别可配置；②Ⅱ母强制Ⅰ母退出条件："ML1或其隔离开关任一退出"或"Ⅱ母强制Ⅰ母退出"或"Ⅰ母TV隔离开关退出"，其中TV是否判别可配置。

正常时，合并单元输出各自TV隔离开关的电压，当电压并列时，即任一条母线被其他母线强制时，报文中该母线电压由强制的母线的TV电压代替，如Ⅰ母强制Ⅱ母，Ⅱ母电压的值由Ⅰ母TV电压值代替。

（2）单母双分段并列。单母双分段并列方式与双母接线类似，二段母线配置一个合并单元。如图20-9所示。

开入量接线配置如图20-10所示。

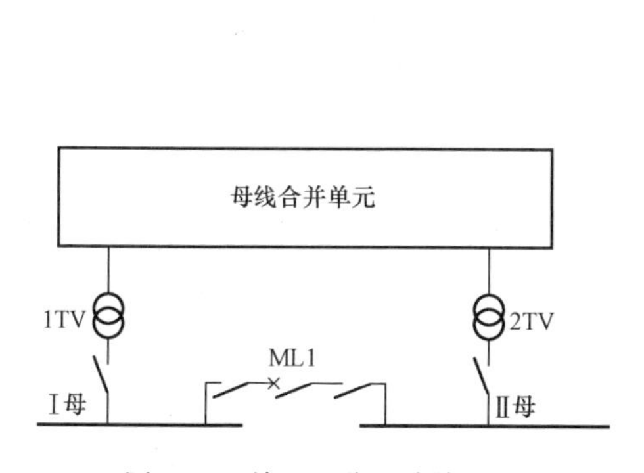

图20-9　单母双分段接线型式

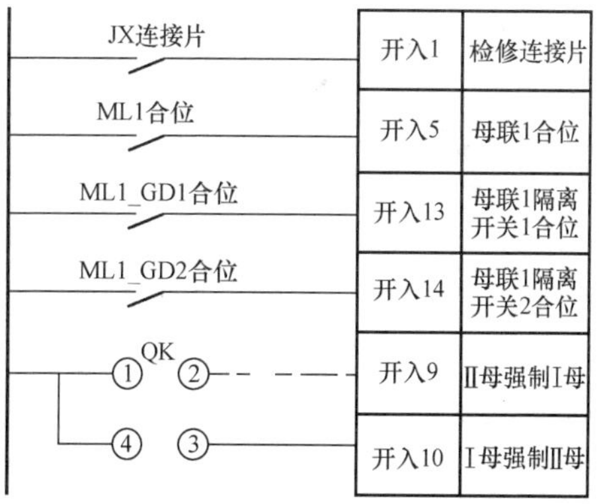

JX连接片　开入1　检修连接片
ML1合位　开入5　母联1合位
ML1_GD1合位　开入13　母联1隔离开关1合位
ML1_GD2合位　开入14　母联1隔离开关2合位
QK ① ②　开入9　Ⅱ母强制Ⅰ母
④ ③　开入10　Ⅰ母强制Ⅱ母

图20-10　单母双分段开入接线

母线柜中配置一个把手，用于控制母线并列。把手有三个位置，QK正常位置位于中间，其左右位置对应如图20-11所示。

并列逻辑同双母线。

（3）双母单分段并列。DMU-834/P合并单元用于电子互感器母线间隔，支持三段母线电压并列。如图20-12所示。

开入量接线配置如图20-13所示。

母线柜中配置两个把手，用于控制母线并列。每个把手有三个位置，QK1、QK2正常位置位于中间，其左右位置对应如图20-14所示。

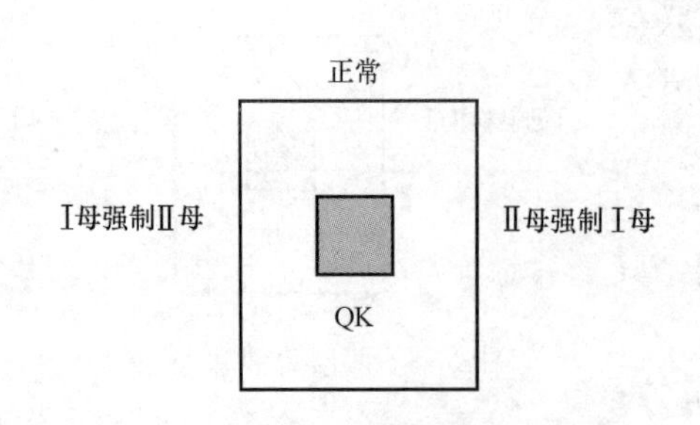

图 20-11　单母双分段并列控制开关

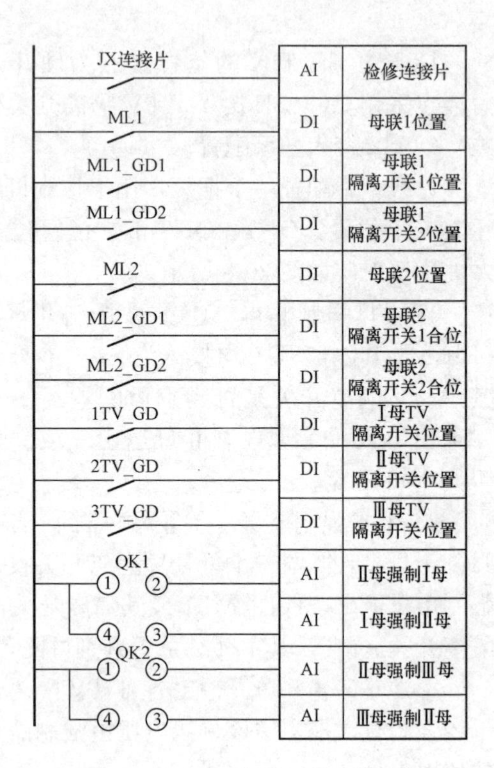

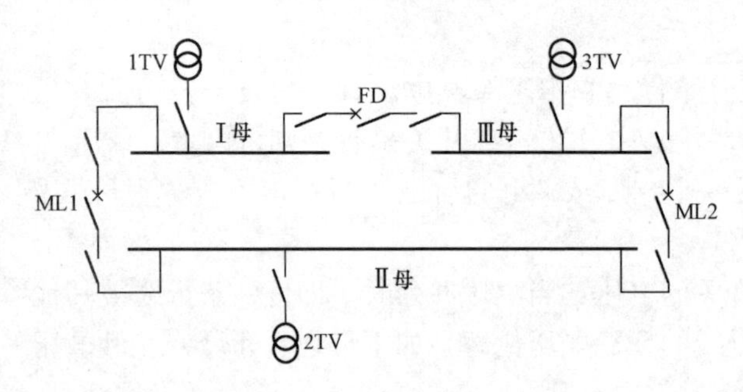

图 20-12　双母单分段接线型式

图 20-13　双母单分段开入量接线

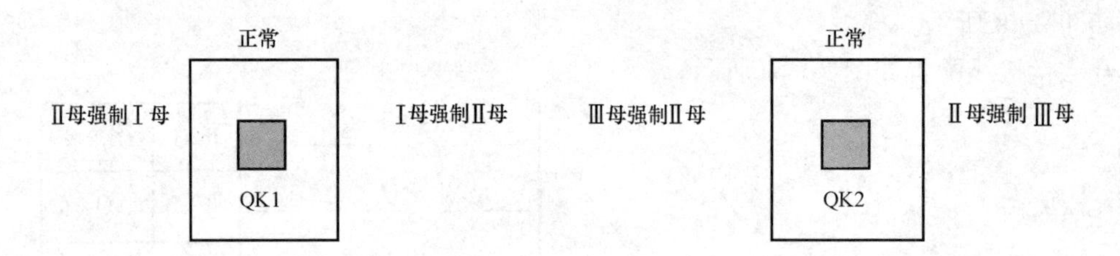

图 20-14　双母单分段并列控制开关

1）Ⅱ母强制Ⅰ母。①Ⅱ母强制Ⅰ母充分条件："ML1 及其隔离开关均投入"与"Ⅱ母强制Ⅰ母投入"与"Ⅱ母 TV 隔离开关投入"，其中 TV 隔离开关是否判别可配置；②Ⅱ母强制Ⅰ母退出条件："ML1 或其隔离开关任一退出"或"Ⅱ母强制Ⅰ母退出"或"Ⅱ母 TV 隔离开关退出"，其中 TV 隔离开关是否判别可配置。

2）Ⅰ母强制Ⅱ母。①Ⅰ母强制Ⅱ母充分条件："ML1 及其隔离开关均投入"与"Ⅰ母强制Ⅱ母投入"与"Ⅰ母 TV 隔离开关投入"，其中 TV 隔离开关是否判别可配置；②Ⅰ母强制Ⅱ母退出条件："ML1 或其隔离开关任一退出"或"Ⅰ母强制Ⅱ母退出"或"Ⅰ母 TV 隔离开关退出"，其中 TV 隔离开关是否判别可配置。

3）Ⅲ母强制Ⅱ母。①Ⅲ母强制Ⅱ母充分条件："ML2 及其隔离开关均投入"与"Ⅲ母强制Ⅱ母投入"与"Ⅲ母 TV 隔离开关投入"，其中 TV 隔离开关是否判别可配置；②Ⅲ母强制Ⅱ母退出条件："ML2 或其隔离开关任一退出"或"Ⅲ母强制Ⅱ母退出"或"Ⅰ母 TV 隔离开关退出"，其中 TV 隔离开关是否判别可配置。

4）Ⅱ母强制Ⅲ母。①Ⅱ母强制Ⅲ母充分条件："ML2 及其隔离开关均投入"与"Ⅱ母强制Ⅲ母投入"与"Ⅱ母 TV 隔离开关投入"，其中 TV 隔离开关是否判别可配置；②Ⅱ母强制Ⅲ母退出条件：“ML2 或其隔离开关任一退出”或“Ⅱ母强制Ⅲ母退出”或“Ⅱ母 TV 隔离开关退出”，其中 TV 隔离开关是否判别可配置。

正常时，合并单元输出数据中Ⅰ母、Ⅱ母及Ⅲ母电压用各自 TV 的电压。当 TV 并列时，即任一条母线被其他母线强制时，报文中该母线电压由强制的母线的 TV 电压代替，如Ⅰ母强制Ⅱ母，Ⅱ母电压的值由Ⅰ母 TV 的电压值代替。

（4）单母三分段并列。DMU-834/P 合并单元用于电子互感器母线间隔，支持三段母线电压并列。单母三分段并列方式与双母单分段接线类似，三段母线配置一个合并单元。如图 20-15 所示。

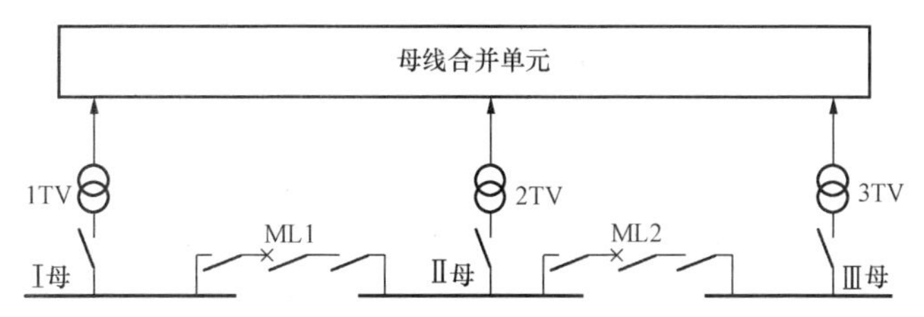

图 20-15　并列方式 1 接线

开入量接线配置如图 20-16 所示。

接点	类型	名称
JX连接片	AI	检修连接片
ML1	DI	母联1位置
ML1_GD1	DI	母联1 隔离开关1位置
ML1_GD2	DI	母联1 隔离开关2位置
ML2	DI	母联2位置
ML2_GD1	DI	母联2 隔离开关1合位
ML2_GD2	DI	母联2 隔离开关2合位
1TV_GD	DI	Ⅰ母TV 隔离开关位置
2TV_GD	DI	Ⅱ母TV 隔离开关位置
3TV_GD	DI	Ⅲ母TV 隔离开关位置
QK1 ①②	AI	Ⅱ母强制Ⅰ母
QK1 ④③	AI	Ⅰ母强制Ⅱ母
QK2 ①②	AI	Ⅱ母强制Ⅲ母
QK2 ④③	AI	Ⅲ母强制Ⅱ母

图 20-16　并列方式 1 开入量接线

JX 连接片、QK1 及 QK2 的位置接点为硬开入；开入 2～开入 5 采用 GOOSE 或硬开入可配置。

母线柜中配置两个把手，用于控制母线并列。每个把手有三个位置，QK1、QK2 正常位置位于中间，其左右位置对应如图 20-17 所示。

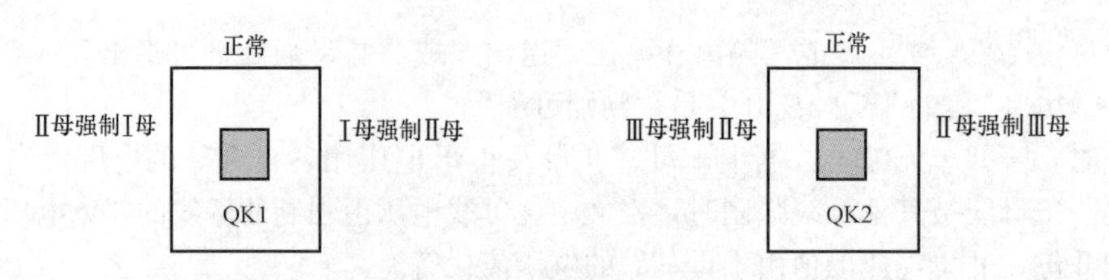

图 20-17　单母三分段并列控制开关

并列逻辑同双母单分段接线。

19. DMU-833/P 合并单元如何实现母线电压切换?

答：间隔合并单元具有母线电压切换功能，Ⅰ母Ⅱ母电压切换、Ⅱ母Ⅲ母电压切换以及不切换可配置。如图 20-18、图 20-19 所示。

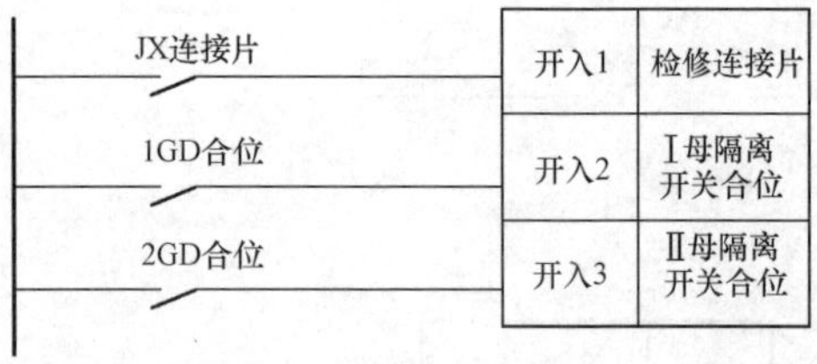

图 20-18　间隔合并单元Ⅰ母Ⅱ母切换开入接线

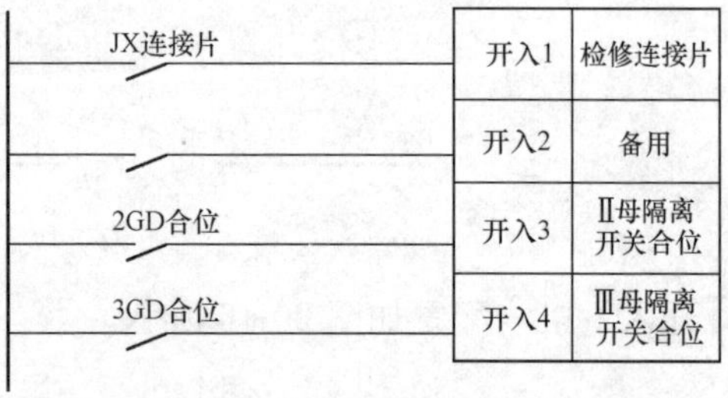

图 20-19　间隔合并单元Ⅱ母Ⅲ母切换开入接线

检修连接片为硬开入；开入 2～开入 4 采用 GOOSE 或硬开入，可配置。

当接收到母线合并单元发送的并列后电压数据，间隔合并单元根据配置要求处理。不切换、Ⅰ母Ⅱ母电压切换及Ⅱ母Ⅲ母电压切换可配置，以Ⅰ母Ⅱ母电压切换为例（Ⅱ母Ⅲ母电压切换同），处理逻辑如表 20-1 所示。

表 20-1　母线电压切换处理逻辑

Ⅰ母隔离开关	Ⅱ母隔离开关	切换后电压	备　　注
合	分	Ⅰ母电压	
分	合	Ⅱ母电压	
合	合	保持原状态	
分	分	空	输出电压为 0

20. DTU-801 变压器智能单元的结构如何?

答：DTU-801 变压器智能单元示意图如图 20-20 所示。

21. DTU-801 变压器智能单元有哪些功能?

答：(1) 状态采集功能。提供经光电隔离的空触点开入，最大提供 66 路，完成对一个变压器本体间隔中所有隔离开关位置、有载开关位置以及状态告警信息的智能采集和监视。信号采集回路具有防止抖动的能力，通过 GOOSE 上送。

同时提供最多 12 路独立的直流采集回路，满足采集油温、气体含量、柜内温湿度等监测量的需求。

(2) 控制功能。提供 34 路硬开出触点。其中包括 2 台中性点隔离开关的控制、有载开关控制、冷却系统控制及非电量延时出口等。

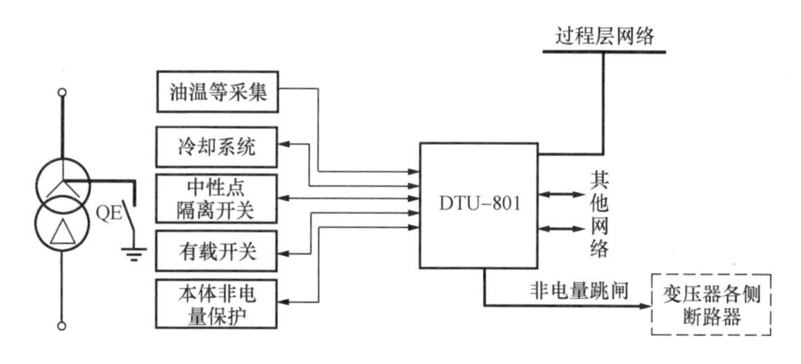

图 20-20　DTU-801 变压器本体智能单元配置示意图

为了保证隔离开关控制出口的安全性，除了提供具有公共端的分闸、合闸接点外，还提供两组对应独立的触点控制开出的电源。

(3) 本体非电量保护功能。智能单元提供本体非电量保护功能，用于替代传统非电量保护。就地实现非电量保护由于电缆距离的缩短，减低了分布电容，能够有效地减少由于电缆的损坏、直流一点接地或电磁干扰导致非电量保护拒动或误动的可能性。

1) 保护功能。除重瓦斯等保护通过控制电缆直接跳闸外，其余的非电量保护均采用 GOOSE 上送保护信息。非电量保护 01～08 为跳闸，非电量保护 09～26 均为告警类保护。

图 20-21 以非电量保护 1 为例示意电缆直跳或延时直跳原理，图 20-22 以非电量保护 9 为例示意告警原理。

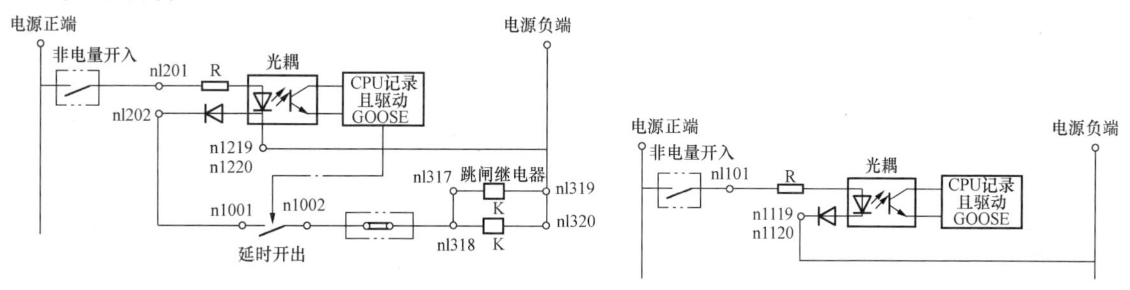

图 20-21　非电量跳闸类保护原理示意图

图 20-22　非电量告警类保护原理示意图

2) 保护配置。配置有 26 个非电量保护，其中跳闸类 8 个，告警类 18 个。

(4) 对时功能。

(5) 通信功能。

(6) 记录功能。

1) 事件顺序记录。按时间顺序记录通用开入变位、来自过程层网络的 GOOSE 信息，包含时刻、GOOSE 命令来源等信息。

2) 异常告警记录。详细记录装置自检告警信息。

3) 记录容量。可循环记录 800 次事件和告警信息。

(7) 检修功能。检修功能是指装置根据接收到的过程层网络信息及装置自身检修连接片状态不一致，装置功能将会发生某些改变。

1) 改变一：检修连接片投入后，上送所有 GOOSE 报文的品质 Q 及 GOOSE 帧头中的测试位 Test 置位。

2) 改变二：在对断路器或隔离开关控制时，将接收的 GOOSE 报文中的 Test 位与装置自身的检修连接片状态进行比较，只有两者一致时才视作为有效进行处理或动作。当二者不一致时，视为“预传动”状态。此时，将上送“保护测试跳”或“保护测试合”或“测控测试操作断路器”或“测控测试操作隔离开关”GOOSE，同时 DTU-801 的相关告警灯将闪烁，提示试验人员“智能单元已正确收到某 IED 发出的控制命令”，但由于检修原因并未实际驱动动作触点。

（8）自检功能。自检功能包括开出回路、程序、电源等自检项目。当在出现异常时，设备告警灯点亮，同时发送 GOOSE 告警信号，并根据其严重程度决定是否闭锁装置功能，防止事故的进一步扩大。

22. DTU-801 变压器智能单元面板各信号灯的作用有哪些?

答：（1）“运行”灯为绿灯，装置正常运行时常亮。

（2）“告警”灯为红灯，正常运行时熄灭，当装置异常或告警时点亮。

（3）“网络异常”灯为红灯，正常运行时熄灭，当过程层网或直采直跳网口报文出现异常时点亮。

（4）“非电量跳闸”灯为红灯，正常运行时熄灭，当装置非电量保护跳闸发生时点亮，告警灯保持，通过复归硬开入或 GOOSE 开入进行复归。

（5）“非电量告警”灯为红灯，正常运行时熄灭，当装置非电量保护告警发生时点亮，告警灯保持，通过复归硬开入或 GOOSE 开入进行复归。

（6）“档位调节”为红灯，正常运行时熄灭，当装置接收到 GOOSE 控制命令挡行挡位升降或急停闭锁时点亮，命令消失后自动熄灭。当检修做传动实验时，对应指示灯闪烁。

（7）“闭锁调压”为红灯，正常运行时熄灭，当装置接收到 GOOSE 控制命令进行闭锁挡位调节时点亮，命令消失后自动熄灭。当检修做传动实验时，对应指示灯闪烁。

（8）“隔离开关操作”为红灯，正常运行时熄灭，当装置接收到 GOOSE 控制命令隔离开关出口时点亮，命令消失后自动熄灭。当检修做传动实验时，对应指示灯闪烁。

（9）“风冷启动”为红灯，正常运行时熄灭，当装置接收到 GOOSE 控制命令冷却器启动时点亮，命令消失后自动熄灭。当检修做传动实验时，对应指示灯闪烁。

（10）“隔离开关 1～2 合”灯为红灯，当隔离开关合位时点亮，低电平时熄灭。

（11）“隔离开关 1～2 分”灯为绿灯，当隔离开关分位时点亮，低电平时熄灭。

（12）“检修状态”为红灯，正常运行时熄灭，当检修连接片投入时点亮，退出时熄灭。

23. DTI-806 综合智能接口的应用范围如何?

答：DTI-806 综合智能接口适用于电力系统 500kV 及其以下电压等级各种开关间隔，包含敞开式断路器和组合高压电器，其中分相断路器使用 DTI-806/F，三相断路器间隔可采用 DTI-806/S，装置主要基于 GOOSE 服务完成该间隔内断路器以及与其相关隔离开关、接地开关和快速接地开关的操作控制和状态监视，采集常规互感器的模拟量，并按 DL/T 860.92（91）-2006 规约转换成以太网数据通过光纤输出到过程层网络或相关的智能电子设备。

24. DTI-806 综合智能接口的结构如何?

答：DTI-806 配置模拟量采集和合并功能、分相断路器控制输出触点和隔离开关控制输出触点以及多路开关量输入，常用于线路间隔。

330kV 及以上电压等级断路器间隔对过程层设备双配置要求：由 2 台综合智能接口构成，如图 20-23 所示。

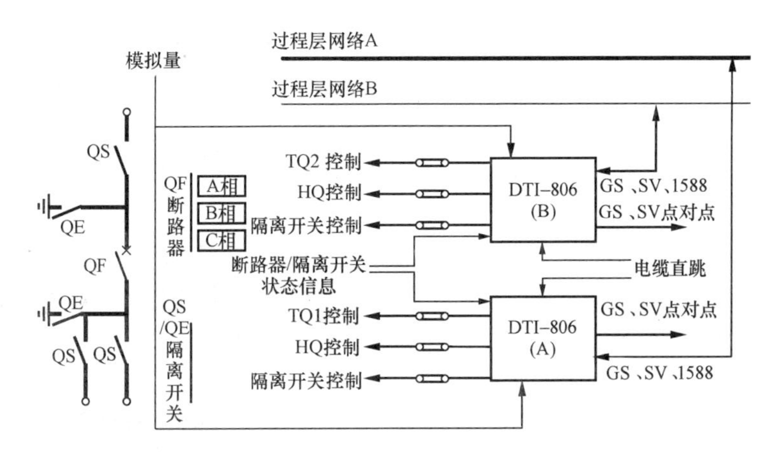

图 20-23　DTI-806 综合智能接口双配置示意图

25. DTI-806 综合智能接口有哪些功能?

答:（1）状态采集功能。

（2）控制功能。

（3）逻辑闭锁功能。

（4）合并器功能。

1）模拟量采集。

2）SMV 输出。

3）电压切换。

（5）对时功能。

（6）通信功能。

（7）记录功能。

1）事件顺序记录。

2）异常告警记录。

3）记录容量。

（8）检修功能。

（9）自检功能。

26. DTI-806 综合智能接口面板各信号灯的作用有哪些?

答:（1）“运行”灯为绿灯，装置正常运行时常亮。

（2）“告警”灯为红灯，正常运行时熄灭，当装置异常或告警（硬件或软件自检或内部通信异常）时点亮。

（3）“网络异常”灯为红灯，正常运行时熄灭，当过程层网接收报文异常（中断或格式不正确、不对应）时点亮。

（4）“检修状态”为红灯，正常运行时熄灭，当检修连接片投入时点亮，退出时熄灭。

（5）“对时异常”灯为红灯，正常运行时熄灭，当对时信号中断时点亮，恢复正常后熄灭。

（6）“采集异常”灯为红灯，当任一路配置的采集器接收异常时点亮，所有配置的采集器接收正常时熄灭。

（7）“采集器 1～10”灯为绿灯，当第 n 路采集器接收正常时点亮，接收不正常时熄灭。

(8)“切为Ⅰ～Ⅲ母”灯为绿灯，当装置实现切换功能时，指示目前的电压取自 n 母。

(9)“跳 A”“跳 B”“跳 C”“合 A”“合 B”“合 C”灯为红灯，正常运行时熄灭，一一对应继电器接点，当装置接收到保护 GOOSE 命令断路器出口时点亮并保持，通过复归命令或按键熄灭，当某保护做传动实验时，对应指示灯闪烁（用于三相装置时，该灯为保护跳和保护合，机制和分相一致）。

(10)“测控操作”为红灯，正常运行时熄灭，当装置接收到测控 GOOSE 命令断路器或隔离开关出口时点亮，命令消失后自动熄灭。当某测控做传动实验时，对应指示灯闪烁。

(11)“电缆直跳”为红灯，正常运行时熄灭，当有需要通过传统电缆方式进行跳闸时点亮并保持，通过复归命令或按键熄灭。

(12)“手动操作”为红灯，正常运行时熄灭，当手动分合断路器时点亮，手动操作终止后自动熄灭。

(13)“检修状态”为红灯，正常运行时熄灭，当检修连接片投入时点亮，退出时熄灭。

(14)“断路器合”灯为红灯，当各相断路器均为合位时点亮，任一相为低电平时熄灭。

(15)“断路器分”灯为绿灯，当各相断路器均为跳位时点亮，任一相为低电平时熄灭。

(16)“隔离开关 1～7 合”灯为红灯，当各相关联开关合位时点亮，任一相为低电平时熄灭。

(17)“隔离开关 1～7 分”灯为绿灯，当各相关联开关跳位时点亮，任一相为低电平时熄灭。

27. FCK-851B/G 系列数字式测控装置的应用范围如何？

答：FCK-851B/G 系列数字式测控装置适用于 750kV 及以下电压等级的数字化变电站自动化系统中的间隔层测控单元。该系列装置具有测量、控制、监视、记录、同期、间隔层逻辑自锁互锁等功能。

28. FCK-851B/G 系列数字式测控装置的功能有哪些？

答：(1) 基本功能有遥测、遥信、遥控、遥调、同期合闸检测。

(2) TV 断线告警检测功能。

(3) TA 断线告警检测功能。

(4) 低电压告警检测功能。

(5) 零序过压告警检测功能。

(6) GOOSE 输入通道品质因素检查。

(7) GOOSE 检修功能。

29. FCK-851B/G 系列数字式测控装置遥测功能如何实现？

答：(1) 交流输入。FCK-851B/G 系列测控装置接收 SV 接口或交流插件采集电流、电压等采样数据，进行电流、电压、功率、功率因数、频率、积分电度等量值的计算。

采用 SV 接口输入交流量时，支持双通道输入，装置自动对双通道的数据进行切换，如图 20-24 所示。

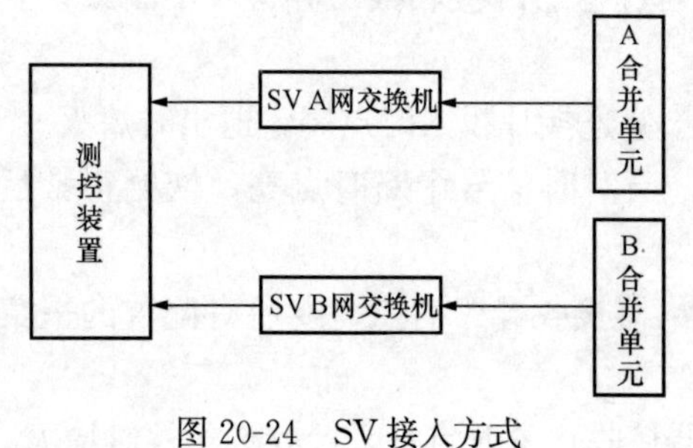

图 20-24 SV 接入方式

在合并单元各运行工况下的切换逻辑如下：

1) A 合并单元异常（品质异常或检修不一致），B 合并单元正常；取用 B 合并单元数据。

2) B 合并单元异常（品质异常或检修不一致），A 合并单元正常；取用 A 合并单元数据。

3) A、B 合并单元均异常（品质异常或检修不一致）；遥测数据清零。

4）A、B 合并单元均正常。保持当前选择通道不切换。

（2）GOOSE 模拟量输入，该系列装置支持通过 GOOSE 接口采集 GOOSE 模拟量数据，进行温度、挡位等量值的计算。

30. FCK-851B/G 系列数字式测控装置遥信功能如何实现？

答：通过 GOOSE 接口或光耦输入采集状态量信息，能够反映断路器位置、隔离开关位置及其他遥信状态。

遥信处理分为单点遥信和双点遥信，通过消抖时间确认遥信状态的变位。如果从过程层采集的 GOOSE 开入由智能终端打时标，则测控装置不对遥信变位进行消抖确认。

如图 20-25 所示，“正常变位”的图例体现了从合位状态经过一个短暂的过渡状态进入稳定的分位状态的过程；“扰动”的图例体现了消抖功能对扰动的屏蔽作用；“无效状态”的图例是当双点遥信组合中某一个开入出现异常时发生的情况，此时装置会向监控后台发出异常信息的提示。

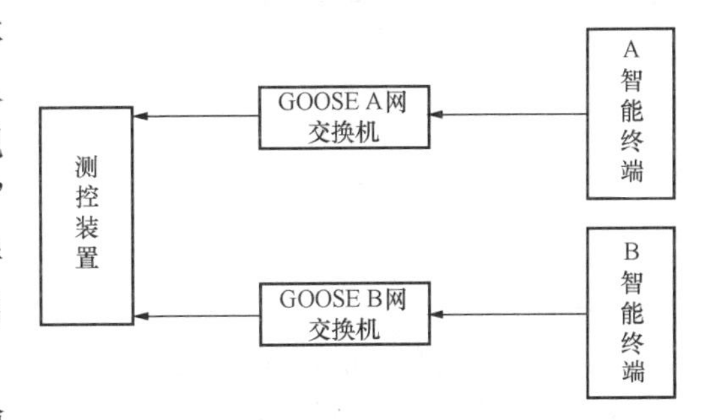

图 20-25 GOOSE 接入方式

采样 GOOSE 方式输入时，支持双通道输入，装置按照“先到先得”原则对双通道数据进行切换。

在智能终端各运行工况下的切换逻辑如下：

（1）A 智能终端异常（网络断或品质异常），B 智能终端正常；取用 B 智能终端开入。

（2）B 智能终端异常（网络断或品质异常），A 智能终端正常；取用 A 智能终端开入。

（3）A、B 智能终端均异常（网络断或品质异常）；遥信保持当前状态不刷新。

（4）A、B 智能终端均正常。

以后收到的开入为准，在双智能终端信号不一致时发告警信号。

31. FCK-851B/G 系列数字式测控装置遥控功能如何实现？

答：遥控输出模式：遥控通过 GOOSE 接口输出。

遥控操作分为选控和直控两种类型，可以以“选控方式”对断路器、隔离开关、接地开关等进行控制；还可以以“直控方式”进行复归操作。选控受远方连接片的闭锁，远方连接片退出时闭锁选控的远方操作。

选控的分、合操作可编辑逻辑条件，在所编辑逻辑条件满足的情况下方能进行操作，该逻辑是否判别可通过“联锁/解锁”连接片控制，连接片投入情况下操作需要判别所编辑逻辑，退出情况下则不判别。

操作闭锁的逻辑示意图如 20-26 所示。

为保证机构就地操作也可通过测控装置编辑逻辑，装置还对每个选控对象设置一个就地

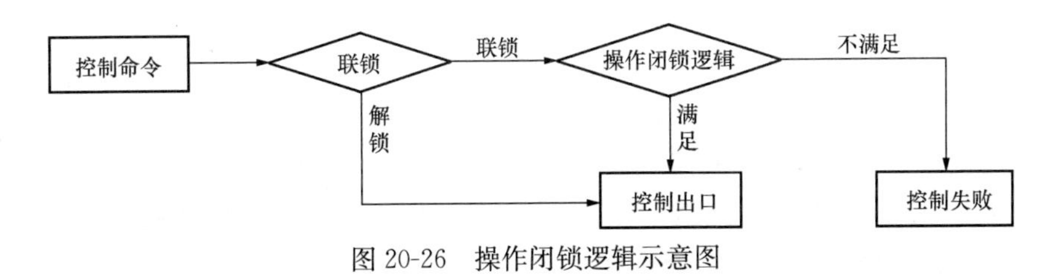

图 20-26 操作闭锁逻辑示意图

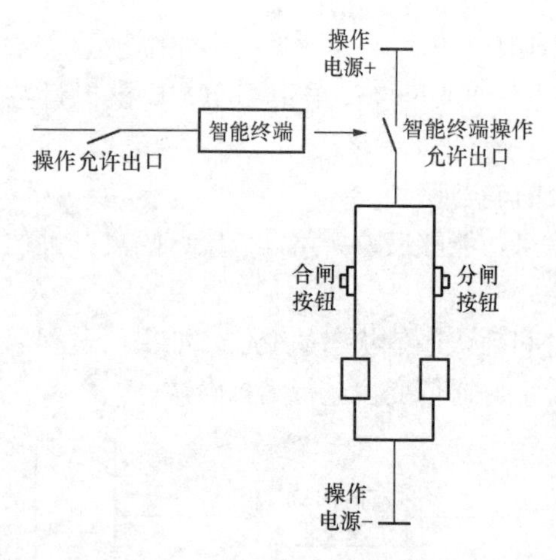

图 20-27 就地操作闭锁示意图

闭锁出口，该出口受所编辑逻辑的控制，逻辑满足时，该出口闭合并保持，逻辑不满足时，该出口打开。“联锁/解锁”连接片退出时，该出口也闭合并保持。就地操作闭锁出口应用示意图如 20-27 所示。

为保证出口的可靠性，装置自检出现异常时对所有出口信息品质均置为无效。

32. FCK-851B/G 系列数字式测控装置遥控功能如何实现?

答: 挡位输入形式采用 GOOSE 模拟量输入方式。挡位控制可投入滑挡闭锁功能，挡位调节执行一段时间内（滑挡闭锁时间）挡位未达到预期的位置，测控装置可自动开出急停出口。

33. FCK-851B/G 系列数字式测控装置同期功能如何实现?

答:（1）同期功能的选择。同期功能的选择通过三个软连接片（无检定、检无压、检同期）控制，这些连接片可以通过后台监控或远方调度投退。同期方式与连接片的对应关系如表 20-2 所示。装置也支持采用控制模型中 Check 的 sync 位区分检同期与无检定。

表 20-2　　同期方式与连接片的对应关系

连接片 同期方式	无检定连接片	检无压连接片	检同期连接片	备　注
不检定方式	1	x	x	x 代表可为 0，可为 1
检无压方式	0	1	0	
转换方式	0	1	1	先检无压，无压条件不满足时自动转为检同期方式
检同期方式	0	0	1	

（2）同期操作模式。同期操作有远方同期、就地同期和手合同期三种操作模式。

1）远方同期操作：远方遥控合闸命令触发同期判别。

2）就地同期操作：通过装置面板的主接线图合闸操作触发同期判别。

3）手合同期操作：由手合同期开入触发同期判别。

34. FCK-851B/G 系列数字式测控装置什么情况下报 TV 断线信号?

答: TV 断线后发告警信号。TV 断线检测通过控制字进行投退。控制字投入，满足以下条件：

（1）只要有两个线电压之差大于 18V，状态持续时间大于延时 10s，则报 TV 断线。

（2）任意两个线电压之差均小于 18V，状态持续时间大于延时 10s，则 TV 断线返回。

35. FCK-851B/G 系列数字式测控装置什么情况下报 TA 断线信号?

答: TA 断线后发告警信号。TA 断线检测通过控制字进行投退。TA 断线区别两表法和三表法。控制字投入，满足以下条件：

（1）三表法。零序电流 $3I_0$ 大于 100mA，且三相电流中至少有一相小于 20mA，状态持续时间大于延时 10s，则报 TA 断线；零序电流 $3I_0$ 小于 100mA，状态持续时间大于延时 10s，则报 TA 断线返回。

（2）两表法。任一相电流大于100mA且至少有一相小于20mA，状态持续时间大于延时10s，则报TA断线；两相电流均大于100mA或两相电流均小于20mA，状态持续时间大于延时10s，则报TA断线返回。

36. FCK-851B/G系列数字式测控装置什么情况下报低电压告警信号？

答：检测到低电压后发告警信号。低电压告警检测通过控制字进行投退。控制字投入，满足以下条件：

（1）三相电压均小于10V，状态持续时间大于延时10s，则报低电压告警。

（2）任一相电压大于10V，状态持续时间大于延时10s，则报低电压告警返回。

37. FCK-851B/G系列数字式测控装置什么情况下报零序过压告警信号？

答：零序过压告警功能可投退，对线路及主变压器测控，零序过压告警逻辑判别所用电压固定为自产零序电压，对母设测控，零序过压告警逻辑判别所用电压可选择自产或外接，零序过压判别逻辑如下：

（1）$3U_0$ 大于30V，状态持续时间大于延时10s，则零序过压告警。

（2）$3U_0$ 小于30V，状态持续时间大于延时10s，则零序过压告警返回。

38. FCK-851B/G系列数字式测控装置面板各信号灯的作用有哪些？

答：“运行”：绿灯。装置正常运行时，常亮；装置故障时，熄灭。

“装置告警”：红灯。正常运行时熄灭，在装置硬件以及软件出现严重告警点亮，此时闭锁保护，如FLASH出错、RAM自检错等信号。

“合位”：红灯。断路器处于合位时，此灯长亮；断路器处于分位时，此灯熄灭。

“联锁”：红灯。联锁软连接片投入时，此灯长亮；联锁软连接片退出时，此灯熄灭。

“远方”：绿灯。断路器远方连接片投入时，此灯长亮；断路器远方连接片退出时，熄灭。

“检修状态”：黄灯。在检修硬连接片投入时，此灯长亮。退出检修连接片时，检修灯灭。

chapter 21

第二十一章 断路器保护

1. 什么是断路器保护?

答: 断路器保护是指能实现断路器部分辅助控制功能、并针对断路器可能出现非正常运行状态或故障设置的保护装置。它通常设置有三相不一致保护、失灵保护、死区保护、充电保护,根据系统实际情况需要部分断路器保护装置配置有重合闸功能。

2. 单母线接线方式和双母线接线方式的断路器保护如何配置?

答: 对于单母线、双母线接线方式,各条输电线路与断路器是一一对应的,重合闸也只针对唯一的断路器,因此通常将断路器保护装置配置在相应线路两块线路保护屏中的一块上(有时也称其为断控单元)。这种情况下重合闸功能既可以配置在线路保护装置中,也可以配置在断路器保护装置中。

3. 3/2 接线方式的断路器保护如何配置?

答: 3/2 断路器接线方式的线路(或其他元件)单元与断路器并不是一一对应的,线路保护动作时需要跳开两台断路器,重合闸也要重合两台断路器,并且断路器受两个单元的保护控制。因此在 3/2 断路器接线方式下,断路器保护是按断路器单独配置独立组屏的。各断路器的重合闸控制功能只配置在相应的断路器保护装置中。

3/2 接线方式的断路器通常装有重合闸、断路器失灵保护、三相不一致、死区及充电(用于母线侧断路器)保护。

4. 何谓断路器失灵保护?

答: 当系统(输电线路、变压器、母线或其他一次设备)发生故障时,断路器因操作失灵拒绝跳闸时,通过故障元件的保护,作用于本变电站相邻断路器跳闸,有条件的还可以利用通道,使远端断路器同时跳闸的接线称为断路器失灵保护。断路器失灵保护是近后备中防止断路器拒动的一项有效措施。

5. 为什么要装设断路器失灵保护?

答: 当线路故障时如果发生断路器失灵,相邻线路的Ⅱ段或Ⅲ段保护将动作跳闸切除故障。这时虽然扩大了停电范围,但是保证了故障的切除。相邻线路的Ⅱ段或Ⅲ段保护起到了故障线路的远后备保护的作用。虽然远后备保护能够切除断路器失灵的故障,但在一些高电压等级的电力系统中(如 220kV 及以上系统),通过远后备保护切除断路器失灵故障的方式往往不能满足系统稳定的要求。因此,必须为断路器失灵配置专门的近后备保护,即断路器失灵保护。

6. 什么情况下应装设断路器失灵保护?

答: 在 220~500kV 电力网中,以及 110kV 电力网的个别重要部分,可按下列规定装设断路器失灵保护:

(1) 线路保护采用近后备方式,对 220~500kV 分相操作的断路器,可只考虑断路器单相拒动的情况。

(2) 线路保护采用远后备方式,如果由其他线路或变压器的后备保护切除故障将扩大停电范围（例如采用多角形接线，双母线或分段单母线等时），并引起严重后果时。

（3）如断路器与电流互感器之间发生故障，不能由该回路主保护切除，而由其他线路和变压器后备保护切除又将扩大停电范围，并引起严重后果时。

7. 在什么条件下断路器失灵保护方可启动？

答：（1）故障设备的保护能瞬时复归的出口继电器动作后返回。

（2）断路器未跳开的判别元件动作。

8. 如何识别断路器失灵？

答：断路器失灵的判别往往又被称为失灵启动。从断路器失灵的定义可以知道，断路器失灵有两个要素。一是保护发出过跳开该断路器的跳闸指令；二是断路器没有跳开。这两个要素的识别可以通过二次回路的连接实现，也可以通过失灵保护装置的逻辑判断实现。保护发出过跳闸指令可以通过保护动作触点的接通识别，对于断路器没有跳开的识别则通常是通过断路器仍然有电流流过来识别，即失灵保护电流元件动作。因此可以将保护动作触点与失灵保护电流元件动作的接点串接构成失灵起动的回路，也可以由失灵保护装置将保护动作的开入量和失灵保护电流元件动作的两个条件通过“与”的逻辑驱动起动失灵的触点动作。

9. 断路器失灵启动回路原理如何？

答：图 21-1 为某 220kV 线路保护启动失灵回路示意图，该 220kV 线路第一套线路保护配置 RCS931 线路保护装置、RCS923 断路器保护装置，第二套线路保护配置 PSL603 线路保护装置。该站 220kV 母线配置有 RCS916 专用失灵保护。SLA-2、SLB-2、SLC 2 分别为 A、B、C 相电流动作触点，保护启动后若当某一相的电流达到失灵启动定值则对应触点接通。SL2-2 为任一相电流动作触点，保护启动后任一相的电流达到失灵启动定值则对应触点接通。TJA、TJB、TJC 则分别为 RCS931、PSL603 线路保护 A、B、C 相的单相跳闸动作触点。1TJQ、1TJR、2TJQ、2TJR 为操作箱内三相跳闸触点，当操作箱收到三相跳闸命令后，上述触点接通。保护动作发出跳 A 相跳闸命令后，若 A 相失灵则 SLA-2、TJA 均接通，将正电源送至 RCS916 失灵保护失灵启动开入回路，实现失灵启动；当保护动作发出三相跳闸命令后，若任一相失灵则 SL2-2、TJQ（或 TJR）均接通，将正电源送至 RCS916 失灵保护失灵启动开入回路，实现失灵启动。

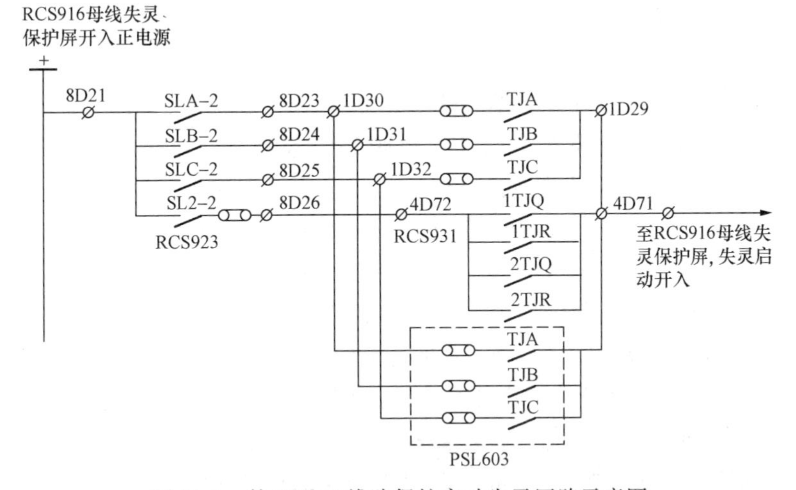

图 21-1　某 220kV 线路保护启动失灵回路示意图

10. 双母线断路器保护如何出口跳闸？

答： 双母线接线方式失灵保护动作的跳闸对象是，与失灵断路器在同一段母线运行的所有断路器。在双母线接线方式下，如果断路器失灵，首先需要识别出运行方式，才能正确地跳开失灵断路器所在母线上的所有断路器。另外，双母线接线方式下，如果失灵保护误动切除母线将造成很多设备的停运，对系统影响很大，因此失灵保护动作出口需要经过复合电压闭锁。

在高电压等级的电力系统中，通常为双母线接线方式下的母线配置有专门的母线失灵保护屏或在母差保护屏内设置有失灵保护功能，作为母线上所有断路器失灵动作时的公共执行元件。

母线失灵保护在收到失灵的断路器发出的失灵启动开入量后，如果复合电压开放，则根据装置自动识别出的运行方式，经一个较短延时（如 0.3s）跳开母联和分段断路器，随后（如 0.5s）跳开该母线上其他单元断路器，以隔离失灵的断路器。

11. 3/2 接线方式线断路器保护如何出口跳闸？

答： 3/2 接线方式失灵保护动作的跳闸对象则相对较为复杂。

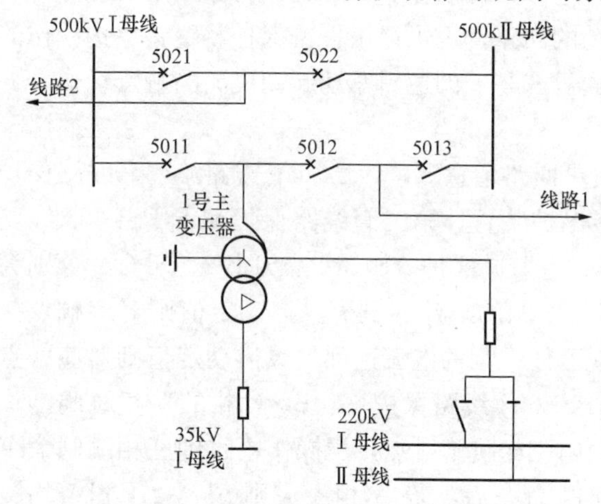

图 21-2　3/2 接线方式失灵保护示意图

图 21-2 为某变电站 500kV 系统中各废路器失灵时的情况。

当 5011 断路器失灵时，应当切除①500kVⅠ母线上所有断路器；②5012 断路器；③1 号主变压器的中、低压侧断路器。

当 5012 断路器失灵时则应当切除①5011 断路器；②5013 断路器；③1 号主变压器的中、低压侧断路器；④线路 1 对侧断路器。

当 5013 断路器失灵时，应当切除①500kVⅡ母线上所有断路器；②5012 断路器；③线路 1 对侧断路器。

当 5021 断路器失灵时，应当切除：①500kVⅠ母线上所有断路器；②5022 断路器；③线路 2 对侧断路器。

当 5022 断路器失灵时，应当切除：①5021 断路器；②500kVⅡ母线上所有断路器；③线路 2 对侧断路器。

由此可以看出，3/2 接线方式下不同的断路器失灵，应当切除的断路器都是不相同的。

3/2 接线方式各断路器失灵保护的动作跳闸是由各断路器自身的断路器保护独立实现的。当保护动作发出跳某断路器指令的同时，保护动作触点作为开关量输入到该断路器保护装置中。如果此时断路器保护测量到该断路器仍有电流流过，则瞬时跟跳一次本断路器。若跟跳失败，则驱动失灵动作接点接通。这些失灵动作触点将直接输出到各个跳闸对象。

图 21-2 中，假设 5011 断路器失灵，5011 断路器保护失灵保护动作触点接通，①作为开入量输入到 500kVⅠ母母差保护屏，利用母线保护出口跳闸回路，跳开 500kVⅠ母线上所有断路器；②直接接至 5012 断路器操作箱内跳闸回路，跳开 5012 断路器；③作为开入量输入到 1 号主变压器保护屏，由 1 号主变压器保护出口跳主变压器三侧断路器。

假设 5012 断路器失灵，则 5012 断路器保护失灵保护动作触点接通，①作为开入量输入到线路 1 的线路保护屏，利用远方跳闸，跳开线路 1 对侧断路器；②直接接至 5011 和 5013

断路器操作箱内跳闸回路，跳开5011、5013断路器；③作为开入量输入到1号主变压器保护屏，由1号主变压器保护出口跳主变压器三侧断路器。

12. 断路器失灵保护中的相电流判别元件的整定值按什么原则整定？如果条件不能同时满足，那么以什么为取值依据？

答：（1）保证在线路末端和本变压器低压侧单相接地故障时灵敏系数大于1.3。

（2）躲过正常运行负荷电流。

如果两个条件不能同时满足，则按原则（1）取值。

13. 3/2接线方式断路器失灵保护有几种保护方式？

答：3/2接线断路器失灵保护有分相式和三相式两种。

分相式断路器失灵保护采用按相启动和跳闸的方式，共有两段保护，一段是瞬时段，用来再重复发一次本断路器的跳闸脉冲；另一段是延时段，用来跳相邻断路器和发“远方跳闸”信号。分相式失灵保护只装在3/2接线的线路断路器上。

三相式断路器失灵保护启动和跳闸均不分相别，一律动作使断路器永久三跳。它也有两段延时，各段的作用与分相式相同。三相式断路器失灵保护只装在3/2接线的主变压器断路器上。

14. 对3/2接线方式或多角形接线方式的断路器失灵保护有哪些要求？

答：（1）鉴别元件采用反应断路器位置状态的相电流元件，应分别检查每台断路器的电流，以判别哪台断路器拒动。

（2）当3/2断路器接线方式的一串中的中间断路器拒动，或多角形接线方式相邻两台断路器中的一台断路器拒动时，应采取远方跳闸装置，使线路对端断路器跳闸并闭锁其重合闸的措施。

（3）断路器失灵保护按断路器设置。

15. 三相不一致保护的作用是什么？

答：三相不一致保护是防止某相合闸线圈开路或合闸机构失灵，三相断路器不能全部合上，以及断路器在合闸状态下一相或二相偷跳，造成长期非全相运行，使电网出现不对称分量，引起其他保护误动而配置的。

三相不一致保护的启动回路是由并联的断路器三相动断辅助触点与并联的断路器三相动合辅助触点相互串联启动，加以零序电流判别（有的没有判别电流）、并带有大于重合闸周期的延时，向非全相运行的断路器发出三相跳闸脉冲，使运行相断路器跳闸。

三相不一致保护也称为非全相保护，实现三相不一致保护有两种方式：一种是由断路器自身实现；另一种是在断路器保护中配置的三相不一致保护功能。

16. 断路器自身的三相不一致保护如何实现？

答：断路器自身的三相不一致接线见图21-3，它由断路器的一组A、B、C三相动断触点（断路器在合闸位置时接通）并联，另一组A、B、C三相动合触点（断路器在分闸位置时接通）并联，再将两者串联后起动一只带延时的继电器K16来判断是否出现非全相运行。当三相均在合闸位置或分闸位置时，总有一组辅助接点处于分开位置，继电器K16不动作。当三相断路器不一致，有一相或

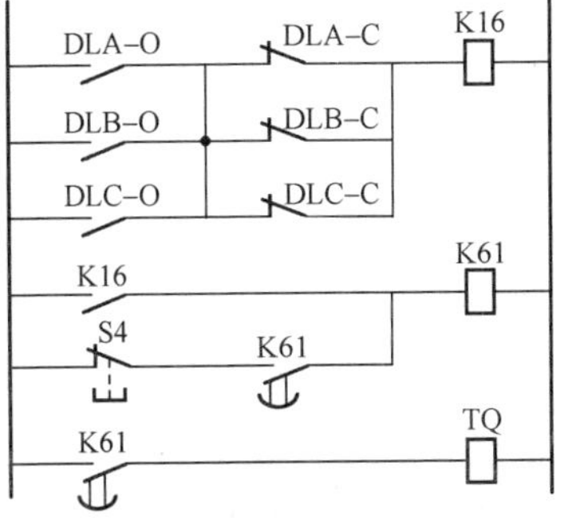

图21-3　断路器机构内三相不一致保护示意图

两相处于分闸位置时，两组辅助触点中总有触点处于接通状态，K16 继电器动作，到整定延时其触点接通，使继电器 K61 动作。K61 副触点去断路器跳闸回路跳开三相断路器，有一副触点进行自保持，需要通过按钮 S4 才能复归。自保持是因为出现非全相情况一般为断路器操作机构或其二次控制回路出现了故障，需要查明原因才能进行再次操作。

17. 断路器保护中配置的三相不一致如何实现？

答：当断路器中没有三相不一致保护时，也可以在断路器保护中配置三相不一致保护功能。独立的三相不一致保护除了用断路器辅助触点或位置触点构成判断三相不一致的启动回路外，还可以用零序电流与负序电流闭锁回路，用以提高该回路的可靠性。当出现三相不一致的异常运行情况时，只要有电流，就一定会出现零序电流或负序电流，当三相不一致起动回路沟通，同时又有零序电流或负序电流时，经过一定延时（对于有单相重合闸的线路断路器，要比单相重合闸的时间增加一定裕度）才发三相不一致的跳闸命令。

18. 什么是死区保护？为什么要设死区保护？

答：死区保护就是反应故障电流大于整定值而动作的保护。

在某些接线方式下（如断路器在 TA 与线路之间），TA 与断路器之间发生故障时，虽然故障线路保护快速动作，但在本断路器跳开后，故障并不能切除。此时需要失灵保护动作跳开有关断路器。考虑到这种站内故障的故障电流很大，对电力系统影响较大，而失灵保护动作一般要经较长的延时，所以设置了动作时间比失灵保护快的死区保护。

单断路器接线方式下，可以依靠母线保护的三跳直跳对侧功能快速切除故障。3/2 接线方式下，则需要依靠失灵保护动作经过较长延时切除故障，为此可以设置专门的死区保护来加快死区故障的切除。

19. 死区保护的动作判据有哪些？

答：死区保护的动作判据与失灵保护很相似。包括：①断路器保护装置收到跳该断路器的三跳信号；②死区保护过流元件动作；③该断路器处于跳开位置（三相 KTP 有开入）。

死区保护的动作出口与对应断路器的失灵保护完全相同，动作后跳开所有相邻断路器。

死区保护是否投入可以由断路器保护装置中的相应控制字整定。

20. 什么是充电保护？

答：充电保护主要用于向设备充电时作为临时快速保护，充电前投入，充电正常后立即退出，正常运行时不得投入运行。充电保护用 1～2 段电流和时间定值均可设置带延时的过流保护。电流取自本断路器 TA，与断路器失灵保护共用。充电保护动作后，启动失灵保护并闭锁重合闸。

充电保护通常为不带方向的过流保护及零序过流保护组成。因此，为了防止充电完成后其他穿越性的故障电流引起保护误动，充电保护一般只在充电过程中短时开放。保护装置通过判断跳闸位置继电器返回或者断路器由无电流流过变为有电流流过来识别充电过程。

对于母线充电保护，为了防止当合闸于故障时母线差动保护误动，可以通过充电保护闭锁母差保护。

21. 3/2 断路器接线中，当线路跳闸后为什么要求母线侧断路器优先于中间断路器重合？

答：3/2 断路器接线中，要求母线侧断路器优先于中间断路器重合，其原因是当重合于永久性故障线路上，而断路器一旦失灵，会联跳所有母线侧断路器，不影响其他设备的正常运行。否则，将影响其他线路送电（线路—线路串）或切除变压器（线路—变压器串）。优先回路的实现，是在中间断路器合闸的时间回路中，串接了对应母线侧断路器重合闸启动的常闭接点。当线路发生故障，保护动作，启动两台断路器的重合闸，并都进行自保持，而中间断路器重合闸时间继电器不能启动，只有等母线侧断路器重合闸动作出口后，才开始启动时间，两台断路器重合闸相继动作。一旦母线侧断路器重合于永久性故障线路时，后加速保护动作跳闸，同时对中间断路器重合闸发出闭锁脉冲，使重合闸启动回路自保持解除。不再进行重合。

22. 跳闸位置继电器与合闸位置继电器有什么作用？

答：（1）可以表示断路器的跳、合闸位置，如果是分相操作的，还可以表示分相的跳、合闸信号。

（2）可以表示断路器位置的不对应或表示该断路器是否在非全相运行状态。

（3）可以由跳闸位置继电器的某相的触点去启动重合闸回路。

（4）在三相跳闸时去高频保护停信。

（5）在单相重合闸方式时，闭锁三相重合闸。

（6）发出控制回路断线信号和事故音响信号。

23. RCS-921A 断路器保护的功能有哪些？

答：RCS-921A 数字式断路器保护与自动重合闸装置的功能包括断路器失灵保护、三相不一致保护、死区保护、充电保护和自动重合闸。

（1）失灵保护功能。分为故障相失灵、非故障相失灵和发、变三跳起动失灵三种情况。

（2）三相不一致保护功能。当断路器某相断开，线路上出现非全相时，可经三相不一致保护回路延时跳开三相，三相不一致保护功能可由控制字选择是否经零序或者负序电流开放。

（3）死区保护功能。某些接线方式下（如断路器在 TA 与线路之间）TA 与断路器之间发生故障时，虽然故障线路保护能快速动作，但在本断路器跳开后，故障并不能切除。此时死区保护将以较短时限动作。死区保护出口回路与失灵保护一致，动作后跳相邻断路器。

（4）充电保护功能。当向故障母线（线路）充电时，可及时跳开本断路器。

（5）一次自动重合闸功能。重合闸起动方式有两种，一是由线路保护跳闸起动重合闸；二是由跳闸位置起动重合闸。接线线路同一侧的两台重合装置的重合顺序可切换，后合侧延迟时间可整定，先重合开关合于故障时，后合重合闸装置立即闭锁并发三跳命令。当先合重合闸因故检修或者退出运行时，后合重合闸将以重合闸整定时限动作，而不经过后合侧延迟时间。

失灵保护、死区保护、不一致保护、充电保护动作均闭锁重合闸。

24. RCS-921A 断路器保护的启动元件有哪些？

答：（1）电流变化量启动。

（2）零序过流元件启动。

（3）位置不对应。

（4）外部跳闸起动。

25. RCS-921A 断路器失灵保护的动作原理如何？

答：失灵保护按照故障相失灵、非故障相失灵和发、变三跳起动失灵三种情况考虑。

（1）故障相失灵。按相对应的线路保护跳闸触点和失灵过流高定值都动作后，先经可整定的失灵跳本断路器时间延时定值发三相跳闸命令跳本断路器，再经可整定的失灵跳相邻断路器延时定值发失灵保护动作跳相邻断路器。

（2）非故障相失灵。由三相跳闸输入触点保持失灵过流高定值动作元件，并且失灵过流低定值动作元件连续动作，此时输出的动作逻辑先经可整定的失灵跳本断路器时间延时定值发三相跳闸命令跳本断路器，再经可整定的失灵跳相邻断路器延时定值发失灵保护动作跳相邻断路器。

（3）发、变三跳起动失灵。由发、变三跳起动的失灵保护可分别经低功率因素、负序过流和零序过流三个辅助判据开放。三个辅助判据均可由整定控制字投退。输出的动作逻辑先经可整定的失灵跳本开关时间延时定值发三相跳闸命令跳本断路器，再经可整定的失灵跳相邻断路器延时定值发失灵保护动作跳相邻断路器。

26. RCS-921A 断路器死区保护的动作原理如何？

答：某些接线方式下（如断路器在 TA 与线路之间）TA 与断路器之间发生故障时，虽然故障线路保护能快速动作，但在本断路器跳开后，故障并不能切除。此时需要失灵保护动作跳开有关断路器。

考虑到这种站内故障，故障电流大，对系统影响较大。而失灵保护动作一般要经较长的延时，所以 RCS-921A 中考虑了动作时间比失灵保护快的死区保护，见图 21-4。

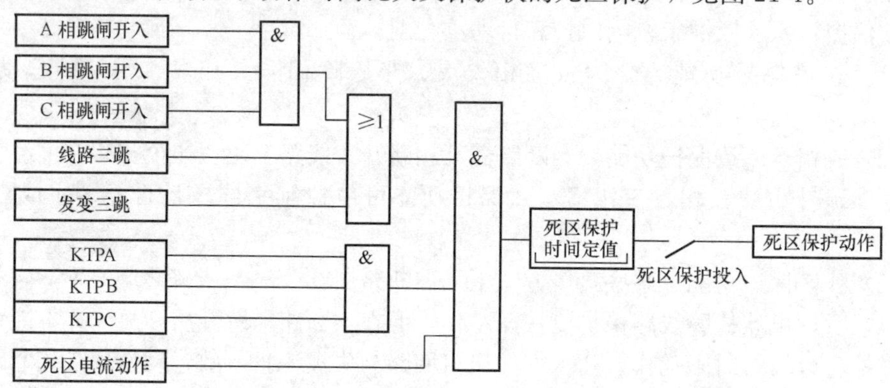

图 21-4　断路器死区保护逻辑

死区保护的动作逻辑为：当装置收到三跳信号如线路三跳、发变三跳，或 A、B 、C 三相跳闸同时动作；这时如果死区过流元件动作，对应断路器跳开，装置收到三相 KTP，受死区保护投入控制经整定的时间延时起动死区保护。出口回路与失灵保护一致，动作后跳相邻断路器。

27. RCS-921A 断路器三相不一致保护的动作原理如何？

答：见图 21-5，当不一致保护投入，任一相 KTP 动作，且无电流时，确认为该相开关在跳闸位置，当任一相在跳闸位置而三相不全在跳闸位置，则确认为不一致。不一致可经零序电流或负序电流开放，由软件控制字控制其投退。经可整定的动作时间满足不一致动作条件时，出口跳开本断路器。

28. RCS-921A 断路器充电保护的动作原理如何？

答：充电保护用两段电流和时间定值均可设置的带延时的过流保护实现。电流取自本断路器 TA，与断路器失灵保护共用。充电保护可经充电保护投入连接片及整定值中相应段充电保护投入控制字投退，见图 21-6。

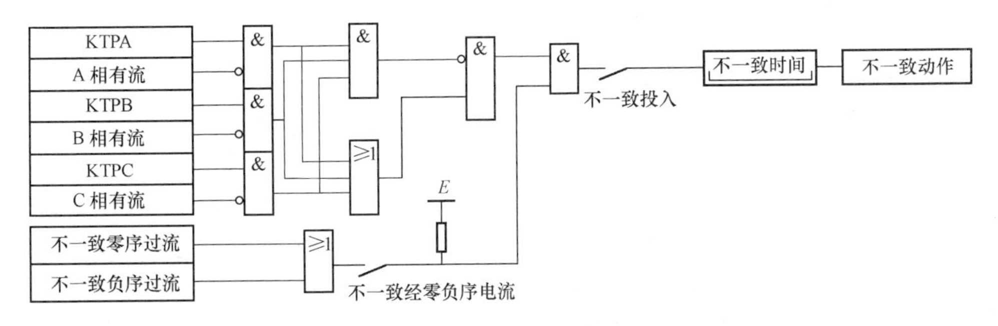

图 21-5 断路器三相不一致保护逻辑

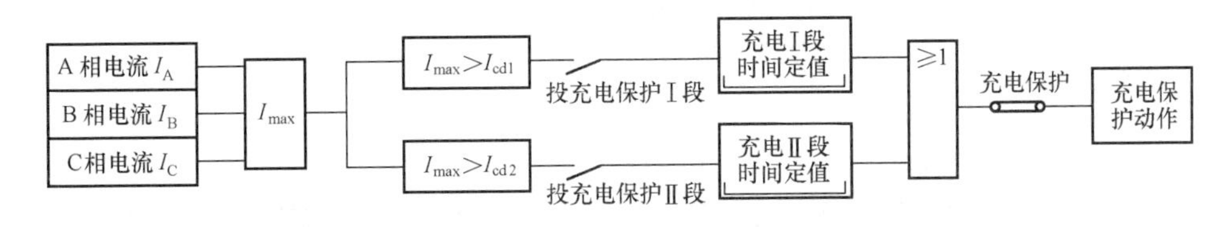

图 21-6 充电保护逻辑

I_{max}—A、B、C三相电流中的最大相电流值；I_{cd1}—充电Ⅰ段过流定值；I_{cd2}—充电Ⅱ段过流定值

29. RCS-921A 断路器“先合重合闸”与“后合重合闸”的动作原理如何？

答：本重合闸用 3/2 断路器接线方式，所以对应每条线路有两个断路器。

当“先合投入”连接片投入时，设定该断路器先合闸。先合重合闸经较短延时（重合闸整定时间），发出一次合闸脉冲时间 120ms；当先合重合闸起动时发出“闭锁先合”信号；如果先合重合闸起动返回，并且未发出重合脉冲，则“闭锁先合”接点瞬时返回；如果先合重合闸已发出重合脉冲，则装置起动返回后该接点才返回。先合重合闸与后合重合闸配合使用时，先合重合闸的“闭锁先合”输出触点接至后合重合闸的“闭锁先合”输入触点。

当“先合投入”连接片退出时设定该断路器为后合重合闸。后合重合闸经较长延时（重合闸整定时间+后合重合延时）发合闸脉冲。

当先合重合闸因故检修或退出时，先合重合闸将不发出闭锁先合信号，此时后合重合闸将以重合闸整定时限动作，避免后合重合闸作出不必要的延时，以尽量保证系统的稳定性。

30. RCS-921A 断路器重合闸检同期和检无压的条件是什么？

答：（1）检无压：检查线路电压或同期电压小于 30V 时，检无压条件满足。

（2）检同期：检查线路电压和同期电压大于 40V 且线路电压和同期电压间的相位在整定范围内时，检同期条件满足。

正常运行时，保护检测线路 A 相电压与同期电压的相角差，设为 Φ，检同期时，检测线路 A 相电压与同期电压的相角差是否在（Φ−定值）至（Φ+定值）范围内，因此不管同期电压用的是哪一相电压还是哪一相间电压，保护能够自动识别。

31. RCS-921A 断路器重合闸放电条件（或门条件）有哪些？

答：（1）重合闸启动前压力不足，经延时 400ms 后“放电”。

（2）重合闸方式在退出位置，即重合方式 1 与重合方式 2 同时为“1”或者重合闸投入控制字置“0”时“放电”。

（3）单重位置，即重合方式 1 与重合方式 2 同时为“0”，如果三相跳闸位置均动作或收到三跳命令则“放电”。

(4) 收到外部闭锁重合闸信号时立即“放电”。

(5) 合闸脉冲发出的同时“放电”。

(6) 失灵保护、死区保护、不一致保护、充电保护动作时立即“放电”。

(7) 收到外部发变三跳信号时立即“放电”。

(8) 对于后合重合闸，当单重或三重时间已到，但后合重合延时未到，这之间如再收到线路保护的跳闸信号，立即放电不重合。这可以确保先合断路器合于故障时，后合断路器不再重合。

32. RCS-921A 断路器重合闸充电条件（与门条件）有哪些？

答：(1) 跳闸位置继电器 KTP 不动作或线路有流。

(2) 保护未启动。

(3) 不满足重合闸放电条件。

重合闸充电时间可整定，充电完后充电灯亮。

33. RCS-921A 断路器重合闸沟通三跳触点闭合的条件（或门条件）有哪些？

答：(1) 当重合闸在未充好电状态且未充电沟通三跳控制字投入，将沟通三跳触点（GST）闭合。

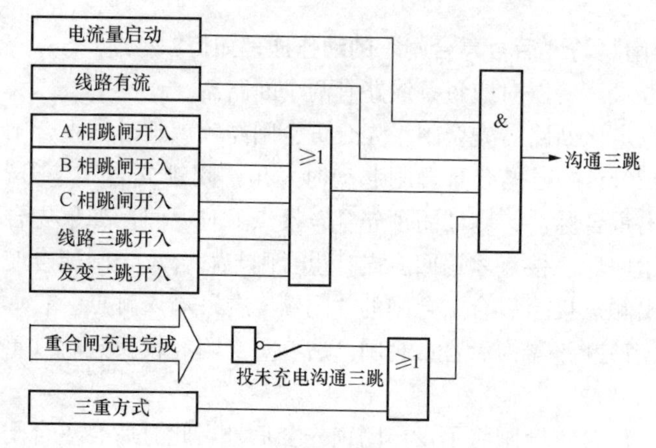

图 21-7 沟通三跳动作逻辑

电流量启动：电流变化量启动或零序电流启动

(2) 重合闸为三重方式时，将沟通三跳触点（GST）闭合。

(3) 重合闸装置故障或直流电源消失，将沟通三跳触点（GST）闭合。

沟通三跳触点为常闭接点，沟通三跳触点是为了使断路器具备三跳的条件。

34. RCS-921A 断路器重合闸沟通三跳条件有哪些？

答：见图 21-7，当线路有流且装置收到任一跳闸触点，同时满足以下任一条件时保护发沟通三跳命令跳本断路器：

(1) 重合闸在未充好电状态且未充电沟通三跳控制字投入。

(2) 重合闸为三重方式。

35. 3/2 接线“先合重合闸”和“后合重合闸”如何配合？

答：3/2 接线方式下一条线路相邻两个断路器，通常设定一个断路器为先合断路器，另一个断路器为后合断路器，在先合断路器重合到故障线路时保证后合断路器不再重合。主接线如图 21-8 和图 21-9 所示。

(1) 当“优先重合”连接片投入时设定本断路器先合闸；先合重合闸经较短延时（重合闸整定延时）发合闸脉冲。当先合重合闸起动时发出“闭锁先合”信号；如果先合重合闸起动返回，并且未发出重合脉冲，则“闭锁先合”接点瞬时返回；如果先合重合闸已发出合闸脉冲，则装置启动返回后该触点才返回。先合重合闸与后合重合闸配合使用时，先合重合闸的“闭锁先合”输出触点接至后合重合闸的“闭锁先合”开入触点。

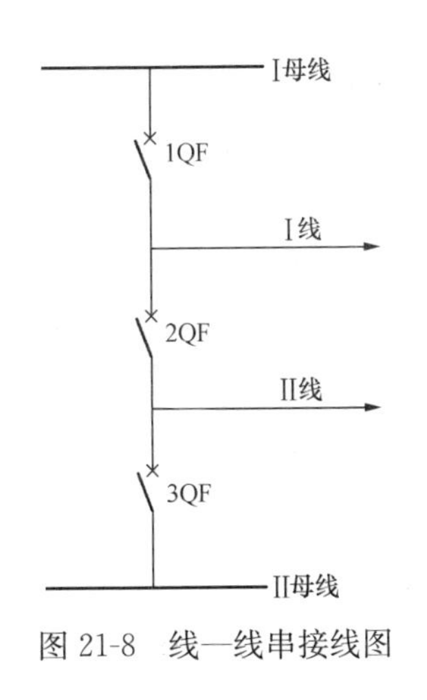

图 21-8 线—线串接线图

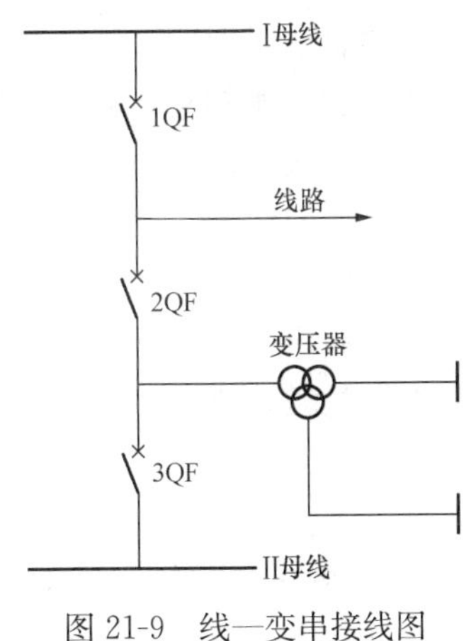

图 21-9 线—变串接线图

当“优先重合”连接片退出时设定本断路器为后合重合闸；后合重合闸经较长延时（重合闸整定延时＋后合时间差）发合闸脉冲。

当先合重合闸因故障检修或退出时，先合重合闸将不发出闭锁先合信号，此时重合闸将以重合闸整定延时动作，避免重合闸作出不必要的延时，以尽量保证系统的稳定性。

为了实现与其他无闭锁先合输出触点的断路器保护配合，在本装置中设有“后合固定”控制字，当后合控制字整定为“1”时，本重合闸为后合重合闸，本重合闸固定以后合延时（重合闸整定延时＋后合时间差）出口，不受先合重合闸“闭锁先合”输入触点的影响。

（2）后合跳闸。当后合重合闸的“后合检三相有压”控制字投入时，后合重合闸在检测到线路三相有压后才允许重合。如果先合重合闸未合，线路三相电压不能恢复，则检线路三相有压的断路器不再合闸；若线路三相电压有压条件不满足且线路有流则经后合跳闸延时跳本断路器。

重合闸将依据Ⅰ线、Ⅱ线保护跳闸启动开入分别检测Ⅰ线、Ⅱ线线路三相有压，单相偷跳或三相偷跳检任一侧线路三相电压。

36. CSC-122A 重合闸及断路器辅助保护主要功能有哪些？

答：装置包括综合重合闸功能、分相失灵启动功能、三相不一致保护、充电保护功能。

（1）综合重合闸功能：有综重、三重、单重和停用四种方式供选用，并可根据情况设置经检同期、检无压、非同期重合。

（2）分相失灵启动功能：装置具有分相启动失灵的动作触点，可满足双套失灵保护配置的要求。

（3）三相不一致保护功能：由三相不一致触点启动，可经三相跳位、零序电流、负序电流元件闭锁，并可以由控制字投退，以满足用户的不同需要。

（4）充电保护功能：分两段保护，Ⅰ、Ⅱ段均可由控制字投退，Ⅰ段可由控制字选择短时投入还是长期投入，以适应断路器合闸充电的要求。每段均带独立延时定值和电流定值。由充电保护连接片投退。

37. CSC-122A 重合闸及断路器辅助保护有哪些启动元件？

答：（1）电流突变量启动元件。

（2）零序辅助启动元件。

（3）过电流启动元件。

（4）重合闸的启动元件。

38. CSC-122A 重合闸的充电条件有哪些？

答：（1）断路器在“合闸”位置，即接进保护装置的跳闸位置继电器 KTP 不动作。

（2）重合闸启动回路不动作。

（3）没有低气压闭锁重合闸和闭锁重合闸开入。

（4）重合闸不在停用位置。

重合闸的重合功能必须在“充电”完成后才能投入，以避免多次重合闸。此充电时间计数器充满电时间为 15s，充电时间计数器充满时允许重合，点亮面板上的充电灯。未充满时不允许重合，熄灭面板上的充电灯。

39. CSC-122A 重合闸的放电条件有哪些？

答：（1）重合闸方式在停用位置。

（2）重合闸在单重方式时保护动作三跳或开关断开三相。

（3）收到外部闭锁重合闸信号（如手跳闭锁重合闸等）。

（4）重合闸启动前，收到低气压闭锁重合闸信号，经 300ms 延时后“放电”。

（5）重合闸启动过程中，跳开相有电流。

（6）三相不一致、充电保护动作的同时“放电”。

（7）重合闸出口命令发出的同时“放电”。

（8）重合闸“充电”未满时，跳闸位置继电器 KTP 动作或有保护启动重合闸信号开入。

（9）装置出现“致命”错误而告警Ⅰ。

40. CSC-122A 重合闸在哪些情况下沟通三跳触点？

答：由于重合闸的原因不允许保护装置选跳，由重合闸输出沟通三跳信号，连至保护装置相应开入端，实现任何故障时均跳三相，如图 21-10 所示。

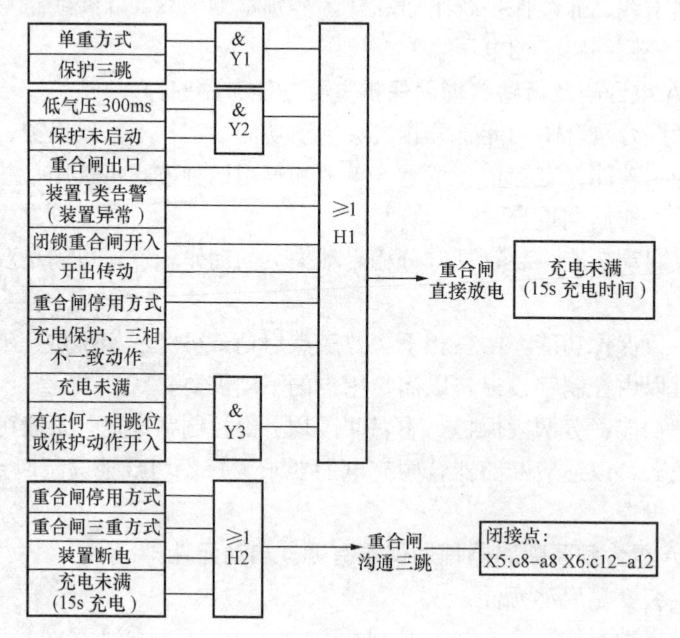

图 21-10　沟通三跳逻辑

在以下情况下，装置输出沟通三跳触点：

（1）重合闸方式把手在三重位置或停用位置；

（2）装置失电；

（3）重合闸未充好电。

需要注意：沟通三跳触点是动断触点。

41. CSC-122A 断路器失灵保护启动方式如何？

答：失灵启动元件是按“四统一”方案设计的。模拟 A 相、B 相、C 相共 3 个电流继电器输出 KAA、KAB、KAC 触点和任一相电流继电器动作均闭合的 3KA 触点，组屏时，与线路保护跳闸出口启动失灵触点串联引至失灵保护屏，如图 21-11 所示。

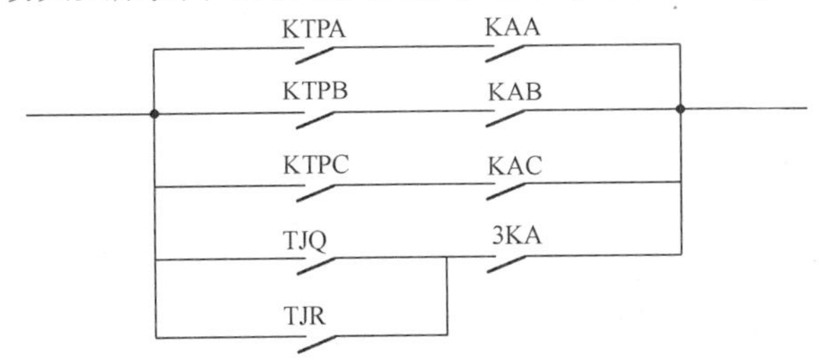

图 21-11　失灵启动触点联系图

42. CSC-122A 断路器失灵保护启动元件有哪些？

答：启动元件包括电流突变量启动、零序辅助启动和三相不一致启动。任一元件启动后延时 15s 复归。

43. CSC-122A 断路器失灵启动的动作条件有哪些？

答：启动元件动作后，相电流大于失灵启动定值时，驱动相应相的失灵启动触点，同时驱动三相启动失灵的触点，即任一相失灵启动触点闭合，三相启动失灵触点也闭合。失灵启动触点返回带 0.9 倍的返回系数。

44. CSC-122A 断路器三相不一致保护的原理如何？

答：（1）三相不一致保护功能可经零序电流、负序电流和三相跳位不一致三种元件判别开放，还可经重合闸启动闭锁。

（2）启动元件。三相不一致保护由三相不一致输入触点启动，三相不一致输入触点消失则三相不一致保护复归。三相不一致输入触点由分相断路器辅助触点或分相位置继电器触点组合成的断路器三相不一致状态触点提供。若长期有三相不一致输入触点信号，则告警，报“闭锁不一致保护”。

（3）三相不一致保护的动作条件。三相不一致保护已启动，满足跳位不一致和单相启动重合闸闭锁条件后，大于三相不一致零序或负序电流定值（当三相不一致经零序或负序电流开放时），等待延时（TBP）到后三相不一致开出输出触点闭合。

45. CSC-122A 断路器充电保护的原理如何？

答：充电保护由充电保护连接片投退。其构成原理是相过电流保护，共分两段，两段过电流保护的电流定值和延时都可以独立整定，并可通过控制字分别投退。

46. 充电保护Ⅰ段短延时投入、长期投入的作用是什么？其启动条件和动作条件有哪些？

答：充电保护Ⅰ段可通过控制字整定为短延时投入或长期投入。短延时投入即充电保护

Ⅰ段只在手动合闸后短时内投入，之后就自动退出；长期投入则不论何时一直投入，直到充电保护连接片退出或充电保护Ⅰ段控制字退出。

(1) 短延时投入的充电保护Ⅰ段。

1) 启动条件：有手合开入或有跳位达到 20s 作为预备条件，然后有零序辅助启动或有电流突变量启动则充电保护启动。如果充电保护Ⅰ段启动 0.5s 后不动作，则自动退出。

为了防止同期手合充电保护未出口跳闸整组复归后，同期手合信号未消失前充电保护多次启动，程序中设计了一个手合计数器，当“无手合开入”的情况下，计数器开始计数，只有此计数器计满 10s，才能投入充电保护。

2) 动作条件：短延时充电保护Ⅰ段启动后，任一相达到充电保护Ⅰ段电流定值，经Ⅰ段延时后出口跳闸。

(2) 长期投入充电保护Ⅰ段。

1) 启动条件：电流突变量启动、过流辅助启动或零序辅助启动，则充电保护启动。

2) 动作条件：①充电保护启动；②任一相达到充电保护Ⅰ段电流定值，经一段延时后出口跳闸。

47. 充电保护Ⅱ段投入方式如何？其启动条件和动作条件有哪些？

答：为长期投入方式，可通过退出充电保护连接片或充电保护Ⅱ段投入控制字退出。

(1) 启动条件：电流突变量启动、过流辅助启动或零序辅助启动，则充电保护启动。

(2) 动作条件：①充电保护启动；②任一相达到充电保护Ⅱ段电流定值，经Ⅱ段延时后出口跳闸。

48. CSC-122A 重合闸及断路器辅助保护面板上各指示灯的作用是什么？

答：(1)“运行”灯：正常为绿色光，当有保护启动时闪烁。

(2)“重合闸”灯：装置重合闸出口灯，动作后为红色，正常灭。

(3)“跳闸”灯：保护跳闸出口灯，动作后为红色，正常灭。

(4)“充电”灯：装置重合闸充满电后为绿色亮，当重合闸停用或被闭锁及合闸放电后灭。

(5)“告警”灯：此灯正常灭，动作后为红色。有告警Ⅰ时（严重告警），装置面板告警灯闪亮，退出所有保护的功能，此时闭锁保护出口，若装置运行时有告警Ⅰ出现，不要随便按“信号复归”按钮，而应该分析处理；有告警Ⅱ时（设备异常告警），装置面板告警灯常亮，不闭锁保护出口。

49. CSC-122A 重合闸及断路器辅助保护投运前检查项目有哪些？

答：(1) 核对保护定值清单无误，投入直流电源，装置面板 LED 的“运行”绿色灯亮、“充满电”绿色灯亮，其他灯灭；液晶屏正常情况下循环显示“ 年 月 日 时：分：秒；模拟量的大小和相位；当前定值区号：00；已投连接片；重合闸方式，检同期方式，已充满”的运行状态，按“SET”键即显示主菜单。按一次或数次“QUIT”，可一次或逐级退出当前菜单，返回正常显示状态。拉合一次直流电源再核对装置时钟。

(2) 接入电流（要求带负荷电流大于 $0.08I_n$）和电压，在正常循环显示状态下按“SET”键进入主菜单，依次进入各菜单，查看各模拟量输入的极性和相序是否正确；核对保护采样值与实际相符。

(3) 核对保护定值，打印出各种实际运行方式可能用的各套定值，一方面用来与定值通知单核对，另一方面留做调试记录。

(4) 核对各连接片投退情况及核对其他开入量的位置与实际相符合，并做好记录，尤其注意液晶屏右上角正常情况应无“小手”显示（说明检修状态连接片已退出）。

（5）若装置已连接打印机，用F4快捷键打印装置信息和运行工况。

50. CSC-122A重合闸及断路器辅助保护运行注意事项有哪些？

答：（1）投入运行后，任何人不得再对装置的带电部位触摸或拔插设备及插件，不允许随意按动面板上的键盘，不允许操作如下命令：开出传动、修改定值、固化定值、装置设定、改变装置在通信网中地址等。

（2）运行中面板上“运行”监视灯亮，液晶屏显示正常时钟。

（3）运行中要停用装置的所有保护，要先断跳闸连接片再停直流电源。运行中要停用装置的一种保护，只停该保护的连接片即可。

（4）运行中系统发生故障时，若保护动作跳闸，则面板上相应的跳闸信号灯亮，MMI显示保护最新动作报告，若重合闸动作合闸，则“重合”信号灯亮，应自动打印保护动作报告、录波报告，并详细记录信号。

（5）运行中直流电源消失，应首先退出跳闸连接片。

（6）运行中若出现告警Ⅰ，装置面板告警灯闪亮，闭锁保护出口，应停用该保护装置，记录告警信息并通知继电保护负责人员，此时禁止按复归按钮。若出现告警Ⅱ，装置面板告警灯常亮，应记录告警信息并通知继电保护负责人员进行分析处理。

51. PCS-921G断路器保护有哪些保护功能？

答：PCS-921G是新一代全面支持数字化变电站的保护装置。装置支持电子式互感器和常规互感器，PCS-921G是由微机实现的数字式断路器保护与自动重合闸装置，装置功能包括断路器失灵保护、三相不一致保护、死区保护、充电保护和自动重合闸。

失灵保护、死区保护、不一致保护、充电保护动作均闭锁重合闸。

52. PCS-921G断路器保护的启动元件有哪些？

答：装置总启动元件与保护启动元件一样，均为电流变化量启动、零序过流元件启动、位置不对应及外部跳闸启动四种。

53. PCS-921G断路器失灵保护有哪几种形式？

答：断路器失灵保护按照如下几种情况来考虑，即分相启动失灵、保护三跳启动失灵、失灵相高定值启动失灵，另外，充电保护和不一致保护动作时也启动失灵保护。

（1）分相启动失灵。按相对应的线路保护跳闸触点和失灵相过流都动作后，先经“失灵三跳本断路器时间”延时发三相跳闸命令跳本断路器，再经“失灵跳相邻断路器时间”延时跳开相邻断路器。

（2）保护三跳启动失灵。由保护三跳启动的失灵保护可分别经低功率因素、负序过流和零序过流三个辅助判据开放。其中低功率因素辅助判据均可由整定控制字“三跳经低功率因数”投退。输出的动作逻辑先经“失灵三跳本断路器时间”延时发三相跳闸命令跳本断路器，再经“失灵跳相邻断路器时间”延时跳开相邻断路器。

（3）失灵相高定值启动失灵。当断路器为三相联动断路器时，如果出口处发生三相故障，且断路器失灵，那么零负序电流、低功率因素的辅助判据会失效，需要增加失灵相高定值启动失灵逻辑。对于非三相联动断路器，因不考虑三相失灵，该判据可不投入。

（4）充电保护启动失灵。当充电保护动作时，如果失灵保护投入，则经“失灵跳相邻断路器时间”延时跳开相邻断路器。

（5）不一致保护启动失灵 当不一致保护动作时，如果失灵保护投入，且控制字“不一致启动失灵”投入，则经“失灵跳相邻断路器时间”延时跳开相邻断路器。

54. PCS-921G 断路器死区保护的原理是什么？

答：某些接线方式下（如断路器在 TA 与线路之间）TA 与断路器之间发生故障时，虽然故障线路保护能快速动作，但在本断路器跳开后，故障并不能切除。此时需要失灵保护动作跳开有关断路器。

考虑到这种站内故障，故障电流大，对系统影响较大。而失灵保护动作一般要经较长的延时，所以 PCS-921G 中考虑了动作时间比失灵保护快的死区保护。

死区保护的动作逻辑为：当装置收到三跳信号如保护三跳，或 A、B 、C 三相跳闸同时动作，这时如果死区过流元件动作，对应断路器跳开，装置收到三相 KTP，受死区保护投入控制经整定的时间延时启动死区保护。出口回路与失灵保护一致，动作后跳相邻断路器。

55. PCS-921G 断路器三相不一致保护的原理是什么？

答：当不一致保护投入，任一相 KTP 动作，且无电流时，确认为该相断路器在跳闸位置，当任一相在跳闸位置而三相不全在跳闸位置，则确认为不一致。不一致可经零序电流或负序电流开放，由软件控制字控制其投退。经可整定的动作时间满足不一致动作条件时，出口跳开本断路器，经控制字“不一致启动失灵”来启动失灵。

56. PCS-921G 断路器充电保护的原理是什么？

答：PCS-921G 的充电保护由两段相过流及一段零序过流组成，其时间定值及过流定值均可设置。

电流取自本断路器 TA，与断路器失灵保护共用。充电保护可经充电保护投入压板及整定值中相应段充电保护投入控制字投退。充电保护动作后，启动失灵保护，失灵保护经失灵延时出口。

57. PCS-921G 断路器重合闸的放电条件有哪些？

答：为了避免多次重合，必须在“充电”准备完成后才能启动合闸回路。重合闸放电条件为（或门条件）：

（1）重合闸启动前压力不足，经延时 400ms 后“放电”。

（2）重合闸方式为禁止重合闸或停用重合闸时“放电”。

（3）单重方式，如果三相跳闸位置均动作或收到三跳命令或本保护装置三跳，则重合闸“放电”。

（4）收到外部闭锁重合闸信号时立即“放电”。

（5）合闸脉冲发出的同时“放电”。

（6）失灵保护、死区保护、不一致保护、充电保护动作时立即“放电”。

（7）收到外部保护三跳信号时立即“放电”。

（8）当重合闸启动 200ms 后，如再收到线路保护的跳闸信号，立即放电不重合。这可以确保先合断路器合于故障时，后合断路器不再重合。

58. PCS-921G 断路器重合闸的充电条件有哪些？

答：（1）跳闸位置继电器 KTP 不动作或线路有流。

（2）保护未启动。

（3）不满足重合闸放电条件。

重合闸充电完后充电灯亮。

59. PCS-921G 断路器保护在哪些情况下沟通三跳回路？

答：沟通三跳条件：

（1）当重合闸在未充好电状态时，将沟通三跳触点（GST）闭合。

（2）重合闸为三重方式时，将沟三接点（GST）闭合。

（3）重合闸为停用方式时，将沟三接点（GST）闭合。

（4）重合闸装置故障或直流电源消失，将沟三触点（GST）闭合。

沟三接点为常闭触点，沟三触点是为了使断路器具备三跳的条件。

当线路有流，保护有跳闸开入，重合闸在未充好电状态或者重合闸为三重方式，重合闸不能为禁止重合闸方式，则保护发沟通三跳命令跳本断路器。

为了防止误开入等引起的沟通三跳误动，只有当电流变化量启动或者零序启动元件动作时才能开放沟通三跳。

60. PCS-921G 断路器保护硬件结构如何？

答：PCS-921G 断路器保护通用硬件结构如图 21-12 所示。

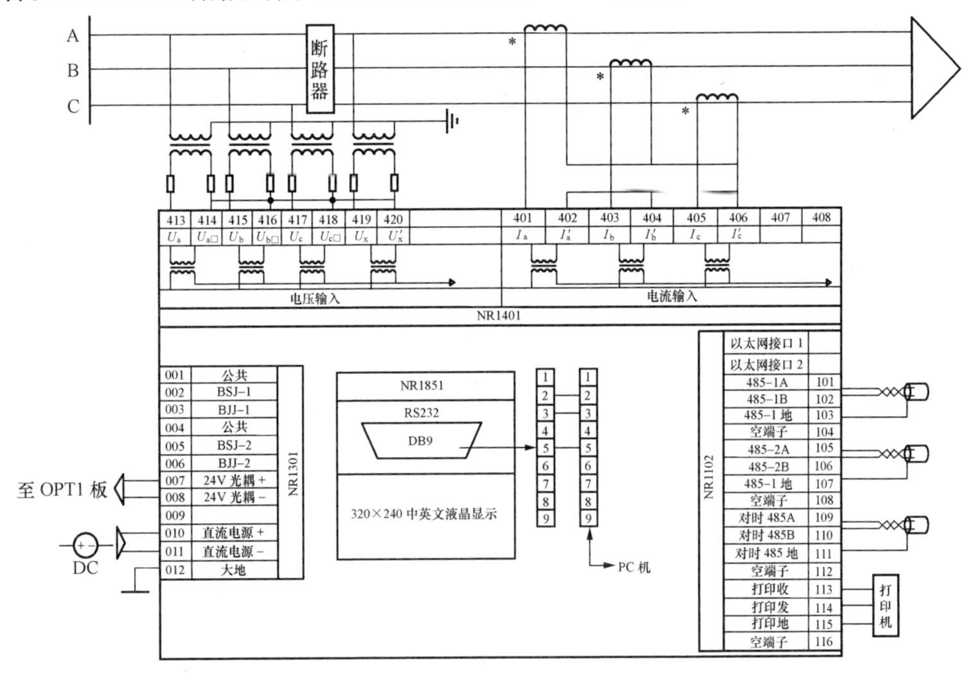

图 21-12　通用硬件框图

电子式互感器的装置硬件框图如图 21-13 所示。

61. PCS-921G 断路器保护面板指示灯的作用有哪些？

答：（1）“运行”灯为绿色，装置正常运行时点亮。

（2）“报警”灯为黄色，当发生装置自检异常时点亮。

（3）“TV 断线”灯为黄色，当发生 TV 断线时点亮。

（4）“充电”灯为黄色，当重合充电完成时点亮。

（5）“跳 A”“跳 B”“跳 C”“重合闸”灯为红色，当保护动作出口点亮，在“信号复归”后熄灭。

62. 举例说明断路器保护各连接片的作用。

答：RCS921A 断路器保护为例，各连接片的作用如表 21-1 所示。

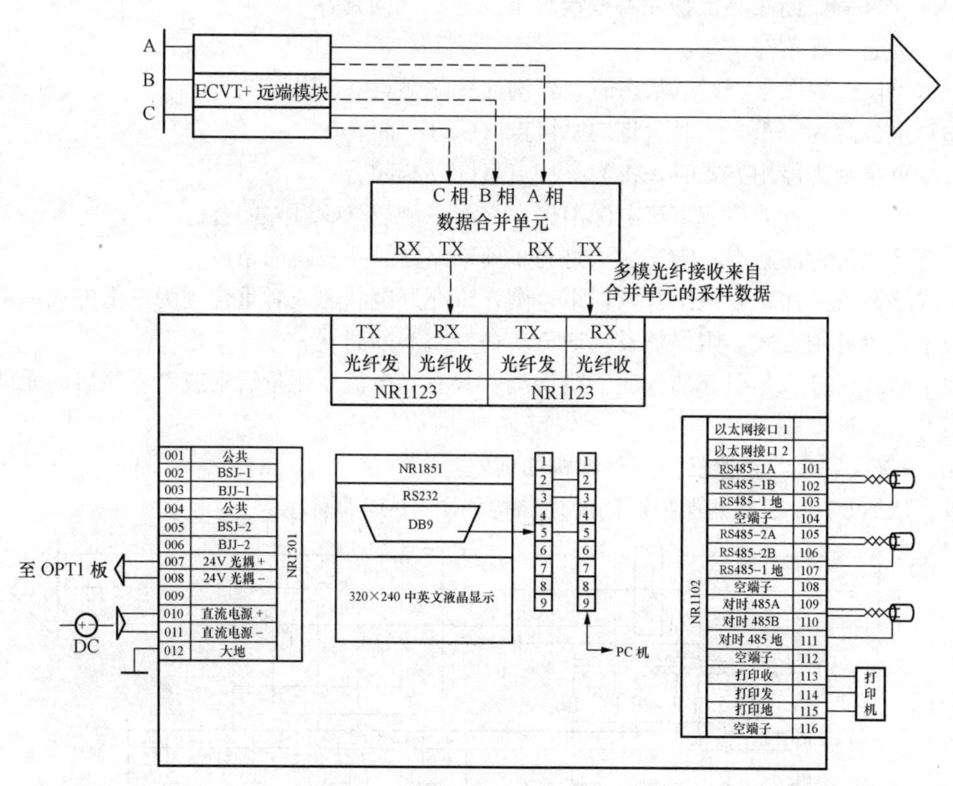

图 21-13 电子式互感器的硬件框图

表 21-1 仿 5021、5022 断路器保护出口表

保护名称	出口压板及分类	正常状态	实际状态
5021 RCS921A (21P.+RD21)	3LP1：跳仿 5021 断路器 A 相第一线圈	接通	接通
	3LP2：跳仿 5021 断路器 B 相第一线圈	接通	接通
	3LP3：跳仿 5021 断路器 C 相第一线圈	接通	接通
	3LP4：重合闸出口	断开	断开
	3LP5：跳仿 5021 断路器 A 相第二线圈	接通	接通
	3LP6：跳仿 5021 断路器 B 相第二线圈	接通	接通
	3LP7：跳仿 5021 断路器 C 相第二线圈	接通	接通
	3LP8：失灵保护起动Ⅰ母第一套母差	接通	接通
	3LP9：失灵保护起动Ⅰ母第二套母差Ⅰ	接通	接通
	3LP10：失灵保护起动Ⅰ母第二套母差Ⅱ	接通	接通
	3LP11：失灵保护跳仿 5022 断路器第一线圈	接通	接通
	3LP12：失灵保护跳仿 5022 断路器第二线圈	接通	接通
	3LP13：失灵保护跳 1 号主变压器中压侧仿 26 断路器	接通	接通
	3LP19：投充电保护	断开	断开
	3LP20：投先重	断开	断开
	3LP21：置检修状态	断开	断开

续表

保护名称	出口压板及分类	正常状态	实际状态
5022RCS921A（20P.＋RD22）	3LP1：跳仿5022断路器A相第一线圈	接通	接通
	3LP2：跳仿5022断路器B相第一线圈	接通	接通
	3LP3：跳仿5022断路器C相第一线圈	接通	接通
	3LP4：重合闸出口	接通	接通
	3LP5：跳仿5022断路器A相第二线圈	接通	接通
	3LP6：跳仿5022断路器B相第二线圈	接通	接通
	3LP7：跳仿5022断路器C相第二线圈	接通	接通
	3LP8：失灵保护跳仿5021断路器第一线圈	接通	接通
	3LP9：失灵保护跳仿5021断路器第二线圈	接通	接通
	3LP10：失灵保护跳仿5023断路器第一线圈	接通	接通
	3LP11：失灵保护跳仿5023断路器第二线圈	接通	接通
	3LP12：失灵起动仿甲线第一套远跳光纤通道	接通	接通
	3LP13：失灵起动仿甲线第二套远跳载波通道	接通	接通
	3LP14：失灵保护跳1号主变压器中压侧仿26断路器	接通	接通
	3LP19：投充电保护	断开	断开
	3LP20：投先重	断开	断开
	3LP21：置检修状态	断开	断开

chapter 22 第二十二章

自动装置

1. 电力系统的安全自动装置有哪些?

答:(1)维持系统稳定的有:快速励磁、电力系统稳定器、电气制动、快速汽门及切机、自动解列、自动切负荷、备用电源自动投入装置、串联电容补偿、静止补偿器及稳定控制装置等。

(2)维持频率的有:按频率(电压)自动减负荷、低频自启动、低频抽水改发电、低频调相转发电、高频切机、高频减出力等。

(3)预防过负荷的有:过负荷切电源、减出力、过负荷切负荷等。

(4)涌流抑制装置:变压器空投励磁涌流、电容器合闸涌流、电抗器合闸涌流及长线路空载合闸涌流等。

2. 220kV及以上电压等级的安全自动装置如何分类?

答:(1)装设于220kV及以上电压等级设备的过负荷减载装置(可动作于任何电压等级的线路)及220kV及以上线路的低频减负荷装置。

(2)装设于220kV及以上电压等级设备的解列装置(动作于任何电压等级的线路、发电机、调相机、变压器)。解列装置包括振荡解列、低压解列、过负荷解列、低频解列等。

(3)装设于220kV及以上电压等级线路的继电保护连锁切机装置,其中包括就地连锁切机、就地连锁切负荷、就地连锁快速减出力(快关汽门)、就地电气制动等。

(4)远方安全自动装置,其中包括远方切机、远方切负荷、远方快速减出力、远方启动发电机、低频启动发电机等。

3. 系统安全自动控制常采用哪些措施?

答:在电力系统中,除应按照GB/T 14285—2006《继电保护和安全自动装置技术规程》有关规定装设的继电保护和安全自动装置之外,还可根据具体情况和一次设备的条件采取下列自动控制措施,以防止扩大事故,保证系统稳定。

(1)对功率过剩与频率上升的一侧:

1)对发电机快速减出力;

2)切除部分发电机;

3)短时投入电气制动。

(2)对功率缺额或频率下降的一侧:

1)切除部分负荷;

2)对发电机组快速加出力;

3)将发电机快速由调相改发电运行,快速启动备用机组等。

(3)在预定地点将系统解列。

(4)断开线路串联补偿的部分电容器。

(5)快速控制静止无功补偿。

(6)直流输电系统输送容量的快速调制。

上述安全自动装置可在电力系统发生扰动时（反应保护连锁、功率突变、频率或电压变化及两侧电动势相角差等）启动，并根据系统初始运行状态和故障严重程度，进行综合判断，发出操作命令。

当上述安全自动装置的启动部分和执行部分不在同一地点时，可采用远方的信号传送装置。

4. 备用电源自动投入装置应符合什么要求？

答：（1）应保证在工作电源或设备断开后，才投入备用电源或设备。

（2）当工作电源或设备上的电压不论因何原因消失时，自动投入装置均应动作。

（3）自动投入装置保证只动作一次。

发电厂用备用电源自动投入装置，除应符合上述（1）的规定外，还应符合下列要求：

（1）当一个备用电源同时作为几个工作电源的备用时，如备用电源已代替一个工作电源后，另一工作电源又被断开，必要时，自动投入装置应仍能动作。

（2）有两个备用电源的情况下，当两个备电源为两个彼此独立的备用系统时，应各装设独立的自动投入装置，当任一备用电源都能作为全厂各工作电源的备用时，自动投入装置应使任一备用电源都能对全厂各工作电源实行自动投入。

（3）自动投入装置，在条件可能时，可采用带有检定同期的快速切换方式，也可采用带有母线残压闭锁的慢速切换方式及长延时切换方式。

通常应校验备用电源和备用设备自动投入时过负荷的情况，以及电动机自启动的情况，如过负荷超过允许限度或不能保证自启动时，应有自动投入装置动作于自动减负荷。

当自动投入装置动作时，如备用电源或设备投于故障，应使其保护加速动作。

5. 变电站站用电源备自投常见的有哪两种方式？

答：变电站的站用电源备自投常见的有母联备自投和进线备自投两种方式。

6. 什么是母联备自投方式？

答：母联备自投接线如图 22-1 所示，这是一种典型的暗备用。

母联备自投方式中，正常情况两段母线工作在分断状态（QF3 分位），靠 QF3 取得相互备用。在这种方式中，每个工作电源的容量应根据两个分段母线的总负荷来考虑，否则在备自投动作后，要联切超出部分的负荷。为防止 TV 断线时备自投误动，可以取线路电流作为母线失压的闭锁判断。如果变压器或母线发生故障，保护动作跳开进线断路器，进线断路器将处于跳闸位置，此时可以闭锁备自投，手跳进线断路器也可以通过控制字选择闭锁备自投。

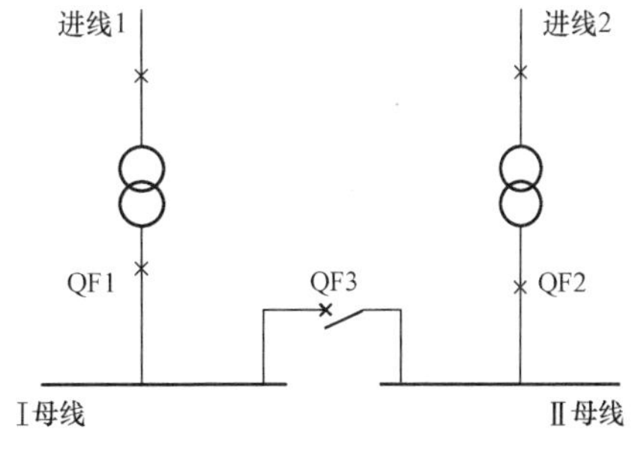

图 22-1　母联备自投接线

当某一段母线因供电设备或线路故障跳开或偷跳时，此时，若另一条进线断路器为合位，则 QF3 自动合闸，从而实现供电设备或线路互为备用。母联备自投逻辑框图如图 22-2 所示。

（1）充电条件（逻辑“与”）：QF1 合位；QF2 合位；QF3 分位；Ⅰ母线有压；Ⅱ母线有压。

（2）放电条件（逻辑“或”）：有外部闭锁信号开入；QF3 合位；Ⅰ母线、Ⅱ母线同时无压；QF1、QF2、QF3 的 KTP 异常（有电流流过断路器的同时又有 KTP 开入）。

（3）Ⅰ母线失压备自投起动后的动作过程为：当充电完成后，Ⅰ母线失压、进线 1 无流，Ⅱ母线有压起动，经跳闸延时后跳开 QF1。确认 QF1 跳开后，经合闸延时延时合

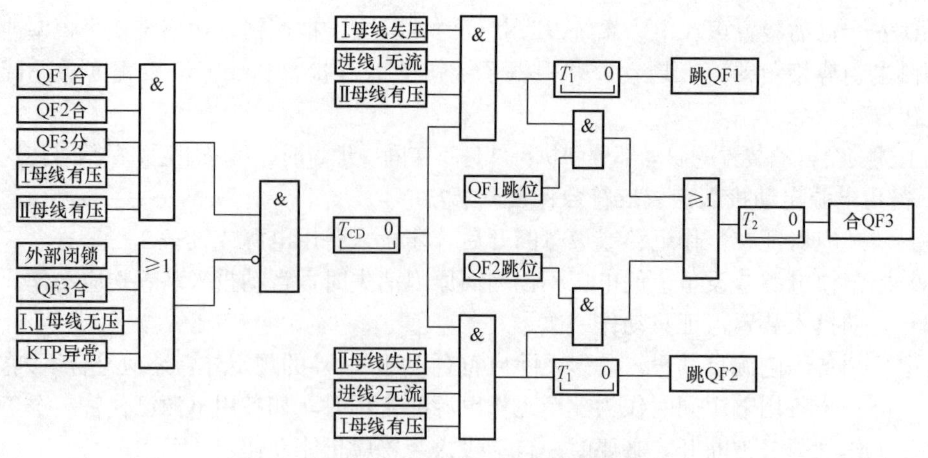

图 22-2　母联备自投逻辑框图

上 QF3。

(4) Ⅱ母线失压备自投起动后的动作过程为：当充电完成后，Ⅱ母线失压、进线 2 无流，Ⅰ母线有压起动，经延时后跳开 QF2，确认 QF2 跳开后，经延时合上 QF3。

7. 什么是进线备自投方式？

答：进线备自投接线如图 22-3 所示，这是一种典型的明备用方式。

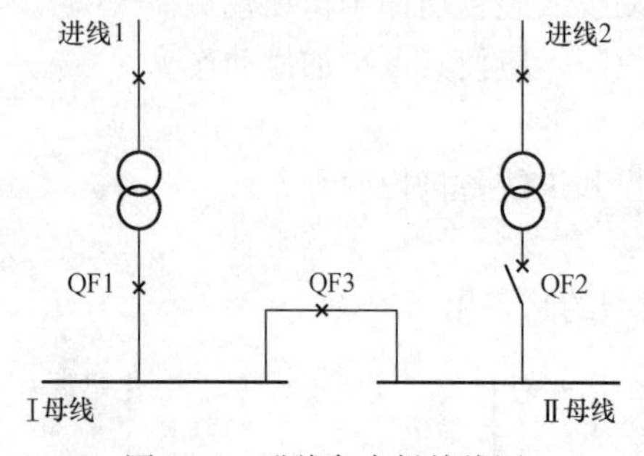

图 22-3　进线备自投接线图

工作电源（进线 1）同时带两段母线运行，桥断路器或母联断路器 QF3 处于合位，另一路电源（进线 2）处于明备用状态。当工作电源失电，在备用电源有电压、桥断路器合位的情况下跳开工作电源断路器 QF1，经延时合备用电源断路器 QF2。为防止 TV 断线时备自投误动，可以取无电流判据作为工作电源失压的补充判据。进线备自投逻辑框图如图 22-4 所示。

(1) 充电条件（逻辑“与”）：QF1 合位；QF2 分位；QF3 合位；Ⅰ母线有压；Ⅱ母线有压；进线 2 有压（“线路检有压”投入，检查此条件，反之不检查）。

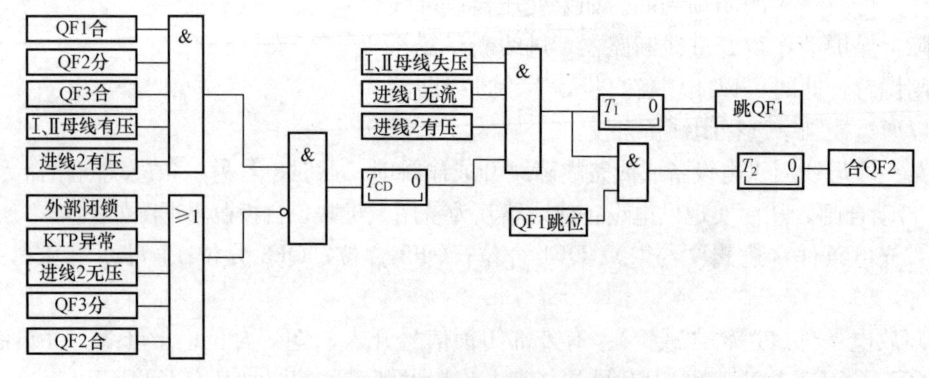

图 22-4　进线备自投逻辑框图

(2) 放电条件（逻辑“或”）：外部闭锁信号开入；QF1、QF2、QF3 的 KTP 异常；

QF2 合位；QF3 分位；进线 2 无压（“线路检有压”投入，检查此条件，反之不检查）。

（3）Ⅰ、Ⅱ母线失压备自投起动后的动作过程为：当充电完成后，Ⅰ母线、Ⅱ母线均无压，进线 1 无流起动，进线 2 有电压，经跳闸延时跳开进线 1 断路器 QF1，当确认断路器 QF1 跳开后，经合闸延时合进线 2 断路器 QF2。

上述两种备自投方式为常见的典型站用变备自投方式，在实际运用中必须结合站用变的实际一次接线方式予以考虑分析，以确保其动作逻辑正确可靠。

8. 电力系统承受大扰动能力的安全稳定标准分为哪三级？二次系统如何防御？

答：正常运行的电力系统，安全和稳定是不可缺少的基本条件。在电力系统稳定控制理论中，将电力系统承受大扰动能力的安全稳定标准分为三级：

第一级稳定标准：正常运行方式下的电力系统受到第Ⅰ类大扰动后，保护、断路器及重合闸正确动作，不采取稳定控制措施，必须保持电力系统稳定运行和电网的正常供电，其他元件不超过规定的事故过负荷能力，不发生连锁跳闸。

第二级稳定标准：正常运行方式下的电力系统受到第Ⅱ类大扰动后，保护、断路器及重合闸正确动作，应能保持稳定运行，必要时允许采取切机、切负荷等稳定控制措施。

第三级稳定标准：正常运行方式下的电力系统受到第Ⅲ类大扰动导致稳定破坏时，必须采取措施，防止系统崩溃，避免造成长时间大面积停电和对重要用户的灾难性停电，使负荷损失尽可能地减小到最小，电力系统应尽快恢复正常运行。

相对应的，为保证电力系统安全稳定运行，二次系统配备的完备防御系统可以分为三道防线：

第一道防线：保证系统正常运行和承受第Ⅰ类大扰动的安全要求。措施包括一次系统设施、继电保护、合理安排和调整系统运行方式的安全稳定预防性控制等。

第二道防线：保证系统承受第Ⅱ类大扰动的安全要求。采用防止稳定破坏和参数严重越限的紧急控制。常用的紧急控制措施有切除发电机、集中切负荷、互联系统解列等。

第三道防线：保证系统承受第Ⅲ类大扰动的安全要求。采用防止事故扩大，系统崩溃的紧急控制。措施有系统解列、再同步、频率电压紧急控制等。

为了确保稳定运行，电力系统配置了各种系统稳定控制装置，其中在变电站中目前常见的包括微机型按频率自动减负荷装置、常规远方切机切负荷装置以及智能稳控装置等。

9. 低频率运行会给系统的安全带来哪些严重的后果？

答：（1）频率下降会使火电厂厂用机械生产率降低。当频率降到 48～47Hz 时，给水泵、循环水泵、送风机、吸风机等的生产率显著下降，几分钟后使发电机出力降低，导致频率进一步降低。严重时，这种循环会引起频率崩溃。

（2）因发电机转速低于额定转速，对某些励磁系统来说，励磁电压相应降低，系统电压也随之降低。当频率降到 46～45Hz 时，一般的自动调节励磁系统将不能保证发电机的额定电压；若频率再降低，就将导致系统的电压崩溃，破坏系统的并联工作。

（3）频率低于 49.5Hz 长期运行时，某些汽轮机个别级的叶片会发生共振，导致其机械损伤，甚至损坏。

（4）破坏电厂和系统运行的经济性，增加燃料的额外消耗。

（5）频率的降低影响某些测量仪表的准确性，系统内的电钟变慢。

10. 什么叫低频减负荷装置？其作用是什么？

答：为了提高供电质量，保护重要用户供电的可靠性，当系统出现有功功率缺额引起频率下降时，根据频率下降的程度，自动断开一部分不重要的用户，阻止频率下降，以便使频率迅速恢复到正常值，这种装置叫按频率自动减负荷装置。它不仅可以保证重要用户的供电，而且可以避免频率下降引起的系统瓦解事故。

11. 微机型低频减负荷装置的基本工作原理如何？

答：低频减负荷装置接入了装置安装处的母线电压，运行过程中装置不断计算和监视系统频率，在电力系统发生频率下降过程中，按照不同的频率值根据预先设定的顺序分批切除负荷。接入低频减负荷装置的可被装置切除的总负荷是按系统最严重事故时频率缺额考虑的，但实际事故严重程度不同，装置应当作出恰当的反应，切除的负荷既不能过多又不能不足，因此分批逐步切除的办法能取得较为满意的结果。根据动作频率不同，将被切负荷分成若干批次，通常也称为若干轮。

根据负荷的重要程度不同，一般将不是太重要的负荷安排在靠前的轮次切除，而重要的负荷则安排在较为靠后的轮次，在迫不得已的情况下才予以切除以保证整个系统的安全。

在低频减负荷装置的动作过程中，当第一轮动作切除负荷后，如果系统频率仍继续下降，则后面的轮次再相继动作，直到频率下降被制止为止。

图 22-5 为 RCS-994A 频率电压紧急控制装置的低频减载部分的逻辑框图，首先介绍图中最上部的或门所构成的装置闭锁条件。

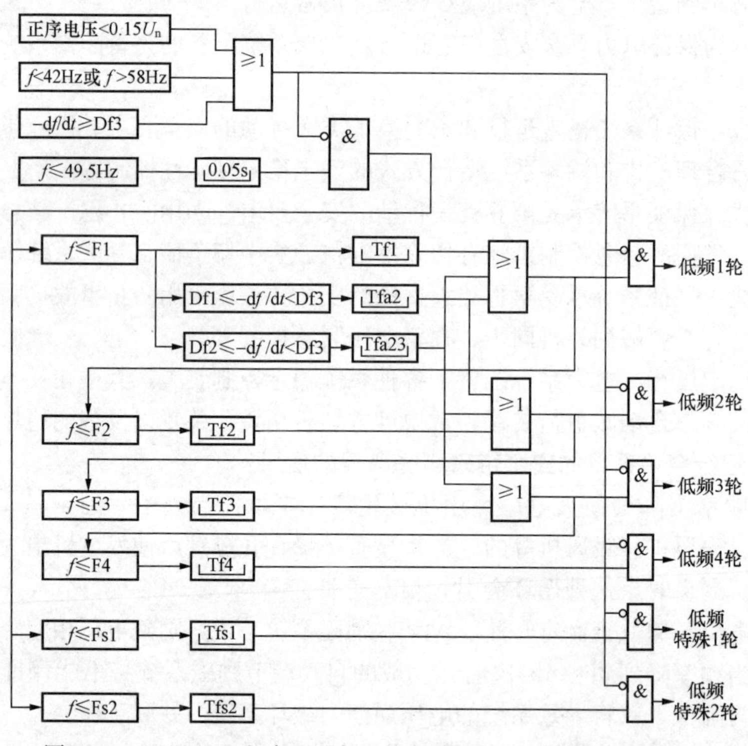

图 22-5　RCS-994A 频率电压紧急控制装置低频减载部分逻辑框图

（1）Ⅰ、Ⅱ母线正序电压均小于 $0.15U_n$，为电压闭锁条件，即当装置检测到接入装置的电压小于 $0.15U_n$，低频减载装置不动作。

（2）f 小于 42Hz 或 f 大于 58Hz 为频率异常闭锁条件。电力系统不可能运行在低于 42Hz 或者高于 58Hz 的状态，因此满足频率异常条件时很可能装置出现了异常或者故障。

（3）$-df/dt$ 不小于 Df3 为滑差闭锁条件。所谓滑差指的是系统频率的变化率，即 df/dt。当系统中发生短路故障时，电压波形将发生急剧变化，往往会造成低频减载装置测量频率低于动作频率，可能引起装置误动。而系统实际发生有功功率缺额引起频率下降时，频率的变化相对较慢且变化比较平滑。设置一个滑差闭锁值 df/dt（如 6Hz/s）可以判断出是否为系统功率缺额引起的频率下降，并决定是否闭锁装置。滑差闭锁后直到频率再恢复至启动频率值以上时才自动解除闭锁。

f 不大于 49.5Hz 为装置的启动条件。装置启动后再进一步比较系统频率是否低于第 1～4 轮定值（F1～F4）以及低频特殊 1、2 轮定值（Fs1、Fs2）。当频率低于 F1 且到达第 1 轮延时 Tf1 后，第 1 轮动作切除负荷。如果系统频率仍继续下降，则后面的轮次再相继动作，直到频率下降被制止为止。

Df1 为加速切第 2 轮 df/dt 定值，Df2 为加速切第 2、3 轮 df/dt 定值，和滑差闭锁定值一样，它们也是反应的是频率变化速度。它们的作用在于当系统有功功率缺额很大，频率下降很快时，加速切除第 2 轮或者同时加速切除第 2、3 轮负荷，已达到尽快控制频率下降的作用。

12. 系统的解列点应如何设置?

答：（1）当系统中非同期运行的各部分可能实现再同期，且对负荷影响不大时，应采取措施，以促使将其拉入同期。如果发生持续性的非同期过程，则经过规定的振荡周期数后，在预定地点将系统解列。

（2）当故障后，难以实现再同期或者对负荷影响较大时，应立即在预定地点将系统解列。

（3）并列运行的重负荷线路中一部分线路断开后，或并列运行的不同电压等级线路中主要高压送电线路断开后，可能导致继续运行的线路或设备严重过负荷时，应在预定地点解列或自动减负荷。

（4）与主系统相连的带有地区电源的地区系统，当主系统发生事故、与主系统相连的线路发生故障，或地区系统与主系统发生振荡时，为保证地区系统重要负荷的供电，应在地区系统设置解列点。

（5）大型企业的自备电厂，为保证在主系统电源中断或发生振荡时，不影响企业重要用户供电，应在适当地点设置解列点。

13. 什么是远方切机切负荷装置?

答：当电网中的某个电气元件因故障跳闸后，可以借助远方跳闸保护来执行远方切机（送电侧）、切负荷（受电侧）的使命，使故障后的电网能够保持稳定运行，用于这一用途的远方跳闸保护，通常称之为远方切机切负荷装置，简称远切装置。

14. 常规远切、联切装置的原理及特点有哪些?

答：（1）常规远切、联切装置基本原理是：当系统中某些元件故障或者过负荷时，接通相关回路切除本地机组或负荷（联切），或者通过通道传输装置将远切命令传送到其他厂站，再通过对端装置经就地判别或直接执行切除机组或负荷（远切）。

（2）常规远切、联切装置从构成上可以分为两大部分，即启动部分和执行部分。

（3）远联切装置的启动通常有线路保护三跳启动远联切、母线保护动作启动远联切、主变保护动作启动远联切、主变压器或线路过载启动远联切等条件。

（4）常规远切、联切装置在启动后，直接根据相关回路连接片的投退情况接通相应的执行回路。如跳开本站某些负荷线路或者启动通道装置发送远切命令。

(5) 常规远切、联切装置一般由电磁型的单个继电器按照相应的逻辑关系组合而成，通道则可以是专用的高频通道、复用载波通道也可以是通过光纤传输的数字通道。

15. 微机型智能稳定控制装置的特点有哪些？

答： 常规远切、联切装置并不具备分析判断电网实时运行状况的能力，因此很可能造成控制措施过当或者不足。

微机型的智能稳控可以事先通过离线计算分析系统在各种运行方式下发生各种类型故障时所需要采取的具体措施，制定出更加精确的稳定控制策略，并将策略表设置在稳控装置中。

微机型的智能稳控装置与常规远切、联切装置不同之处就在于，在运行过程中能实时监视本地的电流、电压数据计算分析得到系统的运行方式，或者由系统中其他稳控装置采集并通过通道传送过来的运行参数得到系统运行方式。装置被启动后，在启动条件和系统运行方式的二维表中查找相应的控制策略，采取适当的切机或切负荷措施。

16. 试述电力系统动态记录的三种不同功能。

答：(1) 高速故障记录功能。记录因短路故障或系统操作引起的、由线路分布参数参与作用而在线路上出现的电流及电压暂态过程，主要用于检测新型高速继电保护及安全自动装置的动作行为。也可用于记录系统操作过电压和可能出现的铁磁谐振现象。其特点是来样速度高，一般采样频率不小于 5kHz；全程记录时间短，如不大于 1s。

(2) 故障动态过程记录功能。记录因大扰动引起的系统电流、电压及其导出量（如有功功率、无功功率）以及系统频率变化现象的全过程，主要用于检测继电保护与安全自动装置的动作行为，了解系统暂（动）态过程中系统中各电参量的变化规律，校核电力系统计算程序及模型参数的正确性。其特点是采样速度允许较低，一般不超过 1.0kHz，但记录时间长，要直到暂态和频率大于 0.1Hz 的动态过程基本结束时才终止。已在系统中普遍采用的各种类型的故障录波器及事件顺序记录仪均具有此功能。

(3) 长过程动态记录功能。在发电厂，主要用于记录诸如汽流、汽压、汽门位置、有功及无功功率输出、转子转速或频率以及主机组的励磁电压；在变电站则用于记录主要线路的有功潮流、母线电压及频率、变压器电压分接头位置及自动装置的动性行为等。其特点是采样速度低（数秒一次），全过程时间长。

17. 什么是故障录波器？故障录波器的作用是什么？

答： 故障录波器是常年投入运行的监视电力系统运行状况的一种自动记录装置。

系统正常运行时，故障录波器持续监视各种输入量，但不动作；当系统发生扰动且达到相应的整定值时，故障录波器迅速自动启动录波，记录下扰动发生前一小段时间直到系统恢复正常后的时间段内，系统的各种状态量。通过对这些电气量的分析、比较，对分析处理事故、判断保护是否正确动作、提高电力系统安全运行水平均有着重要作用：①为正确分析事故原因、研究防止对策提供原始资料。②帮助查找故障点。③分析评价继电保护及自动装置、断路器的动作情况，及时发现设备缺陷。④为事故处理提供信息和判断依据。⑤实测系统参数，研究系统振荡，积累大量通过试验无法获取的系统运行第一手资料。

18. 故障录波器有哪些启动量？

答： ①相电压突变量启动；②零序电压突变量启动；③正序电压越限启动；④负序电压越限启动；⑤零序电压越限启动；⑥频率越限启动；⑦频率变化率启动；⑧1.5s 内电流变差 10％启动；⑨相电流突变量启动；⑩相电流越限启动；⑪零序电流突变量启动；⑫零序

电流越限启动；⑬负序电流越限启动；⑭主变中性点电流越限起动；⑮开关量变位起动；⑯长期低电压、低频率起动；⑰高频信号。

19. 故障录波器录入量有哪三种？

答：录取量包括模拟量、开关量和高频量。模拟量主要有电流量、电压量等。开关量一般录取保护动作、断路器变位等。高频量主要包括高频通道信息。

20. 微机故障录波器的主要技术性能指标有哪些？

答：微机故障录波器的主要技术性能包含波形记录能力和波形分析能力两大部分。与波形记录有关的技术指标有：

（1）最多输入通道数，其中又分为模拟输入量和开关输入量的路数。

（2）最高采样率，采样率越高，能正确描述的谐波次数越高。

（3）记录波形最大长度，即最长能记录多长时间的波形，这与通道数的多少以及采样率的高低均有关，应在相同的条件下进行比较。对此直接有影响的是可用的录波数据存储区的大小。较大的存储区能保证在发生连续扰动时或缓慢动态过程时完整地记录全过程。

（4）输入信号的种类（如模拟量、开关量、高频量等）。

（5）启动方式（如越限、突变量、序量、频差、开关量等）。

（6）录波输出方式（如显示、打印、磁盘存储、网络传输等）。

（7）其他指标如测量精度、开关量分辨率等。

与波形分析有关的技术内容有：

（1）故障性质和故障类型分析。

（2）故障点定位（故障测距）。

（3）保护及安全自动装置动作行为分析。

（4）波形分析。

（5）谐波分析。

（6）相、序量分析。

（7）其他电参量分析。

21. 故障录波器的功能有哪些？

答：（1）启动判别功能。对于每一路模拟量均可设定为正、负越限触发，突变量越限触发，也可由序量越限触发或频率变化触发。每一路开关量应可单独设定为触点闭合触发或触点打开触发。为了方便检查录波装置各功能是否正常，录波器也能由手动触发。

（2）录波功能。满足任一启动量动作条件，即开始按 A→B→C→D→E 时段顺序执行。如果在已经起动记录的过程中又出现一次启动，则录波立即回到 S 点重新开始 A→B→C→D→E 顺序录波。

（3）故障分析与测距。故障记录器均有的离线分析软件，通过其强大的分析软件对波形数据进行分析计算。可进行的工作有：

1）对录制到的波形进行直观分析。通过观察，可以初步判定发生故障的设备名，故障发生时间，故障类型，故障持续时间，重合闸是否动作及是否重合成功等，这些信息，主要可用来帮助调度员分析处理事故。

2）对故障线路进行故障定位。测距有单端算法与双端算法。单端算法利用线路一端录制下来的工频量算出本端至故障点的电抗值，然后与线路的电抗值进行比较，给出故障点的距离。

3）对故障线路进行故障电流、故障电压、阻抗及相角进行计算。这部分功能主要用来对继电保护装置的整定值进行校验，检验保护的动作行为是否正确。

4）进行谐波分析计算。根据采样速率的高低，可对高达几十次的谐波进行分析，以图表或表格的格式给出结果。

5）录制到的数据以 COMTRADE 格式输出，用于其他分析软件中分析计算或用来进行故障回放。

（4）波形打印及传输。对于记录在故障录波装置中的录波数据文件，可以随时调取出来进行波形打印和故障分析报告打印。

（5）故障录波装置应具备单独组网和通信管理功能，通过以太网口与保护故障信息管理子站系统通信，录波信息可经子站远传至各级调度部门进行事故分析处理。

22. DL/T 553—1994《220kV～500kV 电力系统故障动态记录技术准则》中规定了哪几个记录时段？各个时段分别针对的是哪些情况？

答：A 时段：系统大扰动开始前的状态数据，输出原始记录波形及有效值，记录时间不小于 0.04s。

B 时段：系统大扰动后的初期状态数据，可直接输出原始记录波形，可观察到 5 次谐波，同时也可输出每一周波的工频有效值，记录时间不小于 0.1s。

C 时段：系统大扰动后的中期的状态数据，输出连续工频有效值，记录时间不小于 1.0s。

D 时段：系统动态过程数据，每 0.1s 输出一个工频有效值，记录时间不小于 20s。

E 时段：系统长过程的动态数据，每 1s 输出一个工频有效值，记录时间不小于 10min。

输出数据的时间标签，对短路故障等突变事件，以系统大扰动开始时刻，例如短路开始时刻，为该次事件的时间零坐标，误差不大于 1ms；事件的标准时间由调度中心给定。

23. 故障录波器的硬件结构如何？

答：故障录波器的硬件结构如图 22-6 所示。

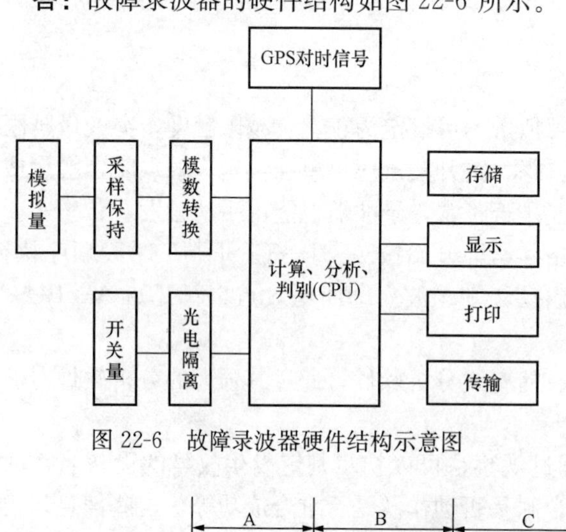

图 22-6　故障录波器硬件结构示意图

（1）模拟量。输入到微机故障录波器的模拟量主要有从各间隔单元采集的电流量、电压量等，也包括从高频收发信机采集的高频量，对于变压器故障录波还可以包括绕组温度、油温等。

一般情况下，故障录波器的采样频率在 1k～10kHz，500kV 系统用的故障录波器的采样频率不可低于 5kHz，故障录波器记录各个时间段（A、B、C、D、E）的采样时间和频率应可设定，如图 22-7 所示。

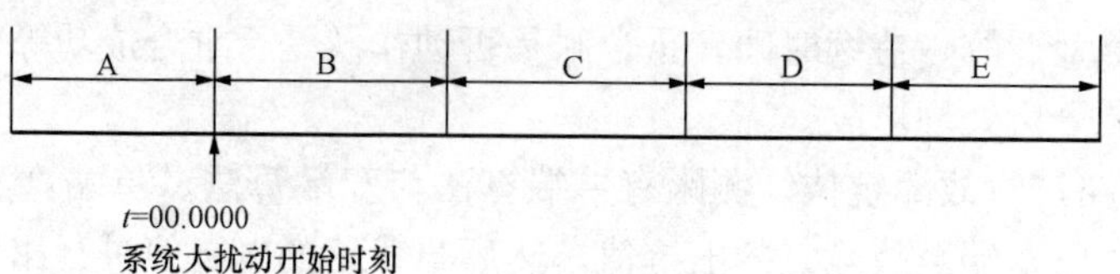

图 22-7　录波采样分段示意图

A 时段：系统大扰动开始前的状态数据，输出原始记录波形及有效值，记录时间不小于 0.04s。

B 时段：系统大扰动后初期的状态数据，可直接输出原始记录波形，可观察到 5 次谐波，同时也可输出每一周波的工频有效值及直流分量值，记录时间不小于 0.1s。

C 时段：系统打扰动后的中期状态数据，输出连续的工频有效值，记录时间不小于 1.0s。

D 时段：系统动态过程数据，每 0.1s 输出一个工频有效值，记录时间不小于 20s。

E 时段：系统长过程的动态数据，每秒输出一个工频有效值，记录时间大于 10min。

（2）开关量。输入到微机故障录波器的开关量一般包括各种保护动作、收发信机动作、断路器变位等信号。

其中，各断路器的位置信号，宜采用断路器的辅助接点。线路保护的分相跳闸信号，主变保护、高抗保护的所有电气量、非电气量的跳闸信号，每一套母线保护的跳闸出口接点，每一套短引线保护，断路器失灵保护，过电压保护及就地判别装置以及其他保护的跳闸出口接点，断路器失灵保护总跳闸及经延时跳相邻断路器的跳闸出口接点，重合闸动作信号及闭锁重合闸信号均应当接入故障录波。

（3）GPS 对时信号。在对故障过程进行分析时，不同的录波器之间必须有统一的时标，因此录波器通过接收来自 GPS 的时钟同步信号，使不同的录波器之间的时钟误差保持在 1ms 以内。

24. 故障录波器故障信息管理系统由哪几部分组成？

答：故障录波器故障信息管理系统是由保护设备、故障录波器设备、子站设备、通信网络、接口设备和主站设备组成的。其主要作用就是在系统发生故障后，作为调度快速了解事故性质和保护动作行为的辅助决策工具。同时在系统保护动作行为不正确时，为继电保护人员分析保护动作行为提供技术手段。

25. 220kV 变电站应记录哪些故障动态量？

答：（1）每条 220kV 线路、母线联络断路器及每台变压器 220kV 侧的 3 个相电流和零序电流。

（2）两组 220kV 母线电压互感器的 3 个相对地电压和零序电压（零序电压可以内部生成）。

（3）操作每台 220kV 断路器的继电器的继电保护跳闸（对共用选相元件的各套保护总跳闸出口不分组，综合重合闸出口分相，跳闸不重合出口不分相）命令，纵联保护的通信通道信号，安全自动装置操作命令（含重合闸命令）。用空触点输入方式记录。

26. 故障录波器的运行监视内容有哪些？

答：（1）波形实时监测。可实时监测接入装置的交流电压、电流，直流电压、电流波形及开关量状态，以及交流电压、电流基波有效值及相角，并可在一、二次值间相互切换。

（2）相量图实时监测。从所有交流模拟量通道中任意选取 1～8 个交流量显示其相量图，固定以第一个相量相位为基准（相位为 0°），其他相量以它为参考，按相对于基准相量的相位进行绘制，并显示相量的有效值和相角。

（3）序量实时监测。可任选三相电压或三相电流，实时显示正序、负序、零序有效值和相角。

(4) 功率实时监测。选择三相电压、三相电流，实时显示单相或三相无功功率、有功功率、视在功率值，当电流为多分支时，可显示多个分支功率和。

(5) 状态监视。监视面板指示灯情况，电源开关在“开”位置，电源灯发平光，如正常状态、录波状态、故障状态等，判断录波器是否正常运行。

27. 故障录波器的运行维护注意事项有哪些？

答：(1) 运行维护。

1) 每日巡视时，检查故障录波屏运行指示灯正常点亮，其他告警灯灭。

2) 每月手动录波一次，检查录波器是否能正常工作。

3) 当发生故障时如果没有自动打印录波图，可手动启动打印。

4) 运行人员不得随意关闭后台计算机，退出主控程序或重新启动主控程序。

(2) 运行维护注意事项。

1) 运行人员应每周检查一次装置时钟，以保证录波时间正确。

2) 运行人员每天对设备进行一次巡视，注意各告警信号及电源箱的电源指示灯，如有告警信号，应及时汇报处理。

3) 装置启动，运行人员只能复归告警板上的复归按钮，不得进行其他任何操作。

4) 设备清扫时，请注意电流端子引线，谨防断线。

5) 变电所要保证录波器有足够的打印纸，并安装正确。

6) 装置异常情况的处理，运行人员发现装置时钟不准或录波器的状态不正常时，要及时汇报，以便尽早解决。

28. 对电力系统故障动态记录的基本要求及其选择原则有哪些？

答：对电力系统故障动态记录的基本要求有：

(1) 当系统发生大扰动包括在远方故障时，能自动地对扰动的全过程过程按要求进行记录，并当系统动态过程基本终止后，自动停止记录。

(2) 存储容量应足够大。当系统连续发生大扰动时，应能无遗漏地记录每次系统扰动发生后的全过程数据，并按要求输出历次扰动后的系统电参数（I、U、P、Q、f）及保护装置和安全自动装置的动作行为。

(3) 所记录的数据可靠，满足要求，不失真。其记录频率（每一工频周波的采样次数）和记录间隔（连续或间隔一定时间记录一次），以每次大扰动开始时为标准，宜分时段满足要求。

对电力系统故障动态记录的选择原则是：

(1) 适应分析数据的要求。

(2) 满足运行部门故障分析和系统分析的需要。

(3) 尽可能只记录和输出满足实际需要的数据。

(4) 各安装点记录及输出的数据，应能在时间上同步，以适应集中处理系统全部信息的要求。

29. 运行人员在录波器启动后如何处理？

答：当录波器启动时，将故障报告打印出来，汇报相关部门和上级调度。然后按下面板上的取消键，复归录波告警信号，通知继电保护人员，取走录波数据。

30. 如何分析故障录波图？

答：故障录波图中的波形曲线是反映故障后的波形曲线，其波形一般为正弦波且明显不同于正常负荷状态的波形，从录波图的曲线变化中，可以判明下列各种情况。

（1）故障类型的判别。

1）接地与不接地短路。凡接地短路有零序电流、零序电压波形，不接地的相间短路无零序电流。

2）单相与多相故障。对于单相短路，此故障相的电流波形幅值增大，电压波形幅值变小，有明显变化；对于多相故障，则有两相或三相电流、电压波形同时发生明显变化。

3）短路故障与断线故障。短路故障相的电流增大，而断线故障相的电流剧烈减小或为零。

4）发展性故障或转换性故障。从某一相故障发展为两相甚至三相故障，从某一相故障转换为另一相甚至另两相故障。

（2）故障相别的判断。凡故障相，其电流和电压波形将同时有显著跳变，即电流增大、电压降低。

（3）断路器分、合情况。

1）分闸时间（包括保护的动作时间和断路器的固有分闸时间）。从故障开始到故障相电气量第一次发生跳变的时间即为断路器分闸时间。若接有该断路器变位的数字量，从波形图上可以更清楚、更直接地观察出其分闸时间。

2）断路器的断弧分析。断弧良好者，其故障相电流、电压的波形应有明显的跳变，故障相的波形应剧烈减小或为零；否则就有拉弧现象，即断弧不良。

3）重合闸分析。当线路两侧均为快速保护动作跳闸时，自故障相电气量第一次跳变到第二次跳变之间的时间即为重合闸时间。若重合闸重合成功，各相电流、电压转入正常负荷状态，三相应对称，无零序电流和零序电压；若重合闸重合不成功，则重复出现电流增大、电压降低，使波形再次发生变化。对于不允许非全相运行的系统，重合不成功时应三相跳闸，此时各相电流应均为零。重复性故障时，若上次重合闸动作后还未到其充电完成，则再次单相故障亦直接三跳而重合闸不动作。

4）振荡波形。当系统发生振荡时，其电流和电压波形将发生周期性缓变，振荡电流和电压分别由小到大，再由大到小，波形变化的波形具有周期性两个极大值或极小值之间经历的时间即为振荡周期。

（4）故障电流、电压值的测量。在分析软件中，具有测量电气量的功能，比如电流、电压的瞬时值和有效值，可随着鼠标的移动测量任一点的数值。在已知设备变比下直接得出一次值。

图 22-8 是某次线路故障的录波图。甲乙线故障相电流（I_c）显著增大，故障相电压（U_c）不同程度地降低，同时有零序电压（$3U_0$）和零序电流（I_n）出现，在故障被切除后，故障相电流变为零，故障相电压在两端都跳开后也变为零，零序电流变得很小接近于零，但仍有很大的零序电压。故障相电流变为零的时刻即为故障切除的时刻，故障相负荷电流出现或又出现故障电流（指重合到永久故障上）的时刻为重合时刻。本次重合闸动作后，故障相仍有故障电流存在，表明重合在永久故障上，在断路器加速三相跳闸前，发展形成 B、C 相间故障。

故障线路的相邻线路波形的特点是：与故障线路同相的电流有显著增大，同时有零序电流和零序电压出现，但是在故障被切除后，故障相的电流没有变为零，而是变为负荷电流。零序电压和零序电流全部变为零，这是与故障线路的最大区别。

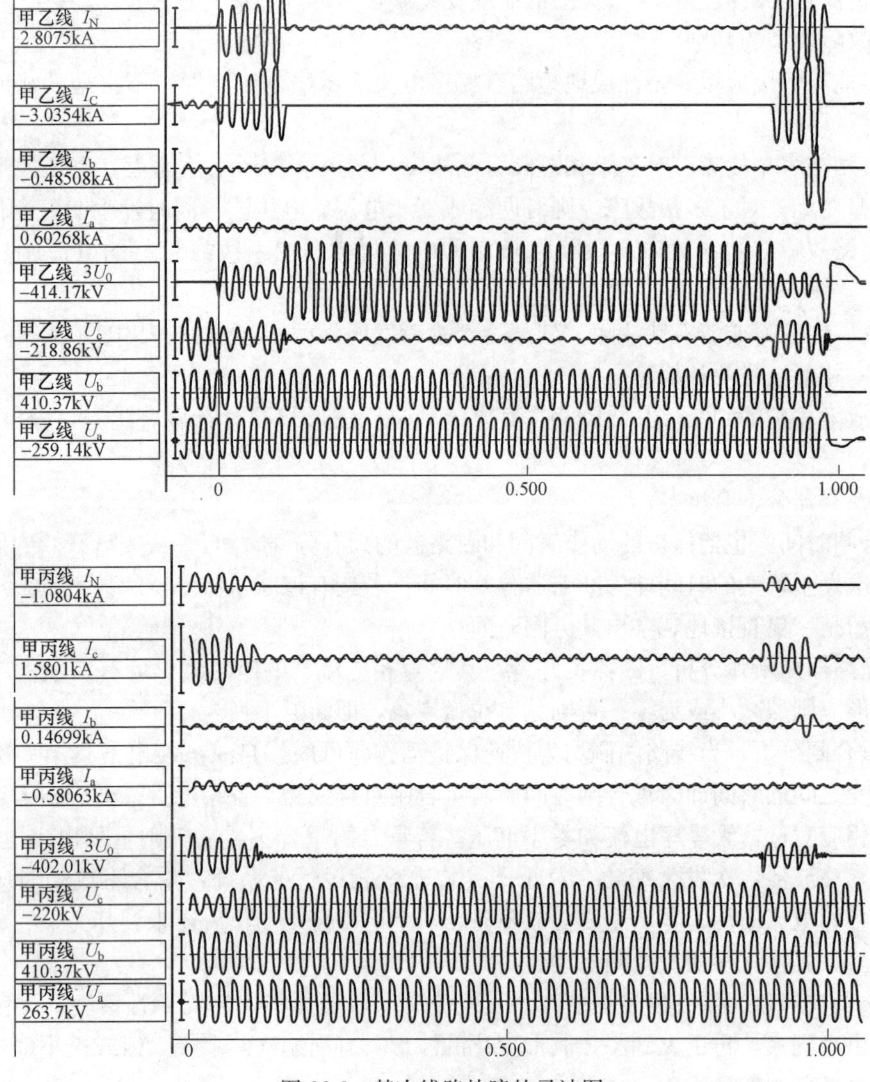

图 22-8　某次线路故障的录波图

31. 单相永久性故障的波形如何分析？

答： 永久性故障波形分析见图 22-9。该图选自现场某 500kV 线路永久性故障。

波形分析如下：

（1）该图中分别录取了 U_A、U_B、U_C、U_0、I_A、I_B、I_C、I_0 4 个电压和电流量。

（2）录波器记录了故障前 40ms 的电压和电流波形（正常波形）。

（3）故障相：A 相。

（4）第一次跳闸时间：28ms（保护的动作时间＋开关固有跳闸时间）。

（5）重合闸时间：978（重合闸整定时间 8s）ms。

（6）重合于永久故障，第二次故障波形时间就是断路器的合分时间 57 ms。规程规定为 60 ms，推荐不大于 50ms。

（7）1028ms 三相跳闸。

（8）最大故障电流（TA 变比：3000/1）3000×3.01（A）。

(9) 最大零序电流（TA 变比：3000/1）3000×3.01（A）。

(10) 故障录波器波形图上的 I_A 与 $3I_0$ 反相（实际单相接地故障电流与 $3I_0$ 应大小相等，方向相同），就看故障录波器的接线。

(11) 故障前 A 相电压超前电流 72.8°。

(12) 故障后，C 相电压有高频寄生振荡现象。

(13) A 相电压迅速为零，说明是近区金属性接地，单相接地短路时接地点的电压为零，但录波器一般取母线（如 220kV）或线路（超高压）电压器的电压。

(14) 故障性质：A 相永久性故障。

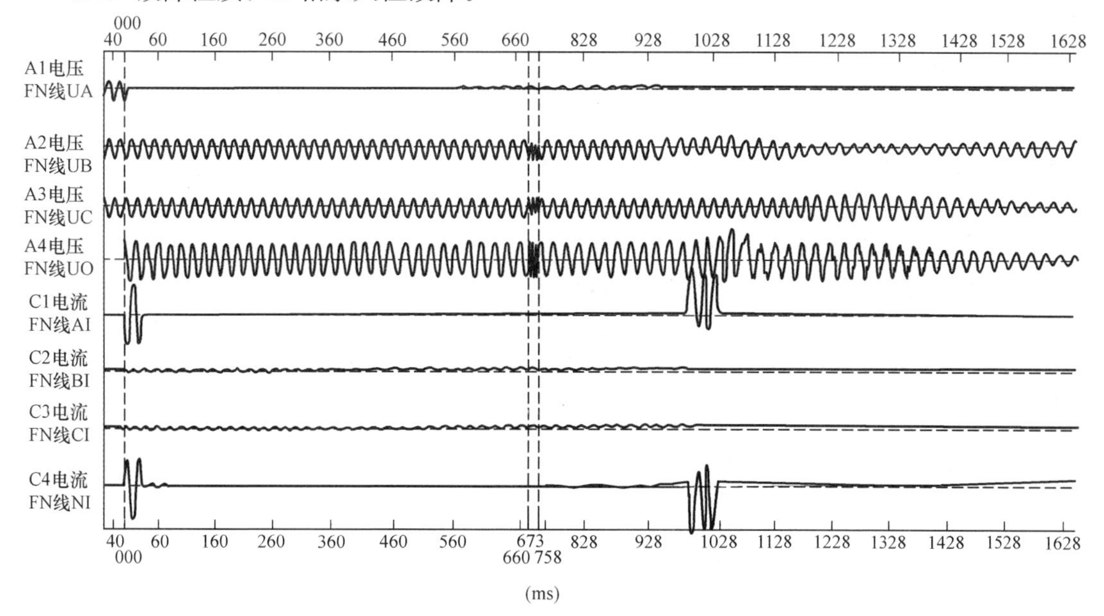

图 22-9 单相永久性故障录波图

chapter 23

第二十三章

设备巡视

1. 设备巡视检查的作用是什么?

答: 对设备的定期巡视检查是随时掌握设备运行、变化情况,发现设备异常情况、确保设备连续安全运行的主要措施。值班人员必须按设备巡视线路认真执行,巡视中不得兼做其他工作,遇雷雨时应停止巡视。

值班人员对运行设备应做到正常运行按时查,高峰、高温认真查,天气突变及时查,重点设备重点查,薄弱设备仔细查。

2. 设备巡视应遵守哪些规定?

答:(1)遵守《电力安全工作规程(变电部分)》对高压设备巡视的有关规定。

(2)确定巡视路线,按照巡视路线图进行巡视,以防漏巡。

(3)发现缺陷及时分析,做好记录并按照缺陷管理制度向班长和上级汇报。

(4)巡视高压配电设备装置一般应有两人同行。经考试合格后,单位领导批准,允许单独巡视高压设备的人员可单独巡视。

(5)巡视高压设备时,人体与带电导体的安全距离不得小于安全工作规程的规定值,严防因误接近高压设备而引起的触电。

(6)进入高压室巡视时,应随手将门关好,以防小动物进入室内。

(7)设备巡视要做好巡视记录。

(8)新进人员和实习人员不得单独巡视设备。

(9)检修人员在进行红外线测温、继电保护巡视等工作时,必须执行工作票制度。

(10)火灾、地震、台风、冰雪、洪水、泥石流、沙尘暴等灾害发生时,如需要对设备进行巡视时,应制定必要的安全措施,得到设备运行单位分管领导批准,并且至少两人一组,巡视人员应与派出部门之间保持通信联络。

(11)运行人员巡视检查前,应准备好打开设备机构箱、端子箱、电源箱、保护屏、配电屏和保护小室的钥匙,带好望远镜、红外测温仪、PDA巡视仪、通信器材等必备工具。

(12)运行人员巡视检查后应将本次抄录的数据与上次巡视检查抄录的数据进行认真核对和分析,及时发现设备存在的问题。

3. 变电站设备巡视如何分类?

答: 变电站的设备巡视分为三类:正常巡视,定期巡视和特殊巡视。

(1)正常巡视应每天进行,并按照规定的内容要求进行,正常巡视每天三次,即交接班巡视、高峰负荷巡视、夜间闭灯巡视。

(2)定期巡视应按规定时间和要求进行。定期巡视是对设备进行较完整的巡视检查,巡视时间较长,巡视时要求做好详细的巡视记录。

(3)特殊巡视是根据实际情况和规定的要求而增加的巡视。特殊巡视一般是有针对性的重点巡视。

4. 日常巡视检查内容有哪些?

答：（1）充油设备有无漏油、渗油现象，油位、油压、油温是否正常。

（2）充气设备有无漏气，气压是否正常。

（3）设备接头点有无发热、烧红现象，金具有无变形和螺钉有无断损和脱落。

（4）旋转设备运行声音有无异常（如冷却器风扇、油泵等）。

（5）设备吸潮装置是否已失效。

（6）设备绝缘子、瓷套有无破损和灰尘污染是否严重。

（7）设备计数器、指示器动作和变化指示情况。

（8）有无异常放电声音。

（9）循环水冷却系统的水位、水压是否正常，有无渗、漏水现象。

（10）主控室有关运行记录本、图纸，绝缘工具内接地线数目是否正确等。

（11）继电保护及自动装置的投退是否正常、运行情况是否正常、有无异常信号等。

（12）设备的监视参数是否正常。

（13）设备的控制箱和端子箱的门是否关好。

5. 哪些情况下需要特殊巡视？

答：（1）设备过负荷或负荷有明显增加。

（2）恶劣气候或天气突变。

（3）事故跳闸。

（4）设备异常运行或运行中有可疑的现象。

（5）设备经过检修、改造或长期停用后重新投入系统运行。

（6）阴雨天初晴后，对户外端子箱、机构箱、控制柜是否受潮结露进行检查巡视。

（7）新安装设备投入运行。

（8）重污秽区变电站。

（9）春、秋安全大检查。

（10）法定节、假日、其他特殊节日及重大政治活动日需要巡视。

（11）上级有通知及节假日。

6. 天气变化或突变时应如何检查设备？

答：（1）天气暴热时，应检查各种设备温度、油位、油压、气压等的变化情况，检查油温、油位是否过高，冷却设备运行是否正常，油压和气压变化是否正常，检查导线、触点是否有过热现象。

（2）天气骤冷时，应重点检查充油设备的油位变化情况，油压和气压变化是否正常，加热设备运行情况，接头有无开裂、发热等现象，绝缘子有无积雪结冰，管道有无冻裂等现象。

（3）大风天气时，应注意临时设施牢固情况，导线舞动情况及有无杂物刮到设备上的可能，接头有无异常情况，室外设备箱门是否已关闭好。

（4）雨、雪天气时，应注意室外设备触点触头等处及导线是否有发热和冒气现象，检查门窗是否关好，屋顶、墙壁有无漏水现象。

（5）浓雾、毛毛雨、下雪时，瓷套管有无沿表面闪络和放电，各接头在小雨中和下雪后不应有水蒸气上升或立即融化现象，否则表示该接头运行温度比较高，应用红外线测温仪进一步检查其实际情况。必要时关灯检查。

（6）雷雨、冰雹后，检查引线摆动情况及有无断股，设备上有无其他杂物，瓷套管有无放电痕迹及破裂现象。雷击后应检查绝缘子、套管有无闪络痕迹，检查避雷器是否动作。

(7) 如果是设备过负荷或负荷明显增加时，应检查设备触点触头的温度变化情况，变压器严重过负荷时，应检查冷却器是否全部投入运行，并严格监视变压器的油温和油位的变化，若有异常及时向调度汇报。

(8) 当事故跳闸时，运行人员应检查一次设备有无异常，如导线有无烧伤、断股，设备的油位、油色、油压是否正常，有无喷油异常情况，绝缘子有无闪络、断裂等情况；二次设备应检查继电保护及自动装置的动作情况，事件记录及监控系统的信号情况，微机保护的事故报告打印情况，故障录波器录波情况；站用电系统的运行情况等。

7. 巡视设备的基本方法有哪些?

答: 在没有先进的巡视方法取代传统的巡视方法前（微机巡视仪已开始使用），巡视工作主要采取传统的巡视方法，即：看、听、嗅、摸和分析。

(1) 目测检查法。所谓目测检查法就是用眼睛来检查看得见的设备部位，通过设备外观的变化来发现异常情况。通过目测可以发现的异常现象综合如下：

1) 破裂、断线；

2) 变形（膨胀、收缩、弯曲）；

3) 松动；

4) 漏油、漏水、漏气；

5) 污秽；

6) 腐蚀；

7) 磨损；

8) 变色（烧焦、硅胶变色、油变黑）；

9) 冒烟，接头发热；

10) 产生火花；

11) 有杂质异物；

12) 表计指示不正常，油位指示不正常；

13) 不正常的动作等。

(2) 耳听判断法。用耳朵或借助听音器械，判断设备运行时发出的声音是否正常，有无异常声音。

(3) 鼻嗅判断法。用鼻子辨别是否有电气设备的绝缘材料过热时产生的特殊气味。

(4) 触试检查法。用手触试设备的非带电部分（如变压器的外壳、电动机的外壳），检查设备的温度是否有异常升高。

(5) 用仪器检测的方法。借助测温仪定期对设备进行检查，是发现设备过热最有效的方法，目前使用较广。

8. 变压器正常巡视的项目有哪些?

答: 变压器本体：

(1) 变压器声响均匀、正常。

(2) 变压器的油温和温度计应正常，储油柜的油位应与温度相对应，现场指示与远方记录（或监控系统显示）一致。

(3) 变压器各部位无渗油、漏油。

(4) 套管油位应正常，套管外部无破损裂纹、无严重油污、无放电痕迹及其他异常现象，法兰应无生锈、裂纹；接头无松动、发热或变色现象；套管的升高法兰座无渗油、漏油现象；电容式套管末屏接地良好，无放电声或放电火花。

（5）各侧接线端子或连接金具是否完整、紧固，引线接头、电缆、母线应无发热现象，引线挡线绝缘子串无裂纹、破损和放电闪络痕迹，外观清洁。

（6）吸湿器完好，吸附剂干燥（变色不超过2/3），油封油位正常。

（7）压力释放器、安全气道及防爆膜应完好无损，无渗漏油现象。

（8）气体继电器与油枕间连接阀门是否打开，气体继电器内有无气体，是否充满油。

（9）各控制箱和二次端子箱、机构箱应关严，无受潮，温控装置工作正常，箱内各种电器装置是否完好，位置和状态是否正确。

（10）各类指示、灯光、信号应正常。

（11）变压器室的门、窗、照明应完好，房屋不漏水，温度正常。

（12）检查变压器铁芯（夹件）接地线和外壳接地线是否良好，采用钳形电流表测量铁芯接地线电流值，值不应大于0.5A；铁芯及夹件接地引出小套管及支持小白料无破损。

（13）变压器底部轱辘滚轮止动良好，无松动。

变压器冷却器及控制箱：

（1）冷却器是散热（管）片、进出口油管法兰和阀门无渗漏油现象，冷却器循油阀门开启正确。

（2）运行中的冷却器风扇无反转、卡住、叶片碰壳和停转现象；风扇、油泵、水泵运转正常，油流继电器工作正常，风向和油的流向是否正确，整个冷却器有无异常振动。

（3）检查运行中的冷却器风扇效果是否正常，检查冷却器散热管风道灰尘堵塞情况，各冷却器手感温度应相近。

（4）运行中冷却器潜油泵运行无异常声响、无渗漏油现象，油流计指示正确，油流计示窗玻璃完好，无进水现象。

（5）各组冷却器下部控制箱门密封，关闭良好。

（6）冷却器控制箱内各手柄、开关、信号指示灯等是否正常，动力电缆是否有发热现象，箱内封堵是否良好，箱内有无受潮及杂物，无异常信号报出。

（7）水冷却器的油压应大于水压（制造厂另有规定者除外）。

调压装置：

（1）母线电压指示反映在主变压器规定的调压范围内，并符合调度颁发的电压曲线。

（2）主控制室、有载调压控制箱内档位指示器或位置知识灯的指示正确，反映有载分接开关挡位。

（3）调压装置操作后，对于并列运行的变压器或单相式变压器组，还应检查各调压分接头的位置是否一致；计数器动作应正确并操录计数器数字。

（4）有载调压储油柜油位、油色正常、无渗漏油现象。气体继电器无积气及渗漏油现象。

（5）有载调压压力释放装置无异常声音、无渗漏油现象。

（6）有载调压控制箱内各手柄、开关、信号指示灯等是否正常，动力电缆是否有发热现象，箱内封堵是否良好，机构部件应无锈污现象，箱内有无受潮及杂物，无异常信号报出。

（7）有载分接开关的在线滤油装置工作位置及电源指示应正常，调压油箱载线滤油设备无异常。

运行中应重点监视有载调压储油柜的油位。因为有载调压储油柜与主油箱不连通，油位受环境温度影响较大，而有载调压开关带有运行电压，操作时又要切断并联分支电流，故要求有载调压储油柜的油位达到标示的位置。油的击穿电压不得小于25kV。

运行中必须认真检查和记录有载调压装置的动作次数。调压装置每动作5000次以后，应对调压开关进行检修，假若触头烧损严重，其厚度不足7mm时应更换触头。在操作1万次以后，必须进行大修。选择开关不易磨损和出故障，对选择开关的第一次检查可在动作1万次以后进行，其后可视情况定期检查或定次检查。

9. 变压器例行巡视和检查的要求有哪些?

答: (1) 变压器的油温和温度计应正常，储油柜的油位应与制造厂提供的油温、油位曲线相对应，温度计指示清晰，具体要求如下：

1) 储油柜采用玻璃管作油位计，储油柜上标有油位监视线，分别表示环境温度为－20℃、＋20℃、＋40℃时变压器对应的油位；如采用磁针式油位计时，在不同环境温度下指针应停留的位置，由制造厂提供的曲线确定。

2) 根据温度表指示检查变压器上层油温是否正常。变压器冷却方式不同，其上层油温或温升亦不同，具体应不超过规定（一般应按制造厂或DL/T 572—1995《电力变压器运行规程》规定)。运行人员不能只以上层油温不超过规定为标准，而应该根据当时的负荷情况、环境温度以及冷却装置投入的情况等及历史数据进行综合判断。就地与远方油温指示应基本一致。绕组温度仅作参考。

3) 由于在油温40℃左右时，油流的带电倾向性最大，因此变压器可通过控制油泵运行数量来尽量避免变压器绝缘油运行在35～45℃温度区域。

(2) 变压器各部位无渗油、漏油。应重点检查变压器的油泵、压力释放阀、套管接线柱、各阀门、隔膜式储油柜等。

1) 油泵负压区的渗油，容易造成变压器进水受潮和轻气体继电器有气而发信。

2) 压力释放阀的渗油、漏油应检查有否动作过。

3) 套管接线柱处的渗油，检查外部引线的伸缩条及其热胀冷缩性能。

(3) 套管油位应正常，套管外部无破损裂纹、无严重油污、无放电痕迹及其他异常现象。检查瓷套，应清洁，无破损、裂纹和打火放电现象。

(4) 变压器声响均匀、正常。若变压器附近噪声较大，应利用探声器来检查。

(5) 各冷却器手感温度应相近，风扇、油泵、水泵运转正常，油流继电器工作正常。冷却器组数应按规定启用，分布合理，油泵运转应正常，无其他金属碰撞声，无漏油现象，运行中的冷却器的油流继电器应指示在“流动位置”，无颤动现象。

1) 油泵及风扇电动机声响是否正常，有无过热现象，风扇叶子有无抖动碰壳现象。

2) 冷却器连接管是否有渗漏油。

3) 油泵、风扇电动机电缆是否完好。

4) 冷却器检查及试验工作以及辅助、备用冷却器运转和信号是否正常。是否按月切换冷却器，是否每季进行一次电源切换并做好记录。

5) 运行中油流继电器指示异常时，应检查油流继电器挡板是否损坏脱落。

(6) 水冷却器的油压应大于水压（制造厂另有规定者除外)。

(7) 吸湿器完好，吸附剂干燥。检查吸湿器、油封应正常，呼吸应畅通，硅胶潮解变色部分不应超过总量的2/3。运行中如发现上部吸附剂发生变色，应注意检查吸湿器上部密封是否受潮。

(8) 引线电缆、母线接头应接触良好，接头无发热现象。接头接触处温升不应超过 70K。

(9) 压力释放阀、安全气道及防爆膜应完好无损。压力释放阀的指示杆未突出，无喷油痕迹。

(10) 有载分接开关的分接位置及电源指示应正常。操作机构中机械指示器与控制室内分接开关位置指示应一致。三相联动的应确保分接开关位置指示一致。

(11) 在线滤油装置工作方式及电源指示应正常。各信号是否发信。有载分接开关调压后一般应启动在线滤油装置，有载分接开关长期无操作，也应半年进行一次带电滤油。

(12) 气体继电器内应无气体。

(13) 各控制箱和二次端子箱、机构箱门应关严，无受潮，电缆孔洞封堵完好，温控装置工作正常。冷却控制的各组工作状态符合运行要求。

(14) 各类指示、灯光、信号应正常。

(15) 变压器室的门、窗、照明应完好，房屋不漏水，温度正常。

(16) 检查变压器各部件的接地应完好。检查变压器铁芯接地线和外亮接地线应良好，铁芯、夹件通过小套管引出接地的变压器，应将接地引线引至适当位置，以便在运行中监测接地线中是否有环流，当运行中环流异常增长变化，应尽快查明原因，严重时应检查处理并采取措施，如环流超过 300mA 又无法消除时，可在接地回路中串入限流电阻作为临时性措施。

(17) 用红外测温仪检查运行中套管引出线联板的发热情况及本体油位、储油柜、套管等其他部位。

(18) 在线监测装置（若有）应保持良好状态，并及时对数据进行分析、比较。

(19) 事故储油坑的卵石层厚度应符合要求，保持储油坑的排油管道畅通，以便事故发生时能迅速排油。室内变压器应有集油池或挡油矮墙，防止火灾蔓延。

(20) 检查灭火装置状态应正常，消防设施应完善。

10. 变压器定期巡视的项目有哪些？

答：(1) 外壳及箱沿应无异常发热，必要时测录温度分布图。

(2) 各部位的接地应完好；必要时应测量铁芯和夹件的接地电流。

(3) 强油循环冷却的变压器应作冷却装置的自动切换试验。

(4) 水冷却器从旋塞放水检查应无油迹。

(5) 有载分接开关的动作情况应正常。

(6) 在线滤油装置动作情况应正常，各信号正确。

(7) 各种标志应齐全明显。

(8) 各种保护装置应齐全、良好。

(9) 各种温度计应在检定周期内，超温信号应正确可靠。

(10) 消防设施应齐全完好。

(11) 室（洞）内变压器冷却通风设备应完好。

(12) 储油池和排油设施应保持良好状态。

(13) 切换试验各信号正确。

(14) 监测装置应保持良好状态。

(15) 用红外测温仪进行一次测温。

（16）组部件完好。

11. 在什么情况下应对变压器进行特殊巡视？特殊巡视的项目有哪些？

答： 在下列情况，应对变压器做特殊检查：

（1）每次跳闸后，变压器过负荷和过电压运行，应特别注意温度和过热情况以及振动、本体油位等情况，应每半小时检查一次，并做好记录。

（2）每次雷电、大风、冰雹、暴雨等恶劣天气后。

（3）变压器近区故障时。

（4）其他有必要时。

特殊巡视的项目：

（1）过负荷情况。监视负荷、油温和油位的变化，接头接触应良好，冷却系统应运行正常。

（2）大风天气引线摇动情况及是否有搭挂杂物。

（3）雷雨后，检查变压器各侧避雷器计数器动作情况，检查套管应无破损，裂纹及放电痕迹。

（4）大雾、毛毛雨、小雪天气时，应检查套管、瓷绝缘子有无电晕、放电打火和闪络现象，接头处有无冒热气现象，重点监视污秽瓷质部分。

（5）大雪天气时，应检查引线接头有无积雪，观察熔雪速度，以判断接头是否过热。检查变压器顶盖、储油柜至套管出线间有无积雪、挂冰情况，油位计、温度计、气体继电器应无积雪覆盖现象。

（6）短路故障后检查有关设备、接头有无异常，变压器压力释放装置有无喷油现象。

（7）夜间时，要注意观察引线接头处、线卡，应无过热发红等现象。

12. 新投入或经过大修的变压器的巡视要求有哪些？

答： 新投或大修后的变压器，24h试运行期间应每小时巡视一次，在投运后一周内，每班巡视检查的次数也应适当增加。

（1）变压器声音应正常，如发现响声特大、不均匀或有放电声，应认为内部有故障。

（2）油位变化应正常，应随温度的增加略有上升，如发现假油面应及时查明原因。

（3）用手触及每一组冷却器，温度应正常，以证实冷却器的有关阀门已打开。

（4）油温变化应正常，变压器带负荷后，油温应缓慢上升。

（5）应对新投运变压器进行红外测温。

（6）监视负荷和导线接头有无发热现象。

（7）检查瓷套管有无放电打火现象。

（8）气体继电器应充满油。

（9）压力释放（防爆管）装置应完好。

（10）各部件有无渗漏油情况。

（11）冷却装置运行良好。

13. 变压器在异常情况下的巡视项目和要求有哪些？

答： 在变压器运行中发现不正常现象时，应设法尽快消除，并报告上级部门和做好记录。

（1）系统发生外部短路故障后，或中性点不接地系统发生单相接地时，应加强监视变压器的状况。

(2) 运行中变压器冷却系统发生故障，切除全部冷却器时，应迅速汇报有关人员，尽快查明原因。在许可时间内采取措施恢复冷却器正常运行。

当“冷却器故障”发信时，应到现场查明原因尽快处理，处理不了，应投备用冷却器。并汇报调度等候处理。

(3) 变压器顶层油温异常升高，超过制造厂规定或大于 75℃时，应按以下步骤检查处理：

1) 检查变压器的负载和冷却介质的温度，并与在同一负载和冷却介质温度下正常的温度核对。

2) 核对温度测量装置。

3) 检查变压器冷却装置和变压器室的通风情况。

(4) 若温度升高的原因是由于冷却系统的故障，且在运行中无法修理者，应将变压器停运修理；若不能立即停运修理，则应将变压器的负载调整至规程规定的允许运行温度下的相应容量。在正常负载和冷却条件下，变压器温度不正常并不断上升，且经检查证明温度指示正确，则认为变压器已发生内部故障，应立即将变压器停运。

1) 变压器在各种超额定电流方式下运行，若油温持续上升应立即向调度部门汇报，一般顶层油温应不超过 105℃。

2) 当变压器油位计指示的油面有异常升高，经查不是假油位所致时，应放油，它降至与当时油温相对应的高度，以免溢油。

变压器中的油因低温凝滞时，应不投冷却器空载运行，同时监视顶层油温，逐步增加负载，直至投入相应数量冷却器，转入正常运行。

3) 当发现变压器的油位较当时油温所应有的油位显著降低时，应立即查明原因，采取必要的措施。

(5) 变压器渗油应根据不同部位来判断：

1) 油泵负压区密封不良容易造成变压器进水进气受潮和轻瓦斯发信，应立即停用泵，并进行处理。

2) 压力释放阀指示杆凸出，并有喷油痕迹。应检查压力释放阀是否正确动作，观察变压器储油柜油位有否过高，有无穿越性故障，呼吸是否畅通。

3) 检查储油柜系统安装有无不当情况造成喷油、出现假油面或使保护装置误动作。

(6) 气体继电器中有气体，应密切观察气体的增量来判断变压器产生气体的原因，必要时，取瓦斯气体和变压器本体油进行色谱分析，综合判断。同时应检查：

1) 是否存在油泵负压区渗油情况，应立即查清并停用故障油泵，及时处理。

2) 变压器冲氮灭火装置（若有）是否漏气，造成气体继电器中有气体，应立即查前关闭冲氮灭火装置的气源，进行处理。

3) 变压器有否发生短路故障或穿越性故障，应立即对变压器进行油色谱分析和绕组变形测试，综合判断变压器本体有否故障。

(7) 变压器发生短路故障或穿越性故障时，应检查变压器有无喷油，油色是否变黑，油温是否正常，电气连接部分有无发热、熔断，瓷质外绝缘有无破裂，接地引下线等在烧断及绕组是否变形。

(8) 不接地系统发生单相接地故障运行时，应监视消弧线圈和接有消弧线圈变压器的运行情况。

（9）当母线电压超过变压器运行电压较长时间，应注意核对变压器的过励磁保护并加强监测变压器的温度（能超过运行规定的顶层温度），还应监测变压器体各部的温度，防止变压器局部过热。

14. 并联电抗器正常巡视的项目有哪些？

答：（1）各部位有无严重积灰与污垢及渗、漏油现象。

（2）电抗器无异物，壳体无损伤。

（3）运行声音正常，无异常的振动及放电声，必要时测量噪声不应大于相关规程的规定。

（4）根据电抗器的油位—温度曲线检查油位、线温表指示正常，分析温度与负荷情况、环境温度情况相对应，无异常波动，并检查表计的结霜情况，手感外壳温度应正常，还应注意与近段时间的巡视记录进行比较。

若储油柜油位过高或过低时还应检查油位计有无故障，油箱有无严重漏油，呼吸是否畅通等，油枕油位计中应无潮气。

（5）套管的油位应正常，高压套管如上浮球处于顶部则油位太高，下浮球处于底部则为缺油。

（6）检查高压及中性点套管的瓷件表面应无污垢、破损、裂纹、闪络及放电声。

（7）套管连线接头应无松动，无发红，无冒水汽，无冰雪融化等过热等现象。接头接触处温升不超过70K。

外壳及铁芯接地良好。检查电抗器铁芯接地线和外壳接地线应良好，铁芯、夹件通过小套管引出接地的电抗器，应将接地引线引至适当位置，以便在运行中监测接地线中是否有环流，当运行中环流异常增长变化时，应尽快查明原因，严重时应检查处理并采取措施，如环流超过300mA又无法消除时，可在接地回路中串入限流电阻作为临时性措施。

（8）硅胶呼吸器的硅胶应干燥（呈蓝色），硅胶受潮后则呈粉红色，受潮（粉红色）超过硅胶量的2/3左右时应进行更换处理；硅胶呼吸器油杯油面应正常，如过低，则应添变压器油，油（正常时黄亮色，当油色很深则已污染）已污染应更换；硅胶呼吸器的呼吸应畅通，在油封杯油中应有气泡翻动。

（9）底座固定块应无移位。

（10）压力释放装置应无漏油，如有喷油的痕迹或黄色指示棒伸出顶部则视为已动作。

（11）检查气体继电器应无渗漏油现象，二次电缆无腐蚀现象，采样装置的排气和出油孔帽盖无松动、无漏气、渗油现象。

（12）检查电抗器各部件的接地完好。

（13）检查控制箱门应关严，无受潮，温控装置工作正常。

（14）用红外测温仪检查运行中套管引出线联板的发热情况及本体油位、储油柜、套管等其他部位。

（15）在线监测装置（若有）应保持良好状态，并及时对数据进行分析、比较。

（16）事故储油坑的卵石层厚度应符合要求，保持储油坑的排油管道畅通，以便事故发生时能迅速排油。

（17）在运行中散热器上部接头处及下部闷头容易渗油，巡视时应注意检查。

15. 并联电抗器在哪些情况下必须进行特殊巡视？

答：（1）大风、雾天、冰雪、冰雹及雷雨后的巡视。

（2）设备变动后的巡视。

（3）设备新投入运行后的巡视。

（4）设备经过检修、改造或长期停运后重新投入运行后的巡视。

（5）异常情况下的巡视。主要是指过负荷或负荷剧增、超温、设备发热、系统冲击、跳闸、有接地故障情况等，应加强巡视。必要时，应派专人监视。

（6）设备缺陷近期有发展时、法定休假日、上级通知有重要供电任务时，应加强巡视。

（7）在高温、高峰负荷时应对电抗器进行特殊巡视。

（8）站长应每月进行一次巡视。

16. 新投运或大修后、改造的电抗器特殊巡视项目有哪些？

答：新投运或大修后、改造的电抗器在投运72h内应按照电抗器巡视检查项目进行特殊巡视，检查项目有：

（1）电抗器声音是否正常，如发现响声特大，不均匀或有放电声，应认为内部有故障。

（2）油位变化应正常，应随温度的增加略有上升，如发现假油面应及时查明原因。

（3）用手触及冷却器，温度应正常，以证实冷却器的有关阀门已打开。

（4）油温变化应正常，电抗器运行后，温度应缓慢上升。

（5）应对新投运的电抗器进行红外测温。

17. 并联电抗器在异常情况下的巡视项目有哪些？

答：在电抗器运行中发现不正常现象时，应设法尽快消除，并报告上级部门、做好记录。

（1）系统发生外部短路故障后。

（2）电抗器顶层油温异常升高，超出制造厂规定或大于75℃时，应按以下步骤检查处理：

1）检查电抗器的无功功率和温度，并与在同一无功功率下的温度进行比较；

2）核对温度测量装置；

3）检查电抗器冷却器。

（3）若温度升高的原因不是因为冷却器的原因，并与其他相相比有明显的差别，则应认为是电抗器内部有故障，应申请立即将电抗器停运。

1）电抗器在各种额定电流方式下运行，若温度持续上升应立即向调度部门汇报，一般顶层油温应不超过105℃；

2）当电抗器油位计指示的油面有异常升高，经查不是假油位所致时，应放油，使油位降至与当时温度对应的高度，以免溢油；

3）当发现电抗器的油位较当时油温所应有的油位显著降低时，应立即查明原因，并采取必要的措施。

（4）电抗器渗油应根据不同部位来判断：①压力释放阀指示杆突出，并有喷油痕迹。应检查压力释放阀是否正确动作，观察电抗器储油柜油位有否过高；②检查储油柜系统安装有无不当情况造成喷油、出现假油面或使保护装置误动作。

（5）气体继电器中有气体，应密切观察气体的增量来判断电抗器产生气体的原因，必要时，取瓦斯气体和电抗器本体油进行色谱分析，综合判断。同时应检查：①电抗器充氮灭火装置（若有）是否漏气，造成气体继电器中有气体，应立即查清并关闭冲氮灭火装置的气源，进行处理；②电抗器是否发生短路故障，应立即对变压器进行油色谱分析和绕组变形测试，综合判断电抗器本体有否故障。

（6）电抗器发生短路故障时，应检查电抗器有无喷油，油色是否变黑，油温是否正常，电气连接部分有无发热、熔断，瓷质外绝缘有无破裂，接地引下线等有无烧断及绕组是否变形。

18. 串联电容器补偿装置的正常巡视项目有哪些？

答：（1）电容器组巡检项目：

1）在监控系统后台检查电容器组的负荷电流及不平衡电流无异常。

2）利用图像监控系统或望远镜检查电容器无渗漏和鼓肚现象。

3）利用图像监控系统或望远镜检查电容器外壳及瓷瓶清洁、无裂纹、无锈蚀、无放电。

4）利用固定式红外测温装置检查电容器温度无异常。

5）电容器上无异物、无鸟巢。

6）电容器接头罩齐全完好。

7）支柱绝缘子完好无损。

（2）金属氧化物限压器（MOV）巡视项目：

1）用图像监控系统或望远镜对其进行外观检查，检查MOV瓷套表面无烧伤和损坏。

2）利用固定式红外测温装置检查MOV温度无异常。

（3）火花间隙巡检项目：

1）用图像监控系统或望远镜对其进行外观检查，检查火花放电间隙无杂物、无鸟巢。

2）间隙门应关闭良好，内部无异常声音。

（4）阻尼电抗器、阻尼电阻器巡检项目：

1）用图像监控系统或望远镜对其进行外观检查，阻尼电抗器、阻尼电阻器外观清洁、无闪络痕迹；阻尼电抗器无鸟巢。

2）阻尼电抗器、阻尼电阻器运行声音应正常。

（5）电流互感器巡检项目：

1）用图像监控系统或望远镜对其进行外观检查，外观清洁、无损坏、无杂物、无闪络、无渗漏痕迹。

2）电流互感器运行声音正常。

（6）绝缘子、光纤柱、绝缘平台及爬梯巡检项目：

1）用图像监控系统或望远镜对其进行外观检查，平台上无杂物，平台上围栏门闭锁好，平台上测量采集箱及间隙控制箱门关闭良好。

2）光纤柱、支柱绝缘子及斜拉绝缘子无闪络痕迹、破损、裂纹、放电。

3）爬梯收回，闭锁装置完好。

（7）旁路断路器巡检项目：

1）瓷套清洁无断裂、裂纹、损伤、放电现象，瓷套表面清洁无污秽。

2）监控后台分合闸位置与机械、电气指示位置一致，并与实际运行方式相符。

3）SF_6 气体压力值正常；操作机构储能正常。

4）机构箱、汇控柜应关闭完好、无锈蚀、密封良好，汇控柜内指示正常，各把手位置正常。

（8）串联、旁路隔离开关及接地开关巡视项目：

1）瓷套清洁无破损、裂纹和放电。

2）均压环无异常放电、无异响。

3）动、静触头接触良好，无烧伤和变形。

4）操作机构箱密封完好。

（9）其他设备巡视检查项目：

1）引线接头应接触良好，无过热发红、裂纹现象。

2）引线无断股、无烧伤痕迹。

3）金属构架无开裂、锈蚀、变形。

4）构架接地良好。

5）设备基础无下沉、倾斜。

6）串补装置围栏门应关闭良好，围栏内清洁无杂物。

19. 串联电容器补偿装置的定期巡视项目有哪些？

答：（1）电容器组巡检项目：

1）每周对电容器组进行一次红外测温无过热。

2）每月对电容器组进行一次紫外检测无异常。

（2）金属氧化物限压器（MOV）巡视项目：

1）每周对 MOV 进行一次红外测温无过热。

2）每月对 MOV 进行一次紫外检测无异常。

（3）火花间隙巡检项目：

1）每周对火花间隙进行一次红外测温无过热。

2）每月对火花间隙进行一次紫外检测无异常。

（4）阻尼电抗器、阻尼电阻器巡检项目：

1）每周对阻尼电抗器、阻尼电阻器进行一次红外测温无过热。

2）每月对阻尼电抗器、阻尼电阻器进行一次紫外检测无异常。

（5）电流互感器巡检项目：

1）每周对电流互感器进行一次红外测温无过热。

2）每月对电流互感器进行一次紫外检测无异常。

（6）缘子、光纤柱、绝缘平台及爬梯巡检项目：

1）每周对绝缘平台进行一次红外测温无过热。

2）每月对绝缘平台进行一次紫外检测无异常。

（7）旁路断路器巡检项目：

1）每半年对旁路断路器机构箱进行一次内部检查。机构箱内无受潮、无放电闪络痕迹；接线端子和线头无腐蚀及过热现象，箱内无积水、积灰；小开关、接触器、继电器等元件位置状态正确，二次线连接无松动现象；机械转动部分的润滑油无干裂现象，连接螺栓、销子无松动，轴承无破裂。

2）每月检查一次机构动作次数，旁路断路器动作后再次检查并记录动作次数。

3）每周进行一次红外测温无异常。

4）每月进行一次紫外检测无异常。

5）每月检查一次机构箱加热器工作正常。

（8）串联、旁路隔离开关及接地开关巡视项目：

1）每半年对机构箱进行一次内部检查。机构箱内无受潮、无放电闪络痕迹；接线端子和线头无腐蚀及过热现象，箱内无积水、积灰；小开关、接触器、继电器等元件位置状态正确，二次线连接无松动现象；机械转动部分的润滑油无干裂现象，连接螺栓、销子无松动，轴承无破裂。

2）每周进行一次红外测温无异常。

3）每月进行一次紫外检测无异常。

4）每月检查一次机构箱加热器工作正常。

（9）其他设备巡视检查项目：

1）每周对管母、引线、接头进行一次红外测温无异常。

2）每月对管母、引线、接头进行一次紫外检测无异常。

20. 串联电容器补偿装置的特殊巡视项目有哪些？

答：（1）电容器组巡检项目：

1）天气发生异常变化时（如大风、大雾、雷雨、大雪），用图像监控重点检查电容器上无杂物和闪络放电现象。

2）大雾、大雪天气应对电容器组进行紫外检测。

3）对有过热现象的电容器，应定期进行跟踪监测。

4）线路发生任何故障，都应对电容器组进行检查。

（2）金属氧化物限压器（MOV）巡视项目：

1）检查压力释放装置无动作，防爆膜完好，压力释放口是否堵塞或有异物。

2）大风天气检查无悬挂物。

3）雨雪天气检查瓷质部分无放电现象。

4）雪后检查 MOV 瓷质部分无覆冰现象。

（3）火花间隙巡检项目：

1）检查火花间隙电极表面无烧伤损坏痕迹。

2）检查均压电容器无渗漏。

3）检查支持绝缘子、套管无放电闪络现象。

（4）阻尼电抗器、阻尼电阻器巡检项目：

1）阻尼电抗器、阻尼电阻器外观清洁、无闪络痕迹。

2）大风天气检查阻尼电抗器、阻尼电阻器无漂浮物。

3）大雾天气及雨雪天气应检查阻尼电抗器、阻尼电阻器无放电。

（5）电流互感器巡检项目：

1）外观清洁、无损坏、无杂物、无闪络、无渗漏痕迹。

2）检查电流互感器二次电流无异常。

（6）绝缘子、光纤柱、绝缘平台及爬梯巡检项目：

1）异常天气检查平台上无杂物，无严重积雪和挂冰现象。

2）用红外测温仪检查平台无过热。

（7）旁路断路器巡检项目：

1）大风天气检查均压环是否正常，有无搭挂杂物。

2）雷雨天气检查接头有无放电闪络现象。

3）大雾天气检查接头、瓷套有无放电、打火现象。

4）大雪天气检查无严重覆冰现象。

5）串联电容器补偿装置旁路或重投后检查旁路断路器位置正确、压力正常、储能正常，无异响或异味。

6）高峰负荷期间应增加巡检次数，监视旁路断路器引线、接头温度，设备无异常声音。

（8）串联、旁路隔离开关及接地开关巡视项目：

1）大风天气检查有无搭挂杂物。

2）雷雨天气检查接头有无放电闪络现象。

3）大雾天气检查接头有无放电、打火现象。

4）大雪天气检查无严重覆冰现象。

5）高峰负荷期间应增加巡检次数，监视引线、接头温度，设备无异常声音。

（9）其他设备巡视检查项目：

1）大风天气检查引线摆动情况。

2）高温、大负荷检查管母、引线、接头无过热。

21. 互感器的正常巡视项目有哪些？

答：（1）设备外观完整无损。

（2）一、二次引线接触良好，接头无过热，各连接引线无发热、变色。

（3）外绝缘表面清洁、无裂纹及放电现象。

（4）金属部位无锈蚀，底座、支架牢固，无倾斜。

（5）架构、遮拦、器身外涂漆层清洁、无爆皮掉漆。

（6）无异常振动、异常声音及异味。

（7）瓷套、底座、阀门和法兰等部位应无渗漏油现象。

（8）电压互感器端子箱熔断器和二次空气小开关正常。

（9）电流互感器端子箱引线无松动、过热、打火现象。

（10）油色、油位正常，油色透明不发黑，且无严重渗、漏油现象。

（11）防爆膜有无破裂。

（12）吸潮器硅胶是否受潮变色。

（13）金属膨胀器膨胀位置指示正常，无漏油。

（14）各部位接地可靠。

（15）电容式电压互感器二次（包括开口三角形电压）无异常波动。

（16）安装有在线监测的设备应有维护人员每周对在线监测数据查看一次，以便及时掌握电压互感器的运行状况。

（17）二次端子箱应密封良好，二次线圈接地线牢固良好。内部应保持干燥、清洁。

（18）检查一次变化间隙应清洁良好。

（19）干式电压互感器有无流胶现象。

（20）中性点接地电阻、消谐器及接地部分是否完好。

（21）互感器的标示牌及警告牌是否完好。

（22）测量三相指示应正确。

（23）SF_6 互感器压力指示表指示是否正常，有无漏气现象，密度继电器是否正常。

（24）复合绝缘套管表面是否清洁、完整，无裂纹、无放电痕迹、无老化迹象，憎水性良好。

22. 互感器在哪些情况下必须进行特殊巡视？

答：（1）在高温、大负荷运行前。

（2）大风、雾天、冰雹及雷雨后。

（3）设备变动后。

（4）设备新投入运行后。

（5）设备经过检修、改造或长期停运后重新投入运行后。

（6）设备发热、系统冲击及内部有异常声音等。

（7）设备缺陷近期有发展时、法定节假日、上级通知有重要供电任务时。

（8）站长应每月进行一次巡视。

23. 互感器特殊巡视项目有哪些？

答：（1）大负荷期间用红外测温设备检查互感器内部、引线接头发热情况。

（2）大风扬尘、雾天、雨天外绝缘有无闪络。

（3）冰雪、冰雹天气外绝缘有无损伤。

24. 消弧线圈正常巡视的项目有哪些？

答：（1）设备外观完整无损。

（2）一、二次引线接触良好，接头无过热，各连接线无发热、变色，接地装置是否完好。

（3）外绝缘表面清洁、无裂纹及放电现象。

（4）基础部位无锈蚀，底座、支架牢固，无倾斜变形。

（5）干式消弧线圈表面平整无裂纹和受潮现象。

（6）无异常振动、异常声音及异味。

（7）储油柜、绝缘子、套管、阀门、法兰、油箱应完好，无裂纹和漏油。

（8）阻尼电阻端子箱内所有熔断器和二次空气小开关正常。

（9）阻尼电阻箱内引线端子无松动、过热、打火现象。

（10）设备的油温和温度计应正常，储油柜的油位应与温度相对应，各部位无渗油、漏油。

（11）各控制箱和二次端子箱应关严，无受潮。

（12）吸潮器硅胶是否受潮变色。

（13）各表计指示准确。

（14）引线接头、电缆、母线应无发热迹象。

（15）对调匝式消弧线圈，人为调节一档分接头，检验有载开关是否正常。

（16）运行中有无异常声音。

25. 消弧线圈在哪些情况下必须进行特殊巡视？

答：（1）在高温运行前。

（2）大风、雾天、冰雪、冰雹及雷雨后。

（3）设备或经过检修、改造、在投运后72h内。

（4）设备有严重缺陷时。

（5）设备经过长期停运后重新投入运行后48h内。

（6）设备发热、系统冲击、内部有异常声音等。

（7）设备缺陷近期有发展时、法定节假日、上级通知有重要供电任务时。

（8）站长应每月进行一次巡视。

26. 消弧线圈特殊巡视的项目有哪些？

答：（1）必要时用红外测温设备检查消弧线圈、阻尼电阻、接地变压器的内部、引线接头发热情况。

（2）高温天气应检查油温、油位、油色和冷却器运行是否正常。

（3）气候骤变时，检查储油柜油位和瓷套管油位是否有明显变化，各侧连接引线是否有断股或接头处发红现象。各密封处有否渗漏油现象。

（4）大风、雷雨、冰雹后，检查引线摆动情况及有无断股，设备上有无其他杂物，瓷套有无放电痕迹及破裂现象。

（5）浓雾、小雨、下雪时，瓷套管有无沿面闪络或放电，各接头在小雨中或下雪后不应有水蒸气上升或立即融化现象，否则表示该接头运行温度比较高，应用红外测温仪进一步检查其实际情况。

27. SF_6 封闭组合电器（GIS）和复合式组合电器（HGIS）的正常巡视项目有哪些？

答：（1）标志牌的名称、编号齐全、完好。

（2）外观无变形、无修饰及油漆脱落现象、连接无松动；传动元件的轴、销齐全无脱落、无卡涩；箱门关闭严密；无异常声音、气味。

（3）注意辨别外壳、扶手端子等处温升是否正常，有无过热变色，有无异常气味。

（4）气室压力在正常范围内，并记录压力值。

（5）闭锁装置完好、齐全、无锈蚀，气体压力表有无生锈和损坏、SF_6 气体管路和阀门有无变形，以及导线绝缘是否完好。

（6）合、分位置指示器与实际运行方式相符。

（7）检查动作计数器的指示状态和动作情况。

（8）套管完好、无裂纹、无损伤、无放电现象。

（9）避雷器在线监测仪指示正确，并记录泄漏电流值和动作次数。

（10）带电显示器指示正确。

（11）防暴装置防护罩无异常，其释放出口无障碍物，防爆膜无破裂。

（12）汇控柜指示正常，无异常信号发出；操动切换把手与实际运行位置相符；控制、电源开关位置正常；连锁位置指示正常；柜内运行设备正常；封堵严密、良好；加热器及驱潮电阻正常。

（13）法兰、接地线、接地螺栓表面无修饰、压接牢固。

（14）设备室通风系统运转正常，氧量仪指示大于18%，SF_6 气体含量不大于1000mL/L。无异常声音、异常气味等。

（15）检查操动机构联板、连杆有无脱落下来的开口销、弹簧、挡圈等连接部件。

（16）检查压缩空气系统和油压系统中储气（油）罐、控制阀、管路系统密封是否良好，有无漏气、漏油痕迹，油压和气体是否正常。

（17）基础无下沉、倾斜。

28. GIS 和 HGIS 的定期巡视项目有哪些？

答：（1）完成正常巡视的所有项目。

（2）检查汇控柜和分控箱内部接线和元件、继电器有无松脱、发热、烧坏，各个触点紧固无松动。

(3) 应用红外测温仪定期测量各侧引线接头和罐体内接点温度是否异常。

(4) 汇控柜内加热器能按整定温度正常投退，柜内无凝露现象，接线无发热、烧坏，电缆号牌齐全，孔洞封堵严密。

(5) 汇控柜和电源箱内各个开关和把手的位置是否正常，各个运行指示灯、照明灯是否正常。

(6) 抄录断路器动作计数器和液压机构油泵启动次数，分析动作次数是否正常。

(7) 液压操作机构油位、油色是否正常；弹簧操作机构储能是否正常。

(8) 汇控柜、机构箱、端子箱以及GIS（HGIS）单元的金属罐体有无锈蚀现象。

(9) 运行标示牌是否清晰完好。

29. GIS和HGIS的特殊巡视检查项目有哪些?

答: (1) 断路器每次跳闸或重合后，应立即巡视检查三相的实际位置是否与电气和监控系统显示一致，是否与保护、自动装置动作信息一致；支柱绝缘瓷瓶有无破损、裂纹、闪络痕迹；灭弧室气压是否正常。

(2) GIS（HGIS）单元气室SF_6气体压力降低告警时，应立即到现场检查确认到底是哪个（断路器、隔离开关、接地隔离开关、母线、互感器）气室或哪一相气室的SF_6压力降低，作详细记录并向有关调度和领导汇报，根据调度和现场规程进行隔离处理。

(3) 过负荷和过电压运行时，应巡视检查GIS（HGIS）单元两侧的支柱绝缘瓷瓶有无破损、裂纹、闪络痕迹，引接线有无发热、发红或断股现象，各个气室的SF_6气压是否正常，GIS（HGIS）单元汇控柜内各个运行指示灯、照明灯是否正常，有无异常告警。

(4) 暴雨、大风（台风）、冰雪天气时，巡视检查GIS（HGIS）单元两侧引接线摆动幅度是否过大，有无松脱或断股现象，根据接头积雪融化程度初步判断有无过热现象，支柱绝缘瓷瓶是否被冰凌短接，放电是否严重；周边有无可能被大风刮到设备上的异物；汇控柜、机构箱、端子箱内加热器是否正常制热，箱门关闭是否完好；各个气室的SF_6气压是否正常；操作机构的液压、油位是否正常。

(5) 地震、洪水、泥石流发生时，巡视检查断路器本体是否倾斜，支柱绝缘瓷套是否破损或出现裂纹；GIS（HGIS）单元两侧引接线是否抛股或断裂；各个气室的SF_6气压、液压是否泄露或降至零压；设备基础是否被洪水冲刷露底，是否下沉；电缆沟内有无积水，排水是否畅通。

(6) 大雾天气时，重点检查GIS（HGIS）单元两侧引接线和金具放电是否严重，支柱绝缘瓷套放电是否严重或存在爬电现象。

30. SF_6断路器正常巡视项目有哪些?

答: (1) 标志牌的名称、编号齐全、完好。

(2) 套管及绝缘子无断裂、裂纹、损伤、放电闪络痕迹和脏污现象。

(3) 合、分位置指示器与实际运行方式相符。

(4) 软连接及各导流接点压接良好，无过热变色、断股现象。

(5) 检查断路器各部分通道有无异常（漏气声、振动声）及异味，通道连接头是否正常。

(6) 检查断路器的运行声音是否正常，断路器内无噪声和放电声。

(7) 控制、信号电源正常，无异常信号发出，控制柜内的“远方—就地”选择开关是否在远方的位置。

(8) SF_6 气体压力表或密度表在正常范围内，并记录压力值。

(9) 端子箱电源开关完好、名称标志齐全、封堵良好、箱门关闭严密。

(10) 各连杆、传动机构无弯曲、变形、修饰，轴销齐全。

(11) 接地螺栓压接良好，无锈蚀。

(12) 机构箱内的加热器是否按规定投入或退出。

(13) 液压机构油箱的油位是否正常，有无渗漏油现象。

(14) 气动机构的气体压力是否正常。

(15) 油泵的打压次数是否正常。

(16) 基础无下沉、倾斜。

31. 空气断路器正常巡视项目有哪些?

答: (1) 压缩空气的压力是否正常。

(2) 空气系统的阀门、法兰、通道及储气筒的放气螺钉等应无明显漏气。如有漏气，可以听到嘶嘶的响声，同时耗气量增加，空气压力降低。

(3) 断路器的环境温度，应不低于5℃，否则应投入加热器。

(4) 充入断路器内的压缩空气的质量是否合格，要求其最大相对湿度应不大于70%。

(5) 各接头接触处接触是否良好，有无过热现象。

(6) 瓷套管有无放电痕迹和脏污。

(7) 绝缘拉杆是否完整，有无断裂现象。

(8) 空压机及其管路系统的运行，应符合正常运行方式，空压机运转时应正常，无其他异常的声音。此外，空压机缸外壳强度不得超过允许值，各级气压应正常，且应定期开启各储压罐的放油水阀门，检查有无水排除。在排污时，直到水排空为止。

(9) 检查运转中的空压机定期排污装置是否良好，排污电磁阀能否可靠开启和关闭及电磁线圈有无过热现象。

32. 真空断路器正常巡视项目有哪些?

答: (1) 标志牌的名称、编号齐全、完好。

(2) 灭弧室无放电、无异音、无破损、无变色。

(3) 绝缘子无断裂、裂纹、损伤、放电闪络痕迹和脏污现象。

(4) 绝缘拉杆完整、无裂纹现象，各连杆应无弯曲现象，断路器在合闸状态时，弹簧应在储能状态。

(5) 各连杆、转轴、拐臂无变形、无裂纹，轴销齐全。

(6) 引线连接部位接触良好，无发热变色现象。

(7) 分、合位置指示器与运行工况相符。

(8) 端子箱电源开关完好、名称标注齐全、封堵良好、箱门关闭严密。

(9) 接地螺栓压接良好，无锈蚀。

(10) 基础无下沉、倾斜。

33. 高压开关柜正常巡视项目有哪些?

答: (1) 标志牌的名称、编号齐全、完好。

(2) 外观无异常声音，无过热、无变形。

(3) 表计指示正常。

(4) 操作方式切换开关正常在“远控”位置。

（5）操作把手及闭锁位置正确、无异常。

（6）高压带电显示装置指示正确。

（7）位置指示器指示正确。

（8）电源小开关位置正确。

34. 液压操动机构正常巡视项目有哪些?

答：（1）机构箱开启灵活无变形、密封良好，无锈迹、异味、凝露等，二次接线及端子排应无松动和异常现象。

（2）计数器动作正确并记录动作次数。

（3）储能电源开关位置正确。

（4）机构压力表指示正常。

（5）油箱油位在上下限之间，无渗（漏）油。

（6）油管及接头无渗油。

（7）油泵正常、无渗漏。

（8）行程开关无卡涩、变形。

（9）活塞杆、工作缸无渗漏。

（10）加热器（除潮器）正常完好，投（停）正确。

（11）开关储能正常（液压和液压弹簧）。

35. 弹簧操动机构正常巡视项目有哪些?

答：（1）机构箱开启灵活无变形、密封良好，无锈迹、异味、凝露等，二次接线及端子排应无松动和异常现象。

（2）储能电源开关位置正确。

（3）储能电动机运转正常。

（4）行程开关无卡涩、变形。

（5）分、合闸线圈无冒烟、异味、变色。

（6）弹簧完好，正常。

（7）二次接线压接良好，无过热变色、断股现象。

（8）加热器（除潮器）正常完好，投（停）正确。

（9）储能指示器指示正确。

36. 电磁操动机构正常巡视项目有哪些?

答：（1）机构箱开启灵活无变形、密封良好，无锈迹、异味、凝露等，二次接线及端子排应无松动和异常现象。

（2）合闸电源开关位置正确。

（3）合闸保险检查完好，规格符合标准。

（4）分、合闸线圈无冒烟、异味、变色。

（5）合闸接触器无异味、变色。

（6）直流电源回路端子无松动、锈蚀，操作直流电压正常。

（7）二次接线压接良好，无过热变色、断股现象。

（8）加热器（除潮器）正常完好，投（停）正确。

37. 气动操动机构正常巡视项目有哪些?

答：（1）机构箱开启灵活无变形、密封良好，无锈迹、异味，二次接线及端子排应无松动和异常现象。

(2) 压力表指示正常，并记录实际值。

(3) 储气罐无漏气，按规定放水。

(4) 接头、管路、阀门无漏气现象。

(5) 空压机运转正常，油位正常。

(6) 计数器动作正常并记录次数。

(7) 加热器（除潮器）正常完好，投（停）正确。

38. 断路器在哪些情况下必须进行特殊巡视?

答: (1) 设备新投运及大修后，巡视周期相应缩短，72h 以后转入正常巡视。

(2) 设备负荷有显著增加。

(3) 设备经过检修、改造或长期停用后重新投入运行。

(4) 设备缺陷近期有发展。

(5) 恶劣气候、事故跳闸和设备运行中发现可疑现象。

(6) 法定节假日和上级通知有重要供电任务期间。

39. 断路器特殊巡视项目有哪些?

答: (1) 大风天气：引线摆动情况及有无搭挂杂物。

(2) 雷雨天气：瓷套管有无放电闪络现象。

(3) 大雾天气：瓷套管有无放电，打火现象，重点监视污秽瓷质部分。

(4) 大雪天气：根据积雪融化情况，检查接头发热部位，及时处理悬冰。

(5) 温度骤变：检查注油设备油位变化及设备有无渗漏油等情况。

(6) 节假日时：监视负荷并增加巡视次数。

(7) 高峰负荷期间：增加巡视次数，监视设备温度，触头、引线接头，特别是限流元件接头有无过热现象，设备有无异常声音。

(8) 短路故障跳闸后：检查断路器的位置是否正确，各附件有无变形，触头、引线接头有无过热、松动现象，油断路器有无喷油，油色及油位是否正常，测量合闸保险丝是否良好，断路器内部有无异音。

(9) 设备重合闸后：检查设备位置是否正确，动作是否到位，有无不正常的音响或气味。

(10) 严重污秽地区：瓷质绝缘的积污程度，有无放电、爬电、电晕等异常现象。

(11) 断路器异常运行。

(12) 新投运的断路器。

40. 断路器在操作时应重点检查的项目有哪些?

答: (1) 根据电流、信号及现场机械指示，检查断路器的位置。

(2) 有表计（实时监控）的断路器应逐相检查电流、负荷和电压情况。

(3) 检查动力机构是否正常。

(4) 发现异常情况时，应立即通知操作人员和专业人员，并进行有关的处理。

41. 断路器切断故障电流跳闸后（包括重合闸）应进行哪些检查?

答: (1) 引线及触点有无烧伤和短路现象。

(2) 瓷套有无破损、裂纹或闪络。

(3) SF_6 气体压力是否正常。

（4）各连接处有无渗、漏油现象。

（5）分合闸电气和机械指示装置三相是否一致和正确。

（6）操动机构压力是否正常，有无渗漏油等异常情况。

（7）按重合闸装置方式动作，如果不正确，应查明原因。

（8）断路器操作计数器动作是否正确。

42. 隔离开关正常巡视项目有哪些？

答：（1）标志牌名称、编号齐全、完好。

（2）绝缘子清洁，无破裂、无损伤放电现象；防污闪措施完好。

（3）导电部分触头接触良好，无螺钉断裂或松动现象，无过热、变色及移位等异常现象；动触头的偏斜不大于规定数值。接点压接良好，无过热现象。

（4）引线应无松动、无严重摆动和烧伤断股现象，均压环应牢固且不偏斜，引线弛度适中。

（5）传动连杆、拐臂连杆无弯曲、连接无松动、无锈蚀，开口销齐全；轴销无变位脱落、无锈蚀、润滑良好；金属部件无锈蚀，无鸟巢。

（6）隔离开关带电部分应无杂物。

（7）法兰连接无裂痕，连接螺钉无松动、锈蚀、变形。

（8）接地开关位置正确，弹簧无断股、闭锁良好，接地杆的高度不超过规定数值；接地引下线完整可靠接地。

（9）闭锁装置机械闭锁装置完好、齐全，无锈蚀变形。

（10）操动机构包括操动连杆及部件，有无开焊、变形、锈蚀、松动、脱落，连接轴销子紧固螺母等是否完好。操动机构密封良好，无受潮。

（11）操作机构箱、端子箱和辅助触点盒应关闭且密封良好，能防雨防潮；内部应无异常，熔断器、热耦继电器、二次接线、端子连线、加热器等应完好。

（12）隔离开关的防误闭锁装置应良好，电磁锁、机械锁无损坏现象。

（13）定期用红外线测温仪检测隔离开关触头、触点的温度。

（14）带有接地开关的隔离开关在接地时，三相接地开关是否接触良好。

（15）隔离开关合闸后，两触头是否完全进入刀嘴内，触头之间接触是否良好，在额定电流下，温度是否超过70℃。

（16）隔离开关通过短路电流后，应检查隔离开关的绝缘子有无破损和放电痕迹，以及动静触头接头有无熔化现象。

（17）接地应有明显的接地点，且标志醒目。螺栓压接良好，无锈蚀。

43. 母线巡视项目有哪些？

答：（1）检查导线、金具有无损伤，是否光滑，接头有无过热现象。

（2）检查瓷套有无破损及放电痕迹。

（3）检查间隔棒和连接板等金具的螺栓有无断损和脱落。

（4）在晴天，导线和金具无可见电晕。

（5）定期对触点、接头的温度进行一次检测。

（6）当母线及导线异常运行时，运行人员应针对异常情况进行特殊巡视。

（7）夜间闭灯检查无可见电晕。

（8）导线上无异物悬挂。

44. 母线在哪些情况下要进行特殊巡视？

答：（1）在大风时，母线的摆动情况是否符合安全距离要求，有无异常飘落物。

（2）雷电后瓷绝缘子有无放电闪络痕迹。

（3）雷雨天时接头处积雪是否迅速熔化和发热冒烟。

（4）气候变化时，母线有无弛张过大，或收缩过紧的现象。

（5）雾天绝缘子有无污闪。

45. 低压电抗器（66kV 以下）正常巡视项目有哪些？

答：（1）设备外观完整无损，防雨帽完好，无异物。

（2）引线接触良好，接头无过热，各连接引线无发热、变色。

（3）外包封表面清洁、无裂纹，无爬电痕迹，无油漆脱落现象，憎水性良好。

（4）撑条无错位。

（5）无动物巢穴等异物堵塞通风道。

（6）支柱绝缘子金属部位无锈蚀，支架牢固，无倾斜变形，无明显污染情况。

（7）运行声音正常，无异常振动、噪声和放电声。

（8）接地可靠，周边金属物无异常发热现象。

（9）场地清洁无杂物，无杂草，有无磁性物体。

（10）电抗器室内空气是否流通，有无漏水，门栅关闭是否良好。

（11）二次端子箱应关好门，封堵良好，无受潮。

每次发生短路故障后要进行特殊巡视检查：检查电抗器是否有位移，支持绝缘子是否松动扭伤，引线有无弯曲，水泥支柱有无破碎，有无放电声及焦臭味。

46. 低压电抗器在哪些情况下必须进行特殊巡视？

答：（1）在高温、低温天气运行前。

（2）大风、雾天、冰雪、冰雹及雷雨后。

（3）设备变动投后。

（4）设备新投入运行后。

（5）设备经过检修、改造或长期停运后重新投入运行后。

（6）异常情况下的巡视。主要是指设备发热、系统电压波动、本体有异常振动和声响。

（7）设备缺陷近期有发展时、法定休假日、上级通知有重要供电任务时。

（8）电抗器接地体改造之后。

（9）站长应每月组织进行一次综合性巡视。

47. 低压电抗器特殊巡视项目有哪些？

答：除正常巡视项目外，还应注意以下事项：

（1）投运期间用红外测温设备检查电抗器包封内部、引线接头发热情况。

（2）大风扬尘、雾天、雨天外绝缘有无闪络，表面有无放电痕迹。

（3）冰雪、冰雹外绝缘有无损伤，本体无倾斜变形，无异物。

（4）电抗器接地体及围网、围栏有无异常发热，可对比其他设备检查，由积雪融化较快、水汽较明显等进行判断。

（5）电抗器存在一般缺陷且近期有发展时变化情况。

（6）故障跳炸后，未查明前不得再次投入运行，应检查保护装置是否正常，干式电抗器线圈匝间及支持部分有无变形、烧坏等现象。

48. 电容器正常巡视项目有哪些?

答: (1) 检查瓷绝缘有无裂纹、放电痕迹,便面是否清洁。

(2) 母线及引线是否过紧过松,设备连接处有无松动、过热。

(3) 设备外壳涂漆是否变色,变形,外壳无鼓肚、膨胀变形,接缝无开裂、渗漏油现象,内部无异常声,外壳温度不超过50℃。

(4) 电容器编号正确,各接头无发热现象。

(5) 熔断器、放电回路完好,接地装置、放电回路是否完好,接地引线有无严重锈蚀、断股。熔断器放电回路及指示灯是否完好。观察记录电压表、电流表、温度表的读数并记录。

(6) 电容器室干净整洁,照明通风良好,室温不超过40℃或低于−25℃。门窗关闭严格。

(7) 串联电抗器附近无磁性杂物存在;油漆无脱落、线圈无变形;无放电及焦味;油电抗器应无漏油。

(8) 电缆挂牌是否齐全完整,内容正确,字迹清楚。电缆外皮有无损伤,支撑是否牢固,电缆和电缆头有无渗油漏胶,发热放电,有无火化放电等现象。

49. 电容器在哪些情况下必须进行特殊巡视?

答: (1) 环境温度超过规定温度时应采取降温措施,并应每2h巡视一次。

(2) 户外布置的电容器装置雨、雾、雪天每2h巡视一次。狂风、暴雨、雷电、冰雹后应立即巡视一次。

(3) 设备投运后72h内,每2h巡视一次,无人值班的变电站每24h巡视一次。

(4) 电容器断路器故障跳闸应立即对电容器的断路器、保护装置、电容器、电抗器、放电线圈、电缆等设备全面检查。

(5) 系统接地,谐振异常运行时,应增加巡视次数。

(6) 重要节假日或按上级指示增加巡视次数。

(7) 每月结合运行分析进行一次鉴定性的巡视。

50. 电容器特殊巡视项目有哪些?

答: (1) 雨、雾、冰雹天气应检查瓷绝缘有无破损裂纹、放电现象,表面是否清洁,冰雪融化后有无悬挂冰柱,桩头有无发热;建筑物及设备构架有无下沉倾斜、积水、屋顶漏水等现象。大风后应检查设备和导线上有无悬挂物,有无断线;构架和建筑物有无下沉倾斜变形。

(2) 大风后检查母线及引线是否过紧过松,设备连接处有无松动、过热。

(3) 雷电后检查瓷绝缘有无裂纹、放电痕迹。

(4) 环境温度超过或低于规定温度时,检查示温蜡片是否齐全或融化,各接头有无发热现象。

(5) 断路器故障跳闸后应检查电容器有无烧伤、变形、移位等,导线有无短路;电容器温度、声响、外壳有无异常。熔断器、放电回路、电抗器、电缆、避雷器等是否完好。

(6) 系统异常(如振荡、接地、低周或铁磁谐振)运行消除后,应检查电容器有无放电,温度、声响、外壳有无异常。

51. 避雷器正常巡视项目有哪些？

答：（1）瓷套表面积污程度及是否出现放电现象，瓷套、法兰是否出现裂纹、破损。

（2）避雷器内部是否存在异常声响。

（3）与避雷器、计数器连接的导线及接地引下线有无烧伤痕迹或短股现象，放电记录器是否烧坏。

（4）避雷器放电计数器指示是否有变化，计数器内部是否有积水，动作次数有无变化，并分析何原因使之动作。

（5）检查避雷器引线上端引线处密封是否完好。因为密封不好进水受潮引起故障。

（6）对带有泄漏电流在线监测装置的避雷器，泄漏电流有无明显变化，泄漏电流电流（mA）表指示在正常范围内，并与历史记录比较无明显变化。

（7）避雷器均压环是否有松动、歪斜。

（8）带串联间隙的金属氧化物避雷器或串联间歇是否与原来位置发生偏移。

（9）低式布置的避雷器，遮拦内有无杂草。

（10）接地应良好，无松脱现象。

52. 避雷器在哪些情况下必须进行特殊巡视？

答：（1）避雷器存在缺陷。

（2）阴雨天气后。

（3）大风沙尘天气。

（4）每次雷电活动后或系统发生过电压等异常情况后。

（5）运行 15 年以上的避雷器。

53. 避雷器特殊巡视项目有哪些？

答：（1）雷雨后应检查雷电记录器动作情况，避雷器表面有无放电闪络痕迹。

（2）避雷器引线及引下线是否松动。

（3）避雷器本体是否摆动。

（4）结合停电检查避雷器上法兰泄孔是否畅通。

54. 绝缘子正常巡视项目有哪些？

答：支柱绝缘子的巡视项目：

（1）高压支柱瓷绝缘子瓷裙、基座及法兰是否有裂纹。

（2）高压支柱瓷绝缘子接合处涂抹的防水胶是否有脱落现象，水泥胶装面是否完好。

（3）高压支柱瓷绝缘子各连接部位是否有松动现象，金具和螺栓是否生锈、损坏、缺少开口销和弹簧销的情况。

（4）支柱的引线及接线端子是否有不正常的变色熔点。

（5）高压支柱瓷绝缘子是否倾斜。

（6）高压支柱瓷绝缘子的每次停电检查工作都应有相应的记录。

（7）绝缘子表面是否清洁。

（8）支持绝缘子铁脚螺钉有无松动或丢失。

（9）支持绝缘子沿面放电检查，检查其易放电部位有无放电现象。

悬挂式绝缘子的巡视项目：

（1）绝缘子表面是否清洁。

（2）瓷质部分无破损和裂纹现象。

（3）瓷质部分是否有闪络现象。

（4）金具是否有生锈、损坏、缺少开口销的情况。

55. 阻波器正常巡视项目有哪些？

答：（1）巡视检查阻波器进出线有无发热、发红、抛股、断裂现象。

（2）安装牢固、平稳无晃动。

（3）悬吊阻波器的绝缘子串或支撑阻波器的绝缘支柱绝缘子清洁、无裂纹和破损。

（4）阻波器内部的避雷器无断裂、松脱，无异常声响。

56. 阻波器定期巡视项目有哪些？

答：（1）完成正常巡视项目。

（2）阻波器内无异物。

（3）用红外测温仪测量出的进出线接头温度应在正常范围内。

（4）运行标示牌是否清晰完好。

57. 阻波器特殊巡视项目有哪些？

答：（1）每次跳闸或重合后，应立即巡视检查三相阻波器有无短路或闪络现象。

（2）过负荷和过电压运行时，应用红外测温仪测量进出线接头温度是否正常，悬吊阻波器的绝缘子串或支撑阻波器的绝缘支柱绝缘子是否有放电或闪络现象。

（3）暴雨、大风（台风）、冰雪天气时，巡视检查阻波器进出线摆动幅度是否过大，有无松脱或断股现象，悬吊式绝缘子串或支撑式绝缘支柱是否被冰凌短接，是否有放电现象；周边有无可能被大风刮倒设备上的异物。

（4）地震、洪水、泥石流发生时，巡视检查阻波器本体是否倾斜，悬吊式绝缘子串或支撑式绝缘支柱是否破损或出现裂纹；设备基础是否被洪水冲刷露底，是否下沉。

（5）大雾天气时，重点检查进出线放电是否严重，悬吊式绝缘子串或支撑式绝缘支柱是否严重放电或存在爬电现象。

58. 耦合电容器的巡视项目有哪些？

答：（1）瓷套应清洁完整，无破损放电现象。

（2）无渗漏油现象，油色、油位正常，油位指示玻璃管清晰无碎裂。

（3）内部无异常声响。

（4）各电气连接部无过热现象，无断线及断股情况。

（5）检查外壳接地是否良好、完整。

（6）引线线夹压接牢固、接触良好，无发热现象。

（7）结合滤波器地刀位置正确。

（8）二次线无松脱及发热现象。

59. 站用变压器系统巡视项目有哪些？

答：（1）检查油位是否正常。

（2）检查气体继电器玻璃观察窗内是否有气体，油色是否正常，正常时应充满油。

（3）检查硅胶是否变色，超过70%应及时更换。

（4）检查变压器有无异常声响。

（5）检查本体油温是否正常（一般不超过85℃）。

（6）检查各阀门及连接部有无渗、漏油现象。

（7）检查本体绝缘子是否清洁，正常。

(8) 检查干式变压器有无焦味，冷却风扇运转是否正常。

(9) 检查干式变压器运行声音是否正常。

(10) 检查干式变压器是否有异常的振动声。

60. 中央配电室巡视项目有哪些?

答: (1) 巡检时应复核站用电运行方式，运行的400V母线电压表指示正常。

(2) 各运行交流馈线的指示灯指示正常，电流表指示正常。

(3) 检查站用负荷分配情况，配电装置无异常发热现象。

(4) 检查各断路器位置是否正确，断路器合闸弹簧是否储能，智能脱扣装置指示正确。

(5) 检查各负荷开关位置是否正确。

(6) 检查开关有无异常声响。

(7) 检查开关及电缆接头有无过热现象。

(8) 检查站用变压器保护装置、备自投装置运行情况，复核保护连接片与运行方式相符。

(9) 检查充油设备及电缆有无渗油现象。

(10) 检查备用电源系统是否正常，有无电压。

(11) 检查各电压、电流及功率仪表指示正常。

(12) 检查设备及室内是否清洁，有无小动物出入的孔洞。

(13) 现场各交流端子箱门关闭严密，无进水受潮现象。

61. 交直流配电室巡视项目有哪些?

答: (1) 检查室内照明是否正常。

(2) 检查各切换开关位置是否正确。

(3) 检查电压表电压正常。

(4) 检查各负荷开关是否正常投入。

(5) 检查设备有无发热、渗油等现象。

(6) 检查设备是否清洁。

(7) 直流系统运行是否正常。

62. 直流系统巡视项目有哪些?

答: (1) 充电装置交流输入电压、直流输出电压、输出电流值正常，直流母线电压、蓄电池组的端电压值、浮充电流值应正常，蓄电池无过充或欠充现象。

(2) 各表计指示正确，无告警的声、光信号，运行声音无异常。

(3) 微机监控装置显示的各参数、工作状态正确，与各装置及后台通信正常。

(4) 查看直流绝缘监测仪无异常报警。

(5) 蓄电池组外观清洁，无短路、接地。蓄电池各连接片连接牢靠无松动，端子无锈蚀生盐。

(6) 蓄电池外壳无裂纹、漏液，安全阀无堵塞，密封良好，安全阀周围无溢出酸液痕迹。

(7) 蓄电池温度正常，无异常发热现象。

(8) 蓄电池巡检装置工作正常，单体蓄电池显示电压数据正确。

(9) 蓄电池室温度为10～30℃，通风、照明及消防设备完好，无易燃、易爆物品。

(10) 各直流馈线回路的运行监视信号完好、指示正常，熔断器无熔断，直流空气开关位置正确。

63. 不间断电源UPS系统巡视项目有哪些？

答：（1）柜上各仪表指示正常，柜内无异常噪音，柜内无发热、焦糊味。

（2）盘面运行方式指示正常，UPS故障报警灯不亮，蜂鸣器不响。

（3）各负荷开关合上正常。

（4）定期检查蓄电池运行是否正常。

64. 柴油发电机巡视项目有哪些？

答：（1）控制屏上表计指示正常。

（2）故障信号灯不应发光，继电器应无掉牌。

（3）柴油油位应在3/4以上。

（4）机油油位应在油标尺上下两线刻度小孔之间。

（5）冷却水位正常。

（6）蓄电池外观清洁完好，触点连接可靠，没有漏电解液及触点腐蚀等现象。

（7）蓄电池浮充直流电压应正常。

（8）机组及所有附件外观清洁完好，没有漏油、漏水、尘埃，连接及紧固部件松脱等现象。

（9）将电压切换开关切换至系统电源侧，电压表及频率表应指示系统所用电源电压和频率，表明仪表正常。再将电压切换开关切换至柴油发电机侧，如果柴油发电机处于备用状态，此时表计应指示为零。

（10）柴油发电机室地面及设备应清洁，电缆沟及门窗应关闭密封良好。

（11）柴油发电机“手动—自动”切换开关必须置于“自动（AUTO）”位置。

65. 电力电缆的巡视项目有哪些？

答：（1）电缆外护套应无破损，电缆终端头应接地良好、无松动、溢胶、断股和锈蚀现象，无放电发热、异常响声。

（2）电缆接头有无变形，支架是否脱落。

（3）电缆头瓷瓶清洁完整，无异声、异味、无裂纹放电现象，引出线的连接线夹应紧固无发热现象。

（4）电缆沟内的电缆应定期检查。

（5）电缆沟内应无鼠洞和老鼠活动痕迹。

（6）检查电缆及终端盒有无渗、漏油，绝缘胶是否软化溢出，电缆应无过热、损伤现象。

（7）电缆沟内清洁无杂物、积水，防火墙完整，进入室内的电缆入口封堵良好。

（8）电缆沟内的支架应牢固，无松动现象，接地良好。

（9）绝缘子是否清洁完整，是否有裂纹及闪络痕迹，引线接头是否完好，有无发热现象。

（10）外露电缆的外皮是否完整，支撑是否牢固。

（11）外皮接地是否良好。

66. 综合自动化系统巡视项目有哪些？

答：（1）检查操作员站上显示的一次设备状态是否与现场一致。

（2）检查监控系统各运行参数是否正常、有无过负荷现象；母线电压三相是否平衡、是否正常；系统频率是否在规定的范围内；其他模拟量显示是否正常。

（3）检查继电保护、自动装置、直流系统等状态是否与现场实际状态一致。

(4) 检查保护信息系统（工程师站）的整定值是否符合调度整定通知单要求。

(5) 核对继电保护及自动装置的投退情况是否符合调度命令要求。

(6) 检查记录有关继电保护及自动装置计数器的动作情况。

(7) 继电保护及自动装置屏上各小开关、手柄的位置是否正确。

(8) 检查继电保护及自动装置有无异常信号。

(9) 检查高频通道测试数据是否正常。

(10) 检查记录有关继电保护及自动装置计数器的动作情况。

(11) 微机保护的打印机运行是否正常，有无打印记录，所备打印纸是否正常。

(12) 检查变电站计算机监控系统功能（包括控制功能、数据采集和处理功能、报警功能、历史数据存储功能等）是否正常。

(13) 检查 VQC 是否按要求投入，运行情况是否良好，有无闭锁未解除的情况。

(14) 调阅其他报表的登录信息，检查有无异常情况。

(15) 检查上一值的操作在操作一览表中的登录情况。

(16) 检查光字牌信号有无异常信号。

(17) 检查遥测、遥信、遥调、遥控、遥脉功能是否正常。

(18) 检查五防系统一次设备显示界面是否正确，是否与设备实际位置相符，与监控系统通信是否正常，能否正常操作。

(19) 检查告警音响和事故音响是否良好。

(20) 检查所有工作站是否感染病毒。

(21) 测试网络运行是否正常。

(22) 检查与电网安全运行有关的应用功能的运行状态是否正常。

(23) 检查报文（实时及 SOE 调用）显示、转存、打印是否正常。

(24) 检查监控系统打印机运行是否正常。

(25) 核对报警、报表数据的合理性。

(26) 检查监控系统各元件有无异常，接线是否紧固，有无过热、异味、冒烟现象。

(27) 检查交、直流切换装置工作是否正常。

(28) 检查设备信息指示灯（电源指示灯、运行指示灯、设备运行监视灯、报警指示灯等）运行是否正常。

(29) 监控系统设备各电源小开关、功能开关、手柄的位置是否正确。

(30) 检查监控系统有无异常信号，间隔层控制面板上有无异常报警信号。

(31) 检查屏内电压互感器、电流互感器回路有无异常。

(32) 检查屏内照明和加热器是否完好和按要求投退。

(33) 检查 GPS 时钟是否正常。

(34) 检查全站安全措施的布置情况。

(35) 检查直流系统运行情况。

(36) 检查看全站通信（包括各保护小室与监控系统及网络的通信）是否正常。

(37) 检查人工置数设备列表。

(38) 检查各工作站运行是否正常。

(39) 检查五防系统一次设备显示界面是否正确，是否与设备实际位置相符，是否与监控系统通信正常。

（40）检查监控系统中五防锁状态是否闭锁。

（41）检查保护小室控制面板上的切换开关是否按要求投入正确。

（42）检查各保护装置与监控系统的通信状态是否正常。

（43）检查间隔层控制面板上有无异常报警信号。

（44）检查前置机主单元是否运行正常，数据是否正常更新。

（45）检查各遥测一览表中的实时数据能否刷新，特别的，横向比较主变压器温度指示是否正常。

67. 照明系统巡视项目有哪些？

答：（1）正常照明：

1）主控通信楼、各继电器小室、室内照明灯器具无损坏。

2）照明控制箱关闭牢固，内部整洁，空气开关位置正常，端子接线良好。

3）室外灯具无破损，灯箱无杂物。

4）室外照明灯座清洁、接地良好。

5）站用电室照明负荷抽屉式开关位置正常，指示灯显示正确。

（2）事故照明：

1）事故照明灯具无破损，灯箱无杂物。

2）照明控制箱关闭牢固，内部整洁，空开位置正常，端子接线良好。

3）事故照明电源切换屏交流电源指示灯亮，直流电源指示灯灭。

4）事故照明电源切换屏各负荷空开在分开位置。

68. 工业电视系统巡视项目有哪些？

答：（1）通过点击工业电视监视工作站各摄像头，查看所有摄像头数据传送是否正常，并通过控制查看是否正常。

（2）定期查看站区围墙红外对射装置布防及触发情况。

（3）查看计算机室图像监视系统采集屏视频矩阵切换器电源工作正常，各指示灯闪烁及“POWER”指示灯点亮。

（4）在计算机室图像监视系统采集屏查看图像录制是否正常，是否有图像更迭现象。

（5）检查数据传送至以太网是否正常。

（6）盘柜内整洁，各装置及接线无过热、焦灼等现象。

69. 远动系统巡视项目有哪些？

答：（1）每日检查各盘柜内指示灯是否正常，装置面板显示是否正常。

（2）每周检查盘柜内外清洁、整齐，电缆标牌清晰、齐全；接线无脱落现象。

（3）每月检查交直流开关完好，位置正确。

（4）每月检查电缆孔洞封堵严密，屏体密封良好，屏门开合自如。

（5）每年检查盘柜接地铜排接地良好，接地标识清晰。

70. GPS 电力系统同步时钟巡视项目有哪些？

答：（1）装置运行正常，卫星寻找正常。

（2）各装置对时正确。

（3）屏内外清洁，整齐，屏内无凝露现象，电缆接线无脱落，无烧灼现象。

第二十四章 chapter 24 设备验收

1. 哪些情况下需要对电气设备进行验收?

答: 凡新建、扩建、大小修、预试和校验的一、二次变电设备，必须经过验收。验收合格、手续完备，方可投入系统运行。

2. 电气设备验收应注意哪些事项?

答: (1) 设备验收工作由工作票完工许可人进行，有关技术人员对运行人员的验收工作进行技术指导。

(2) 设备验收均应按部颁的有关规程规定、技术标准、现场规程及作业指导书进行。验收设备时应进行以下工作:

1) 认真阅读检修记录、预防性试验记录或二次回路工作记录，弄清所记的内容，如有不清之处要求负责人填写清楚；如暂时没有大小修报告，应要求负责人将报告的主要内容及结论写在记录内，并注明补交报告的期限。

2) 现场检查核对修试项目确已完成，所修缺陷确已消除。

3) 督促工作负责人消除缺陷。

(3) 设备的安装或检修。在施工过程中，需要中间验收时，由当值运行班长指定合适值班人员进行。中间验收也应填写有关修、试、校记录，工作负责人、运行班长在有关记录上签字。设备大小修，预试，继电保护、自动装置、仪表检验后，由有关修试人员将修、试、校情况记入有关记录簿中，并注明是否可投入运行，无疑后方可办理完工手续。

(4) 验收的设备个别项目未达到验收标准，而系统急需投入运行时，需经上级主管总工程师批准。

3. 验收电气设备时的具体要求有哪些?

答: (1) 应有填写完整的检修报告，包括检修工作项目及应消除缺陷的处理情况。检查应全面，并有运行人员签名。

(2) 设备预试、继电保护校验后，应在现场记录簿上填写工作内容、试验项目是否合格、可否投运的结论等，检查无误后，运行人员签名。

(3) 二次设备验收应使用继电保护验收卡，按照继电保护整定书验收核对继电保护及自动装置的整定值，检查各连接片的使用和信号是否正确，继电器封印是否齐全，运行注意事项是否交清等情况。

(4) 核对一次接线相位应正确无误，配电装置的各项安全净距符合标准。

(5) 注油设备验收应注意油位是否适当，油色应透明不发黑，外壳应无渗油现象。充气设备、液压机构应注意压力是否正常。

(6) 户外设备应注意引线不过紧、过松，导线无松股等异常现象。

(7) 设备接头处示温蜡片应全部按规定补贴齐全。

(8) 绝缘子、瓷套、绝缘子瓷质部分应清洁、无破损、无裂纹。

(9) 断路器、隔离开关等设备除应进行外观检查外，进行分、合操作三次应无异常情况，且连锁闭锁正常。检查断路器、隔离开关最后状态在拉开位置。

（10）变压器验收时应检查分接头位置是否符合调度规定的使用档。

（11）一、二次设备铭牌应齐全，正确，清楚。

（12）检查设备上应无遗留物件，特别要注意工作班施工时装设的接地线、短路线、扎丝等应拆除。

4. 新变压器运抵现场就位后的验收项目有哪些？

答：（1）油箱及所有附件应齐全，无锈蚀及机械损伤，密封应良好。

（2）油箱箱盖或钟罩法兰及封板的连接螺栓应齐全，紧固良好，无渗漏；浸入油中运输的附件，其油箱应无渗漏。

（3）套管外表面无损伤、裂痕，充油套管无渗漏。

（4）充气运输的设备，油箱内应为正压，其压力为0.01～0.03MPa。

（5）检查三维冲击记录仪，设备在运输及就位过程中受到的冲击值，应符合制造厂规定，一般小于3g。

（6）设备基础的轨道应水平，轨距与轮距应配合。装有滚轮的变压器，应将滚轮用能拆卸的制动装置加以固定。

（7）变压器（电抗器）顶盖沿气体继电器油流方向有1%～1.5%的升高坡度（制造厂不要求的除外）。

（8）与封闭母线连接时，其套管中心应与封闭母线中心线相符。

（9）组部件、备件应齐全，规格应符合设计要求，包装及密封应良好。

（10）产品的技术文件应齐全。

（11）变压器绝缘油应符合国家标准规定。

5. 变压器安装、试验完毕后的验收项目有哪些？

答：（1）变压器本体和组部件等各部位均无渗漏。

（2）储油柜油位合适，油位表指示正确。

（3）套管：

1）瓷套表面清洁无裂缝、损伤。

2）套管固定可靠、各螺栓受力均匀。

3）油位指示正常，油位表朝向应便于运行巡视。

4）电容套管末屏接地可靠。

5）引线连接可靠、对地和相间距离符合要求，各导电接触面应涂有电力复合脂。引线松紧适当，无明显过紧过松现象。

（4）升高座和套管型电流互感器：

1）放气塞位置应在升高座最高处。

2）套管型电流互感器二次接线板及端子密封完好，无渗漏，清洁无氧化。

3）套管型电流互感器二次引线连接螺栓紧固、接线可靠，二次引线裸露部分不大于5mm。

4）套管型电流互感器二次备用绕组经短接后接地，检查二次极性的正确性，电压比与实际相符。

（5）气体继电器：

1）检查气体继电器是否已解除运输用的固定，继电器应水平安装，其顶盖上标志的箭头应指向储油柜，其与连通管的连接应密封良好，连通管应有1%～1.5%的升高坡度。

2）集气盒内应充满变压器油，且密封良好。

3）气体继电器应具备防潮和防进水的功能，如不具备应加装防雨罩。

4）轻、重气体继电器触点动作正确，气体继电器按DL/T 540—1994《气体继电器检验规程》校验合格，动作值符合整定要求。

5）气体继电器的电缆应采用耐油屏蔽电缆，电缆引线在继电器侧应有滴水弯，电缆孔应封堵完好。

6）观察窗的挡板应处于打开位置。

（6）压力释放阀：

1）压力释放阀及导向装置的安装方向应正确；阀盖和升高座内应清洁，密封良好。

2）压力释放阀的触点动作可靠，信号正确，触点和回路绝缘良好。

3）压力释放阀的电缆引线在继电器侧应有滴水弯，电缆孔应封堵完好。

4）压力释放阀应具备防潮和防进水的功能，如不具备应加装防雨罩。

（7）无励磁分接开关：

1）档位指示器清晰，操作灵活、切换正确，内部实际档位与外部档位指示正确一致。

2）机械操作闭锁装置的止钉螺钉固定到位。

3）机械操作装置应无锈蚀并涂有润滑脂。

（8）有载分接开关：

1）传动机构应固定牢靠，连接位置正确，且操作灵活，无卡涩现象；传动机构的摩擦部分涂有适合当地气候条件的润滑脂。

2）电气控制回路接线正确、螺栓紧固、绝缘良好；接触器动作正确、接触可靠。

3）远方操作、就地操作、紧急停止按钮、电气闭锁和机械闭锁正确可靠。

4）电机保护、步进保护、联动保护、相序保护、手动操作保护正确可靠。

5）切换装置的工作顺序应符合制造厂规定：正、反两个方向操作至分接开关动作时的圈数误差应符合制造厂规定。

6）在极限位置时，其机械闭锁与极限开关的电气连锁动作应正确。

7）操动机构档位指示、分接开关本体分接位置指示、监控系统上分接开关分接位置指示应一致。

8）压力释放阀（防爆膜）完好无损。如采用防爆膜，防爆膜上面应用明显的防护警示标示；如采用压力释放阀，应按变压器本体压力释放阀的相关要求。

9）油道畅通，油位指示正常，外部密封无渗油，进出油管标志明显。

10）单相有载调压变压器组进行分接变换操作时，应采用三相同步远方或就地电气操作并有失步保护。

11）带电滤油装置控制回路接线正确可靠。

12）带电滤油装置运行时应无异常的振动和噪声，压力符合制造厂规定。

13）带电滤油装置各管道连接处密封良好。

14）带电滤油装置各部位应均无残余气体（制造厂有特殊规定除外）。

（9）吸湿器：

1）吸湿器与储油柜间的连接管密封应良好，呼吸应畅通。

2）吸湿剂应干燥，油封油位应在油面线上或满足产品的技术要求。

(10) 测温装置：

1) 温度计动作触点整定正确、动作可靠。

2) 就地和远方温度计指示值应一致。

3) 顶盖上的温度计座内应注满变压器油，密封良好；闲置的温度计座也应注满变压器油密封，不得进水。

4) 膨胀式信号温度计的细金属软管（毛细管）不得有压扁或急剧扭曲，其弯曲半径不得小于50mm。

5) 记忆最高温度的指针应与指示实际温度的指针重叠。

(11) 净油器：

1) 上下阀门均应在开启位置。

2) 滤网材质和安装正确。

3) 硅胶规格和装载量符合要求。

(12) 本体、中性点和铁芯接地：

1) 变压器本体油箱应在不同位置分别有两根引向不同地点的水平接地体。每根接地线的截面积应满足设计的要求。

2) 变压器本体油箱接地引线螺栓紧固，接触良好。

3) 110kV (66kV) 及以上绕组的每根中性点接地引下线的截面积应满足设计的要求，并有两根分别引向不同地点的水平接地体。

4) 铁芯接地引出线（包括铁轭有单独引出的接地引线）的规格和与油箱间的绝缘应满足设计的要求，接地引出线可靠接地。引出线的设置位置有利于监测接地电流。

(13) 控制箱（包括有载分接开关、冷却系统控制箱）：

1) 控制箱及内部电器的铭牌、型号、规格应符合设计要求，外壳、漆层、手柄、瓷件、胶木电器应无损伤、裂纹或变形。

2) 控制回路接线应排列整齐、清晰、美观，绝缘良好无损伤。接线应采用铜质或有电镀金属防锈层的螺栓紧固，且应有防松装置，引线裸露部分不大于5mm；连接导线截面积符合设计要求、标志清晰。

3) 控制箱及内部元件外壳、框架的接零或接地应符合设计要求，连接可靠。

4) 内部断路器、接触器动作灵活无卡涩，触头接触紧密、可靠，无异常声音。

5) 保护电动机用的热继电器或断路器的整定值应是电动机额定电流的0.95～1.05倍。

6) 内部元件及转换开关各位置的命名应正确无误并符合设计要求。

7) 控制箱密封良好，内外清洁无锈蚀，端子排清洁无异物，驱潮装置工作正常。

8) 交直流应使用独立的电缆，回路分开。

(14) 冷却装置：

1) 风扇电动机及叶片应安装牢固，并应转动灵活，无卡阻。试转时应无振动、过热；叶片应无扭曲变形或与风筒碰擦等情况，转向正确；电动机保护不误动，电源线应采用具有耐油性能的绝缘导线。

2) 散热片表面油漆完好，无渗油现象。

3) 管路中阀门操作灵活、开闭位置正确；阀门及法兰连接处密封良好无渗油现象。

4) 油泵转向正确，转动时应无异常噪声、振动或过热现象，油泵保护不误动；密封良好，无渗油或进气现象（负压区严禁渗漏）。油流继电器指示正确，无抖动现象。

5）备用、辅助冷却器应按规定投入。

6）电源应按规定投入和自动切换，信号正确。

（15）其他：

1）所有导气管外表无异常，各连接处密封良好。

2）变压器各部位均无残余气体。

3）二次电缆排列应整齐，绝缘良好。

4）储油柜、冷却装置、净油器等油系统上的油阀门应开闭正确，且开、关位置标色清晰，指示正确。

5）感温电缆应避开检修通道，安装牢固（安装固定电缆夹具应具有长期户外使用的性能）、位置正确。

6）变压器整体油漆均匀完好，相色正确。

7）进出油管标识清晰、正确。

6. 新安装变压器应验收的竣工资料有哪些?

答：变压器竣工应提供以下资料，所提供的资料应完整无缺，符合验收规范、技术合同等要求。

（1）变压器订货技术合同（或技术合同）。

（2）变压器安装使用说明书。

（3）变压器出厂合格证。

（4）有载分接开关安装使用说明书。

（5）无励磁分接开关安装使用说明书。

（6）有载分接开关在线滤油装置安装使用说明书。

（7）本体油色谱在线监测装置安装使用说明书。

（8）本体气体继电器安装使用说明书及试验合格证，压力释放阀出厂合格证及动作试验报告。

（9）有载分接开关体气体继电器安装使用说明书。

（10）冷却器安装使用说明书。

（11）温度计安装使用说明书。

（12）吸湿器安装使用说明书。

（13）油位计安装使用说明书。

（14）变压器油产地和牌号等相关资料。

（15）出厂试验报告。

（16）安装报告。

（17）内检报告。

（18）整体密封试验报告。

（19）调试报告。

（20）变更设计的技术文件。

（21）竣工图。

（22）备品备件移交清单。

（23）专用工器具移交清单。

（24）设备开箱记录。

(25) 设备监造报告。

7. 变压器大修后验收的项目和要求（包括更换绕组和更换内部引线等）有哪些?

答: 变压器绕组:

(1) 清洁无破损，绑扎紧固完整，分接引线出口处封闭良好，围屏无变形、发热和树枝状放电痕迹。

(2) 围屏的起头应放在绕组的垫块上，接头处搭接应错开不堵塞油油道。

(3) 支撑围屏的长垫块无爬电痕迹。

(4) 相间隔板完整固定牢固。

(5) 绕组应清洁，表面无油垢、变形。

(6) 整个绕组无倾斜，位移，导线辐向无弹出现象。

(7) 各垫块排列整齐，辐向间距相等，轴向成一垂直线，支撑牢固有适当压紧力，垫块外露出绕组的长度至少应超过绕组导线的厚度。

(8) 绕组油道畅通，无油垢及其他杂物积存。

(9) 外观整齐清洁，绝缘及导线无破损。

(10) 绕组无局部过热和放电痕迹。

引线及绝缘支架:

(1) 引线绝缘包扎完好，无变形、变脆，引线无断股卡伤。

(2) 穿缆引线已用白布带半叠包绕一层。

(3) 接头表面应平整、清洁、光滑无毛刺及其他杂质:①引线长短适宜，无扭曲；②引线绝缘的厚度应足够；③绝缘支架应无破损、裂纹、弯曲、变形及烧伤；④绝缘支架与铁夹件的固定可用钢螺栓，绝缘件与绝缘支架的固定应用绝缘螺栓，两种固定螺栓均应有防松措施；⑤绝缘夹件固定引线处已垫附加绝缘；⑥引线固定用绝缘夹件的间距，应考虑在电动力的作用下，不致发生引线短路；线与各部位之间的绝缘距离应足够；⑦大电流引线（铜排或铝排）与箱壁间距，一般应大于100mm，铜（铝）排表面已包扎一层绝缘。

(4) 充油套管的油位正常。

(5) 各侧的引线接线正确。

铁芯:

(1) 铁芯平整，绝缘漆膜无损伤，叠片紧密，边侧的硅钢片无翘起或成波浪状。铁芯各部表面无油垢和杂质，片间无短路、搭接现象，接缝间隙符合要求。

(2) 铁芯与上下夹件、方铁、压板、底脚板间绝缘良好。

(3) 钢压板与铁芯间有明显的均匀间隙；绝缘压板应保持完整，无破损和裂纹，并有适当紧固度。

(4) 钢压板不得构成闭合回路，并一点接地（夹件也要接地）。

(5) 压钉螺栓紧固，夹件上的正、反压钉和锁紧螺帽无松动，与绝缘垫圈接触良好，无放电烧伤痕迹，反压钉与上夹件有足够距离。

(6) 穿芯螺栓紧固，绝缘良好。

(7) 铁芯间、铁芯与夹件间的油道畅通，油道垫块无脱落和堵塞，且排列整齐。

(8) 铁芯只允许一点接地，接地片应用厚度0.5mm，宽度不小于30mn的紫铜片，插入3～4级铁芯间，对大型变压器插入深度不小于80mm，其外露部分已包扎白布带或绝缘。

(9) 铁芯段间、组间、铁芯对地绝缘电阻良好。

（10）铁芯的拉板和钢带应紧固并有足够的机械强度，绝缘良好，不构成环路，不与铁芯接触。

（11）铁芯与电场屏蔽金属板（销）间绝缘良好，接地可靠。

无励磁分接开关：

（1）开关各部件完整无缺损，紧固件无松动。

（2）机械转动灵活，转轴密封良好，无卡滞，并已调到吊罩前记录档位。

（3）动、静触头接触电阻不大于 $500\mu\Omega$，触头表面应保持光洁，无氧化变质、过热烧痕、碰伤及镀层脱落。

（4）绝缘筒应完好、无破损、烧痕、剥裂、变形，表面清洁无油垢；操作杆绝缘良好，无弯曲变形。

（5）无励磁分接开关的操作应准确可靠，指示位置正确。

有载分接开关：

（1）切换开关所有紧固件无松动。

（2）储能机构的主弹簧、复位弹簧、爪卡无变形或断裂。动作部分无严重磨损、擦毛、损伤、卡滞，动作正常无卡滞。

（3）各触头编织线完整无损。

（4）切换开关连接主通触头无过热及电弧烧伤痕迹。

（5）切换开关弧触头及过渡触头烧损情况符合制造厂要求。

（6）过渡电阻无断裂，其阻值与铭牌值比较，偏差不大于±10%。

（7）转换器和选择开关触头及导线连接正确，绝缘件无损伤，紧固件紧固，并有防松螺母，分接开关无受力变形。

（8）对带正、反调的分接开关，检查连接“K”端分接引线在“+”或“−”位置上与转换选择器的动触头支架（绝缘杆）的间隙不应小于 10mm。

（9）选择开关和转换器动静触头无烧伤痕迹与变形。

（10）切换开关油室底部放油螺栓紧固，且无渗油。

（11）有载调压装置的操作应准确可靠，指示位置正确。

油箱：

（1）油箱内部洁净，无锈蚀，漆膜完整，渗漏点已补焊。

（2）强油循环管路内部清洁，导向管连接牢固，绝缘管表面光滑，漆膜完整、无破损、无放电痕迹。

（3）钟罩和油箱法兰结合面清洁平整。

（4）磁（电）屏蔽装置固定牢固，无异常，并可靠接地。

8. 变压器检修后应验收的竣工资料有哪些？

答：变压器检修竣工资料应含检修报告（包括器身检查报告、整体密封试验报告）、检修前及修后试验报告等，具体内容如下：

（1）本体绝缘和直流电阻试验报告；套管绝缘试验报告。

（2）本体局部放电试验报告。

（3）本体、套管油色谱分析报告。

（4）本体、有载分接开关、套管油质试验报告。

（5）本体油介质损耗因数试验报告。

(6) 套管型电流互感器试验报告。

(7) 本体油中含气量试验报告。

(8) 本体气体继电器调试报告。

(9) 有载调压开关气体继电器调试报告。

(10) 有载调压开关调试报告；本体油色谱在线监测装置调试报告。

9. 变压器投运前（包括检修后的验收）的验收项目有哪些?

答: (1) 变压器本体、冷却装置及所有组部件均完整无缺，不渗油，油漆完整。

(2) 变压器油箱、铁芯和夹件已可靠接地。

(3) 变压器各部位应清洁干净，变压器顶盖上无遗留杂物。

(4) 储油柜、冷却装置、净油器等油系统上的阀门应正确“开、闭”。

(5) 电容套管的末屏已可靠接地，套管密封良好，套管外部引线受力均匀，对地和相间距离符合要求，各接触面应涂有电力复合脂。引线松紧适当，无明显过紧过松现象。

(6) 变压器的储油柜、充油套管和有载分接开关的油位正常，指示清晰。

(7) 升高座已放气完毕，充满变压器油。

(8) 气体继电器内应无残余气体，重瓦斯必须投跳闸位置，相关保护按规定整定投入运行。

(9) 吸湿器内的吸附剂数量充足、无变色受潮现象，油封良好，呼吸畅通。

(10) 无励磁分接开关三相档位一致，档位处在整定档位，定位装置已定位可靠。

(11) 有载分接开关三相档位一致、操动机构、本体上的档位、监控系统中的档位一致。机械连接校验正确，电气、机械限位正常。经两个循环操作正常。

(12) 温度计指示正确，整定值符合要求。

(13) 冷却装置运转正常，内部断路器、转换开关投切位置已符合运行要求。

(14) 所有电缆应标志清晰。

(15) 变压器本体及全部辅助设备及其附件均无缺陷。

(16) 变压器油漆完整，相色标志正确。

(17) 变压器事故排油设施完好，消防设施齐全。

(18) 变压器的相位及绕组的接线组别应符合设计要求。

(19) 测试装置应准确，整定值符合要求。

(20) 冷却装置的风扇、潜油泵的运转正常，油流指示正确。

(21) 变压器的全部电气试验应合格；保护装置整定值符合规定；操作及联动试验正确，本体信号试验正确。

(22) 变压器的设计、施工、出厂试验、安装记录、备品备件移交清单等技术资料应完整、准确。

(23) 调压箱和冷却器控制箱内各手柄、小开关、指示灯的位置应正常。

(24) 冷却器的动力电源自动切换正常。

10. 高压并联电抗器投运前及大修后的验收项目有哪些?

答: (1) 阀门的检查。除排放油、进油、取样、采气等阀门应关闭外，其他阀门均应在打开状态。

(2) 各部位无漏油现象。

(3) 本体及套管油位均在正常位置，油位计指示正确，高压套管油位视察孔的下部孔中红色浮球应处于上面，上孔中的红色浮球应处于下面。

（4）气体继电器触点动作正常，试验旋阀应打开。

（5）保护、发信回路动作正常，测量回路正确。

（6）温度计的毛细管部应弯曲或变形，温度指示正确，触点动作正常，远方测量装置良好。

（7）上层油温计微动开关动作油温整定、线圈温度整定应符合现场规程整定值要求。

（8）呼吸器内的硅胶未受潮，油封杯应注有适量的变压器油。

（9）端子箱内接线整齐并牢固，密封良好，封堵平整。

（10）端子箱内电缆标牌整齐，标牌上所标示的电缆标志应清晰，并与图纸相符。

（11）套管的试验端子已接地。

（12）铁芯、夹件、油箱以外引线已接地。

（13）电抗器中性点已接地。

（14）电容套管的末屏已可靠接地。

（15）不用的套管电流互感器应短路接地。

（16）引线接头连接良好。

（17）一次接地线已拆除。

（18）新装或经大修、事故检修、过滤油和换油后所有上部闷头均应放气。

（19）修、试、校项目齐全、合格，记录完整，记录清晰。

11. 串联电容器补偿装置的验收项目有哪些？

答：（1）电容器：参考本章第33题。

（2）火花间隙：外观应完整，清洁、无损伤；支柱绝缘子金属部位无锈蚀、无倾斜变形；接地牢固可靠，标识正确完好。

（3）串补阻尼装置：

1）支持瓷瓶清洁，无裂纹；瓷铁胶合处粘合牢固，螺栓连接牢固；

2）均压环清洁，无损伤、变形；

3）导（引）线连接可靠，无折损，接线正确，接线端子清洁平整，并涂有导电膏；

4）相色标志正确，清晰；

5）绕组间的通风道无异物、堵塞；

6）法兰连接 平整，无外伤和铸造砂眼；底座安装牢固。

（4）旁路断路器：

1）外表清洁完整，瓷套表面无裂缝伤痕；

2）SF_6 密度继电器或压力表压力正常，且装有防雨罩，防雨效果良好；

3）油漆应完整，相色标志正确；

4）操动机构应固定牢靠，外表清洁完整；

5）电气连接应可靠且接触良好；

6）液压系统应无渗油，油位正常；安全阀、减压阀等应动作可靠；压力表应指示正确；

7）断路器的缓冲器应调整适当，性能良好，防止由于缓冲器失效造成断路器损坏；

8）操动机构箱的密封垫应完整，电缆管口、洞口应予封闭；

9）电气连接可靠，螺栓紧固应符合力矩要求，各接触面应涂有电力复合脂；引线松紧适当，无明显过紧过松现象；

10）支架及接地引线应无锈蚀和损伤，接地应良好；

11）接地引下线有明显标识；接地引下线的固定螺栓应装有弹垫；

12）SF_6 气体漏气率和含水量应符合规定；

13）断路器操作平台与相邻带电设备距离满足设备不停电时的安全距离；

14）断路器基础不应出现塌陷或变位；

15）远方、就地操作时，断路器、隔离开关、接地开关与其传动机构的联动应正常，无卡阻现象；分、合闸指示正确；辅助开关动作正确可靠；

16）断路器与隔离开关的电气闭锁满足相关要求；

17）SF_6 密度继电器的报警、闭锁定值应符合规定。

（5）MOV：参见本章第35题。

（6）电流互感器：参见本章互感器部分。

（7）绝缘平台：

1）基础无下沉、破损、裂纹；爬梯转动灵活，无卡涩。

2）支持瓷柱、斜拉绝缘子受力均匀，清洁、无裂纹；瓷铁胶合处粘合牢固，螺栓连接牢固。

3）均压环清洁，无损伤、变形。

4）接地连接可靠，防腐处理良好，且固定牢固。

5）相色标志正确、清晰。

（8）顶盖及其他部件上无遗留杂物。

（9）缺陷处理后应根据缺陷管理规定进行验收和消除缺陷。

（10）非电量保护试验正确（信号、跳闸）。

12. 新互感器的验收项目有哪些？

答：（1）产品的技术文件应齐全。

（2）互感器器身外观应整洁，无修饰或损伤。

（3）包装及密封应良好。

（4）油浸式互感器油位正常，密封良好，无渗油现象。

（5）电容式电压互感器的电磁装置和谐振阻尼器的封铅应完好。

（6）气体绝缘互感器的压力表指示正常。

（7）本体附件齐全无损伤。

（8）备品备件和专用工具齐全。

13. 互感器安装、试验完毕后的验收项目有哪些？

答：（1）一、二次接线端子应连接牢固，接触良好，标志清晰。

（2）互感器器身外观应整洁，无修饰或损伤。

（3）互感器基础安装面应水平。

（4）建筑工程质量符合国家现行的建筑工程施工及验收规范中的有关规定。

（5）设备应排列整齐，同一组互感器的极性方向应一致。

（6）油绝缘互感器油位指示器、瓷套法兰连接处、放油阀均应无渗油现象。

（7）金属膨胀器应完整无损，顶盖螺栓紧固。

（8）具有吸潮器的互感器，其吸湿剂应干燥，油封油位正常。

（9）互感器呼吸孔的塞子带有垫片时，应将垫片取下。

（10）电容式电压互感器必须根据产品成套供应的组建编号进行安装，不得互换。各组件连接处的接触面应除去氧化层，并涂以电力复合脂。

（11）具有均压环的互感器，均压环应安装牢固、水平，且方向正确。具有保护间隙的，应按制造厂规定调好距离。

（12）设备安装用的紧固件，除地脚螺栓外应采用镀锌制品并符合相关要求。

（13）互感器的变比、分接头的位置和极性应符合规定。

（14）气体绝缘互感器的压力表值正常。

（15）互感器的下列部位应接地良好：

1）电压互感器的一次绕组的接地引出端子应接地良好。电容式电压互感器C2的低压端（δ）接地（或接载波设备）良好。

2）电容型绝缘的电流互感器，其一次绕组末屏的引出端子、铁芯接地端子、互感器的外壳接地良好。

3）备用电流互感器的二次绕组端子应先短路后接地。

14. 新安装互感器应验收的竣工资料有哪些？

答：（1）互感器订货技术合同。

（2）产品合格证明书。

（3）安装使用说明书。

（4）出厂试验报告。

（5）安装、试验调试记录。

（6）交接试验报告。

（7）变更设计的技术文件。

（8）备品配件和专用工具移交清单。

（9）监理报告。

（10）安装竣工图纸。

15. 互感器检修后的验收项目有哪些？

答：（1）所有缺陷已消除并验收合格。

（2）一、二次接线端子应连接牢固，接触良好。

（3）油浸式互感器无渗漏油，油标指示正常。

（4）气体绝缘互感器无漏气，压力指示与规定相符。

（5）极性关系正确，电流比换接位置符合运行要求。

（6）三相相序标志正确，接线端子标志清晰，运行编号完备。

（7）互感器需要接地的各部位应接地良好。

（8）金属部件油漆完整，整体擦洗干净。

（9）预防事故措施符合相关要求。

（10）竣工资料：

1）缺陷检修记录；

2）缺陷消除后质检报告；

3）检修报告；

4）各种试验报告。

16. 互感器投运前的验收项目有哪些?

答:(1)构架基础符合相关基建要求。

(2)设备外观清洁完整,无缺陷。

(3)一、二次接线端子应连接牢固,接触良好。

(4)油浸式互感器无渗漏油,油标指示正常。

(5)气体绝缘互感器无渗漏气,压力指示与规定相符。

(6)极性关系正确,接线端子标志清晰,运行编号完备。

(7)三相相序标志正确,电流比换接位置符合运行要求。

(8)互感器需要接地的各部位应接地良好。

(9)反事故措施符合相关要求。

(10)保护间隙的距离应符合规定。

(11)油漆应完整,相色应正确。

(12)验收时应移交详细技术资料和文件。

(13)变更设计的证明文件。

(14)制造厂提供的产品说明书、试验记录、合格证件及安装图纸等技术文件。

(15)安装技术记录、器身检查记录、干燥记录。

(16)竣工图纸完备。

(17)试验报告并且试验结果合格。

17. 互感器哪些部位应接地?

答:(1)分级绝缘的电压互感器,其一次绕组的接地引出端子(电容式电压互感器应按制造厂的规定执行)。

(2)电容型绝缘的电流互感器,其一次绕组末屏的引出端子、铁芯引出接地端子。

(3)互感器外壳。

(4)备用电流互感器的二次绕组端子应先短路后接地。

(5)倒装式电流互感器二次绕组的金属导管。

18. 消弧线圈新设备验收的项目有哪些?

答:(1)产品的技术文件齐全。

(2)消弧线圈器身外观应整洁,无修饰或损伤。

(3)包装及密封应良好。

(4)油浸式消弧线圈油位正常,密封良好,无渗漏现象。

(5)干式消弧线圈表面应光滑、无裂纹和受潮现象。

(6)本体及附件齐全、无损伤。

(7)备品备件和专用工具齐全。

(8)运行单位要参加安装、检修中间和投运前验收,特别是隐蔽工程的验收。

19. 消弧线圈安装、试验完毕后的验收项目有哪些?

答:(1)本体及所有附件应无缺陷且不渗油。

(2)油漆应完整,相色标志应正确。

(3)器顶盖上应无遗留杂物。

(4)建筑工程质量符合国家现行的建筑工程施工及验收规范值的有关规定。

(5)事故排油设施应完好,消防设施齐全。

（6）接地引下线及其与主接地网的连接应满足设计要求，接地应可靠。

（7）储油柜和有载分接开关的油位正常，指示清晰，吸湿器硅胶应无变色。

（8）有载调压切换装置的远方操作应动作品可靠，指示位置正确，分接头的位置应符合运行要求。

（9）接地变压器绕组的接线组别应符合要求。

（10）测温装置指示应正确，整定值符合要求。

（11）接地变压器、阻尼电阻和消弧线圈的全部电气试验应合格，保护装置整定值符合规定，操作及联动试验正确。

（12）设备安装用的紧固件应采取镀锌制品并符合相关要求。

（13）干式消弧线圈表面应光滑、无裂纹和受潮现象。

20. 新安装消弧线圈应验收的竣工资料有哪些？

答：（1）消弧线圈装置订货技术合同。

（2）产品合格证明书。

（3）安装使用说明书。

（4）出厂试验报告。

（5）安装、试验调试记录。

（6）交接试验报告。

（7）实际施工图以及变更设计的技术文件。

（8）备品配件和专用工具移交清单。

（9）监理报告。

（10）安装竣工图纸。

21. 消弧线圈检修后的验收项目有哪些？

答：（1）所有缺陷已消除并验收合格。

（2）一、二次接线端子应连接牢固，接触良好。

（3）消弧线圈装置本体及附件无渗、漏油，油位指示正常。

（4）三相相序标志正确，接线端子标志清晰，运行编号完备。

（5）消弧线圈需要接地的各部位应接地良好。

（6）金属部件油漆完整，整体擦洗干净。

（7）预防事故措施符合相关要求。

（8）竣工资料：

1）缺陷检修记录；

2）缺陷消除后质检报告；

3）检修报告；

4）各种试验报告。

22. 消弧线圈投运前的验收项目有哪些？

答：（1）构架基础符合相关基建要求。

（2）设备外观清洁完整，无缺陷。

（3）一、二次接线端子应连接牢固，接触良好。

（4）消弧线圈本体及附件无渗漏油，油标指示正常。

（5）三相相序标志正确，接线端子标志清晰，运行编号完备。

(6) 消弧线圈需要接地的各部位应接地良好。

(7) 反事故措施符合相关要求。

(8) 油漆应完整，相色应正确。

(9) 验收时应移交详细技术资料和文件。

(10) 变更设计的证明文件。

(11) 制造厂提供的产品说明书、试验记录、合格证件及安装图纸等技术文件。

(12) 安装技术记录、器身检查记录、干燥记录。

(13) 竣工图纸完备。

(14) 试验报告并且试验结果合格。

23. 高压断路器在安装前检查项目有哪些？

答：在安装前，先应准备好相应的工器具及需要的安装材料，在安装前还应进行安装前的相关检查。

(1) 检查高压断路器设备的装箱清单、产品合格证书、安全使用说明书、接线图及试验报告等相关技术文件是否齐全。

(2) 检查产品的铭牌数据、分合闸线圈额定电压、电动机规格数量是否与设计相符。

(3) 根据装箱清单，清点高压断路器设备的附件及备件、要求数量齐全、无锈蚀、无机械损坏、瓷铁件应粘合牢固。

(4) 检查绝缘部件有无受潮、变形等，操作机构有无损伤；断路器有无漏气。

(5) 检查相关施工人员是否熟悉相应设备的技术性能和安装工艺，是否通过安全规程的考试，熟悉施工方案。

(6) 检查施工相关的机械、工器具及相关材料是否到位，现场施工场地是否具备施工条件。

对于不同的高压断路器设备，还应检查设备的情况，如对 SF_6 断路器，应检查：

(1) 断路器零部件应齐全、清洁、完好。

(2) 灭弧室或罐体和绝缘支柱内预充的 SF_6 气体的压力值及微水含量应符合产品的技术要求。

(3) 并联电容器的电容值、绝缘电阻、介损和并联电阻值应符合厂家的技术要求。

(4) 绝缘件表面应无裂纹、无脱落或损坏绝缘拉杆端部连接应牢靠。瓷套表面应光滑无裂纹或缺损，与法兰粘接应牢靠，表面有厂家的永久标记，应对瓷套进行必要的安装前超声波探伤检查。

(5) 传动机构等的零部件应齐全，组件用的螺栓、密封垫等规格符合产品要求，各零部件如轴承、铸件应质量完好。

(6) 密度表、密度继电器、压力表、压力继电器应通过相关检验合格。

(7) 防爆膜应完好。

对于 GIS 还应增加以下检查项目：

(1) GIS 的所有部件应完整无损。

(2) 各分隔气室 SF_6 气体的压力值和微水含量应符合产品的技术要求。

(3) 接线端子、插接件及载流部分应光洁无锈蚀。

(4) 支架和接地引线应无锈蚀和损伤。

(5) 母线和母线筒内应平整、无毛刺。

24. 断路器安装后的验收项目有哪些？

答：（1）断路器应固定牢靠，外表清洁完整，动作性能符合规定。

（2）电气连接可靠且接触良好。

（3）SF_6 断路器气体漏气率和含水分量应符合规定。

（4）断路器与其操动机构（或组合电器及其传动机构）的联动应正常，无卡阻现象，分合闸指示正确，调试操作时，辅助开关及电气闭锁装置应动作正确可靠。

（5）SF_6 断路器配备的密度继电器的报警、闭锁定值应符合规定，电气回路传动应正确。

（6）瓷套应完整无损、表面清洁，配备的并联电阻、均压电容的绝缘特性应符合产品技术规定。

（7）油漆应完整，相色标志正确，接地良好。

（8）竣工验收时按相关标准移交资料和文件。

（9）操动机构应配合断路器进行安装和检修调试，工作完毕后，进行下列检查：

1）操作机构固定牢靠，外表清洁完整。

2）电气连接应可靠且接触良好。

3）液压系统应无渗、漏油，油位正常；空气系统应无漏气；安全阀、减压阀等应动作可靠；压力表应指示正确。

4）操动机构箱的密封垫应完整，电缆管口、洞口应予封闭。

5）操动机构与断路器的联动应正常，无卡阻现象；分合闸指示正确；辅助开关动作应准确可靠；触点无电弧烧损。

6）油漆应完整，接地良好。

（10）机构箱内端子及二次回路连接正确，元件完好。

（11）空气断路器在操作时不应有剧烈振动。

25. 断路器检修后验收的重点项目有哪些？

答：（1）大修项目和调试数据符合相关规程和标准。

（2）修后试验合格。

（3）计划检修项目确已合格，所修缺陷确已消除。

（4）断路器外观完好，本体和机构油位正常，无渗油或漏油，无遗留杂物。

（5）瓷套和所有部件清洁完好，一、二次接线正确牢固完好。

（6）SF_6 气体和机构压力正常，微动开关位置与压力表指示相符。

（7）远方和就地操作分合正常，位置指示正确，计数器动作正确。

（8）压力降低时闭锁功能和信号正常。

（9）油泵启动、运转和停止正常，热继电器整定正确。

（10）电控箱、操作箱、液压机构箱清洁，所有部件和连接线良好，箱体密封完好，各种切换小开关位置正确，标志齐全，加热器完好。

（11）操动机构的验收。

26. GIS、HGIS 验收项目有哪些？

答：（1）支架检查。支架固定应牢固，接地良好可靠。

（2）套管。清洁无损伤，桩头接线正确，连接紧固。

（3）均压环。位置正确，无倾斜松动变形、锈蚀情况。

(4) 操动机构（箱）：

1) 外观检查完整无损伤；

2) 机构箱固定应牢固；

3) 接地接触良好；

4) 机构箱零部件齐全、完好；

5) 机构箱及控制箱密封良好；

6) 机构箱内接线整齐、标示清楚；

7) 操动机构手动、电动储能正常，操作无卡涩指示正确；

8) 合闸位置检查正确；

9) 辅助开关无烧损接触良好；

10) 手动慢分慢合试验无卡阻跳动现象；

11) 加热装置无损伤、绝缘良好；

12) 储能装置满足储能和闭锁要求。

(5) SF_6 气体。充气设备及管路检洁净、无水分油污，SF_6 气体压力符合厂家要求的各气室压力值。

(6) 接地。引线与主接地网连接牢固，接地可靠；接地螺栓无锈蚀，标识正确。

(7) 汇控柜。柜门可靠关闭，设备分合指示灯正确；柜内加热器工作正常，柜内接线正确，接头无过热，端子接线正确，防火泥封堵完整。

(8) 其他：

1) 柜门，各类箱门关闭严密；

2) 分合闸指示与开关实际位置对应；

3) 操作计数器指示正确；

4) 联锁正常；

5) 控制箱零部件齐全、完好；

6) 控制箱内接线整齐、标示清楚；

7) 壳体接地牢固，良好；

8) 防爆膜完好无缺损；

9) 电流互感器外观良好无损伤；

10) 油漆完好，阀门开闭位置正确，构架底座无倾斜变位，连接牢固；

11) 回路接触电阻满足厂家要求值。

(9) 试验记录，试验报告合格完备。

27. SF_6 气体的技术标准有哪些？

答：SF_6 气体的技术标准如表 24-1 所示。

表 24-1　　SF_6 气体的技术标准

名　称	指　标
空气（N_2+O_2）	≤0.05%
四氟化碳	≤0.05%
水分	≤8ppm

续表

名　　称	指　　标
酸度（以 HF 计）	≤0.3ppm
可水解氟化物（以 HF 计）	≤1.0ppm
矿物油	≤10ppm
纯度	≥99.8%
生物毒性实验	无毒

28. 隔离开关验收的项目有哪些？

答：（1）操动机构、传动装置、辅助开关及闭锁装置应安装牢固、动作灵活可靠；位置指示正确。

（2）合闸时三相不同期值应符合产品的技术规定。

500kV 隔离开关：30mm。

220～330kV 隔离开关：20mm。

63～110kV 隔离开关：10mm。

10～35kV 隔离开关：5mm。

（3）相间距离及分闸时触头打开角度和距离应符合产品的技术规定。

（4）触头应接触紧密良好。

（5）每相回路的主电阻应符合产品要求。

（6）隔离开关的电动（远方、就地）和手动操作应正常。

（7）隔离开关与接地开关之间机械闭锁装置功能应正常。

（8）电磁锁、微机闭锁、电气闭锁回路正确，功能完善。

（9）端子箱二次接线整齐。

（10）油漆应完整、相色标志正确，接地良好。

（11）交接资料和文件是否齐全：

1）变更设计的证明文件；

2）制造厂提供的产品说明书、试验记录、合格证件及安装图纸等技术文件；

3）安装或检修技术记录；

4）调试试验记录；

5）备品、配件及专用工具清单。

29. 接地开关验收的项目有哪些？

答：（1）外观：

1）外表清洁完整，瓷套表面无裂缝伤痕；

2）绝缘子金属法兰与瓷件的胶装部位涂以性能良好的防水密封胶；

3）油漆应完整，相色标志正确。

（2）操作机构箱检查：

1）机构箱内二次接线连接紧固；

2）传动装置、二次小开关及闭锁装置应安装牢固；

3）加热器型号符合标准、可以正常工作。

(3) 支架及接地情况检查：

1) 支架及接地引线应无锈蚀和损伤，接地应良好；

2) 接地引下线有明显标识；

3) 接地引下线的固定螺栓应装有弹垫。

(4) 接线情况检查。电气连接可靠，螺栓紧固应符合力矩要求，各接触面应涂有电力复合脂；引线松紧适当，无明显过紧过松现象。

(5) 功能验收（操作试验）：

1) 远方、就地操作时，接地开关与其传动机构的联动应正常，无卡阻现象；分、合闸指示正确；

2) 接地开关与隔离开关等的机械、电气闭锁满足相关要求，闭锁装置应动作灵活、准确可靠；

3) 合闸时三相不同期值应符合产品的技术规定；

4) 相间距离及分闸时，触头打开角度和距离应符合产品的技术规定；

5) 动、静触头应接触紧密良好。

(6) 试验记录。各项试验数据合格完备。

30. 母线的验收项目有哪些？

答：(1) 金属构件加工、配置、螺栓连接、焊接等应符合国家现行标准。

(2) 所有螺栓、垫圈、闭口销、锁紧销、弹簧垫圈、锁紧螺母等应齐全、可靠。

(3) 母线配置及安装架设应符合设计规定，且连接正确，螺栓紧固，接触可靠；相间及对地电气距离符合要求。

(4) 瓷件应完整、清洁；铁件和瓷件胶合处均应无损，冲油套管应无渗油，油位应正常。

(5) 油漆应完好，相色正确，接地良好。

(6) 当线夹或引流线接头拆开后，再重新恢复时，许可人员应督促专业人员用力矩扳手按照厂家规定的要求进行安装。

(7) 检查所有试验项目是否合格，能否运行。

(8) 交接验收时，应提交下列资料和文件：

1) 设计变更部分的实际资料和文件；

2) 设计变更的证明文件；

3) 制造厂提供的产品说明书、试验记录、合格证件、安装图纸等技术文件；

4) 安装技术记录；

5) 电气试验记录；

6) 备品、备件清单。

31. 低压电抗器安装过程中的验收项目有哪些？

答：(1) 设备安装应符合有关设备安装规范和厂家技术要求。

(2) 电抗器应按其编号进行安装，并应符合厂家技术要求。

(3) 电抗器重量应均匀地分配于所有支柱绝缘子上，应固定可靠。

(4) 设备接线端子与母线的连接，应符合规范的要求，其额定电流为1500A及以上时，应采取非磁性金属材料制成的螺栓。

(5) 电抗器间隔内，所有组件的零部件，必须选用不锈钢螺栓。

(6) 电抗器线圈的支柱绝缘子的接地应符合下列要求：
1) 上下重叠安装时，底层的所有支柱绝缘子均应接地，其余支柱绝缘子不接地。
2) 每柱单独安装时，每相支柱绝缘子均应接地。
3) 支柱绝缘子的接地线不得构成闭合环路。

32. 低压电抗器投运前的验收项目有哪些?

答：(1) 干式电抗器包封完好，无起皮、脱落。
(2) 支持绝缘子完整无裂纹、无破损，表面清洁无积尘。
(3) 电抗器风道无杂物，场地平整清洁。
(4) 引线、接头、接线端子等连接牢固完整。
(5) 户外电抗器的防雨罩安装牢固。
(6) 包封表面和支柱绝缘子按照“逢停必扫”原则进行清扫。
(7) 安全围栏安装牢固，接地良好，围栏门应可靠闭锁。
(8) 干式电抗器的出厂和现象电气试验项目及数据合格。
(9) 干式电抗器保护经传动试验合格。测量、计量等二次回路及装置合格。
(10) 交接资料和技术文件齐全。

33. 电容器的验收项目有哪些?

答：(1) 电容器在安装投运前及检修后，应进行以下检查：
1) 套管到电杆应无弯曲或螺纹损坏；
2) 引出线端连接用的螺母、垫圈应齐全；
3) 外壳应无明显变形，外表无锈蚀，所有接缝不应有裂缝或渗油。
(2) 电容器的布置与接线应正确，电容器组的保护回路应完整。
(3) 三相电容器的误差允许值应符合规定。
(4) 外壳应无凹凸或渗油现象，引出端子连接牢固。
(5) 熔断器熔体的额定电流应符合设计规定。
(6) 放电回路应完整且操作灵活。
(7) 电容器外壳及构架的接地应可靠，其外部油漆应完整。
(8) 电容器室内的通风装置应完好。
(9) 电容器瓷套无破损和裂纹。
(10) 电容器及构架无锈蚀，清洁。
(11) 电容器的修、试、校合格，记录完整，结论清楚。
(12) 缺陷处理时，应根据缺陷内容进行验收。
(13) 交接时应提供下列资料：
1) 改变设计的证明材料；
2) 制造厂提供的产品说明书、试验记录、合格证及安装图纸技术文件；
3) 调试试验记录；
4) 安装技术记录；
5) 备品、备件清单。
(14) 串联电抗器应按其编号进行安装，并应符合下列要求：
1) 三相垂直排列时，中间一相线圈的绕向与上下两相相反；
2) 垂直安装时各相中心线应一致；

3）设备接线端子与母线的连接，在额定电流为1500A及以上时，应采取非磁性技术材料制成的螺栓，而且所有磁性材料的部件应可靠牢固。

（15）串联电抗器在验收时还应检查：

1）支柱应完整、无裂纹，线圈应无变形。

2）线圈外部的绝缘漆应完好。

3）油浸铁芯电抗器的密封性能应足以保证最高运行温度下不出现渗漏。

4）电抗器的风道应清洁无杂物。

34. 混凝土电抗器、干式电抗器、滤波器和阻波器的验收项目有哪些？

答：（1）支柱应完整、无裂纹，线圈应无变形。

（2）线圈外部的绝缘漆应完好。

（3）支柱绝缘子的接地应良好。

（4）混凝土支柱的螺栓应拧紧。

（5）混凝土电抗器的风道应清洁无杂物。

（6）各部位油漆应完整。

（7）各种试验数据符合规定要求，试验数据完整，结论清楚并有记录。

（8）引线、接头、接点墩子连接牢固、完整。

（9）瓷绝缘子无破损，金具完整。

（10）处理缺陷工作应按缺陷内容的要求验收。

（11）阻波器内部的电容器和避雷器外观应完整，连接良好，固定可靠。

（12）交接资料和文件应当齐全：

1）变更设计的证明文件；

2）制造厂提供的产品说明书、试验记录、合格证件及安装图纸等技术文件；

3）调整试验记录；

4）安装技术记录；

5）备品、备件清单。

35. 避雷器的验收项目有哪些？

答：（1）现场各部件应符合设计要求。

（2）避雷器外部应完整无缺损，封口处密封良好。

（3）避雷器应安装牢固，其垂直度应符合要求，均压环应水平。

（4）阀式避雷器拉紧绝缘子应紧固可靠，受力均匀。

（5）放电计数器密封应良好，绝缘垫及接地应良好、牢靠。

（6）排气式避雷器的倾斜角和隔离间隔应符合要求。

（7）带串联间隙避雷器的间隙应符合设计要求。

（8）油漆应完整、相色正确。

（9）引线、接头、接点端子应牢固完整。

（10）瓷绝缘子无破损，金具完整。

（11）低栏式布置得避雷器遮拦防误闭锁应正常，应悬挂警示牌，栏内应无杂物。

（12）缺陷处理工作应按缺陷内容的要求进行验收。

（13）标示牌应齐全，编号应正确。

（14）交接资料和文件应齐全：

1）变更设计的证明文件；

2）制造厂提供的产品说明书、试验记录、合格证件及安装图纸等技术文件；

3）安装或检修技术记录；

4）调试试验记录；

5）备品、配件及专用工具移交清单。

36. 支柱绝缘子的验收项目有哪些？

答：（1）检查高压支柱绝缘子瓷裙、基座及法兰是否有裂纹。

（2）检查高压支柱绝缘子结合处涂抹的防水胶是否有脱落现象，水泥胶装面是否完好。

（3）检查高压支柱绝缘子各连接部位是否有松动现象，金具和螺栓是否锈蚀。

（4）检查高压支柱绝缘子是否倾斜及各连接部位是否受力。

（5）对于检修后的绝缘子是否按周期进行超声波检测且检测结论正确，对于更换后绝缘子用超声波探伤检测。

37. 站用变压器的验收项目有哪些？

答：（1）外观。清洁、顶盖无遗留物，箱体无渗漏；油漆应完整，相色正确；本体及基础牢固，可靠接地。

（2）附件：

1）各装置的油门通向其他装置均应打开，且指示正确，注油阀应关闭，密封良好、无渗漏，油样活门应关闭，密封良好。

2）分接开关位置及指示传动操作良好，远方指示信号正确，手动调节指示正确。

3）油位指示正常，油位显示正常。

4）冷却器连接处有无渗漏油。

5）压力释放阀位置安装方向正确，阀盖及弹簧无变动，电触点动作正确绝缘良好。

6）吸湿器硅胶已更换，变色未超过2/3，油封杯无渗漏油，吸湿器呼吸正常。

7）储油柜油位正常，无渗漏油，无锈蚀。

8）套管瓷套清洁，无机械损伤，无裂纹，套管引接线应连接牢固、无锈蚀、端子不受外力。

9）本体接地应满足要求并可靠，接地线标志清晰。

（3）试验记录。试验报告合格完备。

（4）引线。引线的连接到位，螺栓按要求打紧力矩。

38. 电力电缆的验收项目有哪些？

答：（1）电缆的规格应符合相关规定，排列应整齐，无损伤，标牌齐全、正确、清晰。

（2）电缆的固定弯曲半径、有关距离及单芯电力电缆金属护层的接线应符合要求。

（3）电缆终端、中间头不渗漏油，安装牢固，充油电缆油压及表计整定值应符合要求。

（4）接地良好。

（5）电缆终端相色正确，支架等的金属部件油漆完整。

（6）电缆沟及隧道内、桥架上应无杂物，盖板齐全。

39. 蓄电池验收项目有哪些？

答：（1）蓄电池室及其通风、调温、照明等装置应符合实际的要求。

（2）导线应排列整齐，极性标志清晰、正确。

（3）电池编号应正确，外壳清洁，液面正常。

(4) 极板应无严重弯曲、变形及活性物质剥落。

(5) 初充电、放电容量及倍率校验的结果应符合要求。

(6) 蓄电池组的绝缘应良好，绝缘电阻不应小于0.5MΩ。

(7) 处理缺陷应根据缺陷内容进行验收。

(8) 在交接验收时，应提交下列资料和文件：

1) 工程竣工图。

2) 设计变更的证明文件。

3) 制造厂提供的产品说明书、调试大纲、试验方法、交接试验记录、产品合格证件及安装图纸等技术资料。

4) 根据合同提供备件、备品清单。

5) 安装技术记录。

6) 调整试验记录。

7) 安装技术记录，充、放电记录及曲线等。

8) 材质化验报告。

40. 新安装的保护装置竣工后的验收项目有哪些?

答: (1) 电气设备及线路有关实测参数完整正确。

(2) 全部保护装置竣工图纸符合实际。

(3) 装置定值符合整定通知单要求。

(4) 检验项目及结果符合检验条例和有关规程的规定。

(5) 核对电流互感器变比、伏安特性及二次负载是否满足误差要求，并检查电流互感器一次升流实验报告。

(6) 检查保护屏前、后的设备应完好，回路绝缘良好，标志齐全正确。

(7) 检查二次电缆绝缘良好，标号齐全、正确。

(8) 整组试验合格，信号正确，连接片功能清晰，编号正确合理，屏面各小开关、手柄功能作用明确，中央信号正确。

(9) 用一次负荷电流和工作电压进行验收实验，判断互感器极性、变比及其回路的正确性，判断方向、差动、距离、高频等保护装置有关元件及结构的正确性。

(10) 其他可参照上题中有关规定执行。

(11) 在验收时，应提交下列资料和文件：

1) 工程竣工图。

2) 变更设计的证明文件。

3) 制造厂提供的产品说明书、调试大纲、实验方法、实验记录、合格证件及安装图纸等技术文件。

4) 根据合同提供的备品备件清单。

5) 安装技术记录。

6) 调整实验记录。

(12) 对于新竣工的微机保护装置还应验收：

1) 继电保护校验人员在移交前要打印出各CPU所有定值区的定值，并签字。

2) 如果调度已明确该设备即将投运时的定值区，则由当值运行人员向继电保护人员提供此定值区号，由继电保护人员可靠设置；如果当值运行人员未提出要求，则继电保护人员将各CPU的定值区均可靠设置于“1”区。

3）由运行人员打印出该微机保护装置在移交前最终状态下的各CPU当前区定值，并负责核对，保证这些定值区均设置可靠。最后，继电保护与运行双方人员在打印报告上签字。

4）制造厂提供的软件框图和有效软件版本说明。

41. 继电保护及二次回路检验、测试及缺陷处理后的验收项目有哪些？

答：（1）工作符合要求，接线完整，端子连接可靠，元件安装牢固。继电器的外罩已装好，所有接线端子应恢复到工作开始前的完好状态，标志清晰。有关二次回路工作记录应完整详细，并有明确可否运行的结论。

（2）检验、测试结果合格，记录完整，结论清楚。

（3）整组试验合格，信号正确，端子和连接片投退正确（调度命令除外），各小开关位置符合要求，所有保护装置应恢复到开工前调度规定的启用或停用的状态，保护定值正确。保护和通道测试正常。

（4）装置外观检查完整、无异物，各部件无异常，触点无明显振动、装置无异常声响等现象。

（5）保护装置应无中央告警信号，直流屏内相应的保护装置无掉牌。

（6）装置有关的计数器与专用记录簿中的记载一致。

（7）装置的运行监视灯、电源指示灯应点亮，装置无告警信号。

（8）装置的连接片或插件位置以及屏内的跨线连接与运行要求相符。

（9）装置的整定通知单齐全，整定值与调度部门下达的通知单或调度命令相符。

（10）装置的检验项目齐全，新投入的装置或装置的交流回路有异动时，需带负荷检验极性正确后，才能验收合格。

（11）缺陷处理工作应根据缺陷内容进行验收。

（12）继电器、端子牌清洁完好，接线牢固，屏柜密封，电缆进出洞要堵好，屏柜、端子箱的门关好。

（13）新加和变动的电缆、接线必须有号牌，标明电缆号、电缆芯号、端子号，并核对正确。电缆标牌应标明走向，端子号和连接片标签清晰。

（14）现场清扫整洁，借用的图纸、资料等如数归还。

（15）对于更改了的或新投产的保护及二次回路，在投运前移交运行规程和竣工红线图，运行后一个月内移交正式的竣工图。

（16）对于已投运过的微机保护装置应检查：①继电保护校验人员对于更改整定通知书和软件版本的微机保护装置，在移交前要打印出各CPU所有定值区的定值，并签字；②继电保护校验人员必须将各CPU的定值区均可靠设置于停电校验前的状态；③由运行人员打印出该微机保护装置在移交前最终状态下的各CPU中的当前运行区定值，并负责核对，保证这些定值区均设置可靠；④继电保护与运行方人员在打印报告上签字。

（17）由于运行方式需要改变定值区后，运行人员必须将定值打印出并与整定通知书核对。

42. 新安装计算机监控系统现场验收项目有哪些？

答：（1）UPS、站控层和间隔层硬件检查：

1）机柜、计算机设备的外观检查。

2）监控系统所有设备的铭牌检查。

3）现场与机柜的接口检查：①检查电缆屏蔽线接地良好；②检查接线正确；③检查端子编号正确；④检查电压互感器端子熔丝接通良好；⑤检查各小开关、电源小刀闸电气接触良好。

4）遥信正确性检查：①检查断路器、隔离开关变位正确；②检查设备内部状态变位正确。

5）遥测正确性检查：①测量电压互感器二次回路压降和角差的测量；②电压100%、50%、0量程和精度检查；③电流100%、50%、0量程和精度检查；④有功功率100%、50%、0量程和精度的检查；⑤无功功率100%、50%、0量程和精度的检查；⑥频率100%、50%、0量程和精度的检查；⑦功角100%、50%、0量程和精度的检查；⑧非电量变送器100%、50%、0量程和精度的检查。

6）UPS装置功能检查：①交流电源失压，UPS电源自动切换至直流功能检查；②切换时间测量；③故障告警信号检查。

7）I/O监控单元电源冗余功能检查：①I/O监控单元任一路进线电源故障，监控单元仍能正常运行；②I/O监控单元电源恢复正常，对I/O监控单元无干扰功能检查。

（2）间隔层功能验收。

1）数据采集和处理：①开关量和模拟量的扫描周期检查；②开关量防抖动功能检查；③模拟量的滤波功能检查；④模拟量和越死区上报功能检查；⑤脉冲量的计数功能检查；⑥BCD解码功能检查。

2）与站控层通信应正常。

3）断路器同期功能检查：①电压差、相角差、频率差均在设定范围内，断路器同期功能检查；②相角差、频率差均在设定范围内，但电压差超出设定范围同期功能检查；③电压差、频率差均在设定范围内，但相角差超出设定范围同期功能检查；④相角差、电压差均在设定范围内，但频率差超出设定范围同期功能检查；⑤断路器同期解锁功能检查。

4）I/O监控单元面板功能检查：①断路器或隔离开关就地控制功能检查；②监控面板开关及隔离开关状态监视功能检查；③监控面板遥测正确性检查。

5）I/O监控单元自诊断功能检查：①输入/输出单元故障诊断功能检查；②处理单元故障诊断功能检查；③电源故障诊断功能检查；④通信单元故障诊断功能检查。

（3）站控层功能验收。

1）操作控制权切换功能：①控制权切换到远方，站控层的操作员工作站控制无效，并告警提示；②控制权切换到站控层，远方控制无效；③控制权切换到就地，站控层的操作员工作站控制无效，并告警提示。

2）远方调度通信：①遥信正确性和传输时间检查；②遥测正确性和传输时间检查；③断路器遥控功能检查；④主变压器分接头升降检查（针对有载调压变压器）；⑤通信故障，站控层设备工作状态检查。

3）电压无功控制功能：①500kV/220kV电压在目标范围内，电抗器和电容器投切、主变压器分接头调节功能检查；②500kV/220kV电压高于/低于目标值，电抗器和电容器投切、主变压器分接头调节功能检查；③500kV/220kV电压高于/低于合格值，电抗器和电容器投切、主变压器分接头调节功能检查；④电压无功控制投入和切除功能检查；⑤优先满足500kV或优先满足220kV功能检查；⑥断路器处于断开状态，闭锁电压控制功能检查；

⑦设备处于故障或检修闭锁电压控制功能检查；⑧主变压器分接头退出调节，电抗器和电容器协调控制功能检查；⑨电压无功控制对象操作时间、次数、间隔等统计检查。

4）遥控及断路器、隔离开关、接地开关控制和联闭锁：①遥控断路器，测量从开始操作到状态变位在 CRT 正确显示所需要的时间；②合上断路器，相关的隔离和接地开关闭锁功能检查；③合上隔离开关，相关接地开关闭锁功能检查；④合上接地开关，相关的隔离开关闭锁功能检查；⑤合上母线接地开关，相关的母线隔离开关闭锁功能检查；⑥模拟线路电压，相关的线路接地开关闭锁功能检查；⑦设置虚拟检修挂牌，相关的隔离开关闭锁功能检查；⑧主变压器二次侧/三次侧联闭锁功能检查；⑨联闭锁解锁功能检查。

5）画面生成和管理：①在线检修和生成静态画面功能检查；②在线增加和删除动态数据功能检查；③站控层工作站画面一致性管理功能检查；④画面调用方式和调用时间检查。

6）报警管理：①断路器保护动作，报警声、光报警和事故画面功能检查；②报警确认前和确认后，报警闪烁和闪烁停止功能检查；③设备事故告警和预告及自动化系统告警分类功能检查；④告警解除功能检查。

7）事故追忆：①事故追忆不同触发信号功能检查；②故障前 1min 和故障后 5min 时间段，模拟量追忆功能检查。

8）在线计算和记录：①检查电压合格率、变压器负荷率、全站负荷率、站用电率、电量平衡率；②检查变电站主要设备动作次数统计记录；③电量分时统计记录功能检查；④电压、有功、无功年月日最大、最小值记录功能检查。

9）历史数据记录管理：①历史数据库内容和时间记录顺序功能检查；②历史事件库内容和时间记录顺序功能检查。

10）打印管理：①事故打印和 SOE 打印功能检查；②操作打印功能检查；③定时打印功能检查；④召唤打印功能检查。

11）时钟同步：①站控层操作员工作站 CRT 时间同步功能检查；②监控系统 GPS 和标准 GPS 间误差测量；③I/O 间隔层单元间事件分辨率顺序和时间误差测量。

12）与第三方面的通信：①与数据通信交换网数据通信功能检查；②与保护管理机数据交换功能检查；③与 UPS、直流电源监控系统数据传送功能检查。

13）系统自诊断和自恢复：①主用操作员工作站故障，备用的工作站自动诊断告警和切换功能检查，切换时间测量；②前置机主备切换功能检查，切换时间测量；③冗余的通信网络或 HUB 故障，监控系统自动诊断告警和切换功能检查；④站控层和间隔层通信中断，监控系统自动诊断和告警功能检查。

（4）性能指标验收。

1）精度为 0.1 级的三相交流电压电流源。

2）精度合格的秒表。

3）标准 GPS 时钟和精度位 1ms 的时间分辨装置。

4）网络和 CPU 负载率测量装置。

（5）验收报告。

1）验收报告主要包括上述所列出的功能。

2）性能指标验收报告应包括要求的性能参数和测量设备精度。

3）验收报告至少有测量单位和用户签字认可。

（6）检查打印机各种是否正常，当有事故或预告信号时，能否即时打印等。
（7）检查“五防”装置与后台机监控系统接口是否正常，能否正常操作。
（8）设备投运后，应检查模拟量显示是否正常。

43.“五防”系统的验收项目有哪些？

答：（1）监控后台：
1）后台机无死机现象；
2）系统结构图中显示各个工作站通信正常；
3）“五防”钥匙可正常启动；
4）“五防”机可以正常开票；
5）各工作站能正确切换“五防”、事故反演等状态；
6）各工作站能正确显示告警信息。
（2）NSD500V测控装置屏及NSC300V通信控制器：
1）装置无死机现象；
2）装置屏所有功能连接片及切换手柄可正常操作；
3）装置外部检查齐全；
4）装置上电后无异常告警信息，屏幕显示正常运行画面，指示灯正常；
5）参数输入检查正确；
6）GPS校时功能检查正常；
7）与后台监控系统通信正确；
8）装置接地。

44.10～35kV开关柜验收项目有哪些？

答：（1）柜体接地：
1）底架与基础连接牢固、导通良好；
2）装有电器可开启屏门的接地用软导线可靠接地。
（2）开关柜机械部件检查：
1）柜面检查平整、齐全；
2）柜内照明装置齐全（电缆室及低压室）；
3）门销开闭灵活；
4）手车推拉试验手车应能在工作、试验位置轻便不摆动、无卡阻现象；
5）电气“五防”装置齐全、动作灵活可靠；
6）安全隔离板应开启灵活，随手车的进出而相应动作。
（3）开关柜电气部件检查：
1）活动接地装置的连接导通良好，通断顺序正确；
2）电气联锁触点接触紧密，导通良好；
3）二次插拔完好、安装灵活；
4）带电显示装置正确显示、验电正常；
5）动静触头中心应一致，触头接触紧密；
6）辅助开关切换应动作准确，接触可靠；
7）接地触头应接触紧密；
8）盘柜内部元件应齐全完好，位置正确，牢固；

9）所有接线螺丝应紧固；
10）照明装置应齐全；
11）加热器投入正常（150W是否按季节来更换）。
（4）开关柜操作部件检查：
1）储能电动机工作正常，能正确计数；
2）断路器动作计数器；
3）储能状态指示器指示正常；
4）手动储能操作灵活，储能正常；
5）各操作联动试验盘柜上部各状态指示正确。
（5）试验报告合格完备。

45. 400V开关柜的验收项目有哪些?

答：（1）柜体接地。底架与基础连接牢固、导通良好。
（2）开关柜机械部件检查。
1）柜面检查平整、齐全；
2）设备附件清点齐全；
3）门销开闭灵活；
4）电气“五防”装置齐全、动作灵活可靠。
（3）开关柜电气部件检查：
1）活动接地装置的连接导通良好，通断顺序正确；
2）动静触头中心应一致，触头接触紧密；
3）辅助开关切换应动作准确，接触可靠；
4）柜内电缆位置合理并应牢固；
5）接地触头应接触紧密；
6）盘柜内部元件应齐全完好，位置正确，牢固；
7）开关柜的柜间、母线室之间及与本柜其他功能隔室之间；
8）应采取有效的封堵隔离措施；
9）所有接线螺丝应紧固。
（4）开关柜操作部件检查。
1）储能电动机工作正常；
2）断路器动作计数器工作正常，能正确计数；
3）储能状态指示器指示正常；
4）手动储能操作灵活，储能正常；
5）各操作联动试验盘柜上部各状态指示正确。

46. 电量计费系统装置的验收项目有哪些?

答：（1）装置外部检查应齐全、正确。
（2）装置上电后无异常告警信息，屏幕显示正常运行画面，指示灯正常。
（3）远传上传功能检查传输正确。
（4）GPS校时功能检查软、硬校时均正常。
（5）电能计量表计运行正常。
（6）装置可靠接地。

chapter 25 第二十五章

倒闸操作

1. 什么是倒闸？什么是倒闸操作？

答：电气设备分为运行、冷备用、热备用及检修四种状态。将设备由一种状态转变到另一种状态的过程是倒闸，所进行的操作是倒闸操作。

事故处理所进行的操作，实际上是特定条件下的紧急倒闸操作。

2. 电气设备的四种状态是如何规定的？

答：（1）运行状态。指电气设备隔离开关和断路器都在合上位置，并且电源至受端之间的电路连通（包括辅助设备，如电压互感器，避雷器等）。

（2）热备用状态。指设备仅仅靠断路器断开，而隔离开关都在合上的位置，即没有明显的断开点，断路器一经合闸即可将设备投入运行。仅有隔离开关或熔断器而无专用断路器的设备（如母线、压变等）无热备用状态。

（3）冷备用状态。指设备所属断路器、隔离开关和熔断器（如接线方式中有的话）均在断开位置。

（4）检修状态。设备的所有断路器、隔离开关均在断开位置，并在各可能来电方向装设接地线或合上接地隔离开关。

3. 倒闸操作的基本类型有哪些？

答：（1）正常计划停电检修和试验的操作。

（2）调整负荷及改变运行方式的操作。

（3）异常及事故处理的操作。

（4）设备投运的操作。

4. 变电站倒闸操作的基本内容有哪些？

答：（1）线路的停、送电操作。

（2）变压器的停、送电操作。

（3）倒母线及母线停送电操作。

（4）装设和拆除接地线的操作（合上和拉开接地开关）。

（5）电网的并列与解列操作。

（6）变压器的调压操作。

（7）站用电源的切换操作。

（8）继电保护及自动装置的投、退操作，改变继电保护及自动装置的定值的操作。

（9）其他特殊操作。

5. 倒闸操作的任务是什么？

答：倒闸操作的任务是由电网值班调度员下达的将一个电气设备单元由一种状态连续地转变为另一种状态的特定的操作内容。电气设备单元由一种转换为另一种状态有时只需要一个操作任务就可以完成，有时却需要经过多个操作任务来完成。

6. **何为调度指令？调度操作指令有哪几种形式？**

答：调度指令是指电网值班调度员向变电站值班人员下达一个倒闸操作任务的命令形式。调度操作指令分为逐项指令、综合指令和口头令三种。

（1）逐项指令是值班调度员将操作任务按顺序逐项下达，受令单位按指令的顺序逐项执行的操作指令。逐项指令一般适用于涉及两个及以上单位的操作，如线路停电送电等。调度员必须事先按操作原则编写操作票。操作时由值班调度员逐项下达操作指令，现场值班人员按指令顺序逐项操作。逐项操作指令下达的方式有两种：

1）按状态进行下令（用于正常的倒闸操作）。

2）按操作顺序一项一项地下令（用于新设备送电、设备改扩建等）。

（2）综合指令是值班调度员对一个单位下达的一个综合操作任务，具体操作项目、顺序由现场运行人员按规定自行填写操作票，在得到值班调度员允许之后即可进行操作。综合指令一般适用于只涉及一个单位的操作，如变电站倒母线和变压器停送电等。

（3）口头指令。值班调度员口头下达的调度指令。变电站的继电保护和自动装置的投、退等，可以下达口头指令。在事故处理情况下，为加快事故处理的速度，也可以下达口头指令。

另外，还有一种状态令，是指值班调度人员发布的只明确设备操作初态和终态的一种操作指令。具体操作内容和步骤，由厂站运行值班人员依据调度机构发布的操作状态令定义和现场运行规程拟订。

7. **停、送电操作的原则有哪些？**

答：（1）停电操作的原则。先断开断路器，然后拉开负荷侧隔离开关，再拉开电源侧隔离开关。

（2）送电操作原则。先合上电源侧隔离开关，然后合上负荷侧隔离开关，最后合上断路器。

8. **倒闸操作的一般规定有哪些？**

答：（1）正常倒闸操作必须根据调度值班人员的指令进行操作。

（2）正常倒闸操作必须填写操作票。

（3）倒闸操作必须两人进行。

（4）正常倒闸操作尽量避免在下列情况下：

1）变电站交接班时间内。

2）负荷处于高峰时段。

3）系统稳定性薄弱期间。

4）雷雨、大风等天气。

5）系统发生事故时。

6）有特殊供电要求。

（5）电气设备操作后必须检查确认实际位置。

（6）下列情况下，变电站值班人员不经调度许可能自行操作，操作后必须汇报调度：

1）将直接对人员生命有威胁的设备停电。

2）确定在无来电可能的情况下，将已损坏的设备停电。

3）确认母线失电，拉开连续在失电母线上的所有断路器。

（7）设备送电前必须检查其有关母线上的所有断路器。

（8）操作中发现疑问时，应立即停止操作，并汇报调度，查明问题后再进行操作。操作中具体问题处理规定如下：

1）操作中若发生闭锁装置失电时，不得擅自解锁。应按现场有关规定履行解锁操作程序进行解锁操作。

2）操作中出现影响操作安全的设备缺陷时，应立即汇报值班调度员，并初步检查缺陷情况，由调度决定是否停止操作。

3）操作中发现系统异常，应立即汇报调度员，得到值班调度员同意后，才能继续操作。

4）操作中发现操作票有错误，应立即停止操作，将操作票改正后才能继续操作。

5）操作中发生误操作事故，应立即汇报调度，采取有效措施，将事故控制在最小范围内，严禁隐瞒事故。

（9）事故处理时可不用操作票。

（10）倒闸操作必须具备下列条件才能进行操作：

1）变电站值班人员须经过安全教育培训、技术培训、熟悉工作业务和有关规程制度，经上岗考试合格，有关主管领导批准后，方能接受调度指令，进行操作或监护工作。

2）要有与现场设备和运行方式一致的一次系统模拟图，要有与实际相符的现场运行规程，继电保护自动装置的二次回路图纸及定值计算书。

3）设备应达到防误操作的要求，不能达到的须经上级部门批准。

4）倒闸操作必须使用统一的电网调度术语及操作术语。

5）要有合格的安全工器具、操作工具、接地线等设施，并设有专门的存放地点。

6）现场一、二次设备有正确、清晰的标示牌，设备的名称、编号、分合位指示、远动方向指示、切换位置指示以及相别标识齐全。

9. 倒闸操作前应做好哪些准备工作？

答：（1）接受操作任务。操作任务通常由操作指挥人或操作领导人（调度员或值班长）下达，是进行倒闸操作准备的依据。有计划的复杂操作或重大操作应尽早通知有关单位准备。接受操作任务后，值班负责人（班长）要首先明确操作人及监护人。

（2）明确操作方案。根据当班设备的实际运行方式，按照规程规定，结合检修工作票的内容及地线位置，综合考虑后确定操作方案及操作步骤。

（3）填写操作票。操作票的内容及步骤，是操作任务、操作意图及操作方案的具体化，是正确执行操作的基础和关键。填写操作票务必严肃、认真、正确。要求：

1）操作票必须由操作人填写（综合自动化变电站在五防机上由计算机自动生成）。

2）填好的操作票要进行审查，达到正确无误。

3）特定的操作，按规程也可使用固定操作票。

（4）准备操作用具及安全用具，并进行检查。

此外，准备停电的设备如带有其他负荷，倒闸操作的准备工作还包括将这些负荷倒出的操作。例如，停电线路上有T接负荷时，应事先将其倒出；停运主变压器前，倒换所用的变压器等。

10. 倒闸操作的基本步骤有哪些？

答：倒闸操作大致可分为以下10个步骤：

（1）接受任务。在正式操作前，值班调度员预先用电话或传真将调度命令票（包括操作目的、项目等）下达给变电站值班人员。值班人员接受任务时，应将电话录音或传真件妥善保管。

（2）填写倒闸操作票。接受任务后，值班负责人应立即制定操作监护人，操作人。倒闸操作票由操作人填写。操作票要以调度命令票为依据，根据现场运行规程和设备实际运行状态进行填写，不准直接用调度命令票或现场典型操作票进行操作。填写操作票应注意以下5点：

1）一张操作票只能填写一个操作任务，所谓“一个操作任务”系指同一个操作命令，且为了相同的操作目的而进行的一系列相互关联并依次进行倒闸操作的过程。因此，根据一个操作命令所进行的倒母线和倒换变压器等的操作，对几路出线依次进行停、送的操作，以及一台机组或变压器检修，有关几个用电部分的停送电操作等，均可填用一张操作票。

2）操作票应填写设备双重名称，即设备名称和编号。

3）下列项目应填入倒闸操作票内：①应拉合的设备［断路器（开关）、隔离开关（刀闸）、接地开关等］，验电，装拆接地线，安装或拆除控制回路或电压互感器回路的熔断器（或二次小开关），切换保护回路和自动化装置及检验是否确无电压等；②拉合设备［断路器（开关）、隔离开关（刀闸）、接地开关等］后检查设备的位置；③进行停、送电操作时，在拉、合隔离开关（刀闸），手车式开关拉出、推入前，检查断路器（开关）确在分闸位置；④在进行倒负荷或解/并列操作前后，检查相关电源运行及负荷分配情况；⑤设备检修后合闸送电前，检查送电范围内接地开关已拉开，接地线已拆除。

4）操作票填写要使用正规的调度术语。

5）操作票票面应整洁。

（3）操作票审核。一张倒闸操作票填写好以后，必须进行三次审查。

1）自审，即由操作票填写人进行。

2）初审，即由操作监护人进行。

3）复审，即由值班负责人（值班长）进行，特别重要的倒闸操作票应由变电站技术负责人审查。

审票人要认真检查操作票的填写是否有漏项，顺序是否正确，术语使用是否正确，内容是否简单明了，有无错漏字等。三审后的操作票经值班长签字生效，正式操作待调度下令后执行。

（4）接受命令。正式操作，必须有调度发布的操作命令。值班调度员发布命令时，监护人、操作人同时受令，并由监护人按照填写的操作票向发令人复诵，经双方核对无误后，监护人在命令票上填写发令时间，发令人姓名，并签名。一张操作票调度分段下令时，受令人要在命令票和倒闸操作票上做好记号，注明调度本次下令的项目，以防因疏忽而发生意外。

（5）模拟操作。正式操作前，操作人、监护人应先在模拟图（微机五防装置、微机监控装置）上按操作票上所列内容和顺序进行模拟预演，再一次核对和检查操作票的正确性。模拟操作也要同正式操作一样，认真执行监护、唱票、复诵制度。

（6）执行操作。执行操作必须认真执行操作监护制度，即操作时实行一人操作、一人监护的制度。操作监护人一般由技术水平较高、经验丰富的值班员担任，值班人员的操作监护权在其岗位职责中要有明确规定。重要、复杂的操作，由业务熟练者操作，值班负责人监护。

操作时必须坚持执行唱票（即宣读操作票内容）、复诵制度。每进行一项操作，其程序是：唱票—对号—复诵—核对—下令—操作—复查—打执行符号“√”。

操作时，必须按调度命令顺序执行，不得无令操作，特别是具体命令票，调度员命令下达到哪一项，就只能操作到哪一项，不得漏项、越项操作。

操作中即使发生很小的疑问，也应立即停止操作，不准盲目改变操作顺序或操作方法，即使认为发令人下达的操作内容有问题，也不准擅自更改，应向发令人说明情况，由发令人重新下达正确的操作命令，再作操作。如属操作票错误，则必须重填。

在操作过程中，不得进行交接班，只有操作告一段落时，方可将操作票移交给下一个班组，交接值班人员要详细交待操作票执行情况和注意事项，接班值班员应重新审核，熟悉操作票。

（7）检查。每操作一项，应检查一项，检查操作正确性，检查表计、机械指示（实时显示）等是否正确。

（8）操作汇报。操作结束后，监护人应立即将操作情况汇报发令人。具体令应每操作一项汇报一项，对于连续项连续操作的，可操作完后一起汇报。

（9）复查、总结。一张倒闸操作票执行完后，操作人、监护人应全面复查一遍，并总结本次操作情况。

（10）全部操作完后操作人，监护人应按照规定做好各类记录。

11. 变电站值班人员（操作队人员）应怎样对待调度的操作命令？

答：电网的电气设备实行四级调度。按照调度权利的划分，分别国调、网调、中、省调和地调。设备归谁调度，倒闸操作时就由谁下令操作。

（1）对于调度下达的操作命令，值班人员应认真执行。

（2）如对操作命令有疑问或发现与现场情况不符，应向发令人提出。

（3）发现所下操作命令将直接威胁人身或设备安全时，应拒绝执行。同时将拒绝执行命令的理由以及改正命令的建议，向发令人及本单位的领导报告，并记入值班记录中。

（4）允许不经调度许可的操作。紧急情况下，为了迅速处理事故，防止事故的扩大，允许值班人员不经调度许可执行下列操作，但事后应尽快向调度报告，并说明操作的经过及原因。

1）将直接对人员生命有威胁的设备停电或将机组停止运行。

2）将已损坏的设备隔离。

3）恢复厂（站）用电源或按规定执行《紧急情况下保证厂用电措施》。

4）当母线已无电压，拉开该母线上的断路器。

5）将解列的发电机并列（指非内部故障跳机）。

6）按现场运行规程的规定：①强送或试送已跳闸的断路器；②将有故障的电气设备紧急与电网解列或停止运行；③继电保护或自动装置已发生或可能发生误动，将其停用；④失去同期或发生振荡的发电机，在规定时间不能恢复同期，将其解列等。

12. 全国电力系统设置几级调度机构？

答：设立五级调度机构：

（1）全国电力调度机构（简称国调）。

（2）区域电力调度机构（简称网调）。

（3）省（直辖市）电力调度机构（简称省调）。

（4）省辖市（地区）电力调度机构（简称地调）。

（5）县（县级市）电力调度机构（简称县调）。

13. 设备操作的操作制度及一般规定有哪些？

答：（1）设备进行操作前，值班调度人员应填写操作指令票。两个或两个以上的单位共同完成的操作任务，应填写逐项操作指令票；仅由一个单位完成的操作任务，应填写综合操作指令票。逐项操作指令票和综合操作指令票应分别统一编号。

1）填写操作指令票应以检修工作申请票、运行方式变更通知单、稳定措施变更通知单、继电保护通知单、日调度计划、试验或调试调度方案等为依据。

2）填写操作指令票前，值班调度人员应与有权进行调度业务联系的运行值班人员核对有关一、二次设备状态。

3）填写操作指令票应做到任务明确、票面清楚整洁，使用设备的双重名称（设备名称和编号）。每张操作票只能填写一个操作任务。逐项操作指令票和综合操作指令票可采用状态令的形式填写。

4）操作指令票应经过拟票、审票、预发、执行四个环节，其中拟票、审票不能由同一人完成。

（2）有计划的操作，值班调度人员应提前4h将操作指令票预发给操作单位。运行值班人员应了解操作目的和操作顺序，依据调度机构下达的操作指令票填写现场操作票，如有疑问应向值班调度人员询问清楚。

（3）值班调度人员发布操作指令时，应给出“发令时间”。“发令时间”是值班调度人员正式发布操作指令的依据，运行值班人员未接到“发令时间”不应进行操作。

（4）运行值班人员操作结束后，应汇报已执行项目和“结束时间”。“结束时间”是现场操作执行完毕的依据。

（5）在操作过程中，运行值班人员如听到调度电话铃声，应立即停止操作，并迅速接电话，如电话内容与操作无关则继续操作。

（6）逐项操作指令票应逐项发令、逐项操作、逐项汇报。在不影响安全的情况下，可将连续几项由同一单位进行的同一类型操作，一次按顺序下达，运行值班人员应逐项操作，一次汇报。

14. 哪些操作值班调度人员可不必填写操作指令票？

答：（1）事故处理。

（2）单一开关、低压电抗器、低压电容器的状态改变。

（3）机组状态改变。

（4）拉/合隔离开关、接地开关。

（5）投入或退出一套继电保护或安全自动装置。

（6）更改系统稳定措施。

（7）投入或退出自动发电控制（AGC）、自动电压控制（AVC）、PSS、一次调频功能。

以上操作应做好记录。

15. 操作前应考虑哪些问题？

答：（1）系统运行方式改变的正确性，操作时可能引起的系统潮流、电压、频率的变化，有功、无功功率平衡及必要的备用容量。

（2）继电保护或安全自动装置的投退、系统稳定措施的更改是否正确。

（3）变压器中性点接地方式是否符合规定。

（4）变压器分接头位置，无功补偿装置投入情况。

（5）设备送电操作前应核实设备检修的所有工作已结束，相关检修工作申请票均已终结，设备具备送电条件，并与检修票、方式单、现场实际进行核对。

（6）对电力通信、调度自动化的影响。

16. 设备停/送电操作的一般规定有哪些？

答：（1）停电操作时，先操作一次设备，再退出继电保护。送电操作时，先投入继电保护，再操作一次设备。

（2）对于微机稳控装置，停电操作时，一次设备停电后，由运行值班人员随继电保护的操作退出保护启动稳控装置的连接片及稳控装置相应的方式连接片；送电操作时，随继电保护的操作投入保护启动稳控装置的连接片及稳控装置相应的方式连接片，再操作一次设备。

（3）对于非微机（常规）稳控装置，停电操作时，先按规定退出稳定措施，再进行一次设备操作；送电操作时，先操作一次设备，设备送电后，再按规定投入稳定措施。

（4）设备停电时，先断开该设备各侧断路器，然后拉开各侧断路器两侧隔离开关；设备送电时，先合上该设备各断路器两侧隔离开关，最后合上该设备断路器。其目的是有效地防止带负荷拉合隔离开关。

（5）设备送电时，合隔离开关及断路器的顺序是从电源侧逐步送向负荷侧；设备停电时，与设备送电顺序相反。

17. 并列与解列操作的一般规定有哪些？

答：（1）系统并列条件：①相序相同；②频率差不大于0.1Hz；③并列点两侧电压幅值差在5%以内。

（2）并列操作应使用准同期并列装置。

（3）解列操作前，应先将解列点有功潮流调至接近零，无功潮流调至尽量小，使解列后的两个系统频率、电压均在允许范围内。

18. 合环与解环操作的一般规定有哪些？

答：（1）合环前应确认合环点两侧相位一致。

（2）合环前应将合环点两侧电压幅值差调整到最小：500kV系统不宜超过40kV，最大不应超过50kV，220kV系统不宜超过30kV，最大不应超过40kV。

（3）合环时，合环点两侧相位角差不应大于25℃，合环操作宜经同期装置检定。

（4）合环（或解环）操作前，应先检查相关设备（线路、变压器等）有功、无功潮流，确保合环（或解环）后系统各部分电压在规定范围以内，通过任一设备的功率不超过稳定规定、继电保护及安全自动装置要求的限值等。

（5）合环（或解环）后应核实线路两侧断路器状态和潮流情况。

19. 断路器操作的原则有哪些？

答：（1）断路器经检修恢复运行操作前，应认真检查所有安全措施是否全部拆除，防误装置是否正常。

（2）应检查控制、信号、辅助、控制电源、液压机构、弹簧及气动机构回路均正常、储能机构已储能，即具备运行操作条件。

（3）合闸操作中应同时监视有关电压、电流、功率等表计的指示及监控屏红绿灯的变化。

（4）站内所有的断路器严禁就地操作。

（5）线路停、送电时，对装有重合闸的线路断路器，重合闸一般不操作。当需要重合闸停用或投入时，调度员应发布操作命令。与重合闸有关的保护需要改为经重合闸或直接跳闸，由现场根据正常方式要求自行调整，非正常方式由调度发令。

（6）设备送电，在断路器合闸前，必须检查继电保护已按规定投入，有重合闸的线路如需要投入重合闸时，调度员应另发布操作任务或操作命令。

（7）当断路器检修（或断路器及线路检修）且其母差保护二次电流回路有工作，在断路器投入运行前，应征得调度同意先停用母差保护，再合上断路器，测量母差不平衡电流合格后，才能投入母差保护。如果母差电流回路未动过，在断路器恢复送电时，母差保护不应退出，以免合闸于故障线路或设备，断路器拒动，造成失灵保护拒动，而扩大事故。

（8）操作主变压器断路器，停电时应先拉开负荷侧，后拉开电源侧，送电顺序相反。拉合主变压器电源侧断路器前，主变压器中性点必须直接接地。

（9）断路器操作后的位置检查，应通过断路器电气指示或遥信信号变化、仪表（电流表、电压表、功率表）或遥测指示变化、断路器（三相）机械指示位置变化等方面判断。设遥控操作断路器，至少应有两个及以上元件指示位置已发生对应变化，才能确认该断路器已操作到位。装有三相表计的断路器应检查三相表计。

20. 高压断路器停电操作的注意事项有哪些?

答：（1）应检查终端线负荷是否为零，如有疑问应问清调度后再操作，以免引起停电。

（2）电源线应考虑是否满足本变电站电源 $N-1$ 的方案。

（3）联络线应考虑拉开后是否会引起本站电源线过负荷。

（4）并列运行的线路，在一条线路停电前，应考虑有关保护定值的调整。注意在该线路拉开后另一条线路是否会过负荷，如有疑问应问清楚调度后再操作。

（5）断路器检修时必须拉开断路器交、直流操作电源（空气开关或刀开关或熔丝），弹簧机构应释放弹簧储能，以免检修时引起人员伤亡。检修后的断路器必须放在分开位置上，以免送电时造成带负荷合隔离开关的误操作事故。

（6）断路器检修时，应停用相应的母差跳闸及断路器失灵跳闸，在断路器改为冷备用后，投入相应的母差和失灵跳闸。

（7）SF_6 断路器气体压力和空气断路器储气罐压力应在规定范围之内。

（8）操作控制手柄时，用力不能过猛，防止损坏控制手柄（常规变电站）。

21. 高压断路器送电操作的注意事项有哪些?

答：（1）操作前应检查控制回路、辅助回路控制电源、液（气）压回路是否正常，储能机构已储能，即具备运行操作条件。

（2）SF_6 断路器气体压力和空气断路器储气罐压力应在规定范围之内。

（3）长期停运的断路器在正式执行操作前应通过远方控制方式操作 2～3 次，无异常后，方能按操作票拟定方式操作。

（4）断路器检修后恢复运行时，操作前应检查为保证人身安全所设置安全措施确已拆除。

（5）操作前，投入断路器有关保护和自动装置。

（6）操作前，断路器分、合位置指示正确。操作后，分、合位置指示正确，三相一致。

（7）操作过程中，应同时监视有关电压、电流、功率等表计（实时显示）正常，以及断路器控制手柄指示灯的变化（常规变电站）。

（8）操作控制手柄时，用力不能过猛，防止损坏控制手柄（常规变电站）。

（9）断路器合闸后应检查其内部有无异常气味。

(10) 送电端如发现合闸电流明显超过正常值，可以判断为断路器合闸于故障线路或设备，继电保护应动作跳闸，如未跳闸应立即手动拉开该断路器。

(11) 当断路器合闸于联络线、电源线，一般有一定数值的电流是正常的。

(12) 对主变压器进行充电合闸时，电流表会瞬间数值较大后马上又回落，这时变压器励磁涌流的正常现象。

22. 断路器异常操作的注意事项有哪些？

答：(1) 当用500kV或220kV断路器进行并列或解列操作，因机构失灵造成两相断路器断开、一相断路器合上的情况时，不允许将断开的两相断路器合上，而应迅速将合上的一相断路器拉开。若断路器合上两相，应将断开的一相再合一次，若不成功即拉开合上的两相断路器。

(2) 断路器操作时，若分闸遥控操作失灵，如经检查断路器本身无异常，则可根据现场运行规程规定允许对断路器进行近控操作时，必须进行三相同步（联动）操作，不得进行分相操作。如合闸遥控操作失灵，则禁止进行现场近控合闸操作。

(3) 接入系统中的断路器由于某种原因造成 SF_6 压力下降，断路器操作压力异常并低于规定值时，严禁对断路器进行停、送电操作。运行中的断路器如发现有严重缺陷而不能跳闸的（如断路器已处于闭锁分闸状态），应立即改为非自动（装设非自动连接片的断路器停用非自动连接片，无非自动连接片的断路器拉开断路器的直流操作电源），迅速报告值班调度员后继续处理。

(4) 断路器出现非全相分闸时，应立即设法将未分闸相拉开，如拉不开应利用上一级断路器切除，之后通过隔离开关将故障断路器隔离。

(5) 断路器累计分闸或切断故障电流次数（或规定切断故障电流累计值）达到规定时，应停电检修。当断路器允许跳闸次数只剩一次时，应停用重合闸，以免故障重合闸造成断路器跳闸引起断路器损坏。

(6) 断路器的实际短路开断容量低于或接近运行地点的短路容量时，应停用自动重合闸，短路故障后禁止强送电。

23. 隔离开关操作的一般原则有哪些？

答：(1) 隔离开关在操作时，应先检查相应回路的断路器、相应的接地开关确已拉开并分闸到位，确认送电范围接地线已拆除。

(2) 操作电动机构隔离开关（包括接地开关）时，应先合上隔离开关操动机构电动机电源小开关，操作完毕后立即断开隔离开关操动机构电动机电源小开关。

(3) 停电操作隔离开关时，应先拉负荷侧隔离开关，后拉电源侧隔离开关。送电操作隔离开关时，应先合电源侧隔离开关，后合负荷侧隔离开关。

(4) 电动操作的隔离开关一般应在后台机上进行操作，当远控失灵时，可在就地测控单元（保护小室）上就地操作，或在现场就地操作，但必须满足“五防”闭锁条件，并采取相应技术措施，且征得上级有关部门的许可。220kV隔离开关可在就地操作，但必须严格核实电气闭锁条件和采取相应的技术措施；500kV隔离开关不得在现场进行带电状态下的手动操作，若需手动操作时，必须征得调度和本单位总工程师的同意后方可进行，并有站领导或技术人员在现场。

(5) 隔离开关操作（包括接地开关）时，运行人员应在现场逐相检查实际位置的分、合闸是否到位，触头插入深度是否适当和接触良好，确保隔离开关动作正常，位置正确。

(6) 隔离开关、接地开关和断路器等之间安装和设置有防误操作的闭锁装置，在倒闸操作时，必须严格按照操作顺序进行。如果闭锁装置失灵或隔离开关不能正常操作时，必须按闭锁要求的条件逐一检查相应的断路器、隔离开关和接地开关的位置状态，待条件满足，履行审批许可手续后，方能解除闭锁进行操作。

(7) 电动隔离开关手动操作时，应断开其动力电源，将专用手柄插入转动轴，逆时针摇动为合闸，顺时针摇动为分闸。500kV隔离开关不得带电进行手动操作。对于所有隔离开关和接地开关手动操作完毕后，应将箱门关好，以防电动操作被闭锁。

(8) 500kV隔离开关机构箱中的方式选择手柄正常时必须在“三相”位置。

(9) 装有接地开关的隔离开关，必须在隔离开关完全分闸后方可合上接地开关；反之当接地开关完全分闸后，方可进行隔离开关的合闸操作，操作必须到位。

(10) 用绝缘棒拉合隔离开关或经传动机构拉合隔离开关，均应戴绝缘手套。雨天操作室外高压设备时，绝缘棒应有防雨罩，还应穿绝缘鞋。

(11) 手动合上隔离开关时，必须迅速果断。在隔离开关快合到位时，不能用力过猛，以免损坏支持绝缘子。当合到底时发现有弧光或为误操合时，不准再将隔离开关拉开，以免由于误操作而发生带负荷拉隔离开关，扩大事故。手动拉隔离开关时，应慢而谨慎。如触头刚分离时发生弧光应迅速合上并停止操作，立即进行检查是否为误操作而引起电弧。

(12) 分相操作机构隔离开关在失去操作电源或电动失灵需要手动操作时，除按解锁规定履行必要手续，在合闸操作时应先合A、C相，最后合B相，在分闸操作时应先拉开B相，再拉开其他两相。

24. 隔离开关操作的注意事项有哪些?

答: (1) 操作隔离开关前，应检查相应断路器分、合闸位置是否正确，以防止带负荷拉/合隔离开关。

(2) 操作过程中，如果发现隔离开关支柱绝缘子严重破损、隔离开关传动杆严重损坏等严重缺陷时，不准对其进行操作。

(3) 操作中，如果隔离开关被闭锁不能操作时，应查明原因，不得随意解除闭锁。

(4) 拉/合隔离开关后，应到现场检查其实际位置，以免因控制回路或传动机构故障出现拒分/拒合现象；同时应检查隔离开关触头位置是否符合规定要求，以防出现不到位现象。

(5) 操作隔离开关后，要将防误闭锁装置锁好，以防止下次操作时，隔离开关失去闭锁。

(6) 操作中，若隔离开关有振动现象，应查明原因，不要硬拉、硬合。

(7) 隔离开关电动操动电压应为额定电压的85%～110%。

(8) 隔离开关在操作过程中，如有卡滞、动触头不能插入静触头、合闸不到位、严重振动等现象时，应停止操作，待缺陷消除后再继续进行。

(9) 在操作隔离开关过程中，要特别注意绝缘子有断裂等异常时应迅速撤离现象，防止人身受伤；如果发现隔离开关支持绝缘子严重破损、隔离开关传动杆严重损坏等严重缺陷时，不准对其进行操作。

(10) 操作带有闭锁装置的隔离开关时，应按闭锁装置的使用规定进行，不得随便动用解锁钥匙或破坏闭锁装置。

25. 隔离开关异常操作的注意事项有哪些?

答: (1) 若发生带负荷拉错隔离开关，在隔离开关动、静触头分离时，发现弧光应立即将隔离开关合上。已拉开时，不准再合上，防止造成带负荷合隔离开关，并将情况及时汇报上级；发现带负荷错合隔离开关，无论是否造成事故均不准将错合的隔离开关再拉开，应迅速报告所属调度听候处理并报告上级。

（2）拉合隔离开关发现异常时，应停止操作，已拉开的不许再合上，已合上的不许再拉开。接地前应验明无电压，如断路器一相未拉开，已拉开的断路器一侧隔离开关不许立即接地，必须将另一侧隔离开关同时拉开后，方可接地。对于已合上的隔离开关，应用相应的断路器断开，而不能直接拉开该隔离开关。

（3）若隔离开关合不到位、三相不同期时，应拉开重合，如果无法合到位，应停电处理，同时汇报上级领导。

26. 隔离开关允许进行哪些操作？

答：（1）拉、合电压互感器和避雷器（无雷雨、无故障时）。

（2）拉、合变压器中性接地点。

（3）拉、合经断路器或隔离开关闭合的旁路电流（在拉、合经开关闭合的旁路电流时，应先退出断路器操作电源）。

（4）拉、合 220kV 及以下母线和直接连接在母线上的设备的电容电流，拉合经试验允许 500kV 空载母线合拉合 3/2 接线母线环流。

（5）拉、合 3/2 断路器接线方式的站内短线。

（6）拉合励磁电流不超过 2A 的空载变压器、电抗器和电容器电流不超过 5A 的空载线路。

（7）对于 3/2 断路器接线，某一串断路器出现分、合闸闭锁时，可用隔离开关来解环，但要注意其他串的所用断路器必须在合闸位置。

（8）双母线单分段接线方式，当两个母联断路器和分段断路器中某断路器出现分、合闸闭锁时，可用隔离开关断开回路。操作前必须确认 3 个断路器在合位，并取下其操作电源熔断器。

27. 隔离开关不许进行哪些操作？

答：（1）不宜进行 500kV 隔离开关拉、合母线操作。如需进行此类操作须经电网企业主管生产领导同意。

（2）不得用隔离开关拉、合运行中的 500kV 线路并联电抗器、空载变压器、空载线路。

（3）带负荷分、合操作。

（4）配电线路的停送电操。

（5）雷电时，拉合消弧弧线圈。

（6）系统有接地（中性点不接地系统）或电压互感器内部故障时，拉合电压互感器。

（7）系统有接地时，拉合消弧弧线圈。

28. 线路操作的一般规定有哪些？

答：（1）220kV 及以上电压等级线路停、送电操作时，都应考虑电压和潮流变化，特别注意使非停电线路不过负荷，使线路输送功率不超过稳定限额，停、送电线路末端电压不超过允许值，长线路充电时还应防止发电机自励磁。

（2）500kV 线路停、送电操作时，如一侧为发电厂，一侧为变电站，宜在发电厂侧解、合环（或解、并列），变电站侧停、送电；如两侧均为变电站或发电厂，宜在电压高的一侧解、合环（或解、并列），电压低的一侧停、送电。

（3）线路停电时，应在线路两侧断路器拉开后，先拉开线路侧隔离开关，后拉开母线侧隔离开关。当线路需转检修时，应在线路可能受电的各侧都停止运行，相关隔离开关均已拉开后，方可在线路上作安全措施；反之在未全部拆除线路上安全措施之前，不允许线路任一侧恢复备用。

（4）对于3/2断路器接线的厂站，应先拉开中间断路器（切断小负荷电流或环流），后拉开母线侧断路器（切全部负荷电流）。若发生故障，则母线保护动作，跳母线上全部断路器，不影响线路的运行。若先断母线侧断路器，后断线路侧断路器，则发生故障时，将导致另一条线路停电，因而扩大了事故范围。

（5）线路送电时，应先拆除线路上安全措施，核实线路保护按要求投入后，再合上母线侧隔离开关，后合上线路侧隔离开关，最后合上线路断路器。对于3/2断路器接线的厂站，应先合上母线侧断路器，后合上中间断路器。

（6）220kV及以上电压等级线路检修完毕送电时，应采取相应措施，防止送电线路充电时发生短路故障，引起系统稳定破坏。

（7）新建、改建或检修后相位可能变动的线路首次送电前应校对相位。

（8）有多电源或双电源供电的变电站，线路合环时，要经过同期装置检定，并列点电压相序一致，相位差不超过容许值，电压差不得超过下面数值：220kV线路一般不超过额定电压的20%，500kV线路一般不超过额定电压的10%，最大不超过20%；频率误差不大于0.5Hz。

（9）双母线运行方式接线，运行线路由一条母线切换至另一条母线运行时，母联断路器必须在合闸位置，并取下母联断路器的操作电源。根据现场要求切换母差保护连接片，合上备用母线隔离开关，拉开运行母线隔离开关。最后合上母联断路器的操作电源，恢复母差保护连接片。

（10）旁路断路器代线路的操作：

1）旁路母线启用前应先对旁路母线充电，充电前旁路保护投入，重合闸停用（旁路充电状态）。

2）旁路代线路操作时，应在旁路断路器热备用状态时将旁路保护定值改为被代线路定值，按整定书的要求投入重合闸。

3）旁路代出线一般应在同一母线时才进行旁路代操作，如旁路母线所处母线与被代回路不在同一母线时，可将旁路冷倒到被代线路相对应的母线上，且旁路母差TA二次与跳闸出口也应切换至相对应的位置。

4）对于装有双套主保护的线路，一套保护停用，另一套保护切换至旁路。

5）旁路代线路操作过程中，高频保护出口跳闸应在切换前停用，待切换完成，通道测试正常后再投入高频保护出口跳闸。

（11）双回线停、送电操作：

1）双回线停、送电时要考虑对线路零序保护和横差保护的影响。

2）在双回线路变单回线路或单回线路变双回线路时，线路零序保护定值应更改，以免引起零序保护不正确动作。

3）双回线路改单回线路时，装有横差保护的线路，其横差保护要停用。由于横差保护是靠比较两平行线路的电流来反应故障，因此当其中一条线路停电时，就破坏了差动保护动作原理。

4）线路停电前，特别是超高压线路，要考虑线路停电后对其他设备的影响。

（12）对空载线路充电的操作：

1）充电时要求充电线路的断路器必须有完备的继电保护。正常情况下线路停运时，线路保护不一定停运，所以在对线路送电前一定要检查线路的保护情况。

2）要考虑线路充电功率对系统及线路末端电压的影响，防止线路末端设备过电压。充电端必须有变压器的中性点接地。

3）新建线路或检修后相位有可能变动的线路要进行核相。

4）在线路送电时，对馈电线路一般先合上送电端断路器，再合上受电端断路器。

29. 变压器操作的一般规定有哪些？

答：（1）变压器并列运行条件：①接线组别相同；②电压比相等（允许差5%）；③短路电压相等（允许差5%）。

当电压比和短路电压不符合上述要求时，经过计算，在任何一台变压器不会过负荷的情况下，允许并列运行。

（2）为保证系统稳定，充电前先降低相关线路的有功功率。

（3）变压器充电前，变压器继电保护应正常投入。

（4）变压器充电或停运前，应合上变压器中性点接地隔离开关。

（5）并列运行的变压器，在倒换中性点接地开关时，应先合上未接地的变压器中性点接地开关，再拉开另一台变压器中性点接地开关，并考虑零序电流保护的切换。

（6）大修后的变压器在投入运行前，有条件者应采取零起升压，对可能造成相位变动者应校对相位。

（7）变压器投入运行时，应先合电源侧开关，后合负荷侧开关。停运时操作顺序相反。500kV联变宜在500kV侧停（送）电，在220kV侧解（合）环或解（并）列。

30. 大型变压器停/送电操作时，其中性点为什么一定要接地？

答：这主要是为防止过电压损坏被投退变压器而采取的一种措施。对于一侧有电源的受电变压器，当其断路器非全相断、合时，若其中性点不接地有以下危险：

（1）变压器电源侧中性点对地电压最大可达相电压，这可能损坏变压器绝缘。

（2）变压器的高、低压绕组之间有电容，这种电容会造成高压对低压的“传递过电压”。

（3）当变压器高低压绕组之间电容耦合，导致低压侧电压达到谐振条件时，可能会出现谐振过电压，损坏绝缘。

对低压侧有电源的送电变压器：

（1）由于低压侧有电源，在并入系统前，变压器高压侧发生单相接地，若中性点未接地，则其中性点对地电压将是相电压，这可能损坏变压器绝缘。

（2）非全相并入系统且只一相与系统相联时，由于发电机和系统的频率不同，变压器中性点又未接地，该变压器中性点对地电压最高是2倍相电压，未合相的电压最高可达2.73倍相电压，将造成绝缘损坏事故。

31. 线路并联电抗器操作的一般规定有哪些？

答：（1）并联电抗器停电时，必须先将电抗器所在的500kV线路停电，然后再停电抗器；线路并联电抗器送电时，必须先投电抗器，再送500kV线路。

（2）线路并联电抗器送电前，线路电抗器保护、远跳及过电压保护应正常投入。线路电抗器停运或电抗器保护检修，应退出电抗器保护及启动远跳回路连接片。

（3）拉、合线路并联电抗器隔离开关应在线路检修状态下进行。

32. 电压互感器的操作顺序如何？

答：电压互感器送电时，先送一次再送二次（先合一次侧隔离开关，再断二次小开关）；停电时，先停二次再停一次（先断二次小开关，再拉一次侧隔离开关），防止二次反送电。

33. 母线操作的一般规定有哪些？

答：（1）母线充电前，应核实母线保护已正常投入。

（2）用母联断路器向母线充电时，运行值班人员在充电前应投入母联断路器充电保护，充电正常后退出充电保护。

（3）3/2 断路器接线方式的母线检修后充电操作，应投入断路器充电保护。

（4）母线倒闸操作时，应考虑对母线差动保护的影响和二次连接片相应的倒换。

（5）母线倒闸操作的顺序和要求按现场规程执行。

34. 母线操作的方法和注意事项有哪些？

答：（1）备用母线充电，在有母联断路器时，应使用母联断路器向母线充电。母联断路器的充电保护应在投入状态，必要时将保护整定时间调整至零。这样，如果备用母线存在故障，可由母联断路器切除，防止扩大事故。未经试验不允许使用隔离开关对 500kV 母线充电。

（2）在母线倒闸操作中，母联断路器的操作电源应断开，防止母联断路器误跳闸，造成带负荷拉隔离开关事故（这是因为若倒母线过程中由于某种原因使母联断路器分闸，此时母线隔离开关的拉、合操作实际上就是对两条母线进行带负荷解列、并列操作，在这种情况下，因解列、并列电流较大，隔离开关灭弧能力有限，会造成弧光短路）。

（3）一条母线的所有元件必须全部倒换至另一母线时，一般情况下是将一元件的隔离开关合于一母线后，随即断开另一母线隔离开关。

（4）由于设备倒换至另一母线或母线上电压互感器停电，继电保护和自动装置的电压回路需要转换由另一电压互感器供电时，应注意勿使继电保护及自动装置因失去电压而误动。避免电压回路接触不良以及通过电压互感器二次向不带电母线反充电，而引起的电压回路熔断器熔断，造成继电保护误动等情况出现。

（5）进行母线倒闸操作时应注意对母线保护的影响，要根据母差保护运行规程作相应的变更。在倒母线操作过程中无特殊情况下，母差保护应投入运行。

（6）变压器向母线充电时，变压器中性点必须直接接地。

（7）带有电磁式电压互感器的空母线充电时，为避免断路器触头间的并联电容与电压互感器感抗出现串联谐振，应在母线停送电操作前将电压互感器隔离开关断开，或在电压互感器的二次回路内并（串）联适当电阻。

（8）进行母线倒换操作前要做好事故预想，防止因操作中出现异常（如隔离开关支持绝缘子断裂等情况）而引起事故扩大。

35. 用母联断路器向母线充电后发生了谐振，应如何处理？送电时如何避免发生谐振？

答：应立即断开母联断路器使母线停电，以消除谐振。

送电时为了避免发生谐振可采用线路及母线一起充电的方式，或者对母线充电前退出电压互感器，充电正常后再投入电压互感器。

36. 操作电容器时应注意哪些事项？

答：（1）当全站停电时，应先拉开电容器断路器，后断各出线断路器，送电时相反。事故情况下，全站无电后必须将电容器拉开。这是因为变电站无负荷后，母线电压可能较高，可能超过电容器允许电压，对绝缘不利。此外，无负荷空投电容器可能产生电容器与变压器参数谐振导致过流保护动作。

（2）电容器断路器跳闸或熔断器熔断后不可强送电，因为可能为内部故障引起，强送会引起事故扩大。

（3）电容器组切除3～5min后才可合闸。这是因为电容器再次切除后需要1min左右的放电时间，只有放电完了，电容器不带电荷，合闸才会不引起过电压。

37. 继电保护的操作应注意哪些事项？

答：（1）继电保护及自动装置加、停用的一般原则。

设备正常运行时，应按有关规定加用其保护及自动装置。在倒闸操作时，一次设备运行方式的改变对继电保护动作特性、保护范围有影响的，应将其继电保护运行方式、定值作相应调整。继电保护、二次回路故障影响保护装置正确动作时，应将继电保护停用。

加用继电保护时，先投保护装置电源，后加保护出口连接片；停用与此相反。其目的是防止投、退保护时保护误动。

电气设备送电前，应将所有保护投入运行（受一次设备运行方式影响的除外）。电气设备停电后，应将有关保护停用，特别是在进行保护的维护和校验时，其失灵保护一定要停用。

（2）操作时，有关保护的注意事项。

1）新投入或大修后的变压器、电抗器投入运行后，一般将其重瓦斯保护投入信号48～72h后，再投跳闸。

2）母线充电时加用充电保护，充电后停用充电保护。

3）3/2断路器和角形接线方式中，线路停电断路器合环运行时，应将本侧远方跳闸装置停用，投入两断路器之间的短线保护。

4）线路两端的高频保护应同时投入或退出，不能只投一侧高频保护，以免造成保护误动作。高频保护投运前要检测高频通道是否正常。

5）装有横差保护的平行线路，在下列情况下应停用横差保护：平行线路之一停电时；平行线路之一处于充电状态时，平行线路断路器之一由旁路断路器代用时，平行线路两条母线分裂运行时。

6）断路器检修时要停用三相不一致保护。

38. 二次操作的注意事项有哪些？

答：（1）断路器由运行状态转热备用状态时，相应的控制电源、保护电源、信号电源均不能退出。

（2）断路器停电，线路转检修状态时，线路TV二次侧退出运行，相应的控制电源、保护电源、信号电源均不能退出。

（3）断路器转检修，相应的控制电源应退出运行，相应的TA回路应退出差动电流回路及和电流回路。

（4）220kV母线充电时投入充电保护，充电完毕后停用充电保护。

（5）3/2断路器接线和角形接线方式中，线路停电断路器合环运行时，应将本侧分相电流差动及方向高频保护和远方跳闸装置停用，投入两断路器之间的短引线保护。

（6）线路两端的高频保护应同时投入或退出，不能只投一侧高频保护，以免造成保护误动作。高频保护投运前要检测高频通道是否正常。

（7）装有横差保护的平行线路，当平行线路中某一线路停电、处于充电状态、由旁路断路器代用或两条母线分裂运行时，应停用横差保护。

39. 零起升压操作的一般规定有哪些？

答：（1）担任零起升压的发电机容量应足以防止发生自励磁，发电机强励退出，发电机保护完整可靠投入，并退出联跳其他非零起升压回路断路器的连接片。

（2）升压线路保护完整可靠投入，退出联跳其他非零起升压回路断路器的连接片，线路重合闸退出。

（3）对主变压器或线路串变压器零起升压时，变压器保护应完整可靠投入，退出联跳其他非零起升压回路断路器的连接片，变压器中性点应直接接地。

（4）双母线中的一组母线进行零起升压时，母差保护应采取措施，防止母差保护误动作。母联断路器及两侧隔离开关拉开，防止断路器误合造成非同期并列。

（5）允许零起升压的线路及升压用发电机应按当地调度规程规定。

40. 电气设备的检修状态如何规定？

答：设备的检修状态是指设备的所有隔离开关在拉开位置，检修工作所需安全措施（含接地开关、接地线、临时遮拦等）已布置完毕。

（1）断路器检修：断路器及其两侧隔离开关在拉开位置，断路器两侧接地开关均在合上位置（或挂好接地线），断路器的保护在退出状态。对于重合闸按断路器配置，断路器重合闸应在退出状态；对于重合闸由线路保护启动的，断路器对应的线路重合闸在退出状态。

（2）线路检修：线路两侧隔离开关及线路高压电抗器隔离开关在拉开位置，线路两侧接地开关均在合上位置（或挂好接地线）线路全套保护、远跳及过电压保护、线路高压电抗器全套保护均在退出状态。

（3）高压电抗器检修：高压电抗器隔离开关在拉开位置，高压电抗器接地开关在合上位置（或挂好接地线），高压电抗器全套保护在退出状态。

（4）变压器检修：变压器各侧隔离开关均在拉开位置，变压器各侧接地开关均在合上位置（或挂好接地线），变压器全套保护在退出状态。

（5）发电机检修：发电机出口隔离开关在拉开位置，检修工作所需安全措施已布置完毕，发电机全套保护在退出状态。

（6）发变组检修：发变组出口隔离开关在拉开位置，检修工作所需安全措施已布置完毕，发变组全套保护在退出状态。

（7）母线检修：母线上所有隔离开关在拉开位置，母线接地开关在合上位置（或挂好接地线）。对于3/2开关接线方式的母线，其母差保护应在退出状态；对于双母线接线方式的母线，其母差保护的状态由调度值班调度员根据母线保护配置情况和检修工作需要决定。

（8）低压电抗器检修：低压电抗器隔离开关在拉开位置，低压电抗器接地开关在合上位置（或挂好接地线），低压电抗器保护在退出状态。

（9）低压电容器检修：低压电容器隔离开关在拉开位置，低压电容器接地开关在合上位置（或挂好接地线），低压电抗器保护在退出状态。

（10）静止无功补偿器检修：静止无功补偿器出口隔离开关在拉开位置，检修工作所需安全措施已布置完毕，静止无功补偿器保护在退出状态。

41. 电气设备的冷备用状态如何规定？

答：（1）断路器冷备用：断路器所有安全措施已全部拆除，断路器及其两侧隔离开关均在拉开位置。断路器的保护应在退出状态；对于重合闸由线路保护启动的，断路器对应的线路重合闸应在退出状态。

(2) 线路冷备用：线路所有安全措施全部拆除，线路两侧隔离开关在拉开位置，线路全套保护、远跳及过电压保护、线路高压电抗器全套保护均在投入状态。

(3) 高压电抗器冷备用：对于线路高压电抗器，所有安全措施全部拆除，高压电抗器隔离开关在拉开位置，高压电抗器全套保护在投入状态；对于直接接于母线的高压电抗器指：高压电抗器所有安全措施全部拆除，高压电抗器断路器、隔离开关均在拉开位置，高压电抗器开关的断路器保护在退出状态。

(4) 变压器冷备用：变压器所有安全措施全部拆除，变压器各侧隔离开关均在拉开位置，变压器全套保护在投入状态。

(5) 母线冷备用：母线所有安全措施全部拆除，母线上所有隔离开关均在拉开位置，母线保护在投入状态。

(6) 低压电抗器冷备用：低压电抗器所有安全措施全部拆除，低压电抗器断路器及隔离开关均在拉开位置，低压电抗器保护在投入状态。

(7) 低压电容器冷备用：低压电容器所有安全措施全部拆除，低压电容器断路器及隔离开关均在拉开位置，低压电容器保护在投入状态。

(8) 静止无功补偿器冷备用：静止无功补偿器所有安全措施全部拆除，静止无功补偿器断路器及隔离开关均在拉开位置，静止无功补偿器保护在投入状态。

42. 一次系统设备编号的原则是什么？

答：(1) 每个设备编号的第一个字均为所在变电站名称的简称。

(2) 每个设备的编号应含有设备名称代码和序号。

(3) 每一条线路的前两个字均为线路两端变电所或发电厂的简称。若两所（厂）之间的线路有两回以上，则在简称两个字后面按序号和“回”字。

(4) 隔离开关的编号隶属于相应的断路器编号，接地开关编号隶属于相应的隔离开关编号。下面（以500kV接线方式为例）结合图25-1和图25-2来简单说明设备编号的规则。

图25-1中设备编号的意义：

(1) 全部的断路器由4位数字组成，前2位都是“50”，表示是500kV电压等级；出线断路器从51开始顺序编号，即5051、5052……；母联断路器用两个母线的编号，如5034、5013、5024。

(2) 隔离开关的编号常由5位或6位数字组成，前面4位是所隶属的断路器编号，第5位是所连接的母线编号数字，如50512、50513、50345等，或用“6”表示出线，如50516、50026等。隔离开关的编号也有3位，它主要是对电压互感器和避雷器的隔离开关而言，它的第1位是“5”表示500kV，第2位是所连接的母线编号数，第3位是设备的代码数，“8”表示避雷器，“9”表示电压互感器，如518、539。

(3) 接地开关的编号最末一位是“7”。

(4) 变压器、避雷器、互感器、电抗器及母线等设备的编号是序号加上代码，如T1、T2、TV3、WB1、WB2等。

图25-2是3/2断路器接线设备编号图。它的设备编号和前面介绍的基本一致。仅仅是断路器编号有所不同，它是按矩阵排列编号的。如第一串的三个断路器，分别为5011（靠近WB1)、5012（中间)、5013（靠近WB2)，第二串为5021、5022、5023，以此类推。

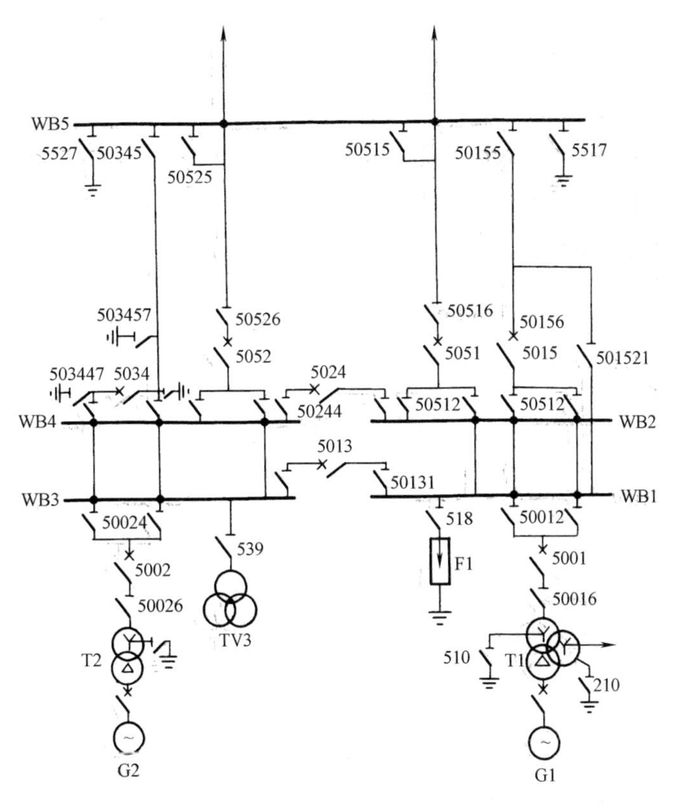

图 25-1 交流 500kV 双母线分段带旁路接线设备编号图

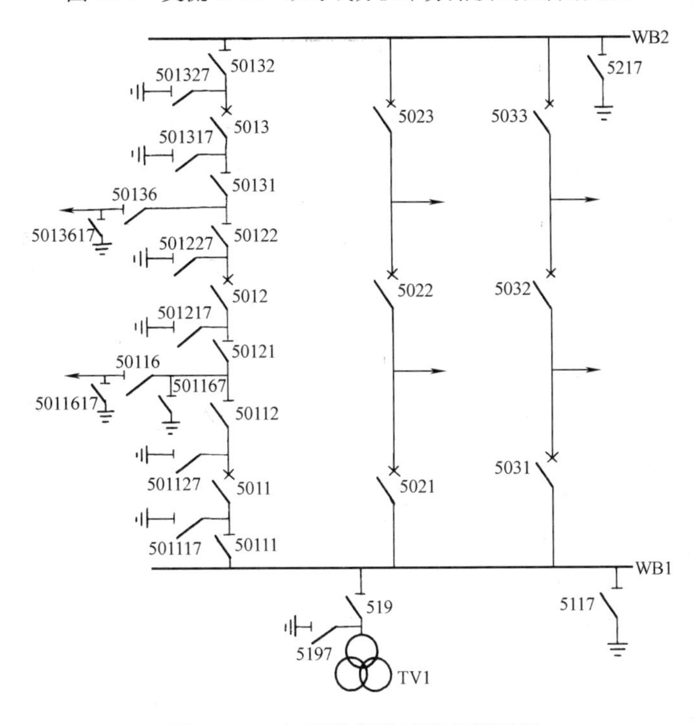

图 25-2 3/2 断路器接线设备编号图

43. 倒闸操作票的填写程序有哪些？

答：倒闸操作票的填写必须依照《电力安全工作规程》执行，依停、送电的程序大致可分为以下两种。

(1) 停电：

1) 断开断路器。

2) 拉开隔离开关（先负荷侧后电源侧）。

3) 停用保护（根据调度规程及调度命令停用）。

4) 断开与电源有关的隔离开关动力电源小开关。

5) 验电接地。

6) 断开电压互感器二次小开关。

7) 辅助设备根据现场规程参插。

8) 注意现场的关于规定（如二次方面的有关规定等）。

(2) 送电：

1) 拆除接地线（或拉接地开关）。

2) 合上电压互感器二次小开关。

3) 合上有关隔离开关的动力电源小开关。

4) 检查断路器三相确已断开。

5) 检查送电设备无地线条件。

6) 加用保护。

7) 合上隔离开关（先电源侧后负荷侧）。

8) 断开隔离开关动力电源小开关。

9) 合上断路器。

10) 检查负荷分配情况。

11) 注意现场的关于规定（如二次方面的有关规定等）。

注意：电动操作的隔离开关在运行状态其操作电源应断开。

44. 根据附录1、附录2(见文后插页)的一次主接线图填写500kV变电站典型倒闸操作票。

(1) 操作任务：500kV仿真甲线5013断路器由运行转检修。

操作步骤：

1) 拉开5013断路器；

2) 检查5013断路器三相确在分闸位置；

3) 拉开50131隔离开关；

4) 检查50131隔离开关三相确在分闸位置；

5) 拉开50132隔离开关；

6) 检查50132隔离开关三相确在分闸位置；

7) 验明5013断路器与50131隔离开关之间三相确无电压；

8) 合上501317接地开关；

9) 检查501317接地开关三相确在合闸位置；

10) 验明5013断路器与50132隔离开关之间三相确无电压；

11) 合上501327接地开关；

12) 检查501327接地开关三相确在合闸位置；

13) 退出5013断路器失灵保护出口连接片（保护屏号，连接片编号）；

14) 拉开5013断路器操作电源小开关（断路器重合闸按调度要求投停）。

(2) 操作任务：500kV 仿真甲线 5013 断路器由检修转运行。
操作步骤：
1) 拉开 501317 接地隔离开关；
2) 检查 501317 接地隔离开关三相确在分闸位置；
3) 拉开 501327 接地隔离开关；
4) 检查 501327 接地隔离开关三相确已拉开；
5) 检查 5013 断路器送电范围确无接地；
6) 合上 5013 断路器操作电源小开关；
7) 检查 5013 断路器三相确在分闸位置；
8) 投入 5013 断路器保护屏失灵出口连接片；
9) 检查 5013 断路器保护确已投入；
10) 合上 50132 隔离开关；
11) 检查 50132 隔离开关三相确已合上；
12) 合上 50131 隔离开关；
13) 检查 50131 隔离开关三相确已合上；
14) 合上 5013 断路器；
15) 检查 5013 断路器三相确在合闸位置；
16) 检查 5013 断路器负荷分配正常。
(3) 操作任务：500kV 仿真甲线及电抗器由运行转线路检修。
操作步骤：
1) 拉开 5012 断路器；
2) 检查 5012 断路器三相确在分闸位置；
3) 拉开 5013 断路器；
4) 检查 5013 断路器三相确在分闸位置；
5) 拉开 50122 隔离开关；
6) 检查 50122 隔离开关三相确在分闸位置；
7) 拉开 50121 隔离开关；
8) 检查 50121 隔离开关三相确在分闸位置；
9) 拉开 50131 隔离开关；
10) 检查 50131 隔离开关三相确在分闸位置；
11) 拉开 50132 隔离开关；
12) 检查 50132 隔离开关三相确在分闸位置；
13) 拉开 50136 隔离开关；
14) 检查 50136 隔离开关三相确在分闸位置；
15) 验明 50136 隔离开关靠线路侧三相确无电压；
16) 合上 5013617 接地开关；
17) 检查 5013617 接地开关三相确在分闸位置；
18) 拉开 5013DK1 隔离开关；
19) 检查 5013DK1 隔离开关三相确在分闸位置；
20) 验明 5013DK1 隔离开关靠电抗器侧确无电压；

21）合上 5013DK17 接地开关；

22）检查 5013DK17 接地开关三相确合闸位置；

23）拉开仿真甲线 TV 二次小开关（线路保护、电抗器保护和开关保护按调度要求投退，以下相同）。

（4）操作任务：500kV 仿真甲线线路及电抗器由检修转运行。

操作步骤：

1）拉开 5013DK17 接地开关；

2）检查 5013DK17 接地开关三相确在分闸位置；

3）检查仿真甲线电抗器送电范围确无接地；

4）合上 5013DK1 隔离开关；

5）检查 5013DK1 隔离开关三相确在合闸位置；

6）拉开 5013617 接地隔离开关；

7）检查 5013617 接地隔离开关三相确在分闸位置；

8）检查仿真甲线送电范围确无接地；

9）合上仿真甲线 TV 二次小开关；

10）检查 5012 断路器三相确在分闸位置；

11）检查 5013 断路器三相确在分闸位置；

12）检查仿真甲线线路全套保护在投入位置；

13）检查仿真甲线电抗器全套保护在投入位置；

14）检查仿真甲线 5013 断路器全套保护在投入位置；

15）检查仿真甲线 5012 断路器全套保护在投入位置；

16）合上 50121 隔离开关；

17）检查 50121 隔离开关三相确在合闸位置；

18）合上 50122 隔离开关；

19）检查 50122 隔离开关三相确在合闸位置；

20）合上 50132 隔离开关；

21）检查 50132 隔离开关三相确在合闸位置；

22）合上 50131 隔离开关；

23）检查 50131 隔离开关三相确在合闸位置；

24）合上 50136 隔离开关；

25）检查 50136 隔离开关三相确在合闸位置；

26）合上 5013 断路器；

27）检查 5013 断路器三相确在合闸位置；

28）检查仿真甲线线路充电正常（或 5013 断路器负荷分配正常）；

29）合上 5012 断路器；

30）检查 5012 断路器三相确在合闸位置；

31）检查 5012 断路器负荷分配正常。

（5）操作任务：500kV 1 号母线由运行转检修。

操作步骤：

1）拉开 5011 断路器；

2）检查 5011 断路器三相确在分闸位置；
3）拉开 5021 断路器；
4）检查 5021 断路器三相确在分闸位置；
5）拉开 5031 断路器；
6）检查 5031 断路器三相确在分闸位置；
7）拉开 5041 断路器；
8）检查 5041 断路器三相确在分闸位置；
9）拉开 50111 隔离开关；
10）检查 50111 隔离开关三相确在分闸位置；
11）拉开 50112 隔离开关；
12）检查 50112 隔离开关三相确在分闸位置；
13）拉开 50211 隔离开关；
14）检查 50211 隔离开关三相确在分闸位置；
15）拉开 50212 隔离开关；
16）检查 50212 隔离开关三相确在分闸位置；
17）拉开 50311 隔离开关；
18）检查 50311 隔离开关三相确在分闸位置；
19）拉开 50312 隔离开关；
20）检查 50312 隔离开关三相确在分闸位置；
21）拉开 50421 隔离开关；
22）检查 50421 隔离开关三相确在分闸位置；
23）拉开 50412 隔离开关；
24）检查 50412 隔离开关三相确在分闸位置；
25）拉开 500kV 1 号母线 TV 二次小开关；
26）验明 50117 接地开关靠 1 号母线侧三相确无电压；
27）合上 50117 接地开关；
28）检查 50117 接地开关三相确在合闸位置；
29）验明 50127 接地开关靠 1 号母线侧三相确无电压；
30）合上 50127 接地开关；
31）检查 50127 接地开关三相确在合闸位置。

（6）操作任务：500kV 1 号母线由检修转运行。

操作步骤：

1）拉开 5117 接地开关；
2）检查 5117 接地开关三相确在分闸位置；
3）拉开 5127 接地开关；
4）检查 5127 接地开关三相确在分闸位置；
5）检查 500kV 1 号母线送电范围确无接地点；
6）合上 500kV 1 号母线 TV 二次小开关；
7）检查第一套母线保护确已投入；
8）检查第二套母线保护确已投入；

9）检查 5011 断路器保护确已投入；

10）检查 5021 断路器保护确已投入；

11）检查 5031 断路器保护确已投入；

12）检查 5041 断路器保护确已投入；

13）检查 5011 断路器三相确在分闸位置；

14）检查 5021 断路器三相确在分闸位置；

15）检查 5031 断路器三相确在分闸位置；

16）检查 5041 断路器三相确在分闸位置；

17）合上 50112 隔离开关；

18）检查 50112 隔离开关三相确在合闸位置；

19）合上 50111 隔离开关；

20）检查 50111 隔离开关三相确在合闸位置；

21）合上 50212 隔离开关；

22）检查 50212 隔离开关三相确在合闸位置；

23）合上 50211 隔离开关；

24）检查 50211 隔离开关三相确在合闸位置；

25）合上 50312 隔离开关；

26）检查 50312 隔离开关三相确在合闸位置；

27）合上 50311 隔离开关；

28）检查 50311 隔离开关三相确在合闸位置；

29）合上 50412 隔离开关；

30）检查 50412 隔离开关三相确在合闸位置；

31）合上 50421 隔离开关；

32）检查 50421 隔离开关三相确在合闸位置；

33）合上 5011 断路器；

34）检查 5011 断路器三相确在合闸位置；

35）检查 500kV 1 号母线充电应正常；

36）合上 5021 断路器；

37）检查 5021 断路器三相确在合闸位置；

38）检查 5021 断路器负荷正常；

39）合上 5031 断路器；

40）检查 5031 断路器三相确在合闸位置；

41）检查 5031 断路器负荷正常；

42）合上 5041 断路器；

43）检查 5041 断路器三相确在合闸位置；

44）检查 5041 断路器负荷正常。

（7）操作任务：220kV 仿 A 一回线线路及 2211 断路器由运行转检修。

操作步骤：

1）拉开 2211 断路器；

2）检查 2211 断路器三相确在分闸位置；

3）拉开 22112 隔离开关；
4）检查 22112 隔离开关三相确在分闸位置；
5）拉开 22115 隔离开关；
6）检查 22115 隔离开关三相确在分闸位置；
7）验明 22112 隔离开关靠线路侧三相确无电压；
8）合上 221117 接地开关；
9）检查 221117 接地开关三相确在合闸位置；
10）验明 2211 断路器与 22112 隔离开关之间三相确无电压；
11）合上 221127 接地开关；
12）检查 221127 接地开关三相确在合闸位置；
13）验明 2211 断路器与 22115 隔离开关之间三相确无电压；
14）合上 221147 接地开关；
15）检查 221147 接地开关三相确在合闸位置；
16）拉开仿真 A 一回线 TV 二次小开关；
17）拉开 2211 断路器端子箱内隔离开关操作电源小开关；
18）退出 220kV 5 甲母母差保护屏 2211 断路器失灵启动连接片；
19）退出 220kV 4 甲母母差保护屏 2211 断路器失灵启动连接片；
20）拉开 2211 断路器直流操作电源小开关。
（8）操作任务：220kV 仿真 A 一回线线路及断路器由检修转运行。
操作步骤：
1）合上 2211 断路器端子箱内隔离开关操作电源小开关；
2）拉开 221147 接地开关；
3）检查 221147 接地开关三相确在分闸位置；
4）拉开 221127 接地开关；
5）检查 221127 接地开关三相确在分闸位置；
6）拉开 221117 接地开关；
7）检查 221117 接地开关三相确在分闸位置；
8）检查仿真 A 一线线路及断路器送电范围确无接地；
9）合上 2211 断路器直流操作电源小开关；
10）投入 220kV 5 甲母母差保护屏上 2211 断路器失灵启动连接片；
11）投入 220kV 4 甲母母差保护屏上 2211 断路器失灵启动连接片；
12）合上仿真 A 一线 TV 二次小开关；
13）检查 2211 断路器三相确在分闸位置；
14）检查仿真 A 一线线路全套保护确已投入；
15）合上 22115 隔离开关；
16）检查 22115 隔离开关三相确在合闸位置；
17）合上 22112 隔离开关；
18）检查 22112 隔离开关三相确在合闸位置；
19）合上 2211 断路器；
20）检查 2211 断路器三相确在合闸位置；

21）检查 2211 断路器负荷分配正常。

(9）操作任务：220kV 5 甲母线由运行转检修。

操作步骤：

1）检查 2245 甲断路器三相确在合闸位置；

2）拉开 2245 甲断路器直流操作电源 1；

3）拉开 2245 甲断路器直流操作电源 2；

4）投入 220kV 5 甲母差互联连接片；

5）合上 22114 隔离开关；

6）检查 22114 隔离开关三相确在合闸位置；

7）拉开 22115 隔离开关；

8）检查 22115 隔离开关三相确在分闸位置；

9）合上 22134 隔离开关；

10）检查 22134 隔离开关三相确在合闸位置；

11）拉开 22135 隔离开关；

12）检查 22135 隔离开关三相确在分闸位置；

13）合上 22014 隔离开关；

14）检查 22014 隔离开关三相确在合闸位置；

15）拉开 22015 隔离开关；

16）检查 22015 隔离开关三相确在分闸位置；

17）检查 5 甲母线负荷确已全部倒至 4 甲母线；

18）合上 2245 甲断路器直流操作电源小开关；

19）将母线电压互感器并列开关由“并列”切换“分列”位置；

20）退出 220kV 5 甲母差互联连接片；

21）拉开 2255 断路器；

22）检查 2255 断路器三相确在分闸位置；

23）检查 2255 断路器三相负荷正确；

24）拉开 2245 甲断路器；

25）检查 2245 甲断路器三相确在分闸位置；

26）检查 2245 甲断路器三相负荷正确；

27）检查 220kV 5 甲母线电压回零；

28）拉开 2245 甲 5 隔离开关；

29）检查 2245 甲 5 隔离开关三相确在分闸位置；

30）拉开 2245 甲 4 隔离开关；

31）检查 2245 甲 4 隔离开关三相确在分闸位置；

32）拉开 22555 甲隔离开关；

33）检查 22555 甲隔离开关三相确在分闸位置；

34）拉开 22555 乙隔离开关；

35）检查 22555 乙隔离开关三相确在分闸位置；

36）拉开 220kV 5 甲母线 TV 二次小开关；

37）拉开 220kV 5 甲母线 225 甲 9 隔离开关；

38）检查 220kV 5 甲母线 225 甲 9 隔离开关三相确在分闸位置；
39）验明 220kV 225 甲 71 靠母线侧三相确无电压；
40）合上 225 甲 71 接地开关；
41）检查 225 甲 71 接地开关三相确在合闸位置；
42）验明 220kV 225 甲 72 靠母线侧三相确无电压；
43）合上 225 甲 72 接地开关；
44）检查 225 甲 72 接地开关三相确在合闸位置。
（10）操作任务：220kV 5 甲母线由检修转运行。
操作步骤：
1）拉开 225 甲 71 接地开关；
2）检查 225 甲 71 接地开关三相确在分闸位置；
3）拉开 225 甲 72 接地开关；
4）检查 225 甲 72 接地开关三相确在分闸位置；
5）检查 220kV 5 甲母线送电范围确无接地；
6）合上 220kV 5 甲母线 225 甲 9 隔离开关；
7）检查 220kV 5 甲母线 225 甲 9 隔离开关三相确在合闸位置；
8）合上 220kV 5 甲母线 TV 二次小开关；
9）检查 2245 甲断路器三相确在分闸位置；
10）合上 2245 甲 4 隔离开关；
11）检查 2245 甲 4 隔离开关三相确在合闸位置；
12）合上 2245 甲 5 隔离开关；
13）检查 2245 甲 5 隔离开关三相确在合闸位置；
14）检查 2255 断路器三相确在分闸位置；
15）合上 22555 乙隔离开关；
16）检查 22555 乙隔离开关三相确在合闸位置；
17）合上 22555 甲隔离开关；
18）检查 22555 甲隔离开关三相确在合闸位置；
19）投入 4 甲母差保护屏上母联 2245 甲断路器充电保护连接片；
20）合上 2245 甲断路器；
21）检查 2245 甲断路器三相确在合闸位置；
22）检查 220kV 5 甲母线充电正常；
23）退出 4 甲母差保护屏上母联 2245 甲断路器充电保护连接片；
24）投入 220kV 5 甲母差互联连接片；
25）将 220 kV 母线电压互感器并列切换屏 5 甲—4 甲母线并列开关从“解列”切至“并列”位置；
26）拉开 2245 甲断路器直流操作电源；
27）合上 22115 隔离开关；
28）检查 22115 隔离开关三相确在合闸位置；
29）拉开 22114 隔离开关；
30）检查 22114 隔离开关三相确在分闸位置；

31）合上22135隔离开关；

32）检查22135隔离开关三相确在合闸位置；

33）拉开22134隔离开关；

34）检查22134隔离开关三相确在分闸位置；

35）合上22015隔离开关；

36）检查22015隔离开关三相确在合闸位置；

37）拉开22014隔离开关；

38）检查22014隔离开关三相确在分闸位置；

39）检查220kV 5甲母线负荷确已全部切换；

40）合上2245甲断路器直流操作电源1；

41）合上2245甲断路器直流操作电源2；

42）退出220kV 5甲母差互联连接片；

43）合上2255断路器；

44）检查2255断路器三相确在合闸位置；

45）检查2255断路器负荷正常。

(11) 操作任务：220kV 5甲母线电压互感器由运行转检修。

操作步骤：

1）检查母联2245甲断路器三相确在合闸位置；

2）将220kV母线电压互感器并列切换屏5甲－4甲母线BK并列开关从“解列”切至“并列”；

3）拉开220kV 5甲母线TV二次小开关；

4）拉开225甲9隔离开关；

5）检查225甲9隔离开关三相确在分闸位置；

6）验明220kV 5甲母线电压互感器与225甲9隔离开关间三相确无电压；

7）合上225甲97接地开关；

8）检查225甲97接地开关三相确在合闸位置。

(12) 操作任务：220kV 5甲母线电压互感器由检修转运行。

操作步骤：

1）拉开225甲97接地开关；

2）检查225甲97接地开关三相确在分闸位置；

3）检查220kV 5甲母线电压互感器送电范围确无接地；

4）合上225甲9隔离开关；

5）检查225甲9隔离开关三相确在合闸位置；

6）合上220kV 5甲母线TV二次小开关；

7）将220kV母线电压互感器并列切换屏5甲－4甲母线并列开关从“并列”切至“解列”。

(13) 操作任务：500kV 1号主变压器由运行转检修。

操作步骤：

1）检查站用变电源已倒换；

2）拉开301断路器；

3）检查301断路器三相确在分闸位置；

4）拉开 2201 断路器；
5）检查 2201 断路器三相确在分闸位置；
6）拉开 5012 断路器；
7）检查 5012 断路器三相确在分闸位置；
8）拉开 5011 断路器；
9）检查 5011 断路器三相确在分闸位置；
10）拉开 3011 隔离开关；
11）检查 3011 隔离开关三相确在分闸位置；
12）拉开 22012 隔离开关；
13）检查 22012 隔离开关三相确在分闸位置；
14）拉开 22015 隔离开关；
15）检查 22015 隔离开关三相确在分闸位置；
16）拉开 50121 隔离开关；
17）检查 50121 隔离开关三相确在分闸位置；
18）拉开 50122 隔离开关；
19）检查 50122 隔离开关三相确在分闸位置；
20）拉开 50112 隔离开关；
21）检查 50112 隔离开关三相确在分闸位置；
22）拉开 50111 隔离开关；
23）检查 50111 隔离开关三相确在分闸位置；
24）拉开 1 号主变压器中压侧 TV 二次小开关；
25）拉开 1 号主变压器高压侧 TV 二次小开关；
26）验明 1 号主变压器与 3011 隔离开关间三相确无电压；
27）合上 30117 接地隔离开关；
28）检查 30117 接地隔离开关三相确在分闸位置；
29）验明 1 号主变压器与 22012 隔离开关之间三相确无电压；
30）合上 220117 接地隔离开关；
31）检查 220117 接地隔离开关三相确在分闸位置；
32）验明 1 号主变压器与 50116 隔离开关间三相确无电压；
33）合上 5011617 接地隔离开关；
34）检查 5011617 接地隔离开关三相确在合闸位置；
35）拉开 1 号主变压器总控制箱内交流电源空气小开关；
36）退出 1 号主变压器保护Ⅲ屏上非电量保护。
（14）操作任务：500kV 1 号主变压器由检修转运行。
1）拉开 30117 接地隔离开关；
2）检查 30117 接地隔离开关三相确在合闸位置；
3）拉开 220117 接地隔离开关；
4）检查 220117 接地隔离开关三相确在分闸位置；
5）拉开 5011617 接地隔离开关；
6）检查 5011617 接地隔离开关三相确在分闸位置；

7）检查送电范围确无接地；

8）合上1号主变压器总控制箱内交流电源空气小开关；

9）合上1号主变压器高压侧TV二次小开关；

10）合上1号主变压器中压侧TV二次小开关；

11）检查5012断路器三相确在分闸位置；

12）检查5011断路器三相确在分闸位置；

13）检查2201断路器三相确在分闸位置；

14）检查301断路器三相确在分闸位置；

15）投入1号主变压器保护Ⅲ屏上非电量保护（保护屏号，连接片编号）；

16）检查1号主变压器第一套保护在投入位置（保护屏号，连接片编号）；

17）检查1号主变压器第二套保护在投入位置（保护屏号，连接片编号）；

18）检查5011断路器全套保护在投入位置（保护屏号，连接片编号）；

19）检查5012断路器全套保护在投入位置（保护屏号，连接片编号）；

20）合上50111隔离开关；

21）检查50111隔离开关三相确在合闸位置；

22）合上50112隔离开关；

23）检查50112隔离开关三相确在合闸位置；

24）合上50122隔离开关；

25）检查50122隔离开关三相确在合闸位置；

26）合上50121隔离开关；

27）检查50121隔离开关三相确在合闸位置；

28）合上22015隔离开关；

29）检查22015隔离开关三相确在合闸位置；

30）合上22012隔离开关；

31）检查22012隔离开关三相确在合闸位置；

32）合上3011隔离开关；

33）检查3011隔离开关三相确在合闸位置；

34）合上5011断路器；

35）检查5011断路器三相确在合闸位置；

36）检查1号主变压器充电正常；

37）合上5012断路器；

38）检查5012断路器三相确在合闸位置；

39）检查5011、5012断路器负荷正常；

40）合上2201断路器；

41）检查2201断路器三相确在合闸位置；

42）检查1号主变压器负荷正常；

43）合上301断路器；

44）检查301断路器三相确在合闸位置。

（15）操作任务：35kV 311断路器及电抗器由运行转检修。

操作步骤：

1）拉开 311 断路器；
2）检查 311 断路器三相确在分闸位置；
3）拉开 3111 隔离开关；
4）检查 3111 隔离开关三相确在分闸位置；
5）验明 311 断路器与 3111 隔离开关之间三相确无电压；
6）合上 31117 接地开关；
7）检查 31117 接地开关三相确在合闸位置；
8）验明 311 断路器与电抗器之间三相确无电压；
9）合上 31127 接地开关；
10）检查 31127 接地开关三相确在合闸位置；
11）拉开 311 断路器操作电源小开关。
（16）操作任务：35kV 311 断路器及电抗器由检修转运行。
操作步骤：
1）合上 311 断路器操作电源小开关；
2）拉开 31117 接地开关；
3）检查 31117 接地开关三相确在分闸位置；
4）拉开 31127 接地开关；
5）检查 31127 接地开关三相确在分闸位置；
6）检查 311 断路器及电抗器送电范围确无接地；
7）检查 311 断路器三相确在分闸位置；
8）合上 3111 隔离开关；
9）检查 3111 隔离开关三相确在合闸位置；
10）合上 311 断路器；
11）检查 311 断路器三相确在合闸位置；
12）检查 311 断路器负荷正常。
（17）操作任务：35kV 2 号站用变压器由运行转检修。
操作步骤：
1）检查 0 号站用变压器确在运行状态；
2）拉开 402 断路器；
3）检查 402 断路器三相确在分闸位置；
4）合上 421 断路器；
5）检查 421 断路器三相确在合闸位置；
6）检查 400V 2 号母线负荷正常；
7）将 2 号站用变压器备自投切换开关切至“停用”位置（或停备自投连片）；
8）拉开 325 断路器；
9）检查 325 断路器三相确在分闸位置；
10）拉开 3252 隔离开关；
11）检查 3252 隔离开关三相确在分闸位置；
12）将 2 号站用变压器 402 断路器手车由“工作”位置拉至“试验”位置；
13）验明 325 断路器与 2 号站用变压器之间三相确无电压；

14）在325断路器与2号站用变压器之间挂接地线一组（号）；
15）验明421断路器与2号站用变压器之间三相确无电压；
16）在421断路器与2号站用变压器之间挂接地线一组（号）；
17）拉开325断路器控制电源小开关。

45. 根据附录3、附录4的一次主接线图填写220kV变电站典型倒闸操作票。

答：（1）操作任务：220kV仿真甲线线路及2211断路器由运行转检修。
操作步骤：
1）拉开2211断路器；
2）检查2211断路器确三相确在分闸位置；
3）拉开22112隔离开关；
4）检查22112隔离开关三相确在分闸位置；
5）拉开22115隔离开关；
6）检查22115隔离开关三相确在分闸位置；
7）验明22112隔离开关靠线路侧三相确无电压；
8）合上221117接地开关；
9）检查221117接地开关三相确在合闸位置；
10）验明2211断路器与22112隔离开关之间三相确无电压；
11）合上221127接地开关；
12）检查221127接地开关三相确在合闸位置；
13）验明2211断路器与22115隔离开关之间三相确无电压；
14）合上221147接地开关；
15）检查221147接地隔离开关三相确在合闸位置；
16）拉开仿真甲出线TV二次小开关；
17）拉开2211断路器直流操作电源小开关；
18）停用220kV 5号/4号母线母差保护屏2211断路器失灵启动连接片。
（2）操作任务：220kV仿真甲线线路及2211断路器由检修转运行。
操作步骤：
1）拉开221147接地开关；
2）检查221147接地开关三相确在分闸位置；
3）拉开221127接地开关；
4）检查221127接地开关三相确在分闸位置；
5）拉开221117接地开关；
6）检查221117接地开关三相确在分闸位置；
7）检查仿真甲线及2211断路器送电范围确无遗留接地；
8）合上仿真甲线线路TV二次小开关；
9）检查2211断路器三相确在分闸位置；
10）投入220kV 5号/4号母线母差保护屏2211断路器失灵启动连接片；
11）检查220kV仿真甲线线路保护确已投入；
12）合上2211断路器直流操作电源小开关；
13）合上22115隔离开关；

14）检查22115隔离开关三相确在合闸位置；

15）合上22112隔离开关；

16）检查22112隔离开关三相确在合闸位置；

17）合上2211断路器；

18）检查2211断路器三相确在合闸位置；

19）检查仿真甲线2211断路器负荷分配正常。

（3）操作任务：220kV 5号母线由运行转检修。

操作步骤：

1）检查2245断路器三相确在合闸位置；

2）将220kV 5号/4号母线母差保护屏上母差运行方式开关从“双母运行”切至“单母运行”；

3）拉开2245断路器直流操作电源小开关；

4）将220kV 5号/4号母线电压TV并列切换屏上BK并列开关从“解列”切至“并列”；

5）合上22114隔离开关；

6）检查22114隔离开关三相确在合闸位置；

7）拉开22115隔离开关；

8）检查22115隔离开关三相确在分闸位置；

9）合上22014隔离开关；

10）检查22014隔离开关三相确在合闸位置；

11）拉开22015隔离开关；

12）检查22015隔离开关三相确在分闸位置；

13）合上22134隔离开关；

14）检查22134隔离开关三相确在合闸位置；

15）拉开22135隔离开关；

16）检查22135隔离开关三相确在分闸位置；

17）检查220kV 5号母线负荷确已转移；

18）合上2245断路器直流操作电源小开关；

19）将220kV 5号/4号母线TV并列切换屏上BK并列开关从“并列”切至“解列”；

20）将220kV 5号/4号母线母差保护屏上母线运行方式开关从“单母运行”切换至“双母运行”；

21）拉开2245断路器；

22）检查2245断路器三相确在分闸位置；

23）拉开22455隔离开关；

24）检查22455隔离开关三相确在分闸位置；

25）拉开22454隔离开关；

26）检查22454隔离开关三相确在分闸位置；

27）拉开220kV 5号母线TV二次小开关；

28）拉开2259隔离开关；

29）检查2259隔离开关三相确在分闸位置；

30）验明 220kV 5 号母线与 22571 接地开关之间三相确无电压；

31）合上 22571 接地开关；

32）检查 22571 接地隔离开关三相确在合闸位置；

33）验明 220kV 5 号母线与 22572 接地开关之间三相确无电压；

34）合上 22572 接地开关；

35）检查 22572 接地隔离开关三相确在合闸位置。

（4）操作任务：220kV 5 号母线由检修转运行。

操作步骤：

1）拉开 22571 接地开关；

2）检查 22571 接地开关三相确在分闸位置；

3）拉开 22572 接地开关；

4）检查 22572 接地开关三相确在分闸位置；

5）检查 220kV 5 号母线送电范围确无遗留接地；

6）合上 2259 隔离开关；

7）检查 2259 隔离开关三相确在合闸位置；

8）检查 2245 断路器三相确在分闸位置；

9）检查 220kV 5 号母线母差保护确已投入；

10）合上 22454 隔离开关；

11）检查 22454 隔离开关三相确在合闸位置；

12）合上 22455 隔离开关；

13）检查 22455 隔离开关三相确在合闸位置；

14）投入 220kV 5 号/4 号母线母差保护屏上 2245 断路器充电保护连接片；

15）合上 2245 断路器；

16）检查 2245 断路器三相确在合闸位置；

17）检查 220kV 5 号母线充电正常；

18）停用 220kV 5 号/4 号母线母差保护屏上 2245 断路器充电保护连接片；

19）将 220kV 5 号/4 号母线母差保护屏上母差运行方式切换开关从“双母运行”切至“单母运行”；

20）拉开 2245 断路器直流操作电源小开关；

21）将 220kV 母线 TV 并列切换屏上 BK 并列开关从“解列”切至“并列”；

22）合上 22115 隔离开关；

23）检查 22115 隔离开关三相确在合闸位置；

24）拉开 22114 隔离开关；

25）检查拉开 22114 隔离开关三相确在分闸位置；

26）合上 22015 隔离开关；

27）检查 22015 隔离开关三相确在合闸位置；

28）拉开 22014 隔离开关；

29）检查 22014 隔离开关三相确在分闸位置；

30）合上 22135 隔离开关；

31）检查 22135 隔离开关三相确在合闸位置；

32）拉开 22134 隔离开关；
33）检查 22134 隔离开关三相确在分闸位置；
34）合上 2245 断路器直流操作电源小开关；
35）将 220kV 母线 TV 并列切换屏上 BK 并列开关从“并列”切至“解列”；
36）检查 220kV 5 号/4 号母线母差不平衡电流正常；
37）将 220kV 5 号/4 号母线母差保护屏上母差运行方式切换开关从“单母运行”切至“双母运行”；
38）检查 5 号母线负荷分配正常。
（5）操作任务：220kV 5 号母线 TV 由运行转检修。
操作步骤：
1）检查 2245 断路器三相确在合闸位置；
2）将 220kV 母线 TV 并列切换屏上 BK 并列开关从“解列”切至“并列”；
3）拉开 220kV 5 号母线 TV 二次小开关；
4）拉开 2259 隔离开关；
5）检查 2259 隔离开关三相确在分闸位置；
6）验明 220kV 5 号母线 TV 与 2259 隔离开关之间三相确无电压；
7）合上 22597 接地开关；
8）检查 22597 接地隔离开关三相确在合闸位置；
9）拉开 220kV 5 号母线 TV 2259 隔离开关操作电源小开关。
（6）操作任务：220kV 5 号母线 TV 由检修转运行。
操作步骤：
1）合上 220kV 5 号母线 TV 2259 隔离开关操作电源小开关；
2）拉开 22597 接地开关；
3）检查 22597 接地隔离开关三相确在分闸位置；
4）检查 220kV 5 号母线 TV 送电范围确无遗留接地；
5）合上 2259 隔离开关；
6）检查 2259 隔离开关三相确合闸位置；
7）合上 220kV 5 号母线 TV 二次小开关；
8）将 220kV 5 号母线 TV 并列切换 BK 屏并列开关从“并列”切至“解列”；
9）检查 220kV 5 号母线电压正常。
（7）操作任务：220kV 1 号主变压器由运行转冷备用。
操作步骤：
1）合上 271 接地开关；
2）检查 271 接地开关三相确在合闸位置；
3）合上 71 接地开关；
4）检查 71 接地开关三相确在合闸位置；
5）拉开 201 断路器；
6）检查 201 断路器三相确在分闸位置；
7）拉开 101 断路器；
8）检查 101 断路器三相确在分闸位置；

9）拉开2201断路器；
10）检查2201断路器三相确在分闸位置；
11）将201断路器手车由“工作”位置拉至“试验”位置；
12）拉开2015隔离开关；
13）检查2015隔离开关三相确在分闸位置；
14）拉开2012隔离开关；
15）检查2012隔离开关三相确在分闸位置；
16）拉开1012隔离开关；
17）检查1012隔离开关三相确在分闸位置；
18）拉开1015隔离开关；
19）检查1015隔离开关三相确在分闸位置；
20）拉开22012隔离开关；
21）检查22012隔离开关三相确在分闸位置；
22）拉开22015隔离开关；
23）检查22015隔离开关三相确在分闸位置；
24）拉开271接地开关；
25）检查271接地开关三相确在分闸位置；
26）拉开71接地开关；
27）检查71接地开关三相确在分闸位置。
（8）操作任务：220kV 1号主变压器由冷备用转运行。
操作步骤：
1）检查2201断路器三相确在分闸位置；
2）检查101断路器三相确在分闸位置；
3）检查201断路器三相确在分闸位置；
4）检查1号主变压器送电范围内确无遗留接地；
5）检查1号主变压器保护确已投入；
6）合上271中性点接地开关；
7）检查271接地开关确在合闸位置；
8）合上71接地开关；
9）检查71接地开关确在合闸位置；
10）合上22015隔离开关；
11）检查22015隔离开关三相确在合闸位置；
12）合上22012隔离开关；
13）检查22012隔离开关三相确在合闸位置；
14）合上1012隔离开关；
15）检查1012隔离开关三相确在合闸位置；
16）合上1015隔离开关；
17）检查1015隔离开关三相确在合闸位置；
18）合上2012隔离开关；
19）检查2012隔离开关三相确在合闸位置；

20）合上 2015 隔离开关；
21）检查 2015 隔离开关三相确在合闸位置；
22）合上 2201 断路器；
23）检查 2201 断路器三相确在合闸位置；
24）检查 1 号主变压器充电正常；
25）合上 101 断路器；
26）检查 101 断路器三相确在合闸位置；
27）检查 1 号主变压器负荷正常；
28）将 201 断路器手车由“试验”位置拉至“工作”位置；
29）合上 201 断路器；
30）检查 201 断路器三相确在合闸位置；
31）拉开 271 接地开关；
32）检查 271 接地开关确在分闸位置；
33）拉开 71 接地开关；
34）检查 71 接地开关确在分闸位置。

（9）操作任务：110kV 仿 A 线及 111 断路器由运行转检修。

操作步骤：

1）拉开 111 断路器；
2）检查 111 断路器三相确在分闸位置；
3）拉开 1112 隔离开关；
4）检查 1112 隔离开关三相确在分闸位置；
5）拉开 1115 隔离开关；
6）检查 1115 隔离开关三相确在分闸位置；
7）验明 1112 隔离开关靠线路侧三相确无电压；
8）合上 11117 接地开关；
9）检查 11117 接地开关三相确在合闸位置；
10）验明 111 断路器与 1112 隔离开关之间三相确无电压；
11）合上 11127 接地开关；
12）检查 11127 接地开关三相确在合闸位置；
13）验明 111 断路器与 1115 隔离开关之间三相确无电压；
14）合上 11147 接地开关；
15）检查 11147 接地开关三相确在合闸位置；
16）拉开仿真 A 出线 TV 二次小开关；
17）拉开 111 断路器直流操作电源小开关。

（10）操作任务：110kV 仿 A 线及 111 断路器由检修转运行。

操作步骤：

1）拉开 11147 接地开关；
2）检查 11147 接地开关三相确在分闸位置；
3）拉开 11127 接地开关；
4）检查 11127 接地开关三相确在分闸位置；

5）拉开 11117 接地开关；

6）检查 11117 接地开关三相确在分闸位置；

7）检查 110kV 仿 A 线线路及 111 断路器送电范围确无接地；

8）合上 111 断路器操作电源小开关；

9）合上仿真 A 出线 TV 二次小开关；

10）检查 111 断路器三相确在分闸位置；

11）检查 110kV 仿 A 线线路保护确已投入；

12）合上 1115 隔离开关；

13）检查 1115 隔离开关三相确在合闸位置；

14）合上 1112 隔离开关；

15）检查 1112 隔离开关三相确在合闸位置；

16）合上 111 断路器；

17）检查 111 断路器三相确在合闸位置；

18）110kV 仿 A 线线路负荷正常。

（11）操作任务：110kV 5 号母线由运行转检修。

操作步骤：

1）检查 145 断路器三相确在合闸位置；

2）投入 110kV 母差保护互联连接片；

3）拉开 145 断路器控制电源小开关；

4）将 110kV4 号、5 号母线电压并列切换屏上电压并列开关由“解列”切换“并列”位置；

5）合上 1114 隔离开关；

6）检查 1114 隔离开关三相确在合闸位置；

7）拉开 1115 隔离开关；

8）检查 1115 隔离开关三相确在分闸位置；

9）合上 1014 隔离开关；

10）检查 1014 隔离开关三相确在合闸位置；

11）拉开 1015 隔离开关；

12）检查 1015 隔离开关三相确在分闸位置；

13）合上 1134 隔离开关；

14）检查 1134 隔离开关三相确在合闸位置；

15）拉开 1135 隔离开关；

16）检查 1135 隔离开关三相确在分闸位置；

17）合上 1154 隔离开关；

18）检查 1154 隔离开关三相确在合闸位置；

19）拉开 1155 隔离开关；

20）检查 1155 隔离开关三相确在分闸位置；

21）将 110kV 4 号、5 号母线电压并列切换屏上电压并列开关由“并列”切换“解列”位置；

22）检查 5 号母线负荷确已转移；

23）合上 145 断路器控制电源小开关；
24）退出 110kV 母差保护互联连接片；
25）拉开 110kV 5 号母线 TV 二次小开关；
26）拉开 145 断路器；
27）检查 145 断路器三相确在分闸位置；
28）拉开 1455 隔离开关；
29）检查 1455 隔离开关三相确在分闸位置；
30）拉开 1454 隔离开关；
31）检查 1454 隔离开关三相确在分闸位置；
32）拉开 110kV 5 号母线 TV59 隔离开关；
33）检查 110kV 5 号母线 TV59 隔离开关三相确在分闸位置；
34）验明 1571 接地开关靠母线侧三相确无电压；
35）合上 1571 接地开关；
36）检查 1571 接地开关三相确在合闸位置；
37）验明 1572 接地开关靠母线侧三相确无电压；
38）合上 1572 接地开关；
39）检查 1572 接地开关三相确在合闸位置。

（12）操作任务：220kV 旁路 2246 断路器转代仿甲线 2211 断路器，仿甲线 2211 断路器出运行转冷备用。

操作步骤：

1）退出仿甲线 901 保护屏主保护投入连接片；
2）检查 220kV 旁路 2246 断路器三相确在断开位置；
3）合上 22465 隔离开关；
4）检查 22465 隔离开关三相确在合闸位置；
5）拉开 22464 隔离开关；
6）检查 22464 隔离开关三相确在分闸位置；
7）将电能表屏 2246 断路器电能表电压切换把手切至“5 号母线”位置；
8）合上 2246 断路器；
9）检查 2246 断路器三相确在合闸位置；
10）检查 220kV 6 号母线充电正常；
11）拉开 2246 断路器；
12）检查 2246 断路器三相确在分闸位置；
13）合上 22116 隔离开关；
14）检查 22116 隔离开关三相确在合闸位置；
15）将 2246 断路器保护屏保护定值改为代仿真甲线 2211 断路器保护定值；
16）将 2246 断路器微机保护屏综合重合闸切换手把 1QK 切至单重位置 ；
17）投入 2246 断路器微机保护屏重合闸出口连接片；
18）将仿真甲线 2211 测控柜上线路电压切换把手切至旁路位置；
19）合上 2246 断路器；
20）检查 2246 断路器三相确在合闸位置；

21）检查 2246 断路器负荷正常；
22）将线路保护屏 603 上 $11QK_1$，$11QK_2$ 切换手把切至“旁路”位置；
23）投入旁路保护屏 603 主保护连接片；
24）拉开仿真甲线 2211 断路器；
25）检查仿真甲线 2211 断路器三相确在分闸位置；
26）拉开 22112 隔离开关；
27）检查 22112 隔离开关三相确在分闸位置；
28）拉开 22115 隔离开关；
29）检查 22115 隔离开关三相确在分闸位置；
30）投入旁路保护屏零序总投入连接片。
注：220kV 旁路在热备用状态。

46. 根据附录 5 的一次主接线图填写 110kV 变电站典型倒闸操作票。

答：（1）操作任务：110kV 1 号主变压器由运行转冷备用。
操作步骤：
1）停用 345 备用自投装置；
2）停用 245 备用自投装置；
3）停用 145 备用自投装置；
4）合上 1 号主变中性点 71 接地隔离开关；
5）检查 1 号主变中性点 71 接地隔离开关确已合上；
6）拉开 201 断路器；
7）检查 201 断路器三相确在分闸位置；
8）拉开 301 断路器；
9）检查 301 断路器三相确在分闸位置；
10）拉开 101 断路器；
11）检查 101 断路器三相确在分闸位置；
12）将 1 号主变压器 201 断路器手车由“工作”位置拉至“试验”位置；
13）拉开 2012 隔离开关；
14）检查 2012 隔离开关三相确在分闸位置；
15）拉开 2015 隔离开关；
16）检查 2015 隔离开关三相确在分闸位置；
17）拉开 3012 隔离开关；
18）检查 3012 隔离开关三相确在分闸位置；
19）拉开 3015 隔离开关；
20）检查 3015 隔离开关三相确在分闸位置；
21）拉开 1012 隔离开关；
22）检查 1012 隔离开关三相确在分闸位置；
23）拉开 1015 隔离开关；
24）检查 1015 隔离开关三相确在分闸位置；
25）拉开 1 号主变压器中性点 71 接地隔离开关；
26）检查 1 号主变压器中性点 71 接地隔离开关确已拉开。

(2) 操作任务：110kV 1 号主变压器由冷备用转运行。

操作步骤：

1) 检查 101 断路器三相确在分闸位置；

2) 检查 301 断路器三相确在分闸位置；

3) 检查 201 断路器三相确在分闸位置；

4) 检查 1 号主变压器送电范围内确无遗留接地；

5) 检查 1 号主变压器全套保护确已投入；

6) 合上 1 号主变压器中性点 71 接地隔离开关；

7) 检查 1 号主变压器中性点 71 接地隔离开关确在合闸位置；

8) 合上 1015 隔离开关；

9) 检查 1015 隔离开关三相确在合闸位置；

10) 合上 1012 隔离开关；

11) 检查 1012 隔离开关三相确在合闸位置；

12) 合上 3015 隔离开关；

13) 检查 3015 隔离开关三相确在合闸位置；

14) 合上 3012 隔离开关；

15) 检查 3012 隔离开关三相确在合闸位置；

16) 合上 2015 隔离开关；

17) 检查 2015 隔离开关三相确在合闸位置；

18) 合上 2012 隔离开关；

19) 检查 2012 隔离开关三相确在合闸位置；

20) 将 201 断路器手车由“试验”位置拉至“工作”位置；

21) 合上 101 断路器；

22) 检查 101 断路器三相确在合闸位置；

23) 检查 1 号主变压器充电正常；

24) 合上 301 断路器；

25) 检查 301 断路器三相确在合闸位置；

26) 检查 301 断路器负荷正常；

27) 合上 201 断路器；

28) 检查 201 断路器三相确在合闸位置；

29) 检查 201 断路器负荷正常；

30) 拉开 1 号主变压器中性点 71 接地隔离开关；

31) 检查 1 号主变压器中性点 71 接地隔离开关确分闸位置；

32) 投入 345 备用自投装置；

33) 投入 245 备用自投装置；

34) 投入 145 备用自投装置。

(3) 操作任务：35kV 仿 A 线 311 断路器由运行转检修。

操作步骤：

1) 拉开仿 A 线 311 断路器；

2) 检查仿 A 线 311 断路器三相确在分闸位置；

3）拉开 3112 隔离开关；
4）检查 3112 隔离开关三相确在分闸位置；
5）拉开 3115 隔离开关；
6）检查 3115 隔离开关三相确在分闸位置；
7）检查 3116 隔离开关三相确在分闸位置；
8）验明 3112 隔离开关靠线路侧三相确无电压；
9）在 3112 隔离开关靠线路侧挂接地线一组（号）。

（4）操作任务：35kV 仿 A 线 311 断路器由检修转运行。

操作步骤：
1）拆除 3112 隔离开关线路侧接地线一组（号）；
2）检查（号）接地线三相确已拆除；
3）检查仿 A 线 311 断路器送电范围内确无遗留接地；
4）检查仿 A 线 311 断路器三相确在分闸位置；
5）合上 3115 隔离开关；
6）检查 3115 隔离开关三相确已合上；
7）合上 3112 隔离开关；
8）检查 3112 隔离开关三相确已合上；
9）合上仿 A 线 311 断路器；
10）检查仿 A 线 311 断路器三相确在合闸位置；
11）检查 35kV 仿 A 线负荷正常。

（5）操作任务：35kV 旁路 356 断路器代仿 A 线 311 断路器运行，仿 A 线 311 断路器由运行转冷备用。

操作步骤：
1）检查旁路保护确已投入；
2）合上 356 断路器；
3）检查 356 断路器三相确在合闸位置；
4）检查 35kV 6 号旁路充电正常；
5）拉开 356 断路器；
6）检查 356 断路器三相确在分闸位置；
7）合上 3116 隔离开关；
8）检查 3116 隔离开关三相确在合闸位置；
9）投入 356 断路器重合闸连接片；
10）投入 356 断路器低频减载软连接片；
11）投入 356 断路器低频减载连接片；
12）核对 356 断路器保护定值；
13）合上 356 断路器；
14）检查 356 断路器三相确在合闸位置；
15）检查 356 断路器确已带负荷；
16）拉开 311 断路器；
17）检查 311 断路器三相确在分闸位置；

18）拉开 3112 隔离开关；
19）检查 3112 隔离开关三相确在分闸位置；
20）拉开 3115 隔离开关；
21）检查 3115 隔离开关三相确在分闸位置（旁路在热备用状态）。
（6）操作任务：110kV 仿甲一回线 111 断路器由检修转运行。
操作步骤：
1）拉开 11117 接地隔离开关；
2）检查 11117 接地隔离开关三相确已拉开；
3）检查 111 断路器送电范围内确无遗留接地；
4）检查 111 断路器三相确在分闸位置；
5）检查仿真甲一回线线路保护确已投入；
6）合上 1115 隔离开关；
7）检查 1115 隔离开关三相确在合闸位置；
8）合上 1112 隔离开关；
9）检查 1112 隔离开关三相确在合闸位置；
10）合上 111 断路器；
11）检查 111 断路器三相确在合闸位置；
12）投入 145 备用自投装置。
（7）操作任务：110kV 5 号母线由运行转冷备用。
操作步骤：
1）检查 110kV 1 号主变压器负荷确已转移；
2）停用 345 备用自投装置；
3）停用 245 备用自投装置；
4）停用 145 备用自投装置；
5）合上 10171 接地隔离开关；
6）检查 10171 接地隔离开关确在合闸位置；
7）拉开 201 断路器；
8）检查 201 断路器三相确在分闸位置；
9）拉开 301 断路器；
10）检查 301 断路器三相确在分闸位置；
11）拉开 101 断路器；
12）检查 101 断路器三相确在分闸位置；
13）拉开 1012 隔离开关；
14）检查 1012 隔离开关三相确在分闸位置；
15）拉开 1015 隔离开关；
16）检查 1015 隔离开关三相确在分闸位置；
17）拉开 3012 隔离开关；
18）检查 3012 隔离开关三相确在分闸位置；
19）拉开 3015 隔离开关；
20）检查 3015 隔离开关三相确在分闸位置；

21）拉开 2012 隔离开关；
22）检查 2012 隔离开关三相确在分闸位置；
23）拉开 2015 隔离开关；
24）检查 2015 隔离开关三相确在分闸位置；
25）将 201 断路器手车由“工作”位置拉至“试验”位置；
26）拉开 10171 接地隔离开关；
27）检查 10171 接地隔离开关三相确在分闸位置；
28）拉开 111 断路器；
29）检查 111 断路器三相确在分闸位置；
30）拉开 1112 隔离开关；
31）检查 1112 隔离开关三相确在分闸位置；
32）拉开 1115 隔离开关；
33）检查 1115 隔离开关三相确在分闸位置；
34）拉开 113 断路器；
35）检查 113 断路器三相确在分闸位置；
36）拉开 1132 隔离开关；
37）检查 1132 隔离开关三相确在分闸位置；
38）拉开 1135 隔离开关；
39）检查 1135 隔离开关三相确在分闸位置；
40）拉开 145 断路器；
41）检查 145 断路器三相确在分闸位置；
42）拉开 1455 隔离开关；
43）检查 1455 隔离开关三相确在分闸位置；
44）拉开 1454 隔离开关；
45）检查 1454 隔离开关三相确在分闸位置；
46）拉开 110kV 母线 TV 二次小开关；
47）拉开 1159 隔离开关；
48）检查 1159 隔离开关三相确在分闸位置。

（8）操作任务：10kV 1 号电容器由运行转检修。

操作步骤：

1）拉开 214 断路器；
2）检查 214 断路器三相确在分闸位置；
3）将 214 断路器手车由“工作”位置拉至“试验”位置；
4）验明 1 号电容器与 214 断路器手车之间三相确无电压；
5）合上 21417 接地隔离开关；
6）检查 21417 接地隔离开关三相确在分闸位置。

第二十六章 chapter 26

设备异常运行与事故处理

1. 什么是电力系统事故?

答：电力系统事故是指电力系统中设备全部或部分故障、稳定破坏、人员工作失误等原因使电网的正常运行遭到破坏，以致造成对用户的停止送电、少送电、电能质量变坏到不能容许的程度，严重时甚至毁坏设备等。

在电网运行中，由于各设备之间都有电或磁的联系，当某一设备发生故障时，在很短的瞬间就会影响到整个系统的其他部分，因此当系统发生故障和不正常工作等情况时，都可能引起电力系统事故。

2. 引起电力系统事故的主要原因有哪些?

答：引起电力系统事故的主要原因有：

（1）自然灾害：主要有大风、雷击、污闪、覆冰、树障、山火及鸟类等。外力破坏。

（2）设备原因：主要有设计、产品制造质量、安装检修工艺、设备缺陷等。

（3）人为因素：主要有设备检修后验收不到位、外力破坏、维护管理不当、运行方式不合理、继电保护定值错误和装置损坏、工作人员失误、运行人员误操作及设备事故处理不当等。

3. 电力系统的事故分为哪几类?

答：电力系统的事故分为三类：

（1）人身事故。

（2）电网事故。

（3）设备事故。

其中设备事故和电网事故又可分为特大事故、重大事故和一般事故。

4. 从事故范围角度出发，电力系统事故可分几类？各类事故的含义是什么?

答：依据事故范围的大小，电力系统事故可分为局部事故和系统事故两大类。

局部事故是指系统中个别元件发生故障，使局部地区电压发生变化，用户用电受到影响的事件。系统事故是指系统内主干联络线路跳闸或失去大电源，引起全系统频率、电压急剧变化，造成供电电能数量或质量超过规定范围，甚至造成系统瓦解或大面积停电的事件。

5. 电网最常见的故障有哪些？有什么后果?

答：在电网运行中，最常见同时也是最危险的故障是各种形式的短路，其中以单相接地短路为最多，而三相短路则较少；对于旋转电机和变压器还可能发生绕组的匝间短路；此外输电线路有时可能发生断线故障及在超高压电网中出现非全相运行；或电网在同一时刻发生几种故障同时出现的复杂故障。

发生故障可能引起的后果是：

（1）电网中部分地区的电压大幅度降低，使广大用户的正常工作遭到破坏，如当电气设备的工作电压一旦降低到额定电压的40%，持续时间大于1h，则电动机就可能停止转动。

（2）短路点通过很大的短路电流，从而引起电弧使故障设备烧毁。

（3）电网中故障设备和某些无故障设备，在通过很大短路电流时产生很大的电动力和高温，使这些设备遭到破坏或损伤，从而缩短使用寿命。

（4）破坏电力系统内各发电厂之间机组并列运行的稳定性，使机组间产生振荡，严重时甚至可能使整个电力系统瓦解。

（5）短路时对附近的通信线路或铁路自动报警信号产生严重的干扰。

6. 事故处理的主要任务是什么？

答：（1）尽快限制事故的发展，消除事故的根源，解除对人身和设备的威胁。

（2）用一切可能的方法对用户正常供电，保证站用电源正常。

（3）尽快对已停电的用户恢复送电，对重要用户应优先恢复送电。

（4）及时调整系统运行方式，使其恢复正常运行。

7. 事故处理的一般原则有哪些？

答：电力系统发生事故时，各单位运行人员应在上级值班调度员的指挥下处理事故，并做到如下几点：

（1）变电站事故和异常处理，必须严格遵守安全工作规程、调度规程、现场运行规程及有关安全工作规定，服从调度指挥，正确执行调度命令。

（2）遇有断路器跳闸事故时，变电站值班人员应在第一时间向各级调度的调度员汇报（汇报人姓名、变电站名称、故障时间、故障现象、有哪些断路器跳闸、继电保护及自动装置动作情况、故障录波及测距情况，频率、电压、潮流的变化），以便调度及时掌握现场情况，并拿出合理的处理方案。

当值班员在现场做进一步检查后，已查明现场的基本情况，可在适当的时候再次向调度汇报。

当事故处理完毕后，可根据调度的要求，做进一步的补充汇报，并根据调度的要求提供现场的事故报告。

（3）如果对人身和设备的安全没有构成威胁时，应尽力设法保持其设备运行，一般情况下，不得轻易停运设备；如果对人身和设备的安全构成威胁时，应尽力设法解除这种威胁；如果危及人身和设备的安全时，应立即停止设备运行。

（4）电网解列后要尽快恢复并列运行。

（5）调整并恢复正常电网运行方式。

（6）在处理事故时，应根据现场情况和有关规程规定启动备用设备运行，采取必要的安全措施，对未造成事故的设备进行必要的安全隔离，保持其正常运行，防止事故扩大。

（7）在处理事故过程中，首先应保证站用电的安全运行和正常供电，当系统或有关设备事故和异常运行造成站用电停电事故时，应首先处理和恢复站用电的运行，以确保其供电。

（8）事故处理时，值班人员应根据当时的断路器跳闸情况、运行方式、天气、工作情况、继电保护及自动装置的动作情况、光字牌信号、事件打印、监控系统实时参数（常规变电站表计指示）和设备情况，及时判明事故的性质和范围。

（9）尽快对已停用的用户，特别是重要用户保安电源恢复供电。

（10）当设备损坏无法自行处理时，应立即向上级汇报。在检修人员到达现场之前，应先做好安全措施。

（11）为了防止事故的扩大，在事故处理过程中，变电站值班人员应与调度员保持联系，主动将事故处理的进展情况报告调度员。

（12）值班人员在接到调度员处理事故的命令时，必须向发令人复诵命令，若对命令不清楚或不了解，应询问明白，不应慌乱匆忙或未经慎重考虑即行处理，以免扩大事故。

（13）每次事故处理完后，都要做好详细的记录，并根据要求，登录在运行日志、事故障碍及断路器跳闸记录本上。运行班长要组织有经验的值班员整理好现场事故处理报告。

（14）当事故未查明，需要检修人员进一步试验或检查时，运行人员不得将继电保护屏的掉牌信号复归，以便专业人员进一步分析。

（15）若故障设备需要检修，现场值班员应根据《电业安全工作规程》的规定布置好安全措施。

8. 事故处理的一般程序有哪些?

答：（1）及时检查记录断路器的跳闸情况、继电保护及自动装置的动作情况、微机监控系统信号、事件打印情况及事故特征。

（2）迅速对故障范围内的设备进行外部检查，并将事故象征和检查情况向调度汇报。

（3）根据事故特征，分析判断故障范围和事故停电范围。

（4）采取措施，限制事故的发展，解除对人身和设备安全的威胁。

（5）对故障所在范围迅速隔离或排除故障。

（6）隔离故障点后对无故障设备恢复送电。

（7）对损坏的设备做好安全措施，向有关上级汇报，由专业人员检修故障设备。

对故障处理的一般程序可以概括为：及时记录，迅速检查，简明汇报，认真分析，准确判断，限制发展，排除故障，恢复供电。

（8）填写各种记录，编写跳闸报告。

（9）事故处理完后，要组织班员对本次事故的处理情况进行综合分析，对本次的故障录波器打印的报告、微机保护打印的报告进行认真的分析，并指出本次事故处理中存在的问题。

除自行管辖的站用变压器停电处理以外，以上事故紧急处理以后立即向调度汇报。

9. 在事故处理时运行值班人员可不待调度指令自行进行的操作有哪些?

答：运行值班人员可不待调度指令自行进行以下紧急操作，同时应将事故与处理情况简明扼要地报告值班调度人员。

（1）将直接对人身安全有威胁的设备停电。

（2）当厂站用电部分或全部停电时，恢复其电源。

（3）确知无来电可能性时，将故障停运已损坏的设备隔离。

（4）交流电压回路断线或交流电流回路断线时，按规定将有关保护或自动装置停用，防止保护和自动装置误动。

（5）单电源负荷线路断路器由于误碰跳闸，将跳闸断路器立即合上。

（6）当确认电网的频率、电压等参数达到自动装置整定动作值而断路器未动作时，立即手动断开应跳闸的断路器。

（7）当母线失压时，将连接该母线上的断路器断开（除调度指令保留的断路器外）。

10. 事故处理完后运行人员如何编写现场跳闸报告?

答：事故处理完后，运行人员必须将事故处理的全过程进行汇总，编写出详细的现场事故报告，并快速传递上级调度或有关部门，以便专业人员对事故进行分析。现场事故报告应包括以下内容：

（1）事故现象。包括发生事故的时间、中央信号、事故前后的负荷情况等。

（2）断路器跳闸情况（包括现场和远方指示）。

（3）保护及自动装置的动作情况。

（4）系统稳定装置的动作情况分析。

（5）事件打印并分析。

（6）故障录波打印报告（对电压、电流等最好能折算到一次侧）及测距。

（7）微机保护的打印报告并对其进行分析（对电压、电流等最好能折算到一次侧），分析内容包括保护收发信号、断路器的跳闸情况、测距、重合闸的动作情况、电流电压波形分析、保护的启动及动作时间分析等。

（8）现场设备的检查情况。

（9）事故的初步分析。

（10）事故的处理过程，包括检查、操作、所布置的安全措施等。

（11）存在的问题分析。

（12）初步分析结论。

将上述汇总资料打印成书面资料并按规定上报的相关部分和存档，汇总资料要完整、准确、明了、整洁。

11. 事故处理的组织原则有哪些？

答：（1）各级当值调度员是领导事故处理的指挥者，应对事故处理的准确性、及时性负责。变电站当班值长是现场事故、异常处理的负责人，应对汇报信息和事故操作处理的准确性负责。

（2）发生事故和异常时，运行人员应坚守岗位，服从调度指挥，正确执行当值调度员和值班长命令。值班长要将事故和异常现象准确无误地汇报给当值调度员，并迅速执行调度命令。

（3）运行人员如果认为调度命令有误时，应先指出，并作必要的解释。但当值班调度员认为自己的命令正确时，变电站运行人员应该立即执行。如果值班调度员的命令直接威胁人身或设备的安全，则在任何情况下均不得执行。当值值班长接到此命令时，应该把拒绝执行命令的理由报告值班调度员和本单位总工程师，并记载在值班日志中。

（4）如果在交接班时发生事故，而交接班签字手续未完成，交班人员应留在自己的岗位上，进行事故处理，接班人员可在上值值班长的领导下协助处理事故。

（5）事故处理时，除有关领导和相关专业人员外，其他人员均不得进入主控制室和事故地点，事前已进入的人员应迅速离开，便于事故处理。发生事故和异常时，运行人员应及时向站长（工区主任）汇报。站长可临时代理值班长工作，指挥事故处理，但应立即报给值班调度员。

（6）发生事故时，如果不能与值班调度员取得联系，则应按调度规程和现场事故处理规程中有关规定处理。这些规定应经本单位总工程师批准。

12. 处理事故的注意事项有哪些？

答：（1）准确判断事故的性质和影响范围。

1）运行人员在处理事故时应沉着、冷静、果断、有序地将各种故障现象，如断路器的动作情况、潮流的变化情况、信号报警情况、保护及自动装置动作情况、设备异常运行情况，以及事故处理过程做好详细记录，并及时向调度汇报。

2）运行人员在平时应了解全站保护的相互配合和保护范围，充分利用保护和自动装置提供的信息，便于准确分析和判断事故的范围和性质。

3）运行人员要全面了解保护和自动装置的动作情况，在检查保护和自动装置动作情况时应一次检查，做好记录，防止漏查、漏记信号影响对事故的判断。

4）为准确分析事故原因和故障查找，在不影响事故处理和停送电的情况下，应尽可能保留事故现场和事故设备的原状。

（2）限制事故的发展和扩大。

1）故障初步判断后，运行人员应到相应的设备处进行仔细地查找和检查，找出故障点和导致故障发生的直接原因。若出现着火、持续异味等危及设备或人身安全的情况，应迅速进行处理，防止事故的进一步扩大。确认故障点后，运行人员要对故障进行有效的隔离，然后在调度的指令下进行恢复送电操作。

2）发生越级跳闸事故，要及时拉开保护拒动的断路器和拒分断路器的两侧隔离开关。在操作两侧隔离开关前，一般需要解除“五防”闭锁，因而应提前做好准备，以便缩短事故停电时间。在拉隔离开关前，必须检查向该回路供电的断路器在断开位置，防止带负荷拉隔离开关。

3）对于事故紧急处理中的操作，应注意防止系统解列或非同期并列。对于联络线，应经过并列装置合闸，确认线路无电时方可解除同期闭锁合闸。

4）用控制开关操作合闸，若合闸不成功，不能简单地判断合闸失灵，应注意在合闸过程中监视表计（监控系统显示）指示和保护动作信息，防止多次合闸于故障线路或设备，导致事故扩大。

5）加强监视故障后的线路、变压器的负荷状况，防止因故障致使负荷转移，造成其他设备长期过负荷运行，及时联系调度消除过负荷。

（3）恢复送电时防止误操作。

1）恢复送电时应在调度的统一指挥下进行，运行人员应根据调度命令，考虑运行方式变化时本站自动装置、保护的投退和定值的更改，满足新方式的要求。

2）恢复送电和调整运行方式时要考虑不同电源系统的操作顺序。

3）运行人员在恢复送电时要分清故障设备的影响范围，先隔离故障设备，对于经判断无故障的设备，按调度命令恢复送电，防止误操作导致故障的扩大。

（4）事故时应保证站用交直流系统的正常运行。

站用交直流系统是变电站正常运行、操作、监控、通信的保障。交直流系统异常会造成失去保护自动装置、操作、通信、变压器冷却系统电源，将使得故障处理更困难，若在短时间内交直流系统不能恢复，会使故障范围扩大，甚至造成电网事故和大面积停电事故。因而事故处理时，应设法保证交直流系统正常运行。

13. 运行信号可分为哪些类型？

答：（1）事故信号：保护及自动装置动作，断路器跳闸。

（2）第一类告警信号：本站设备故障告警，异常运行或过负荷。

（3）第二类告警信号：系统波动干扰，参数越限。

（4）第三类告警信号：正常运行信号（如油泵正常打压等）。

14. 变压器哪些部位容易发生故障？常见的故障或异常有哪些？

答： 变压器与其他电气设备相比，其故障是很少的，因为它没有像电机那样的转动部分，而且元件都浸在油中（干式变压器除外）。但由于操作或维护不当也容易发生事故。一般变压器的故障都发生在绕组、铁芯、套管、分接开关和油箱等部件上。漏油、引线接头发热的问题带有普遍性。

变压器常见的故障及异常有：

（1）变压器内部故障。

（2）运行声音异常或有爆裂声。

（3）外部短路故障造成变压器绕组损坏。

（4）绕组开路。

（5）变压器主绝缘受潮放电。

（6）套管出现裂纹、破损、闪络或放电，套管渗油。

（7）套管绝缘击穿。

（8）中性点套管位移并大量漏油。

（9）顶盖和其他部位着火。

（10）变压器油色变化过甚，油内出现碳质。

（11）变压器油位低于下限值。

（12）变压器吸湿器硅胶变色。

（13）变压器严重漏油。

（14）变压器引线接头发热。

（15）压力释放装置喷油或溢油。

（16）变压器压力释放阀触点因绝缘下降造成误动。

（17）变压器油面过高或有油从储油柜中溢出。

（18）在正常条件下温度不断上升。

（19）变压器油向调压油箱渗漏。

（20）调压装置机构故障或电动操作失灵。

（21）变压器有载调压装置滑挡。

（22）变压器有载调压开关自动调挡。

（23）分接开关调节时，有载调压开关油箱突然起火，有载开关和调压线圈损坏。

（24）冷却器故障或全停。

（25）潜油泵渗、漏油。

（26）潜油泵油流指示不正确。

（27）潜油泵转动中有杂音或发热。

（28）散热器散热效果降低。

（29）测温装置指示不正常或失灵。

（30）冷却器温控回路不能自投。

（31）油泵、风扇热耦频繁动作。

（32）备用电源开关自投不成功。

（33）冷却器动力电源电缆烧断。

（34）二次回路及控制设备故障。

（35）电气预防性试验部分项目数据不合格。

（36）油化验数据不合格。

（37）变压器爆炸。

（38）变压器因漏磁使油箱及金属结构件过热。

15. 变压器事故跳闸的处理原则有哪些？

答：（1）变压器的断路器跳闸时，应首先根据继电保护的动作情况和跳闸时的外部现象，判明故障原因后再进行处理。

（2）检查相关设备有无过负荷现象。若本站为两台（两组）主变压器，则在一台（一组）事故跳闸后，应严格监视另一台（组）变压器的负荷。

（3）若主保护（瓦斯保护、差动等）动作，在未查明原因消除故障前不得送电。

（4）对强油强风冷的变压器，当瓦斯保护、差动保护同时动作应立即停运潜油泵，以防故障绕组的污物浸透到整个绕组和铁芯，使绕组报废，铁芯需要清洗。

（5）重瓦斯或差动保护之一动作跳闸，在检查变压器外部无明显故障，检查气体，证明变压器内部无明显故障者，在系统急需时可以试送一次，有条件时应尽量进行零启升压。

（6）若变压器后备保护（如只是过流保护或低压过流）动作，一般经外部检查、初步分析（必要时经电气试验）变压器无明显故障，可以试送一次。

（7）若变压器重瓦斯保护误动作，两套差动保护中一套误动作或者后备保护误动作造成变压器跳闸，应根据调度命令，停用误动的保护，将变压器试送电。

（8）有备用变压器或备用电源自动投入的变电站，当运行变压器跳闸时应先考虑投入备用变压器或备用电源，然后再检查跳闸的变压器。

（9）若无备用变压器，则应尽快转移负荷、改变运行方式，同时查明故障是何种保护动作。在检查变压器跳闸原因时，应查明变压器有无明显的异常现象，有无外部短路、线路故障、过负荷，有无明显的火光、怪声、喷油等现象。如确实证明变压器各侧跳闸不是由于内部故障引起，而是由于过负荷、外部短路或保护装置二次回路误动造成的，则可申请试送一次。

（10）如因线路故障，保护越级动作引起变压器跳闸，则在故障线路断路器断开后，可立即恢复变压器运行。

（11）变压器跳闸后应首先确保站用电的供电。

（12）变压器主保护动作，在未查明故障原因时，值班员不要复归保护屏信号，以便专业人员进一步分析和检查。

（13）对不同的接线方式，应及时调整运行方式，本着无故障变压器尽快恢复送电的原则。

（14）主变压器保护动作，若断路器拒动，失灵保护动作，运行人员应尽快隔离故障，对没有故障的设备恢复送电。

16. 变压器在哪些情况下应紧急停运？

答：变压器遇有以下情况时，应立即将变压器停运行。若有备用变压器，应尽可能将备用变压器投入运行。

（1）变压器内部声响异常或声响明显增大，很不均匀，并伴随有爆裂声。

（2）在正常负荷和冷却条件下，变压器温度不正常并不断上升超过允许运行值。

（3）压力释放装置动作（同时伴有其他保护动作）。

（4）严重漏油使油面降低，并低于油位计的指示限度。

(5) 油色变化过大，油内出现大量杂质等。

(6) 套管有严重的破损和放电现象。

(7) 冷却系统故障，断水、断电、断油的时间超过了变压器的允许时间。

(8) 变压器冒烟、着火、喷油。

(9) 变压器已出现故障，而保护装置拒动或动作不明确。

(10) 变压器附近着火、爆炸，对变压器构成严重威胁。

(11) 变压器绕组或外部断线，非全相运行。

(12) 变压器三侧的避雷器动作，经取油样分析发现油已劣化。

17. 对变压器运行声音异常如何判断和处理？

答： 变压器正常运行时，由于硅钢片磁滞伸缩，会发出均匀的“嗡嗡”声。如果有其他异常声响，应根据声响查找故障的原因。

(1) 当变压器内部有很重而且特别沉闷的“嗡嗡”声时，可能是变压器负荷较大或满负荷、过负荷运行，铁芯硅钢片振动增加，发出比正常时较高、较粗的声响。

(2) 当变压器内部有尖细的“哼哼”声或尖细的“嗡嗡”声时，可能是系统中发生铁磁谐振，也可能是系统中或变压器内部发生了一相断线或单相接地故障。

(3) 当变压器内、外部同时发出特别大的“嗡嗡”和其他振动杂音时，可能是系统发生了短路故障，变压器通过大量的非周期性电流，铁芯严重饱和，磁通畸变为非正弦波，从而使变压器整个箱体受强大的电动力影响而振动。

(4) 当变压器内部有“吱吱”或“噼啪”声时，可能是内部有放电故障，如铁芯接地不良、分接开关接触不良、引线对油箱壳放电等。当“吱吱”或“噼啪”声发生在变压器外部，可能是瓷套管表面污秽比较严重或大雾、下雨等天气情况，瓷质电晕放电发出的声响(夜间可见蓝色火花)。当变压器空载合闸时，有“啪”的一声响声，若声响发生在变压器外部，可能是变压器外壳接地螺栓接触不良，或上下节油箱连接处连接不良，也可能是引线对外壳放电，或瓷套打火引起。

(5) 当变压器内部有“哇哇”声时，有两种情况：第一种可能是电网发生过电压，如中性点不接地系统发生单相接地或产生间歇电弧过电压；第二种可能是由于电弧等整流设备负荷投入，因高次谐波作用，使变压器瞬间发出“哇哇”声。

(6) 当变压器内部有“叮叮当当”声时，可能是由于铁芯的夹紧螺栓松动或内部有些零部件松动引起的。

(7) 当变压器内部有“咕嘟咕嘟”水的沸腾声时，可能是绕组有较严重的故障或分接开关接触不良而局部严重过热引起，应立即停止变压器的运行，进行检修。

(8) 变压器声响明显增大，内部有爆裂声时，应立即将断开变压器各侧断路器，将变压器转检修。

(9) 当响声中夹有爆裂声时，既大又不均匀，可能是变压器的器身绝缘有击穿现象，应立即停止变压器的运行，进行检修。

(10) 响声中夹有连续的、有规律的撞击或摩擦声时，可能是变压器的某些部件因铁芯振动而造成机械接触。如果是箱壁上的油管或电线处，可增加距离或增强固定来解决。另外，冷却风扇、油泵的轴承磨损等也可能发出机械摩擦的声音，应确定后进行处理。

18. 变压器油温异常升高的原因有哪些？

答：(1) 变压器冷却器运行不正常。

（2）运行电压过高。
（3）潜油泵故障或检修后电源的相序接反。
（4）散热器阀门没有打开。
（5）变压器长期过负荷。
（6）变压器绕组过热。
（7）变压器铁芯过热。
（8）变压器分接开关过热。
（9）内部有故障。
（10）温度计损坏。
（11）冷却器全停。

19. 对变压器油温异常升高如何检查？

答：发现变压器油温异常升高，应对可能的原因逐一进行检查，作出准确判断并及时处理：

（1）检查变压器就地及远方温度计指示是否一致，用手触摸比较各相变压器油温有无明显差别。

（2）检查变压器是否过负荷。若油温升高是因长期过负荷引起，则应向调度汇报，要求减轻负荷。

（3）检查冷却设备运行是否正常。若冷却器运行不正常，则应采取相应的措施。
（4）检查变压器声音是否正常，油温是否正常，有无故障迹象。
（5）核对测温装置准确度。
（6）检查变压器室的通风情况。
（7）检查变压器有关蝶阀开闭位置是否正确。
（8）检查变压器油位是否正常。
（9）检查变压器的气体继电器内是否积聚了可燃气体。
（10）检察系统运行情况，注意系统谐波电流情况。
（11）进行油色谱试验。
（12）必要时进行变压器预防性试验。

判断变压器油温升高，应以现场指示、远方打印和模拟量告警为依据，并根据温度—负荷曲线进行分析。若仅有告警，而打印和现场指示均正常，则可能是误发信号或测温装置本身有误。

20. 对变压器油温异常升高如何处理？

答：（1）若温度升高的原因是由于冷却系统的故障，且在运行中无法修复，应将变压器停运修理；若不能立即停运修理，则应按现场规程规定调整变压器的负荷至允许运行温度的相应容量，并尽快安排处理；若冷却装置未完全投入或有故障，应立即处理，排除故障；若故障不能立即排除，则必须降低变压器运行负荷，按相应冷却装置冷却性能与负荷的对应值运行。

如果冷却系统因故障已全部退出工作，则应倒换备用变压器，将故障变压器退出运行。

（2）如果温度比平时同样负荷和冷却温度下高出10℃以上，或变压器负荷、冷却条件不变，而温度不断升高，温度表计又无问题，则认为变压器已发生内部故障（铁芯烧损、绕组层间短路等），应投入备用变压器，停止故障变压器运行，联系检修人员进行处理。

（3）若经检查分析是变压器内部故障引起的温度异常，则立即停运变压器，尽快安排处理。

（4）若运行仪表指示变压器已过负荷，单相变压器组三相各温度计指示基本一致（可能有几度偏差），变压器及冷却装置无故障迹象，则温度升高由过负荷引起，应按过负荷处理。

若由变压器过负荷运行引起，在顶层油温超过85℃时，应立即降低负荷。

（5）若散热器阀门没有打开，应设法将阀门打开。一般变压器散热器阀门没有打开，在变压器送电带上负荷后温度上升很快，若本站有两台变压器，那么通过对两台变压器的温度进行比较就能判断出。

（6）若潜油泵电源的相序接反，可从油流指示器上进行判断，应立即启动备用冷却器，将潜油泵电源的相序进行调换，并用相序表进行检查。

（7）若远方测温装置发出温度告警信号，且指示温度值很高，而现场温度计指示并不高，变压器又没有其他故障现象，可能是远方测温回路故障误告警，这类故障可在适当的时候予以排除。

（8）如果三相变压器组中某一相油温升高，明显高于该相在过去同一负荷、同样冷却条件下的运行油温，而冷却装置、温度计均正常，则过热可能是由变压器内部的某种故障引起，应通知专业人员立即取油样作色谱分析，进一步查明故障。若色谱分析表明变压器存在内部故障，或变压器在负荷及冷却条件不变的情况下，油温不断上升，则应按现场规程规定将变压器退出运行。

21. 变压器长时间在极限温度下运行有何危害？

答：一般变压器的主要绝缘是A级绝缘，在长时间高温情况下运行，对变压器危害最大的是变压器绝缘材料老化、绝缘性能被破坏及绝缘油老化（氧化），油色变深、浑浊，黏度、酸度增加，绝缘性能变坏，出现破坏绝缘和腐蚀金属的低分子酸和沉淀物，影响使用寿命。

22. 引起变压器油位异常的主要原因有哪些？

答：（1）指针式油位计出现卡针等故障。

（2）隔膜或胶囊下面蓄积有气体，使隔膜或胶囊高于实际油位。

（3）吸湿器堵塞，使油位下降时空气不能进入，油位指示将偏高。

（4）胶囊或隔膜破裂，使油进入胶囊或隔膜以上的空间，油位计指示可能偏低。

（5）温度计指示不准确。

（6）变压器漏油使油量减少。

23. 引起变压器油位过低的原因有哪些？

答：油位过低或看不到油位，应视为油位不正常。当低到一定程度时，会造成轻瓦斯动作告警。严重缺油时，会使油箱内绝缘暴露受潮，降低绝缘性能，影响散热，甚至引起绝缘故障。油位过低一般有以下原因：

（1）变压器严重渗漏油或长期渗漏油。通常发生渗漏油的部位主要有下列几处，在巡视检查中应特别注意检查，要注意区别是运行中渗漏油还是检修时遗漏的油迹。

1）气体继电器及连接管道。

2）潜油泵接线盒、观察窗、连接法兰、连接螺钉紧固件、胶垫。

3）冷却器散热管。

4）全部连接通路蝶阀。

5）集中净油器或冷却器油通路连接片。

6）全部放气塞处。

7）全部密封部位胶垫处。

8）部分焊缝不良处。

9）套管升高座电流互感器小绝缘子引出线的桩头处。

10）所有套管引线桩头、法兰处。

（2）设计制造不当，储油柜容量与变压器油箱容量配合不当（一般储油柜容积应为变压器油量的8%～10%）。一旦气温过低，在低负荷时油位下降过低，则不能满足要求。

（3）注油不当，未按标准温度曲线加油。

（4）检修人员因临时工作多次放油后，未及时补充。

24. 变压器油位过低如何处理？

答：（1）若变压器无渗漏油现象，油位明显低于当时温度下应有的油位（根据温度—油位曲线判断），应尽快补油，但不能从变压器下部阀门补油，防止底部沉淀物冲入绕组内，并将重气体改接信号。补油后，要及时检查气体继电器的气体。

（2）若变压器大量漏油造成油位迅速下降时，应立即采取措施制止漏油。若不能制止漏油，且低于油位计指示限度时，应立即将变压器停运。

（3）对有载调压变压器，当主油箱油位逐渐降低，而调压油箱油位不断升高，以至从吸湿器中漏油，可能是主油箱与有载调压油箱之间密封损坏，造成主油箱的油向调压油箱内渗。应申请将变压器停运，转检修。

25. 引起变压器油位过高的原因有哪些？

答：如变压器温度变化正常，而变压器油标管（或油位表）内油位不正常（过高或过低）或不变化，则说明储油柜油位是变压器的假油位。

油位过高的原因有：

（1）吸湿器堵塞，所指示的储油柜不能正常呼吸。

（2）防爆管通气孔堵塞。

（3）油标堵塞或油位表指针损坏、失灵。

（4）全密封储油柜未按全密封方式加油，在胶囊袋与油面之间有空气（存在气压，造成假油位）。

变压器吸湿器堵塞，可造成油位计指示的大起大落现象，在负荷和油温高时油位很高，甚至可造成压力释放阀动作；而负荷和油温低时则回落；吸湿器的油封杯中没有气泡产生。

对于有载调压的变压器，如发现有载调压的储油柜油位异常升高，在排除有载调压分接开关内部无故障及注油过高的因素后，可判定为内部渗漏（变压器本体的油渗漏到有载调压分接开关筒体内部）。

26. 变压器油位过高如何处理？

答：（1）如果变压器油位高出油位计的最高指示，且无其他异常时，为了防止变压器油溢出，则应放油到适当高度；同时应注意油位计、吸湿器和防爆管是否堵塞，避免因假油位造成误判断。

（2）变压器油位因温度上升有可能高出油位指示极限，经查明不是假油位所致时，则应放油，使油位降至与当时油温相对应的高度，以免溢油。

（3）油位计带有小胶囊时，如发现油位不正常，先对油位计加油，此时需将油表呼吸塞及小胶囊室的塞子打开，用漏斗从油表呼吸塞处缓慢加油，将囊中空气全部排出；然后打开油表放油螺栓，放出油表内多余油量（看到油表内油位即可），关上小胶囊室的塞子。注意油表呼吸塞不必拧得太紧，以保证油表内空气自由呼吸。

27. 造成变压器渗漏油的原因有哪些？

答：（1）阀门系统、蝶阀胶垫材质不良、安装不良、放油阀精度不高，螺纹处渗漏。

（2）高压套管基座电流互感器出线桩头胶垫处不密封或无弹性，造成接线桩头胶垫处渗漏。小绝缘子破裂，造成渗漏油。

（3）胶垫不密封造成渗漏。一般胶垫应保持压缩 2/3 时仍有一定的弹性，随运行时间、温度、振动等因素，胶垫易老化龟裂失去弹性。胶垫材料安装不合格，位置不对称、偏心也会造成胶垫不密封。

（4）设计制造不良。高压套管升高座法兰、油箱外表、油箱底盘大法兰等焊接处，因有的法兰材质太薄、加工粗糙而造成渗漏油。

28. 变压器渗漏油如何处理？

答：（1）若变压器本体渗漏油不严重，并且油位正常，应加强监视。

（2）变压器本体渗漏油严重，并且油位未低于下限，但一时又不能停电检修，应通知专业人员补油，并应加强监视，增加巡视的次数；若低于下限，则应将变压器停运。

（3）套管严重渗漏或瓷套破裂时，变压器应立即停运。更换套管或消除放电现象，经电气试验合格后方可将变压器投入运行。

（4）套管油位异常下降或升高，包括利用红外测温装置检测油位，确认套管发生内漏（即套管油与变压器油已连通），应安排吊套管处理。当确认油位已漏至金属储油柜以下时，变压器应停止运行，进行处理。

29. 变压器套管接点发热是如何引起的？应如何处理？

答：变压器套管接点发热主要有两个原因：

（1）变压器套管接点接触不良，包括接触面处理不好，接触面积小，接触面压力不够。

（2）变压器套管本身发热引起变压器套管接点发热。

处理方法：

（1）用红外成像仪对变压器套管进行成像拍摄，判别发热点在什么部位，变压器套管本身发热引起变压器套管接点发热，为变压器套管内部发热，应停电处理。

（2）变压器套管接点发热，极易造成变压器套管渗漏油及变压器发生火灾事故，要对变压器加强监视，如变压器套管接点发热加变压器套管渗漏油，应及时处理，降低负荷使套管接点不发热或停电处理。

30. 变压器套管闪络放电的主要原因有哪些？

答：套管放电会造成发热，导致绝缘老化受潮，甚至引起爆炸，套管闪络放电的主要原因有：

（1）套管表面脏污。如在阴雨天粉尘污秽等会引起套管表面绝缘强度降低，容易发生闪络事故。如果套管制造不良，表面不光洁，在运行中会因电场不均匀而发生放电。尤其是制造质量不良的套管过脏，在阴雨天吸取污水后，导电性能增大，使泄漏电流增加，引起套管发热，则可能使套管内部产生裂缝而导致击穿。

（2）高压套管制造中末屏接地焊接不良形成绝缘损坏，或末屏接地出线的绝缘子中心轴与接地螺套不同心，造成接触不良或末屏不接地，也有可能导致电位提高而逐步损坏。

（3）系统出现内部或外部过电压，套管制造有隐患而未能查出（如套管干燥不足，运行一段时间后就会出现介损上升），油劣化等共同作用。

31. 变压器防爆管防爆膜破裂有哪些原因？

答：防爆管防爆膜破裂，会引起水和潮气进入变压器内，导致绝缘油乳化及变压器的绝缘强度降低。防爆膜破裂的原因为：

（1）防爆膜材料或玻璃选择、处理不当。如材质未经压力试验，玻璃未经退火处理，由于自身应力的不均匀而导致破裂。

（2）防爆膜及法兰加工不精密、不平整，装置结构不合理，检修人员安装防爆膜时工艺不符合要求，紧固螺钉受力不匀，接触面无弹性等所造成。

（3）吸湿器堵塞或抽真空充氮气情况下操作不慎使之承受压力而破坏。

（4）受外力或自然灾害袭击。

（5）变压器发生内部故障。

32. 变压器压力释放阀异常如何处理？

答：（1）压力释放阀冒油而变压器的气体继电器和差动保护等电气保护未动作时，应立即取变压器本体油样进行色谱分析，如果色谱正常，则怀疑压力释放阀动作是其他原因引起。

1）检查变压器本体与储油柜连接阀是否已开启、吸湿器是否畅通、储油柜内气体是否排净，防止由于假油位引起压力释放阀动作。

2）检查压力释放阀的密封是否完好，必要时更换密封胶垫。

3）检查压力释放阀升高座是否设放气塞，如无应增设，防止积聚气体因气温变化发生误动。

4）如条件允许，可安排时间停电，对压力释放阀进行开启和关闭动作试验。

5）查阅历史记录，是否因为在冬天检修后注油过高，到夏天高温大负荷情况下，造成变压器油箱油位过高而使压力释放阀冒油。

（2）压力释放阀冒油，且瓦斯保护动作跳闸时，在未查明原因，故障未消除前不得将变压器投入运行。

33. 变压器轻瓦斯报警的原因有哪些？

答：（1）变压器内部有较轻微故障产生气体。

（2）变压器内部进入空气。

（3）外部发生穿越性短路故障。

（4）变压器绕组断线，使变压器非全相运行。

（5）油位严重降低至气体继电器以下，使气体继电器动作。

（6）直流多点接地、二次回路短路及误发信号。

（7）受强烈振动影响。

（8）气体继电器本身问题。

34. 变压器轻瓦斯报警后如何检查？

答：轻瓦斯动作发信号时，应立即对变压器进行检查，查明动作原因，是否因积聚空气、油位降低、二次回路故障或是变压器内部故障造成的。

（1）检查是否因变压器漏油引起。

（2）检查变压器油位、绕组温度、声音是否正常。

（3）检查变压器三侧负荷是否正常，特别是电流，并三相进行比较。

（4）检查气体继电器内有无气体，若存在气体，应取气体进行分析。

（5）检查二次回路有无故障。

（6）检查储油柜、压力释放装置有无喷油、冒油，盘根和塞垫有无凸出变形。

35. 变压器轻瓦斯报警后如何处理？

答：（1）如气体继电器内有气体，则应记录气体量，观察气体的颜色及试验是否可燃，并取气样及油样做色谱分析，根据有关规程和导则判断变压器的故障性质。

若气体继电器内的气体为无色、无臭且不可燃，色谱分析判断为空气，则变压器可继续运行；若信号动作是因为油中剩余空气逸出或强油循环系统吸入空气而动作，而且信号动作时间间隔逐次缩短，将造成跳闸时，则应将气体保护改接信号；若气体是可燃的，色谱分析后其含量超过正常值，经常规试验给予综合判断，如说明变压器内部已有故障，必须将变压器停运，以便分析动作原因和进行检查、试验。

（2）轻瓦斯动作发信号后，如一时不能对气体继电器内的气体进行色谱分析，则可按下面方法鉴别：

1）无色、不可燃的是空气。

2）黄色、可燃的是木质故障产生的气体。

3）淡灰色、可燃并有臭味的是纸质故障产生的气体。

4）灰黑色、易燃的是铁质故障使绝缘油分解产生的气体。

（3）如果轻瓦斯动作发信号后经分析已判为变压器内部存在故障，且发信号间隔时间逐次缩短，则说明故障正在发展，这时应最快将该变压器停运。

36. 变压器油色谱异常如何处理？

答：（1）变压器本体油中气体色谱分析超过注意值时，应进行跟踪分析，根据各特征气体和总怪含量的大小及增长趋势，结合产气速率，综合判断。必要时缩短跟踪周期。

（2）不同的故障类型产生的气体组分，如表 26-1 所示。

表 26-1　　不同故障类型产生的气体组分

故障类型	主要气体组分	次要气体组分
油过热	CH_4，C_2H_4	H_2，C_2H_6
油和纸过热	CH_4，C_2H_4，CO，$C0_2$	H_2，C_2H_6
油纸绝缘中局部放电	H_2，CH_4，CO	C_2H_2，C_2H_6，CO_2
油中火花放电	H_2，C_2H_2	—
油中电弧	H_2，C_2H_2	CH_4，C_2H_4，C_2H_6
油中纸中电弧	H_2，C_2H_2，CO，CO_2	CH_4，C_2H_4，C_2H_6

注　进水受潮或油中气泡可能使氢含量升高。

在变压器里，当产气速率大于溶解速率时，会有一部分气体进入气体继电器或储油柜中。当变压器的气体继电器内出现气体时，分析其中的气体，同样有助于对设备的状况做出判断。分析溶解于油中的气体，能尽早发现变压器内部存在的潜伏性故障，并随时监视故障的发展状况。

（3）根据油色谱含量情况，运用 GB/T 7252—2001《变压器油中溶解气体分析和判断导则》，结合变压器历年的试验（如绕组直流电阻、空载特性试验、绝缘试验、局部放电测量和微水测量等）结果，并结合变压器的结构、运行、检修等情况进行综合分析，判断故障的性质及部位。根据具体情况对设备采取不同的处理措施（如缩短试验周期、加强监视、限制负荷、近期安排内部检查或立即停止运行等）。

（4）在某些情况下，有些气体可能不是设备故障造成的，如油中含有水，可以与铁作用生成氢；过热的铁芯层间油膜裂解也可生成氢；新的不锈钢中也可能在加工过程中或焊接时吸附氢而又慢慢释放至油中；在温度较高、油中有限溶解氧时，设备中某些油漆（醇酸树脂），在某些不锈钢的催化下，甚至可能产生大量的氢；有些油初期会产生氢气（在允许范围左右），以后逐步下降。应根据不同的气体性质分别给予处理。

（5）当油色谱数据超注意值时，还应注意排除有载调压变压器中切换开关油室的油向变压器本体油箱渗漏，或选择开关在某个位置动作时，悬浮电位放电的影响；设备曾经有过故障，而故障排除后绝缘油未经彻底脱气，部分残余气体仍留在油中；设备带油补焊；原注入的油中就含有某些气体等可能性。

37. 变压器内部放电性故障如何处理？

答：（1）若经色谱分析判定变压器内部存在放电性缺陷，首先应判定是否涉及固体绝缘，有条件时可进行局部放电的超声波定位检测，初步判断放电部位。如果放电涉及固体绝缘，变压器应及早停运，进行其他检测和处理。

（2）若在判断变压器存在放电性缺陷的同时，发现变压器存在受潮或进空气等缺陷，在判明未损伤变压器绝缘的前提下，应首先对变压器进行干燥和脱气处理。

（3）不涉及固体绝缘的放电，可能来自悬浮放电、接触不良和磁屏蔽的放电等，应区别放电程度和发展速度，决定停电处理的时机。

（4）若经色谱分析判断变压器故障类型为电弧放电兼过热，一般故障表现为绕组匝间、层间短路、相间闪络、分接头引线间油隙闪络、引线对箱壳放电、绕组熔断、分接开关飞弧、因环路电流引起电弧、引线对接地体放电等。对于这类放电，一般应立即安排变压器停运，进行其他检测和处理。

38. 变压器铁芯运行异常如何处理？

答：（1）变压器铁芯绝缘电阻与历史数据相比较低时，首先应判断是否因受潮引起。

如果排除受潮，则一般为变压器铁芯周围存在悬浮游丝。在变压器未放油的情况下，可考虑采取低压电容放电的形式对变压器铁芯进行放电，将铁芯周围悬浮游丝烧断，恢复变压器铁芯绝缘。

（2）如果变压器铁芯绝缘电阻低的问题一时难以处理，则不论铁芯接地点是否存在电流，均应串入电阻，防止环流损伤铁芯。有电流时，宜将电流限制在100mA以下。

（3）变压器铁芯多点接地，并采取了限流措施，仍应加强对变压器本体油的色谱跟踪，缩短色谱监测周期，监视变压器的运行情况。

39. 变压器油流故障如何处理？

答：变压器油流故障的现象：

（1）变压器油流故障时，变压器油温不断上升。

（2）风扇运行正常，变压器油流指示器指在停止的位置。

（3）如果是管路堵塞（油循环管路阀门未打开），将会发油流故障信号，油泵热继电器将动作。

原因：

（1）油流回路堵塞。

（2）油路阀门未打开，造成油路不通。

（3）油泵故障。

（4）变压器检修后油泵交流电源相序接错，造成油泵电机反转。

（5）油流指示器故障（变压器温度正常）。

（6）交流电源失压。

处理：油流故障告警后，运行人员应检查油路阀门位置是否正常，油路有无异常，油泵和油流指示器是否完好，冷却器回路是否运行正常，交流电源是否正常，并进行相应的处理。同时，严格监视变压器的运行状况，发现问题及时汇报，按调度的命令进行处理。若是设备故障，则应立即向调度报告，通知有关专业人员来检查处理。

40. 变压器分接开关异常如何处理？

答：运行中分接开关常见故障及处理，如表 26-2 所示。

表 26-2　分接开关常见故障及处理

序号	故障现象	故障原因	检查与处理
1	连动	交流接触器剩磁或油污造成失电延时，顺序开关故障或交流接触器动作配合不当	检查交流接触失电是否延时返回或卡滞，顺序开关触点动作顺序是否正确。清除交流接触器铁芯油污，或改进电气控制回路，确保逐级控制分接交换
2	手动操作正常，而就地电动操作拒动	无操作电源或电动机控制回路故障，如手摇机构中弹簧片未复位，造成闭锁开关触点未接通	检查操作电源和电动机控制回路的正确性，消除故障后进行整组联动试验
3	电动操作机构动作过程中，空气开关跳闸	凸轮开关组安装移位	检查三个凸轮开关动作顺序是否正确，必要时进行调整安装位置
4	电动机构仅能一个方向分接变换	限位机构复位	手拨动限位机构，滑动接触处加少量油脂润滑，必要时更换限位开关
5	电动机构正、反两个方向分接变换均拒动	无操作电源或缺相，手动闭锁开关触点未复位	检查三相电源应正常，处理手摇闭锁开关触头应接触良好
6	远方控制拒动，而就地电动操作正常	远方控制回路故障	检查远方控制回路的正确性，消除故障后进行整组联动试验
7	远方控制和就地电动或手动操作时，电动机构动作，控制回路与电动分接位置指示正常一致，而电压表、电流表均无相应变动	分接开关拒动、分接开关与电动机构连接脱落，如垂直或水平转动连接销脱落	检查分接开关位置与电动机构指示位置一致后，重新连接然后做连接检验
8	切换开关时间延长或不切换	储能弹簧疲劳，弹力减弱、断裂或机械卡死	调换弹簧或检修传动机构
9	分接开关与电动机构分接位置不一致	分接开关与电动机构连接错误	查明原因并进行连接校验
10	三相变压器组远方操作时分接头位置不一致	三相中有一相或两相控制箱内“就地—远方”把手在就地位置	将就地远方把手转换到远方位置

续表

序号	故障现象	故障原因	检查与处理
11	分接开关储油柜油位异常升高或降低直至变压器柜油位	如调整分接开关储油柜油位后，仍继续出现象，应判断为油室密封缺陷，造成油室中油与变压器本体油互相渗油。油室内放油螺栓未拧紧，也会造成渗漏油	分接开关揭盖查找渗漏点，如无渗漏油，则应吊出芯体，抽尽室中绝缘油，在变压器本体油压下观察绝缘护筒内壁、分接引线螺栓及转轴密封等处是否有渗漏油。有放气孔或放油螺栓的应紧固螺栓，更换密封圈
12	运行中分接开关频繁发信动作	油室内存在局部放电源，造成气体的不断积累	吊心检查有否悬浮电位放电，连接或限流电阻有否断裂、接触不良而造成经常性的局部放电。应及时消除悬浮电位放电及其不正常局部放电电源
13	储能机构失灵	分接开关干燥后无油操作；异物落入切换开关芯体内；误拨枪机使机构处于脱扣状态	严禁干燥后无油操作，排除异物

41. 变压器冷却器故障的原因有哪些?

答：(1) 冷却器的风扇或油泵电动机过载，热继电器动作。

(2) 风扇、油泵本身故障（轴承损坏，摩擦过大等）。

(3) 电动机故障（缺相或断线）。

(4) 热继电器整定值过小或在运行中发生变化。

(5) 控制回路继电器故障。

(6) 回路绝缘损坏，冷却器组空气开关跳闸。

(7) 冷却器动力电源消失。

(8) 冷却器控制回路电源消失。

(9) 一组冷却器故障后备用冷却器由于自动切换回路问题而不能自动投入。

42. 冷却器常见的故障有哪些?

答：(1) 冷却装置电源故障。冷却装置常见的故障就是电源故障，如熔断器熔断、导线接触不良或断线等。当发现冷却装置整组停运或个别风扇停转以及潜油泵停运时，应检查电源，查找故障点，迅速处理。若电源已恢复正常，风扇或潜油泵仍不能运转，则可按动热继电器复归按钮试一下。若电源故障一时来不及恢复，且变压器负荷又很大，可采用临时电源，使冷却装置先运行起来，再去检查和处理电源故障。

(2) 机械故障。冷却装置的机械故障包括电动机轴承损坏、电动机绕组损坏、风扇叶变形及潜油泵轴承损坏等。这时需要尽快更换或检修。

(3) 控制回路故障。控制回路中的各元件损坏、引线接触不良或断线、触点接触不良时，应查明原因迅速处理。

(4) 散热器出现渗漏油时，应采取堵漏油措施。如采用气焊或电焊，要求焊点准确，焊缝牢固，严禁将焊渣掉入散热器内。

(5) 当散热器表面油垢积存严重时，应清扫散热器表面，可用金属去污剂清洗，然后用水冲净晾干。清洗时管接头应可靠密封，防止进水。

(6) 散热器密封胶垫出现渗漏油时，应及时更换密封胶垫，使密封良好，不渗漏。

（7）强油风冷却器表面污垢严重时，应用高压水（或压缩空气）吹净管束间堵塞的杂物，若油垢严重可用金属刷擦洗干净。要求冷却器管束间洁净、无杂物。

（8）强油冷却系统全停时，应立即查明原因，紧急恢复冷却系统供电，同时注意变压器上层油温不得超过75℃，并立即向上级汇报。

（9）强油风冷变压器发生轻瓦斯频繁动作发信时，应注意检查强油冷却装置油泵负压区渗漏。

（10）强油冷却装置运行中出现过热、振动、杂音及严重渗漏油、漏气等现象时，应及时更换或检修。如发现油泵轴承或叶片磨损严重时，应对变压器进行吊罩检查。变压器内部要求用油冲洗，保证变压器内部干净。

43. 一台风扇故障或运行声音异常如何处理？

答：冷却器在运行当中出现一台风扇故障或运行声音异常的现象很普遍，此时若热继电器未动作（没有造成一组冷却器全停故障），则可按以下方法进行处理：

（1）手动启动备用冷却器。

（2）停用工作冷却器。

（3）断开工作冷却器的动力电源开关。

（4）若需将两组冷却器（只有两组的情况下）都投入运行时，可解下故障风扇的交流电源，复归热继电器，合上电源开关将两组冷却器投入运行。

（5）若本台变压器有多组冷却器，则可启动备用冷却器。

44. 一组冷却器全停如何处理？

答：（1）迅速投入备用冷却器（若风扇或潜油泵的热继电器动作使该组冷却器停运时，则自动启动备用冷却器运行）。

（2）检查冷却器电源是否正常，有无缺相和故障。

（3）若冷却器热耦开关自动跳闸，应检查冷却器回路有无明显故障。若无明显故障，运行人员可将热耦开关试合一次。若再跳闸，则将其退出运行，通知检修人员处理。

（4）若本台变压器只有两组冷却器，一组冷却器运行，另一组冷却器故障退出运行，则运行人员应严格按照有关运行规程规定，监视变压器的电流和油温不得超过规定数值。否则应立即向调度报告，采取相应的措施。

（5）若一台风扇热继电器动作退出运行，则可按单台风扇异常运行进行处理。

45. 潜油泵油流指示不正确如何处理？

答：变压器潜油泵油流指示器正常运行时，其指针应当指向流动的位置。若指针指向停止位置，则有以下两种情况：

（1）潜油泵因某种原因没有启动。

（2）潜油泵三相交流电源在检修后将相序接反（如A、C相互反）造成潜油泵反转。

出现以上两种情况都将使变压器温度不断上升，因此，运行人员应立即查找原因进行处理，其处理方法如下：

（1）启动备用冷却器。

（2）检查潜油泵交流电源接线是否正确，其回路是否有断线现象。

（3）检查潜油泵控制回路是否有故障。

46. 冷却器热继电器动作如何处理？

答：（1）冷却器热继电器动作，一般会有“冷却器故障”信号，热继电器动作的原因：

1）风扇、油泵自身故障（轴承损坏、摩擦过大等）。

2）电动机故障（缺相、断线、短路等）。

3）热继电器定值整定过小或在运行中发生变化。

（2）处理：当风扇或油泵热继电器动作时，应检查风扇、油泵热继电器定值整定是否正确，电源是否有断相、短路（特别是在夏季暴雨季节，端子柜有可能进水或受潮，造成电源短路等故障）等现象，热继电器是否可以复归，通过检查后试投该组冷却器，若试投不成功，则应根据现场规程报缺陷，通检修人员进行检修。

47. 变压器冷却器全停如何处理？

答：冷却器全停变压器运行的一般规定：

1）油浸（自然循环）风冷变压器，当风扇停止工作时，允许的负荷和运行时间，应按制造厂的规定。

2）强油循环风冷和强油循环水冷变压器，当冷却系统故障切除全部冷却器时，允许带额定负荷运行 20min。如 20min 后顶层油温尚未达到 75℃，则允许上升到 75℃，但这种状态下运行的最长时间不得超过 1h。

（1）冷却器全停故障现象。

1）变压器油温上升速度比较快，变压器的温度曲线有明显的变化。

2）监视变压器风扇运行的指示信号灯熄灭。

3）部分故障还伴随有“动力电源消失”或“冷却器故障”等信号。

（2）故障检查。

1）冷控箱内电源指示灯是否熄灭，判断动力电源是否消失或故障。

2）冷控箱内各小开关的位置是否正常，判断热继电器是否动作。

3）冷控箱内电缆头有无异常，检查动力电源是否缺相，若冷却装置仍运行在缺相的电源中，则应断开连接。

4）立即检查冷却器控制箱各负荷开关、接触器、熔断器、热继电器等工作状态是否正常，若有问题，立即处理。

5）立即检查冷却器控制箱内另一工作电源电压是否正常，若正常，则迅速切换至该工作电源。

6）站用电配电室冷却器动力电源熔断器是否熔断，电缆头有无烧断现象。

7）备用电源自动投入开关位置是否正常，判断备用电源是否切换成功。

8）检查变压器油位情况。

（3）故障处理。

1）及时汇报调度。

2）检查故障变压器的负荷情况，密切注意变压器绕组温度、上层油温情况。

3）若两组电源均消失或故障，则应立即设法恢复电源供电。

4）若一组电源消失或故障，另一组备用电源自投不成功，则应检查备用电源是否正常，如果正常，应立即到现场手动将备用电源开关合上。

5）当发生电缆头熔断故障而造成冷却器停运时，可直接在站用电配电室将故障电源开关拉开。若备用电源自投不成功，可到现场手动将备用电源开关合上。

6）若主电源（或备用电源）开关跳闸，同时备用电源开关自投不成功时，则手动合上备用电源开关；若合上后再跳开，说明公用控制回路有明显的故障，应采取紧急措施（合上事故紧急电源开关或临时接入电源线避开故障部分)。

7) 若是控制回路小开关跳闸，可试合一次，若再跳闸，说明控制回路有明显故障，可按前述方法处理。

8) 若是备用电源自动投入回路或电源投入控制操作回路故障，则应该改为手动控制备用电源投入，或直接手动操作合上电源开关。

9) 若故障难以在短时间内查清并排除，在变压器跳闸之前，冷却器装置不能很快恢复运行，应做好投入备用变压器或备用电源的准备。

10) 冷却器全停的时间接近规定时间（20min)，且无备用变压器或备用变压器不能带全部负荷时，如果上层油温未达75℃（冷却器全停的变压器)，可根据调度命令，暂时解除冷却器全停跳闸回路的连接片，继续处理问题，使冷却装置恢复工作。同时，严密注视上层油温变化。冷却器全停跳闸回路中，有温度闭锁（75℃）触点的，不能解除其跳闸连接片。若变压器上层油温上升，超过75℃时或虽未超过75℃但全停时间已达1h未能处理好，应投入备用变压器，转移负荷，故障变压器停止运行。

11) 若冷却器控制箱电源部分已不正常，则应检查所用电屏负荷开关、接触器、熔断器，检查站用变压器高压熔断器等情况，对发现的问题做相应处理。

12) 根据调度指令进行有关操作。

13) 若变电运行值班人员不能消除缺陷，则应及时通知检修人员安排处理。

48. 变压器断路器跳闸后如何检查?

答: (1) 根据断路器的跳闸情况、保护的动作掉牌或信号、事件记录器（监控系统）及其从监测装置来的显示或打印记录，判断是否是变压器故障跳闸，并向调度汇报。

(2) 检查变压器跳闸前的负荷、油位、油温、油色，变压器有无喷油、冒烟，瓷套有否闪络、破裂，压力释放阀是否动作或其他明显的故障迹象，作用于信号的气体继电器内有无气体等。

(3) 检查站用电的切换是否正常，直流系统是否正常。

(4) 若本站有两组（两台）变压器，应检查另一组（台）变压器冷却器运行是否正常，并严格监视其负荷情况。

(5) 对110kV、220kV变压器应立即检查变压器的中性点接地情况，根据实际情况完成接地操作。

(6) 将以上信息、天气情况、停电范围和当时负荷情况及时汇报调度和有关部门，便于调度及有关人员及时、全面地掌握事故的情况，进行分析判断。

(7) 分析故障录波图的波形和微机保护打印报告。

(8) 了解系统情况，如保护区内外有无短路及其他故障等。

若检查发现下列情况之一者，应认为跳闸由变压器故障引起，则在排除故障后，经电气试验、色谱分析以及其他针对性的试验证明故障确已排除后，方可重新投入运行。

(1) 从气体继电器中抽取的气体经分析判断为可燃性气体。

(2) 变压器有明显的内部故障特征，如外壳变形、油位异常、强烈喷油等。

(3) 变压器套管有明显的闪络痕迹或破损、断裂等。

(4) 差动、气体、压力等继电保护装置有两套或两套以上动作。

49. 变压器差动保护动作的原因有哪些?

答: (1) 变压器及其套管引出线、各侧差动电流互感器以内的一次设备故障。

(2) 保护二次回路问题引起保护误动作。

(3) 差动电流互感器二次开路或短路。

(4) 变压器内部故障。

(5) 变压器在送电时，由于励磁涌流的原因，使差动保护误动（实际运行中有个这样的案例）。

50. 变压器差动保护动作后如何检查？

答：(1) 检查变压器各侧断路器是否跳闸。

(2) 变压器套管有无损伤，有无闪络放电痕迹，变压器本体有无着火、爆炸、喷油、放电痕迹，导线是否有断线、短路、小动物爬入引起短路等情况。

(3) 差动保护范围内所有一次设备、瓷质部分是否完整，有无闪络放电痕迹。变压器及各侧断路器、隔离开关、避雷器、瓷绝缘子等有无接地短路现象，有无异物落在设备上。

(4) 差动电流互感器本身有无异常，瓷质部分是否完整，有无闪络放电痕迹，回路有无断线接地。

(5) 差动保护范围外有无短路故障。

(6) 检查保护动作情况，做好记录。

(7) 检查气体继电器和压力释放装置的动作情况。

(8) 检查气体继电器有无气体，压力释放阀是否动作、喷油。

(9) 查看故障录波器录波情况。

(10) 查看微机保护打印报告。

(11) 检查其他运行变压器及各线路的负荷情况。

51. 变压器差动保护动作跳闸后如何处理？

答：(1) 立即将情况向调度及有关部门汇报。

(2) 检查故障明显可见，发现变压器本身有明显的异常和故障迹象，差动保护范围内一次设备上有故障现象，应停电检查处理故障，检修试验合格方能投运。

(3) 未发现明显异常和故障迹象，但有气体继电器保护动作，即使只是气体继电器报警信号，属变压器内部故障的可能性极大，应经内部检查并试验合格后方能投入运行。

(4) 未发现任何明显异常和故障迹象，变压器其他保护未动作。检查保护出口继电器触点在打开位置，线圈两端无电压。差动保护范围外有接地、短路故障。可将外部故障隔离后，拉开变压器各侧隔离开关，测量变压器绝缘无问题，根据调度命令试送一次，试送成功后检查有无接线错误。

(5) 检查变压器及差动保护范围内一次设备，无发生故障的痕迹和异常。变压器瓦斯保护未动作。其他设备和线路，无保护动作信号掉牌。根据调度命令，拉开变压器各侧隔离开关，测量变压器绝缘无问题，可试送一次。

(6) 变压器跳闸后，应立即停油泵。

(7) 应根据调度指令进行有关操作。

(8) 现场有明火等特殊情况时，应进行紧急处理。

(9) 根据安全工作规程做好现场的安全措施。

(10) 按要求编写现场事故处理报告。

52. 变压器气体继电器动作的原因有哪些？

答：(1) 变压器内部故障。

（2）因二次回路问题引起误动作。

（3）某些情况下，由于储油柜内的胶囊（隔膜）安装不良，造成吸湿器堵塞，油温发生变化后，吸湿器突然冲开，油流冲动使气体继电器误动跳闸。

（4）外部发生穿越性短路故障。

（5）变压器附近有较强的振动。

53. 变压器重瓦斯保护动作后如何检查？

答：变压器气体继电器动作后，值班人员应进行下列检查：

（1）变压器各侧断路器是否跳闸。

（2）油温、油位、油色情况，是否有漏油。

（3）变压器差动保护是否掉牌。

（4）气体继电器动作前，电压、电流有无波动。

（5）储油柜、压力释放和吸湿器是否破裂，压力释放装置是否动作。

（6）有无其他保护动作信号。

（7）检查保护动作信号及数据记录情况、二次回路情况、直流系统情况。

（8）检查、分析故障录波图数据。

（9）外壳有无鼓起变形，套管有无破损裂纹。

（10）各法兰连接处、导油管等处有无冒油。

（11）气体继电器内有无气体，或收集的气体是否可燃。

（12）气体继电器掉牌能否复归，直流系统是否接地。

（13）检查气体继电器接线盒内有无进水受潮或异物造成端子短路。

（14）查看其他运行变压器及各线路的负荷情况。

（15）检查变压器有无着火、爆炸、喷油、漏油等情况。

（16）检查气体继电器内有无气体积聚。

（17）检查变压器本体及有载分接开关油位情况。

通过上述检查，未发现任何故障象征，可判定气体继电器误动。

54. 变压器重瓦斯保护动作后如何处理？

答：（1）应立即将情况向调度及有关部门汇报。

（2）立即投入备用变压器或备用电源，恢复供电，恢复系统之间的并列。若同时分路中有保护动作掉牌时，应先断开该断路器。失压母线上有电容器组（或静补）时，先断开电容器组断路器。

（3）经判定为内部故障，未经内部检查并试验合格，不得重新投入运行，防止扩大事故。

（4）外部检查无任何异常，取气分析无色、无味、不可燃，气体纯净无杂质，同时变压器其他保护未动作。跳闸前气体继电器报警时，变压器声音、油温、油位、油色无异常，可能属进入空气太多、析出太快，应查明进气的部位并处理。无备用变压器时，根据调度和上级主管领导的命令，试送一次，严密监视运行情况，由检修人员处理密封不良问题。

（5）外部检查无任何故障迹象和异常，变压器其他保护未动作，取气分析，气体颜色很淡、无味、不可燃，即气体的性质不易鉴别（可疑），无可靠的根据证明属误动作。无备用变压器和备用电源者，根据调度和主管领导命令执行。拉开变压器的各侧隔离开关，遥测绝缘无问题，放出气体后试送一次，若不成功应作内部检查。有备用变压器者，由专业人员取样进行化验，试验合格后方能投运。

（6）外部检查无任何故障迹象和异常，气体继电器内无气体，证明确属误动跳闸：

1）若其他线路上有保护动作信号掉牌，气体继电器动作掉牌信号能复归，属外部有穿越性短路引起的误动跳闸。故障线路隔离后，可以投入运行。

2）若其他线路上无保护动作信号掉牌，气体继电器动作掉牌信号能复归，可能属振动过大原因误动跳闸，可以投入运行。

（7）经确认是二次触点受潮等引起的误动，故障消除后向上级主管部门汇报，可以试送。

（8）变压器跳闸后，应立即停油泵，并进行油色谱分析。

（9）应根据调度指令进行有关操作。

（10）现场有着火等特殊情况时，应进行紧急处理。

（11）根据安全工作规程做好现场的安全措施。

（12）按要求编写现场事故处理报告。

重瓦斯保护动作时，在查明原因消除故障之前不得将变压器投入运行。

55. 变压器有载分接开关重瓦斯动作跳闸如何检查处理？

答：有载分接开关重瓦斯保护动作时，在查明原因消除故障之前不得将变压器投入运行。有载分接开关重瓦斯保护动作时，值班人员应进行下列检查：

（1）检查变压器各侧断路器是否跳闸。

（2）检查各保护装置动作信号情况、直流系统情况、故障录波器动作情况。

（3）查看其他运行变压器及各线路的负荷情况。

（4）储油柜、压力释放和吸湿器是否破裂，压力释放装置是否动作。

（5）检查变压器有无着火、爆炸、喷油、漏油等情况。

（6）检查有载分接开关及本体气体继电器内有无气体积聚，或收集的气体是否可燃。

（7）检查变压器本体及有载分接开关油位情况。

（8）检查直流及有关二次回路情况。

（9）检查有载分接开关气体继电器接线盒内有无进水受潮或异物造成端子短路。

（10）有无其他保护动作信号。

有载分接开关重瓦斯保护动作后的处理：

（1）立即将情况向调度及有关部门汇报。

（2）应根据调度指令进行有关操作。

（3）根据安全工作规程做好现场的安全措施。

（4）现场有着火等特殊情况时，应进行紧急处理。

（5）根据安全工作规程做好现场的安全措施。

（6）按要求编写现场事故处理报告。

56. 变压器套管爆炸如何检查处理？

答：套管发生爆炸时的检查：

（1）检查变压器各侧断路器是否已跳闸。

（2）检查保护及自动装置动作情况。

（3）检查、分析故障录波图数据。

（4）查看其他运行变压器及各线路的负荷情况。

（5）检查变压器有无着火等情况，消防设施是否启动。

（6）检查套管爆炸引起其他设备的损坏情况。

套管发生爆炸时的处理：

（1）应立即将情况向调度及有关部门汇报。

（2）当变压器各侧断路器未跳闸时，应手动拉开故障变压器各侧断路器。

（3）立即停油泵。

（4）现场有着火情况时，应先报警并隔离变压器，迅速采取灭火措施。处理事故时，首先应保证人身安全。注意油箱爆裂情况。

（5）根据调度指令进行有关操作。

（6）若检修人员不能立即到达现场，必要时在做好安全措施后，采取措施以避免雨水或杂物进入变压器内部。

57. 压力释放装置动作的原因有哪些？

答：（1）内部故障。

（2）变压器承受大的穿越性短路。

（3）压力释放装置二次信号回路故障。

（4）大修后变压器注油较满。

（5）负荷过大，温度过高，致使油位上升而向压力释放装置喷油。

（6）新投运的变压器或大修后投运的变压器本体与储油柜连接阀未开启。

58. 变压器压力释放阀动作后如何处理？

答：（1）检查压力释放阀是否喷油。

（2）检查保护动作情况、气体继电器动作情况。

（3）检查变压器油温和绕组温度、运行声音是否正常，有无喷油、冒烟、强烈噪声和振动。

（4）检查是否是压力释放阀误动。

（5）在未查明原因前，变压器不得试送。

（6）压力释放阀动作发出一个连续的报警信号，只能通过恢复指示器人工解除。

（7）若仅压力释放装置喷油但无压力释放装置动作信号，则可能是大修后变压器油注得较满，或是负荷过大，温度过高，致使油位上升所致。

压力释放阀冒油而变压器的气体继电器和差动保护等电气保护未动作时，应立即取变压器本体油样进行色谱分析。如果色谱正常，则怀疑压力释放阀动作是其他原因引起，做以下检查和处理：

（1）检查变压器本体与储油柜连接阀是否已开启、吸湿器是否畅通、储油柜内气体是否排净，防止由于假油位引起压力释放阀动作。

（2）检查压力释放阀的密封是否完好，必要时更换密封胶垫。

（3）检查压力释放阀升高座是否设放气塞，如无，应增设，防止积聚气体因气温变化发生误动。

（4）如条件允许，可安排时间停电，对压力释放阀进行开启和关闭动作试验。

（5）查阅历史记录，是否因为在冬天检修后注油过高，到夏天高温大负荷情况下，造成变压器油箱油位过高而使压力释放阀冒油。

压力释放阀冒油，且瓦斯保护动作跳闸时，在未查明原因、故障未消除前，不得将变压器投入运行。

59. 变压器过负荷运行的原因有哪些?

答:（1）两台变压器并列运行，一台变压器检修或因故障退出运行，负载全部转至另一台变压器，造成另一台变压器超额定负载。

（2）系统事故状态下，变压器的短期急救负载而超额定负载运行。

（3）长期急救周期性负载运行。

60. 变压器过负荷运行的危害有哪些?

答: 变压器超额定负载能力主要是依据变压器厂家的制造水平、温升试验等确定，同时也与冷却方式、冷却装置的工况密切相关。超额定负载运行是对变压器性能、寿命的考验，而在变压器有较严重的缺陷时，超载运行更容易使缺陷的性质、严重程度加剧，因此变压器有较严重的缺陷时不宜超额定电流运行。变压器长期超额定负载运行，将在不同程度上缩短变压器的寿命，应尽量减少出现长期超额定负载的运行方式。当出现超额定负载异常情况时，必须尽快采取措施，以免影响变压器的正常运行及寿命。

61. 变压器过负荷运行如何处理?

答:（1）运行中发现变压器负荷达到相应调压分接头的额定值90%及以上，应立即向调度汇报，并做好记录。

（2）根据变压器允许过负荷情况，及时做好记录，并派专人监视主变压器的负荷及上层油温和绕组温度。

（3）将超额定负载运行情况向调度汇报，采取措施压降负荷。查对相应型号变压器超额定负载运行限值表，并按相应数据对长期急救周期性负载运行和短期急救负载运行的幅度和时间进行监视和控制。

（4）按照变压器特殊巡视的要求及巡视项目，对变压器进行特殊巡视。

（5）过负荷期间，变压器的冷却器应全部投入运行。

（6）过负荷结束后，应及时向调度汇报，并记录过负荷结束时间。

（7）对带有载调压装置的变压器，在超额定负载运行程度较大时，应尽量避免使用有载调压装置调节分接头。

62. 变压器事故过负荷跳闸如何处理?

答: 变压器事故过负荷跳闸后，变电运行值班人员应进行以下检查：

（1）检查保护装置动作信号情况、故障录波器动作情况、直流系统情况。

（2）查看其他运行变压器及各线路的负荷情况。

（3）监视变压器的现场及远方油温情况。

（4）检查变压器的油位是否过高。

（5）检查变压器有无着火、喷油、漏油等情况。

（6）检查气体继电器内有无气体积聚，检查压力释放阀有无动作。

（7）变压器跳闸后，应使冷却系统处于工作状态（主保护动作除外），以迅速降低变压器的油温。

（8）应立即将有关情况向调度及有关部门汇报。

（9）应根据调度指令进行有关操作。

（10）按要求编写现场事故处理报告。

63. 变压器起火的原因有哪些?

答:（1）套管的破损和闪络。

（2）油在油枕的压力下流出并在顶盖上燃烧。

（3）变压器内部故障造成外壳或散热器破裂，使燃烧的变压器油溢出。

（4）变压器周围用喷灯或者有烟火等。

（5）雷击变压器。

64. 变压器起火如何处理？

答：（1）变压器起火时，立即拉开变压器各侧电源。

（2）立即切除变压器所有二次控制电源。

（3）立即向消防部门报警，报警时要说明具体地点，应使用外线电话，若没有外线电话只有系统电话时，一定要将详细地点、什么设备着火说明清楚。

（4）在确保人身安全的情况下，采取必要的灭火措施。

（5）应立即将情况向调度及有关部门汇报。

（6）变压器起火时，首先应检查变压器各侧断路器是否已跳闸，否则应立即手动拉开故障变压器各侧断路器，使各侧至少有一个明显的断开点；立即停运冷却装置，并迅速采取灭火措施，投入水喷雾装置，防止火势蔓延。必要时开启事故放油阀排油。处理事故时，首先应保证人身安全。

（7）若油溢在变压器顶盖上着火时，则应打开下部油门放油至适当油位；若变压器内部故障引起着火，则不能放油，以防变压器发生严重爆炸。

（8）消防队前来灭火，必须指定专人监护，并指明带电部分及注意事项。

（9）同时还应检查：

1）检查保护装置动作信号情况。

2）查看其他运行变压器及各线路的负荷情况。

3）检查变压器起火是否对周围其他设备有影响。

65. 变压器后备保护动作后如何处理？

答：变压器的后备保护动作跳闸，而主保护未动作时，一般情况下为差动保护范围外故障，在实际发生的事故中，母线故障或线路故障越级使变压器后备保护动作跳闸的情况比较多。

（1）高压侧后备保护动作。

1）高压侧后备保护动作的原因：①变压器差动和瓦斯保护拒动；②本侧母差保护或线路保护拒动；③本侧断路器拒动；④中低压侧后备保护拒动或断路器拒动；⑤高压侧后备保护误动、误整定。

2）高压侧后备保护动作后的检查。①检查本侧线路保护、母差保护是否有动作信号，是否有断路器闭锁信号；②检查中、低压侧是否有故障、保护动作信号、断路器闭锁信号。

（2）中压侧后备保护动作。

1）中压侧后备保护动作的原因：①变压器差动和瓦斯保护拒动；②本侧母差保护或线路保护拒动；③本侧断路器拒动；④中压侧后备保护误动、误整定。

2）中压侧后备保护动作后的检查。检查本侧线路保护、母差保护是否有动作信号，是否有断路器闭锁信号。

（3）中压侧后备保护动作。

1）低压侧后备保护动作的原因：①低压线路发生故障跳闸，保护拒动或断路器拒动；②低压母线发生故障（未装设母差保护）。

2）低压侧后备保护动作后的检查。包括低压母线是否发生短路故障或者是低压线路故障保护拒动或断路器拒动。

（4）变压器中性点间隙保护动作。

1）间隙保护动作的原因。中性点不接地的变压器带单相接地故障运行时，会引起间隙保护动作。

2）间隙保护动作后的检查。包括高、中压系统的越级跳闸及保护误动、误整定。

66. 高压并联电抗器常见的故障及异常运行有哪些?

答：（1）电抗器内部声音异常或有爆裂声。

（2）在正常条件下温度不断上升。

（3）电抗器严重漏油。

（4）套管出现裂纹、破损或放电，套管渗油。

（5）顶盖和其他部位着火。

（6）电抗器油色变化过大，油内出现炭质。

（7）电抗器油位低于下限值。

（8）电抗器吸湿器硅胶变色。

（9）电抗器引线接头发热。

（10）压力释放装置喷油或溢油。

（11）散热器散热效果降低。

（12）测温装置指示不正常或失灵。

（13）电气预防性试验部分项目数据不合格。

（14）油化验数据不合格。

（15）电抗器铁芯多点接地。

（16）电抗器内部局部过热。

（17）电抗器外部局部过热。

（18）电抗器匝间故障。

（19）电抗器高压套管升高座均压环接地片断裂故障。

（20）电抗器着火。

67. 高压并联电抗器异常运行的处理原则有哪些?

答：（1）立即向调度汇报发生异常运行的情况。

（2）详细记录异常发生的时间，光字牌信号的位置、继电保护掉牌的情况和电流、电压及远方线圈温度，油温计显示值等，初步判断故障性质。在未做好记录和未得到值班长许可前，不得复归各种信号。

（3）根据初步判断结果，立即到现场对设备进行检查，记录当时的温度和油位指示值、压力释放装置有无喷油、瓷套有无闪络、气体继电器有无气体、运行声音有无异常等情况，综合分析判断故障性质，将检查结果汇报调度及有关领导。

（4）当发现高压电抗器油位异常升降时，应根据电流、温度等情况进行分析，查明原因，如确定油位过高或偏低时，应及时提请有关部门对高压电抗器进行加油、放油、调整油位。

（5）当高压电抗器的线圈温度、油温的升高超过许可限度时，应检查电压电流及环境变化情况，进行相互比较，与相同条件下应有的线圈温度、油温进行核对，还要核对温度表的指示是否正确。当确定高抗温度为异常升高时，应立即报调度及有关领导，在调度未发令将高抗停电前，应加强对高压电抗器的巡视。

(6) 瓦斯保护报警时，值班人员应立即对高压电抗器进行检查，注意电压、电流、声音的变化，查明动作的原因。若内部有故障，应查明动作原因向调度汇报。

(7) 高压电抗器有下列情况之一，应立即向调度汇报，要求将高压电抗器退出运行：

1) 高压电抗器内部声音异常，有爆裂声或严重放电声。

2) 在正常的电压和电流条件下，线圈温度和油温显著变大，并迅速上升。

3) 压力释放装置喷油或冒烟。

4) 套管有严重的破损和放电现象。

68. 高压并联电抗器故障跳闸的处理原则有哪些?

答: (1) 高压电抗器保护动作跳闸时，不得对高压电抗器强送电。在未查明原因并消除故障前，不得对高压电抗器试送电。

(2) 高压电抗器保护动作跳闸时，经查明判断不是高压电抗器内部故障，经有关调度许可后，可以对高压电抗器试送电一次。

(3) 高压电抗器故障消除后或查明不是高压电抗器内部故障，恢复送电应按有关操作规定进行，当系统有条件时，可采取零起升压恢复送电。

(4) 高压电抗器与线路只有隔离开关连接时，若高压电抗器保护与线路保护同时动作时，则应按照高压电抗器故障进行处理，在未经判明内部确无故障前，不得对高压电抗器进行送电。

(5) 在未查明高压电抗器保护动作原因并消除故障之前，系统急需送电时，应将高压电抗器退出。

69. 高压并联电抗器运行中声音异常如何处理?

答: (1) 电抗器声响明显增大，内部有爆裂声时，应立即查明原因并采取相应措施，如对电抗器进行电气、油色谱、绕组变形测试等试验检查。必要时还应对电抗器进行吊罩检查。

(2) 若电抗器响声比平时增大而均匀时，应检查电网电压情况，确定是否为电网电压过高引起。

(3) 声响较大而嘈杂时，可能是电抗器铁芯、夹件松动的问题，此时仪表一般正常，电抗器油温与油位也无大变化，应将电抗器停运进行检查。

(4) 音响夹有放电的“吱吱”声时，可能是电抗器器身或套管发生表面局部放电。若是套管的问题，在气候恶劣或夜间时，可见到电晕或蓝色、紫色的小火花，应清除套管表面的脏污，再涂 RTV 涂料或更换套管。如果是器身的问题，把耳朵贴近电抗器油箱，则可能听到电抗器内部由于局部放电或电接触不良而发出的“吱吱”或“噼啪”声。此时应申请将电抗器退出运行，检查铁芯接地或进行吊罩检查。

(5) 若声音中夹有水的沸腾声时，可能是绕组有较严重的故障或分接开关接触不良而局部严重过热引起，应申请将电抗器退出运行，进行检修。

(6) 当响声中夹有既大又不均匀的爆裂声时，可能是电抗器的器身绝缘有击穿现象，此时应申请将电抗器退出运行，进行检修。

(7) 响声中夹有连续的、有规律的撞击或摩擦声时，可能是电抗器的某些部件因铁芯振动而造成机械接触。如果是箱壁上的油管过电线处，可增加距离或增强固定来解决。另外，电抗器的附件（如铭牌）安装得不牢固也可能发出异常声音。

70. 高压并联电抗器压力释放阀冒油如何处理？

答：（1）若压力释放阀冒油而电抗器的瓦斯保护和差动保护等电气保护未动作时，应立即取电抗器本体油样进行色谱分析。如果色谱分析正常，则怀疑压力释放阀动作是其他原因引起（如大检修时注油过满等）。

1）检查电抗器本体与储油柜连接阀是否已开启、吸湿器是否畅通，储油柜内气体是否排净，防止由于假油位引起压力释放阀动作。

2）检查压力释放阀的密封是否完好，必要时更换密封胶垫。

3）检查压力释放阀升高座是否有放气塞，如无则应增设，防止积聚气体因气温变化发生误动。

4）如条件允许，可安排时间停电，对压力释放阀进行开启和关闭动作试验。

（2）压力释放阀冒油，且气体保护动作跳闸时，在未查明原因，故障未消除前不得将电抗器投入运行。若电抗器有内部故障的征象时，应做进一步检查。

71. 高压并联电抗器油位异常升高如何处理？

答：（1）应通过比较安装在电抗器上的油温表和线温表计读数，并与其他相进行比较，充分考虑环境温度和电抗器无功功率的因素，判断是否为电抗器温升异常。

（2）电抗器油温升高应检查：

1）检查电抗器的无功功率和温度，并与正常运行的电抗器及近期的巡视记录进行比较。

2）核对测温装置的准确度。

3）检查电抗器有关蝶阀开闭位置是否正确，检查电抗器油位的情况。

4）检查电抗器的气体继电器内是否积聚了可燃气体。

5）检查系统的运行情况，注意系统谐波电流情况。

6）取油样进行色谱试验分析。

7）必要时对电抗器进行预防性试验。

（3）若经检查分析是电抗器内部故障引起的温度异常，则立即停运电抗器，做好安全措施，尽快安排处理。

（4）在正常运行条件下，若电抗器温度不正常并不断上升，且经检查证明温度指示正确，则认为电抗器已发生内部故障，应立即停运电抗器，做好安全措施，通知专业人员进行处理。

当电抗器在各种超额定电流下运行，且温度持续升高时，应及时向调度汇报，注意顶层油温不应超过 105℃。

（5）电抗器的很多故障都可能伴随急剧的温升，应检查运行电压是否过高、套管各个端子和引线或电缆的连接是否紧密，有无发热迹象。温度计损坏、散热器阀门没有打开等均有可能导致电抗器油温异常。

72. 高压并联电抗器套管渗漏、油位异常和末屏有放电声如何处理？

答：（1）套管严重渗漏或瓷套破裂时，电抗器应立即停运。更换套管或消除放电现象，经电气试验合格后方可将电抗器投入运行。

（2）套管油位异常下降或升高，包括利用红外测温装置检测油位，确认套管发生内漏（即套管油与电抗器油已连通），应进行吊套管处理。当确认油位已漏至金属储油柜以下时，电抗器应停止运行，进行处理。

（3）套管末屏有放电声时，应将电抗器停止运行，并对该套管做试验，确认没有引起套管绝缘故障，对末屏可靠接地后方可将电抗器恢复运行。

（4）大气过电压、内部过电压等，会引起瓷件、瓷套管表面龟裂，并有放电痕迹，此时应采取加强防止大气过电压和内部过电压措施。

73. 高压并联电抗器油位不正常如何处理？

答：（1）当发现电抗器的油面较当时油温所应有的油位显著降低时，应查明原因并采取措施。

（2）当油位计的油面异常升高或呼吸系统异常，需打开放气或放油阀时，应先将重瓦斯保护改接信号。

（3）电抗器油位因温度上升有可能高出油位指示极限，经查明不是假油位所致时，应放油，使油位降至与当时油温相对应的高度，以免溢油。

（4）油位计带有小胶囊时，如发现油位不正常，应先对油位计加油。此时需将油表呼吸塞及小胶囊的塞子打开，用漏斗从油表呼吸塞处缓慢加油，将囊中空气全部排除；然后打开油表放油螺栓，放出油表内多余油量（看到油表内油位即可），关上小胶囊室的塞子。注意油表呼吸塞不必拧得太紧，以保证油表内空气自由呼吸。

（5）当发现高压电抗器油位异常升降时，应根据电流、温度等情况进行分析，查明原因。如确定油位过高或偏低时，应及时提请有关部门对高压电抗器进行加油、放油、调整油位的工作。

74. 高压并联电抗器轻瓦斯动作如何处理？

答：（1）轻瓦斯动作发出信号后，值班人员应立即对电抗器进行检查，查明动作原因。通过观察瓦斯继电器动作的次数，间隔时间的长短等，并经过气样分析作出判断，电抗器是否有内部故障。

轻瓦斯保护动作一般有下列原因：

1）非电抗器故障原因。如因进行滤油、加油或检修等工作造成空气进入电抗器；因温度下降或漏油使油面降低；二次回路故障影响，直流多点接地；储油柜空气不畅通以及直流回路绝缘破坏或触点裂化引起的误动作。

如确定轻瓦斯保护动作系外部原因引起的，则电抗器可继续运行。

2）通过气体性质及气相色谱分析检查，确认是由于电抗器内部轻微故障引起的轻瓦斯保护动作，则应将电抗器停运检查。

3）如轻瓦斯动作是由于吸入空气的原因造成的，且信号动作间隔时间逐次缩短，将造成跳闸时，应考虑将重瓦斯改接信号，并立即查明原因并消除缺陷。

4）若气体继电器内的气体为无色、无臭且不可燃，色谱分析判断为空气，则电抗器可继续运行，并及时消除缺陷。

（2）轻瓦斯动作发信号后，如一时不能对气体继电器内的气体进行色谱分析，可根据气体颜色、气味、可燃性等特征来判断故障性质，如表26-3所示。

表26-3　**由气体特征判断故障性质**

气体特征	故障性质	气体特征	故障性质
无色、无味、不可燃	空气	淡灰色、有臭味、可燃	纸或纸板故障产生的气体
黄色、不可燃	木质故障产生的气体	灰黑色、易燃	铁质故障使绝缘油分解产生的气体

（3）如果轻瓦斯动作发信号后经分析已判为电抗器内部存在故障，且发信间隔时间逐次缩短，则说明故障正在发展，这时应尽快将该电抗器停运。

（4）当电抗器轻瓦斯动作告警时，运行人员应检查其温度、油面、外观及声音有无异常现象，检查气体继电器内有无气体，用专用注射器取出少量气体，试验其可燃性。如气体可燃，可断定电抗器内部有故障，应立即向调度报告，申请将电抗器退出运行。在调度未下令将其退出之前，应严密监视电抗器的运行状态，注意异常现象的发展与变化。

（5）气体继电器内大部分气体应保留，不要取出，由化验人员取样进行色谱分析。

（6）必要时进行预防性试验。

75. 高压并联电抗器差动保护动作如何处理？

答：（1）电抗器差动保护动作的原因有：

1）电抗器及其套管引出线、各侧差动电流互感器以内的一次设备故障。

2）保护二次回路问题引起保护误动作。

3）差动电流互感器二次开路或短路。

4）电抗器内部故障。

（2）运行中的电抗器，若差动保护动作引起跳闸，运行人员应采取以下措施：

1）检查电抗器所连线路断路器是否跳闸。

2）第一时间向各级调度进行汇报，并复归事故音响信号，有关光字信号暂不复归。

3）检查套管有无损伤、闪络放电痕迹或爆炸，电抗器本体外部有无因内部故障引起的异常，导线是否断线，气体继电器有无气体，压力释放阀是否动作、喷油，一次设备有无着火等现象。

4）检查差动保护范围内所有一次设备，瓷质部分是否完整，有无闪络放电痕迹。电抗器及避雷器、瓷绝缘子等有无接地短路现象，有无异物落在设备上。

5）检查电抗器保护动作情况和录波器的动作情况，并做好记录。

6）运行人员在进行以上全面检查后将检查的情况再次向调度进行汇报。

（3）在未查明差动保护动作原因之前，运行人员不得将保护屏上的信号复归。

（4）根据调度的命令进行操作。

经过上述检查后，如判断确证差动保护是由于外部原因引起的，而非电抗器内部故障，则电抗器可不经内部检查而重新投入运行。

如不能判断为外部原因时，则应对电抗器做进一步的检查、试验、分析以确定保护动作原因及故障性质，必要时作吊芯检查。

如差动保护与重瓦斯保护同时动作，则可认为电抗器内部发生故障，故障未消除前不得对电抗器送电。

76. 高压并联电抗器重瓦斯动作如何处理？

答：（1）电抗器重瓦斯保护动作的原因有：

1）电抗器内部故障。

2）二次回路问题误动作。

3）某些情况下，由于储油柜内的胶囊（隔膜）安装不良，造成吸湿器堵塞。油温发生变化后，吸湿器突然冲开，油流冲动使气体继电器误动跳闸。

4）电抗器附近有较强的振动。

（2）电抗器重瓦斯保护动作后，若差动保护动作引起跳闸，运行人员应进行下列检查：

1）检查电抗器所连线路断路器是否跳闸。

2）第一时间向各级调度进行汇报，并复归事故音响信号，有关光字信号暂不复归。

3）检查电抗器本体油温、油位、油色情况。

4）电抗器差动保护是否掉牌。

5）气体继电器保护动作前，电压、电流有无波动。

6）储油柜、压力释放和吸湿器是否破裂，压力释放装置是否动作。

7）有无其他保护动作信号。

8）外壳有无鼓起变形，套管有无破损裂纹。

9）各法兰连接处、导油管等处有无冒油。

10）气体继电器内有无气体，或收集的气体是否可燃。

11）气体继电器保护掉牌能否复归，直流系统是否接地。

12）检查电抗器保护动作情况，录波器的动作情况，并做好记录。

（3）在未查明差动保护动作原因之前，运行人员不得将保护屏上的信号复归。

（4）运行人员在进行以上全面检查后将检查的情况再次向调度进行汇报。

（5）根据调度的命令进行操作。

重瓦斯保护动作跳闸，如果不是由于保护装置二次回路故障引起保护误动，则说明电抗器内部发生故障，应进行气相色谱分析及电气试验分析；重瓦斯保护动作同时有差动保护动作（或从故障录波图上分析有故障）则说明电抗器内部有故障。故障未消除前不得对电抗器送电。

电抗器经检查分析发现内部故障特征后，应进行吊芯检查。

77. 高压并联电抗器跳闸如何处理?

答：电抗器自身元件保护动作跳闸时，处理方法如下：

（1）立即检查电抗器是否仍带有电压，即线路对侧是否跳闸。如对侧未跳闸，应报告调度通知对侧紧急切断电源。

（2）立即检查电抗器温度、油面、外壳有无故障迹象，压力释放阀是否动作，根据检查情况进行综合判断。

如气体、差动、压力、过流保护有两套或以上同时动作，或明显有故障迹象，应判断内部有短路故障，在未查明原因并消除前，不得将电抗器投入运行。

瓦斯保护动作，按前述步骤检查；差动保护动作，如无其他故障迹象，应检查电流互感器二次回路端子有无开路现象；压力保护动作，应检查有无喷油现象，压力释放阀指示器是否弹出。

（3）根据初步判断结果，立即到现场对设备进行检查，记录当时的温度和油位指示值、压力释放装置有无喷油、瓷套有无闪络，气体继电器有无气体、运行声音有无异常等情况，综合分析判断故障性质，将检查结果汇报调度及有关领导。

（4）详细记录跳闸发生时间，光字牌信号位置、继电器掉牌情况和电流、电压及远方线圈温度，油温计显示值等，初步判断故障性质，在未做好记录和未得到值班长许可前，不得复归各种信号。

78. 高压并联电抗器本体严重漏油如何处理?

答：（1）电抗器本体严重漏油，使油面下降到低于油位计的指示限度时，电抗器应立即停运。

（2）电抗器本体严重漏油，油位尚处在正常范围内时，应检查油箱是结构性渗漏油还是密封性渗漏油。

1）结构性渗漏油的处理方法一般是补焊。油箱上部渗漏时，只需排除少量油即可处理。油箱下部渗漏油时，可带电处理；但带电补焊应在漏油不显著的情况下进行，否则应采取抽真空或排油法去除油气混合物并在油箱内造成负压后补焊。

2）电抗器内部故障压力升高引起渗漏油情况。此时应查明电抗器内部故障的原因，待故障消除试验合格后电抗器方可投入运行。

（3）电抗器严重漏油时，运行人员应加强监视。

79. 高压并联电抗器着火如何处理？

答：（1）电抗器着火时，首先应检查本线路断路器是否已跳闸，否则应立即手动断开故障电抗器线路断路器，同时向调度汇报，断开对侧断路器。

（2）立即断开电抗器所有二次控制电源。

（3）立即向消防部门报警（切记报出具体地理位置）。

（4）在确保人身安全的情况下迅速采取必要的灭火措施，防止火势蔓延。必要时开启事故放油阀排油。处理事故时，首先应保证人身安全。

（5）应立即向调度部门及有关部门汇报。

（6）检查电抗器起火是否对周围其他设备有影响。

80. 电压互感器常见的故障及异常运行有哪些？

答：（1）本体有过热现象。

（2）内部声音不正常或有放电声。

（3）互感器内或引线出口处有严重喷油、漏油或流胶现象（可能属内部故障，由过热引起）。

（4）严重漏油至看不到油面（严重缺油使内部铁芯露于空气中，当雷击线路或有内部过电压时，会引起内部绝缘闪络烧坏互感器）。

（5）内部发出焦臭味、冒烟、着火（说明内部发热严重，绝缘已烧坏）。

（6）内部故障。

（7）套管严重破裂，套管、引线与外壳之间有火花放电。

（8）电压互感器二次小开关连续跳开（内部故障的可能性很大）。

（9）电磁式电压互感器铁磁谐振。

（10）电容式电压互感器二次输出电压低或高或波动。

（11）电容式电压互感器二次侧铁磁谐振。

（12）电容式电压互感器内部电容击穿。

（13）电容式电压互感器电容元件故障。

（14）电容式电压互感器内电磁元件故障。

（15）电容式电压互感器电容器漏油。

（16）电容式电压互感器三次引线绝缘脱落。

（17）电容式电压互感器爆炸。

（18）电压互感器二次短路。

（19）电压互感器二次回路断线。

（20）高压侧熔断器熔断。

（21）电压互感器预防性试验不合格。

81. 电压互感器故障如何处理？

答：（1）立即汇报调度，申请停电处理。

（2）隔离故障电压互感器，500kV 侧可立即用相应出线断路器停电，220kV 侧将故障电压互感器母线空出，用母联断路器、分段断路器停电串断，故障侧隔离开关可遥控时，可遥控拉开高压隔离开关进行隔离（禁止用隔离开关就地拉合故障电压互感器）。35kV 电压互感器，停电按主变压器 35kV 总断路器的方法停电。

（3）二次回路禁止同故障电压互感器二次回路并列。

（4）电压互感器故障时，应将可能误动的保护停用。

（5）不得将故障电压互感器所在母线的差动保护停用。

（6）电压互感器着火，切断电源后，用干粉、1211 灭火器灭火。

需要特别注意的是，当电压互感器出现以下情况时应立即停用：

（1）电压互感器高压侧熔断器连续熔断。

（2）电压互感器发热，温度过高（当电压互感器发生层间短路或接地时，熔断器可能不熔断，造成电压互感器过负荷而发热，甚至冒烟起火）。

（3）电压互感器内部有噼啪声或其他噪声（这是由于电压互感器内部短路，接地或夹紧螺钉未上紧所致）。

（4）电压互感器内部引线出口处有严重喷油、漏油现象。

（5）电压互感器内部发出焦臭味且冒烟。

（6）线圈与外壳之间或引线与外壳之间有火花放电，电压互感器本体有单相接地。

82. 电压互感器高压侧熔断器熔断如何处理？

答：电压互感器高压侧熔断器熔断应立即向调度汇报，停用可能会误动的保护及自动装置，取下低压熔断器，拉开电压互感器隔离开关，做好安全措施，检查电压互感器外部有无故障，更换高压侧熔断器，恢复运行。如多次熔断，则可判断为电压互感器内部故障，应申请停用该互感器。

造成电压互感器高压侧熔断器熔断的原因：

（1）电压互感器内部线圈发生匝间、层间或相间短路及一相接地等现象。

（2）电压互感器一次、二次线圈回路故障，可能造成电压互感器过流。若电压互感器二次侧熔断器容量选择不合理，也有可能造成一次侧熔断器熔断。

（3）当中性点不接地系统中发生一相接地时，其他两相对地电压升高 $\sqrt{3}$ 倍；或由于间歇性电弧接地，可能产生数倍的过电压。过电压会使互感器严重饱和，使电流急剧增加而造成熔断器熔断。

（4）系统发生铁磁谐振。

（5）由于电压互感器过负荷运行或长时期运行后，熔断器接触部位锈蚀造成接触不良。

83. 电压互感器二次回路中，熔断器的配置原则是什么？

答：（1）在电压互感器二次回路的出口，应装设总熔断器或自动开关用以切除二次回路的短路故障。自动调节励磁装置及强行励磁用的电压互感器的二次侧不得装设熔断器，因为熔断器熔断会使他们拒动或误动。

（2）若电压互感器二次回路发生故障，由于延迟切断二次回路故障时间可能使保护装置和自动装置发生误动或拒动，因此应装设监视电压回路完好的装置。此时宜采用自动开关作为短路保护，并利用其辅助触点发出信号。

（3）在正常运行时，电压互感器二次开口三角辅助绕组两端无电压，不能监视熔断器是否断开；且熔丝熔断时，若发生接地，保护会拒动，因此开口三角绕组出口不应装设熔断器。

（4）接至仪表及变送器的电压互感器二次电压分支回路应装设熔断器。

（5）电压互感器中性点引出线上，一般不装设熔断器或自动开关。采用B相接地时，其熔断器或自动开关应装设在电压互感器B相的二次绕组引出端与接地点之间。

84. 电压互感器二次输出电压低或高或波动（指电容式电压互感器）如何处理？

答：（1）电磁式电压互感器二次电压降低。

1）故障现象。二次电压明显降低，可能是下接绝缘支架放电击穿或下接一次绕组匝间短路。

2）故障处理。这种互感器的严重故障，从发现二次电压降低到互感器爆炸时间很短，应尽快汇报调度，采取停电措施。这期间，不得靠近异常互感器。

（2）电容式电压互感器二次异常现象及引起的主要原因。

1）二次电压波动。其引起的主要原因可能为：二次连接松动；分压器低压端子未接地或接载波线圈；电容单元可能被间断击穿；铁磁谐振。

2）二次电压低。其引起的主要原因可能为：二次连接不良，电磁单元故障或电容单元C_2损坏等。

3）二次电压高。其引起的主要原因可能为：电容单元C_1损坏；分压电容接地端未接地。

4）开口三角形电压异常升高。其引起的主要原因可能为某相互感器的电容单元故障。电容式电压互感器二次电压降低及升高，在排除二次回路无问题时，应申请停用电压互感器。

85. 电压互感器铁磁谐振有何危害？

答：电压互感器铁磁谐振常发生在中性点不接地的系统中。电压互感器铁磁谐振将引起电压互感器铁芯饱和，产生电压互感器饱和过电压。任何一种铁磁谐振过电压的产生都对系统电感、电容的参数有一定要求，而且需要有一定的“激发”。电压互感器铁磁谐振常受到的“激发”有两种：第一种是电源对只带电压互感器的空母线突然合闸；第二种是发生单相接地。在这两种情况下，电压互感器都会出现很大的励磁涌流，使电压互感器一次电流增大十几倍，诱发电压互感器过电压。

电压互感器铁磁谐振可能是基波（工频）的，也可能是分频的，甚至可能是高频的。经常发生的是基波和分频谐振。根据运行经验，当电源向只带有电压互感器的空母线突然合闸时，易产生基波谐振，基波谐振的现象是两相对地电压升高，一相降低，或是两相对地电压降低，一相升高；当发生单相接地时易产生分频谐振，分频谐振的现象是三相电压同时升高或依次轮流升高，电压表指针在同范围内低频（每秒一次左右）摆动。

电压互感器发生谐振时其线电压指示不变。

电压互感器发生铁磁谐振的直接危害是：

（1）由于谐振时电压互感器一次线圈通过相当大的电流，在一次熔断器尚未熔断时可能使电压互感器线圈烧坏。

（2）造成电压互感器一次熔断器熔断。

电压互感器发生铁磁谐振的间接危害是，当电压互感器一次熔断器熔断后将造成部分继电保护和自动装置的误动作，从而扩大了事故。

86. 电压互感器铁磁谐振如何处理？

答：（1）当只带电压互感器的空载母线上产生电压互感器基波谐振时，应立即投入一个备用设备，改变电网参数，消除谐振。

（2）当发生单相接地产生电压互感器分频谐振时，应立即投入一个单相负荷。由于分频谐振具有零序分量性质，故此时投三相对称负荷不起作用。

（3）谐振造成电压互感器一次熔断器熔断，谐振可自行消除。但可能带来继电保护和自动装置的误动作，此时应迅速处理误动作的后果，如检查备用电源开关的联投情况。若没有联投应立即手动投入，然后迅速更换一次熔断器，恢复电压互感器的正常运行。

（4）发生谐振尚未造成一次熔断器熔断时，应立即停用有关失压容易误动的继电保护和自动装置。母线有备用电源时，应切换到备用电源，以改变系统参数消除谐振；如果用备用电源后谐振仍不消除，应拉开备用电源开关，将母线停电或等电压互感器一次熔断器熔断后谐振便会消除。

（5）由于谐振时电压互感器一次线圈电流很大，应禁止用拉开电压互感器隔离开关或直接取下一次侧熔断器的方法来消除谐振。

87. 电压互感器二次小开关跳闸如何处理？

答：（1）电压互感器小开关跳闸的原因：

1）电压互感器二次回路有短路现象。

2）电压互感器本身二次绕组出现匝间及其他故障。

3）电压互感器小开关本身机械故障造成脱扣。

（2）电压互感器二次有多个小开关，当发生二次小开关跳闸信号时，应首先查明是哪一个小开关跳闸，然后对照二次图纸查明该回路所带负荷情况。其负荷主要有：继电保护和自动装置的电压测量回路，故障录波器的录波启动回路，测量和计量回路以及同步回路等。

（3）当电压互感器二次小开关跳闸或熔断器熔断时，应特别注意该回路的保护装置动作情况，必要时应立即停用有关保护，并查明二次回路是否短路或故障，经处理后再合上电压互感器二次小开关或更换熔断器，加用有关保护。

（4）若故障录波器回路频繁启动，可将录波器的电压启动回路暂时退出（屏蔽）。

（5）如果是测量和计量回路故障，运行人员应记录其故障的起止时间，以便估算电量的漏计。

（6）同步回路二次小开关跳闸时，不得进行该回路的并列操作。

（7）如经外观检查未发现短路点，在有关保护装置停用的条件下，允许将小开关试合一次。如试合成功，则加用保护；如试合不成功，应进一步查出短路点，予以排除。

（8）若属双母线（或双母线分段）电压互感器的小开关跳闸，值班人员必须立即将运行在该母线上各单元有关保护停用，然后向调度汇报，并申请调度试合一次电压互感器小开关。试合不成功应通知专业人员进行处理，必要时可申请倒母线。

88. 电压互感器二次短路如何处理？

答：电压互感器正常运行时，由于其二次接的都是电压回路，近似在开路的状态下运行，如二次短路时，二次通过的电流增大，造成二次熔断器熔断或二次空气小开关跳闸，影响仪表计量或引起保护误动，如熔断器容量选择不当（或二次空气小开关未跳开），极易损坏电压互感器。若发现电压互感器二次回路短路，应申请停电进行处理。

89. 交流电压二次回路断线的原因有哪些？

答：（1）电压互感器高、低压侧的熔断器熔断或小开关跳闸。

（2）电压切换回路松动或断线、接触不良。

（3）电压切换开关接触不良。

（4）双母线接线方式，出线靠母线侧隔离开关辅助触点接触不良（常发生在倒闸过程中）。

（5）电压切换继电器断线或触点接触不良、继电器损坏、端子排线头松动、保护装置本身问题等。

90. 交流电压二次回路断线如何处理？

答：（1）电压切换回路辅助触点和电压切换开关接触不良所造成的电压回路断线现象，主要发生在操作后。母线电压互感器隔离开关辅助触点切换不良，牵涉该母线上所有回路的二次电压回路，线路的母线隔离开关辅助触点切换不良，只涉及影响到本线路取用电压量的保护。这些问题在操作后即可发现。

检查隔离开关辅助触点切换是否到位，若属隔离开关辅助触点切换不到位，可在现场处理隔离开关的限位触点；若属隔离开关本身辅助触点行程问题，应请专业人员对辅助触点进行调整或更换。在倒母线的过程中，若发现“交流电压断线”信号，在未查明原因之前，不应继续操作，应停止操作，查明原因。

（2）若交流“电压回路断线”、保护“直流回路断线”“控制回路断线”同时报警，说明直流操作电源有问题，操作熔断器熔断或接触不良。此时，线路的有功、无功表计误指示（或监控系统显示不正确）。处理方法是，退出失压后会误动的保护，更换直流回路熔断器（或试合小开关），若无问题再加用保护。

（3）对于其他原因引起的交流电压回路断线，运行人员未查出明显的故障点，则按以下方法处理：①向调度汇报；②停用失压后会误动的保护（启动失灵）及自动装置；③通知专业人员进行处理；④故障处理完毕后，申请加用已停用的保护及自动装置。

（4）处理时应注意防止交流电压回路短路，若发现端子线头、辅助触点接触有问题，可自行处理，不可打开保护继电器，防止保护误动作；若属隔离开关辅助触点接触不良，不可采用晃动隔离开关操作机构的方法使其接触良好，以防带负荷拉隔离开关，造成母线短路或人身事故。

（5）某一段母线电压回路断线。

1）原因：①电压互感器二次熔断器熔断或接触不良（或二次开关跳闸）；②电压互感器一次（高压）熔断器熔断；③电压互感器一次隔离开关辅助触点未接通、接触不良（多在操作后发生），回路端子线头有接触不良之处，若高压熔断器熔断一相或两相时，二次开口三角出电压，母线接地信号可能报警；④电压互感器一次侧隔离开关因机构箱内受潮使隔离开关分闸回路接通，造成一次侧隔离开关自分（在500kV变电站曾经出现过电压互感器隔离开关自分，造成电压互感器失压、保护误动的事故）。

2）处理：①先将可能误动的保护和自动装置退出，根据出现的现象判断故障；②在二次熔断器或二次小开关两端，分别测量相电压和线电压判别故障，互感器二次串有一次隔离开关的辅助触点，还应在触点两端分别测量电压；③若二次熔断器或端子线头接触不良，可拨动底座夹片使熔断器接触良好，或上紧端子螺钉，装上熔断器后投入所退出的保护及自动装置；④二次熔断器熔断（或二次小开关跳闸），更换同规格熔断器，重新投入试送一次，成功后投入所退出的保护及自动装置，若再次熔断（或再次跳闸），应检查二次回路中有无短路、接地故障点，不得加大熔断器容量或二次开关的动作电流值，不易查找时，汇报调度和有关上级，由专业人员协助查找；⑤若属一次隔离开关辅助触点问题，可汇报调度，先使一次母线并列后，合上电压互感器二次联络连接片，投入所退出的保护及自动装置再处理问题，无上述条件，可先将一次隔离开关辅助触点临时短接，若不能自行处理，应汇报上级派人处理；⑥若属一次隔离开关自分（此时失压后误动的保护已动作，有关断路器已跳闸），应立即将电压互感器一次隔离开关电动操作交流电源熔断器取下（或小开关断开），将失压后可能误动的保护（启动失灵）及自动装置退出，手动合上电压互感器一次侧隔离开关，经检查正常后，再加用已停用的保护及自动装置；⑦若高压熔断器熔断，应退出可能误动的保护（启动失灵）及自动装置，拔掉二次熔断器（或断开二次小开关），拉开一次隔离开关，更换同规格熔断器。检查电压互感器外部有无异常，若无异常可试送一次；试送正常，投入所退出的保护及自动装置；若再次熔断，说明互感器内部故障，可使一次母线并列后，合上电压互感器二次联络连接片，投入所退出的保护及自动装置，故障互感器停电检修。

与电压互感器二次侧联络时，必须先断开故障电压互感器二次侧，防止向故障点反充电。

必须注意，电压互感器高压熔断器熔断，若同时系统中有接地故障，不能拉开电压互感器一次侧隔离开关。接地故障消失以后，再停用故障电压互感器。

91. 充油式互感器渗漏油如何处理？

答：（1）互感器本体渗漏油若不严重，并且油位正常，应加强监视。

（2）互感器本体渗漏油严重，并且油位未低于下限，但一时又不能停电检修，应加强监视，增加巡视的次数；若低于下限，则应将电压互感器停运。

（3）互感器严重漏油应申请调度进行停电处理。

92. 电压互感器在什么情况下应进行更换？

答：（1）瓷套出现裂纹或破损。

（2）电压互感器有严重放电，已威胁安全运行。

（3）电压互感器内部有异常响声、异味、冒烟或着火。

（4）金属膨胀器异常膨胀变形。

（5）压力释放装置（防爆片）被冲破。

（6）树脂浇注电压互感器出现表面严重裂纹、放电。

（7）经红外测温检查发现内部有过热现象。

93. 电流互感器常见故障及异常运行有哪些？

答：（1）过热现象。

（2）内部故障。

（3）内部有臭味、冒烟。

（4）内部有放电声或引起与外壳之间有火花放电现象。干式电流互感器外壳开裂。

（5）内部声音异常。电流互感器二次阻抗很小，正常工作在近于短路状态，一般应无声音。电流互感器的故障，伴有异常声音或其他现象，原因有：铁芯松动，发出不随一次负荷变化的“嗡嗡”声。

（6）充油式电流互感器严重漏油。

（7）外绝缘破裂放电。

（8）套管严重破裂，套管、引线与外壳之间有火花放电。

（9）套管闪络。

（10）二次回路开路。

（11）充油式电流互感器二次末屏为接地或接地不良，造成电流互感器烧毁。

（12）电流互感器爆炸。

（13）试验参数不合格（介损超标、色谱超标）。

94. 电流互感器内部故障如何处理？

答：（1）立即汇报调度，申请停电处理。

（2）隔离故障电流互感器：500kV 侧可立即对相应出线断路器停电；220kV 系统若采用双母线带旁路的接线方式时可用旁路带运行，若没有旁路则直接将该线路停电。

（3）隔离故障电流互感器，在未停电之前，禁止在故障的电流互感器二次回路上工作。

（4）故障的电流互感器停电后，应将该电流互感器的二次侧所接保护及自动装置停用。

（5）电流互感器着火，切断电源后，用干粉、1211 灭火器灭火。

（6）故障的电流互感器在停电前应加强监视。

特别注意，电流互感器出现以下情况应立即停用：

（1）电流互感器发热，温度过高，甚至冒烟起火。

（2）电流互感器内部有噼啪声或其他噪声。

（3）电流互感器内部引线出口处有严重喷油、漏油现象。

（4）电流互感器内部发出焦臭味且冒烟。

（5）线圈与外壳之间或引线与外壳之间有火花放电，电流互感器本体有单相接地。

95. 引起电流互感器二次回路开路的原因有哪些？

答：（1）交流电流回路中的试验接线端子，由于结构和质量上的缺陷，在运行中发生螺杆与铜板螺孔接触不良，造成开路。

（2）电流回路中的试验端子连接片，由于连接片胶木头过长，旋转端子金属片未压在连接片的金属片上，而误压在胶木套上，造成开路。

（3）检修工作中失误，如忘记将继电器内部接头接好，或误断开了电流互感器二次回路，或对电流互感器本体试验后未将二次接线接上等。

（4）二次线端子接头压接不紧，回路中电流很大时，发热烧断或氧化过热而造成开路。

（5）室外端子箱、接线盒受潮，端子螺钉和垫片锈蚀过重，接触不良或造成开路。

（6）二次回路的过渡端子氧化后松动。

96. 电流互感器二次回路开路有何现象？

答：电流互感器二次回路开路时，对于不同的回路分别产生不同的影响：

（1）由负序、零序电流启动的继电保护和自动装置频繁动作，但不一定出口跳闸（还有其他条件闭锁），有些继电保护则可能自动闭锁（具有二次回路断线闭锁功能）。

（2）有功、无功功率表指示不正常，电流表三相指示不一致，电能表计量不正常。

（3）监控系统相关数据显示不正常。

（4）电流互感器存在有“嗡嗡”的异常响声。

（5）开路故障点有火花放电声、冒烟和烧焦等现象，故障点出现异常的高电压。

（6）电流互感器本体有严重发热，并伴有异味、变色、冒烟现象。

(7) 继电保护及自动装置发生误动或拒动。

(8) 仪表、电能表、继电保护等冒烟烧坏。

(9) 严重开路将导致电流互感器烧毁。

97. 电流互感器二次回路开路如何处理?

答: (1) 立即将故障现象报告所属调度。

(2) 当电流互感器二次回路开路时，要防止二次绕组开路而危及设备与人身安全。

(3) 电流互感器二次回路开路后应查明开路位置，设法将开路处进行短路；如果不能进行短路处理时，可向调度申请停电处理。在进行短接处理过程中必须注意安全，应注意开路的二次回路有异常的高电压。

(4) 凡检查电流互感器二次回路的工作，须站在绝缘垫上，应戴绝缘手套，使用合格的绝缘工具，在严格监护下进行。

(5) 发现电流互感器二次开路，应先分清故障属哪一组电流回路、开路的相别、对保护有无影响。汇报调度，停用可能误动的保护。

(6) 尽量减小一次负荷电流。若电流互感器严重损伤，应转移负荷，停电检查处理。

(7) 尽快设法在就近的试验端子上，将电流互感器二次短路，再检查处理开路点。短接时，应使用良好的短接线，并按图纸进行。短接时应在开路点的前级回路中选择适当的位置短接。

(8) 若短接时发现火花，说明短接有效，故障点就在短触点以下的回路中，可以进一步查找；若短接时无火花，可能是短接无效。故障点可能在短触点以上的回路中，可以逐点向前变换短触点，缩小范围。

(9) 在故障范围内，应检查容易发生故障的端子及元件，检查回路有工作时触动过的部位。

(10) 对检查出的故障，能自行处理的（如接线端子等外部元件松动、接触不良等），可立即处理，然后投入所退出的保护；若不能自行处理故障（如继电器内部故障）或不能自行查明故障，应汇报上级派人检查处理，或经倒运行方式转移负荷，停电检查处理。

(11) 电流互感器二次回路开路引起着火时，应先切断电源后，可用干燥石棉布或干式灭火器进行灭火。

(12) 由于电流互感器的停电按照断路器的停电办法执行，所以在电流互感器的二次回路停电操作时，必须先将电流互感器的二次回路同一编号的连接螺栓全部取下后，才能在电流互感器侧放上短接螺栓。送电操作时，应先取下同一编号的全部短接螺栓后，再放上连接螺栓，全部的连接螺栓必须连接牢固，不得有松动的现象。

98. 电流互感器末屏未接地或接地不良如何处理?

答: 在220kV及以上的电流互感器中，为了改善其电场分布，使电场分布均匀，在绝缘中布置一定数量的均压极板电容屏，最外层电容屏（末屏）必须接地。如果末屏不接地，则因在大电流作用下，其绝缘电位是悬浮的，电容屏不能起均压作用，在一次侧通有大电流后，将会导致电流互感器绝缘电位升高，产生高电压，而烧毁电流互感器。

末屏不接地或接地不良，在送电后电流互感器将会出现异常声响，如果对二次侧或末屏开路的处理不能保证人身安全，应立即向调度汇报，请求尽快停电处理。

99. 电流互感器爆炸如何处理?

答: 电流互感器爆炸的事故在系统中确实存在，特别是充油电流互感器爆炸事故。充油电流互感器爆炸的后果一般较为严重，除本线路（或间隔）的保护动作、线路或元件设备停电之外，其爆炸的碎片将会造成相邻设备故障，爆炸后的油若流入电缆沟将可能造成沟内电缆起火。因此，充油电流互感器爆炸事故往往会发展成复合型的故障，跳闸的断路器可能不止一台。

由于目前变电站都趋向于少人（220kV 及以上电压等级的变电站）或无人值班，在设备爆炸着火时，不可能有很多的运行人员到现场灭火，因此，运行人员应当：

（1）在第一时间内向各级调度汇报。

（2）在第一时间内拨打当地 119（或 110），特别强调地址、电气设备起火。

（3）迅速隔离故障。

（4）严密监视站内其他设备的运行情况。

（5）切断电源后，尽最大可能用干粉、1211 灭火器灭火。

（6）做好防止油流入电缆沟的措施。

100. 电流互感器运行声音异常如何处理？

答：电流互感器在运行中发生声音异常的原因有：

（1）铁芯松动会发出不随一次负荷变化的“嗡嗡”声；此外半导体漆涂刷的不均匀形成内部电晕，以及夹铁螺钉松动等也会使电流互感器产生较大声响。

（2）某些离开叠层的硅钢片，在空载或轻负荷时，会有一定的“嗡嗡”声。

（3）二次回路开路。

电流互感器运行声音异常的处理：

（1）在运行中，若发现电流互感器有异常声音，可从声响、表计指示及保护异常信号等情况判断是否是二次回路开路。若是，则可按二次回路开路的处理方法进行处理。

（2）若不属于二次回路开路故障，而是本体故障，应转移负荷并申请停电处理。

（3）若声音异常较轻，可不立即停电，但必须加强监视，同时向上级调度及主管部门汇报，安排停电处理。

101. 电流互感器过负荷如何处理？

答：电流互感器不允许长时间过负荷运行，电流互感器过负荷一方面可使铁芯磁通密度达到饱和或过饱和，使电流互感器误差增大，测量不准确，不容易掌握实际负荷；另一方面由于磁通增大，使铁芯和二次绕组过热、绝缘老化快甚至出现损坏等情况。

当发现电流互感器过负荷时，应立即向调度汇报，设法转移负荷或减负荷。

102. 电容器常见故障及异常运行有哪些？

答：（1）渗漏油。

（2）外壳膨胀。

（3）电容器爆炸。

（4）温升过高。

（5）瓷绝缘表面闪络。

（6）异常声响。

（7）触头过热或熔化。

（8）电容器过电流。

（9）电容器过电压。

（10）电容器套管破裂或放电。

（11）电容器三相电流不平衡。

（12）外熔丝熔断。

（13）电容器失效（无电容量）。

103. 电容器断路器跳闸后如何处理？

答：（1）并联电容器断路器跳闸后，没有查明原因并消除故障不允许试送，以免带故障点送电引起设备的更大损坏并影响系统稳定。

（2）并联电容器电流速断保护、过流保护或零序电流保护动作跳闸，同时伴有声光现象时，或者密集型并联电容器压力释放阀动作，则说明电容器发生短路故障应重点检查电容器，并进行相应的试验。

（3）根据保护动作情况进行分析判断，顺序检查电容器断路器、电流互感器、电力电缆、电容器有无爆炸、严重过热鼓肚及喷油，检查触头是否过热或熔化、套管有无放电痕迹。

若发现上述情况应进行停电处理，隔离故障电容器并进行三相平衡后方可送电；若无以上情况，电容器断路器跳闸是由外部故障造成母线电压波动所致，经 15min 后方可送电，否则应进一步对保护做全面通电试验，对电流互感器做特性试验。

（4）如果仍查不出故障原因，就需要拆开电容器组，逐台进行试验，未查明原因之前不得试送。

（5）在检查处理电容器故障前，应先断开断路器并拉开隔离开关，然后验电装设接地线，使电容器充分放电。

（6）由于故障电容器可能发生引线接触不良，内部断线或熔丝熔断，有一部分电荷可能未释放出来，所以在接触故障电容器前，应戴绝缘手套，用短路线将故障电容器的两极短接，方可动手拆卸。对双星形接线电容器的中性线及多个电容器的串接线，还应单独放电。

（7）若发现电容器爆炸起火，在确认并联电容器断路器断开并拉开相应隔离开关后，进行灭火。灭火前要对电容器进行放电，没有放电前人与电容器要保持一段距离，防止人身触电。

（8）并联电容器过电压或低电压保护动作跳闸，一般是由于母线电压过高或系统故障引起母线电压大幅度降低引起的，应对电容器进行一次检查。待系统稳定以后，根据无功负荷和母线电压再投入电容器运行。

（9）接有并联电容器母线失压时，应先拉开电容器断路器，待母线送电后根据母线负荷和母线电压的情况再投入电容器。

104. 电容器渗油如何处理？

答：电容器渗油在运行中是经常见到的，特别是在南方的夏季，更为严重。渗漏油会使浸渍剂减少，元件易受潮，从而导致局部击穿。

（1）渗油的原因。

1）搬运、安装、检修时造成的法兰或焊接处损伤。

2）接线时拧螺钉过紧，瓷套焊接处损伤。

3）制造中的缺陷。

4）在长期运行中外壳锈蚀可能引起渗漏油。

5）温度急剧变化。

6）设计不合理，如使用硬排连接，由于热胀冷缩，极易拉断电容器套管。

（2）处理。电容器发生渗漏油时，应减轻负载或降低周围环境温度，不宜长期运行。若运行时间过长，外界空气和潮气渗入电容器内部使绝缘降低，将使电容器绝缘击穿。值班人员发现电容器严重漏油时，应汇报工区并停用、检查处理。

105. 电容器外壳膨胀如何处理？

答：（1）电容器外壳膨胀的原因：

1）运行电压过高。

2）断路器重燃引起的操作过电压。

3）电容器本身质量低。

4）周围环境温度过高。

（2）处理。发现外壳膨胀应采取强力通风以降低电容器温度，膨胀严重的电容器应立即申请停电处理。

106. 电容器爆炸如何处理？

答：在没有装设内部元件保护的高压电容器组中，当电容器发生极间或极对外壳击穿时，与之并联的电容器组将对之放电，当放电能量散不出去时，电容器可能爆破。爆炸后可能会引起其他设备故障甚至发生火灾。防止爆炸的办法是，除加强运行中的巡视检查外，最好安装电容器内部元件保护装置。

近几年来，装有内部保护的电容器在系统中也发生了爆炸事故。

电容器无论是单只还是多只爆炸，相应的保护应动作，电容器断路器跳闸。运行人员应迅速隔离故障，若有接地开关时，应推上接地开关；若无接地开关，必须人工放电。

若电容器爆炸，断路器未跳闸，运行人员应立即断开该断路器，然后隔离故障。

107. 电容器温度过高如何处理？

答：（1）温度过高的原因。

1）环境温度过高，电容器布置过密。

2）高次谐波电流影响。

3）频繁投切电容器，反复受过电压作用。

4）介质老化，介质损耗增加。

5）过负荷。

6）电容器冷却条件变差。

（2）处理。运行中必须严密监视和控制环境温度，或采取冷却措施以控制温度在允许范围内，如控制不住则应停电处理。在高温、大负荷的情况下，应定时对电容器进行温度检测。

108. 电容器运行电压过高如何处理？

答：运行电压过高的主要原因是：

（1）电网负荷的变化。

（2）电网电压的波动。

（3）电容器在操作过程中产生电压高。

（4）串联电抗器接在电容器的电源侧时，由于电抗器抬高了电容器的运行电压，使电容器的运行电压高于所连接的母线。

处理：

（1）当电网电压超过电容器额定电压的 1.1 倍时，应将电容器退出运行。

（2）若在操作过程中引起操作电压升高，并由过电压信号报警，则应将电容器断开。

（3）串联电抗器接在电容器的电源侧时，要限制母线的运动电压，并根据电抗器比确定母线的运行电压。

109. 遇有哪些情况时电容器应退出运行？

答：（1）电容器发生爆炸。

（2）触头严重发热或电容器外壳测温蜡片熔化。

（3）电容器套管发生破裂并有闪络放电。

（4）电容器严重喷油或起火。

（5）电容器外壳明显膨胀，有油质流出或三相电流不平衡超过5%以上，以及电容器或电抗器内部有异常声响。

（6）当电容器外壳温度超过55℃，或室温超过40℃，采取降温措施无效时。

（7）密集型并联电容器压力释放阀动作时。

110. 当全站无压后，为什么必须将电容器的断路器断开？

答：当全站无压后，必须将电容器的断路器断开。这是因为，全站无压后，一般情况下所带馈线断路器均断开，因而来电后，母线负荷为零，电压较高；电容器的断路器如不事先断开，在较高的电压下会突然充电，有可能造成电容器严重喷油或鼓肚。同时，因为母线没有负荷，电容器充电后，大量无功向系统倒送，致使母线电压升高，即使是将各路负荷送出，负荷恢复到停电前还需要一段时间，母线仍可能维持在较高的电压水平上，将超过电容器允许连续运行的电压值（一般制造厂家规定电容器的长期运行电压不应超过额定电压1.1倍）。此外，当空载变压器投入运行时，其充电电流在大多情况下以3次谐波电流为主。这时，如电容器电路和电源侧的阻抗接近于共振条件，其电流可达电容器额定电流的2～5倍，持续时间为1～30s，可能引起过流保护动作。

鉴于以上原因，当全站无压后，必须将电容器的断路器断开。来电后，根据母线电压及系统无功补偿情况最后投入电容器。

111. 串联电抗器常见的异常有哪些？应如何处理？

答：（1）电抗器局部过热。由于干式电抗器工作电流大，频繁投切造成其冷热变化剧烈，在其内部及连接点上反映为应力变化大，加之低抗工作时震动力的作用，极易造成表面涂层龟裂和接点松动发热，因此巡视中应特别注意上述情况，必要时应用红外测温仪或红外成像仪进行检测和续观测，若温度过高，应做停电处理。

（2）干式电抗器支持绝缘子破裂。低压电抗器工作时震动较大，由于施工安装质量问题、支柱地基沉降问题、绝缘子质量问题和外力碰撞均可导致电抗器支持绝缘子破裂，发现支持绝缘子有裂纹，应及时将电抗器停用，查找原因，更换绝缘子。

（3）油浸式电抗器渗漏油。油浸式电抗器因内部温度过高、热胀冷缩和施工安装问题，会造成本体、放油阀和各连接法兰发生渗漏油，应加强巡视，若渗漏油严重，应停电处理。

（4）其他异常。电抗器正常运行时，声音应均匀正常，无异常的振动及放电声，噪声应在77dB左右，但由于电抗器的漏磁通是散发的，漏磁通很容易引起周边的金属设备的产生涡流和振动。在油浸式电抗器运行油温和绕组温度指示应正常，温度计中应无潮气。硅胶呼吸器的硅胶应干燥（呈蓝色），如硅胶受潮后则呈粉红色，受潮超过硅胶量的2/3时应进行更换处理；硅胶呼吸器的油封杯油面应正常，如过少，则应添变压器油，油已污染应更换。

112. 高压断路器常见故障及异常运行有哪些?

答:(1)机械部分故障。如液压机构操作失灵、弹簧机构储能失灵、传动机构动作失灵或误动作。

(2)二次回路故障。如控制回路断线、继电器损坏、分(合)闸线圈烧坏等,造成断路器动作失灵或误动作,断路器辅助触点切换不良。

(3)密封失效故障:漏气、液压机构渗油、液压机构内漏、液压机构油泵打压频繁、氮气消失、零压闭锁等。

(4)绝缘破坏故障。如绝缘拉杆或绝缘介质击穿、外部绝缘闪络等。

(5)触头或导电回路接触不良。

(6)灭弧故障:断路器 SF_6 压力低或真空度泄漏,切断短路电流时,不能灭弧而造成断路器损坏甚至爆炸烧坏;断路器动作速度达不到要求、灭弧室装配不符合要求等,也会影响断路器的灭弧能力。

(7)瓷绝缘子缺陷。如有裂纹、破损、断裂、放电、污秽等。

(8)并联电容异常。如放电、套管断裂、预防性试验部分参数不合格等。

(9)合闸电阻异常。如放电、套管断裂、预防性试验部分参数不合格、合闸电阻在主触头合闸后不能退出、合闸电阻动作不可靠。

(10)SF_6 密度继电器失灵或不能正确动作。

(11)SF_6 气体含水量超标。

(12)真空断路器真空度泄漏。

(13)断路器触点发热。

(14)断路器在操作中拒绝合闸、拒绝分闸。

(15)断路器在运行中分、合闸闭锁。

(16)断路器三相合闸不同期。

(17)断路器在运行中偷跳。

(18)断路器机构箱内加热器烧毁。

(19)断路器预防性试验主要参数不合格。

(20)其他故障:拉杆瓷绝缘子、支柱瓷绝缘子断裂,小动物造成短路,外力破坏等。

113. 断路器故障跳闸后如何处理?

答:(1)断路器故障跳闸后,运行值班人员应从中央信号、事件打印、保护及自动装置动作情况及时分析断路器跳闸相别、保护的动作情况。

(2)立即记录故障发生时间,停止音响信号,到现场检查断路器的实际位置,检查断路器间隔设备有无短路、接地、闪络、断线、瓷件破损、爆炸、喷油等现象,断路器操动机构有无异常,本体有无异常等。

(3)将以上情况和当时的负荷情况及时向调度汇报,便于调度及时、全面地掌握情况,进行分析判断,等候调度命令再进行合闸,合闸后又跳闸亦应报告调度员,并检查断路器。

(4)对故障分闸线路实行强送后,无论成功与否,均应对断路器外观进行仔细检查。

(5)断路器故障分闸时发生拒动,造成越级分闸,在恢复系统送电时,应将发生拒动的断路器脱离系统并保持原状,待查清拒动原因并消除缺陷后方可投运。

(6)SF_6 设备发生意外爆炸或严重漏气等事故,值班人员接近设备要谨慎。对户外设备,尽量选择从"上风"接近设备;对户内设备应先通风,必要时要戴防毒面具、穿防护服。

(7) 打印故障录波报告及微机保护报告。

(8) 事故处理完毕后，变电站值班长要指定有经验的值班员做好详细的事故障碍记录、断路器跳闸记录等，并根据断路器跳闸情况、保护及自动装置的动作情况、事件记录、故障录波、微机保护打印以及处理情况整理详细的现场跳闸报告。

(9) 根据调度及上级主管部门的要求，将所整理的跳闸报告及时上报。

(10) 下列情况不得强送：

1) 线路带电作业时。

2) 断路器已达允许故障开断次数。

3) 断路器失去灭弧能力。

4) 系统并列的断路器跳闸。

5) 低频减负荷装置启动断路器跳闸。

114. 断路器拒绝合闸的原因有哪些?

答: (1) 合闸电源消失，如合闸熔断器、控制熔断器熔断或接触不良。

(2) 就地控制箱内合闸电源小开关未合上。

(3) 断路器合闸闭锁动作，信号未复归。

(4) 断路器操作控制箱内“远方—就地”选择开关在就地位置。

(5) 控制回路断线。

(6) 同步回路断线。

(7) 合闸线圈及合闸回路继电器烧坏。

(8) 操作继电器故障。

(9) 控制手柄失灵。

(10) 控制开关触点接触不良。

(11) 断路器辅助触点接触不良。

(12) 操动机构故障。

(13) 直流电压过低。

(14) 直流接触器触点接触不良。

115. 断路器拒绝合闸如何处理?

答: (1) 若是合闸电源消失，运行人员可更换合闸回路熔断器或试投小开关。

(2) 若就地电控柜内合闸电源小开关在断开位置，应试合上断路器直流电源小开关。

(3) 将合闸闭锁信号复归，若不能复归则应通知专业人员进行检查。

(4) 若就地电控柜内“远方—就地”小开关在就地位置，应将其打至远方的位置。

(5) 若直流母线电压过低，调节蓄电池组端电压，使电压达到规定值。

(6) 当故障造成断路器不能投运时，应按断路器合闸闭锁的方法进行处理。

(7) 检查 SF_6 气体压力、液压压力是否正常；弹簧机构是否储能。

(8) 对上述运行人员不能处理的问题应按《高压开关设备管理规范》的要求向主管部门报缺陷，通知专业人员进行处理。

116. 断路器拒绝分闸的原因有哪些?

答: 断路器拒绝分闸的原因包含电气和机械两方面。

(1) 电气方面的原因。

1）分闸电源消失，如分闸熔断器、控制熔断器熔断或接触不良、小开关跳闸。

2）就地控制箱内分闸电源小开关未合上。

3）断路器分闸闭锁动作，信号未复归。

4）断路器操作控制箱内“远方—就地”选择开关在就地位置。

5）控制回路断线。

6）分闸线圈及分闸回路继电器烧坏。

7）操作继电器故障。

8）控制手柄失灵。

9）控制开关触点接触不良。

10）断路器辅助触点接触不良。

11）直流电压过低。

12）SF_6 气体压力，密度继电器闭锁操作回路。

（2）机械方面的原因。

1）跳闸铁芯动作冲击力不足。

2）分闸弹簧失灵。

3）液压、气动机构压力低于分闸闭锁压力。

4）分闸阀卡死。

117. 断路器拒绝分闸的后果有哪些？

答：断路器拒绝分闸有两种情况，一种是在正常的倒闸操作过程中拒绝分闸；另一种是在设备发生故障时拒绝分闸。后一种情况对系统安全运行威胁很大，一旦某一单元发生故障时，断路器拒绝分闸，将会造成上一级断路器跳闸，称为“越级跳闸”。这将扩大停电范围，甚至有时会导致系统解列，造成大面积停电的恶性事故。

118. 在事故情况下断路器拒绝分闸的特征有哪些？

答：在事故的情况下断路器拒绝分闸的特征为：回路光子牌闪、信号掉牌显示保护动作，但该断路器仍在合闸位置；上一级的后备保护如主变压器阻抗保护、断路器的失灵保护等动作。在个别的情况下，后备保护不能及时动作，元件会有短时电流指示值剧增，电压表指示降低，功率表指示晃动，主变压器发出沉重“嗡嗡”异常响声等现象，而相应断路器仍处在合闸位置。

119. 在事故情况下断路器拒绝分闸如何处理？

答：确定断路器拒绝分闸后，应立即手动拉闸。

（1）当尚未判明拒绝分闸原因之前而主变压器电源总断路器电流表指示值不足，异常声响强烈，应先拉开电源总断路器，以防烧坏主变压器（必须明确主变压器是送故障电流）。

（2）当上级后备保护动作造成停电时，若查明有分路保护动作，但断路器未跳闸，应断开或隔离拒动的断路器，恢复上级电源的断路器；若查明各分路保护均未动作（也可能为保护拒掉牌），则应检查停电范围内设备有无故障，若无故障，应拉开所有断路器，合上电源断路器后，逐一试送各分路断路器。但送到某一分路时，电源断路器又再次跳闸，则可判明该断路器或保护拒绝动作。这时应隔离该支路断路器，同时恢复其他回路供电。

（3）对拒绝分闸的断路器，除可迅速排除的一般电气异常（如控制电源电压过低、控制回路熔断器接触不良或小开关跳闸等）外，对不能及时处理的电气性或机械性异常，均应联系调度、汇报上级部门，进行停电检修处理。

120. 在操作的过程中出现断路器拒绝分闸如何处理?

答: (1) 若是分闸电源消失，运行人员可更换合闸回路熔断器或试投小开关。

(2) 试合就地控制箱内合闸电源（一般有两套跳闸电源）小开关。

(3) 将分闸闭锁信号复归，若不能复归则应通知专业人员进行检查。

(4) 将断路器操作控制箱内“远方—就地”选择开关放至远方的位置。

(5) 若直流母线电压过低，调节蓄电池组端电压，使电压达到规定值。

(6) 当故障造成断路器不能投运时，应按断路器分闸闭锁的方法进行处理。

(7) 检查 SF_6 气体压力、液压压力是否正常；弹簧机构是否储能。

(8) 手动远方操作跳闸一次，若不成功，请示调度，隔离故障断路器。

(9) 对上述运行人员不能处理的问题应按《高压开关设备管理规范》的要求向主管部门报缺陷，通知专业人员进行处理。

121. 断路器合闸闭锁的原因有哪些?

答: (1) 操动机构压力下降至合闸闭锁压力。

(2) 合闸弹簧未储能。

(3) SF_6 压力低于分、合闸闭锁压力。

(4) 3/2 接线断路器保护动作。

(5) 超高压线路并联电抗器保护动作。

(6) 主变压器主保护动作闭锁断路器合闸。

122. 断路器合闸闭锁如何处理?

答: (1) 因机构造成合闸闭锁的处理。

1) 如果是油泵电动机交流失压引起，运行人员应用万用表检查电动机三相交流电源是否正常，复归热继电器（热耦），使电动机打压至正常值；若是电动机烧坏或机构问题，应通知专业人员处理。

2) 如果是弹簧机构未储能，应检查其电源是否完好；若属于机构问题，应通知专业人员处理。

(2) 因灭弧介质压力低造成合闸闭锁的处理。

1) 如果灭弧介质压力降低至合闸闭锁值，则应断开断路器的跳闸电源，通知专业人员补气至正常值。

2) 如果是保护动作引起合闸闭锁，则待查明原因后，复归保护动作信号解除闭锁，根据调度的命令进行处理。

3) 如果是 SF_6 或机构压力下降至分闸闭锁值，且经检查无法使闭锁消除时，则应按下列情况进行处理：①申请停用单相重合闸；②断开断路器合闸电源小开关；③对于 220kV 系统，可用旁路断路器带运行，采用等电位拉开故障断路器两侧的隔离开关，或用母联断路器串断故障断路器，即将非故障出线断路器倒换至另一母线，用母联断路器切除故障断路器。

4) 对于 3/2 接线方式合环运行的断路器，当出现合闸闭锁，经检查发现该断路器液压回路严重泄漏，为了防止压力继续下降到分闸闭锁值，可申请调度断开故障断路器。也可以在环网的情况下，请示本单位总工，解除故障断路器两侧隔离开关的闭锁条件，拉开故障断路器两侧的隔离开关。

(3) 因控制回路故障造成合闸闭锁的处理。

1）若断路器就地控制箱内“远方—就地”控制开关置于就地位置或触点接触不良，则可将“远方—就地”控制手柄置远方位置或将手柄重复操作两次，若触点回路仍不通，应通知专业人员进行处理。

2）若是控制回路问题，应重点检查控制回路易出现故障的位置，如同步回路、控制开关、合闸线圈、分相操作箱内继电器等，对于二次回路问题，一般应通知专业人员进行处理。

3）某些保护动作闭锁未复归。

4）合闸电源不正常或未投入，应尽快恢复。

123. 断路器分闸闭锁如何处理？

答：在运行中断路器发“分闸闭锁”信号时，首先应查明分闸闭锁的原因，再进行处理。断路器分闸闭锁的原因有：

（1）液压机构压力下降至分闸闭锁压力。

（2）分闸弹簧未储能。

（3）气动机构压力下降至分闸闭锁压力。

（4）SF_6 压力低于分、合闸闭锁压力。

处理方法：

（1）由机构造成的分闸闭锁的处理。

1）如果是油泵电动机交流失压引起，运行人员应用万用表检查电动机三相交流电源是否正常，复归热继电器，使电动机打压至正常值；若是电动机烧坏或机构问题，应通知专业人员处理。

2）如果是弹簧机构未储能，应检查其电源是否完好，若属于机构问题应通知专业人员处理。

（2）由灭弧介质压力低造成的分闸闭锁的处理。

1）如果灭弧介质压力降低至合闸闭锁值，则应断开断路器的跳闸电源，通知专业人员补气至正常值。

2）如果是 SF_6 或机构压力下降至分闸闭锁值，且经检查无法使闭锁消除时，则应按下列情况进行处理：①断开断路器跳闸电源小开关或取下跳闸电源熔断器；②停用单相重合闸；③取下断路器液压机构油泵电源熔断器，或断开油泵电源小开关（以液压机构为例）；④220kV 断路器故障时，可用旁路断路器带故障断路器运行（注意：当两台断路器并联运行后应断开旁路断路器的跳闸电源，拉开故障断路器两侧隔离开关，操作完后，将旁路跳闸电源小开关合上）；⑤对于 220kV 系统未装旁路断路器时，可倒换运行方式，用母联断路器串断故障断路器；⑥对于 3/2 接线母线的故障断路器在环网运行时，可用其两侧隔离开关隔离；⑦对于母线断路器，可将某一元件两条母线隔离开关同时合上，再断开母联断路器的两侧隔离开关；⑧对“Π”接线，合上线路外桥隔离开关使“Π”接线改成“T”接线，停用故障断路器。

（3）由控制回路故障造成的分闸闭锁的处理。

1）若控制回路存在故障，应重点检查分闸线圈、分相操作箱继电器、断路器控制手柄，在确定故障后应通知专业人员进行处理。

2）若断路器辅助触点转换不良，应通知专业人员进行处理。

3）若“远方—就地”手柄位置在就地位置，应将手柄放在对应的位置，若是手柄辅助触点接触不良，应通知专业人员进行处理。

4）分闸电源不正常或未投入，应尽快恢复。

124. 断路器出现非全相运行如何处理？

答：断路器在运行中出现非全相运行时，应根据断路器发生不同的非全相运行情况，分别采取以下措施：

（1）断路器因单相自动跳闸，造成两相运行时，如果相应保护启动的重合闸没有动作，可立即指令现场手动合闸一次，合闸不成功则应断开其余两相断路器。

（2）如果断路器是两相断开，应立即将断路器断开。

（3）如果非全相断路器采取以上措施无法断开或合上时，则通过调度立即将线路对侧断路器断开，然后在断路器机构箱就地断开断路器。

（4）也可以用旁路断路器与非全相断路器并联，将旁路断路器跳闸电源停用后，用隔离开关解环，使非全相断路器停电。

（5）用母联断路器与非全相断路器串联，断开对侧线路断路器，用母联断路器断开负荷电流，线路及非全相断路器停电，再断开非全相断路器两侧的隔离开关，使非全相运行断路器停电。

（6）如果非全相断路器所代元件（线路、变压器等）有条件停电，则可先将对端断路器断开，再按上述方法将非全相运行断路器停电。

（7）如果发电机出口断路器非全相运行，应迅速降低该发电机有功、无功出力至零，然后进行处理。

（8）母联断路器非全相运行时，应立即调整降低断路器电流，倒为单母线方式运行，必要时应将一条母线停电。

（9）若非全相运行断路器拉不开，则应立即将该断路器的功率降至最小，并采取如下办法处理：

1）有条件时，由检修人员拉开此断路器；

2）旁路断路器备用时，用旁路断路器代；

3）将所在母线的其他所有断路器倒至另一母线，最后拉开母联断路器；

4）3/2 断路器接线方式，可用隔离开关远方操作，解本站组成的环，解环前确认环内所有断路器在合闸位置；

5）特殊情况下设备不允许时，可迅速拉开该母线上所有断路器。

125. SF_6 断路器常见的故障有哪些？应如何处理？

答：（1）SF_6 断路器中 SF_6 气体水分值超标。一般可以采取三种方法和措施加以处理：

1）抽真空、充高纯氮气、干燥 SF_6 气体；

2）外挂吸附罐；

3）解体大修。

（2）运行一段时间后部分 SF_6 断路器发生频繁补气情况。一般来说，运行人员发现某一相（柱）的 SF_6 断路器发出频繁告警或闭锁信号时，预示着该 SF_6 断路器年漏气率远远超过 1%。检修中为了缩短停电时间，一般采用合格的备品相（柱）替代运行中漏气相（柱），而利用其他不停电时间对漏气相（柱）进行处理。

（3）500kV 断路器的合闸电阻投切机构失灵，不能有效地提高投入。造成这种情况的主要原因是投切机构可靠性不高。

（4）操动机构超时打压。一般规定从储压筒预压力不超过3～5min，因此出现长时间打压现象时，要检查高压放油阀是否关紧，安全阀是否动作，机构是否有内漏和外漏现象，油面是否过低，吸油管有无变形，油泵低压侧有无气体等，以保证有针对性地进行处理。

（5）操动机构频繁打压。油泵频繁启动，检查机构有无外漏，主要反映在阀门系统内部有明显泄漏。处理时可将油压升到额定压力后，切断油泵电源，将箱中油放尽，打开油箱盖，仔细观察何处泄漏。在查明原因后，将油压释放到零，并有针对性地解体检查。另外，对液压油液需要进行过滤处理，以减少杂质影响。

（6）在断路器调试过程中，分、合闸时间及周期性不满足要求。主要是通过调节分、合闸电磁铁间隙及供排油阀来实现。

（7）蓄能器中氮气压力低或进油。运行人员在巡视过程中比较直观地看到的是油压过低或过高现象。处理方法是将蓄能筒内部气体放尽后，卸下活塞内部密封圈，仔细检查密封圈的唇口和筒体内壁；对损坏的密封圈应予以更换，对筒壁有稍许拉毛的，可用砂条进行少许圆周向修磨，直到宏观上看不出沿轴向有拉毛痕迹为止，对严重拉毛的需要更换。

（8）操动机构外部泄漏。当高压接头外泄时，特别是卡套式接头有泄漏时，应将油压降至零后，用扳手小心检查、拧紧，看是否因操作振动而松动；若不是，则应拆下卡套仔细检查，必要时加以更换。

126. 断路器液压回路机构故障（超时打压）如何处理？

答：故障信号的来源：

（1）油泵电动机热继电器动作。

（2）油泵启动运转超过整定时间。

产生的原因：

（1）油泵电动机电源断线，电动机缺相运行。

（2）电动机内部故障。

（3）油泵故障。

（4）管道严重泄漏。

故障处理：

（1）立即到现场检查，注意电动机是否仍然在运行。

（2）立即断开油泵电源开关或熔断器，并监视压力表指示。

（3）检查油泵三相交流电源是否正常，如有缺相（如熔断器熔断、熔断器接触不良、端子松动等），立即进行更换或检修处理。

（4）检查电动机有无发热现象。

（5）合上电源开关，这时油泵应启动打压恢复正常。如果三相电源正常，热继电器已复归，机构压力低需要进行补充压力，而电动机不启动或有发热、冒烟、焦臭等故障现象，则说明电动机已故障损坏；如果电动机启动打压不停止，电动机无明显异常，液压机构压力表无明显下降，则可判明油泵故障或机构油管内有严重漏油现象，应立即断开电动机电源。当确定是电动机或油泵故障时，可用手动泵进行打压。

（6）发生电动机和油泵故障或管道严重泄漏时，应报紧急缺陷申请检修，并采取相应的措施。

127. 断路器液压机构压力异常如何处理？

答：断路器液压机构上都装有压力表，当压力表指示的压力异常时应采取如下措施。

（1）当压力不能保持，油泵启动频繁时，可能有两种原因。

1）油泵启动频繁，对液压机构外观检查有没有明显的漏油；若有，则说明是机构内漏，即高压油向低压泄漏，严重的情况，可以听到泄漏的声音。这时的处理方法有两种：①申请停电处理；②采取措施后带电进行处理。

2）油泵启动频繁，液压机构没有明显的漏油，压力不断降低，应根据压力表所指示的压力，折算到当时的环境温度下核对是否在标准范围内；如果压力低则说明漏氮气，压力高则是高压油窜入氮气中。

（2）运行中液压机构压力表指示不断升高，说明高压油窜入氮气中。压力越高、时间越长，说明窜入氮气中的高压油越多。压力升高会使断路器的动作速度加快，对断路器的灭弧不利，特别是对断路器机械部件不利，可能会导致某些断路器机械部件损坏。

（3）"打压超时"，应检查液压部分有无漏油，油泵是否有机械故障，压力是否升高超出规定值等。若液压异常升高，应立即切断油泵电源，并报缺陷。

128. 断路器液压机构突然失压如何处理？

答：液压机构的断路器在运行中突然失压，说明液压机构高压油路有严重喷油，导致有些机构在很短的时间内就出现了分、合闸闭锁信号。这时运行人员应当：

（1）立即断开油泵电动机电源，严禁人工打压。

（2）立即取下断路器的控制熔断器，严禁进行操作。

（3）汇报调度，根据命令，采取措施将故障断路器隔离。

（4）利用断路器上的机械闭锁装置，将断路器锁紧在合闸位置上。

（5）根据调度命令，改变运行方式（用旁路断路器代运行，或 3/2 断路器接线开环运行），拉开隔离开关将断路器退出运行。拉开隔离开关时，要短时断开已并联的旁路断路器的跳闸电源开关；500kV 系统开环是否断开跳闸电源开关，可按调度命令执行。

（6）申请紧急检修。

129. 断路器气动操动机构压力异常的原因有哪些？应如何处理？

答：断路器气动操动机构上都装有压力表，正常运行时指示应在正常范围内，当压力过低或者过高时都会影响断路器的性能。

引起断路器气动操作机构异常的主要原因：

（1）气动操作机构管道连接处漏气。

（2）压缩机逆止阀被灰尘堵塞。

（3）工作缸活塞磨损。

处理方法：

（1）用听声音的方法确定漏气的部位。

（2）对管道连接处漏气及活塞环磨损而造成的异常启动，应申请将该断路器停电进行处理，防止发生在运行中大排气的情况。

（3）断路器在送电操作时，在合闸后如果听到压缩机有漏气声，则压缩机逆止阀被灰尘堵住的可能性较大，可汇报调度对该断路器进行几次分、合操作，一般能够消除这种异常现象。

130. 断路器 SF_6 压力低的原因有哪些？应如何处理？

答：断路器 SF_6 压力低的原因：

（1）SF_6 系统有漏气现象。

（2）SF_6 密度继电器失灵。

（3）表计指示无误。

处理方法：

（1）定时记录 SF_6 压力值，并将表计的数值与当时环境温度折算到标准温度下的数值比较，判断压力值是否在规定的范围内；若压力降低，则说明有漏气现象。是否报缺陷，要根据《高压开关设备管理规范》的要求进行。

（2）当 SF_6 密度继电器报警时，则说明有压力异常现象。

131. SF_6 断路器本体严重漏气的原因有哪些？应如何处理？

答：SF_6 断路器漏气的主要原因：

（1）瓷套与法兰胶合处胶合不良。

（2）瓷套的胶垫连接处，胶垫老化或位置未放正。

（3）滑动密封处密封圈损伤，或滑动杆光洁度不够。

（4）管接头处及自动封阀处固定不紧或有杂物。

（5）压力表，特别是接头处密封垫损伤。

处理方法：

（1）应立即断开该断路器的操作电源，在手动操作手柄上挂禁止操作的标示牌。

（2）汇报调度，根据命令，采取措施将故障断路器隔离（可按分闸闭锁的处理方法进行处理）。

（3）在接近设备时要谨慎，尽量选择从“上风”接近设备，必要时要戴防毒面具、穿防护服。

（4）室内 SF_6 气体断路器泄漏时，除应采取紧急措施处理外，还应开启风机通风 15min 后方可进入室内。

132. 断路器“偷跳”或“误跳”的原因有哪些？有何特征？应如何处理？

答：若系统无短路或直接接地现象，继电保护未动作，发生断路器自动跳闸，则称为断路器“偷跳”或“误跳”。

断路器“偷跳”或“误跳”的原因：

（1）人为误动、误碰有关二次元件，误碰设备某些部位等。

（2）在保护或二次回路上工作，防误安全措施不完善、不可靠导致断路器误跳闸。

（3）保护误动或误整定。

（4）电流、电压互感器回路故障。

（5）二次绝缘不良。

（6）直流系统发生两点或多点接地。

（7）操动机构自行脱扣或机构故障导致断路器误跳闸。

断路器“偷跳”或“误跳”的特征：

（1）在跳闸前测量、信号指示正常，无任何故障征兆，表示系统无短路故障。

（2）跳闸后该断路器的电流表、有功、无功表指示为零（对某相跳闸后就进入非全相运行）。

（3）跳闸后故障录波器不启动，微机保护均无事故波形。

断路器“偷跳”或“误跳”的处理方法：

（1）若由于人为误碰、误操作，或受机械外力、保护屏受外力振动而引起自动脱扣的“偷跳”或“误跳”，应排除断路器故障原因，立即申请送电。

（2）对其他电气或机械部分故障，无法立即恢复送电的，则应联系调度及汇报上级主管部门，将“偷跳”的断路器转检修。

133. 误拉断路器如何处理？

答：（1）若误拉需检同期合闸的断路器，禁止将该断路器直接合上。应该检同期合上该断路器，或者在调度的指挥下进行操作。

（2）若误拉直馈线路的断路器，为了减小损失，允许立即合上该断路器；但若用户要求该线路断路器跳闸后间隔一定时间才允许合上时，则应遵守其规定。

134. 断路器合闸直流电源消失如何处理？

答：（1）当断路器的合闸电源开关跳闸或断开时，将发出“合闸直流电源消失”信号。说明合闸回路有故障或合闸电源开关未合上。

（2）合闸直流电源消失的处理：运行人员应检查合闸回路有无明显故障（如合闸继电器、合闸线圈等）或合闸电源开关未合上的原因。如果未发现明显异常现象，运行人员可将合闸直流电源开关试合一次，如果试合成功，说明已正常；如果再次跳闸，说明直流回路确有问题，应申请调度停用该断路器的重合闸，并通知专业人员进行处理。

135. 断路器遇有哪些情况应当申请停电处理？

答：（1）套管有严重破损和放电现象。

（2）断路器内部有爆裂声。

（3）空气断路器内部有异常声响或严重漏气，压力下降，橡胶吹出。

（4）SF_6 气室严重漏气或发出操作闭锁信号。

（5）真空断路器出现真空损坏的“咝咝”声。

136. 隔离开关常见故障及异常运行有哪些？

答：（1）隔离开关接头发热。

（2）隔离开关触头过热。

（3）传动机构失灵。

（4）电动操作失灵。

（5）三相合闸不同步。

（6）分、合不到位。

（7）瓷绝缘子外伤、硬伤，支柱底座破裂。

（8）针式瓷绝缘子胶合部因质量不良和自然老化而造成瓷绝缘子掉盖。

（9）在污秽严重时或过电压情况下，产生闪络、放电、击穿接地而引起烧伤，严重时产生短路、瓷绝缘子爆炸、断路器跳闸等。

（10）隔离开关自分。

（11）辅助触点转换不到位。

（12）操作过程中隔离开关停止在中间位置。

（13）电动机烧坏，接触器烧坏。

（14）远方不能操作。

（15）隔离开关锈蚀严重。

（16）隔离开关和接地开关不能机械操作。

137. 隔离开关故障及异常运行的处理原则有哪些？

答：（1）隔离开关电动操作失灵。隔离开关电动操作失灵后，首先应检查操作有无差错，然后检查操作电源回路、动力电源回路是否完好，熔断器是否熔断或松动，电气闭锁回路是否正常，端子箱内的各小开关、手柄是否在正常位置。

（2）隔离开关触头、触点过热。

1）发现隔离开关触头、触点过热时，需立即设法申请调度减负荷；严重过热时，应转移负荷，然后停电处理。转移负荷可根据不同的接线方式分别处理，如带有旁路断路器接线的可用旁路断路器倒换；双母线接线的可以将另一个隔离开关合上，然后拉开有过热缺陷的隔离开关；3/2 断路器接线的可开环运行。对母线侧隔离开关过热触头、触点，在拉开隔离开关后，经现场察看，满足带电作业安全距离的，可带电解掉母线侧引下线触头，然后进行处理。

2）如需停用发热隔离开关而可能会引起停电并造成损失较大时，应采取带电作业进行抢修，做部件整紧工作。如仍不能消除发热，可以使用接短路线的方法，临时将隔离开关短接。

3）至于不严重的放电痕迹、表面龟裂掉釉等，可暂不停电，经过正式申请停电手续，再进行处理。

（3）隔离开关合闸不到位或三相不同步。隔离开关合闸不到位，多数是机构锈蚀、卡涩、检修调试未调好等原因引起的。发生这种情况，可拉开隔离开关再次合闸，对 220kV 隔离开关，可用绝缘棒推入。必要时，申请停电处理。

（4）隔离开关触头熔焊变形、绝缘子破裂、严重放电等情况，应立即申请停电处理，在停电处理前应加强监视。

（5）瓷绝缘子外伤严重，瓷绝缘子掉盖，对地击穿，瓷绝缘子爆炸，刀口熔焊等，应立即采取停电或带电作业处理。若发现绝缘子断裂应迅速将其隔离出系统，做好安全措施，等待处理。

（6）运行中的隔离开关曾出现过因结冰造成绝缘子底座破裂（隔离开关底座转动）和因隔离开关端子箱受潮（分闸回路接通）造成隔离开关自分现象。一旦发现自分，应立即断开本间隔的断路器，以防带负荷拉隔离开关。

（7）若辅助触点转换不良应调整辅助触点。

（8）若远方不能操作，则应对控制回路进行如下检查：

1）操作条件是否满足。

2）操作三相交流电源是否正常，相序是否正确。

3）激励电源熔断器是否装上，激励电源回路是否正常。

4）电动机热继电器是否动作未复归。

5）接触器或电动机是否故障。

6）隔离开关机构有无卡阻等故障。

7）操作回路有无断线、端子松动现象。

8）端子箱内的各小开关、手柄是否在正常的位置。

（9）当隔离开关三相分、合严重不到位或不同步时，应通知专业人员进行检修。

（10）当隔离开关和接地开关不能机械操作时，运行人员应进行下列检查：

1）隔离开关与接地开关之间机械闭锁是否解除。

2）机械传动部分的各元件有无明显的松脱、损坏、卡阻和变形等现象。

3）动、静触头是否变形卡阻。

当隔离开关发生机械故障时，运行人员应尽可能将隔离开关恢复到操作前的运行状态，并通知专业人员进行处理。

138. 操作中发生带负荷拉、合隔离开关如何处理?

答: (1) 误合隔离开关。在合闸时产生电弧也不准将隔离开关再拉开。因为带负荷拉隔离开关将造成三相弧光短路事故。

(2) 误拉隔离开关。误拉隔离开关在闸口脱开时，应立即合上隔离开关，避免事故扩大。如果隔离开关已全部拉开，则不允许将误拉的隔离开关再合上。

139. 避雷器常见故障及异常运行有哪些?

答: (1) 避雷器爆炸。

(2) 避雷器阀片（电阻片）击穿。

(3) 避雷器内部闪络。

(4) 避雷器外绝缘套的污闪或冰闪。

(5) 避雷器受潮造成内部故障。

(6) 避雷器断裂。

(7) 避雷器瓷套破裂。

(8) 避雷器在正常情况下（系统无内过电压和大气过电压）计数器动作。

(9) 引线断损或松脱。

(10) 氧化锌避雷器的泄漏电流值有明显的变化。

(11) 上下引下线烧断。

140. 避雷器故障及异常运行的处理原则有哪些?

答: (1) 避雷器设备发生故障后，运行人员在初步判断了故障的类别后立即向调度及上级主管部门汇报。

(2) 详细记录异常发生时间，是否有异常信号。

(3) 若一时不能停电进行处理，应加强对避雷器的监视。

(4) 若属于避雷器故障，应申请停电处理。

141. 避雷器爆炸及阀片击穿或内部闪络故障如何处理?

答: (1) 运行人员应立即到现场对设备进行检查，在初步判断故障的类别、故障相和巡视避雷器引流线、均压环、外绝缘、放电动作计数器及泄漏电流在线检测装置、接地引下线的状态后，向调度及上级主管部门汇报。

(2) 对粉碎性爆炸事故，还应巡视故障避雷器临近的设备外绝缘的损伤状况。

(3) 在事故调查人员到来前，运行人员不得接触故障避雷器及其附件。

(4) 对粉碎性爆炸的避雷器，运行人员不得擅自将碎片挪位或丢弃。

(5) 避雷器爆炸尚未造成接地时，在雷雨过后拉开相应隔离开关，停用、更换避雷器。

(6) 避雷器爆炸已造成接地者，需停电更换，禁止用隔离开关停用故障的避雷器。

(7) 运行人员要做好现场的安全措施，以便检修人员对故障设备进行检查。

142. 避雷器瓷套裂纹如何处理?

答: 运行中发现避雷器瓷套有裂纹时，应根据具体情况决定处理方法:

(1) 如天气正常，应请示调度停下裂纹相的避雷器，更换为合格的避雷器。一时无备件时，在考虑到不至于威胁安全运行的条件下，可在裂纹深处涂漆和环氧树脂防止受潮，并安排在短期内更换。

（2）如天气不正常（雷雨），应尽可能不使避雷器退出运行，待雷雨后再处理。如果因瓷质裂纹已造成闪络，但未接地者，在可能条件下应将避雷器停用。

（3）避雷器瓷套裂纹已造成接地者，需停电更换，禁止用隔离开关停用故障的避雷器。

143. 避雷器外绝缘套的污闪或冰闪故障如何处理？

答：（1）运行人员应立即到现场对设备进行检查，在初步判断故障的类别、故障相和巡视避雷器引流线、均压环、外绝缘、放电动作计数器及泄漏电流在线检测装置、接地引下线的状态后，向调度及上级主管部门汇报。

（2）在事故调查人员到来前，运行人员不得清擦故障避雷器的绝缘外套。

（3）若不能停电处理，运行人员应用红外线检测设备对避雷器进行检测，并加强对避雷器的监视。

（4）若闪络严重，应申请停电进行处理。

144. 避雷器断裂故障如何处理？

答：（1）运行人员应立即到现场对设备进行检查，在初步判断故障的类别、故障相后，向调度及上级主管部门汇报，申请停电处理。

（2）在确认已不带电并做好相应的安全措施后，对避雷器的损伤情况进行巡视。

（3）在事故调查人员到来前，运行人员不得挪动故障避雷器的断裂部分，也不得对断口部分做进一步的损伤。

（4）运行人员要做好现场的安全措施，以便检修人员对故障设备进行检查。

145. 避雷器引线脱落故障如何处理？

答：（1）运行人员应立即到现场对设备进行检查，在初步判断故障的类别、故障相后，向调度及上级主管部门汇报，申请停电处理。

（2）在确认已不带电并做好相应的安全措施后，对引线连接端部、均压环的状况进行巡视。

（3）检查故障避雷器周围的设备是否有放电或损伤。

（4）在事故调查人员到来前，运行人员不得接触引线的连接端部，也不得攀爬避雷器或构架检查连接端子。

（5）运行人员要做好现场的安全措施，以便检修人员对故障设备进行检查。

146. 避雷器的泄漏电流值异常如何处理？

答：避雷器的泄漏电流值正常应该在规定值以下，当运行人员发现避雷器的泄漏电流值明显增大时，应当：

（1）立即向调度及上级主管部门汇报。

（2）对近期的巡视记录进行对比分析。

（3）用红外线检测仪对避雷器的温度进行测量。

（4）若确认不属于测量误差，经分析确认为内部故障，应申请停电处理。

147. 线路故障的处理原则有哪些？

答：（1）如本站断路器跳闸或重合闸动作重合成功，但无故障波形，且对侧未跳，可能是本侧保护误动或断路器误跳，经详细检查证实是保护误动，可申请将误动的保护退出运行，根据调度命令试送电；若查明是断路器误跳，则待查明误跳原因后，在确认断路器可以试送时，才能申请调度试送，但若断路器机构故障，则通知专业人员进行处理。

（2）若线路断路器跳闸，重合闸未投入运行，待查明非本站设备故障后，可向调度汇报，按照调度命令试送一次。如查明是本站设备故障引起跳闸，应立即报请专业人员抢修。

（3）若线路断路器跳闸，重合闸未成功，应向调度汇报，如查明确非本站设备故障，而系线路故障引起，应向调度报告，听候处理。

（4）如本线路保护有工作（线路未停电），断路器跳闸，又无故障录波，且对侧断路器未跳，则应立即终止保护人员工作，查明原因，向调度汇报，采取相应的措施后申请试送（此时可能是保护通道漏退或误碰造成）。

（5）超高压并联电抗器保护动作跳闸，而对侧未跳（线路有电压）时，应通过调度通知对侧断开线路断路器。

（6）若线路故障是相间、两相接地短路故障或三相故障，则应听从调度的命令进行处理。

（7）若查明本线路断路器跳闸属于临近线路故障引起，属于越级跳闸，可以申请调度对线路进行试送。

（8）多条线路同时跳闸，现场运行人员应及时打印故障录波报告及微机保护打印报告，分析故障在哪条线路上，然后根据调度的命令对无故障的线路进行试送。

148. 如何判别单相接地故障的故障相别？

答：中性点不接地电网发生单相接地短路的现象是：故障相电压降低或为零，其他两相相电压升高或上升到线电压。其接地相的判别方法为：

（1）如果一相电压指示到零，另两相为线电压，则为零的相即为接地相。

（2）如果一相电压指示较低，另两相较高，则较低的相即为接地相。

（3）如果一相电压接近线电压，另两相电压相等且这两相电压较低时，判别原则是“电压高，下相糟”，即按 A、B、C 相序，哪一相电压高，则其下相即可能接地。

该办法适用于电网接地但未断线的故障，记下故障特征并正确判断故障相别可以避免检修人员盲目查线。

149. 线路单相瞬时性故障的处理原则有哪些？

答：（1）线路保护动作跳闸时，运行值班人员应从中央信号、事件打印、保护及自动装置动作情况及时分析故障相别、故障距离、保护的动作情况。

（2）将以上情况和当时的负荷情况及时向调度汇报，便于调度及时、全面地掌握情况，进行分析判断。

（3）若查明重合闸重合成功，且本站录波器确已动作，经询问对侧断路器和保护动作情况确认是本线路内瞬时故障，可做好记录，复归信号，向调度汇报。

（4）到现场检查断路器的实际位置，无论断路器重合与否，都应检查断路器及线路侧所有设备有无短路、接地、闪络、断线、瓷件破损、爆炸、喷油等现象。

（5）检查站内其他设备有无异常。

（6）及时记录保护及自动装置屏上的所有信号。

（7）记录跳闸前后的线路负荷情况。

（8）检查重合闸充电灯是否点亮（重合闸动作后，断路器重合，重合闸经 15s 充电）。

（9）打印故障录波报告及微机保护报告。

（10）事故处理完毕后，变电站值班长要指定有经验的值班员做好详细的事故记录、断路器跳闸记录等，并根据断路器跳闸情况，保护及自动装置的动作情况、事件记录、故障录波、微机保护打印以及处理情况，整理详细的现场跳闸报告。

(11) 根据调度及上级主管部门的要求，将所整理的跳闸报告及时上报。

150. 线路单相永久性故障的处理原则有哪些?

答: 线路单相永久性故障的过程是：单相故障→断路器单相跳闸→经重合闸整定时间t→单相重合→重合于故障→断路器三相跳闸。

线路单相永久性故障的处理原则是：

(1) 线路保护动作跳闸时，运行值班人员应立即查看中央信号、事件打印、保护及自动装置动作情况、重合闸是否重合成功、断路器跳闸情况。

(2) 将以上情况及当时的负荷情况及时向调度汇报，便于调度及时、全面地掌握情况，进行分析判断。汇报时按照事故处理原则进行汇报。

(3) 到现场检查断路器的实际位置，无论断路器重合与否，都应检查断路器及线路侧所有设备有无短路、接地、闪络、断线、瓷件破损、爆炸、喷油等现象。

(4) 检查跳闸断路器有无异常。

(5) 检查站内其他设备有无异常。

(6) 及时记录保护及自动装置屏上的所有信号。

(7) 记录跳闸前后本站相关设备的负荷情况。

(8) 打印故障录波报告及微机保护报告。

(9) 根据调度的命令进行操作：

1) 若调度要求强送，则将所有信号复归，根据调度命令试送。

2) 若调度确认线路有故障，线路必央由热备用转检修，则按照《电力安全工作规程》的规定将故障线路转检修，并做好现场的安全措施。

(10) 事故处理完毕后，变电站值班长要指定有经验的值班员做好详细的事故记录、断路器跳闸记录等，并根据断路器跳闸情况、保护及自动装置的动作情况、事件记录、故障录波、微机保护打印以及处理情况，整理详细的现场跳闸报告。

(11) 根据调度及上级主管部门的要求，将所整理的跳闸报告及时上报。

151. 故障线路强送的原则有哪些?

答: (1) 强送端宜选择对电网稳定影响较小的一端，必要时应降低有关线路的输送功率或采取提高电网稳定水平的措施。

(2) 若断路器遮断次数已达规定值，虽断路器外部检查无异常，但仍须经运行单位总工程师同意后，方能强送。在停电严重威胁人身或设备安全时，值班调度人员有权命令强送一次。

(3) 强送端宜有变压器中性点直接接地。

(4) 事故时伴随有明显的故障象征，如火花、爆炸声、系统振荡等，应查明原因后再考虑能否强送。

(5) 进行带电作业的线路跳闸后，值班调度人员未与工作负责人取得联系前不应强送。

(6) 强送前应控制强送端电压，使强送后末端电压不超过允许值。

152. 哪些情况线路跳闸后不宜强送?

答: (1) 充电运行的输电线路，跳闸后一律不试送电。

(2) 试运行线路。

(3) 线路跳闸后，经备用电源自动投入已将负荷转移到其他线路上，不影响供电。

(4) 全电缆线路（或电缆较长的线路）保护动作跳闸以后，未查明原因不能试送电。

(5) 有带电作业并申明不能强送电的线路。

(6) 线路变压器组断路器跳闸，重合闸不成功。

(7) 运行人员已发现明显故障现象。

(8) 线路断路器有缺陷或遮断容量不够、事故跳闸次数累计超过规定，重合闸装置退出运行、保护动作跳闸后，一般不能试送电。

(9) 已掌握有严重缺陷的线路（水淹、杆塔严重倾斜、导线严重断股等）。

(10) 低频减负荷装置、事故联切装置和远切装置，是保证电力系统安全、稳定运行的重要保护装置。线路断路器由上述装置动作跳闸，说明系统中发生了事故，必须向上级调度汇报。

虽然被切除的线路上没有接地或短路故障，但在系统还没有恢复正常、没有得到上级调度的命令前，不准合闸送电。

153. 母线差动保护动作的原因有哪些？

答：(1) 母线上设备引线触点松动造成接地。

(2) 母线绝缘子及断路器靠母线侧套管绝缘损坏或发生闪络。

(3) 母线上所连接的电压互感器故障。

(4) 连接在母线上的隔离开关支持绝缘子损坏或发生闪络故障。

(5) 母线上的避雷器及支持绝缘子等设备损坏。

(6) 各出线（主变压器断路器）电流互感器之间的断路器绝缘子发生闪络故障。

(7) 二次回路故障。

(8) 误拉、误合、带负荷拉、合隔离开关或带地线合隔离开关引起的母线故障。

(9) 母线差动保护误动。

(10) 保护误整定。

154. 母线故障跳闸如何处理？

答：(1) 利用备用电源或合上母线分段（或母联）断路器，先对失压的中、低压侧母线及其分路恢复供电，并优先恢复站用电。

(2) 对跳闸母线的母差保护范围内的设备，认真地进行外部检查。检查有无爆炸、冒烟、起火现象或痕迹，瓷质部分有无击穿闪络、破碎痕迹，配电装置上、导线上有无落物，设备上是否有人工作等。

(3) 若分析有明显的故障现象，应根据故障点能否用断路器或隔离开关隔离、能否及时消除，分别采取不同的措施：

1) 若故障点能隔离或者消除的，应立即断开断路器或拉开隔离开关进行隔离或消除故障。检查母线绝缘良好，导线无严重损伤，再合上电源主进断路器，对母线充电正常后恢复供电，恢复系统之间的并列及正常运行方式。汇报上级，由检修人员处理设备故障。

2) 若故障不能消除，且不能隔离，对于双母线接线，可将无故障部分全部倒至另一段母线上，恢复供电；故障设备的负荷可倒旁母带。单母线接线，只能将重要的负荷倒旁母带，尽量减小停电损失。无上述条件，只有停电检修以后，再恢复供电。

上述能够隔离的故障是指：电压互感器、电流互感器、避雷器、断路器及隔离开关（指靠断路器侧，非母线侧）等设备故障，即母线侧隔离开关以外的设备。能短时间内消除的故障是指：设备、母线上落物及梯子等用具倒在导电部位上，误操作造成弧光短路等，并且未造成母线绝缘损坏，未使导线严重烧伤、断线者。

(4) 双母线运行，两条母线同时停电，若母联断路器未断开，应立即断开母联断路器，经检查排除故障后再送电，要尽快恢复无故障的母线运行。对故障母线不能恢复送电时，应将不能恢复的母线所带负荷倒至另一条母线运行。

(5) 若未发现任何故障现象，站内设备未发现问题，分路中有保护信号掉牌，可能属外部故障，或因母差保护电流回路有问题以致误动作。应汇报调度，根据调度命令，暂时退出母差保护。将外部故障隔离以后，母线重新加入运行，恢复供电，恢复系统之间并列，恢复正常运行方式。汇报上级，由专业人员检查母差保护误动原因。

(6) 对 3/2 接线方式的母线故障跳闸，若跳闸前，各串均为合环运行，则母线故障后，不影响对线路及变压器设备供电；但若在故障前，中断路器处于检修状态，母线故障跳闸将引起线路或变压器高压侧断路跳闸。

线路断路器跳闸后，线路对侧断路器不能跳闸，这时应分为两种方式进行处理：

1) 若母线确有故障一时恢复不了，则对侧断路器应断开，线路应转冷备用。

2) 若故障母线经检查属于瞬时性或其他串设备造成，隔离故障后母线可以恢复送电，则该线路对侧断路器可以不断开。

(7) 若未发现任何故障现象，站内设备无问题，跳闸时无故障电流冲击现象，母差保护动作信号不能复归，应检查母差保护出口继电器的触点位置、直流母线绝缘情况、保护装置无异常。

1) 若有直流系统绝缘不良情况或母差保护出口继电器的触点仍在闭合位置，属直流二次回路问题造成的误动作：应根据调度命令，退出母差保护，母线投入运行，恢复供电，恢复系统之间的并列；然后再检查二次回路的问题，汇报上级，由专业人员处理。

2) 若直流系统绝缘无问题，并且母差保护出口继电器的触点在打开位置：应检查测量母线绝缘（以防有较隐蔽的故障未被发现，再次向故障点送电），汇报调度。根据调度命令，退出母差保护，母线试充电正常以后，恢复供电，并恢复系统之间的并列。汇报上级，由专业人员检查母差保护交流回路有无问题。

在母差保护动作跳闸，母线失压的事故处理中，隔离故障时，必须将电压互感器停电，应将电压互感器一、二次都断开。一次母线并列以后，合上两段电压互感器二次联络，再恢复供电，防止保护失去交流电压。恢复供电的操作程序，应注意考虑系统之间并列操作方便，如电压互感器一、二次断开以后，利用电源进线断路器对母线充电正常，再断开电源进线断路器，合上母线分段（或母联）断路器，合上电压互感器二次联络，再利用并列装置合电源进线断路器，这样并列操作就方便了。反之，会因为电压互感器停电，无法利用并列装置合闸进行并列操作。

(8) 当母线本身无保护装置时，或母线保护因某种原因已停用，母线故障时，其所接的线路断路器不会动作，而由对侧的断路器跳闸，这时应联系对侧进行处理。

处理母线跳闸故障应注意的问题：

1) 尽量不要用母联断路器试送母线。

2) 在操作时要防止非同期合闸，对端有电源的线路必须联系调度处理。

3) 受端无电源的线路，可不经联系送电。

4) 本侧没有母线保护时，母线靠对端保护，在试送电前对端的重合闸应停用。

155. 造成母线失压事故的原因有哪些？

答：(1) 误操作或操作时设备损坏。

（2）母线及连接设备的绝缘子发生闪络事故，或外力破坏。

（3）运行中母线设备绝缘损坏。如母线、隔离开关、断路器、避雷器、互感器等发生接地或短路故障，使母线保护或电源进线保护动作跳闸。

（4）线路上发生故障，线路保护拒动或断路器拒跳，造成越级跳闸。线路故障时，线路断路器不跳闸，一般由失灵保护动作，使故障线路所在母线上断路器全部跳闸。未装失灵保护的，由电源进线后备保护动作跳闸，母线失压。

（5）母差保护误动。

（6）因上一级母线故障跳闸造成本级母线失压。

156. 母线失压如何处理？

答：（1）根据事故前的运行方式、保护及自动装置动作情况、报警信号、事件打印、断路器跳闸及设备外状等情况判明故障性质，判明故障发生的范围和事故停电范围。若站用电失去时，先倒站用电，夜间应投入事故照明。

（2）将失压母线上各分路断路器、变压器断路器断开，并将已跳闸断路器的操作手柄复位。注意，应首先断开电容器组断路器（装有电容器组时）。

（3）若因高压侧母线失压，使中、低压侧母线失压。只要失压的中、低压侧母线无故障象征（如母差保护动作，使高压侧母线失压；失灵保护动作，高压侧母线失压，无变压器保护动作信号，在中、低压侧母线上，各分路无保护动作信号），就可以先利用备用电源，或合上母线分段（或母联）断路器，先在短时间内恢复供电，再处理高压侧母线失压事故。

（4）采取以上措施以后，根据保护动作情况、母线及连接设备上有无故障、故障能否迅速隔离等不同情况，采取相应的措施处理。

（5）若属于母差保护误动，本站无故障录波，微机打印报告也无故障波形，则应请示调度恢复对母线的送电。

（6）若因上一级母线故障跳闸造成本级母线失压，则应通过调度与对侧取得联系，尽快恢复送电。

157. 发生全站失压事故的主要原因有哪些？

答：（1）单电源进线变电站，电源进线线路故障，线路对侧（电源侧）跳闸。电源中断或本站设备故障，电源进行对侧（电源侧）跳闸。

（2）本站高压侧母线及其分路故障，越级使各电源进线跳闸。

（3）母线故障或断路器拒动扩大了事故范围。

（4）系统发生事故，造成全站失压。

（5）严重的雷击事故及外力破坏。

全站失压的特征有：

（1）站内交流照明全部熄灭。

（2）各母线电压表、电流表、功率表均无指示（监控系统电气运行参数无显示）。

（3）运行中的变压器无声音。

（4）继电保护装置发“交流电压回路断线”“高频收信”等信号。

（5）站内多台断路器跳闸。

（6）故障录波器、远切等自动装置动作。

需要指出，当所有指示一次设备运行的电压表、电流表、功率表均无指示，且同时失去站用电时，才能判定为全站失压。

变电站全站失压时，由于失去了站用电源，因此直流系统失去浮充电源，蓄电池开始放电。

158. 变电站全站失压如何处理？

答：（1）尽快与调度取得联系。

（2）尽快恢复站用电源。

（3）尽快恢复直流系统。

（4）在夜间投入事故照明。

（5）对站内设备进行全面检查。

（6）对故障的设备进行隔离。

（7）根据调度命令逐步进行恢复送电。

（8）做好现场事故报告的整理。

159. 变电站全站失压处理时应注意的问题有哪些？

答：（1）根据仪表指示（监控系统潮流）、保护及自动装置动作情况、断路器信号及事故现象（如火光、爆炸声）判断事故的情况，迅速采取措施。切不可只凭站用电源或照明全停而误认为变电站全部停电。

（2）多电源的变电站全停时，应立即将各电源间可能联系的断路器断开。双母线应优先断开母联断路器，防止突然来电造成非同期重合闸；但每组母线上应保留一个主要电源线路断路器在投入状态，以便及早判明来电时间。

（3）有备用电源的变电站全停时，已判明不是因本站设备故障和不是因本站断路器拒动引起的，应立即改变备用电源或受保安电力；如两侧全停电时，应注意监视当任一侧来电时即可受电。在该受电源的倒闸操作过程中，严禁将两侧电源断路器同时投入，以免造成误并列或扩大事故。

（4）单电源的变电站全停时，应立即检查全站设备。确认不是本站事故时不得将主受断路器断开，并加强监视。当来电时立即恢复供电。

（5）无论多电源或单电源供电的变电站全停时，所有向用户供电的线路（指线路末端无电源的），且其断路器保护并没有动作的不应断开断路器，但另有规定者（如停电后需经联系送电的线路）除外。

160. 站用交流电压全部消失的主要现象有哪些？

答：（1）站内交流照明全部消失，事故照明自动投入。

（2）“交流电源故障告警”，各主变压器“冷却器全停”“冷控电源故障”告警。

（3）直流充电装置跳闸。

（4）各交流母线电压为零，各站用变压器及其馈线电流为零。

（5）主变压器冷却器动力电源消失，风扇及潜油泵停转。

（6）所有站用交流负荷失电。如断路器操动机构交流电源、隔离开关操作电源、机构箱加热器回路等分支电源失电。

（7）变电站监控系统由不间断电源（UPS）或逆变电源供电。

161. 站用交流电压全部消失应如何处理？

答：（1）事故照明应能自动切换，不能切换时手动投入事故照明。

（2）监控系统应能正常运行，监控系统失电时应立即检查UPS或逆变电源是否正常投入。

(3) 如因站用变压器所接母线全部因故失电，且外电源也失电时，应开启备用发电机或积极处理一次设备事故，恢复对站用电源的供电。若因备用电源自动投入装置拒动或未投，应拉开工作站用变压器二次隔离开关，手动投入备用站用变压器，恢复站用电源供电。若备用电源故障且在短时间内可以排除的，应在处理一次设备事故同时积极排除备用电源故障，恢复站用电源供电。

(4) 如因各站用交流母线及受电电缆、隔离开关等设备短路导致各站用变压器跳闸失压，应根据故障前各交流母线运行方式和站用变压器跳闸情况分析判断故障范围，并在此范围内查找故障点。

如站用电源故障，当工作站用变压器和备用站用变压器二次空气开关先后跳闸，则是站用交流母线短路故障。先目测站用母线有无明显短路故障。如有明显短路故障，应拉开各侧电源开关，排除故障。运行人员不能自行排除应通知检修人员尽快处理。

如目测未发现明显短路故障，应拉开站用交流母线各馈电支路空气开关，分段试送站用交流母线。若站用交流母线试送成功，则是某馈电支路故障，其空气开关拒跳或熔断器熔丝过大未熔断，应检查各支路空气开关及熔断器。若发现某支路空气开关拒跳或熔断器熔丝过大，应在送出各支路馈电支路后，再检查该支路有无短路故障。

若站用交流母线试送不成功，应拉开各电源隔离开关和各馈电支路空气开关，使用500V（或1000V）绝缘电阻表遥测站用交流母线各相和对地绝缘，判断故障性质，找出故障设备，再更换故障设备。

(5) 运行人员短时内无法查找事故原因的，应尽快通知有关人员进一步查找。

162. 站用交流电压部分消失如何处理？

答：(1) 当站用交流母线一段失电或交流母线某一馈电支路或部分馈电支路失电时，出现交流电压部分消失现象。

1) 变压器冷却装置失电时，主变压器“冷却器全停”“冷却电源故障”告警，主变压器冷却器电源消失，风扇及潜油泵停转。

2) 断路器操动机构交流电源失电时，断路器操动机构不能储能。液压机构长时间失电可能出现跳合闸闭锁告警造成断路器拒绝分合闸。

3) 隔离开关交流操作电源失电时，隔离开关不能电动操作。

(2) 局部交流电压失电时的处理。

1) 只有部分设备交流电压失电时，应检查其供电电源的空气开关是否跳闸或熔断器熔丝是否熔断。若空气开关跳闸（熔断器熔丝熔断），可试合空气开关（熔断器熔丝），若空气开关再次跳闸（熔丝再次熔断），应断开负荷，用500V（或1000V）绝缘电阻表遥测电缆各相及各相对地绝缘，再检查负载设备电源。

2) 单一设备交流电压失电时，应检查该设备的电源，检查其空气开关是否跳闸（熔断器熔丝是否熔断），试合空气开关（熔断器熔丝），若空气开关再次跳闸（熔丝再次熔断），应断开设备，用500V（或1000V）绝缘电阻表遥测电缆各相及各相对地绝缘。如电缆绝缘良好，再遥测设备绝缘。在遥测三相电机时应断开各相中性点，否则无法遥测各相绝缘。

163. 变电站直流电压消失的现象有哪些？

答：(1) 若出现直流电压消失伴随有直流电源指示灯灭，发出“直流电源消失”“控制回路断线”“保护直流电源消失”或“保护装置异常”等告警信息及熔丝断等现象。

(2) 直流负载部分或全部失电，保护装置或测控装置部分或全部出现异常并失去功能。

164. 变电站直流电压消失的危害有哪些？

答：变电站直流电压消失将直接导致控制回路、保护及自动装置等设备不能正常工作，一次设备无法进行正常操作，在系统发生故障时，继电保护和控制回路不能正常动作，引起事故无法有效切除，造成越级跳闸扩大事故范围，并使一次设备受到损害。

165. 变电站直流电压消失如何处理？

答：（1）直流部分消失，应检查直流消失设备的熔断器熔丝是否熔断，接触是否良好。如果熔丝熔断，则更换容量满足要求的合格熔断器（熔丝）。如更换熔断器后熔丝仍然熔断，应在该熔断器供电范围内查找有无短路、接地和绝缘击穿的情况。查找前应做好防止保护误动和断路器误跳的措施，保护回路检查应汇报调度停用保护装置出口跳闸连接片，断路器跳闸回路禁止引入正电或造成短路。

（2）如果全站直流消失，应首先检查直流母线有无短路、直流馈电支路有无越级跳闸。先目测检查直流母线，母线短路故障一般目测可以发现。

如果母线目测未发现故障，应检查各馈线支路是否有空气开关拒跳或熔断器熔丝过大的情况。如发现直流支路越级跳闸，应拉开该支路空气开关，恢复直流母线和其他直流馈电支路的供电，然后再检查、检修故障支路。如直流支路没有越级跳闸的情况，应拉开直流母线各电源空气开关和负开关，用万用表电阻挡检查直流母线正负极之间和正负极对地绝缘电阻，判断绝缘情况。必要时拆开绝缘监察装置分别测量。若电阻较大，可用充电机试送电一次，不成功再用500V绝缘电阻表测量。注意：用绝缘电阻表测量时必须把各个支路和绝缘监察装置断开，以免损坏电子设备。

（3）如果直流母线绝缘检查良好，各直流馈电支路没有越级跳闸的情况。蓄电池空气开关没有跳闸（烙丝熔断）而硅整流装置跳闸或失电，应检查蓄电池接线有无断路。应从直流母线到蓄电池室检查有无断路和接触不良情况，对蓄电池要逐个进行检查，如发现蓄电池内部损坏开路时，可临时采用容量满足要求的跨线将断路的蓄电池跨接，即将断路蓄电池相邻两个电池正、负极相连。检查硅整流装置跳闸或失电的原因，故障自己能排除的自行排除。查不出原因或故障不能排除的立即通知专业人员检查处理。

166. 在直流两点接地时，对断路器和熔丝有可能造成什么后果？

答：（1）可能会造成断路器误跳闸和拒动。

（2）可能造成熔丝熔断。

167. 直流系统接地的危害有哪些？

答：（1）直流系统两点接地有可能造成保护装置及二次设备误动。

（2）直流系统两点接地有可能使得保护装置及二次设备在系统发生故障时拒动。

（3）直流系统正、负极间短路有可能使得直流熔断器熔断。

（4）由于近年来生产的保护装置灵敏度较高，当控制电缆较长时，若直流系统一点接地，也可能造成保护装置的不正确动作，特别是当交流系统也发生接地故障，则可能对保护装置形成干扰，严重时会导致保护装置误动作。

（5）对于某些动作电压较低的断路器，当其跳（合）闸线圈前一点接地时，有可能造成断路器误跳（合）闸。

168. 查找直流接地的操作步骤和注意事项有哪些？

答：根据运行方式、操作情况、气候影响判断可能接地的处所，采取拉路寻找、分段处理的方法，以先信号和照明部分后操作部分，先室外部分后室内部分为原则。在切断各专用直流回路时，切断时间不得超过3s，不论回路接地与否均应合上。当发现某一专用直流回路有接地时，应及时找出接地点，尽快消除。

查找直流接地的注意事项如下：

（1）查找接地点时禁止使用灯泡寻找。

（2）用仪表检查时，所用仪表的内阻不应低于2000Ω/V。

（3）当直流发生接地时，禁止在二次回路上工作。

（4）处理时不得造成直流短路和另一点接地。

（5）查找和处理必须有两人同时进行。

169. 在什么情况下，直流一点接地就可能造成保护误动或断路器跳闸？

答：直流系统所接电缆正、负极对地存在电容，以及直流系统所供静态保护装置的直流电源抗干扰电容，构成了直流系统两极对地的综合电容。对于大型变电站、发电厂直流系统的电容量不能忽略。在直流系统某些部位发生一点接地，保护出口中间继电器线圈、断路器跳闸线圈与上述电容通过大地即可形成回路，如果保护出口中间继电器的动作电压低于“反措”所要求的65% U_e，或电容放电电流大于断路器跳闸电流会造成误动作或断路器跳闸。

170. 交流220V串入直流220V回路可能会带来什么危害？

答：交流220V系统是接地系统，直流220V是不接地系统。一旦交流系统串入直流系统，一方面将造成直流系统接地，可导致上述的保护误动作或断路器误跳闸。另一方面，交流系统的电源还将通过长电缆的分布电容启动相应的中间继电器，该继电器即使动作电压满足“反措”所规定的不低于65% U_e的要求，仍会以50Hz或100Hz的频率抖动，误出口跳闸。其中第二种现象常见于主变压器非电量保护、发电厂热工系统保护等经长电缆引入、启动中间继电器的情况。如果该中间继电器的动作时间长于10ms，则可有效地防止在交流侵入直流系统时的误动作。

171. 查找直流接地的注意事项有哪些？

答：（1）采取瞬时断开操作、信号、位置等电源熔断器（或瞬时断开直流电源小开关）时，应经调度同意。断开电源时间一般不超过3s，无论回路中有无故障、接地信号是否消除，均应及时投入。

（2）为了防止误判断，观察接地故障是否消失时，应从信号、光字牌和绝缘监察表计指示情况，综合判断。

（3）尽量避免在高峰负荷时进行。

（4）防止人为造成短路或另一点接地，导致误跳闸。

（5）按符合实际的图纸进行，防止拆错端子线头，防止恢复接线时遗漏或接错。所拆线头应做好记录和标记。

（6）禁止使用灯泡查找直流接地故障。

（7）使用仪表检查时，表计内阻应不低于2000Ω/V。

（8）查找故障必须由两人及以上进行。防止人身触电，做好安全监护。

（9）防止保护误动作，在瞬时断开操作（保护）电源前，停用可能误动的保护。操作（保护）电源恢复后再加用保护。

（10）运行人员不得打开继电器和保护机箱。

（11）利用直流绝缘检测装置检测正、负对地电压，判断接地状况。

（12）当发生直流接地时，应暂停正在二次回路上的工作，检查接地是否由工作引起。待查明原因后，再恢复工作。

（13）检查有关二次设备状况，特别注意户外端子箱（盒）、操动机构箱、端子箱等关闭是否完好，有无漏水现象，各种防雨板等是否完整盖好，端子排有无受潮、短路、接地、烧坏。

（14）检查蓄电池室、直流配电室等设备状况。蓄电池有无受潮和溶液溢出等现象。

（15）在运行班长及技术人员监护下，查找接地回路及故障。但在查找前必须向调度汇报。

（16）对于没有安装直流绝缘检测装置的回路或无法使用专用测试仪器的直流回路，可采用常规的暂断电源法或暂代电源法对部分回路进行故障查找。

172. 二次设备常见的故障有哪些？

答：（1）直流系统异常、故障，如直流接地、直流电压低或高等。

（2）二次接线异常、故障，如接线错误，回路断线等。

（3）电流互感器、电压互感器等异常、故障，如电流互感器二次回路开路、电流互感器二次短路等。

（4）继电保护及安全自动装置异常、故障，如电源故障、高频保护通道异常、保护装置故障等。

（5）监控系统故障。

173. 保护常见的异常及故障现象有哪些？

答：（1）保护及自动装置正常运行是“运行”“充电”指示灯熄灭，“TV 断线“通道异常”“跳 A、跳 B、跳 C”指示灯亮等。

（2）保护屏继电器故障、冒烟、声音异常等。

（3）微机保护装置自检报警。

（4）主控屏发出“保护装置异常或故障”“保护电源消失”“交流电压回路断线”“电流回路断线”“直流断线闭锁”“直流消失”等光字信号，且不能复归。

（5）保护高频通道异常，测试中收不到对端信号，通道异常告警。

（6）收发信机收信电平比正常低，收发信机“保护故障”或收发信电压较以往值有较大的变化。

174. 自动装置常见的异常及故障现象有哪些？

答：（1）对时不准。

（2）前置机无法调取报告，不能录波。

（3）主机死机，自动重启，频繁启动录波，录波报告出错。

（4）插件损坏。

（5）交、直流回路电压异常或断线。

（6）控制屏中央信号发“故障录波呼唤”“故障录波器异常或故障”“这种异常”信号。

175. 通信和自动化设备的异常现象有哪些？

答：（1）系统通信故障。

（2）系统程序错误。

（3）“看门狗”告警。

(4) 硬盘空间告警。

(5) 工作站死机，屏幕信息不变化或屏幕显示紊乱。

(6) 其他异常现象且无法消除。

(7) 交换机电源指示异常。

(8) 端口的LED指示灯异常点亮或熄灭。

(9) 监控系统UPS主机屏UPS故障停机。

(10) 监控系统站级控制层操作异常。

(11) 监控系统站控级层瘫痪。

(12) 监控系统主单元或I/O装置、测控单元异常。

176. 二次回路一般故障处理的原则有哪些？

答：(1) 必须按符合实际的图纸进行工作。

(2) 停用保护和自动装置，必须经调度同意。

(3) 在电压互感器二次回路上查找故障时，必须考虑对保护及自动装置的影响，防止因失去交流电压而误动或拒动。

(4) 进行传动试验时，应事先查明是否与其他设备有关。应先断开联跳其他设备的连接片，然后才允许进行试验。

(5) 取直流电源熔断器时，应将正、负熔断器都取下，以利于分析查找故障。同时，操作顺序应为：先取正极，后取负极；装熔断器时，顺序与此相反。这样做的目的是为了防止因寄生回路而误动跳闸；同时，在直流接地故障时，不至于出现只取一个熔断器时，接地点发生“转移”而不易查找。

(6) 装、取直流熔断器时，应注意考虑对保护的影响，防止保护误动作。

(7) 带电用表计测量时，必须使用高内阻电压表，防止误动跳闸。

(8) 防止电流互感器二次开路，电压互感器二次短路、接地。

(9) 使用的工具应合格并绝缘良好，尽量使必须外露的金属部分减少，防止发生接地短路或人身触电。

(10) 拆动二次接线端子，应先核对图纸及端子标号，做好记录和明显的标记。及时恢复所拆接线，并应核对无误，检查接触是否良好。

(11) 继电保护和自动装置在运行中，发生下列情况之一者，应退出有关装置，汇报调度和有关上级，通知专业人员处理：

1) 继电器有明显故障；

2) 触点振动很大或位置不正确，有潜伏误动作的可能；

3) 装置出现异常，可能误动或已经发生误动；

4) 电压回路断线，失去交流电压时，应退出可能误动作的保护及自动装置；

5) 其他专用规程规定的情况。

(12) 凡因查找故障需要做模拟试验、保护和断路器传动试验时，传动之前，必须汇报调度，根据调度命令，先断开该设备的启动失灵保护、远方跳闸的回路。防止万一出线所传动的断路器不能跳闸，失灵保护、远方跳闸误动作，造成母线停电的恶性事故。

177. 二次回路查找故障的一般步骤有哪些？

答：(1) 根据故障现象分析故障的一般原因。

(2) 保持原状，进行外部检查和观察。

(3) 检查出故障可能性大的、容易出问题的、常出问题的薄弱点。

(4) 用“缩小范围”的方法逐步查找。

(5) 使用正确的方法，查明故障点并排除故障。

178. 保护装置电源故障如何处理？

答：保护装置的电源由变电站的直流系统或交流保安电源供给，再由保护装置内部的稳压装置转变为适合于装置电子电路工作的专用电源。在运行中，保护屏内所有保护装置和保护专用的电源部件面板上的电源指示灯（发光二极管）均应发光。

保护电源中断或其电源装置发生故障时，装置的电源正常指示灯熄灭，中央信号发出“保护装置电源故障”告警信号，某些保护监视电源的信号继电器将掉牌。在失去电源情况下，保护不能正常工作，有些保护将自动闭锁，并自动向线路对方发出闭锁信号。

运行中保护发电源故障信号时，应注意以下事项：

(1) 立即检查保护装置所有电源指示灯是否正常发光，装置电源故障指示信号是否掉牌，直流配电屏上保护电源熔断器是否熔断（小开关是否跳开），保护屏直流电源端子上电压是否正常。

(2) 如果直流配电屏上电源熔断器熔断（小开关已跳开），可换规定的相同容量的熔断器试投。在装新熔断器（或合小开关）之前最好将保护出口（包括跳闸和启动失灵保护回路）暂时断开，待电源恢复后再接通，避免在电源恢复过程中保护误动跳闸。

(3) 如果直流配电屏上熔断器没有熔断（或小开关未跳开），直流供电正常，而保护屏直流电源端子没有电压，则可能是直流回路断线，这时运行人员应当通知专业人员进行处理。

(4) 如果保护屏上直流电源端子电压正常，而“保护电源故障”信号不能复归，可能是保护内部电源装置故障。可观察电源装置的正常运行指示灯是否发光，若电源指示灯熄灭，应通知专业人员进行处理。

(5) 220kV 及以上线路一般有两套主保护，当其中一套主保护因电源故障退出运行时，如果另一套主保护装置运行正常，线路仍可继续运行。如线路只有一套主保护，或两套主保护共用一电源，当共用的保护电源发生故障时，线路失去主保护。在这种情况下，应申请调度采取紧急措施，将线路退出运行或倒换运行方式。

179. 高频保护通道故障的原因是什么？有何后果，应如何处理？

答：线路运行中高频通道故障的原因：

(1) 发信机故障或其电源中断。

(2) 收信机故障或其电源中断。

(3) 高频通道设备故障。

高频保护通道故障的后果：

(1) 闭锁式保护在保护区外故障时可能误动作。

(2) 相差高频保护收不到对方经操作调制的高频信号，只收本侧间断高频信号，因启动跳闸除外。

(3) 允许式保护因收不到对方允许信号而拒动，只是近区故障由独立方式启动跳闸除外。

(4) 允许加速式保护因收不到允许信号不能加速。在保护区内第Ⅱ段范围内故障时失去全线速动的功能，但可经第Ⅱ段延时跳闸。

运行中的线路“高频通道故障”（或载波故障）告警，处理方法如下：

（1）立即向上级调度汇报。

（2）检查收发信机是否正常，电源灯是否正常发光，移频式通道导频收信是否正常。

（3）若收发信机电源正常，但收不到对方的信号，应检查全部通道设备是否正常，并且立即与线路对方取得联系，共同检查处理。

（4）在检查的同时，应申请停用可能误动作的保护。

（5）为了监视保护高频通道在良好状态下运行，运行人员应按照现场规程规定，认真做好每天定期的高频通道检测工作，并将数据进行对比，及时发现通道的故障。

180. 保护装置异常应如何分析和处理？

答：保护装置故障是指保护装置内部元件损坏或运行不正常，当“保护装置故障”信号告警时，运行人员应立即对保护装置进行外观检查，根据仪表指示、屏幕显示或打印内容、其他现象判断故障性质。

保护装置故障告警信号不能复归时，应申请停用保护装置，通知检修人员处理。停用保护装置，除断开其出口跳闸连接片外，还必须同时停用该保护装置启动断路器失灵保护的回路，启动远方切机切负荷回路，启动远跳回路及高频闭锁装置的独立出口回路，线路闭锁式高频保护和相差高频保护停用时，应将线路对方同时停用。

181. 自动装置异常应如何分析和处理？

答：以下以220kV 1号故障录波器为例介绍异常和分析方法。

（1）“220kV 1号故障录波器启动”信号发出，则有三种可能：系统故障、输入开关量变位、电压回路故障或电压消失。若是前两种情况，则等故障消失后进行复归；若是第三种情况，则停用该故障录波器，汇报主管领导。值班员应将故障录波器动作情况记录在专用的记录簿中。

（2）当发生系统事故后，值班人员应将故障录波器动作情况报告调度，并从速通知继电保护人员调阅故障报告作为事故处理的依据。

（3）当故障录波器装置异常时，将发出“220kV故障录波器1号柜故障”“220kV故障录披器1号柜告警”信号，值班员应到现场检查故障录波器柜上各信号灯状态，判断其确在故障状态，则汇报主管领导并停用该故障录波器。

（4）若有“220kV 1号故障录波器直流消失”信号发出，应检查装置直流电源空气开关是否完好；允许试送直流电源空气开关一次，若试送不上，说明回路有故障，停用该故障录波器，查明原因并汇报主管领导。

（5）若有“220kV 1号故障录波器缺纸”信号发出，应立即到故障录被器柜上添加打印纸，若无备用纸，应关掉打印机。

当发生系统事故后，值班人员应将故障录波器动作情况报告调度，并从速通知继电保护人员调阅故障报告作为事故处理的依据。

182. 通信系统和自动化设备异常应如何分析和处理？

答：（1）操作员工作站或主机出现死机，不能自启动，应立即汇报调度，作为紧急缺陷处理。

（2）发现自动化系统遥测量及遥信量与现场设备的实际状态或I/O指示不相符合，或系统误发信息时，应及时汇报调度，作为重要缺陷处理。

（3）当AVC程序出现运行混乱、电压乱调情况时，应立即退出该程序，并汇报调度，作为紧急缺陷处理。

（4）间隔层中总控单元、间隔层测控单元各模块出现故障时，均应作为紧急缺陷处理，是否需对一次设备停电，应由维护人员现场检查后决定。GPS发生故障时，应作为重要缺陷处理。

（5）当发生AM故障时，当值运行人员应判明异常的影响范围，迅速拉停AM装置电源空开，确保AM主CPU不受损，AK通信监视回路不受损，然后按设备异常处理流程进行处理。

计算机监控系统出现异常或故障时，以及计算机监控系统维护、消缺或检修工作后，均应做好详细记录。

183. 小电流接地系统的异常运行有哪两种？

答：小电流接地系统中，中性点接地方式有不接地和中性点经消弧线圈接地两种。该系统常见异常主要有单相接地和缺相运行两种。

184. 单相接地故障的原因有哪些？

答：（1）设备绝缘不良，如老化、受潮、绝缘子破裂、表面脏污等，发生击穿接地。

（2）小动物、鸟类及其他外力破坏。

（3）线路断线后导线触碰金属支架或大地。

（4）恶劣天气影响，如雷雨、大风等。

185. 单相接地故障的现象有哪些？

答：（1）警铃响，同时发出接地光字信号，接地信号继电器掉牌。综合自动化变电站内监控机发出预告音响并有系统接地报文。

（2）如故障点高电阻接地，则接地相电压降低，其他两相对地电压高于相电压；如金属性接地，则接地相电压降到零，其他两相对地电压升高为线电压；若三相电压表的指针不停地摆动，则为间歇性接地。

（3）中性点经消弧线圈接地系统，接地时消弧线圈动作光字牌亮，电流表有读数。装有中性点位移电压表时，可看到有一定指示（不完全接地）或指示为相电压值（完全接地）。消弧线圈的接地告警灯亮。

（4）发生弧光接地时，产生过电压，非故障相电压很高，电压互感器高压熔断器可能熔断，甚至可能烧坏电压互感器。

186. 单相接地故障的危害有哪些？

答：（1）由于非故障相对地电压升高（金属性接地时升高至线电压值），系统中的绝缘薄弱点可能击穿，形成短路故障，造成线路、母线或主变压器开关跳闸。

（2）故障点产生电弧，会烧坏设备甚至引起火灾，并可能发展成相间短路故障。

（3）故障点产生间歇性电弧时，在一定条件下，产生串联谐振过电压，其值可达相电压的2.5～3倍，对系统绝缘危害很大。

（4）在拉路查找接地及处理接地故障的过程中，中断对用户的供电。

187. 不接地系统发生单相接地故障如何判断？

答：系统发生接地时，可根据信号、电压的变化进行综合判断。但是在某些情况下，系统的绝缘没有损坏，而因其他原因产生某些不对称状态，如电压互感器高压熔断器一相熔断，系统谐振等，也可能报出接地信号，所以，应注意正确区分判断。

（1）接地故障时，故障相电压降低，另两相升高，线电压不变。而高压熔断器一相熔断时，对地电压一相降低，另两相不会升高，与熔断相相关的线电压则会降低。对三相五柱式电压互感器，熔断相绝缘电压降低但不为零，非熔断相绝缘电压正常，如表 26-4 所示。

表 26-4 单相接地与电压互感器高压熔断器熔断、铁磁谐振的区别

项目 故障现象 故障类别	相对地电压	主控盘信号
单相接地	接地相电压降低，其他两相电压升高；金属性接地时，接地相电压为零，其他两相升高为线电压	接地报警
高压熔断器熔断	熔断相降低，其他两相不变	接地报警，电压回路断线
铁磁谐振	三相电压无规律变化，如一相降低、两相升高或降低、一相升高或三相同时升高	接地报警

（2）铁磁谐振经常发生的是基波和分频谐振。根据运行经验，当电源对只带有电压互感器的空合母线突然合闸时易产生基波谐振。基波谐振的现象是：两相对地电压升高，一相降低，或是两相对地也电压降低，一相升高。当发生单相接地时易产生分频谐振。分频谐振的现象是：三相电压同时升高或依次轮流升高，电压表指示在同范围内低频（每秒一次左右）摆动。

（3）用变压器对空载母线充电时断路器三相合闸不同期，三相对地电容不平衡，使中性点位移，三相电压不对称，报出接地信号。这种情况只在操作时发生，只要检查母线及连接设备无异常，即可以判定，投入一条线路或投入一台站用变压器，即可消失。

（4）系统中三相参数不对称，消弧线圈的补偿度调整不当，在倒运行方式时，会报出接地信号。此情况多发生在系统中有倒运行方式操作时，经汇报调度，相互联系，可以先恢复原运行方式，将消弧线圈停电调分接头，然后投入，重新倒运行方式。

188. 缺相运行故障现象有哪些？

答：小电流接地系统中除了短路、接地故障外，还可能发生一相或两相断线的情况，造成系统缺相运行。缺相运行的故障现象有：

（1）线路缺相运行会造成三相负荷不平衡，引起线路三相电流不平衡，断线相电流为零，正常相电流增大。三相电流不平衡也会引起功率表指示和电能表计量电量变化。但是当线路电流表只接一相或两相电流互感器时，如断线发生在未接电流表的相，电流变化不易发现。

（2）由于三相负荷不平衡造成中性点位移，引起相电压发生变化，断线相电压升高，正常相电压降低，接地保护可能发出接地信号。中性点带有消弧线圈时，消弧线圈电压升高，电流增大。

（3）缺相运行会造成系统对地电容不平衡，在系统中产生零序电压，引起主变压器本侧零序过电压发出信号。

（4）母线缺相运行时，断线相电压降低为零，正常相电压基本不变。

189. 造成缺相运行的原因有哪些？

答：（1）导线接头锈蚀、发热烧断。

（2）连接设备质量问题，如支持绝缘子损坏等。

（3）导线受外力伤害断线。

（4）恶劣天气影响，如大风、冰雹等造成线路断线。

（5）断路器内部绝缘杆断裂，操作时一相未变位。

190. 发生事故后，变电站与调度机构通信中断的处理原则有哪些？

答：（1）允许发电厂按调度曲线调整出力，但应注意频率、电压变化及联络线潮流情况。

（2）一切已批准但未执行的检修计划及临时操作应暂停执行。

（3）调度指令已下发，正在进行的操作应暂停，待通信恢复后再继续操作。

（4）应加强频率监视，发生低频事故时，待频率上升至49.80Hz以上后，视频率情况逐步送出低频减负荷所切线路。

（5）联络线路跳闸，具有“检定线路无压重合闸”的一侧确认线路无压后，可强送一次，有“检定同步重合闸”的一侧确认线路有电压后，可以自行同步并列。

（6）通信恢复后，有关厂、站运行值班人员应立即向值班调度员汇报通信中断期间的处理情况。

191. 电网监视控制点电压如何规定？

答：（1）超出电力系统调度规定的电压曲线数值的±5%，且延续时间超过1h，或超出规定数值的±10%，且延续时间超过30min为电压异常。

（2）超出电力系统调度规定的电压曲线数值的±5%，且延续时间超过2h，或超出规定数值的±10%，且延续时间超过1h为电压事故。

192. 系统电压过低的危害有哪些？

答：（1）发电机在低于额定电压运行时，要维持同样的出力，将使定子电流增加。若要维持有功出力，则无功出力将随电压降低而明显减少。

（2）由于电压下降，作为无功补偿用的电力电容器，其出力会大大减小。系统电压会降至更低。

（3）线路损耗随电压降低而增加。

（4）使异步电动机的转矩下降。电压下降严重时，电动机的欠压保护动作使电动机停转。

（5）由于系统电压过低，用户与发电厂厂用电的交流电动机的定子电流会增加，长时过负荷会烧坏。

（6）电力系统电压严重降低，可能导致电压崩溃，使系统稳定性遭破坏。

193. 系统电压过低，变电站运行人员应采取的措施有哪些？

答：（1）在母线电压降低超过规定值时，迅速汇报调度。

（2）投入电容器组，增加无功补偿容量。

（3）根据调度命令，改变系统的运行方式。

（4）仅局部电压过低时，按调度命令，调整有载调压变压器的分接头，提高输出电压。

（5）根据调度命令，通知用户降低负荷或拉闸限负荷。

194. 电网监视电压降低如何处理？

答：（1）迅速增加发电机无功出力。

（2）投无功补偿电容器。

（3）设法改变系统无功潮流分布。

（4）条件允许时降低发电机有功出力，增加无功出力。

(5) 必要时启动备用机组调压。

(6) 切除并联电抗器。

(7) 确无调压能力时拉闸限电。

195. 局部电网无功功率过剩、电压偏高如何处理?

答: (1) 使发电机高功率因数运行，尽量少发无功。

(2) 部分发电机进相运行，吸收系统无功。

(3) 切除并联电容器。

(4) 投入部分电抗器。

(5) 控制低压电网无功电源上网。

(6) 必要且条件允许时改变运行方式。

196. 防止系统电压崩溃的措施有哪些?

答: 如果电力系统运行电压已经等于(或低于)临界电压，那么，若扰动使负荷点的电压再下降，将使无功电源永远小于无功负荷，从而导致电压不断下降最终到零。这种电压不断下降最终到零的现象称为电压崩溃，或者称为电力系统电压不稳定。

防止电压崩溃所应采取的措施有:

(1) 依照无功分层区就地平衡的原则，安装足够容量的无功补偿设备，这是做好电压调整、防止电压崩溃的基础。

(2) 高电压、远距离、大容量的输电电网，受端系统应具有足够的无功储备和一定的动态无功补偿能力。

(3) 在正常运行中要备有一定的可以瞬时自动调出的无功功率备用容量。

(4) 高电压、远距离、大容量的输电线路，适当采用串联电容补偿以加强线路两端的电气联系，从而提高系统的稳定性。

(5) 电网运行中，并网发电机组应具备在额定有功运行时功率因数在 0.85(滞相)～0.95(进相，老机组应不低于-0.97)区间调整的能力；电网主变压器最大负荷时高压侧功率因数不应低于 0.95，最小负荷时不应高于 0.95。

(6) 正确使用有载调压变压器。

(7) 避免远距离输电、大容量无功功率输送。

(8) 超高压线路的充电功率不宜做补偿容量使用，防止跳闸后电压大幅度波动。

(9) 在必要的地区安装低电压自动减负荷装置，配置低压自动联切负荷装置。

(10) 在电网运行中，严格控制各枢纽站的运行电压在规定范围内。

(11) 建立电压安全监视系统，向调度员提供电网中有关地区的电压稳定裕度及应采取的措施等信息。

197. 频率异常及频率事故如何规定?

答: 对容量在 3000MW 以上的系统，频率偏差超过(50±0.2)Hz 为频率异常，其延续时间超过 1h 为频率事故；频率偏差超过(50±1)Hz 为频率异常，其延续时间超过 15min 为频率事故。

对容量在 3000MW 以下的系统，频率偏差超过(50±0.5)Hz 为频率异常，其延续时间超过 1h 为频率事故。

198. 电力系统低频率运行的危害有哪些?

答: (1) 对发电厂，使汽轮机的叶片受不均匀气流冲击，可能发生共振而损坏。正常运行中，叶片的振动应力较小；低频率运行时，叶片上的振动大增，频率低至47Hz时，低压级叶片振动将增大几倍，可能发生断裂事故。

（2）系统低频运行会使用户的交流电动机转速按比例降低，直接影响工农业生产的产量和质量。

（3）造成发电机转速降低，端电压下降。同时，与发电机同轴的励磁电压、电流降低，使发电机端电压有更大下降。

（4）电力系统中频率变化，还会引起系统中各电源间功率的重新分配，这样就可能改变原来按经济条件所分配的功率，影响系统的经济运行。

（5）电力系统中频率变化，使发电厂厂用交流电动机转速降低，给水、通风、磨煤出力下降，影响到锅炉出力；还将导致汽轮发电机、水轮发电机、锅炉及其他设备的效率降低，使发电厂在不经济的情况下运行。形成恶性循环，可能造成大面积停电事故。

（6）对于电力电容器，其无功出力随频率降低而降低，使系统缺陷少无功，引起电压下降。

（7）破坏电厂和系统运行的经济性，增加燃料的额外消耗。

（8）频率的降低影响某些测量仪表的准确性，系统内的电钟变慢。

199. 系统低频率事故如何处理？

答：任何时候保持系统发、供、用电平衡是防止低频率事故的主要措施，因此处理低频率事故时的主要方法有：

（1）使运行中的发电机增加有功出力，投入系统中的备用发电容量。

（2）按调度命令切除部分不重要的负荷（按事先制订的事故拉电序位表执行），通知用户降低用电容量。

（3）不待调度命令，按事故拉闸顺序，拉闸限负荷，使频率回升。

（4）手动切除在低频率减负荷装置整定的频率下未自动切除的负荷。

（5）对发电厂，系统频率低至危及厂用电的安全时，可按制订的保厂用电措施，将部分发电机与系统解列，专供厂用电和部分重要用户，以免引起频率崩溃。

（6）联网系统的事故支援。

200. 系统高频率运行如何处理？

答：（1）调整电源出力。对非弃水运行的水电机组优先减出力，直至停机备用；对火电机组减出力至允许最小技术出力。

（2）启动抽水蓄能机组抽水运行。

（3）对弃水运行的水电机组减出力直至停机。

（4）火电机组停机备用。

201. 防止频率崩溃的措施有哪些？

答：如果电力系统运行频率已经等于（或低于）临界频率，那么，若扰动使系统频率再下降，则将迫使发电机出力减少，从而使系统频率进一步下降，有功不平衡加剧，形成恶性循环，导致频率不断下降最终到零。这种频率不断下降最终到零的现象称为频率崩溃，或称为电力系统频率不稳定。

防止频率崩溃的措施有：

（1）电力系统运行应保证有足够的、合理分布的旋转备用容量和事故备用容量。

（2）水电机组采用低频率自启动装置和抽水蓄能机组，装设低频切泵及低频自动发电的装置。

(3) 采用重要电源事故联切负荷装置。

(4) 电力系统应装设并投入足够容量的低频率自动减负荷装置。

(5) 制定保证发电厂厂用电及对近区重要负荷供电的措施。

(6) 制定系统事故拉电序位表，在需要时紧急手动切除负荷。

202. 系统发生解列的主要原因有哪些?

答: (1) 系统联络线、联络变压器或母线发生事故或过负荷跳闸，或保护误动作跳闸。

(2) 为解除系统振荡，自动或手动将系统解列。

(3) 低频、低压解列装置动作将系统解列。

系统解列事故常常使系统的一部分呈现功率不足、频率降低，另一部分呈现频率偏高，引起系统频率和电压发生较大变化，如不迅速处理，可能使事故扩大。

203. 系统解列以后的现象有哪些?

答: 系统解列后，缺少电源的部分频率会下降，同时也常常伴随着电压的下降；而电源过多的部分频率暂时会升高起来。

系统解列后，运行人员应注意，除了频率与电压下降影响安全运行外，其他某些设备因正常接线方式被破坏，潮流随之变化，势必会过负荷，如输电线路、联络变压器、发电机组等。运行人员应严密监视设备的过负荷，使之不要超过现场规定的事故过负荷规定。

204. 系统解列后如何处理?

答: (1) 迅速恢复频率、电压至正常数值。

(2) 迅速恢复系统并列。

(3) 恢复已停电的设备。

当发生系统解列事故时，有同步并列装置的变电站在可能出现非同步电源来电时，应主动将同步并列装置接入，等待符合并列条件时，应立即主动进行并列，而不必等待值班调度员命令。值班调度员应调整并列系统间的频率和电压差，尽快使系统恢复并列。当需要进行母线倒闸操作才能并列时，值班调度员要让现场提前做好倒闸操作准备，以便使系统频率、电压调整完毕立即进行并列。总之，发生系统解列事故时迅速恢复并列是非常重要的。在选择母线运行方式时就应考虑到同步并列的方便性。

205. 系统解列、并列操作时应遵循哪些原则?

答: (1) 并列操作。应采用准同期法进行，准同期并列的条件是：相序相同、频率相同、电压相等。

(2) 解列操作。解列操作时应将解列点的有功和无功潮流调至零，或调至最小。

206. 可设置解列装置的地点有哪些?

答: (1) 电网间联络线上的适当地点如弱联系处，并应考虑电网的电压波动。

(2) 地区电网中由主电网受电的终端变电站母线联络断路器。

(3) 地区电厂的高压侧母线联络断路器。

(4) 专门划作电网事故紧急启动电源，专带厂用电的发电机组母线联络断路器。

207. 电网设置解列点的原则是什么? 什么情况下应能实现自动解列?

答: 电网设置解列点的原则是：解列后各电网应各自满足同步运行与供需（包括有功和无功）基本平衡的要求，且解列点的断路器不宜过多。

一般在下列情况下，应能实现自动解列：

（1）当电网中非同期运行的各部分可能实现再同期，且对负荷影响不大时，应采取措施，以促使将其拉入同期。如果发生持续性的非同期过程，则经过规定的振荡周期数后，应在电网间联网的联络线弱联系处将电网解列。

（2）主要由电网供电的带地区电源的终端变电站或在地区电源与主网联络的适当地点，当电网发生事故、与电网相连的线路发生故障或地区电网与主电网发生振荡时，应在预定地点解列。

（3）大型企业的自备电厂，为保证在主电网电源中断或发生振荡时，不影响企业重要用户的供电，应在适当的地点设置解列点。

（4）并列运行的重负荷线路中一部分线路断开后，或并列运行的不同电压等级线路中主要高压送电线路断开后，可能导致继续运行的线路或设备严重过负荷时，应在预定地点或暂时未解环的高低压电磁环网预定地点解列或自动减负荷。

（5）事故时专带厂用电的机组。

（6）当故障后难以实现再同期或者对负荷影响较大时，应立即在预定地点将电网解列。

208. 什么是电网瓦解？发生电网瓦解事故后如何处理？

答：电网瓦解是指 110kV 及以上省级电网或跨省电网由于各种原因引起的非正常解列，形成 3 片及以上几个独立的小网架，其中至少有 3 片每片内事故前发电出力以及供电负荷超过 100MW，并造成全网减供负荷达到表 26-5 数值。

表 26-5　　电网瓦解全网减供负荷数值

电网负荷（MW）	减供负荷	电网负荷（MW）	减供负荷
2000 及以上	4%	1000～5000	10%或 400MW
10000～20000	5%或 800MW	1000 以下	20%或 100MW
5000～10000	8%或 500MW		

当电网发生瓦解事故后，一般应遵循以下原则进行处理：

（1）维持各独立运行电网的正常运行，防止事故进一步扩大，有条件时应尽快恢复对用户的供电、供热。

（2）尽快恢复全停电厂的厂用供电，使机组安全快速地与电网并列。

（3）尽快使解列的电网恢复同期并列，并迅速恢复向用户供电。

（4）尽快调整电网运行方式，恢复主网架的正常运行方式。

（5）做好事故后的负荷预测，合理安排电源。

209. 为防止电网瓦解，并尽量减少负荷损失，应对哪些情况采取预防措施？

答：（1）故障时断路器拒动。

（2）故障时继电保护和安全自动装置误动或拒动。

（3）自动调节装置失灵。

（4）多重故障。

（5）失去大电源。

（6）其他偶然因素。

210. 什么是电力系统振荡？有何危害？

答：（1）电力系统正常运行时，系统中的发电机都处于同步运行状态（并联运行的各发电机都有相同的电角度）。在这种状态下，各发电机运行参数具有接近不变的数值，即稳定运行状态。当系统受到某一扰动（突然甩负荷、系统短路或切除线路）后，系统中的发电机失去稳定运行，各发电机之间失去同步，各发电机的电流、电压、功率等运行参数在某一数值来回剧烈摆动，这一现象称为系统振荡。

振荡有两种，能够保持同步而稳定运行的振荡称为同步振荡；导致失去同步而不能正常运行的振荡称为异步振荡。

除了预定解列点外，不允许保护装置在系统振荡时误动作跳闸。如果没有本电网的具体数据，除大区系统间的弱联系联络线外，系统最长振荡周期可按 1.5s 考虑。

（2）振荡的危害。当电网发生振荡时，电网内的发电机间不能维持正常运行，电网的电流、电压和功率将大幅度波动，严重时使电网解列，造成部分发电厂停电及大量负荷停电，从而造成巨大的经济损失。

211. 电力系统振荡的现象有哪些？

答：（1）发电机、变压器、联络线、电流表、电压表、功率表的指示周期性剧烈来回摆动。

（2）连接失去同步的发电机或系统的联络线上的电流表和功率表的指示摆动最大。电压振荡最激烈的地方是系统振荡中心，每一周期约降低至零值一次。随着离振荡中心距离的增加，电压波动逐渐减少。如果联络线的阻抗较大，两侧电压的电容也很大，则线路两端的电压振荡是较小的。

（3）失去同步的电网，虽然有电气联系，但仍有频率差出现；系统送电端的频率升高，受电端的频率降低。

（4）发电机发出与表计指示摆动相应的轰鸣声，发电机的强励反复动作。

（5）全厂（所）照明忽明忽暗。

（6）高频收发信机会频繁收信或发信。

（7）电流保护和阻抗保护可能启动或误动（未装闭锁装置时）。

212. 异步振荡的主要现象有哪些？

答：（1）系统内各发电机和联络线上的功率、电流将有程度不同的周期性变化。系统与失去同步发电厂（或系统）联络线上的电流和功率将往复摆动。

（2）母线电压有程度不同的降低，并周期性摆动，电灯忽明忽暗。系统振荡中心电压最低。

（3）失去同步发电机的有功出力大幅摆动并过零，定子电流、无功功率大幅摆动，定子电压也有降低且有摆动，发电机发出不正常的有节奏的轰鸣声，水轮机导叶或汽轮机汽门开度周期性变化。

（4）失去同步的两个系统（电厂）之间出现明显的频率差异，送端频率升高、受端频率降低，且略有波动。

213. 引起电力系统异步振荡的主要原因有哪些？

答：（1）输电线路输送功率超过极限值造成静态稳定破坏。

（2）电网发生短路故障，切除大容量的发电、输电或变电站设备，负荷瞬间发生较大突变等，造成电力系统暂态稳定破坏。

（3）环状系统（或并列双回路）突然开环，使两部分系统联系阻抗突然增大，引起动稳定破坏而失去同步。

（4）大容量机组跳闸或失磁，使系统联络线负荷增长或使系统电压严重下降，造成联络线稳定极限降低，易引起稳定破坏。

（5）电源间非同步合闸未能拖入同步。

214. 同步振荡的主要现象有哪些？

答：（1）发电机和线路上的功率、电流将有周期性变化，但波动较小，发电机有功出力不过零。

（2）发电机机端和电网的电压波动较小，无明显的局部降低。

（3）发电机及电网的频率变化不大，全电网频率同步降低或升高。

215. 同步振荡与异步振荡有何区别？

答：当电网发生异步振荡时，电网频率不能保持在同一个频率，功角 δ 在 $0^\circ \sim 360^\circ$ 之间周期性变化，所有电气量和机械量波动明显偏离额定值，如发电机、变压器和电网联络线上的电流表、电压表、功率表（或监控系统 CRT 上电流、电压、功率）周期性地大幅度摆动，此时电网振荡中心的电压偏离额定值，摆动幅度最大。发电厂与电网之间、电网与电网之间输送功率、运行频率也摆动。

当发生同步振动时，电网频率可以保持相同，各电气量的波动范围不大，功角 δ 随之波动。经过若干次波动后，振荡在有限的时间内衰减，随后重新进入新的平衡运行状态。

216. 何谓低频振荡？

答：低频振荡就是并列运行的发电机间在小扰动下发生的频率在 0.2～0.5Hz 范围内持续振荡的现象。

低频振荡产生的原因是由于电力系统的阻尼效应，常出现在弱联系、远距离、重负荷的输电线路上，在采取快速、高放大倍数励磁系统的条件下更容易发生。

217. 电力系统振荡与短路的主要区别有哪些？

答：（1）振荡时系统各点电压和电流值均作往复性摆动，而短路时电流、电压值是突变的。此外，振荡时电流、电压值的变化速度较慢，而短路时电流、电压值突然变化幅度很大。

（2）振荡时系统任何一点电流与电压之间的相位角都随功角的变化而改变；而短路时，电流与电压之间的角度是基本不变的。

（3）振荡时系统三相是对称的，没有负序和零序分量；而短路时系统的对称性被破坏，即使发生三相短路，开始时也会出现负序分量。

218. 对电力系统振荡如何处理？

答：电网发生振荡时的一般处理原则是：首先人工调整发电厂出力，使系统恢复同步，若不可能同步，则应在适当的地点将电网解列，待振荡消除后，再恢复各电网的并列。

当电网发生振荡时，采取人工调整措施恢复同步的条件是使送、受两端频率相等，以便将各发电机拖入同步。此时要求网内所有电厂和变电站运行人员在不等电网调度发布指令前，即立即采取恢复电网正常频率的措施。具体包括以下处理措施：

（1）不论电网频率是升高或降低，各电厂及有调压设备的变电站，都要尽快利用设备的过负荷能力，按发电机事故过负荷的规定，最大限度地提高励磁电流和加大无功补偿设备的容性电力输出，以提高电网电压直到振荡消除或到最高允许值为止。此时，禁止停用发电机强行励磁装置和电压调整装置。

（2）发电厂应迅速采取措施恢复正常频率，办法为：送端高频率的发电厂，迅速降低发电出力，直到振荡消除，但频率不得低于 49.5Hz 以下；受端低频率的发电厂，应充分利用备用容量和事故过负荷能力提高频率，直接消除振荡或恢复到正常频率为止。

(3) 振荡时频率降低的电网，除低频率减负荷装置动作切除部分负荷外，必要时也可以按事故停电顺序拉路限电，以迅速恢复电网的同步运行。

(4) 争取在3～4min内消除振荡；否则，应在适当地点解列。

此外，当因大容量机组失磁引起电网振荡时，若运行人员调整不当使励磁到零，则应立即加起励磁，消除振荡；否则应立即将失磁的机组解列，防止扩大事故。当失磁保护投入时，由保护动作解列机组。

凡因投入运行设备操作不当引起振荡，1min不能拖入同步的，应立即断开该设备。

219. 振荡过程中与结束后的注意事项有哪些？

答： 电网振荡时，各发电厂不得擅自解列机组；除非机组本身故障或因频率严重降低威胁厂用电的安全时，可按保厂用电措施的规定解列部分机组。

振荡已消除或解列后又重新并网，系统拖入同步后，应尽快地将自动跳闸或手动切除的负荷恢复供电。所有保证电网安全稳定运行的自动装置均应按规定投入运行，未经该设备所属值班调度员同意不得擅自停用。

220. 在什么情况下运行人员可采取紧急措施？

答： 当出现下列情况时，为防止事故扩大，运行人员可采取紧急措施：

(1) 在发生人身触电事故时，为了抢救触电人，可不经许可，即行断开有关设备的电源。

(2) 对人员生命有直接危险的设备停电或隔离已损坏和可能扩大事故的设备。

(3) 不立即停电将会造成设备损坏的设备隔离工作。

(4) 母线发生故障，电压消失后，将该母线上所有的断路器拉开。

(5) 站用电和直流系统全部停电或部分停电时，恢复电源的操作。

(6) 电压互感器熔断器熔断或二次开关跳闸时，将有误动可能的保护停用。

(7) 与调度失去联系，又必须进行事故处理（系统并列除外）时，但应设法尽快与调度取得联系。

(8) 各单位运行规程中所规定的可以采取紧急措施的其他操作。

以上各项，在事后应立即报告调度和上级部门。

221. 运行值班单位与调度机构失去通信联系时应如何处理？

答：(1) 调度机构与下级调度机构或调度管辖的厂站之间失去通信联系时，各方应积极采取措施，尽快恢复通信联系。

(2) 失去通信联系的运行值班单位，宜保持电气接线不变，发电厂按给定的负荷、电压曲线运行，调频厂进行正常的调频工作。

(3) 失去通信联系的运行值班单位，应认真做好运行记录，待通信联系恢复后及时向调度机构汇报在失去通信联系期间应汇报事项。

(4) 与网调失去通信联系的省调，应按计划控制好联络线功率和系统频率，加强运行监视，中止或不执行对主网安全稳定运行影响较大的操作。

222. 变电站发生哪些重大事件值班员应立即向相应调度机构值班调度人员汇报并尽快将重大事件的详细情况传真至调度机构？

答： (1) 厂站事故：220kV及以上发电厂、变电站发生母线故障停电、全厂（站）停电。

(2) 人身伤亡：在生产运行过程中发生人身伤亡。

(3) 自然灾害：水灾、火灾、风灾、地震及外力破坏等对厂站运行产生较大影响的事件。

(4) 厂站主控室发生停电、通信中断、监控系统全停、火灾等事件。

(5) 重要设备损坏情况。

223. 运行中的保护装置及二次回路出现哪些异常时，运行值班人员应立即向值班调度人员汇报，并按调度指令及现场运行规程处理？

答：(1) 电压互感器二次回路异常。

(2) 电流互感器二次回路异常。

(3) 保护装置本体异常。

(4) 保护通道异常。

(5) 保护装置直流电源接地。

(6) 保护装置直流电源消失。

(7) 其他影响保护装置运行的异常情况。

224. 误操作事故有哪几种类型？

答：误操作的类型主要包括：3kV 及以上发供电设备发生带负荷误拉（合）隔离开关、带电挂（合）接地线（接地开关）、带接地线（接地开关）合断路器（隔离开关）的恶性误操作；误（漏）拉合断路器、误装拆或漏拆接地线以及其他步骤上的错误；误碰运行设备元件、误投设备、误（漏）投或停继电保护及安全自动装置（包括连接片）、误设置继电保护及安全自动装置定值、误动保护触点等的一般电气误操作。

输 电 线 路

一、导 线

1. 什么是输电线路？什么是配电线路？

答：从发电厂或变电站，把电力输送到降压变电站的高压电力线路称为输电线路，其线路电压一般在35kV以上。其中35、110、220kV输电线路称为高压输电线路；330、500、750kV输电线路称为超高压输电线路，800、1000kV输电线路称为特高压输电线路。

从降压变电站把电力送到配电变压器的电力线路，称为高压配电线路。电压一般在3、6、10kV。

从配电变压器把电力送到用电点的线路称为低压配电线路。电压一般380V和220V。

2. 电力线路在电网中的作用是什么？它由哪些元件构成？

答：电力线路是电网中不可缺少的主要部分，它除了可输送和分配电能外，还可以将几个电网连接起来组成电力系统。

输电线路可分为两大类，即架空线路和电力电缆线路。架空线路是将导线、避雷线架设在杆塔上，它是由导线、地线、杆塔、绝缘子、金具、基础等元件组成；电缆线路则是由电力电缆和电缆接头组成。

3. 我国电力线路有哪些电压等级？

答：我国采用的电压等级有380/220V、6、10、35、66、110、220、330、500、750、800、1000kV，其中66kV和330kV为限制发展电压等级。

目前，通常把10kV及以下电力线路称为配电线路，其中把1kV以下的线路称为低压配电线路，1～10kV线路称为高压配电线路；35kV及以上的电力线路称为输电线路，其中35～220kV线路称为高压输电线路，330～750kV线路称为超高压输电线路，800～1000kV线路称为特高压输电线路。

4. 输电线路的额定电压是如何规定的？

答：能使电力设备正常工作的电压称为额定电压。

输电线路的正常工作电压，应该与线路直接相连的电力设备额定电压相等，但由于线路中有电压降或电压损耗存在，所以线路末端电压比首端要低。沿线各点电压也就不相等。而电力设备的生产必须是标准化的，不可能随线路压降而变。为使设备端电压与电网额定电压尽可能接近，取电网首末端电压的平均值作为电网的额定电压，即

$$U_N = \frac{U_1 + U_2}{2} \tag{27-1}$$

式中：U_1、U_2 分别为电网首末端电压。

5. 架空输电线路主要组成部分有哪些？其作用是什么？

答：架空输电线路主要由基础、杆塔、导线绝缘子、金具、防雷保护设备（包括架空避

雷线、避雷器等）及接地装置组成。

（1）基础。架空输电线路的基础主要分为电杆（混凝土电杆及钢杆等）基础、铁塔基础两种。

1）电杆基础。电杆基础分为承受电杆本体下压的电杆本体基础（底盘）和起稳定电杆作用的拉线基础（拉盘或重力式拉线基础）及卡盘等。

2）铁塔基础。铁塔基础根据铁塔类型、地形地质、承受的外负荷及施工条件的不同，一般采用有现浇混凝土铁塔基础、装配式铁塔基础、桩式铁塔基础、锚杆基础等。

（2）杆塔。杆塔的主要作用是支持导线、避雷线，使导线保持对地面以及其他设施应有的安全距离；它承受着导线、避雷线、其他部件和本身的重力以及冰雪、侧面风的压力等。转角、终端承力杆塔还要承受导、地线角度张力和不平衡张力。杆塔有钢筋混凝土电杆和铁塔两种。

（3）导线。导线是输电线路用来传输电流的，因此要求导线具有良好的导电性能。

（4）架空避雷线。架空避雷线（也称架空地线）是保护输电线路避免遭雷击的设施之一，它是架设在输电线路杆塔顶部，利用铁塔的塔身及混凝土电杆内的钢筋或电杆专用爬梯、接地引下线等引下与接地装置（地网）连接。

（5）线路金具。线路金具用于连接绝缘子、导线、避雷线的接续和防振、保护，用于拉线杆塔的拉线紧固、调整等。

（6）绝缘子。绝缘子（俗称瓷瓶）一般是用瓷和钢化玻璃作为绝缘介质制成的，合成绝缘子是由硅橡胶和环氧树脂纤维作为介质。绝缘子的作用是悬挂或支持导线使之与杆塔本体（大地）绝缘，它不但要承受工作电压和大气过电压，同时要承受导线的垂直荷重、水平荷重和导线张力，输电线路的绝缘子在运行中是承受机电联合作用的。

6. 导线的种类和用途有哪些？

答：（1）硬铜线。硬铜线可分为硬圆铜单线（TY 型）和硬铜绞线（TJ 型）两种，它们的导电性能虽好，但考虑国家资源问题，架空输电线路一般不采用。

（2）硬铝绞线。硬铝绞线（LJ 型），导电性能稍差于铜线，但资源较多，造价也低于铜线，35kV 线路选取截面积不得小于 35mm^2。

（3）钢芯铝绞线。钢芯铝绞线内层（或称芯线）为单股或多股镀铸钢绞线，主要承受张力；外层为单层或多层硬铝绞线，为导电部分。这是目前架空输电线路普遍选用的一种导线，它可分以下几种：

1）钢芯铝绞线，可分为普通型 LGJ、轻型 LGJQ 和加强型 LGJJ 三种，其型号后的数字为标称截面积（如 LGJ-240 表示铝线部分的标称截面积为 240mm^2）。

LGJ 普通型和 LGJQ 轻型钢芯铝绞线用于一般地区，LGJJ 加强型钢芯铝绞线用于重冰区或大跨越地段。

2）防腐型钢芯铝绞线 LGJF 型，其结构形式及机械性能、电气性能与普通钢芯铝绞线相同，它可分为轻防腐型（仅在钢芯上涂防腐剂）、中防腐型（仅在钢芯及内层铝线上涂防腐剂）和重防腐型（在钢芯和内外层铝线均涂防腐剂）三种。这种导线用于沿海及有腐蚀性气体的地区。

3）钢芯稀土铝绞线（LGJX 型），其特点是在工业纯铝中加入少量稀土金属，在一定工艺条件下制成铝导线。目前，稀土铝导线、电缆已用于国内各大电网的输电线路。该产品除电阻率低，在运行中减少电能损耗外，还具有强度高（比普通导线高 10%以上）、韧性好

（比普通导线延伸率高20%）、耐磨、耐腐蚀、使用寿命长和外观漂亮等优点。

（4）钢芯铝合金绞线。钢芯铝合金绞线（HL4GJ型），是先以铝、镁、硅合金拉制成圆单线，再将这种多股的单线绕着内层钢芯绞制而成。抗拉强度比普通钢芯铝绞线高40%左右，它的铝合金线的导电率及质量接近铝线，适用于线路的大跨越地方。

（5）铝包钢绞线。铝包钢绞线（GLJ型）是以单股钢线为芯，外面包以铝层，做成单股或多股绞线。铝层厚度及钢芯直径可根据工程实际需要与厂家协商制造。这种导线价格较高，导电率较差（约26%～30%），适合于线路的大跨越及架空地段高频通信使用。

（6）镀锌钢绞线。镀锌钢绞线（GJ型）也是导线的一种，其机械强度高达1078～1666N/mm^2，导电率低至8%～17%，不宜作为输电线路的导线，只用作架空避雷线及杆塔的拉线，它有7股、19股和37股三种组合结构。

7. 导地线型号如何表示？各字母的含义是什么？

答：导地线的型号表示为：LGJ，钢芯铝绞线（普通型）；LGJQ，轻型钢芯铝绞线；LGJJ，加强型钢芯铝绞线；LJ，铝绞线；GJ，钢绞线。

其中：L—铝、G—轻型、J—多股绞线、JJ—多股绞线加强型。

每种导线型号后要标以数字，表示导线的标称截面积，如LGJQ—300表示为：标称截面积为300mm^{2}的轻型钢芯铝绞线。

8. 对电力线路有哪些基本要求？

答：（1）保证线路架设质量，加强运行维护，提高对用户供电的可靠性。

（2）要求电力线路的供电电压在允许的波动范围内，以便向用户提供质量合格的电压。

（3）在送电过程中，要减少线路损耗，提供送电效率，降低送电成本。

（4）架空线路由于长期置于露天运行，线路的各元件除受正常的电气负荷和机械荷载作用外，还受到风、雨、冰、雪、大气污染、雷电等自然和人为条件的作用，要求线路各元件应有足够的机械和电气强度以及抗腐蚀能力。

9. 为什么要采取高电压输送电能？

答：因为采用高电压输送电能有以下优点：

（1）减少线路损耗。

（2）提高送电功率。

（3）输送距离远。

（4）相对提高了线路安全性。

所以，电力系统大部分都采用高压输电线路作电力网内长距离、大功率的主要联络干线。

10. 电力线路电气参数有哪几种？主要是由哪些因素形成的？

答：电力线路的电气参数有电阻、电抗、电导和电纳，因这些电气参数都是沿线路长度分布的，故又称分布电气参数。

电力系统的电阻为每相导线的电阻。

电力系统的电抗是因导线中通有交流电流而使导线周围产生交变磁场所引起的。由于这个交变磁场对通过导线的电流有阻碍作用，同时对邻近线路的电流也有阻碍作用，这种由于电感而产生的阻碍电流通过的作用称为电抗。

电力线路的电导是由电晕损耗、绝缘子泄漏电流的有功损耗和电缆线路的介质损耗所形成的。

电力线路的电纳是由线路导线之间及导线与大地之间的电容形成的。

11. 什么是分裂导线？

答：分裂导线就是将一相导线用 2～8 根导线（称为“子导线”或简称“子线”）组合，也可用更多的导线组合。其作用是降低电晕损耗，增大输送容量。

12. 为什么要采用相分裂导线？对导线最小直径有什么要求？

答：一般高压输电线路每相多采用一根导线，而超高压线路则每相采用两根、三根、四根、六根或更多根的导线，1000kV 交流特高压线路采用八根，一般称此为相分裂导线，其中每根导线称为子导线。

架空线路导线周围的空气是良好的绝缘体，但当导线表面电场强度超过了空气的耐压强度时，就会引起空气层的放电，这时可听到“嗤嗤”的放电声，在夜间还可看到导线周围有蓝色的荧光，这种现象称为电晕。

线路产生电晕，不但引起电晕损耗而且对电力线路附近的无线电和高频通信等产生干扰影响。由于超高压线路电压较高，导线表面电场强度较大，故极易引起电晕现象。为了避免电晕现象，可增大线间距离和导线直径，但线间距离的增加必定引起杆塔头部尺寸的加大，增加杆塔费用，这是不经济的，所以较为有效的方法是采用相分裂导线（相当于加大了导线直径），从而可防止电晕的发生，避免电晕损耗和电晕干扰影响。另外，超高压线路输送功率大，需要很大的导线截面积，如每相采用一根导线，则制造和架设大截面积的单根导线将带来很大困难，所以多采用相分裂导线以满足输送功率的要求，而且也便于架设，同时还可以减少导线断线拉力，有利于减少杆塔材料消耗量。

导线最小直径除满足导线的机械强度外，主要是以导线不发生电晕为原则，对海拔高度不超过 1000m 地区，导线不发生电晕的最小直径如表 27-1 所示。

表 27-1　　导线不发生电晕时的最小直径

线路额定电压（kV）	110	220	330		500		
导线最小直径（mm）	9.6	21.6	33.6	2×21.6	2×36.24	3×26.82	4×21.6

13. 采用相分裂导线时对间隔棒的安装距离是如何考虑的？

答：分裂导线相邻间隔棒之间的安装距离，一般按以下原则考虑：

（1）在档距内，子导线不得互相吸住、相碰、摩擦。

（2）在风的作用下，子导线可能扭绞在一起，但扭绞后子导线应能恢复原状。

为满足上述原则，通过试验和运行经验得出，相邻间隔棒之间的距离，在线夹两侧为 25～35m，在档距中最大不宜超过 75m，间隔棒可等距离安装。

14. 什么是紧凑型线路？其结构特点是什么？优缺点是什么？

答：所谓紧凑型输电线路，是指在同一电压等级下，相间距离远远小于现行常规线路的相间距离的线路。例如，220kV 现行常规线路的相间距离为 5.5～6.0m，而紧凑型线路的相间距离仅为 3.4m。

紧凑型输电线路的结构特点是分裂导线根数多、相间距离小、相间安装绝缘间隔棒、分裂导线的排列方式多样。

紧凑型输电线路的优点是，线路自然输送功率可比现行常规线路提高 30%～50%；可减少塔头尺寸和线路走廊宽度。其缺点是需安装相间间隔棒，线路本体造价高；导线排列特殊，线路施工安装和检修维护比较困难。

15. 架空电力线路中，什么是档距？什么是耐张段？

答：电力线路中相邻两基杆塔中心之间的水平距离称为档距；相邻两基承力杆塔之间的线路称为一个耐张段。一般一个耐张段由若干个档距组成，如相邻两基承力杆塔之间只有一个档距，则该耐张段称为孤立档。

16. 什么是架空线路的弧垂？其大小受哪些因素的影响？

答：架空线路的弧垂是指架空导线或地线上的任意一点到悬挂点连线之间在铅垂方向的距离。

架空线路弧垂的大小受三个方面因素的影响：①架空线路的档距；②架空线路的应力；③架空线路所处的环境，即气象条件。

由计算式可知（计算略），对小高差档距，弧垂与高差无关，最大弧垂在档距中点，所以在工程中，未特别指明时均指档距中点弧垂。

17. 导线弧垂大小与哪些因素有关？什么是定位气象条件？

答：导线弧垂大小与不同气象条件下的导线比载和应力及档距有关。

定位气象条件就是最大垂直弧垂气象条件，最大垂直弧垂可能出现在最高气温或履冰（无风）气象条件，工程中可采用直接比较法或临界比载法判别确定。

18. 什么是水平档距和垂直档距？

答：某杆塔两侧档距的平均值，称为该杆塔的水平档距，用来计算导线传递给杆塔的水平荷载。

某杆塔两侧导线最低点之间的水平距离称为该杆塔的垂直档距，用来计算导线传递给杆塔的垂直荷载。

19. 什么是架空线路导线的线间距离？

答：当架空线路导线处于铅垂静止平衡位置时，它们之间的距离叫作线间距离。

20. 何为架空电力线路的保护区？

答：架空输电线路的保护区，是为了保证架空电力线路的安全运行、保障人民生活的正常供电而必须设置的安全区域。

二、避　雷　线

21. 什么是绝缘避雷线？其有何特点？

答：绝缘避雷线就是采用带有放电间隙的绝缘子把避雷线和线路杆塔绝缘起来，雷击时绝缘子的放电间隙被击穿，雷电流可通过被击穿的放电间隙所形成的通道引入大地。绝缘避雷线非但不影响防雷作用，而且还可利用绝缘避雷线作为载流线，用于避雷线融冰。此外，采用绝缘避雷线还可减小避雷线中由感应电流而引起的附加电能损耗。

22. 电力线路架设避雷线作用是什么？

答：避雷线是输电线路最基本的防雷措施，其作用如下：

（1）防止雷电直击导线，使作用到线路绝缘串的过电压幅值降低。

（2）雷击杆顶时，对雷电有分流作用，可减少流入杆塔的雷电流。

（3）对导线有耦合作用，降低雷击塔头绝缘上的电压。

（4）对导线有屏蔽作用，降低导线上的感应过电压。

（5）直线杆塔的避雷线对杆塔有支持作用。

（6）避雷线保护范围呈带状，十分适合保护电力线路。

23. 架空避雷线有哪几种形式？其结构和作用如何？

答：架空避雷线有：

（1）一般架空避雷线。一般架空避雷线主要材料是镀锌钢绞线，为使避雷线有足够的机械强度，其截面积的选择是根据导线截面积来决定的。

（2）绝缘架空避雷线。绝缘架空避雷线与一般架空避雷线一样，所不同的就是它利用一只悬式绝缘子将避雷线与杆塔绝缘隔开，并通过防雷间隙再接地。这样，它起到了一般避雷线同样的防雷保护作用。同时可利用它作高频通信和便于测量杆塔的接地电阻及降低线路的附加电能损失等。

（3）屏蔽架空避雷线。屏蔽架空避雷线是防止输电线路所发生的电磁感应对附近通信线路的干扰。它的主要材料是采用屏蔽系数不大于 0.65 的优良的导导线材。因屏蔽架空避雷线耗费有色金属和投资造价比钢绞线高，所以只在输电线路对重要通信线干扰超过规定标准时才考虑架设屏蔽避雷线。它可与一般避雷线分段配合进行架设。

（4）复合光纤架空避雷线。复合光纤架空避雷线既起到架空避雷线的防雷保护和屏蔽作用（外层铝合金绞线），又起到通信作用（芯线的光导纤维）。因此在电网中使用复合光纤架空避雷线，可大大改善电网中的通信系统。复合光纤架空避雷线的架设形式可分为以下两种：

1）在已架设好的架空输电线路的某根避雷线上按一定的节径比缠绕 WWOP 型光纤电缆。原架空避雷线即起防雷保护作用，又起支承光纤电缆作用（因 WWOP 型光纤电缆很轻，所以原架空避雷线是完全可以支撑的）。因光纤是一种电气绝缘性能很好的理想的信息传递媒体。有耐腐蚀、耐高压等特性，所以它缠绕在架空避雷线上有一定的耐雷水平，能和原架空避雷线共存。

2）在新架设的架空输电线路上，架设一根 OPGW 型复合光纤架空地线作为避雷线，另一根仍架设一般的避雷线。

24. 避雷线的敷设有哪些要求？

答：（1）避雷线的敷设范围需根据线路电压等级和线路经过地区雷电活动强弱程度确定。

（2）杆塔防雷保护角要满足要求。

（3）档距中央避雷线与导线的接近距离要满足要求。

（4）杆塔接地电阻要满足要求。

25. 避雷线是如何保护电力设备的？

答：雷击可简单地看成是一个电流行波空中通道流入雷击点，在击中避雷线后即分两路继续前进。随着电流波前进的还有一个电压行波。他们构成了一个接近光速的传播的电磁波，其阻抗一般取 300Ω，对导线或避雷线可取 300～400Ω。

在雷击塔顶时，由于塔脚电阻很小，如 $R=0$ 则不出现对地电压；避雷线保护作用主要是将电压化成电流，经很低的塔脚电阻排泄出去，从而达到降压作用（即使塔脚电阻有一定值为 $R=10\Omega$，也很小），显然，避雷线的降压作用完全依靠很低的接地电阻实现的。

26. **什么是避雷线的保护角？**

答：避雷线保护角是指，避雷线悬挂点与被保护导线之间的连线，与避雷线悬挂点铅垂方向的夹角。

27. **避雷线对边导线的保护角是如何确定的？**

答：为防止雷电击于线路，高压线路一般都加挂避雷线，但避雷线对导线的防护并非绝对有效，存在着雷电绕击导线的可能性。实践证明，雷电绕击导线的概率与避雷线的保护角有关，所以规程规定保护角：500kV 为 10°～15°，220kV 为 20°，110kV 为 25°～30°。另外，杆塔两根地线的距离不应超过地线对导线垂直距离的 5 倍。

28. **OPGW 的特点有哪些？**

答：OPGW 的主要特点是具有普通地线和通信光缆的双重功能，实现防雷、通信的双重效果，适合 110kV 及以上电压等级的输电线路应用。它还具有承受拉力大，对风、冰、雷击等破坏性气候有较强的耐受能力，容纳光纤数量大，使用寿命长，可靠性高等优点。OPGW 的缺点是价格较高。

三、杆　塔

29. **什么是杆塔？**

答：杆塔是支撑线路导线和避雷线，并使它们之间、导线与地面或跨越物之间保持一定距离的杆型或塔型构筑物。杆塔多采用钢质或钢筋混凝土结构。通常对钢筋混凝土的杆型结构称为杆，对钢质的塔型结构和混凝土烟囱型结构称为塔。

30. **杆塔的作用是什么？**

答：杆塔是用来支持导线和避雷线及其附件，并在各种气象条件下使导线、避雷线、杆塔之间，以及导线和地面、交叉跨越物及其他建筑物之间保持一定的安全距离。杆塔要承受在断线事故不平衡张力，冰、雪，最高、最低气温等气象条件下所受的拉、压、弯、扭、剪等各种外力作用。

31. **杆塔如何分类？**

答：(1) 按使用材料分可分为：①钢筋混凝土电杆；②铁塔及钢管杆（塔）。

(2) 按其在输电线路中的用途和功能可分为：①直线杆塔；②耐张钢塔；③直线转角杆塔；④终端杆塔；⑤换位杆塔；⑥跨越杆塔；⑦分支杆塔。

32. **铁塔的类型有哪些？**

答：铁塔的塔型有拉线塔、自立式直线塔、自立式双回路铁塔、自立式承力塔（含转角塔和终端塔）、大跨越塔、钢管单杆等。

33. **输电线路铁塔按不同的外观形状和结构，通常可分为哪几种形式？各有什么特点？**

答：常用的塔型主要可分为以下几种形式：

(1) 酒杯型塔。塔型呈酒杯状，该塔上架设两根避雷线，三相导线排列在一个水平线上，通常用于 110kV 及以上电压等级输电线路中，特别适用于重冰区或多雷区。

(2) 猫头型塔。塔型呈猫头状，该塔上架设两根避雷线，导线呈等腰三角形布置，它也是 110kV 及以上电压等级输电线路常用塔型，能节省线路走廊，其经济技术指标较酒杯型塔稍差。

(3)“干”字型塔。铁塔形状如“干”字，塔上架设两根避雷线，导线基本呈等腰三角形布置，此种塔型受力情况清晰直接有较好的经济技术指标，通常是220kV及以上电压等级输电线路常用的塔型，主要用作耐张塔及转角塔。

（4）拉线“V”塔：塔型呈“V”形状，常用于220kV及以上电压等级的输电线路。塔上架设两根避雷线，导线呈水平排列，该种塔型具有施工方便，耗钢量低于其他双门型拉线塔等优点，但它占地面积（指拉线）较大，在河网及大面积耕地区使用受到一定限制。

（5）“上”字型铁塔。铁塔外形如“上”字，铁塔顶端架设单根或双根避雷线，导线呈不对称三角形布置。适用于少雷及轻冰地区，且导线截面积偏小的输电线路，该杆塔具有较好的经济指标。

（6）双回路鼓型塔。由于该塔型的中相导线横担稍长于上、下横担，所以导线呈鼓型布置，该塔型适用于覆冰较重地区。稍长的中横担使所有导线均能达到适当错开的目的，可避免导线脱冰跳跃时发生碰线闪络事故，它是回路铁塔常用的一种塔型。

34. 输电线路杆塔中常用技术名词术语的含义是什么?

答：在线路施工中为了便于施工，避免发生误会，使用统一技术名词术语是很必要的。杆塔常用的技术名词术语及其含义如下：

（1）杆塔呼称高。杆塔呼称高又称杆塔标志高，系指杆塔最下层横担的绝缘子悬挂点至地面水平面的垂直距离。

（2）杆塔根开。两电杆中心线在地面处的水平距离称为电杆根开。其中铁塔根开系指铁塔腿根端两主材基准线之间的水平距离。

（3）铁塔基础根开。在同一基铁塔基础中垂直线路方向或顺线路方向两基础柱中心线之间的水平距离称为基础根开。在施工时应特别注意，基础根开往往不等于铁塔根开，不能将铁塔根开误认为基础根开，以免造成返工。

（4）锚塔。在放线紧线工作中，利用直线铁塔暂时兼锚固避雷线和导线时，该直线铁塔称为锚塔，在放线之前应首先掌握哪些直线铁塔允许做锚塔用，以保证安全。

（5）临锚。临锚又称锚线，系指在放线紧线过程中，将导线避雷线临时锚固的措施。

（6）电杆裂缝。钢筋混凝土电杆的混凝土开裂称为电杆裂缝。用肉眼不能直接明显看见的网状纹、龟裂或水纹不能视为裂缝。

35. 什么是自立杆塔？什么是拉线杆塔?

答：不带拉线的杆塔称为自立杆塔；带拉线的杆塔称为拉线杆塔。

36. 直线杆塔的作用是什么?

答：直线杆塔又称中间杆塔，分为直线单杆及直线门型杆。直线杆塔用于线路的直线走向处，只能承受导线自重、导线覆冰以及导线上所受的风压，不能承受导线一侧断线形成的不平衡张力。

37. 耐张杆塔的作用是什么?

答：耐张杆塔是一种坚固稳定的杆型，它在安装或断线事故情况下承受顺线路方向的张力，两个耐张杆之间一般都是直线杆塔，该段线路称为一个耐张段。它的作用是当线路发生倒杆、断线时，在线路两侧拉力不平衡情况下，把事故限制在一个耐张段中，以防倒杆继续扩大。

38. 拉线塔的结构如何?

答：拉线塔是由塔头、立柱和拉线组成。塔头和立柱一般是由角铁组成的空间衍架构成，有较好的整体稳定性，能承受较大的轴向压力，其拉线一般采用高强度钢绞线，能承受很大拉力，因而使拉线塔能充分利用材料的强度特性减少材料的耗用量。但拉线占地面积大，不利于农田机耕，所以也较少地使用。

就外形而言，拉线塔可分为导线呈三角形排列的“上”字型、猫头型以及导线呈水平排列的门型、拉V型等，还有纵向能自立的内拉线门型塔等。

39. 自立式直线塔的结构如何？

答：自立式直线塔可分为导线呈三角形排列的“上”字型、乌骨型、猫头型及导线呈水平排列的酒杯型、门型两大类。

40. 自立式双回路铁塔的结构如何？

答：自立式双回路铁塔有鼓型（中横担长，上下横担稍短）、倒伞型（上横担长，中下横担稍短）正伞型（上横担短，中下横担稍长）和蝴蝶型等。目前国内外大多采用鼓型铁塔，蝴蝶型一般多用于大垮越铁塔。

41. 自立式承力塔的结构如何？

答：自立式承力塔（含转角塔和终端塔）主要有酒杯型、“干”字型及双回路的鼓型或正伞型等，由于“干”字型塔中相导线直接挂在塔身上，下横担的长度也比酒杯型塔短，结构也比较简单，因而相对比较经济。

42. 什么是大跨越？

答：大跨越是指线路跨越通航河流、湖泊或海峡等，因档距较大（在1000m以上）或杆塔较高（在100m以上），导线选型或杆塔设计需特殊考虑发生故障时严重影响航运或修复特别困难的耐张段。

43. 跨越杆塔的作用是什么？

答：跨越杆塔位于线路与通信线、电力线、河流、山谷、铁路交叉跨越的地方，分为直线型和耐张型两种，其高度较一般杆塔高得多。由于跨越档距很大，跨越杆塔承受的张力也很大，所以塔型结构复杂，耗钢量大，投资较多。

44. 大跨越杆塔有哪几种？

答：目前，我国输电线路采用的大跨越塔有钢筋混凝土烟囱式塔、组合角钢式塔、拉线型钢管塔和自立型钢管塔等。

45. 大跨越塔的结构如何？

答：大跨越塔的高度高、荷载大、结构复杂、耗钢量和投资都较高。目前，国内较多采用组合构建铁塔、钢管塔或独立式钢筋混凝土塔等。组合构建铁塔是指采用几个等肢角钢拼合成组合截面（如“十”字型、T型、方型）的构件作为主要承力构件。这种结构的材料来源比较方便，加工和施工工艺都与一般铁塔相同，无需特殊加工设备，因而使用较为广泛。

钢管结构的空气动力特性较好，断面力学特性也优于角钢，但要求加工部门要有大型卷管、焊接和镀锌设备，加工工艺也比较复杂，因而构件的造价往往较前者成倍增加。

钢筋混凝土塔在我国长江大跨越中得到较成功的应用。这种结构外形美观、耗钢量少，在运行维护上有一定的优越性。在超高压线路的特大跨越中已常被采用。

带拉线的大跨越塔具有显著的经济效益，由于其柱身断面较小，铁塔自身的风荷载远小于自立式铁塔；塔身部分自上至下多为同一尺寸，加工、施工都较方便，主材既可采用角钢，也可采用钢管制作，材料来源较为方便。在一定的条件下，这种大跨越塔也是一种优秀的塔型。

46. 转角杆塔的用途是怎样的？

答：转角杆塔用于线路的转角处，线路转向内角的补角称为线路转角。转角杆塔两侧导线的张力不在一条直线上，为了减少不平衡张力在杆塔上的作用，一般在线路方向的反方向地线横担和导线横担处加上反方向拉线，转角杆电杆主要负荷变为中心受压，减少弯曲力矩，充分发挥其结构的抗压强度特性。转角杆塔一般可分为30°、60°、90°三种杆型。

47. 终端杆塔的作用是什么？

答：终端杆塔一般位于线路首端，即发电厂和变电站出线第一基杆塔。它接于发电厂和变电站母线上的龙门架上。由于龙门架结构强度很小，且出线又多，受单侧张力较大，所以终端档距不宜过大，一般为60～100m，且导地线在放线时常使用松弛应力。终端杆在线路侧张力要大大超过变电站那一侧的张力。所以终端杆是一种承受侧张力的耐张杆塔。

48. 换位杆塔的作用是什么？

答：按有关规程规定："在中性点直接接地的电力网中，长度超过100km的线路均应换位，换位循环长度不宜大于200km"。线路换位的目的是要使每相导线感应阻抗和每相的电容相等，以减少三相线路参数的不平衡。所谓换位循环，指在一定长度内有两次换位，而三相导线都分别处于三个不同位置。

49. 铁塔的基本结构分哪三部分？

答：铁塔的基本结构包括塔头、塔身和塔腿三部分。

50. 塔身的组成材料有哪几种？

答：塔身的组成材料有主材、斜材、水平材、横隔材、辅助材五种。

51. 杆塔拉线有哪些作用？

答：杆塔拉线（简称拉线）是为了稳定杆塔而设置的。拉线可平衡杆塔各方向的拉力，使它不产生弯曲和倾倒。拉线有以下几个作用：

（1）用来平衡导线、架空地线的不平衡张力，这种拉线称为导拉线和地拉线。

（2）用来平衡导（地）线和塔身受风吹而构成的风压力，这种拉线称为抗风拉线。

（3）用来实现杆塔稳定性的称为稳定拉线。

（4）施工中为了防止杆塔部件发生变形和倾斜而设置的临时拉线。在抢修施工中，往往因更换导（地）线等破坏了原来力系平衡，有可能引起杆塔某些部件的损坏，甚至倒杆。施工中临时拉线的作用就是使它维持原来的力系平衡。

此外，还有些从结构上考虑而设置的拉线，其作用是使杆塔的部件相互间保持一定的距离。

52. 拉线由哪几部分组成？

答：架空输电线路的拉线一般由拉线盘，拉线"U"型挂环，拉线棒，"UT"型线夹，钢绞线，楔型线夹，拉线包箍七部分组成。

53. 输电线路的拉线有哪几种？

答：（1）普通拉线。应用在终端杆、角度杆、分支杆及耐张杆等处，主要作用是用来平衡固定不平衡荷载。

（2）人字拉线。由两根普通拉线组成，装在线路垂直方向电杆的两侧，用来加强电杆防风倾倒的能力。

（3）"X"形拉线。门形杆塔、"A"形杆塔常采用"X"形拉线。此种拉线占地面积不大，适用于机耕地区。

54. 对固定杆塔的临时拉线有什么要求？

答：（1）应使用钢丝绳，不得使用白棕绳、麻绳等。

（2）在未全部固定好之前，严禁登高作业。

（3）绑扎工作必须由技工担任。

（4）单杆、V形杆、有叉梁的双杆不得少于4条，无叉梁的双杆不得少于6条。

（5）组立杆塔的临时拉线不得过夜，需要过夜时，必须有相应的安全措施。

（6）同一临时地锚上最多不得超过两根拉线。

（7）杆塔上有人时，不得调整临时拉线。

（8）必须在永久拉线全部安装完毕后方可拆除临时拉线。

55. 对运行中的杆塔有哪些要求？

答：（1）杆塔倾斜、横担歪斜不应超过允许范围。

（2）铁塔主材相邻点弯曲度不得超过0.2%。

（3）转角、终端杆塔不应向受力侧倾斜，单杆直线杆塔不应向重载侧倾斜，拉线杆塔的拉线点不应向受力侧或重载侧偏移。

（4）预应力钢筋混凝土杆不得有裂纹，普通钢筋混凝土杆保护层不得腐蚀、脱落、钢筋外露，不应有纵向裂纹，横向裂纹宽度不得超过0.2mm。

56. 电杆运行过程中受力变形有哪几种类型？

答：①电杆在各运行状态均有较大的轴向压力（自重、冰重）作用，电杆受压；②作用于电杆的还有横向和纵向水平荷载（风压、不平衡张力、断线张力、转角杆的角度合力）作用，电杆受弯；③水平荷载对电杆还有剪切作用；④纵向荷载作用在横担头部，横担与杆身穿心螺栓连接，对杆身还有扭转作用。总之，电杆是一压弯构件，在考虑电杆强度时还要考虑剪切和扭转的影响。

电杆是一长细杆，所以还要考虑稳定问题，对较高电杆采用上下层拉线，就是减小长细比、提高稳定性的措施。

在工程中，不打拉线的单杆和不打拉线无叉梁的门形杆按受弯构件考虑；拉线杆按压弯构件考虑。

57. 作用于杆塔的荷载有哪些？

答：根据作用力的方向分为三类：垂直荷载、横向水平荷载和纵向水平荷载。

（1）垂直荷载。导、地线及附件自重、杆塔、横担自重、履冰重及拉线下压力、安装检修时人员、工器具重力。

（2）横向水平荷载。导、地线的风荷载、杆塔身风荷载和导、地线的角度合力。

（3）纵向水平荷载。导、地线不平衡张力、断线张力及杆塔、导线、地线的纵向风荷载，安装时的紧线张力。

58. 何谓杆塔基础？其作用是什么？

答：架空输电线路杆塔地面以下部分的设施，统称为杆塔基础。基础的作用是稳定杆塔，防止杆塔因承受导地线、风、覆冰、断线张力等垂直荷载、水平荷载和其他外力作用而产生的上拔、下压或倾覆。

四、金　具

59. 什么是线路金具？

答：线路金具是将输电线路杆塔、导线、避雷线和绝缘子连接起来，或对导线、避雷线、绝缘子等起保护作用的金属部件。

60. 线路金具有哪几种形式？其结构和作用如何？

答：线路金具可分为悬垂线夹、耐张线夹、连接金具、接续金具、保护金具和拉线金具六大类。

（1）悬垂线夹。悬垂线夹用于将导线悬挂在直线杆塔的绝缘子串上，或将避雷线悬挂在直线杆塔上，也可用于换位杆塔上支持换位导线以及非直线杆塔跳线的固定。

（2）耐张线夹。耐张线夹用于将导线固定在承力杆塔的耐张绝缘子串上，以及将避雷线固定在承力杆塔上。

（3）连接金具。连接金具用于将悬式绝缘子组装成串，并将一串或数串绝缘子串连接后，再悬挂在杆塔横担上。悬垂线夹和耐张线夹与绝缘子串的连接，拉线金具与杆塔的连接，也都使用连接金具。根据使用条件不同，连接金具可分为以下两大类：

1）球—碗专用连接金具，直接用来连接绝缘子的，即球头挂环和碗头挂板连接，其连接部位的结构尺寸与绝缘子相同，并以破坏荷重来划分等级。

2）通用连接金具，适用于各种情况的连接，也以破坏荷重来划分等级，荷重相同的金具具有互换性。

（4）接续金具。接续金具是用于架空输电线路的裸导线、避雷线两端头的接续及导线的补修等。根据使用和安装方法的不同，接续金具可分为钳压（椭圆形）、液压（形）、爆压（圆形和椭圆形）和螺栓（跳线线夹和并沟线夹）连接，以及补修管、预绞丝补修条等几类。

（5）保护金具。保护金具主要包括供导线及避雷线用的防振金具（如防振锤、阻尼线），用于分裂导线保持子导线间距和防振的间隔棒，绝缘子串用的均压屏蔽环及预绞丝护线条、悬重锤、铝包带等。

（6）拉线金具。拉线金具主要是用于固定拉线杆塔，它包括从杆塔顶端引至地面拉线基础的出土拉环与拉线之间所有的零件。拉线杆塔的安全运行，主要是依靠拉线及其金具来保证的。

61. 线路金具按性能和用途如何分类？

答：金具按其性能和用途大致可分为：支持金具、紧固金具、连接金具、接续金具、保护金具和拉线金具六大类。每一类中，根据金具的形式、结构和施工方法的不同，又分为若干种，如表 27-2 所示。

表 27-2　　金具的分类及用途

按性能用途分类	金具名称	型　　式	用　　途
支持金具	悬垂线夹	固定型—U 形螺钉型	支持导线，使其固定在绝缘子串上
		释放型—U 形螺钉型（淘汰中）	用于直线杆塔，跳线绝缘子串上
紧固金具	耐张线夹	螺栓型（倒装式、爆炸式、压接式）	紧固导线的终端并使其固定在耐张绝缘子串上，用于非直线杆塔
连接金具	专用连接金具	球头挂环、碗头挂板	与球形绝缘子连接
	通用连接金具	U 形挂环、U 形挂板、二连板、延长环、直角挂板	绝缘子串间的相互连接，绝缘子串与杆塔及绝缘子串与其他金具之间连接
接续金具	并沟线夹 压接管	螺栓式	接续不受拉力的导线
		压接式（爆压、液压、钳压）	接续承受拉力的导线或做导线破损修补用

续表

按性能用途分类	金具名称	型　式	用　途
保护金具	防振金具	防振锤、阻尼线、护线条	对导线和避雷线起防振保护作用或作补修用
	保护金具	均压环、保护角、重锤等	用来保护导线、避雷线及绝缘子使其不受损坏
拉线金具	拉线紧固线夹	模型线夹	紧固杆塔拉线上端并可用于避雷线耐张线夹
		UT 型线夹	紧固杆塔拉线下端并可调整拉线松紧
		拉线联板	双根组合拉线并联用联板

62. 防振锤、阻尼线的作用是什么？

答：导线在受到稳定的横向微风作用下会产生振动，引起导线在线夹出口处断股、断线，在导线适当的位置安装防振锤、阻尼线可以吸收、消耗部分导线的振动能量，把导线的振动减小到允许范围内。

63. 电力金具的电气接触性能应符合哪些规定？

答：(1) 导线接续处两端之间的电阻应不大于同样长度导线的电阻。

(2) 导线接续处的温升应不大于被接续导线的温升。

(3) 承受电气负荷的所有金具，其载流量不小于被安装导线的载流量。

64. 架空电力线路常用哪些保护金具？

答：35～500kV 线路上使用的保护金具主要是机械类防振金具，如：

(1) 防振锤。用于对导线、避雷线的防振保护，以削弱导线、避雷线的振动。根据与导线、避雷线固定夹板结构形状不同，分为单螺栓固定和双螺栓固定两类。单螺栓固定型防振锤，在振动较严重的地段有滑动现象。双螺栓固定型防振锤，握力较大，可避免滑动，但有影响检修飞车通过的缺点。

(2) 预绞丝护线条。具有弹性的铝合金丝，预绞成螺旋状，紧紧包住导线，以提高导线的耐振性能。

(3) 悬重锤。用生铁制作，每片质量 15kg，用于解决悬垂绝缘子串上拔及导线对杆塔力不足。

保护金具的型号含义：

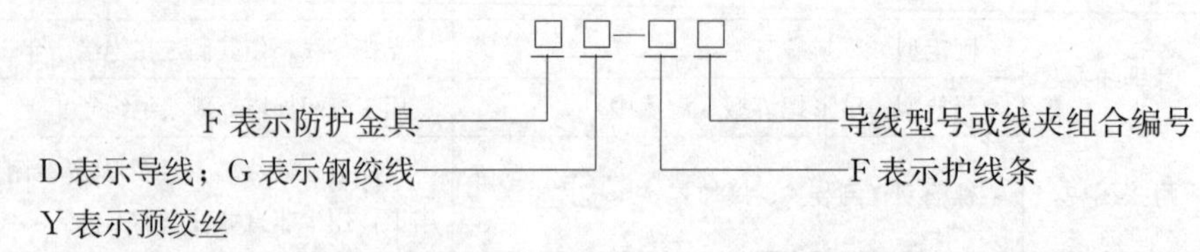

电气类保护金具：电气类保护金具主要有绝缘子串用的均压环，防止产生电晕的屏蔽环及均压和屏蔽组成整体的均压屏蔽环。其型号如 FJ-500CS 为双联悬垂均压环；FP-500CD 为单联悬垂联悬垂轮型屏蔽环；FJP-500CD 为单联悬垂轮型均压屏蔽环。

65. 线路金具外观检查应符合哪些要求？

答：在施工现场检查金具的外观质量情况，应符合以下要求，以保证金具的安全。

(1) 并沟线夹及耐张线夹的引流板，表面应光洁，平整、无凹坑缺陷，接触应紧密，以免接触电阻过大容易发热烧伤。

(2) 金具表面应无气孔、渣眼、砂眼、裂纹等缺陷。

(3) 线夹、压板、线槽和喇叭口，不应有毛刺、锌刺等以免划伤导线。

(4) 金具的焊缝应牢固无裂纹、气孔、夹渣，咬边深度不应大于1.0mm，以保证金具的机械强度。

(5) 金具表面的镀锌层不得剥落、缺锌和锈蚀，以保证金具的寿命。

(6) 防振锤的钢绞线不应散股、锈蚀，锤头应进行防腐处理。

(7) 屏蔽、均压环的表面应光滑清洁，不得有锌刺、锌渣、划伤、裂纹、油污等缺陷，以免容易发生电晕现象。

五、接 地 装 置

66. 架空输电线路的哪些部分应接地？对接地电阻值的要求是多少？

答：架空输电线路的每基杆塔应接地。以便把雷电流通过接地装置泄于大地中，使线路绝缘免遭损坏。在雷雨季节干燥时，每基杆塔不连避雷线的工频接地电阻不宜超过表27-3所列数值。若避雷线接地电阻过大，当雷电流通过接地装置时，在塔顶就会产生很高的电位，这个高电位作用到线路上的绝缘子串上，可能使绝缘子串闪络，这种现象称为“反击”。

表27-3　有避雷线的架空电力线路杆塔的工频接地电阻值

土壤电阻率（Ω·m）	100及以下	100～500	500～1000	1000～2000	2000以上
接地电阻（Ω）	10	15	20	25	30

注　如土壤电阻率很高，接地电阻值很难降低到30Ω时，可采用6～8根总长度不大于500m的放射形接地体或连续伸长接地体，其接地电阻值不受限制。

67. 杆塔接地的作用是什么？输电线路对接地电阻值的要求是多少？

答：输电杆塔接地主要是为了导泄雷电流入地以保持线路有一定的耐雷水平。

有避雷线的输电线路每基杆应有接地装置且接地电阻值不得大于表27-3所列数据。

68. 接地装置包括哪几部分？其作用是什么？

答：接地装置包括接地体及接地引下线两部分。

(1) 接地体是指埋在地中并直接与土地接触的金属导体，分为单个接地体及多个接地体。

(2) 引下线是指由杆塔电气设备的接地螺栓至接地体的连接线及多个接地体的连线。

69. 接地体有哪些形式？接地体的作用是什么？

答：架空电力线路避雷线经杆塔、接地线与接地体连接起来叫作接地装置。接地体是指埋入地中直接与大地接触的金属导体，分为自然接地体和人工接地体两种。自然接地体指杆塔基础和拉线等，人工接地体是指专门敷设的金属导体。接地体的敷设形式有水平环状、水平放射状、垂直及它们的组合形式。垂直接地体的间距不应小于其长度的2倍，水平接地体的间距不宜小于5m。

接地体的作用为降低接地电阻，在雷击避雷线时能有效地泄放雷电流，降低塔顶电位，降低作用于线路绝缘上的雷电压幅值。

70. 输电线路上哪些地方需要接地？

答：（1）有架空地线的杆塔和小接地电流系统在居民区的无架空地线杆塔应接地。

（2）铁塔的混凝土基础，应利用钢筋或接地引下线短路接地。

（3）钢筋混凝土电杆的横担、架空地线在杆塔上的悬挂点应有可靠的电气连接及接地。

（4）安装于线路上的管型避雷器及保护间隙应接地。

六、线路安全运行

71. 输电线路绝缘配合的具体内容是什么？

答：架空输电线路绝缘配合就是要解决带电导线在杆塔上和挡距中各种可能的放电途径。其具体内容包括导线对杆塔、导线对塔头的各部构件、导线对拉线、导线对避雷线、导线对地和建筑物，不同相导线之间以及检修工人在带电登杆时，带电体对人身的最小安全距离。

72. 什么是绝缘配合？输电线路绝缘配合指什么？

答：绝缘配合是指电力系统中可能出现的各种过电压，在考虑采用各种限压措施后，充分研究投资费用、运行费用，经技术比较后，确定出必要的绝缘水平，按此水平选定绝缘物和空气绝缘间隙。

输电线绝缘配合主要是指，根据大气过电压和内部过电压的要求，确定绝缘子片数和正确选择塔头空气间隙，包括导线对杆塔、导线对避雷线、导线对地及不同相导线间电气间隙的选择和配合。

73. 输电线路绝缘配合与哪些因素有关？

答：（1）杆塔上的绝缘配合就是按正常工频电压、内部过电压、外部过电压确定绝缘子的型式及片数，以及在相应风速下，保证导线对杆塔的空气间隙。

（2）在外部过电压条件下确定挡距中央导线对避雷线空气间隙。

（3）在内部过电压及外过电压条件下确定导线对地及建筑物的最小允许间隙。

（4）在正常工频电压下，不同相导线以及导线震荡摇摆情况下，确定不同相之间的最小距离。

74. 什么是线路的分布电容？

答：由于导线之间、导线与避雷线、导线与大地之间都是近似平行的，所以在导线之间、导线与避雷线、导线与大地之间都相当于一个电容，这个电容沿着线路全线分布基本上是均匀的，这个电容称为输电线路的分布电容，线路的分布电容与导线的几何均距、导线直径、导线对地的距离有关。

75. 均压屏蔽环的作用是什么？

答：输电线路绝缘子串所承受的电压，并不是均匀分布于每个绝缘子上，在绝缘子串中间的绝缘子所承受的电压比两端的小，靠近导线的绝缘子承受的电压最大，而这种电压分布不均匀的情况，随线路电压的升高而严重，在330kV及以上线路，靠近导线的绝缘子易引起电晕和无线电干扰，为使绝缘子串电压分布较均匀，在330kV及以上线路上，应在导线线夹处装设均压屏蔽环。

76. 线路防雷的任务是什么？输配电线路的防雷保护装置通常有哪些？

答：（1）线路防雷的主要任务是：防止直接雷击导线；防止发生反击；防止发生绕击。

（2）输配电线路的防雷保护装置，通常有避雷针、避雷线、耦合地线、保护间隙、管型和阀型及氧化锌避雷器，这些装置均经接地装置接地。

77. 各级电压输电线路，分别采用哪些防雷形式？

答：（1）500kV 及以上线路，应全线装设避雷线，保护角宜采用 10°～15°。

（2）220～330kV 线路，应全线装设避雷线，330kV 和 220kV 山区线路采用双避雷线，保护角为 20°左右。

（3）对于 110kV 线路，一般沿全线装设避雷线，在雷电活动特别强烈的地区宜装设双避雷线。山区避雷线保护角一般为 25°左右。

（4）对于 35kV 及以下的水泥杆或铁塔线路，一般不沿全线架设避雷线，而只在变电所进出口 1～2km 范围内架设避雷线，但杆塔仍需逐基接地。

78. 线路防雷通常有哪四道防线？

答：第一道防线是：保护线路导线不遭受直接雷击。为此，可采用避雷线、避雷针或将架空线改用电缆。

第二道防线是：避雷线受雷击后不使线路绝缘发生闪络，为此，需改善避雷线的接地，或适当加强线路绝缘，个别杆塔可使用避雷器。

第三道防线是：即使绝缘受冲击发生闪络也不使它转变为两相短路故障，不导致跳闸。为此，应减少线路绝缘上的工频电场强度或将系统中性点采用非直接接地方式。

第四道防线是：即使跳闸也不致中断供电。为此，可采用自动重合闸装置，或用双回路或环网供电。

79. 什么是避雷线的保护角？为什么避雷线的保护角不能过大也不能过小？

答：避雷线的保护角是指避雷线的铅垂线与避雷线和边导线之间连接的夹角 α，如图 27-1 所示。

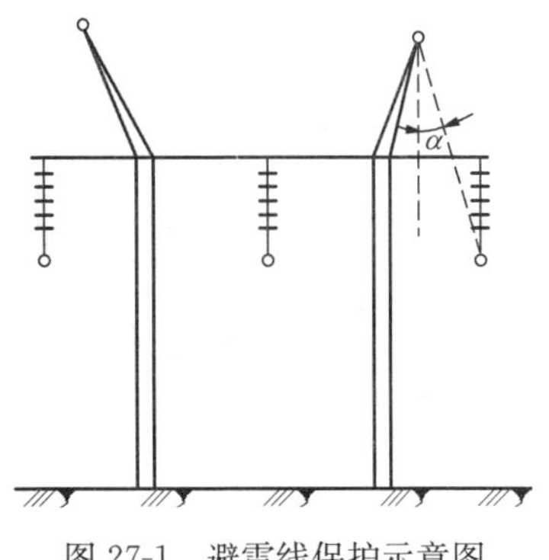

图 27-1　避雷线保护示意图

如果避雷线保护角太大，边导线就不会完全得到保护，有遭受雷击的可能。如果避雷线保护角过小，又要增加杆塔的高度，增大线路的建设投资。一般采用 20°～30°。山区 110kV 单地线输电线路宜采用 25°左右，330kV 输电线路及双地线的 220kV 输电线路宜采用 20°左右。500kV 输电线路宜采用 10°～15°。重冰区的线路，避雷线的保护角不宜过小。

80. 为什么装有避雷线的送电架空线路导线还会遭受雷击？它与哪些因素有关？

答：架空输电线路虽然装有避雷线，但避雷线的保护不是绝对的，有时雷云不是直接对避雷线放电，而是绕过避雷线直击于导线上，这称为绕击。绕击的次数与线路总雷击次数之比叫作绕击率。

绕击率与避雷线保护角、避雷线的悬挂高度、线路经过的地区的地形、地貌及地质条件有关。避雷线保护角越小，绕击率越小，避雷线保护角越大，绕击率越大。当避雷线保护角一定时，避雷线的悬点越高，绕击率越大；悬点越低，绕击率越小，山区线路由于受侧面山坡角度的影响、相邻杆塔高度的影响，以及土壤电阻率突变等因素，降低了避雷线的屏蔽作用，所以绕击率较高。根据实测结果，山区线路的绕击率为平川线路的三倍。

81. 线路遭受雷击后，导线上为什么会有电弧烧伤的现象？

答：当雷电直击导线时，雷电流很大，雷电压很高，如个别绝缘子串的绝缘不良，就可能发生导线至杆塔等接地部分闪络放电，导线、绝缘子至杆塔之间可能形成电弧，严重时会烧伤导线，导线上出现熔化铝线的痕迹，甚至熔断线股。如有风力作用，电弧可能沿导线移动15～20m。因此，当雷击线路跳闸后，应沿线路检查雷击的地方，如发现导线烧伤的地方，应进一步检查损坏程度，并及时处理，防止断线事故发生。

82. 输电线路要防止雷电危害，应采取哪些措施？

答：防雷措施要根据电压等级、地形地貌、系统运行方式、土壤电阻率、负荷重要性、雷电活动的强弱等条件进行选择，其措施为：

（1）装设避雷线，降低接地电阻。

（2）增加耦合地线。

（3）加强线路绝缘，增加绝缘子片数。

（4）采用系统中性点经消弧线圈接地。

（5）变电站进线档装设避雷线，减少进线段雷电发生绕击的机会。

（6）加强交叉档保护或尽量采用非直接接地方式。

（7）加强大档距特殊塔的保护。

（8）装设自动重合闸或环网供电。

83. 架空输电线路大档距和特殊杆塔应采取什么防雷措施？

答：跨越河川，峡谷的高杆塔（高度在40m以上）以及换位杆塔，其耐雷水平不应低于同一线路的其他杆塔。

用避雷线保护的大跨越杆塔，其保护角不应超过20°，其塔脚接地电阻应不大于15Ω，即使土壤电阻率大于2000Ωm时，也不宜超过20Ω，且杆塔每增高10m时，绝缘子串应增加1片。对杆塔全高超过100m的杆塔的绝缘子串的数量，应结合运行经验，通过雷电过电压的计算确定。

对现有无避雷线保护的大跨越杆塔，必须用管型避雷器进行保护，并比正常档距的绝缘子串增加1片绝缘子。新建的未沿全线架设避雷线的35kV及其以上电压的输电线路中的大跨越段，宜架设避雷线。

84. 大跨越高杆塔防雷保护有哪些特殊要求？

答：大跨越高杆塔，其塔顶距地面较高，易受雷击。另外由于杆塔高，塔身电感增大，雷击塔顶时，电压升高容易反击，万一发生雷击损坏设备，检修十分困难，造成损失巨大。因此，对大跨越杆塔必须适当提高其耐雷水平，具体要求是：

（1）超过40m有避雷线的杆塔，每增高10m应增加一片绝缘子，以提高绝缘水平。全高超过100m的杆塔，绝缘子数量应结合运行经验，通过雷电过电压的计算确定。

（2）避雷线对边导线的保护角不大于20°。

（3）杆塔的接地电阻要比正常杆塔的接电电阻值降低50%，当土壤电阻率大于2000Ω·m时也不宜超过20Ω，以减少雷击杆顶时产生的过电压反击导线。

（4）大跨越档导线与避雷线间的距离应能满足防止雷击避雷线向导线反击的要求，并应按规程要求进行验算。

85. 线路防雷工作有哪些要求？

答：线路运行维护人员应掌握所维护的线路的雷害规律，如雷电活动季节、雷击区等，应建立雷击跳闸记录、绝缘子闪络记录、线路接地及电阻测量记录等。只有充分了解线路的雷害活动规律，才能正确防止雷害事故的发生。日常的维护工作内容主要有：

（1）检查避雷线、避雷针、接地装置的锈蚀及机械损伤现象，在线路运行5年后，应选点挖土检查接地体和地线是否完好。

（2）雷击跳闸后应立即找出绝缘子闪络地点，并立即更换，以防下次雷击引起重复跳闸。

（3）定期测量接地电阻，发电厂、变电站附近线段及特殊地段每年要测量一次，不满足要求的要及时处理。

（4）巡线时要重点检查管型避雷器是否有动作放电情况，要注意其表面、排气孔和外部间隙是否有放电动作等现象。

86. 什么是污闪？

答：在绝缘子表面粘附的污秽物质均有一定的导电性和吸湿性，因此遇到不利的气象条件时，如雾、雨凇潮湿气候时，由于绝缘水平下降增加泄漏电流，在工频运行电压作用下发生放电闪络，这种闪络称为污闪。

87. 污秽闪络有哪些特点？

答：绝缘子的污秽闪络事故往往都是发生在潮湿的天气里，下大雾、毛毛雨、雨加雪等。因为在这种气候条件下，整个绝缘子的表面都是潮湿的，绝缘子的绝缘水平大为降低。在倾盆大雨的时候，绝缘子发生闪络的情况却不多，因为此时雨水能把绝缘子表面的污秽、尘土冲洗掉，绝缘子的底部仍是干燥的，所以不容易发生闪络。由此可见，污秽闪络与气候条件的关系是极其密切的。在经常出现大雾和雨雪交加的季节里，这类事故就比较多，而在其他季节就很少发生。从发生事故的时间看，一般出现在后半夜和清晨，因为这个时间的气温较低而湿度最大。因此，有人把污秽闪络事故叫“日出事故”。

88. 什么称为污闪事故？

答：架空线路的绝缘子，当表面粘附污秽物质后，在潮湿的天气里，吸收水分而且有导电性，致使绝缘水平大为降低，绝缘子表面的泄漏电流增加，以致在工作电压下也可能发生绝缘子闪络。这种由于污秽引起的闪络事故，统称为污闪事故。

89. 污秽事故有何特点？

答：污秽事故的特点是受影响的面积广，产生污秽事故和因素一般能维持一段较长的时间。污闪事故一旦发生，往往不能依靠重合闸迅速恢复送电，而必须经过检修才能送电。此外，污秽事故的发生，还会造成整个电网故障。所以污秽事故是电力系统的一种急性事故，必须认真对待。

90. 发生污闪事故的主要原因有哪些？

答：（1）在大雾、毛毛雨或雨雪交加的气候情况下，积附在绝缘子表面上的污秽性物质中的可溶性盐类被水分溶解，形成导电的水膜，使绝缘子表面的绝缘电阻下降，泄漏电流增大，以致在工作电压下发生绝缘子闪络。

（2）由于设计时绝缘子的单位爬电距离偏小，而引起的污秽闪络事故。单位爬电距离也叫泄漏比距，是指平均每千伏线电压绝缘子应具备的最小泄漏距离S，即

$$S = n\lambda / U_N \tag{27-2}$$

式中：S为泄漏比距，cm/kV；n为每串绝缘子的片数；λ为每片绝缘子的泄漏距离，cm；U_N为线路的额定线电压，kV。

91. 防止污秽闪络事故有哪些方法?

答:(1) 准确划分线路污秽区等级,目的是便于核实绝缘子泄漏比距是否满足防污秽的要求,以便有计划地采取针对性措施。划分污秽区等级,要通过测量绝缘子等值附盐密度来确定,在测量时,要定点定时,根据多次的测量值来确定污秽等级。线路污秽分级规定,如表 27-4 所示。

表 27-4 线路污秽分级

污秽等级	污湿特征	线路绝缘子盐密 (mg/cm^2)
0	大气清洁地区及离海岸盐场 50km 以上无明显污染地区	≤0.03
Ⅰ	大气轻度污染地区,工业和人口低密集区,离海岸盐场 10~50km 地区。在污闪季节中干燥少雾(含毛毛雨)或雨量较多时	0.03~0.06
Ⅱ	大气中等污染地区,轻盐和炉烟污秽地区,离海岸盐场 3~10km 地区,在污闪季节中潮湿多雾(含毛毛雨)或雨量较少时	0.06~0.10
Ⅲ	大气污染较严重地区,重雾和重盐地区,离海岸盐场 1~3km 地区,工业人口与人口密度较大地区,离化学污源和炉烟污秽 300~1500m 的较严重污秽地区	0.10~0.25
Ⅳ	大气特别严重污染地区,离海岸盐场 1km 以内,离化学污源和炉烟污秽 300m 以内的地区	0.25~0.35

(2) 根据线路划分的污秽区等级,适当选择绝缘子的泄漏比距。如泄漏比距不满足防污秽的要求,应适当增加绝缘子片数或更换为防污绝缘子等措施。

(3) 根据污秽区等级、气候特点、绝缘子积污情况及污闪规律,确定绝缘子的清扫周期,提高清扫的有效性及可靠性。

(4) 定期测试和及时更换不良绝缘子。线路上如果存在不良绝缘子,线路的绝缘水平就要降低,再加上线路周围环境污秽的影响,更容易发生污秽事故。因此,必须对绝缘子进行定期测试,发现不合格的绝缘子就应及时更换,使线路保持正常的绝缘水平。一般每两年要进行一次绝缘子测试工作。

(5) 提高绝缘水平以增加泄漏距离。具体方法是:增加悬式绝缘子的片数;把泄漏距离小的绝缘子更换成泄漏距离大的绝缘子。

(6) 采用防污绝缘子。采用特制的绝缘子(如硅橡胶绝缘子或 XW—4.5 绝缘子等),或将一般的悬式绝缘子表面涂上一层涂料或半导体釉,以达到抗污要求。

92. 为什么架空电力线路会覆冰?

答:当气温在 0℃以下时,从高空落下的雨滴或湿雪附在导线避雷线绝缘子上,凝结成冰,且越结越厚,称为线路覆冰。覆冰最厚可达 10mm 以上。

线路覆冰一般发生在初冬和初春时节,黏雪或雨雪交加的天气。导线结冰的形状与风向有关:当风向与线路方向平行时,覆冰断面呈椭圆形;当风向与线路方向垂直时,覆冰断面呈扇形;当无风时,覆冰呈均匀的一层。覆冰还与线路所经过的地段有关,在冷热空气交汇处的线路覆冰最严重。

覆冰在导线、避雷线或绝缘子串上停留的时间,与气温高低和风力大小及温度有关,少则几小时,多则几天。

93. 覆冰的形成条件是什么?

答: 具有足以可能冻结之气温(一般为−20～−2℃),同时又须具备相当的湿度,即空气相对湿度要大(一般为90%以上);覆冰风速一般为2～7m/s。

94. 线路覆冰时对线路有哪些危害?

答:(1)闪络。①导线先脱冰,弧垂减小,地线仍有覆冰,弧垂过大,导地线间隙不足造成闪络;②不同期脱冰时导线跳跃引起闪络;③直线杆塔相邻两导线不均匀覆冰,引起绝缘子串偏斜过大或导线脱冰跳跃使垂直档距较小的直线杆悬垂串上拔,甚至反转上横担,造成闪络;④在连续上下坡地段,导线脱水跳跃时引起承力杆塔引流线跳动,使空气间隙减小,而造成引流线对横担闪络。

(2)断线、断股。①覆冰荷载过大超过导线破坏强度;②直线杆塔两侧不均匀脱冰产生不平衡张力差,使悬垂线夹滑动,引起断线断股;③单线短路发生电弧闪光引起。

(3)杆塔倒塌、变形及横担损坏。

(4)绝缘子及金具损坏。

(5)对跨越物的危害。

(6)对电力系统载波通信的影响。

95. 常见的线路覆冰事故有哪些?

答:(1)杆塔因覆冰而损坏。这种情况一般是由于直线杆塔某一侧导线断线所造成的,此时,由于带覆冰的导线在该杆塔的另一侧形成过重的张力,使杆塔受到过大的不平衡荷重而造成倒杆或倒塔事故。

(2)导线覆冰事故。如果导线在杆塔上垂直排列,当导线和避雷线上的覆冰有局部脱落时,因各导线荷重不均匀,会使导线发生跳跃现象,造成导线发生碰撞,从而导致线路相间短路事故。

(3)线路各档距覆冰不均匀引起事故。由于线路各档距内的覆冰不均匀等原因,会使弧垂发生很大的变化,覆冰严重的档距内的导线荷重很大,使导线严重下垂,以至有时使导线离地面距离减少到十分危险的程度,结果发生导线对地放电造成接地短路事故。

(4)绝缘子串覆冰事故。虽然绝缘子上的覆冰厚度所增加的质量不大,但却降低了绝缘子串的绝缘水平,会引起闪络接地事故,严重时甚至使绝缘子烧坏,其后果也相当严重。

96. 风对架空输电线路有何影响?

答: 当风力超过了杆塔的机械强度,杆塔会发生倾斜或歪倒。同时风力还会使导线产生摆动。又由于空气涡流作用,就可能使这种摆动成为不同期摆动(即各相导线不是同时往一个方向摆动)时,会造成短路事故。此外,大风能把线路附近的天线、铁皮、草席、铁丝、树枝等物刮到导线上,或导线被大风刮断造成线路停电。当风速为0.5～4m/s(相当于1～3级风)时,容易引起导线或避雷线振动而发生的断股甚至断线。当风速5～20m/s(相当于4～8级风)时,导线有时会发生跳跃现象,易引起碰线故障。大风时各导线摆动不一,就会发生碰线事故或可能对附近障碍物放电。

97. 什么叫作导线振动?导线振动有哪几种类型?

答: 架空输电线路的导线、避雷线由于风力等因素的作用而引起周期性振荡称为导线的振动。

导线振动分为下面几种类型:

(1)微风振动。在0.5～4m/s风速作用下而产生的导线振动。

(2) 次挡距振动。在4～18m/s风速下而产生分裂导线的子导线振动。

(3) 舞动。在覆冰厚度为2～5mm，气温通常为0～5℃，风速为8～16m/s时产生的导线舞动。

(4) 电晕振动。在电压和雨水作用下产生的导线振动。

98. 导线振动有什么危害?

答: 导线振动时有一个规律，导线上有些点做上下运动，时而向上、时而向下，这些点称为“波腹点”。而另外一些点，却不发生位移，维持在原来平衡点上，这些点称为“波节点”。导线上“波节点”在振动中被来回不断地弯折，使这些点的导线产生疲劳，容易发生断股、断线。而导线两端的悬挂点，不论在什么频率下振动，它总是不变地成为“波节点”。因此，夹线的出口处导线尤其容易被弯折产生断股、断线事故。

99. 导线振动与哪些因素有关?

答: 导线振动与以下几种因素有关：①风速、风向；②导线直径及材料；③线路的档距及张力；④悬点高度；⑤地形、地物。

(1) 导线发生振动，需要一定的能量，这种能量是由风的冲击能量转换来的。风的冲击能量与风速有关。一般来说，当风速为0.5～0.8m/s时，导线就会发生振动。当风速增大时，由于地面摩擦的影响，在接近地面的大气层里便出现气旋。随着风速的增加，气旋包围的大气层更高，并破坏了上层气流的均匀性，也即破坏了导线悬挂处气流的均匀性，使导线停止振动。

(2) 风向对导线的振动有很大的影响。当风与导线轴线之间的夹角为45°～90°时，可观察到稳定的导线振动；在30°～45°时，导线振动的稳定性较小；而小于20°时，一般不出现振动。

(3) 线路挡距越大，导线振动越强烈。实际观测表明，当线路挡距小于100m时，很少见到导线振动；当档距大于120m时，导线才有因振动而引起破坏的危险性。在具有高悬点的大档距（大于500m）上导线振动特别强烈，破坏性越大。

导线年平均运行应力，它是影响振动的关键因素，若此应力增加，就会增大导线振动幅值，同时提高了振动频率，所以在不同的防振措施下，应有相应的年平均运行应力的极限值。若超过此极限值，导线就会很快疲劳而导致破坏。

导线的直径越小，其振动越强烈。

(4) 导线悬挂越高，地面状况对较高气层气流均匀性的破坏程度越小。但在风速较大时仍能继续保持足以引起导线振动的均匀风速，扩大导线振动的风速范围，增加了振动的延续时间。

(5) 在平坦、开阔的地段，地面对风的均匀性很少破坏，所以导线容易振动。当线路沿斜坡通过及跨越不深的山谷、盆地时，地面对风的均匀性影响不大，导线仍会振动。当线路通过山区或其他地形极其复杂的地段，或者在线路下方，附近有深谷、堤坝、树木和建筑时，在不同程度上破坏了风的均匀性，导线就不容易产生振动。

100. 架空线路的防振措施有哪些?

答: 在导地线悬挂点附近安装防振锤，可以减少导地线振动的幅值，甚至能消除导地线的振动，起到保护导地线的作用。

101. 洪水对架空输电线路有哪些主要危害?

答: (1) 杆塔基础已被洪水淹没，水中的漂浮物（树木、柴草等）挂到杆塔或拉线上。

这就加大了洪水对杆塔的冲击力，若杆塔强度不够，则造成倒杆事故。

（2）杆塔基础土壤受到洪水的冲刷流失，因而破坏了基础的稳定性，造成杆塔倾倒。

（3）跨越江河的杆塔，由于其导线弧垂较大，对水面的距离较小，故随洪水而来的高大物件容易挂碰导线，致使导线混线、断线或杆塔倾倒。

（4）位于小土堆、边坡等处杆塔，由于雨水的浸泡和冲刷引起坍塌、溜坡，造成杆塔倾倒事故。

综上所述，由于洪水而造成的事故，往往是由于杆塔的倾倒引起的。为了防止洪水对架空线路的危害，在汛前应检查杆塔、拉线及其基础有无被洪水、河水冲刷的可能。

102. 鸟类活动对线路的危害有哪些？

答：（1）鸟类在横担上做窝时，嘴里叼着树枝、柴草铁丝等杂物在线路上空往返飞行，当树枝等杂物落到导线间搭在导线与横担之间，就会造成接地或短路故障。

（2）体形较大的鸟类在线间飞行或鸟类打架也会造成短路故障。

（3）杆塔上的鸟巢与导线的距离过近，在阴雨天气或其他原因，便会引起线路接地故障；在大风暴雨的天气里，鸟巢风吹散触及导线，也会造成跳闸停电故障。

（4）大鸟站在横担上排稀粪，鸟粪顺着绝缘子串下流的过程中，会造成接地故障。

103. 怎样防止鸟害事故？

答：（1）增加巡线次数，随时拆除鸟巢，特别对搭在绝缘子串导线（含引流线）上方及距离带电部分过近的鸟巢。

（2）安装惊鸟措施，使鸟类不敢接近架空线路。常用的具体办法有：①在杆塔上部挂镜子或玻璃片；②装风车或翻板；③在杆塔上部挂死鸟；④在杆塔上挂带有颜色或能发声响的物品；⑤在鸟类集中处还可以用猎枪或爆竹来惊鸟；⑥在横担上装铁丝刺，使鸟类不能落脚，这些办法虽然行之有效，但时间较长，鸟类习以为常也失去作用，所以最好是各种办法轮换使用。

（3）做好护线宣传，动员沿线群众协助做好防鸟害工作。

104. 防止导线腐蚀的主要措施有哪些？

答：（1）保证原材料质量。例如，提高铝的纯度（高纯度铝的电阻系数较小）或铝掺稀土，以提高耐腐蚀性能和降低电能损耗；钢芯铝线中的钢芯和避雷线的用钢必须保证质量，防止偏折，保持适当的含铜量（纯度 0.08%～0.13%），以提高钢线的使用寿命。

（2）改进结构。在腐蚀区，最好采用多层结构，节距比不能过大，在绞制过程中，张拉要均匀，以确保线股间紧密，达到外层保护内层的效果。

（3）改进镀层。为提高镀层的耐腐蚀效果，可在镀锌中加稀土或铝，成为锌铝镀层。也可采用镀铝，其耐腐性能比镀锌好，尤其用作钢芯时与铝无接触腐蚀。

（4）采用铝合金线。铝合金线不用钢芯，避免了接触腐蚀。

（5）采用防腐导线如铝包钢绞线、包钢芯铝绞线等。

105. 为什么线路故障跳闸后不允许多次对线路试送电？

答：为提高送电的可靠性，一般线路都装有自动重合闸装置。当线路发生瞬间故障跳闸后，经过很短时间（重合闸的整定时间）自动合上断路器，恢复线路供电。但是由于某些故障的特殊性，如重复雷击、故障点熄弧时间较长或由于断路器、自动重合闸装置本身的缺陷，都会使重合闸在线路发生瞬时故障时不能保证完全重合成功。所以规程规定：单电源线路故障跳闸后，对于未装自动重合闸或自动重合闸未起作用时，现场值班人员应不待调度命令即强送一次。若强送复跳或重合闸复跳，应根据断路器外观检查结果及断路器跳闸次数决定是否试送。当强送或试送（即强送不成功后又送）不成功时，线路人员应立即进行事故巡线，尽快查出故障点。在未查明故障点前，线路运行人员不能要求变电值班人员多次对故障线路试送电，以免损坏变电设备和线路元件，甚至威胁操作人员的安全。

106. 导线接头过热的原因是什么？

答：导线接头在运行过程中，常因氧化、腐蚀、连接螺栓未紧固等原因而产生接触不良，使接头处的电阻远远大于同长度导线的电阻，当电流通过时，由于电流的热效应使接头处导线的温度升高，从而造成接头过热。

第二十八章 chapter 28

直流输电

1. 什么是直流输电?

答: 直流输电是将发电厂发出的交流电经整流器变换成直流输送到受端，然后再经逆变器将直流电变换成交流电向受端系统供电。

2. 直流输电的优缺点有哪些?

答: 直流输电的优点:

(1) 直流输电架空线路只需正负两极导线，杆塔结构简单、线路造价低、损耗小。

(2) 直流电缆线路输送容量大、造价大、损耗小，不易老化、寿命长，且输送距离不受限制。

(3) 直流输电不存在交流输电的稳定问题，有利于远距离大容量送电。

(4) 采用直流输电实现电力系统之间的非同步联网，可以不增加被联电网的短路容量，不需要由于短路容量的增加而要更换断路器以及电缆要求采取限流的措施；被联电网可以是额定频率不同的（如 50Hz、60Hz）电网，也可以是额定频率相同但非同步运行的电网；被联电网可保持自己的电能质量（如频率、电压）而独立运行，不受联网的影响；被联电网之间交换的功率可快速方便地进行控制，有利于运行和管理。

(5) 直流输电输送的有功功率和换流器消耗的无功功率均可由控制系统进行控制，可利用这种快速可控性来改善交流系统的运行性能。

(6) 在直流电的作用下，只有电阻起作用，电感和电容均不起作用，直流输电采用大地为回路，直流电流则向电阻率很低的大地深层流去，可很好地利用大地这个良导体。

(7) 直流输电可方便地进行分期建设和增容扩建，有利于发挥投资效益。

(8) 直流输电输送的有功功率及两端换流站消耗的无功功率均可用手动或自动方式进行快速控制，有利于电网的经济运行和现代化管理。

直流输电的缺点:

(1) 直流输电换流站比交流变电站的设备多、结构复杂、造价高，损耗大、运行费用高，可靠性也较差。

(2) 换流器对交流侧来说，除了是一个负荷（在整流站）或电源（在逆变站）以外，它还是一个谐波电流源。

(3) 晶闸管换流器在进行换流时需消耗大量的无功功率（占直流输送功率的 40%～60%），每个换流站均需装设无功补偿设备。

(4) 直流输电利用大地（或海水）为回路而带来的一些技术问题。

(5) 直流断路器由于没有电流过零点可以利用，灭弧问题难以解决，给制造带来困难。

3. 直流输电主要应用在哪些方面?

答: (1) 远距离大容量输电。直流输电线路的造价和运行费用均比交流输电低，而换流站的造价和运行费用均比交流变电站的高。因此，对同样的输送容量，输送距离越远，直流输电比交流输电的经济性能越好。

（2）电力系统联网。

1）直流联网为非同步联网，这与采用交流的同步联网有本质的不同。

2）被联电网间交换的功率，可以利用直流输电的控制系统进行快速、方便地控制，而不受被联电网运行条件的影响，便于经营和管理。采用交流联网，则联络线上的功率受两端电网运行情况的影响而很难进行控制。

3）联网后不增加被联电网的短路容量，不需要考虑因短路容量的增加，断路器因遮断容量不够而需要更换，以及电缆需要采用限制措施等问题。

4）可以方便地利用直流输电的快速控制来改善交流电网的运行性能，减少故障时两电网的相互影响。

（3）直流电缆送电。直流电缆没有电容电流，输送容量不受距离的限制，而交流电缆由于电容电流很大，其输送距离将受到限制。

（4）现有交流输电线路的增容改造。在直流输电和交流输电电流密度相同的条件下，直流线路电流可比原交流线路电流增加 1.5 倍。改造后，直流的输送容量比原交流输送容量提高的倍数取决于直流极对地电压对交流相电压（有效值）提高的倍数。

（5）轻型直流输电。其换流器的功能强、体积小，可减少换流站的设备、简化换流站的结构。

4. 直流输电工程有哪些类型？

答：（1）远距离大容量直流架空线路工程。

（2）背靠背直流联网工程。

（3）跨海峡直流海底电缆工程。

（4）向城市送电的直流地下电缆工程。

（5）向孤立负荷点送电或从孤立电站向电网送电的直流输电工程。

（6）与交流输电并联的直流输电工程。

5. 在直流输电工程中，什么是整流、逆变和换流？什么是整流站和逆变站？

答：在直流输电工程中，在将送端的交流电变换为直流电，称为整流，而受端将直流电变换为交流电，称为逆变。整流和逆变统称为换流。送端进行整流变换的地方叫整流站，而受端进行逆变变换的地方叫逆变站。

6. 两端直流输电系统由哪几部分构成？其构成的原理如何？

答：两端直流输电系统主要由整流站、逆变站和直流输电线路三部分构成。其构成的原理图如图 28-1 所示。对于可进行功率反送的两端直流输电工程，其换流站既可作为整流站运行，又可作为逆变站运行：功率正送时的整流站在功率反送时为逆变站，而正送时的逆变站在反送时为整流站。整流站和逆变站的主接线和一次设备基本相同（有时交流侧滤波器配置和无功补偿有所不同），其主要差别在于控制和保护系统的功能不同。在图 28-1 中，如果从交流系统Ⅰ向交流系统Ⅱ送电，则换流站 A 为整流站，换流站 B 为逆变站；当功率反送时，则换流站 B 为整流站，换流站 A 为逆变站。

送端和受端交流系统与直流输电系统有着密切的关系，它们为整流器和逆变器提供换相电压，创造实现换流的条件。同时送端电力系统作为直流输电的电源，提供传输的功率；而受端系统则相当于负荷，接受和消纳由直流输电送来的功率。因此，两端交流系统是实现直流工程输电必不可少的组成部分。两端交流系统的强弱、系统结构和运行性能等对直流输电工程的设计和运行均有较大的影响。另外，直流输电工程运行性能的好坏也直接影响两端交流系统的运行性能。因此，直流输电系统的设计条件和要求在很大程度上取决于两端交流系统的特点和要求。例如，换流站的主接线和主要设备的选择，其中特别是交流侧滤波和无功补偿配置方案；换流站的绝缘配合和主要设备的绝缘水平；直流输电控制保护系统的功能配置和动态响应特性等与两端交流系统有着密切的关系。通常在进行系统设计时，两端交流系统用等值系统来表示。

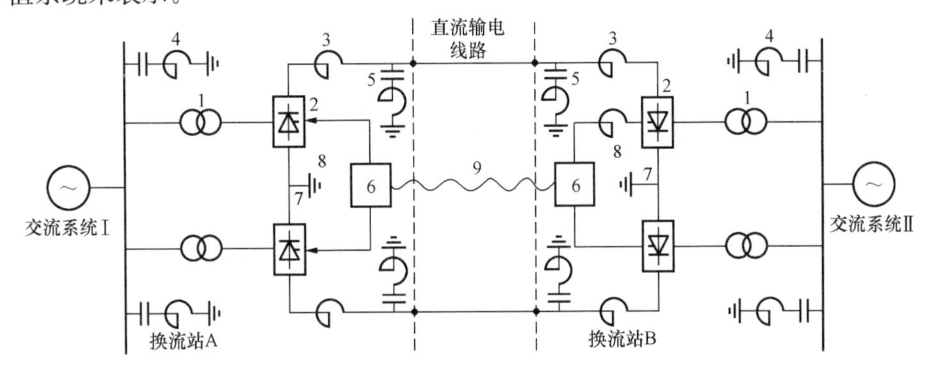

图 28-1　两端直流输电系统构成原理图

1— 换流变压器；2—换流器；3—平波电抗器；4—交流滤波器；5—直流滤波器；
6—控制保护系统；7—接电极引线；8—接地极；9—远动通信系统

直流输电的控制保护系统是实现直流输电正常启动与停运、正常运行、运行参数改变与自动调节、故障处理与保护等所必不可少的组成部分，是决定直流输电工程运行性能好坏的重要因素，它与交流输电二次系统的功能有所不同。此外，为了利用大地（或海水）为回路来提高直流输电运行的可靠性和灵敏性，直流输电工程还需要有接地极和接地极引线。因此，一个两端直流输电工程，除整流站、逆变站和直流输电线路以外，还有接地极、接地极引下线和一个满足运行要求的控制保护系统等。

7. 两端直流输电系统分为哪几类?

答: 两端直流输电系统分为三大类：单极系统（正极或负极）、双极系统（正负两极）和背靠背直流系统（无直流输电线路）。

8. 为什么单极直流架空线路通常采用负极性（即正极接地)?

答: 这是因为正极导线的电晕电磁干扰和可听噪声均比负极导线的大。同时，由于雷电大多为负极性，使得正极导线雷电闪络的概率也比负极导线的高。

9. 单极系统的接线方式有哪几种?

答: 如图 28-2 所示，单极系统的接线方式有两种：①单极大地（或海水）回线方式；②单极金属回线方式。

10. 单极大地回线方式与单极金属回线方式有哪些区别?

答: 单极大地回线方式是利用一根导线和大地（或海水）构成直流侧的单极回路。其应用场合主要是高压海底电缆直流工程，因为省去一根高压海底电缆所节省的投资还是相当可观的。但是由于地下（或海水中）长期有大的直流电流流过，这将引起接地极附近地下金属构件的电化学腐蚀以及中性点接地变压器直流偏磁的增加而造成的变压器磁饱和等问题，这些问题有时需要采取一定的技术措施。

单极金属回线方式是利用两根导线构成直流侧的单极回路。通常是在不允许利用大地（或海水）为回线或选择接地极较困难以及输电距离又较短的单极直流输电工程中采用。为

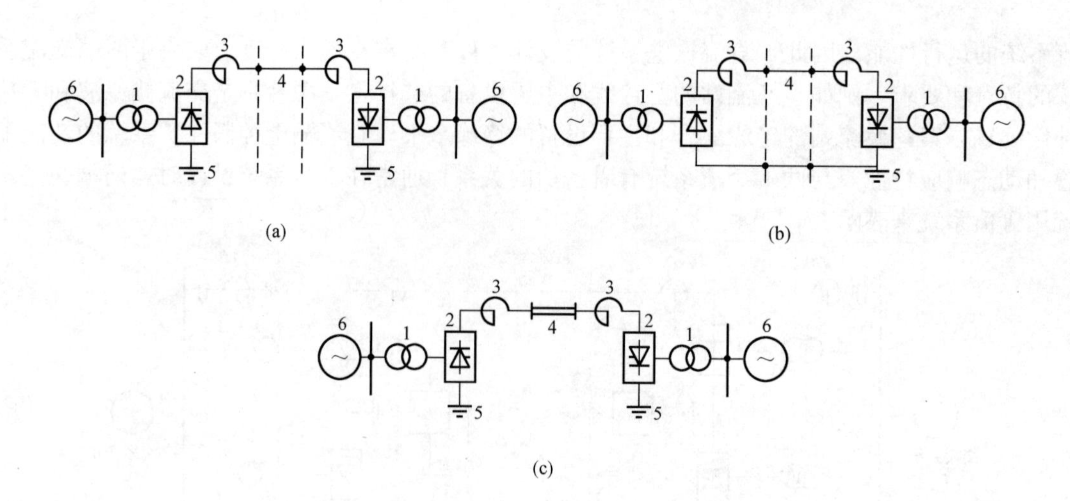

图 28-2 单极直流输电系统接线示意图

(a) 单极大地回线方式；(b) 单极金属回线方式；(c) 单极双导线并联大地接地方式

1—换流变压器；2—换流器；3—平波电抗器；4—直流输电线路；

5—接地极系统；6—两端交流系统

了固定直流侧的对地电压和提高运行的安全性，金属返回线的一端需要接地，其不接地端的最高运行电压为最大直流电流时在金属返回线上的压降。这种方式的线路投资和运行费用均较单极大地回线方式要高。在运行中，地中无电流流过，可以避免由此产生的电化学腐蚀和变压器磁饱和等问题。

11. 双极系统接线方式有哪几种？

答：如图 28-3 所示，双极系统接线方式有三种：①双极两端中性点接地方式；②双极一端中性点接地方式；③双极金属中线方式。

12. 什么是双极两端中性点接地方式？

答：双极两端中性点接地方式（简称双极方式）为大多数直流输电工程所采用的正负两极对地，两端换流站的中性点均接地的系统构成方式，如图 28-3（a）所示。它是利用正负两极导线和两端换流站的正负两极相连，构成直流侧的闭环回路。两端接地极所形成的大地回路，可作为输电系统的备用导线。正常运行时，直流电流的路径为正负两根极线。实际上它是由两个独立运行的单极大地回线系统构成。正负两极在地回路中的电流方向相反，地中电流为两极电流之差值。双极中的任一极均能构成一个独立运行的单极输电系统，双极的电压和电流可以不相等。

13. 双极两端中性点接地方式的直流工程，当输电线路或换流站的一个极发生故障需要退出工作时，可转为哪几种运行方式？

答：可转为三种方式运行：①单极大地回线方式；②单极金属回线方式；③单极双导线并联大地回线方式。

14. 什么是双极一端中性点接地方式？其有何优缺点？

答：双极一端中性点接地方式是只有一端换流站的中性点接地，如图 28-3（b）所示，其直流侧回路由正负两极导线组成，不能利用大地（或海水）作为备用导线。

优点：可以保证在运行中地中无电流流过，从而可以避免由此所产生的一些问题。

缺点：当一极线路发生故障需要退出工作时，必须停运整个双极系统，而没有单极运行

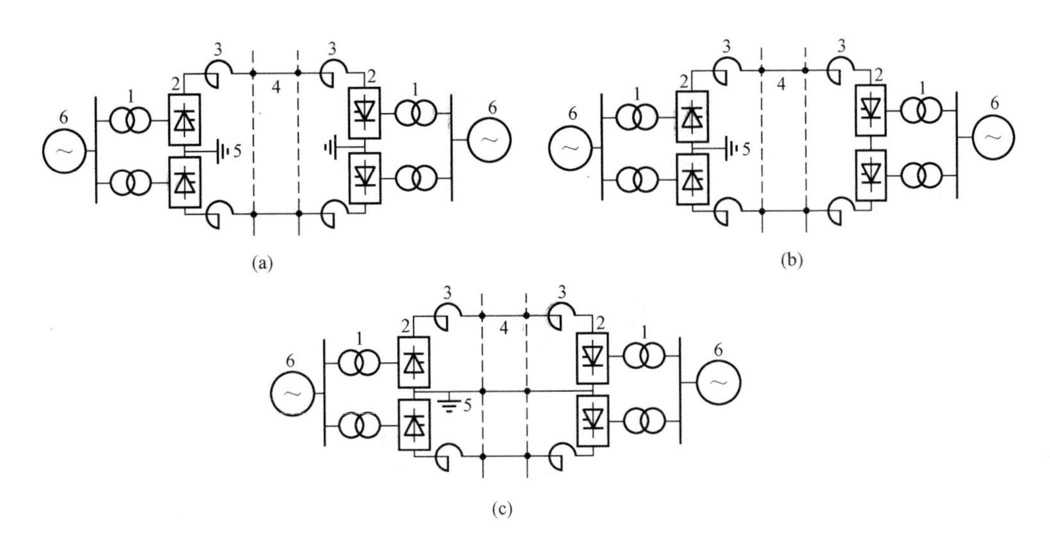

图 28-3　双极直流输电系统接线示意图

（a）双极两端中性点接地方式；（b）双极一端中性点接地方式；（c）双极金属中线方式

1—换流变压器；2—换流器；3—平波电抗器；4—直流输电线路；

5—接地极系统；6—两端交流系统

的可能性。当一极换流站发生故障时，也不能自动转为单极大地回线方式运行，而只有在双极停运以后，才有可能重新构成单极金属回线地方式。因此，这种接线方式的运行可靠性和灵活性均较差。

15. 什么是双极金属中线方式？其有何优缺点？

答：双极金属中线方式是利用三根导线构成直流侧回路，其中一根为低绝缘的中性线，另外两根为正负两极的极线，如图 28-3（c）所示。这种系统构成相当于两个可独立运行的单极金属回线系统，共用一根低绝缘的金属返回线。为了固定直流侧各种设备的对地电位，通常中性线的一端接地，另一端的最高运行电压为流经金属中线最大电流时的电压降。这种方式在运行中地中无电流流过，它既可以避免由于地电流而产生的一些问题，又具有比较可靠和灵活的运行方式。当一极线路发生故障时，则可自动转为单极金属回线方式运行；当换流站的一个极发生故障需要退出工作时，可首先自动转为单极金属回线方式，然后还可转为单极双导线并联金属回线方式运行。其运行的可靠性和灵活性与双极两端中性点接地方式类似。由于采用三根导线组成输电系统，其线路结构复杂，线路造价高。通常是当不允许地中流过直流或接地极极址很难选择时才采用。

16. 什么是背靠背直流系统？其有何特点？

答：背靠背直流系统是输电线路长度为零（即无直流输电线路）的两端直流输电系统，它主要用于两个非同步运行（不同频率或频率相同但非同步）的交流电力系统之间的联网或送电，也称为非同步联络站。

背靠背直流系统的整流站和逆变站的设备通常均装设在一个站内，也称背靠背换流站（原理接线图如图 28-4 所示）。在背靠背换流站内，整流器和逆变器的直流侧通过平波电抗器相连，构成直流侧的闭环回路；而其交流侧则分别与各自的被联网相连，从而形成两个电网的非同步联网。两个被联网之间交换功率的大小和方向均由控制系统进行快速方便的控制。为降低换流站产生的谐波，通常选择 12 脉冲换流器作为基本换流器组成的并联方式和

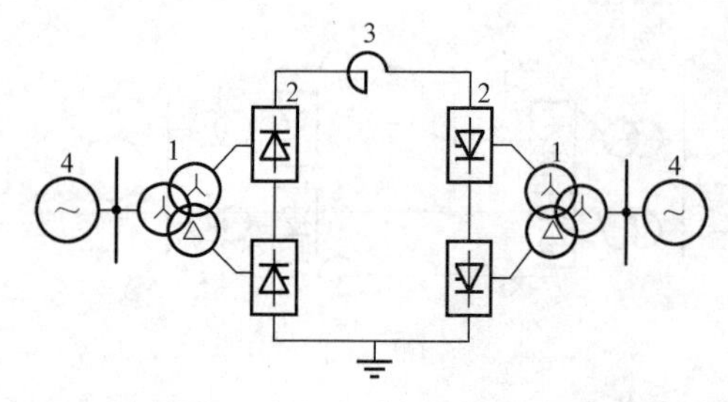

图 28-4　背靠背换流站原理接线图
1—换流变压器；2—换流器；3—平波电抗器；4—两端交流系统

串联方式两种。

背靠背直流输电系统的主要特点是，直流侧可选择低电压大电流（因无直流输电线路，直流侧损耗小），可充分利用大截面晶闸管的通流能力，同时直流侧设备（如换流变压器、换流阀、平波电抗器等）也因直流电压低而使其造价也相应降低。由于整流器和逆变器均装设在一个阀厅内，直流侧谐波不会造成对通信线路的干扰，因此可降低对直流侧滤波的要求，省去直流滤波器，减少平波电抗器的电感值。

17. 采用背靠背直流输电工程对实现非同步联网具有哪些优点？

答：（1）背靠背直流输电工程因直流侧的电压低，整流器和逆变器装设在一个阀厅内，换流站的设备相应减少，换流站的结构简单，比常规换流站的造价低 15%～20%。

（2）由于整流器和逆变器装设在一个换流站内，直流回路的电阻和电抗均很小，同时又不需要远动通信传递信号，没有通信延时，因此其控制系统比常规直流输电工程的控制系统响应速度更快。

（3）利用直流输送功率的可能性（包括输送功率的方向和大小），可以方便地实现被联电网之间电力和电量的经济调度。

（4）可方便地利用直流输送功率的快速控制来进行电网的频率控制或阻尼电网的低频振荡，从而提高了电网运行的稳定性和可靠性。

（5）由于背靠背直流输电工程无直流输电线路，换流站的损耗很小，因此在运行中可方便地降低直流电压和增加直流电流来进行无功功率控制或交流电压控制，以提高电网的电压稳定性。

（6）采用背靠背直流输电工程联网可不增加被联电网的短路容量，从而避免了由此所产生的需要更换开关等问题。

（7）由于背靠背直流输电工程的直流侧电压低，有利于换流站设备的模块化设计。

18. 什么是多端直流输电系统？

答：多端直流输电系统是由三个或三个以上换流站以及连接换流站之间的高压直流输电线路所组成，它与交流系统有三个或三个以上连接端口。

19. 直流输电系统设备分成哪几类？

答：（1）交流及其辅助设备。指换流站所有的交流主要设备，包括交流滤波器及并联补偿装置、交流控制和保护装置、换流变压器交流侧、同步补偿设备、辅助设备与辅助电源系统及其他交流开关场设备。

（2）换流阀。指阀本体和阀冷却系统，前者包括形成换流桥的整个阵列，即包括与阀和运行阵列元件相关的全部辅助设备和组件。

（3）直流控制和保护。指除第一类中常规交流控制和保护装置以外的所有控制和保护设备，包括就地控制、监测和保护、系统控制和保护以及控制和保护的通信设备等。

（4）直流一次设备。包括直流滤波器、平波电抗器、直流开关设备、接地极、接地极引线以及直流开关场和阀厅设备。

（5）直流输电线路。包括直流滤波器、平波电抗器、直流开关设备、接地极、接地极引线以及直流开关场和阀厅设备。

（6）其他。主要指人为的误操作和不明原因引起的停运。

20. 换流站中包括哪些主要设备或设施？

答：包括换流阀、换流变压器、平波电抗器、交流开关设备、交流滤波器及交流无功补偿装置、直流开关设备、直流滤波器、控制与保护装置以及远程通信系统等。

21. 什么是换流变压器？

答：换流变压器是将电能从交流系统传输给一个或多个换流桥，或者相反传输的变压器。

22. 换流变压器的作用是什么？

答：（1）传送电力。

（2）把交流系统电压变换到换流器所需的换相电压。

（3）利用变压器绕组的不同接法，为串接的两个换流器提供两组幅值相等、相位相差30°（基波电角度）的三相对称的换相电压以实现12脉动换流。

（4）将直流部分与交流系统相互绝缘隔离，以免交流系统中性点接地和直流部分中性点接地造成直接短接，使得换相无法进行。

（5）换流变压器的漏抗可起到限制故障电流的作用。

（6）对沿着交流线路侵入到换流站的雷电冲击过电压波起缓冲抑制的作用。

23. 换流变压器与普通电力变压器有何不同？

答：由于换流变压器的运行与换流器的换相所造成的非线性密切相关，所以换流变压器在漏抗、绝缘、谐波、直流偏磁、有载调压和试验等方面与普通变压器存在不同。

（1）大容量换流变压器的短路阻抗百分数通常为12%～18%。

（2）换流变压器的绝缘结构远比普通交流变压器复杂。

（3）换流变压器在运行中有特征谐波电流和非特征谐波电流流过。

（4）为了补偿换流变压器交流网测电压的变化以及将触发角运行在适当的范围内以保证运行的安全性和经济性，要求有载调压分接开关的调压范围较大。特别是可能采用直流降压模式时，要求的调压范围往往高达20%～30%。

（5）运行中由于交直流线路的耦合、换流阀触发角的不平衡、接地极电位的升高以及换流变压器交流网侧在2次谐波等原因将导致换流变压器阀侧及交流网侧绕组的电流中产生直流分量，使换流变压器产生直流偏磁现象，导致变压器损耗、温升及噪声都有所增加。但是，直流偏磁电流相对较小，一般不会对换流变压器的安全造成影响。

（6）换流变压器除了要进行与普通交流变压器一样的型式试验与例行试验之外，还要进行直流方面的试验，如直流电压试验、直流电压局部放电试验、直流电压极性反转试验等。

24. 换流变压器有哪些结构型式？

答：换流变压器的结构可以是三相三绕组式、三相双绕组式、单相双绕组式和单相三绕组式四种。

25. 换流变压器一般采用什么接线方式？

答：换流变压器网侧绕组均为Y连接。阀侧绕组：三台星形绕组为Y连接；三台角形绕组为△连接，使两个6脉动换流桥阀侧电压彼此保持30°的相位差。

26. 产生直流偏磁电流的原因有哪些？

答：（1）触发角不平衡。

（2）换流器交流母线上的正序二次谐波电压。

（3）在稳态运行时由并行的交流线路感应到直流线路上的基频电流。

（4）单极大地回线方式运行时由于换流站中性点电位升高所产生的流经变压器中性点的直流电流。

27. 什么是换流器？其作用是什么？

答： 换流器就是在换流站中实现交、直流电能相互转换的设备，将交流电转换为直流电的整流器，而将直流电转换为交流电的叫逆变器，它们统称为换流器。整流器和逆变器的设备基本相同，只是控制模式与运行工况不同。当触发角小于 90°时，换流器运行于整流工况，叫整流器；当触发角大于 90°时，换流器运行于逆变工况，就叫逆变器。换流的作用是完成交流——直流或直流——交流的转换过程。

28. 什么是换流阀？其作用是什么？

答： 在直流输电系统中，为实现换流所需要的三相桥式换流器的桥臂，称为换流阀。

换流阀是进行换流的关键设备，在直流输电工程中，它除了具有进行整流和逆变的功能外，在整流站还具有开关的功能，可利用其快速可控性对直流输电的启动和停运进行快速操作。

29. 换流阀有哪几种过负荷能力？

答：（1）连续过负荷额定值，可以长期连续运行的过负荷能力。

（2）短时过负荷额定值，一般是指 0.5h 至数小时内可连续运行的过负荷能力。

（3）暂态过负荷额定值，一般是指数秒钟内的过负荷能力。

30. 阀的基本电气性能是什么？

答：（1）阀最主要的特性是仅能在一个方向导通电流，这个方向定为正向。

（2）不导通的阀应能耐受正向及反向阻断电压，阀电压最大值由避雷器保护水平确定。

（3）当阀上的电压为正时，如果得到一个控制脉冲，阀就会从闭锁状态转向导通状态，一直到流过阀的电流减小到零为止，阀始终处于导通状态，不能自动关断。

（4）阀要有一定的过电流能力。通过健全阀的最大过电流发生在阀两端间的直接短路，而过电流的幅值主要由系统短路容量和换流变压器短路阻抗所决定。

31. 什么是晶闸管（可控硅）？晶闸管换流阀触发系统必须满足的要求有哪些？

答： 晶闸管是一种大功率整流元件，它的整流电压可以控制，当供给整流电路的交流电压一定时，输出电压能够均匀调节，它是一个四层三端的硅半导体器件。

晶闸管换流阀的触发系统必须满足的要求有：

（1）控制系统发出的触发指令必须传递到不同高电位下的每个晶闸管级。

（2）在晶闸管所处的电位下，需有足够的能量来产生触发脉冲。

（3）所有晶闸管必须同时接收到触发脉冲。

32. 什么是平波电抗器？

答： 平波电抗器用于整流以后的直流回路中。整流电路的脉波数总是有限的，在输出的整直电压中总是有纹波的。这种纹波往往是有害的，需要由平波电抗器加以抑制。直流输电的换流站都装有平波电抗器，使输出的直流接近于理想直流。直流供电的晶闸管电气传动中，平波电抗器也是不可少的。平波电抗器与直流滤波器一起构成高压直流换流站直流侧的直流谐波滤波回路。平波电抗器一般串接在每个极换流器的直流输出端与直流线路之间，是高压直流换流站的重要设备之一。

33. 平波电抗器的作用是什么？

答：（1）有效地防止由直流线路或直流开关站所产生的陡波冲击波进入阀厅，从而使换流阀免遭受过电压应力而损坏。

（2）平滑直流电流中的纹波，能避免在低直流功率传输时电流的断续。

（3）平波电抗器通过限制由快速电压变化所引起的电流变化率来降低换相失败率。

（4）与直流滤波器组成滤波网，滤掉部分谐波。

34. 平波电抗器有哪两种型式？其分别有哪些优点？

答：平波电抗器具有干式和油浸式两种型式。

与油浸式平波电抗器比较，干式平波电抗器具有以下优点：

（1）对地绝缘简单。

（2）无油，并消除了火灾危险和环境影响。

（3）潮流反转时无临界介质场强。

（4）负荷电流与磁链呈线性关系。

（5）暂态过电压较低。

（6）可听噪声低。

（7）质量轻，易于运输、处理。

（8）运行、维护费用低。

油浸式平波电抗器具有与干式平波电抗器几乎相反的特点，其主要优点有：

（1）油浸式平波电抗器由于有铁芯，因此要增加单台电感量很容易。

（2）油浸式平波电抗器的油纸绝缘系统很成熟，运行也很可靠。

（3）油浸式平波电抗器安装在地面，因此重心低，抗震性能好。

（4）油浸式平波电抗器采用干式套管穿入阀厅，取代了水平穿墙套管，解决了水平穿墙套管的不均匀湿闪问题。

35. 平波电抗器按结构分为哪几类？

答：（1）空芯带磁屏蔽。其结构简单，电感基本为线性。

（2）有气隙铁芯。与消弧线圈和并联电抗器线圈类似，当通过小的直流电流时，电感为非线性的特性，能更好地避免直流小电流时发生断流。

36. 为什么换流站要装设交流滤波器？

答：对于交流系统而言，换流器总是一种无功负荷，在换流过程中总是消耗大量的无功功率，因此在换流器交流侧不得不考虑增加无功补偿设备；同时，换流器在换流过程中会产生谐波，所以，任何换流站都需要装设交流滤波装置。交流滤波器就承担着无功补偿与滤除谐波的作用。

37. 直流侧谐波有哪些危害？

答：（1）对直流系统本身有危害。

（2）对线路邻近通信系统有危害。

（3）通过换流器对交流系统的渗透。

38. 直流滤波器的作用是什么？背靠背换流站为什么不装设直流滤波器？

答：任何类型的换流器在换流的过程中都会产生谐波，为了防止换流器换流所产生的谐波电流对通信系统造成干扰，换流器直流侧一般都装有直流滤波器，其作用就是滤掉直流侧的谐波电流。

由于背靠背换流整流器和逆变器安装在同一个阀厅内，不会对外界造成干扰，所以背靠背换流站可以不装设直流滤波器。

39. 直流滤波器与交流滤波器有哪些区别？

答：（1）交流滤波器要向换流站提供工频无功功率，因此，通常将其无功容量设计成大于滤波特性所要求的无功设置容量，而直流滤波器则无需这方面的要求。

（2）对于交流滤波器，作用在高压电容器上的电压可以认为是均匀分布在多个串联连接的电容器上；对于直流滤波器，高压电容器起隔离直流电压并承受直流高电压的作用。

（3）与交流滤波器并联连接的交流系统在某一频率时的阻抗范围比较大。

40. 与交流断路器相比直流断路器有什么不同？

答：（1）直流电流无自然过零点，灭弧困难。

（2）必须处理直流回路中的储能（主要是平波电抗器的储能）。

（3）必须抑制直流断路器上产生的过电压。

41. 直流电流开断的关键因素是什么？

答：直流电流的开断不像交流电流那样可以利用交流电流的过零点，因此开断直流电流必须强迫过零。但是，当直流电流强迫过零时，由于直流系统储存着巨大的能量要释放出来，而释放出来的能量又会在回路上产生过电压，引起断路器断口间的电弧重燃，以致造成开断失败。所以，吸收这些能量就成为断路器开断的关键因素。

42. 直流断路器的开断可以分成几个阶段？

答：（1）强迫电流过零阶段。换流回路至少应产生一个电流过零点。

（2）介质恢复阶段。要求断路器有较快的灭弧介质恢复速度，并且要高于灭弧触头间恢复电压的上升速度。即触头间的耐压要快于恢复电压，达到金属氧化物避雷器 MOV 的持续最大运行电压。

（3）能量吸收阶段。要求耗能装置 MOV 的放电负荷能力应大于直流系统中残存的能量，并且要考虑至少有二次灭弧耗能的要求。

43. 简述高压直流断路器的功能和原理。

答：因高压直流一次电流没有自然过零点，如直接采用交流断路器一样的结构原理就会导致开断时电弧不能熄灭，故需要人为制造过零点即通过装谐振装置在开断过程中产生谐振过零点。如图 28-5 所示，一次侧触点①处装有交流断路器，用于导通线路电流。如发生故障，断路器的触点断开，电弧电压激励换相电路②，产生振荡，直至谐振电路的电流达到线路电流幅值，然后电弧熄灭。此时流过谐振电路的电流导致电容器 C 上的电压线性上升，通过选择电容对 $\mathrm{d}u/\mathrm{d}t$ 进行限制，以避免在断路器部分①重新燃起电弧，几百微秒（取决于线路电流的幅值）以后，与①并联的能量吸收器③导通，能量吸收器③是由具有充足能量消耗能力的金属氧化物元件组成（相当于避雷器），能盘吸收器的 3 个元件之间的 Y 形连接将触点间电压及两个连接点的对地电压均限制在 $1.6U_{Dn}$ 范围之内，保证绝缘配合。

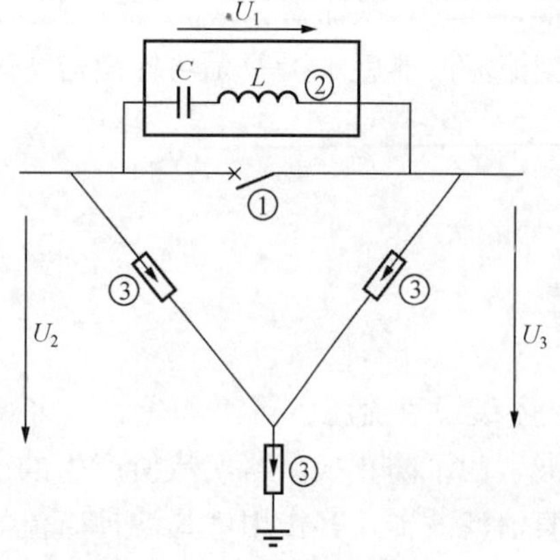

图 28-5　直流断路器原理图

44. 高压直流输电系统对直流避雷器有哪些性能要求?

答:（1）它的火花间隙应具有稳定的击穿电压值。如前所述，在换流站的各个部位可能出现的过电压波形及其延续时间的变化范围很大。直流避雷器对于各种波形的过电压都应可靠地发挥限压作用。

（2）直流避雷器要具有足够大的泄放电荷的能力（即通流能力或泄能容量）。避雷器动作后，应能容许直流系统中储存的巨大能量通过避雷器得到耗散。

（3）要具有很强的自灭弧能力。在直流电压或含有很大直流分量的电压下，应能可靠地切断续流。

（4）避雷器动作时，对系统的扰动不应太大，在切断直流续流时也不应在电感元件上引起过高的截流过电压。

45. 简述直流避雷器工作原理。

答: 直流避雷器的运行条件和工作原理与交流避雷器有很大的差别，这主要是交流避雷器有电流经过自然零值的时机可利用来切断续流，而直流避雷器没有电流自然过零的时机可资利用，只能依靠磁吹使火花间隙中的电弧拉长、冷却，以提高其电弧电阻与电弧电压，采取强制形成电流零值的灭弧方式。由于直流系统中电流不过零，电压中含有高次谐波，再加上直流附输电线路很长或接有较长的电缆段，所以直流避雷器的负担是很重的。

46. 直流避雷器的运行条件和工作原理与交流避雷器的差别主要在哪里?

答:（1）交流避雷器可利用电流自然过零的时机来切断续流，而直流避雷器没有电流过零点可以利用，因此灭弧较为困难。

（2）直流输电系统中电容元件（如长电缆段、滤波电容器、冲击波吸收电容器等）远比交流系统多，而且在正常运行时均处于全充电状态，一旦有某一只避雷器动作，他们将通过这一只避雷器进行放电，所以换流站避雷器的通流容量要比常规交流避雷器大得多。

（3）正常运行时直流避雷器的发热较严重。

（4）某些直流避雷器的两端均不接地。

（5）直流避雷器外绝缘要求高。

47. 接地极的极址一般应具备哪些条件?

答:（1）距离换流站要有一定距离，但不宜过远，通常在10～50km之间。如果距离过近，则换流站接地网易拾起较多的地电流，影响电网设备的安全运行和腐蚀接地网；如果距离过远，则会增大线路投资且造成换流站中性点电位过高。此外，极址对重要的交流变电站也要有足够的距离，一般应大于10km。

（2）有宽阔而又导电性能良好（土壤电阻率低）的大地散流区，特别是在极址附近范围内，土壤电阻率应在100Ω·m以下。

（3）土壤应有足够的水分，即使在大电流长时间运行的情况下，土壤也应保持潮湿。

（4）附近无复杂和重要的地下金属设施，无或尽可能少的具有接地电气（如电力、通信）设备系统，以免造成地下金属设施被腐蚀或增加防腐蚀措施的困难，避免或减小对接地电气设备系统带来的不良影响和投资。

（5）接地极埋设处的地面应该平坦，这不但能给施工和运行带来方便而且对接地极运行性能也带来好处。

（6）接地极引线走线方便，造价低廉。

48. 如何选择直流接地极极址?

答:(1)接地极极址与换流站、220kV及以上电压等级的交流变电站、地下金属管道、通信电缆、铁路等设施应有足够的距离。

(2)接地极应选择远离城市和乡镇,交通便利,没有洪水冲刷和淹没,线路走线方便的空旷的地带。然后对极址10～50km范围内的地形地貌、地质结构、水文气象等自然条件以及电力设施和地下管道和铁路等进行调查并进行评估。

由于海水电阻率比陆地土壤电阻率低很多,因此有条件的地方一般优选海洋或海岸接地极。

49. 什么是陆地电极?

答:陆地电极主要是以土壤中电解液作为导电媒质,其敷设方式分为两种:

(1)浅埋型,也称沟型,一般为水平埋设。

(2)另一种是垂直型,又称井型电极,它是由若干根垂直于地面布置的子电极组成。

50. 什么是海洋电极?

答:海洋电极主要是以海水作为导电媒质。海水的电阻率为0.2Ω·m,而陆地则为10～1000Ω·m,甚至更高。海洋电极在布置方式上又分为海岸电极和海水电极两种。

51. 为什么要求接地极电流分布均匀?

答:接地极电流分布均匀程度,对于保证接地极安全运行和降低接地极造价有着十分重要的意义。如果电流分布严重不均匀,则可能导致电流密度大的地方温度过高、腐蚀严重和地面跨步电压升高等问题。

52. 接地极导流系统、接地极辅助设施由哪些部分组成?

答:接地极导流系统由导流线、馈电电缆、电缆跳线、构架和辅助设施等组成。

接地极辅助设施包括检测井、渗水井、注水系统、在线检测系统等。

53. 直流接地极阴极和阳极如何定义?

答:阴极是电流由大地流向接地极时的极性;阳极是电流由接地极流向大地时接地极的极性。

54. 直流输电系统有哪些类型的故障?

答:(1)换流器故障。如换流器阀短路、逆变器换相失败、换流器出口侧短路、换流器交流侧相间短路、换流器交流侧相对地短路、换流器直流侧对地短路、控制系统故障、换流器辅助设备故障等。

(2)直流开关场与接地极故障。如直流极母线故障、中性母线故障、直流滤波器故障、直流接线方式转换开关故障、直流接地极及引线故障。

(3)换流站交流侧故障。如换流变压器及辅助设备故障、换流站交流侧三相短路故障、交流站交流侧单相短路故障、交流滤波器故障、站用电系统故障等。

(4)直流线路故障。如直流线路遭受雷击、线路对地闪络、高阻接地、直流线路与交流线路碰线、直流线路断线等。

55. 直流线路遭受雷击的机理是什么?

答:直流输电线路遭受雷击的机理与交流输电线路有所不同。直流输电线路两个极限的电压极性相反,根据异性相吸、同性相斥的原则,带电云容易向不同极性的直流极限放电。因此对双极直流输电线路来说,两个极在同一地点同时遭受雷击的概率几乎等于零。一般直流线路遭受雷击时间很短,雷击使直流电压瞬时升高后下降,放电电流使直流电流瞬时上升。

56. 直流线路断线有哪些危害?

答: 当发生直流线路倒塔等严重故障时，可能会伴随着直流线路的断线。直流线路断线将造成直流系统开路，直流电流下降到零，整流器电压上升到最大限值。

57. 对直流保护必须满足哪些要求?

答:（1）可靠性。

（2）灵敏性。

（3）选择性。

（4）快速性。

（5）可控性。

（6）安全性。

（7）可修性。

58. 直流输电系统保护如何实现选择性?

答: 直流输电系统保护分区配置，每个区域或设备至少有一个选择性强的主保护，便于故障识别；可以根据需要退出和投入部分保护功能，而不影响系统安全运行；单极部分的故障引起保护动作，不应造成双极停运；仅在站内直接接地双极运行方式时，某一极故障才必须停运双极，以避免较大的电流流过站接地网；任何区域或设备发生故障，直流保护系统中仅最先动作的保护功能作用；本极的关于极或双极部分的保护无权停运另外的极；保护尽量不依赖于两端换流站之间的通信，必须采取措施以避免一端换流器故障时引起另一端换流器的保护动作。

59. 什么是直流系统再启动?

答: 为了减少直流系统停运次数，在直流线路发生闪络故障时，直流线路保护动作，启动再起动程序，将整流器控制角迅速增大到 120°～150°，变为逆变运行，使直流系统储存的能量很快向交流系统释放，直流电流迅速下降到零。等待一段时间，待短路弧道去游离后，再将整流器的触发角按一定速率逐渐减小，使直流系统恢复运行。

60. 直流系统保护如何分区?

答: 直流系统保护采取分区配置，通常将直流侧保护、交流侧保护和直流线路保护三大类分为 6 个保护分区：

（1）换流器保护区。包括换流器及其连线和控制保护等辅助设备。

（2）直流开关场保护区。包括平波电抗器和直流滤波器，及其相关的设备和连线。

（3）中性母线保护区。包括单极中性母线和双极中性母线。

（4）接地极引线和接地极保护区。

（5）换流站交流开关场保护区。包括换流变压器及其阀侧连线、交流滤波器和并联电容器及其连线、换流母线。

（6）直流线路保护区。

61. 换流器保护区有哪些保护?

答:（1）电流差动保护组。包括阀短路保护、换相失败保护、换流器差动保护等。

（2）过电流保护组。包括直流过电流保护、交流过电流保护等。

（3）触发保护组。

（4）电压保护组。包括电压应力保护、直流过电压保护。

（5）本体保护组。包括晶闸管监测、大触发角监视。

62. 直流线路保护区有哪些保护？

答：（1）直流线路故障保护组。包括直流线路行波保护、微分欠压保护、直流线路纵差保护、再启动逻辑等。

（2）直流系统保护组。包括直流欠电压保护、线路开路试验监测、功率反向保护、直流谐波保护等。

63. 直流开关场和中性母线保护区有哪些保护？

答：（1）直流开关场电流差动保护组。包括直流极母线差动保护、直流中性母线差动保护、直流极差保护。

（2）直流滤波器保护组。包括直流滤波电抗器过负荷保护、直流滤波电容器不平衡保护、直流滤波器差动保护。

（3）平波电抗器保护组。

64. 接地极引线和接地极保护区有哪些保护？

答：（1）双极中性线保护组。包括双极中性母线差动保护、站内接地过电流保护。

（2）转换开关保护组。包括中性母线断路器保护、中性母线接地开关保护、大地回线转换开关保护、金属回线转换断路器保护等。

（3）金属回线保护组。包括金属回线横差保护、金属回线纵差动保护、金属回线接地故障保护等。

（4）双极中性线保护组。包括接地极引线断线保护、接地极引线过负荷保护、接地极引线阻抗监测、接地极引线不平衡监测等。

65. 交流开关场保护区有哪些保护？

答：（1）换流变压器差动保护组。包括换流器交流母线和换流变压器差动保护、换流变压器绕组差动保护。

（2）换流变压器过应力保护组。包括换流变压器过电流保护、换流器交流母线和换流变压器过电流保护、换流变压器热过负荷保护、换流变压器过励磁保护等。

（3）换流变压器不平衡保护组。包括换流变压器中性点偏移保护、换流变压器零序电流保护、换流变压器饱和保护等。

（4）换流变压器本体保护。

（5）交流开关场和交流滤波器保护。包括换流器交流母线差动保护、换流器交流母线过电压保护、交流滤波器保护、最后断路器保护、换流站中辅助设备等。

66. 什么是额定直流功率？

答：额定直流功率是指在所规定的系统条件和环境条件的范围内，在不投入备用设备的情况下，直流输电工程连续输送的有功功率。

直流输电工程是以一个“极”为独立运行单位，每个极的额定直流功率为极的额定直流电压和额定直流电流的乘积。

67. 什么是额定直流电流？

答：额定直流电流是直流输电系统直流电流的平均值，它应能在规定的所有系统条件和环境条件下长期的连续运行，没有时间限制。

68. 什么是额定直流电压？

答：额定直流电压是在额定直流电流下输送额定直流功率所要求的直流电压的平均值。

换流站额定直流电压的测量点规定在换流站直流高母线上的平波电抗器线路侧和换流站的直流低压母线之间，接地极引线除外。

69. 为什么要规定最小直流电流限值?

答: 当直流电流平均值小于某一定值时，直流电流波形可能出现间断，即直流电流出现断续现象。这种电流断续的状态，对于直流输电工程是不允许的。因为电流断续将会在换流变压器、平波电抗器等电感元件上产生很高的过电压。因此，直流输电工程规定有最小直流限值，在运行中，直流电流不能小于此限值。

70. 什么是直流输电过负荷?

答: 直流输电过负荷通常是指直流电流高于其额定值，其过负荷能力是指直流电流高于其额定值的大小和持续时间的长短。

71. 根据系统运行的需要，直流输电过负荷可分为哪几种?

答: 直流输电过负荷可分为三种：

(1) 连续过负荷。连续过负荷（也称固有过负荷）是指直流电流高于其额定直流电流连续送电的能力，即在此电流之下运行无时间限制。

连续过负荷主要在双极直流输电中，当一极故障长期停运或者当电网的负荷或电源出现超出规定水平时采用。

在最高环境温度下，投入备用冷却设备时的连续过负荷电流值约为额定直流电流的1.05～1.10倍；随着环境温度的降低，其连续过负荷电流还会有明显的提高，但由于受无功功率补偿，交流侧或直流侧的滤波要求以及甩负荷时的工频过电压等因素的限制，通常取连续过负荷额定值小于额定直流电流的1.2倍。

(2) 短期过负荷。短期过负荷是指在一定时间内，直流电流高于其额定电流送电的能力。在大多数情况下，大部分设备故障和系统要求，只需要直流输电在一定的时间内提高输送能力，而不需要连续过负荷运行。在此时间内故障的设备可以修复或系统调度可以采取处理措施。通常选择2h为短期过负荷持续时间，如无特殊要求，通常短期过负荷额定值取直流电流额定值的1.1倍。

(3) 暂时过负荷。暂时过负荷是为了满足利用直流输电的快速控制来提高交流系统暂态稳定的要求，在数秒钟内直流电流高于其额定值的能力。暂时过负荷持续时间一般为3～10s。当需要阻尼交流系统的低频振荡时，直流输电的过负荷是周期的。暂时过负荷的周期、大小和持续时间均需根据每个工程的具体情况，由系统研究的结果来决定。对常规的设计，晶闸管换流阀5s的过负荷能力可达到额定直流的1.3倍。

72. 直流输电工程为什么可以降压运行? 在哪些情况下需要降压运行?

答: 直流输电工程具有可以降低直流电压运行的性能。直流输电的电压可以通过改变换流器的触发角α来进行控制，在运行中直流电压可以快速方便地在其最大值和最小值之间进行变化。直流输电工程降低直流电压运行有以下两种情况：

(1) 由于绝缘问题需要降低直流电压。在恶劣的气候条件或严重污秽的情况下，直流架空线路如果仍在额定直流电压下运行，则会产生较高的故障率，为了提高输电线路的可靠性和可用率，可以采用降压方式运行。

(2) 由于无功功率控制需要降低直流电压。当直流输电工程被利用来进行无功功率控制时，需要加大触发角α来增加换流器消耗的无功功率，此时直流电压则相应地降低。在这种情况下，直流电压不是一个固定的值，它是随无功控制的要求而变化，其变化范围由无功控制的范围来决定。由于在进行无功功率控制时，α 角均大于额定 α_N 角，此时的直流电压也均低于额定直流电压。

73. 直流输电工程有哪些降压运行方法？

答：（1）加大整流器的触发角 α 或逆变器的触发角 β。

（2）利用换流变压器的抽头调节来降低换流器的交流侧电压，从而达到降低直流电压的目的。

（3）当直流输电工程每极有两组基本换流单元串联连接时，可以利用闭锁一组换流单元的方法，使直流电压降低 50%。

（4）当直流输电工程由孤立的电厂供电或者整流站采用发电机—变压器—换流器的单元接线方式时，可以考虑利用发电机的励磁调节系统来降低换流器交流侧的电压，从而达到降低直流电压的目的。

大部分直流输电工程是采用上述方法（1）和方法（2）来实现降压运行方式。

74. 什么是直流输电工程的潮流反转？如何实现直流输电工程的潮流反转？

答：在运行中直流输电工程的反送称为潮流的发转。

潮流反转需要改变两端换流站的运行工况，将运行于整流状态的整流站变为逆变运行，而运行于逆变状态的逆变站变为整流运行。

75. 直流输电工程的潮流反转有哪两种类型？

答：（1）正常潮流反转。在正常运行时，当两端交流系统的电源或负荷发生变化时，要求直流输电进行潮流反转。

（2）紧急潮流反转。当交流系统发生故障，需要直流输电工程进行紧急功率支援时，则要求紧急潮流反转。

76. 什么是直流输电工程的运行方式？

答：直流输电工程的运行方式，就是指在运行中可供运行人员进行选择的稳态运行的状态，运行方式与工程的直流侧接线方式、直流功率输送方向、直流电压方式以及直流输电系统的控制方式有关。

77. 直流输电系统是如何进行控制调节的？

答：直流输电系统的控制调节，是通过改变线路两端换流器的触发角来实现的，它能执行快速和多种方式的调节，不仅能保证直流输电的各种输送方式，完善直流输电系统本身的运行特性，而且还可改善两端交流系统的运行性能。

78. 直流输电控制系统的功能有哪些？

答：（1）直流输电起停功能。

（2）直流输电功率控制。

（3）换流站无功功率控制。

（4）换流变压器分接头控制。

（5）直流输电潮流反转控制。

（6）直流输电系统调制。

（7）直流输电运行人员控制。

（8）直流输电顺序控制。

79. 直流输电系统的启动步骤有哪些？

答：（1）系统两端换流站分别对换流变压器和换流阀充电。

（2）系统两端换流站分别将直流回路操作连接。

（3）系统两端换流站根据交流滤波器配置情况投入适量的交流滤波器。

（4）控制触发角 $\alpha=90°$（或大于 $90°$），先解锁逆变器，后解锁整流器。

（5）逆变侧逐步升高直流电压至运行整定值，同时整流侧逐渐升高直流电流至运行整定值。

（6）当直流电压与电流均达到整定值时，启动过程结束。

80. 直流输电系统的停运步骤有哪些？

答：（1）整流侧逐步减小直流电流至允许运行的最小值，同时交流滤波器根据系统无功功率的变化逐步切除。

（2）闭锁整流前触发脉冲，并退出整流侧其余交流滤波小组。

（3）当直流电流降到零以后，闭锁逆变器的触发脉冲，并推出逆变侧的交流滤波器小组。

（4）系统两端换流站分别操作直流场设备，使得直流线路隔离。

（5）系统两端换流站分别对交流滤波器进停电操作。

81. 直流输电故障紧急停运，其操作要达到哪些目的？

答：一是迅速消除故障点的直流电弧；二是跳开交流断路器使其与交流电源隔离。为实现瞬时性故障消除后迅速恢复供电，直流输电系统也可采取自动再起动措施。

82. 直流线路故障再启动功能的作用是什么？

答：直流系统设计自动再启动功能的作用在于直流输电架空线路发生顺势故障后，能够快速恢复送电。通常直流输电系统的自动再启动过程为：当直流保护系统监测到直流线路瞬时故障后，整流器的触发角立即移相至 $120°\sim150°$，使整流器转变为逆变器运行。当直流电流降到零后，再按照一定的速度减小整流器触发角，使其恢复整流运行，并快速调整直流电压和电流至故障前状态，相当于交流输电线路的重合闸功能。

83. 直流输电系统分为哪些控制模式？

答：直流输电系统一般具有定功率模式和定电流模式两种基本的输电控制模式，此外还具有降压运行模式。

84. 为什么必须对投入的无功功率补偿容量进行控制？

答：直流输电系统运行时，无论是整流器还是逆变器都要消耗一定的无功功率，其数量不但与输送直流功率的大小有关，也与运行方式、控制方式有关。通常，在额定负荷运行时，换流器消耗的无功功率可达额定输送功率的 40%～60%。故换流站需投入大量的无功补偿容量。单在轻负荷运行时，换流器消耗的无功功率迅速减小，如果补偿的无功功率不变，则换流站过剩的无功功率将会注入所联的交流系统，引起换流站交流母线电压升高。因此，必须对投入的无功功率补偿容量进行控制。

85. 直流输电运行人员主要有哪些控制操作？

答：（1）正常启动/停运控制。

（2）状态控制。

（3）运行过程中的运行人员控制。

（4）直流系统故障状态下的操作控制。

（5）换流站内设备极其辅助系统的操作控制。

（6）直流系统的实验操作控制。

（7）交流系统的操作控制。

（8）运行工况监视。

86. 什么是直流输电顺序控制？

答：直流输电顺序控制，是直流输电控制系统中能依次完成一系列操作步骤的自动控制功能，通常包括：

（1）阀组交流侧充电/断电。

（2）换流站的连接/隔离。

（3）阀组的启动/停运。

（4）金属回线/大地回线在线转换。

（5）双极导线的并联/解并联。

（6）直流滤波器的投/切。

（7）直流极线开路测试。

87. 直流输电系统的过电压类型有哪些？

答：（1）暂时过电压。

（2）操作过电压。

（3）雷过电压。

88. 换流站交流母线上产生的暂时过电压主要有哪三种类型？

答：（1）甩负荷过电压。当换流站的无功负荷发生较大改变时，根据网络的强弱，将产生程度不同的电压变化。特别是当无功负荷突然消失时，电压突然上升，即为甩负荷过电压。

（2）变压器投入时引起的饱和过电压。换流站和常规交流变电站不同，一般装设有大容量的滤波器和容性无功补偿设备，与系统感性阻抗在低次谐波频率下可能发生谐振，造成较高的综合阻抗，使得变压器投入时引起的励磁涌流在交流母线上产生较高的谐波电压，并叠加到基波电压上，造成长时间的饱和过电压。

（3）清除故障引起的饱和过电压。在换流站交流母线附近发生单相或三相短路，使得交流母线电压降低到零。在故障期间，换流变压器磁通将保持在故障前水平不变。当故障清除时，交流母线电压恢复，电压相位与剩磁通的相位不匹配，将使得该相变压器发生偏磁性饱和。这种饱和过电压不能通过加装合闸电阻来解决，因而成为确定换流站交流母线避雷器能量要求的基本工况之一的办法。

89. 引起操作过电压的操作和故障类型有哪些？

答：（1）线路合闸和重合闸。

（2）投入和重新投入交流滤波器或并联电容器。

（3）对地故障。

（4）清除故障。

90. 换流站直流侧过电压类型有哪些？

答：（1）暂时过电压：①交流侧暂时过电压；②换流器故障。

（2）操作过电压：①交流侧操作过电压；②短路故障。

（3）雷电过电压。

（4）陡波过电压：①对地短路；②部分换流器中换流阀全部导通和误投旁通对。

91. 换流站开关场雷电波的主要来源有哪些？

答：第一个是线路侵入波，即连接到交流场、直流场和直流中性点场的交流、直流和接地极线路靠近换流站区段落雷，雷电波几乎没有衰减而侵入换流站的对应部位。线路上的落雷又分直击雷和地线落雷后的反击波两种，对于开关场的雷电波绝缘配合，一般只考虑直击雷。第二个是换流站直击雷，是换流站进行绝缘配合时选择雷电波配合电流的基础。雷电波直击开关场的原因是屏蔽失败。

92. 什么是直流系统的内过电压？

答：直流系统的内过电压包括来自换流站交直流两侧的过电压。换流站交流侧的操作过电压、重合闸和变压器可能引起的谐振以及与谐波有关的操作过电压，直流甩负荷可能导致交流系统出现的过电压，都会叠加到直流侧。换流站直流侧过电压主要发生在线路极对地故障时的非故障极上，其幅值取决于故障点位置，也与换流站接线方式有关。

93. 直流局部电弧有哪些表现？

答：（1）直流电压下污秽绝缘子表面受潮时，其电流密度大的区域会因污层水分蒸发而出现局部干区。

（2）当干区电场强度足够大时，就会发生局部放电。

（3）当局部电弧跨越整个剩余污层时，闪络就会发生。

（4）导致闪络的电弧发展速度平均每秒仅几米。

（5）临闪前发展速度骤然增加一两个数量级。

（6）与交流电弧相比，在恒定的直流电压下直流电流不存在过“零”的问题，因而直流局部电弧更趋于稳定，持续时间比较长。

94. 直流电弧与交流电弧相比有何特点？

答：（1）与直流电弧相比，交流电弧不稳定、持续时间短、多沿面发展。尤其是在污秽度较重时，直流电弧短接作用比交流明显得多。

（2）交流电弧外特性有别于直流的基本原因在于交流电弧随电流作周期变化，当电流过“零”时电弧或熄火或减弱。

（3）一些复杂结构的绝缘子在交流下有较高的污闪电压，但在直流下由于闪裙易被电弧短接而性能并不好。这说明绝缘子的直流污闪电压受伞群结构影响更大。

（4）与交流情况相似，影响污闪电压的诸多因素，如盐密、盐的种类、灰密及污秽沿绝缘子表面的不均匀分布等均会影响绝缘子的直流污闪电压，由于直流电弧稳定、易飘弧，这种影响往往会更大。

95. 什么是直流的静电吸尘效应？为什么直流电压下绝缘子积污高于交流积污？

答：空气在直流电建立的电磁场作用下，带电微粒会受到恒定方向电场力的作用被吸附到绝缘子表面，这就是高压直流线路绝缘子的“静电吸尘效应”。

在电场作用下带电微粒的定向运动是首先由电场力方向决定的，其次也受电场梯度影响。影响绝缘子表面电场力的垂直分量越大，表面积污就越多。同时，污秽微粒接近绝缘子的电离区时，还能得到其局部电晕而产生的电荷。这都是造成直流电压下绝缘子积污高于交流积污的原因。

96. 绝缘子表面的积污层是如何形成的？

答：大气中的固体或液体微粒沉积在绝缘子表面形成污秽层，这是由于污秽微粒自身重力以及在绝缘子附近受到的风力、电场力所引起的，同时也和污秽微粒与绝缘子表面接触时的附着力有关。

97. 直流线路使用复合绝缘子有哪些优点？

答：（1）清洁区和轻污区使用复合绝缘子可以大大减轻线路运行维护的工作量，减少停电次数，为电网带来巨大的经济效益。

(2) 污秽地区利用其良好的抗污闪性能，可减小塔头尺寸，为外绝缘设计带来极大的便利。

(3) 国产复合绝缘子预计售价仅为瓷和玻璃绝缘子串的1/3，即使使用双串也可减少工程造价。

(4) 可以减轻施工强度。

总之，使用复合绝缘子是从根本上解决直流线路污闪的决定性措施。

98. 直流输电线路电晕的特点有哪些?

答: (1) 直流输电线路雨天时电晕损失的增加要比交流线路小很多。交流线路雨天电晕损失比晴天大很多，最大可增大50倍；而直流线路最多只增大10倍。直流线路雨天平均电晕损失，当导线表面电场强度较低时约为晴天的4倍，当导线表面电场强度较高（26～30kV/cm）时约为晴天的2倍。

(2) 导线表面电场强度一定时，不论是雨天或晴天，直流电晕损失随分裂导线根数的增加而增加。

(3) 在风速0～10m/s的范围内，直流电晕损失通常将随风速的增加而增加。

(4) 在给定的电压下，双极性每一极的电晕损失一般是单极性电晕损失的1.5～2.5倍。

(5) 在给定的电压下，不论是双极还是单极运行，正极性与负极性电晕损失大致相等。

99. 人在直流输电线下活动会产生哪些感受?

答: (1) 人在高压直流电场下的感受。

(2) 人截获离子电流的感受。

(3) 人接触接地和绝缘物体后的感受。

100. 直流线路会对无线电正常接收产生干扰吗? 为什么?

答: 会。因为电晕放电过程就其性质来说是脉动的，在输电线路导线上产生电流和电压脉冲，这些脉冲是以上升至幅值的时间和衰减时间来表征的，一般为微秒的数量级，其重复率在兆赫范围。

101. 直流系统中为什么需要装设转换开关?

答: 对双极直流输电工程，直流开关场的接线通常要适应双极运行方式、单极大地回线方式和单极金属回线方式以及双导线并联大地回线方式等多种运行方式之间的转换，因此需要在中心线上装设相应的转换开关，以便实现各种接线方式的转换。在实际工程中，常常只在某一个换流站（如整流站）中装设。

102. 换流站装设的无功功率补偿装置有哪些形式?

答: (1) 交流滤波器及无功补偿电容器组。

(2) 交流并联电抗器。

(3) 静止补偿装置。

103. 当直流输电线路采用大地回线时有哪些接线方式?

答: (1) 单极大地回线方式。只有一根极导线，以大地或海水作为回流电路。

(2) 同极大地回线方式。有两根或多根分开的同极性导线，以大地或海水作回流电路。

(3) 双极两端接地方式。有两根不同极性的导线，可以用（也可以不用）大地或海水作为电流回路。

104. 当直流输电线路不采用大地作为回线时有哪些接线方式?

答: (1) 单极金属回线方式。由两根导线组成，其中一根为高压的极线，另一根为低绝缘的金属返回线，直流侧一端接地，地中无电流流过。

（2）双极一端中性点接地方式。由两根不同极性的导线组成，直流侧一端中性点接地，地中无电流流过。

（3）双极金属中线方式。由三根导线组成，其中两根为不同极性的导线，另一根为低绝缘的中性线，直流侧一端中性点接地，地中无电流流过。当一极发生故障时，另一极可以利用中性线为返回线继续运行。

105. 在现有直流设计的条件下线路操作过电压一般取值多少？

答：在现有的直流设计的条件下，线路操作过电压按1.7倍取值。

106. 为什么直流输电线路需要架设地线？对地线的选择有哪些方面的要求？

答：为了保证超高压直流输电线路的安全运行，防止雷电直击而造成跳闸事故，必须全线架设地线。机械方面的要求有：

（1）地线的安全系数宜大于导线，平均运行应力不得超过破坏应力的25％。

（2）导线和地线之间距离应满足防雷要求。

电气方面要求有：

（1）满足电力系统设计方面对线路参数的要求。

（2）线路发生故障时，满足热稳定要求。

107. 电缆在直流电压作用下与在交流电压作用下的绝缘特性有何不同？

答：（1）电场分布不同。

（2）击穿强度不同。

（3）直流电缆工作电场强度不同。

108. 高压直流电缆有哪些类型？

答：（1）油浸纸实心电缆。

（2）充油电缆。

（3）充电电缆。

（4）积压聚乙烯电缆。

109. 两端直流输电系统的主要接线方式有哪些？

答：（1）单极大地回线方式。

（2）单极金属回线方式。

（3）双极两端不接地方式。

（4）双极两端接地方式。

（5）双极一端接地方式。

110. 直流大地回线方式有哪些负面效应？

答：可分为电磁效应、热力效应和电化效应三类。

（1）电磁效应。当强大的直流电流经接地极注入大地时，在极址土壤中形成一个恒定的直流电流场，并伴随着出现大地电位升高、地面跨步电压和接触电势等。因此，这种电磁效应可能会带来以下影响。

1）直流电流场会改变接地极附近大地磁场，可能使得依靠大地磁工作的设施（指南针）在极址附近受到影响。

2）大地电位升高，可能会对极址附近地下金属管道、铠装电缆、具有接地系统的电气设施（尤其是电力系统）等产生负面影响。因为这些设施往往能给接地极入地电流提供比土壤更好的泄漏通道。

3）极址附近地面出现跨步电压和接触电势，可能会影响到人畜安全。因此，为了确保人畜的安全，必须将其控制在安全范围内。

4）接地极引线（架空线或电缆）是接地极的一部分，它与换流站相连。在选择极址时，应对接地极引线的路径进行统筹考虑。直流输电工程几乎都是采用12脉动换流器，此换流器除了产生持续的直流电流外，还将产生12、24、36等12倍数的谐波电流。在单极大地回线方式运行时，换流器产生的谐波电流将全部或部分地（当换流站中性点加装电容器或滤波器时）流过接地极引线。这种谐波电流形成的交变磁场，将可能干扰通信信号系统。

（2）热力效应。由于不同土壤电阻率的接地极呈现出不同的电阻率值，在直流电流的作用下，电极温度将升高。当温度升高到一定程度时，土壤中的水分将可能被蒸发掉，土壤的导电性能将会变差，电极将出现热不稳定，严重时将可使土壤烧结成几乎不导电的玻璃状体，电极将丧失运行功能。

（3）电化效应。当直流电流通过电解液时，在电极上便产生氧化还原反应；电解液中的正离子移向阴极，在阴极和电子结合而进行还原反应；负离子移向阳极，在阳极给出电子而进行氧化反应。大地中的水和盐类物质相当于电解液，当直流电流通过大地返回时，在阳极上产生氧化反应，使电极发生电腐蚀。电腐蚀不仅仅发生在电极上，也同样发生在埋在极址附近的地下金属设施的一端和电力系统接地网上。

111. 如果流过变压器绕组的直流电流较大将有什么后果？

答：（1）引起变压器铁芯磁饱和。变压器铁芯磁饱和可导致变压器噪声增加、损耗增大和温升增高。

（2）对电磁感应式电压互感器的影响。这种互感器可能通过直流电流，从而可能导致与其有关的继电保护装置的误动作，但在一般情况下，此问题不突出。

（3）电腐蚀。从理论上讲，当直流地电流流过电力系统接地网时，可能会对接地网材料产生电腐蚀，但由于窜入接地网的直流电流通常相对较小，因此直流电流产生的腐蚀也是很小的，可以忽略。

112. 为什么直流线路的外绝缘特性较相同电压等级的交流线路复杂？

答：由于“静电吸尘效应”的存在，在相同环境条件下，直流绝缘子表面积污量可比相同电压等级的交流线路在交流电压作用下的积污量大2倍以上。随着污秽量的不断增加，绝缘水平随之下降，在一定天气条件下就容易发生绝缘子的污秽闪络，因此，由于直流输电线路的这种技术特性，与交流输电线路相比，其外绝缘特性更趋复杂。

113. 高压直流线路和交流线路运行时遭受雷击所采取的对策有什么不同？

答：直流输电线路雷电过电压产生的机理与交流线路相似，不同之处在于所采取的对策，交流线路一旦发生雷击闪络并建弧后立即跳闸，具有重合闸装置的线路根据线路的故障判别情况而动作。直流线路受雷击后不存在断路器跳闸的问题，通常是使整流器的触发交移相，使之变为逆变运行，直流电压和电流很快降到零，经一定的去游离时间使故障点灭弧，再重新启动，直流系统恢复送电，类似于交流线路的重合闸。

第二十九章 chapter 29

储能技术与运行维护

一、基础知识

1. 什么是储能技术?

答: 储能技术是能源存储和释放的系统与方法，通过将电力、机械能、化学能等以各种形式存储，并在需要时将其转化为可用能量，以实现能源的灵活调节、提高能源系统效率和可靠性，以及支持可再生能源集成和电力网络稳定性。其目的在于存储能源，并在电力需求高峰期间或能源供应不足时释放能量，以平衡能源供需之间的差异。这些技术可以将多余的电能转化为各种形式的能量（如化学能、电能、热能或机械能）存储起来，然后在需要时再将其转换为电能或其他形式的能量。

2. 储能技术的分类有哪些?

答: 根据能量来源的不同，可以将能量分为电磁能、机械能、化学能、太阳能、核能、生物质能、热能和风能 8 大类。这些不同形式的能量具有不同的能级或能量质，它们之间的转换效率各异。电能是能级较高的形式，而热能则是能级较低的形式。即使是相同形式的能量，其能级也可能存在差异，例如热能的能级与温度有关，而电能的能级则与电压相关。根据能量存储形式的不同，可以将储能技术分为机械储能、电磁储能、化学储能和相变储能 4 大类。

（1）机械储能技术以机械运动或机械势能形式存储电能，常见设备有抽水蓄能、飞轮储能和压缩空气储能等。这些系统在电力系统中具有重要作用，能够提供高功率、短时的能量输出，用于频率调节、瞬时能量需求和可再生能源的集成，以维持电网稳定性和平衡能源供需。

（2）电磁储能技术通过电磁场存储能量，利用电感器件和电容器件转换电能为磁场能，适用于电子设备、电力系统中，提供快速响应、高功率输出和能量储存的解决方案，常见的电磁储能方式有超导储能。

（3）化学储能的典型特征化学储能通过化学反应储存和释放能量，常见的化学储能方式有锂离子电池（Li-ion）、铅酸电池（Lead-Acid）、镍氢电池（NiMH）、钠硫电池（NaS）、钠离子电池（Na-ion）、燃料电池、锂硫电池（Li-S）7 种。

（4）相变储能利用物质相变的特性储存和释放能量，具有高能量密度、恒定温度存储、循环使用、可调控性和广泛应用等特点，适用于太阳能热能储存、建筑节能和热管理等多个领域。常见的储热方式有化学能储热、潜热储热和显热储热 3 种。

3. 储能技术的应用情况如何?

答: 储能技术作为一项多功能工具，广泛应用于能源领域的多个方面，在提高能源效率、推动清洁能源应用以及应对能源需求波动性方面发挥关键作用。

4. 国内外储能技术研究现状如何?

答: 随着“3060”碳达峰、碳中和目标升级为国家战略，贯彻落实“双碳”目标已成为我国经济社会高质量发展和应对气候变化的核心内容。电力行业作为实现“双碳”目标的重要领域，正发生广泛而深刻的变革。截至2023年12月底，全国累计发电装机容量约29.2亿kW，其中，风电装机容量约4.4亿kW，同比增长20.7%；太阳能发电装机容量约6.1亿kW，同比增长55.2%。可见，在“双碳”政策背景下，我国新能源发电增速迅猛。尽管我国新能源装机大幅增长，但仍存在弃风弃光现象。因此统筹解决新能源大规模开发和高水平消纳，保障电力安全稳定供应，成为当务之急。随着消纳保障机制取代配额制，国家能源管理部门不再下达各省份年度建设规模和指标，而是转为分地区、分年度落实消纳责任权重，引导风光持续健康发展。而新型储能作为消纳保障机制下新型电力系统的重要部分，对稳定电力供应、促进新能源高质量发展具有重要意义。

全球储能总规模快速增长，抽蓄为主、电化学异军突起，中美欧合计增量超八成全球储能总规模持续高增。截至2023年12月底，全球已投运储能项目累计装机容量289.2GW，年增长率为21.9%。抽水蓄能装机规模首次低于70%，新能源储能累计装机容量达91.3GW，是2022年同期的近两倍，其中，锂电池继续高速增长，年增长率超过100%。

我国在储能技术方面进行了大规模投资，不断探索和推广各种技术路径，包括电池储能、抽蓄水能、压缩空气储能等。我国正在积极推进可再生能源与储能技术的整合应用，以解决能源波动性和系统稳定性等问题。政府、企业和研究机构合作致力于技术创新和标准化工作，以提高储能设备的性能、安全性和可靠性。我国储能技术的快速发展为国家的能源转型和可持续发展提供了坚实的支持，未来有望成为推动清洁能源领域发展的关键驱动力之一。

5. 新能源技术中的储能技术应用如何?

答: 目前，除了技术最成熟、应用最广泛的抽水蓄能技术外，国内外开展了多种新型储能技术的研究探索，并建成了众多兆瓦级及以上的储能示范工程。当前，成熟的储能技术包括锂离子电池、压缩空气储能、水泵蓄能、熔盐储热、超级电容器以及液流电池等。这些技术在电动汽车、家用储能系统、大型能源储备项目等领域得到广泛应用，并不断发展完善，以满足日益增长的能源存储需求，为能源行业的可持续发展提供了有力支持。

示范工程应用领域包括电力系统调峰削峰、可再生能源发电储能、微电网建设、电动汽车充电基础设施、电网调度与稳定、工业能源储备以及农村和偏远地区的能源供应等。这些领域在储能技术的示范应用中发挥着关键作用，为提高能源利用效率、促进可再生能源利用和电能可靠供应提供了重要支持。

6. 太阳能的优缺点有哪些?

答: 太阳能是指来自太阳的能量，它是地球上最主要的能源来源之一。这种能量主要以电磁辐射的形式传播，包括可见光、紫外线和红外线等。太阳能在地球大气层外部释放，并通过空间中的辐射传输到地球表面。太阳能的利用有光电转换及光热转换两种方式。

(1) 太阳能的优点。太阳能作为清洁、可再生的能源，拥有多方面优势。

1) 无污染、无排放，利用过程中不产生温室气体或其他有害物质，对环境友好。

2) 太阳能是一种不会枯竭的可再生能源，来自太阳的辐射持续稳定，有利于减少对有限资源的依赖。在经济上，太阳能系统一旦建成后运营成本低，长期投资回报可观，有助于减少能源开支。

3) 太阳能产业的发展创造了就业机会，推动了经济增长，并提高了偏远地区和发展中国家的能源可及性。

（2）太阳能的缺点。

1）间歇性和不稳定性。太阳能依赖于天气条件和地理位置，因此在阴天、夜晚或遮蔽情况下效率会下降，其间歇性使得太阳能供能不稳定。

2）初始投资成本高。太阳能系统的安装包括太阳能板、逆变器、储能设备等，这使得其初始成本相对较高。

3）能量密度和存储问题。太阳能的能量密度相对较低，需要大面积的太阳能板才能产生足够的能量。此外，能量的存储问题也是一个挑战，目前储能技术还需要进一步发展完善。

4）地区适用性限制。太阳能的利用受到地理位置、季节变化和大气状况的限制，某些地区可能不适合或效率较低。

5）生产过程对环境产生影响。太阳能板的生产过程可能涉及对环境的影响，例如生产过程中产生的化学物质和废水处理等问题。

尽管太阳能具有多种优势，但上述缺点限制了其在特定条件下的有效利用，因此需要不断的技术创新和储能技术的发展，以克服这些挑战并提高太阳能的整体利用效率。

7. 风能的优缺点有哪些？

答：风能是自然气流动能的利用，为可再生能源。风速越高，储存的能量越大，是电能或机械能的来源。

（1）风能的优点：风能作为清洁可再生能源，具有无污染、广泛分布、可持续性等优点。

（2）风能的缺点：风能受风速不稳定、具有典型的随机性和间歇，限制了其全面应用。

1）风能的不稳定性是主要难题之一。风速的变化和不可预测性导致风电产能波动，使得电网需要应对风电波动带来的不确定性。这需要更强大的预测技术以及灵活的电网调节和平衡能力，以确保电力供应的稳定性。

2）输电和储能问题是制约风电并网的关键因素。由于风电场通常分布在风资源丰富但离电力消费中心较远的地区，因此需要大规模的输电线路来连接风电场和电网，这可能引发输电损耗和经济成本的问题。同时，风能的间歇性和不可控性也提出了对储能技术的迫切需求，以便在风力不稳定时存储电能，减缓能源供应波动性。

3）地方规划和环境考量是风电并网必须要面对的挑战之一。建设大型风电场需要大片土地，可能对当地生态环境和社区产生影响。这需要在发展清洁能源的同时平衡环境保护和社区利益，合理规划风电场的布局。

4）风能的并网也对电网稳定性提出了要求。风电的不连续性可能对电网稳定性造成影响，需要采取有效的电网调度和管理措施，确保风电能够与传统电力资源协调运行，维持电网的稳定运行。

5）经济可行性是风电并网面临的挑战之一。尽管风能是可再生能源，但其建设和运营成本仍然较高，尤其是在电网升级和输电线路方面。因此，需要更多的政策支持和技术创新来提高风电产业的经济可行性和成本效益。

8. 储能技术如何与再生能源相结合？

答：储能技术与再生能源（如太阳能和风能）的结合是能源领域的重要进展。在这种组合中，再生能源装置（太阳能光伏板或风力涡轮机）将捕获的太阳能或风能转化为电能，并输入至储能设备中。这些储能设备可以包括电池、抽水蓄能、压缩空气储能等。当再生能源产量高于需求时，多余的电能被储存在储能设备中。相反，当能源需求高于再生能源产量时，储能系统释放储存的电能供电。这种联合使用方式使得电网能够更加平稳地满足能源需求，减少对传统发电的依赖，降低能源浪费，同时提高了再生能源的可靠性和实用性。这种结合为能源领域的可持续性和清洁能源发展提供了重要的支持。

二、储能技术原理及材料特性

9. 储能技术的基本原理是什么?

答: 储能技术的基本原理是将能量从一个时间段转移到另一个时间段，在需要时释放能量。这种技术的关键在于能够在能量供给充足时进行储存，随后在能量需求高峰或供给不足时释放能量。

10. 锂离子电池的工作原理是什么?

答: 锂离子电池的工作原理就是指其充放电原理。当对电池进行充电时，电池的正极上有锂离子生成，生成的锂离子经过电解液运动到负极。而作为负极的碳呈层状结构，它有很多微孔，到达负极的锂离子就嵌入碳层的微孔中，嵌入的锂离子越多，充电容量越高。同样道理，当对电池进行放电时（即我们使用电池的过程），嵌在负极碳层中的锂离子脱出，又运动回到正极。回到正极的锂离子越多，放电容量越高。通常所说的电池容量指的就是放电容量。锂离子电池一般会要求充电过程按涓流充电（低压预充）、恒流充电、恒压充电以及充电终止四个阶段进行管控。当没有充电管理芯片笔直给锂离子电池接通电源充电，锂离子电池在电量低的情况下，猛然进入大电流，会导致锂离子电池损坏，因为电流大，发热也快，电池的寿命就会变短。锂离子电池充电的基本要求是特定的充电电流和充电电压，从而保证电池安全充电。锂离子电池的充电方式是限压恒流，都是由 IC 芯片控制的。

11. 液流电池的工作原理是什么?

答: 液流电池（flow battery）是一种新型的可再生能源储存技术，其工作原理是在电池中通过两种可调控的液体储存电荷，这些液体在电池中循环流动，从而实现电能的储存和释放。液流电池通常由两个互相连接的储液罐和一个电池单元组成，储液罐中分别注入阳离子电解液和阴离子电解液。这两种电解液之间通过一块离子交换膜分隔开来，离子交换膜只允许阳离子或阴离子通过，以防止两种电解液混合。当液流电池工作时，阳离子液和阴离子液通过泵进入电池单元，在电池单元中，阳离子和阴离子会通过离子交换膜进行交流，而产生的电荷分开储存在电解液中。具体来说，当电池需要储存电能时，电池单元中的氧化剂和还原剂被泵送到阳离子液和阴离子液中，并在离子交换膜上发生电化学反应。这些反应会导致氧化剂和还原剂之间的电子转移和阴阳离子之间的电荷转移，从而储存电能。当需要释放电能时，电化学反应反向进行，氧化剂和还原剂通过泵送被重新注入电池单元。在这个过程中，储存在电解液中的电荷会被转移到外部电路中，从而提供电能。

12. 液流电池的优缺点有哪些?

答: 液流电池的优点：

（1）液流电池的容量可以根据需要进行灵活调节，只需增减电解液的储存量即可，大大提高了电池的可扩展性和可调节性。

（2）液流电池的储液罐可以独立更换，使得电池的寿命更长，维修更方便。此外，液流电池还具有很高的安全性，因为电解液中的电能相互分离，减少了爆炸和泄漏的风险。

液流电池的缺点：

(1) 电解液的成本较高，尤其是稀有金属离子的使用，限制了电池的商业应用。

(2) 电解液的循环流动也会带来能量和功率的损失，降低了电池的效率。

(3) 液流电池的类型繁多，包括溴液流电池、钒液流电池、铁铬液流电池等，这些不同类型的电池有着不同的性能和适用范围，需要根据具体需求进行选择。

液流电池是一种独特的储能技术，具有可调节性、可扩展性和可靠性等优点。随着可再生能源应用的不断扩大，液流电池有望在能源储存领域发挥重要作用，并为能源转型提供可靠的解决方案。

13. 钠硫电池工作原理是什么？

答：钠硫电池是最典型的金属钠作为电极的二次电池之一，也是到目前为止应用得比较成功的一种大规模静态储能技术。钠硫电池是一种以单一 Na^+ 导电的 β-氧化铝陶瓷兼作电解质和隔膜的二次电池，它分别以金属钠和单质硫作为阳极和阴极活性物质。

在 350℃下，钠硫电池的电动势与放电深度呈现特定关系。在 S 含量为 78%～100%的范围内，硫电极形成了 S 与 Na_2S_2 不相容的液相，导致电池电动势稳定在 2.076V。随着放电的进行，电池的电动势不断下降，直至 Na_2S_2 反应至 Na_2S_7，电动势最终稳定在 1.74V。在实际工作中，极化的存在导致充放电电压偏离电池的理论电动势，充电过程的极化明显高于放电过程，形成了所谓的非对称极化。

钠硫电池的工作温度范围为 300～350℃，图 29-1 是中心钠负极的钠硫电池结构和工作原理示意图。

为了确保 β-氧化铝固体电解质具有足够高的离子导电性，需要一定温度；然而，过高的温度会增加硫极多硫化钠的蒸汽压，从而在电池内部产生较大压力，降低电池的安全性能。因此，钠硫电池的实际工作温度限制在 300～350℃。除了中心钠负极的设计外，还有一种中心硫设计，将硫装入电解质陶瓷管内形成正极，其电池工作原理相同，但硫中心的结构不利于电池容量的设计，实际应用中，电池主要采用中心钠负极的结构。

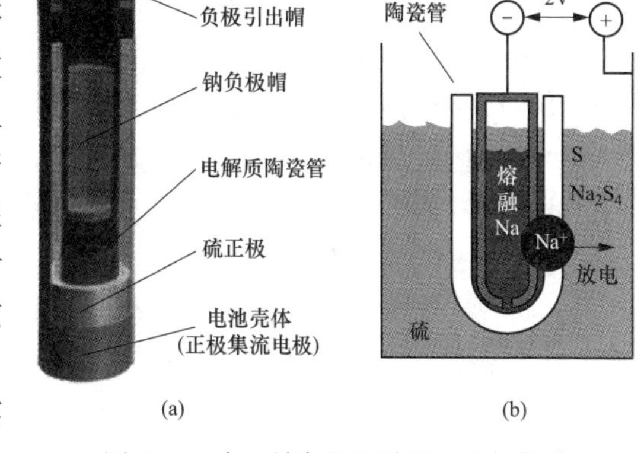

图 29-1 中心钠负极的钠硫电池结构和工作原理示意图

(a) 电池结构；(b) 工作原理

14. 钠硫电池有哪些显著的特点？

答：钠硫电池显著特点有：

(1) 理论能量密度大，可高达 760Wh/kg（不过目前只能做到 150～240Wh/kg）。

(2) 充放电效率很高，最高几乎可达 100%（典型值是 75%～90%）。

(3) 循环寿命长，已实现 4500 次以上的充放电循环（典型值是 2500 次）。

(4) 可大电流、高功率放电（功率密度的典型值为 150～230W/kg）。

(5) 原材料极为丰富，理论上制备成本低廉、环保、无污染。

(6) 过充耐受性好：特别要提及的是，钠硫电池的“蓄洪”性能非常优异，即使输入的电流突然超过额定功率 5～10 倍，再以稳定的功率释放到电网中—这对于大型城市电网的平稳运行尤其有用。总之：钠硫电池产生的能量大，效率也高，省材料，能够使用的时间也很长，原材料的来源十分容易获得，而且制备工艺简单，重量也非常轻，使用起来更加方便。

15. 钠硫电池储能技术的关键是什么？

答：钠硫电池是一种利用陶瓷电解质作为隔膜的二次电池。它具有比能量高、资源丰富、寿命长等优点，但同时也存在一些挑战。使用脆性陶瓷作为核心材料，不仅增加了制造难度，也提高了电池安全性方面的技术难度。自 1992 年开始示范应用至今，钠硫电池在储能技术的发展中扮演了重要角色，然而其制造成本较高和难以消除的安全隐患限制了其大规模应用。高温钠电池面临的关键科学问题有：①钠离子固体电解质导电机制及新材料体系的发展；②固体电解质强化与性能退化问题；③不同固体材料结合的界面科学与可靠性问题；④高温条件下固/固界面的动力学行为；⑤失效情况下钠电池体系的反应行为。

在技术上，高温钠电池面临的主要挑战是：①低成本制造高性能固体电解质的技术；②实现高可靠性材料组合技术并降低成本；③优化设计和提升性能的高温电极组成与结合；④储能系统安全可靠性的设计与技术保障；⑤实现高性能钠电池的低温化；⑥提高材料和电池制造关键装备水平。

16. 什么是压缩空气储能？压缩空气储能的工作原理是什么？

答：压缩空气蓄能技术是一种新型蓄能蓄电技术。压缩空气蓄能指的是在高压情况下通过压缩空气来存储大量的可再生能源，然后将其储存在大型地下洞室、枯竭井或蓄水层里。在非用电高峰期，如晚上或周末，用电机带动压缩机，将空气压缩进一个特定的地下空间储存。然后，在用电高峰期（如白天），通过一种特殊构造的燃气涡轮机，释放地下的压缩空气进行发电。虽然燃气涡轮机的运行仍然需要天然气或其他化石燃料来作为动力，但这种技术是一种更为高效的能源利用方式。

压缩空气的工作原理是：压缩空气蓄能是利用电力系统负荷低谷时的剩余电量，由电动机带动空气压缩机，将空气压入作为储气室的密闭大容量地下空间，即将不可储存的电能转化成可储存的压缩空气的气压势能并储存于储气室中。当系统发电量不足时，将压缩空气经换热器与油或天然气混合燃烧，导入燃气轮机做功发电，满足电力系统调峰需要。压气机、电动机、储气室等组成的蓄能子系统将电站低谷的低价电能通过压缩空气储存在岩穴、废弃矿井等储气室中，蓄能时通过联轴器将电动发电机和压气机耦合，与燃气轮机解耦合。电力系统高峰负荷时，利用压缩空气燃烧驱动燃气轮机发电，燃气轮机、燃烧室以及加热器等发电子系统，发电时电动发电机与燃气轮机耦合，与压气机解耦合。

17. 压缩空气储能包括哪几个主要部件？

答：压缩空气储能系统一般包括 6 个主要部件：

（1）压缩机：一般为多级压缩机带中间冷却装置。

（2）膨胀机：一般为多级透平膨胀机带级间再热设备。

（3）燃烧室及换热器，用于燃料燃烧和回收余热等。

（4）储气装置，地下或者地上洞穴或压力容器。

（5）电动机/发电机，通过离合器分别和压缩机以及膨胀机连接。

（6）控制系统和辅助设备，包括控制系统、燃料罐、机械传动系统、管路和配件等。

18. 压缩空气储能关键技术是什么？

答：压缩空气储能系统的关键技术包括高效压缩机技术、膨胀机（透平）技术、燃烧室技术、储气技术和系统集成与控制技术等。压缩机和膨胀机是压缩空气储能系统的核心部件，其性能对整个系统的性能具有决定性影响。尽管压缩空气储能系统与燃气轮机类似，但压缩空气储能系统的空气压力比燃气轮机高得多。因此，大型压缩空气储能电站的压缩机常采用轴流与离心压缩机组成多级压缩、级间和级后冷却的结构形式；膨胀机常采用多级膨胀加中间再热的结构形式。相对于常规燃气轮机，压缩空气储能系统的高压燃烧室的压力较大。因此，燃烧过程中如果温度较高，可能产生较多的污染物，因而高压燃烧室的温度一般控制在500℃以下。压缩空气储能系统要求的压缩空气容量大，通常储气于地下盐矿、硬石岩洞或者多孔岩洞，对于微小型压缩空气储能系统，可采用地上高压储气容器以摆脱对储气洞穴的依赖等。

19. **超级电容器储能技术工作原理是什么？**

答：超级电容器是一种介于传统电容器和充电电池之间的特殊电容器，兼具普通电容器的大电流快速充放电特性与电池的储能特性，填补了普通电容器与电池之间能量与比功率的空白。超级电容器通过电极与电解质之间形成的界面双层来存储能量也因此有双电层电容器、电化学电容器等别称。当电极与电解液接触时，由于库仑力、分子间力及原子间力的作用，使固液界面出现稳定和符号相反的双层电荷，称其为界面双层。根据储能机理，可将超级电容器分为双电层电容器和法拉第准电容器两大类。其中，双电层电容器主要是通过纯静电电荷在电极表面进行吸附来产生存储能量。法拉第准电容器主要是通过法拉第准电容活性电极材料（如过渡金属氧化物和高分子聚合物）表面及表面附近发生可逆的氧化还原反应产生法拉第准电容，从而实现对能量的存储与转换。根据电极材料，可以分为碳电极双层超级电容器、金属氧化物电极超级电容器、有机聚合物电极超级电容器。根据电解质种类，可将超级电容器分为水系超级电容器和有机系超级电容器两大类。根据电解质的状态，可将超级电容器分为固体电解质超级电容器、液体电解质超级电容器两大类。

20. **超级电容器储能关键技术是什么？**

答：目前超级电容器的核心问题在于能量密度仍相对较低，比如双电层电容器的比能量低于12Wh/kg，混合型电容器的比能量低于40Wh/kg，这限制了其更广泛的推广和应用。

21. **热储能技术发展情况如何？**

答：热储能技术是一项重要的能源存储技术，主要分为显热储热、化学储热和潜热储热（相变储热）。显热储热技术具有成本低、技术成熟等优势，如镁砖和混凝土等固体储热产品已商业化应用。化学储热虽储能密度高，但稳定性差、危险性大，仍处于实验室研究阶段。相变储热则已进入商业化应用阶段，具备储能密度高、体积小、温度输出平稳等特点。在储能规模、周期和成本方面，不同技术有不同应用范围和成本特征。热化学储能技术的周期突出，但成本较高。在储能密度方面，热化学储热技术远超显热储热技术，而相变储热技术介于两者之间。然而，热化学储热技术的商业化验证相对不足，还需进一步验证其商业化可行性。储热体系的优劣主要取决于化学变化过程，优质的储热体系需要具备高反应焓值、储热密度大、温和工艺条件等特点。常用的储热材料包括液态材料（如水、导热油和熔融盐）、固态材料（如镁砖、混凝土）和复合相变材料。固态储热技术，尤其是相变储热，由于其具有储热密度大、温度输出平稳、装置紧凑易规模化等特点，成为研究和应用的热点领域。

22. **热储能技术应用情况如何？**

答：热储能技术在当今社会的应用非常广泛，涵盖了多个领域，主要的应用包括：

（1）可再生能源集成。储能技术对于可再生能源的大规模应用至关重要。能源来自太阳能、风能等不断变化的可再生资源，但这些能源具有间歇性和不稳定性。通过储能技术，可以在能源产出高峰时段储存多余能量，并在需求高峰时段释放，以实现电力供需平衡。

(2) 电网稳定和调度。储能技术可用于电网的频率调节和电压稳定。它可以帮助平衡电力系统的瞬时需求和供给，提高电力系统的稳定性和可靠性。

(3) 交通运输。在电动汽车和混合动力车辆中，储能技术是至关重要的组成部分。电池和超级电容器等储能装置可以存储电能，提供动力和增加车辆的续航里程。

(4) 家庭和工业用电。在家庭和工业应用中，储能技术可以用于平衡电力的需求和供给，降低能源成本，并在高峰时段减少用电成本。

(5) 紧急备用电源。储能技术被广泛用作紧急备用电源，特别是在自然灾害或电力中断的情况下，例如用于医疗设备、通信系统和紧急照明。

(6) 电力市场和能源交易。储能技术有助于提供弹性和可调度性，促进能源市场的竞争性和效率。它还可以提供灵活性，支持能源的交易和流动。

(7) 建筑节能和微电网系统。在建筑领域，储能技术可用于智能建筑系统、微电网和分布式能源系统，提高能源利用效率和建筑的能源自给自足性。

(8) 航空航天和国防领域。储能技术被应用于航空航天和国防领域，支持飞行器和无人机的能源供给，并提供可靠的电源备用。

23. 机械储能技术的工作原理是什么?

答: 机械储能指的是一种将能量转化为机械形式并储存的技术。这种储能方式利用机械设备或系统将能源转化为机械能，并在需要时再将这些机械能转化回电能或其他形式的能量。机械储能通常采用不同的方式实现，比如抬升式重力储能（例如水库和重力式电池）、压缩空气储能和飞轮储能。这些方法能够在高能耗时储存能量，在需求低谷或紧急情况下释放能量，有助于平衡能源系统的负载，并提高能源的利用效率。

24. 超导磁能储能的工作原理是什么?

答: 超导储能系统一般由超导磁体、低温系统、功率调节系统和监控系统等组成。超导储能系统是采用超导线圈将电磁能直接储存起来，需要时再将电磁能返回电网或其他负载的一种电力设施。它利用超导磁体的低损耗和快速响应来储存能量的能力，是一种通过现代电力电子型变流器与电力系统接口，组成既能储存电能（整流方式）又能释放电能（逆变方式）的快速响应器件。它利用超导体的电阻为零的特性，不仅可以在超导体电感线圈内无损耗地储存电能，还可以达到大容量储存电能、改善供电质量、提高系统容量等诸多目的，且可以通过电力电子换流器与外部系统快速交换有功和无功功率，用于提高整个电力系统稳定性、改善供电品质。

超导磁能储能工作原理如图 29-2 所示。

25. 超导储能关键科学技术问题有哪些?

答: 超导储能关键科学技术问题是在提高电力系统稳定性和改善供电质量方面具有明显优势，但因其造价高昂，超导储能系统迄今尚未大规模进入市场，技术的可行性和经济价值将是超导储能系统未来发展面临的重大挑战。今后对超导储能系统的研究将主要集中在如何降低成本、优化高温超导线材的工艺和性能、开拓新的变流器技术和控制策略、降低超导储能线圈交流存耗和提高储能线圈稳定性、加强失超保护等方面。高温超导材料的不断发展极大地推动了超导储能系统的发展，势必在提高性能的同时极大降低整个系统的成本，简化冷却手段和运行条件。超导储能技术将蓬勃发展，并有望成为主要电力基础应用装备之一。

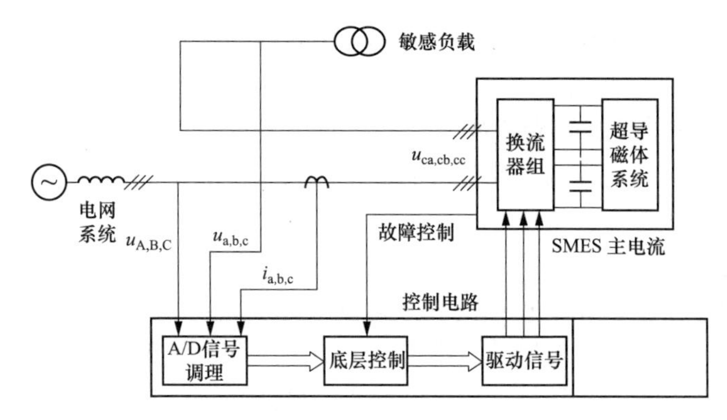

图 29-2　超导磁能储能工作原理图

三、储能技术的性能和效率

26. 如何衡量和比较不同储能技术的能效性能？

答： 衡量和比较不同储能技术的能效性能通常涉及转换效率、能量密度、循环寿命、响应时间、成本效益。

（1）转换效率。储能技术在能量转换过程中的损耗是衡量其能效性能的重要指标。高转换效率意味着更少的能量损失，在能量存储和释放过程中能够更有效地转换能量形式。

（2）能量密度。能量密度指储能技术在单位体积或单位质量下可以存储的能量。较高的能量密度可实现更高的能量存储容量，使储能系统具有更大的储能能力。

（3）循环寿命。储能技术循环寿命是指其能够进行充放电循环而保持良好性能的次数。长循环寿命意味着储能技术具有更长的使用寿命和更可靠的性能。

（4）响应时间。响应时间是指储能技术从接收到储能指令到能够快速释放能量的时间。较短的响应时间可以更及时地满足能量需求。

（5）成本效益。成本效益是综合考虑储能技术的成本和性能之间的平衡。较低的成本和更高的性能可以提供更好的成本效益。

在比较不同储能技术的能效性能时，需要综合考虑以上指标，并结合具体应用需求和限制因素进行评估。不同的储能技术适用于不同的应用场景，因此选择最适合特定应用需求的储能技术是关键。

27. 储能技术的能量密度与功率密度有何区别？

答： 储能技术的能量密度和功率密度是两个不同的概念。

能量密度（energy density）指储能技术在单位体积或单位质量下可以存储的能量的量。它是衡量储能系统能够储存多少能量的指标。通常情况下，较高的能量密度表示系统可以存储更多的能量，因此能够提供更长的使用时间或更大的储能容量。

功率密度（power density）则是指储能技术在单位时间内可以释放或吸收的能量的量。它表示储能系统能够以多快的速度释放或吸收能量的能力。较高的功率密度意味着储能系统可以更快地释放或吸收能量，因此能够满足更高的功率需求。

简单来说，能量密度关注的是储能系统的能量存储能力，而功率密度关注的是储能系统能够快速释放或吸收能量的能力。在实际应用中，需要根据具体需求平衡能量密度和功率密度，选择适合的储能技术。有些技术可能具有较高的能量密度但较低的功率密度，适合长时间储存和缓慢释放能量；而有些技术则可能具有较高的功率密度但较低的能量密度，适合短时间高功率输出的应用场景。

28. 影响储能系统效率的因素有哪些？

答：储能系统效率是指储能系统输出能量与输入能量之比，即系统能量转换的效率。影响储能系统效率的因素有充放电速率、循环次数、温度、空气湿度。

（1）充放电速率。储能系统的充放电速率越快，效率会越低。储能技术的充放电速率与其在实际应用中的可行性相关。较高的充放电速率通常意味着系统可以更快地响应能量需求，适用于需要短时间高功率输出的应用场景。例如，电动汽车需要在短时间内充电以获得足够的行驶里程，因此需要具备较高的充电速率。另外，一些储能技术可能在较高充放电速率下效率较低，适用于需要长时间储存和缓慢释放能量的应用场景，如太阳能和风能的储能系统。

（2）循环次数。循环次数越多，储能系统效率会逐渐下降。

（3）温度。储能系统在不同的温度下效率也会有所不同。在低温下，电池内的化学反应速度变慢，电池的输出电压和容量都会减小。

（4）空气湿度。某些电池对空气湿度很敏感，空气湿度过高或过低都会影响电池的性能。

29. 储能技术中能量损失是如何产生的？解决方案是什么？

答：随着能源需求的不断增长和可再生能源的发展，储能技术作为关键组成部分受到了越来越多的重视。然而，传统储能技术普遍存在能量损失问题，这严重限制了其大规模应用和效率提升的可能性。为了解决新型储能技术中的能量损失问题，研究人员们调查发现储能技术中的能量损失主要表现为内部电阻和损耗、循环效率损失、自放电损失、转换和控制损耗。

（1）内部电阻和损耗。储能系统在充电和放电过程中存在内部电阻，导致能量转换时产生热量。这些内部电阻和损耗会导致能量的损失，从而降低系统的效率。

（2）循环效率损失。当储能系统进行周期性的充放电循环时，每个循环都会伴随着能量转换过程中的损耗。这些损耗可能来自电池材料的化学反应、电阻损耗、电子导线的阻抗等。随着循环次数的增加，这些损耗会逐渐累积，导致系统的循环效率下降。

（3）自放电损失。某些储能技术，特别是化学储能技术如锂离子电池，在长时间的储存过程中会发生自放电现象。即使在没有外部负载的情况下，储能系统仍然会逐渐失去能量。这是由于内部反应和自然漏电引起的。

（4）转换和控制损耗。储能系统中的能量转换和控制过程也会产生一定的损耗。例如，将电能转换为化学能或动能的装置可能存在能量转换效率不完全的问题。同时，系统的电子控制和监测电路也会消耗一定的能量。

解决方案：

（1）改进电池材料和设计可以显著减少能量损失。研究人员正在致力于开发新的电池材料，例如高能量密度和快速充放电材料，以提升电池效能和减少能量损失。

（2）通过优化电池的设计和结构，比如采用多层堆叠结构和纳米结构，可以提高储能效率并减少内部电阻。

30. 什么是储能系统中循环寿命？循环寿命的作用是什么？

答：循环寿命是指储能系统可以进行多少次完整的充放电循环，而仍能保持其性能和容量的能力。循环寿命是储能技术中一个重要的指标，特别是对于化学储能技术，如锂离子电池等。

（1）循环寿命的衡量通常基于容量衰减的程度。随着充放电循环的进行，储能系统的容量逐渐降低，这是由于电池材料的化学反应、结构损耗、电解质的变化等因素引起的。当储能系统的容量衰减到一定程度，无法满足特定应用需求时，循环寿命被认为已经结束。

（2）循环寿命的长短取决于多个因素，包括储能技术的类型、设计和材料选择、充放电速率、温度管理、充放电深度等。不同的储能技术具有不同的循环寿命特性。例如，锂离子电池通常具有较高的循环寿命，可以进行数千次甚至上万次的充放电循环，而其他化学储能技术，如铅酸电池的循环寿命相对较低。

31. 如何延长储能系统中循环寿命?

答：为了延长储能系统的循环寿命，可以采取一些措施，如优化充放电策略、控制充放电温度、避免过度充放电、使用高质量的电池材料等。此外，合理的维护和管理也是保持循环寿命的关键，包括定期检查、平衡充放电、合理使用储能系统等。

需要注意的是，循环寿命只是评估储能系统性能的一个方面，还有其他因素，如能量密度、功率密度、安全性、成本等，也需要综合考虑，以选择适合特定应用需求的储能技术。

32. 储能技术中常见的能量转换机制有哪些?

答：储能技术中常见的能量转换机制有电-化学转换、机械-电转换、热-电转换、光-电转换。

（1）电-化学转换。这是最常见的能量转换机制之一，它涉及电化学储能系统，如蓄电池和超级电容器。在这些系统中，能量以化学形式存储，并通过电化学反应转换为电能。

（2）机械-电转换。这种转换机制通常在机械能储能系统中使用，如弹簧、飞轮和压缩空气储能系统。在这些系统中，机械能被转换为电能，通过发电机或电动机实现。

（3）热-电转换。热能也可以通过热-电转换技术转化为电能。热能储能系统，如热电联供（combined heat and power，CHP）系统和热电发电机，利用热能驱动发电机或热电转换材料，将热能转换为电能。

（4）光-电转换。光能可以通过光-电转换技术转化为电能。太阳能电池是最常见的光-电转换设备，它们将太阳光直接转换为电能。其他光能转换技术包括光热发电和光化学储能。

四、储能技术的优势与挑战

33. 储能技术在可再生能重要性有哪些?

答：储能技术在可再生重要性有平衡能量供需，提供可靠性和弹性，调节电力质量，增加可再生能源渗透率，支持微电网和分布式能源系统。

（1）平衡能源供需。可再生能源（如太阳能和风能）的发电受天气和季节等因素的限制，其产生的电能可能不稳定。储能技术可以将多余的可再生能源转化为储能，以便在需要时释放，从而平衡能源供需之间的差异。储能技术的引入可以提供稳定的电力供应，减少对传统电网的依赖。

（2）提供可靠性和弹性。可再生能源的波动性和间歇性使得电力系统的稳定性面临挑战。储能技术可以作为缓冲媒介，存储多余的可再生能源并在需要时释放，以弥补能源供应的间歇性。这为电力系统提供了更大的可靠性和弹性，减少了对传统发电设备的依赖。

（3）调节电力质量。可再生能源的输出可能受到电网电压波动和频率扰动的影响，从而降低电力质量。储能技术可以快速响应电力系统的需求，调节电网频率、电压和功率因数等参数，提高电力质量并确保供电的稳定性。

（4）增加可再生能源渗透率。储能技术的引入可以减轻电力网络对传统发电设备的依赖，降低了可再生能源的渗透门槛。通过储能技术的支持，可再生能源的大规模接入和整合变得更容易，加速了清洁能源的转型和可再生能源的普及。

（5）支持微电网和分布式能源系统。储能技术与可再生能源的结合可以构建微电网和分布式能源系统。这些系统可以在局部范围内实现能源的自主供应和管理，降低对传输和配电网的依赖。储能技术在这些系统中的应用可以提高能源利用效率、灵活性和可靠性。

34. 如何利用储能技术提高电网稳定性和灵活性？

答：利用储能技术可以提高电网的稳定性和灵活性，具体方法包括调峰填谷、频率调节、无功功率支持、微电网支持、调度和能量管理。

（1）调峰填谷。电网负荷存在波动性，而储能技术可以在低负荷时段储存电能，在高负荷时段释放电能，实现负荷调峰填谷。通过在负荷高峰时段释放储能系统中的电能，可以减轻电网压力，稳定电网运行。

（2）频率调节。电网的频率需要保持在稳定范围内，而储能技术可以快速响应电网频率的变化。当电网负荷发生突变时，储能系统可以通过释放或吸收电能来调节电网频率，维持电网的稳定性。

（3）无功功率支持。储能技术可以提供无功功率支持，帮助电网调节功率因数和电压稳定性。通过调节储能系统的输出功率，可以有效控制电网的无功功率流动，提高电网的稳定性。

（4）微电网支持。储能技术可以与分布式能源资源（如太阳能和风能）相结合，形成微电网系统。这种系统可以在电网故障或断电时独立运行，提供可靠的电力供应。储能技术在微电网中的应用可以增加电网的灵活性和鲁棒性，提高供电可靠性。

（5）调度和能量管理。通过智能能量管理系统，将储能技术与电网运行进行调度和协调，可以实现对储能系统的优化控制和最大化利用。通过对储能系统的灵活调度，可以更好地应对电网需求和变化，提高电网的灵活性和效率。

35. 储能技术如何促进能源效率和减少碳排放？

答：在能源技术领域，绿色低碳被列为能源技术创新的主要方向。例如《能源技术革命创新行动计划（2016—2030 年）》要求通过能源技术创新，加快构建绿色、低碳的能源技术体系，并提出了包括“先进储能技术创新”的 15 个重点任务。2020 年底，中国发布《新时代的中国能源发展》白皮书，明确提出发挥科技创新第一动力作用，在能源领域大力实施创新驱动发展战略，增强能源科技创新能力，通过技术进步解决能源资源约束、生态环境保护、应对气候变化等重大问题和挑战。储能技术在能源效率和碳排放减少方面发挥着重要作用，具体体现在以下几个方面。

（1）提高能源利用效率。储能技术可以帮助平衡能源供需之间的差异，使得能源利用更加高效。可再生能源如太阳能和风能的产生通常是间歇性的，而储能技术可以将过剩的能量储存起来，在需要时释放，从而提高能源的利用率。通过储能技术的应用，能源系统可以更好地适应能源需求的变化，减少能源浪费。

（2）促进电动交通和可持续城市发展。储能技术在电动交通领域的应用可以显著减少碳排放。电动汽车和公共交通工具可以利用储能技术存储电能，并在行驶过程中释放，减少对化石燃料的依赖。此外，储能技术还可以支持可持续城市发展，通过存储和调节电能来平衡城市能源需求，降低碳排放，并提高城市的能源效率。

（3）降低发电厂运行成本和碳排放。传统发电厂通常需要以恒定的功率运行，以满足电网的需求。然而，可再生能源的引入使得电网面临更大的波动性。储能技术可以通过储存过剩的可再生能源，并在需求峰值时释放，减少对传统发电厂的依赖，从而降低发电厂的运行成本和碳排放。

（4）整合可再生能源和能源混合系统。储能技术可以协助整合可再生能源和能源混合系统，以提高能源利用效率和减少碳排放。通过将可再生能源与储能技术相结合，可以平衡其间歇性特点，提供稳定的能源供应。此外，储能技术还可以与其他能源形式如燃气和压缩空气等相结合，形成能源混合系统，进一步提高能源的可持续性和效率。

36. 在智能电网中储能技术有何独特优势？

答：智能电网中，储能技术呈现出以下独特优势有：

（1）其灵活性和可调度性使其能根据电网需求存储和释放能量，迅速响应电力系统变化，从而提高电网稳定性和可靠性。

（2）储能技术能平衡能源供应和需求差异，储存过剩能源以应对电力系统不确定性和波动性，确保持续稳定的电力供应。

（3）通过高质量电能的储存和释放，储能技术调节电网电压和频率，保障电力传输的可靠性和高效性。此外，作为备用电源，储能技术在电力故障或自然灾害下能迅速投入使用，为关键设施和用户提供持续供电，减少停电时间和影响。

（4）储能技术与分布式能源系统结合，支持能源的本地管理，减少传输损失并提高效率。总体而言，这些特点使储能技术成为智能电网不可或缺的一部分，有助于提升电网的可靠性、效率和可持续性。

37. 储能技术在电动汽车和可移动设备领域中的优势体现在哪些方面？

答：储能技术在电动汽车和可移动设备领域中具有以下优势：

（1）延长续航里程。电动汽车和可移动设备的最大挑战之一是电池的续航里程。储能技术可以提供高能量密度和高功率输出的电池系统，从而延长电动汽车的续航里程，使得可移动设备在使用过程中更加持久。

（2）快速充电能力。传统的充电技术需要较长的时间才能将电池充满。而储能技术可以提供更高的充电功率和充电效率，使得电动汽车和可移动设备可以更快地充电，缩短了充电时间，提高了使用的便利性。

（3）提供高功率输出。储能技术可以提供高功率输出，使得电动汽车和可移动设备在需要加速或进行高功率工作时能够提供足够的电能支持。这对于提升电动汽车的加速性能和可移动设备的性能表现非常重要。

（4）支持回馈能量和能量回收。储能技术可以支持回馈能量和能量回收，将制动能量和减速过程中产生的能量重新存储起来，以供以后使用。这种能量回收机制可以提高电动汽车和可移动设备的能量利用效率，延长电池的使用时间。

（5）尺寸和重量优化。储能技术的发展使得电池系统的尺寸和重量得到了优化。这对于电动汽车和可移动设备来说非常重要，因为它们通常需要在有限的空间内集成电池系统。较小和较轻的储能技术可以提高电动汽车和可移动设备的可携带性和设计灵活性。

38. 电池储能在实际应用中面临的主要挑战有哪些?

答: 储能技术在成本方面面临的主要挑战包括以下几个方面:

(1) 电池成本。储能技术中最常用的电池类型是锂离子电池，其制造成本相对较高。虽然随着技术进步和规模效应的实现，电池成本已经显著下降，但仍然是电动汽车和可移动设备的主要成本之一。

(2) 循环寿命和衰减。电池循环寿命和衰减对于储能技术的成本也是一个重要挑战。随着使用时间的增长，电池的性能会逐渐下降，需要更频繁地进行维护或更换。延长电池的循环寿命和减缓衰减速度是降低成本的关键因素。

(3) 储能系统集成成本。在电动汽车和可移动设备中，除了电池本身的成本之外，还有与储能系统集成相关的成本，如电池管理系统、充电系统和安全保护系统等。这些附加组件和系统的成本也需要考虑和优化。

(4) 稳定性和安全性。储能技术中的电池需要具备高度的稳定性和安全性，以避免潜在的安全风险和事故。为了确保电池的稳定性和安全性，可能需要采取一些额外的措施，如电池管理系统的设计和监控，这也会增加成本。

(5) 原材料供应链。储能技术中所使用的一些关键原材料，如锂、钴、镍等，存在供应链的不确定性和价格波动。原材料的供应和价格的变动可能会对储能技术的成本产生影响。

39. 化学物质稀缺性对特定储能技术的发展和商业化有何限制?

答: 电化学储能是利用化学电池将电能储存起来并在需要时释放的储能技术。从技术路线看，可分为锂离子电池、铅蓄电池、液流电池和钠硫电池等。目前，锂离子电池是电化学储能的主流技术路线，从产业链来看，我国电化学储能产业已经形成了涵盖上游电池材料(正负极材料、电解液、隔膜)，中游储能系统及集成(储能电池的电池管理系统、能量管理系统、储能变流器、储能系统集成)和下游电力系统储能应用(发电测、电网侧和用户侧)的完整产业体系。但化学物质稀缺性对特定储能技术的发展和商业化的限制和影响体现在材料供应、成本效益、可持续性和环境影响、技术替代选择。

(1) 材料供应。特定储能技术可能需要使用稀有或有限的化学物质作为关键材料。如果这些化学物质供应不足或价格过高，将会对储能技术的发展和商业化造成限制。供应链的脆弱性可能导致生产成本的上升和技术的可扩展性受到限制。

(2) 成本效益。稀缺的化学物质可能导致储能技术的成本上升，从而影响其在商业化方面的竞争力。高成本可能使得特定储能技术难以与其他替代技术竞争，限制了其市场渗透和规模化应用。

(3) 可持续性和环境影响。某些稀缺化学物质的开采和提取可能对环境造成负面影响。这可能引发环境保护和可持续发展方面的担忧，限制特定储能技术的发展和可接受性。

(4) 技术替代选择。稀缺化学物质的限制可能促使寻找替代材料或技术的发展。其他储能技术或能源存储方法可能不依赖于稀缺化学物质，因此在面临供应限制时可能更具有竞争力。

40. 储能技术对环境有何影响?

答: 某些储能技术在生产、使用和处理过程中可能对环境造成一定的影响。例如，传统的化石燃料储能系统会产生大量的温室气体排放，对气候变化产生负面影响。此外，部分储能技术可能需要使用稀有金属等有限资源，导致资源消耗和环境破坏；某些储能技术，如水泵储能、压缩空气储能和地下储气库，需要大量土地和基础设施来建设，这可能会对当地的土地利用和生态系统产生影响，包括土地占用、景观变化和生物多样性损失等。

41. 储能技术在环境面临的主要挑战是什么？其解决的途径有哪些？

答：储能技术涉及材料安全性：

（1）一些储能技术使用的化学物质或材料可能具有一定的风险。例如，锂离子电池在极端情况下可能发生过热、起火或爆炸。因此，对于储能系统的设计和操作需要考虑材料的安全性，以确保在正常使用和意外情况下的安全性能。

（2）储能技术中使用的部分化学物质可能会在电池寿命结束后产生废弃物。这些废弃物的处理和回收可能需要特殊的处理方法，以避免对环境和人类健康造成潜在影响。

为了克服这些挑战，储能技术的研发和商业化需要综合考虑环境和安全因素，并采取相应的措施来减少负面影响。例如，推动可再生能源的开发和使用可以减少对化石燃料储能的需求，从而降低温室气体排放。此外，研究人员和技术开发者还在努力改进储能技术，以提高安全性能，并寻求可持续和环境友好的材料和处理方法。政府、产业界和学术界的合作也是推动环境友好型储能技术发展的关键。

42. 储能技术的规模化应用是否面临着系统性障碍？解决这些障碍的措施有哪些？

答：储能技术的规模化应用所面临的一些常见的系统性障碍有：

（1）高成本。相对水电、燃气轮机等传统机组，储能在高频短时调频服务、提升传统电力系统灵活性方面的优势明显，但其参与电力服务、降低系统成本的价值尚未完全得到市场认可，储能技术的成本通常较高，这是规模化应用的一个重要障碍。高成本涉及储能设备的制造、安装和维护费用，以及相关的电网升级和集成费用。这使得储能技术在与传统发电方式相比的经济可行性上面临一定挑战。

（2）缺乏成熟市场。储能技术的市场尚未充分发展和成熟，这导致了一些系统性障碍。缺乏成熟市场可能涉及法规和政策方面的限制、商业模式的不完善以及投资和资金支持的不足。这些因素限制了储能技术规模化应用的速度和范围。

（3）网络集成和管理：储能技术的规模化应用需要与电力网络进行有效的集成和管理。这涉及电网调度、能源市场设计、电力市场规则等方面的复杂问题。确保储能系统与电力网络的可靠性、稳定性和互操作性是一个具有挑战性的任务。

（4）技术标准和规范：储能技术领域的标准和规范尚未完全统一和成熟。不同的储能技术可能涉及不同的安全标准、性能要求和测试方法，这给规模化应用带来了一定的障碍。制定统一的技术标准和规范可以提高储能技术的互操作性和市场可信度。

为了克服这些系统性障碍，可以采取的措施有：

（1）政策支持。政府可以通过实施激励性政策和法规，鼓励储能技术的规模化应用。这可能包括制定可再生能源和储能配额、引入储能补贴或奖励机制，以及简化审批和准入程序等。

（2）技术研发和创新。加大对储能技术的研发和创新投入，提高技术性能和降低成本。这可以通过支持科研机构、建立产学研合作平台、提供研发资金和奖励等方式实现。

（3）市场机制改革。改革电力市场和能源市场的设计，为储能技术提供更好的商业机会和收益模式。这可以包括制定灵活的电力市场规则、建立储能市场和参与机制等。

（4）国际合作与经验分享。加强国际合作与经验分享，借鉴其他国家和地区在储能技术规模化应用方面的经验和教训。这有助于加快技术进步、降低成本，并推动全球储能技术的发展和应用。

五、磷酸铁锂电池储能系统

（一）基础知识

43. 电化学（磷酸铁锂）储能系统由哪几部分组成？

答：电化学（磷酸铁锂）储能系统由智慧能量块系统（eBlcok）、智慧能量链（eLink）、后台监控、变压器、电网及其他辅助设备组成，如图 29-3 所示。

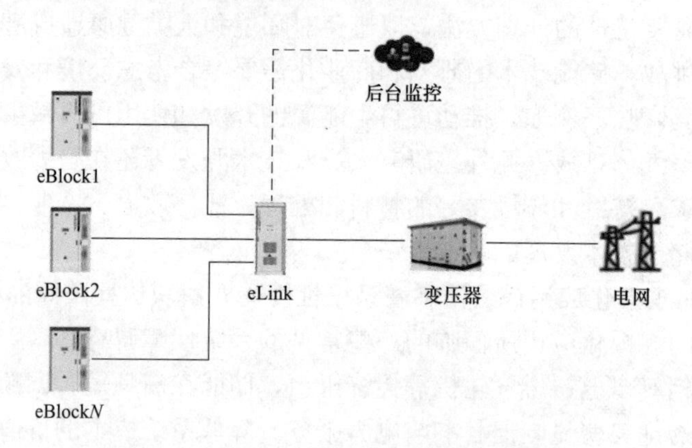

图 29-3 电化学（磷酸铁锂）储能系统结构

44. 电化学（磷酸铁锂）储能系统充、放电模式的含义是什么？

答：放电工作模式：电池系统直流电能转化为与电网同频率的正弦波电能后将能量馈入电网。

充电工作模式：电网交流电能转换为直流电给电池系统充电。

45. 电化学（磷酸铁锂）储能系统倍率充、放电性能应符合哪些要求？

答：（1）$2P_{rcn}$、$2P'_{rdn}$（P_{rcn} 为小时率额定充电功率，P'_{rdn} 为小时率额定放电功率，2 或 4 特指指定的小时数）条件下充电能量相对于 P_{rcn}、P'_{rdn} 条件下充电能量的能量保持率不应小于 95%。

（2）$2P_{rcn}$、$2P'_{rdn}$ 条件下放电能量相对于 P_{rcn}、P'_{rdn} 条件下放电能量的能量保持率不应小于 95%。

（3）$4P_{rcn}$、$4P'_{rdn}$ 条件下充电能量相对于 P_{rcn}、P'_{rdn} 条件下充电能量的能量保持率不应小于 90%。

（4）$4P_{rcn}$、$4P'_{rdn}$ 条件下放电能量相对于 P_{rcn}、P'_{rdn} 条件下放电能量的能量保持率不应小于 90%。

（5）P_{rcn}、P'_{rdn} 条件下能量效率不小于 90%。

（6）$2P_{rcn}$、$2P'_{rdn}$ 条件下能量效率不小于 85%。

（7）$4P_{rcn}$、$4P'_{rdn}$ 条件下能量效率不小于 80%。

46. 电化学（磷酸铁锂）储能系统高温充、放电性能应符合哪些要求？

答：（1）充电能量不应小于初始充电能量的 98%。

（2）放电能量不应小于初始放电能量的 98%。

（3）能量效率不小于 90%。

47. 电化学（磷酸铁锂）储能系统初始充、放电能量应符合哪些要求？

答：（1）初始充电能量不小于额定充电能量。

（2）初始放电能量不小于额定放电能量。

（3）能量效率不小于90%。

（4）试验样品的初始充、放电能量的极差平均值不大于初始充电能量平均值的6%。

（二）智慧能量块（eBlock）系统

48. 电化学（磷酸铁锂）储能系统智慧能量块（eBlock）的作用是什么？

答：智慧能量块（eBlock）是电化学储能系统中能量存储和转换的集成的装置，可控制蓄电池的充电和放电过程，进行交直流的变换，在无电网情况下可以直接为交流负荷供电。

49. 电化学（磷酸铁锂）储能系统智慧能量块（eBlock）由哪几部分构成？

答：智慧能量块（eBlock）由电池模组（pack）、储能变流器（PCS）、冷却系统、柜体结构件等构成，如图29-4所示。

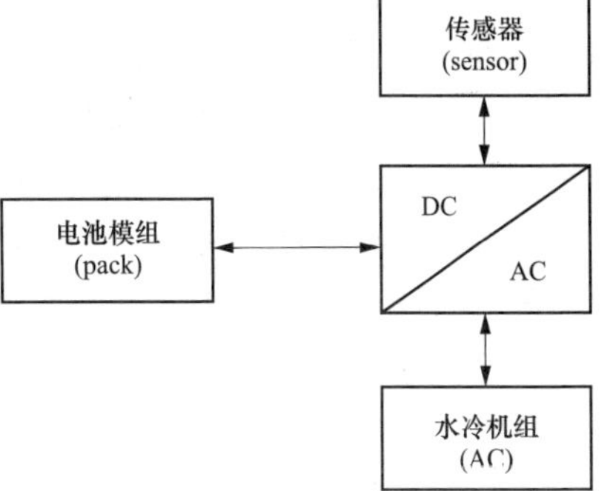

图29-4　电化学（磷酸铁锂）储能系统智慧能量块结构

50. 电化学（磷酸铁锂）储能系统智慧能量块（eBlock）的主要功能是什么？

答：eBlock系列智慧能量块是将690V转为10kV三相并网智慧能量块，主要功能是将电池的直流电能转化为交流电能经变压器升压后并馈入电网，或将电网交流电能转化为直流电能给电池充电。

51. 电化学（磷酸铁锂）储能系统电芯温度特性有哪些？

答：智慧能量块PACK电池包内的电芯在剩余容量不变的情况下，其最大充电倍率随着电芯表面温度升高而变化，其温度特性见表29-1。

表29-1　电化学（磷酸铁锂）储能系统电芯温度特性

SOC	15℃	20℃	25℃	35℃	40℃	45℃
0%≤80%	0.4	0.4	0.5	0.8	0.8	0.8
80%～90%	0.2	0.3	0.5	0.6	0.6	0.6
90%～95%	0.2	0.2	0.5	0.5	0.5	0.5
95%～100%	0.1	0.1	0.5	0.5	0.3	0.3

52. 如果电化学（磷酸铁锂）储能系统智慧能量块不立即投入使用，则存储智慧能量块时需满足哪些条件？

答：（1）存储的温度应保持在－25～＋45℃；相对湿度应保持在5% RH～95% RH，存放在清洁干燥的地方，并防止灰尘及水气的侵蚀。

（2）存储期间，需要定期检查。每个月对电池状态进行检查，如电池容量不足则需要补充充电。

（3）经过长期存放后，智慧能量块需经过专业人员的检查和测试才能投入使用。

53. 电化学（磷酸铁锂）储能系统智慧能量块（eBlock）的电气连接要求有哪些？

答：（1）严格按照接线图设计进行电气连接。

（2）电气连接所用到的导线与连接器等应有一定的防腐性能和阻燃性能。

（3）线缆载流量应符合设计要求并留有一定的裕度。

（4）导线的电气连接应有足够的力学强度，导线与端子的连接应牢固、可靠，电气性能良好。

（5）导线与端子的连接处除承受正常的连接拉力外，不应承受其他外力。

（6）导线与冷压接端头压接时，应合理选用压接工具，端头压接牢固可靠，压痕应清晰可见，并在导线与端头的轴线上，芯线无损伤。

54. 电化学（磷酸铁锂）储能系统智慧能量块（eBlock）的工作模式有哪些？

答：（1）停机状态。系统未接收到调度指令或接收到停机命令、发生不可恢复故障后，停止并网工作的状态。

（2）待机状态。系统停止工作，等待满足开机条件的状态。

（3）等待状态。根据不同的关机原因和并网规范，并网工作之前的延迟确认计时状态。

（4）自检状态。储能系统开始并网运行前对自身硬件进行检测的状态，该状态需要检测DC绝缘阻抗、直流电压采样、交流电压采样、电池电量、上位机通信情况等关键量。

（5）运行状态。在此状态下，储能变流器处于并网运行状态，将电池的直流电能变换为交流电并入电网，或将电网交流电能转化为直流电能给电池充电。

55. 电化学（磷酸铁锂）储能系统智慧能量块（eBlock）的故障原因有哪些？

答：故障原因有：①外电网连接故障；②电池超出工作电压范围；③电网欠压（$U_{AC}<U_{AC,min}$）；④电网过压（$U_{AC}>U_{AC,max}$）；⑤电网频率过低（$f_{AC}<f_{AC,min}$.）；⑥电网频率过高（$f_{AC}>f_{AC,max}$.）；⑦输出短路；⑧储能变流器过温故障。

U_{AC} 为额定电压，$U_{AC,min}$ 为电网最小交流电压，$U_{AC,max}$ 为电网最大交流电压，f_{AC} 为额定频率，$f_{AC,min}$ 为电网最小频率，$f_{AC,max}$ 为电网最大频率。

（三）电化学（磷酸铁锂）电池

56. 电化学（磷酸铁锂）单体电池由哪几部分组成？

答：单体电池由正极、负极、隔膜、电解质、壳体和端子等组成。

57. 电化学（磷酸铁锂）单体电池室温能量保持与恢复能力应满足哪些要求？

答：应满足的要求有：①能量保持率不小于90%；②充电能量恢复率不小于92%；③放电能量恢复率不小于92%。

58. 电化学（磷酸铁锂）单体电池高温能量保持与恢复能力应满足哪些要求？

答：应满足的要求有：①能量保持率不小于90%；②充电能量恢复率不小于92%；③放电能量恢复率不小于92%。

59. 电化学（磷酸铁锂）电池模块极性、外观有何要求？

答：（1）电池模块极性应与标志的极性一致。

（2）电池模块极性端子设计应方便运行维护过程中的模块电压、内阻测量，方便模块间连接紧固操作，端子应能承受短路时所产生的机械应力。

（3）电池模块间在规定的最大电流放电后，极柱不应熔断，其外观不得出现异常。

（4）电池模块外壳不得有变形及裂纹，无污物，干燥且标识清楚。

（5）电池模块铭牌应有制造厂名及商标、型号及规格、极性符号、生产日期等。

60. 正常工作条件下，电化学（磷酸铁锂）电池模块各器件极限温升不应超过多少？

答：（1）电池模块外壳，极限温升不高于55℃。

（2）电池模块接线端子，极限温升不高于35℃。

（3）电池模块绝缘导线，极限温升不高于25℃。

（4）电池模块铜导体，极限温升不高于 50℃。

（四）电池管理系统

61. 什么是电池管理系统（BMS）?

答：BMS 是一款适用于锂离子电池管理、集成均衡功能的采集模块。该模块提供单节电池（单体）电压和温度的实时监测功能，同时具有均衡能力，并可通过 CAN 总线与 BCM 组成具有高度灵活的电池管理系统（BMS）。

62. 电池管理功能至少满足哪些要求?

答：（1）电池管理系统应能够检测电池热和电相关的数据，包括电池单体和电池组的电压、电流和内部及环境温度等参数。

（2）电池管理系统应能对电池的荷电状态（state of charge，SOC）、电池健康度（state of health，SOH）进行估算，并进行自动校准。

（3）电池管理系统根据电池的荷电状态对电池的充放电进行控制，如电池电压超标或过电流，系统需立即停止电池工作。

（4）电池管理系统应能对电池进行故障诊断，并可以根据具体故障内容进行相应的故障处理，应具备但不限于以下的保护功能：过充保护、过放保护、短路保护、过载保护、温度保护。相关故障信息需具备故障信息上传、实时告警等功能。

（5）电池管理系统应实时采集每组电池的多点温度，采取散热措施防止电池温度过高。

（6）电池管理系统应具备与变流器及能量管理控制系统进行信息交互的功能，需提供 RS485、CAN 或太网通信接口。

（7）电池管理系统应能经受 Q/GDW 1884—2013《储能电池组及管理系统技术规范》6.3.2.2 要求的绝缘耐压性能试验，在试验过程中应无击穿或闪络等破坏性放电现象。实时测量电池组串电压，充放电电流、电池单体电压及温度等参数。投标人应确保电池安全、可靠、稳定运行，保证电池使用寿命要求。满足对单体电池、电池组和电池组串的运行优化控制的要求来确定电池管理系统的具体测量量及测量量采样周期、采样精度等。

63. 电池管理系统电源有何要求?

答：电池管理系统输入电源额定电压为 220V，应尽量避免电池管理系统的供电从电池组直流取电，以防止由于交流侧断电，导致储能电池放电低于欠压点后长期静置，电池管理系统功耗造成电池组过放。

（五）变流系统

64. 电化学（磷酸铁锂）储能系统储能变流器温度特性有哪些?

答：（1）智慧能量块的正常运行需要一定的温度条件。在环境温度高于最低温度降额点时，输出功率随着温度的升高而线性下降；如果环境温度大于储能变流器允许的最高运行温度时，储能变流器则关机。当温度降低到温度降额点时，机器恢复正常工作。

（2）变流器箱体内部环境温度为 80℃以下时，变流器直流侧可工作在额定功率；箱体内部环境温度为 80～85℃，输出功率线性减小至 0W，箱体内部环境温度达到 85℃以上时，变流器关机。箱体内部环境温度恢复至 80℃以下时，变流器重启。

电化学（磷酸铁锂）储能系统储能变流器温度特性如图 29-5 所示。

65. 汇流柜和控制柜的基本功能要求有什么?

答：（1）汇流柜设备是储能系统能量流的链接单元，其集成开关器件、双向计量仪表等，采用标准化部件，模块化设计，单柜满足多台储能柜设备并机使用。向下连接储能柜设

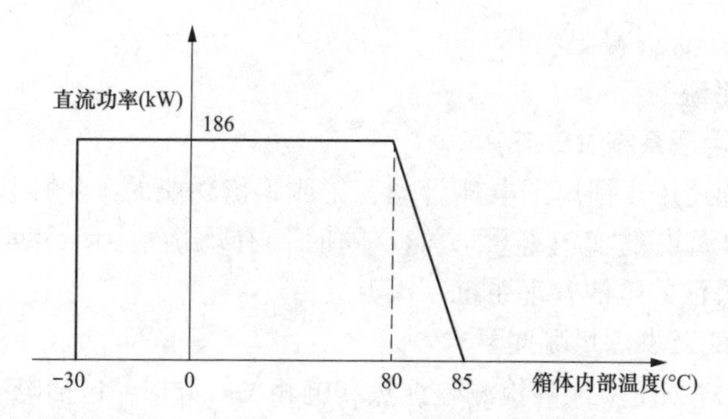

图 29-5　电化学（磷酸铁锂）储能系统储能变流器温度特性

备，向上连接变压器低压侧，完成输出交流电力的汇流、控制保护、计量，实现能量流的双向链接和管理。

（2）控制柜设备是储能系统数据流的链接单元，作为储能柜设备和能量管理系统的连接桥梁，实现本地和站端数据的高速通信连接，并为能量管理系统提供可靠的数据采集、存储和控制管理平台。提供整个方阵的站用电分类型供电和站用电计量，并根据负荷重要等级配置 UPS。

66. 电化学储能电站智慧能量链 eLink 使用步骤有哪些？

答：（1）将功率柜、控制柜内总断路器及各支路断路器的小手柄均拨至“断开”位置。

（2）先给控制母线（380V 或 220V 系统）送电，即“接通”上一级供电设备。

（3）将控制柜内控制电源总断路器的小手柄拨至“接通”位置。

（4）将控制柜内各支路微断均拨至“接通”位置（使各个柜体控制电源开关进线侧带电）。

（5）将功率柜控制电源开关拨至“接通”位置，由控制电源供电的显示屏或指示灯会亮起。

（6）确定控制回路没有异常后，给 690V 系统送电，即“接通”上一级供电设备（即升压变压器低压侧框架断路器）。

（7）待框架断路器自动储能以后，将总断路器合闸。

（8）将功率柜浪涌保护器前置保护的小手柄拨至“接通”位置。

（9）将使用的各支路断路器的小手柄均拨至“接通”位置。

注意事项：在使用期间，前后门必须关闭上锁，非专业人员严禁操作。

六、磷酸铁锂电池储能系统运行与维护

（一）磷酸铁锂储能系统运行管理

67. 什么是电化学储能电站？

答：采用电化学电池作为储能元件，可进行电能存储、转换及释放的电站，由若干个不同或相同类型的电化学储能系统组成。

注：除储能系统外，还包括并网、维护和检修等设施。

68. 什么是电化学储能系统？

答：以电化学电池为储能载体，通过储能变流器可循环进行电能存储、释放的设备组合。

69. 什么是电化学储能单元？

答：电化学储能单元是由电化学电池、电池管理系统、储能变流器组成的能够独立进行电能存储及释放的最小储能系统。

70. 储能电站投入运行前应满足哪些要求？

答：（1）储能电站运行前应通过并网调试及验收。

（2）接入10（6）kV及以上公用电网的储能电站时，应与电网调度机构签订并网调度协议。

（3）储能电站应配备能满足电站安全可靠运行的运行维护人员。运行维护人员上岗前应经过培训，掌握储能电站的设备性能和运行状态。

（4）储能电站投运前应根据电站设备及功能定位，制定现场运行规程，编制相关应急预案。

（5）储能电站投运前应制定典型操作票和工作票，制定交接班制度、巡视检查制度、设备定期试验轮换制度。

（6）储能电站运行单位应根据储能电站实际运行情况，编制现场维护规程。

（7）储能电站应对设备运行状态、运行操作、异常及故障处理、维护等进行记录，并对运行指标进行分析。

（8）储能电站运行维护应建立技术资料档案，对运行维护记录等进行归档。

71. 电化学储能电站正常运行一般有哪些规定？

答：（1）应能够对储能电站设备进行运行监视、运行操作和巡视检查。

（2）储能电站可分为自动发电控制（AGC）、自动电压控制（AVC）、计划曲线控制、功率定值控制等运行模式，也可多种模式同时运行。

（3）储能电站储能系统运行工况可分为启动、充电、放电、停机、热备用等。

（4）储能电站的运行模式、涉网设备参数的调整以及操作电网调度许可范围内的设备应按照电网调度机构的要求执行或者得到电网调度机构的同意。

（5）纳入电网调度机构管理的储能电站储能系统的并网、解列，应获得电网调度机构同意；储能电站因故障解列，不应自动并网，应通过电网调度机构许可后方可并网。

（6）储能电站的交接班应根据交接班制度进行，交接班时应对当值储能电站运行模式、储能系统运行情况、缺陷情况、设备操作情况、接地线装拆情况等进行交代。

（7）储能电站设备操作不宜在交接班期间进行，当在交接班进行操作时，应在操作完成后进行。

（8）储能电站应定期对运行指标进行统计和对运行效果进行评价。

72. 储能电站运行人员应实时监视哪些内容？

答：（1）运行模式和运行工况。

（2）全站有功功率、无功功率、功率因数、电压、电流、频率、全站上网电量、全站下网电量、日上网电量、日下网电量、累计上网电量、累计下网电量，储能系统充电量、放电量、日充电量、日放电量累计充电量、累计放电量等。

（3）电池、电池管理系统（BMS）、储能变流器（power conversion system，PCS）、监控系统、继电保护及安全自动装置、通信系统等设备的运行工况和实时数据。

（4）变压器分接头挡位、断路器、隔离开关、熔断器等位置状态。

（5）异常告警信号、故障信号、保护动作信号等。

（6）视频监控系统实时监控情况等。

（7）消防系统、二次安防系统、环境控制系统等状态及信号。

73. 储能电站运行人员操作项目主要包括哪些?

答: 储能电站运行人员操作项目主要有：①储能系统并网和解列操作；②储能系统运行模式选择；③储能系统运行工况切换。

74. 储能电站设备异常运行和故障处理应遵循哪些规定?

答:（1）储能电站设备异常运行时，运行人员应加强监视和巡视检查。

（2）运行人员发现设备异常应立即向运行值长汇报，依据运行规程和作业指导书，对异常设备进行处置。

（3）属于电网调度机构管辖设备发生异常时，运行人员进行异常处理前应向调度值班人员汇报。

（4）储能电站设备发生故障时，运行人员应立即停运故障设备，隔离故障现场，并汇报调度值班人员和相关管理部门。

（5）当发生储能系统冒烟、起火等严重故障时，运行人员可不待调度指令立即停运相关储能系统，疏散周边人员，并立即启动灭火系统，联系消防部门并退出通风设施和变流器冷却装置，切断除保安系统外的全部电气连接。

（6）储能电站交接班发生故障时，应处理完成后再进行交接班。

（7）运行人员完成设备故障处理后，应向调度值班人员、运行管理部门和安全生产部门汇报故障及处理情况，配合相关部门开展故障调查，配合检修人员开展紧急抢修。

（8）运行人员异常或故障处置后应及时记录相关设备名称、现象、处理方法及恢复运行等情况，并按照要求进行归档。

（二）磷酸铁锂储能系统检修管理

75. 对于锂离子电池外观，应检查哪些项目?

答:（1）检查电池模块外观，包括变形、开裂、漏液、腐蚀及电气连接紧固程度。

（2）检查电池支架变形、破损、腐蚀及接地线连接紧固程度。

（3）检查电池阵列风冷系统，包括风扇转动、异响等。

（4）检查电池阵列液冷系统，包括液冷系统液位、温度，循环泵转动、流量、异响，液冷系统循环泵、管道、阀门、法兰连接回路渗漏、损伤、开裂及阀门开关情况。

（5）检查电池管理系统电源线、通信线连接紧固程度及电池管理系统工作电压、工作指示灯显示情况。

（6）检查电池管理系统人机界面，包括电池单体、模块电压、温度和电池簇电压、电流及系统时间等数据显示和刷新情况，及告警信息记录。

76. 锂离子电池出现哪些情况需要更换? 更换的注意事项有哪些?

答:（1）电池模块出现变形、开裂、漏液、腐蚀等现象时，应进行更换。

（2）电池更换时，同一电池阵列内应更换为同一规格、参数电池。

（3）储能系统处于停机状态持续 15min 后，电池簇内电池单体电压极差大于 100mV 时，应对电压极差大的电池模块进行离线均衡，均衡后应满足电池簇电池电压极差的要求。

（4）充放电过程中电池簇内电池电压极差大于 300mV 时，应对电压极差大的电池模块进行离线均衡，均衡后应满足电池簇电池电压极差的要求。

（5）更换电池单体、模块前，新电池单体、模块应进行电压、绝缘电阻试验。

（6）电池单体、模块电压、温度数据异常时，应更换电池单体或电池模块。

（7）锂离子电池储能系统充放电能量不符合 GB/T 36558—2023《电力系统电化学储能系统通用技术条件》的要求，且离线均衡后电池电压极差不符合要求时，应在同一电池阵列内更换为同一规格、参数电池模块。

（8）电池支架变形、破损、腐蚀时，应更换电池支架。接地线连接不牢固或破损时，应紧固或更换接地线。

（9）电池阵列风冷系统风扇绝缘电阻不合格、转动异常时，应对风扇进行修理或更换。

（10）电池阵列液冷系统循环泵绝缘电阻不合格、转动异常及温度、流量传感器故障时，应对循环泵、传感器进行修理或更换为同一规格循环泵、传感器。

（11）电池阵列液冷系统循环泵、管道、阀门、法兰等渗漏、损伤、开裂情况时，应更换为同一规格的循环泵、管道、阀门、法兰。循环泵、法兰螺栓松动时，应进行紧固。阀门开关位置不正确、卡涩时，应进行调整。

（12）电池管理系统电池电压、温度和电流传感器故障时，应更换传感器。

（13）电池管理系统电压、温度采集线及通信线松动、脱落时，应恢复接线，断裂时应进行更换。

77. 锂离子电池检修过程中有哪些注意事项？

答：（1）电池阵列检修前应断开一次回路交直流断路器、隔离开关，并在储能变流器交流侧装设接地线悬挂安全警示牌。

（2）电池检修过程中，电池单体、电池模块、电池簇以及电堆正负极不应短路和反接。

（3）锂离子电池阵列检修后，宜调整同一电池阵列电池簇簇间总电压平衡，锂离子电池的总电压极差应不大于平均值的 2%。

78. 锂离子电池检测试验应检测哪些方面？

答：（1）检测电池模块电压、电池簇电压。

（2）校验电池管理系统电池电压传感器、温度传感器和电流传感器。

（3）检测电池电压、温度和电流，并校验电池管理系统相应测量值。

（4）检测电池簇电池单体电压极差、温度极差。

（5）检测电池阵列风冷系统风机、风扇绝缘电阻，检测风机风量。

（6）检测电池阵列液冷系统循环泵绝缘电阻，校验温度、流量传感器。

（7）进行电池管理系统电池电压、温度和电流等保护功能模拟试验和通信功能试验。

（8）进行锂离子电池储能系统充放电能量及效率试验，并在电池管理系统进行储能系统可充放电能量标定。

79. 储能变流器检修有哪些规定？

答：（1）储能变流器检修前，应断开交直流侧开关并测量端口残压，直流端口电压小于 50V、交流端口电压小于 36V 时，方可进行开箱（门）检修操作。

（2）储能变流器检修过程中，应采取防静电措施，电抗器、电容器等储能元器件应充分放电。

（3）储能变流器整体更换或控制器、功率模块、电容器、电抗器、隔离变压器等重要部件更换后，应进行相应的功能和性能试验。

80. 储能变流器外观检查有哪些项目？

答：（1）检查储能变流器柜外观，包括变形、锈蚀、破损及接地线连接紧固情况。

(2) 检查一次回路线缆、二次回路线缆和监控通信线，包括绝缘层破损、断线、变色、放电痕迹及接线端子连接紧固程度。

(3) 检查功率块、电容器、电抗器、隔离变压器、电流互感器、电压互感器等重要部件外观，包括损伤、灼伤、放电痕迹、变形及电气连接紧固程度。

(4) 检查防雷保护模块、浪涌保护器，包括放电指示、破损及电气连接牢固程度。

(5) 检查储能变流器冷却系统，包括风扇转动、异响及散热片变形、锈蚀、破损等。

(6) 检查储能变流器监控人机界面，包括电压，电流、功率等数据显示和刷新情况及告警信息、状态指示等。

81. 储能变流器出现哪些问题后需要进行处理？

答：(1) 储能变流器柜外壳变形、锈蚀时，应进行修理或更换。

(2) 接地线、一次回路连接电缆及铜排、二次回路线缆、监控通信线连接松动时，应进行紧固。

(3) 电缆绝缘层出现破损、变色、放电等现象，或绝缘电阻不符合 GB/T 12706《额定电压 1kV (U_m=1.2kV) 到 35kV (U_m=40.5kV) 挤包绝缘电力电缆及附件》(所有部分) 的要求时，应进行修理或更换。

(4) 绝缘子出现破损、放电等现象时，应更换为同一规格的绝缘子。

(5) 紧急停机按键、开关、接触器、断路器、继电器、熔断器等器件功能或性能异常时，应进行修理或更换。

(6) 功率模块、通信模块损坏时，应更换为同一规格的模块。

(7) 电容器变形、漏液或绝缘电阻、电容量不符合 GB/T 17702—2021《电力电子电容器》要求时，应更换为同一规格电容器。

(8) 电抗器绝缘电阻不符合 GB/T 1094.6—2011《电力变压器　第 6 部分：电抗器》，隔离变压器绝缘电阻不符合 GB/T 1094.11—2022《电力变压器　第 11 部分：干式变压器》，电流互感器绝缘电阻不符合 GB/T 20840.2—2014《互感器　第 2 部分：电流互感器的补充技术要求》，电压互感器绝缘电阻不符合 GB/T 20840.3《互感器　第 3 部分：电磁式电压互感器的补充技术条件》的要求时，应更换为同一规格部件。

(9) 防雷保护模块、浪涌保护器损坏时，应更换为同一规格防雷保护模块、浪涌保护器。

(10) 散热风机无法正常转动、异响时，应更换风机。散热片变形、锈蚀、破损时，应更换散热片。

(11) 储能变流器电压、电流、功率等数据显示异常或告警时，应对显示屏、传感器、采集线、通信模块、控制主板等部件进行修理或更换。

(12) 通信功能异常时，应对通信模块、通信通道及控制主板等部件进行修理或更换。

(13) 启停功能、紧急停机功能、充放电控制功能、功率控制功能、并离网切换功能、相序自适应功能故障诊断和保护功能异常或充放电功率异常时，应对检测回路、控制主板、控制回路、功率模块等进行修理或更换。

82. 锂离子电池监控系统外观检查有哪些项目？

答：(1) 检查人机界面，包括数据显示、刷新、画面调用等。

(2) 检查散热设备，包括风扇、风机的转动、异响等。

(3) 检查设备线束外观及连接紧固程度，包括破损、老化、松动、脱落等。

83. 电池监控系统出现哪些问题时需要进行修理？

答：（1）人机界面数据显示异常、画面调用异常、控制功能异常时，应对通信通道、监控系统硬件等故障设备进行修理或更换。

（2）通信功能异常时，应对电源、通信通道、通信硬件等故障设备进行修理或更换。

（3）冗余功能异常时，应对故障冗余设备进行修理或更换。

（4）设备接地异常及不间断电源运行方式切换异常时，应对故障设备进行修理或更换。

（5）散热风扇、风机无法正常转动、异响时，应更换故障风扇、风机。

（6）设备线束连接松动时，应进行紧固；破损、老化时，应进行更换。

84. 锂离子电池运行状态应从哪几方面进行评估？

答：（1）每年根据锂离子电池电压运行数据对电池簇电池电压一致性进行评估，电池电压极差宜不大于 100mV。

（2）每年根据锂离子电池温度运行数据对电池簇电池温度一致性进行评估，电池温度极差宜不大于 10℃。

（3）每年根据电池簇电池电压一致性、电池温度一致性以及单元锂离子电池系统、锂离子电池储能单元充放电能量及效率测试数据，评估单体电池故障情况以及电池簇整体性能衰减情况。

附录3　220kV 1号变电站一次主接线

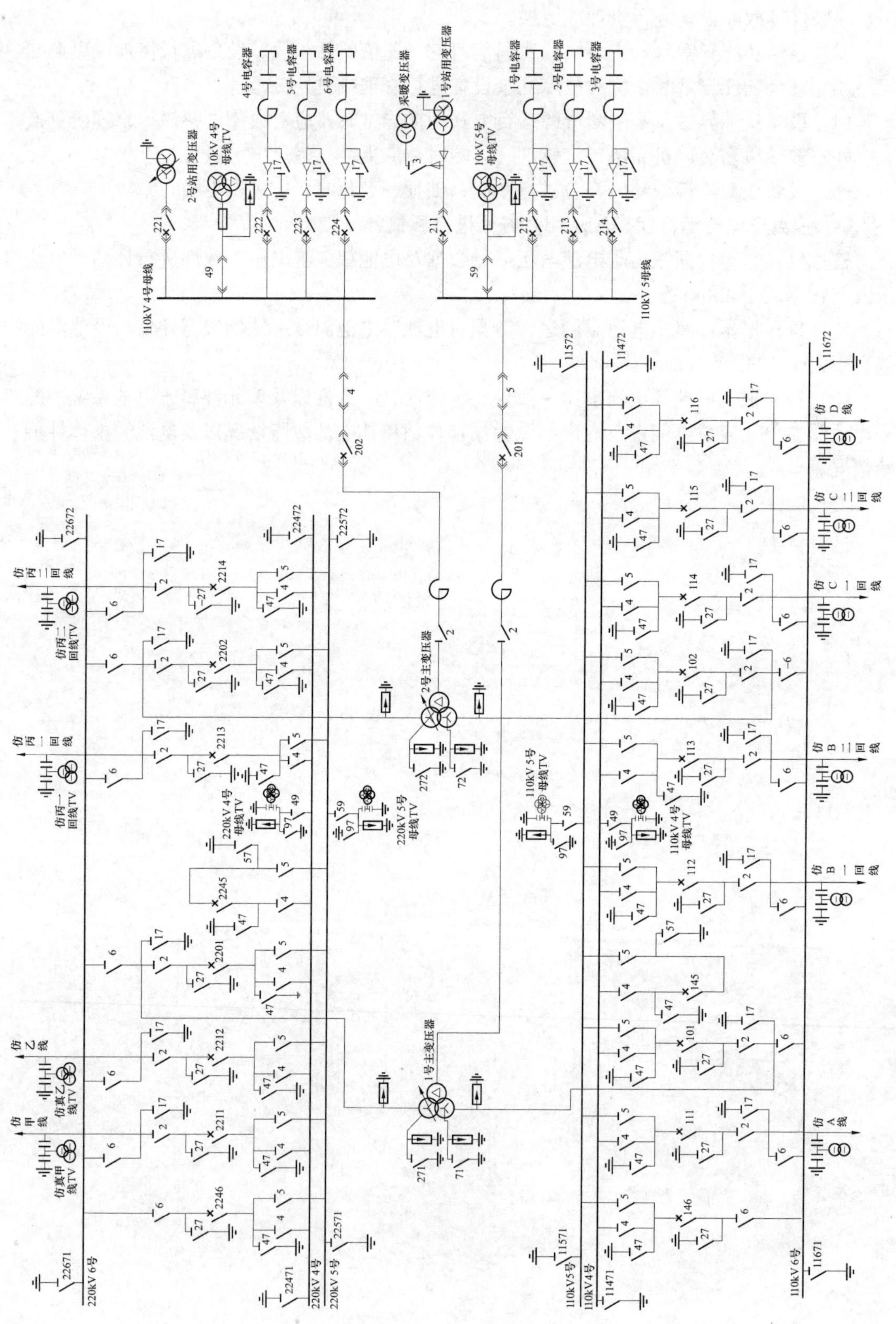

附录4　220kV 2号变电站一次主接线

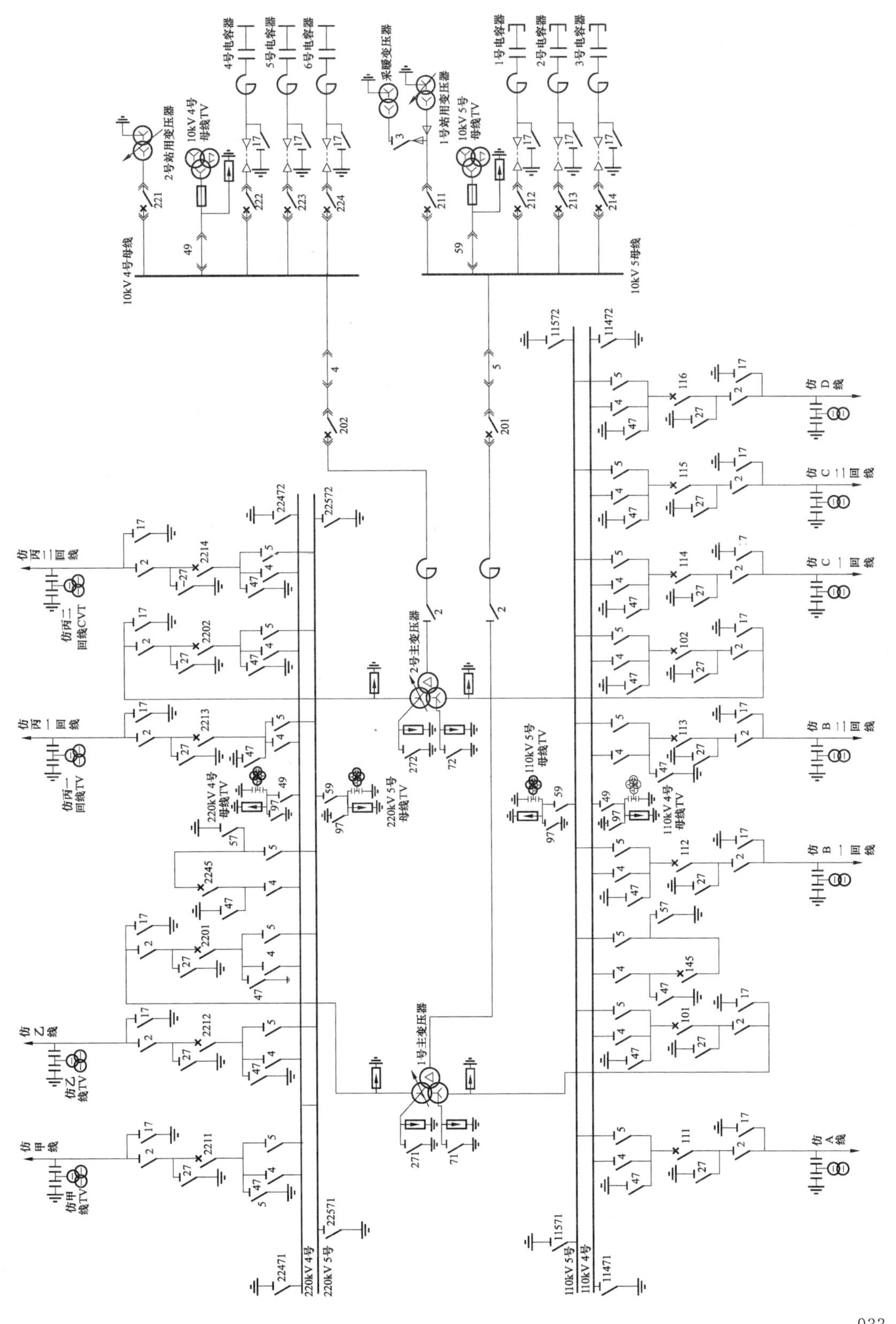

附录5 110kV变电站一次主接线

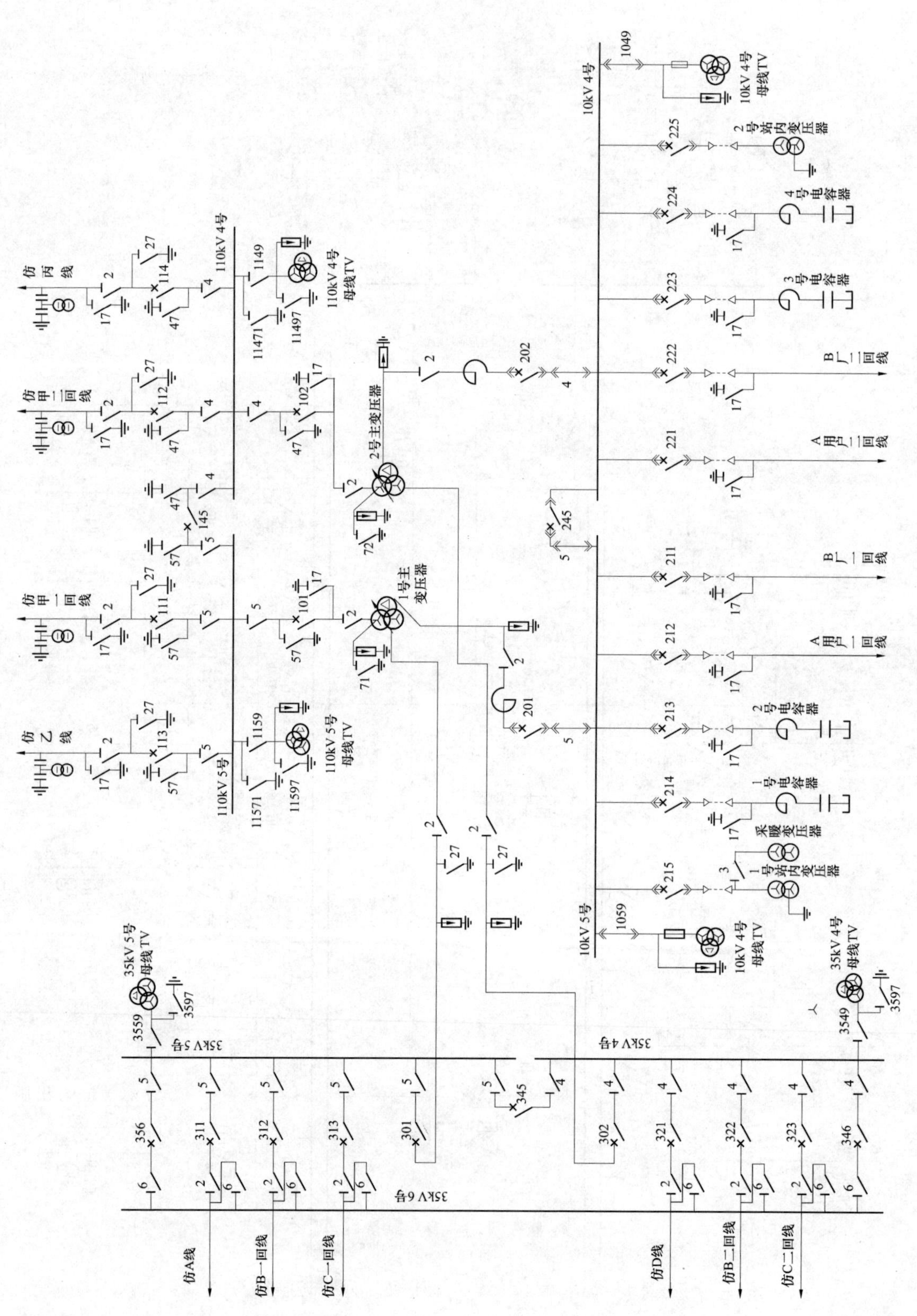

参 考 文 献

[1] 国家电力调度通信中心. 电力系统继电保护实用技术问答[M]. 2版. 北京：中国电力出版社，2000.

[2] 岳保良. 发变电运行岗位培训教材 电气运行[M]. 北京：中国水利水电出版社，1998.

[3] 国家电力调度通信中心. 电网调度运行实用技术问答[M]. 北京：中国电力出版社，2000.

[4] 艾新法. 变电设备异常运行及事故处理[M]. 北京：北京科学技术出版社，1992.

[5] 华东电业管理局. 高压断路器技术问答[M]. 北京：中国电力出版社，1997.

[6] 李素芯. 电气运行人员技术问答 继电保护[M]. 2版. 北京：中国电力出版社，1998.

[7] 华北电业管理局. 变电运行技术问答[M]. 2版. 北京：中国电力出版社，1997.

[8] 华东电业管理局. 电气运行技术问答[M]. 北京：中国电力出版社，1997.

[9] 蓝增珏. 叶景星. 500kV变电所电气部分设计及运行：上册[M]. 北京：水利电力出版社，1987.

[10] 刘万顺. 电力系统故障分析[M]. 2版. 北京：中国电力出版社，1998.

[11] 解广润. 电力系统过电压[M]. 北京：水利电力出版社，1985.

[12] 设计手册[M]. 北京：水利电力出版社，1989.

[13] 林福昌. 高电压工程[M]. 北京：中国电力出版社，2006.

[14] 国家电网公司. 110(66)kV～500kV油浸式变压器(电抗器)管理规范[M]. 北京：中国电力出版社，2006.

[15] 国家电网公司. 高压开关设备管理规范[M]. 北京：中国电力出版社，2006.

[16] 上海超高压输变电公司. 变电运行[M]. 北京：中国电力出版社，2005.

[17] 陈磁萱. 过电压保护原理与运行技术[M]. 北京：中国电力出版社，2002.

[18] 郭贤珊. 高压开关设备生产运行实用技术[M]. 北京：中国电力出版社，2006.

[19] 李坚. 电网运行及调度技术问答[M]. 北京：中国电力出版社，2004.

[20] 万千云，梁惠盈，齐立新，等. 电力系统运行实用技术问答[M]. 北京：中国电力出版社，2003.

[21] 凌子恕. 高压互感器技术手册[M]. 北京：中国电力出版社，2005.

[22] 山西省电力公司晋城供电分公司. 电力生产"1000个为什么"系列书 线路运行与检修1000问[M]. 北京：中国电力出版社，2003.

[23] 国家电力公司华东公司. 电业工人技术问答丛书 送电线路技术问答[M]. 北京：中国电力出版社，2003.

[24] 赵畹君. 高压直流输电工程技术[M]. 北京：中国电力出版社，2009.

[25] 张全元. 变电站现场事故处理及典型案例分析[M]. 北京：中国电力出版社，2014.

[26] 中国南方电网超高压输电公司. 高压直流输电现场实用技术问答[M]. 北京：中国电力出版社，2008.

[27] ANDERSON P M. 电力系统保护[M].《电力系统保护》翻译组，译. 北京：中国电力出版社，2009.

[28] ANDERSON P M，FARMER R G. 电力系统串联补偿[M].《电力系统串联补偿》翻译组，译. 北京：中国电力出版社，2008.

[29] PRABHA KUNDUR. 电力系统稳定与控制[M]. 本书翻译组，译. 北京：中国电力出版社，2002.

[30] 景敏慧. 变电站电气二次回路及抗干扰[M]. 北京：中国电力出版社，2010.

[31] 保定天威保变电气股份有限公司，谢毓城. 电力变压器手册[M]. 北京：机械工业出版社，2003.

［32］ 中国电力企业联合会技能鉴定与教育培训中心，张全元，李洪波．电力行业仿真培训教材．（变电类）．北京：中国电力出版社，2011.
［33］ 勒内·斯梅茨，卢范德·斯路易斯，米尔萨德·卡佩塔诺维奇，等．输配电系统电力开关技术[M]．刘志远，王建华，等，译．北京：机械工业出版社，2019.

附录1 500kV 1号变电站一次主接线

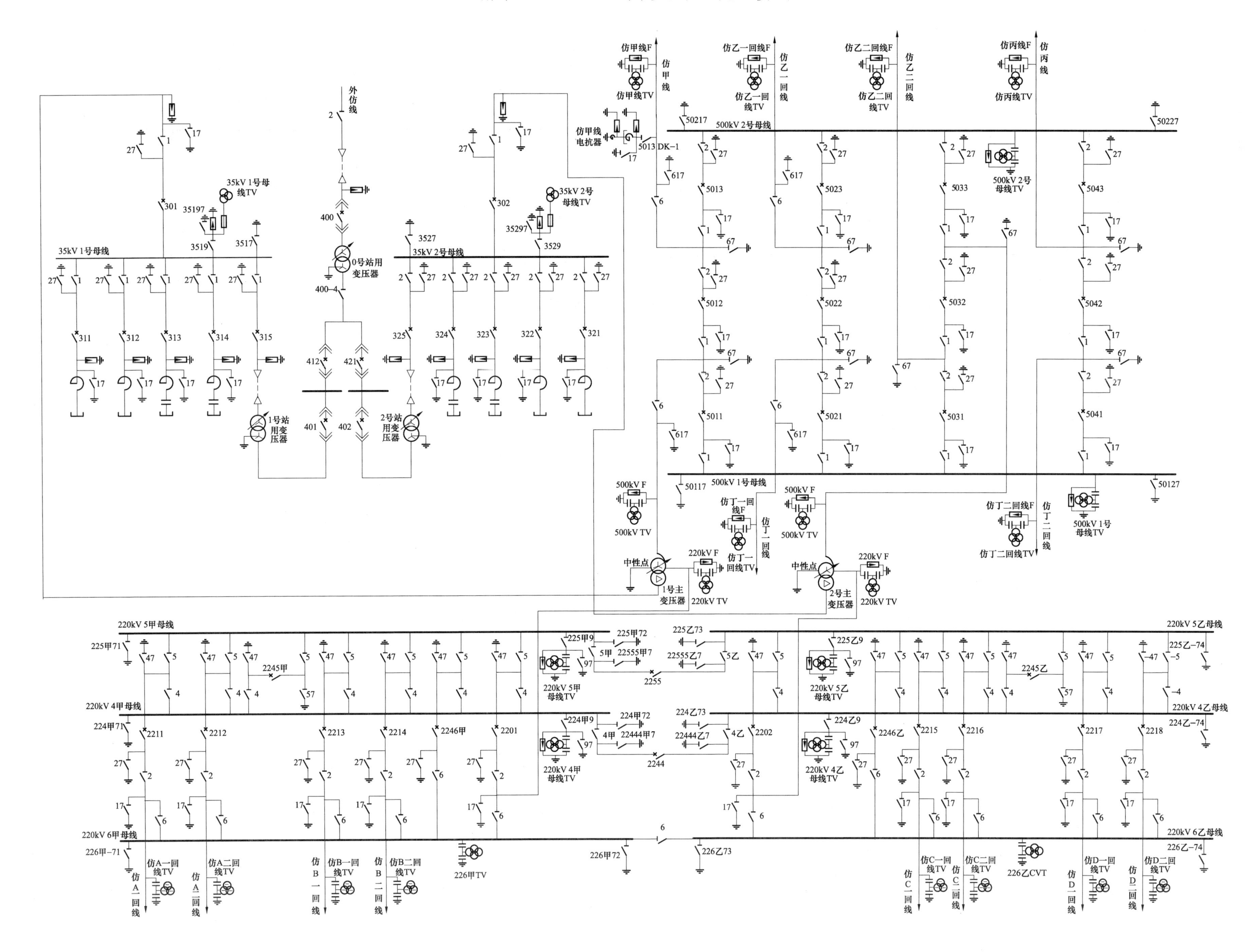

附录2　500kV 2号变电站一次主接线

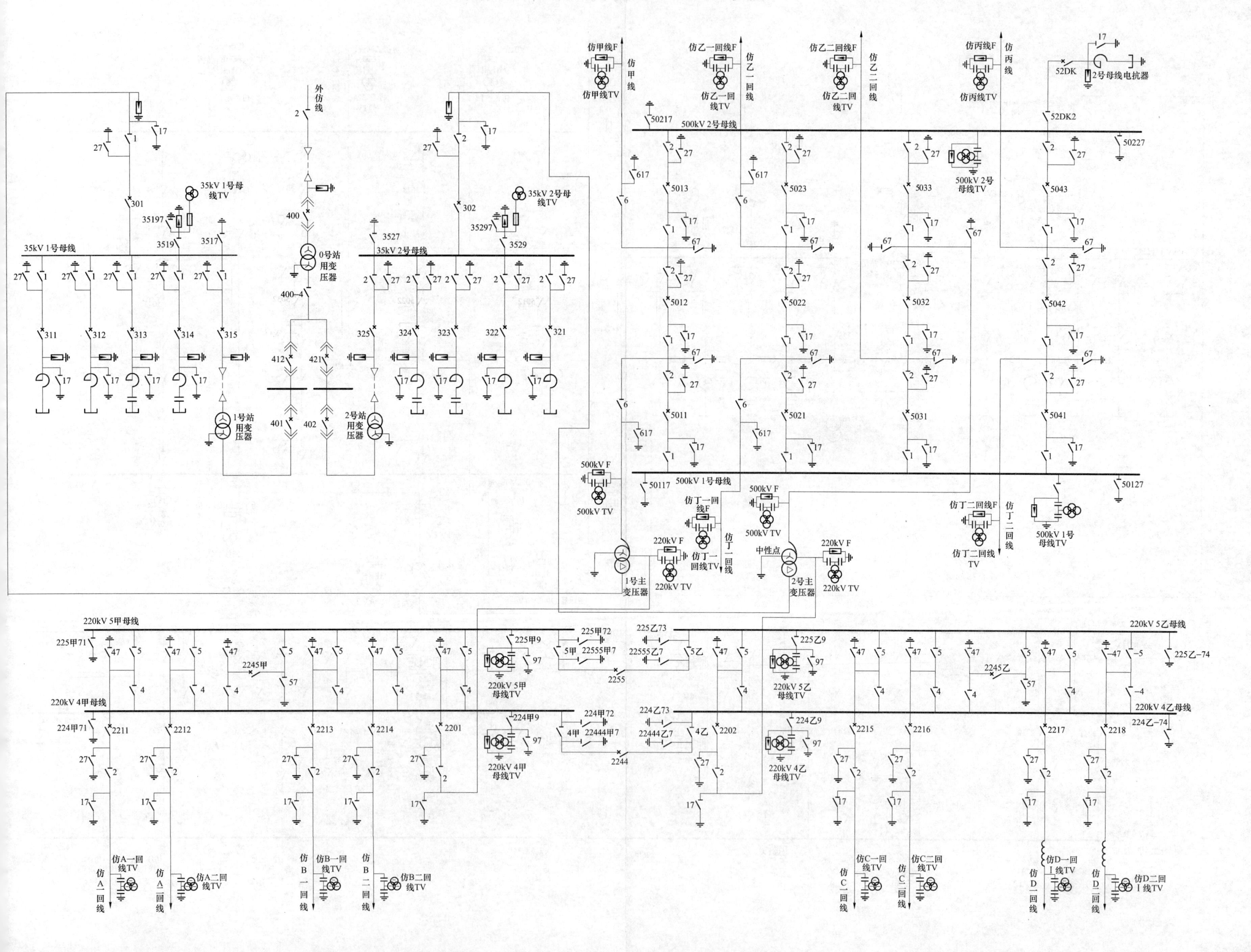